［復刊］

新編

数学ハンドブック

基礎編

小松勇作 編集

朝倉書店

ま　え　が　き

近年の科学技術の発展は，質的にも量的にもまったくいちじるしい．時々刻刻と蓄積される人類の知的所産は整理にいとまがないほどであり，多くの情報が種々雑多な形でたえず流されつづけている．世はあげて情報化社会への突入という様相を呈してきたといえよう．

その中にあって，数学もまたその基礎理論だけにとどまらず，応用方面にわたって広範な分野を開拓しつつある．数学はそれ自体として麗しい理論体系であることはいうまでもない．しかも，それと同時に，他の諸分野において有力な手段として活用されている．思考の自由と成果の普遍性に標榜される数学の特性は，いかなる分野においても適応性をそなえているわけである．この点は近年ことに切実にひろく認識されてきたところである．

しかしながら，具体的に数学を学習し利用しようという観点からすると，その内容は重点項目に限ってすら，あまりにも多彩であり過ぎる．ことに，数学を応用するという立場からは，指針をえることですでに手をこまぬくほどである．

この新編数学ハンドブックは，このような現状に対処するために企画されたものである．内容の構成と分担執筆者については全面的に新規企画の形をとり，さらに素材の多様化に伴って基礎編と応用編とに分冊した．

内容の程度としては，大学教養課程から理工系の専門課程にいたる広い範囲にわたり，理工系を志す学生をはじめ，教育者や研究者にとって，学習のための事典ないしは備忘録として活用されることを期待している．

各章は，それぞれの専門的な研究者の分担執筆に成っている．記述の形式としては，一般的な解説のほかに，定理と証明，例題と解，例などを織りまぜ，応用上の便をもはかっている．さらに，編集の観点から，全編を通じて，関連事項の間の有機的な引用をはかるとともに，表現をなるべく統一することに意を用いた．しかし，他面では，執筆者の個性的な趣好も生かされている．また，巻末にはかなり詳細な索引がついている．

本書ができあがるまでに，分担執筆された諸氏の協力はもとより，酒井良君が全編にわたる入念な校正に努力された．また，朝倉書店編集部の各位は本書の刊行に尽力された．これらの諸氏に深く感謝の意を表したい．

1973 年春

編集者しるす

執筆者

（執筆順）

菅野恒雄

石原　繁

猪狩　惺

渡利千波

松本幾久二

竹之内　脩

大久保謙二郎

小沢　満

小松勇作

西宮　範

平沢義一

西本敏彦

魚返　正

目　　次

I.　代数学・整数論　［菅野　恒雄］

II.　幾　何　学　［石原　繁］

A.　解 析 幾 何 学

B. 微分幾何学

C. リーマン幾何学

III. 微分学 [猪狩 惺]

IV. 積　分　学　［渡利　千波］

V. 函　数　論　［松本　幾久二］

VI. 位 相 数 学 ［竹之内 脩］

A. 位 相 空 間

B. 位 相 幾 何

C. 函数解析

VII. 常微分方程式　［大久保　謙二郎］

A. 線形微分方程式

B. 一般の常微分方程式

C. 差 分 法

VIII. 積分方程式・変分法 ［小沢 満］

A. 積 分 方 程 式

B. 変 分 法

IX. 特殊級数・積分変換 ［小松 勇作］

A. 特 殊 級 数

B. 積分変換

X. 特殊函数 ［西宮 範］

XI. 偏微分方程式　［平沢義一・西本敏彦］

A. 一階偏微分方程式

B. 二階偏微分方程式

C. 楕円型・双曲型・放物型方程式

XII. 確　率　論　［魚返　正］

A. 古典的確率論

B. 確 率 変 数

C. 確 率 過 程

索　　引

応用編目次

I. 代数学・整数論

1. 集合と写像

1.1. 集合

ある定まった条件をみたす“もの”の集りを**集合**という．集合 A を構成する個々の“もの”a を A の**元**といい，$a \in A$ で表わす．b が A の元でないことを $b \notin A$ とかく．

例題 1． 自然数の全体，整数の全体，有理数の全体，実数の全体，複素数の全体は，それぞれ集合である．これらの集合を $\boldsymbol{N}, \boldsymbol{Z}, \boldsymbol{Q}, \boldsymbol{R}, \boldsymbol{C}$ で表わす．例えば，$2 \in \boldsymbol{N}$, $1/2 \notin \boldsymbol{N}$, $1/2 \in \boldsymbol{Q}$.

二つの集合 A と B が同じ元から成っているとき，A と B は**等しい**といい，$A=B$ とかく．

集合 A を表わすのに，A の元をすべて { } の中にかいて $A=\{a, b, c, \cdots\}$ としたり，A に属するための条件 (C) を用いて $A=\{x \mid x$ は (C) をみたす$\}$ または単に $A=\{x \mid (\mathrm{C})\}$ とかく．

例題 2．
$$\{1, 2, 3, 4, 5\}=\{x \mid x \in \boldsymbol{N},\ 1 \leqq x \leqq 5\}.$$

元をもたない集合も便宜上考えて，これを**空集合**といい，ϕ で表わす．

集合 B の任意の元が集合 A の元であるとき，B を A の**部分集合**といい，$B \subset A$ または $A \supset B$ とかき，B は A に含まれるという．A 自身と空集合 ϕ も A の部分集合と考える．

例題 3．
$$\boldsymbol{N} \subset \boldsymbol{Z} \subset \boldsymbol{Q} \subset \boldsymbol{R} \subset \boldsymbol{C}.$$

二つの集合 A, B に対し，A と B の少なくとも一方に属する元全体の集合を A と B の**合併**または**和集合**といい，$A \cup B$ で表わす．また，A と B のいずれにも属する元全体の集合を A と B の**交り**といい，$A \cap B$ で表わす．

例題 4． $A \cup B=\{x \mid x \in A$ または $x \in B\}$, $\quad A \cap B=\{x \mid x \in A$ かつ $x \in B\}$.

例題 5． 集合 A, B, C について，つぎの諸法則が成り立つ:

(1.1) $$A \cup B=B \cup A, \qquad A \cap B=B \cap A;$$

(1.2) $$A \cap B \subset A \subset A \cup B;$$

(1.3) $$(A \cup B) \cup C=A \cup (B \cup C), \qquad (A \cap B) \cap C=A \cap (B \cap C);$$

(1.4) $$(A \cup B) \cap C=(A \cap C) \cup (B \cap C), \qquad (A \cap B) \cup C=(A \cup C) \cap (B \cup C).$$

1.2. 同値関係

集合 A の任意の二元の間に，ある関係～が成り立つか成り立たないかが決まっているとする．この関係が A の元 a, b, c に対しつぎの三条件をみたすとき，これを**同値関係**という:

(1.5) (反射律) $$a \sim a;$$

(1.6)（対称律）　　$a \sim b \Rightarrow b \sim a;$

(1.7)（推移律）　　$a \sim b,\ b \sim c \Rightarrow a \sim c.$

例題 1. $\boldsymbol{Z}$ の二元 a, b に対し，$a \sim b \Longleftrightarrow$ “$a-b$ は2で割切れる” で定義した関係～は同値関係である.

例題 2. $\boldsymbol{Z}$ の二元 a, b に対し，$a \sim b \Longleftrightarrow a \leqq b$ で定義した関係～は同値関係でない.

集合 A に同値関係～が与えられているとき，A の元 a に対し，$C(a)=\{x \mid x \in A,\ x \sim a\}$ なる A の部分集合を**同値類**といい，a を同値類 $C(a)$ の**代表元**という.

例題 3. 例題1の同値関係において，$C(0)$，$C(1)$ なる同値類はそれぞれ偶数全体，奇数全体の集合である.

つぎの定理は，同値関係の定義から明らかである:

定理 1.1. ～を集合 A の同値関係，a, b を A の元とすると，

(1.8)　　$a \in C(a);$

(1.9)　　$a \sim b \Longleftrightarrow C(a)=C(b);$

(1.10)　　$a \sim b$ でない $\Longleftrightarrow C(a) \cap C(b)=\phi.$

定理 1.1 は，A が互いに共通元のない相異なる同値類の和集合になっていることを示している．この事実を A はこの同値関係で**類別**されているという.

例題 4. 例題1の同値関係において，$\boldsymbol{Z}=C(0) \cup C(1)$，$C(0) \cap C(1)=\phi$.

1.3. 写像

集合 A の各元に集合 B の一つの元を対応させる法則 f を，A から B への**写像**という．写像 f によって A の元 x に対応する B の元を f による x の**像**といい，$f(x)$ とかく.

例題 1. i. $f(x)=x+1$ なる法則で $\boldsymbol{R}$ から $\boldsymbol{R}$ への写像が決まる.

ii. $g(x)=x^2$ によっても $\boldsymbol{R}$ から $\boldsymbol{R}$ への写像が決まる.

写像は(一価)函数の一般化である.

A から B への写像 f に対し，f による A の元の像全体のつくる集合を f の**像**といい，$f(A)$ とかく．f の像 $f(A)$ は B の部分集合であるが，特に $f(A)=B$ のとき，f は A から B の**上への写像**であるという.

例題 2. 例題1の f は $\boldsymbol{R}$ から $\boldsymbol{R}$ の上への写像であるが，g は $\boldsymbol{R}$ から $\boldsymbol{R}$ の上への写像でない.

A から B への写像 f に対し，f による A の異なる二元の像が必ず異なるとき，f を A から B への**一対一写像**という.

例題 3. 例題1の f は一対一であるが，g は一対一ではない.

A から B の上への写像 f が一対一であるとき，B の各元 y に対し，$y=f(x)$ なる A の元 x がただ一つ存在する．B の元 y にこの x を対応させると，B から A への写像がえられる．これを f の**逆写像**といい，f^{-1} で表わす．逆写像は逆函数の一般化である.

例題 4. 例題1の f の逆写像 f^{-1} は $f^{-1}(y)=y-1$ で与えられる.

A から B の上への一対一写像を，A と B の**一対一対応**ともいう.

三つの集合 A, B, C に対し，A から B への写像 f と B から C への写像 g とが与えられているとき，A の元 x に C の元 $g(f(x))$ を対応させる写像を f と g の**合成写像**といい，$g\circ f$ とかく．

定理 1.2. A から B への写像 f に対し，

i. f が A から B の上への一対一写像で，f^{-1} を f の逆写像とすると，

$$(f^{-1}\circ f)(a)=a \quad (a\in A), \qquad (f\circ f^{-1})(b)=b \quad (b\in B).$$

ii. 逆に，B から A への写像 g があって，

$$(g\circ f)(a)=a, \qquad (f\circ g)(b)=b \qquad (a\in A,\ b\in B)$$

なら，f は A から B の上への一対一写像で，$g=f^{-1}$ である．

証明. i は逆写像の定義から明らか．ii は $a_1, a_2\in A$ に対し $f(a_1)=f(a_2)$ なら，両辺に g をほどこし $g(f(a_1))=g(f(a_2))$．ゆえに，$a_1=a_2$．したがって，f は一対一写像である．$b\in B$ を任意にとると，$g(b)\in A$ で $f(g(b))=(f\circ g)(b)=b$ から，f は上への写像でもある．$g=f^{-1}$ は明らか．（証終）

2. 行列

2.1. 行列

自然数 m, n に対し，mn 個の複素数 a_{ij} $(i=1, 2, \cdots, m;\ j=1, 2, \cdots, n)$ を下のように長方形に並べた表を (m, n) 型**行列**という：

$$\begin{pmatrix} a_{11} & a_{12} & \cdots & a_{1n} \\ a_{21} & a_{22} & \cdots & a_{2n} \\ \cdots & \cdots & \cdots & \cdots \\ a_{m1} & a_{m2} & \cdots & a_{mn} \end{pmatrix}.$$

a_{ij} をこの行列の (i, j) **成分**といい，横の並び $a_{i1}\ a_{i2}\ \cdots\ a_{in}$ を第 i **行**，縦の並び $a_{1j}\ a_{2j}\ \cdots\ a_{mj}$ を第 j **列**という．上の行列を $(a_{ij})_{1\leqq i\leqq m, 1\leqq j\leqq m}$ または単に (a_{ij}) とかくこともある．本章では行列を大文字 $A, B, \cdots$ などで表わす．

$(m, 1)$ 型行列を m 項**列ベクトル**，$(1, n)$ 型行列を n 項**行ベクトル**という．また，(n, n) 型行列を n 次**正方行列**という．特に，すべての成分 a_{ij} が実数のとき，行列 $A=(a_{ij})$ を**実行列**という．

二つの行列 A, B が同じ型の行列であり，対応する成分がすべて等しいとき，行列 A, B が**等しい**といい，$A=B$ とかく．

$A=(a_{ij}), B=(b_{ij})$ を (m, n) 型行列とするとき，$c_{ij}=a_{ij}+b_{ij}$ を (i, j) 成分にする (m, n) 型行列 $C=(c_{ij})$ を行列 A, B の**和**といい，$C=A+B$ とかく．行列の和は同じ型の行列にのみ定義する．

(m, n) 型行列 $A=(a_{ij})$ と複素数 c に対し，ca_{ij} を (i, j) 成分にする (m, n) 型行列を行列 A の c 倍または A の c による**スカラー積**といい，cA で表わす．特に，$(-1)A$ を $-A$ とかき，$A+(-B)$ を $A-B$ とかく．

すべての成分が 0 である (m, n) 型行列を (m, n) 型**零行列**といい，$O_{m,n}$ または O で表わす．この行列は数の零と同じ性質をもっている(→(2.3))．

つぎの定理にあげる法則は定義から明らかである：

定理 2.1. (m, n) 型行列 A, B, C と複素数 c, d に対し，

(2.1)（交換法則）　$A+B=B+A;$

(2.2)（結合法則）　$(A+B)+C=A+(B+C);$

(2.3)　$A+O=O+A=A$　（O は (m, n) 型零行列）;

(2.4)　$c(A+B)=cA+cB;$

(2.5)　$(c+d)A=cA+dA;$

(2.6)　$(cd)A=c(dA).$

例題 1. つぎの式をみたす (2, 2) 型行列 X を求めよ：

$$2\begin{pmatrix}1 & 4\\ 2 & 5\end{pmatrix}-X=\begin{pmatrix}2 & 1\\ 3 & 8\end{pmatrix}.$$

［**解**］ 上式の両辺に X と $-\begin{pmatrix}2 & 1\\ 3 & 8\end{pmatrix}$ を加えると，

$$X=2\begin{pmatrix}1 & 4\\ 2 & 5\end{pmatrix}-\begin{pmatrix}2 & 1\\ 3 & 8\end{pmatrix}=\begin{pmatrix}2 & 8\\ 4 & 10\end{pmatrix}-\begin{pmatrix}2 & 1\\ 3 & 8\end{pmatrix}=\begin{pmatrix}0 & 7\\ 1 & 2\end{pmatrix}.$$　（以上）

(l, m) 型行列 $A=(a_{ij})$ と (m, n) 型行列 $B=(b_{ij})$ に対し，(l, n) 型行列 C で，その (i, j) 成分 c_{ij} が

$$c_{ij}=\sum_{k=1}^{m}a_{ik}b_{kj}$$

なるものがつくれる．この C を行列 A, B の**積**といい，$C=AB$ で表わす．A の列の個数と B の行の個数が一致するときにのみ積 AB が定義できる．したがって，積 AB が定義されても積 BA が定義されるとは限らない．また，積 AB と積 BA が定義されても互いに等しいとは限らない．

例題 2.　$A=\begin{pmatrix}1 & 2\\ 3 & 4\end{pmatrix}$,　$B=\begin{pmatrix}1 & 3\\ 2 & 4\end{pmatrix}$

に対し，AB と BA は定義できるが，$AB \neq BA$ であることを示せ．

例題 3. E_{ij} を (l, m) 型行列で，(i, j) 成分のみ 1 で他の成分は 0 なるものとする．i. (m, n) 型行列 A に対し，$E_{ij}A$ は A の第 j 行を第 i 行とし，他の行は成分がすべて 0 である (l, n) 型行列である．ii. (k, l) 型行列 B に対し，BE_{ij} は B の第 i 列を第 j 列とし，他の列は成分がすべて 0 である (k, m) 型行列である．

［**解**］ 積の定義から明らかである．　（以上）

定理 2.2. (k, l) 型行列 A, (l, m) 型行列 B, (m, n) 型行列 C に対し，つぎの関係が成り立つ：

(2.7)（結合法則）　$(AB)C=A(BC).$

証明. 上式の両辺はともに定義され，(k, n) 型行列であることは明らか．$A=(a_{pq})$,

$B=(b_{qr})$, $C=(c_{rs})$ とすると,

$$\text{左辺の }(i,\ j)\text{ 成分}=\sum_{r=1}^{m}(\sum_{q=1}^{l}a_{iq}b_{qr})c_{rj}=\sum_{r=1}^{m}\sum_{q=1}^{l}a_{iq}b_{qr}c_{rj}=\sum_{q=1}^{l}\sum_{r=1}^{m}a_{iq}b_{qr}c_{rj}$$
$$=\sum_{q=1}^{l}a_{iq}(\sum_{r=1}^{m}b_{qr}c_{rj})=\text{右辺の }(i,\ j)\text{ 成分}.$$
（証終）

つぎの定理の法則も明らかである:

定理 2.3. 三つの行列 A, B, C に対し,

(2.8)（分配法則）　$A(B+C)=AB+AC,\qquad (A+B)C=AC+BC;$

(2.9) 複素数 c に対し,　$c(AB)=(cA)B=A(cB);$

(2.10)　$AO=O,\qquad OA=O$　（O は零行列）;

ただし, 上式の両辺の和, 積が定義できるものとする.

n 次正方行列で, その $(i,\ i)$ 成分 $(i=1,\ 2,\ \cdots,\ n)$ が 1, 他の成分が 0 のものを, n 次**単位行列**といい, E_n または E で表わす:

$$E=\begin{pmatrix}1 & 0 & \cdots & 0\\ 0 & 1 & & \vdots\\ \vdots & & \ddots & 0\\ 0 & \cdots & 0 & 1\end{pmatrix}.$$

単位行列 E の $(i,\ j)$ 成分を δ_{ij} とかくと,

$$\delta_{ij}=\begin{cases}1 & (i=j),\\ 0 & (i\neq j).\end{cases}$$

この δ_{ij} を**クロネッカーの $\boldsymbol{\delta}$** という.

定理 2.4. $(m,\ n)$ 型行列 A に対し,

(2.11)　$AE_n=E_mA=A.$

$(m,\ n)$ 型行列 $A=(a_{ij})$ に対し, a_{ij} の共役複素数 $\overline{a_{ij}}$ を $(i,\ j)$ 成分にもつ $(m,\ n)$ 型行列を A の**共役行列**といい, $\bar{A}$ で表わす.

定理 2.5. 行列 A, B と複素数 c に対し,

(2.12)　$\bar{\bar{A}}=A,\quad \overline{(A+B)}=\bar{A}+\bar{B},\quad \overline{cA}=\bar{c}\bar{A},\quad \overline{AB}=\bar{A}\bar{B};$

ただし, 両辺とも定義できるものとする.

$(m,\ n)$ 型行列 $A=(a_{ij})$ に対し, $(n,\ m)$ 型行列で, その $(i,\ j)$ 成分が a_{ji} であるものを A の**転置行列**といい, ${}^tA$ で表わす.

定理 2.6. 行列 A, B と複素数 c に対し,

(2.13)　${}^t({}^tA)=A,\quad {}^t(A+B)={}^tA+{}^tB,\quad {}^t(AB)={}^tB{}^tA,\quad {}^t\bar{A}=\overline{{}^tA},\quad {}^t(cA)=c{}^tA;$

ただし, 両辺とも定義できるものとする.

例題 4.　$A=\begin{pmatrix}2+\sqrt{-1} & 3 & \sqrt{-1}\\ 1 & 2 & 1+\sqrt{-1}\end{pmatrix}$

とすると,

$$\bar{A}=\begin{pmatrix}2-\sqrt{-1} & 3 & -\sqrt{-1}\\ 1 & 2 & 1-\sqrt{-1}\end{pmatrix},\quad {}^{t}A=\begin{pmatrix}2+\sqrt{-1} & 1\\ 3 & 2\\ \sqrt{-1} & 1+\sqrt{-1}\end{pmatrix},$$

$${}^{t}\bar{A}=\begin{pmatrix}2-\sqrt{-1} & 1\\ 3 & 2\\ -\sqrt{-1} & 1-\sqrt{-1}\end{pmatrix}.$$

行列 A を何個かの縦横の線で区切って考えると便利なことがある．例えば，A を

$$A=\left(\begin{array}{ccc:c}1 & 2 & 3 & 4\\ 5 & 6 & 7 & 8\\ \hdashline 9 & 10 & 1 & 2\end{array}\right)$$

のように区分けをし，

$$A_{11}=\begin{pmatrix}1 & 2 & 3\\ 5 & 6 & 7\end{pmatrix},\quad A_{12}=\begin{pmatrix}4\\ 8\end{pmatrix},\quad A_{21}=(9\ \ 10\ \ 1),\quad A_{22}=(2)$$

とかき，

$$A=\begin{pmatrix}A_{11} & A_{12}\\ A_{21} & A_{22}\end{pmatrix}$$

のようにかく．A_{ij} をこの区分けによる**ブロック**という．

定理 2.7.　$(m,\ n)$ 型行列 $A,\ B$ の区分け

$$A=\begin{pmatrix}A_{11} & \cdots & A_{1s}\\ \vdots & & \vdots\\ A_{r1} & \cdots & A_{rs}\end{pmatrix},\qquad B=\begin{pmatrix}B_{11} & \cdots & B_{1s}\\ \vdots & & \vdots\\ B_{r1} & \cdots & B_{rs}\end{pmatrix}$$

において，$A_{ij},\ B_{ij}$ がともに $(m_i,\ n_j)$ 型行列とすると，

$$A+B=\begin{pmatrix}A_{11}+B_{11} & \cdots & A_{1s}+B_{is}\\ \vdots & & \vdots\\ A_{r1}+B_{r1} & \cdots & A_{rs}+B_{rs}\end{pmatrix}. \tag{2.14}$$

定理 2.8.　$(l,\ m)$ 型行列 A と $(m,\ n)$ 型行列 B の区分け

$$A=\begin{pmatrix}A_{11} & \cdots & A_{1s}\\ \vdots & & \vdots\\ A_{r1} & \cdots & A_{rs}\end{pmatrix},\qquad B=\begin{pmatrix}B_{11} & \cdots & B_{1t}\\ \vdots & & \vdots\\ B_{s1} & \cdots & B_{st}\end{pmatrix}$$

において，A_{ij} が $(l_i,\ m_j)$ 型行列，B_{jk} が $(m_j,\ n_k)$ 型行列とすると，

$$AB=\begin{pmatrix}\sum_{q=1}^{s}A_{1q}B_{q1} & \cdots & \sum_{q=1}^{s}A_{1q}B_{qt}\\ \vdots & & \vdots\\ \sum_{q=1}^{s}A_{rq}B_{q1} & \cdots & \sum_{q=1}^{s}A_{rq}B_{qt}\end{pmatrix}. \tag{2.15}$$

証明.　左辺の $(i,\ j)$ 成分は $\sum_{p=1}^{m}a_{ip}b_{pj}$ であるが，行ベクトル $(a_{i1},\ \cdots,\ a_{im})$ の成分は A のあるブロック $A_{\alpha1},\ \cdots,\ A_{\alpha s}$ の行ベクトルの成分であり，列ベクトル ${}^{t}(b_{1j}\ \cdots,\ b_{mj})$ の成分は B のあるブロック $B_{1\beta},\ \cdots,\ B_{s\beta}$ の列ベクトルの成分であることから明ら

かである.　(証終)

例題 5. n 次正方行列

$$A=\begin{pmatrix} A_{11} & A_{12} \\ O & A_{22} \end{pmatrix}$$

で, A_{ij} が $(n_i,\ n_j)$ 型行列, O は $(n_2,\ n_1)$ 型零行列とすると,

$$A^2=\begin{pmatrix} A_{11}{}^2 & A_{11}A_{12}+A_{12}A_{22} \\ O & A_{22}{}^2 \end{pmatrix}.$$

特に, A_{12} も零行列ならば,

$$A^n=\begin{pmatrix} A_{11} & O \\ O & A_{22} \end{pmatrix}^n=\begin{pmatrix} A_{11}{}^n & O \\ O & A_{22}{}^n \end{pmatrix}.$$

2.2. 正方行列

任意の n 次正方行列 A, B に対し, 和 $A+B$, 差 $A-B$, 積 AB がつねに定義され, §2.1 でみた諸法則が成り立っている. このことは, n 次正方行列全体のつくる集合 $M_n(\boldsymbol{C})$ と複素数全体のつくる集合 $\boldsymbol{C}$ とが似ていることを示している. じっさい, $M_n(\boldsymbol{C})$ において, n 次零行列 O と n 次単位行列 E は $\boldsymbol{C}$ の 0 と 1 の役をしている. 特に, $M_1(\boldsymbol{C})$ と $\boldsymbol{C}$ は本質的に同じと考えられる. $n\geqq 2$ のとき, $M_n(\boldsymbol{C})$ と $\boldsymbol{C}$ との異なる点は, $\boldsymbol{C}$ で成り立つ積の交換法則が $M_n(\boldsymbol{C})$ では成り立たないこと(→§2.1 例題 2)と, $\boldsymbol{C}$ で零以外の元で許される除法が $M_n(\boldsymbol{C})$ では著しく制約されることである. $\boldsymbol{C}$ での除法が逆数による積であることに注目して, つぎの定義をする:

n 次正方行列 A に対し, n 次正方行列 X が存在し,

$$AX=XA=E$$

をみたすとき, A を**正則行列**といい, X を A の**逆行列**という. A の逆行列は, 存在すれば, ただ一つしかない. じっさい, n 次正方行列 Y も $AY=YA=E$ をみたすなら, $X=XE=X(AY)=(XA)Y=EY=Y$. A が正則のとき, その逆行列を A^{-1} とかく; つまり,

(2.16)
$$AA^{-1}=A^{-1}A=E.$$

零行列は正則でないが, つぎの例のように, 零行列でなくとも正則でないことがある.

例題 1. $\begin{pmatrix} 1 & 1 \\ 0 & 1 \end{pmatrix}$ は正則であり, $\begin{pmatrix} 1 & 1 \\ 1 & 1 \end{pmatrix}$ は正則ではない.

［**解**］
$$\begin{pmatrix} 1 & 1 \\ 0 & 1 \end{pmatrix}^{-1}=\begin{pmatrix} 1 & -1 \\ 0 & 1 \end{pmatrix}$$

は明らか.

$$\begin{pmatrix} x_{11} & x_{12} \\ x_{21} & x_{22} \end{pmatrix}\begin{pmatrix} 1 & 1 \\ 1 & 1 \end{pmatrix}=\begin{pmatrix} 1 & 0 \\ 0 & 1 \end{pmatrix}$$

とおくと, $x_{11}+x_{12}=1$, $x_{11}+x_{12}=0$ となり, 矛盾する.　(以上)

定理 2.9. i. n 次正方行列 A, B が正則なら, AB も正則で

(2.17)
$$(AB)^{-1}=B^{-1}A^{-1}.$$

ii.　n 次単位行列 E は正則で，$E^{-1}=E$.

iii.　n 次正方行列 A が正則なら，A^{-1} も正則で

(2.18)　$$(A^{-1})^{-1}=A.$$

証明.　i.　$AB(B^{-1}A^{-1})=A(BB^{-1})A^{-1}=AEA^{-1}=AA^{-1}=E$. 同様に，$(B^{-1}A^{-1})(AB)=E$. ゆえに，$(AB)^{-1}=B^{-1}A^{-1}$.

ii.　定義から明らか.

iii.　$A^{-1}A=AA^{-1}=E$ から $(A^{-1})^{-1}=A$.　(証終)

n 次正方行列 $A=(a_{ij})$ の (i, i) 成分 a_{ii} $(i=1, 2, \cdots, n)$ を A の**対角成分**という. 対角成分以外の成分が 0 である正方行列を**対角行列**という.

例題 2.　i.　n 次対角行列 A, B に対し，AB, BA も n 次対角行列で $AB=BA$.

ii.　n 次対角行列 $A=(a_{ij})$ に対し，

$$A\text{: 正則} \Longleftrightarrow a_{ii} \neq 0 \qquad (i=1, 2, \cdots, n).$$

［**解**］ i. 積の定義から明らか.

ii.　$\Rightarrow$: A が正則で，$A^{-1}=(b_{ij})$ なら，$AA^{-1}=E$ から $a_{ii}b_{ii}=1$. ゆえに，$a_{ii}\neq 0$. $\Leftarrow$: $A^{-1}=(b_{ij})$ は n 次対角行列で，$b_{ii}=a_{ii}{}^{-1}$.　(以上)

対角行列 A の対角成分 $a_{11}, \cdots, a_{nn}$ が，すべて等しいとき，つまり $A=cE$ のとき，A を n 次**スカラー行列**という.

例題 3.　n 次正方行列 A に対し，

$$A\text{: スカラー行列} \Longleftrightarrow \text{任意の } n \text{ 次正方行列 } X \text{ に対し } AX=XA.$$

［**解**］ $\Rightarrow$: (9) から明らか. $\Leftarrow$: §2.1 例題3の E_{ij} を n 次正方行列とし，$X=E_{ij}$ として，条件の両辺を比較する.　(以上)

n 次正方行列 A に対する正則性の判定法と A^{-1} の求め方については，後に(→§2.3 例題 3, §3.3 定理 3.9 の系)のべる.

2.3.　行列の基本変形

任意の行列からつぎの六種類の操作により，同じ型の行列をえることを**基本変形**という:

(左 1)　二つの行を入れかえる;

(左 2)　ある行に 0 でない数を掛ける;

(左 3)　ある行に，他の行の定数倍を加える;

(右 1)　二つの列を入れかえる;

(右 2)　ある列に 0 でない数を掛ける;

(右 3)　ある列に，他の列の定数倍を加える.

行列 A に基本変形の一つをほどこして行列 B をえたとすると，B に同種類の基本変形をほどこして A にもどれる. したがって，A から有限回の基本変形で行列 C をえたとすると，C から有限回の基本変形で A にもどれる.

(i, j) 成分のみ 1 で他は 0 である n 次正方行列を E_{ij} としたとき，つぎの式で定義される三種の n 次正方行列を n 次**基本行列**という:

$$U_{ij}=E-(E_{ii}+E_{jj})+(E_{ij}+E_{ji})=\begin{array}{c}\\ \\ i) \\ \\ j) \\ \\ \\ \end{array}\begin{pmatrix}1 & & & \overset{i}{\vdots} & & \overset{j}{\vdots} & & & \\ & \ddots & & \vdots & & \vdots & & & \\ & & 1 & \vdots & & \vdots & & & \\ \cdots & \cdots & \cdots & 0 & \cdots & 1 & & & \\ & & & & 1 & & & & \\ & & & & & \ddots & & & \\ & & & & & & 1 & & \\ \cdots & \cdots & \cdots & 1 & \cdots & 0 & & & \\ & & & & & & & 1 & \\ & & & & & & & & \ddots \\ & & & & & & & & & 1\end{pmatrix}\quad (i\neq j);$$

$$V_i(c)=E+(c-1)E_{ii}=\begin{array}{c}\\ \\ i) \\ \\ \end{array}\begin{pmatrix}1 & & \overset{i}{\vdots} & & \\ & \ddots & \vdots & & \\ & & 1 & \vdots & & \\ \cdots & \cdots & c & & & \\ & & & 1 & & \\ & & & & \ddots & \\ & & & & & 1\end{pmatrix}\quad (c\neq 0);$$

$$W_{ij}(c)=E+cE_{ij}=\begin{array}{c}\\ \\ i) \\ \\ \end{array}\begin{pmatrix}1 & & & \overset{j}{\vdots} & & \\ & \ddots & & \vdots & & \\ \cdots & 1 & \cdots & c & & \\ & & & 1 & & \\ & & & & \ddots & \\ & & & & & 1\end{pmatrix}\quad (i\neq j).$$

定理 2.10. 行列 A に基本変形 (左 1), (左 2), (左 3), (右 1), (右 2), (右 3) をほどこすことと, 基本行列 U_{ij}, $V_i(c)$, $W_{ij}(c)$ をそれぞれ A に左と右から掛けることとは同値である.

証明. §2.1 例題 3 と (8) を用いて計算できる. (証終)

系.
(2.19)　　　　　　　　　　$U_{ij}^2=E;$
(2.20)　　　　　　　　　　$V_i(c)V_i(d)=V_i(cd);$
(2.21)　　　　　　　　　　$W_{ij}(c)W_{ij}(d)=W_{ij}(c+d).$

証明. 定理 2.10 で A をそれぞれ U_{ij}, $V_i(d)$, $W_{ij}(d)$ にする. (証終)

$V_i(1)=W_{ij}(0)=E$ から, この系により, 基本行列は正則で, $U_{ij}^{-1}=U_{ij}$, $V_i(c)^{-1}=V_i(c^{-1})$, $W_{ij}(c)^{-1}=W_{ij}(-c)$ をえる. このことからも基本変形の可逆性が示される.

定理 2.11. i. 任意の行列は行に関する基本変形と列の交換とを有限回ほどこして, つぎの形に変形できる:

(2.22)　　　　　　　　　　$\begin{pmatrix}E_r & B_{12}\\ O & O\end{pmatrix};$

ii. 任意の行列は列に関する基本変形と行の交換とを有限回ほどこして, つぎの形に変形できる:

(2.23)　　　　　　　　　　$\begin{pmatrix}E_r & O\\ B_{21} & O\end{pmatrix};$

iii. 任意の行列は基本変形を有限回ほどこして，つぎの形に変形できる:

$$\begin{pmatrix} E_r & O \\ O & O \end{pmatrix}; \tag{2.24}$$

証明. i. A が零行列なら証明終り．零行列でないなら，零でない成分があるから，行と列の交換で (1, 1) 成分が零でないように変形し，さらに第一行を定数倍して (1.1) 成分を 1 にする．つぎに，第一行を定数倍して他の行に加えることにより，

$$A_1=\begin{pmatrix} 1 & * & \cdots & * \\ 0 & & & \\ \vdots & & B_1 & \\ 0 & & & \end{pmatrix}$$

の形にする．B_1 が零行列なら求める形である．零行列でないなら，B_1 に上と同じ操作をし，

$$\begin{pmatrix} 1 & * & \cdots\cdots & * \\ 0 & 1 & * \cdots & * \\ \vdots & 0 & & \\ \vdots & \vdots & B_2 & \\ 0 & 0 & & \end{pmatrix}$$

に変形し，さらに第二行の定数倍を第一行に加え，

$$\begin{pmatrix} 1 & 0 & * \cdots & * \\ 0 & 1 & * \cdots & * \\ \vdots & 0 & & \\ \vdots & \vdots & B_2 & \\ 0 & 0 & & \end{pmatrix}$$

の形にし，この操作を有限回つづける．

ii. i の証明の行を列にかえた操作をすればよい．

iii. i と ii を合わせてできる．（証終）

定理 2.11 iii でえられた行列 (24) をもとの行列の**標準形**という．

例題 1. $$A=\begin{pmatrix} 1 & 2 & 3 \\ 3 & 3 & 1 \\ 2 & 1 & -2 \end{pmatrix}$$

の標準形を求めよ．

［**解**］
$$\begin{pmatrix} 1 & 2 & 3 \\ 3 & 3 & 1 \\ 2 & 1 & -2 \end{pmatrix} \xrightarrow[\text{(i)}]{} \begin{pmatrix} 1 & 0 & 3 \\ 3 & -3 & 1 \\ 2 & -3 & -2 \end{pmatrix} \xrightarrow[\text{(ii)}]{} \begin{pmatrix} 1 & 0 & 0 \\ 3 & -3 & -8 \\ 2 & -3 & -8 \end{pmatrix} \xrightarrow[\text{(iii)}]{} \begin{pmatrix} 1 & 0 & 0 \\ 0 & -3 & -8 \\ 0 & -3 & -8 \end{pmatrix}$$
$$\xrightarrow[\text{(iv)}]{} \begin{pmatrix} 1 & 0 & 0 \\ 0 & 1 & 1 \\ 0 & 1 & 1 \end{pmatrix} \xrightarrow[\text{(v)}]{} \begin{pmatrix} 1 & 0 & 0 \\ 0 & 1 & 1 \\ 0 & 0 & 0 \end{pmatrix} \xrightarrow[\text{(vi)}]{} \begin{pmatrix} 1 & 0 & 0 \\ 0 & 1 & 0 \\ 0 & 0 & 0 \end{pmatrix}.$$

ここで (i) 第 1 列×(−2) を第 2 列に加え (ii) 第 1 列×(−3) を第 3 列に加え，(iii) 第 1 行×(−3) を第 2 行に加え，第 1 行×(−2) を第 3 行に加え，(iv) 第 2 列，第 3 列にそれぞれ −1/3，−1/8 を掛け，(v) 第 2 行×(−1) を第 3 行に加え，(vi) 第 2 列×(−1)

を第3列に加えた. (以上)

定理 2.11 iii は，任意の行列 A に対し，適当な基本行列 $P_1, \cdots, P_k, Q_1, \cdots, Q_l$ が存在して，

$$(P_1\cdots P_k)A(Q_1\cdots Q_l)=\begin{pmatrix} E_r & O \\ O & O \end{pmatrix}$$

になることを意味している．基本行列 P_i, Q_j は正則であるから，定理 2.9 i から $(P_1\cdots P_k)$, $(Q_1\cdots Q_l)$ は正則行列，したがって，つぎの系がえられる:

系 1. 任意の行列Aに対し，適当な正則行列 P, Q があって，

$$PAQ=\begin{pmatrix} E_r & O \\ O & O \end{pmatrix}$$

になる．ここで右辺は A の標準形.

系 2. n次正方行列 A に対し，つぎの五条件は互いに同値である:

i. A は正則である;

ii. 適当なn次正則行列 B があって，$AB=E$;

iii. 適当なn次正則行列 C があって，$CA=E$;

iv. E は A の標準形である;

v. A は有限個の基本行列の積でかける.

証明. i ⇒ ii と i ⇒ iii は明らか.

ii ⇒ iv: A が基本変形で

$$\begin{pmatrix} E_r & O \\ O & O \end{pmatrix} \qquad (r\leqq n)$$

になったとすると，系1から正則行列 P, Q があって

$$PAQ=\begin{pmatrix} E_r & O \\ O & O \end{pmatrix}.$$

$AB=E$ なら，両辺に右，左から P^{-1}, P を掛けて $PAQQ^{-1}BP^{-1}=PEP^{-1}=E$. $Q^{-1}BP^{-1}$ と E を

$$\begin{pmatrix} E_r & O \\ O & O \end{pmatrix}$$

と同じ区分けをすると，

$$\begin{pmatrix} E_r & O \\ O & O \end{pmatrix}\begin{pmatrix} B_{11} & B_{12} \\ B_{21} & B_{22} \end{pmatrix}=\begin{pmatrix} E_r & O \\ O & E_{n-r} \end{pmatrix}.$$

$n>r$ なら，定理 2.8 により，左辺の (2, 2) ブロックは零行列になり，矛盾．iii ⇒ iv も同様にできる.

iv ⇒ v: 系1の考察と同様に仮定から基本行列 $P_1, \cdots, P_k, Q_1, \cdots, Q_l$ で，$(P_1\cdots P_k)A(Q_1\cdots Q_l)=E$. ゆえに，$A=P_k^{-1}\cdots P_1^{-1}Q_l^{-1}\cdots Q_1^{-1}$ 基本行列の逆行列も基本行列であるから，v をうる.

v ⇒ i: 基本行列は正則であるから，定理 2.9 i より A も正則である. (証終)

例題 2.　n 次正方行列 A, B に対し，$AB=E$ なら $B=A^{-1}$ であることを示せ.

［**解**］ $AB=E$ なら，系 2 により，A は正則行列. A^{-1} を両辺に掛けると，$A^{-1}(AB)=A^{-1}E$. ∴ $(A^{-1}A)B=A^{-1}$. ∴ $B=A^{-1}$.　（以上）

この例題は A が正則のとき，$AB=E$ か $BA=E$ の一方が成り立てば，他方も成り立ち，$B=A^{-1}$ であることを示している.

定理 2.12.　行列 A の標準形

$$\begin{pmatrix} E_r & O \\ O & O \end{pmatrix}$$

における r は，基本変形の仕方によらない A で決まる定数である.

証明.
$$\begin{pmatrix} E_r & O \\ O & O \end{pmatrix}, \quad \begin{pmatrix} E_s & O \\ O & O \end{pmatrix} \quad (r \leqq s)$$

を A の二つの標準形とする. 基本変形の可逆性から，正則行列 P, Q があって

$$P\begin{pmatrix} E_r & O \\ O & O \end{pmatrix}Q=\begin{pmatrix} E_s & O \\ O & O \end{pmatrix}.$$

P, Q をこの式の左辺がブロックによる積計算が可能なように分けて

$$\begin{pmatrix} P_{11} & P_{12} \\ P_{21} & P_{22} \end{pmatrix}\begin{pmatrix} E_r & O \\ O & O \end{pmatrix}\begin{pmatrix} Q_{11} & Q_{12} \\ Q_{21} & Q_{22} \end{pmatrix}=\begin{pmatrix} E_s & O \\ O & O \end{pmatrix}.$$

$r<s$ なら，

$$\begin{pmatrix} P_{11}Q_{11} & P_{12}Q_{12} \\ P_{21}Q_{11} & P_{21}Q_{12} \end{pmatrix}=\begin{pmatrix} E_r & O \\ O & B_{22} \end{pmatrix};$$

ここで
$$B_{22}=\begin{pmatrix} E_{s-r} & O \\ O & O \end{pmatrix}.$$

$P_{11}Q_{11}=E_r$ から，系 2 により P_{11} は正則，一方，$P_{11}Q_{12}=O$ から，両辺に ${P_{11}}^{-1}$ を掛けて $Q_{12}=O$. ゆえに，$P_{21}Q_{12}=O$. 他方で，$P_{21}Q_{12}=B_{22}\neq O$. 矛盾. ゆえに，$r=s$.　（証終）

定理 2.12 の定数 r を A の**階数**といい，$\mathrm{rank}(A)$ とかく.

系 1.　n 次正方行列 A に対し，

$$A\text{: 正則} \Longleftrightarrow \mathrm{rank}(A)=n.$$

証明.　定理 2.11 系 2 iv は $\mathrm{rank}(A)=n$ と同値である.　（証終）

系 2.　(m, n) 型行列 A に対し，$\mathrm{rank}(A)=\mathrm{rank}({}^{t}A)$.

証明.　$r=\mathrm{rank}(A)$ なら，有限個の基本行列 P_i, Q_j があって

$$(P_1 \cdots P_k)A(Q_1 \cdots Q_l)=\begin{pmatrix} E_r & O \\ O & O \end{pmatrix}.$$

両辺の転置行列を考えると，

$${}^{t}(P_1 \cdots P_k A Q_1 \cdots Q_l)={}^{t}Q_l \cdots {}^{t}Q_1 {}^{t}A {}^{t}P_k \cdots {}^{t}P_1={}^{t}\begin{pmatrix} E_r & O \\ O & O \end{pmatrix}.$$

基本行列の転置行列はまた基本行列であるから，$\mathrm{rank}({}^{t}A)=r$.　（証終）

以上の考察は，正方行列 A の正則性を調べ，逆行列 A^{-1} を求める方法を与える. じっ

さい，A が正則なら，基本行列 $P_1, \cdots, P_k, Q_1, \cdots, Q_l$ があって $P_1 \cdots P_k A Q_1 \cdots Q_l = E$. したがって，

$$A=(P_1 \cdots P_k)^{-1}(Q_1 \cdots Q_l)^{-1}. \tag{2.25}$$

ゆえに，

$$Q_1 \cdots Q_l P_1 \cdots P_k A = E. \tag{2.26}$$

例題 2 から

$$A^{-1}=(Q_1 \cdots Q_l P_1 \cdots P_k)=(Q_1 \cdots Q_l P_1 \cdots P_k)E. \tag{2.27}$$

(26) は正則行列 A は行に関する基本変形で単位行列になることを示し，(27) はこれと同じ基本変形を E にほどこしたときえられる行列が A^{-1} であることを示している．また逆に，正方行列 A は，行に関する基本変形で単位行列になれば，明らかに正則である．

例題 3.

$$A=\begin{pmatrix}1 & 2 & 1\\ 1 & 3 & 2\\ 2 & 1 & 0\end{pmatrix}$$

は正則か；正則なら，A^{-1} を求めよ．

［**解**］

$$(AE)=\left(\begin{array}{ccc:ccc}1 & 2 & 1 & 1 & 0 & 0\\ 1 & 3 & 2 & 0 & 1 & 0\\ 2 & 1 & 0 & 0 & 0 & 1\end{array}\right) \longrightarrow \begin{pmatrix}1 & 2 & 1 & 1 & 0 & 0\\ 0 & 1 & 1 & -1 & 1 & 0\\ 0 & -3 & -2 & -2 & 0 & 1\end{pmatrix}$$

$$\longrightarrow \begin{pmatrix}1 & 0 & -1 & 3 & -2 & 0\\ 0 & 1 & 1 & -1 & 1 & 0\\ 0 & 0 & 1 & -5 & 3 & 1\end{pmatrix} \longrightarrow \left(\begin{array}{ccc:ccc}1 & 0 & 0 & -2 & 1 & 1\\ 0 & 1 & 0 & 4 & -2 & -1\\ 0 & 0 & 1 & -5 & 3 & 1\end{array}\right).$$

ゆえに，A は正則で，

$$A^{-1}=\begin{pmatrix}-2 & 1 & 1\\ 4 & -2 & -1\\ -5 & 3 & 1\end{pmatrix}.$$

（以上）

本節では，数と行列の要素をすべて複素数としたが，数を実数に行列を実行列にしても，(実)基本変形が同様に定義され，定理 2.11 が成り立つ．したがって，上の正則行列 A の逆行列の求め方から，A が実行列なら A^{-1} も実行列であり，つぎの注意をうる：

注意． 本節の結果は，数を実数に行列を実行列にして，すべて成り立つ．

2.4. 一次方程式

複素数 a_{ij} $(i=1, \cdots, m;\ j=1, \cdots, n)$，$c_i$ $(i=1, \cdots, m)$ に対し，つぎの連立一次方程式を解くことを考える：

$$\begin{cases} a_{11}x_1+a_{12}x_2+\cdots+a_{1n}x_n=c_1, \\ \cdots\cdots\cdots\cdots\cdots\cdots\cdots\cdots, \\ a_{m1}x_1+a_{m2}x_2+\cdots+a_{mn}x_n=c_m. \end{cases} \tag{2.28}$$

このとき，行列 $A=(a_{ij})$ を (28) の**係数の行列**という．

$$\boldsymbol{x}=\begin{pmatrix}x_1\\ \vdots\\ x_n\end{pmatrix}, \qquad \boldsymbol{c}=\begin{pmatrix}c_1\\ \vdots\\ c_m\end{pmatrix}$$

とすると，(28) は

$$A\cdot\boldsymbol{x}=\boldsymbol{c} \tag{2.29}$$

とかける．これに，m 次正則行列 P を左から掛けると，

$$PA\cdot\boldsymbol{x}=P\cdot\boldsymbol{c}. \tag{2.30}$$

このとき，容易にわかるように，(29) と (30) は解を共有するから，適当な P を選んで，係数の行列 PA を解を求めるのに都合のよいものにする．定理 2.11 i と同様に，$(m,\ n+1)$ 型行列 $(A\boldsymbol{c})$ は，行に関する基本変形と第 $(n+1)$ 列以外の列の交換とにより，つぎの形に変形できる:

$$r)\left(\begin{array}{ccc:ccc:c}
\multicolumn{3}{c:}{\overbrace{\hphantom{1\ \ddots\ 1}}^{r}} & & & & \\
1 & & & b_{1r+1} & \cdots & b_{1n} & d_1 \\
 & \ddots & & & & & \vdots \\
 & & 1 & b_{rr+1} & \cdots & b_{rn} & d_r \\
\hdashline
 & & & & & & d_{r+1} \\
 & 0 & & & 0 & & \vdots \\
 & & & & & & d_m
\end{array}\right).$$

行に関する有限回の基本変形は，正則行列を左から掛けることに同値であるから，列の交換にともなう未知数 $x_1,\ \cdots,\ x_n$ の番号付けの交換に注意すると，(28) を解くこととつぎの形の連立一次方程式を解くこととは同値である:

$$\left\{\begin{array}{rl}
x_1+\qquad\qquad +b_{1r+1}x_{r+2} & +\cdots+b_{1n}x_n=d_1, \\
x_2+\cdots+b_{2r+1}x_{r+1} & +\cdots+b_{2n}x_n=d_2, \\
\cdots\cdots\cdots\cdots\cdots & \cdots\cdots\cdots\cdots\cdots, \\
x_r+b_{rr+1}x_{r+1} & +\cdots+b_{rn}x_n=d_r, \\
 & 0=d_{r+1}, \\
 & \cdots\cdots, \\
 & 0=d_m.
\end{array}\right. \tag{2.31}$$

この形から，(31) が解をもつ必要十分条件は $d_{r+1}=\cdots=d_m=0$ であり，このとき，解は $x_{r+1},\ \cdots,\ x_n$ を任意の数としたとき，つぎの式で与えられる:

$$x_i=d_i-\sum_{j=r+1}^{n}b_{ij}x_j \qquad (i=1,\ \cdots,\ r). \tag{2.32}$$

行列の階数の性質から，$d_{r+1}=\cdots=d_m=0$ なる条件は $\operatorname{rank}(A)=\operatorname{rank}(A\boldsymbol{c})$ と同値であるから，まとめてつぎの定理がえられる:

定理 2.13． 連立一次方程式 (28) に対し，

i．(28) が解をもつ $\Longleftrightarrow$ 行列 A と行列 $(A\boldsymbol{c})$ の階数が等しい;

ii．(28) が解をもつとき，行列 $(A\boldsymbol{c})$ は行に関する基本変形と第 $(n+1)$ 列以外の列の交換で (30) の $d_{r+1}=\cdots=d_m=0$ なる形に変形され，$x_{r+1},\ \cdots,\ x_n$ を任意にとり，$x_1,\ \cdots,\ x_r$ を (32) 式で決まる数にしたもの $(x_1,\ \cdots,\ x_n)$ が (28) の解である．

注意． 定理 2.13 ii で，列の交換にともなう $x_1,\ \cdots,\ x_n$ の番号の交換に注意．また，$\operatorname{rank}(A)=\operatorname{rank}(Ac)=r$ とすると，任意にとれる未知数の個数は $n-r$ である．

例題 1． 解をもたない連立方程式 $x_1+x_2=1,\ x_1+x_2=0$ について，定理 2.13 i の条

件を確めよ．

［解］ $A=\begin{pmatrix}1 & 1\\ 1 & 1\end{pmatrix}\longrightarrow\begin{pmatrix}1 & 1\\ 0 & 0\end{pmatrix}\longrightarrow\begin{pmatrix}1 & 0\\ 0 & 0\end{pmatrix}$. ∴ $\mathrm{rank}\,A=1$.

$$(A\boldsymbol{c})=\begin{pmatrix}1 & 1 & 1\\ 1 & 1 & 0\end{pmatrix}\longrightarrow\begin{pmatrix}1 & 1 & 1\\ 0 & 0 & -1\end{pmatrix}\longrightarrow\begin{pmatrix}1 & 0 & 0\\ 0 & 0 & 1\end{pmatrix}\longrightarrow\begin{pmatrix}1 & 0 & 0\\ 0 & 1 & 0\end{pmatrix}.$$

∴ $\mathrm{rank}(A\boldsymbol{c})=2$. （以上）

例題 2． つぎの連立一次方程式を解け:

$$\begin{cases} x_1+\ x_2+\ x_3+x_4=1,\\ 2x_1+\ x_2+3x_3+x_4=4,\\ 3x_1+2x_2+5x_3+x_4=1,\\ 2x_1+2x_2+3x_3+x_4=-2. \end{cases}$$

［解］
$$(A\boldsymbol{c})=\begin{pmatrix}1 & 1 & 1 & 1 & 1\\ 2 & 1 & 3 & 1 & 4\\ 3 & 2 & 5 & 1 & 1\\ 2 & 2 & 3 & 1 & -2\end{pmatrix}\longrightarrow\begin{pmatrix}1 & 1 & 1 & 1 & 1\\ 0 & -1 & 1 & -1 & 2\\ 0 & -1 & 2 & -2 & -2\\ 0 & 0 & 1 & -1 & -4\end{pmatrix}$$

$$\longrightarrow\begin{pmatrix}1 & 1 & 1 & 1 & 1\\ 0 & 1 & -1 & 1 & -2\\ 0 & -1 & 2 & -2 & -2\\ 0 & 0 & 1 & -1 & -4\end{pmatrix}\longrightarrow\begin{pmatrix}1 & 0 & 2 & 0 & 3\\ 0 & 1 & -1 & 1 & -2\\ 0 & 0 & 1 & -1 & -4\\ 0 & 0 & 1 & -1 & -4\end{pmatrix}$$

$$\longrightarrow\left(\begin{array}{ccc:c:c}1 & 0 & 0 & 2 & 11\\ 0 & 1 & 0 & 0 & -6\\ 0 & 0 & 1 & -1 & -4\\ \hdashline 0 & 0 & 0 & 0 & 0\end{array}\right).$$

ゆえに，求める解は x_4 は任意定数 t で $x_1=11-2t$, $x_2=-6$, $x_3=-4+t$. （以上）

系 1． 方程式の個数と未知数の個数の等しい連立一次方程式は，係数の行列が正則なら，ただ一つの解をもつ．

証明． (28) で $m=n$ とすると，定理 2.12 系 1 から係数の行列 A は階数 n. 一方，階数の定義から $(n,\ n+1)$ 型行列 $(A\boldsymbol{c})$ の階数 $\leqq n$ であり，$\mathrm{rank}(A)=n$ を用いて，$\mathrm{rank}(A\boldsymbol{c})=n$. ゆえに，定理 2.13 より系をうる． （証終）

連立一次方程式 (28) の右辺の定数がすべて 0 のとき，つまり $\boldsymbol{c}={}^t(0,\cdots,0)=\boldsymbol{o}$ のとき，これは**斉次**であるという．斉次連立一次方程式は $x_1=x_2=\cdots=x_n=0$ を解にもつ．この解を**零解**または**自明な解**という．零解以外の解については，

系 2． n 個の未知数 $x_1,\cdots,x_n$ をもち，m 個の方程式から成る斉次連立一次方程式の係数の行列の階数を r とする．$n=r$ なら，この連立方程式は零解以外の解をもたない．$n>r$ なら，$x_1,\cdots,x_n$ のうち，$n-r$ 個の x_j が任意の値をとり，他の x_i は，これら $n-r$ 個の x_j の斉次一次式で与えられる．

証明． 定理 2.13 から明らか． （証終）

例題 3. 未知数の個数nが方程式の個数mより大きければ，斉次連立一次方程式は零解以外の解をもつ.

［**解**］ 係数の行列の階数rに対し，$r \leqq m < n$. ゆえに，$n-r>0$. （以上）

例題 4. 未知数の個数を方程式の個数が一致する斉次連立一次方程式が零解以外の解をもつ必要十分条件は，係数の行列が正則でないことである.

［**解**］ 例題3の記号を用いて，$r \leqq m = n$. 定理 2.12 系1から，係数の行列が正則でない $\Longleftrightarrow r<n$. ゆえに，定理 2.13 系 1，系2から証明される. （以上）

連立一次方程式 $A\boldsymbol{x}=\boldsymbol{c}$ の解 $(x_1, \cdots, x_n)$ はn次列ベクトルと考えられるから，列ベクトルとしての和，差，スカラー倍が考えられる.

定理 2.14. 斉次連立一次方程式 $A\boldsymbol{x}=\boldsymbol{o}$ の解全体のつくる集合Sは，つぎの二条件をみたす:

i. $$\boldsymbol{x}_1,\ \boldsymbol{x}_2 \in S \Rightarrow \boldsymbol{x}_1+\boldsymbol{x}_2 \in S;$$

ii. $$\boldsymbol{x} \in S,\ a: \text{複素数} \Rightarrow a\boldsymbol{x} \in S.$$

証明. i. $\boldsymbol{x}_1.\ \boldsymbol{x}_2 \in S \Rightarrow A\boldsymbol{x}_1=\boldsymbol{o},\ A\boldsymbol{x}_2=\boldsymbol{o}$. 二式の両辺を加えると，

$$A\boldsymbol{x}_1+A\boldsymbol{x}_2=A(\boldsymbol{x}_1+\boldsymbol{x}_2)=\boldsymbol{o}. \qquad (\to \text{定理 } 2.3)$$

ii. $\boldsymbol{x} \in S \Rightarrow A\boldsymbol{x}=\boldsymbol{o}$, 両辺を$a$倍して

$$aA\boldsymbol{x}=A(a\boldsymbol{x})=\boldsymbol{o}. \qquad (\to \text{定理 } 2.3)$$ （証終）

例題 5. 連立一次方程式 $A\boldsymbol{x}=\boldsymbol{c}$ の解全体のつくる集合を H，斉次連立一次方程式 $A\boldsymbol{x}=\boldsymbol{o}$ の解全体のつくる集合を S とすると，

i. $$\boldsymbol{x}_1, \boldsymbol{x}_2 \in H \Rightarrow \boldsymbol{x}_1-\boldsymbol{x}_2 \in S;$$

ii. $$\boldsymbol{x} \in H,\ \boldsymbol{y} \in S \Rightarrow \boldsymbol{x}+\boldsymbol{y} \in H.$$

［**解**］ i. $\boldsymbol{x}_1, \boldsymbol{x}_2 \in H \Rightarrow A\boldsymbol{x}_1=\boldsymbol{c},\ A\boldsymbol{x}_2=\boldsymbol{c}$. 二式の差をとって $A\boldsymbol{x}_1-A\boldsymbol{x}_2=A(\boldsymbol{x}_1-\boldsymbol{x}_2)=\boldsymbol{o}$. ゆえに，$\boldsymbol{x}_1-\boldsymbol{x}_2 \in S$.

ii. $\boldsymbol{x} \in H,\ \boldsymbol{y} \in S \Rightarrow A\boldsymbol{x}=\boldsymbol{c},\ A\boldsymbol{y}=\boldsymbol{o}$. 二式の和をとって $\boldsymbol{x}+\boldsymbol{y} \in H$. （以上）

注意. §2.3 の末尾の考察と同様に，本節の結果は，数を実数に，行列を実行列にして，すべて成り立つ.

3. 行列式

3.1. 置換

自然数nに対し，$M=\{1, 2, \cdots, n\}$ とする. MからMの上への一対一写像をMの**置換**という. Mの置換全体のつくる集合を S_n とし，S_n の元σを表わすのに

$$\sigma=\begin{pmatrix} 1 & 2 & \cdots & n \\ \sigma(1) & \sigma(2) & \cdots & \sigma(n) \end{pmatrix} \tag{3.1}$$

とかく. ここで，$\sigma(i)$ はiのσによる像で，$\sigma(1), \sigma(2), \cdots, \sigma(n)$ は 1, 2, ⋯, nの順列である. したがって，S_n の元の個数は $n!$ である.

置換σを (1) のように表わしたとき，上の数と下の数との関係でσが決まるので，特に

上の数を 1, 2, …, n の順にかかなくてもよいことにする．例えば，

$$\begin{pmatrix}1&2&3\\2&3&1\end{pmatrix}=\begin{pmatrix}1&3&2\\2&1&3\end{pmatrix}=\begin{pmatrix}3&2&1\\1&3&2\end{pmatrix}.$$

特に，$\sigma(i)=i$ $(i=1, 2, \cdots, n)$ なる置換 σ を**恒等置換**といい，1_n とかく．

$\sigma, \tau \in S_n$ に対し，σ と τ の合成写像 $\tau\circ\sigma$ はまた S_n の元である．これを σ と τ の**積**といい，$\tau\sigma$ とかく．

$\sigma \in S_n$ に対し，σ の逆写像 σ^{-1} もまた S_n の元である．σ^{-1} を σ の**逆置換**という．明らかに，

$$\sigma=\begin{pmatrix}1&2&\cdots&n\\\sigma(1)&\sigma(2)&\cdots&\sigma(n)\end{pmatrix}$$

なら

$$\sigma^{-1}=\begin{pmatrix}\sigma(1)&\sigma(2)&\cdots&\sigma(n)\\1&2&\cdots&n\end{pmatrix}$$

であり，

(3.2) $$(\sigma^{-1})^{-1}=\sigma.$$

置換の積についてのつぎの定理は明らかである:

定理 3.1． 任意の $\sigma, \tau, \mu \in S_n$ に対し，

i. $$(\sigma\tau)\mu=\sigma(\tau\mu);$$

ii. $$\sigma 1_n=1_n\sigma=\sigma;$$

iii. $$\sigma\sigma^{-1}=\sigma^{-1}\sigma=1_n.$$

例題 1． $$\sigma=\begin{pmatrix}1&2&3\\3&2&1\end{pmatrix},\qquad \tau=\begin{pmatrix}1&2&3\\2&3&1\end{pmatrix}$$

とするとき，$\tau\sigma$, $\sigma\tau$, σ^{-1}, τ^{-1} を求めよ．

［**解**］ $$\tau\sigma=\begin{pmatrix}1&2&3\\1&3&2\end{pmatrix},\qquad \sigma\tau=\begin{pmatrix}1&2&3\\2&1&3\end{pmatrix},$$

$$\sigma^{-1}=\begin{pmatrix}3&2&1\\1&2&3\end{pmatrix}=\begin{pmatrix}1&2&3\\3&2&1\end{pmatrix},\qquad \tau^{-1}=\begin{pmatrix}2&3&1\\1&2&3\end{pmatrix}=\begin{pmatrix}1&2&3\\3&1&2\end{pmatrix}.$$ （以上）

定理 3.1 は，置換の積は数の積に似ていることを示しているが，例題 1 が示すように，一般に $\sigma, \tau \in S_n$ に対し $\sigma\tau=\tau\sigma$ は成り立たない．

系． i．σ を σ^{-1} に写す S_n から S_n への写像は，S_n から S_n の上への一対一写像である．

ii．$\tau \in S_n$ に対し，σ を $\tau\sigma$ に写す S_n から S_n への写像は，S_n から S_n の上への一対一写像である．また，σ を $\sigma\tau$ に写す写像についても同様である．

証明． i．$\sigma_1, \sigma_2 \in S_n$ に対して ${\sigma_1}^{-1}={\sigma_2}^{-1}$ なら，両辺の逆置換を考えると，(2) から $\sigma_1=\sigma_2$．ゆえに，この写像は一対一である．一方，S_n は $n!$ 個の元から成るから，上への写像でもある．

ii．$\sigma_1, \sigma_2 \in S_n$ に対し，$\tau\sigma_1=\tau\sigma_2$ なら 両辺に左から τ^{-1} を掛けると，$\tau^{-1}(\tau\sigma_1)=\tau^{-1}(\tau\sigma_2)$．定理 3.1 i から $(\tau^{-1}\tau)\sigma_1=(\tau^{-1}\tau)\sigma_2$．定理 3.1 iii から $1_n\sigma_1=1_n\sigma_2$．定理 3.1 ii から

$\sigma_1=\sigma_2$. ゆえに，この写像は一対一. i と同様に，上への写像でもある.　（証終）

$\sigma\in S_n$ に対し，相異なる M の元 $i_1, i_2, \cdots, i_r$ があって

(3.3)　$\sigma(i_1)=i_2,\ \sigma(i_2)=i_3,\ \cdots,\ \sigma(i_{r-1})=i_r,\ \sigma(i_r)=i_1,\ \sigma(j)=j\quad(j\neq i_1,\cdots,i_r)$

をみたすとき，σ を**巡回置換**といい，$\sigma=(i_1i_2\cdots i_r)$ とかく．特に，$r=2$ のとき，σ を**互換**という．

例題 2.
$$\sigma=\begin{pmatrix}1&2&3&4\\2&3&1&4\end{pmatrix}=(1\ 2\ 3)=(2\ 3\ 1)=(3\ 1\ 2)$$
は巡回置換である．

例題 3.　$\sigma=(i_1i_2\cdots i_r)$　なら，$\overbrace{\sigma\sigma\cdots\sigma}^{r\text{個}}=1_n$.

［解］　$\tau=\sigma\cdots\sigma=\sigma^r$ としたとき，M の元が τ で動かないことを示せばよい．(3) から，$i_1\xrightarrow{\sigma}i_2\xrightarrow{\sigma}i_3\to\cdots\xrightarrow{\sigma}i_r\xrightarrow{\sigma}i_1$ のように写るから，$\tau(i_1)=i_1$．他の $i_2,\cdots,i_r$ についても同様．$i_1,\cdots,i_r$ 以外の j については，$\tau(j)=j$.　（以上）

例題 4.　巡回置換 $\sigma=(i_1i_2\cdots i_r)$ はつぎのように，$r-1$ 個の互換の積にかける：

(3.4)　$\sigma=(i_1i_r)(i_1i_{r-1})\cdots(i_1i_3)(i_1i_2)$.

［解］　じっさい，右辺の計算をすれば明らかである．　（以上）

例題 5.
$$\sigma=\begin{pmatrix}1&2&3&4&5\\3&5&4&1&2\end{pmatrix}$$
を巡回置換の積でかけ；また，σ を互換の積でかけ．

［解］　$\sigma=\begin{pmatrix}1&2&3&4&5\\3&5&4&1&2\end{pmatrix}=(2\ 5)(1\ 3\ 4)=(2\ 5)(1\ 4)(1\ 3)$.　（→ 例題 4）

（以上）

上の例題5と例題4は，つぎの定理の i を与える：

定理 3.2.　i.　任意の $\sigma\in S_n$ に対し，有限個の互換 $\sigma_1,\sigma_2,\cdots,\sigma_r$ があって，つぎのようにかける：

(3.5)　$\sigma=\sigma_1\sigma_2\cdots\sigma_r$;

ただし，$\sigma=1_n$ のときは，$r=0$ と考える．

ii.　(5) の r が偶数であるか奇数であるかは，σ により一意的に決まる．→証明次頁

例題 6.　例題 5 の σ は $\sigma=(2\ 5)(1\ 4)(1\ 3)=(2\ 5)(2\ 4)(2\ 4)(1\ 4)(1\ 3)$ となり，σ を表わす互換の個数は 3 と 5 で等しくないが，ともに奇数である．

定理 3.2 ii を示すため，つぎの考察をする．

n 個の変数 $x_1,\cdots,x_n$ の多項式 $f=\sum a_{e_1\cdots e_n}x_1{}^{e_1}x_2{}^{e_2}\cdots x_n{}^{e_n}$ と，$\sigma\in S_n$ に対し，

(3.6)　$\sigma f=\sum a_{e_1\cdots e_n}x_{\sigma(1)}^{e_1}x_{\sigma(2)}^{e_2}\cdots x_{\sigma(n)}^{e_n}$

とすると，明らかに σf も $x_1, x_2, \cdots, x_n$ の多項式である．

例題 7.　$f=2x_1{}^2x_2x_3+3x_1x_3+4x_2$，$\sigma=\begin{pmatrix}1&2&3\\2&3&1\end{pmatrix}$ のとき，σf を求めよ．

［解］　$\sigma f=2x_2{}^2x_3x_1+3x_2x_1+4x_3=2x_1x_2{}^2x_3+3x_1x_2+4x_3$.　（以上）

明らかに，(6) についてつぎの二つの性質がある:

(3.7) $$\sigma, \tau \in S_n \text{ に対し，} (\sigma\tau)f=\sigma(\tau f);$$

(3.8) $$1_n f=f.$$

いま，f として，n 変数の差積といわれるつぎの Δ をとる:

$$\begin{aligned}\Delta=(x_1-x_2)(x_1-x_3)\quad\cdots\quad\cdots\quad&(x_1-x_n)\\ \times(x_2-x_3)(x_2-x_4)\quad\cdots\quad&(x_2-x_n)\\ \vdots\quad&\\ \times(x_{n-2}-x_{n-1})&(x_{n-2}-x_n)\\ &\times(x_{n-1}-x_n).\end{aligned}$$

特に，σ が互換なら，簡単な計算から

(3.9) $$\sigma\Delta=-\Delta.$$

定理 3.2 ii の証明: $\sigma \in S_n$ がつぎのように互換 σ_i, τ_j の積として，二通りにかけたとする: $\sigma=\sigma_1\cdots\sigma_s=\tau_1\cdots\tau_t$. (7) と (9) を用いて，

$$\sigma\Delta=(\sigma_1\cdots\sigma_s)\Delta=\sigma_1(\sigma_2(\cdots(\sigma_s\Delta)\cdots))=(-1)^s\Delta,$$
$$\sigma\Delta=(\tau_1\cdots\tau_t)\Delta=\tau_1(\tau_2(\cdots(\tau_t\Delta)\cdots))=(-1)^t\Delta.$$

ゆえに，$(-1)^s=(-1)^t$，したがって，s と t は偶奇を同じくする．　(証終)

$\sigma \in S_n$ が偶数個の互換の積になるとき，σ を**偶置換**，奇数個の互換の積になるとき，σ を**奇置換**といい，それぞれの場合，σ の**符号**を $+1$, -1 と定義する．σ の符号を $\mathrm{sgn}(\sigma)$ とかく．つまり，

(3.10) $$\mathrm{sgn}(\sigma)=\begin{cases}1 & (\sigma\text{: 偶置換}),\\ -1 & (\sigma\text{: 奇置換}).\end{cases}$$

定理 3.3. $\sigma, \tau \in S_n$ に対し，

(3.11) $$\mathrm{sgn}(\sigma\tau)=\mathrm{sgn}(\sigma)\mathrm{sgn}(\tau).$$

証明. σ_i, τ_j を互換として $\sigma=\sigma_1\cdots\sigma_r$, $\tau=\tau_1\cdots\tau_s$ とすると，$\sigma\tau=\sigma_1\cdots\sigma_r\tau_1\cdots\tau_s$ で $r+s$ 個の互換の積になるから．　(証終)

例題 8. つぎの関係を示せ:

(3.12) $$\mathrm{sgn}(1_n)=1;$$

(3.13) $$\mathrm{sgn}(\sigma^{-1})=\mathrm{sgn}(\sigma).$$

［解］ 定義からもでるが，(11) で $\sigma=\tau=1_n$ とすると，(12) がでる．(11) で $\tau=\sigma^{-1}$ とし，(12) を用いると，(13) をうる．　(以上)

例題 9. S_2, S_3 の元の偶奇を判定せよ．

［解］ S_2 の元は $\begin{pmatrix}1 & 2\\ 1 & 2\end{pmatrix}$: 偶，$\begin{pmatrix}1 & 2\\ 2 & 1\end{pmatrix}$: 奇．

S_3 の元で偶なるものは 1_3, $(1\ 2\ 3)$, $(1\ 3\ 2)$，奇は $(1\ 2)$, $(1\ 3)$, $(2\ 3)$．　(以上)

例題 10. $A_n=\{\sigma \mid \sigma \in S_n,\ \sigma\text{: 偶}\}$ とするとき，つぎの関係を示せ:

i. $$\sigma,\ \tau \in A_n \Rightarrow \sigma\cdot\tau \in A_n;$$

ii. $$\sigma \in A_n \Rightarrow \sigma^{-1} \in A_n.$$

［解］ (11) から明らかである.　　(以上)

3.2. 行列式

n 次正方行列 $A=(a_{ij})$ に対し,

$$\sum_{\sigma\in S_n}\mathrm{sgn}(\sigma)a_{1\sigma(1)}a_{2\sigma(2)}\cdots a_{n\sigma(n)} \tag{3.14}$$

なる複素数を, A の**行列式**といい,

$$\begin{vmatrix} a_{11} & a_{12} & \cdots & a_{1n} \\ \cdots & \cdots & \cdots & \cdots \\ a_{n1} & a_{n2} & \cdots & a_{nn} \end{vmatrix},\quad |A|,\ \det(A)\ \text{または}\ \det(\boldsymbol{a}_1\boldsymbol{a}_2\cdots\boldsymbol{a}_n)$$

で表わす. ここで $\sum_{\sigma\in S_n}$ は S_n の $n!$ 個の元をわたる和で, $\boldsymbol{a}_1$, $\boldsymbol{a}_2$, $\cdots$, $\boldsymbol{a}_n$ は行列 A の列ベクトルである. したがって, $n=1$ のとき $\det(a_{11})=a_{11}$, $n=2$, 3 のときは

$$\begin{vmatrix} a_{11} & a_{12} \\ a_{22} & a_{22} \end{vmatrix}=a_{11}a_{22}-a_{12}a_{21},$$

$$\begin{vmatrix} a_{11} & a_{12} & a_{13} \\ a_{21} & a_{22} & a_{23} \\ a_{31} & a_{32} & a_{33} \end{vmatrix}=a_{11}a_{22}a_{33}+a_{12}a_{23}a_{31}+a_{13}a_{21}a_{32}-a_{13}a_{22}a_{31}-a_{12}a_{21}a_{33}-a_{11}a_{23}a_{32}.$$

(→§3.1 例題 8)

例題 1.
$$\begin{vmatrix} a_1 & 0 & \cdots & 0 \\ 0 & a_2 & & \vdots \\ \vdots & & \ddots & 0 \\ 0 & \cdots & 0 & a_n \end{vmatrix}=a_1a_2\cdots a_n,\qquad \begin{vmatrix} 1 & 2 & 3 \\ 4 & 5 & 6 \\ 3 & 2 & 1 \end{vmatrix}=5+24+36-45-8-12=0.$$

定理 3.4. 正方行列 A の行列式と, A の転置行列 ${}^tA$ の行列式は等しい. つまり,

$$|{}^tA|=|A|.$$

証明. $A=(a_{ij})$ を n 次正方行列とすると,

$$|{}^tA|=\sum_{\sigma\in S_n}\mathrm{sgn}(\sigma)a_{\sigma(1)1}a_{\sigma(2)2}\cdots a_{\sigma(n)n}.$$

$\begin{pmatrix}\sigma(1) & \sigma(2) & \cdots & \sigma(n) \\ 1 & 2 & & n\end{pmatrix}=\sigma^{-1}$ であり, $\mathrm{sgn}(\sigma^{-1})=\mathrm{sgn}(\sigma)$ (→(13)) から

$$|{}^tA|=\sum_{\sigma\in S_n}\mathrm{sgn}(\sigma^{-1})a_{1\sigma^{-1}(1)}a_{2\sigma^{-1}(2)}\cdots a_{n\sigma^{-1}(n)}.$$

定理 3.1 系 i から, σ とともに σ^{-1} もまた S_n をわたるから, $|{}^tA|=|A|$.　　(証終)

定理 3.4 から, 行列式の行について成り立つことは列についても成り立ち, 列について成り立つことは行についても成り立つことがわかる. 以下の若干の定理の証明は列についてのみ行なう.

定理 3.5. i. 正方行列 $A=(\boldsymbol{a}_1\cdots\boldsymbol{a}_i\cdots\boldsymbol{a}_n)$ の第 i 列 $\boldsymbol{a}_i$ が二つの列ベクトル $\boldsymbol{a}_i'$, $\boldsymbol{a}_i''$ の和 $\boldsymbol{a}_i'+\boldsymbol{a}_i''$ に等しいなら, 行列式 $|A|$ は, A の第 i 列をそれぞれ $\boldsymbol{a}_i'$, $\boldsymbol{a}_i''$ にしてえられる二つの行列の行列式の和に等しい. つまり,

$$\begin{aligned}&\det(\boldsymbol{a}_1\cdots\boldsymbol{a}_{i-1}\boldsymbol{a}_i'+\boldsymbol{a}_i''\boldsymbol{a}_{i+1}\cdots\boldsymbol{a}_n)\\ &=\det(\boldsymbol{a}_1\cdots\boldsymbol{a}_{i-1}\boldsymbol{a}_i'\boldsymbol{a}_{i+1}\cdots\boldsymbol{a}_n)+\det(\boldsymbol{a}_1\cdots\boldsymbol{a}_{i-1}\boldsymbol{a}_i''\boldsymbol{a}_{i+1}\cdots\boldsymbol{a}_n).\end{aligned} \tag{3.15}$$

ii. 正方行列 A の第 i 列を定数 c 倍してえられる行列の行列式は，$c|A|$ である．つまり，

(3.16)　$$\det(\boldsymbol{a}_1 \cdots \boldsymbol{a}_{i-1} c\boldsymbol{a}_i \boldsymbol{a}_{i+1} \cdots \boldsymbol{a}_n) = c\det(\boldsymbol{a}_1 \cdots \boldsymbol{a}_i \cdots \boldsymbol{a}_n).$$

上の i, ii は列を行にしても成り立つ．

証明. i. (15) の左辺$=\sum_{\sigma\in S_n} \mathrm{sgn}(\sigma) a_{1\sigma(1)} \cdots a_{i-1\sigma(i-1)}(a'_{i\sigma(i)}+a''_{i\sigma(i)}) a_{i+1\sigma(i+1)} \cdots a_{n\sigma(n)}$ ＝右辺．

ii. (16) の左辺$=\sum_{\sigma\in S_n} \mathrm{sgn}(\sigma) a_{1\sigma(1)} \cdots a_{i-1\sigma(i-1)} c a_{i\sigma(i)} a_{i+1\sigma(i+1)} \cdots a_{n\sigma(n)} = c|A|$.

（証終）

定理 3.6. 正方行列 A の列の番号を置換してえられる行列の行列式は，$|A|$ をこの置換の符号倍したものである．つまり，$\tau\in S_n$ に対し，

(3.17)　$$\det(\boldsymbol{a}_{\tau(1)} \boldsymbol{a}_{\tau(2)} \cdots \boldsymbol{a}_{\tau(n)}) = \mathrm{sgn}(\tau)\det(\boldsymbol{a}_1 \boldsymbol{a}_2 \cdots \boldsymbol{a}_n).$$

これは，列を行にしても成り立つ．

証明. (14) から

$$\det(\boldsymbol{a}_{\tau(1)} \cdots \boldsymbol{a}_{\tau(n)}) = \sum_{\sigma\in S_n} \mathrm{sgn}(\sigma) a_{\tau(1)\sigma(1)} \cdots a_{\tau(n)\sigma(n)}.$$

$\begin{pmatrix} \tau(1) & \cdots & \tau(n) \\ \sigma(1) & \cdots & \sigma(n) \end{pmatrix} = \sigma\tau^{-1}$ から

$$\text{上式} = \sum_{\sigma\in S_n} \mathrm{sgn}(\sigma) a_{1\sigma\tau^{-1}(1)} a_{2\sigma\tau^{-1}(2)} \cdots a_{n\sigma\tau^{-1}(n)}.$$

(11) から $\mathrm{sgn}(\sigma\tau^{-1})\mathrm{sgn}(\tau) = \mathrm{sgn}(\sigma)$. ゆえに，

$$\text{上式} = \mathrm{sgn}(\tau) \sum_{\sigma\in S_n} \mathrm{sgn}(\sigma\tau^{-1}) a_{1\sigma\tau^{-1}(1)} \cdots a_{n\sigma\tau^{-1}(n)}.$$

定理 3.1 系 ii から，σ が S_n をわたれば，$\sigma\tau^{-1}$ は S_n をわたるから，

$$\text{上式} = \mathrm{sgn}(\tau)|A|.$$

（証終）

系 1. 二つの行(または列)の等しい正方行列 A の行列式は 0 である．

証明. A の第 i 列と第 j 列が等しいとする．第 i 列と第 j 列を入れかえても行列式の値は変わらないが，定理 3.6 から，$\tau=(ij)$ が互換であるから，$-|A|$ でもある．ゆえに，$-|A|=|A|$ すなわち $2|A|=0$. ゆえに，$|A|=0$.

（証終）

系 2. 正方行列 A の一つの列に，他の列の定数倍を加えてえられる行列の行列式は，$|A|$ に等しい．つまり，

(3.18)　$$\det(\boldsymbol{a}_1 \cdots \boldsymbol{a}_i \cdots \boldsymbol{a}_j + c\boldsymbol{a}_i \cdots \boldsymbol{a}_n) = \det(\boldsymbol{a}_1 \cdots \boldsymbol{a}_n)$$

これは行についても成り立つ．

証明. (15) と (16) から

$$(18)\text{ の左辺} = \det(\boldsymbol{a}_1 \cdots \boldsymbol{a}_i \cdots \boldsymbol{a}_j \cdots \boldsymbol{a}_n) + c\det(\boldsymbol{a}_1 \cdots \boldsymbol{a}_i \cdots \boldsymbol{a}_i \cdots \boldsymbol{a}_n).$$

系 1 から，この第 2 項は 0.

（証終）

例題 2.
$$\begin{vmatrix} 2 & 1 & 1 \\ 1 & 2 & 1 \\ 4 & 1 & 2 \end{vmatrix} = \begin{vmatrix} 2 & 1 & 1 \\ 1 & 2 & 1 \\ 0 & -1 & 0 \end{vmatrix} = \begin{vmatrix} 1 & 0 & 1 \\ 0 & 1 & 1 \\ 0 & -1 & 0 \end{vmatrix} = 1.$$

例題2のように，実際の行列式の計算では，系2を用いて簡単な形にしてから，行列式の定義式を用いるとよい．

定理 3.7. 二つの n 次正方行列 A, B に対し，

$$|AB|=|A||B|. \tag{3.19}$$

証明. $A=(a_{ij})$, $B=(b_{ij})$ とすると，

$$|AB|=\sum_{\sigma\in S_n}\mathrm{sgn}(\sigma)\Big(\sum_{k_1=1}^{n}a_{1k_1}b_{k_1\sigma(1)}\Big)\Big(\sum_{k_2=1}^{n}a_{2k_2}b_{k_2\sigma(2)}\Big)\cdots\Big(\sum_{k_n=1}^{n}a_{nk_n}b_{k_n\sigma(n)}\Big)$$

$$=\sum_{k_1,\cdots,k_n=1}^{n}\Big(\sum_{\sigma\in S_n}\mathrm{sgn}(\sigma)b_{k_1\sigma(1)}\cdots b_{k_n\sigma(n)}\Big)a_{1k_1}\cdots a_{nk_n}.$$

$(k_1, k_2, \cdots, k_n)$ が $(1, 2, \cdots, n)$ の置換のとき，

$$\tau=\begin{pmatrix}1 & 2 & \cdots & n\\ k_1 & k_2 & \cdots & k_n\end{pmatrix}$$

とすると，定理 3.6 から

$$\sum_{\sigma\in S_n}\mathrm{sgn}(\sigma)b_{k_1\sigma(1)}\cdots b_{k_n\sigma(n)}=\mathrm{sgn}(\tau)|B|.$$

一方，$(k_1, k_2, \cdots, k_n)$ が $(1, 2, \cdots, n)$ の置換でないとき，つまり，$k_i=k_j$ なる $i<j$ があるとき，定理 3.6 系1から，これは 0．ゆえに，

$$\text{上式}=|B|\sum_{\tau\in S_n}\mathrm{sgn}(\tau)a_{1\tau(1)}\cdots a_{n\tau(n)}=|B||A|=|A||B|.$$

（証終）

3.3. 小行列式

A を (m, n) 型行列とする．$t\leqq m, n$ に対し，A の任意の t 個の行と列をとり出して番号の順にならべて生じる t 次正方行列を，A の t 次**小行列**といい，その行列式を A の t 次**小行列式**という．

定理 3.8. (m, n) 型行列 A の階数は，A の零でない最高次の小行列式の次数に等しい．

証明. Aの階数を $r(A)$, A の零でない最高次の小行列式の次数を $s(A)$ とする．

$$A=\begin{pmatrix}E_r & O\\ O & O\end{pmatrix}$$

なら，明らかに $r(A)=s(A)$．一般の A の場合は，有限回の基本変形で，A は標準形になるから，A が一つの基本変形で B になったとき $s(A)=s(B)$ をいえば，証明が終わる．

さて，A から B への基本変形が，列に関するものとし，三つの場合について考える．（右1）の列の入れかえか，（右2）のある列の零でない定数倍による場合は，定理3.6と定理3.5から $s(A)=s(B)$．（右3）のとき，A の第 i 列に第 j 列の定数倍を加えて B をえたとする．A の $s(A)$ 次の小行列 D で $|D|\neq 0$ なるものをとると，D が A の第 i 列を含まないか，第 i 列と第 j 列をともに含むときは，D に対応する B の小行列 D' は，定理3.6の系2から，$|D'|\neq 0$．ゆえに，$s(A)\leqq s(B)$．Dが第 i 列を含み，第 j 列を含まないときは，定理 3.5 から $|D'|=|D|+c\cdot|D''|$．ここで D'' は B の $s(A)$ 次小行列で，D' において，B の第 i 列の代りに B の第 j 列をとってできるものである．$|D|\neq 0$

から $|D'|\neq 0$ または $|D''|\neq 0$. ゆえに，$s(A)\leqq s(B)$.

行に関する基本変形による場合も，同様にして $s(A)\leqq s(B)$ であり，B から基本変形で A にもどれるから $s(B)\leqq s(A)$ でもある．ゆえに，$s(A)=s(B)$.　(証終)

系．正方行列 A に対し，A: 正則 $\Longleftrightarrow |A|\neq 0$.

例題 1.

$$A=\begin{pmatrix}1&2&3\\4&5&6\\3&2&1\end{pmatrix}$$

の階数を，定理 3.8 を用いて求めよ．

〔**解**〕 $|A|=0$, A の二次の小行列 $D=\begin{pmatrix}1&2\\4&5\end{pmatrix}$ に対しては $|D|=5-8\neq 0$. ゆえに，

$$\mathrm{rank}(A)=2.$$

(以上)

n 次正方行列 A の $n-1$ 次小行列は，A から一つの行と一つの列を除いてできる $n-1$ 次正方行列である．A から第 i 行と第 j 列を除いた小行列を A_{ij} とし，$\tilde{a}_{ij}=(-1)^{i+j}|A_{ij}|$ を A の (i, j) **余因子**という．

定理 3.9.　n 次正方行列 $A=(a_{ij})$ に対し，

$$|A|=\sum_{k=1}^{n} a_{ik}\tilde{a}_{ik} \qquad (i=1, 2, \cdots, n); \tag{3.20}$$

$$|A|=\sum_{k=1}^{n} a_{kj}\tilde{a}_{kj} \qquad (j=1, 2, \cdots, n). \tag{3.21}$$

証明． $i=1$ のとき (20) を示そう．まず，特別の場合として

$$A=\begin{pmatrix}a_{11}&0&\cdots&0\\a_{21}&a_{22}&\cdots&a_{2n}\\\cdots&\cdots&\cdots&\cdots\\a_{n1}&a_{n2}&\cdots&a_{nn}\end{pmatrix}$$

のときを考える．このとき，

$$A_{11}=\begin{pmatrix}a_{22}&a_{23}&\cdots&a_{2n}\\a_{32}&a_{33}&\cdots&a_{3n}\\\cdots&\cdots&\cdots&\cdots\\a_{n2}&a_{n3}&\cdots&a_{nn}\end{pmatrix}$$

で $\tilde{a}_{11}=|A_{11}|$, $a_{12}=a_{13}=\cdots=a_{1n}=0$ から，証明すべき (20) はつぎの式になる:

$$|A|=a_{11}|A_{11}|.$$

じっさい，このとき，$a_{12}=a_{13}=\cdots=a_{1n}=0$ から

$$\begin{aligned}\text{上式の左辺}&=\sum_{\sigma\in S_n}\mathrm{sgn}(\sigma)a_{1\sigma(1)}a_{2\sigma(2)}\cdots a_{n\sigma(n)}\\&=\sum_{\sigma\in S_n,\sigma(1)=1}\mathrm{sgn}(\sigma)a_{11}a_{2\sigma(2)}\cdots a_{n\sigma(n)}.\end{aligned}$$

ここで，$\sum_{\sigma\in S_n,\sigma(1)=1}$ は $\sigma(1)=1$ なる置換全体にわたる和である $(2, 3, \cdots, n)$ の番号のつけかえをすると，

$$\sum_{\sigma\in S_n,\sigma(1)=1} a_{2\sigma(2)}\cdots a_{n\sigma(n)}=|A_{11}|.$$

ゆえに，$|A|=a_{11}\cdot|A_{11}|$.

一般の A に対しては，定理 3.5 i から

$$|A|=\begin{vmatrix} a_{11} & 0 & \cdots & 0 \\ a_{21} & a_{22} & \cdots & a_{2n} \\ \cdots & \cdots & \cdots & \cdots \\ a_{n1} & a_{n2} & \cdots & a_{nn} \end{vmatrix}+\begin{vmatrix} 0 & a_{12} & 0 & \cdots & 0 \\ a_{21} & a_{22} & a_{23} & \cdots & a_{2n} \\ \cdots & \cdots & \cdots & \cdots & \cdots \\ a_{n1} & a_{n2} & a_{n3} & \cdots & a_{nn} \end{vmatrix}+\cdots+\begin{vmatrix} 0 & \cdots & 0 & a_{1n} \\ a_{21} & \cdots & a_{2n-1} & a_{2n} \\ \cdots & \cdots & \cdots & \cdots \\ a_{n1} & \cdots & a_{nn-1} & a_{nn} \end{vmatrix}.$$

右辺の第 k 項は $k-1$ 回の列の交換で上の特別の場合に帰着される．したがって，第 k 項 $=(-1)^{k-1}a_{1k}|A_{1k}|=a_{1k}\tilde{a}_{1k}$ となり，$i=1$ のとき，(20) は示された．

i が任意のときは，$i-1$ 回の行の変換により，$i=1$ の場合に帰着され，行の交換にともなう $(-1)^{i-1}$ 倍を考えて (20) は示される．(21) についても全く同様である．

（証終）

(20)，(21) はそれぞれ $|A|$ の第 i 行，第 j 列に関する展開式といわれ，つぎの例題 2 のように，四次以上の行列式の計算にも用いられる．

例題 2.　$|A|=\begin{vmatrix} 2 & 1 & 3 & 4 \\ 1 & 2 & 3 & 4 \\ 3 & 3 & 1 & 1 \\ 1 & 1 & 2 & 2 \end{vmatrix}$ を求めよ．

［**解**］ 定理 3.6 の系 2 などを用い，簡単にした後，展開すると，

$$|A|=\begin{vmatrix} 1 & -1 & 0 & 0 \\ 1 & 2 & 3 & 4 \\ 0 & 0 & -5 & -5 \\ 1 & 1 & 2 & 2 \end{vmatrix}=-5\begin{vmatrix} 1 & -1 & 0 & 0 \\ 1 & 2 & 3 & 4 \\ 0 & 0 & 1 & 1 \\ 1 & 1 & 2 & 2 \end{vmatrix}=-5\begin{vmatrix} 1 & 0 & 0 & 0 \\ 1 & 3 & 3 & 4 \\ 0 & 0 & 1 & 1 \\ 1 & 2 & 2 & 2 \end{vmatrix}$$

$$=-5\begin{vmatrix} 3 & 3 & 4 \\ 0 & 1 & 1 \\ 2 & 2 & 2 \end{vmatrix}=-10\begin{vmatrix} 3 & 3 & 4 \\ 0 & 1 & 1 \\ 1 & 1 & 1 \end{vmatrix}=-10\begin{vmatrix} 3 & 0 & 1 \\ 0 & 1 & 1 \\ 1 & 0 & 0 \end{vmatrix}=10.$$

（以上）

系.　n 次正方行列 $A=(a_{ij})$ に対し，

(3.22)
$$\sum_{k=1}^{n} a_{ik}\tilde{a}_{jk}=\delta_{ij}|A|;$$

(3.23)
$$\sum_{k=1}^{n} a_{ki}\tilde{a}_{kj}=\delta_{ij}|A|.$$

証明.　(20) は a_{ij} に関する恒等式であるから，$i\neq j$ のとき，(22) の左辺は A の第 j 行を A の第 i 行でおきかえた行列の行列式で，これは定理 3.6 系 1 から，0 である．$i=j$ のとき，(22) は (20) にほかならない．(23) についても同様である．　（証終）

上の系の二式は

$$\tilde{A}={}^{\mathrm{t}}\begin{pmatrix} \tilde{a}_{11} & \tilde{a}_{12} & \cdots & \tilde{a}_{1n} \\ \cdots & \cdots & \cdots & \cdots \\ \tilde{a}_{n1} & \tilde{a}_{n2} & \cdots & \tilde{a}_{nn} \end{pmatrix}$$

とすると，

(3.24)
$$A\tilde{A}=\tilde{A}A=|A|E_n$$
と同値であることが，容易にわかる．$\tilde{A}$ を A の**余因子行列**という．(24) は正方行列の正則性の判定と，逆行列の求め方を与える:

系. 正方行列 A が正則であるための必要十分条件は，$|A|\neq 0$ である．$|A|\neq 0$ なら，

(3.25)
$$A^{-1}=\frac{1}{|A|}\tilde{A}.$$

上式はつぎの特殊な連立一次方程式の解法を与える:

定理 3.10. 係数の行列 A が n 次正則行列なる連立一次方程式 $A\boldsymbol{x}=\boldsymbol{c}$ の解 $(x_1, \cdots, x_n)$ は，つぎの式で与えられる:

(3.26)
$$x_i=\frac{|A_i|}{|A|}\quad (i=1, \cdots, n);$$
(クラメルの公式)

ただし，A_i は行列 A の第 i 列を $\boldsymbol{c}$ でおきかえてえられる n 次正方行列である．

証明. $A\boldsymbol{x}=\boldsymbol{c}$ の両辺に A^{-1} を左から掛けて，(25) を用いると，
$$\boldsymbol{x}=|A|^{-1}\tilde{A}\boldsymbol{c}.$$
両辺の第 i 成分を比較して，(21) を用いると，
$$x_i=|A|^{-1}\sum_{k=1}^{n}\tilde{a}_{ki}c_k=\frac{|A_i|}{|A|}.$$
(証終)

例題 3. つぎの連立一次方程式をクラメルの公式で解け:
$$\begin{cases} x+2y+3z=1, \\ 3x+\ y+2z=2, \\ 2x+3y+\ z=3. \end{cases}$$

［**解**］ 係数の行列の行列式$=\begin{vmatrix} 1 & 2 & 3 \\ 3 & 1 & 2 \\ 2 & 3 & 1 \end{vmatrix}=18.$
$$18x=\begin{vmatrix} 1 & 2 & 3 \\ 2 & 1 & 2 \\ 3 & 3 & 1 \end{vmatrix}=12,\quad 18y=\begin{vmatrix} 1 & 1 & 3 \\ 3 & 2 & 2 \\ 2 & 3 & 1 \end{vmatrix}=12,\quad 18z=\begin{vmatrix} 1 & 2 & 1 \\ 3 & 1 & 2 \\ 2 & 3 & 3 \end{vmatrix}=-6.$$
ゆえに，$x=2/3$，$y=2/3$，$z=-1/3$.　　(以上)

4. 線形空間

4.1. 線形空間

集合 V がつぎの (1)，(2) をみたすとき，V を**複素線形空間**または**複素ベクトル空間**という:

(4.1) V の任意の二元 $\boldsymbol{x}$, $\boldsymbol{y}$ に対し，$\boldsymbol{x}$ と $\boldsymbol{y}$ の**和**といわれる V の元 $\boldsymbol{x}+\boldsymbol{y}$ が定まり，つぎの法則が成り立つ:

i.　(結合法則)　$(\boldsymbol{x}+\boldsymbol{y})+\boldsymbol{z}=\boldsymbol{x}+(\boldsymbol{y}+\boldsymbol{z})$　$(\boldsymbol{x}, \boldsymbol{y}, \boldsymbol{z}\in V)$;

ii.　(交換法則)　$\boldsymbol{x}+\boldsymbol{y}=\boldsymbol{y}+\boldsymbol{x}$　$(\boldsymbol{x}, \boldsymbol{y}\in V)$;

iii.　V のすべての元 $\boldsymbol{x}$ に対し，

$$\boldsymbol{x}+\boldsymbol{o}=\boldsymbol{o}+\boldsymbol{x}=\boldsymbol{x}$$

が成り立つような V の元 $\boldsymbol{o}$ がただ一つ存在する;

iv. V の元 $\boldsymbol{x}$ に対し,

$$\boldsymbol{x}+\boldsymbol{x}'=\boldsymbol{x}'+\boldsymbol{x}=\boldsymbol{o}$$

が成り立つような V の元 $\boldsymbol{x}'$ がただ一つ存在する.

(4.2) V の任意の元 $\boldsymbol{x}$ と,任意の複素数 a に対し, $\boldsymbol{x}$ の a 倍(または a による**スカラー積**)といわれる V の元 $a\boldsymbol{x}$ が定まり,つぎの法則が成り立つ:

i. $(a+b)\boldsymbol{x}=a\boldsymbol{x}+b\boldsymbol{x} \qquad (a, b \in \boldsymbol{C},\ \boldsymbol{x} \in V);$

ii. $a(\boldsymbol{x}+\boldsymbol{y})=a\boldsymbol{x}+a\boldsymbol{y} \qquad (a \in \boldsymbol{C},\ \boldsymbol{x}, \boldsymbol{y} \in V);$

iii. $(ab)\boldsymbol{x}=a(b\boldsymbol{x}) \qquad (a, b \in \boldsymbol{C},\ \boldsymbol{x} \in V);$

iv. $1\boldsymbol{x}=\boldsymbol{x}. \qquad (\boldsymbol{x} \in V).$

このとき, V の元を**ベクトル**という. (1) の iii の $\boldsymbol{o}$ を V の**零ベクトル**または**零**といい, (1) の iv の $\boldsymbol{x} \in V$ に対して決まる $\boldsymbol{x}'$ を, $\boldsymbol{x}$ の**逆ベクトル**といい, $-\boldsymbol{x}$ とかく. したがって,

$$\boldsymbol{x}+(-\boldsymbol{x})=(-\boldsymbol{x})+\boldsymbol{x}=\boldsymbol{o}$$

である. $\boldsymbol{x}+(-\boldsymbol{y})$ を $\boldsymbol{x}-\boldsymbol{y}$ ともかく.

集合 V が, (1) と (2) の「複素数」を「実数」にし, $\boldsymbol{C}$ を $\boldsymbol{R}$ にした条件をみたすとき, V を**実線形空間**または**実ベクトル空間**という.

複素線形空間と実線形空間は区別して考えねばならないが, この二つの理論で共通に成り立つ部分が多い. 以下簡単のため, $\boldsymbol{K}$ で $\boldsymbol{C}$ または $\boldsymbol{R}$ の一方を示し,「$\boldsymbol{K}$ 上の線形空間」で, 複素線形空間または実線形空間の一方を表わすことにする.

例題 1. つぎのそれぞれは (1), (2) をみたす:

i. $V=\{\boldsymbol{o}\}$ は, $\boldsymbol{o}+\boldsymbol{o}=\boldsymbol{o}$, $a\boldsymbol{o}=\boldsymbol{o}(a \in \boldsymbol{K})$ で和とスカラー積を定義すると, $\boldsymbol{K}$ 上の線形空間になる.

ii. $V=\{A=(a_{ij}) \mid a_{ij} \in \boldsymbol{K},\ A: (m, n)$ 型行列$\}$ は行列の和とスカラー積で, $\boldsymbol{K}$ 上の線形空間である. V の零元 $\boldsymbol{o}$ は (m, n) 型零行列になる. この V を $M_{m,n}(\boldsymbol{K})$ とかく; 特に, $M_{m,1}(\boldsymbol{K})$ を $\boldsymbol{K}^m$ とかく.

iii. V を区間 $[\alpha, \beta]$ $(\alpha<\beta)$ で定義された実函数全体の集合とし, $f, g \in V$, $a \in \boldsymbol{R}$ に対し, $f+g$, af を

$$(f+g)(x)=f(x)+g(x), \qquad (af)(x)=af(x), \qquad x \in [\alpha, \beta]$$

で定義すると, V は実線形空間である. V の零元は $[\alpha, \beta]$ でつねに 0 をとる定数関数である.

iv. 実数列 $\{x_n\}$ 全体のつくる集合 V は, つぎの演算で実線形空間になる:

$$\{x_n\}+\{y_n\}=\{x_n+y_n\}, \qquad a\{x_n\}=\{ax_n\}.$$

v. $\boldsymbol{K}$ の元を係数とする x の多項式の全体 $\boldsymbol{K}[x]$ は, 多項式の和と定数倍を和とスカラー積としたとき, $\boldsymbol{K}$ 上の線形空間である. $\boldsymbol{K}_n[x]=\{f(x) \mid f(x) \in \boldsymbol{K}[x],\ f(x)\equiv 0$ か

$\deg f(x)\leqq n\}$ も同様に線形空間になる.

例題 2. $\boldsymbol{K}$ 上の線形空間 V に対し，つぎの関係が成り立つ:

i. $$\boldsymbol{o}\boldsymbol{x}=\boldsymbol{o} \qquad (\boldsymbol{x}\in V);$$

ii. $$c\boldsymbol{o}=\boldsymbol{o} \qquad (c\in \boldsymbol{K});$$

iii. $$(-c)\boldsymbol{x}=c(-\boldsymbol{x})=-(c\boldsymbol{x}).$$

［**解**］ i. (2) の i から $\quad 0\boldsymbol{x}+0\boldsymbol{x}=(0+0)\boldsymbol{x}=0\boldsymbol{x}.$

両辺に $-0\boldsymbol{x}$ を加えると， $\quad 0\boldsymbol{x}=\boldsymbol{o}.$

ii. (2) の ii から $c\cdot\boldsymbol{o}=c\cdot(\boldsymbol{o}+\boldsymbol{o})=c\boldsymbol{o}+c\boldsymbol{o}$. 両辺に $-c\boldsymbol{o}$ を加え，$\boldsymbol{o}=c\boldsymbol{o}$.

iii. (2) の i から $c\boldsymbol{x}+(-c)\boldsymbol{x}=(c-c)\boldsymbol{x}=\boldsymbol{o}\boldsymbol{x}=\boldsymbol{o}$ $(\to$ i). ゆえに， (1) の iii から $(-c)\boldsymbol{x}=-(c\boldsymbol{x})$. また，(2) の ii から $c\boldsymbol{x}+c(-\boldsymbol{x})=c(\boldsymbol{x}-\boldsymbol{x})=c\boldsymbol{o}=\boldsymbol{o}$ $(\to$ ii). ゆえに，(1) の iii から $c(-\boldsymbol{x})=-(c\boldsymbol{x})$. （以上）

$\boldsymbol{K}$ 上の線形空間 V の空でない部分集合 W がつぎの (3) をみたすとき， W を V の**部分空間**という:

(4.3) i. $$\boldsymbol{x},\ \boldsymbol{y}\in W \Rightarrow \boldsymbol{x}+\boldsymbol{y}\in W;$$

ii. $$\boldsymbol{x}\in W,\ a\in \boldsymbol{K} \Rightarrow a\boldsymbol{x}\in W.$$

(3) の i, ii は V の和とスカラー積を W に制限すると，W の和とスカラー積になることを示している. じっさい，(1) の i, ii と (2) は W でも自然に成り立ち，(1) の iii, iv は，$\boldsymbol{x}\in W$ を任意にとり，$a=-1\in\boldsymbol{K}$ とすると，$(-1)\boldsymbol{x}=-\boldsymbol{x}\in W$ であり，かつ (3) の i で $\boldsymbol{y}=-\boldsymbol{x}$ とすると，$\boldsymbol{x}+(-\boldsymbol{x})=\boldsymbol{o}\in W$ から，ともに成り立つ. したがって， W が V の部分空間のとき，V からみちびかれる和とスカラー積で，W 自身 $\boldsymbol{K}$ 上の線形空間になる.

例題 3. i. A を $(m,\ n)$ 型行列とする. W を斉次連立一次方程式 $A\boldsymbol{x}=\boldsymbol{o}$ の解 $\boldsymbol{x}$ 全体から成る集合とすると，W は複素線形空間 $\boldsymbol{C}^n$ の部分空間である.

ii. V を例題 1 iii の実線形空間とする. $W=\{f|f\in V$ で $f(x)$ は x の多項式$\}$ とすると，W は V の部分空間である.

iii. V を例題 1 iv の実線形空間とする. W を収束する数列 $\{x_n\}$ 全体のつくる集合とすると，W は V の部分空間である.

［**解**］ i. 斉次連立一次方程式は零解をもつから，W は空集合でない. W は定理 2.14 の S で，この定理の i, ii は (3) の i, ii である.

ii. W は空集合でなく，多項式と多項式の和は多項式であり，多項式の定数倍は多項式であるから.

iii. $x_n=0$ にした数列 $\{x_n\}$ は W の元. ゆえに，W は空集合でない. $\{x_n\}$, $\{y_n\}$ がともに収束すれば $\{x_n+y_n\}$ は収束し，$\{x_n\}$ が収束すれば $\{ax_n\}$ も収束するから.

（以上）

例題 4. W_1, W_2 が $\boldsymbol{K}$ 上の線形空間 V の部分空間なら，$W_1\cap W_2$ は V の部分空間である. $W_1\cup W_2$ は部分空間とは限らないが，$\{\boldsymbol{x}_1+\boldsymbol{x}_2|\boldsymbol{x}_1\in W_1,\ \boldsymbol{x}_2\in W\}$ は部分空間で

ある.

［解］ W_1 も W_2 も V の $\boldsymbol{o}$ を含むから，$W_1 \cap W_2$ は空集合でない.（3）の i, ii は明らかである. $\{\boldsymbol{x}_1+\boldsymbol{x}_2 | \boldsymbol{x}_1 \in W_1,\ \boldsymbol{x}_2 \in W_2\}$ が部分空間なることも同様 $V=\boldsymbol{K}^2$ とし，$W_1=\{{}^t(x_1,\ 0) | x_1 \in \boldsymbol{K}\}$, $W_2=\{{}^t(0,\ x_2) | x_2 \in \boldsymbol{K}\}$ はともに $\boldsymbol{K}^2$ の部分空間であるが，$W_1 \cup W_2$ は（3）の i をみたさない. （以上）

上の例題の $\{\boldsymbol{x}_1+\boldsymbol{x}_2 | \boldsymbol{x}_1 \in W_1,\ \boldsymbol{x}_2 \in W_2\}$ を W_1 と W_2 で**生成**される V の部分空間といい，W_1+W_2 で表わす.

4.2. 基底

$\boldsymbol{K}$ 上の線形空間 V の元 $\boldsymbol{x}_1, \cdots, \boldsymbol{x}_k$ に対し，$a_1\boldsymbol{x}_1+a_2\boldsymbol{x}_2+\cdots+a_k\boldsymbol{x}_k$ $(a_i \in \boldsymbol{K})$ なる V の元を，$\boldsymbol{x}_1, \cdots, \boldsymbol{x}_k$ の**一次結合**または**線形結合**という. 特に，一次結合 $a_1\boldsymbol{x}_1+\cdots+a_k\boldsymbol{x}_k=\boldsymbol{o}$ になるとき，式

$$a_1\boldsymbol{x}_1+\cdots+a_k\boldsymbol{x}_k=\boldsymbol{o} \tag{4.4}$$

を V の元 $\boldsymbol{x}_1, \cdots, \boldsymbol{x}_k$ の**線形関係**という. $a_1=a_2=\cdots=a_k=0$ なら，（4）をみたすが，この特殊な線形関係を**自明な**線形関係といい，$a_1, a_2, \cdots, a_k$ のうち，少なくも一つの a_i が $a_i \neq 0$ なる線形関係を自明でない線形関係という.

V の元 $\boldsymbol{x}_1, \cdots, \boldsymbol{x}_k$ が自明でない線形関係をもつとき，$\boldsymbol{x}_1, \cdots, \boldsymbol{x}_k$ は**一次従属**であるといい，自明でない線形関係をもたないとき，**一次独立**という.

例題 1. $\boldsymbol{K}^n$ の元

$$\boldsymbol{e}_1=\begin{pmatrix}1\\0\\\vdots\\0\end{pmatrix},\quad \boldsymbol{e}_2=\begin{pmatrix}0\\1\\0\\\vdots\\0\end{pmatrix},\quad \cdots,\quad \boldsymbol{e}_n=\begin{pmatrix}0\\\vdots\\0\\1\end{pmatrix}$$

は一次独立である.

［解］ $a_i \in \boldsymbol{K}$ に対し，$a_1\boldsymbol{e}_1+\cdots+a_n\boldsymbol{e}_n=\boldsymbol{o}$ なら ${}^t(a_1,\ a_2,\ \cdots,\ a_n)={}^t(0, 0, \cdots, 0)$. ゆえに，$a_1=a_2=\cdots a_n=0$. したがって，$\boldsymbol{e}_1, \cdots, \boldsymbol{e}_n$ の任意の線形関係は自明な線形関係である. （以上）

例題 2. $\boldsymbol{K}$ 上の線形空間 V の元 $\boldsymbol{x}_1$ に対し，

$$\boldsymbol{x}_1\text{: 一次独立} \Longleftrightarrow \boldsymbol{x}_1 \neq \boldsymbol{o}.$$

［解］ 対偶: $\boldsymbol{x}_1$: 一次従属 $\Longleftrightarrow \boldsymbol{x}_1=\boldsymbol{o}$ を示そう. $\Rightarrow$ は $\boldsymbol{x}_1$ が一次従属なら，$a_1 \neq 0 \in \boldsymbol{K}$ があって $a_1\boldsymbol{x}_1=\boldsymbol{o}$. $a_1 \neq 0$ から $a_1^{-1} \in \boldsymbol{K}$ があるが a_1^{-1} を両辺に掛けると，$(a_1^{-1}a_1)\boldsymbol{x}_1=a_1^{-1}\boldsymbol{o}$.（2）の iii, iv と §4.1 例題2から $\boldsymbol{x}_1=\boldsymbol{o}$. $\Leftarrow$ は，$a_1=1$ をとると，$a_1\boldsymbol{x}_1=\boldsymbol{o}$.

（以上）

定理 4.1. $\boldsymbol{K}$ 上の線形空間 V の元 $\boldsymbol{x}_1, \cdots, \boldsymbol{x}_n, \boldsymbol{x}_{n+1}, \cdots, \boldsymbol{x}_m$ $(n \leqq m)$ に対し，

i. $\boldsymbol{x}_1, \cdots, \boldsymbol{x}_m$ が一次独立なら $\boldsymbol{x}_1, \cdots, \boldsymbol{x}_n$ も一次独立;

ii. $\boldsymbol{x}_1, \cdots, \boldsymbol{x}_n$ が一次従属なら $\boldsymbol{x}_1, \cdots, \boldsymbol{x}_m$ も一次従属.

証明. i, ii は互いに他の対偶であるから，ii を示す. $\boldsymbol{x}_1, \cdots, \boldsymbol{x}_n$ は一次従属なら，

全部は零でない $a_1, \cdots, a_n \in \boldsymbol{K}$ があって，$a_1\boldsymbol{x}_1+\cdots+a_n\boldsymbol{x}_n=\boldsymbol{o}$. $a_{n+1}=\cdots=a_n=0$ とおくと，$a_1\boldsymbol{x}_1+\cdots+a_n\boldsymbol{x}_n+a_{n+1}\boldsymbol{x}_{n+1}+\cdots+a_m\boldsymbol{x}_m=\boldsymbol{o}$ で，$\boldsymbol{x}_1, \cdots, \boldsymbol{x}_m$ は一次従属になる． (証終)

例題 3. $\boldsymbol{x}_1, \cdots, \boldsymbol{x}_k$ が一次従属なら，$\boldsymbol{x}_1, \cdots, \boldsymbol{x}_k$ のうちの少なくとも一個の $\boldsymbol{x}_i$ が，他の $\boldsymbol{x}_1, \cdots, \boldsymbol{x}_{i-1}, \boldsymbol{x}_{i+1}, \cdots, \boldsymbol{x}_k$ の一次結合である．また，この逆も正しい．

［解］ 仮定から，自明でない線形関係

$$a_1\boldsymbol{x}_1+\cdots+a_i\boldsymbol{x}_i+\cdots+a_k\boldsymbol{x}_k=\boldsymbol{o}$$

がある．$a_1, \cdots, a_k$ のうち，0 でないものがあるから，その一つを $a_i \neq 0$ とすると，

$$\boldsymbol{x}_i=\frac{-a_1}{a_i}\boldsymbol{x}_1+\cdots+\frac{-a_{i-1}}{a_i}\boldsymbol{x}_{i-1}+\frac{-a_{i+1}}{a_i}\boldsymbol{x}_{i+1}+\cdots+\frac{-a_k}{a_i}\boldsymbol{x}_k.$$

逆は明らか． (以上)

例題 4. $\boldsymbol{x}_1, \cdots, \boldsymbol{x}_k$ が一次独立で，$\boldsymbol{x}_{k+1}$ が $\boldsymbol{x}_1, \cdots, \boldsymbol{x}_k$ の一次結合でないなら，$\boldsymbol{x}_1, \cdots, \boldsymbol{x}_k, \boldsymbol{x}_{k+1}$ は一次独立である．

［解］ $a_i \in \boldsymbol{K}$ $(i=1, 2, \cdots, k+1)$ に対し，$a_1\boldsymbol{x}_1+\cdots+a_k\boldsymbol{x}_k+a_{k+1}\boldsymbol{x}_{k+1}=\boldsymbol{o}$ とする．$a_{k+1} \neq 0$ なら，例題5のように，$\boldsymbol{x}_{k+1}$ は $\boldsymbol{x}_1, \cdots, \boldsymbol{x}_k$ の一次結合になる．ゆえに，$a_{k+1}=0$. したがって，$a_1\boldsymbol{x}_1+\cdots+a_k\boldsymbol{x}_k=\boldsymbol{o}$. 仮定から $\boldsymbol{x}_1, \cdots, \boldsymbol{x}_k$ は一次独立であるから，$a_1=\cdots=a_k=0$. (以上)

定理 4.2. $\boldsymbol{K}$ 上の線形空間 V の元 $\boldsymbol{x}_1, \cdots, \boldsymbol{x}_m$ が一次独立とする．V の元 $\boldsymbol{y}_1, \cdots, \boldsymbol{y}_n$ が，それぞれ $\boldsymbol{x}_1, \cdots, \boldsymbol{x}_m$ の一次結合で

$$\boldsymbol{y}_j=\sum_{i=1}^{m}a_{ij}\boldsymbol{x}_i \qquad (a_{ij} \in \boldsymbol{K},\ j=1, \cdots, n)$$

なら，$\boldsymbol{y}_1, \cdots, \boldsymbol{y}_n$ が一次独立 $\Leftrightarrow$ (m, n) 型行列 $A=(a_{ij})$ の階数$=n$.

証明. $c_j \in \boldsymbol{K}$ $(j=1, \cdots, n)$ に対し，

$$c_1\boldsymbol{y}_1+\cdots+c_n\boldsymbol{y}_n=\sum_{j=1}^{n}c_j\Big(\sum_{i=1}^{m}a_{ij}\boldsymbol{x}_i\Big)=\sum_{i=1}^{m}\Big(\sum_{j=1}^{n}a_{ij}c_j\Big)\boldsymbol{x}_i.$$

$\boldsymbol{x}_1, \cdots, \boldsymbol{x}_m$ が一次独立であるから，

$$c_1\boldsymbol{y}_1+\cdots+c_n\boldsymbol{y}_n=\boldsymbol{o} \Leftrightarrow \sum_{j=1}^{n}a_{ij}c_j=0 \qquad (i=1, \cdots, m)$$

$\Leftrightarrow$ $(c_1, \cdots, c_n)$ が斉次連立一次方程式 $\sum a_{ij}x_j=0$ $(i=1, \cdots, m)$ の解．

ゆえに，$\boldsymbol{y}_1, \cdots, \boldsymbol{y}_n$ が一次独立なる必要十分条件は $\sum a_{ij}x_j=0$ $(i=1, \cdots, m)$ が零解しかもたないことである．定理 2.13 系2から定理をうる． (証終)

系 1. 定理 4.2 で $n>m$ なら，$\boldsymbol{y}_1, \cdots, \boldsymbol{y}_n$ は一次従属である．

$\boldsymbol{K}$ 上の線形空間 V の元 $\boldsymbol{x}_1, \cdots, \boldsymbol{x}_m$ がつぎの (5) をみたすとき，$\boldsymbol{x}_1, \cdots, \boldsymbol{x}_m$ を V の**基底**という:

(4.5)
i. $\boldsymbol{x}_1 \cdots, \boldsymbol{x}_m$ は一次独立である;
ii. V の任意の元は $\boldsymbol{x}_1, \cdots, \boldsymbol{x}_m$ の一次結合である．

基底を表わすとき，元 $\boldsymbol{x}_i$ の順序も考えて，$\langle\boldsymbol{x}_1, \cdots, \boldsymbol{x}_m\rangle$ のようにかく．

系 2. $\langle\boldsymbol{x}_1, \cdots, \boldsymbol{x}_m\rangle$, $\langle\boldsymbol{y}_1, \cdots, \boldsymbol{y}_n\rangle$ が $\boldsymbol{K}$ 上の線形空間 V の二つの基底とすると，$m=n$ である．

証明. (5) の i, ii から，$\boldsymbol{x}_1, \cdots, \boldsymbol{x}_m$; $\boldsymbol{y}_1, \cdots, \boldsymbol{y}_n$ は定理 4.2 の仮定をみたす．ゆえに，系 1 から $m \geqq n$. 同様に，$\boldsymbol{x}_1, \cdots, \boldsymbol{x}_m$ と $\boldsymbol{y}_1, \cdots, \boldsymbol{y}_n$ の立場をかえて，$n \geqq m$. ゆえに，$m=n$.　（証終）

この系 2 から，V が基底をもてば，基底をつくっている元の個数 n は一定である．この n を V の**次元**といい，$\dim V=n$ のようにかく．便宜上，§4.1 例題 1 i の $V=\{\boldsymbol{o}\}$ に対しては，$\dim V=0$ と定義する．

例題 5. $\dim \boldsymbol{K}^n=n$ を示せ．

［**解**］ 例題 1 の $\boldsymbol{e}_1, \cdots, \boldsymbol{e}_n$ は一次独立であるが，$\boldsymbol{K}^n$ の任意の元 $\boldsymbol{y}={}^t(y_1, \cdots, y_n)$ は $\boldsymbol{y}=y_1\boldsymbol{e}_1+\cdots+y_n\boldsymbol{e}_n$ になるから．　（以上）

V が基底をもつかまたは $V=\{\boldsymbol{o}\}$ のとき，V を**有限次元**であるといい，有限次元でないとき，V を**無限次元**であるという．$\dim V=n$ なら，定理 4.2 系 1 から V の $n+1$ 個以上の任意の元は一次従属である．したがって，例題 4 から，V が無限次元である必要十分条件は，任意の自然数 n に対し，V の n 個の元で一次独立なものが存在することである．

例題 6. §4.1 例題 1 iii の V は無限次元である．

［**解**］ V の元 $f_1(x)=x$, $f_2(x)=x^2$, $\cdots$, $f_n(x)=x^n$ は一次独立であるから．（以上）

今後，本章では有限次元線形空間を単に線形空間といい，無限次元線形空間はあつかわない．

基底の条件 (5) の ii については，

定理 4.3. $<\boldsymbol{x}_1, \cdots, \boldsymbol{x}_n>$ を V の基底とすると，V の元 $\boldsymbol{y}$ は $\boldsymbol{x}_1, \cdots, \boldsymbol{x}_n$ の一次結合として一意的に表わされる．

証明. (5) の ii から $\boldsymbol{y}$ は $\boldsymbol{x}_1, \cdots, \boldsymbol{x}_n$ の一次結合であるが，いま

$$\boldsymbol{y}=a_1\boldsymbol{x}_1+\cdots+a_n\boldsymbol{x}_n=b_1\boldsymbol{x}_1+\cdots+b_n\boldsymbol{x}_n \qquad (a_i \in \boldsymbol{K},\ b_j \in \boldsymbol{K})$$

とすると，

$$(a_1\boldsymbol{x}_1+\cdots+a_n\boldsymbol{x}_n)-(b_1\boldsymbol{x}_1+\cdots+b_n\boldsymbol{x}_n)=\boldsymbol{o}.$$

ゆえに，

$$(a_1-b_1)\boldsymbol{x}_1+\cdots+(a_n-b_n)\boldsymbol{x}_n=\boldsymbol{o}.$$

$\boldsymbol{x}_1, \cdots, \boldsymbol{x}_n$ は一次独立であるから，$a_1=b_1$, $a_2=b_2$, $\cdots$, $a_n=b_n$.　（証終）

定理 4.4. $\dim V=n>0$ なる V の元 $\boldsymbol{x}_1, \cdots, \boldsymbol{x}_r$ $(r \geqq 0)$ が一次独立なら，V の元 $\boldsymbol{x}_{r+1}, \cdots, \boldsymbol{x}_n$ を適当にとり，V の基底 $<\boldsymbol{x}_1, \cdots, \boldsymbol{x}_r, \boldsymbol{x}_{r+1}, \cdots, \boldsymbol{x}_n>$ がつくれる．

証明. $\boldsymbol{x}_1, \cdots, \boldsymbol{x}_r$ が V の基底でないなら，(5) の ii は成り立たないから，V の元 $\boldsymbol{x}_{r+1}$ で，$\boldsymbol{x}_1, \cdots, \boldsymbol{x}_r$ の一次結合でないものがある．例題 4 から，$\boldsymbol{x}_1, \cdots, \boldsymbol{x}_r, \boldsymbol{x}_{r+1}$ は一次独立である．この操作を有限回つづけると，V の基底をうる．　（証終）

定理 4.4 から，つぎの例題は明らかである:

例題 7. n 次元線形空間 V の，任意の一次独立な n 個の元は V の基底をつくる．

定理 4.5. i. $<\boldsymbol{x}_1, \cdots, \boldsymbol{x}_n>$ を V の基底，$\boldsymbol{y}_1, \cdots, \boldsymbol{y}_n \in V$ で

(4.6) $$\boldsymbol{y}_j=\sum_{i=1}^{n}p_{ij}\boldsymbol{x}_i \qquad (j=1,\ \cdots,\ n)$$

とする．このとき，$\boldsymbol{y}_1, \cdots, \boldsymbol{y}_n$ が V の基底をつくる $\Longleftrightarrow n$ 次正方行列 P は正則．

ii. $\langle\boldsymbol{x}_1, \cdots, \boldsymbol{x}_n\rangle$ と $\langle\boldsymbol{y}_1, \cdots, \boldsymbol{y}_n\rangle$ が V の基底とし，V の元 $\boldsymbol{x}$ が $\boldsymbol{x}=x_1\boldsymbol{x}_1+\cdots+x_n\boldsymbol{x}_n=y_1\boldsymbol{y}_1+\cdots+y_n\boldsymbol{y}_n$ とかかれたとすると，

(4.7) $$\begin{pmatrix}x_1\\ \vdots\\ x_n\end{pmatrix}=P\begin{pmatrix}y_1\\ \vdots\\ y_n\end{pmatrix}.$$

証明．i．例題7から，$\boldsymbol{y}_1, \cdots, \boldsymbol{y}_n$ が V の基底 $\Longleftrightarrow \boldsymbol{y}_1, \cdots, \boldsymbol{y}_n$ が一次独立．ゆえに，定理 4.2 を用いて証明される．

ii. $$\boldsymbol{x}=\sum_{i=1}^{n}x_i\boldsymbol{x}_i=\sum_{j=1}^{n}y_j\boldsymbol{y}_j=\sum_{i=1}^{n}\Big(\sum_{j=1}^{n}p_{ij}y_j\Big)\boldsymbol{x}_i.$$

$\boldsymbol{x}_1, \cdots, \boldsymbol{x}_n$ は一次独立であるから，(7) をうる． (証終)

定理 4.6 の正則行列 P を，基底 $\langle\boldsymbol{x}_1, \cdots, \boldsymbol{x}_n\rangle$ から基底 $\langle\boldsymbol{y}_1, \cdots, \boldsymbol{y}_n\rangle$ への**変換の行列**という．

つぎの例題も定理 4.4 から明らかである:

例題 8．W を V の部分空間とすると，$\dim W\leqq\dim V$．ここで等号が成り立つ必要十分条件は，$W=V$ である．

例題 9．§4.1 例題3 i の W は，n 次元線形空間 $\boldsymbol{C}^n$ の $n-r$ 次元部分空間である．ただし $r=\mathrm{rank}(A)$．

［**解**］ 定理 2.13 系2から． (以上)

定理 4.6．W_1 と W_2 を V の部分空間とすると，

(4.8) $$\dim(W_1+W_2)+\dim(W_1\cap W_2)=\dim W_1+\dim W_2.$$

証明．$W_1\cap W_2$ は W_1 と W_2 の部分空間である．例題8に注意して，

$$\dim(W_1\cap W_2)=r,\quad \dim W_1=r+s,\quad \dim W_2=r+t$$

とおく．$\langle\boldsymbol{x}_1, \cdots, \boldsymbol{x}_r\rangle$ を $W_1\cap W_2$ の基底とし，これに W_1 の元 $\boldsymbol{y}_1, \cdots, \boldsymbol{y}_s$ をおぎない $\langle\boldsymbol{x}_1, \cdots, \boldsymbol{x}_r, \boldsymbol{y}_1, \cdots, \boldsymbol{y}_s\rangle$ が W_1 の基底になるようにする．同様に，$\langle\boldsymbol{x}_1, \cdots, \boldsymbol{x}_r, \boldsymbol{z}_1, \cdots, \boldsymbol{z}_t\rangle$ なる W_2 の基底をとる．このとき，$\langle\boldsymbol{x}_1, \cdots, \boldsymbol{x}_r, \boldsymbol{y}_1, \cdots, \boldsymbol{y}_s, \boldsymbol{z}_1, \cdots, \boldsymbol{z}_t\rangle$ が W_1+W_2 の基底であることを示せばよい．さて，$a_i, b_j, c_k\in\boldsymbol{K}$ に対し，

$$\sum_{i=1}^{r}a_i\boldsymbol{x}_i+\sum_{j=1}^{s}b_j\boldsymbol{y}_j+\sum_{k=1}^{t}c_k\boldsymbol{z}_k=\boldsymbol{o}$$

とすると，

(4.9) $$\sum a_i\boldsymbol{x}_i+\sum b_j\boldsymbol{y}_j=-\sum c_k\boldsymbol{z}_k.$$

左辺は W_1 の元で右辺は W_2 の元であるから，$-\sum c_k\boldsymbol{z}_k$ は $W_1\cap W_2$ の元である．したがって，$W_1\cap W_2$ の基底 $\boldsymbol{x}_1, \cdots, \boldsymbol{x}_r$ の一次結合でかける．つまり，

$$-\sum c_k\boldsymbol{z}_k=\sum a_i'\boldsymbol{x}_i\quad (a_i'\in\boldsymbol{K}).\qquad \therefore\quad \sum a_i\boldsymbol{x}_i+\sum c_k\boldsymbol{z}_k=\boldsymbol{o}.$$

$\langle\boldsymbol{x}_1, \cdots, \boldsymbol{x}_r, \boldsymbol{z}_1, \cdots, \boldsymbol{z}_t\rangle$ は W_2 の基底であるから，$c_k=0$ $(k=1, \cdots, t)$．ゆえに，(9) は

$$\sum a_i\boldsymbol{x}_i+\sum b_j\boldsymbol{y}_j=\boldsymbol{o}.$$

$<\boldsymbol{x}_1, \cdots, \boldsymbol{x}_r, \boldsymbol{y}_1 \cdots, \boldsymbol{y}_s>$ は W_1 の基底であるから，$a_i=0,\ b_j=0\ (i=1, \cdots, r;\ j=1, \cdots, s)$. ゆえに，$\boldsymbol{x}_1, \cdots, \boldsymbol{x}_r, \boldsymbol{y}_1, \cdots, \boldsymbol{y}_s, \boldsymbol{z}_1, \cdots, \boldsymbol{z}_t$ は一次独立である．一方，W_1+W_2 の任意の元は $\boldsymbol{a}+\boldsymbol{b}\ (\boldsymbol{a}\in W_1,\ \boldsymbol{b}\in W_2)$ であるから，$\boldsymbol{x}_1, \cdots, \boldsymbol{x}_r, \boldsymbol{y}_1, \cdots, \boldsymbol{y}_s, \boldsymbol{z}_1, \cdots, \boldsymbol{z}_t$ の一次結合である．（証終）

4.3. 線形写像

以下で V, V', V'' を $\boldsymbol{K}$ 上の線形空間を表わすことにする．V から V' への写像 T がつぎの (10) をみたすとき，T を V から V' への**線形写像**という：

(4.10)
i. $T(\boldsymbol{x}+\boldsymbol{y})=T(\boldsymbol{x})+T(\boldsymbol{y})\qquad(\boldsymbol{x}, \boldsymbol{y}\in V)$,
ii. $T(a\boldsymbol{x})=aT(\boldsymbol{x})\qquad(a\in\boldsymbol{K},\ \boldsymbol{x}\in V)$.

特に，V から V 自身への線形写像を V の**線形変換**という．

例題 1. $\boldsymbol{K}_n[x]$ の元 f を，f の微分 f' にうつす写像は，$\boldsymbol{K}_n[\boldsymbol{x}]$ から $\boldsymbol{K}_{n-1}[x]$ への線形写像である．

例題 2. V から V' への線形写像 T で V の零元は V' の零元にうつる．

［**解**］ (10) の ii で $a=0$ とすればよい．（以上）

例題 3. V から V' への線形写像 T と，V' から V'' への線形写像 S の合成写像 $S\circ T$ は V から V'' への線形写像である．

［**解**］ $\boldsymbol{x}, \boldsymbol{y}\in V$ に対し，$(S\circ T)(\boldsymbol{x}+\boldsymbol{y})=S(T(\boldsymbol{x}+\boldsymbol{y}))=S(T(\boldsymbol{x})+T(\boldsymbol{y}))=S(T(\boldsymbol{x}))+S(T(\boldsymbol{y}))=(S\circ T)(\boldsymbol{x})+(S\circ T)(\boldsymbol{y})$. ゆえに，(10) の i をうる．ii も同様．（以上）

$\boldsymbol{K}^n$ から $\boldsymbol{K}^m$ への線形写像はつぎの定理で完全に決まる:

定理 4.7. i. 任意の (m, n) 型行列 $A\in M_{m,n}(\boldsymbol{K})$ に対し，$\boldsymbol{K}^n$ の元 $\boldsymbol{x}$ を $\boldsymbol{K}^m$ の元 $A\cdot\boldsymbol{x}$ にうつす写像は $\boldsymbol{K}^n$ から $\boldsymbol{K}^m$ への線形写像である．この線形写像を T_A とすると，$A, B\in M_{m,n}(\boldsymbol{K})$ に対し，

$$T_A=T_B \Longleftrightarrow A=B.$$

ii. $\boldsymbol{K}^n$ から $\boldsymbol{K}^m$ への任意の線形写像 T に対し，つぎの (11) のような (m, n) 型行列 $A\in M_{m,n}(\boldsymbol{K})$ が一意的に決まる:

$$T(\boldsymbol{x})=T_A(\boldsymbol{x}). \tag{4.11}$$

証明. i. 定理 2.3 から T_A は線形写像である．後半は $<\boldsymbol{e}_1, \cdots, \boldsymbol{e}_n>$ を §4.2 例題 5 の $\boldsymbol{K}^n$ の基底とすると，簡単な計算から $T_A(\boldsymbol{e}_i)$ は A の第 i 列であるから，明らか．

ii. $T(\boldsymbol{e}_i)=\boldsymbol{a}_i$ とし，(m, n) 型行列 $A=(\boldsymbol{a}_1, \cdots, \boldsymbol{a}_n)$ とすると任意の $\boldsymbol{x}={}^t(x_1, \cdots, x_n)\in\boldsymbol{K}^n$ は $\boldsymbol{x}=x_1\boldsymbol{e}_1+\cdots+x_n\boldsymbol{e}_n$. したがって，(11) の左辺$=T(\boldsymbol{x})=T(\sum x_i\boldsymbol{e}_i)=\sum x_i\boldsymbol{a}_i$. (11) の右辺$=T_A(\boldsymbol{x})=A\cdot\boldsymbol{x}=A(x_1\boldsymbol{e}_1+\cdots+x_n\boldsymbol{e}_n)=x_1A\boldsymbol{e}_1+\cdots+x_nA\boldsymbol{e}_n=\sum x_i\boldsymbol{a}_i$. 一意性は i の後半からでる．（証終）

$<\boldsymbol{x}_1, \cdots, \boldsymbol{x}_n>$ と $<\boldsymbol{x}_1', \cdots, \boldsymbol{x}_m'>$ をそれぞれ，V と V' の基底とする．$T(\boldsymbol{x}_j)$ は V' の元であるから，定理 4.3 から，一意的に $a_{ij}\in\boldsymbol{K}$ があって

(4.12) $$T(\boldsymbol{x}_j)=\sum_{i=1}^{m}a_{ij}\boldsymbol{x}_i' \qquad (j=1,\ \cdots,\ n).$$

定理 4.8. 上の仮定と記号の下で，T を (12) で決まる $(m,\ n)$ 型行列 $A=(a_{ij})$ にうつす写像 Φ は，V から V' への線形写像全体のつくる集合 $\mathcal{L}(V,\ V')$ から $M_{m,n}(\boldsymbol{K})$ の上への一対一写像である．このとき，V の任意の元 $\boldsymbol{x}=\sum_{j=1}^{n}x_j\boldsymbol{x}_j$ に対し，$T(\boldsymbol{x})=\sum_{i=1}^{n}x_i'\boldsymbol{x}_i'$ とすると，

(4.13) $$\begin{pmatrix}x_1'\\ \vdots\\ x_n'\end{pmatrix}=A\begin{pmatrix}x_1\\ \vdots\\ x_n\end{pmatrix}.$$

証明. $\Phi(T)=A$ とする．$A=(a_{ij})$ は (12) をみたすから，

$$T(\boldsymbol{x})=T(\sum_{j=1}^{n}x_j\boldsymbol{x}_j=\sum_{j=1}^{n}x_jT(\boldsymbol{x}_j)=\sum_{i=1}^{m}(\sum_{j=1}^{n}a_{ij}x_j)\boldsymbol{x}_i'.$$

$<\boldsymbol{x}_1',\ \cdots,\ \boldsymbol{x}_m'>$ は V' の基底であるから，(13) をうる．

逆に，任意の $A\in M_{m,n}(\boldsymbol{K})$ に対し，V の元 $\sum_{j=1}^{n}x_j\boldsymbol{x}_j$ を (13) をみたす V' の元 $\sum_{i=1}^{m}x_i'\boldsymbol{x}_i'$ にうつす写像 T を考えると，T は V から V' への線形写像である．この A を T にうつす写像 θ は $M_{m,n}(\boldsymbol{K})$ から $\mathcal{L}(V,\ V')$ への写像で，つくり方から，Φ と θ は互いに他の逆写像である．したがって，定理 1.2 から，証明が終わる． (証終)

定理 4.8 の一対一対応 Φ は，V と V' の基底 $<\boldsymbol{x}_1,\ \cdots,\ \boldsymbol{x}_n>$，$<\boldsymbol{x}_1',\ \cdots,\ \boldsymbol{x}_m'>$ によってつくられた対応である．いま，基底をそれぞれ $<\boldsymbol{y}_1,\ \cdots,\ \boldsymbol{y}_n>$ と $<\boldsymbol{y}_1',\ \cdots,\ \boldsymbol{y}_m'>$ に変えたとき，同様に一対一対応がえられるが，このとき，同じ $T\in\mathcal{L}(V,\ V')$ に対して

(4.14) $$T(\boldsymbol{y}_j)=\sum_{i=1}^{m}b_{ij}\boldsymbol{y}_i'$$

なる行列 $B=(b_{ij})$ が対応する．A と B の関係は:

定理 4.9. 上の仮定と記号のもとで，P を $<\boldsymbol{x}_1,,\ \cdots,\ \boldsymbol{x}_n>$ から $<\boldsymbol{y}_1,\ \cdots,\ \boldsymbol{y}_n>$ へ，Q を $<\boldsymbol{x}_1',\ \cdots,\ \boldsymbol{x}_m'>$ から $<\boldsymbol{y}_1',\ \cdots,\ \boldsymbol{y}_m'>$ への基底の変換の行列とすると，

(4.15) $$B=Q^{-1}AP.$$

証明. n 次正則行列 $P=(p_{ij})$，m 次正則行列 $Q=(q_{ij})$ とすると，定理 4.5 から

(4.16) $$\boldsymbol{y}_s=\sum_{j=1}^{n}p_{js}\boldsymbol{x}_j \qquad (s=1,\ \cdots,\ n),$$

(4.17) $$\boldsymbol{y}_t'=\sum_{i=1}^{m}q_{it}\boldsymbol{x}_i' \qquad (t=1,\ \cdots,\ m).$$

これを (14) の両辺に代入して，(12) を用い，両辺の $\boldsymbol{x}_i'$ の係数を比較して $QB=AP$.

(証終)

例題 4. 定理 4.9 で $V=V'$, $\boldsymbol{x}_i=\boldsymbol{x}_i'$, $\boldsymbol{y}_j=\boldsymbol{y}_j'$ とすると，$Q=P$ で，$B=P^{-1}AP$.

定理 4.10. T を V から V' への線形写像とし，$T(V)$ を T の像，$T^{-1}(\boldsymbol{o}')=\{\boldsymbol{x}|\boldsymbol{x}\in V,\ T(\boldsymbol{x})=\boldsymbol{o}'\}$ とする; ただし $\boldsymbol{o}'$ は V' の零元である．このとき，

i. $T(V)$ と $T^{-1}(\boldsymbol{o}')$ は，それぞれ，V' と V の部分空間である;

ii. $$\dim T(V)+\dim T^{-1}(\boldsymbol{o}')=\dim V.$$

証明．例題2から，$\boldsymbol{o}' \in T(V)$，$\boldsymbol{o} \in T^{-1}(\boldsymbol{o}')$．ゆえに，それぞれ空集合でない．部分空間の二条件は，(10) の i，ii から容易にでる．

ii．A を定理 4.8 の T に対応する (m, n) 型行列とする．定理 2.11 系1から，正則行列 P, Q があって，

$$Q^{-1}AP=\begin{pmatrix} E_r & O \\ O & O \end{pmatrix}.$$

ゆえに，定理 4.5 と定理 4.9 から，V の基底 $<\boldsymbol{y}_1, \cdots, \boldsymbol{y}_n>$ と r' の基底 $<\boldsymbol{y}_1', \cdots, \boldsymbol{y}_m'>$ があって，$T(\boldsymbol{y}_i)=\boldsymbol{y}_i'$ $(i=1, \cdots, r)$，$T(\boldsymbol{y}_j)=\boldsymbol{o}'$ $(j>r)$ になる．つくり方から，$<\boldsymbol{y}_1', \cdots, \boldsymbol{y}_r'>$ は $T(V)$ の基底であり，$<\boldsymbol{y}_{r+1}, \cdots, \boldsymbol{y}_n>$ は$T^{-1}(\boldsymbol{o}')$ の基底であるから．　(証終)

定理 4.10 の $T^{-1}(\boldsymbol{o}')$ を，線形写像 T の**核**という．

定理 4.10 の証明から，$\dim T(V)=\mathrm{rank}(A)$．したがって，$V=\boldsymbol{K}^n$，$V'=\boldsymbol{K}^m$，$T=T_A$ のときを考えると，

系 1．
$$\dim T_A(\boldsymbol{K}^n)=\mathrm{rank}(A).$$

系 2．任意の行列 A の一次独立な列ベクトルの最大個数と，一次独立な行ベクトルの最大個数は，ともに A の階数に等しい．

証明．A の一次独立な列ベクトルの最大個数 r は，$T_A(\boldsymbol{K}^n)$ の次元に等しい．ゆえに，系1から $r=\mathrm{rank}(A)$．行ベクトルについては，定理 2.11 系2から $\mathrm{rank}({}^tA)=\mathrm{rank}(A)$ を用い同様にでる．　(証終)

定理 4.8 の T に対応する A の階数は，定理 4.9 により，V と V' の基底のとり方によらない T によってのみ決まる定数である．この定数を T の**階数**という．

V から V' への線形写像 T が V から V' の上への一対一写像であるとき，T を V から V' の上への**同型写像**という．このとき，T の逆写像 T^{-1} が考えられる．

定理 4.11．i．T が V から V' の上への同型写像なら，T^{-1} は V' から V の上への同型写像である；

ii．T が V から V' の上への同型写像，S が V' から V'' の上への同型写像なら，合成写像 $S\circ T$ は V から V'' の上への同型写像である．

証明．i．T^{-1} が V' から V の上への一対一写像であることは明らかである．つぎに，$\boldsymbol{x}', \boldsymbol{y}' \in V'$ に対し，$T(T^{-1}(\boldsymbol{x}')+T^{-1}(\boldsymbol{y}'))=T(T^{-1}(\boldsymbol{x}'))+T(T^{-1}(\boldsymbol{y}'))=\boldsymbol{x}'+\boldsymbol{y}'=T(T^{-1}(\boldsymbol{x}'+\boldsymbol{y}'))$．$T$ は一対一であるから，$T^{-1}(\boldsymbol{x}'+\boldsymbol{y}')=T^{-1}(\boldsymbol{x}')+T^{-1}(\boldsymbol{y}')$．ゆえに，(10) の i をえた．(10) の ii も同様にでる．

ii．$S\circ T$ が V から V' の上への一対一写像であるから，例題3より明らか．(証終)

V から V' の上への同型写像が存在するとき，V と V' は**同型**であるといい，$V\simeq V'$ とかく．

例題 5．同型関係は同値関係である．つまり，

i．
$$V\simeq V;$$

ii. $$V \simeq V' \Rightarrow V' \simeq V;$$

iii. $$V \simeq V',\ V' \simeq V'' \Rightarrow V \simeq V''.$$

［解］ i. V の元 $\boldsymbol{x}$ を $\boldsymbol{x}$ 自身にうつす恒等写像は，V から V の上への同型写像であるから，$V \simeq V$. ii, iii は定理 4.11 i, ii から． （以上）

例題 6． T を V から V' の上への同型写像とする．$\boldsymbol{x}^1, \cdots, \boldsymbol{x}_n \in V$ に対し，$<\boldsymbol{x}_1, \cdots, \boldsymbol{x}_n>$ か V の基底 $\Longleftrightarrow$ $<T(\boldsymbol{x}_1), \cdots, T(\boldsymbol{x}_n)>$ が V' の基底．

［解］ $\Rightarrow$: $a_i \in \boldsymbol{K}\ (i=1, \cdots, n)$ に対し，$a_1T(\boldsymbol{x}_1)+\cdots+a_nT(\boldsymbol{x}_n)=\boldsymbol{o}'$ なら，例題 2 から $T^{-1}(\sum a_iT(\boldsymbol{x}_i)=\boldsymbol{o}$. $\therefore\ \sum a_i\boldsymbol{x}_i=\boldsymbol{o}$ から $a_i=0\ (i=1, \cdots, n)$. V' の任意の元 $\boldsymbol{x}'$ に対し，$T^{-1}(\boldsymbol{x}') \in V$ で $T^{-1}(\boldsymbol{x}')=\sum_{i=1}^n x_i\boldsymbol{x}_i$. 両辺に T をほどこし，$\boldsymbol{x}'=\sum x_iT(\boldsymbol{x}_i)$. $\Leftarrow$ も同様． （以上）

定理 4.12． i. $\dim V=n \Longleftrightarrow \boldsymbol{K}^n \simeq V$;

ii. V, V' に対し，$V \simeq V' \Longleftrightarrow \dim V=\dim V'$.

証明． i. $\Rightarrow$: $<\boldsymbol{x}_1, \cdots, \boldsymbol{x}_n>$ を V の基底とする．$\boldsymbol{K}^n$ の元 ${}^t(x_1, \cdots, x_n)$ を V の元 $x_1\boldsymbol{x}_1+\cdots+x_n\boldsymbol{x}_n$ にうつす写像 T は，明らかに $\boldsymbol{K}^n$ から V への線形写像である．定理 4.3 から T は一対一であり，(5) の ii から上への写像であるから，T は $\boldsymbol{K}^n$ から V の上への同型写像である．$\Leftarrow$: 例題 6 と §4.2 例題 5 から．

ii. 例題 6 から，$V \simeq V'$ なら，$\dim V=\dim V'$. 逆に，$\dim V=\dim V'=n$ なら，i から $\boldsymbol{K}^n \simeq V$, $\boldsymbol{K}^n \simeq V'$. 例題 5 ii, iii から，$V \simeq V'$. （証終）

定理 4.13． $\dim V=\dim V'=n$ とする．定理 4.8 の記号を用いて，T が V から V' の上への同型写像 $\Longleftrightarrow$ A: 正則．

証明． $\Rightarrow$: T が同型写像なら，T^{-1} も V' から V の上への同型写像である．$T^{-1}(\boldsymbol{x}_j')=\sum_{i=1}^n b_{ij}\boldsymbol{x}_i\ (j=1, \cdots, n)$ とし，$B=(b_{ij})$ とすると，$T\circ T^{-1}(\boldsymbol{x}_j')=\boldsymbol{x}_j$, $T^{-1}\circ T(\boldsymbol{x}_j)=\boldsymbol{x}_j$ から $AB=BA=E$. ゆえに，A は正則である．

$\Leftarrow$: A が正則なら，$B=A^{-1}=(b_{ij})$ とし，$S(\boldsymbol{x}_j')=\sum_{i=1}^n b_{ij}\boldsymbol{x}_i$ なる V' から V への線形写像 S をとると，明らかに，S, T は互いに他の逆写像である．定理 1.2 から，T は同型写像である． （証終）

4.4. 計量線形空間

$\boldsymbol{K}$ 上の線形空間 V がつぎの条件 (18) をみたすとき，V を**計量線形空間**という：

(4.18) V の任意の二元 $\boldsymbol{x}, \boldsymbol{y}$ に対し，$\boldsymbol{x}$ と $\boldsymbol{y}$ の**内積**といわれる $\boldsymbol{K}$ の元 $(\boldsymbol{x}, \boldsymbol{y})$ が定まり，つぎの法則をみたす：

i. $$(\boldsymbol{x}, \boldsymbol{y}+\boldsymbol{z})=(\boldsymbol{x}, \boldsymbol{y})+(\boldsymbol{x}, \boldsymbol{z}),$$
$$(\boldsymbol{x}+\boldsymbol{y}, \boldsymbol{z})=(\boldsymbol{x}, \boldsymbol{z})+(\boldsymbol{y}, \boldsymbol{z}) \qquad (\boldsymbol{x}, \boldsymbol{y}, \boldsymbol{z} \in V);$$

ii. $$(a\boldsymbol{x}, \boldsymbol{y})=a(\boldsymbol{x}, \boldsymbol{y}),$$
$$(\boldsymbol{x}, a\boldsymbol{y})=\bar{a}(\boldsymbol{x}, \boldsymbol{y}) \qquad (a \in \boldsymbol{K};\ \boldsymbol{x}, \boldsymbol{y} \in V);$$

iii. $$(\boldsymbol{x}, \boldsymbol{y})=\overline{(\boldsymbol{y}, \boldsymbol{x})} \qquad (\boldsymbol{x}, \boldsymbol{y} \in V);$$

iv. $\boldsymbol{x} \in V$ に対し $(\boldsymbol{x}, \boldsymbol{x})$ は負でない実数で $(\boldsymbol{x}, \boldsymbol{x})=0$ なる必要十分条件は $\boldsymbol{x}=\boldsymbol{o}$.

上の ii, iii の $\bar{a}$, $\overline{(\boldsymbol{y}, \boldsymbol{x})}$ は, a, $(\boldsymbol{x}, \boldsymbol{y})$ の共役複素数である．したがって，$\boldsymbol{K}=\boldsymbol{R}$ のときは, ii, iii はそれぞれ $(a\boldsymbol{x}, \boldsymbol{y})=(\boldsymbol{x}, a\boldsymbol{y})=a(\boldsymbol{x}, \boldsymbol{y})$, $(\boldsymbol{x}, \boldsymbol{y})=(\boldsymbol{y}, \boldsymbol{x})$ となる．

計量線形空間は，$\boldsymbol{K}=\boldsymbol{R}$ のとき**ユークリッド空間**，$\boldsymbol{K}=\boldsymbol{C}$ のとき**ユニタリ空間**ともいわれる．

例題 1． $\boldsymbol{K}^n$ の二元 $\boldsymbol{x}={}^t(x_1, \cdots, x_n)$, $\boldsymbol{y}={}^t(y_1, \cdots, y_n)$ に対し,

$$(\boldsymbol{x}, \boldsymbol{y})={}^t\boldsymbol{x}\bar{\boldsymbol{y}}=\sum_{i=1}^{n} x_i\overline{y_i}$$

とすると，$\boldsymbol{K}^n$ はこの内積で計量線形空間になる．

［**解**］ 容易に (18) の条件をみたすことがわかる．この例は基本的である．　（以上）

例題 2． $f, g \in \boldsymbol{P}_n(\boldsymbol{R})$ に対し $(f, g)=\int_{-1}^{1} f(x)g(x)dx$ とすると，$\boldsymbol{P}_n(\boldsymbol{R})$ はこの内積でユークリッド空間になる．

例題 3． 計量線形空間 V の任意の元 $\boldsymbol{x}$ に対し,

$$(\boldsymbol{x}, \boldsymbol{o})=(\boldsymbol{o}, \boldsymbol{x})=0.$$

［**解**］ (18) の ii で $a=0$ とする．　（以上）

以下，本節では断わらない限り，V, V' で計量線形空間を表わす．

V の元 $\boldsymbol{x}$ に対し，$\sqrt{(\boldsymbol{x}, \boldsymbol{x})}$ を $\boldsymbol{x}$ の**長さ**または**ノルム**といい，$\|\boldsymbol{x}\|$ で表わす．このとき，(18) の iv はつぎの (19) と同値である:

(4.19)　　$\|\boldsymbol{x}\| \geqq 0$ であり，$\|\boldsymbol{x}\|=0 \Longleftrightarrow \boldsymbol{x}=0.$

定理 4.14． $\boldsymbol{x}, \boldsymbol{y} \in V$ に対し,

i.　　$|(\boldsymbol{x}, \boldsymbol{y})| \leqq \|\boldsymbol{x}\|\|\boldsymbol{y}\|$;　　**（シュワルツの不等式）**

等号が成り立つ必要十分条件は，$\boldsymbol{x}$, $\boldsymbol{y}$ の一方が他方のスカラー倍であること．

ii.　　$\|\boldsymbol{x}+\boldsymbol{y}\| \leqq \|\boldsymbol{x}\|+\|\boldsymbol{y}\|$;　　**（三角不等式）**

等号が成り立つ必要十分条件は，$\boldsymbol{x}$, $\boldsymbol{y}$ の一方が他方の非負実数倍であること．

証明． i. $(\boldsymbol{x}, \boldsymbol{y})=0$ なるときは，不等式と等号の条件は明らか．

$(\boldsymbol{x}, \boldsymbol{y})=\lambda \neq 0$ とする．$\mu=|\lambda|/\lambda$ とし，$\boldsymbol{x}'=\mu\boldsymbol{x}$ とおくと，$|\mu|=1$ から $|(\boldsymbol{x}', \boldsymbol{y})|=|(\mu\boldsymbol{x}, \boldsymbol{y})|=|\mu||(\boldsymbol{x}, \boldsymbol{y})|=|(\boldsymbol{x}, \boldsymbol{y})|$, $\|\boldsymbol{x}'\|=\|\boldsymbol{x}\|$ となる．$(\boldsymbol{x}', \boldsymbol{y})=|\lambda| \neq 0$ から，$(\boldsymbol{x}, \boldsymbol{y})$ が零でない実数のとき，i を示せばよい．

任意の実数 t に対し，(18) から

$$(\boldsymbol{x}+t\boldsymbol{y}, \boldsymbol{x}+t\boldsymbol{y})=(\boldsymbol{x}, \boldsymbol{x})+2t(\boldsymbol{x}, \boldsymbol{y})+t^2(\boldsymbol{y}, \boldsymbol{y}) \geqq 0.$$

$(\boldsymbol{x}, \boldsymbol{y}) \neq 0$ から $(\boldsymbol{y}, \boldsymbol{y}) \neq 0$. ゆえに，実係数の二次式の判別式を考え,

$$(\boldsymbol{x}, \boldsymbol{y})^2 \leqq \|\boldsymbol{x}\|^2\|\boldsymbol{y}\|^2.$$

$(\boldsymbol{y}, \boldsymbol{y})>0$ から等号が成り立つ必要十分条件は，上の t の二次式が実根 t_0 をもつことである: $(\boldsymbol{x}+t_0\boldsymbol{y}, \boldsymbol{x}+t_0\boldsymbol{y})=0$. (18) の iv から $\boldsymbol{x}+t_0\boldsymbol{y}=\boldsymbol{o}$.

ii. (18) から $\|\boldsymbol{x}+\boldsymbol{y}\|^2=(\boldsymbol{x}+\boldsymbol{y}, \boldsymbol{x}+\boldsymbol{y})=(\boldsymbol{x}, \boldsymbol{x})+(\boldsymbol{x}, \boldsymbol{y})+(\boldsymbol{y}, \boldsymbol{x})+(\boldsymbol{y}, \boldsymbol{y}) \leqq (\boldsymbol{x}, \boldsymbol{x})+2|(\boldsymbol{x}, \boldsymbol{y})|+(\boldsymbol{y}, \boldsymbol{y}) \leqq \|\boldsymbol{x}\|^2+2\|\boldsymbol{x}\|\|\boldsymbol{y}\|+\|\boldsymbol{y}\|^2=(\|\boldsymbol{x}\|+\|\boldsymbol{y}\|)^2$. 上の計算で二つ目の不等式は i を用いている．等号条件は上の二つの不等式の等号条件からでる．　（証終）

シュワルツの不等式から，任意の $\boldsymbol{o}$ でない $\boldsymbol{x}, \boldsymbol{y} \in V$ に対し，つぎのような θ が一意的に決まる:

$$(\boldsymbol{x}, \boldsymbol{y}) = \|\boldsymbol{x}\| \|\boldsymbol{y}\| \cos\theta \qquad (0 \leqq \theta < \pi). \tag{4.20}$$

この θ を $\boldsymbol{x}$ と $\boldsymbol{y}$ の間の**角**という．特に，$(\boldsymbol{x}, \boldsymbol{y})=0$ のとき，$\boldsymbol{x}$ と $\boldsymbol{y}$ は**直交する**という．

例題 4. $\boldsymbol{R}^2$ の元 $\boldsymbol{x}={}^t(x_1, x_2)$ を (x_1, x_2) を座標にもつ平面上の点と同一視したとき，つぎのことがらを示せ:

i. $\|\boldsymbol{x}\|$ は原点 $\boldsymbol{o}$ と $\boldsymbol{x}$ の距離である;

ii. 二点 $\boldsymbol{x}, \boldsymbol{y}$ に対し $\overrightarrow{\boldsymbol{ox}}$ と $\overrightarrow{\boldsymbol{oy}}$ のなす角を θ とすると，(20) が成り立つ;

iii. 定理 4.14 の ii は三点 $\boldsymbol{o}, \boldsymbol{x}, \boldsymbol{x}+\boldsymbol{y}$ のつくる三角形の三辺の間に成り立つ不等式である．

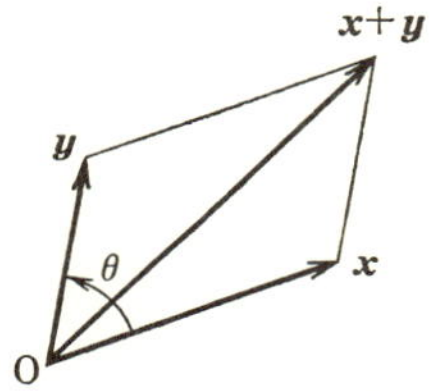

図 4.1

［解］ 証明は容易である．$\boldsymbol{R}^3$ を空間と考えても同様である．

（以上）

定理 4.15. 零でない元 $\boldsymbol{x}_1, \cdots, \boldsymbol{x}_k \in V$ が，互いに直交すれば，$\boldsymbol{x}_1, \cdots, \boldsymbol{x}_k$ は一次独立である．

証明. $a_i \in \boldsymbol{K}\,(i=1, \cdots, k)$ に対し，$\sum_{i=1}^k a_i \boldsymbol{x}_i = \boldsymbol{o}$ なら，両辺と $\boldsymbol{x}_j$ の内積をとり，(18) と例題 3 それに仮定の $(\boldsymbol{x}_i, \boldsymbol{x}_j)=0\ (i \neq j)$, $(\boldsymbol{x}_j, \boldsymbol{x}_j) \neq 0$ を用いて，$a_j=0\ (j=1, \cdots, k)$.

（証終）

V の，長さが 1 の元 $\boldsymbol{x}_1 \cdots, \boldsymbol{x}_k$ が互いに直交するとき，つまり $(\boldsymbol{x}_i, \boldsymbol{x}_j)=\delta_{ij}\ (i, j=1, \cdots, n)$ のとき，$\boldsymbol{x}_1, \cdots, \boldsymbol{x}_k$ を**正規直交系**という．V の基底 $\langle \boldsymbol{x}_1, \cdots, \boldsymbol{x}_n \rangle$ が正規直交系のとき，これを V の**正規直交基底**という．

定理 4.16. $\dim V=n>0$ なる計量線形空間 V は正規直交基底をもつ．

証明. $\langle \boldsymbol{x}_1, \cdots, \boldsymbol{x}_n \rangle$ を V の任意の基底とする．$\|\boldsymbol{x}_1\| \neq 0$ から $\boldsymbol{y}_1 = \|\boldsymbol{x}_1\|^{-1} \cdot \boldsymbol{x}_1$ とすると，$\|\boldsymbol{y}_1\|=1$ で $\langle \boldsymbol{y}_1, \boldsymbol{x}_2, \cdots, \boldsymbol{x}_n \rangle$ は V の基底である．$\boldsymbol{y}_1, \boldsymbol{x}_2$ は一次独立から $\boldsymbol{x}_2' = \boldsymbol{x}_2 - (\boldsymbol{x}_2, \boldsymbol{y}_1)\boldsymbol{y}_1$ は零でない．ゆえに，$\boldsymbol{y}_2 = \|\boldsymbol{x}_2'\|^{-1}\boldsymbol{x}_2'$ とすると，$\|\boldsymbol{y}_2\|=1$, $(\boldsymbol{y}_1, \boldsymbol{y}_2)=0$ で，$\langle \boldsymbol{y}_1, \boldsymbol{y}_2, \boldsymbol{x}_3, \cdots, \boldsymbol{x}_n \rangle$ は V の基底．同様に $\boldsymbol{x}_3' = \boldsymbol{x}_3 - (\boldsymbol{x}_3, \boldsymbol{y}_1)\boldsymbol{y}_1 - (\boldsymbol{x}_3, \boldsymbol{y}_2)\boldsymbol{y}_2$ は零でなく，$\boldsymbol{y}_3 = \|\boldsymbol{x}_3'\|^{-1}\boldsymbol{x}_3'$ とすると，$\|\boldsymbol{y}_3\|=1$ で $(\boldsymbol{y}_1, \boldsymbol{y}_3)=(\boldsymbol{y}_2, \boldsymbol{y}_3)=0$ で，$\langle \boldsymbol{y}_1, \boldsymbol{y}_2, \boldsymbol{y}_3, \boldsymbol{x}_4, \cdots, \boldsymbol{x}_n \rangle$ は V の基底．同様の操作を n 回して，$\langle \boldsymbol{y}_1, \cdots, \boldsymbol{y}_n \rangle$ なる正規直交基底をうる．

（証終）

任意の基底から正規直交基底をつくる上の証明の方法を，**シュミットの直交化法**という．例題 4 の $\boldsymbol{R}^2$ のとき，上の証明の $\boldsymbol{x}_2'$ は，$\boldsymbol{x}_2$ から $\boldsymbol{x}_2$ の $\overrightarrow{\boldsymbol{oy}_1}$ 方向への正射影を引いてつくっていることに注意．

例題 5. $(\boldsymbol{e}_1 \cdots \boldsymbol{e}_n)=E$（$n$ 次単位行列）なる $\boldsymbol{K}^n$ の基 $\langle \boldsymbol{e}_1, \cdots, \boldsymbol{e}_n \rangle$ は正規直交基底である．

例題 6. $\langle \boldsymbol{x}_1, \cdots, \boldsymbol{x}_n \rangle$ を V の正規直交基底とする．$\boldsymbol{a}, \boldsymbol{b} \in V$ に対し，$\boldsymbol{a} = \sum_{i=1}^n a_i \boldsymbol{x}_i$, $\boldsymbol{b} = \sum_{i=1}^n b_i \boldsymbol{x}_i$ とすると，

$$(\boldsymbol{x},\ \boldsymbol{y})=\sum_{i=1}^{n} a_i\bar{b}_i =(a_1,\ \cdots,\ a_n){}^{t}(\bar{b}_1,\ \cdots,\ \bar{b}_n).$$

［解］ $(\boldsymbol{x}_i,\ \boldsymbol{x}_j)=\delta_{ij}$ と (18) から明らか. （以上）

$(m,\ n)$ 型行列 A に対し, ${}^{t}\bar{A}$ を A^* とかき, A の**随伴行列**という. つぎの定理は定義から明らか:

定理 4.17. 行列 A, B, 複素数 c に対し,

(4.21) $\quad (A^*)^*=A,\quad (A+B)^*=A^*+B^*,\quad (AB)^*=B^*A^*,\quad (cA)^*=\bar{c}A^*.$

ただし, 上の和と積は定義されるものとする.

定理 4.18. i. $(m,\ n)$ 型行列 A, $\boldsymbol{x}\in\boldsymbol{C}^n$, $\boldsymbol{y}\in\boldsymbol{C}^m$ に対し, $(A\boldsymbol{x},\ \boldsymbol{y})=(\boldsymbol{x},\ A^*\boldsymbol{y})$;

ii. $(m,\ n)$ 型行列 A と $(n,\ m)$ 型行列 B に対し $(A\boldsymbol{x},\ \boldsymbol{y})=(\boldsymbol{x},\ B\boldsymbol{y})$ $\quad(\boldsymbol{x}\in\boldsymbol{C}^n,\ \boldsymbol{y}\in\boldsymbol{C}^m)$ なら, $B=A^*$.

証明. i. $(A\boldsymbol{x},\ \boldsymbol{y})={}^{t}(A\boldsymbol{x})\bar{\boldsymbol{y}}={}^{t}\boldsymbol{x}{}^{t}A\bar{\boldsymbol{y}}={}^{t}\boldsymbol{x}(\overline{{}^{t}\bar{A}\boldsymbol{y}})=(\boldsymbol{x},\ A^*\boldsymbol{y})$.

ii. $(A\boldsymbol{x},\ \boldsymbol{y})=(\boldsymbol{x},\ B\boldsymbol{y})$ なら, i から $(\boldsymbol{x},\ A^*\boldsymbol{y})=(\boldsymbol{x},\ B\boldsymbol{y})$ すなわち $(\boldsymbol{x},\ (A^*-B)\boldsymbol{y})=0$. $\boldsymbol{x}$ は任意であるから $\boldsymbol{x}=(A^*-B)\boldsymbol{y}$ とすると, (18) の iv から $(A^*-B)\boldsymbol{y}=0$. $\boldsymbol{y}$ は任意であるから, $A^*=B$. （証終）

系. n 次正方行列 $A=(a_{ij})$ に対し, つぎの三条件は互いに同値である:

i. $\quad A^*=A;$

ii. $\quad (A\boldsymbol{x},\ \boldsymbol{y})=(\boldsymbol{x},\ A\boldsymbol{y}) \qquad (\boldsymbol{x},\ \boldsymbol{y}\in\boldsymbol{C}^n);$

iii. $\quad a_{ij}=\overline{a_{ji}} \qquad (i,\ j=1,\ \cdots,\ n).$

証明. 定理 4.18 から容易である. （証終）

上の系の条件をみたすとき, A を**エルミート行列**といい, 特に, 実エルミート行列を**対称行列**という.

正方行列 A が, $A^*A=E$ なるとき, A を**ユニタリ行列**という. このとき, 定理 2.11 系 2 から $A^*=A^{-1}$ で, $AA^*=E$ でもある.

例題 7. i. A, B: n 次ユニタリ行列 $\Rightarrow AB$ はユニタリ行列;

ii. A: ユニタリ行列 $\Rightarrow A^{-1}$ はユニタリ行列.

［解］ i. $(AB)^*(AB)=B^*A^*AB=B^*EB=B^*B=E$. ゆえに, AB はユニタリ行列.

ii. A がユニタリなら, $A^{-1}=A^*$ から明らか. （以上）

実ユニタリ行列を**直交行列**という. 直交行列は例題 7 i, ii と同じ性質をもつ.

定理 4.19. n 次正方行列 A に対し, つぎの条件は互いに同値である:

i. A はユニタリ行列である;

ii. $\quad (A\boldsymbol{x},\ A\boldsymbol{y})=(\boldsymbol{x},\ \boldsymbol{y}) \qquad (\boldsymbol{x},\ \boldsymbol{y}\in\boldsymbol{C}^n);$

iii. $\quad \|A\boldsymbol{x}\|=\|\boldsymbol{x}\| \qquad (\boldsymbol{x}\in\boldsymbol{C}^n);$

iv. A の列ベクトル $\boldsymbol{a}_1,\ \cdots,\ \boldsymbol{a}_n$ は正規直交系である;

v. A の行ベクトル $\boldsymbol{b}_1,\ \cdots,\ \boldsymbol{b}_n$ は正規直交系である.

証明. i $\Leftrightarrow$ ii: 定理 4.17 から明らか. ii $\Rightarrow$ iii は明らか. iii $\Rightarrow$ ii: 仮定から $\boldsymbol{x},\ \boldsymbol{y}\in\boldsymbol{C}^n$

に対し，

$$(A(\boldsymbol{x}+\boldsymbol{y}),\ A(\boldsymbol{x}+\boldsymbol{y}))=(\boldsymbol{x}+\boldsymbol{y},\ \boldsymbol{x}+\boldsymbol{y}).$$

ゆえに，仮定から

$$(A\boldsymbol{x},\ A\boldsymbol{y})+(A\boldsymbol{y},\ A\boldsymbol{x})=(\boldsymbol{x},\ \boldsymbol{y})+(\boldsymbol{y},\ \boldsymbol{x}).$$

したがって，$(A\boldsymbol{x},\ A\boldsymbol{y})$ の実数部と $(\boldsymbol{x},\ \boldsymbol{y})$ の実数部は等しい．$\boldsymbol{x}$ は任意から，$\boldsymbol{x}$ に $\sqrt{-1}\,\boldsymbol{x}$ を代入しても成り立つ．ゆえに，ii がえられる．i $\Longleftrightarrow$ iv は $E=A^*A={}^t(\bar{\boldsymbol{a}}_1\cdots\bar{\boldsymbol{a}}_n)(\boldsymbol{a}_1\cdots\boldsymbol{a}_n)\Longleftrightarrow(\boldsymbol{a}_i,\ \boldsymbol{a}_j)=\delta_{ij}$ から，i $\Longleftrightarrow$ v は $E=AA^*\Longleftrightarrow(\boldsymbol{b}_i,\ \boldsymbol{b}_j)=\delta_{ij}$ から．

（証終）

系． 上の定理 4.19 は，ユニタリ行列を直交行列，$\boldsymbol{C}^n$ を $\boldsymbol{R}^n$ にして，n 次実正方行列 A に対して成り立つ．

定理 4.19 ii は，$\boldsymbol{C}^n$ の線形変換 T_A に対するつぎの条件と同値である：$(T_A(\boldsymbol{x}),\ T_A(\boldsymbol{y}))=(\boldsymbol{x},\ \boldsymbol{y})\ (\boldsymbol{x},\ \boldsymbol{y}\in\boldsymbol{C}^n)$．これを一般化して，

定理 4.20． V から V' の上への同型写像 T に対し，つぎの条件は互いに同値である：

i. $\quad (T(\boldsymbol{x}),\ T(\boldsymbol{y}))=(\boldsymbol{x},\ \boldsymbol{y}) \qquad (\boldsymbol{x},\ \boldsymbol{y}\in V)$;

ii. $\quad \|T(\boldsymbol{x})\|=\|\boldsymbol{x}\| \qquad (\boldsymbol{x}\in V)$;

iii. $<\boldsymbol{x}_1,\ \cdots,\ \boldsymbol{x}_n>$ と $<\boldsymbol{x}_1',\ \cdots,\ \boldsymbol{x}_n'>$ をそれぞれ V と V' の正規直交基底とし，$T(\boldsymbol{x}_j)=\sum_{i=1}^n a_{ij}\boldsymbol{x}_i'$ とすると，n 次正方行列 $A=(a_{ij})$ はユニタリ行列である；

iv. $<\boldsymbol{x}_1,\ \cdots,\ \boldsymbol{x}_n>$ を V の正規直交系とすると，$<T(\boldsymbol{x}_1),\ \cdots,\ T(\boldsymbol{x}_n)>$ は V' の正規直交系である．

証明． i $\Longleftrightarrow$ ii は定理 4.19 の ii $\Longleftrightarrow$ iii の証明と同様．i $\Rightarrow$ iii は

$$(T(\boldsymbol{x}_i),\ T(\boldsymbol{x}_j))=\Big(\sum_{k=1}^n a_{ki}\boldsymbol{x}_k',\ \sum_{k=1}^n a_{kj}\boldsymbol{x}_k'\Big)=\sum_{k=1}^n a_{ki}\bar{a}_{kj}. \tag{4.22}$$

したがって，i の仮定をみたせば，上式は δ_{ij} に等しく，$A^*A=E$．iii $\Rightarrow$ iv．§4.3 の例題 6 から $<T(\boldsymbol{x}_1),\ \cdots,\ T(\boldsymbol{x}_j)>$ は V' の基底である．A がユニタリ行列であるから，(22) を用い $(T(\boldsymbol{x}_i),\ T(\boldsymbol{x}_j))=\delta_{ij}$．iv $\Rightarrow$ i: 任意の $\boldsymbol{a},\ \boldsymbol{b}\in V$ に対し，$\boldsymbol{a}=\sum a_i\boldsymbol{x}_i,\ \boldsymbol{b}=\sum b_j\boldsymbol{x}_j$ とかくと，

$$(T(\boldsymbol{a}),\ T(\boldsymbol{b}))=\sum_{i=1}^n\sum_{j=1}^n a_i\bar{b}_j(T(\boldsymbol{x}_i),\ T(\boldsymbol{x}_j))=\sum_{i=1}^n a_i\bar{b}_i.$$

例題 6 から，これは $(\boldsymbol{a},\ \boldsymbol{b})$ に等しい．（証終）

定理 4.20 の条件をみたすとき，T を V から V' の上への**計量同型写像**であるといい，このような T が存在するとき，V と V' は**計量同型**であるという．iii の A は，定理 4.8 の対応で T に対応する行列であることに注意．

例題 8． i. $\dim V=n\Longleftrightarrow\boldsymbol{K}^n$ と V は計量同型である；

ii. V と V' が計量同型 $\Longleftrightarrow\dim V=\dim V'$．

［**解**］ $<\boldsymbol{x}_1,\ \cdots,\ \boldsymbol{x}_n>$ を V の正規直交基底とすると，$\boldsymbol{K}^n$ の元 ${}^t(x_1,\ \cdots,\ x_n)$ を $\sum x_i\boldsymbol{x}_i$ にうつす写像は，例題 6 から $\boldsymbol{K}^n$ から V の上への計量同型である．計量同型に

ついても定理 4.11 と §4.3 例題5が成り立つから，定理 4.12 の証明と同様にしてでる．

（以上）

5. 固有値

5.1. 固有値

この節では V を複素線形空間とする．

V の線形変換 T と $\alpha \in \boldsymbol{C}$ に対し，$\boldsymbol{o}$ でない $\boldsymbol{x} \in V$ が存在して $T(\boldsymbol{x})=\alpha\boldsymbol{x}$ をみたすとき，α を T の**固有値**，$\boldsymbol{x}$ を T の α に対する**固有ベクトル**という．n 次正方行列 A に対し，$\boldsymbol{C}^n$ の線形変換 T_A の固有値，固有ベクトルを行列 A の**固有値**，**固有ベクトル**という：つまり，

(5.1)
$$A\begin{pmatrix}x_1\\ \vdots\\ x_n\end{pmatrix}=\alpha\begin{pmatrix}x_1\\ \vdots\\ x_n\end{pmatrix}$$

なる ${}^t(0, \cdots, 0)$ でない ${}^t(x_1, \cdots, x_n)$ が A の固有値 α に対する固有ベクトルである．(1) は

(5.2)
$$(A-\alpha E)\begin{pmatrix}x_1\\ \vdots\\ x_n\end{pmatrix}=\begin{pmatrix}0\\ \vdots\\ 0\end{pmatrix}$$

とかけるから，(2) を係数の行列が $A-\alpha E$ なる斉次連立一次方程式と考えると，§2.4 例題 4 と定理 3.8 系から，つぎの定理をうる：

定理 5.1. n 次正方行列 A と $\alpha \in \boldsymbol{C}$ に対し，

i. α: A の固有値 $\Longleftrightarrow |A-\alpha E|=0$;

ii. $|A-\alpha E|=0$ のとき，$\boldsymbol{x}={}^t(x_1, \cdots, x_n) \in \boldsymbol{C}^n$ に対し，$\boldsymbol{x}$ が A の α に対する固有ベクトル $\Longleftrightarrow \boldsymbol{x}$ は斉次連立一次方程式 (2) の零解でない解．

n 次正方行列 A に対し，$|tE-A|=\chi_A(t)$ は t の n 次多項式である．$\chi_A(t)$ を行列 A の**固有多項式**という．定理 5.1 i は，A の固有値と固有多項式の根とは同じであることを示している．したがって，A の固有値 α は高々 n 個であるが，α に対する固有ベクトルは無数にある．

例題 1. n 次正方行列 $A=(a_{ij})$ に対し，$\chi_A(t)=a_0t^n+a_1t^{n-1}+\cdots+a_n$ とすると，$a_0=1$, $a_1=(-1)\sum_{i=1}^n a_{ii}$, $a_n=(-1)^n|A|$ である．——ここで $\sum_{i=1}^n a_{ii}$ を A の**トレース**といい，$\mathrm{tr}(A)$ とかく．

特に，A が上三角行列，つまり

$$A=\begin{pmatrix}a_{11} & \cdots & a_{1n}\\ 0 & \ddots & \vdots\\ \vdots & \ddots & \vdots\\ 0\cdots 0 & & a_{nn}\end{pmatrix}$$

のとき，

$$\chi_A(t)=\prod_{i=1}^n(t-a_{ii}).$$

A が実行列でも A の固有値は実数とは限らないが，

例題 2. 実行列 A の固有値 α が実数なら，A の α に対する固有ベクトル $\boldsymbol{x}={}^t(x_1, \cdots, x_n)$ で，$x_1, \cdots, x_n$ が実数になるものがある．

［**解**］ 定理 5.1 と §2.4 末尾の注意から．（以上）

例題 3. n 次正方行列 A と，n 次正則行列 P に対し，A と $P^{-1}AP$ の固有多項式は等しい．つまり，$\chi_{P^{-1}AP}(t)=\chi_A(t)$．

［**解**］ $\chi_{P^{-1}AP}(t)=|tE-P^{-1}AP|=|P^{-1}(tE-A)P|=|P^{-1}|\,|tE-A|\,|P|=\chi_A(t)$．

（以上）

$<\boldsymbol{x}_1, \cdots, \boldsymbol{x}_n>$ を V の基底とする．V の線形変換 T に対し，

(5.3) $$T(\boldsymbol{x}_j)=\sum_{i=1}^{n} a_{ij}\boldsymbol{x}_i \qquad (j=1, \cdots, n)$$

なる n 次正方行列 $A=(a_{ij})$ をとる §4.3 例題 4 と上の例題 3 から，多項式 $\chi_A(t)$ は基底のとり方によらない T で決まる多項式である．この $\chi_A(t)$ を T の**固有多項式**といい，$\chi_T(t)$ とかく．

定理 5.2. V の線形変換 T と $\alpha\in\boldsymbol{C}$ に対し，

i. α: T の固有値 $\Longleftrightarrow \alpha$ は $\chi_T(t)$ の根；

ii. α が T の固有値のとき，$V_\alpha=\{\boldsymbol{x}\,|\,\boldsymbol{x}\in V,\ T(\boldsymbol{x})=\alpha\boldsymbol{x}\}$ とすると，V_α は V の部分空間であり，$<\boldsymbol{x}_1, \cdots, \boldsymbol{x}_n>$ を V の基底とするとき，V の元 $\boldsymbol{x}=\sum_{i=1}^{n}x_i\boldsymbol{x}_i$ に対し，

$$\sum x_i\boldsymbol{x}_i\in V_\alpha \Longleftrightarrow {}^t(x_1, \cdots, x_n) \text{ は } (A-\alpha E)\boldsymbol{x}=\boldsymbol{o} \text{ の解；}$$

ただし，A は (3) により T で決まる n 次正方行列である．

証明. 明らかに $\boldsymbol{o}\in V_\alpha$ から，V_α は空集合でない．(4.3) の i, ii も線形変換の性質 (4.10) の i, ii から明らか．ゆえに，V_α は V の部分空間である．定理 4.8 から $T(\sum x_i\boldsymbol{x}_i)=\sum x_j'\boldsymbol{x}_j$ とすると，

$$\begin{pmatrix} x_1' \\ \vdots \\ x_n' \end{pmatrix}=A\begin{pmatrix} x_1 \\ \vdots \\ x_n \end{pmatrix}$$

から，定理 5.1 を用いて証明される．（証終）

定理 5.2 の V_α を T の固有値 α に対応する**固有空間**という．V_α は，集合 $\{\boldsymbol{o}\}$ と T の α に対する固有ベクトル全体との和集合である．固有空間については，

定理 5.3. V の線形変換 T に対し，

i. α が T の固有値なら，固有空間 V_α の次元は

$$\dim V_\alpha=n-\mathrm{rank}(A-\alpha E);$$

ただし，A は定理 5.2 の n 次正方行列．

ii. $\alpha_1, \cdots, \alpha_k$ を T の相異なる固有値とし，$\boldsymbol{y}_i$ を T の α_i に対する固有ベクトルとすると，$\boldsymbol{y}_1, \cdots, \boldsymbol{y}_k$ は一次独立である．

証明. i. 定理 5.2 から α は A の固有値でもある．A の α に対する固有空間 W_α は連立方程式 (2) の解の全体のつくる集合であるから，W_α の元 ${}^t(x_1, \cdots, x_n)$ を $\sum x_i\boldsymbol{x}_i$

にうつす写像は，W_α から V_α の上への同型写像を与える．ゆえに，定理 4.16 ii から $\dim W_\alpha=\dim V_\alpha$．一方，§4.2 例題 9 から，$\dim W_\alpha=n-\mathrm{rank}(A-\alpha E)$．

ii. $\boldsymbol{y}_1, \cdots, \boldsymbol{y}_k$ が一次独立でないとする．$\boldsymbol{y}_1\neq\boldsymbol{o}$ から $1\leqq r<k$ なる r があって，$\boldsymbol{y}_1, \cdots, \boldsymbol{y}_r$ は一次独立であるが，$\boldsymbol{y}_1, \cdots, \boldsymbol{y}_r, \boldsymbol{y}_{r+1}$ は一次独立でない．ゆえに，全部は 0 でない $a_i\in\boldsymbol{C}$ $(i=1, \cdots, r+1)$ があって

$$a_1\boldsymbol{y}_1+\cdots+a_r\boldsymbol{y}_r+a_{r+1}\boldsymbol{y}_{r+1}=\boldsymbol{o}. \tag{5.4}$$

ここで，少なくも一つの $a_i\neq 0$ $(i\leqq r)$．なぜなら，もし $a_1=\cdots=a_r=0$ なら，(4) から $a_{r+1}\boldsymbol{y}_{r+1}=\boldsymbol{o}$．$\boldsymbol{y}_{r+1}\neq\boldsymbol{o}$ から $a_{r+1}=0$ で矛盾．(4) の両辺に T をほどこすと，

$$a_1\alpha_1\boldsymbol{y}_1+\cdots+a_1\alpha_r\boldsymbol{y}_r+a_{r+1}\alpha_{r+1}\boldsymbol{y}_{r+1}=\boldsymbol{o}.$$

この両辺から，(4) に α_{r+1} を掛けたものを引くと，$\sum_{i=1}^{r}a_i(\alpha_i-\alpha_{i+1})\boldsymbol{y}_i=\boldsymbol{o}$，$a_1\neq 0$ で $\alpha_i\neq\alpha_{i+1}$ から $\boldsymbol{y}_1, \cdots, \boldsymbol{y}_r$ は一次従属になり，矛盾． (証終)

例題 4． V の二つの線形変換 T_1, T_2 が可換とする．つまり，$T_1\circ T_2=T_2\circ T_1$ とする．このとき，T_1 と T_2 の共通の固有ベクトルが存在する．

［**解**］ α を T_1 の任意の固有値とし，V_α を α に対する固有空間とすると，$V_\alpha\neq\{\boldsymbol{o}\}$．このとき，$\boldsymbol{x}\in V_\alpha$ に対し，

$$T_1(T_2(\boldsymbol{x}))=(T_1\circ T_2)(\boldsymbol{x})=(T_2\circ T_1)(\boldsymbol{x})=T_2(T_1(\boldsymbol{x}))=T_2(\alpha\boldsymbol{x})=\alpha T_2(\boldsymbol{x}).$$

ゆえに，$T_2(\boldsymbol{x})\in V_\alpha$．したがって，$T_2$ は V_α の線形変換とも考えられる．V_α の元で T_2 の固有ベクトルをとると，求める共通の固有ベクトルになる． (以上)

例題 5．
$$A=\begin{pmatrix}\cos\theta & -\sin\theta\\ \sin\theta & \cos\theta\end{pmatrix}, \qquad B=\begin{pmatrix}2 & -1\\ 1 & 0\end{pmatrix}$$
の固有値と固有ベクトルを求めよ．

［**解**］ $\chi_A(t)=t^2-2t\cos\theta+1$．ゆえに，$\cos\theta=\pm 1$ なら，A の固有値は ± 1 で，$\boldsymbol{C}^2$ の零でない元がすべて固有ベクトル．$\cos\theta\neq\pm 1$ なら，A の固有値は $\cos\theta\pm|\sin\theta|i$ で，それらに対する固有ベクトルは ${}^t(c\cdot\sin\theta,\ \mp c|\sin\theta|i)$；ただし，$c\neq 0$．

$\chi_B(t)=t^2-2t+1$．ゆえに，B の固有値は 1 で，固有ベクトルは ${}^t(c, c)$, $c\neq 0$． (以上)

5.2. 相似関係

n 次正方行列 A, B に対し，n 次正則行列 P があって $P^{-1}AP=B$ になるとき，A と B は**相似**であるという．相似関係は同値関係である．

定理 5.4． n 次正方行列 A に対し，A が対角行列に相似である必要十分条件は，n 個の一次独立な固有ベクトルをもつことである．

証明． 正則行列 P に対し，

$$P^{-1}AP=\begin{pmatrix}\alpha_1 & & O\\ & \ddots & \\ O & & \alpha_n\end{pmatrix}$$

が対角行列なら，P の列ベクトルを $\boldsymbol{p}_1, \cdots, \boldsymbol{p}_n$ とすると，

$$AP=P\begin{pmatrix}\alpha_1 & & \\ & \ddots & \\ & & \alpha_n\end{pmatrix}; \text{ つまり，} A\boldsymbol{p}_i=\alpha_i\boldsymbol{p}_i \quad (i=1, \cdots, n).$$

定理 2.12 系1と定理 4.10 系2から，$\boldsymbol{p}_1, \cdots, \boldsymbol{p}_n$ は一次独立である．

逆は，上の議論を逆にたどって示される．（証終）

系． A の固有値がすべて相異なれば，A は対角行列に相似である．

証明． 定理 5.3 と定理 5.4 から．（証終）

例題 1．
$$A=\begin{pmatrix}2 & -1 & -1\\ 1 & 0 & -1\\ 0 & -3 & -1\end{pmatrix}$$
が対角行列に相似であることを示し，$P^{-1}AP$ を対角行列にするような P を一つ求めよ．

［解］ $\chi_A(t)=(t-1)(t-2)(t+2)$ から，1，± 2 が A の固有値系から A は対角行列に相似である．固有値 1，2，-2 に対する固有ベクトルとして，それぞれ ${}^t(1,\ -2,\ 3)$，${}^t(1,\ 1,\ -1)$，${}^t(1,\ 1,\ 3)$ をとると，
$$P=\begin{pmatrix}1 & 1 & 1\\ -2 & 1 & 1\\ 3 & -1 & 3\end{pmatrix}$$
とすれば，
$$P^{-1}AP=\begin{pmatrix}1 & 0 & 0\\ 0 & 2 & 0\\ 0 & 0 & -2\end{pmatrix}.$$
（以上）

この証明でわかる通り，固有ベクトルのとり方で P は変わりうることに注意．

例題 2． §5.1 例題5の B は対角行列に相似でない．

［解］ 定理 5.4 から明らか．（以上）

この例題の示すように，一般に対角行列に相似とは限らないが，上三角行列には相似である．

定理 5.5． n 次正方行列 A, B が可換なら，つまり $AB=BA$ なら，n 次ユニタリ行列 U があって，$U^{-1}AU$, $U^{-1}BU$ がともに上三角行列であるようにできる．

証明． n についての帰納法で示す．$n=1$ なら明らか．$n>1$ とする．§5.1 例題4を T_A，T_B に適用して，A, B 共通の固有ベクトル $\boldsymbol{u}_1$ がとれる．さらに，$\boldsymbol{u}_1 \neq \boldsymbol{o}$ から，$\|\boldsymbol{u}_1\|=1$ のようにできる．シュミットの直交化法により $\boldsymbol{u}_2, \cdots, \boldsymbol{u}_n$ をおぎない，$<\boldsymbol{u}_1, \boldsymbol{u}_2, \cdots, \boldsymbol{u}_n>$ が $\boldsymbol{C}^n$ の正規直交基底になるようにする．定理 4.18 より，n 次正方行列 $U_1=(\boldsymbol{u}_1 \cdots \boldsymbol{u}_n)$ はユニタリ行列で $A\boldsymbol{u}_1=\alpha_1\boldsymbol{u}_1$, $B\boldsymbol{u}_1=\beta_1\boldsymbol{u}_1$ から
$$U_1^{-1}AU_1=\begin{pmatrix}\alpha_1 & A_{12}\\ O & A_{22}\end{pmatrix}, \qquad U_1^{-1}BU_1=\begin{pmatrix}\beta_1 & B_{12}\\ O & B_{22}\end{pmatrix}.$$
ただし，上の区分で，A_{22}, B_{22} が $(n-1)$ 次正方行列である．A, B の可換性から，$U_1^{-1}AU_1$，$U_2^{-1}BU_2$ も可換，したがって A_{22}, B_{22} も可換である．帰納法の仮定から，$(n-1)$ 次ユニタリ行列 U_{22} があって，
$$U_{22}^{-1}A_{22}U_{22}=\begin{pmatrix}\alpha_2 & & *\\ & \ddots & \\ O & & \alpha_n\end{pmatrix}, \qquad U_{22}^{-1}B_{22}U_{22}=\begin{pmatrix}\beta_2 & & *\\ & \ddots & \\ O & & \beta_n\end{pmatrix}.$$

容易に

$$\begin{pmatrix}1 & O\\ O & U_{22}^{-1}\end{pmatrix}\begin{pmatrix}\alpha_1 & A_{12}\\ O & A_{22}\end{pmatrix}\begin{pmatrix}1 & O\\ O & U_{22}\end{pmatrix}=\begin{pmatrix}\alpha_1 & & \\ & \alpha_2 & * \\ & & \ddots \\ O & & & \alpha_n\end{pmatrix}.$$

$$U_2=\begin{pmatrix}1 & O\\ O & U_{22}\end{pmatrix}$$

はユニタリ行列，ゆえに，§4.4 例題7から $U_1U_2=U$ はユニタリ行列で，

$$U^{-1}AU=\begin{pmatrix}\alpha_1 & & *\\ & \ddots & \\ O & & \alpha_n\end{pmatrix}.$$

同様に，

$$U^{-1}BU=\begin{pmatrix}\beta_1 & & *\\ & \ddots & \\ O & & \beta_n\end{pmatrix}.$$　（証終）

定理 5.5 で $A=B$ とすると，任意の正方行列 A に対しユニタリ行列 U があって，$U^{-1}AU$ が上三角行列になることがわかる．このときの $U^{-1}AU$ の対角成分は，A の固有値であるから，

例題 3． n 次正方行列の固有値を，重複度もこめて $\alpha_1, \cdots, \alpha_n$ とすると，

$$|A|=\alpha_1\alpha_2\cdots\alpha_n.$$

系 1． 上の定理の仮定と記号を用いて，特に，A, B が実行列で，A, B の固有値がすべて実数なら，定理の U として，直交行列がとれる．

証明． §5.1 例題2から，§5.1 例題4の共通の固有ベクトルも実ベクトルにとれる．上の定理の証明のユニタリを直交にかえたものが成り立つから．　（証終）

n 次正方行列 A が A^* と可換のとき，つまり $AA^*=A^*A$ のとき，A を**正規行列**という．エルミート行列，対称行列，ユニタリ行列，直交行列はすべて，正規行列である．

系 2． n 次正方行列 A に対し，ユニタリ行列 U があって，$U^{-1}AU$ が対角行列になる必要十分条件は，A が正規行列なることである．

証明．

$$U^{-1}AU=U^*AU=\begin{pmatrix}\alpha^1 & & O\\ & \ddots & \\ O & & \alpha_n\end{pmatrix}$$

なら，$U^{-1}AU$ と

$$U^{-1}A^*U=(U^{-1}AU)^*=\begin{pmatrix}\bar{\alpha}_1 & & O\\ & \ddots & \\ O & & \bar{\alpha}_n\end{pmatrix}$$

は可換．ゆえに，A と A^* は可換．逆に，A と A^* が可換なら，定理5.5から $U^{-1}AU$ と $U^{-1}A^*U$ はともに上三角行列．$U^{-1}A^*U=(U^{-1}AU)^*$ から，$U^{-1}AU$ は対角行列である．　（証終）

系 3． A が正規行列のとき，

i. A はエルミート行列 $\Longleftrightarrow$ A の固有値はすべて実数；

ii. A はユニタリ行列 $\Longleftrightarrow$ A の固有値はすべて絶対値 1．

証明. ユニタリ行列 U に対し, $U^{-1}AU$: エルミート $\Longleftrightarrow A$: エルミート. 系2で, $U^{-1}AU$ を対角行列にしておいて i をうる. ii も同様の考察からでる. また, i, ii の $\Rightarrow$ については, つぎのようにしても示される. A がエルミート行列のとき, 定理 4.17 系 ii から, $A\boldsymbol{x}=\alpha\boldsymbol{x}$ なら $(A\boldsymbol{x}, \boldsymbol{x})=(\boldsymbol{x}, A\boldsymbol{x})$. ゆえに, $\alpha(\boldsymbol{x}, \boldsymbol{x})=\bar{\alpha}(\boldsymbol{x}, \boldsymbol{x})$. $\boldsymbol{x}$ が固有ベクトルなら, $(\boldsymbol{x}, \boldsymbol{x})\neq 0$ から $\alpha=\bar{\alpha}$. また, A がユニタリ行列のときは, 定理 4.18 ii を用いて, $|\alpha|^2=1$ をうる. （証終）

系 4. 実正方行列 A に対し, 直交行列 P があって, $P^{-1}AP$ が対角行列になる必要十分条件は, A が対称行列なることである.

証明. $P^{-1}AP$ が対角行列なら, ${}^t(P^{-1}AP)=P^{-1}AP$. P は直交行列であるから, ${}^t(P^{-1}AP)=P^{-1}{}^tAP$. ゆえに, ${}^tA=A$. 逆に, A が対称なら, 系3 i から A の固有値はすべて実数で, 系1で $B={}^tA$ とすると, $P^{-1}AP$, $P^{-1}{}^tAP$ が上三角行列になる. ゆえに, ${}^t(P^{-1}AP)=P^{-1}{}^tAP$ から $P^{-1}AP$ は対角行列. （証終）

例題 4.
$$A=\begin{pmatrix}3 & 2\\ 2 & 0\end{pmatrix}$$
に対し, $P^{-1}AP$ が対角行列になるような P を一つ求めよ.

［**解**］ $\chi_A(t)=t^2-3t-4=(t-4)(t+1)$. ゆえに, A の固有値は4と -1. これらに対する長さ1の固有ベクトルはそれぞれ $(1/\sqrt{5})\,{}^t(2, 1)$, $(1/\sqrt{5})\,{}^t(1, -2)$. 明らかに,
$$P=\frac{1}{\sqrt{5}}\begin{pmatrix}2 & 1\\ 1 & -2\end{pmatrix}$$
は直交行列で
$$P^{-1}AP=\begin{pmatrix}4 & 0\\ 0 & -1\end{pmatrix}.$$
（以上）

5.3. 二次形式

n 個の変数 $x_1, x_2, \cdots, x_n$ の, 実係数の斉次二次式 $F(x_1, \cdots, x_n)$ を**二次形式**という. つまり,

(5.5)
$$F(x_1, \cdots, x_n)=\sum_{i=1}^{n}\alpha_i x_i^2+\sum_{i<j}\alpha_{ij}x_i x_j.$$

このとき, $a_{ii}=\alpha_i$, $a_{ij}=a_{ji}=\alpha_{ij}/2$ $(i<j)$ とおくと, n 次実対称行列 $A=(a_{ij})$ をうる. $\boldsymbol{x}={}^t(x_1, \cdots, x_n)$ を $\boldsymbol{R}^n$ の元とすると,
$$F(x_1, \cdots, x_n)=\sum_{i,j=1}^{n}a_{ij}x_i x_j={}^t\boldsymbol{x}A\boldsymbol{x}.$$
$F(x_1, \cdots, x_n)$ を $F(\boldsymbol{x})$ ともかき, 行列 A を二次形式 $F(\boldsymbol{x})$ の**係数の行列**という.

n 次実正則行列 $P=(p_{ij})$ をとり, $\boldsymbol{y}=P^{-1}\boldsymbol{x}$ とおくと,

(5.6)
$$\boldsymbol{x}=P\boldsymbol{y}, \quad \text{つまり} \quad x_i=\sum_{j=1}^{n}p_{ij}y_j \quad (i=1, \cdots, n),$$
$$F(\boldsymbol{x})={}^t(P\boldsymbol{y})A(P\boldsymbol{y})={}^t\boldsymbol{y}({}^tPAP)\boldsymbol{y}.$$

ゆえに, $F(\boldsymbol{x})$ は, $y_1, \cdots, y_n$ の, 係数の行列が ${}^tPAP$ なる二次形式となる. (6) は, 変数の線形変換を意味するが, 適当な P をとり, 係数の行列 ${}^tPAP$ を簡単にすることを

考える．定理 5.5 系4から，直交行列 P があって，

$$({5.7})\qquad {}^tPAP=P^{-1}AP=\begin{pmatrix}\alpha_1 & & O\\ & \alpha_2 & \\ & & \ddots \\ O & & & \alpha_n\end{pmatrix}$$

にできる．さらに，§2.3 の基本行列 U_{ij} は直交行列で

$$U_{ij}^{-1}\begin{pmatrix}\alpha_1 & & O\\ & \ddots & \\ O & & \alpha_n\end{pmatrix}U_{ij}$$

は，α_i と α_j の交換を与えるから，(5) でつぎのように番号がついているとしてよい:

$$(5.8)\qquad \alpha_1,\ \cdots,\ \alpha_p>0,\qquad \alpha_{p+1},\ \cdots,\ \alpha_{p+q}<0,\qquad \alpha_{p+q+1}=\cdots=\alpha_n=0.$$

この P で変数変換 (6) をすると，

$$F(\boldsymbol{x})=\alpha_1y_1^2+\cdots+\alpha_ny_n^2.$$

さらに，

$$\begin{pmatrix}z_1\\ \vdots\\ z_n\end{pmatrix}=\begin{bmatrix}\sqrt{\alpha_1} & & & & & & & O\\ & \ddots & & & & & & \\ & & \sqrt{\alpha_p} & & & & & \\ & & & \sqrt{-\alpha_{p+1}} & & & & \\ & & & & \ddots & & & \\ & & & & & \sqrt{-\alpha_{p+q}} & & \\ & & & & & & 1 & \\ & & & & & & & \ddots \\ O & & & & & & & & 1\end{bmatrix}\begin{pmatrix}y_1\\ \vdots\\ y_n\end{pmatrix}$$

で変数変換すると，$F(\boldsymbol{x})=z_1^2+\cdots+z_p^2-(z_{p+1}^2+\cdots+z_{p+q}^2)$．ゆえに，まとめると，つぎの定理の i をうる:

定理 5.6． 二次形式 $F(\boldsymbol{x})={}^t\boldsymbol{x}A\boldsymbol{x}$ に対し，

i． 正則行列 P が存在し，$\boldsymbol{y}=P\cdot\boldsymbol{x}$ とおくと，

$$(5.9)\qquad F(\boldsymbol{x})=\boldsymbol{y}^tPAP\boldsymbol{y}=y_1^2+\cdots+y_p^2-(y_{p+1}^2+\cdots+y_{p+q}^2).$$

ii． (9) の p, q は P には無関係な，$F(\boldsymbol{x})$ でつぎのように決められる定数である: p, q はそれぞれ対称行列 A の正と負の固有値の個数で， $p+q=\mathrm{rank}(A)$.

（シルベスタの慣性法則）

証明． i はすみ．ii. Q が正則行列で $\boldsymbol{z}=Q\boldsymbol{x}$ で

$$(5.10)\qquad F(\boldsymbol{x})={}^t\boldsymbol{z}{}^tQAQ\boldsymbol{z}=z_1^2+\cdots+z_s^2-(z_{s+1}^2+\cdots+z_{s+t}^2)$$

とする．P, Q が正則であるから，${}^tP$, ${}^tQ$ も正則で，§2.3 から

$$p+q=\mathrm{rank}({}^tPAP)=\mathrm{rank}(A)=\mathrm{rank}({}^tQAQ)=s+t.$$

$p>s$ とすると，各 y_i, z_j は x_1, $\cdots$, x_n の斉次一次式であるから，$y_i=0$ ($i=p+1$, $\cdots$, n), $z_j=0$ ($j=1$, $\cdots$, s) を $n-p+s$ 個の方程式から成る x_1, $\cdots$, x_n の斉次連立一次方程式を考えると，$n-(p-s)<n$ より，§2.3 例題3から，零解以外の解をもつ．この解 $\boldsymbol{x}$ を (9) に代入すると， P が正則であるから， $F(\boldsymbol{x})>0$. (10) に代入すると，$F(\boldsymbol{x})\leqq 0$. ゆえに，矛盾．したがって，$p\leqq s$. p と s の立場をかえて $s\leqq p$. ゆえに，$p=s$. したが

って，$q=t$. 残りは (8) のとり方から明らか．（証終）

(9) の右辺を二次形式 $F(\boldsymbol{x})$ の**標準形**という．p, q は標準形の正項と負項の個数である．(p, q) を $F(\boldsymbol{x})$ の**符号**という．

二次形式 $F(\boldsymbol{x})$ は，つぎの条件が成り立つとき，**正値**であるという:

(5.11)　　$\boldsymbol{o}$ でない任意の $\boldsymbol{x}\in\boldsymbol{R}^n$ に対し，　$F(\boldsymbol{x})>0$.

上の条件の $F(\boldsymbol{x})>0$ を，$F(\boldsymbol{x})\geqq 0$, $F(\boldsymbol{x})<0$, $F(\boldsymbol{x})\leqq 0$ にした条件が成り立つとき，それぞれ二次形式 $F(\boldsymbol{x})$ は**半正値**，**負値**，**半負値**であるという．

定理 5.6 からつぎの系は明らかである:

系． n 変数の二次形式 $F(\boldsymbol{x})={}^t\boldsymbol{x}A\boldsymbol{x}$ の符号を (p, q) とすると，

i. $F(\boldsymbol{x})$: 正値 $\Longleftrightarrow p=n,\ q=0 \Longleftrightarrow A$ の固有値はすべて正;

ii. $F(\boldsymbol{x})$: 半正値 $\Longleftrightarrow q=0 \Longleftrightarrow A$ の固有値はすべて負でない;

iii. $F(\boldsymbol{x})$: 負値 $\Longleftrightarrow p=0,\ q=n \Longleftrightarrow A$ の固有値はすべて負;

iv. $F(\boldsymbol{x})$: 半負値 $\Longleftrightarrow p=0 \Longleftrightarrow A$ の固有値はすべて正でない．

一般に，実対称行列 A に対し，上の i, ii, iii, iv の右辺が成り立つとき，それぞれ A を**正値**，**半正値**，**負値**，**半負値**という．

$F(\boldsymbol{x})$ の正値性を $A=(a_{ij})$ からより簡単に判定するため，$1\leqq k\leqq n$ に対し，つぎの k 次小行列を与える:

$$A_k=\begin{pmatrix} a_{11} & \cdots & a_{1k} \\ a_{21} & \cdots & a_{2k} \\ \cdots & \cdots & \cdots \\ a_{k1} & \cdots & a_{kk} \end{pmatrix}.$$

定理 5.7． $F(\boldsymbol{x})={}^t\boldsymbol{x}A\boldsymbol{x}$: 正値 $\Longleftrightarrow |A_k|>0 \quad (k=1, \cdots, n)$.

証明． $\Rightarrow$: 定理 5.6 系 i から A の固有値はすべて正である．§5.2 例題 3 から $|A|$ は A の固有値の積であるから，$|A|>0$. $1\leqq k\leqq n$ に対し，$\boldsymbol{x}_k={}^t(x_1, \cdots, x_k)\in\boldsymbol{R}^k$ とすると，k 変数の二次形式 ${}^t\boldsymbol{x}_kA_k\boldsymbol{x}_k=F(x_1, \cdots, x_k, 0, \cdots, 0)$ は正値であり，同様に，$|A_k|>0$. $\Leftarrow$: n についての帰納法で示す．$n=1$ については明らか．$n>1$ のとき，

$$A=\begin{pmatrix} A_{n-1} & \boldsymbol{a} \\ {}^t\boldsymbol{a} & a_{nn} \end{pmatrix}$$

と区分けする．

$$P=\begin{pmatrix} E_{n-1} & -A_{n-1}^{-1}\boldsymbol{a} \\ {}^t\boldsymbol{o} & 1 \end{pmatrix}$$

とすると，

$${}^tPAP=\begin{pmatrix} A_{n-1} & \boldsymbol{o} \\ {}^t\boldsymbol{o} & b_{nn} \end{pmatrix}; \quad ここで \quad (b_{nn}=a_{nn}-{}^t\boldsymbol{a}A_{n-1}^{-1}\boldsymbol{a}).$$

$|A|=|{}^tPAP|=|A_{n-1}|b_{nn}$ で $|A|>0$, $|A_{n-1}|>0$ から $b_{nn}>0$. $\boldsymbol{x}=P\boldsymbol{y}$ で変数変換すると，

$$F(\boldsymbol{x})={}^t\boldsymbol{y}{}^tPAP\boldsymbol{y}=\sum_{i,j=1}^{n-1}a_{ij}y_iy_j+b_{nn}y_n{}^2.$$

$n-1$ 変数の二次形式 $\sum_{i,j=1}^{n-1}a_{ij}y_iy_j$ は，帰納法の仮定から，正値であり，$b_{nn}>0$ を合わせて，$F(\boldsymbol{x})$ は正値.　　（証終）

$F(\boldsymbol{x})={}^t\boldsymbol{x}A\boldsymbol{x}$ が負値の必要十分条件は $-F(\boldsymbol{x})={}^t\boldsymbol{x}(-A)\boldsymbol{x}$ が正値なことであるから，

系.　$F(\boldsymbol{x})={}^t\boldsymbol{x}A\boldsymbol{x}$: 負値 $\Longleftrightarrow (-1)^k|A_k|>0$. $(k=1, \cdots, n)$.

例題 1.　二変数の二次形式 $a_{11}x_1{}^2+2a_{12}x_1x_2+a_{22}x_2{}^2$ に対し，二次式 $a_{11}t^2+2a_{12}t+a_{22}$ の判別式と $|A|$ の関係を用いて，定理 5.7 を直接に証明せよ.

6. 群

6.1. 半群と群

集合 S の元 a, b に対し S の元 $f(a, b)$ を決める法則 f を，S の**二項演算**という.

例題 1.　つぎの各 f_i は $\boldsymbol{C}$ の二項演算である:

$$f_1(a, b)=a+b,\ f_2(a, b)=a-b,\ f_3(a, b)=ab,\ f_4(a, b)=ab^{-1},\ f_5(a, b)=a.$$

例題 2.　S を集合 M から M への写像全体の集合とする. $\alpha, \beta \in S$ に対し，合成写像 $\alpha\circ\beta$ を対応させる法則は S の二項演算である.

集合 S に，S の二項演算 f が与えられているとする. 簡単のため $f(a, b)=ab$ とかくことにすると，つぎの条件 (1) がみたされているとき，S は f に関して**半群**であるという; また，単に S は半群であるともいう:

(6.1)（結合律）　$(ab)c=a(bc)$　$(a, b, c \in S)$.

例題 3.　例題 1 の各 f_i に関して $\boldsymbol{C}$ が半群かどうかを判定せよ.

［**解**］ f_1, f_3, f_5 に関しては半群であるが，他に関してはならない.　　（以上）

半群 S の元 e がつぎの条件をみたすとき，e を S の**単位元**という:

(6.2)　$ae=ea=a$　$(a \in S)$.

半群 S は単位元をもつとは限らないが，もてばただ一つに限る. じっさい，$e' \in S$ も (2) をみたせば，$e'=e'e=e$.

例題 4.　i. $\boldsymbol{C}$ を f_1 で半群にすると，単位元は 0 であり，f_3 で半群にすると，単位元は 1 である;

ii. $\boldsymbol{N}$ は，数の積で単位元 1 をもつ半群であるが，数の和では単位元をもたない半群である.

単位元 e をもつ半群 G がつぎの条件をみたすとき，G を**群**という:

(6.3)　$a \in G$ に対し $b \in G$ が存在して，$ab=ba=e$.

条件 (3) の b は a によって一意的に決まる. じっさい，$b' \in G$ も $ab'=b'a=e$ なら，$b'=eb'=(ba)b'=b(ab')=be=b$. この b を a の**逆元**といい，$b=a^{-1}$ とかく.

半群 S がつぎの条件をみたすとき，S を**可換半群**という:

(6.4)（可換律）　$ab=ba$　$(a, b \in S)$.

可換半群である群を**可換群**または**アーベル群**という．可換群 G の二項演算を ab の代りに $a+b$ で表わすことがある．このとき，G を**加群**または**加法群**といい，その単位元を0で，$a \in G$ の逆元を $-a$ で表わす．これに対し，必ずしも可換律を仮定しない群で，群の二項演算を ab で表わした群を**乗法群**という．

例題 5． i．数の加法で，$\boldsymbol{N}$ は可換半群，$\boldsymbol{Z}$, $\boldsymbol{Q}$, $\boldsymbol{R}$, $\boldsymbol{C}$ は可換群である．

ii．数の乗法で，$\boldsymbol{N}$, $\boldsymbol{Z}$ は単位元をもつ可換半群，$\boldsymbol{Q}^*$, $\boldsymbol{R}^*$, $\boldsymbol{C}^*$ は可換群である．ただし，* の印はそれぞれの集合から0を除いた集合とする．

iii．例題2の S は，M が二個以上の元から成れば，非可換半群で，その単位元は M の任意の元 a を a 自身に写す恒等写像である．さらに，G を M から M の上への一対一写像全体の集合とすると，$G \subset S$ で写像の合成を二項演算として群になる．この G を M の**置換群**という．特に，$M=\{1, 2, \cdots, n\}$ のとき，G は §3.1 の S_n になる．S_n を n 次**対称群**という．

例題 6． §4.1 の線形空間 V はベクトルの和に関して加法群である．

例題 7． i．(m, n) 型行列全体の集合 $M_{m,n}(\boldsymbol{C})$ は，行列の和に関して加法群である．(→§2.1)

ii．n 次正則行列全体の集合 $GL(n, \boldsymbol{C})$ は，行列の積に関して乗法群である．その単位元は単位行列，$A \in GL(n, \boldsymbol{C})$ の逆元は逆行列 A^{-1} である．(→定理 2.9)

例題 8． 群 G において，

i．
$$(a^{-1})^{-1}=a, \quad (ab)^{-1}=b^{-1}a^{-1} \qquad (a, b \in G);$$

ii．$a, b \in G$ に対し，方程式 $ax=b$, $ya=b$ はそれぞれ G において一意的に解ける．

［**解**］ i．$(a^{-1})^{-1}=a$ は明らか．$(ab)(b^{-1}a^{-1})=a(bb^{-1})a^{-1}=aea^{-1}=aa^{-1}=e$．同様に，$(b^{-1}a^{-1})(ab)=e$．ii．それぞれ解は $x=a^{-1}b$, $y=ba^{-1}$． （以上）

群 G から群 G' への写像 ρ がつぎの条件をみたすとき，ρ を G から G' への**準同型写像**という：

(6.5)
$$\rho(ab)=\rho(a)\rho(b) \qquad (a, b \in G).$$

例題 9． $\rho(\theta)=\cos\theta+i\sin\theta$ なる写像は，加法群 $\boldsymbol{R}$ から乗法群 $\boldsymbol{C}^*$ への準同型写像である．

［**解**］ $\rho(\theta_1+\theta_2)=\cos(\theta_1+\theta_2)+i\sin(\theta_1+\theta_2)=\rho(\theta_1)\rho(\theta_2)$ から． （以上）

例題 10． 群 G の任意の元 a と $n \in \boldsymbol{N}$ に対し，$a^n=\overbrace{aa\cdots a}^{n\text{個}}$, $a^{-n}=(a^{-1})^n$, $a^0=e$ とすると，$\boldsymbol{Z}$ の元 n を a^n に写す写像は ρ 加法群 $\boldsymbol{Z}$ から G への準同型写像である．

定理 6.1． ρ を群 G から群 G' への準同型写像とする．

i．e, e' をそれぞれ G, G' の単位元とすると，
$$\rho(e)=e';$$

ii．
$$\rho(a^{-1})=\rho(a)^{-1} \qquad (a \in G).$$

証明． i．$\rho(e)=\rho(ee)=\rho(e)\rho(e)$．両辺に $\rho(e)^{-1}$ を掛けて $e'=\rho(e)$．ii．i から

$e' = \rho(e) = \rho(aa^{-1}) = \rho(a)\rho(a^{-1})$. 両辺に $\rho(a)^{-1}$ を左から掛けると，$\rho(a)^{-1} = \rho(a^{-1})$.

(証終)

群 G から群 G' への準同型写像 ρ が，G から G' の上への一対一写像であるとき，ρ を G から G' の上への**同型写像**という．このとき，ρ の逆写像 ρ^{-1} が考えられるが，

定理 6.2. i. ρ が群 G から群 G' の上への同型写像なら，ρ^{-1} は G' から G の上への同型写像である；

ii. ρ_1 が群 G から群 G' の上への同型写像，ρ_2 が G' から群 G'' の上への同型写像なら，合成写像 $\rho_2 \circ \rho_1$ は G から G'' の上への同型写像である．

証明. 定理 4.11 の証明と同様である． (証終)

G から G' の上への同型写像が存在するとき，G と G' は**同型**であるといい，$G \simeq G'$ とかく．

例題 11. 群の同型関係は同値関係である．

［解］ §4.3 例題 5 と同様である． (以上)

例題 12. $\rho(a) = \exp(a)$ なる写像 ρ は，加法群 $\boldsymbol{R}$ から乗法群 $G = \{x \in \boldsymbol{R} \mid x > 0\}$ の上への同型写像である．

［解］ ρ は $\boldsymbol{R}$ から G の上への一対一写像である．ρ はさらに，$\rho(a+b) = \exp(a+b) = \exp(a)\exp(b) = \rho(a)\rho(b)$ から，(5) をみたす． (以上)

6.2. 部分群と剰余群

群 G の空でない部分集合 H が，つぎの条件をみたすとき，H を G の**部分群**という：

(6.6) i. $a, b \in H \Rightarrow ab \in H$; ii. $a \in H \Rightarrow a^{-1} \in H$.

このとき，ii から $a \in H$ なら $a^{-1} \in H$ であるから，i の b を a^{-1} にすると，$aa^{-1} = e \in H$ である．i は G の二項演算が H の二項演算を与えていることを示し，この演算に関して H が群になることが容易にわかる．

例題 1. $\boldsymbol{Z} \subset \boldsymbol{Q} \subset \boldsymbol{R} \subset \boldsymbol{C}$ と $\boldsymbol{Q}^* \subset \boldsymbol{R}^* \subset \boldsymbol{C}^*$ はそれぞれ加法群 $\boldsymbol{C}$ と乗法群 $\boldsymbol{C}^*$ の部分群の列である．

例題 2. 線形空間 V の部分空間 W は加法群 V の部分群である．

［解］ (4.3) の i は，(6) の i と同値である．(4.3) の ii で $a = -1$ とすると，(6) の ii をうる． (以上)

例題 3. $SL(n, \boldsymbol{C}) = \{A \mid n$ 次正方行列，$|A| = 1\}$ と $U(n, \boldsymbol{C}) = \{A \mid n$ 次ユニタリ行列$\}$ は，$GL(n, \boldsymbol{C})$ の部分群である．

［解］ $A, B \in SL(n, \boldsymbol{C})$ なら，$|AB| = |A||B| = 1$ から $AB \in SL(n, \boldsymbol{C})$. また，$AA^{-1} = E$ から $|A||A^{-1}| = |E| = 1$. ゆえに，$A^{-1} \in SL(n, \boldsymbol{C})$. したがって，$SL(n, \boldsymbol{C})$ は $GL(n, \boldsymbol{C})$ の部分群．$U(n, \boldsymbol{C})$ については，§4.4 例題 7 から明らか．

(以上)

群 G の部分群 H と $a \in G$ に対し，G の部分集合 $\{ha \mid h \in H\}$ を Ha とかき，H に関する(a を代表元とする)**左剰余類**という．

定理 6.3. H を群 G の部分群とすると,

i. $a, b \in G$ に対し, $Ha=Hb \Longleftrightarrow Ha \cap Hb \neq \phi$;

ii. G は集合として, 互いに交りのない相異なる, H に関する左剰余類の合併集合である.

証明. i. $\Rightarrow$は明らか, $\Leftarrow$: $c \in Ha \cap Hb$ とすると, $h_1\ h' \in H$ があって, $c=ha=h'b$. ゆえに, $a=h^{-1}h'b$. 任意の $h'' \in H$ に対し, $h''a=h''h^{-1}h'b \in Hb$. ゆえに, $Ha \subset Hb$. 同様に, $Ha \supset Hb$. ゆえに, $Ha=Hb$.

ii. 任意の $g \in G$ は Hg に属するから, i より明らか. (証終)

H に関する左剰余類と同様に, $aH=\{ah|h \in H\}$ で**右剰余類**も定義できる. 一般に, $Ha=aH$ は成り立たない. 特に, 任意の $a \in G$ に対し $Ha=aH$ のとき, H を G の**正規部分群**という. G が可換群のときは, G の任意の部分群は正規部分群である. 特に, G が加法群のときは, $Ha=aH$ で, aH を $a+H$ とかく.

定理 6.4. H を群 G の部分群とする.

i. $a, b \in G$ に対し, $Ha=Hb \Longleftrightarrow a^{-1}H=b^{-1}H$;

ii. Ha を $a^{-1}H$ に写す写像は, H に関する左剰余類全体の集合と右剰余類全体の間の一対一対応である.

証明. G の元 x を x^{-1} に写す写像 ρ は, 定理 3.1 系 i のように, 一対一であり, $(y^{-1})^{-1}=y$ $(y \in G)$ から, 上への写像でもあるから, G と G 自身の間の一対一対応である. 一方, (6) の ii を用いると, G の部分集合 Ha の ρ による像 $\rho(Ha)=a^{-1}H$ であるから, 定理の i, ii は明らかである. (証終)

定理 6.4 ii から, 相異なる左剰余類の個数が有限 r のとき, 右剰余類の個数も r である. この r を H の G における**指数**といい, $r=(G:H)$ とかく.

例題 4. ρを群 G から群 G' への準同型写像とすると, ρの像 $\rho(G)$ は G' の部分群であり, $K=\{g \in G|\rho(g)=e'\}$ は G の正規部分群である. このとき, ρが一対一である必要十分条件は, $K=\{e\}$ である. ——K をρの**核**という.

［**解**］ 定理 6.1 i から $e' \in \rho(G)$. ゆえに, $\rho(G)$ は空集合でない. (6) の i は明らか. ii は定理 6.1 ii からでる. ゆえに, $\rho(G)$ は G' の部分群である. 定理 6.1 i から $e \in K$. ゆえに, K は空集合でない. $a, b \in K$ なら, $\rho(a)=\rho(b)=e'$ で $\rho(ab)=\rho(a)\cdot\rho(b)=e'e'=e'$. ゆえに, $ab \in K$. 定理 6.1 ii から, また $a^{-1} \in K$. ゆえに K は G の部分群である. $g \in K, a \in G$, とすると, $\rho(a^{-1}ga)=\rho(a^{-1})\rho(g)\rho(a)=\rho(a^{-1})\rho(a)=\rho(a^{-1}a)$ $\rho(e)=e'$. ゆえに, $a^{-1}ga \in K$. したがって, $ga \in aK$. ゆえに, $Ka \subset aK$. 同様に, $Ka \supset aK$. ゆえに, $Ka=aK$ で K は G の正規部分群である. 最後は, $a, b \in G$ に対し, $\rho(a)=\rho(b) \Longleftrightarrow \rho(ab^{-1})=e' \Longleftrightarrow ab^{-1} \in K$ から明らか. (以上)

例題 5. n 次対称群 S_n の元 σ に, σ の符号 $\mathrm{sgn}(\sigma)$ を対応させる写像は, S_n から乗法群 $\{\pm 1\}$ の上への準同型写像で, その核は, §3.1 例題 9 の A_n である. したがって, 偶置換全体 A_n は S_n の正規部分群である. ——A_n を n 次**交代群**という.

例題 6. $GL(n, \boldsymbol{C})$ の元 A に，A の行列式 $|A|$ を対応させる写像は，$GL(n, \boldsymbol{C})$ から乗法群 $\boldsymbol{C}^*$ の上への準同型写像で，その核は $SL(n, \boldsymbol{C})$ である．したがって，$SL(n, \boldsymbol{C})$ は $GL(n, \boldsymbol{C})$ の正規部分群である．

N を群 G の正規部分群とし，G/N を，N に関する右剰余類全体の集合とする．集合 G/N の元 $aN, a'N, bN, b'N$ に対し，$aN=a'N$, $bN=b'N$ なら，$a'=ax$, $b'=by$, $x, y \in N$ で，$a'b'=axby=abb^{-1}xby$. N は正規部分群であるから，$b^{-1}xb \in N$. ゆえに，$abN=a'b'N$ をうる．このことから，G/N の元 aN, bN に G/N の元 abN を対応させる法則は，G/N の二項演算になる．

定理 6.5. 群 G の正規部分群 N に対し，G/N は，aN, bN に abN を対応させる二項演算で群になる．このとき G の元 a を aN に写す写像 ρ は，G から G/N の上への準同型写像である．　**(準同型定理)**

証明. G/N の結合律は，G の結合律から明らか．G/N の単位元は $eN=N$ であり，aN の逆元は $a^{-1}N$ である．ρ についての主張も明らかである．　(証終)

定理 6.5 の群 G/N を，G の N を法とする**商群**または**剰余群**という．

例題 7. $G=\boldsymbol{Z}$, $N=\{3x \mid x \in \boldsymbol{Z}\}$ とすると，G/N は三つの右剰余類 N, $1+N$, $2+N$ から成る．これらはそれぞれ 3 で割り切れる整数，3 で割って 1 余る整数，3 で割って 2 余る整数の全体の集合である．これらを $\mathbf{0}, \mathbf{1}, \mathbf{2}$ とかくと，G/N は，$\mathbf{0}+\mathbf{0}=\mathbf{0}$, $\mathbf{0}+\mathbf{1}=\mathbf{1}$, $\mathbf{0}+\mathbf{2}=\mathbf{2}$, $\mathbf{1}+\mathbf{1}=\mathbf{2}$, $\mathbf{1}+\mathbf{2}=\mathbf{0}$, $\mathbf{2}+\mathbf{2}=\mathbf{1}$ なる加法群である．

同様に，任意の $n \in \boldsymbol{Z}$ に対し，$N=\{nx \mid x \in \boldsymbol{Z}\}$ として，n 個の元から成る加法群 $\boldsymbol{Z}/N$ がつくれる．

定理 6.6. ρ を群 G から群 G' の上への準同型写像とし，N を ρ の核とすると，G/N の元 aN を $\rho(a)$ に写す写像 $\bar{\rho}$ は G/N から G' の上への同型写像である．　**(同型定理)**

証明. 例題 4 から N は G の正規部分群である．$aN=bN$ なら，$b=ax$, $x \in N$. ゆえに，$\rho(b)=\rho(ax)=\rho(a)\rho(x)=\rho(a)$. したがって，$\bar{\rho}$ は G/N から G' への写像である．$a' \in G$ を任意にとると，ρ は上への写像であるから，$a \in G$ で $\rho(a)=a'$ なるものがある．$\bar{\rho}(aN)=\rho(a)=a'$. ゆえに，$\bar{\rho}$ は上への写像である．$aN, bN \in G/N$ に対し，$\bar{\rho}(aNbN)=\rho(abN)=\rho(ab)=\rho(a)\rho(b)=\bar{\rho}(aN)\bar{\rho}(bN)$. ゆえに，$\bar{\rho}$ は準同型写像．また，aN, bN に対し，$\bar{\rho}(aN)=\bar{\rho}(bN)$ なら $\rho(a)=\rho(b)$. ゆえに，$\rho(a)\rho(b)^{-1}=e'$ で $\rho(ab^{-1})=e'$ から $ab^{-1} \in N$. ゆえに，$aN=bN$. したがって，例題 3 により $\bar{\rho}$ は一対一である．

(証終)

例題 8. 例題 5 と例題 6 から，$S_n/A_n \simeq \{\pm 1\}$, $GL(n, \boldsymbol{C})/SL(n, \boldsymbol{C}) \simeq \boldsymbol{C}^*$.

群 G の元の個数が有限のとき，G を**有限群**という．このとき，G の元の個数を G の**位数**という．n 次対称群は位数 $n!$ の有限群である．有限群の任意の部分群はまた有限群である．

定理 6.7. 位数 m の有限群 G の部分群 H の位数 n は m の約数であり，

$$m=n(G:H).$$

証明. $a\in G$ に対し，h を ha に写す写像は，H から Ha の上への一対一写像である（定理 3.1 系 ii の証明と同様）．したがって，Ha の元の個数も n である．相異なる左剰余類の個数を r とすると，定理 6.3 ii から $m=nr$．（証終）

例題 9. 例題 8 から $S_n/A_n\simeq\{\pm 1\}$．ゆえに，S_n/A_n は二元から成る群であり，A_n の位数は $n!/2$.

有限群 G の元 a に対し，$H=\{a^n|n\in \boldsymbol{Z}\}$ は G の部分群である．したがって，定理 6.7 から，H の元の個数 s は，G の位数の約数であり，容易にわかるように，s は $a^n=e$ なる $n\in \boldsymbol{N}$ の最小のものである．この s を元 a の**位数**という．

系. 有限群 G の元の位数は G の位数の約数である．

7. 環

7.1. 環

集合 A の元 x, y に対し，**和** $x+y$ と**積** xy といわれる二種類の二項演算が与えられ，つぎの三条件をみたしているとき，A を**環**という:

(7.1) A は和に関して可換群である;

(7.2) A は積に関して，単位元 1 をもつ半群である;

(7.3) (分配律) $(x+y)z=xz+yz,\ x(y+z)=xy+xz \quad (x, y, z\in A)$.

特に，環 A が積に関して可換であるとき，A を**可換環**という．また，環 A の 0 でない元全体 A^* が積に関して可換群のとき，A を**体**という．

例題 1. i. $\boldsymbol{Z}$ は可換環であり，$\boldsymbol{Q}, \boldsymbol{R}, \boldsymbol{C}$ は体である．また，体 K に係数をもつ X の多項式 $\sum a_iX^i$ $(a_i\in K)$ の全体 $K[X]$ は，多項式の和と積で可換環である．

ii. $n(>1)$ 次正方行列の全体 $M_n(\boldsymbol{C})$ は非可換環である．このとき，単位元は単位行列である．

例題 2. 環 A において，

i. $$a0=0a=0 \qquad (a\in A);$$

ii. $$(-a)b=a(-b)=-ab \qquad (a, b\in A).$$

［**解**］ i. 分配律から $a0+a0=a(0+0)=a0$．両辺に $-a0$ を加えて，$a0=0$．同様に，$0a=0$．ii. 分配律と i から $ab+(-a)b=(a-a)b=0b=0$．ゆえに，$(-a)b=-(ab)$．他も同様．（以上）

特別な環として $A=\{0\}$ があるが，以下ことわらない限り，環 A の単位元 1 は $1\neq 0$ とする．

環 A の部分集合 B が，つぎの二条件をみたすとき，B を A の**部分環**という:

(7.4) B は A の単位元 1 を含む;

(7.5) $b_1, b_2\in B \Rightarrow b_1+b_2,\ -b_1,\ b_1b_2\in B$.

このとき，B 自身は環になる．

例題 3. $\boldsymbol{Z}$ は $\boldsymbol{R}$ の部分環であり，n 次正方実行列全体 $M_n(\boldsymbol{R})$ は $M_n(\boldsymbol{C})$ の部分環である．

環 A から環 A' への写像 ρ が，つぎの二条件をみたすとき，ρ を A から A' への**準同型写像**という：

(7.6) $\rho(a+b)=\rho(a)+\rho(b),\quad \rho(ab)=\rho(a)\rho(b)\quad (a,\ b\in A)$;

(7.7) $\rho(1)=1'\quad$ ($1'$ は A の単位元).

このとき，ρ は加法群 A から加法群 A' への準同型写像でもあるので，定理 6.1 から

(7.8) $\rho(0)=0',\quad \rho(-a)=-\rho(a)\quad (a\in A)$;

ただし，$0'$ は A' の零元である．

例題 4. 体 K の元 a に対し，$K[X]$ の元 $f(X)$ を $f(a)$ に写す写像は，多項式環 $K[X]$ から体 K への準同型写像である．

準同型写像 ρ が環 A から環 A' の上への一対一写像のとき，ρ を A から A' の上への**同型写像**という．環 A から環 A' の上への同型写像が存在するとき，A と A' は**同型**であるといい，$A\simeq A'$ とかく．定理 6.2 と §6.1 例題 10 とは環についても成り立つ．

例題 5. $\boldsymbol{K}$ 上の n 次元線形空間 V の線形変換の全体を $\mathrm{End}(V)$ で表わす．T_1, $T_2\in\mathrm{End}(V)$ に対し，$(T_1+T_2)(v)=T_1(v)+T_2(v)$ で和 T_1+T_2 を，合成写像 $T_1\circ T_2$ で積を定義すると，$\mathrm{End}(V)$ は環になる．$<x_1,\ \cdots,\ x_n>$ を V の基底とし，$T\in\mathrm{End}(V)$ に対して $T(x_j)=\sum_{i=1}^n a_{ij}x_i$ なる行列 $A=(a_{ij})$ を対応させる写像 Φ は，定理 4.8 により，$\mathrm{End}(V)$ から n 次正方行列全体 $M_n(\boldsymbol{K})$ の上への一対一写像であるが，Φ は環 $\mathrm{End}(V)$ から環 $M_n(\boldsymbol{K})$ の上への同型写像である．

［**解**］ Φ が (6)，(7) をみたすことは明らか． （以上）

環 A の部分集合 $\mathfrak{a}$ がつぎの二条件をみたすとき，$\mathfrak{a}$ を A の**イデアル**という：

(7.9) A の加法に関して，$\mathfrak{a}$ は A の部分群である；

(7.10) $a\in\mathfrak{a},\ x\in A\Rightarrow ax\in\mathfrak{a}$ かつ $xa\in\mathfrak{a}$.

A が可換のとき，任意の元 $a\in A$ に対し，$\mathfrak{a}=\{xa|x\in A\}$ は A のイデアルである．この $\mathfrak{a}$ を Aa, aA または (a) とかき，a で生成された**単項イデアル**という．

例題 6. ρ を環 A から環 A' への準同型写像とすると，ρ の像 $\rho(A)$ は A' の部分環であり，$\mathfrak{a}=\{x\in A|\rho(x)=0'\}$ は A のイデアルで，$\mathfrak{a}\subsetneqq A$ である；ただし，$0'$ は A' の零元．——この $\mathfrak{a}$ を ρ の**核**という．このとき，ρ: 一対一 $\Longleftrightarrow \mathfrak{a}=(0)$.

［**解**］ $\rho(A)$ が A' の部分環であることは明らか．(9) は §6.2 例題 3 からでる．(10) は容易，$\rho(1)=1'$ で $1'\neq 0'$ から $1\notin\mathfrak{a}$. ゆえに，$\mathfrak{a}\subsetneqq A$. ρ の一対一の必要十分条件は，§6.2 例題 4 からでる． （以上）

例題 7. $\mathfrak{a}$, $\mathfrak{b}$ が A のイデアルなら，$\mathfrak{a}+\mathfrak{b}=\{a+b|a\in\mathfrak{a},\ b\in\mathfrak{b}\}$ も A のイデアルである．

［**解**］ $0\in\mathfrak{a}+\mathfrak{b}$ から $\mathfrak{a}+\mathfrak{b}$ は空集合でない．$x=a+b$, $y=a'+b'$, $a,\ a'\in\mathfrak{a}$. $b,\ b'\in\mathfrak{b}$ で，$x\pm y=a\pm a'+b\pm b'\in\mathfrak{a}+\mathfrak{b}$. ゆえに，(9) はでる．(10) も容易． （以上）

環 A のイデアル $\mathfrak{a}$ は加法群としての A の部分群になるから，剰余類 $x+\mathfrak{a}=\{x+a|a\in\mathfrak{a}\}$ の全体 $A/\mathfrak{a}$ は加法群になる．このとき，$x+\mathfrak{a}$, $y+\mathfrak{a}$ に対し，$(x+\mathfrak{a})(y+\mathfrak{a})=xy+\mathfrak{a}$ で $A/\mathfrak{a}$ に積が定義され，$A/\mathfrak{a}$ は，$0+\mathfrak{a}$ を零元，$1+\mathfrak{a}$ を単位元にする環になる．このとき，$\mathfrak{a}\subsetneqq A$ なら，$0+\mathfrak{a}\neq 1+\mathfrak{a}$ なることに注意．この環 $A/\mathfrak{a}$ を A の $\mathfrak{a}$ による**剰余環**という．明らかに，A の元 x を $x+\mathfrak{a}$ に写す写像 ρ は，A から $A/\mathfrak{a}$ の上への準同型写像になり，群についての定理 6.5，定理 6.6 は環についても成り立つ．これら二つの定理をそれぞれ環の**準同型定理**，**同型定理**という．

例題 8. ρ を例題 4 における $K[X]$ から K への準同型写像とすると，ρ の核は $\mathfrak{a}=\{f(X)|f(X)\in K[X],\ f(a)=0\}$，$\rho$ の像は $\rho(K[X])=\{g(a)|g(X)\in K[X]\}$ で，後者を $K[a]$ とかくと，$K[X]/\mathfrak{a}\simeq K[a]$.

7.2. 可換環と整域

この節で A は可換環とする．A の 0 でない元 a に対し，0 でない $b\in A$ があって，$ab=0$ のとき，a を**零因子**という．

零因子をもたない可換環を**整域**という．

定理 7.1. A が整域のとき，

(7.11) $$a,\ b,\ c\in A \text{ に対し，} a\neq 0 \text{ で } ab=ac \text{ なら } b=c.$$

逆に，(11) が成り立つ可換環 A は整域である．

証明. A が整域なら，$ab=ac$ から $a(b-c)=0$. もし $b-c\neq 0$ なら a は零因子になるから，$b=c$. 逆に，A に対し (11) が成り立てば，$a\neq 0$, $a\in A$, に対し $ab=0$ なら $ab=a0$. ゆえに，$b=0$. したがって，任意の $a\neq 0$ は零因子でなく，A は整域である．

(証終)

例題 1. i. 体 K は整域である．また，体 K の部分環も整域である．

ii. $\boldsymbol{Z}$ と $K[X]$ は整域である．

iii. $n\in\boldsymbol{Z}$ で $n=ab$, $a\neq\pm 1$, $b\neq\pm 1$ のとき，$\boldsymbol{Z}/n\boldsymbol{Z}$ は整域でない．

［**解**］ i. 体 K でも K の部分環でも (11) が成り立つ．

ii. $\boldsymbol{Z}$ は体 $\boldsymbol{Q}$ の部分環であるから，整域である．$K[X]$ も明らか．

iii. $a+n\boldsymbol{Z}$ も $b+n\boldsymbol{Z}$ も可換環 $\boldsymbol{Z}/n\boldsymbol{Z}$ の零元 $0+n\boldsymbol{Z}=n\boldsymbol{Z}$ でないが，$(a+n\boldsymbol{Z})(b+n\boldsymbol{Z})=ab+n\boldsymbol{Z}=n\boldsymbol{Z}$. ゆえに，$a+n\boldsymbol{Z}$ は $\boldsymbol{Z}/n\boldsymbol{Z}$ の零因子である．

(以上)

A の $\mathfrak{p}\subsetneqq A$ なるイデアル $\mathfrak{p}$ が，つぎの条件をみたすとき，$\mathfrak{p}$ を A の**素イデアル**という：

(7.12) $$a,\ b\in\mathfrak{p} \text{ に対し，} a\cdot b\in\mathfrak{p}\Rightarrow a\in\mathfrak{p} \text{ か } b\in\mathfrak{p}.$$

例題 2. 素数 p で生成される，$\boldsymbol{Z}$ の単項イデアル $p\boldsymbol{Z}$ は素イデアルである．

［**解**］ $a,\ b\in\boldsymbol{Z}$ が $ab\in p\boldsymbol{Z}\Rightarrow ab$ は p で割れる $\Rightarrow a$ が p で割れるか b が p で割れる $\Rightarrow a\in p\boldsymbol{Z}$ または $b\in p\boldsymbol{Z}$.

(以上)

定理 7.2. A の $\mathfrak{a}\subsetneqq A$ なるイデアル $\mathfrak{a}$ に対し，

$$\mathfrak{a}\text{: 素イデアル} \Longleftrightarrow A/\mathfrak{a}\text{: 整域}.$$

証明. ⇒: $A/\mathfrak{a}$ が整域でないなら，$a+\mathfrak{a}\neq\mathfrak{a}$, $b+\mathfrak{a}\neq\mathfrak{a}$ で $(a+\mathfrak{a})(b+\mathfrak{a})=\mathfrak{a}$ なるものがある．ゆえに，$a\notin\mathfrak{a}$, $b\notin\mathfrak{a}$ かつ $ab\in\mathfrak{a}$ で $\mathfrak{a}$ は素イデアルでない．⇐: 上の証明の逆をたどればよい． (証終)

系. $\{0\}$: A の素イデアル $\Longleftrightarrow A$: 整域.

証明. $\mathfrak{a}=\{0\}$ のとき $A/\mathfrak{a}=A$ から，定理による． (証終)

A のイデアル $\mathfrak{m}$ か $\mathfrak{m}\subsetneqq A$ でかつ $\mathfrak{m}\subsetneqq\mathfrak{a}\subsetneqq A$ なる A のイデアル $\mathfrak{a}$ が存在しないとき，$\mathfrak{m}$ を A の**極大イデアル**という．

定理 7.3. A の $\mathfrak{a}\subsetneqq A$ なるイデアル $\mathfrak{a}$ に対し，

$$\mathfrak{a}\text{: 極大イデアル} \Longleftrightarrow A/\mathfrak{a}\text{: 体.}$$

証明. ⇒: $\mathfrak{a}$ を極大イデアルとする．環 $A/\mathfrak{a}$ は可換環で，単位元は $1+\mathfrak{a}$ である．$a+\mathfrak{a}\neq\mathfrak{a}$ に対し，$Aa+\mathfrak{a}$ は，§7.1 例題7から，A のイデアルである．$a\notin\mathfrak{a}$ で $a\in Aa+\mathfrak{a}$ から $\mathfrak{a}\subsetneqq Aa+\mathfrak{a}$. ゆえに，$Aa+\mathfrak{a}=A$. ゆえに，$b\in A$, $x\in\mathfrak{a}$ があって $ab+x=1$. ゆえに，$(a+\mathfrak{a})(b+\mathfrak{a})=ab+\mathfrak{a}=1+\mathfrak{a}$. したがって，$b+\mathfrak{a}$ は $a+\mathfrak{a}$ の逆元．ゆえに，$A/\mathfrak{a}$ は体である．⇐: $A/\mathfrak{a}$ が体とする．$\mathfrak{a}\subsetneqq\mathfrak{b}$ なる A のイデアル $\mathfrak{b}$ をとると，$b\in\mathfrak{b}$ で $b\notin\mathfrak{a}$ なる b がある．$b+\mathfrak{a}\neq\mathfrak{a}$ から，$A/\mathfrak{a}$ が体なる仮定を用いて，$c+\mathfrak{a}\in A/\mathfrak{a}$ で $(b+\mathfrak{a})(c+\mathfrak{a})=1+\mathfrak{a}$ になる．ゆえに，$bc=1+a$, $a\in\mathfrak{a}$ にかける．$\mathfrak{a}\leq\mathfrak{b}$ から $1=bc-a\in\mathfrak{b}$ ゆえに，$\mathfrak{b}=A$. したがって，$\mathfrak{a}$ は極大イデアル．

系. 極大イデアルは素イデアルである．

証明. 定理 7.2, 7.3 と例題 1 i から． (証終)

A を整域とし，$\tilde{A}=\{(x,\ a)\,|\,x,\ a\in A,\ a\neq 0\}$ とする．$\tilde{A}$ の元 $(x,\ a)$, $(y,\ b)$ に対し，つぎのような関係を定義する:

(7.13) $$(x,\ a)\sim(y,\ b)\Longleftrightarrow bx=ay.$$

この関係〜は $\tilde{A}$ の同値関係である．じっさい，$(x,\ a)\sim(x,\ a)$ は明らか．$(x,\ a)\sim(y,\ b)\Rightarrow(y,\ b)\sim(x,\ a)$ も明らか．$(x,\ a)\sim(y,\ b)$, $(y,\ b)\sim(z,\ c)$ なら $bx=ay$, $cy=bz$. したがって，$cbx=cay=abz$. ゆえに，$b(cx)=b(az)$, $b\neq 0$ から (11) により $cx=az$ で $(x,\ a)\sim(z,\ c)$.

この同値関係〜による同値類の全体を K とかき，$(x,\ a)$ の属する同値類を x/a とかく．つまり，$x/a=\{(y,\ b)\in\tilde{A}\,|\,(x,\ a)\sim(y,\ b)\}$ であり，つぎのことが成り立つことは明らかである:

(7.14) $x,\ y,\ a,\ b\in A$, $a\neq 0$, $b\neq 0$ に対し，

$$\frac{x}{a}=\frac{y}{b}\Longleftrightarrow bx=ay.$$

これを用いて，集合 K につぎの式で和と積が定義される:

(7.15) $$\text{i.}\quad \frac{x}{a}+\frac{y}{b}=\frac{bx+ay}{ab};\qquad \text{ii.}\quad \frac{x}{a}\,\frac{y}{b}=\frac{xy}{ab}.$$

ここで，A が整域であるから，$a\neq 0$, $b\neq 0$ なら $ab\neq 0$ が成り立つことに注意．明らかにこの和と積で K は体になる．体 K の零元は $0/1$ で，単位元は $1/1$ である: じっさい，

$x/a \neq 0/1 \Longleftrightarrow x \neq 0$ が成り立ち，$x/a \neq 0/1$ に対し $(x/a)^{-1}=a/x$ も定義からでる．この体 K を整域 A の**商体**という．さらに，A の元 x を $x/1$ に写す写像 ρ は，A から K への一対一の準同型写像であり，したがって，A と $\rho(A)$ は ρ で同型であるから，x と $x/1$ を同一視すると，A は K の部分環と考えられる．

例題 3． 整域 $\boldsymbol{Z}$ の商体は $\boldsymbol{Q}$ であり，体 K 係数の多項式環 $K[X]$ の商体は，K 係数の有理函数体 $K(X)$ である．

［**解**］ いずれも (14) と (15) の定義式から明らか．（以上）

7.3. 整数環と多項式環

整数環 $\boldsymbol{Z}$ と体 K 係数の X の多項式環 $K[X]$ とは似ている．$\boldsymbol{Z}$ と $K[X]$ の大きな特色は，つぎのユークリッドの互除法が成り立つことである：

(7.16) $a, b \in \boldsymbol{Z}$, $a \neq 0$ に対し，$q, r \in \boldsymbol{Z}$ があって，

$$b=aq+r, \qquad 0 \leqq r < |a|;$$

(7.17) $f(X), g(X) \in K[X]$, $f(X) \neq 0$ に対し，$q(X)$, $r(X) \in K[X]$ があって，

$$g(X)=f(X)q(X)+r(X), \qquad r(X)=0 \text{ か } r(X) \neq 0 \text{ で}, \deg r(X) < \deg f(X).$$

一般に，任意のイデアルが単項イデアルである整域を**単項イデアル整域**というが，

定理 7.4． $\boldsymbol{Z}$ と $K[X]$ は単項イデアル整域である．

証明． $\boldsymbol{Z}$ のイデアル $\mathfrak{a}$ が $\mathfrak{a}=(0)$ なら，$\mathfrak{a}=0A$. $\mathfrak{a} \neq (0)$ なら，$0 \neq a \in \mathfrak{a}$ で $|a|$ の最小の a をとる．任意の $b \in \mathfrak{a}$ に対し，(16) の q, r をとると，$r \neq 0$ なら，$r=b-aq \in \mathfrak{a}$ で $0<r<|a|$ から a のとり方に矛盾．ゆえに，$b=aq$. したがって，$\mathfrak{a} \subset aA$. $aA \subset \mathfrak{a}$ は定義からでるので，$\mathfrak{a}=aA$. $K[X]$ に対しては，絶対値の代りに次数を考えて同様にできる．

（証終）

任意の可換環 A の元 a, b に対し，$a=bc$ なる $c \in A$ があるとき，b を a の**約数**または**因数**といい，b は a を**割る**という．A の単位元 1 の因数を A の**単元**という．

例題 1． i. 任意の可換環 A の単元全体 U は A の積で群になる．

ii. $A=\boldsymbol{Z}$ のとき $U=\{\pm 1\}$, $A=K[X]$ のとき $U=K^*$ である．

［**解**］ i. $u, v \in U$ なら，$u', v' \in A$ があって $uu'=1$, $vv'=1$. ゆえに，$(uv)(u'v')=1$ で $uv \in U$. その他の群の条件は明らか．ii は明らか．（以上）

整域 A の零でも単元でもない元 a が，つぎの条件をみたすとき，a は**既約**であるという：

(7.18) $a=bc$ なら，b が単元か c が単元である．

例題 2． $\{\pm p \mid p\text{: 素数}\}$ が $\boldsymbol{Z}$ の既約な元の全体であり，$K[X]$ の元 $f(X)$ に対して，

$$f(X)\text{: 既約な元} \Longleftrightarrow f(X)\text{: 既約多項式}.$$

例題 3． 整域 A の既約な元 p, q に対し，

$$p \text{ が } q \text{ の因数} \Longleftrightarrow q=up \quad \text{なる単元} \quad u \in A \quad \text{がある}.$$

例題 4． 整域 A の零でない元 a, b に対し，

i. $Aa=Ab \Longleftrightarrow a=ub$ なる単元 $u \in A$ がある；

ii. 特に，$Aa=A \Longleftrightarrow a$: 単元.

［**解**］ i. $\Rightarrow$: $Aa=Ab$ なら，$a=ub$, $b=va$ (u, $v \in A$). ゆえに，$a=uva$. (11) から $1=uv$. ゆえに，u は単元. $\Leftarrow$: $a=ub$ なら，$Aa \subset Ab$. u は単元であるから，$uv=1$ なる v をとると，$va=b$. ゆえに，$Aa \supset Ab$. ii は i で $b=1$ のときである. （以上）

例題 5. 単項イデアル整域 A の元 p に対し，つぎの条件は互いに同値である:

i. p: 既約な元;

ii. p が ab を割れば，p は a, b の少なくも一方を割る;

iii. Ap: 素イデアル;

iv. Ap: 極大イデアル.

［**解**］ i $\Rightarrow$ iv: 例題4 ii から $Ap \subsetneqq A$. $Ap \subsetneqq \mathfrak{a}$ なる A のイデアル $\mathfrak{a}$ をとると，A は単項イデアル整域であるから，$\mathfrak{a}=Aa$. $Ap \subsetneqq Aa$. ゆえに，$p=ab$ ($b \in A$). (18) から a か b が単元，b が単元なら，例題4 i から $Ap=Aa$. ゆえに，b は単元でなく，a が単元. したがって，$Aa=\mathfrak{a}=A$. iv $\Rightarrow$ iii: 定理 7.3 系. iii $\Rightarrow$ ii は素イデアルの定義から，ii $\Rightarrow$ i: $p=ab$ なら，p が ab を割るから，p は a か b を割る. $a=pc$ なら $p=pcb$. (11) から $cb=1$ で b は単元. （以上）

定理 7.5. A を $\boldsymbol{Z}$ または $K[X]$ とする.

i. A の零でない元 a に対し，A の単元 u と A の既約な元 p_i と $e_i \in \boldsymbol{N}$ ($i=1, \cdots, r$) があって

(7.19) $$a=up_1^{e_1} \cdots p_r^{e_r}$$

となる. ——(19) を a の**素因数分解**という.

ii. $a=up_1^{e_1} \cdots p_r^{e_r}=vq_1^{f_1} \cdots q_s^{f_s}$ (v は単元，q_i は既約，$f_i \in \boldsymbol{N}$) を a の二つの素因数分解とすると，$r=s$ で，番号をつけなおして $p_i=u_iq_i$ (u_i は単元) にできる.

証明. i. S を，$\boldsymbol{Z}$ の零でない，素因数分解をもたない元の集合とする. S が空集合でないなら，S の中の元 a で $|a|$ が最小のものがとれる. a は単元でも既約でもないから，$a=bc$ で b, c ともに単元でないものがとれる. b, c がともに素因数分解をもてば a ももつので，b, c の少なくとも一方は S の元である. 例題1 ii から $|b|<|a|$, $|c|<|a|$. これは a の最小性と矛盾する. ゆえに，S は空集合である. $K[X]$ に対しては，絶対値の代りに，多項式の次数を考えて同様にできる.

ii. r についての帰納法による. $r=0$ なら，$u=vq_1^{f_1} \cdots q_s^{f_s}$. もし $s \geqq 1$ なら q_1 は単元 u の約数になり，q_1 が単元になる. ゆえに，$s=0$. $r>0$ のとき，p_1 は単元 v の約数でないから，例題5 ii から，ある q_i の約数. ゆえに，例題3から $q_i=u_ip_1$. したがって，$up_1^{e_1-1}p_2^{e_2} \cdots p_r^{e_r}=u_ivq_1^{f_1} \cdots q_i^{f_i-1} \cdots q_s^{f_s}$. この操作をつづけて，$p_1$ の指数$=0$ にし，帰納法の仮定をつかう. （証終）

一般に，整域 A が定理 7.5 i, ii をみたすとき，A を**一意分解整域**という. したがって，$\boldsymbol{Z}$ と $K[X]$ は一意分解整域である.

整域 A の既約な元全体の集合 $\boldsymbol{P}$ に，つぎのように関係を定義する: p, $q \in \boldsymbol{P}$ に対し，

$p \sim q \Longleftrightarrow p=uq$ なる単元 u がある．A の単元全体 U は，例題 1 i から乗法群であるので，この関係$\sim$は $\boldsymbol{P}$ の同値関係であり，その同値類は $\{pu \mid u \in U\}$ の形をしている．各同値類から一つの元を任意にとってできる既約な元の集合を P とかき，P の元を A の**素元**という．集合 P のつくり方は一意的ではないが，$A=\boldsymbol{Z}$ のときは，通常 $P=\{p \mid p:$ 素数$\}$ とし，$A=K[X]$ のときは $P=\{f(X) \mid f(X)$ は最高次の係数が 1 の既約多項式$\}$ にとる．つぎの定理は明らかである：

定理 7.6． 一意分解整域 A の素元の集合を P，単元の集合を U とすると，零でない A の元 a は，つぎの形に，素元の順序を除いて一意的に表わされる：

$$a=up_1^{e_1}\cdots p_r^{e_r} \qquad (u \in U,\ p_i \in P,\ e_i \in \boldsymbol{N}).$$

8. 体

8.1. 体

§7.1 でのべたように，零元以外の元全体が乗法群になる可換環を**体**という．

例題 1． i． 素数 p に対し，剰余環 $\boldsymbol{F}_p=\boldsymbol{Z}/p\boldsymbol{Z}$ は p 個の元から成る体である．

ii． 体 k 係数の多項式環 $k[X]$ の既約多項式 $p(X)$ に対し，剰余環 $k[X]/(p(X))$ は体である．

［**解**］ §7.3 例題 5 と定理 7.3 から． （以上）

体 K のイデアルは，定義から K 自身と $\{0\}$ だけである．したがって，体 K から体 K' への準同型写像は，§7.1 例題 6 から，つねに一対一である．

体 K の 1 を含む部分集合 k がつぎの条件をみたすとき，k を K の**部分体**といい，K を k の**拡大体**という：

(8.1)
i. $a,\ b \in k \Rightarrow a+b,\ -a,\ ab \in k;$
ii. $a \in k,\ a \neq 0 \Rightarrow a^{-1} \in k.$

このとき，k 自身も体になる．

例題 2． $\boldsymbol{Q} \subset \boldsymbol{R} \subset \boldsymbol{C}$ は，$\boldsymbol{C}$ の部分体の列である．

体 K の単位元をしばらく e で表わす．$\boldsymbol{Z}$ の元 n を ne に写す写像 ρ は，$\boldsymbol{Z}$ から K への，環としての準同型写像である．ρ の核を $\mathfrak{a}$ とすると，環の同型定理から $\boldsymbol{Z}/\mathfrak{a} \simeq \rho(\boldsymbol{Z})$．$\rho(\boldsymbol{Z})$ は体 K の部分環から，$\rho(\boldsymbol{Z})$，したがって $\boldsymbol{Z}/\mathfrak{a}$ は整域である．したがって，定理 7.2 より $\mathfrak{a}$ は $\boldsymbol{Z}$ の素イデアルで，$\mathfrak{a}=\{0\}$ か $\mathfrak{a}=p\boldsymbol{Z}$ (p は素数)になる．

I． $\mathfrak{a}=\{0\}$ のとき，$n \neq 0$ なら $ne \neq 0$．したがって，$m/n,\ m'/n' \in \boldsymbol{Q}$ に対し，$m/n=m'/n' \Longleftrightarrow mn'=m'n \Longleftrightarrow (me)(n'e) \Longleftrightarrow (m'e)(ne) \Longleftrightarrow (me)(ne)^{-1}=(m'e)(n'e)^{-1}$．ゆえに，$\boldsymbol{Q}$ の元 m/n を $(me)(ne)^{-1}$ に写す $\boldsymbol{Q}$ から K への準同型写像 $\bar{\rho}$ をうる．$\bar{\rho}$ の像を $\boldsymbol{F}$ とすると，$\bar{\rho}$ は $\boldsymbol{Q}$ から $\boldsymbol{F}$ の上への同型写像で，$\boldsymbol{F}=\{(me)(ne)^{-1} \mid m,\ n \in \boldsymbol{Z},\ n \neq 0\}$ から，$\boldsymbol{F}$ は K の最小の部分体である．

II． $\mathfrak{a}=p\boldsymbol{Z}$ のとき，同型定理から，$\boldsymbol{F}_p=\boldsymbol{Z}/p\boldsymbol{Z}$ の元 $n+p\boldsymbol{Z}$ を $\rho(n)=ne$ に写す写像 $\bar{\rho}$ は，体 $\boldsymbol{F}_p$ から $\bar{\rho}$ の像 $\boldsymbol{F}$ の上への同型写像である．$\boldsymbol{F}=\{me \mid m \in \boldsymbol{Z}\}$ であるから，$\boldsymbol{F}$

は K の最小の部分体である．このとき，明らかに

(8.2) $$pe=0.$$

I のとき，K の**標数**は 0 であるといい，II のとき，K の標数は p であるという．I，II の $\boldsymbol{F}$ を K の**素体**という．

定理 8.1. 体 K の単位元を e とし，K の素体を $\boldsymbol{F}$ とすると，つぎの条件は互いに同値である：

i. K の標数$=0$;

ii. $n\in\boldsymbol{Z}$ に対し，$ne=0$ なら $n=0$;

iii. $\boldsymbol{F}\simeq\boldsymbol{Q}$.

また，素数 p に対し，つぎの条件も互いに同値である：

i′. K の標数$=p$;

ii′. $pe=0$;

iii′. $\boldsymbol{F}\simeq\boldsymbol{F}_p$.

証明. i $\Longleftrightarrow$ ii と ii $\Rightarrow$ iii は上の考察から明らか．iii なら $\boldsymbol{Q}$ から $\boldsymbol{F}$ の上への同型写像を $\bar{\rho}$ とすると，$\bar{\rho}(1)=e$ から $\bar{\rho}(n)=ne$ で $ne=0$ なら，$\bar{\rho}$ が同型写像なるゆえ，$n=0$. 後半も同様.　　　　（証終）

系. 体 K が標数 $p>0$ なら，

i. $$pa=0 \qquad (a\in K);$$

ii. $$(a\pm b)^p=a^p\pm b^p \qquad (a,\ b\in K).$$

証明. i. 定理の ii′ から $pe=0$. ゆえに，$pa=(pe)a=0$. ii. 二項係数 $\binom{p}{r}$ は p で割れるから，$(a\pm b)^p$ の展開式と i より ii をうる．　　　　（証終）

例題 3. $\boldsymbol{Q}$，$\boldsymbol{R}$，$\boldsymbol{C}$ は，標数 0 であり，$\boldsymbol{F}_p$ は標数 p である．

体 k の拡大体 K の元 α が，$f(x)\in k[X]$ に対し，$f(\alpha)=0$ のとき，αを多項式 $f(X)$ の**根**という．

K の元 a に対し，$k[X]$ の元 $f(X)$ を $f(a)$ に写す写像 ρ は，§7.1 例題8から，$k[X]$ から K への準同型写像で，ρ の核を $\mathfrak{a}$ とすると，$k[X]/\mathfrak{a}\simeq k[a]$. 標数のときの考察と全く同様にして，$\mathfrak{a}=\{0\}$ または $\mathfrak{a}=(p(X))$; ここで $p(X)\in k[X]$ は既約多項式である．

I′. $\mathfrak{a}=\{0\}$ のとき，零多項式以外に a を根にもつ多項式は存在しない．ρ は $k[X]$ から $k[a]$ の上への，環の同型写像で，I と同様に，有理式の体 $k(X)$ から K への一対一準同型写像 $\bar{\rho}$ で $\bar{\rho}(f(X)/g(X))=f(a)/g(a)$ なるものがある．$\bar{\rho}$ の像を $k(a)$ とすると，$\bar{\rho}$ は，$k(X)$ と $k(a)$ との同型を与え，$k(a)=\{f(a)/g(a)\,|\,f/g\in k(x)\}$ から，$k(a)$ は，k と a を含む K の最小の部分体である．

II′. $\mathfrak{a}=(p(X))$ のとき，a は $p(X)$ の根である．体 $k[X]/(p(X))$ の元 $f(X)+(p(X))$ を $f(a)$ に写す写像 $\bar{\rho}$ は，$k[X]/(p(X))$ から $k[a]$ の上への同型写像であるから，$k[a]$ 自身，既に K の部分体である．つくり方から，$k[a]$ は，k と a を含む，K

の最小の部分体である．

I′ のとき a を k 上**超越的**であるといい，II′ のとき a を k 上**代数的**であるという．I′, II′ ともに，k と a を含む K の最小の部分体がある．これを $k(a)$ とかき，k に a を**添加**した体という．

定理 8.2. 体 k の拡大体 K の元 a に対し，つぎの各条件は互いに同値である：

i. a は k 上超越的である；

ii. $f(X)\in k[X]$ が a を根にもてば，$f(X)$ は零多項式；

iii. $k(X)$ から $k(a)$ の上への同型写像 $\bar{\rho}$ で，$\bar{\rho}(X)=a$, $\bar{\rho}(\alpha)=\alpha$ $(\alpha\in k)$ なるものがある．

また，つぎの各条件も互いに同値である：

i′. a は k 上代数的である；

ii′. 零以外の多項式 $f(X)\in k[X]$ で a を根にもつものがある；

iii′. $k(a)=k[a]$.

証明. iii′ ⇒ ii′: ii′ を否定すると，$k[X]\simeq k[a]$. $k[X]$ は体でないから，iii′ に矛盾．その他は定理 8.1 の考察と同様である． （証終）

例題 4. $\sqrt{-1}\in \boldsymbol{C}$ は $\boldsymbol{Q}$ 上代数的であり，$\pi\in\boldsymbol{R}$ は $\boldsymbol{Q}$ 上超越的である．

［**解**］ $\sqrt{-1}$ は X^2+1 の根であるから．π については証明は略． （以上）

$a\in K$ が k 上代数的のとき，II′ の $p(X)$ は最高次の係数を 1 にとれる．これを a の k 上の**最小多項式**という．

定理 8.3. 体 k の拡大体 K の元 a が k 上代数的のとき，$p(X)\in k[X]$ に対し，つぎの各条件は互いに同値である：

i. $p(X)$ は a の k 上の最小多項式である；

ii. $p(X)$ は，a を根にもつ最高次の係数 1 なる $f(X)\in k[X]$ の中で，最低次数の多項式である；

iii. $p(X)$ は，a を根にもつ最高次の係数 1 の既約多項式である．

証明. i ⟺ iii: §7.3 例題 4，5 から．II′ の $\mathfrak{a}$ は $\mathfrak{a}=\{f(X)\in k[X]\,|\,f(a)=0\}$ で，ii は $p(X)$ が $\mathfrak{a}$ の元で最高次の係数 1 の最低次数の多項式を意味しているから i ⟺ ii は明らか． （証終）

例題 5. $\sqrt{-1}\in\boldsymbol{C}$ の $\boldsymbol{Q}$ 上の最小多項式は X^2+1 である．

8.2. 拡大体

§4.1 で，$\boldsymbol{K}$ を実数体 $\boldsymbol{R}$ または複素数体 $\boldsymbol{C}$ とし，(4.1) と (4.2) で $\boldsymbol{K}$ 上の線形空間 V を定義した．k を任意の体としたとき，$\boldsymbol{K}=k$ にした条件 (4.1), (4.2) をみたす V を，k 上の**線形空間**という．§4.1，4.2，4.3 の結果は k 上の線形空間 V にも成り立つ．

K を体 k の拡大体とすると，K の和と，k の元と K の元の積とで，K は k 上の線形空間になる．この k 上の線形空間 K の次元を，拡大体 K の k 上の**次数**といい，$[K:k]$

で表わす．$[K:k]$ は有限とは限らない．

例題 1．$[\boldsymbol{C}:\boldsymbol{R}]=2$ である．

［**解**］ $\boldsymbol{C}$ の元は，一意的に $\alpha+\beta\sqrt{-1}$，α，$\beta\in\boldsymbol{R}$ とかけるから，1，$\sqrt{-1}$ は $\boldsymbol{R}$ 上の線形空間 $\boldsymbol{C}$ の基底である．（以上）

定理 8.4．K を k の拡大体，$a\in K$ を k 上代数的とすると，$[k(a):k]$ は a の k 上の最小多項式 $p(X)$ の次数に等しい．

証明．II′ から，$k(a)=k[a]=\{f(a)\mid f(X)\in k[X]\}$．$f(X)\in k[X]$ に対し，$q(X)$，$r(X)\in k[X]$ があって，

$$f(X)=q(X)p(X)+r(X), \qquad r(X)=0 \text{ か } \deg r(X)<\deg p(X).$$

$X=a$ とすると，$f(a)=r(a)$．ゆえに，$k[a]$ の任意の元は，1，a，a^2，…，a^{n-1} の k 係数の一次式でかける．ただし，$n=\deg p(X)$．一方，1，a，…，a^{n-1} は k 上一次独立である．なぜなら，一次従属なら，全部は 0 でない $\beta_i\in k$ があって，$\sum_{i=0}^{n-1}\beta_i a^i=0$．ゆえに，$p_0(X)=\sum_{i=0}^{n-1}\beta_i X^i$ は a を根にもつ．$\deg p_0(X)<\deg p(X)$ から，定理 8.3 に矛盾．

（証終）

例題 2．$\omega^2+\omega+1=0$ なる $\omega\in\boldsymbol{C}$ に対し，$\boldsymbol{Q}(\omega)=\{\alpha+\beta\omega\mid\alpha,\ \beta\in\boldsymbol{Q}\}$ で，$[\boldsymbol{Q}(\omega):\boldsymbol{Q}]=2$．

［**解**］ $p(X)=X^2+X+1$ の二根は $(-1\pm\sqrt{3}\,i)/2\in\boldsymbol{C}$．ゆえに，$p(X)$ は $\boldsymbol{Q}$ 上既約で，ω の最小多項式であるから，定理 8.4 とその証明からでる．（以上）

体 k の拡大体 K の元がすべて k 上代数的のとき，K は k 上**代数的**であるといい，K の元で k 上超越的なものが少なくとも一つあるとき，K は k 上**超越的**であるという．

$[K:k]<\infty$ なる k の拡大体 K を**有限拡大**というと，

定理 8.5．体 k の有限拡大体 K は，k 上代数的である．

証明．$[K:k]=n$ とする．任意の $a\in K$ に対し，1，a，a^2，…，a^n は，§4.2 例題 5 の後の考察から，k 上一次従属であり，全部は 0 でない $\beta_i\in k$ で $\sum_{i=0}^{n}\beta_i a^i=0$．ゆえに，$a$ は零でない多項式 $\sum\beta_i X^i$ の根になる．（証終）

多項式 $f(X)\in k[X]$ は k の元を根にもつとは限らないが，

定理 8.6．次数 n の多項式 $f(X)\in k[X]$ は高々 n 個の k の元を根にもつ．

証明．$a\in k$ が $f(X)$ の根なら，$f(X)=q(X)(X-a)+r$ $(r\in k)$ とかける．$X=a$ とすると，$r=0$．ゆえに，$f(X)=q(X)(X-a)$．$q(X)$ に同様のことをし，この操作をつづけて，$k[X]$ が一意分解整域であり，$X-a$ $(a\in k)$ が $k[X]$ の素元であることに注意すれば，定理をうる．（証終）

任意の $f(X)\in k[X]$ に対し，a_0，a_1，…，$a_n\in k$ があって，

$$f(X)=a_0\prod_{i=1}^{n}(X-a_i) \qquad (n=\deg f(X))$$

が成り立つとき，体 k を**代数的閉体**という．

定理 8.7．i．$\boldsymbol{C}$ は代数的閉体である．

ii. 任意の体 k に対し，代数的閉体である，k の代数的拡大体 K が存在する．

この定理の証明はここではしない． i は**代数学の基本定理**といわれる(→V§2.4 例題1)． ii の K を k の**代数的閉包**という．

定理 8.8． 体 k と $f(X)\in k[X]$ に対し，k の拡大体 K で $f(X)$ の根をすべて含むものが存在する．

証明． $p(X)\in k[X]$ を既約多項式で $f(X)$ を割るとする．$K_1=k[X_1]/(p(X_1))$ は体であり，k の元 α を $\alpha+(p(X_1))$ と同一視すると，K_1 は k の拡大体となる．K_1 の元 $a_1=X_1+(p(X_1))$ は $p(a_1)\equiv p(X_1)\equiv 0$, $\mathrm{mod}(p(X_1))$ から，$p(X_1)\in k[X_1]$ の根であり，したがって，$f(a_1)=0$. ゆえに，$q(X)\in K_1[X]$ があって，$f(X)=(X-a_1)q(X)$, $\deg q(X)=\deg f(X)-1$ から，$q(X)$ に上と同じことをやり，高々 n 回，この操作をくりかえし，求める K をうる．記号 $\equiv$ については，→§9.1 （証終）

多項式の重複度については，

定理 8.9． $f(X)\in K[X]$ の微分を $f'(X)$ とする．K の元 a に対し，

$$a\colon f(X) \text{ の重根} \Longleftrightarrow f(a)=f'(a)=0.$$

証明． $f(a)=0$ から，$f(X)=q(X)(X-a)$, $q(X)\in K[X]$ で $f'(X)=q'(X)(X-a)+q(X)$. ゆえに，$f'(a)=0 \Longleftrightarrow q(a)=0$. （証終）

系． 体 k の標数が 0 のとき，任意の既約多項式 $p(X)\in k[X]$ は重根をもたない．

証明． $p(X)$ の最高次の係数を 1 としてよい．k の拡大体 K の元 a が $p(X)$ の根とすると，$\deg p(X)\geqq 1$ で，$p(X)$ は a の k 上の最小多項式である．$\deg p'(X)=\deg p(X)-1$ で，$p'(X)$ は零多項式でないから，定理 8.3 ii により，$p'(a)\neq 0$. ゆえに，定理 8.8 から結論に達する． （証終）

8.3. 有限体

§8.1 例題 1 i の $\boldsymbol{F}_p$ のように，有限個の元から成る体を**有限体**という．

定理 8.10． 有限体 k の標数は素数 p である．$\boldsymbol{F}$ を k の素体とすると，$[k:\boldsymbol{F}]=n<\infty$ で，k の元の個数は p^n である．さらに，つぎの関係が成り立つ．

$$a^{p^n}=a \qquad (a\in k). \tag{8.3}$$

証明． k の標数が 0 なら，定理 8.1 から $\boldsymbol{F}\simeq\boldsymbol{Q}$ で $\boldsymbol{F}$ の元の個数は有限でない．ゆえに，k の標数はある素数 p である．$[k:\boldsymbol{F}]=\infty$ なら，k の元は無限個になる．$[k:\boldsymbol{F}]=n$ とすると，$\boldsymbol{F}$ 上の線形空間の基底 $\langle x_1, \cdots, x_n\rangle$ があり，k の元は $\boldsymbol{F}$ 係数の $x_1, \cdots, x_n$ の斉次一次式として一意的にかけるから，$\boldsymbol{F}\simeq\boldsymbol{F}_p$ で $\boldsymbol{F}$ の元の個数$=p$ により，k の元の個数は p^n. $k^*=\{a\in k\,|\,a\neq 0\}$ は位数 p^n-1 の乗法群である．定理 6.7 系から $a^{p^n-1}=1$ $(a\in k^*)$. ゆえに，$a^{p^n}=a$ $(a\in k^*)$. この式は $a=0$ のときも成り立つ．

（証終）

定理 8.10 から，p^n 個の元から成る上の有限体 k は，$X^{p^n}-X$ の根全体から成っていることがわかる．逆に，

定理 8.11． 任意の素数 p と自然数 n に対し，元の個数が p^n 個の有限体 k が存在す

る．この k の標数は p で，素体 $\boldsymbol{F}$ 上 n 次の拡大体である．

証明．定理 8.8 から，$f(X)=X^{p^n}-X\in\boldsymbol{F}_p[X]$ の根をすべて含む，$\boldsymbol{F}_p$ の拡大体 K をとる．$k=\{a\in K: f(a)=0\}$ とする．K の素体は $\boldsymbol{F}_p$ であるから，定理 8.1 より K の標数は p で，定理 8.1 系 ii から $(a+b)^{p^n}=a^{p^n}+b^{p^n}$ $(a,\ b\in K)$．したがって，$a,\ b\in k\Rightarrow a+b\in k$．明らかに $1\in k$ で，(1) のその他の条件も容易に示される．ゆえに，k は K の部分体である．一方，標数 p であるから，$f'(x)=p^nX^{p^n-1}-1=-1$ で，定理 8.9 より，$f(X)$ は重根をもたない．したがって，k の元の個数は p^n．定理 8.10 から，$\alpha^p=\alpha$ $(\alpha\in\boldsymbol{F}_p)$，したがって，$\alpha^{p^n}=\alpha$．ゆえに，$\boldsymbol{F}_p\subset k$．ゆえに，$k$ の標数は p で，$[k:\boldsymbol{F}_p]=n$． （証終）

9． 整数論

9.1． 合同関係

この節では A を可換環とする．A のイデアル $\mathfrak{a}$ と，$x,\ y\in A$ に対し，$x-y\in\mathfrak{a}$ のとき，x と y は $\mathfrak{a}$ を法として**合同**であるといい，$x\equiv y\ (\mathrm{mod}\,\mathfrak{a})$ とかく．この関係≡は同値関係であり，x を含む同値類は，イデアル $\mathfrak{a}$ に関する x の剰余類 $x+\mathfrak{a}$ である．したがって，$x,\ y\in A$ に対し，$x\equiv y\ (\mathrm{mod}\,\mathfrak{a})\Leftrightarrow x+\mathfrak{a}=y+\mathfrak{a}$．

例題 1． $x,\ y,\ x',\ y'\in A$ に対し，$x\equiv x'\ (\mathrm{mod}\,\mathfrak{a})$，$y\equiv y'\ (\mathrm{mod}\,\mathfrak{a})$ なら，

$$x\pm y\equiv x'\pm y'\ (\mathrm{mod}\,\mathfrak{a}),\qquad xy\equiv x'y'\ (\mathrm{mod}\,\mathfrak{a}).$$

［**解**］ 仮定から $x-x'=a\in\mathfrak{a}$，$y-y'=b\in\mathfrak{a}$．ゆえに，$(x\pm y)-(x'\pm y')=a\pm b\in\mathfrak{a}$，$xy-x'y'=x(y-y')+(x-x')y'=xa+by'\in\mathfrak{a}$． （以上）

例題 1 は，剰余環 $A/\mathfrak{a}$ の和，差，積が剰余類の代表元のとり方によらないで定義されることを示している．

A の零でない元 $a,\ b$ に対し，A の元 c がつぎの条件をみたしているとき，c を a と b の**最大公約数**という：

(9.1)
i. c は a と b をともに割る；
ii. $d\in A$ が a と b をともに割れば，d は c を割る．

特に，$c=1$ になるとき，a と b は**互いに素**であるといい，$(a,\ b)=1$ とかく．

例題 2． A が一意分解整域で $a=up_1^{e_1}\cdots p_r^{e_r}$，$b=vp_1^{f_1}\cdots p_r^{f_r}$ ($u,\ v$: 単元，p_i: 素元，$e_i,\ f_i\geqq 0$) なら，$h_i=\mathrm{Min}(e_i,\ f_i)$ とすると，$c=p_1^{h_1}\cdots p_r^{h_r}$ は a と b の最大公約数である．

定理 9.1． A が単項イデアル整域なら，零でない $a,\ b,\ c\in A$ に対し，$Aa+Ab=Ac$ $\Leftrightarrow c$ は a と b の最大公約数である．

証明．§7.1 例題 7 から，$Aa+Ab$ は A のイデアルである．⇒: $Aa+Ab=Ac$ なら $Aa\subset Ac$，$Ab\subset Ac$ から (1) の i をうる．また，$c=\alpha a+\beta b$ $(\alpha,\ \beta\in A)$ とかけるから，(1) の ii がでる．⇐: A は単項イデアル整域であるから，$Aa+Ab=Ad$ $(d\in A)$ となり，前半から d は a と b の最大公約数である．c が a と b の最大公約数なら，$d=cu$，

$c=dv$ $(u, v\in A)$ で，u, v は単元である．§7.3 例題 4 から $Ad=Ac$．（証終）

系． 単項イデアル整域 A において，零でない $a, b\in A$ に対し，$(a, b)=1 \Longleftrightarrow \alpha a+\beta b=1$ なる $\alpha, \beta\in A$ がある．

定理 9.2． A のイデアル $\mathfrak{a}+\mathfrak{b}$ が $\mathfrak{a}+\mathfrak{b}=A$ なら，任意の元 $a, b\in A$ に対し，連立合同方程式 $x\equiv a \pmod{\mathfrak{a}}$, $x\equiv b \pmod{\mathfrak{b}}$ は A で解をもつ．

証明． $\mathfrak{a}+\mathfrak{b}=A$ から，$a'\in\mathfrak{a}$, $b'\in\mathfrak{b}$ で $a'+b'=1$ になる．$a'\equiv 1 \pmod{\mathfrak{b}}$, $b'\equiv 1 \pmod{\mathfrak{a}}$ から，$x=ba'+ab'\in A$ とおくと，例題 1 により $x\equiv ab'\equiv a \pmod{\mathfrak{a}}$ $x\equiv ba'\equiv b \pmod{\mathfrak{b}}$．（証終）

$A=\boldsymbol{Z}$ のとき，$m\in\boldsymbol{Z}$ $(m>0)$ で生成されるイデアル $\mathfrak{a}=m\boldsymbol{Z}$ に関する合同式 $a\equiv b \pmod{\mathfrak{a}}$ を $a\equiv b \pmod{m}$ とかく．

可換環 $\boldsymbol{Z}/m\boldsymbol{Z}$ は m 個の元から成るから，m を法とした剰余類の個数は m である．可換環 $\boldsymbol{Z}/m\boldsymbol{Z}$ の単元の全体 U_m は，§7.3 例題 1 ii から乗法群になる．U_m の元の個数を $\varphi(m)$ とかくと，$\varphi(m)\leqq m$．この函数 φ を**オイラーの函数**という．U_m の元については，

定理 9.3． $a\in\boldsymbol{Z}$ に対し，$a+m\boldsymbol{Z}$ が $\boldsymbol{Z}/m\boldsymbol{Z}$ の単元である $\Longleftrightarrow (a, m)=1$．

証明． $\Rightarrow$: $a+m\boldsymbol{Z}$ が単元なら，$b+m\boldsymbol{Z}\in\boldsymbol{Z}/m\boldsymbol{Z}$ があって，$(a+m\boldsymbol{Z})(b+m\boldsymbol{Z})=1+m\boldsymbol{Z}$．ゆえに，$ab\equiv 1 \pmod{m}$．したがって，$ab=1+km$ $(k\in\boldsymbol{Z})$ とかける．定理 9.1 の系から $(a, m)=1$．$\Leftarrow$: は上の議論の逆をたどってでる．（証終）

定理 9.3 から $\varphi(m)$ は $\{1\leqq a\leqq m \mid (a, m)=1\}$ の元の個数で，$U_m=\{a+m\boldsymbol{Z} \mid 1\leqq a\leqq m, (a, m)=1\}$ になる．ゆえに，

例題 3． 素数 p と自然数 k に対し，

$$\varphi(p^k)=p^k-p^{k-1}=p^k\left(1-\frac{1}{p}\right). \tag{9.2}$$

定理 9.4． $(m, n)=1$ なら，

$$\varphi(mn)=\varphi(m)\cdot\varphi(n). \tag{9.3}$$

証明． 集合 $\{(\bar{a}, \bar{b}) \mid \bar{a}\in U_m, \bar{b}\in U_n\}$ を $U_m\times U_n$ とかく．明らかに，$U_m\times U_n$ の元の個数は $\varphi(m)\cdot\varphi(n)$ である．$a\in\boldsymbol{Z}$ に対し，$(a, mn)=1$ なら $(a, m)=(a, n)=1$．したがって $(a+m\boldsymbol{Z}, a+n\boldsymbol{Z})$ は $U_m\times U_n$ の元である．U_{mn} の元 $a+mn\boldsymbol{Z}$ を $(a+m\boldsymbol{Z}, a+n\boldsymbol{Z})$ に写す写像 ρ は一対一である．じっさい，$(b, mn)=1$ なる b に対し，$a+m\boldsymbol{Z}=b+m\boldsymbol{Z}$, $a+n\boldsymbol{Z}=b+n\boldsymbol{Z}$ なら，$a-b\in(m\boldsymbol{Z})\cap(n\boldsymbol{Z})$．$(m, n)=1$ から $a-b$ は mn で割れ，$a+mn\boldsymbol{Z}=b+mn\boldsymbol{Z}$．さらに，$(m, n)=1$ から $m\boldsymbol{Z}+n\boldsymbol{Z}=\boldsymbol{Z}$．ゆえに，定理 9.2 を用い，任意の $(a+m\boldsymbol{Z}, b+n\boldsymbol{Z})\in U_m\times U_n$ に対し，$x\equiv a \pmod{m}$, $x\equiv b \pmod{n}$ なる $x\in\boldsymbol{Z}$ をとると，$\rho(x+mn\boldsymbol{Z})=(a+m\boldsymbol{Z}, b+n\boldsymbol{Z})$．したがって，$\rho$ は，U_{mn} と $U_m\times U_n$ の一対一対応になる．（証終）

系． $m=p_1^{e_1}\cdots p_r^{e_r}$ $(e_i\geqq 1)$ を素因数分解とすると，

$$\varphi(m)=m\left(1-\frac{1}{p_1}\right)\left(1-\frac{1}{p_2}\right)\cdots\left(1-\frac{1}{p_r}\right). \tag{9.4}$$

証明. 定理 9.4 と (2) から. (証終)

定理 9.5. $(a, m)=1$ なる $a, m \in \boldsymbol{Z}$ $(m>0)$ に対し,

(9.5) $$a^{\varphi(m)} \equiv 1 \quad (\bmod m).$$

証明. $\varphi(m)$ は有限群 U_m の位数であるから, 定理 6.7 系より, U_m の元 $a+m\boldsymbol{Z}$ の位数は $\varphi(m)$ を割る. ゆえに, $(a+m\boldsymbol{Z})^{\varphi(m)}=1+m\boldsymbol{Z}$. (証終)

系. 素数 p と $(a, p)=1$ なる $a \in \boldsymbol{Z}$ に対し,

(9.6) $$a^{p-1} \equiv 1 \quad (\bmod p).$$ **(フェルマーの小定理)**

9.2. 二次剰余

奇素数 p と $a \not\equiv 0 \ (\bmod p)$ なる $a \in \boldsymbol{Z}$ に対し,

(9.7) $$x^2 \equiv a \quad (\bmod p)$$

が $\boldsymbol{Z}$ に解をもつとき, a を法 p の**二次剰余**といい, 記号で, $\left(\dfrac{a}{p}\right)=1$ とかく. a が二次剰余でないとき, a を法 p の**二次非剰余**といい, $\left(\dfrac{a}{p}\right)=-1$ とかく. 記号 $\left(\dfrac{a}{p}\right)$ を**ルジャンドルの記号**という.

定義から $a \equiv b \ (\bmod p)$ なら $\left(\dfrac{a}{p}\right)=\left(\dfrac{b}{p}\right)$. したがって, ルジャンドルの記号は, 体 $\boldsymbol{F}_p=\boldsymbol{Z}/p\boldsymbol{Z}$ の単元の群 U_p から $\{\pm 1\}$ への写像とも考えられる. さらに, $a \equiv 0 \ (\bmod p)$ なる a に対し, $\left(\dfrac{a}{p}\right)=0$ とおくと, $\boldsymbol{Z}$ または $\boldsymbol{F}_p$ で定義された函数になる.

p は奇であるから, $v=(p-1)/2$ は自然数で, フェルマーの小定理(定理 9.5 系) により, $a \not\equiv 0 \ (\bmod p)$ に対し,

(9.8) $$a^{2\nu} \equiv 1 \quad (\bmod p).$$

p は奇であるから, $1 \not\equiv (-1) \ (\bmod p)$. したがって, 多項式 $X^2-1 \in \boldsymbol{F}_p[X]$ の二根は $1+p\boldsymbol{Z}$, $-1+p\boldsymbol{Z}$ である. したがって, (8) から

(9.9) $$a^{\nu} \equiv \pm 1 \quad (\bmod p).$$

定理 9.6. 奇素数 p に対し, 体 $\boldsymbol{F}_p=\boldsymbol{Z}/p\boldsymbol{Z}$ の零でない元全体の乗法群を U_p とする.

i. U_p の元 $\bar{a}$ を $\bar{a}^2$ に写す写像 ρ は, 群 U_p から U_p への準同型写像である;

ii. ρ の像は, U_p の位数 $\nu=(p-1)/2$ の部分群 $U_p{}^2$ であり, $U_p{}^2=\{a+p\boldsymbol{Z} \mid a+p\boldsymbol{Z} \in U_p, \left(\dfrac{a}{p}\right)=1\}$ である.

証明. i. U_p が可換群であるから, 明らか. ii. ρ の核は $N=\{1+p\boldsymbol{Z}, -1+p\boldsymbol{Z}\}$ で U_p の位数 2 の正規部分群, したがって, U_p/N は位数 ν. 群の同型定理から, $U_p/N \simeq \rho(U_p)$ で, $\rho(U_p)$ の位数は ν である. 残りは ρ の定義から明らか. (証終)

系. p を法とした二次剰余の剰余類と二次非剰余の剰余類の個数は, ともに $(p-1)/2$ である.

定理 9.7. 奇素数 p と $a \in \boldsymbol{Z}$, $a \not\equiv 0 \ (\bmod p)$ とに対し,

$$\left(\frac{a}{p}\right)=\pm 1 \Longleftrightarrow a^{(p-1)/2} \equiv \pm 1 \quad (\bmod p) \quad (\text{複号同順}).$$

証明. $U_p{}^2$ の位数は $\nu=(p-1)/2$. ゆえに, $\bar{a} \in U_p{}^2$ に対し, 定理 6.7 系から $\bar{a}^{\nu}=1+p\boldsymbol{Z}$. 一方, 多項式 $X^{\nu}-1 \in \boldsymbol{F}_p[X]$ の $\boldsymbol{F}_p$ に含まれる根の個数は高々 ν 個であるか

ら，$U_p{}^2=\{\bar{a}\in U_p \mid X^\nu-1$ の根$\}$．定理 9.6 から $\left(\frac{a}{p}\right)=1\Longleftrightarrow a+p\boldsymbol{Z}\in U_p{}^2$．ゆえに，$\left(\frac{a}{p}\right)=1\Longleftrightarrow a^\nu\equiv 1 \pmod p$．任意の元 a に対し，$a^\nu\equiv\pm 1 \pmod p$ から，$\left(\frac{a}{p}\right)=-1$ $\Longleftrightarrow a^\nu\equiv -1 \pmod p$ もでる．（証終）

系 1.

$$\left(\frac{a}{p}\right)\equiv a^\nu \pmod p \qquad (a\in\boldsymbol{Z}).$$

系 2. $a,\ b\in\boldsymbol{Z}$ に対し，

$$\left(\frac{ab}{p}\right)=\left(\frac{a}{p}\right)\left(\frac{b}{p}\right). \tag{9.10}$$

証明. 系 1 から

$$\left(\frac{ab}{p}\right)\equiv (ab)^\nu\equiv a^\nu b^\nu\equiv\left(\frac{a}{p}\right)\left(\frac{b}{p}\right) \pmod p.$$

この両辺の値は 0，±1 で，0，±1 は mod p で互いに合同にならないから．（証終）

系 2 から，二次剰余同士の積と二次非剰余同士の積は二次剰余であり，二次剰余と二次非剰余の積は二次非剰余であることがわかる．

例題 1. i.

$$\left(\frac{1}{p}\right)=1;$$

ii.

$$\left(\frac{-1}{p}\right)=(-1)^{(p-1)/2}.$$

［解］（10）で $a=b=1$ として i をうる．ii は系 1 から．（以上）

奇素数 p に対し，$M=\{1,\ 2,\ \cdots,\ \nu\}$（$\nu=(p-1)/2$）とする．明らかに $\{\pm m \mid m\in M\}$ が U_p の元の代表元の集合である．$(a,\ p)=1$ なる $a\in\boldsymbol{Z}$ と，$m\in M$ に対し，$(am,\ p)=1$ から

$$am\equiv s_a(m)m_a \pmod p \tag{9.11}$$

なる $s_a(m)=\pm 1$，$m_a\in M$ が，一意的に決まる．このとき，m を m_a に写す写像は M の置換になる．じっさい，$m,\ m'\in M$ に対し，$m_a=m_a'$ なら，（11）より $am\equiv\pm am'$ $\pmod p$．a は mod p で単元であるから（→ 定理 9.3），$m\equiv\pm m' \pmod p$．$m,\ m'\in M$ から，$m=m'$．したがって，この写像は一対一で，M が有限個の元から成るから，置換になる．したがって，

$$\prod_{m\in M} m=\prod_{m\in M} m_a.$$

一方，（11）から

$$\prod_{m\in M}(am)\equiv\prod_{m\in M}(s_a(m)m_a) \pmod p.$$

ゆえに，

$$a^\nu\equiv\prod_{m\in M}s_a(m) \pmod p.$$

ここで定理 9.7 系 1 を用いると，

定理 9.8. $a\not\equiv 0 \pmod p$ なら，

$$\left(\frac{a}{p}\right)=\prod_{m\in M}s_a(m).$$

例題 2. $$\left(\frac{2}{p}\right)=(-1)^{(p^2-1)/8}.$$

［**解**］ $m \in M$ に対し，$s_2(m)=-1 \Longleftrightarrow 2m>(p-1)/2$. ゆえに，

$$p>2m>\frac{p-1}{2} \tag{9.12}$$

なる m の個数を $n(p)$ とすると，定理 9.8 から

$$\left(\frac{2}{p}\right)=(-1)^{n(p)}.$$

(12) は $1 \leqq p-2\mathrm{m} \leqq (p-1)/2$ と同値であるから，$k=p-2m$ とおくと，$n(p)$ は $1 \leqq k \leqq \nu$ なる奇数の個数であり，容易にわかるように，$(-1)^{n(p)}=(-1)^{1+2+3+\cdots+\nu}=(-1)^{(p^2-1)/8}$.

（以上）

p と l を相異なる奇素数とする． 定理 8.8 を用いて， 多項式 $X^{l-1}+X^{l-2}+\cdots+X+1 \in \boldsymbol{F}_p[X]$ の根 ω を含む，$\boldsymbol{F}_p$ の拡大体 K をとる．$\omega^l=1$ から，$\bar{x}=x+l\boldsymbol{Z} \in \boldsymbol{F}_l$ に対し，$\omega^{\bar{x}}=\omega^x$ とおくと，代表元 x のとり方に無関係に $\omega^{\bar{x}}$ が決まる．このとき，

$$g=\sum_{t \in \boldsymbol{F}_l}\left(\frac{t}{l}\right)\omega^t \tag{9.13}$$

なる K の元を，**ガウスの和**という．(13) を自乗して，

$$g^2=\sum_{s,t \in \boldsymbol{F}_l}\left(\frac{st}{l}\right)\omega^{s+t}=\sum_{u \in \boldsymbol{F}_l}\left(\sum_{t \in \boldsymbol{F}_l}\left(\frac{t(u-t)}{l}\right)\right)\omega^u=\sum_{u \in \boldsymbol{F}_l}c_u\omega^u$$

とおくと，

$$c_0=\sum_{t \in \boldsymbol{F}_l}\left(\frac{-t^2}{l}\right)=(l-1)\left(\frac{-1}{l}\right).$$

$u \neq 0$ に対しては，

$$c_u=\left(\frac{0}{l}\right)+\sum_{t \in U_l}\left(\frac{-t^2}{l}\right)\left(\frac{1-ut^{-1}}{l}\right)=\left(\frac{-1}{l}\right)\sum_{t \in U_l}\left(\frac{1-ut^{-1}}{l}\right)=\left(\frac{-1}{l}\right)\cdot\sum_{s \in U_l}\left(\frac{1-s}{l}\right)$$
$$=\left(\frac{-1}{l}\right)\left[\sum_{s \in \boldsymbol{F}_l}\left(\frac{s}{l}\right)-\left(\frac{1}{l}\right)\right].$$

定理 9.6 系と例題 1 i から $c_u=-\left(\frac{-1}{l}\right)$. したがって， 例題 1 ii から， $\sum_{n=0}^{l-1}\omega^n=0$ を用いて

$$g^2=(-1)^{(l-1)/2}\cdot l. \tag{9.14}$$

また，K が標数 p であることに注意すると，

$$g^p=\sum_{t \in \boldsymbol{F}_l}\left(\frac{t}{l}\right)\omega^{tp}=\sum_{s \in \boldsymbol{F}_l}\left(\frac{sp^{-1}}{l}\right)\omega^s=\left(\frac{p^{-1}}{l}\right)g=\left(\frac{p}{l}\right)g.$$

ゆえに，

$$g^p=\left(\frac{p}{l}\right)g. \tag{9.15}$$

定理 9.9. 相異なる奇素数 p, l に対し，

$$\left(\frac{l}{p}\right)=\left(\frac{p}{l}\right)(-1)^{((l-1)/2)((p-1)/2)}. \qquad \textbf{（相互法則）}$$

証明．（14），（15）と定理 9.7 系 1 から

$$\left(\frac{(-1)^{(l-1)/2}l}{p}\right)=\left(\frac{g^2}{p}\right)\equiv g^{2\cdot(p-1)/2}=g^{p-1}=\left(\frac{p}{l}\right) \qquad (\mathrm{mod}\ p).$$

この左辺は

$$\left(\frac{l}{p}\right)\left(\frac{-1}{p}\right)^{(l-1)/2}=\left(\frac{l}{p}\right)(-1)^{((l-1)/2)((l-1)/2)}.$$

（証終）

例題 3．素数 $p>3$ に対し，

$$-3 \text{ が法 } p \text{ の二次剰余} \Longleftrightarrow p\equiv 1 \ (\mathrm{mod}\ 3).$$

［**解**］ $$\left(\frac{-3}{p}\right)=\left(\frac{-1}{p}\right)\left(\frac{3}{p}\right)=(-1)^{(p-1)/2}\cdot(-1)^{((p-1)/2)((3-1)/2)}\left(\frac{p}{3}\right)=\left(\frac{p}{3}\right).$$

例題 1 i から

$$\left(\frac{1}{3}\right)=1,$$

例題 2 から

$$\left(\frac{2}{3}\right)=(-1)^{(9-1)/8}=-1.$$

ゆえに，

$$\left(\frac{-3}{p}\right)=1 \Longleftrightarrow p\equiv 1 \ (\mathrm{mod}\ 3).$$

（以上）

参考書．［A 2］，［B 2］，［B 6］，［H 3］，［L 2］，［S 1］，［S 8］，［T 2］，［W 1］

［**菅野　恒雄**］

II. 幾　何　学

A. 解析幾何学

1. 平面解析幾何学

1.1. 直線

平面上の直交座標系 O-XY について，直線の方程式は一次方程式で与えられる:

(1.1) $$ax+by+c=0.$$

y 軸に平行でない直線の方程式は一次方程式で与えられる:

(1.2) $$y=mx+b.$$

ここで，m を**方向係数**，**勾配**または**傾き**といい，b を y 軸上の**切片**という；この直線と y 軸との交点は $(0,\ b)$ である．点 $(x_1,\ y_1)$ を通り，方向係数が m である直線の方程式は

(1.3) $$y-y_1=m(x-x_1).$$

y 軸に平行な直線の方程式は

$$x=a.$$

x 軸に平行な直線の方程式は

$$y=b.$$

相異なる二点 $(x_1,\ y_1)$, $(x_2,\ y_2)$ を通る直線の方程式は

(1.4) $$\frac{y-y_1}{y_2-y_1}=\frac{x-x_1}{x_2-x_1}$$

または

(1.5) $$\begin{vmatrix} x & y & 1 \\ x_1 & y_1 & 1 \\ x_2 & y_2 & 1 \end{vmatrix}=0.$$

定理 1.1. 二直線

(1.6) $$ax+by+c=0, \qquad a'x+b'y+c'=0$$

が，i. 平行であるための条件は $a/a'=b/b'$；ii. 同一直線であるための条件は $a/a'=b/b'=c/c'$；iii. 直交するための条件は $aa'+bb'=0$. これらの二直線の交角を θ とすれば，

(1.7) $$\cos\theta=\frac{aa'+bb'}{\sqrt{a^2+b^2}\,\sqrt{a'^2+b'^2}}.$$

定理 1.2. 二直線

$$y=mx+b, \qquad y=m'x+b'$$

の交角を θ とすれば，

(1.8) $$\tan\theta=\frac{m'-m}{1+mm'}.$$

これらの二直線が，i. 直交するための条件は $mm'=-1$; ii. 平行であるための条件は

$$m=m'.$$

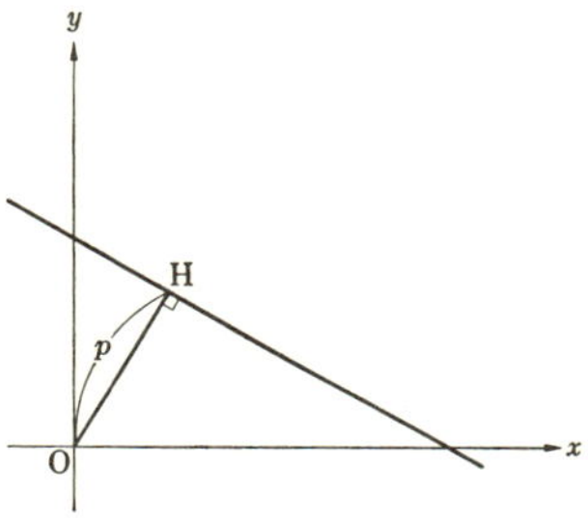

図 1.1

原点 O から直線 l に下した垂線の足を H とする．OH の長さを p, OH と x 軸のつくる角を θ とすれば，直線 l は方程式

(1.9) $$x\cos\theta+y\sin\theta=p$$

で表わされる．この方程式を直線 l の**ヘッセの標準形**という．直線

$$ax+by+c=0$$

のヘッセの標準形は

(1.10) $$\pm\frac{a}{\sqrt{a^2+b^2}}x\pm\frac{b}{\sqrt{a^2+b^2}}y=\mp\frac{c}{\sqrt{a^2+b^2}}.$$

ここで，複号は同順にとるとし，右辺が負にならないように複号を選ぶ．

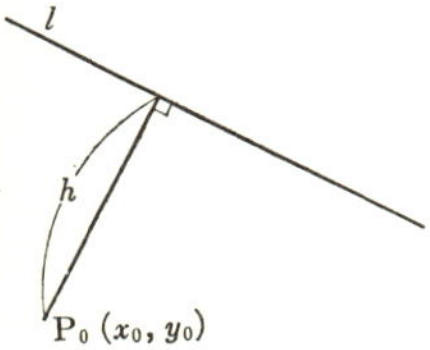

図 1.2

点 $P_0(x_0, y_0)$ から直線 l: $ax+by+c=0$ に下した**垂線の長さ**は

(1.11) $$h=\frac{|ax_0+by_0+c|}{\sqrt{a^2+b^2}}.$$

二直線 (6) が交わるとき，その交点を通る直線は方程式

(1.12) $$h(ax+by+c)+k(a'x+b'y+c')=0$$

で表わされる．ここで，h と k は同時には 0 にならないとする．

例題 1. 三点 (x_0, y_0), (x_1, y_1), (x_2, y_2) が同一直線上にあるための条件は.

(1.13) $$\begin{vmatrix} x_0 & y_0 & 1 \\ x_1 & y_1 & 1 \\ x_2 & y_2 & 1 \end{vmatrix}=0.$$

［**解**］ (5) に $x=x_0$, $y=y_0$ を代入すれば，条件 (13) がえられる． （以上）

例題 2. 三直線

$$ax+by+c=0, \qquad a'x+b'y+c'=0, \qquad a''x+b''y+c''=0$$

が同一の点で交わるための条件は，

(1.14) $$\begin{vmatrix} a & b & c \\ a' & b' & c' \\ a'' & b'' & c'' \end{vmatrix}=0.$$

［**解**］ 直線 $a''x+b''y+c''=0$ は (12) の形でかき表わせる．ゆえに，$a''=ha+ka'$, $b''=hb+kb'$, $c''=hc+kc'$. これらの条件が成り立つためには，(14) が成り立つことが必要十分である． （以上）

例題 3. 二点 $(a, 0)$ と $(0, b)$ を通る直線の方程式は

(1.15) $$\frac{x}{a}+\frac{y}{b}=1 \qquad (a,\ b\neq 0).$$

［**解**］ (4) に $x_1=a$, $y_1=0$ および $x_2=0$, $y_2=b$ を代入して，変形すれば，(15) がえられる． （以上）

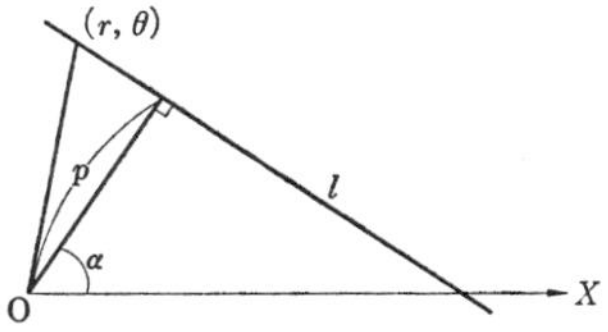

図 1.3

図 1.3 のような直線 l の，極座標系(O が原点，OX が始線)についての方程式は

(1.16) $$r\cos(\theta-\alpha)=p.$$

1.2. 円

点 $P_0(x_0,\ y_0)$ を中心とし，半径 r の円の方程式は，

(1.17) $$(x-x_0)^2+(y-y_0)^2=r^2.$$

二次方程式

(1.18) $$x^2+y^2+2gx+2fy+c=0$$

は，i. $g^2+f^2-c>0$ ならば，$(-g,\ -f)$ を中心，$\sqrt{g^2+f^2-c}$ を半径とする 円を表わし； ii. $g^2+f^2-c=0$ ならば，ただ一点 $(-g,\ -f)$ を表わし，iii. $g^2+f^2-c<0$ ならば，どんな実図形も表わさない．i, ii, iii, の場合に，(18) をそれぞれ**実円**，**点円**，**虚円**という．

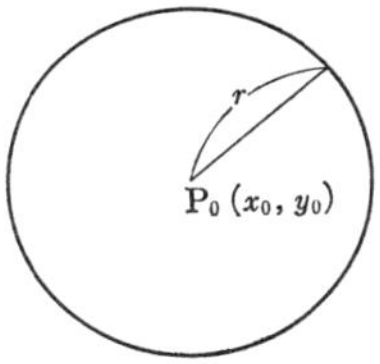

図 1.4

二次方程式

$$ax^2+2hxy+by^2+2gx+2fy+c=0$$

は，$a=b\neq 0$, $h=0$ のときに限って，円(実円，点円または虚円)を表わす．

円 (18) 上の点 $P_1(x_1,\ y_1)$ における**接線の方程式**は

(1.19) $$x_1x+y_1y+g(x+x_1)+f(y+y_1)+c=0.$$

円 (17) に接し，方向係数が m の直線の方程式は

(1.20) $$y-y_0=m(x-x_0)\pm r\sqrt{m^2+1}\,.$$

円と一点 P が与えられたとき，P を通る任意な直線とこの円との交点を Q, R とし(→ 図 1.5)，符号のついた距離 PQ, PR の積を点 P のこの円に関する**べき**という．これは点 P を通る直線の選び方に無関係である．円 (18) に関する点 $P_1(x_1,\ y_1)$ のべきは

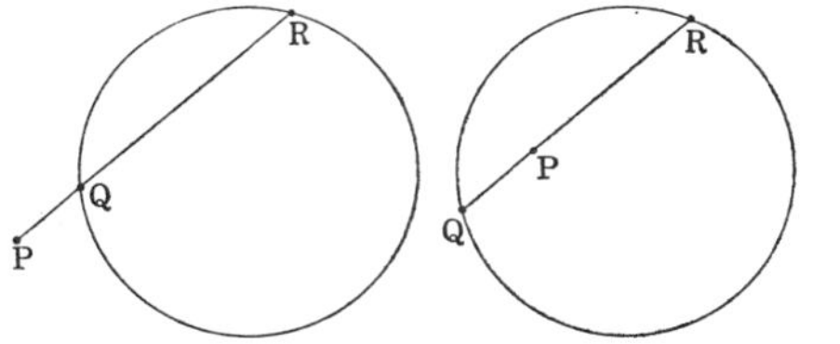

図 1.5

(1.21) $$x_1{}^2+y_1{}^2+2gx_1+2fy_1+c.$$

点 P_1 が円の外部にあれば，P_1 のこの円に関するべきは P_1 から引いた接線の長さの二乗に等しい．

例題 1. 二つの円 $s\equiv x^2+y^2+2gx+2fy+c=0$, $s'=x^2+y^2+2g'x+2f'y+c'=0$ に関

するべきが等しい点の軌跡は，直線

(1.22) $$s-s'=2(g-g')x+2(f-f')y+c-c'=0$$

であって，これは二円の中心線に垂直である．

［**解**］ (21) を利用すれば，求める軌跡の方程式が (22) であることがわかる．つぎに，円 s, s' の中心は $(-g,\ -f)$, $(-g',\ -f')$ であるから，中心線の方程式は，(4) によって，$(y+f)/(f-f')=(x+g)/(g-g')$．ゆえに，定理 1.1 によって，この軌跡は中心線に垂直である．（以上）

例題 1 の軌跡である直線を二円 s, s' の**根軸**という．

例題 2． 例題 1 の円 s, s' と円 $s''\equiv x^2+y^2+2g''x+2f''y+c''=0$ について，円 s, s'; 円 s', s''; 円 s'', s の根軸は同一の点を通る．

［**解**］ これらの根軸の方程式は $s-s'=0$, $s'-s''=0$, $s''-s=0$ である．方程式 $s''-s=0$ は $-(s-s')-(s'-s'')=0$ と変形されるから，(14) によって，これらの根軸は同一の点を通る．（以上）

例題 2 の三つの根軸が通る点を三円 s, s', s'' の**根心**という．

点 $(x_0,\ y_0)$ を中心とし，半径 r の円はつぎの媒介変数表示をもつ:

(1.23) $$x=x_0+r\cos\theta,\qquad y=y_0+r\sin\theta\qquad(\theta:\ \text{媒介変数}).$$

極座標に関して，点 $(a,\ \alpha)$ を中心とし，半径 ρ の円の方程式は

(1.24) $$r^2-2ra\cos(\theta-\alpha)+a^2=\rho^2.$$

1.3. 楕円・双曲線・放物線

二定点 F, F′ からの距離の

和　PF+PF′　|　差　PF〜PF′

が一定である点 P の軌跡を

楕円　|　**双曲線**

という．

F, F′ の中点 O を原点とし，直線 F′F を x 軸に選べば，つぎの方程式で表わされる:

(1.25) $$\frac{x^2}{a^2}+\frac{y^2}{b^2}=1\quad(a>b>0).\qquad\Bigg|\qquad\frac{x^2}{a^2}-\frac{y^2}{b^2}=1\quad(a,\ b>0).$$

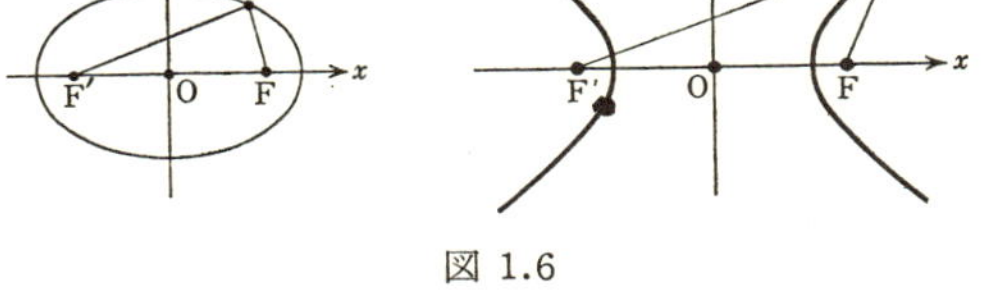

図 1.6

この方程式を**標準形**という．二点 F, F′ を**焦点**という．焦点の座標は

$(\sqrt{a^2-b^2},\ 0),\ (-\sqrt{a^2-b^2},\ 0).$　|　$(\sqrt{a^2+b^2},\ 0),\ (-\sqrt{a^2+b^2},\ 0).$

二直線

楕円	双曲線
(1.26) $g:\ x=\dfrac{a^2}{\sqrt{a^2-b^2}},\quad g':\ x=-\dfrac{a^2}{\sqrt{a^2-b^2}}$	$g:\ x=\dfrac{a^2}{\sqrt{a^2+b^2}},\quad g':\ x=-\dfrac{a^2}{\sqrt{a^2+b^2}}$

を**準線**という．曲線上の任意 P の点から準線 $g,\ g'$ に下した垂線の足を H, H′ とすれば，比

(1.27)
$$\frac{\mathrm{PF}}{\mathrm{PH}}=e, \qquad \frac{\mathrm{PF}'}{\mathrm{PH}'}=e$$

は一定である．ここで，e は

(1.28) $e=\dfrac{\sqrt{a^2-b^2}}{a}$	$e=\dfrac{\sqrt{a^2+b^2}}{a}$

であり，

(1.29) $0<e<1.$	$1<e.$

e を**離心率**という．点

$\mathrm{A}(a,\ 0),\ \ \mathrm{A}'(-a,\ 0),$ $\mathrm{B}(0,\ b),\ \ \mathrm{B}'(0,\ -b)$	$\mathrm{A}(a,\ 0),\ \ \mathrm{A}'(-a,\ 0)$

を**頂点**という．点 O を**中心**という．また，A′A を

長軸	**切軸**
B′B を	A′A の垂直二等分線を
短軸	**共役軸**

といい，これらを総称して**主軸**という．

楕円の媒介変数表示は	双曲線の媒介変数表示は
(1.30) $x=a\cos\varphi,\quad y=b\sin\varphi$	$x=a\sec\varphi,\quad y=b\tan\varphi$

であって，媒介変数 φ を**離心角**という．

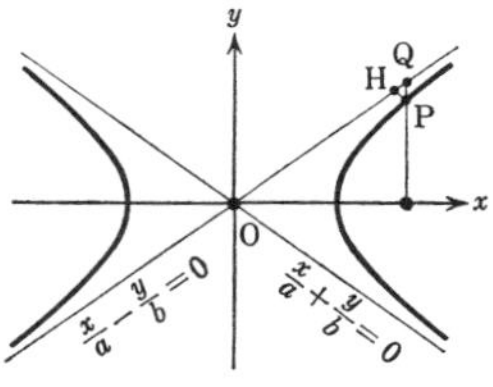

図 1.7

双曲線 (25) と対して，二直線

(1.31)
$$\frac{x}{a}-\frac{y}{b}=0, \qquad \frac{x}{a}+\frac{y}{b}=0$$

を**漸近線**という．双曲線

(1.32)
$$-\frac{x^2}{a^2}+\frac{y^2}{b^2}=1$$

は双曲線 (25) と漸近線を共有する．これを (25) の**共役双曲線**という．→図 1.7

双曲線

(1.33)
$$x^2-y^2=a^2$$

を**直角双曲線**または**等辺双曲線**という．その漸近線は互いに直交している．

一点 P と一直線へいたる距離が等しい点 P の軌跡を**放物線**という．F から g へ下した垂線の足を G とし，直線 GF を x 軸，線分 GF の垂直二等分線を y 軸とすれば，放物線の方程式は

(1.34) $$y^2=4px.$$

焦点は $F(p,\ 0)$，準線は $x=-p$ である．原点 $O(0,\ 0)$ を**頂点**，x 軸を**主軸**という．放物線上の任意な点 P から準線 g へ下した垂線の足を H とすれば，

(1.35) $$\frac{PF}{PH}=1.$$

→ 図 1.8

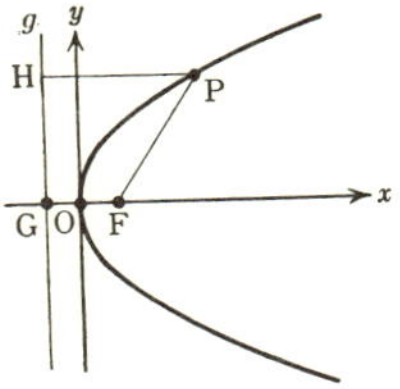

図 1.8

楕円，双曲線または放物線の一つの焦点を原点に，主軸を始線にもつ極座標系について，これらの曲線の方程式は

$$r=\frac{l}{1-e\cos\theta}.$$

ここで，e は離心率であって，放物線に対しては離心率は $e=1$ である．→ (27)

楕円または双曲線で，中心を通る弦を**直径**という．放物線で，主軸に平行で，放物線の凹側にある半直線を**直径**という．

例題 1．楕円［双曲線］(25) の平行弦の中点の軌跡は，直径［共役双曲線の直径］であって，平行弦の方向係数を m とすれば，その中点の軌跡は直線 $y=-(b^2/a^2m)x$ ［$y=(b^2/a^2m)x$］上にある．放物線 (34) の平行弦の中点の軌跡は直径であって，放物線の平行弦の方向係数を m とすれば，その中点の軌跡は直線 $y=2p/m$ 上にある．

［**解**］ 楕円 (25) と直線 $y=mx+\beta$ の二つの交点の x 座標は，方程式 $x^2/a^2+(mx+\beta)^2/b^2=1$ の二根 $x_1,\ x_2$ である．これらの交点の中点の x 座標は，根と係数の関係を利用して，$x=(x_1+x_2)/2=-a^2m\beta/(a^2m^2+b^2)$．これを $y=mx+\beta$ に代入して，中点の y 座標は $y=-a^2m^2\beta/(a^2m^2+b^2)+\beta$．これらから β を消去すれば，中点の軌跡は直径 $y=-(b^2/a^2m)x$ 上にある．双曲線と放物線についても同様である． (以上)

楕円または双曲線の一つの直径 d に平行な弦の中点の軌跡である直径 d' を，d の**共役直径**という．逆に，d は d' の共役直径である．

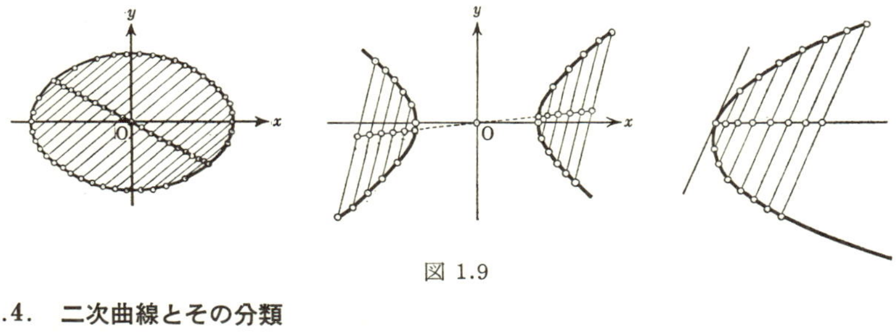

図 1.9

1.4. 二次曲線とその分類

一般に，二次方程式

(1.36) $$ax^2+2hxy+by^2+2gx+2fy+c=0$$

で表わされる曲線を**二次曲線**という．楕円，双曲線，放物線は二次曲線である．(→ (25),

(34))

二次曲線 (36) 上の点 $P_1(x_1, y_1)$ における**接線の方程式**は

(1.37)　　$ax_1x+h(x_1y+y_1x)+by_1y+g(x+x_1)+f(y+y_1)+c=0.$

例題 1. 楕円，双曲線 (25) または放物線 (34) 上の点 $P_1(x_1, y_1)$ における接線の方程式はそれぞれ

(1.38)　　$\dfrac{x_1x}{a^2}+\dfrac{y_1y}{b^2}=1,\qquad \dfrac{x_1x}{a^2}-\dfrac{y_1y}{b^2}=1,\qquad y_1y=2p(x+x_1).$

[**解**] (37) を利用すれば，明らかである．　(以上)

例題 2. 楕円または双曲線 (25) の接線で，方向係数が m のものの方程式はそれぞれ

(1.39)　　$y=mx\pm\sqrt{a^2m^2+b^2},\qquad y=mx\pm\sqrt{a^2m^2-b^2}.$

放物線 (34) の接線で，方向係数が m のものの方程式は

(1.40)　　$y=mx+\dfrac{p}{m}.$

[**解**] 直線 $y=mx+\beta$ と楕円[双曲線](25)の方程式を連立させた連立方程式がただ一組の解をもつための条件を求めればよい．放物線 (34) についても同様である．(以上)

一点 $P_1(x_1, y_1)$ を通る任意な直線 l と二次曲線 (36) との交点を Q, R とし，l 上に Q, R に関する点 P_1 の**調和共役点** P，すなわち

$$\frac{2}{P_1P}=\frac{1}{P_1Q}+\frac{1}{P_1R}$$

をみたす点 P の軌跡は直線であって，これを点 $P_1(x_1, y_1)$ の二次曲線 (36) に関する**極線**という．その方程式は

(1.41)　　$ax_1x+h(x_1y+y_1x)+by_1y+g(x+x_1)+f(y+y_1)+c=0.$

また，点 $P_1(x_1, y_1)$ を直線 (41) の二次曲線 (36) に関する**極**という．

例題 3. 点 P_1 から二次曲線に二本の接線がひけるとき，それらの接点を A, B とすれば，P_1 の極線は直線 AB である．

[**解**] P_1 からの接線を a, b とし，a と b の接点をそれぞれ A と B とする．a 上で P_1 の A, A に関する調和共役点は A, b 上で P_1 の B, B に関する調和共役点は B である．ゆえに，P_1 の極線は二点 A, B を通る．　(以上)

例題 4. 二次曲線に関し，点 P_1 の極線が点 P_2 を通れば，P_2 の極線は P_1 を通る．

(相反性)

[**解**] $P_1(x_1, y_1)$ の極線 (41) 上に $P_2(x_2, y_2)$ があれば，

$$ax_1x_2+h(x_1y_2+x_2y_1)+by_1y_2+g(x_1+x_2)+f(y_1+y_2)+c=0.$$

これは，P_2 の極線が P_1 を通ることを示している．　(以上)

二次曲線が一点 C に関して点対称になっているとき，C を二次曲線の**中心**という．中心をもつ二次曲線を**有心二次曲線**，中心をもたない二次曲線を**無心二次曲線**という．楕円，双曲線は有心二次曲線で，(本来の)有心二次曲線はこれらに限る．放物線は無心二次曲線であって，(本来の)無心二次曲線はこれに限る．

二次曲線 (36) について，つぎのようにおく:

(1.42)
$$\Delta_0=\begin{vmatrix} a & h \\ h & b \end{vmatrix}, \qquad \Delta=\begin{vmatrix} a & h & g \\ h & b & f \\ g & f & c \end{vmatrix}.$$

二次曲線はつぎの表のように分類される:

$\Delta_0>0$	$a\Delta<0$	楕円	有
	$b^2>0$	虚楕円	
	$\Delta=0$	交わる二直線	
$\Delta_0<0$	$\Delta\neq0$	双曲線	心
	$\Delta=0$	交わる二直線	
$\Delta_0=0$	$\Delta\neq0$	放物線	無
	$\Delta=0$	平行(実または虚)二直線 または一致した二直線	心

さて，直交座標を適当に変換してその方程式が

$$\frac{x^2}{a^2}+\frac{y^2}{b^2}=-1$$

となる二次曲線を**虚楕円**という(虚円は虚楕円である)．二直線 $ax+by+c=0$, $a'x+b'y+c'=0$ に対して，二次方程式

$$(ax+by+c)(a'x+b'y+c')=0$$

はこの二直線を表わすと考えて，このような二次曲線を**二直線**という．二次曲線が二直線を表わすとき，この二次曲線は二直線に**分解する**という．二直線に分解しない二次曲線を**本来の二次曲線**という．楕円，双曲線，放物線は本来の二次曲線である．

本来の二次曲線は，円錐を頂点を通らない平面で切った切口としてえられる．円錐の軸と母線の交角を α，平面と軸の交角を β とすれば，切口は i. $\alpha<\beta$ ならば，楕円; ii. $\alpha>\beta$ ならば，双曲線; iii. $\alpha=\beta$ ならば，放物線である．したがって，本来の二次曲線を**円錐曲線**ということがある．

2. 立体解析幾何学

2.1. 直線・平面

空間での直交座標系について，点 $P_0(x_0, y_0, z_0)$ を通り，成分が (u, v, w) のベクトルに平行な直線の方程式は，

(2.1)
$$\frac{x-x_0}{u}=\frac{y-y_0}{v}=\frac{z-z_0}{w}.$$

有向直線 l と x 軸，y 軸および z 軸の正の向きとが作る角をそれぞれ α, β, γ とする．$\lambda=\cos\alpha$, $\mu=\cos\beta$, $\nu=\cos\gamma$ を有向直線 l の**方向余弦**という．$\lambda^2+\mu^2+\nu^2=1$ がつねに成り立つ．方向余弦が (λ, μ, ν) で，点 $P_0(x_0, y_0, z_0)$ を通る直線の方程式は,

$$(2.2)\qquad \frac{x-x_0}{\lambda}=\frac{y-y_0}{\mu}=\frac{z-z_0}{\nu}.$$

直線（1）の方向余弦は

$$(2.3)\qquad \lambda=\pm\frac{u}{\sqrt{u^2+v^2+w^2}},\qquad \mu=\pm\frac{v}{\sqrt{u^2+v^2+w^2}},\qquad \nu=\pm\frac{w}{\sqrt{u^2+v^2+w^2}}.$$

相異なる二点 $P_0(x_0,\ y_0,\ z_0)$, $P_1(x_1,\ y_1,\ z_1)$ を通る直線の方程式は

$$(2.4)\qquad \frac{x-x_0}{x_1-x_0}=\frac{y-y_0}{y_1-y_0}=\frac{z-z_0}{z_1-z_0}.$$

定理 2.1.　二直線

$$(2.5)\qquad \frac{x-x_0}{u}=\frac{y-y_0}{v}=\frac{z-z_0}{w},\qquad \frac{x-x_1}{u'}=\frac{y-y_1}{v'}=\frac{z-z_1}{w'}$$

が，i. 平行であるための条件は　$u/u'=v/v'=w/w'$;　ii. 垂直であるための条件は　$uu'+vv'+ww'=0$. これらの二直線の交角を θ とすれば，

$$(2.6)\qquad \cos\theta=\frac{uu'+vv'+ww'}{\sqrt{u^2+v^2+w^2}\ \sqrt{u'^2+v'^2+w'^2}}.$$

二直線（5）の共通垂線の長さは

$$(2.7)\qquad h=\pm\frac{1}{D}\begin{vmatrix} x_1-x_0 & y_1-y_0 & z_1-z_0 \\ u & v & w \\ u' & v' & w' \end{vmatrix},$$

$$D=[(vw'-wv')^2+(wu'-uw')^2+(uv'-vu')^2]^{1/2}.$$

ここで，右辺が負にならないように複号を選ぶ.

例題 1.　二直線（5）が交わるための条件は，

$$(2.8)\qquad \begin{vmatrix} x_1-x_0 & y_1-y_0 & z_1-z_0 \\ u & v & w \\ u' & v' & w' \end{vmatrix}=0.$$

［**解**］（7）から明らかである.　　（以上）

空間の直交座標について，平面の方程式は一次方程式

$$(2.9)\qquad ax+by+cz+d=0.$$

点 $P_0(x_0,\ y_0,\ z_0)$ を通り，成分 $(a,\ b,\ c)$ をもつベクトルに垂直な平面の方程式は，

$$(2.10)\qquad a(x-x_0)+b(y-y_0)+c(z-z_0)=0.$$

同一直線上にない三点 $P_0(x_0,\ y_0,\ z_0)$, $P_1(x_1\ y_1,\ z_1)$, $P_2(x_2,\ y_2\ z_2)$ を通る平面の方程式は

$$(2.11)\qquad \begin{vmatrix} x & y & z & 1 \\ x_0 & y_0 & z_0 & 1 \\ x_1 & y_1 & z_1 & 1 \\ x_2 & y_2 & z_2 & 1 \end{vmatrix}=0 \quad \text{または} \quad \begin{vmatrix} x-x_0 & y-y_0 & z-z_0 \\ x_1-x_0 & y_1-y_0 & z_1-z_0 \\ x_2-x_0 & y_2-y_0 & z_2-z_0 \end{vmatrix}=0.$$

定理 2.2.　二平面

$$(2.12)\qquad ax+by+cz+d=0,\qquad a'x+b'y+c'z+d'=0$$

が，i. 平行であるための条件は $a/a'=b/b'=c/c'$; ii. 一致するための条件は $a/a'=b/b'=c/c'=d/d'$; iii. 垂直であるための条件は $aa'+bb'+cc'=0$. この二平面の交角を θ とすれば，

(2.13) $$\cos\theta=\frac{aa'+bb'+cc'}{\sqrt{a^2+b^2+c^2}\sqrt{a'^2+b'^2+c'^2}}.$$

一点 $P_0(x_0,\ y_0,\ z_0)$ から平面 (9) に下した垂線の長さは

(2.14) $$h=\frac{|ax_0+by_0+cz_0+d|}{\sqrt{a^2+b^2+c^2}}.$$

定理 2.3. 直線 (1) と平面 (9) が，i. 平行であるための条件は $ua+vb+wc=0$; ii. 垂直であるための条件は $a/u=b/v=c/w$. これらの交角を θ とすれば，

(2.15) $$\sin\theta=\frac{ua+vb+wc}{\sqrt{u^2+v^2+w^2}\sqrt{a^2+b^2+c^2}}.$$

二平面 (12) の交わりである直線の方程式は

(2.16) $$\frac{x-x_0}{bc'-cb'}=\frac{y-y_0}{ca'-ac'}=\frac{z-z_0}{ab'-ba'}.$$

ここで，$P_0(x_0,\ y_0,\ z_0)$ はこの直線上の一点である．

平面の方程式 (9) をつぎのように変形する:

(2.17) $$\pm\frac{a}{\sqrt{a^2+b^2+c^2}}x\pm\frac{b}{\sqrt{a^2+b^2+c^2}}y\pm\frac{c}{\sqrt{a^2+b^2+c^2}}z=\mp\frac{d}{\sqrt{a^2+b^2+c^2}}.$$

ここで，右辺が負にならないように複号を同順に選ぶ．(17) を平面 (9) の**標準形**という．

例題 2. 標準形 (17) で，x, y, z の係数は平面 (9) の法線の方向余弦を，右辺は原点から平面 (9) までの距離を表わす．

［解］(9) で $(a,\ b,\ c)$ はこの平面に垂直なベクトルであるから，(17) の x, y, z の係数はベクトル $(a,\ b,\ c)$ に平行な単位ベクトルの成分，すなわち法線の方向余弦である．(14) によって，(17) の右辺は原点から平面 (9) までの距離である． （以上）

2.2. 球面

点 $P_0(x_0,\ y_0,\ z_0)$ を中心とし，半径 r の球面の方程式は，

(2.18) $$(x-x_0)^2+(y-y_0)^2+(z-z_0)^2=r^2.$$

二次方程式

(2.19) $$x^2+y^2+z^2+2lx+2my+2nz+d=0$$

は，i. $l^2+m^2+n^2-d>0$ ならば，$(-l,\ -m,\ -n)$ を中心，$(l^2+m^2+n^2-d)^{1/2}$ を半径とする球面を表わし; ii. $l^2+m^2+n^2-d=0$ ならば，ただ一点 $(-l,\ -m,\ -n)$ を表わし; iii. $l^2+m^2+n^2-d<0$ ならば，どんな実図形も表わさない．i, ii, iii の場合に，(19) をそれぞれ**実球面**，**点球面**，**虚球面**という．

二次方程式

(2.20) $$ax^2+by^2+cz^2+2fyz+2gzx+2hxy+2lx+2my+2nz+d=0$$

は，$a=b=c\neq 0$, $f=g=h=0$ のときに限って，球面(実球面，点球面または虚球面)を表

わす.

2.3. 二次曲面の標準形

二次方程式

(2.21) $$ax^2+by^2+cz^2+2fyz+2gzx+2hxy+2lx+2my+2nz+d=0$$

で表わされる曲面を**二次曲面**という.

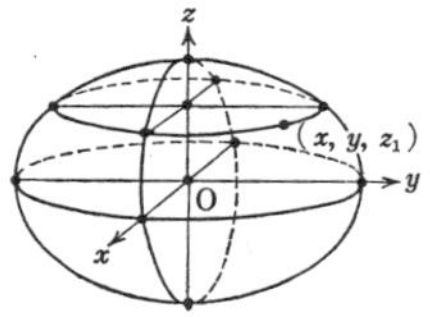

図 2.1

二次曲面

(2.22) $$\frac{x^2}{a^2}+\frac{y^2}{b^2}+\frac{z^2}{c^2}=1 \qquad (a,\ b,\ c>0)$$

を**楕円面**という(→ 図 2.1). この曲面は範囲 $-a\leqq x\leqq a$, $-b\leqq y\leqq b$, $-c\leqq z\leqq c$ 内にあり, 各座標平面および原点に関して対称である. 各座標軸に平行な平面でこの曲面を切れば, 切口は楕円である.

二次曲面

(2.23) $$\frac{x^2}{a^2}+\frac{y^2}{b^2}-\frac{z^2}{c^2}=1 \qquad (a,\ b,\ c>0)$$

を**一葉双曲面**という(→ 図 2.2). この曲面は各座標平面および原点に関して対称である. この曲面を xy 平面に平行な平面で切れば, 切口は楕円であり; yz 平面または zx 平面に平行な平面(この曲面に接しない)で切れば, 切口は双曲線である.

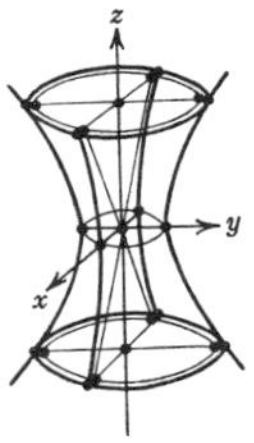

図 2.2

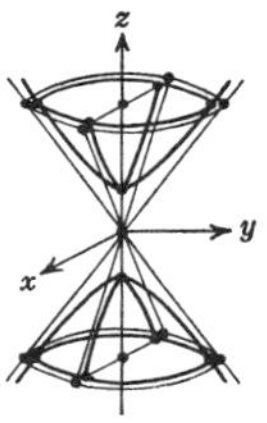

図 2.3

二次曲面

(2.24) $$-\frac{x^2}{a^2}-\frac{y^2}{b^2}+\frac{z^2}{c^2}=1 \qquad (a,\ b,\ c>0)$$

を**二葉双曲面**という(→ 図 2.3). この曲面は各座標軸および原点に関して対称である. この曲面を xy 平面に平行な曲面 $z=k$ $(-a<k<a)$ で切れば, 切口は楕円であり; yz 平面または zx 平面に平行な平面で切れば, 切口は双曲線である.

二次曲面

(2.25) $$\frac{x^2}{a^2}+\frac{y^2}{b^2}-\frac{z^2}{c^2}=0 \qquad (a,\ b,\ c>0)$$

を**二次錐面**という. この曲面は各座標平面および原点に関して対称である. この曲面を xy 平面に平行な(xy 平面と一致しない)平面で切れば, 切口は楕円である. 原点とこの切口の楕円上の任意な点 P を結ぶ直線は, P がこの楕円上を移動するとき, 二次錐面 (25) をえがく. この直線を**母線**という.

二次曲面

(2.26) $$\frac{x^2}{a^2}+\frac{y^2}{b^2}=2z \qquad (a,\ b>0)$$

を**楕円的放物面**という(→ 図 2.4). この曲面は yz 平面と zx 平面に関して対称であるが, 原点に関しては対称でない. この曲面を xy 平面に平行な平面 $z=k$ $(k>0)$ で切れば,切口は楕円であり，yz 平面または zx 平面に平行な平面で切れば，切口は放物線である.

二次曲面

$$\frac{x^2}{a^2}-\frac{y^2}{b^2}=2z \qquad (a,\ b>0) \tag{2.27}$$

を**双曲的放物面**という(→図2.5). この曲面は yz 平面または zx 平面に関して対称であるが，原点に関しては対称でない. この曲面を xy 平面に平行な平面(xy 平面と一致しない)で切れば，切口は双曲線であり，yz 平面または zx 平面に平行な平面で切れば，切口は放物線である.

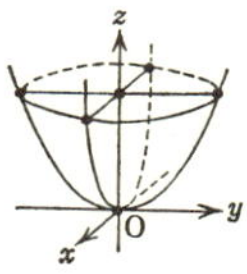

図 2.4

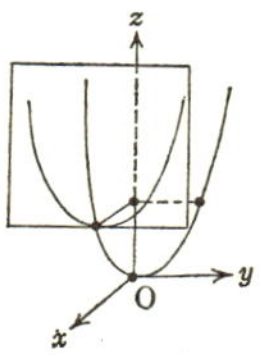

図 2.5

二次曲面

$$\frac{x^2}{a^2}+\frac{y^2}{b^2}=1, \qquad \frac{x^2}{a^2}-\frac{y^2}{b^2}=1, \qquad y^2=4px \tag{2.28}$$

は z 軸に平行な母線をもつ柱面であり，これらをそれぞれ**楕円柱**，**双曲柱**，**放物柱**という(→図 2.6). これらの柱面と xy 平面との交わりは，それぞれ方程式 (28) で表わされる楕円，双曲線，放物線である.

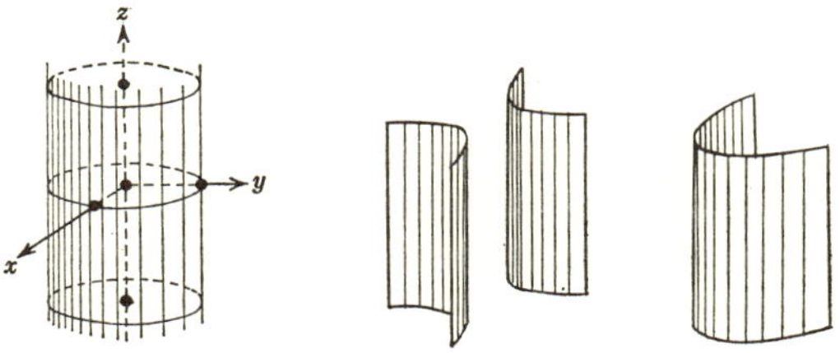

楕円性　　双曲柱　　放物柱

図 2.6

(22) で $a=b$ となった場合，これを**回転楕円面**という. これは楕円 $x^2/a^2+z^2/c^2=1$ を z 軸を軸として回転してえられる回転面である. (22) で $a=b=c$ となった場合，これは半径 a の球面である. (23) で $a=b$ となった場合，これを**回転一葉双曲面**という. これは双曲線 $x^2/a^2-z^2/c^2=1$ を z 軸を軸として回転してえられる回転面である. (24) で $a=b$ となった場合，これを**回転二葉双曲面**という. これは双曲線 $-x^2/a^2+z^2/c^2=1$ を z 軸を軸として回転してえられる回転面である. (26) で $a=b$ となった場合，これを**回転放物面**という. これは放物線 $x^2=2a^2z$ を z 軸を軸として回転してえられる回転面である.

例題 1. 一葉双曲面 (23) 上には，二組の直線群

$$\frac{y}{b}+\frac{z}{c}=\lambda\left(1+\frac{x}{a}\right), \qquad \frac{y}{b}-\frac{z}{c}=\frac{1}{\lambda}\left(1-\frac{x}{a}\right);$$

および

$$\frac{y}{b}+\frac{z}{c}=\mu\left(1-\frac{x}{a}\right), \qquad \frac{y}{b}-\frac{z}{c}=\frac{1}{\mu}\left(1+\frac{x}{a}\right)$$

が含まれている; λ, μ は任意な定数.

［**解**］ これらの直線を表わす二つの一次方程式を辺々掛け合わせれば，(23) がえられる．（以上）

例題 2． 双曲的放物面 (27) の上には，二組の直線群

$$\frac{x}{a}+\frac{y}{b}=2\lambda, \qquad \frac{x}{a}-\frac{y}{b}=\frac{z}{\lambda};$$

および

$$\frac{x}{a}+\frac{y}{b}=\mu z, \qquad \frac{x}{a}-\frac{y}{b}=\frac{2}{\mu}$$

が含まれている；λ, μ は任意な定数.

［**解**］ 例題 1 と同様.（以上）

例題 1, 2 で示したように，一葉双曲面と双曲的放物面は二組の直線群を含んでいるが，実はこれらの曲面上の各点を通ってこれら二組の直線群に属する直線が一つずつ存在する．このような曲面を**線織面**といい，この直線群に属する直線を線織面の**母線**という．

二次曲面が一点 C に関して点対称であるとき，C をこの二次曲面の**中心**という．中心がただ一つ存在するような二次曲面を**有心二次曲面**といい，中心が無限に多く存在するか，または中心が存在しない二次曲面を**無心二次曲面**という．楕円面，一葉双曲面，二葉双曲面，二次錐面は有心二次曲面であって，有心二次曲面はこれらに限る．

2.4. 二次曲面の分類

二次曲面について，つぎのようにおく：

$$(2.29) \qquad \Delta_0=\begin{vmatrix} a & h & g \\ h & b & f \\ g & f & c \end{vmatrix}, \qquad \Delta=\begin{vmatrix} a & h & g & l \\ h & b & f & m \\ g & f & c & n \\ l & m & n & d \end{vmatrix}.$$

二次曲面はつぎの表のように分類される．

Δ の階数	Δ_0 の階数	曲　面
4	3	楕円面，一葉双曲面，二葉双曲面
4	2	楕円的放物面，双曲的放物面
3	3	二次錐面
3	2	楕円的柱面，双曲的柱面
3	1	放物的柱面
2	2	交わる二平面
2	1	平行な二平面
1	1	一致した二平面

上の分類表では虚な図形を省略した．また，二つの平面 $ax+by+cz+d=0$，$a'x+b'y+c'z+d'=0$ について，二次方程式

$$(ax+by+cz+d)(a'x+b'y+c'z+d')=0$$

はこれらの二平面を表わすと考えて，このような二次曲面を**二平面**という．

3. 射影幾何学

3.1. 斉次座標

直線上の点 P の座標を x とする．点 P に対して

(3.1) $$x=X:Y$$

となる同時に 0 でない実数の組 $(X,\ Y)$ $(Y\neq 0)$ を考え，これを点 P の**斉次座標**という．これに対して，もとの座標 x を P の**非斉次座標**という．$X':Y'=X:Y$ ならば，斉次座標 $(X,\ Y)$ と $(X',\ Y')$ は同一の点を表わす．斉次座標 $(X,\ 0)$ をもつ点は直線上に存在しないが，$(X,\ 0)$ を斉次座標とする点を考え，これを**無限遠点**といい，P_∞ で表わす．直線と無限遠点 P_∞ の和集合を**射影直線**という．

直線上の四点 $P_1(x_1)$, $P_2(x_2)$, $P_3(x_2)$, $P_4(x_4)$ について

(3.2) $$(P_1P_2,\ P_3P_4)=\frac{x_3-x_1}{x_3-x_2}:\frac{x_4-x_1}{x_4-x_2}=\frac{P_1P_3}{P_2P_3}:\frac{P_1P_4}{P_2P_4}$$

をこれらの四点の**非調和比**または**複比**という．P_1, P_2, P_3, P_4 の斉次座標を $(X_1,\ Y_1)$, $(X_2,\ Y_2)$, $(X_3,\ Y_3)$, $(X_4,\ Y_4)$ とすれば，

(3.3) $$(P_1P_2,\ P_3P_4)=\frac{X_3Y_1-X_1Y_3}{X_3Y_2-X_2Y_3}:\frac{X_4Y_1-X_1Y_4}{X_4Y_2-X_2Y_4}.$$

つぎに，P_1, P_2, P_3, P_∞ の非調和比を

(3.4) $$(P_1P_2,\ P_3P_\infty)=\frac{x_3-x_1}{x_3-x_2}=\frac{X_3Y_1-X_1Y_3}{X_3Y_2-X_2Y_3}=\frac{P_1P_3}{P_1P_4}$$

で定義すれば，非調和比は射影直線上の任意な四点に対して定義されたことになる．つぎに，

(3.5) $$(P_1P_2,\ P_3P_4)=-1$$

のとき，P_1, P_2 は P_3, P_4 を**調和に分ける**といい，四点 P_1, P_2, P_3, P_4 を**調和列点**という．また，P_3, P_4 を P_1, P_2 に関する**調和共役点**という．

平面上で一点 O を通る四直線 a, b, c, d がある．O を通らない二直線 g と g' が a, b, c, d を切る点を A, B, C, D および A′, B′ C′, D′ とすれば(→図 3.1),

$$(AB,\ CD)=(A'B',\ C'D')$$

である．したがって，(AB, CD) を四直線 a, b, c, d の**非調和比**といって，$(ac,\ cd)$ で表わす．

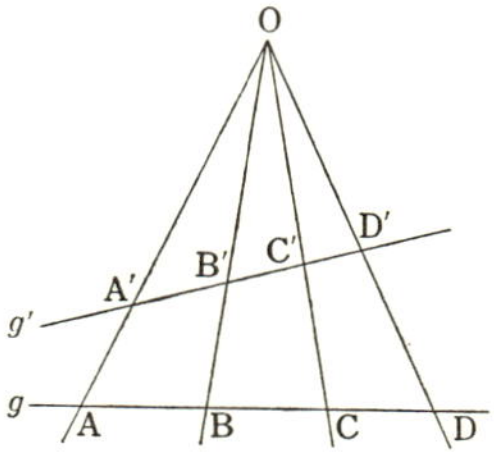

図 3.1

平面上の斜交座標系について，各点 $P(x,\ y)$ に

(3.6) $$x=X:Z,\qquad y=Y:Z$$

となるような同時に 0 でない実数の組 $(X,\ Y,\ Z)$ $(Z\neq 0)$ を考える．$\rho\neq 0$ として，$(\rho X,\ \rho Y,\ \rho Z)$ と $(X,\ Y,\ Z)$ は同一の点 P を表わす．この $(X,\ Y,\ Z)$ を点 P の**斉次座標**という．これに対し，$(x,\ y)$ を点 P の**非斉次座標**という．平面上には斉次座標 $(X,\ Y,\ 0)$ をもつ点は存在しないが，$(X,\ Y,\ 0)$ を斉次座標にもつ点を考え，これを**無限遠点**という．無限遠点全体の集合を**無限遠直線**という．平面と無限遠直線の和集合を**射影平面**という．

射影平面の斉次座標について，直線は一次方程式

$$aX+bY+cZ=0 \tag{3.7}$$

で表わされる(方程式 $Z=0$ は無限遠直線を表わす).

射影平面では，異なる二直線はつねに交わる．二直線

$$\alpha\equiv aX+bY+cZ=0, \qquad \beta=a'X+b'Y+c'Z=0 \tag{3.8}$$

の交点の斉次座標は $(bc'-b'c,\ ca'-c'a,\ ab'-a'b)$. 非斉次座標についての平行二直線の方程式 $ax+by+c=0$, $ax+by+c'=0$ を斉次座標でかき表わせば，$aX+bY+cZ=0$, $aX+bY+c'Z=0$. ゆえに，これらの平行二直線は無限遠点 $(b,\ -a,\ 0)$ で交わる.

斉次座標で，直線の方程式は

$$aX+bY+cZ=0 \tag{3.9}$$

であり，この直線は連比 $a:b:c$ で定まる．そこで，同時には0でない実数の組 $(a,\ b,\ c)$ を直線の座標とみなせる．これを**線座標**という．これに対して，点の座標を**点座標**という．直線 $(a,\ b,\ c)$ が点 $\mathrm{P}_1(X_1,\ Y_1,\ Z_1)$ を通るための条件は，

$$aX_1+bY_1+cZ_1=0. \tag{3.10}$$

(10) をみたす直線 $(a,\ b,\ c)$ 全体の集合を考えると，これは点 $\mathrm{P}_1(X_1,\ Y_1,\ Z_1)$ を通る直線全体の集合である．ゆえに，(10) を線座標での**点の方程式**という.

線座標 $(\lambda,\ \mu,\ \nu)$ の二次方程式を考える．この方程式をみたす $(\lambda,\ \mu,\ \nu)$ を線座標にもつ直線全体の包絡線を**二級曲線**という．点座標 $(X,\ Y,\ Z)$ の二次方程式をみたす $(X,\ Y,\ Z)$ を斉次座標にもつ点の軌跡を**二次曲線**という.

3.2. 双対の原理

射影平面で点と直線に関連して，“交わる”と“結ぶ”という結合関係だけにもとづいた定理があれば，このような定理においてつぎの表にしたがって術語をとりかえてえられる定理も正しい:

点	直線
直線	点
結ぶ	交わる
交わる	結ぶ

このことを**双対の原理**という．また，このような関係にある二つの定理を互いに他の**双対的定理**という．また，双対の原理にしたがえば，つぎの表に示した対応も成り立つ:

二直線の交点	二点を通る直線
二次曲線	二級曲線
二級曲線	二次曲線
二次曲線上の点	二級曲線の接線
二級曲線の接線	二次曲線上の点

3.3. デザルグ・パスカル・ブリアンションの定理

定理 3.1. 二つの三角形 ABC, A′B′C′ において，対応する辺 BC と B′C′; CA と C′A′; AB と A′B′ の交点 P, Q, R が一直線上にあれば，対応する頂点を結ぶ直線 AA′,

BB′, CC′ は一点で交わる．　　　　　　　　　　　　　　　　　　**（デザルグの定理）**

例題 1． デザルグの定理 3.1 に双対な定理をのべよ．

［**解**］ 二つの三辺形 abc, $a'b'c'$ において，対応する点 (bc')（辺 b と c' の交点を表わす）と $(b'c)$; (ca') と $(c'a)$; (ab') と $(a'b)$ を結ぶ直線 p, q, r が一点 S で交われば，対応する辺の交点 (aa') (bb') (cc') は一直線上にある．　　　　　　　　（以上）

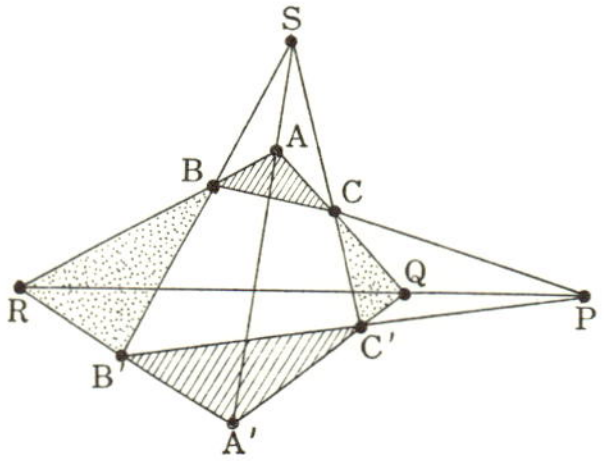

図 3.2

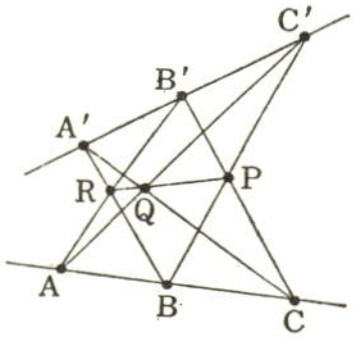

図 3.3

定理 3.2． 三点 A, B, C が一直線上にあり，三点 A′, B′, C′ も他の一直線上にあるとき，BC′ と B′C; AC′ と A′C; AB′ と A′B の交点は同一直線上にある．(→ 図 3.3)

（パスカルの定理）

例題 2． パスカルの定理 3.2 に双対な定理をのべよ．

［**解**］ 三直線 a, b, c が一点で交わり， 三直線 a', b', c' も他の一点で交わるとき，(bc') と $(b'c)$; (ac') と $(a'c)$; (ab') と $(a'b)$ を結ぶ直線は一点で交わる．　　（以上）

定理 3.3． 二次曲線に内接する六角形 ABCDEF の相対する辺 AB と DE; と BC と EF; CD と AF の交点は同一直線上にある．(→ 図 3.4)　　　　**（パスカルの定理）**

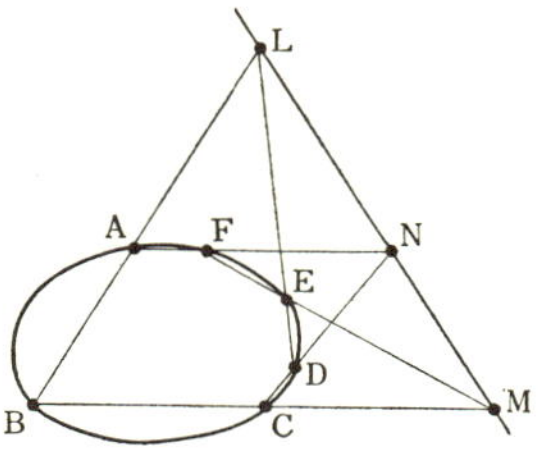

図 3.4

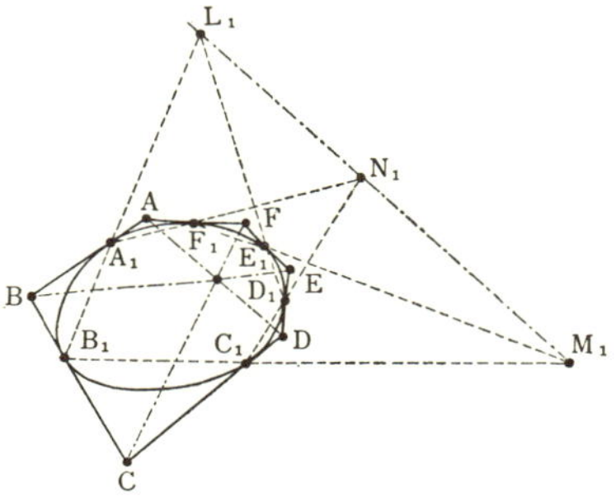

図 3.5

定理 3.4． 二級曲線に外接する六角形 ABCDEF の三つの対角線 AD, BE, CF は一点で交わる．(→ 図 3.5)　　　　　　　　　　　　**（ブリアンションの定理）**

定理 3.4 は定理 3.3 に双対な定理である．

B. 微分幾何学

1. 空間曲線

1.1. 接線ベクトル・弧長

空間曲線 C の媒介変数表示を

(1.1) $$x=x(t),\quad y=y(t),\quad z=z(t) \qquad (a\leqq t\leqq b)$$

とする．$(x(t),\ y(t),\ z(t))$ を成分にもつベクトル $\boldsymbol{X}(t)$ は曲線 C の各点の位置ベクトルを表わす．$\boldsymbol{X}(t)$ はつぎの条件をみたすとする:

(1.2) $$\frac{d\boldsymbol{X}}{dt}\neq\boldsymbol{0}.$$

ベクトル $d\boldsymbol{X}/dt$ は C の各点で C に接する．これを**接線ベクトル**という．なお，$x(t)$, $y(t)$, $z(t)$ は必要な回数まで微分可能な関数であるとする．

曲線 (1) の弧長はつぎの式で与えられる:

(1.3) $$L=\int_a^b\left\|\frac{d\boldsymbol{X}}{dt}\right\|dt$$

(→IV§6.1 定理 6.1)．C 上で媒介変数が a の点から t の点までの弧長 s は，t の関数であって

(1.4) $$s(t)=\int_a^t\left\|\frac{d\boldsymbol{X}}{dt}\right\|dt.$$

ここでベクトル $\boldsymbol{A}$ の長さを $\|\boldsymbol{A}\|$ で表わした．$s=s(t)$ の逆関数 $t=t(s)$ を (1) に代入した，C の媒介変数表示を $x=x(s)$, $y=y(s)$, $z=z(s)$ とする．このとき，

$$\left\|\frac{d\boldsymbol{X}}{ds}\right\|=1$$

であるから，$\boldsymbol{t}=d\boldsymbol{X}/ds$ を**接線単位ベクトル**という．

例題 1. 常螺線 $x=a\cos t$, $y=a\sin t$, $z=bt$ $(a,\ b>0)$ の $t=0$ から t までの弧長 s を求めよ．

［解］ $\|d\boldsymbol{X}/dt\|=\{[(a\cos t)']^2+[(a\sin t)']^2+[(bt)']^2\}^{1/2}=\sqrt{a^2+b^2}$.
ゆえに，(4) によって，$s(t)=\sqrt{a^2+b^2}\,t$. （以上）

2. 主法線ベクトル・曲率

(4) によって，$d^2\boldsymbol{X}/ds^2$ は $d\boldsymbol{X}/ds$ に垂直である．単位ベクトル

(1.5) $$\boldsymbol{n}=\frac{d^2\boldsymbol{X}}{ds^2}\Bigg/\left\|\frac{d^2\boldsymbol{X}}{ds^2}\right\|$$

を**主法線単位ベクトル**という．ここで，$d^2\boldsymbol{X}/ds^2\neq\boldsymbol{0}$ を仮定する．つぎに，

(1.6) $$\kappa=\left\|\frac{d^2\boldsymbol{X}}{ds^2}\right\|$$

を曲線 C の**曲率**という．(5) と (6) から

(1.7) $$\boldsymbol{n}=\frac{1}{\kappa}\,\frac{d^2\boldsymbol{X}}{ds^2}.$$

$d^2\boldsymbol{X}/ds^2=\boldsymbol{0}$ が C の各点で成り立てば，C は直線またはその一部である．

$\rho=1/\kappa$ を**曲率半径**という．

曲線の各点を通り，$\boldsymbol{t}$ と $\boldsymbol{n}$ を含む平面を**接触平面**という．

例題 1. §1.1 例題 1 の常螺線の曲率は一定であることを証明せよ．

〔**解**〕 常螺線は，弧長を媒介変数として，つぎの方程式で表わされる:

$$x=a\cos(s/\sqrt{a^2+b^2}),\quad y=a\sin(s/\sqrt{a^2+b^2});\quad z=bs/\sqrt{a^2+b^2}.$$

ゆえに，(7) によって，$\kappa=a/(a^2+b^2)$ であって，曲率は一定である．（以上）

曲線 C 上の点 $\boldsymbol{X}$ に対して

$$\boldsymbol{X}+\kappa\boldsymbol{n}$$

を位置ベクトルとする点を C の**曲率中心**という．

例題 2. 曲線 $x=x(t)$, $y=y(t)$, $z=z(t)$ の接触平面の方程式は

$$\begin{vmatrix} x-x(t) & y-y(t) & z-z(t) \\ \dfrac{dx(t)}{dt} & \dfrac{dy(t)}{dt} & \dfrac{dz(t)}{dt} \\ \dfrac{d^2x(t)}{dt^2} & \dfrac{d^2y(t)}{dt^2} & \dfrac{d^2z(t)}{dt^2} \end{vmatrix}=0.$$

〔**解**〕 $d\boldsymbol{X}/dt$ は $\boldsymbol{t}$ の一次結合で，$d^2\boldsymbol{X}/dt^2$ は $\boldsymbol{t}$ と $\boldsymbol{n}$ の一次結合であるから，接触平面は $d\boldsymbol{X}/dt$ と $d^2\boldsymbol{X}/dt^2$ を含む．ゆえに，接触平面の方程式は上の式となる．（以上）

1.3. 従法線ベクトル・振れ率

(1.8)
$$\boldsymbol{b}=\boldsymbol{t}\times\boldsymbol{n}$$

を**従法線単位ベクトル**という．つぎに，

(1.9)
$$\frac{d\boldsymbol{b}}{ds}=-\tau\boldsymbol{n}$$

であって，τ を曲線の**振れ率**という．τ はつぎの式で与えられる:

(1.10)
$$\tau=\frac{1}{\kappa^2}\left|\frac{d\boldsymbol{X}}{ds}\ \frac{d^2\boldsymbol{X}}{ds^2}\ \frac{d^3\boldsymbol{X}}{ds^3}\right|.$$

ここで，三つのベクトル $\boldsymbol{A}(A_1,\ A_2,\ A_3)$，$\boldsymbol{B}(B_1,\ B_2,\ B_3)$，$\boldsymbol{C}(C_1,\ C_2,\ C_3)$ について，$|\boldsymbol{ABC}|$ をつぎの式で定義する:

$$|\boldsymbol{ABC}|=\begin{vmatrix} A_1 & A_2 & A_3 \\ B_1 & B_2 & B_3 \\ C_1 & C_2 & C_3 \end{vmatrix}.$$

$1/\tau$ を**振れ率半径**という．つぎの定理が成り立つ:

定理 1.1. 振れ率 τ が 0 であるための条件は，曲線が平面曲線であることである．

一般な媒介変数について

(1.11)
$$\kappa=\frac{\|(d\boldsymbol{X}/dt)\times d^2\boldsymbol{X}/dt^2\|}{\|d\boldsymbol{X}/dt\|^6},\qquad \tau=\frac{|d\boldsymbol{X}/dt\ \ d^2\boldsymbol{X}/dt^2\ \ d^3\boldsymbol{X}/dt^3|}{\|(d\boldsymbol{X}/dt)\times(d^2\boldsymbol{X}/dt^2)\|}.$$

例題 1. 常螺線の振れ率は一定であることを証明せよ．

〔**解**〕 §1.2 例題 1 の解に示したように，常螺線の方程式は，s を弧長として，

$$x=a\cos(s/\sqrt{a^2+b^2}),\quad y=a\sin(s/\sqrt{a^2+b^2}),\quad z=bs/\sqrt{a^2+b^2}.$$

(10) によって，$\tau=b/(a^2+b^2)$ となって，振れ率は一定である． (以上)

1.4. フルネーの公式

$\boldsymbol{t}$，$\boldsymbol{n}$，$\boldsymbol{b}$ の微分係数はつぎの関係をみたす:

$$\text{(1.12)}\qquad \begin{aligned} \frac{d\boldsymbol{t}}{ds}&= \qquad\kappa\boldsymbol{n},\\ \frac{d\boldsymbol{n}}{ds}&=-\kappa\boldsymbol{t}\qquad+\tau\boldsymbol{b},\\ \frac{d\boldsymbol{b}}{ds}&= \qquad-\tau\boldsymbol{n}. \end{aligned}$$

これを**フルネーの公式**または**フルネー・セレーの公式**という．

空間曲線の接線がつねに定方向と一定な角をなすとき，これを**定傾曲線**という．

例題 1. 曲線が定傾曲線であるための条件は τ/κ が一定なことである．

［**解**］ 定傾曲線に対して $\boldsymbol{e}\cdot\boldsymbol{t}=\text{const.}$ ($\boldsymbol{e}$ は一定な単位ベクトルで，・は内積を表わす)．これを微分してフルネーの公式 (12) を利用すれば，$\kappa(\boldsymbol{e}\cdot\boldsymbol{n})=0$．ゆえに，$\boldsymbol{e}\cdot\boldsymbol{n}=0$．これを微分してフルネーの公式を利用すれば，$\boldsymbol{e}\cdot(-\kappa\boldsymbol{t}+\tau\boldsymbol{b})=0$．ゆえに，$\tau/\kappa=(\boldsymbol{e}\cdot\boldsymbol{t})/(\boldsymbol{e}\cdot\boldsymbol{b})$．ところが，$(\boldsymbol{e}\cdot\boldsymbol{b})'=-\tau(\boldsymbol{e}\cdot\boldsymbol{n})=0$ であるから，$\tau/\kappa=\text{const.}$ 逆も成り立つ． (以上)

フルネーの公式 (12) を利用して，つぎの定理を証明することができる:

定理 1.2. 弧長 s の十分小さい区間 $(-\varepsilon,\ \varepsilon)$ で与えられた関数 $\kappa(s)$，$\tau(s)$ をそれぞれ曲率，振れ率とする曲線は存在し，このような曲線は運動を除いて一意に定まる．

例題 2. 曲率と振れ率が一定である曲線は常螺線に限る．

［**解**］ 常螺線の曲率と振れ率は一定である．この事実と定理 1.2 とから，明らかに成り立つ． (以上)

定理 1.2 によれば，曲率 κ と振れ率 τ が与えられれば，曲線は運動を除いて定まる．すなわち，κ と τ によって完全に曲線の幾何学的性質は決定される．したがって，関数 $\kappa(s)$ と $\tau(s)$ が与えられたとき，方程式

$$\text{(1.13)}\qquad \kappa=\kappa(s),\qquad \tau=\tau(s)$$

によって，曲線が決定されると考えて，これを曲線の**自然方程式**という．

曲線の各点 P で三つの互いに垂直な単位ベクトル $\boldsymbol{t}$，$\boldsymbol{n}$，$\boldsymbol{b}$ の組がつくられた．これを**フルネーの標構**という．フルネーの公式 (12) はフルネーの標構の変化率を与えるものである．

曲線についてつぎの展開式が成り立つ: s を弧長とすれば，

$$\text{(1.14)}\qquad \begin{aligned} \boldsymbol{X}(s)=\boldsymbol{X}(0)&+\left[s\qquad-\frac{1}{6}\kappa_0{}^2s^3-\frac{1}{8}\kappa_0\kappa_0{}'s^4+\cdots\right]\boldsymbol{t}_0\\ &+\left[\frac{1}{2}\kappa_0s^2+\frac{1}{6}\kappa_0{}'s^3+\frac{1}{24}(\kappa_0{}''-\kappa_0{}^3-\kappa_0\tau_0{}^2)s^4+\cdots\right]\boldsymbol{n}_0\\ &+\left[\qquad+\frac{1}{6}\kappa_0\tau_0s^3+\frac{1}{24}(2\kappa_0{}'\tau_0+\kappa_0\tau_0{}')s^4+\cdots\right]\boldsymbol{b}_0. \end{aligned}$$

ここで，t_0, n_0, b_0, κ_0, $\kappa_0{}'$ $\kappa_0{}''$, τ_0, $\tau_0{}'$, は $s=0$ におけるそれぞれ対応するものの値である．

さて，点 $\boldsymbol{X}(0)$ を原点に，$\boldsymbol{t}_0$, $\boldsymbol{n}_0$, $\boldsymbol{b}_0$ の向きにそれぞれ x, y, z 軸をとれば，曲線の方程式はつぎのようになる：

$$
\begin{aligned}
x&=s &&-\frac{1}{6}\kappa_0{}^2s^3+\cdots,\\
y&=\quad+\frac{1}{2}\kappa_0s^2 &&+\frac{1}{6}\kappa_0{}'s^3+\cdots,\\
z&= &&+\frac{1}{6}\kappa_0\tau_0s^3+\cdots.
\end{aligned}
\tag{1.15}
$$

これを**ブーケの公式**という．(15) によれば，曲線を xy, yz, zx 平面へ正射影した図形の概形はそれぞれ図 1.1 のようになる．

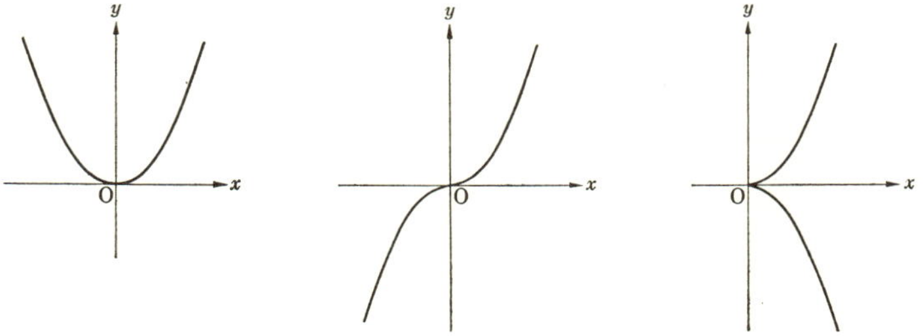

図 1.1

例題 3． (14) を証明せよ．

［**解**］ フルネーの公式 (12) によって

$$
\begin{aligned}
\frac{d\boldsymbol{X}}{ds}&=\boldsymbol{t},\\
\frac{d^2\boldsymbol{X}}{ds^2}&=\kappa\boldsymbol{n},\\
\frac{d^3\boldsymbol{X}}{ds^3}&=\kappa'\boldsymbol{n}+\kappa(-\kappa\boldsymbol{t}+\tau\boldsymbol{b}),\\
\frac{d^4\boldsymbol{X}}{ds^4}&=\kappa''\boldsymbol{n}+2\kappa'(-\kappa\boldsymbol{t}+\tau\boldsymbol{b})+\kappa(-\kappa'\boldsymbol{t}-\kappa^2\boldsymbol{n}+\tau'\boldsymbol{b}-\tau'\boldsymbol{n}),\\
&\cdots\cdots\cdots\cdots\cdots.
\end{aligned}
$$

これらの $s=0$ における値を用いて，$\boldsymbol{X}(s)$ を展開すればよい． (以上)

2. 曲面

2.1. 曲面の媒介変数表示

空間で曲面 S を表わすには，媒介変数 (u, v) の一つの領域 D で定義された関数

$x(u, v)$, $y(u, v)$, $z(u, v)$ を用いて，媒介変数表示

(2.1)　　$x=x(u, v), \quad y=y(u, v), \quad z=z(v, v)$

を用いる．ただし，一般にこの方法では曲面の十分小さい部分しか表わすことができない．$x(u, v)$, $y(u, v)$, $z(u, v)$ は必要な回数まで微分可能な関数であるとする．今後は $(x(u, v), y(u, v), z(u, v))$ を成分にもつベクトルを $\boldsymbol{X}(u, v)$ で表わす．これは曲面の各点 $\mathrm{P}(u, v)$ の位置ベクトルを表わす．今後は

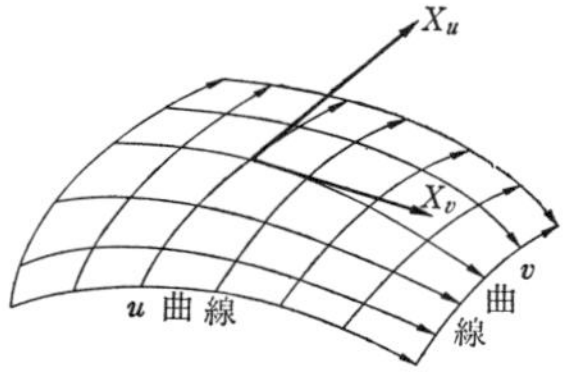

図 2.1

(2.2)　　$\dfrac{\partial \boldsymbol{X}}{\partial u}\times\dfrac{\partial \boldsymbol{X}}{\partial v}\neq \boldsymbol{0}$

を仮定する．また，$\boldsymbol{X}_u=\partial\boldsymbol{X}/\partial u$, $\boldsymbol{X}_v=\partial\boldsymbol{X}/\partial v$, $\boldsymbol{X}_{uu}=\partial^2\boldsymbol{X}/\partial u^2$, $\boldsymbol{X}_{uv}=\boldsymbol{X}_{vu}=\partial^2\boldsymbol{X}/\partial u\partial v=\partial^2\boldsymbol{X}/\partial v\partial u$, $\boldsymbol{X}_{vv}=\partial^2\boldsymbol{X}/\partial v^2$ とおく．

曲面 S 上で，v を固定し u を変化させると，曲面上の曲線がえられる．これを **u-曲線**という．同じように，**v-曲線**を定義する．曲面の各点を通って一つの u-曲線と一つの v-曲線がある．ベクトル $\boldsymbol{X}_u$, $\boldsymbol{X}_v$ はそれぞれ u-曲線と v-曲線に接し，これらは一次独立である（→(2.2)）．また，$\boldsymbol{X}_u$ と $\boldsymbol{X}_v$ は曲面 S の各点での**接平面**を張る．

曲面 S 上の曲線 C は，S の媒介変数 (u, v) と曲線の媒介変数 t について，つぎの方程式で表わされる:

(2.3)　　$u=u(t), \quad v=v(t).$

ただし，du/dt と dv/dt は同時には0にならないものとする．(3) を (1) に代入して $\boldsymbol{X}=\boldsymbol{X}(u(t), v(t))$ がえられる．ゆえに，曲線 C の接ベクトルはつぎの式で与えられる:

(2.4)　　$$\frac{d\boldsymbol{X}}{dt}=\boldsymbol{X}_u\frac{du}{dt}+\boldsymbol{X}_v\frac{dv}{dt}.$$

曲面 S の各点で接平面に垂直な単位ベクトル $\boldsymbol{N}$ を**法単位ベクトル**という．すなわち，

(2.5)　　$$\boldsymbol{N}=\frac{\boldsymbol{X}_u\times\boldsymbol{X}_v}{\|\boldsymbol{X}_u\times\boldsymbol{X}_v\|}.$$

(2.6)　　$E=\boldsymbol{X}_u\cdot\boldsymbol{X}_u, \quad F=\boldsymbol{X}_u\cdot\boldsymbol{X}_v, \quad G=\boldsymbol{X}_v\cdot\boldsymbol{X}_v$

とおき（仮定 (2) に注意されたい），これを曲面 S の**第一基本量**という．また，

(2.7)　　$g=EG-F^2>0$

とおく．曲面 S の曲線 C の弧長は，(1.4) と (4) によって，つぎの式で与えられる:

(2.8)　　$$s=\int_a^t\sqrt{E\left(\frac{du}{dt}\right)^2+2F\frac{du}{dt}\frac{dv}{dt}+G\left(\frac{dv}{dt}\right)^2}\,dt.$$

弧長 $s=s(t)$ の微分の二乗

(2.9)　　$ds^2=Edu^2+2Fdudv+Gdv^2$

を曲面 S の**線素**または**第一基本形式**という．

曲面 S に接するベクトル $\boldsymbol{A}$ は $\boldsymbol{A}=a\boldsymbol{X}_u+b\boldsymbol{X}_v$ とかき表わせる．(a, b) を $\boldsymbol{A}$ の媒介変数 (u, v) に関する**成分**という．曲面 S 上の同一点で S に接するベクトル $\boldsymbol{A}$, $\boldsymbol{B}$ の

成分をそれぞれ $(a,\ b)$, $(a',\ b')$ とすれば,

(2.10) $$\|\boldsymbol{A}\|=(Ea^2+2Fab+Gb^2)^{1/2};$$

$\boldsymbol{A}$ と $\boldsymbol{B}$ の交角を θ とすれば,

(2.11) $$\cos\theta=\frac{Eaa'+F(ab'+a'b)+Gbb'}{\sqrt{Ea^2+2Fab+Gb^2}\sqrt{Ea'^2+2Fa'b'+Gb'^2}}.$$

$\boldsymbol{A}$ と $\boldsymbol{B}$ が直交するための条件は,

(2.12) $$Eaa'+F(ab'+a'b)+Gbb'=0.$$

u-曲線と v-曲線が直交するための条件は, $F=0$.

例題 1. 曲面 $z=f(x,\ y)$ について, $p=\partial f/\partial x$, $q=\partial f/\partial y$ とおけば, その法単位ベクトルの成分は

(2.13) $$\frac{-p}{\sqrt{1+p^2+q^2}},\quad \frac{-q}{\sqrt{1+p^2+q^2}},\quad \frac{1}{\sqrt{1+p^2+q^2}}.$$

［**解**］ (5) から明らかである. （以上）

例題 2. 曲面 $z=f(x,\ y)$ の線素は

$$ds^2=(1+p^2)dx^2+2pqdxdy+(1+q^2)dy^2.$$

すなわち, $E=1+p^2,\qquad F=pq,\qquad G=1+q^2.$

［**解**］ $dz=pdx+qdy$. ゆえに,

$$ds^2=dx^2+dy^2+dz^2=dx^2+dy^2+(pdx+qdy)^2$$
$$=(1+p^2)dx^2+2pqdxdy+(1+q^2)dy^2.$$ （以上）

例題 3. 球面

$$x=a\cos u\cos v,\quad y=a\cos u\sin v,\quad z=a\sin u$$

の線素は

$$ds^2=du^2+\cos^2 u dv^2;\quad \text{すなわち}\quad E=1,\ F=0,\ G=\cos^2 u.$$

［**解**］
$$ds^2=dx^2+dy^2+dz^2$$
$$=a^2[(d(\cos u\cos v))^2+(d(\cos u\sin v))^2+(d(\sin u))^2]$$
$$=du^2+\cos^2 u\,dv^2.$$ （以上）

2.2. 第二基本量

曲面 S 上の点 $\mathrm{P}(u,\ v)$ の接平面へその近くの点 $\mathrm{P}(u+\varDelta u,\ v+\varDelta v)$ から下した垂線の長さを p とすれば, つぎの近似式が成り立つ:

(2.14) $$2p\doteqdot L\varDelta u^2+2M\varDelta u\varDelta v+N\varDelta v^2.$$

ここで

(2.15)
$$L=\boldsymbol{N}\cdot\boldsymbol{X}_{uu}=-\boldsymbol{X}_u\cdot\boldsymbol{N}_u=\frac{1}{\sqrt{g}}|\boldsymbol{X}_{uu}\boldsymbol{X}_u\boldsymbol{X}_v|,$$
$$M=\boldsymbol{N}\cdot\boldsymbol{X}_{uv}=-\boldsymbol{X}_u\cdot\boldsymbol{N}_v=-\boldsymbol{X}_v\cdot\boldsymbol{N}_u=\frac{1}{\sqrt{g}}|\boldsymbol{X}_{uv}\boldsymbol{X}_u\boldsymbol{X}_v|,$$
$$N=\boldsymbol{N}\cdot\boldsymbol{X}_{vv}=-\boldsymbol{X}_v\cdot\boldsymbol{N}_v=\frac{1}{\sqrt{g}}|\boldsymbol{X}_{vv}\boldsymbol{X}_u\boldsymbol{X}_v|$$

であって, $L,\ M,\ N$ を曲面 S の**第二基本量**という. また, 次の式を曲面 S の**第二基本**

形式という:

(2.16) $$Ldu^2+2Mdudv+Ndv^2.$$

$(\xi,\ \eta)$ 平面上の二次曲線

(2.17) $$L\xi^2+2M\xi\eta+N\eta^2=\varepsilon$$

($\varepsilon \neq 0$ は実数)を曲面 S の**デュパンの標形**という. これは, 曲面 S の各点の接平面に平行で, 接平面に近い平面で曲面を切った切口と近似的に相似な曲線である. 曲面 S の点 P でデュパンの標形が, i. 楕円であるとき, P を**楕円点**; ii. 双曲線であるとき, P を**双曲点**, iii. どちらでもないとき, P を**放物点**という. 楕円点, 双曲点, 放物点の近くで曲面はそれぞれ図 2.2 のような形状をしている.

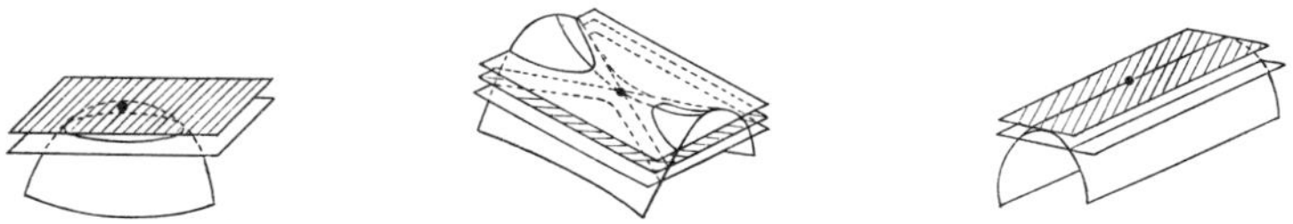

楕円点　双曲点　放物点

図 2.2

曲面 S の一点 P で, S に接する二つのベクトル $\boldsymbol{A}(a,\ b)$, $\boldsymbol{B}(a',\ b')$ が

(2.18) $$Laa'+M(ab'+a'b)+Nbb'=0$$

をみたすとき, $\boldsymbol{A}$ と $\boldsymbol{B}$ の向きは互いに**共役**であるという. $\mathrm{P}(u,\ v)$ と $\mathrm{Q}(u+\varepsilon a,\ v+\varepsilon b)$ ($\varepsilon \neq 0$ は十分小さい実数)における, S の接平面の交線は近似的に $\boldsymbol{B}$ の向きをもっている. u-曲線と v-曲線が互いに共役であるための条件は, $M=0$.

例題 1. 曲面 $z=f(x,\ y)$ について, $p=\partial f/\partial x$, $q=\partial f/\partial y$, $r=\partial^2 f/\partial x^2$, $s=\partial^2 f/\partial x\partial y$, $t=\partial^2 f/\partial y^2$ とおけば, 第二基本量は

$$L=\frac{r}{\sqrt{1+p^2+q^2}},\qquad M=\frac{s}{\sqrt{1+p^2+q^2}},\qquad N=\frac{t}{\sqrt{1+p^2+q^2}}.$$

[**解**] (15) から明らかである. (以上)

例題 2. 回転面 $x=u\cos v$, $y=u\sin v$, $z=\varphi(u)$ に対して

$$L=\frac{\varphi''}{\sqrt{1+\varphi'^2}},\qquad M=0,\qquad N=\frac{u\varphi'}{\sqrt{1+\varphi'^2}}.$$

[**解**] (15) より明らかである. (以上)

曲面 S 上の曲線 $u=u(t)$, $v=v(t)$ の接線方向がつねに自分自身と共役であるとき, すなわち

(2.19) $$L\left(\frac{du}{dt}\right)^2+2M\frac{du}{dt}\,\frac{dv}{dt}+N\left(\frac{dv}{dt}\right)^2=0$$

であるとき, この曲線を**主接線曲線**または**漸近曲線**という. 曲面に接する方向が自分自身と共役であるとき, この方向を**主接線方向**または**漸近方向**という. つぎの定理が成り立つ:

定理 2.1. 曲面 S 上の曲線 C の各点でその接触平面がその点での S の接平面と一致

するならば，C は主接線曲線である．

2.3. 曲面の曲率

曲面 S 上の点 P において，S の法線単位ベクトル $\boldsymbol{N}$ を含む平面で S を切った切口の曲線 C^* を**法切口**という．C^* の曲率を $1/R$ とすれば，

$$\frac{1}{R}=\frac{L+2Mm+Nm^2}{E+2Fm+Gm^2}. \tag{2.20}$$

ここで，C^* の方程式を $u=u(t)$, $v=v(t)$ として，$m=du/dv$．ただし，C^* が $\boldsymbol{N}$ の方向に凹[凸]であれば，$R>0$[$R<0$] とする．この $1/R$ を点 P で方向 m に対応する**法曲率**という．

方向 m に接する任意な曲線 C を曲面 S 上に考えれば，C の曲率を κ として

$$\kappa\cos\omega=\frac{1}{R}. \tag{2.21}$$

ここで，ω は C の主法線と S の法線 $\boldsymbol{N}$ とのつくる角である．(21) からつぎの定理がえられる:

定理 2.2. 曲面 S 上の点 P に通る曲線 C の曲率中心は P において C の接線を含む S の法切口 C^* の曲率中心の C の接平面への正射影である．（**ミュニエーの定理**）

法曲率 $1/R$ が最大または最小をとる方向を**曲率方向**または**主方向**という．主方向は二つあって，互いに直交する．$1/R$ の最大値と最小値を**主曲率**という．主方向の傾き m はつぎの方程式の解である:

$$\begin{vmatrix} E+Fm & F+Gm \\ L+Mm & M+Nm \end{vmatrix}=0. \tag{2.22}$$

主曲率は $1/R$ の二次方程式

$$\begin{vmatrix} E(1/R)-L & F(1/R)-M \\ F(1/R)-M & G(1/R)-N \end{vmatrix}=0 \tag{2.23}$$

の二根 $1/R_1$ と $1/R_2$ である．二次方程式 (23) に根と係数の関係を適用して

$$K\equiv\frac{1}{R_1R_2}=\frac{LN-M^2}{EG-F^2}, \tag{2.24}$$

$$2H=\frac{1}{R_1}+\frac{1}{R_2}=\frac{EN-2FM+GL}{EG-F^2}. \tag{2.25}$$

K と H をそれぞれ曲面 S の**ガウス曲率**(**全曲率**)と**平均曲率**という．

曲面上の一点で，一つの主方向と角 φ をなす方向に対する法曲率は

$$\frac{1}{R}=\frac{1}{R_1}\cos^2\varphi+\frac{1}{R_2}\sin^2\varphi. \tag{2.26}$$

これを**オイラーの公式**という．

曲面 S 上の曲線 $u=u(t)$, $v=v(t)$ の接線がつねに曲率方向を向いているとき，この曲線を**曲率線**という．曲率線の微分方程式は，(22) によって，

$$\begin{vmatrix} E+Fdu/dv & F+Gdu/dv \\ L+Mdu/dv & M+Ndu/dv \end{vmatrix}=0. \tag{2.27}$$

第二基本量について，(i) $L=M=N=0$ である点を**平坦点**，(ii) $L:M:N=E:F:G$ である点を**臍点**という．すべての点が平坦点である曲面を**全測地的曲面**，すべて点が臍点である曲面を**全臍曲面**という．

定理 2.3.　全測地的曲面は平面またはその一部である．逆も成り立つ．(→§2.4 例題 1)

定理 2.4.　全臍曲面は球面またはその一部である．逆も成り立つ．(→§2.4 例題 2)

例題 1.　曲面の u-曲線と v-曲線が曲率線であるための条件は，臍点でないところでは $F=0$, $M=0$ である．

［**解**］ (27) に $du/dv=0$ と $dv/du=0$ を代入すれば，それぞれ

$$LF-ME=0, \qquad MG-NF=0$$

がえられる．$F\neq 0$ ならば，

$$L:M:N=E:F:G.$$

$F=0$ ならば，

$$M=0.$$

すなわち，臍点でないところでは，求める条件は $F=0$, $M=0$ である．なお，臍点ではすべての曲線は曲率方向に向いている．

平均曲率 H が 0 である曲面を**極小曲面**という．空間に一つの閉曲線 C を考える．C を境界にもつ曲面全体のうちでその面積が定留値をとる曲面は極小曲面であることが知られている．

例題 2.　曲面 $z=f(x,\ y)$ が曲小極面であるための条件は，

$$\left(1+\left(\frac{\partial f}{\partial x}\right)^2\right)\frac{\partial^2 f}{\partial x^2}-2\frac{\partial f}{\partial x}\,\frac{\partial f}{\partial y}\,\frac{\partial^2 f}{\partial x\partial y}+\left(1+\left(\frac{\partial f}{\partial y}\right)^2\right)\frac{\partial^2 f}{\partial y^2}=0.$$

また，これはつぎの式と同値である:

$$\frac{\partial}{\partial x}\left(\frac{p}{\sqrt{1+p^2+q^2}}\right)+\frac{\partial}{\partial y}\left(\frac{q}{\sqrt{1+p^2+q^2}}\right)=0, \qquad p=\frac{\partial f}{\partial x},\ q=\frac{\partial f}{\partial y}.$$

［**解**］ 条件 $H=0$ はつぎのようにかき表わせる:

$$GL-2FM+EN=0.$$

上式に $E=1+p^2$, $F=2pq$, $G=1+q^2$; $L=\partial^2 f/\partial x^2$, $M=\partial^2 f/\partial x\partial y$, $N=\partial^2 f/\partial y^2$ を代入すれば，求める条件がえられる．　(以上)

極小曲面の媒介変数表示には，つぎのようなものがある:

$$x=\frac{1}{2}\int(1-u^2)P(u)du+\frac{1}{2}\int(1-v^2)Q(v)dv,$$

$$y=\frac{i}{z}\int(1+u^2)P(u)du-\frac{i}{2}\int(1+v^2)Q(v)dv,$$

$$z=\int uP(u)du+\int vQ(v)dv.$$

ここで，$P(u)$ と $Q(v)$ は任意な解析関数である．または

$$x=\mathrm{Re}[(1-u^2)f''(u)+2uf'(u)-2f(u)],$$
$$y=\mathrm{Re}[i(1+u^2)f''(u)-2if'(u)+2if(u)],$$

$$z = \mathrm{Re}[2uf''(u) - 2f''(u)].$$

ここで，$f(u)$ は任意な解析関数である．Re は実数部分を意味する．この方程式を**ワイエルシュトラスの方程式**という．→応用編 II §3.5

曲面 S 上の点 P における法単位ベクトル $\boldsymbol{N}$ を座標の原点まで平行移動したとき，$\boldsymbol{N}$ の先端の点を P′ とすれば，P′ は単位球面上にある．対応 P↦P′ によって，曲面 S を単位球上へ写す写像がつくられる．この写像を曲面 S の**ガウス写像**という．曲面 S の面分 D のガウス写像による像を D' とすれば，D' の面積は

(2.28)
$$\int_D K\sqrt{g}\,dudv.$$

また，D の面積は

(2.29)
$$\int_D \sqrt{g}\,dudv.$$

(28) と (29) において，面分 D を一点 P に収縮させれば($D \to \mathrm{P}$ とすれば)，点 P におけるガウスの曲率 K は

(2.30)
$$K = \lim_{D\to\mathrm{P}} \frac{D' \text{ の面積}}{D \text{ の面積}}.$$

2.4. 曲面の誘導方程式・構造方程式

曲面 (1) について，つぎの方程式が成り立つ:

(2.31)
$$\boldsymbol{X}_{uu} = \begin{Bmatrix}1\\11\end{Bmatrix}\boldsymbol{X}_u + \begin{Bmatrix}2\\11\end{Bmatrix}\boldsymbol{X}_v + L\boldsymbol{N},$$
$$\boldsymbol{X}_{uv} = \begin{Bmatrix}1\\12\end{Bmatrix}\boldsymbol{X}_u + \begin{Bmatrix}2\\12\end{Bmatrix}\boldsymbol{X}_v + M\boldsymbol{N},$$
$$\boldsymbol{X}_{vv} = \begin{Bmatrix}1\\22\end{Bmatrix}\boldsymbol{X}_u + \begin{Bmatrix}2\\22\end{Bmatrix}\boldsymbol{X}_v + N\boldsymbol{N}.$$

ここで

(2.32)
$$\begin{Bmatrix}1\\11\end{Bmatrix} = \frac{1}{2g}(GE_u - 2FE_u + FE_v), \qquad \begin{Bmatrix}2\\11\end{Bmatrix} = \frac{1}{2g}(-FE_u + 2EF_u - EF_v),$$
$$\begin{Bmatrix}1\\12\end{Bmatrix} = \frac{1}{2g}(GE_v - FG_u), \qquad \begin{Bmatrix}2\\12\end{Bmatrix} = \frac{1}{2g}(EG_u - FE_v),$$
$$\begin{Bmatrix}1\\22\end{Bmatrix} = \frac{1}{2g}(-FG_v + 2GF_v - GG_u), \qquad \begin{Bmatrix}2\\22\end{Bmatrix} = \frac{1}{2g}(EG_v - 2FE_v + FG_u)$$

であって，これらを**クリストッフェルの記号**という．さて，$u=u^1$, $v=u^2$, $E=g_{11}$，$F=g_{12}=g_{21}$，$G=g_{22}$，$g^{11}=g_{22}/g$，$g^{12}=g^{21}=-g_{12}/g$，$g^{22}=g_{11}/g$ とおけば，

(2.33)
$$\begin{Bmatrix}\alpha\\\beta\gamma\end{Bmatrix} = \sum_{\delta=1}^{2} g^{\alpha\delta}\left(\frac{\partial g_{\beta\delta}}{\partial u^\gamma} + \frac{\partial g_{\gamma\delta}}{\partial u^\beta} - \frac{\partial g_{\beta\gamma}}{\partial u^\delta}\right);$$

α, β, $\gamma=1, 2$. 方程式 (31) を**ガウスの誘導方程式**という．

また，つぎの方程式も成り立つ:

$$N_u=\frac{1}{g}(FM-GL)X_u+\frac{1}{g}(FL-EM)X_v,$$

(2.34)

$$N_v=\frac{1}{g}(EN-GM)X_u+\frac{1}{g}(FM-EN)X_v.$$

これを**ワインガルテンの誘導方程式**という.

特に，u–曲線と v–曲線が曲率線のとき，(34) はつぎのようになる:

(2.35) $$N_u=-\frac{1}{R_1}X_u,\qquad N_v=-\frac{1}{R_2}X_v.$$

これを**ロードリグの公式**という.

例題 1. 定理 2.3 を証明せよ.

［**解**］ $L=M=N=0$ ならば，(35) はつぎのようになる:

$$N_u=0,\qquad N_v=0.$$

すなわち，N は一定なベクトルである．したがって，$N\cdot X_u=0$，$N\cdot X_v=0$ を積分して，$N\cdot X=$const. がえられる．これは平面の方程式である． (以上)

例題 2. 定理 2.4 を証明せよ.

［**解**］ 全臍曲面では $R_1=R_2$ であるから，これを R で表わす．$N_{uv}=N_{vu}$ であるから，(35) を利用して，$R_vX_u/R^2=R_uX_v/R^2$. ゆえに，$R_u=R_v=0$. すなわち，R は定数である．それゆえに，(35) を積分して，$X=-RN+a$（a は定ベクトル)．すなわち，考えている曲面は球面である． (以上)

$H_{11}=L$, $H_{12}=H_{21}=M$, $H_{23}=N$ とおけば，誘導方程式 (33) と (34) はそれぞれつぎのようになる:

(2.36) $$\frac{\partial X_\alpha}{\partial u^\beta}=\sum_\gamma\begin{Bmatrix}\gamma\\ \alpha\beta\end{Bmatrix}X_\gamma+H_{\alpha\beta}N,$$

(2.37) $$\frac{\partial N}{\partial u^\alpha}=-\sum_{\beta,\gamma}g^{\beta\gamma}H_{\beta\alpha}X_\gamma.$$

ここで $X_\alpha=\partial X/\partial u^\alpha$, $N_\alpha=\partial N/\partial u^\alpha$.

$\partial^2X/\partial u^\beta\partial u^\gamma=\partial^2X/\partial u^\gamma\partial u^\beta$ に (36) を代入すれば，つぎの式がえられる:

(2.38) $$\frac{\partial}{\partial u^\gamma}H_{\alpha\beta}-\frac{\partial}{\partial u^\beta}H_{\alpha\gamma}+\sum_\delta\begin{Bmatrix}\delta\\ \alpha\beta\end{Bmatrix}H_{\gamma\delta}-\sum_\delta\begin{Bmatrix}\delta\\ \alpha\gamma\end{Bmatrix}H_{\beta\delta}=0.$$

$\partial^2N/\partial u^\beta\partial u^\gamma=\partial^2N/\partial u^\gamma\partial u^\beta$ に (37) を代入すれば，つぎの式がえられる:

(2.39) $$R_{\alpha\beta\gamma\delta}=H_{\beta\gamma}H_{\alpha\delta}-H_{\beta\delta}H_{\alpha\gamma}.$$

ここで，

$$R_{\alpha\beta\gamma\delta}=\sum_\varepsilon g_{\alpha\varepsilon}R^\varepsilon_{\beta\gamma\delta},$$

(2.40) $$R^\alpha_{\beta\gamma\delta}=\frac{\partial}{\partial u^\delta}\begin{Bmatrix}\alpha\\ \beta\gamma\end{Bmatrix}-\frac{\partial}{\partial u^\gamma}\begin{Bmatrix}\alpha\\ \beta\delta\end{Bmatrix}+\sum_\varepsilon\begin{Bmatrix}\varepsilon\\ \beta\gamma\end{Bmatrix}\begin{Bmatrix}\alpha\\ \varepsilon\delta\end{Bmatrix}-\sum_\varepsilon\begin{Bmatrix}\varepsilon\\ \beta\delta\end{Bmatrix}\begin{Bmatrix}\alpha\\ \varepsilon\gamma\end{Bmatrix}.$$

この $R^\alpha_{\beta\gamma\delta}$ を曲面の**曲率テンソル**という．方程式 (38) と (39) をそれぞれ**コダッチの構造方程式**，**ガウスの構造方程式**という.

(39) で $\alpha=\gamma=1$, $\beta=\delta=2$ とすれば，つぎの式がえられる:

$$R_{1212}=(H_{21})^2-H_{22}H_{11}=M^2-LN$$

すなわち

(2.41) $$K=-\frac{1}{g}R_{1212}.$$

したがって，つぎの定理が成り立つ:

定理 2.5. ガウスの曲率 K は第一基本量とその偏微分係数だけでかき表わされる．

二つの曲面 S: $X=X(u, v)$ と $\bar{S}$: $X=\bar{X}(u, v)$ を同一の媒介変数 (u, v) で表わして，同一の (u, v) に対応する S と $\bar{S}$ の点を互いに対応させて，S と $\bar{S}$ の間に点対応をつけたとき，S と $\bar{S}$ 上の対応する曲線の長さがつねに等しいための条件は，S と $\bar{S}$ の第一基本量 E, F, G と $\bar{E}, \bar{F}, \bar{G}$ が等しいことである．このような二つの曲面は，伸縮させることなく変形して互いに他に重ねることができる．このような二つの曲面 $S, \bar{S}$ は互いに**展開可能**であるという．つぎの定理が成り立つ:

定理 2.6. 互いに展開可能な二つの曲面で，対応する点におけるガウスの曲率は等しい．

定理 2.7. ガウスの曲率が恒等的に 0 である曲面は平面の上に展開可能である．

曲面論の基本定理である．つぎのボンネの定理がある:

定理 2.8. g_{11}, $g_{12}=g_{21}$, g_{22} と H_{11}, $H_{12}=H_{21}$, H_{22} が媒介変数 (u^1, u^2) の関数(単連結な領域内で)として与えられた場合，これらがガウスの構造方程式 (39) とコダッチの構造方程式 (38) をみたせば，g_{11}, $g_{12}=g_{21}$, g_{22} および H_{11}, $H_{12}=H_{21}$, H_{22} をそれぞれ第一，第二基本量にもつ曲面は存在し，このような曲面は運動を除いて一意に定まる．

(**ボンネの定理**)

2.5. 測地線

曲面上の曲線 C:$u^1=u^1(s)$, $u^2=u^2(s)$ (s は弧長)に対して

(2.42) $$\kappa_g=\sqrt{g}\begin{vmatrix} \dfrac{du^1}{ds} & \dfrac{du^2}{ds} \\ a^1 & a^2 \end{vmatrix}$$

を C の**測地的曲率**という; ここで

(2.43) $$a^\alpha=\frac{d^2u^\alpha}{ds^2}+\sum_{\beta,\gamma}\begin{Bmatrix} \alpha \\ \beta\gamma \end{Bmatrix}\frac{du^\beta}{ds}\frac{du^\gamma}{ds}.$$

また，C の方程式を曲面 S の方程式 $\boldsymbol{X}=\boldsymbol{X}(u^1, u^2)$ に代入すれば，$\boldsymbol{X}=\boldsymbol{X}(u^1(s), u^2(s))$ は C の空間における方程式である．このとき，つぎの式がえられる:

(2.44) $$\frac{d^2\boldsymbol{X}}{ds^2}=\sum_\alpha a^\alpha\boldsymbol{X}_\alpha+\sum_{\beta,\gamma}H_{\beta\gamma}\frac{du^\beta}{ds}\frac{du^\gamma}{ds}\boldsymbol{N}.$$

(44) からつぎの定理がえられる:

定理 2.9. 曲面上に直線 $u^\alpha=u^\alpha(s)$ があれば，

(2.45) $$a^\alpha=\frac{d^2u^\alpha}{ds^2}+\sum_{\beta,\gamma}\begin{Bmatrix} \alpha \\ \beta\gamma \end{Bmatrix}\frac{du^\beta}{ds}\frac{du^\gamma}{ds}=0, \qquad \sum_{\beta,\gamma}H_{\beta\gamma}\frac{du^\beta}{ds}\frac{du^\gamma}{ds}=0.$$

つぎに，曲面上の二点 $\mathrm{P}_1(u_1{}^1, u_1{}^2)$, $\mathrm{P}_2(u_2{}^1, u_2{}^2)$ が与えられると，これらの二点を結ぶ曲線 $u^\alpha=u^\alpha(t)$, $(u^\alpha=u^\alpha(t_1)$, $u_2{}^\alpha=u^\alpha(t_2))$ の弧長は

$$s=\int_{t_1}^{t_2}\sqrt{\sum_{\beta,\gamma}g_{\beta\gamma}\frac{du^\beta}{dt}\frac{du^\gamma}{dt}}\,dt.$$

P_1, P_2 を通る曲線のうちで，P_1 と P_2 の間に弧長が停留値をとるような曲線を**測地線**という．測地線はつぎの微分方程式をみたす：s を弧長とすれば，

$$\frac{d^2u^\alpha}{ds^2}+\sum_{\beta,\gamma}\left\{\begin{matrix}\alpha\\ \beta\gamma\end{matrix}\right\}\frac{du^\beta}{ds}\frac{du^\gamma}{ds}=0. \tag{2.46}$$

これを**測地線の微分方程式**という．(43) と (46) からつぎのことがわかる：測地線の測地的曲率は 0 である．(46) と定理 2.9 とから，つぎのことがわかる：曲面上に直線があれば，これは測地線である．また，曲面上の曲線が測地線であるための条件は，その主法線が曲面に垂直であることである．

測地線の微分方程式 (46) は二階微分方程式であるから，つぎのことがわかる：曲面上の一点 P と P における接ベクトル $\boldsymbol{A}$ が与えられたとき，P を通り $\boldsymbol{A}$ に接する測地線はただ一つ存在する．曲面上で十分近い二点 P_1, P_2 が与えられたとき，P_1 と P_2 を通る測地線は存在する．また，つぎのことも知られている：曲面上の二点 P_1, P_2 が十分に近いとき，P_1 と P_2 を通る測地線上の弧 $\widehat{P_1P_2}$ は P_1 と P_2 を結ぶ曲線弧のうちでその弧長が最短である．しかしながら，P_1 と P_2 が相当に離れている場合には，このことは必ずしも成り立たない．

2.6. ガウス・ボンネの定理

曲面上で三本の測地線で囲まれた面分 D を**測地三角形**という．測地三角形 ABC について，つぎの関係が成り立つ：

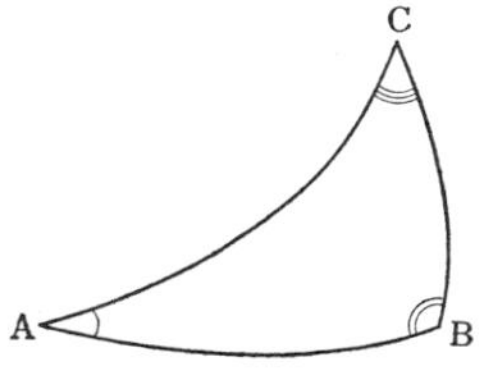

図 2.3

$$\iint_{\triangle ABC}K\sqrt{g}\,dudv=\angle A+\angle B+\angle C-\pi. \tag{2.47}$$

この左辺を測地三角形 ABC の**全曲率**という．

特に，ガウスの曲率 K が一定ならば，

$K=\dfrac{1}{a^2}$ のとき，　$a^2(\angle A+\angle B+\angle C-\pi)=\triangle ABC$;

$K=-\dfrac{1}{a^2}$ のとき，　$a^2(\angle A+\angle B+\angle C-\pi)=-\triangle ABC$.

したがって，

K が正ならば，測地三角形の内角の和は π より大きく；

K が負ならば，測地三角形の内角の和は π より小さく；

$K=0$ ならば，測地三角形の内角の和は π に等しい．

曲面上で，閉じた折線で囲まれた面分を S, 図 2.4 のように，周 C の外角を α_1, α_2, …, α_p とすれば，つぎの関係が成り立つ：

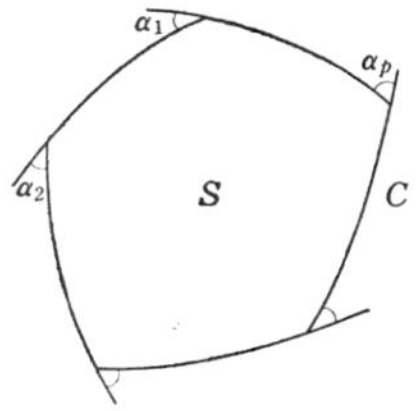

図 2.4

$$2\pi-\sum_{i=1}^{p}\alpha_i=\int_C\kappa_g ds+\iint_S K dS. \tag{2.48}$$

ここで，κ_g は曲線 C の測地的曲率である．これを**ガウス・ボンネの公式**という．この公

式から (47) をみちびき出すこともできる．

閉じた曲面 S を考え，その内側と外側の区別がある (つまり符号付け可能である) とする．S を図 2.5 のように，三角形状の小面分に分割したとき，頂点の個数を α_0，辺の個数を α_1，三角形の個数を α_2 として，

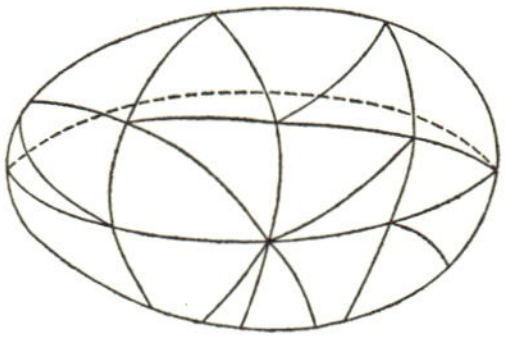

図 2.5

$$\chi(S)=\alpha_0-\alpha_1+\alpha_2$$

を閉じた曲面 S を**特性数**という．つぎの関係が成り立つ:

$$(2.49)\qquad \frac{1}{2\pi}\iint_S K\,dS=\chi(S).$$

これを**ガウス・ボンネの定理**という．(49) の左辺は S の微分幾何学的量であり，右辺は S の位相幾何学的量である．

例題 1. ガウスの曲率 K がつねに負であるような曲面上では，一点から出る二つの測地線が再び交わることはない．

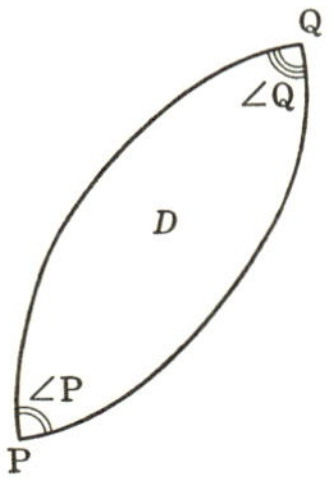

図 2.6

［**解**］ 図 2.6 のように，点 P から出る二つの異なる測地線が点 Q で再び交わったと仮定する．図の二辺形で，その辺は測地線であるから，その κ_g は 0 である．ゆえに，この二辺形に (48) を適用すれば，

$$\iint_D K\,dS=\angle\mathrm{P}+\angle\mathrm{Q}.$$

ところが，$\angle\mathrm{P}>0$, $\angle\mathrm{Q}\geqq 0$ であるから，K がつねに負であることはできない． (以上)

3. 線織面

3.1. 線織面

空間で一つの媒介変数 u の変化にともない，直線が連続的にその位置を変えるとき，これらの直線上の点全体の集合は一つの曲面を形成する．このような曲面を**線織面**といい，動く直線を**母線**という．動く直線が点 $\boldsymbol{Y}(u)$ を通り単位ベクトル $\boldsymbol{e}(u)$ に平行であるとすれば，線織面の媒介変数表示はつぎのようになる:

$$(3.1)\qquad \boldsymbol{X}(u,\ v)=\boldsymbol{Y}(u)+v\boldsymbol{e}(u).$$

このとき，曲線 $\boldsymbol{X}=\boldsymbol{Y}(u)$ を**導線**という．すべての母線が一定点を通るとき，線織面は**錐面**である．すべての母線が平行であるとき，線織面は柱面である．

例題 1. 線織面 (1) の第一基本量は

$$(3.2)\qquad E=1,\qquad F=\cos\theta,\qquad G=1+2v(d\boldsymbol{Y}/du)\cdot(d\boldsymbol{e}/du)+v^2(d\boldsymbol{e}/du)^2.$$

ここで，θ は導線と母線とのつくる角である．

［**解**］ (1) に (2.6) を適用すればよい． (以上)

例題 2. 線織面 (1) の第二基本量は

$$L=\frac{|a^2\boldsymbol{Y}/du^2+vd^2\boldsymbol{e}/du^2,\ d\boldsymbol{Y}/du+vd\boldsymbol{e}/du,\ \boldsymbol{e}|}{\sqrt{g}},$$

(3.3)

$$M=\frac{|d\boldsymbol{e}/du,\ d\boldsymbol{Y}/du,\ \boldsymbol{e}|}{\sqrt{g}},\qquad N=0;$$

(3.4) $$g=EG-F^2=\sin^2\theta+2v(d\boldsymbol{Y}/du)\cdot(d\boldsymbol{e}/du)+v^2(d\boldsymbol{e}/du)^2.$$

［**解**］ (1) に (2.15) を適用すればよい． (以上)

定理 3.1. 線織面のガウスの曲率は正でない；すなわち，$K\leqq 0$.

証明. (2.24) に (2) と (3) を代入すればよい． (証終)

3.2. 可展面

ガウス曲率 K が 0 である線織面を**可展面**という．線織面 (1) が可展面であるための条件は，

(3.5) $$\left|\frac{d\boldsymbol{Y}}{du},\ \frac{d\boldsymbol{e}}{du},\ \boldsymbol{e}\right|=0.$$

可展面の例として接線曲面がある．ここで，**接線曲面**とは，空間曲線 C の接線全体のつくる線織面のことである．(→応用編 II §3.2.1)

つぎの定理が知られている：

定理 3.2. 可展面は柱面，錐面，接線曲面のいずれかである．

可展面はつぎの性質をもつ：可展面の任意な点 P に対して，その適当な近傍をとれば，この近傍を平面上に伸び縮みなく展開することができる．

C. リーマン幾何学

1. ベクトル・テンソル

1.1. 接ベクトル

M を n 次元，無限回微分可能な多様体とする．$\Sigma=\{U\}$ の M の座標近傍からなる開被覆とする．Σ の各元内に局所座標系 (x^h) $(h=1, 2, \cdots, n)$ が導入されているとき，$\{U; x^h\}$ を**座標近傍**という．今後，写像，関数などはすべて無限回微分可能であるとする．

0を含む区間 I から M の中への写像 C を M の**曲線**という．I 上の変数を t とすれば，$C(I)\cap U$ で曲線 C は媒介変数表示 $x^h=x^h(t)$ で表わされる．M の二つの曲線 C, C' が点 p で交わる，すなわち $C(0)=C'(0)=p$ であるとする．さらに，C と C' の媒介変数表示をそれぞれ $x^h=f^h(t)$, $x^h=g^h(t)$ としたとき，$(df^h/dt)_0=(dg^h/dt)_0$ であるとする．このとき，曲線 C と C' は同値であるといい，このことを $C\sim C'$ で表わす．M の曲線全体を同値関係～で類別したとき，おのおのの類を M の**接ベクトル**または**反変ベクトル**という．曲線 C を含む類を $[C]$ で表わす．C の媒介変数表示を $x^h=f^h(t)$ としたとき，n 個の実数の組 $((df^1/dt)_0, \cdots, (df^n/dt)_0)$ を接ベクトル $[C]$ の座標系 (x^h) に関する**成分**という．また，$C(0)=p$ であるとき，$[C]$ を点 p における接ベクトルという．

[C] と [C'] を点 p における接ベクトル，C と C' の媒介変数表示をそれぞれ $x^h=f^h(t)$ と $x^h=g^h(t)$ とする．媒介変数表示 $x^h=f^h(t)+g^h(t)-g^h(0)$ をもつ曲面を C'' とし，p における接ベクトル [C''] を [C] と [C'] の和といって，$[C'']=[C]+[C']$ で表わす．また，媒介変数表示 $x^h=f^h(kt)$ をもつ曲線を $\bar{C}$ とすれば，[$\bar{C}$] は p における接ベクトルであって，これを [C] の k 倍といって，$[C]=k[C]$ で表わす．このようにして，p における接ベクトル全体の集合は n 次元ベクトル空間 $T_p(M)$ をつくり，これを M の p における**接空間**または**接ベクトル空間**という．$T(M)=\bigcup_p T_p(M)$ を M の**接バンドル**という．$T(M)$ に自然に位相を与えれば，$T(M)$ は $2n$ 次元の微分可能な多様体となる．任意な $A\in T(M)$ に対して，$A\in T_p(M)$ ならば，$\pi(A)=p$ と定義すれば，写像 π: $T(M)\to M$ が定まる．この写像 π を接バンドル $T(M)$ の**射影**という．

写像 X: $M\to T(M)$ について $\pi\circ X$ が恒等写像であるとき，X を**ベクトル場**という (X はファイバー・バンドル π: $T(M)\to M$ の切断面である)．座標近傍 $\{U;\ x^h\}$ 内の点 p の座標を (x^h) とすれば，$X(p)$ の成分は (x^h) の関数 $X^h(x^i)$ である．この $X^h(x^i)$ を簡単に X^h で表わし，これをベクトル場 X^h の $\{U;\ x^h\}$ における**成分**という．今後，指標 $h, i, j, k, l, \cdots$ は1から n までの値をとるものとする．

接空間 $T_p(M)$ の双対空間 $T_p{}^*(M)$ の元を点 p における**コベクトル**または**共変ベクトル**という．$T^*(M)=\bigcup_p T_p{}^*(M)$ を M の**余接バンドル**という．$T^*(M)$ の切断面を M の**コベクトル場**という．コベクトル場 u の各点の成分は，座標近傍 $\{U;\ x^h\}$ 内で (x^h) の関数 $u^h(x^i)$ である．これをコベクトル場 u の $\{U;\ x^h\}$ における**成分**という．

交わる座標近傍 U と U' をとる．ベクトル場 X の $\{U;\ x^h\}$ と $\{U';\ x^{h'}\}$ における成分をそれぞれ X^h と $X^{h'}$ とすれば，$U\cap U'$ の各点で

(1.1) $$X^{h'}=\sum_h \frac{\partial x^{h'}}{\partial x^h}X^h$$

が成り立つ．ここで，$U\cap U'$ の同一点の U における座標を x^h, U' における座標を $x^{h'}$ とすれば，$x^{h'}$ は x^h の関数であって，

(1.2) $$x^{h'}=x^{h'}(x^h).$$

(2) を $U\cap U'$ における**座標変換式**という．(1) を**ベクトルの変換式**という．コベクトル場 u の U と U' における成分をそれぞれ u_i, $u_{i'}$ とすれば，$U\cap U'$ において

(1.3) $$u_i{}'=\sum_i \frac{\partial x^i}{\partial x^{i'}}u_{i'}$$

が成り立つ．

(1) と (3) の右辺に現われた和をつぎのように略記する:

$$\sum_h \frac{\partial x^{h'}}{\partial x^h}X^h=\frac{\partial x^{h'}}{\partial x^h}X^h, \qquad \sum_i \frac{\partial x^i}{\partial x^{i'}}u_i=\frac{\partial x^i}{\partial x^{i'}}u_i.$$

すなわち，何個かの指標をもった単項式 T^h_{kji} について，上にある指標一つと下にある指標一つとを一致させた式，例えば T^h_{kih} はつぎの和を表わすと約束する:

$$T^h_{kih}=\sum_h T^h_{kih}.$$

この約束にしたがえば，変換式（1）と（3）はそれぞれ，つぎのようになる：

$$X^{h'}=\frac{\partial x^{h'}}{\partial x^h}X^h, \qquad u_{i'}=\frac{\partial x^i}{\partial x^{i'}}u_i.$$

1.2. テンソル

$T_p(M)\times T_p{}^*(M)\times T_p{}^*(M)$ 上の関数 T が各独立変量に関して一次関数である．つまり $T(A, u, v)\in R$ ($A\in T_p(M)$; $u, v\in T_p{}^*(M)$) が

$$\left.\begin{aligned}T(aA+bB, u, v)&=aT(A, u, v)+bT(B, u, v),\\ T(A, au+bw, v)&=aT(A, u, v)+bT(A, w, v),\\ T(A, u, av+bw)&=aT(A, u, v)+bT(A, u, w)\end{aligned}\right. \quad \begin{pmatrix}A, B\in T_p(M),\\ u, v, w\in T_p{}^*(M)\end{pmatrix},$$

をみたすとき，T を点 p における（2, 1）型**テンソル**という．任意なベクトル A，コベクトル u, v の成分をそれぞれ A^h, u_i, v_i としたとき，

$$T(A, u, v)=T_j{}^{ih}A^ju_iv_h$$

とかける．この $T_j{}^{ih}$ をテンソル T の**成分**という．同様にして，$p, q\geqq 1$ に対して，(p, q) 型テンソルと成分を定義する．ベクトルは（1, 0）型テンソルで，コベクトルは（0, 1）型テンソルである．(p, q) 型テンソル全体は M 上のファイバー・バンドル $T_q^p(M)$ をつくる．これを (p, q) 型**テンソル・バンドル**という．$T_q^p(M)$ の切断面を (p, q) 型**テンソル場**という．(p, q) 型テンソル T 場の成分

$$T^{i_1\cdots i_p}_{j_1\cdots j_q}$$

は座標近傍 $\{U; x^h\}$ 内では x^h の関数である．交わる座標近傍 U と U' 内での T の成分をそれぞれ $T^{i_1\cdots i_p}_{j_1\cdots j_q}$ と $T^{i_1'\cdots i_p'}_{j_1'\cdots j_q'}$ とすれば，$U\cap U'$ 内で

$$T^{i_1'\cdots i_p'}_{j_1'\cdots j_q'}=\frac{\partial x^{j_1}}{\partial x^{j_1'}}\cdots\frac{\partial x^{j_q}}{\partial x^{j_q'}}\frac{\partial x^{i_1'}}{\partial x^{i_1}}\cdots\frac{\partial x^{i_p'}}{\partial x^{i_p}}T^{i_1\cdots i_p}_{j_1\cdots j_q}. \tag{1.4}$$

これを**テンソル変換式**という．

二つの (p, q) 型テンソル場 T, S の成分をそれぞれ $T^{i_1\cdots i_p}_{j_1\cdots j_q}$, $S^{i_1\cdots i_p}_{j_1\cdots j_q}$ とする．T と S の和 $T+S$ は成分

$$T^{i_1\cdots i_p}_{j_1\cdots j_q}+S^{i_1\cdots i_p}_{j_1\cdots j_q}$$

をもつ (p, q) 型テンソル場である．f を関数とするとき，f と T の積 fT は成分

$$fT^{i_1\cdots i_p}_{j_1\cdots j_q}$$

を成分にもつ (p, q) 型テンソル場である．(p, q) 型テンソル場 T と (r, s) 型テンソル場 S の成分をそれぞれ $T^{i_1\cdots i_p}_{j_1\cdots j_q}$ と $S^{h_1\cdots i_s}_{k_1\cdots k_t}$ とするとき，成分

$$T^{i_1\cdots i_p}_{j_1\cdots j_q}S^{h_1\cdots h_s}_{k_1\cdots k_t}$$

をもつ $(p+r, q+s)$ 型テンソル場を T と S の**テンソル積**といい，$T\otimes S$ で表わす．

(p, q) 型テンソル場 $T^{i_1\cdots i_p}_{j_1\cdots j_q}$ に対して，成分

$$T^{i_1\cdots i_{p-1}h}_{j_1\cdots j_{q-1}h}$$

をもつテンソル場は，$T^{i_1\cdots i_p}_{j_1\cdots j_q}$ で指標 i_p と j_q を**縮約**してえられるという．

クロネッカのデルタ

(1.5)
$$\delta_i^h=\begin{cases}1 & (i=h),\\ 0 & (i\neq h)\end{cases}$$

を成分にもつ (1, 1) 型テンソル場を**単位テンソル**という．どんな多様体上にも単位テンソルは存在する．

例題 1. $\delta_h^h=n.$

［**解**］ $\delta_h^h=\delta_1^1+\delta_2^2+\cdots\delta_n^n=n.$ （以上）

例題 2. g_{ji} を (0, 2) テンソルとする．行列 (g_{ji}) が逆行列 (g^{ji}) をもつとすれば，g^{ji} は (2, 0) テンソルである．

［**解**］ テンソル g_{ji} の変換式は

$$g_{j'i'}=\frac{\partial x^j}{\partial x^{j'}}\frac{\partial x^i}{\partial x^{i'}}g_{ji}.$$

$g^{j'i'}g_{j'k'}=\delta_k^i$ に上式を代入して

$$g^{j'i'}\frac{\partial x^j}{\partial x^{j'}}\frac{\partial x^i}{\partial x^{k'}}g_{ji}=\delta_{k'}^{i'}.$$

この式に $\partial x^{k'}/\partial x^k$, g^{kh} を掛けて縮約すれば，

$$g^{j'i'}=\frac{\partial x^{j'}}{\partial x^j}\frac{\partial x^{i'}}{\partial x^i}g^{ji}.$$ （以上）

定理 1.1. 各座標近傍 $\{U;\ x^h\}$ ごとに n^3 個の数の組 T_{ji}^h が定まっていて，任意なベクトル場 X^j の成分に対して，$X^jT_{ji}^h$ がテンソル場の成分であれば，T_{ji}^h はテンソル場の成分である．T_{ji}^h の代りに指標の個数の多いものについても同じことが成り立つ．

定理 1.1 を**テンソル商の法則**という．

2. リーマン空間

2.1. リーマン計量

多様体 M の各点 p の接空間 $T_p(M)$ 内に内積 $(\ ,\ )_p$ が定義されていて，任意な微分可能なベクトル場 X, Y に対して，対応 $p\mapsto(X_p,\ Y_p)_p$ で定まる関数が微分可能であるとする(X_p, Y_p はそれぞれ X, Y の点 p における値)．この関数を $(X,\ Y)$ で表わし，X, Y に対して $(X,\ Y)$ を対応させる対応を $(\ ,\ )$ で表わし，これを M 上の**リーマン計量**という．リーマン計量をもった多様体を**リーマン空間**という．

座標近傍 $\{U;\ x^h\}$ 内で X, Y の成分をそれぞれ X^h, Y^h とすれば，関数 $(X,\ Y)$ は U 内で

$$(X,\ Y)=g_{ji}X^jY^i$$

で表わせる．ここに，$g_{ji}(=g_{ij})$ は (0, 2) 型テンソル場であって，行列 (g_{ji}) は正定値である．このテンソル場 g_{ji} を**リーマン計量**ということもある．また，g_{ji} を**リーマン計量テンソル**ともいう．$(g^{ji})=(g_{ji})^{-1}$ とおけば，g^{ji} は (2, 0) 型テンソル場であり，g^{ji} を**反変リーマン計量テンソル**という．

ベクトル場 X の成分を X^h とするとき,

(2.1) $$\|X\|=(X,\ X)^{1/2}=(g_{ji}X^jX^i)^{1/2}$$

を X の**長さ**という. ベクトル場 Y の成分が Y^h であるとき, X と Y の交角を θ とすれば,

(2.2) $$\cos\theta=\frac{(X,\ Y)}{\|X\|\|Y\|}=\frac{g_{ji}X^jY^i}{\sqrt{g_{ji}X^jX^i}\sqrt{g_{ji}Y^jY^i}}.$$

ベクトル場 X の成分を X^h とすれば,

(2.3) $$X_i=g_{ih}X^h$$

はコベクトル場であるが, この X_i をベクトル場 X の**共変成分**といい, X とこのコベクトル場を同一視することが多い. これに対し X^h をベクトル場 X の**反変成分**という. このとき, ベクトル場 Y の反変成分を Y^h, 共変成分を Y_h とすれば,

(2.4) $$(X,\ Y)=X^iY_i=X_iY^i.$$

リーマン計量テンソル g_{ji} に対して

(2.5) $$ds^2=g_{ji}dx^jdx^i$$

をリーマン空間の**線素**という. $\{U;\ x^h\}$ 内で

$$g=|g_{ji}|$$

とおき, $\{U';\ x^{h'}\}$ 内で $g'=|g_{j'i'}|$ とすれば,

(2.6) $$g'=\left|\frac{\partial x^{h'}}{\partial x^h}\right|^2 g.$$

(6) のような変換を受ける量を**スカラー密度**という.

リーマン空間 M 内の曲線 C の媒介変数表示を $x^h=x^h(t)$ $(a\leqq t\leqq b)$ とすれば, C の長さ $L(C)$ は

(2.7) $$L(C)=\int_a^b\sqrt{g_{ji}\frac{dx^j}{dt}\frac{dx^i}{dt}}dt.$$

M 上の二点 p, q が与えられたとき, p と q を結ぶ曲線 C の長さの下限

(2.8) $$\rho(p,\ q)=\inf_C L(C)$$

を p, q 間の**距離**とすれば, リーマン空間 M は ρ について距離空間となる. 距離 ρ に関して M が完備であるとき, M を**完備なリーマン空間**という. コンパクトなリーマン空間は完備である.

例題 1. 曲面 S: $\boldsymbol{X}=\boldsymbol{X}(u,\ v)$ において, 第一基本量 E, F, G を $g_{11}=E$, $g_{12}=g_{21}=F$, $g_{22}=G$ とおけば, S は g_{ji} をリーマン計量とする二次元のリーマン空間である.

リーマン空間 M が可符号なとき, M のある領域 D の体積 $V(D)$ は

(2.9) $$V(D)=\iint\cdots\int_D\sqrt{g}\,dx^1dx^2\cdots dx^n.$$

コンパクトなリーマン空間 M が可符号ならば, M の体積は

(2.10) $$V(M)=\iint\cdots\int_M\sqrt{g}\,dx^1dx^2\cdots dx^n.$$

2.2. 共変微分

多様体 M において，二つのベクトル場 X, Y に対して第三のベクトル場 $\nabla_Y X$ を対応させる対応 ∇ がつぎの条件をみたすものとする:

(2.11)
$$\nabla_{fY}X=f\nabla_Y X,\qquad \nabla_Y(fX)=f\nabla_Y X+(Yf)X,$$
$$\nabla_{Y_1+Y_2}X=\nabla_{Y_1}X+\nabla_{Y_2}X,\qquad \nabla_Y(X_1+X_2)=\nabla_Y X_1+\nabla_Y X_2.$$

ここで，X, X_1, X_2, Y, Y_1, Y_2 は任意なベクトル場，f は任意な関数である．ここで，Y の成分を Y^h としたとき，Yf は

(2.12)
$$Yf=Y^i\frac{\partial f}{\partial x^i}$$

で定義された関数である．このような ∇ を**アファイン接続**という．

座標近傍 $\{U;\ x^h\}$ 内で，X, Y の成分をそれぞれ X^h, Y^h とすれば，ベクトル場 $\nabla_Y X$ の成分はつぎの形をもつ:

(2.13)
$$Y^j\left(\frac{\partial X^h}{\partial x^j}+\Gamma^h_{ji}X^i\right).$$

ここで Γ^h_{ji} は n^3 個の関数であって，U 内で定義されたものである．Γ^h_{ji} をアファイン接続 ∇ の，U 内における，**接続係数**という．$U\cap U'$ 内でつぎの変換式が成り立つ:

$$X^{h'}=\frac{\partial x^{h'}}{\partial x^h}X^h,\qquad Y^{h'}=\frac{\partial x^{h'}}{\partial x^h}Y^h,$$

$$Y^{j'}\left(\frac{\partial x^{h'}}{\partial x^{j'}}+\Gamma^{h'}_{j'i'}X^{i'}\right)=\frac{\partial x^{h'}}{\partial x^h}Y^j\left(\frac{\partial x^h}{\partial x^j}+\Gamma^h_{ji}X^i\right).$$

ここで，$\Gamma^{h'}_{j'i'}$ は ∇ の，U' 内における，接続係数である．X と Y は任意であるから，上の変換式からつぎの関係がえられる:

(2.14)
$$\Gamma^{h'}_{j'i'}=\frac{\partial x^{h'}}{\partial x^h}\left(\Gamma^h_{ji}\frac{\partial x^j}{\partial x^{j'}}\frac{\partial x^i}{\partial x^{i'}}+\frac{\partial^2 x^h}{\partial x^{j'}\partial x^{i'}}\right).$$

これを**アファイン接続の変換式**という．したがって，アファイン接続の係数はテンソル変換を受けない．

M の関数 f に対して

(2.15)
$$\nabla_Y f=Yf=Y^h\frac{\partial f}{\partial x^h}$$

で $\nabla_Y f$ を定義する．コベクトル場 u に対して，コベクトル場 $\nabla_Y u$ を

(2.16)
$$(\nabla_Y u)(X)=\nabla_Y u(X)+u(\nabla_Y X)$$

が，任意なベクトル場 X に対して，成り立つように定義する．u の成分を u_i とすれば，$\nabla_Y u$ の成分はつぎのようになる:

(2.17)
$$Y^j\left(\frac{\partial u_i}{\partial x_j}-\Gamma^h_{ji}u_h\right).$$

さらに，任意なテンソル場 S, T に対して

(2.18)
$$\nabla_Y(S\otimes T)=(\nabla_Y S)\otimes T+S\otimes(\nabla_Y T)$$

が成り立つように，∇_Y の作用をテンソル場にまで拡張する．このとき，任意なテンソル場，たとえば (1, 2) 型テンソル場 T の成分を T^h_{ji} とすれば，$\nabla_Y T$ の成分は

(2.19) $$Y^k\left(\frac{\partial}{\partial x^k}T^h_{ji}+\Gamma^h_{kl}T^l_{ji}-\Gamma^l_{kj}T^h_{li}-\Gamma^l_{ki}T^h_{jl}\right).$$

(19) は任意なベクトル場 Y に対してテンソル場の成分であるから，定理 1.1 によって，

(2.20) $$\nabla_k T^h_{ji}=\frac{\partial}{\partial x^k}T^h_{ji}+\Gamma^h_{kl}T^l_{ji}-\Gamma^l_{kj}T^h_{li}-\Gamma^l_{ki}T^h_{jl}$$

はテンソル場の成分であって，このテンソル場を T の**共変微分係数**といって，∇T で表わす．したがって，(13) と (17) から，ベクトル場 X，コベクトル場 u の共変微分係数 ∇X, ∇u の成分はそれぞれ

(2.21) $$\nabla_j X^h=\frac{\partial X^h}{\partial x^j}+\Gamma^h_{ji}X^i,\qquad \nabla_j u_i=\frac{\partial u_i}{\partial x^j}-\Gamma^h_{ji}u_h.$$

また，関数 f の共変微分係数の成分は，(15) によって，

(2.22) $$\frac{\partial f}{\partial x^j}.$$

(p, q) 型テンソル場 T の共変微分係数 ∇T は $(p, q+1)$ 型テンソル場である．つぎの定理が成り立つ:

定理 2.1． 単位テンソル δ^h_i の共変微分係数は 0 である．すなわち，

$$\nabla_j\delta^h_i=0.$$

二つのテンソル場，例えば T^h_{ji} と $S_l{}^k$，について

(2.23) $$\nabla_k(T^h_{ji}S_l{}^i)=(\nabla_k T^h_{ji})S_l{}^i+T^h_{ji}(\nabla_k S_l{}^i).$$

アファイン接続 ∇ の接続係数が

(2.24) $$\Gamma^h_{ji}=\Gamma^h_{ij}$$

をみたすとき，∇ を**対称接続**という．

例題 1． 定理 2.1 を証明せよ．

[解] $$\nabla_j\delta^h_i=\frac{\partial}{\partial x^j}\delta^h_j+\Gamma^h_{jl}\delta^l_i-\Gamma^l_{ji}\delta^h_l=0+\Gamma^h_{ji}-\Gamma^h_{ji}=0.$$ (以上)

2.3. クリストッフェルの記号

∇ を対称なアファイン接続とする．さらに，∇ がリーマン計量を不変にする；つまり

(2.25) $$\nabla_k g_{ji}=0$$

が成り立つと仮定する．(25) をかきかえれば，

(2.26) $$\frac{\partial g_{ji}}{\partial x^k}-\Gamma^l_{kj}g_{li}-\Gamma^l_{ki}g_{jl}=0.$$

(26) で指標を交換して

(2.27) $$\frac{\partial g_{ki}}{\partial x^j}-\Gamma^l_{jk}g_{li}-\Gamma^l_{ji}g_{kl}=0,$$

(2.28) $$\frac{\partial g_{jk}}{\partial x^i}-\Gamma^l_{ij}g_{lk}-\Gamma^l_{ik}g_{jl}=0.$$

(28)＋(27)－(26) をつくれば，$\Gamma^h_{ji}=\Gamma^h_{ij}$ を考慮に入れて，

(2.29) $$\Gamma^h_{ji}=\frac{1}{2}g^{hl}\left(\frac{\partial g_{li}}{\partial x^j}+\frac{\partial g_{lj}}{\partial x^i}-\frac{\partial g_{ji}}{\partial x^l}\right)$$

がえられ，Γ^h_{ji} はリーマン計量とその偏微分係数でかき表わせる．(29) の右辺

(2.30) $$\left\{\begin{matrix} h \\ ji \end{matrix}\right\}=\frac{1}{2}g^{hl}\left(\frac{\partial g_{li}}{\partial x^j}+\frac{\partial g_{lj}}{\partial x^i}-\frac{\partial g_{ji}}{\partial x^l}\right)$$

を**クリストッフェルの記号**という．今後は，クリストッフェルの記号 $\left\{\begin{matrix} h \\ ji \end{matrix}\right\}$ を接続係数にもつアファイン接続 ∇ を**リーマン接続**という．まとめて，

定理 2.2. リーマン空間で，$\nabla_k g_{ji}=0$ をみたす対称なアファイン接続はリーマン接続に限る．

今後は，リーマン接続 ∇ だけを考えることにする．

例題 1. $\nabla_k g^{ji}=0$ を証明せよ．

［**解**］ $g^{ji}g^i_h=\delta^j_h$, $\nabla_k g_{ih}=0$ であるから，(23) を利用して

$$(\nabla_k g^{ji})g_{ih}=0.$$

ゆえに，$\nabla_k g^{ji}=0$. （以上）

例題 2. $$\left\{\begin{matrix} h \\ jh \end{matrix}\right\}=\frac{1}{\sqrt{g}}\frac{\partial\sqrt{g}}{\partial x^j}.$$

［**解**］ 行列 (g_{ji}) における元 g_{ji} の余因数を G^{ji} とすれば，

$$\frac{\partial g}{\partial x^k}=G^{ji}\frac{\partial g_{ji}}{\partial x^k}.$$

ところが，

$$G^{ji}=gg^{ji},\qquad \frac{\partial g_{ji}}{\partial x^k}=g_{jl}\left\{\begin{matrix} l \\ ki \end{matrix}\right\}+g_{il}\left\{\begin{matrix} l \\ kj \end{matrix}\right\}$$

であるから，

$$\frac{\partial g}{\partial x^k}=gg^{ji}\left(g_{jl}\left\{\begin{matrix} l \\ ki \end{matrix}\right\}+g_{il}\left\{\begin{matrix} l \\ kj \end{matrix}\right\}\right)=2g\left\{\begin{matrix} i \\ ki \end{matrix}\right\}.$$

$$\therefore\quad \left\{\begin{matrix} i \\ ki \end{matrix}\right\}=\frac{1}{2g}\frac{\partial g}{\partial x^k}=\frac{\partial\log\sqrt{g}}{\delta x^k}=\frac{1}{\sqrt{g}}\frac{\partial\sqrt{g}}{\partial x^k}.$$ （以上）

テンソル場 T が $\nabla T=0$ をみたすとき，T を**平行テンソル場**という．つぎのことが成り立つ: ベクトル場 X が平行ならば，その長さ $\|X\|$ は一定である．ベクトル場 X, Y が平行ならば，内積 (X, Y) は一定であり，X と Y の交角 θ も一定である．テンソル場 T と S が平行ならば，テンソル積 $T\otimes S$ も平行である．

2.4. 勾配・回転・発散

リーマン空間 M 上の関数 f に対して，コベクトル場

(2.31) $$\nabla_j f=\frac{\partial f}{\partial x^j}$$

を f の**勾配**という．コベクトル場 u_i に対して，(0, 2) テンソル場

(2.32) $$\nabla_j u_i-\nabla_i u_j$$

を u_i の**回転**という．ベクトル場 X^h に対して，関数

(2.33) $$\nabla_i X^i$$

を X^h の**発散**という.

例題 1.　コベクトル場 u_i の回転の成分は

$$\frac{\partial u_i}{\partial x^j}-\frac{\partial u_j}{\partial x^i}.$$

［**解**］

$$\begin{aligned}\nabla_j u_i-\nabla_i u_j&=\left(\frac{\partial u_i}{\partial x^j}-\begin{Bmatrix}h\\ji\end{Bmatrix}u_h\right)-\left(\frac{\partial u_j}{\partial x^i}-\begin{Bmatrix}h\\ij\end{Bmatrix}u_h\right)\\&=\frac{\partial u_i}{\partial x^j}-\frac{\partial u_j}{\partial x^i}-\left(\begin{Bmatrix}h\\ji\end{Bmatrix}-\begin{Bmatrix}h\\ij\end{Bmatrix}\right)u_h\\&=\frac{\partial u_i}{\partial x^j}-\frac{\partial u_j}{\partial x^i}.\end{aligned}$$

（以上）

例題 2.　ベクトル場 X^h の発散は

$$\frac{1}{\sqrt{g}}\frac{\partial(\sqrt{g}X^h)}{\partial x^h}.$$

［**解**］　$\nabla_h X^h=\dfrac{\partial X^h}{\partial x^h}+\begin{Bmatrix}h\\hi\end{Bmatrix}X^i$ に §2.3 例題2の公式を代入して

$$\nabla_h X^h=\frac{\partial X^h}{\partial x^h}+\frac{1}{\sqrt{g}}\frac{\partial\sqrt{g}}{\partial x^i}X^i=\frac{1}{\sqrt{g}}\frac{\partial(\sqrt{g}X^i)}{\partial x^i}.$$

（以上）

例題 3.　$u_i=V_i f$ ならば, u_i の回転は0である.

［**解**］

$$\nabla_j u_i-\nabla_i u_j=\frac{\partial u_i}{\partial x^j}-\frac{\partial u_j}{\partial x^i}=\frac{\partial^2 f}{\partial x^j\partial x^i}-\frac{\partial^2 f}{\partial x^i\partial x^j}=0.$$

（以上）

つぎの定理が知られている:

定理 2.3.　リーマン空間 M の単連結な領域 D で, コベクトル u_i の回転が0ならば, $u_i=\nabla_i f$ となる関数 f が D 内に存在する.

関数 f の勾配 $\nabla_i f$ の反変成分 $g^{ji}\nabla_i f$ の発散を f の**ラプラシアン**といい, Δf で表わせば,

$$\Delta f=\frac{1}{\sqrt{g}}\frac{\partial}{\partial x^j}\left(\sqrt{g}\,g^{ji}\frac{\partial f}{\partial x^i}\right). \tag{2.34}$$

つぎの定理が知られている:

定理 2.4.　リーマン空間 M がコンパクトならば, $\Delta f=0$ をみたす関数 f は定数である.

2.5.　曲率テンソル

任意なベクトル場 X^h について, つぎの式が成り立つ:

$$\nabla_k\nabla_j X^h-\nabla_j\nabla_k X^h=R_{kji}{}^h X^i; \tag{2.35}$$

ここで

$$R_{kji}{}^h=\frac{\partial}{\partial x^k}\begin{Bmatrix}h\\ji\end{Bmatrix}-\frac{\partial}{\partial x^j}\begin{Bmatrix}h\\ki\end{Bmatrix}+\begin{Bmatrix}h\\kl\end{Bmatrix}\begin{Bmatrix}l\\ji\end{Bmatrix}-\begin{Bmatrix}h\\jl\end{Bmatrix}\begin{Bmatrix}l\\ki\end{Bmatrix}. \tag{2.36}$$

(35) の左辺はテンソルであるから, その右辺もテンソルである. $R_{kji}{}^h X^i$ が任意なベクトル場 X^h に対してテンソル場であるから, (36) で定義された $R_{kji}{}^h$ は (1, 3) テン

ソル場である．この $R_{kji}{}^h$ をリーマン空間 M の**曲率テンソル**という．

コベクトル場 u_i に対して

$$\nabla_k\nabla_j u_i-\nabla_j\nabla_k u_i=-R_{kji}{}^h u_h.$$

(1, 2) テンソル場 T^h_{ml} に対して

(2.37) $$\nabla_k\nabla_j T^h_{ml}-\nabla_j\nabla_k T^h_{ml}=R_{kji}{}^h T^i_{ml}-R_{kjm}{}^i T^h_{il}-R_{kjl}{}^i T^h_{mi}.$$

(37) は任意な型のテンソル場に拡張できる．(35), (36), (37) を**リッチの恒等式**という．

曲率テンソルはつぎの恒等式をみたす:

(2.38) $$R_{kji}{}^h=-R_{kij}{}^h,$$

(2.39) $$R_{kji}{}^h+R_{jik}{}^h+R_{ikj}{}^h=0.$$

曲率テンソルの共変成分をつぎの式で定義する:

(2.40) $$R_{kjih}=R_{kji}{}^l g_{lh}.$$

つぎの恒等式が成り立つ:

(2.41) $$R_{kjih}=-R_{jkih},\qquad R_{kjih}=-R_{kjhi},$$

(2.42) $$R_{kjih}=R_{ihkj},$$

(2.43) $$R_{kjih}+R_{jikh}+R_{ikjh}=0.$$

つぎの**ビアンキの恒等式**が成り立つ:

(2.44) $$\nabla_l R_{kji}{}^h+\nabla_k R_{jli}{}^h+\nabla_j R_{lki}{}^h=0.$$

さて，

(2.45) $$R_{kj}=R_{kjh}{}^h$$

を**リッチテンソル**といい，

(2.46) $$R=R_{ji}g^{ji}$$

を**スカラー曲率**という．

例題 1． つぎの式を証明せよ:

$$R_{kjih}g^{ih}=0.$$

［**解**］ (41) の第二式に g^{ih} を掛けて縮約すれば，

$$R_{kjih}g^{ih}=-R_{kjhi}g^{ih}$$
$$=-R_{kjhi}g^{hi}.$$
$$\therefore\quad R_{kjih}g^{ih}=-R_{kjih}g^{ih}.$$
$$\therefore\quad R_{kjih}g^{ih}=0.$$

（以上）

例題 2． つぎの式を証明せよ:

$$R_{ji}=R_{ij}.$$

［**解**］ (43) をかき直せば，

$$R_{kjih}+R_{jikh}-R_{kijh}=0.$$

g^{kh} を掛けて縮約し，例題 1 を利用すれば，

$$R_{ji}-R_{ij}=0.$$

（以上）

例題 3． つぎの式を証明せよ:

$$2(\nabla_j R_{ih})g^{jh}-\nabla_i R=0.$$

［解］（44）で h と k について縮約してみよ.　（以上）

つぎの定理が知られている：

定理 2.5. リーマン空間 M の曲率テンソル $R_{kji}{}^h$ が 0 であるための条件は，M の各点の適当な近傍内で，リーマン計量 g_{ji} が

$$g_{ji}=\delta_{ji}=\begin{cases}1 & (i=j),\\ 0 & (i\neq j)\end{cases}$$

となる座標系が存在することである.

曲率テンソル $R_{kji}{}^h$ が 0 であるようなリーマン計量は**局所平坦**であるといわれる.

2.6. 断面曲率

リーマン空間 M の一点 p における一次独立な接ベクトル A, B に対して

$$\rho(A,\ B)=\frac{R_{kjih}A^kB^jA^iB^h}{(g_{ki}g_{jh}-g_{ji}g_{kh})A^kB^jA^iB^h} \tag{2.47}$$

を考える．ここで，A^h と B^h はそれぞれ A と B の成分である．一次独立な A' と B' がともに A と B の一次結合であれば，

$$\rho(A',\ B')=\rho(A,\ B)$$

であるから，$\rho(A,\ B)$ は $T_p(M)$ 内で A と B が張る二次元部分空間に対して定まる. $\rho(A,\ B)$ を A と B が張る二次元部分空間に対する**断面曲率**という．つぎの諸定理が知られている：

定理 2.6. リーマン空間 M の一点 p で，すべての断面曲率がわかれば，その点における曲率テンソルを知ることができる.

定理 2.7. リーマン空間 M の一点 p で，その点における断面曲率 $\rho(A, B)$ が A と B のとり方に無関係で，一定 k ならば，

$$R_{kjih}=-k(g_{ki}g_{jh}-g_{ji}g_{kh}). \tag{2.48}$$

定理 2.8. リーマン空間 M の各点で (48) が成り立っている(k は M 上の関数)とすれば，k は定数である．ただし M の次元 n は2より大きいとする.

定数 k について，曲率テンソルが（48）の右辺の形をしているとき，リーマン空間を定曲率 k をもつ**定曲率空間**という．定曲率空間においては

$$R_{ji}=(n-1)kg_{ji},\qquad R=n(n-1)k. \tag{2.49}$$

したがって，つぎの式が成り立つ：

$$R_{ji}=\frac{R}{n}g_{ji}. \tag{2.50}$$

一般に（50）が成り立ち，R が一定ならば，リーマン空間を**アインシュタイン空間**という．ゆえに，

定理 2.9. 定曲率空間はアインシュタイン空間である.

また，つぎの定理が知られている：

定理 2.10. （50）が成り立ち，リーマン空間 M の次元が 2 より大きければ，R は一

定である；つまり M はアインシュタイン空間である．

例題 1. 定理 2.10 を証明せよ．

［**解**］ §2.5 例題 3 の式に (50) を代入すれば，

$$2(\nabla_j R g_{ih})g^{jh} - n\nabla_i R = 0,$$
$$(n-2)\nabla_i R = 0.$$

ゆえに，$n \neq 2$ ならば，$\nabla_i R = 0$ となって，R は一定である． (以上)

リーマン空間 M の一点で，$X_{(1)}, \cdots, X_{(n)}$ 互いに直交する単位ベクトルとする．

$$\rho(X_{(1)}) = \frac{1}{n-1}\sum_{j=2}^{n}\rho(X_{(1)}, X_{(j)}) \tag{2.51}$$

を $X_{(1)}$ に関する**平均曲率**という．平均曲率とリッチテンソルはつぎの関係をみたす：

$$R_{ji}X^j_{(1)}X^i_{(1)} = (n-1)\rho(X_{(1)}). \tag{2.52}$$

また，スカラー曲率はつぎの式で与えられる：

$$R = n(n-1)\sum_{j=1}^{n}\rho(X_{(j)}). \tag{2.53}$$

2.7. 平行移動

リーマン空間 M 内の曲線 C: $x^h = x^h(t)$ の各点にベクトル $X^h(t)$ が与えられているとき，

$$\frac{\delta X^h}{dt} = \frac{dX^h}{dt} + \left\{ {h \atop ji} \right\} \frac{dx^j}{dt} X^i \tag{2.54}$$

を X^h の C に沿っての**共変微分係数**という．もし X^h が M 上のベクトル場であれば，つぎの式が成り立つ：

$$\frac{\delta X^h}{dt} = \frac{dx^i}{dt}\nabla_i X^h. \tag{2.55}$$

一般なテンソル，例えば T^h_{ji} が C の各点で与えられているとき，

$$\frac{\delta}{dt}T^h_{ji} = \frac{d}{dt}T^h_{ji} + \left\{ {h \atop lk} \right\}\frac{dx^l}{dt}T^k_{ji} - \left\{ {k \atop lj} \right\}\frac{dx^l}{dt}T^h_{ki} - \left\{ {k \atop li} \right\}T^h_{jk} \tag{2.56}$$

を T^h_{ji} の C に沿っての共変微分係数という．T^h_{ji} が M 上のベクトル場であれば，

$$\frac{\delta}{dt}T^h_{ji} = \frac{dx^k}{dt}\nabla_k T^h_{ji}. \tag{2.57}$$

もし $\delta T^h_{ji}/dt = 0$ であれば，T^h_{ji} は曲線 C に沿って**平行**であるという．つぎの定理がえられる：

定理 2.11. テンソル場 T が平行テンソル場であるための条件は，T が任意な曲線に沿って平行であることである．

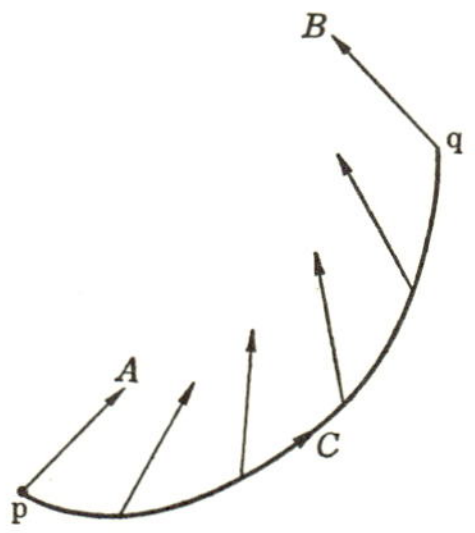

図 2.1

リーマン空間 M の点 p から q にいたる曲線 C を考える(p で $t=0$, q で $t=1$ とする)．また，p における接ベクトル A^h を任意にとる．微分方程式

$$(2.58)\qquad \frac{\delta X^h}{dt}=\frac{dX^h}{dt}+\left\{\begin{matrix}h\\ ji\end{matrix}\right\}\frac{dx^j}{dt}X^i=0$$

を初期条件「$t=0$ で $X^h=A^h$」のもとで解いた解を $X^h(t)$ とすれば，$X^h(t)$ は C に沿って平行である．いま，$B^h=X^h(1)$ とおけば，B^h は点 q における接ベクトルである．このとき，A^h を曲線 C に沿って**平行移動**して B^h がえられたという．対応 $A^h \mapsto B^h$ によって，$T_p(M)$ から $T_q(M)$ 上への同型写像 φ_C: $T_p(M)\to T_q(M)$ が定まる．この φ_C を曲線 C に沿っての**平行移動**という．平行移動 φ_C は曲線 C によって定まる同型写像である．平行移動はつぎの性質をもつ: 平行移動でベクトルの長さは変わらない．平行移動によって二つのベクトルの交角は変わらない．

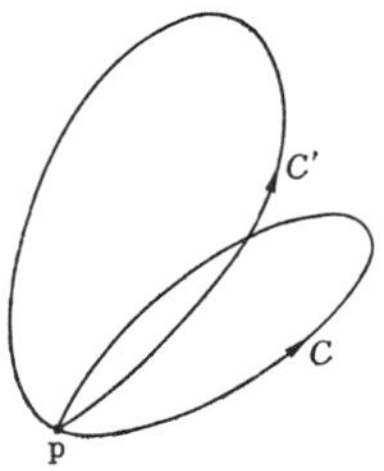

図 2.2

C が閉曲線のとき ($p=q$ のとき)，φ_C: $T_p(M)\to T_p(M)$ は計量ベクトル空間 $T_p(M)$ の同型変換つまり直交変換である．点 p を通る閉曲線 C, C' が与えられたとき，C に C' を連結すれば，p を通る閉曲線 $C'C$ がえられる．このとき，

$$\varphi_{C'C}=\varphi_{C'}\circ\varphi_C$$

が成り立つ．C を逆向きにした曲線を C^{-1} で表わせば，

$$\varphi_{C^{-1}}=(\varphi_C)^{-1}.$$

また，点 p だけから成り立つ曲線 C_0 を閉曲線と考えれば，

$$\varphi_{C_0}=\text{identity}.$$

したがって，このような φ_C 全体の集合は群をつくる．この群 Φ_p を点 p における**ホロノミー群**という．連結な M の二点 p, q に対して，Φ_p と Φ_q は同型である．すなわち，ホロノミー群 Φ_p はリーマン空間 M の一つの特性を表わすと考えられる．

Φ_p が単位元だけから成り立つことは，p を通る任意な閉曲線 C に沿っての平行移動 φ_C が恒等変換であることである．さらに，このための条件は曲率テンソル $R_{kji}{}^h$ が0であることが知られている．まとめて，つぎの定理がえられる:

定理 2.12. リーマン空間 M のホロノミー群 Φ_p が単位元だけから成り立っているための条件は，M が局所平坦であることである．

つぎの定理も知られている:

定理 2.13. 単連結な定曲率空間のホロノミー群は n 次元回転群 $SO(n)$ である．

2.8. 測地線

リーマン空間に相異なる二点 p, q をとり，p から q に至る曲線全体のうちでその長さが停留値をとるような曲線を**測地線**という．測地線の媒介変数表示を $x^h=x^h(s)$ (s は弧長)とすれば，右辺の関数 $x^h(t)$ は

$$(2.59)\qquad \frac{d^2x^h}{ds^2}+\left\{\begin{matrix}h\\ ji\end{matrix}\right\}\frac{dx^j}{ds}\,\frac{dx^i}{ds}=0$$

をみたす．これを**測地線の方程式**という．

(58) で $t=s$ とし，$X^h=dx^h/ds$ を代入すれば，(59) がえられる．すなわち，測地線

の接線単位ベクトルは測地線に沿って平行である.

測地線の方程式 (59) は二階微分方程式であるから，つぎのことが成り立つ: リーマン空間 M の十分近い二点が与えられたとき，これらを通る測地線が存在する. M の一点 p と p における接ベクトル A が与えられたとき，p を通り A に接する測地線はただ一つ存在する.

定理 2.14. リーマン空間 M の十分近い二点 p, q に対して，p と q を結ぶ測地線で，p と q を結ぶ曲線のうちで長さが最短であるものがただ一つ存在する.

リーマン空間 M の二点 p, q に対して，p と q を結ぶ曲線 C の長さ $L(C)$ の下限

$$\rho(p,\ q)=\inf L(C)$$

を p と q 間の**距離**という. この距離 ρ に関して，M は距離空間となる. 距離空間としての M が完備であるとき，M を**完備なリーマン空間**という. もちろん，コンパクトなリーマン空間は完備である. つぎの定理が知られている:

定理 2.15. リーマン空間 M についてつぎの三つの条件は同値である:

i. M は完備である;

ii. M の任意な二点 p, q に対して，p と q を結ぶ測地線 C で，その長さ $L(C)$ が $\rho(p,\ q)$ と一致するものがある;

iii. の任意な測地線を任意な長さに延長することができる.

定理 2.16. 断面曲率が正でないリーマン空間 M で，二点 p, q を結ぶ測地線は p, q を結ぶ曲線のうちで弧長が極小である.

2.9. 共形変換

微分可能な多様体 M 上に二つのリーマン計量 g_{ji} と g'_{ji} があって

$$g'_{ji}=\rho^2 g_{ji} \tag{2.60}$$

であるとき，g_{ji} と g'_{ji} は**共形的に対応**しているといい，g_{ji} を g'_j にとりかえることをリーマン計量 g_{ji} を**共形変換**するという.

二つのベクトル場 X^h, Y^h について

$$\frac{g'_{ji}X^jY^i}{\sqrt{g'_{ji}X^jX^i}\sqrt{g'_{ji}Y^jY^i}}=\frac{g_{ji}X^jY^i}{\sqrt{g_{ji}X^jX^i}\sqrt{g_{ji}Y^jY^i}}$$

であるから，共形変換によって二つのベクトル場の交角は変化しない. 今後 g_{ji} と g'_{ji} は，(60) によって，共形的であるとする.

g_{ji} と g'_{ji} のクリストッフェルの記号をそれぞれ $\left\{\begin{matrix}h\\ ji\end{matrix}\right\}$ と $\left\{\begin{matrix}h\\ ji\end{matrix}\right\}'$ とすれば,

$$\left\{\begin{matrix}h\\ ji\end{matrix}\right\}'=\left\{\begin{matrix}h\\ ji\end{matrix}\right\}+\delta_j^h\rho_i+\delta_i^h\rho_j-\rho^h g_{ji}, \tag{2.61}$$

ここで，$\rho_i=\partial \log \rho/\partial x^i$，$\rho^h=g^{hi}\rho_i$.

g_{ji} と g'_{ji} の曲率テンソルをそれぞれ $R_{kji}{}^h$, $R'_{kji}{}^h$ とすれば,

$$R'{}_{kji}{}^h=R_{kji}{}^h-\delta_k^h\rho_{ji}+\delta_j^h\rho_{ki}-\rho_k{}^h g_{ji}+\rho_j{}^h\rho_{ki}, \tag{2.62}$$

ここで

$$\rho_{ji}=\frac{\partial\rho i}{\partial x^j}-\left\{\begin{matrix}h\\ ji\end{matrix}\right\}\rho_h-\rho_j\rho_i+\frac{1}{2}g^{lm}\rho_l\rho_m g_{ji},\qquad \rho_j{}^h=g^{hi}\rho_{ji}.$$

例題 1． g_{ji} と g'_{ji} のリッチテンソルをそれぞれ R_{ji}, R'_{ji} とすれば，

(2.63) $$R'_{ji}=R_{ji}-(n-2)\rho_{ji}-\rho_h{}^h g_{ji}.$$

［**解**］ (62) で指標 h と k を縮約をする． （以上）

例題 2． g_{ji} と g'_{ji} の曲率スカラーをそれぞれ R, R' とすれば，

(2.64) $$R'=\frac{1}{\rho^2}[R-2(n-1)\rho_h{}^h].$$

［**解**］ (63) の左辺に g'^{ji} を，右辺に $(1/\rho^2)g^{ji}$ を掛けて縮約する． （以上）

さて，リーマン計量 g_{ji} に対して，テンソル

(2.65) $$C_{kji}{}^h=R_{kji}{}^h-\frac{1}{n-2}(\delta_k^h R_{ji}-\delta_j^h R_{ki}+R_k^h g_{ji}-R_j^h g_{ki})$$
$$+\frac{R}{(n-1)(n-2)}(\delta_k^h g_{ji}-\delta_j^h g_{ki}),\qquad R_j^h=R_{jl}g^{lh}$$

を**共形曲率テンソル**または**ワイルの共形曲率テンソル**という．つぎの関係が成り立つ:

$$C_{hji}{}^h=0.$$

また，$n=3$ のとき，

$$C_{kji}{}^h=0$$

である．

つぎに，

(2.66) $$C_{kji}=\frac{1}{n-2}(\nabla_k R_{ji}-\nabla_j R_{ki})-\frac{1}{2(n-1)(n-2)}(\nabla_k R g_{ji}-\nabla_j R g_{ki})$$

とおく．このとき，つぎの関係が成り立つ:

(2.67) $$\nabla_h C_{kji}{}^h=(n-3)C_{kji}.$$

つぎの定理が知られている:

定理 2.17． リーマン計量 g_{ji} を共形変換しても，その共形曲率テンソル $C_{kji}{}^h$ は不変である．

リーマン計量 g_{ji} を適当に共形変換して $g'_{ji}=\rho^2 g_{ji}$ の曲率テンソル $R'{}_{kji}{}^h$ を 0 にすることができるとき，もとのリーマン計量 g_{ji} は**共形的に平坦**であるという．つぎの定理が知られている:

定理 2.18． リーマン空間が共形的に平坦であるための条件は，

i. $n>3$ のとき，$C_{kji}{}^h=0$ であり，

ii. $n=3$ のとき，$C_{kji}=0$ である．

例題 3． 定曲率空間のリーマン計量は共形的に平坦であることを証明せよ（$n\geqq 3$ とする）．

［**解**］ (48) を (65) に代入すれば，$C_{kji}{}^h=0$ がえられ，(48) を (66) に代入すれば，$C_{kji}=0$ がえられる．

2.10. 射影変換

微分可能な多様体上に二つのリーマン計量 g_{ji} と g'_{ji} があって，g_{ji} の任意な測地線 C の弧長 s を適当に変換して新しい媒介変数 $s'=s'(s)$ をつくれば，曲線 C は g'_{ji} について，s' を弧長とする測地線になるものとする．このとき，g_{ji} と g'_{ji} は**射影的に対応**しているという．g_{ji} を g'_{ji} にとりかえることをリーマン計量 g_{ji} を**射影変換**するという．今後，g_{ji} と g'_{ji} とは射影的であるとする．

g_{ji} と g'_{ji} のクリストッフェルの記号をそれぞれ $\left\{\begin{matrix} h \\ ji \end{matrix}\right\}$ と $\left\{\begin{matrix} h \\ ji \end{matrix}\right\}'$ とすれば，

(2.69) $$\left\{\begin{matrix} h \\ ji \end{matrix}\right\}'=\left\{\begin{matrix} h \\ ji \end{matrix}\right\}+\delta_j^h\phi_i+\delta_i^h\phi_j.$$

ここで，ϕ_j はある関数 ϕ の勾配である．つまり $\phi_i=\partial\phi/\partial x^i$.

g_{ji} と g'_{ji} の曲率テンソルをそれぞれ $R_{kji}{}^h$ と $R'{}_{kji}{}^h$ とすれば，

(2.70) $$R'{}_{kji}{}^h=R_{kji}{}^h-\delta_k^h(\nabla_j\phi_i-\phi_j\phi_i)+\delta_j^h(\nabla_k\phi_i-\phi_k\phi_i).$$

例題 1. g_{ji} と g'_{ji} のリッチテンソルをそれぞれ R_{ji}, R'_{ji} とすれば，

(2.71) $$R'_{ji}=R_{ji}-(n-1)(\nabla_j\phi_i-\phi_j\phi_i).$$

［**解**］（70）で指標 h と k を縮約すればよい． （以上）

リーマン計量 g_{ji} に対して

(2.72) $$W_{kji}{}^h=R_{kji}{}^h-\frac{1}{n-1}(\delta_k^hR_{ji}-\delta_j^hR_{ki})$$

をその**射影曲率テンソル**または**ワイルの射影曲率テンソル**という．

例題 2. $W_{hji}{}^h=0$ を証明せよ．

［**解**］（72）で指標 h と k を縮約すればよい． （以上）

つぎの定理が知られている：

定理 2.19. リーマン計量 g_{ji} を射影変換しても，その射影曲率テンソル $W_{kji}{}^h$ は変わらない．

リーマン計量 g_{ji} の射影曲率テンソル $W_{kji}{}^h$ が0であるときに，g_{ji} は**射影的に平坦**であるという．

定理 2.20. リーマン計量 g_{ji} が射影的に平坦であるための条件は，g_{ji} が定曲率であることである．

例題 3. 定理 2.20 を証明せよ．

［**解**］（72）で $W_{kji}{}^h=0$ とすれば，

$$R_{kji}{}^h=\frac{1}{n-1}(\delta_k^hR_{ji}-\delta_j^hR_{ki}).$$

指標 h と k を縮約すれば，

$$R_{ji}=\frac{1}{n}Rg_{ji}.$$

これを上式に代入して

$$R_{kji}{}^{h}=\frac{R}{n(n-1)}(\delta_k^h g_{ji}-\delta_j^h g_{ki}).$$

すなわち，g_{ji} は定曲率である．（以上）

例題 4．定曲率空間は射影変換で定曲率空間に移ることを証明せよ．

［**解**］g_{ji} が定曲率であれば，g_{ji} の射影曲率テンソルは $W_{kji}{}^{h}=0$. ゆえに，定理 2.19 によって，g'_{ji} の射影曲率テンソルは $W'{}_{kji}{}^{h}=0$. したがって，定理 2.20 によって，g'_{ji} は定曲率である．（以上）

参考書．［A 3］，［H 9］，［H 10］，［K 3］，［K 23］，［K 24］，［K 27］，［M 4］，［N 1］，［N 8］，［O 3］，［S 4］，［S 5］，［S 6］，［S 7］，［T 1］，［T 10］，［T 16］，［Y 2］，［Y 3］

［**石原　繁**］

III. 微　分　学

1. 実数

1.1. 実数の定義

1.1.1. 実数. **実数の集合** $\boldsymbol{R}$ とは，つぎに示す三つの公理をみたす集合をいう．$\boldsymbol{R}$ の元を実数とよぶ．

公理 1. $\boldsymbol{R}$ は加法 $+$ と乗法 $\cdot$ が定義された**可換体**である．

$\boldsymbol{R}$ の加法に関する単位元を 0，乗法に関する単位元を 1 と記す．また，0 でない実数 x に対して加法，乗法に関する逆元をそれぞれ $-x$，x^{-1} または $1/x$ で表わす．

公理 2. $\boldsymbol{R}$ は**順序体**である．すなわち，$\boldsymbol{R}$ につぎの条件をみたす関係<がある:

i. $x<x$ をみたす元は存在しない;

ii. $x<y$ かつ $y<z$ ならば，$x<z$;

iii. 任意の元 x，y に対して，$x<y$，$x=y$，$y<x$ のうちただ一つが成り立つ;

iv. $x<y$ なら，$x+z<y+z$ がすべての z に対して成り立つ;

v. $x<y$ かつ $0<z$ なら，$xz<yz$.

$x<y$ または $x=y$ のとき，$x\leqq y$ とかく．$0<x$，$x<0$ にしたがって x を**正の数**，**負の数**という．

x の**絶対値**を $|x|$ とかく；これは $x>0$ のとき $|x|=x$，$x\leqq 0$ のとき $|x|=-x$ によって定義される．

A を $\boldsymbol{R}$ の部分集合とする．すべての $x\in A$ に対して $x\leqq a$ となるような実数 a が存在するとき，a は A の**上界**であるといい，A は**上に有界**であるという．上界は一つとは限らない．A のすべての上界 b に対して $a\leqq b$ となるような A の上界を A の**上限**または**最小上界**といい，$\sup A$ で表わす．A が上に有界でないとき，$\sup A=\infty$ とかく．**下界**，**下に有界**，**下限**，**最大下界**も同様に定義される．A の下限は $\inf A$ とかく．

公理 3. $\boldsymbol{R}$ は**完備**である；すなわち，上に有界な空でない $\boldsymbol{R}$ の部分集合は上限をもつ．

公理 3 で，下に有界な空でない集合は下限をもつといってもよいことは明らかである．

1.1.2. デデキントの切断. A，B を空でない実数の部分集合でつぎの二つの条件をみたすとする:

i. すべての実数は，A か B のいずれか一つに含まれる，そして両方に属することはない;

ii. $a\in A$，$b\in B$ なら，$a<b$.

そのとき，組 (A, B) を**デデキントの切断**という．

公理3はつぎの定理と同値である:

定理 1.1. (A, B) をデデキントの切断とすると，すべての $a\in A$, $b\in B$ に対して，$a\leqq c\leqq b$ となるような実数 c がただ一つ存在する. **(デデキントの定理)**

証明. $a\in A$ とすると，すべての $b\in B$ に対して $a<b$ であるから，$a\leqq\inf B$. これは任意の $a\in A$ に対して成り立つから，$\sup A\leqq\inf B$ である. $c=\sup A$ とおくと，c は明らかに定理の条件をみたす. c' を定理にあげた性質をもつ数とする. $c<c'$ なら $c<(c+c')/2<c'$ であるから，$(c+c')/2\in B$. これはすべての $b\in B$ に対して $c'\leqq b$ であることに反する. $c'<c$ としても同様にして矛盾が生じる. したがって，$c=c'$. すなわち，c はただ一つである. (証終)

定理 1.1 から公理3がみちびかれることを示そう. S を上に有界な集合とする. S の上界全体から成る集合を B, その補集合を A とする. A の元 a は S の上界ではないから，B のどの元よりも小である; すなわち，(A, B) は切断である. 定理 1.1 を仮定すれば，実数 c が存在して，それは $\inf B$ である. すなわち，S の上限 c が存在することになり，公理3がえられる.

1.1.3. 自然数. 実数の集合 $\boldsymbol{R}$ の部分集合 $\boldsymbol{N}$ がつぎの条件をみたすとき，$\boldsymbol{N}$ の元を**自然数**という:

i. $1\in\boldsymbol{N}$;

ii. $n\in\boldsymbol{N}$ なら，$n+1\in\boldsymbol{N}$;

iii. $\boldsymbol{N}'$ を i, ii をみたす集合とすれば，$\boldsymbol{N}\subset\boldsymbol{N}'$.

$n\in\boldsymbol{N}$ または $-n\in\boldsymbol{N}$ であるような実数 n と0を**整数**という. m/n で表わせる実数を**有理数**という; ここに m, n は整数, $n\neq0$ である.

定理 1.2. 任意の実数 a に対して，$a<k$ であるような整数 k が存在する.

(アルキメデスの公理)

証明. $A=\{n;\ 整数かつ\ n\leqq a\}$ とすれば，A は上に有界であるから，公理3によって上限が存在する. それを n_0 とすれば，$n_0-1/2$ は A の上限ではないから，$n_0-1/2<n$ なる $n\in A$ がとれる. 一方，$n_0<n_0+1/2<n+1$ であるから，$n+1\notin A$. ゆえに，$a<n+1$.

(証終)

系. $a<b$ ならば，$a<r<b$ をみたす有理数 r が存在する. **(有理数の稠密性)**

証明. 定理 1.2 によって，$(b-a)^{-1}<k$ をみたす自然数 k がとれる. $A=\{n;\ 整数かつ\ b<nk^{-1}\}$ は再び定理 1.2 によって空でない; しかも下に有界であるから，下限 n_0 が存在する. $n-1<n_0$ であるような $n\in A$ をとる. $n-1\notin A$, $n\in A$ であるから，$(n-1)k^{-1}<b<nk^{-1}$ である. 一方，$(b-a)^{-1}<k$ であるから，$a<b-k^{-1}<nk^{-1}-k^{-1}=(n-1)k^{-1}<b$. ゆえに，$r=(n-1)k^{-1}$ が求めるものである. (証終)

1.2. 点集合

$$[a,\ b]=\{x;\ a\leqq x\leqq b\},\qquad (a,\ b)=\{x;\ a<x<b\}$$

とかき，をそれぞれ**閉区間**，**開区間**という.

$\boldsymbol{R}$ の点 p を含む開区間を p の**近傍**という．$A\subset\boldsymbol{R}$ とする．p の任意の近傍が p と異なる A の点を含むとき，p を A の**集積点**という．A の集積点全体の集合を A' とかき，A の**導集合**という．$\bar{A}=A\cup A'$ を A の**閉包**といい，$A=\bar{A}$ であるとき A を**閉集合**という．$N\subset A$ なる p の近傍 N が存在するとき p は A の**内点**であるといい，内点の集合 A^{i} を**内部**という．$A^{\mathrm{i}}=A$ のとき，A は**開集合**といわれる．閉，開集合の補集合はそれぞれ開，閉集合であり，閉，開区間がそれぞれ閉，開集合であることは容易にわかる．ある実数 M に対して $A\subset[-M, M]$ であるとき，A を**有界集合**という．

$A\subset\boldsymbol{R}$ とする．$A\subset\bigcup_\alpha O_\alpha$ であるような任意の開集合の族 $\{O_\alpha\}$ に対して有限個の列 $O_{\alpha_1}, O_{\alpha_2}, \cdots, O_{\alpha_n}$ が存在して

$$A\subset O_{\alpha_1}\cup O_{\alpha_2}\cup\cdots\cup O_{\alpha_n}$$

となるとき，A を**コンパクト集合**という．

定理 1.4.　有界閉集合はコンパクトである．　　　　（**ハイネ・ボレルの定理**）

証明.　まず有界閉区間 $[a, b]$ はコンパクトであることを示す．$[a, b]\subset\bigcup O_\alpha$ とする．E を $[a, x]$ が O_α の有限個でおおわれるような点 $a\leqq x\leqq b$ の集合とする．E は上に有界であるから，上限が存在する．それを c とする．$c\in[a, b]$ であるから，$c\in O_{\alpha_0}$ となる開集合がとれる．ゆえに，$\varepsilon>0$ を十分小にとれば，$c\in(c-\varepsilon, c+\varepsilon)\subset O_{\alpha_0}$．ゆえに，$[a, c+\varepsilon/2]$ も有限個でおおわれる．上限の定義から $c=b$ でなければ不合理である．

つぎに，F を有界閉集合，$F\subset[a, b]$，$F\subset\bigcup_\alpha O_\alpha$ とすれば，$[a, b]\subset\bigcup_\alpha O_\alpha\cup O$; ここに $O=(a-1, b+1)-F$ は開集合である．ゆえに，有限個の O_{α_i} がとれて，$[a, b]\subset O_{\alpha_1}\cup O_{\alpha_2}\cup\cdots\cup O_{\alpha_n}\cup O$ となる．O は F の点を含まないから，$F\subset O_{\alpha_1}\cup\cdots\cup O_{\alpha_n}$ となる．→ VI A §2.4.2 定理 2.4　（証終）

定理 1.5.　コンパクト集合 K の無限部分集合 E は K に含まれる集積点をもつ．

証明.　定理が成り立たないとすれば，K の各点 p は E の集積点でないから，E の点を多くとも一つ含む p の近傍 V_p がとれる．$\{V_p; p\in K\}$ は K をおおうけれどもその有限個が K をおおうことはできない．これは K がコンパクトであることに反する．（証終）

定理 1.5 からコンパクト集合は有界かつ閉であることが容易にわかる．

2.　数列と級数

2.1.　数列の収束

自然数 1, 2, … の順序に並べた実数の集合 $a_1, a_2, \cdots$ を**数列**といい，これを簡単に $\{a_n\}$ とかく．

$\{a_n\}$ が実数 l に**収束**する，あるいは**極限値** l をもつとは，任意の $\varepsilon>0$ に対して自然数 N を適当にとると，すべての $n\geqq N$ に対して $|a_n-l|<\varepsilon$ となることである．このとき，

$$\lim_{n\to\infty} a_n=l \quad \text{または} \quad a_n\to l\,(n\to\infty)$$

とかく．このような l が存在しないとき，$\{a_n\}$ は**発散**するという．任意の $M>0$ に対し

て N が存在して，すべての $n\geqq N$ に対して $a_n>M$ が成り立つとき，

$$\lim_{n\to\infty} a_n=\infty \quad \text{または} \quad a_n\to\infty\ (n\to\infty)$$

で表わす．$\lim a_n=-\infty$ の定義は明らかである．

極限値（∞，$-\infty$ も含めて）をもたない数列は，**振動**するといわれる．

例題 1．i．$a_n=1$ $(n=1, 2, \cdots)$ は 1 に収束する．

ii．$a_n=1+(-1)^n/n$ は 1 に収束する．

iii．$a_n=n^2$ は ∞ に発散する．

iv．$a_n=(-1)^n$ は振動する．

数列 $\{a_n\}$ が**コーシー列**であるとは，任意の $\varepsilon>0$ に対して N が存在して，$n, m\geqq N$ のとき $|a_n-a_m|<\varepsilon$ となることである．

定理 2.1．数列 $\{a_n\}$ が収束するための必要十分条件は，$\{a_n\}$ がコーシー列であることである．

証明．$\{a_n\}$ が l に収束すれば，$\varepsilon>0$ に対して N が存在して，$|a_n-l|<\varepsilon/2$ $(n\geqq N)$ となる．ゆえに，$n, m\geqq N$ ならば，$|a_n-a_m|\leqq|a_n-l|+|l-a_m|<\varepsilon/2+\varepsilon/2=\varepsilon$．したがって，$\{a_n\}$ はコーシー列である．

逆に，$\{a_n\}$ をコーシー列とする．$\varepsilon>0$ に対して N を適当にとると，$|a_n-a_m|<\varepsilon/2$ $(n, m\geqq N)$．$|a_n|\leqq\varepsilon/2+|a_N|$ $(n\geqq N)$ であるから，$|a_1|, \cdots, |a_N|<M$ となるように M をえらべば，$|a_n|<\varepsilon/2+M$ $(n=1, 2, \cdots)$，すなわち $\{a_n\}$ は有界閉区間の部分集合である．これが有限集合なら定理は明らか．無限集合なら，定理 1.5 によって集積点が存在する．それを l とすれば，$|a_k-l|<\varepsilon/2$ となる k が無限に存在する．したがって，N より大きい k を一つえらべば，$n\geqq N$ のとき $|a_n-l|\leqq|a_n-a_k|+|a_k-l|<\varepsilon/2+\varepsilon/2=\varepsilon$．ゆえに，$\{a_n\}$ は l に収束する．（証終）

$n_1<n_2<\cdots$ を自然数とするとき，$\{a_{n_k}\}$ を $\{a_n\}$ の**部分列**という．

定理 2.2．有界な数列は収束する部分列を含む．

（ワイエルストラス・ボルツァノの定理）

証明．$\{a_n\}$ を有界無限集合とすれば，集積点をもつ．それを l とする．$|a_n-l|<1$ をみたす n の一つを n_1 とする．$n_1, n_2, \cdots, n_k$ までえらばれたとして，n_{k+1} を $|a_n-l|<1/(k+1)$ かつ $n_k<n$ であるような n の一つを n_{k+1} とする．$\{a_{n_k}\}$ が l に収束することは明らかである．（証終）

$\{a_n\}$ を有界数列とするとき，あらゆる収束する部分列の極限値の集合を A とする．A はもちろん有界である．$\sup A$ を $\{a_n\}$ の**上極限**，$\inf A$ を**下極限**といい，それぞれ

$$\overline{\lim_{n\to\infty}}\, a_n, \qquad \underline{\lim_{n\to\infty}}\, a_n$$

で表わす．$\{a_n\}$ が上，下に有界でなければ，それぞれつぎのようにかく：

$$\overline{\lim_{n\to\infty}}\, a_n=\infty, \qquad \underline{\lim_{n\to\infty}}\, a_n=-\infty.$$

例題 2．$a_n=(-1)^n$ ならば，$\{a_{2n}\}$，$\{a_{2n+1}\}$ は収束する部分列で $\overline{\lim}\, a_n=1$，$\underline{\lim}\, a_n$

$=-1$ である．

定理 2.3. l が $\{a_n\}$ の上極限であるための必要十分条件は，i. すべての $\varepsilon>0$ に対して N が存在して，$a_n<l+\varepsilon$ がすべての $n\geqq N$ に対して成り立ち，ii. すべての $\varepsilon>0$ に対して，$a_n>l-\varepsilon$ が無限に多くの n に対して成り立つことである．

∞ が $\{a_n\}$ の上極限であるための必要十分条件は，任意の $M>0$ に対して，$a_n>M$ が無限に多くの n に対して成り立つことである．

証明は上極限の定義から容易に出る；下極限についても同様である．

定理 2.4. l が $\{a_n\}$ の下極限であるための必要十分条件は，i. すべての $\varepsilon>0$ に対して N が存在して，$a_n>l-\varepsilon$ がすべての $n\geqq N$ に対して成り立ち，ii. すべての $\varepsilon>0$ に対して，$a_n<l+\varepsilon$ が無限に多くの n に対して成り立つことである．

$-\infty$ が $\{a_n\}$ の下極限であるための必要十分条件は，任意の $M>0$ に対して，$a_n<-M$ が無限に多くの n に対して成り立つことである．

定理 2.3, 2.4 からつぎの定理が容易にみちびかれる：

定理 2.5. 数列 $\{a_n\}$ が極限値(∞, $-\infty$ をも含めて)をもつための必要十分条件は，$\overline{\lim}\, a_n=\underline{\lim}\, a_n$ となることである．

2.2. 数列の極限値

定理 2.6. $\underline{\lim}\, a_n+\underline{\lim}\, b_n\leqq\underline{\lim}(a_n+b_n)\leqq\overline{\lim}(a_n+b_n)\leqq\overline{\lim}\, a_n+\overline{\lim}\, b_n.$

証明. $\{a_n\}$ または $\{b_n\}$ が有界でないときは明らかであるから，いずれも有界であるとする．最後の不等式を証明する．最初の不等式は同様にして示され，中央の関係は明らかである．さて，$a=\overline{\lim}\, a_n$, $b=\overline{\lim}\, b_n$ とおく．$\varepsilon>0$ に対して N を十分大にとれば，$a_n<a+\varepsilon/2$, $b_n<b+\varepsilon/2$ $(n\geqq N)$ となるから，$a_n+b_n<a+b+\varepsilon$ $(n\geqq N)$．ゆえに，定理 2.4 によって，$\overline{\lim}(a_n+b_n)\leqq a+b$. (証終)

定理 2.7. $\{a_n\}$, $\{b_n\}$ を収束列とすれば，

i. $\lim(a_n+b_n)=\lim a_n+\lim b_n$;

ii. $\lim a_nb_n=\lim a_n \lim b_n$;

iii. $a_n\neq 0$, $\lim a_n\neq 0$ ならば，$\lim(1/a_n)=1/\lim a_n$.

証明. i. 定理 2.6 から明らかである．

ii. $\{a_n\}$, $\{b_n\}$ は有界列であるから(→定理 2.1 の証明)，ある M に対して $|a_n|<M$, $|b_n|<M$ となる．$a=\lim a_n$, $b=\lim b_n$ とする．$\varepsilon>0$ に対して N を十分大にとれば，$n\geqq N$ のとき，

$$|a_n-a|<\frac{\varepsilon}{2M},\qquad |b_n-b|<\frac{\varepsilon}{2M}.$$

$a_nb_n-ab=(a_n-a)b_n-a(b_n-b)$ であるから，$n\leqq N$ に対して

$$|a_nb_n-ab|\leqq M|a_n-a|+M|b_n-b|$$
$$<\frac{\varepsilon M}{2M}+\frac{\varepsilon M}{2M}=\varepsilon.$$

iii. N_1 を十分大にとれば，$n\geqq N_1$ に対して $|a_n|>|a|/2$. $\varepsilon>0$ に対して N_2 が存在

して

$$|a_n-a|<\frac{\varepsilon|a|^2}{2} \qquad (n\geqq N_2).$$

$N\geqq N_1,\ N_2$ ならは，$n\geqq N$ に対して

$$\left|\frac{1}{a_n}-\frac{1}{a}\right|=\frac{|a_n-a|}{|a_na|}<\frac{2|a_n-a|}{|a|^2}<\varepsilon.$$ （証終）

$a_1\leqq a_2\leqq a_3\leqq\cdots$ であるとき，$\{a_n\}$ を**増加数列**，$a_1\geqq a_2\geqq a_3\geqq\cdots$ であるとき，**減少数列**という．これらの数列を単に**単調数列**ともいう．

定理 2.8. 有界な単調数列は収束する．

証明. $\{a_n\}$ を有界増加数列，$a=\sup a_n$ とする．定義から，$\varepsilon>0$ に対して，$a-\varepsilon<a_N$ となる N が存在する．$n\geqq N$ なら，$0\leqq a-a_n<a-a_N<\varepsilon$. （証終）

例題 1. $p>0$ ならば，$\lim(1/n^p)=0$ (→§3.3.3).

［解］ $\varepsilon>0$ に対して $N>(1/\varepsilon)^{1/p}$ とおけば，$1/n^p<\varepsilon$ $(n\geqq N)$. （以上）

例題 2. $a>0$ ならば，$\lim a^{1/n}=1$.

［解］ $a>1$ とする．$a_n=a^{1/n}-1$ とおくと，$a_n>0$ (→§3.3.3). 二項展開によって，$a=(a_n+1)^n=1+na_n+n(n-1)a_n^2/2+\cdots+a_n^n>1+na_n$. ゆえに，

$$0<a_n<(a-1)/n\to 0\ \ (n\to\infty).$$

$a=1$ のときは明らか．$a<1$ のときは $1/a^{1/n}=(1/a)^{1/n}$ を考えればよい． （以上）

例題 3. $\lim n^{1/n}=1$.

［解］ $a_n=n^{1/n}-1$ とおくと，$n=(a_n+1)^n$ であるから，二項展開の第三項までを考えると，例題2のようにして $n>n(n-1)a_n^2/2$. ゆえに，$[2/(n-1)]^{1/2}>a_n>0$; そして左辺は0に収束する． （以上）

例題 4. $p>0,\ a>1$ ならば，$\lim n^p/a^n=0$ (→§3.3.3).

［解］ $a=1+\varepsilon$ とおくと，$\varepsilon>0$. $k>p$ を整数とする．$n>2k$ ならば，二項展開によって

$$a^n=(1+\varepsilon)^n\geqq\binom{n}{k}\varepsilon^k=\frac{n(n-1)\cdots(n-k+1)}{k!}\varepsilon^k>\frac{n^k}{k!2k}\varepsilon^k.$$

ゆえに，$0<n^p/a^n<k!2^kn^{p-k}/\varepsilon^k$; そして右辺は例題1によって0に収束する． （以上）

例題 5. $a>0$ ならば，$\lim a^n/n!=0$.

［解］ 整数 $k>a$ をとるとき，$n>k^2$ ならば，$n!=1\cdot2\cdots n>k^2(k^2+1)\cdots n>(k^2)^{n-k^2}>k^{-2k^2}k^{2n}$. ゆえに，$a^n/n!<k^n\cdot k^{2k^2}\cdot k^{-2n}=k^{2k^2}\cdot k^{-n}$; この右辺は0に収束する． （以上）

定理 2.9. $\lim a_n=a$ ならば，$\lim(a_1+a_2+\cdots+a_n)/n=a$.

証明. $b_n=a_n-a$ とおくと，$\lim b_n=0$. すべての n に対して $|b_n|<M$ となる M をとる．$\varepsilon>0$ に対して十分大きい N をえらべば，$|b_n|<\varepsilon/2$ $(n\geqq N)$. 一方，

$$\frac{a_1+a_2+\cdots+a_n}{n}-a=\frac{b_1+b_2+\cdots+b_n}{n}$$

であって，右辺の N 項までは $|b_n|<M$, 他は $|b_n|<\varepsilon/2$ であるから，

$$\frac{|b_1+b_2+\cdots+b_n|}{n}<\frac{NM}{n}+\frac{(n-N)\varepsilon}{2n}.$$

N を固定して n を十分大にとると，右辺の第一項は $<\varepsilon/2$ となり，第二項は $<\varepsilon/2$ であるから，結局，右辺は $<\varepsilon$ となる．（証終）

定理 2.10． $a_n>0$ ならば，

$$\varliminf \frac{a_{n+1}}{a_n} \leqq \varliminf \sqrt[n]{a_n} \leqq \varlimsup \sqrt[n]{a_n} \leqq \varlimsup \frac{a_{n+1}}{a_n}.$$

証明． 最後の不等式を証明する．中央のは明らかであり，最初の不等式は同様にして示されるからである．

$a=\varlimsup(a_{n+1}/a_n)$ とおく．$a<\infty$ として証明する．もし $b>a$ ならば，N が存在して $a_{n+1}/a_n<b$ ($n\geqq N$) となる．ゆえに，$n\geqq N$ に対して

$$a_n \leqq ba_{n-1} \leqq b^2a_{n-2} \leqq \cdots \leqq b^{n-N}a_N.$$

したがって，$\sqrt[n]{a_n} \leqq b^{(n-N)/n}\sqrt[n]{a_N}$．$n\to\infty$ とすると，右辺は例題2によって b に収束する．ゆえに，$\varlimsup \sqrt[n]{a_n} \leqq b$. これは任意の $b>a$ に対して成り立つから，$\varlimsup \sqrt[n]{a_n} \leqq a$.

（証終）

2.3. 級数の収束条件

2.3.1 級数． 数列 $\{a_n\}$ に対して形式的な和

$$a_1+a_2+a_3+\cdots$$

を**級数**といい，それを $\sum_{n=1}^{\infty}a_n$ あるいは単に $\sum a_n$ と表わす．a_n を**第 n 項**，$s_n=\sum_{k=1}^{n}a_k$ を**第 n 部分和**という．級数 $\sum a_n$ が**収束する**とは，数列 $\{s_n\}$ が収束することと定義し，$s=\lim s_n$ とするとき $s=\sum_{n=1}^{\infty}a_n$ とかく．$\{s_n\}$ が発散するとき，$\sum a_n$ は**発散する**という．

定理 2.11． 級数 $\sum a_n$ が収束するための必要十分条件は，任意の $\varepsilon>0$ に対して N が存在して，$m, n\geqq N$ に対して，$|\sum_{k=m}^{n}a_k|<\varepsilon$ が成り立つことである．

証明． $s_n=\sum_{k=1}^{n}a_k$ とすると，$s_n-s_{m-1}=\sum_{k=m}^{n}a_k$ であるから，定理 2.1 を適用すればよい．（証終）

特に，$m=n$ をとると，つぎの定理がえられる:

定理 2.12． 級数 $\sum a_n$ が収束すれば，$a_n\to 0$ ($n\to\infty$).

例題 1． $\sum_{n=1}^{\infty}x^n$ は，$|x|<1$ のとき $(1-x)^{-1}$ に収束し，$|x|\geqq 1$ のとき発散する．

［**解**］ $|x|\geqq 1$ ならば，$\lim x^n \neq 0$ であるから，定理 2.12 によって級数は収束しない．$|x|<1$ とすると，$\sum_{n=1}^{m}x^n=(1-x^{m+1})/(1-x)$ において $x^{m+1}\to 0$ ($m\to\infty$) であるから，右辺は $1/(1-x)$ に収束する．（以上）

定理 2.13． 級数 $\sum a_n$ が収束すれば，級数

$$(a_1+\cdots+a_{n_1})+(a_{n_1+1}+\cdots+a_{n_2})+(a_{n_2+1}+\cdots+a_{n_3})+\cdots$$

も収束しその和は等しい．

証明． $\sum a_n$ の第 n 部分和を s_n とすれば，新しい級数の第 k 部分和は s_{n_k} である．s_n が s に収束すれば，s_{n_k} が s に収束することは明らかである．（証終）

2.3.2． 正項級数． すべての n に対して $a_n\geqq 0$ であるとき，$\sum a_n$ を**正項級数**という．

定理 2.14． 正項級数が収束するための必要十分条件は，部分和が有界であることである．

証明. 正項級数の部分和は増加数列であるから，定理 2.8 を適用すればよい．

(証終)

定理 2.15. $|b_n|\leqq a_n$ で $\sum a_n$ が収束すれば．$\sum b_n$ も収束する．

証明. $|\sum_{k=m}^{n} b_k|\leqq\sum_{k=m}^{n}|b_k|\leqq\sum_{k=m}^{n} a_k$．ゆえに，右辺が小ならば，左辺も小となる．

(証終)

定理 2.16. $a_1\geqq a_2\geqq a_3\geqq\cdots\geqq 0$ とする．$\sum a_n$ が収束するための必要十分条件は，級数

$$\sum_{k=0}^{\infty} 2^k a_{2^k}=a_1+2a_2+4a_4+8a_8+\cdots$$

が収束することである．

証明. 定理 2.14 によって，部分和の有界性についてしらべればよい．$s_n=\sum_{i=1}^{n} a_i$, $t_k=\sum_{i=0}^{k} 2^i a_{2^i}$ とおく．$n<2^k$ ならば，

$$\begin{aligned} s_n &\leqq a_1+(a_2+a_3)+\cdots+(a_{2^k}+a_{2^k+1}+\cdots+a_{2^{k+1}-1}) \\ &\leqq a_1+2a_2+\cdots+2^k a_{2^k}=t_k. \end{aligned}$$

ゆえに，$s_n\leqq t_k (n<2^k)$．

一方，$n>2^k$ ならば，

$$\begin{aligned} s_n &\geqq a_1+a_2+(a_3+a_4)+\cdots+(a_{2^{k-1}+1}+\cdots+a_{2^k}) \\ &\geqq \frac{a_1}{2}+a_2+2a_4+\cdots+2^{k-1}a_{2^k}=\frac{1}{2}t_k. \end{aligned}$$

ゆえに，$2s_n\geqq t_k$ $(n>2^k)$．

したがって，$\{s_n\}$ と $\{t_n\}$ の有界性，すなわち収束性は同値である．(証終)

例題 2. $\sum_{n=1}^{\infty} 1/n^p$ は $p>1$ のとき収束し，$p\leqq 1$ のとき発散する．

［**解**］ $\sum_{k=0}^{\infty} 2^k/2^{pk}=\sum_{k=0}^{\infty} 2^{(1-p)k}$．右辺は例題 1 によって，$p>1$ のとき収束し，$p\leqq 1$ のとき発散する．ゆえに，定理 2.16 を適用すればよい(→ IV § 3.2 例題 5)．(以上)

2.3.3. コーシーの判定条件

定理 2.17. $\rho=\overline{\lim}\sqrt[n]{|a_n|}$ とおく．$\sum a_n$ は $\rho<1$ のとき収束，$\rho>1$ のとき発散する．

証明. $\rho<1$ とする． $\rho+\varepsilon<1$ をみたす $\varepsilon>0$ に対して，N を十分大にとれば，$\sqrt[n]{|a_n|}<\rho+\varepsilon$ $(n\geqq N)$ となる．ゆえに，$|a_n|<(\rho+\varepsilon)^n$ $(n\geqq N)$．$\sum(\rho+\varepsilon)^n$ は収束するから，定理 2.15 によって $\sum a_n$ も収束する．

$\rho>1$ ならば，$\sqrt[n]{|a_n|}>1$，すなわち，$|a_n|>1$ となる n が無限個存在する．ゆえに，$\underline{\lim}\, a_n\neq 0$．したがって，定理 2.12 によって $\sum a_n$ は収束しない．(証終)

定理 2.18. $\overline{\lim}|a_{n+1}/a_n|<1$ ならば，$\sum a_n$ は収束，$|a_{n+1}/a_n|\geqq 1$ $(n=1, 2, \cdots)$ ならば，$\sum a_n$ は発散する．

証明. 前半は定理 2.10 と定理 2.17 より明らか．後半は，$|a_{n+1}|\geqq|a_1|$ $(n=1, 2, \cdots)$ であることに注目すればよい．

(証終)

2.3.4. 巾(ベキ)級数. 級数

$$\sum_{n=0}^{\infty} c_n x^n$$

を x の**巾級数**あるいは単に巾級数といい，c_n をその**係数**という．

定理 2.19. 巾級数 $\sum_{n=0}^{\infty} c_n x^n$ に対して

$$\rho = \overline{\lim_{n\to\infty}} \sqrt[n]{|c_n|}, \qquad R = \frac{1}{\rho}$$

とおく; $\rho=\infty$ のときは $R=0$, $\rho=0$ のときは $R=\infty$ とする. $\sum c_n x^n$ は $|x|<R$ のとき収束, $|x|>R$ のとき発散する. **(コーシー・アダマールの定理)**

証明. $a_n = c_n x^n$ とおくと, $\overline{\lim} \sqrt[n]{|a_n|} = |x| \overline{\lim} \sqrt[n]{|c_n|} = |x|\rho$. したがって, 定理 2.17 を用いればよい. → V §2.3 定理 2.7 (証終)

上で定義した R を**収束半径**という.

例題 3.
$$\lim_{n\to\infty}\left(1+\frac{x}{n}\right)^n = \sum_{k=0}^{\infty} \frac{x^k}{k!};$$

そして, 右辺の巾級数の収束半径は ∞ である.

[**解**] $k!/(k+1)! = 1/(k+1) \to 0$ $(k\to\infty)$ であるから, 定理 2.10 からわかるように, $\lim \sqrt[k]{1/k!} = 0$ である. つぎに等式を示す. 二項展開によって,

$$\left(1+\frac{x}{n}\right)^n = \sum_{k=0}^{n} a_{k,n}, \qquad a_{k,n} = \frac{n(n-1)\cdots(n-k+1)}{k!}\,\frac{x^k}{n^k}.$$

$|a_{k,n}| \leqq |x|^k/k!$ であり, $\varepsilon>0$ に対して N を十分大にとれば, $\sum_{k=N}^{\infty} |x|^k/k! < \varepsilon/4$ となる. したがって, $|\sum_{k=N}^{n} a_{k,n}| < \varepsilon/4$. ところで,

$$\left(1+\frac{x}{n}\right)^n - \sum_{k=0}^{\infty}\frac{x^k}{k!} = \sum_{k=0}^{N-1}\left(a_{k,n} - \frac{x^k}{k!}\right) + \sum_{k=N}^{n} a_{k,n} - \sum_{k=N}^{\infty}\frac{x^k}{k!}.$$

k を固定すると, $a_{k,n} \to x^k/k!$ $(n\to\infty)$ であるから, 十分大きい n に対して右辺の第一項 $<\varepsilon/2$. 第二項, 第三項は $<\varepsilon/4$ であるから, 右辺の絶対値は $<\varepsilon$. (以上)

2.3.5. 級数 $\sum \lambda_n a_n$.

定理 2.20. $A_n = \sum_{k=0}^{n} a_k$, $A_{-1}=0$ とおく. $0 \leqq p \leqq q$ に対して

$$\sum_{n=p}^{q} \lambda_n a_n = \sum_{n=p}^{q-1} A_n(\lambda_n - \lambda_{n+1}) + A_q\lambda_q - A_{p-1}\lambda_p.$$

——これを**アーベル変換**という.

証明. $\sum_{n=p}^{q} \lambda_n a_n = \sum_{n=p}^{q}(A_n - A_{n-1})\lambda_n = \sum_{n=p}^{q} A_n\lambda_n - \sum_{n=p-1}^{q-1} A_n\lambda_{n+1}$ より容易にみちびかれる. (証終)

定理 2.21. $A_n = \sum_{k=0}^{n} a_k$ が有界列をなし, $\{\lambda_n\}$ が単調列で $\lambda_n \to 0$ $(n\to\infty)$ ならば, $\sum \lambda_n a_n$ は収束する.

証明. 級数 $\sum_{n=1}^{q-1} |\lambda_n - \lambda_{n+1}| = |\sum_{n=1}^{q-1}(\lambda_n - \lambda_{n-1})| = |\lambda_1 - \lambda_q|$ は明らかに収束する. そして, $A_q\lambda_q \to 0$ $(q\to\infty)$ であるから, 定理 2.15 と定理 2.20 を用いればよい. (証終)

2.4. 絶対収束と条件収束

$\sum |a_n|$ が収束するとき, 級数 $\sum a_n$ は**絶対収束**するという. $\sum a_n$ が収束して $\sum |a_n|$ が発散するとき, $\sum a_n$ は**条件収束**するという.

例題 1. $\sum_{n=1}^{\infty} (-1)^n/n^p$ は $p>1$ のとき絶対収束し, $0<p\leqq 1$ のとき条件収束する.

[**解**] 前半は §2.3 例題 2 から, 後半は $a_n = (-1)^n$, $\lambda_n = 1/n^p$ として定理 2.21 を用いればよい. (以上)

定理 2.22.　絶対収束級数は項の順序をどのように変更しても収束し，その和は変わらない．

証明.　$\sum a_n$ を絶対収束級数，$\sum a_n'$ を項の順序を変更してえられた級数とする．

i.　$a_n \geqq 0$ の場合．$\sum a_n$, $\sum a_n'$ の部分和を s_n, s_n' とする．a_1', a_2', $\cdots$, a_n' のうちに含まれる添数の最大のものを a_N とすれば，$s_n'=a_1'+\cdots+a_n' \leqq a_1+\cdots+a_N=s_N$ であるから，$\{s_n'\}$ は単調増加有界列，したがって収束して $\lim s_n' \leqq \lim s_N$. $\sum a_n$ は $\sum a_n'$ の順序を変えたものと考えられるから，同様な論法によって $\lim s_n \leqq \lim s_N'$. ゆえに，

$$\lim s_n = \lim s_n'.$$

ii.　一般の場合．$b_n=(|a_n|+a_n)/2$, $c_n=(|a_n|-a_n)/2$ とおく．$a_n \geqq 0$ のとき $b_n=a_n$, $c_n=0$ そして $a_n<0$ のとき $b_n=0$, $c_n=a_n$ である．したがって，$a_n=b_n-c_n$; そして $\sum b_n$, $\sum c_n$ も絶対収束して $\sum a_n=\sum b_n-\sum c_n$ である．a_n' に対応して b_n', c_n' を定めると，$\sum a_n'=\sum b_n'-\sum c_n'$ である．$\sum b_n'$ は $\sum b_n$ の順序を変えたものであるから，i によって $\sum b_n'=\sum b_n$. 同様にして，$\sum c_n'=\sum c_n$. ゆえに，$\sum a_n'=\sum a_n$.　　（証終）

定理 2.23.　条件収束級数は，任意に与えられた数に収束するように項の順序を変更することができる．また，無限大に発散するように変えることもできる．

（リーマンの定理）

証明.　$\sum a_n$ を条件収束級数とする．上のようにして級数 $\sum b_n$, $\sum c_n$ を作れば，ともに ∞ に発散する．なんとなれば，もしともに収束ならば，$\sum |a_n|=\sum (b_n+c_n)$ も収束してしまう．また，$\sum_{k=1}^{n} a_k=\sum_{k=1}^{n} b_k-\sum_{k=1}^{n} c_k$ で $\sum a_k$ は収束であるから，$\sum b_k$, $\sum c_k$ のいずれか一つが収束し，他が発散することはない．

実数 s を与えるとき，自然数列 $\{m_k\}$, $\{n_k\}$ を

$$\begin{aligned}(2.1)\qquad & b_1+\cdots+b_{m_1}-c_1-\cdots-c_{n_1}+b_{m_1+1}+\cdots+b_{m_2}-c_{n_1+1}-\cdots-c_{n_2}\\ & +b_{m_2+1}+\cdots+b_{m_3}-c_{n_2+1}-\cdots\end{aligned}$$

が s に収束するようにえらべばよい．これは，$\sum a_n$ の項を並べかえた級数であるからである．

$\sum b_n$ の部分和は非有界であるから，

$$b_1+\cdots+b_{m_1}>s$$

となるように m_1 をとる．つぎに，n_1 を

$$b_1+\cdots+b_{m_1}-c_1-\cdots-c_{n_1}<s$$

となる最初の数とする．m_2 を

$$b_1+\cdots+b_{m_1}-c_1-\cdots-c_{n_1}+b_{m_1+1}+\cdots+b_{m_2}>s$$

となる最初の数とし，以下同様にして，$\{m_k\}$, $\{n_k\}$ を定める．

$$\sum_{i=1}^{m_1} b_i-\sum_{i=1}^{n_1} c_i+\cdots+\sum_{i=m_{k-1}+1}^{m_k} b_i>s \geqq \sum_{i=1}^{m_1} b_i-\sum_{i=1}^{n_1} c_i+\cdots+\sum_{i=m_{k-1}+1}^{m_k-1} b_i,$$

$$\sum_{i=1}^{m_1} b_i-\sum_{i=1}^{n_1} c_i+\cdots-\sum_{i=n_{k-1}+1}^{n_k} <s \leqq \sum_{i=1}^{m_1} b_i-\sum_{i=1}^{n_1} c_i+\cdots-\sum_{i=n_{k-1}+1}^{n_k-1} c_i$$

である．級数 (1) の第 p 部分和 s_p の最終項が $b_{m_{k-1}}+1$, $\cdots$, b_{m_k} の中にあれば，

$$s+b_{m_k}\geqq\sum_{i=1}^{m_1}b_i-\sum_{i=1}^{n_1}c_i+\cdots+\sum_{i=m_{k-1}+1}^{m_k}b_i\geqq s_p$$

$$\geqq\sum_{i=1}^{m_1}b_i-\sum_{i=1}^{n_1}c_i+\cdots-\sum_{i=n_{k-2}+1}^{n_{k-1}}c_i\geqq s-c_{n_{k-1}}.$$

ゆえに，$s+b_{m_k}\geqq s_p\geqq s-c_{n_{k-1}}$. s_p の最終項が $c_{n_{k-1}}+1$ …，c_{n_k} の中にあるときも同様な論法によって，$s+b_{m_{k-1}}\geqq s_p\geqq s-c_{n_k}$ がえられる．b_{m_k}，$c_{n_k}\to 0$ $(k\to\infty)$ であるから，いずれの場合も $s_p\to s$ $(p\to\infty)$ である． （証終）

級数 $\sum a_n$ が**無条件収束**するとは，どのように項の順序に並べかえても収束することである．

定理 2.24. 級数が無条件収束するための必要十分条件は，絶対収束することである．

証明. 定理 2.22，2.23 によって明らか． （証終）

2.5. 級数の積

級数 $\sum_{n=0}^{\infty}a_n$，$\sum_{n=0}^{\infty}b_n$ の積を形式的につくれば，

$$a_0b_0+(a_0b_1+a_1b_0)+\cdots+(a_0b_n+a_1b_{n-1}+\cdots+a_nb_0)+\cdots$$

となる．$c_n=\sum_{k=0}^{n}a_kb_{n-k}$ とおくとき，$\sum_{n=0}^{\infty}c_n$ を $\sum a_n$，$\sum b_n$ の**コーシー積級数**あるいは単に積級数という．

定理 2.25. $\sum a_n$，$\sum b_n$ がそれぞれ s，t に収束し，少なくとも一つが絶対収束すれば，積級数 $\sum c_n$ は st に収束する． **（メルテンスの定理）**

証明. $s_n=\sum_{k=0}^{n}a_k$，$t_n=\sum_{k=0}^{n}b_k$，$\sum a_n$ は絶対収束するとする．$u_n=\sum_{k=0}^{n}c_k$ とおけば，

$$u_n=a_0t_n+a_1t_{n-1}+\cdots+a_nt_0$$

である．したがって，$u_n-s_nt=\sum_{k=0}^{n}a_k(t_{n-k}-t)$.

M を $\sum_{n=0}^{\infty}|a_n|<M$, $|t_n|<M$, $n=0$, 1, … となるようにえらんでおく．$\varepsilon>0$ に対して m を十分大にとれば，

$$|t_n-t|<\frac{\varepsilon}{2M}\qquad(n\geqq m).$$

m を固定して，N を

$$\sum_{k=n-m+1}^{n}|a_k|<\frac{\varepsilon}{4M}\qquad(n\geqq N)$$

となるようにえらぶ．そうすると，

$$|u_n-s_nt|\leqq\left(\sum_{k=0}^{n-m}+\sum_{k=n-m+1}^{n}\right)|a_k|\,|t_{n-k}-t|$$

$$\leqq\sum_{k=0}^{n-m}|a_k|\frac{\varepsilon}{2M}+\sum_{k=n-m+1}^{n}2M|a_k|$$

$$<M\cdot\frac{\varepsilon}{2M}+2M\cdot\frac{\varepsilon}{4M}=\varepsilon\qquad(n\geqq N).$$

（証終）

定理 2.26. $\sum a_n$，$\sum b_n$ が s，t に絶対収束すれば，積級数 $\sum c_n$ は st に絶対収束する． **（コーシーの定理）**

証明. $|c_n|\leqq\sum_{k=0}^{n}|a_k||b_{n-k}|$ である．右辺を d_n とおけば，$\sum d_n$ は $\sum|a_n|$，$\sum|b_n|$ の積級数であるから定理 2.25 によって収束する．ゆえに，$\sum|c_n|$ も収束する．$\sum c_n=st$

であることは，定理 2.25 より明らか． (証終)

例題 1. 巾級数 $\sum_{n=0}^{\infty} x^n/n!$ と $\sum_{n=0}^{\infty} y^n/n!$ の積級数は $\sum_{n=0}^{\infty}(x+y)^n/n!$ である．

［解］ $a_n=x^n/n!$, $b_n=y^n/n!$ とおけば，

$$\sum_{k=0}^{n} a_k b_{n-k}=\sum_{k=0}^{n}\frac{x^k y^{n-k}}{k!(n-k)!}=\frac{1}{n!}\sum_{k=0}^{n}\binom{n}{k}x^k y^{n-k}$$

$$=\frac{(x+y)^n}{n!}.$$ (以上)

§2.3 例題3によって，級数 $\sum_{n=0}^{\infty} x^n/n!$ は収束するから，その和を e^x で表わせば，

(2.2) $$e^x\cdot e^y=e^{x+y};$$

特に，$e=e^1$ とかくとき，

$$e=\sum_{n=0}^{\infty}\frac{1}{n!}=2.7812818284\cdots.$$

2.6. 無限乗積

2.6.1. 数列 $\{a_n\}$ の項の形式的な積

$$a_1\cdot a_2\cdot a_3\cdots a_n\cdots$$

を**無限乗積**といい，これを $\Pi_{n=1}^{\infty} a_n$ あるいは単に $\Pi\, a_n$ で表わす．a_n を**第 n 因数**という．$p_n=\Pi_{k=1}^{n} a_k$ を**第 n 部分積**と名づける．数列 $\{p_n\}$ が 0 でない値 p に収束するとき，$\Pi\, a_n$ は p に**収束**するといい，$p=\Pi\, a_n$ とかく．$\{p_n\}$ が 0 に収束するか発散するとき，無限乗積は**発散**するという．

2.6.2. 収束条件.

定理 2.27. 無限乗積 $\Pi\, a_n$ が収束するための必要十分条件は，任意に $\varepsilon>0$ を与えるとき N が存在して，すべての n, $m\geqq N$ に対して

(2.3) $$\left|\frac{p_m}{p_n}-1\right|<\varepsilon$$

が成り立つことである．

証明. もし $\Pi\, a_n$ が収束すれば，すべての n に対して $|p_n|>M>0$ となるような M がとれる．$\varepsilon>0$ に対して N が存在して，$|p_m-p_n|<\varepsilon/M$ (n, $m\geqq N$) であるから，両辺を p_n で割ると，n, $m\geqq N$ に対して

$$\left|\frac{p_m}{p_n}-1\right|<\frac{\varepsilon M}{|p_n|}<\varepsilon.$$

逆に，$\varepsilon>0$ に対して (3) が成り立つとする．$\varepsilon=1$ としてそれに対応する N を K とすると，$|p_m-p_K|<|p_K|$ ($m\geqq K$) であるから，$\{p_m\}$ は有界列である．$|p_m|<M$ ($m=1, 2, \cdots$) とする．ε/M に対して (3) によって N をえらべば，n, $m\geqq N$ に対して

$$|p_m-p_n|<\frac{\varepsilon}{M}|p_n|<\varepsilon.$$

ゆえに，$\{p_n\}$ はコーシー列であって極限値をもつ．もし $p_n\to 0$ ($n\to\infty$) ならば，(3) で $m\to\infty$ とすると，$|0-1|\leqq\varepsilon$. ε は 1 より小にとってもよいからこれは不合理である．ゆえに，$\Pi\, a_n$ は収束するといえる． (証終)

定理 2.28. 無限乗積 Πa_n が収束すれば，$a_n \to 1\ (n \to \infty)$.

証明. 定理 2.27 で $n=m-1$ とおけばよい． （証終）

2.6.3. 絶対収束無限乗積. Πa_n の代りに $\Pi(1+u_n)$ を考えると便利なことが多い．

定理 2.29. $0 \leqq u_n < 1$ とすると，$\sum u_n$, $\Pi(1+u_n)$, $\Pi(1-u_n)$ は同時に収束，または発散する．

証明. (2) から，$1+u_k \leqq e^{u_k}$. ゆえに，$\Pi_{k=1}^n(1+u_k) \leqq e^{u_1+\cdots+u_n}$. したがって，$\sum u_k$ が収束すれば，$\Pi_{k=1}^n(1+u_k)$ は 1 より大きい有界列であって収束する．逆に，

$$1+u_1+\cdots+u_n \leqq (1+u_1)\cdots(1+u_n)$$

であるから，$\Pi(1+u_n)$ が収束すれば，$\sum u_n$ は収束する．

$$e^{-u_k} = (1-u_k) + \left(\frac{{u_k}^2}{2!} - \frac{{u_k}^3}{3!}\right) + \left(\frac{{u_k}^4}{4!} - \frac{{u_k}^5}{5!}\right) + \cdots$$

で右辺の各項は負にならないから，$e^{-u_k} \geqq 1-u_k$.

一方，

$$1-u_1-\cdots-u_n \leqq (1-u_1)\cdots(1-u_n)$$

であるから，上と同様な論法によって，$\sum u_n$ と $\Pi(1-u_n)$ の収束の同値が示される．

（証終）

無限乗積 $\Pi(1+u_n)$ は，$\Pi(1+|u_n|)$ が収束するとき**絶対収束**するという．

定理 2.30. 各因数が 0 でない絶対収束無限乗積は収束する．

証明. $\Pi(1+u_n)$ を絶対収束無限乗積とする．$v_n = (|u_n|+u_n)/2$, $w_n = (|u_n|-u_n)/2$ とおくと，$\sum |u_n|$ は収束であるから，$\sum v_n$, $\sum w_n$ も収束する．ゆえに，$\Pi(1+v_n)$, $\Pi(1-w_n)$ は収束する．ゆえに，

$$\lim_{n\to\infty} \prod_{k=1}^{n} (1+u_k) = \lim_{n\to\infty} \prod_{k=1}^{n} (1+v_k) \lim_{n\to\infty} \prod_{k=1}^{n} (1-w_k)$$

も収束する． （証終）

2.7. 二重数列と二重級数

2.7.1. 二重数列. 実数の集合 $\{a_{m,n};\ m,\ n=1,\ 2,\ \cdots\}$ を**二重数列**という．任意の $\varepsilon>0$ に対して N が存在して，$m,\ n \geqq N$ のとき

$$|a_{m,n}-a| < \varepsilon$$

となるとき，$\{a_{m,n}\}$ は a に**収束**するといい，

$$\lim_{m,n\to\infty} a_{m,n} = a \quad \text{または} \quad a_{m,n} \to a\ (m,\ n \to \infty)$$

で表わす．このような a が存在しないとき，$\{a_{m,n}\}$ は**発散**するという．特に，任意に $M>0$ を与えるとき N が存在して，$m,\ n \geqq N$ に対して $a_{m,n} > M$ となるとき，$\{a_{m,n}\}$ は ∞ に発散するといい，

$$\lim_{m,n\to\infty} a_{m,n} = \infty$$

とかく．$-\infty$ の場合の定義は明らかであろう．

$$b_m = \lim_{n\to\infty} a_{m,n}, \qquad b = \lim_{m\to\infty} b_m$$

が存在すれば，これを

$$b=\lim_{m\to\infty}\lim_{n\to\infty}a_{m,n}$$

と表わし，b を $\{a_{m,n}\}$ の**累次極限**という．極限値

$$a=\lim_{m,n\to\infty}a_{m,n},$$

$$b=\lim_{m\to\infty}\lim_{n\to\infty}a_{m,n},\qquad c=\lim_{n\to\infty}\lim_{m\to\infty}a_{m,n}$$

は一致するとは限らないし，一つが収束しても他が収束するとは限らない．

定理 2.31． $\{a_{m,n}\}$ が収束するための必要十分条件は，任意の $\varepsilon>0$ に対して N が存在して，$m, n, p, q\geqq N$ に対して

(2.4) $$|a_{p,q}-a_{m,n}|<\varepsilon$$

が成り立つことである．

証明． 必要性の証明は，定理 2.1 と同様にしてなされる．十分性を示す．(4) が成り立てば，$\{a_{n,n}\}$ はコーシー列であるから，定理 2.1 によって収束する．一方，$a_{p,q}-a_{n,n}\to 0$ $(p, q, n\to\infty)$ であるから，$\{a_{p,q}\}$ も収束する．（証終）

定理 2.32． $\{a_{m,n}\}$ は収束し，その一つの累次極限が存在すれば，これらの極限値はすべて一致する．

証明． $a=\lim_{m,n\to\infty}a_{m,n}$ とおく．$\lim_{m\to\infty}\lim_{n\to\infty}a_{m,n}$ が存在するとすれば，$\varepsilon>0$ に対して N が存在して，$m, n\geqq N$ に対して $|a_{m,n}-a|<\varepsilon/2$．ゆえに，$|\lim_{n\to\infty}a_{m,n}-a|\leqq\varepsilon/2<\varepsilon$ $(m\geqq N)$．これから $\lim_{m\to\infty}\lim_{n\to\infty}a_{m,n}=a$ がえられる．（証終）

2.7.2 二重級数． $\{a_{m,n}\}$ を二重数列とするとき，形式的な和

$$\begin{aligned}&a_{1,1}+a_{1,2}+a_{1,3}+\cdots\\&+a_{2,1}+a_{2,2}+a_{2,3}+\cdots\\&+a_{3,1}+a_{3,2}+a_{3,3}+\cdots\\&+\cdots\cdots\cdots\cdots\cdots\cdots\cdots\end{aligned}$$

を**二重級数**といい，これを $\sum_{m,n=1}^{\infty}a_{m,n}$ あるいは単に $\sum a_{m,n}$ で表わす．

$$s_{m,n}=\sum_{p=1}^{m}\sum_{q=1}^{n}a_{p,q}$$

とおく．二重数列 $\{s_{m,n}\}$ が収束するとき，$\sum a_{p,q}$ は**収束**するといい，その極限値を $s=\sum a_{p,q}$ で表わす．

定理 2.33． $\sum a_{m,n}$ が収束するための必要十分条件は，任意の $\varepsilon>0$ に対して N が存在し，$p, q, m, n\geqq N$ に対して次式が成り立つことである．

$$\left|\sum_{i=p}^{m}\sum_{j=q}^{n}a_{i,j}\right|<\varepsilon.$$

定理 2.34． $a_{m,n}\geqq 0$ とするとき，$\sum_{m=1}^{\infty}{}_{n=1}^{\infty}a_{m,n}$，$\sum_{m=1}^{\infty}\sum_{n=1}^{\infty}a_{m,n}$，$\sum_{n=1}^{\infty}\sum_{m=1}^{\infty}a_{m,n}$ のいずれか一つが収束すれば，他の二つとも同じ値に収束する．

証明． $\sum_{m,n}a_{m,n}\geqq\sum_m\sum_n a_{m,n}\geqq\sum_{m,n}a_{m,n}$ が示されるからである；$1\leqq m<p$，$1\leqq n<q$ についての和に対しては不等式は明らかであり，左辺から順次 $p\to\infty$，$q\to\infty$ とすればよい．$\sum_n\sum_m a_{m,n}$ についても同様である．（証終）

定理 2.35. $\sum_{m,n}|a_{m,n}|$, $\sum_m\sum_n|a_{m,n}|$, $\sum_n\sum_m|a_{m,n}|$ のいずれか一つが収束すれば，他の二つも収束し，$\sum_{m,n}a_{m,n}$, $\sum_m\sum_n a_{m,n}$ $\sum_n\sum_m a_{m,n}$ も同一の和に収束する.

証明. $|\sum_{p=1}^{m}\sum_{q=1}^{n}a_{p,q}-\sum_{p=1}^{m}\sum_{q=1}^{\infty}a_{p,q}|\leqq\sum_{p=m+1}^{\infty}\sum_{q=n+1}^{\infty}|a_{p,q}|$. 仮定から右辺は $m, n\to\infty$ のとき0に収束する. ゆえに，$\sum_{p,q}a_{p,q}=\sum_p\sum_q a_{p,q}$. 他の場合も同様である.

（証終）

3. 関数

3.1. 関数の極限

3.1.1. 関数. 実数の集合 D の各点 x に対して一つあるいは一つ以上の実数 y が対応するとき，その対応を $y=f(x)$ などとかき，$f(x)$ を x の**関数**（または**函数**），D を関数の**定義域**という. 各点 x に対してただ一つの値 $f(x)$ が定まるとき $f(x)$ を**一価関数**，二つ以上の値が定まるとき**多価関数**という. D で $f(x)$ のとる値の集合を $f(D)$ で表わし**値域**という. $f(D)$ の点 y に対して $y=f(x)$ なる点 x が対応するから，x は y の関数とみなせる. これを $x=f^{-1}(y)$ とかき，f^{-1} を f の**逆関数**という.

以下，特に断らないときは，関数はすべて一価であるとする.

3.1.2. 関数の極限. $f(x)$ を定義域 D 上の関数とする. 任意に $\varepsilon>0$ を与えるとき $\delta>0$ を適当にとれば，

$$0<|x-a|<\delta \tag{3.1}$$

なるすべての D の点 x に対して

$$|f(x)-p|<\varepsilon$$

となるとき，$\lim_{x\to a}f(x)=p$ または $f(x)\to p$ $(x\to a)$ とかく. a は D の点でなくともよい. (1) をみたす D の点 x が存在しないときは考慮に入れない.

(1) の代りに

$$0<x-a<\delta \quad \text{または} \quad 0<a-x<\delta$$

としたとき，$\lim_{x\to a+0}f(x)=p$ または $\lim_{x\to a-0}f(x)=p$，あるいは $f(x+0)=p$, $f(x-0)=p$ などとかく.

$p=\pm\infty$, $a=\pm\infty$ のときの定義は明らかであろう.

定理 3.1. $f(x)$, $g(x)$ は同じ定義域をもつ関数で $\lim_{x\to a}f(x)=p$, $\lim_{x\to a}g(x)=q$ とすると，

i. $\lim\{f(x)+g(x)\}=p+q$;

ii. $\lim f(x)g(x)=pq$;

iii. $q\neq 0$ ならば，$\lim\dfrac{f(x)}{g(x)}=\dfrac{p}{q}$.

証明は定理 2.2 と同様である.

3.1.3. 合成関数. $f(x)$ は D で定義され，$g(x)$ は $f(D)$ で定義された関数であるとき，$y=g(f(x))$ は D で定義された関数である. このようにしてえられた関数を**合成関数**という.

定理 3.2. $f(x)\to p$ $(x\to a)$, $g(y)\to q$ $(y\to p)$ ならば, $g(f(x))\to q$ $(x\to a)$; ただし, $f(x)$ は $0<|x-a|<\delta$ で p とはならないものとする.

証明. $\varepsilon>0$ を与えるとき, $\eta>0$ を $0<|y-p|<\eta$ なる $f(D)$ の点 y に対して

$$|g(y)-q|<\varepsilon$$

となるようにえらぶ. つぎに, $\delta>0$ を $0<|x-a|<\delta$ なる D の点 X に対して

$$|f(x)-p|<\eta$$

となるように定めればよい.　(証終)

3.1.4.　単調関数. $x_1<x_2$ なる任意の x_1, x_2 に対してつねに

(3.2)　$$f(x_1)\leqq f(x_2)\quad\text{または}\quad f(x_2)\leqq f(x_1)$$

が成り立つとき, f はそれぞれ**増加**または**減少関数**であるという. 両者を総称して**単調関数**という. (2) より強い条件

$$f(x_1)<f(x_2)\quad\text{または}\quad f(x_2)<f(x_1)$$

が成り立つとき, f は**狭義**増加または狭義減少であるといわれる.

f を D 上で定義された関数とする. $f(D)$ が有界集合であるとき, f を**有界関数**という.

定理 3.3. f を区間 (a, b) 上の単調, 有界関数とすれば, $f(a+0)$, $f(b-0)$ は存在する.

証明. f を有界増加関数とする. $\sup f((a, b))=p$ とする. 定義から $\varepsilon>0$ に対して $a<c<b$ が存在して $p-\varepsilon<f(c)\leqq p$. ゆえに, $\delta=b-c$ とおくと, $0<b-x<\delta$ ならば $|f(x)-p|<\varepsilon$. したがって, $\lim_{x\to b-0}f(x)=p$. $f(a+0)$ に対しても同様にして証明される.　(証終)

3.2.　連続関数

3.2.1. f を定義域 D 上の関数, a を D の点とする. $\lim_{x\to a+0}f(x)=f(a)$ のとき, f は点 a で**右側連続**であるといい, $\lim_{x\to a-0}f(x)=f(a)$ であるとき, **左側連続**であるという.

$\lim_{x\to a}f(x)=f(a)$ であるか, あるいは $\delta>0$ を十分小さくとるとき $0<|x-a|<\delta$ をみたす D の点が存在しないとき, f は点 a で**連続**であるという. これはつぎのような形でものべられる:

任意の $\varepsilon>0$ に対して $\delta>0$ が存在して, すべての

(3.3)　$$|x-a|<\delta$$

をみたす D の点 x に対して

$$|f(x)-f(a)|<\varepsilon$$

が成り立つとき, f は点 a で連続である.

各点で連続な関数を**連続関数**という. このとき, (3) の δ は点 a と ε に関係して定まるが, a に無関係にえらべるとき, 関数は**一様連続**であるという.

点 a で連続でないとき, a を**不連続点**, 少なくとも一つ不連続点があるとき, 関数は

不連続であるという．$\lim_{x\to a+0}f(x)$, $\lim_{x\to a-0}f(x)$ がともに存在して異なるような点 a を**第一種の不連続点**という．定理 3.3 によって，有界単調関数の不連続点はすべて第一種の不連続点である．

3.2.2. 連続関数の性質．定理 3.1，3.2 からつぎの定理がみちびかれる．

定理 3.4．$f(x)$, $g(x)$ が点 a で連続ならば，$f(x)+g(x)$, $f(x)g(x)$, $f(x)/g(x)$ も連続である．ただし，最後の式の場合は $g(a)\neq 0$ とする．

定理 3.5．$f(x)$ は点 a で連続，$g(x)$ は $f(a)$ で連続ならば，合成関数 $f(g(x))$ は点 a で連続である．

定理 3.6．$f(x)$ は閉区間 $[a, b]$ で連続，$f(a)>0$, $f(b)<0$ ならば，$f(x)$ は (a, b) 内の少なくとも一点で 0 となる．

証明．A を $f(x)>0$ となるような区間 $[a, b]$ の点の集合，$c=\sup A$ とする．もし $f(c)>0$ ならば，$f(x)$ は連続であるから，c に十分近い $x>c$ に対して $f(x)>0$ となって，c のとり方に矛盾する．$f(c)<0$ ならば，c に十分近い x に対して $f(x)<0$ となって，この場合も c のとり方に反する．ゆえに，$f(c)=0$ である．　（証終）

定理 3.7．$f(x)$ が区間 $[a, b]$ で連続ならば，$f(x)$ は $f(a)$, $f(b)$ の間のすべての値をとる．　**（中間値の定理）**

証明．$f(a)>f(b)$ として示す．$f(a)>p>f(b)$ とする．$g(x)=f(x)-p$ とおいて定理 3.6 を適用すればよい．　（証終）

定理 3.8．コンパクト集合 K 上の関数 $f(x)$ は一様連続である．

証明．$\varepsilon>0$ を与えておく．任意の x に対して $\delta_x>0$ を $|x-y|<\delta_x$, $y\in K$ ならば

$$|f(x)-f(y)|<\frac{\varepsilon}{2}$$

となるようにえらぶ．区間 $(x-\delta_x/3,\ x+\delta_x/3)$ を I_x とかく．$\{I_x;\ x\in K\}$ は K をおおう開区間の族であるから，有限個の $I_{x_1}, \cdots, I_{x_n}$ をとり出して K をおおうことができる．δ を $\delta_{x_1}/3, \cdots, \delta_{x_n}/3$ の最小値とする．

$y, z\in K$, $|y-z|<\delta$ とすれば，$\{I_{x_i}\}$ が K をおおうことから，y はある I_{x_i} に含まれる．

$$|x_i-z|\leqq|x_i-y|+|y-z|<\frac{\delta_{x_i}}{3}+\delta<\frac{\delta_{x_i}}{3}+\frac{\delta_{x_i}}{3}<\delta_{x_i}.$$

ゆえに，δ_x のえらび方から

$$|f(y)-f(z)|\leqq|f(y)-f(x_i)|+|f(x_i)-f(z)|$$
$$<\frac{\varepsilon}{2}+\frac{\varepsilon}{2}=\varepsilon.$$
（証終）

定理 3.9．コンパクト集合 K 上の連続関数 $f(x)$ の値域 $R=f(K)$ はコンパクト，すなわち有界閉集合である．

証明．$\{J_\alpha\}$ を R をおおう開区間の集合とする．$y\in R$ とすれば，y はある J_α に含まれる．いま，$y=f(x)$ として δ を $|x-z|<\delta$ ならば $f(z)\in J_\alpha$ となるようにえらび，

$I=(x-\delta, x+\delta)$ とおく．すべての y とこれに対応するすべての x に対して，上のような開区間 I をつくれば，これは K をおおう．ゆえに，有限個の区間 $I_1, \cdots, I_n$ で K はおおわれる．各 I_i に対して $f(I_i)\subset J_{\alpha_i}$ となる J_{α_i} をえらべば，$R=\bigcup_{i=1}^n f(I_i)\subset\bigcup_{i=1}^n J_{\alpha_i}$ であるから，有限個の J_α で R はおおわれる． （証終）

定理 3.10. f をコンパクト集合 K 上の連続関数，R をその値域とする．もし逆関数 f^{-1} が一価ならば，f^{-1} も R 上の連続関数である．

証明. $y_0\in R$, $f^{-1}(y_0)=x_0$ とする．$K-(x_0-\varepsilon, x_0+\varepsilon)=K'$ は有界閉集合，すなわちコンパクト集合である． ゆえに， $f(K')$ もコンパクトで， f^{-1} は一価であるから，$f(K')\not\ni y_0$ である．ゆえに，δを $|y-y_0|<\delta$ ならば $f(K')\not\ni y$ となるようにえらべば，$f^{-1}(y)\in(x_0-\varepsilon, x_0+\varepsilon)$，すなわち $|f^{-1}(y)-f^{-1}(y_0)|<\varepsilon$. ゆえに，$f^{-1}$ の連続性が示された． （証終）

3.3. 初等関数

3.3.1. 初等関数. 本節でのべる代数関数，三角関数，指数関数，およびこれらから合成関数や逆関数をつくる操作を有限回施こしてえられる関数を**初等関数**という．

3.3.2. 代数関数. y が x の多項式

$$y=a_0+a_1x+\cdots+a_nx^n$$

であるとき，y を x の**有理整式**という；ここに $a_0, a_1, \cdots, a_n$ は実数である．

$P(x)$, $Q(x)$ を有理整式とするとき，

$$\frac{P(x)}{Q(x)}$$

で表わされる関数を**有理関数**という；ここで $Q(x)$ は恒等的に 0 ではないとする．

$F(x, y)$ を変数 x, y それぞれの有理関数とするとき，

$$F(x, y)=0$$

なる関係によってきまる x の関数 y を，x の**代数関数**という．代数関数は一般には多価である．

3.3.3. 指数関数と対数関数. 級数

$$\sum_{n=0}^{\infty}\frac{x^n}{n!}$$

によって定義される関数を**指数関数**といい，e^x, $\exp x$ などと表わす．

定理 3.11. i. $e^{a+b}=e^ae^b$, $e^0=1$, 特に $e^{-a}=1/e^a$;

ii. 任意の自然数 n に対して，$\lim_{x\to\infty}x^ne^{-x}=0$, 特に $\lim_{x\to\infty}e^x=\infty$, $\lim_{x\to\infty}e^{-x}=0$;

iii. $\lim_{x\to 0}(e^x-1)/x=1$;

iv. $y=e^x$ は正の狭義増加連続関数.

証明. i. §2.4 例題 1 で示した．

ii. $e^x>x^{n+1}/(n+1)!$ であるから，$0<x^ne^{-x}<(n+1)!x^{-1}\to 0$ $(x\to\infty)$.

iii. $(e^x-1)/x-1=\sum_{n=2}^{\infty}x^{n-1}/n!$. 一方，$|x|<1$ ならば，この右辺の級数の絶対値 $\leqq\sum_{n=2}^{\infty}|x|/n!\leqq|x|\sum_{n=0}^{\infty}1/n!=|x|e$. ゆえに，

$$\frac{e^x-1}{x}-1\to 0 \qquad (x\to 0).$$

iv. $x\geqq 0$ とする. $x^n/n!$ $(n\geqq 1)$ は正, 狭義増加であるから, その和もそうである. $x<0$ のときは, $e^x=1/e^{-x}$ であることからわかる. $e^{x+h}-e^x=e^x(e^h-1)\to 0$ $(h\to 0)$ であるから, e^x は連続である.　　（証終）

$$\sinh x=\frac{e^x-e^{-x}}{2}, \qquad \cosh x=\frac{e^x+e^{-x}}{2}, \qquad \tanh x=\frac{\sinh x}{\cosh x}$$

を**双曲線関数**という.

指数関数 $f(x)=e^x$ $(-\infty<x<\infty)$ の逆関数 $f^{-1}(x)$ を $\log x$ で表わし, **対数関数**という. 定理 3.11 によって, $y=\log x$ の定義域は $x>0$, 値域は $-\infty<y<\infty$, 狭義増加であり, 定理 3.10 によって連続である.

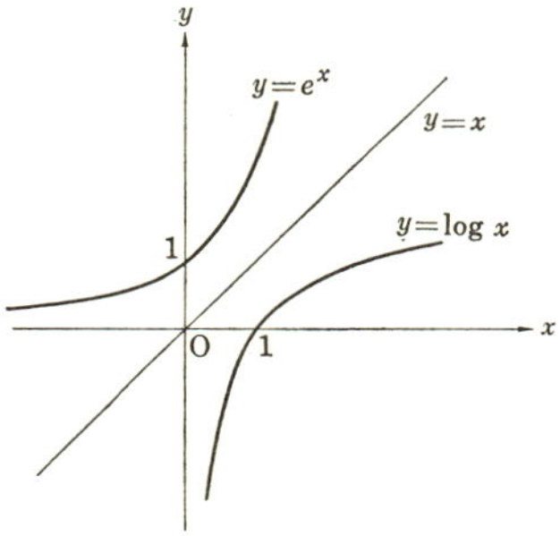

図 3.1

定理 3.11 i から

$$\log ab=\log a+\log b,$$
$$\log 1=0,$$
$$-\log a=\log\frac{1}{a}.$$

任意の定数 α と $x>0$ に対して $\alpha\log x=\log y$ をみたす y がただ一つ存在する. それは, 対数関数は狭義増加, 連続, 値域が $-\infty<y<\infty$ であることと定理 3.7 から容易にわかる. このとき, $y=x^\alpha$ とかく. 特に, α が整数のときはふつうの定義と一致する.

任意の $\alpha>0$ に対して

$$x^{-\alpha}\log x\to 0 \qquad (x\to\infty).$$

なんとなれば, $x=e^a$ とおくと, $x^{-\alpha}\log x=(e^a)^{-\alpha}a=ae^{-\alpha a}$. $x\to\infty$ とすれば, $\alpha a\to -\infty$ であるから, 定理 3.11 ii によって $ae^{-\alpha a}\to 0$ である.

3.3.4. 三角関数. 収束半径 ∞ の巾級数

$$\sum_{n=0}^{\infty}\frac{(-1)^n x^{2n+1}}{(2n+1)!}, \qquad \sum_{n=0}^{\infty}\frac{(-1)^n x^{2n}}{(2n)!}$$

をそれぞれ $\sin x$, $\cos x$ と表わす. また,

$$\tan x=\frac{\sin x}{\cos x}, \qquad \cot x=\frac{1}{\tan x},$$
$$\sec x=\frac{1}{\cos x}, \qquad \operatorname{cosec} x=\frac{1}{\sin x}$$

と定義し, これらを**三角関数**という.

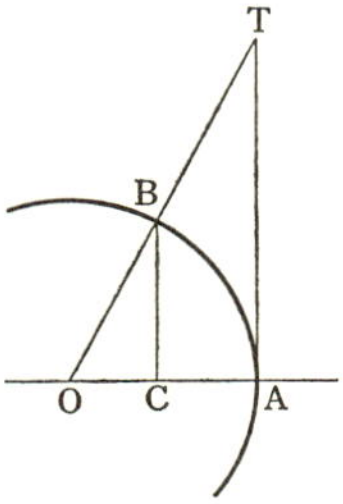

図 3.2

半径 1 の円の弧 AB (→ 図 3.2)の長さを x とするとき,

$$\sin x=\mathrm{CB}, \qquad \cos x=\mathrm{OC}, \qquad \tan x=\mathrm{AT}$$

であることが知られている.

特に，$\sin x$, $\cos x$ は周期 2π をもつ；すなわち，

$$\sin(x+2n\pi)=\sin x, \qquad \cos(x+2n\pi)=\cos x;$$

ここに n は任意な整数；そして，

$$\sin\left(x+\frac{\pi}{2}\right)=\cos x.$$

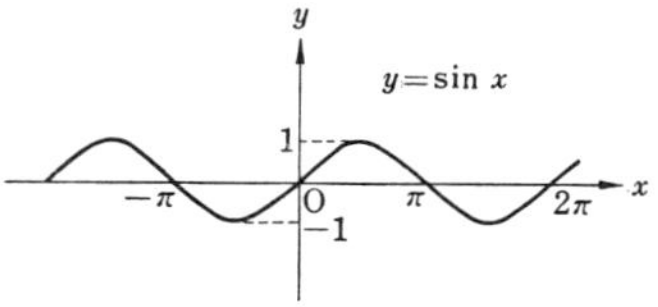

図 3.3

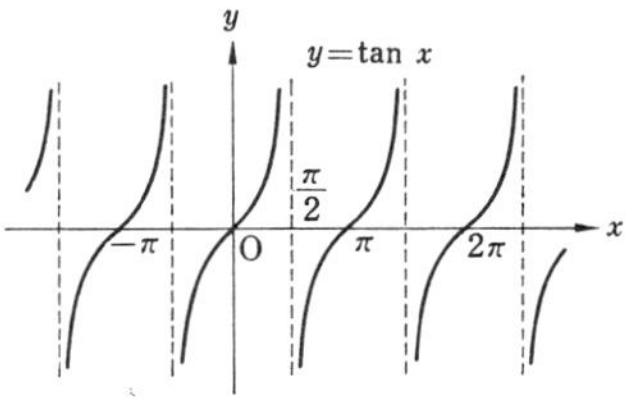

図 3.4

定理 3.12．　i.　$\sin(x\pm y)=\sin x\cos y\pm\cos x\sin y$,

　　　　　　　　ii.　$\cos(x\pm y)=\cos x\cos y\mp\sin x\sin y$.

証明．最初の式を示す．第二の式の証明も同様にしてなされる．$\sin x$ は奇関数，$\cos x$ は偶関数であるから，＋の場合に対して証明すれば十分である．

$\sin x$, $\cos y$ を定義する級数の積級数の第 n 項 c_n は

$$c_n=\sum_{k=0}^{n}\frac{(-1)^k x^{2k+1}}{(2k+1)!}\,\frac{(-1)^{n-k}y^{2(n-k)}}{[2(n-k)]!}=\frac{(-1)^n}{(2n+1)!}\sum_{k=0}^{n}\binom{2n+1}{2k+1}x^{2k+1}y^{2(n-k)}.$$

同様にして，$\cos x$, $\sin y$ に対する級数の積級数の第 n 項 c'_n は

$$c'_n=\frac{(-1)^n}{(2n+1)!}\sum_{k=0}^{n}\binom{2n+1}{2k+1}x^{2k}y^{2(n-k)+1}.$$

ゆえに，

$$c_n+c'_n=\frac{(-1)^n}{(2n+1)!}(x+y)^{2n+1}.$$

したがって，

$$\sin x\cos y+\cos x\sin y$$
$$=\sum_{n=0}^{\infty}(c_n+c_n')=\sum_{n=0}^{\infty}\frac{(-1)^n(x+y)^{2n+1}}{(2n+1)!}=\sin(x+y). \qquad \text{(証終)}$$

系．
i.　$\sin^2\alpha+\cos^2\alpha=1$,

ii.　$2\sin\alpha\cos\beta=\sin(\alpha+\beta)+\sin(\alpha-\beta)$,

iii.　$2\cos\alpha\cos\beta=\cos(\alpha+\beta)+\cos(\alpha-\beta)$,

iv.　$2\sin\alpha\sin\beta=-\cos(\alpha+\beta)+\cos(\alpha-\beta)$,

v.　$\sin\alpha+\sin\beta=2\sin\dfrac{\alpha+\beta}{2}\cos\dfrac{\alpha-\beta}{2}$,

vi.　$\cos\alpha+\cos\beta=2\cos\dfrac{\alpha+\beta}{2}\cos\dfrac{\alpha-\beta}{2}$,

vii. $$\cos\alpha-\cos\beta=-2\sin\frac{\alpha+\beta}{2}\sin\frac{\alpha-\beta}{2}.$$

証明. i は，定理 3.12 ii で $\cos(\alpha-\alpha)$ を考えればよい．ii は，定理 3.12 i から明らか．iii，iv も同様である．v，vi，vii はそれぞれ ii，iii，iv からみちびかれる．

（証終）

$\sin x$，$\cos x$，$\tan x$ の逆関数をそれぞれ

$$\arcsin x,\ \arccos x\ \ (-1\leqq x\leqq 1),\qquad \arctan x\ \ (-\infty<x<\infty)$$

で表わし，**逆三角関数**という．これらは多価関数である．

4. 微分

4.1. 微分係数と導関数

4.1.1. 微分係数と導関数. $y=f(x)$ を区間 (a, b) 上の関数とする．$x\in(a, b)$ に対して，$a<t<b$，$t\neq x$ とするとき，極限

$$\lim_{t\to x}\frac{f(x)-f(t)}{x-t}$$

が存在して有限であるとき，f は点 x で**微分可能**であるといい，極限値を x の**微分係数**という．それを

$$f'(x),\quad \frac{d}{dx}f(x),\quad \frac{dy}{dx},\quad y',\quad \dot{y}$$

などとかく．区間の各点で微分可能ならば，$f(x)$ は (a, b) で微分可能あるいは単に微分可能であるという．このとき，$f'(x)$ は x の関数と考えられる．これを $f(x)$ の**導関数**という．

$f'(x)$ がさらに微分可能ならば，その導関数を二次導関数といい，

$$f''(x),\quad \frac{d^2}{dx^2}f(x),\quad \frac{d^2y}{dx^2},\quad y'',\quad \ddot{y}$$

で表わす．同様にして，**n 次導関数**

$$f^{(n)}(x),\quad \frac{d^n}{dx^n}f(x),\quad \frac{d^ny}{dx^n},\quad y^{(n)}$$

が定義される．いくらでも微分可能な関数を**無限回微分可能**な関数という．

定理 4.1. 関数 f が点 x で微分可能ならば，そこで連続である．しかし，逆は成り立たない．

証明. f が x で微分可能ならば，

$$f(x)-f(t)=\frac{f(x)-f(t)}{x-t}(x-t)\to f'(x)\cdot 0=0\qquad (t\to x)$$

であるから，$f(x)$ は連続である．一方，$f(x)=|x|$ は点 0 で連続であるけれども，

$$\lim_{t\to -0}\frac{f(0)-f(t)}{0-t}=-1,\qquad \lim_{t\to +0}\frac{f(0)-f(t)}{0-t}=1$$

であるから，微分可能ではない．　(証終)

定理 4.2.　f, g を点 x で微分可能な関数とすれば，αf (α は定数)，$f+g$, fg も微分可能であって

i.　$$(\alpha f)'(x)=\alpha f'(x);$$

ii.　$$(f+g)'(x)=f'(x)+g'(x);$$

iii.　$$(fg)'(x)=f'(x)g(x)+f(x)g'(x);$$

$g(x)\neq 0$ ならば，f/g も微分可能であって

iv.　$$\left(\frac{f}{g}\right)'(x)=\frac{f'(x)g(x)-f(x)g'(x)}{g^2(x)}.$$

証明.　i, ii は明らか．iii, iv を証明するには，

$$f(x)g(x)-f(t)g(t)=[f(x)-f(t)]g(t)+f(x)[g(x)-g(t)],$$

$$\frac{f(x)}{g(x)}-\frac{f(t)}{g(t)}=\frac{1}{g(x)g(t)}\{[f(x)-f(t)]g(t)-f(t)[g(x)-g(t)]\}$$

の両辺をそれぞれ $(x-t)$ で割って，$x\to t$ とすればよい．　(証終)

定理 4.3.　f, g を n 回微分可能関数とすれば，

$$(fg)^{(n)}=f^{(n)}g+\binom{n}{1}f^{(n-1)}g'+\cdots+\binom{n}{k}f^{(n-k)}g^{(k)}+\cdots+\binom{n}{n-1}f'g^{(n-1)}+fg^{(n)}.$$

(ライプニッツの公式)

証明.　定理 4.2 ii をくり返し用いればよい．　(証終)

定理 4.4.　f は点 c で微分可能，g は f の値域で定義され点 $f(c)$ で微分可能とする．そのとき，合成関数 $h=g(f)$ も点 c で微分可能であって

$$h'(c)=g'(f(c))f'(c).$$

いいかえると，$y=f(x)$ とおくとき，点 c で

$$\frac{dg(y)}{dx}=\frac{dg(y)}{dy}\,\frac{dy}{dx}.$$

証明.　f, g はそれぞれ点 c, $f(c)$ で微分可能であるから，

$$f(c)-f(t)=(c-t)[f'(c)+\varepsilon(t)],$$

$$g(f(c))-g(u)=[f(c)-u][g'(f(c))+\eta(u)]$$

とかくことができる．ここに ε, η は $\varepsilon(t)\to 0$ $(t\to c)$, $\eta(u)\to 0$ $(u\to f(c))$ となる関数である．$u=f(t)$ とおくと，

$$\begin{aligned}h(c)-h(t)&=[f(c)-f(t)][g'(f(c))+\eta(f(t))]\\&=(c-t)[f'(c)+\varepsilon(t)][g'(f(c))+\eta(f(t))].\end{aligned}$$

$t\neq c$ とすれば，

$$\frac{h(c)-h(t)}{c-t}=[f'(c)+\varepsilon(t)][g'(f(c))+\eta(f(t))].$$

$t\to c$ とすれば，$f(t)\to f(c)$ であるから，$\eta(f(t))\to 0$; そして $\varepsilon(t)\to 0$ であるから，求める式がえられる．　(証終)

定理 4.5.　f は点 c のある近傍で狭義増加，微分可能，$f'(c)\neq 0$ であるとする．その

とき，$y=f(x)$ の逆関数 $x=g(y)$ は点 $y=f(c)$ で微分可能であって

$$g'(f(c))=\frac{1}{f'(c)}.$$

いいかえると，点 $x=c$，したがって $y=f(c)$ で

$$\frac{dx}{dy}=1\Big/\frac{dy}{dx}.$$

証明.　$x=g(f(x))$ であるから，

$$1=\frac{g(f(c))-g(f(t))}{c-t}=\frac{g(f(c))-g(f(t))}{f(c)-f(t)}\,\frac{f(c)-f(t)}{c-t}.$$

$t\neq c$，$t\to c$ とすれば，$f(t)\neq f(c)$，$f(t)\to f(c)$ であるから，求める式がえられる．

（証終）

4.1.2.　初等関数の導関数.

例題 1.　$f(x)=c$（定数）ならば，$f'(x)=0$; $f(x)=x^n$（n は整数）ならば，

$$f'(x)=nx^{n-1}.$$

［**解**］　最初の部分は明らかである．$f(x)=x^n$ ならば，

$$\begin{aligned}&\frac{f(x+h)-f(x)}{h}\\&=nx^{n-1}+h\left[\binom{n}{2}x^{n-2}+\binom{n}{3}x^{n-3}h+\cdots+h^{n-2}\right]\\&\to nx^{n-1}\qquad(h\to 0).\end{aligned}$$

（以上）

例題 2.

$$f(x)=e^x\quad ならば，\quad f'(x)=e^x;$$

$$f(x)=a^x\ (a>0)\quad ならば，\quad f'(x)=(\log a)a^x.$$

［**解**］　定理 3.11 iii によって，

$$\frac{f(x+h)-f(x)}{h}=e^x\cdot\frac{e^h-1}{h}\to e^x\cdot 1=e^x\qquad(h\to 0).$$

つぎに，対数関数は指数関数の逆関数であるから，$a=e^{\log a}$. ゆえに，

$$f(x)=a^x=(e^{\log a})^x=e^{x\log a}.$$

$y=x\log a$ とおくと，合成関数の微分法によって，

$$f'(x)=\frac{de^y}{dy}\,\frac{dy}{dx}=e^y\log a=(\log a)a^x.$$

（以上）

例題 3.

$$f(x)=\log x\quad ならば\quad f'(x)=\frac{1}{x}.$$

［**解**］　$y=f(x)$ とおくと，$x=e^y$. 逆関数の微分法（→ 定理 4.5）によって，

$$f'(x)=\frac{dy}{dx}=1\Big/\frac{dx}{dy}=\frac{1}{e^y}=\frac{1}{x}.$$

（以上）

例題 4.　$f(x)=x^p$（p は任意，$x\neq 0$）ならば，$f'(x)=px^{p-1}$.

［**解**］　$y=\log x^p$ とおくと，$f(x)=e^y$，$y=p\log x$ であるから，

$$f'(x)=\frac{de^y}{dy}\,\frac{dy}{dx}=e^y p\frac{1}{x}=px^{p-1}.$$

（以上）

三角関数の導関数を求めるために，まず

$$\frac{\sin h}{h} \to 1, \qquad \frac{1-\cos h}{h^2} \to \frac{1}{2} \qquad (h \to 0)$$

であることを示す．じっさい，$\sin h = \sum_{n=0}^{\infty}(-1)^n h^{2n+1}/(2n+1)!$ であるから，$|h|<1$ とすれば，

$$\left|\frac{\sin h}{h}-1\right| \leqq |h| \sum_{n=1}^{\infty} \frac{1}{(2n+1)!} \leqq |h| \sum_{n=0}^{\infty} \frac{1}{n!} = |h|e \to 0 \qquad (h \to 0).$$

一方，定理 3.12 系，vii によって，$1-\cos h = 2\sin^2(h/2)$，そして $\sin(h/2)/h \to 1/2$ であるから，第二の式がえられる．

例題 5. $(\sin x)' = \cos x, \quad (\mathrm{cosec}\, x)' = -\mathrm{cosec}\, x \cot x,$

$(\cos x)' = -\sin x, \quad (\sec x)' = \sec x \tan x,$

$(\tan x)' = \sec^2 x, \quad (\cot x)' = -\mathrm{cosec}^2 x.$

［**解**］ 定理 3.12 i によって，$\sin(x+h) = \sin x \cos h + \cos x \sin h$．したがって，

$$\frac{\sin(x+h)-\sin x}{h} = \sin x \frac{\cos h - 1}{h} + \cos x \frac{\sin h}{h} \to \cos x \qquad (h \to 0).$$

$(\cos x)'$ も同様にして証明される．

定理 4.2 iv によって

$$(\tan x)' = \left(\frac{\sin x}{\cos x}\right)' = \frac{\cos^2 x + \sin^2 x}{\cos^2 x} = \frac{1}{\cos^2 x}.$$

他の式も同様にしてみちびかれる． （以上）

4.2. 平均値定理

4.2.1. 平均値定理.

定理 4.6. f は $[a, b]$ で連続，(a, b) で微分可能，$f(a) = f(b)$ ならば，$f'(c) = 0$ となる点 c, $a<c<b$, が存在する． **（ロールの定理）**

証明. $f(x)$ がつねに $f(a)$ に等しいときは明らかである．もしそうでなければ，$f(x)$ は (a, b) で最大値または最小値をとる．例えば，c で最大値をとるとすれば，$f(c)-f(t) \geqq 0$ がすべての $a<t<b$ に対して成り立つから，

$$\frac{f(c)-f(t)}{c-t} \geqq 0 \quad (c>t), \qquad \leqq 0 \quad (c<t).$$

ゆえに，$f'(c) \geqq 0$ かつ，$\leqq 0$．すなわち，$f'(c)=0$．

最小値をとる場合も同様である． （証終）

定理 4.7. f, g を $[a, b]$ 上で連続，(a, b) で微分可能とすれば，

$$[f(b)-f(a)]g'(c) = [g(b)-g(a)]f'(c)$$

となる点 c, $a<c<b$ が存在する． **（コーシーの平均値定理）**

証明. $h(t) = [f(b)-f(a)]g(t) - [g(b)-g(a)]f(t)$ とおくと，$h(a) = h(b)$ であるから，定理 4.6 によって点 c がえられる． （証終）

定理 4.8. f は $[a, b]$ で連続，(a, b) で微分可能ならば，

$$f(b)-f(a)=(b-a)f'(c)$$

なる点 c, $a<c<b$, が存在する.　**(ラグランジュの平均値定理)**

証明.　定理 4.7 で $g(x)=x$ とおけばよい.　(証終)

定理 4.8 を区間 $[x, x+h]$ で考えると,

$$[f(x+h)-f(x)]/h=f'(x+\theta h)$$

とかくことができる; ここに θ は x, h に関係して定まる $0<\theta<1$ なる数である.

$f(x)$ が微分可能ならば連続であるが, 導関数は必ずしも連続でない. 例えば, $x\neq 0$ に対して $f(x)=x^2\sin(1/x)$, $f(0)=0$ で定義される関数を考えると, $f'(x)=2x\sin(1/x)-\cos(1/x)$ $(x\neq 0)$, そして

$$f'(0)=\lim_{h\to 0}\frac{h^2\sin\dfrac{1}{h}}{h}=0.$$

ゆえに, f は微分可能である. しかし, $x=0$ で f' は連続ではない.

しかし, 導関数に対して中間値の定理が成り立つ:

定理 4.9.　f は $[a, b]$ で微分可能, $f'(a)<p<f'(b)$ ならば, $f'(c)=p$ となる点 c, $a<c<b$, が存在する.　**(ダルブーの定理)**

証明.　$g(x)=[f(x+h)-f(x)]/h$ とおく. h を十分小さくとると, $g(a)<p$, $g(b-h)>p$ となる. そのような $h>0$ を固定しておく. $g(x)$ は $[a, b-h]$ 上の連続関数であるから, $g(x_0)=p$ となる点 x_0, $a<x_0<b-h$ が存在する. 一方, $g(x_0)=f'(x_0+\theta h)$, $0<\theta<1$, とかけるから, $c=x_0+\theta h$ が求める点である.　(証終)

4.2.2. 導関数と関数の増減　f を (a, b) 上の関数, $a<c<b$ とする. $h>0$ を十分小さくとると, すべての $0<|x-c|<h$ なる点 x に対して

$$f(x)<f(c)\qquad [f(x)>f(c)]$$

が成り立つとき, f は点 c で**極大** [**極小**] であるといい, $f(c)$ を**極大値** [**極小値**] という.

定理 4.10.　f は $[a, b]$ 上で微分可能, 点 c で極大または極小であれば, $f'(c)=0$.

証明.　h を十分小さくとれば, $f(c)$ は区間 $[c-h, c+h]$ の最大値または最小値であるから, 定理 4.6 の証明のようにすればよい.　(証終)

$y=f(x)$ を微分可能関数とすれば,

$$\frac{f(c)-f(t)}{c-t}=f'(c)+\varepsilon(t);$$

ここに $\varepsilon(t)\to 0$ $(t\to c)$ である. したがって, $f'(c)$ は点 c における $f(x)$ の勾配と考えられる. 勾配 $f'(c)$ をもち, 点 $(c, f(c))$ を通る直接の方程式

$$y-f(c)=f'(c)(x-c)$$

を**接線の方程式**という.

定理 4.11.　f は $[a, b]$ で微分可能とする.

i.　$f'(x)\geqq 0$, $a<x<b$, ならば, f は増加関数;

ii.　$f'(x)\leqq 0$, $a<x<b$, ならば, f は減少関数;

iii. $f'(x)=0,\ a<x<b$, ならば，f は定数関数.

証明. $a<x_1<x_2<b$ とするとき，

$$f(x_2)-f(x_1)=(x_2-x_1)f'(c), \qquad x_1<c<x_2$$

とかけるからである. （証終）

f を $[a,\ b]$ 上の関数とする. $a\leqq x_1<x_2\leqq b,\ 0<t<1$ とするとき，つねに

$$f(tx_1+(1-t)x_2)\leqq tf(x_1)+(1-t)f(x_2) \tag{4.1}$$

が成り立てば，f は $[a,\ b]$ で**凸**であるという.

定理 4.12. f は $[a,\ b]$ で 2 回微分可能とする. このとき，f が凸であるための必要十分条件は，$(a,\ b)$ で $f''(x)\geqq 0$ が成り立つことである.

証明. $a\leqq x_1<x_2\leqq b,\ 0<t<1,\ x_3=tx_1+(1-t)x_2$ とすると，

$$\frac{f(x_3)-f(x_1)}{x_3-x_1}=f'(c_1), \qquad \frac{f(x_2)-f(x_1)}{x_2-x_1}=f'(c_2);$$

ここに $x_1<c_1<x_3<c_2<x_2$ である. f が凸であることと $f'(c_1)\leqq f'(c_2)$ が同値であることが，簡単な計算によってたしかめられる.

f が凸ならば，$t\to 0$ として $[f(x_2)-f(x_1)]/(x_2-x_1)\leqq f'(x_2)$. $t\to 1$ として $f'(x_1)\leqq [f(x_2)-f(x_1)]/(x_2-x_1)$. ゆえに，$f'(x_1)\leqq f'(x_2)$. したがって，$f'$ は単調増加であるから，$f''\geqq 0$ である. 逆に，$f''\geqq 0$ ならば，f' は単調増加であるから，$f'(c_1)\leqq f'(c_2)$. ゆえに，f は凸である. （証終）

4.2.3. 不定形の極限.

定理 4.13. $f,\ g$ は $(a,\ b)$ で微分可能，$-\infty\leqq a<b\leqq\infty,\ g'(x)\neq 0,\ a<x<b$, とする. もし

$$f(x),\ g(x)\to 0 \qquad (x\to a) \tag{4.2}$$

または

$$g(x)\to\infty \qquad (x\to a) \tag{4.3}$$

ならば，

$$\lim_{x\to a}\frac{f(x)}{g(x)}=\lim_{x\to a}\frac{f'(x)}{g'(x)}; \tag{4.4}$$

ただし，右辺の極限は $\pm\infty$ も含めて存在するものとする.

$x\to b$ のときも同様である. **（ロピタルの定理）**

証明. (4) の右辺の極限値を l とする. $l<p$ とすると，仮定から $a<c<b$ を適当にとれば，$f'(x)/g'(x)<p\ (a<x<c)$. $a<x'<x<c$ ならば，平均値定理 4.7 によって

$$\frac{f(x)-f(x')}{g(x)-g(x')}=\frac{f'(t)}{g'(t)}<p \tag{4.5}$$

である；ここに $x'<t<x$ である. (2) を仮定するときは，$x'\to a$ として $f(x)/g(x)\leqq p$ $(a<x<c)$. 一方，x' が a に十分近いときは (5) から

$$\frac{f(x')}{g(x')}<p+\frac{f(x)}{g(x')}-p\frac{g(x)}{g(x')}$$

であるから，(3) を仮定するときは x を固定して $x'\to a$ とすれば，$\overline{\lim}\,f(x')/g(x')\leqq p$

がえられる．ゆえに，いずれの場合も $\overline{\lim}_{x\to a}f(x)/g(x)\leqq p$ である．

同様にして，$l>q$ とすれば $\underline{\lim}_{x\to a}f(x)/g(x)\geqq q$ がえられる．p, q は任意であるから，$\lim_{x\to a}f(x)/g(x)=l$ である．（証終）

$-\infty\leqq a\leqq\infty$ とする．関数 f, g が

$$\overline{\lim_{x\to a}}\left|\frac{f(x)}{g(x)}\right|<\infty \quad \text{または} \quad \lim_{x\to a}\frac{f(x)}{g(x)}=0$$

をみたすとき，それぞれ

$$f(x)=O(g(x)), \qquad f(x)=o(g(x)) \qquad (x\to a)$$

とかく．例えば，$f(x)\to 0$ $(x\to a)$ は $f(x)=o(1)$ とかかれる．**ランダウの記号**である．

4.2.4. テイラーの定理.

定理 4.14. f は $[a, b]$ で $(n-1)$ 回微分可能，(a, b) で n 回微分可能とする．

$$P(x)=\sum_{k=0}^{n-1}\frac{f^{(k)}(a)}{k!}(x-a)^k$$

とおくとき，

$$f(b)=P(b)+\frac{f^{(n)}(c)}{n!}(b-a)^n.$$

となる点 c, $a<c<b$, が存在する．（**テイラーの定理**）

$n=1$ のときは，平均値定理 4.8 にほかならない．

証明. M を $f(b)=P(b)+M(b-a)^n$ をみたす数とし，

$$g(x)=f(x)-P(x)-M(x-a)^n$$

とおく．$g(a)=g'(a)=\cdots=g^{(n-1)}(a)=0$ である．一方，$g(b)=0$ であるから，ロールの定理 4.6 によって $g'(c_1)=0$ となる点 $a<c_1<b$ が存在する．つぎに，$g'(a)=g'(c_1)=0$ より $g''(c_2)=0$ となる点 $a<c_2<c_1$ が存在する．このようにして，最後に $g^{(n)}(c_n)=0$ となる点 $a<c_n<b$ がえられる．$c=c_n$ とおくと，$0=g^{(n)}(c)=f^{(n)}(c)-n!M$ であるから，$M=f^{(n)}(c)/n!$ がえられる．（証終）

5. 関数列

5.1. 関数列の収束

5.1.1. 収束の定義. $\{f_n(x)\}$ を集合 D の上で定義された関数列とする．D の各点 x に対して数列 $\{f_n(x)\}$ が収束するとき，$f(x)=\lim_{n\to\infty}f_n(x)$ とかく．極限値 $f(x)$ は x の関数と考えられるから，これを**極限関数**という．このようなとき，関数列 $\{f_n\}$ は f に**各点で収束**する，あるいは単に収束するという．

$\{f_n\}$ が f に**一様収束**するとは，任意の $\varepsilon>0$ に対して N が存在して，すべての $n\geqq N$ と $x\in D$ に対して

$$|f_n(x)-f(x)|<\varepsilon$$

となることである．

無限級数

$$u_1(x)+u_2(x)+u_3(x)+\cdots$$

に対しては，その部分和を $s_n(x)=\sum_{k=1}^{n}u_k(x)$ とおく．$\{s_n(x)\}$ が各点で収束(一様収束)するとき，級数は各点で収束(一様収束)するという．

定理 5.1. 集合 D 上の関数列 $\{f_n\}$ が一様収束するための必要十分条件は，任意の $\varepsilon>0$ に対して N が存在して，すべての $m, n\geqq N$ と $x\in D$ に対して $|f_m(x)-f_n(x)|<\varepsilon$ となることである．

証明. $\{f_n\}$ が f に一様収束すれば，$\varepsilon>0$ に対して N が存在して，$|f_n(x)-f(x)|<\varepsilon/2$ $(n\geqq N, x\in D)$ となるから，$m, n\geqq N$ に対して $|f_m(x)-f_n(x)|\leqq|f_m(x)-f(x)|+|f(x)-f_n)|<\varepsilon/2+\varepsilon/2=\varepsilon$.

つぎに，定理の条件が成り立てば，各点で $\{f_n(x)\}$ は収束するから，極限が存在する．それを $f(x)$ とする．定理の式で n を固定し $m\to\infty$ とすれば，$|f_n(x)-f(x)|\leqq\varepsilon$ $(n\geqq N)$．ゆえに，$\{f_n\}$ は f に一様収束する． (証終)

定理 5.2. $\{u_n(x)\}$ は D 上の関数列とする．

$$|u_n(x)|\leqq M_n \quad (x\in D), \qquad \sum_{n=1}^{\infty}M_n<\infty$$

となる正の数 M_n があれば，級数 $\sum u_n(x)$ は一様収束する．

(**ワイエルシュトラスの定理**)

証明. $$\left|\sum_{k=m}^{n}u_k(x)\right|\leqq\sum_{k=m}^{n}M_k.$$

$\sum M_k$ は収束するから，m, n を大にとれば最後の式はいくらでも小になる． (証終)

5.1.2. 一様収束と連続性. $\{f_n\}$ が連続関数列であっても，その極限関数は連続とは限らない．

例題 1. $f_n(x)=(1+x^2)^{-n}$ は連続関数であるが，$\lim_{n\to\infty}f_n(x)=0$ $(x\neq0)$，$=1$ $(x=0)$．したがって，極限関数は不連続である．

定理 5.3. D 上の連続関数列 $\{f_n\}$ が f に一様収束すれば，f も連続である．

証明. $\varepsilon>0$ に対して n を十分大にとれば，

$$|f_n(x)-f(x)|<\frac{\varepsilon}{3} \qquad (x\in D).$$

$a\in D$ とする．f_n は連続であるから，$\delta>0$ が存在して $x\in(a-\delta, a+\delta)\cap D$ のとき，

$$|f_n(x)-f_n(a)|<\frac{\varepsilon}{3}.$$

したがって，

$$|f(x)-f(a)|\leqq|f(x)-f_n(x)|+|f_n(x)-f_n(a)|+|f_n(a)-f(a)|$$
$$<\frac{\varepsilon}{3}+\frac{\varepsilon}{3}+\frac{\varepsilon}{3}=\varepsilon.$$ (証終)

定理 5.4. D をコンパクト集合，$\{f_n\}$ は D 上の連続関数列で，$f_n(x)\geqq f_{n+1}(x)$ $(n=1, 2, \cdots)$ かつ連続関数 f に収束するとする．そのとき，f_n は f に一様収束する．

(**ディニの定理**)

証明. $g_n(x)=f_n(x)-f(x)$ とおくと，$g_n(x)\geqq g_{n+1}(x)\geqq0$．$g_n(x)\to0$ であるから，

$\varepsilon>0$ を与えるとき任意の $x\in D$ に対して n_x が存在して，$g_{n_x}(x)<\varepsilon/2$. $g_n(x)$ は連続であるから，x を含む開区間 I_x が存在して，$g_{n_x}(y)<\varepsilon$, $y\in I_x\cap D$. ゆえに，

$$0\leqq g_n(y)<\varepsilon, \qquad y\in I_x\cap D, \qquad n\geqq n_x.$$

$\{I_x;\ x\in D\}$ は D をおおう開区間の集合，D はコンパクトであるから，有限個の I_{x_1}, $\cdots$, I_{x_k} で D をおおうことができる．$N=\sup\,(n_{x_1},\ \cdots,\ n_{x_k})$ とおく．$n\geqq N$ とする．$y\in D$ ならば，ある $1\leqq i\leqq k$ に対して $y\in I_{x_i}\cap D$ である．ゆえに，$0\leqq g_n(y)\leqq g_{n_i}(y)<\varepsilon$, ただし $n_i=n_{x_i}$ である．したがって，g_n は一様に 0 に収束，すなわち，f_n は f に一様収束する． （証終）

5.1.3. 同程度連続関数族. D を有界閉集合，$\mathscr{F}$ は D 上の連続関数からなるある集合とする．$\mathscr{F}$ が**各点で有界**であるとは，D の各点 x で $\boldsymbol{R}$ の集合 $\{f(x);\ f\in\mathscr{F}\}$ が有界であることである．$\mathscr{F}$ が**一様有界**であるとは，$\boldsymbol{R}$ の集合 $\{f(x);\ x\in D,\ f\in\mathscr{F}\}$ が有界であることである．$\mathscr{F}$ が**同程度連続**とは，任意の $\varepsilon>0$ に対して $\delta>0$ が存在して，$|x-y|<\delta$ なるすべての D の点 x, y とすべての $f\in\mathscr{F}$ に対して

$$|f(x)-f(y)|<\varepsilon \tag{5.1}$$

となることである．

定理 5.5. D を $\boldsymbol{R}$ のコンパクト集合，$\mathscr{F}$ を D 上の連続関数からなる集合とする．$\mathscr{F}$ が同程度連続かつ一様有界であるための必要十分条件は，任意に $\varepsilon>0$ を与えるとき $\mathscr{F}$ の有限個の関数 f_1, f_2, $\cdots$, f_n が存在して，各 $f\in\mathscr{F}$ に対して

$$\sup_{x\in D}|f(x)-f_k(x)|<\varepsilon$$

となるような f_k, $1\leqq k\leqq n$, がとれることである． **（アスコリ・アルゼラの定理）**

証明. 十分性を示す．$\varepsilon>0$ を与えるとき，f_1, $\cdots$, f_n をすべての $f\in\mathscr{F}$ に対して

$$\sup_{x\in D}|f(x)-f_k(x)|<\frac{\varepsilon}{3} \tag{5.2}$$

がある k, $1\leqq k\leqq n$, に対して成り立つようにえらぶ．f_k は連続であるから，定理 3.8 によって一様連続である，ゆえに，$\delta_k>0$ が存在して $|x-y|<\delta_k$, x, $y\in D$ ならば，

$$|f_k(x)-f_k(y)|<\frac{\varepsilon}{3}.$$

$\delta=\inf(\delta_1,\ \cdots,\ \delta_n)$ とおく．$f\in\mathscr{F}$ を与えるとき，k を (2) をみたすようにえらぶ．そのとき，$|x-y|<\delta$, x, $y\in D$ ならば，

$$\begin{aligned}|f(x)-f(y)|&\leqq|f(x)-f_k(x)|+|f_k(x)-f_k(y)|+f_k(y)-f(y)|\\&<\frac{\varepsilon}{3}+\frac{\varepsilon}{3}+\frac{\varepsilon}{3}=\varepsilon.\end{aligned}$$

ゆえに，$\mathscr{F}$ は同程度連続である．つぎに，各 f_k は定理 3.9 によって一様有界であるから，$|f_k(x)|\leqq M_k\,(x\in D)$ となる $M_k>0$ が存在する．$M=\sup\,(M_1,\ \cdots,\ M_n)$ とする．$f\in\mathscr{F}$ に対して f_k を (2) が成り立つようにえらべば，

$$|f(x)|\leqq|f_k(x)|+\frac{\varepsilon}{3}\leqq M+\frac{\varepsilon}{3} \qquad (x\in D).$$

ゆえに，$\mathscr{F}$ は一様有界である．

つぎに，必要性を示す．$|f(x)|\leqq M$ $(x\in D,\ f\in\mathscr{F})$ であるように $M>0$ をえらんでおく．$\varepsilon>0$ を与えるとき，$-M=z_1<z_2<\cdots<z_k=M$，$z_{j+1}-z_j<\varepsilon$，と z_j をえらぶ．仮定によって，$\delta>0$ が存在して $|x-y|<\delta$，x，$y\in D$ ならば，すべての $f\in\mathscr{F}$ に対して (1) で ε の代りに $\varepsilon/3$ とおいた不等式が成り立つ．$\{x_1, x_2, \cdots, x_l\}$ を D の点で，任意の $x\in D$ に対して $\inf_j|x-x_j|<\delta$ となるようにえらぶ．

$\{k_j\}$ を $1\leqq k_j\leqq k$ $(j=1, \cdots, l)$ なる任意の整数列とする．$p=\{k_j\}$ とかく．そして，もし $|x-x_j|<\delta$，$x\in D$ ならば，$|f(x)-z_{k_j}|<\varepsilon/3$ $(j=1, \cdots, l)$ が成り立つような $f\in\mathscr{F}$ があれば，そのよう関数の一つを f_p とかく．$\{f_p\}$ は有限集合であることに注目しよう．$f\in\mathscr{F}$ を任意にとるとき，k_j を適当にえらべば，

$$|f(x_j)-z_{k_j}|<\frac{\varepsilon}{3} \qquad (j=1, \cdots, l)$$

となる．$p=\{k_j\}$ とし，$x\in D$ に対して x_j を $|x-x_j|<\delta$ なる点とすれば，

$$\begin{aligned}|f(x)-f_p(x)|&\leqq|f(x)-f(x_j)|+|f(x_j)-z_{k_j}|+|z_{k_j}-f_p(x)|\\&<\frac{\varepsilon}{3}+\frac{\varepsilon}{3}+\frac{\varepsilon}{3}=\varepsilon.\end{aligned}$$

これはすべての $x\in D$ に対して成り立つから，定理は証明された．→ VI A § 4.2 定理 4.2

（証終）

5.2. 関数列の微分

微分可能な関数列 f_n が f に収束しても，f は微分可能とは限らない．一般に，関数列の極限と微分の関係は複雑である．

定理 5.6. $\{f_n\}$ は区間 $[a, b]$ 上の微分可能関数列で f に収束するとする．f_n' が一様収束すれば，f も微分可能で，それは f' に収束する．すなわち，

$$\frac{d}{dx}\lim_{n\to\infty}f_n(x)=\lim_{n\to\infty}\frac{d}{dx}f_n(x).$$

証明. $g(x)=f_n(x)-f_m(x)$ とおく．平均値定理 4.8 によって，

$$\frac{g(x+h)-g(x)}{h}=g'(x+\theta h), \qquad 0<\theta<1.$$

$\{f_n'\}$ は一様収束するから，$\varepsilon>0$ に対して m, n を大きくとれば，$|g'(x+\theta h)|=|f_n'(x+\theta h)-f_m'(x+\theta h)|<\varepsilon$. ゆえに，$m\to\infty$ として

$$\left|\frac{f_n(x+h)-f(x+h)-f_n(x)+f(x)}{h}\right|\leqq\varepsilon.$$

したがって，

$$\left|\overline{\lim_{h\to0}}\frac{f(x+h)-f(x)}{h}-f_n'(x)\right|\leqq\varepsilon.$$

$\varepsilon>0$ は任意であったから，$n\to\infty$ として

$$\overline{\lim_{h\to0}}\frac{f(x+h)-f(x)}{h}=\lim_{n\to\infty}f_n'(x).$$

下極限に対しても同様な式がえられるから，f は微分可能であって求める式がえられる．

（証終）

5.3. 巾級数

5.3.1. 巾級数の収束. 巾(べき)級数

(5.3) $$\sum_{n=0}^{\infty} c_n x^n$$

の収束半径を R (→§2.3.4), $|x|<R$ に対して級数 (3) の表わす関数を $f(x)$ とする.

定理 2.19 の証明からつぎの定理は明らかである:

定理 5.7. $R<\infty$ ならば, $\varepsilon>0$ とするとき $|x|\leqq R-\varepsilon$ で級数 (3) は $f(x)$ に一様かつ絶対収束する. $R=\infty$ ならば, 任意の有限区間で一様かつ絶対収束する.

定理 5.8. $f(x)$ は $(-R, R)$ で無限回微分可能であって, その導関数は巾級数 (3) を項別に微分したものに等しい.

証明. $f_m(x)=\sum_{n=0}^{m} c_n x^n$ とおく. $\overline{\lim}\sqrt[n]{n|c_n|}=\overline{\lim}\sqrt[n]{|c_n|}$ (→§2.2 例題3)であるから, $f_m'(x)$ は $\varepsilon>0$ とするとき $|x|\leqq R-\varepsilon$ で一様収束する. ゆえに, 定理5.6によって f は微分可能であって $f'(x)=\sum_{n=0}^{\infty} nc_n x^{n-1}$, $|x|\leqq R-\varepsilon$. $\varepsilon>0$ は任意であるから, この式は $|x|<R$ で成り立つ. これをくり返すことによって定理がえられる.（証終）

定理 5.9. $\sum_{n=0}^{\infty} c_n$ が収束すれば, $R\geqq 1$ であって, $f(x)=\sum_{n=0}^{\infty} c_n x^n$ とおくとき,

$$\lim_{x\to 1-0} f(x)=\sum_{n=0}^{\infty} c_n. \qquad \text{（アーベルの定理）}$$

証明. $C_n=\sum_{k=0}^{n} c_k$ とおいて定理 2.20 を適用すると,

$$\sum_{n=0}^{m} c_n x^n=\sum_{n=0}^{m-1} C_n(1-x)x^n+C_m x^m.$$

$\{C_m\}$ は有界列, $|x|<1$ のとき $x^m\to 0$ $(m\to\infty)$ であるから, $m\to\infty$ とすると,

$$f(x)=(1-x)\sum_{n=0}^{\infty} C_n x^n.$$

$C=\lim C_m$ とする. $\varepsilon>0$ に対して N が存在して $|C-C_n|<\varepsilon/2$ $(n\geqq N)$ となる. 一方, $(1-x)\sum_{n=0}^{\infty} x^n=1$ であるから,

$$|f(x)-C|=(1-x)\left|\sum_{n=0}^{\infty}(C_n-C)x^n\right|$$
$$\leqq(1-x)\sum_{n=0}^{N}|C_n-C|x^n+(1-x)\sum_{n=N}^{\infty} x^n\frac{\varepsilon}{2}.$$

第二項 $\leqq\varepsilon/2$. 第一項は $x\to 1$ のとき0となる. ゆえに, x が十分1に近ければ,

$$|f(x)-C|<\varepsilon.$$

（証終）

5.3.2. 実解析関数. 開区間 (a, b) 上の関数 $f(x)$ が**実解析的**であるとは, (a, b) の任意の点 c に対して $f(x)$ が収束半径正の巾級数

(5.4) $$f(x)=\sum_{n=0}^{\infty} c_n(x-c)^n$$

によって表わされることである.

このとき, 定理 5.8 によって, k 回微分すると,

$$f^{(k)}(x)=\sum_{n=k}^{\infty}n(n-1)\cdots(n-k+1)c_n(x-c)^{n-k}.$$

$x=c$ とおいて，$c_k=f^{(k)}(c)/k!$ がえられる．したがって，実解析関数はテイラー展開可能な関数といってもよい．

定理 5.10. $f(x)$ が (a, b) で実解析的であるための必要十分条件は，f は無限回微分可能かつ任意の $a<a'<b'<b$ に対して $r, M>0$ が存在して

$$|f^{(n)}(x)|\leqq n!Mr^{-n},\qquad x\in[a', b'],\quad n=1, 2, \cdots$$

となることである．

証明.　c を (a, b) の任意の点とする．

$$f(x)=\sum_{k=0}^{n}f^{(k)}(c)\frac{(x-c)^k}{k!}+R_{n+1};$$

ここに $R_{n+1}=f^{(n+1)}(\xi)(x-c)^{n+1}/(n+1)!$，$x\gtreqless\xi\gtreqless c$ である．定理の条件が成り立てば，$x, c\in[a', b']$ のとき $|R_{n+1}|\leqq M|x-c|^{n+1}r^{-n-1}/(n+1)$．ゆえに，$|x-c|\leqq r'<r$ に対して $|R_{n+1}|\leqq M(r'/r)^{n+1}$ となるから，$f(x)$ は $x=c$ でテイラー級数に展開される．

つぎに，$f(x)$ は (a, b) で実解析的，$a<a'<b'<b$ であるとする．任意の点 $c\in[a', b']$ で $f(x)$ は巾級数展開できるから，その収束半径を R_c とする．$I_c=(c-R_c/4, c+R_c/4)$ とすると，開区間 I_c, $c\in[a', b']$ は $[a', b']$ をおおうから，有限個の点 $c_1, \cdots, c_p$ が存在してそれに対応する I_c の区間 $I_1, \cdots, I_p$ が $[a', b']$ をおおう．また，それに対応する R_c を $R_1, \cdots, R_p$ とかくと，$|x-c_j|<R_j$ のとき，

$$f(x)=\sum_{n=0}^{\infty}f^{(n)}(c_j)\frac{(x-c_j)^n}{n!}.$$

定理 5.7 によって，$M_j=\sum_{n=0}^{\infty}|f^{(n)}(c_j)|(R_j/2)^n/n!<\infty$ となる．したがって，$M_j\geqq|f^{(n)}(c_j)|(R_j/2)^n/n!$ であるから，$|x-c_j|\leqq R_j/4$ のとき，

$$\begin{aligned}|f^{(k)}(x)|&\leqq\sum_{n=k}^{\infty}|f^{(n)}(c_j)|\frac{(R_j/4)^{n-k}}{(n-k)!}\\&\leqq k!M_j\left(\frac{R_j}{2}\right)^{-k}\sum_{n=k}^{\infty}\frac{n!}{(n-k)!k!2^{n-k}}.\end{aligned}$$

最後の和を S_k とすれば，n の代りに $n-k$ とおいて $S_k=\sum_{n=0}^{\infty}(n+k)!/n!k!2^n$．ゆえに，

$$\begin{aligned}S_{k+1}-S_k&=\sum_{n=0}^{\infty}\frac{(n+k)!}{n!k!2^n}\left(\frac{n+k+1}{k+1}-1\right)\\&=\frac{1}{2}\sum_{n=0}^{\infty}\frac{n+k+1}{n!(k+1)!2^n}=\frac{1}{2}S_{k+1}.\end{aligned}$$

ゆえに，$S_k=2S_{k-1}=2^2S_{k-2}=\cdots=2^kS_0=2^k$.

したがって，$|f^{(k)}(x)|\leqq k!M_j(R_j/4)^{-k}$．ゆえに，さらに $M=\max(M_1, \cdots, M_p)$，$r=\min(R_1/4, \cdots, R_p/4)$ とおけば，$x\in[a', b']$ に対して

$$|f^{(k)}(x)|\leqq k!Mr^{-k}.$$

（証終）

6. 多変数の関数

6.1. n 次元空間の点集合

6.1.1. n 次元ユークリッド空間. 正の整数 n に対して $\boldsymbol{R}^n$ を n 個の実数の組

$$\boldsymbol{x}=(x_1,\ x_2,\ \cdots,\ x_n)$$

全体からなる集合とする. $\boldsymbol{y}=(y_1,\ \cdots,\ y_n)\in\boldsymbol{R}^n$, c を実数とするとき,

$$\boldsymbol{x}+\boldsymbol{y}=(x_1+y_1,\ \cdots,\ x_n+y_n),$$
$$c\boldsymbol{x}=(cx_1,\ \cdots,\ cx_n)$$

したがって, $\boldsymbol{x}+\boldsymbol{y}\in\boldsymbol{R}^n$ $c\boldsymbol{x}\in\boldsymbol{R}^n$ である. 特に,

$$\boldsymbol{0}=(0,\ 0,\ \cdots,\ 0)$$

とかく. $\boldsymbol{x}$, $\boldsymbol{y}\in\boldsymbol{R}^n$ に対して**内積**を

$$\boldsymbol{x}\cdot\boldsymbol{y}=x_1y_1+\cdots+x_ny_n,$$

$\boldsymbol{x}$ の**ノルム**を $|\boldsymbol{x}|=\sqrt{\boldsymbol{x}\cdot\boldsymbol{x}}$ と定義する. $|\boldsymbol{x}-\boldsymbol{y}|$ を $\boldsymbol{x}$ と $\boldsymbol{y}$ の**距離**という.

$\boldsymbol{x}$, $\boldsymbol{y}\in\boldsymbol{R}^n$, c を実数とすれば,

i. $|\boldsymbol{x}|\geqq 0$, $|\boldsymbol{x}|=0$ となる必要十分条件は, $\boldsymbol{x}=\boldsymbol{0}$ なることである;

ii. $|c\boldsymbol{x}|=|c|\,|\boldsymbol{x}|$;

iii. $|\boldsymbol{x}\cdot\boldsymbol{y}|\leqq|\boldsymbol{x}|\,|\boldsymbol{y}|$ (シュワルツの不等式);

iv. $|\boldsymbol{x}+\boldsymbol{y}|\leqq|\boldsymbol{x}|+|\boldsymbol{y}|$.

i, ii は明らかである. iii, iv を証明する. まず, t の二次式

$$\sum_{i=1}^{n}(tx_i-y_i)^2=t^2\sum_{i=1}^{n}x_i^2-2t\sum_{i=1}^{n}x_iy_i+\sum_{i=1}^{n}y_i^2$$

は負になることはない. $|\boldsymbol{x}|\neq 0$ とすると判別式 $\leqq 0$. ゆえに, $(\sum x_i^2)(\sum y_i^2)-(\sum x_iy_i)^2\geqq 0$. ゆえに, $|\boldsymbol{x}|^2|\boldsymbol{y}|^2-|\boldsymbol{x}\cdot\boldsymbol{y}|^2\geqq 0$ がえられた(→ I § 4.4 定理 4.14). つぎに,

$$\begin{aligned}|\boldsymbol{x}+\boldsymbol{y}|^2&=\sum(x_i+y_i)^2\\&=\sum x_i^2+2\sum x_iy_i+\sum y_i^2\\&\leqq|\boldsymbol{x}|^2+2|\boldsymbol{x}|\,|\boldsymbol{y}|+|\boldsymbol{y}|^2=(|\boldsymbol{x}|+|\boldsymbol{y}|)^2.\end{aligned}$$

ゆえに, iv が示された(→ I § 4.4 定理 4.14).

6.1.2. 点集合. $\boldsymbol{a}\in\boldsymbol{R}^n$, $\rho>0$ とするとき, $S_\rho(\boldsymbol{a})=\{\boldsymbol{x}:|\boldsymbol{x}-\boldsymbol{a}|<\rho\}$ を中心 $\boldsymbol{a}$ 半径 ρ の**球**, または $\boldsymbol{a}$ の ρ **近傍**という. $A\subset\boldsymbol{R}^n$ とする. $\boldsymbol{a}$ の任意の近傍が $\boldsymbol{a}$ と異なる A の点を含むとき, $\boldsymbol{a}$ は A の集積点であるという. A の集積点全体の集合を A', とするとき $\bar{A}=A\cup A'$ を A の**閉包**という. $\boldsymbol{R}$ の場合と同様に, $A=\bar{A}$ のとき A は**閉集合**であるといわれる. $S_\rho(\boldsymbol{a})\subset A$ なる近傍 $S_\rho(\boldsymbol{a})$ が存在する点を A の**内点**といい, A の内点全体の集合を A^{i} とかく. $A^{\mathrm{i}}=A$ のとき A は**開集合**であるといわれる. 定義から明らかなように, A が開集合ならば A の補集合 A^{c} は閉集合であり, A が閉集合ならば A^{c} は開集合である.

$|\boldsymbol{x}-\boldsymbol{a}|\to 0$ のとき $\boldsymbol{x}\to\boldsymbol{a}$ とかき, $\boldsymbol{x}$ は $\boldsymbol{a}$ に**収束**するという.

A を $\boldsymbol{R}^n$ の集合とする．A をおおう任意の開集合の族 $\{O_\alpha\}$ はつねにそれらのうちの有限個だけで A をおおうことができるとき，A はコンパクトであるといわれる．

例題 1． $K_1, K_2, \cdots, K_n$ を $\boldsymbol{R}$ のコンパクト集合とすれば，

$$K=\{(x_1, \cdots, x_n):\ x_i\in K_i,\ i=1, \cdots, n\}$$

は $\boldsymbol{R}^n$ のコンパクト集合である．

［**解**］ $\{O_\alpha\}$ を K をおおう開集合族とする．$O_\alpha{}^i=\{x_i:\ (x_1, \cdots, x_n)\in O_\alpha\}$ とおくと，明らかに $O_\alpha{}^i$ は $\boldsymbol{R}$ の開集合で K_i をおおう．ゆえに，それらの有限個で K_i をおおうことができる．それに対応する α を $\alpha_j{}^i,\ j=1, \cdots, k_i$, とかくと $\{\alpha_j{}^i:\ j=1, \cdots, k_i,\ i=1, \cdots, n\}$ は有限集合であるから，それをあらためて $\alpha_1, \alpha_2, \cdots, \alpha_l$ とかくと，$\{O_{\alpha_i}\}_{i=1}^l$ が K をおおうことは明らかである．　（以上）

$\boldsymbol{R}^n$ の集合はある球に含まれるとき，有界であるといわれる．

定理 6.1． F が $\boldsymbol{R}^n$ のコンパクト集合であるための必要十分条件は，F が有界閉集合であることである．

証明． F は有界閉集合であるとする．a を十分大きくとり，$I=\{(x_1, \cdots, x_n):-a\leqq x_i\leqq a\}$ とおくと，$F\subset I$ となる．$\{O_\alpha\}$ を F をおおう開集合族とすれば，$\{O_\alpha,\ F^c\}$ は I をおおう開集合族である．例題1によってコンパクトであるから，有限個の $O_{\alpha_i},\ i=1, \cdots, k$, がとれて $I\subset\bigcup_{i=1}^k O_{\alpha_i}\cup F^c$ となる．ゆえに $F\subset\bigcup_{i=1}^k O_{\alpha_i}$．したがって F はコンパクトである．

つぎに，F はコンパクトであるとする．$S_\rho(\boldsymbol{0}),\ \rho>0$, は開集合で $\bigcup_{\rho=1}^\infty S_\rho(\boldsymbol{0})=\boldsymbol{R}^n\supset F$ であるから，有限個の $S_{\rho_i}(\boldsymbol{0})$ が F をおおう．ρ_i の最大のものを ρ とおけば，$S_\rho(\boldsymbol{0})\supset F$ であるから，F は有界である．$\boldsymbol{a}\notin F$ とする．$\overline{S_\rho(\boldsymbol{a})}=\{\boldsymbol{x}:\ |\boldsymbol{x}-\boldsymbol{a}|\leqq\rho\}$ であるから，$\bigcap_{\rho>0}\overline{S_\rho(\boldsymbol{a})}=\{\boldsymbol{a}\}$．ゆえに $F\cap\bigcap_{\rho>0}\overline{S_\rho(\boldsymbol{a})}=\emptyset$，すなわち，$F\subset\bigcup_{\rho>0}\overline{S_\rho(\boldsymbol{a})}^c$．ゆえに，有限個の ρ_i がとれて $\overline{S_{\rho_i}(\boldsymbol{a})}^c$ が F をおおう．ρ_i の最小なものを ρ とすると，$F\subset\overline{S_\rho(\boldsymbol{a})}^c$．ゆえに，$F^c\supset\overline{S_\rho(\boldsymbol{a})}\supset S_\rho(\boldsymbol{a})$．したがって，$F^c$ は開集合，すなわち F は閉集合である．

（証終）

6.1.3．写像． $\boldsymbol{R}^n$ の集合 D から $\boldsymbol{R}^n$ への写像を $\boldsymbol{f}(\boldsymbol{x})$ とする．$\boldsymbol{f}$ が点 $\boldsymbol{x}$ で**連続**であるとは，任意の $\varepsilon>0$ に対して δ が存在して

$$|\boldsymbol{f}(\boldsymbol{x})-\boldsymbol{f}(\boldsymbol{y})|<\varepsilon,\qquad |\boldsymbol{x}-\boldsymbol{y}|<\delta$$

となることである．

定理 6.2． $\boldsymbol{f}$ を D 上の連続写像とする．もし $K\subset D$ がコンパクトならば，値域 $\boldsymbol{f}(K)$ もコンパクトである．

証明． 定理 3.9 の証明で区間 $(x-\delta,\ x+\delta)$ を球 $S_\delta(\boldsymbol{x})$ でおきかえれば，同様にして示される．　（証終）

集合 $D\subset\boldsymbol{R}^n$ が**連結**であるとは，開集合 A, B が存在して，

$$A\cap B=\emptyset,\quad A\cap D\neq\emptyset,\quad B\cap D\neq\emptyset,\quad D\subset A\cup B$$

となることはないことである．

定理 6.3. $\boldsymbol{f}$ は連結な領域 D 上の連続関数とすれば，値域 $\boldsymbol{f}(D)$ も連結である．

証明. $\boldsymbol{f}(D)$ が連結でなければ，開集合 A, B が存在して，$A\cap B=\emptyset$, $A\cap\boldsymbol{f}(D)\neq\emptyset$, $B\cap\boldsymbol{f}(D)\neq\emptyset$, $\boldsymbol{f}(D)\subset A\cup B$ となる．$D\subset\boldsymbol{f}^{-1}(A)\cup\boldsymbol{f}^{-1}(B)$, $\boldsymbol{f}^{-1}(A)\cap\boldsymbol{f}^{-1}(B)=\emptyset$, $D\cap\boldsymbol{f}^{-1}(A)\neq\emptyset$, $D\cap\boldsymbol{f}^{-1}(B)\neq\emptyset$ であるから，$\boldsymbol{f}^{-1}(A)$, $\boldsymbol{f}^{-1}(B)$ が開集合であることを示せばよい．

$\boldsymbol{x}\in\boldsymbol{f}^{-1}(A)$ とすれば，$\varepsilon>0$ が存在して $S_\varepsilon(\boldsymbol{f}(\boldsymbol{x}))\subset A$ となる．一方，$\boldsymbol{f}$ は連続であるから，$\delta>0$ が存在して，$\boldsymbol{f}(S_\delta(\boldsymbol{x}))\subset S_\varepsilon(\boldsymbol{f}(\boldsymbol{x}))$．ゆえに，$S_\delta(\boldsymbol{x})\subset\boldsymbol{f}^{-1}(S_\varepsilon(\boldsymbol{f}(\boldsymbol{x}))\subset\boldsymbol{f}^{-1}(A)$．ゆえに，$\boldsymbol{f}^{-1}(A)$ は開集合である．$\boldsymbol{f}^{-1}(B)$ も同様にして開集合であることが示される．

（証終）

6.2. 関数の微分

6.2.1. 微分の定義. $f(\boldsymbol{x})$ を $\boldsymbol{R}^n$ の開集合 D 上で定義された関数，すなわち D から $\boldsymbol{R}^1$ への写像で

$$f(\boldsymbol{x})=f(x_1,\ x_2,\ \cdots,\ x_n)$$

であるとする．

$\boldsymbol{x}\in D$, $\boldsymbol{v}$ を $\boldsymbol{R}^n$ の $\boldsymbol{0}$ でない点とするとき，極限

$$\lim_{t\to 0}\frac{f(\boldsymbol{x}+t\boldsymbol{v})-f(\boldsymbol{x})}{t}$$

が存在すれば，f は点 $\boldsymbol{x}$ で $\boldsymbol{v}$ **方向偏微分可能**であるといい，その極限値を $\boldsymbol{v}$ **方向偏微分係数**という．特に，$\boldsymbol{v}=\boldsymbol{e}_i=(0,\ \cdots,\ 0,\ \overset{i}{1},\ 0,\ \cdots,\ 0)$ のとき，x_i に関して**偏微分可能**であるといい，偏微分係数を

$$\frac{\partial}{\partial x_i}f(\boldsymbol{x}),\quad f_{x_i}(\boldsymbol{x}),\quad f_i(\boldsymbol{x})$$

などとかく．

点 $\boldsymbol{a}\in\boldsymbol{R}^n$ が存在して

$$\lim_{\boldsymbol{h}\to\boldsymbol{0}}\frac{f(\boldsymbol{x}+\boldsymbol{h})-f(\boldsymbol{x})-\boldsymbol{a}\cdot\boldsymbol{h}}{|\boldsymbol{h}|}=0,\qquad \boldsymbol{h}\in\boldsymbol{R}^n,$$

であるとき，f は点 $\boldsymbol{x}$ で**全微分可能**あるいは単に**微分可能**であるという．

いま，特に $\boldsymbol{h}=t\boldsymbol{v}$, $|\boldsymbol{v}|=1$, とおけば，上の極限は

$$\lim_{t\to 0}\frac{f(\boldsymbol{x}+t\boldsymbol{v})-f(\boldsymbol{x})-t(\boldsymbol{a}\cdot\boldsymbol{v})}{t}=\lim_{t\to 0}\frac{f(\boldsymbol{x}+t\boldsymbol{v})-f(\boldsymbol{x})}{t}-\boldsymbol{a}\cdot\boldsymbol{v}$$

となるから，微分可能ならば任意の方向に偏微分可能である．さらに，$\boldsymbol{v}=\boldsymbol{e}_i$ とおくと，$\boldsymbol{a}\cdot\boldsymbol{v}=a_i$ であるから，$a_i=f_i(\boldsymbol{x})$ である．$\boldsymbol{a}$ は f の $\boldsymbol{x}$ における**微分**ともいわれ，

$$df=(f_1,\ \cdots,\ f_n)$$

とかかれる．

例題 1. $D=\boldsymbol{R}^2$, $f(x_1,\ x_2)=2x_1x_2/(x_1{}^2+x_2{}^2)$ $(x_1{}^2+x_2{}^2\neq 0)$, $=1$ $(x_1{}^2+x_2{}^2=0)$ とする．

点 $(0,\ 0)$ の $(\cos\theta,\ \sin\theta)$ 方向の偏微分を考えると，

$$f(t\cos\theta,\ t\sin\theta)=\frac{2t^2\cos\theta\sin\theta}{t^2(\cos^2\theta+\sin^2\theta)}=\sin 2\theta$$

であるから，$\theta=\pi/4$ または $5\pi/4$ のとき偏微分可能，他の場合は偏微分可能ではない．

例題 2.　$D=\boldsymbol{R}^2$, $f(x_1, x_2)=2x_1{}^3/(x_1{}^2+x_2{}^2)$ $(x_1{}^2+x_2{}^2\neq 0)$, $=0$ $(x_1{}^2+x_2{}^2=0)$ とする．

$$\frac{f(t\cos\theta, t\sin\theta)-f(0, 0)}{t}=2\cos^3\theta$$

であるから，(0, 0) ですべての方向に偏微分可能，そして $f_1=2$, $f_2=0$ である．一方，

$$\frac{f(t\cos\theta, t\sin\theta)-f(0, 0)-2t\cos\theta-0\cdot t\sin\theta}{t}=2(\cos^2\theta-1)$$

であって，$\theta\neq 0, \pi$ のとき右辺は 0 に収束しない．したがって，f は (0, 0) で微分可能ではない．

定理 6.4.　c を定数とする．f, g が微分可能な点では cf, $f+g$, fg も微分可能であって，

i.　$$d(cf)=cdf;$$

ii.　$$d(f+g)=df+dg;$$

iii.　$$d(fg)=fdg+gdf.$$

もし $g\neq 0$ ならば，$1/g$ も微分可能で

iv.　$$d\frac{1}{g}=\frac{-1}{g^2}dg.$$

証明.　i, ii は明らかである．iii を示す．

$$f(\boldsymbol{x}+\boldsymbol{h})-f(\boldsymbol{x})=df\cdot\boldsymbol{h}+\varepsilon(\boldsymbol{h}),$$
$$g(\boldsymbol{x}+\boldsymbol{h})-g(\boldsymbol{x})=dg\cdot\boldsymbol{h}+\varepsilon'(\boldsymbol{h})$$

とおくと，$\varepsilon(\boldsymbol{h})/|\boldsymbol{h}|$, $\varepsilon'(\boldsymbol{h})/|\boldsymbol{h}|\to 0$ $(\boldsymbol{h}\to\boldsymbol{0})$ である．

$$\begin{aligned}&f(\boldsymbol{x}+\boldsymbol{h})g(\boldsymbol{x}+\boldsymbol{h})-f(\boldsymbol{x})g(\boldsymbol{x})\\&=f(\boldsymbol{x}+\boldsymbol{h})[g(\boldsymbol{x}+\boldsymbol{h})-g(\boldsymbol{x})]+g(\boldsymbol{x})[f(\boldsymbol{x}+\boldsymbol{h})-f(\boldsymbol{x})]\\&=[f(\boldsymbol{x})dg+g(\boldsymbol{x})df]\cdot\boldsymbol{h}\\&\quad+[f(\boldsymbol{x})+df\cdot\boldsymbol{h}+\varepsilon(\boldsymbol{h})]\varepsilon'(\boldsymbol{h})+[df\cdot\boldsymbol{h}+\varepsilon(\boldsymbol{h})]dg\cdot\boldsymbol{h}+g(\boldsymbol{x})\varepsilon(\boldsymbol{h}).\end{aligned}$$

第二項，第三項，第四項を $|\boldsymbol{h}|$ で割った式は $\boldsymbol{h}\to\boldsymbol{0}$ のとき 0 に収束する．ゆえに，iii が成り立つ．

最後に，$g(\boldsymbol{x})\neq 0$ とする．

$$\begin{aligned}g(\boldsymbol{x}+\boldsymbol{h})g(\boldsymbol{x})&=g^2(\boldsymbol{x})+[dg\cdot\boldsymbol{h}+\varepsilon'(\boldsymbol{h})]g(\boldsymbol{x})\\&=g^2(\boldsymbol{x})+\varepsilon''(\boldsymbol{h})\end{aligned}$$

とおくと，$\varepsilon''(\boldsymbol{h})\to 0$ $(\boldsymbol{h}\to\boldsymbol{0})$．ゆえに，

$$\begin{aligned}\frac{1}{g(\boldsymbol{x}+\boldsymbol{h})}-\frac{1}{g(\boldsymbol{x})}&=\frac{-dg\cdot\boldsymbol{h}-\varepsilon'(\boldsymbol{h})}{g^2(\boldsymbol{x})+\varepsilon''(\boldsymbol{h})}\\&=\frac{-dg\cdot\boldsymbol{h}}{g^2(\boldsymbol{x})}+\frac{\varepsilon''(\boldsymbol{h})dg\cdot\boldsymbol{h}-\varepsilon'(\boldsymbol{h})g^2(\boldsymbol{x})}{g^2(\boldsymbol{x})[g^2(\boldsymbol{x})+\varepsilon''(\boldsymbol{h})]}.\end{aligned}$$

最後の式を $|\boldsymbol{h}|$ で割った式は 0 に収束する．　　　　　　　　　　　　　　　　（証終）

定理 6.5. $\boldsymbol{x}, \boldsymbol{h} \in \boldsymbol{R}^n$ とする．f は線分 $\boldsymbol{x}+t\boldsymbol{h}$ $(0 \leqq t \leqq 1)$ の上で微分可能ならば，

$$f(\boldsymbol{x}+\boldsymbol{h})-f(\boldsymbol{x})=df(\boldsymbol{x}+\theta\boldsymbol{h})\cdot\boldsymbol{h}$$

となる $0<\theta<1$ が存在する． **（平均値定理）**

証明. $\varphi(t)=f(\boldsymbol{x}+t\boldsymbol{h})$ とおくと，定理 4.8 によって，$\varphi(1)-\varphi(0)=\varphi'(\theta)$ となる $0<\theta<1$ が存在する．ところで，

$$0=\lim_{\boldsymbol{k}\to 0}\frac{f(\boldsymbol{x}+\theta\boldsymbol{h}+\boldsymbol{k})-f(\boldsymbol{x}+\theta\boldsymbol{h})-df(\boldsymbol{x}+\theta\boldsymbol{h})\cdot\boldsymbol{k}}{|\boldsymbol{k}|}$$

であるから，$\boldsymbol{k}=r\boldsymbol{h}$ とおくと，上の式の右辺は

$$\lim_{r\to 0}\frac{\varphi(\theta+r)-\varphi(\theta)-df(\boldsymbol{x}+\theta\boldsymbol{h})\cdot r\boldsymbol{h}}{r|\boldsymbol{h}|}=\frac{[\varphi'(\theta)-df(\boldsymbol{x}+\theta\boldsymbol{h})\cdot\boldsymbol{h}]}{|\boldsymbol{h}|}.$$

ゆえに，$\varphi'(\theta)=df(\boldsymbol{x}+\theta\boldsymbol{h})\cdot\boldsymbol{h}$. （証終）

6.2.2. クラス $C^{(p)}$ の関数. D を $\boldsymbol{R}^n$ の開集合とする．$C^{(0)}$ を D 上の連続関数全体から成る集合，$C^{(1)}$ を偏導関数 $f_1, \cdots, f_n$ が D 上で連続であるような関数の集合とする．

偏導関数 f_i が偏微分可能ならば，f_i の x_j に関する偏微分係数を

$$\frac{\partial^2}{\partial x_j \partial x_i}f(\boldsymbol{x}),\ f_{x_i x_j}(\boldsymbol{x}),\quad \text{または}\quad f_{ij}(\boldsymbol{x})$$

で表わし，**二次偏微分係数**という．以下同様にして，**高次偏微分係数**が定義される．

一般に，$C^{(p)}$ $(p \geqq 1)$ は p 次偏導関数 $f_{i_1 \cdots i_p}$ $(1 \leqq i_1, \cdots, i_p \leqq n)$ がすべて連続であるような関数 f の集合である．

定理 6.6. f が微分可能ならば，連続である．

証明. $\delta>0$ を十分小さくとれば，$|\boldsymbol{h}|<\delta$ のとき

$$|f(\boldsymbol{x}+\boldsymbol{h})-f(\boldsymbol{x})-df(\boldsymbol{x})\cdot\boldsymbol{h}|<|\boldsymbol{h}|.$$

一方，$|df(\boldsymbol{x})\cdot\boldsymbol{h}| \leqq |df(\boldsymbol{x})||\boldsymbol{h}|$ であるから，

$$|f(\boldsymbol{x}+\boldsymbol{h})-f(\boldsymbol{x})| \leqq |\boldsymbol{h}|(1+|df(\boldsymbol{x})|).$$

ゆえに，右辺は $|\boldsymbol{h}|$ を小にとればいくらでも小さくなる． （証終）

定理 6.7. $f \in C^{(1)}$ なら f は微分可能である．

証明.

$$\begin{aligned}
&f(\boldsymbol{x}+\boldsymbol{h})-f(\boldsymbol{x})\\
&=[f(x_1+h_1, x_2+h_2, \cdots, x_n+h_n)-f(x_1, x_2+h_2, \cdots, x_n+h_n)]\\
&\quad+[f(x_1, x_2+h_2, \cdots, x_n+h_n)-f(x_1, x_2, x_3+h_3, \cdots, x_n+h_n)]\\
&\quad+\cdots\\
&\quad+[f(x_1, \cdots, x_{n-1}, x_n+h_n)-f(x_1, \cdots, x_n)].
\end{aligned}$$

各項に平均値定理 4.8 を用いると，右辺は

$$\begin{aligned}
&h_1 f_1(x_1+\theta_1 h_1, x_2+h_2, \cdots, x_n+h_n)\\
&\quad+h_2 f_2(x_1, x_2+\theta_2 h_2, \cdots, x_n+h_n)\\
&\quad+\cdots+h_n f_n(x_1, \cdots, x_{n-1}, x_n+\theta_n h_n);
\end{aligned}$$

ここに $0<\theta_1, \cdots, \theta_n<1$ である．f_i は連続であるから，最後の式は

$$h_1[f_1(\boldsymbol{x})+\varepsilon_1]+h_2[f_2(\boldsymbol{x})+\varepsilon_2]+\cdots+h_n[f_n(\boldsymbol{x})+\varepsilon_n]$$

とかくことができる，ここに，$\varepsilon_i \to 0$ $(\boldsymbol{h}\to\boldsymbol{0})$．ゆえに，

$$f(\boldsymbol{x}+\boldsymbol{h})-f(\boldsymbol{x})=df(\boldsymbol{x})\cdot\boldsymbol{h}+\boldsymbol{h}\cdot\boldsymbol{\varepsilon};$$

ここに $\boldsymbol{\varepsilon}=(\varepsilon_1,\ \cdots,\ \varepsilon_n)$，そして $|\boldsymbol{h}\cdot\boldsymbol{\varepsilon}|\leqq|\boldsymbol{h}||\boldsymbol{\varepsilon}|$．ゆえに，$f$ は微分可能である．

（証終）

定理 6.8．$f\in C^{(1)}$ とする．もし f_{ij} と f_{ji} がともに存在して連続ならば，$f_{ij}=f_{ji}$ である．

証明．$i=1$, $j=2$ として証明する．他の変数は計算に関係しないから，はじめから f は二変数関数として証明しても一般性は失われない．

$$\varphi(\delta)=f(x_1+\delta,\ x_2+\delta)-f(x_1+\delta,\ x_2)-f(x_1,\ x_2+\delta)+f(x_1,\ x_2)$$

とおく．$g(s)=f(s,\ x_2+\delta)-f(s,\ x_2)$ とおけば，

$$\varphi(\delta)=g(x_1+\delta)-g(x_1).$$

平均値定理 6.5 によって

$$\begin{aligned}\varphi(\delta)&=\delta g'(x_1+\theta_1\delta)\\&=\delta[f_1(x_1+\theta_1\delta,\ x_2+\delta)-f_1(x_1+\theta_1\delta,\ x_2)],\end{aligned}$$

ここに $0<\theta_1<1$ である．つぎに，$h(t)=f_1(x_1+\theta_1\delta,\ t)$ とおくと，

$$\begin{aligned}\varphi(\delta)&=\delta[h(x_2+\delta)-h(x_2)]\\&=\delta^2 h'(x_2+\theta_2\delta)\\&=\delta^2 f_{12}(x_1+\theta_1\delta,\ x_2+\theta_2\delta);\end{aligned}$$

ここに $0<\theta_2<1$ である．f_{12} は連続であるから，

$$\varphi(\delta)\delta^{-2}\to f_{12}(\boldsymbol{x}) \qquad (\delta\to 0).$$

上の論法を，変数 x_1, x_2 を交換して適用すれば，

$$\varphi(\delta)\delta^{-2}\to f_{21}(\boldsymbol{x}) \qquad (\delta\to 0)$$

がえられる．ゆえに，$f_{12}=f_{21}$ である．（証終）

定理 6.9．D を $\boldsymbol{R}^n$ の開集合，$f\in C^{(p)}(D)$ $(p\geqq 1)$ とする．もしすべての $0\leqq t\leqq 1$ に対して $\boldsymbol{a}+t\boldsymbol{x}\in D$ ならば，つぎのような θ がとれる：

$$\begin{aligned}f(\boldsymbol{x}+\boldsymbol{a})=f(\boldsymbol{a})&+\sum_{i=1}^{n}f_i(\boldsymbol{a})x_i+\frac{1}{2!}\sum_{i,j=1}^{n}f_{ij}(\boldsymbol{a})x_ix_j\\&+\cdots+\frac{1}{(p-1)!}\sum_{i_1,\cdots,i_{p-1}=1}^{n}f_{i_1\cdots i_p}(\boldsymbol{a})x_{i_1}\cdots x_{i_{p-1}}+R_p(\boldsymbol{x});\end{aligned}$$

$$R_p(\boldsymbol{x})=\frac{1}{p!}\sum_{i_1,\cdots,i_p=1}^{n}f_{i_1\cdots i_p}(\boldsymbol{a}+\theta\boldsymbol{x})x_{i_1}\cdots x_{i_p}, \qquad 0<\theta<1.$$

（テイラーの定理）

証明．$\varphi(t)=f(\boldsymbol{a}+t\boldsymbol{x})$ とおくと，定理 6.5 の証明で示したように，

$$\varphi'(t)=df(\boldsymbol{a}+t\boldsymbol{x})\cdot\boldsymbol{x}=\textstyle\sum_{i=1}^{n}f_i(\boldsymbol{a}+t\boldsymbol{x})x_i.$$

これをくり返し適用すれば，

$$\varphi''(t)=\sum_{j=1}^{n}[\sum_{i=1}^{n}f_{ij}(\boldsymbol{a}+t\boldsymbol{x})x_i]x_j,$$

$$\cdots,$$

$$\varphi^{(p)}(t)=\sum_{i_1,\cdots,i_p=1}^{n} f_{i_1\cdots i_p}(\boldsymbol{a}+t\boldsymbol{x})x_{i_1}\dots x_{i_p}.$$

一変数関数に対するテイラーの定理 4.1 によって，つぎのようにかくことができる:

$$\varphi(1)=\varphi(0)+\varphi'(0)+\frac{\varphi''(0)}{2!}+\cdots+\frac{\varphi^{(p-1)}(0)}{(p-1)!}+\frac{\varphi^{(p)}(\theta)}{p!} \qquad (0<\theta<1).$$

これに上の値を代入すると，求める式がえられる. （証終）

6.3. 極大と極小

$f(\boldsymbol{x})$ を $\boldsymbol{R}^n$ のある開集合 D の上で定義された関数，$\boldsymbol{a}\in D$ とする．ある $\delta>0$ に対して

$$f(\boldsymbol{x})>f(\boldsymbol{a}), \qquad 0<|\boldsymbol{x}-\boldsymbol{a}|<\delta$$

が成り立つとき，$f(\boldsymbol{x})$ は $\boldsymbol{a}$ で**極小**であるといい，$f(\boldsymbol{a})$ を**極小値**という.

$$f(\boldsymbol{x})<f(\boldsymbol{a}), \qquad 0<|\boldsymbol{x}-\boldsymbol{a}|<\delta$$

ならば，$f(\boldsymbol{x})$ は $\boldsymbol{a}$ で**極大**であるといい，$f(\boldsymbol{a})$ を**極大値**という．極大値，極小値を**極値**ともいう.

微分可能な関数 f に対して，$df(\boldsymbol{a})=0$ であるような点 $\boldsymbol{a}$ を**臨界点**という.

定理 6.10. f は $\boldsymbol{a}$ の近傍で微分可能そして $\boldsymbol{a}$ で極値をもてば，$\boldsymbol{a}$ は臨界点である.

証明. $\varphi(t)=f(\boldsymbol{a}+t\boldsymbol{h})$ とおくと，一変数関数 $\varphi(t)$ は $t=0$ で極値をもつから，定理 4.10 によって $\varphi'(0)=0$. 一方，$\varphi'(0)=df(\boldsymbol{a})\cdot\boldsymbol{h}$. $\boldsymbol{h}$ は任意にとれるから，$df(\boldsymbol{a})=0$ である. （証終）

$f\in C^{(2)}(D)$ とする．$\boldsymbol{x}\in D$, $\boldsymbol{h}\in\boldsymbol{R}^n$ に対して

$$Q(\boldsymbol{x},\ \boldsymbol{h})=\sum_{i,j=1}^{n} f_{ij}(\boldsymbol{x})h_ih_j$$

とおく．すべての $\boldsymbol{h}$ に対して $Q(\boldsymbol{x},\ \boldsymbol{h})\geqq 0$ であるとき，$Q(\boldsymbol{x})\geqq 0$ とかき**半正定値**であるという．$Q(\boldsymbol{x},\ \boldsymbol{h})>0$ がすべての $\boldsymbol{h}\neq\boldsymbol{0}$ に対して成り立つとき，$Q(\boldsymbol{x})>0$ とかき，**正定値**であるという.

定理 6.11. $f\in C^{(2)}(D)$, $\boldsymbol{a}$ は f の臨界点であるとする.

i. $\boldsymbol{a}$ で極小値をとれば，$Q(\boldsymbol{a})\geqq 0$;

ii. $Q(\boldsymbol{a})>0$ ならば，a で極小値をとる;

iii. $\boldsymbol{a}$ で極大値をとれば，$Q(\boldsymbol{a})\leqq 0$;

iv. $Q(\boldsymbol{a})<0$ ならば，a で極大値をとる.

証明. $\boldsymbol{a}$ で極小値をとれば，ある $\delta>0$ に対して

$$f(\boldsymbol{a}+\boldsymbol{h})>f(\boldsymbol{a}), \qquad 0<|\boldsymbol{h}|<\delta$$

となる．$df(\boldsymbol{a})=\boldsymbol{0}$ であるから，テイラーの定理 6.9 によって

$$f(\boldsymbol{a}+\boldsymbol{h})=f(\boldsymbol{a})+\frac{1}{2}Q(\boldsymbol{a}+\theta\boldsymbol{h},\ \boldsymbol{h}), \qquad 0<\theta<1,$$

とかける.

もし $Q(\boldsymbol{a},\ \boldsymbol{h}')<0$ となるような $\boldsymbol{h}'$ が存在すれば，$Q(\boldsymbol{a},\ \boldsymbol{h}')$ は $\boldsymbol{h}'$ を固定するとき $\boldsymbol{a}$

の連続関数であるから，$\varepsilon>0$ を十分小さくとれば，$Q(\boldsymbol{a}+\boldsymbol{h}'', \boldsymbol{h}')<0$, $|\boldsymbol{h}''|<\varepsilon$. ゆえに，$\boldsymbol{h}=\varepsilon\boldsymbol{h}'/|\boldsymbol{h}'|$ ととると，$|\theta\boldsymbol{h}|=\theta|\boldsymbol{h}|=\theta\varepsilon<\varepsilon$ であるから，$Q(\boldsymbol{a}+\theta\boldsymbol{h}, \boldsymbol{h})=Q(\boldsymbol{a}+\theta\boldsymbol{h}, \boldsymbol{h}')\varepsilon^2/|\boldsymbol{h}'|^2<0$. したがって，$f(\boldsymbol{a}+\boldsymbol{h})=f(\boldsymbol{a})+Q(\boldsymbol{a}+\theta\boldsymbol{h}, \boldsymbol{h})/2<f(\boldsymbol{a})$ となって，仮定に反する．ゆえに，すべての $\boldsymbol{h}$ に対して $Q(\boldsymbol{a}, \boldsymbol{h})\geqq 0$ である．

つぎに，$Q(\boldsymbol{a})>0$ ならば，$\boldsymbol{h}\neq\boldsymbol{0}$, $|\boldsymbol{h}|$ が十分小ならば，$Q(\boldsymbol{a}+\theta\boldsymbol{h}, \boldsymbol{h})>0$ がすべての $0<\theta<1$ に対して成り立つことは，前のようにして示される．ゆえに，$f(\boldsymbol{a}+\boldsymbol{h})>f(\boldsymbol{a})$ がすべての $|\boldsymbol{h}|$ が十分小さな $\boldsymbol{h}\neq\boldsymbol{0}$ に対して成り立つ．ゆえに，極小値をとる．

iii, iv も同様にして証明される．（証終）

6.4. 写像の微分

6.4.1. 線形写像からの準備. A を $\boldsymbol{R}^n$ から $\boldsymbol{R}^m$ への線形写像とすると，A は $n\times m$ 行列である．$\boldsymbol{x}\in\boldsymbol{R}^n$, $\boldsymbol{y}\in\boldsymbol{R}^m$ のノルムを $|\boldsymbol{x}|$, $|\boldsymbol{y}|$ で表わすとき，

$$\|A\|=\sup\{|A\boldsymbol{x}|:\ |\boldsymbol{x}|=1\}$$

を A の**ノルム**という；$A\boldsymbol{x}$ は行列 A と列ベクトルで表わした $\boldsymbol{x}$ の積である．

定理 6.12. $A=(a_{ij})$ を $n\times m$ 行列とすると，

$$\|A\|\leqq\Big[\sum_{i=1}^{m}\sum_{j=1}^{n}(a_{ij})^2\Big]^{1/2}.$$

証明. $\boldsymbol{x}=(x_1, \cdots, x_n)$ とすると，$A\boldsymbol{x}=(\cdots, \sum_{j=1}^{n}a_{ij}x_j, \cdots)$ であるから，

$$\begin{aligned}|A\boldsymbol{x}|^2&=\sum_{i=1}^{m}\Big(\sum_{j=1}^{n}a_{ij}x_j\Big)^2\\ &\leqq\sum_{i=1}^{m}\Big[\sum_{j=1}^{n}(a_{ij})^2\sum_{j=1}^{n}(x_j)^2\Big]\\ &=\Big[\sum_{i=1}^{m}\sum_{j=1}^{n}(a_{ij})^2\Big]|\boldsymbol{x}|^2.\end{aligned}$$

ゆえに，$|\boldsymbol{x}|=1$ として sup を考えればよい．（証終）

定理 6.13. A, B を $n\times m$ 行列，C を $l\times n$ 行列，c を定数とすれば，

i. $\|cA\|=|c|\,\|A\|$;

ii. $\|A+B\|\leqq\|A\|+\|B\|$;

iii. $\|AC\|\leqq\|A\|\|C\|$.

証明. i は明らかである．$\boldsymbol{x}\in\boldsymbol{R}^n$ とする．

$$|(A+B)\boldsymbol{x}|=|A\boldsymbol{x}+B\boldsymbol{x}|\leqq|A\boldsymbol{x}|+|B\boldsymbol{x}|\leqq(\|A\|+\|B\|)|\boldsymbol{x}|$$

である．ii はこれからすぐでる．

$\boldsymbol{z}\in\boldsymbol{R}^l$ とすると，

$$|(AC)\boldsymbol{z}|=|A(C\boldsymbol{z})|\leqq\|A\||C\boldsymbol{z}|\leqq\|A\|\|C\||\boldsymbol{z}|.$$

ゆえに，$|\boldsymbol{z}|=1$ に関して sup をとって iii をうる．（証終）

定理 6.14. A, B を $n\times n$ 行列とする．A は逆元 A^{-1} をもつとする．もし $\|A-B\|<1/\|A^{-1}\|$ ならば，B も逆元をもつ．

証明. $\alpha=1/\|A^{-1}\|$, $\beta=\|A-B\|$ とおくと，$\alpha-\beta>0$ である．$\boldsymbol{x}\in\boldsymbol{R}^n$ とすると，

$$|\boldsymbol{x}|=|A^{-1}A\boldsymbol{x}|\leqq\|A^{-1}\||A\boldsymbol{x}|=\alpha^{-1}|A\boldsymbol{x}|$$

であるから，

$$0 \leqq (\alpha-\beta)|\boldsymbol{x}| \leqq |A\boldsymbol{x}|-\beta|\boldsymbol{x}| \leqq |A\boldsymbol{x}|-|(A-B)\boldsymbol{x}| \leqq |B\boldsymbol{x}|.$$

ゆえに，$B\boldsymbol{x}=\boldsymbol{0}$ なら $\boldsymbol{x}=\boldsymbol{0}$，すなわち B は1対1の写像を定義する．したがって，B は逆変換をもつ．（証終）

6.4.2. 写像の微分．D を $\boldsymbol{R}^n$ の開集合，$\boldsymbol{f}$ を D から $\boldsymbol{R}^m$ への写像とする．すなわち，

$$\boldsymbol{f}(\boldsymbol{x})=(f^1(\boldsymbol{x}),\ f^2(\boldsymbol{x}),\ \cdots,\ f^m(\boldsymbol{x})), \qquad \boldsymbol{x} \in D,$$

であるとする．

$\boldsymbol{x} \in D$，$\boldsymbol{v}$ を $\boldsymbol{R}^n$ の $\boldsymbol{0}$ でない点とするとき，$\boldsymbol{f}$ が $\boldsymbol{v}$ **方向偏微分可能**であるとは，極限

$$\lim_{t \to 0} \frac{\boldsymbol{f}(\boldsymbol{x}+t\boldsymbol{v})-\boldsymbol{f}(\boldsymbol{x})}{t}$$

が存在することである；そしてそのとき極限値を $\boldsymbol{v}$ 方向偏微分係数という．これは $\boldsymbol{f}$ の各成分 $f^i(\boldsymbol{x})$ が $\boldsymbol{v}$ 方向偏微分可能ということと同値である．

$\boldsymbol{f}$ が点 $\boldsymbol{x} \in D$ で(**全**)**微分可能**であるとは，ある $n \times m$ 行列 A が存在して，

$$\lim_{\boldsymbol{h} \to \boldsymbol{0}} \frac{\boldsymbol{f}(\boldsymbol{x}+\boldsymbol{h})-\boldsymbol{f}(\boldsymbol{x})-A\boldsymbol{h}}{|\boldsymbol{h}|}=\boldsymbol{0}, \qquad \boldsymbol{h} \in \boldsymbol{R}^n,$$

となることである．$A=(a_{ij})$，$A^i=(a_{i1},\ \cdots,\ a_{in})$ とおけば，これは

$$\lim_{\boldsymbol{h} \to \boldsymbol{0}} \frac{f^i(\boldsymbol{x}+\boldsymbol{h})-f^i(\boldsymbol{x})-A^i \cdot \boldsymbol{h}}{|\boldsymbol{h}|}=0, \qquad i=1,\ \cdots,\ m,$$

と同値である．したがって，各成分 $f^i(\boldsymbol{x})$ は微分可能であって，§6.2.1 で示したことによって，

$$A^i=df^i(\boldsymbol{x})=(f_1{}^i(\boldsymbol{x}),\ \cdots,\ f_n{}^i(\boldsymbol{x})).$$

したがって，$A=D\boldsymbol{f}(\boldsymbol{x})$ とかくとき，

$$D\boldsymbol{f}(\boldsymbol{x})=(f_j{}^i(\boldsymbol{x})), \qquad 1 \leqq j \leqq n, \quad 1 \leqq i \leqq m$$

である．$D\boldsymbol{f}(\boldsymbol{x})$ を $\boldsymbol{f}$ の**微分**という．

特に，$m=n$ のとき $D\boldsymbol{f}(\boldsymbol{x})$ の行列式を**ヤコビの行列式**といい，それを

$$J\boldsymbol{f}(\boldsymbol{x})=\frac{\partial(f^1,\ \cdots,\ f^n)}{\partial(x_1,\ \cdots,\ x_n)}$$
$$=\det D\boldsymbol{f}(\boldsymbol{x})=\det Df^i{}_j(\boldsymbol{x})$$

などとかく．

定理 6.15. 微分可能な写像は連続である．

証明. $\boldsymbol{f}$ が微分可能ならば，各成分が微分可能．ゆえに，定理 6.6 によって各成分，したがって $\boldsymbol{f}$ は連続である．（証終）

6.4.3. 合成写像の微分.

定理 6.16. D は $\boldsymbol{R}^n$ の開集合，$\boldsymbol{f}$ は D から $\boldsymbol{R}^m$ への写像，$\boldsymbol{g}$ は $\boldsymbol{f}(D)$ から $\boldsymbol{R}^l$ への写像とする．

もし $a \in D$ で $\boldsymbol{f}$ は微分可能，$\boldsymbol{g}$ は $\boldsymbol{f}(\boldsymbol{a})$ で微分可能ならば，合成写像 $\boldsymbol{F}(\boldsymbol{x})=\boldsymbol{g}(\boldsymbol{f}(\boldsymbol{x}))$

も $\boldsymbol{a}$ で微分可能であって,

$$D\boldsymbol{F}(\boldsymbol{a})=D\boldsymbol{g}(\boldsymbol{f}(\boldsymbol{a}))D\boldsymbol{f}(\boldsymbol{a}).$$

証明. $\boldsymbol{a}\in D$, $\boldsymbol{b}=\boldsymbol{f}(\boldsymbol{a})$ とする. $\boldsymbol{k}\in\boldsymbol{R}^m$ に対して

$$\boldsymbol{g}(\boldsymbol{b}+\boldsymbol{k})-\boldsymbol{g}(\boldsymbol{b})=D\boldsymbol{g}(\boldsymbol{b})\boldsymbol{k}+\boldsymbol{\varepsilon}(\boldsymbol{k})$$

とかける; ここで $\boldsymbol{\varepsilon}(\boldsymbol{k})/|\boldsymbol{k}|\to\boldsymbol{0}$ $(\boldsymbol{k}\to\boldsymbol{0})$ である. したがって, $\boldsymbol{h}\in\boldsymbol{R}^n$ とするとき,

$$\begin{aligned}&\boldsymbol{F}(\boldsymbol{a}+\boldsymbol{h})-\boldsymbol{F}(\boldsymbol{a})-D\boldsymbol{g}(\boldsymbol{b})D\boldsymbol{f}(\boldsymbol{a})\boldsymbol{h}\\&=D\boldsymbol{g}(\boldsymbol{b})[\boldsymbol{f}(\boldsymbol{a}+\boldsymbol{h})-\boldsymbol{f}(\boldsymbol{a})-D\boldsymbol{f}(\boldsymbol{a})\boldsymbol{h}]+\boldsymbol{\varepsilon}[\boldsymbol{f}(\boldsymbol{a}+\boldsymbol{h})-\boldsymbol{f}(\boldsymbol{a})]\\&=\boldsymbol{P}+\boldsymbol{Q}\end{aligned}$$

とおく. $(\boldsymbol{P}+\boldsymbol{Q})/|\boldsymbol{h}|\to\boldsymbol{0}$ $(\boldsymbol{h}\to\boldsymbol{0})$ を証明すればよい.

$\boldsymbol{f}$ は微分可能であるから,

$$\frac{|\boldsymbol{P}|}{|\boldsymbol{h}|}\leqq\frac{\|D\boldsymbol{g}(\boldsymbol{b})\|\,|\boldsymbol{f}(\boldsymbol{a}+\boldsymbol{b})-\boldsymbol{f}(\boldsymbol{a})-D\boldsymbol{f}(\boldsymbol{a})\boldsymbol{h}|}{|\boldsymbol{h}|}\to 0\quad(\boldsymbol{h}\to\boldsymbol{0}).$$

一方,

$$\frac{|\boldsymbol{Q}|}{|\boldsymbol{h}|}=\frac{|\boldsymbol{\varepsilon}[\boldsymbol{f}(\boldsymbol{a}+\boldsymbol{h})-\boldsymbol{f}(\boldsymbol{a})]|}{|\boldsymbol{f}(\boldsymbol{a}+\boldsymbol{h})-\boldsymbol{f}(\boldsymbol{a})|}\,\frac{|[\boldsymbol{f}(\boldsymbol{a}+\boldsymbol{h})-\boldsymbol{f}(\boldsymbol{a})-D\boldsymbol{f}(\boldsymbol{a})\boldsymbol{h}]+D\boldsymbol{f}(\boldsymbol{a})\boldsymbol{h}|}{|\boldsymbol{h}|}$$

である. 右辺の第二項は, $|D\boldsymbol{f}(\boldsymbol{a})\boldsymbol{h}|\leqq\|D\boldsymbol{f}(\boldsymbol{a})\|\,|\boldsymbol{h}|$ であることから有界, 第一項は $\boldsymbol{f}$ の連続性によって 0 に収束する. ゆえに, $(\boldsymbol{P}+\boldsymbol{Q})/|\boldsymbol{h}|\to\boldsymbol{0}$ $(\boldsymbol{h}\to\boldsymbol{0})$ が示された. (証終)

例題 1. 定理 6.16 で $l=1$ の場合を考えると,

$$\boldsymbol{F}(\boldsymbol{x})=g(f^1(\boldsymbol{x}),\ \cdots,\ f^m(\boldsymbol{x}));$$

$D\boldsymbol{f}=(f_j{}^i)$, $Dg=(g_1,\ \cdots,\ g_m)$ であるから,

$$F_j=\sum_{i=1}^m g_i f_j{}^i,\qquad j=1,\ \cdots,\ n.$$

例題 2. 定理 6.16 で $l=m=n$ のときは,

$$J\boldsymbol{g}(\boldsymbol{f})=J\boldsymbol{g}\cdot J\boldsymbol{f}.$$

6.5. 逆関数定理

定理 6.17. D を $\boldsymbol{R}^n$ の開集合, $\boldsymbol{f}$ を D から $\boldsymbol{R}^n$ への写像で $\boldsymbol{f}\in C^{(p)}(D)$, $p\geqq 1$, とする. $\boldsymbol{a}\in D$, $J\boldsymbol{f}(\boldsymbol{a})\neq 0$ とすると,

i. 開集合 U と V が存在して, $\boldsymbol{a}\in U$ そして $\boldsymbol{f}$ は U から V の上への 1 対 1 写像である;

ii. 逆写像を $\boldsymbol{g}=\boldsymbol{f}^{-1}$ とすれば, $\boldsymbol{g}\in C^{(p)}(V)$.

証明. 第一段. 1 対 1 であることの証明. $A=D\boldsymbol{f}(\boldsymbol{a})$ とする. $J\boldsymbol{f}(\boldsymbol{a})\neq 0$ であるから, A^{-1} が存在する. δ を $2\delta\|A^{-1}\|=1$ とえらんでおく. $D\boldsymbol{f}(\boldsymbol{x})$ は連続であるから, 中心 $\boldsymbol{a}$ の球 U を

(6.1)　　$\|D\boldsymbol{f}(\boldsymbol{x})-A\|<\delta,\qquad \boldsymbol{x}\in U$

とえらぶことができる(→ 定理 6.12).

$\boldsymbol{b}\in\boldsymbol{R}^n$, $|\boldsymbol{b}|=1$ とする. $\boldsymbol{x}$, $\boldsymbol{x}+\boldsymbol{h}\in U$ に対して

$$F(t)=[\boldsymbol{f}(\boldsymbol{x}+t\boldsymbol{h})-tA\boldsymbol{h}]\boldsymbol{b},\qquad 0\leqq t\leqq 1$$

とおくと，定理 6.16 によって，

$$|\boldsymbol{F}'(t)|=|[Df(\boldsymbol{x}+t\boldsymbol{h})\boldsymbol{h}-A\boldsymbol{h}]\boldsymbol{b}|\leqq\|Df(\boldsymbol{x}+t\boldsymbol{h})-A\|\,|\boldsymbol{h}|\,|\boldsymbol{b}|<\delta|\boldsymbol{h}|.$$

平均値定理 4.8 によって，$[\boldsymbol{f}(\boldsymbol{x}+\boldsymbol{h})-\boldsymbol{f}(\boldsymbol{x})-A\boldsymbol{h}]\boldsymbol{b}=F(1)-F(0)=F'(t)$，$0<t<1$，とかける．$\boldsymbol{b}$ に関して sup をとると

$$(6.2)\qquad |\boldsymbol{f}(\boldsymbol{x}+\boldsymbol{h})-\boldsymbol{f}(\boldsymbol{x})-A\boldsymbol{h}|\leqq\delta|\boldsymbol{h}|.$$

ゆえに，
$$|\boldsymbol{f}(\boldsymbol{x}+\boldsymbol{h})-\boldsymbol{f}(\boldsymbol{x})|\geqq|A\boldsymbol{h}|-\delta|\boldsymbol{h}|.$$

$2\delta|\boldsymbol{h}|=2\delta|A^{-1}A\boldsymbol{h}|\leqq2\delta\|A^{-1}\|\,|A\boldsymbol{h}|=|A\boldsymbol{h}|$ であるから，結局

$$(6.3)\qquad |\boldsymbol{f}(\boldsymbol{x}+\boldsymbol{h})-\boldsymbol{f}(\boldsymbol{x})|\geqq\delta|\boldsymbol{h}|.$$

ゆえに，$\boldsymbol{f}$ は1対1である．

第二段．$V=\boldsymbol{f}(U)$ が開集合であること．$\boldsymbol{c}\in U$, $S=S_{2\varepsilon}(\boldsymbol{c})$ とする．$\varepsilon>0$ を $\bar{S}\subset U$ となるようにえらぶ．$|\boldsymbol{y}-\boldsymbol{f}(\boldsymbol{c})|<\delta\varepsilon$ ならば $\boldsymbol{y}\in V$ であることを証明すればよい．

$\varphi(\boldsymbol{x})=|\boldsymbol{y}-\boldsymbol{f}(\boldsymbol{x})|$ とおく．$|\boldsymbol{x}-\boldsymbol{c}|=2\varepsilon$ ならば，(3) によって

$$2\delta\varepsilon\leqq|\boldsymbol{f}(\boldsymbol{x})-\boldsymbol{f}(\boldsymbol{c})|\leqq\varphi(\boldsymbol{x})+\varphi(\boldsymbol{c})<\varphi(\boldsymbol{x})+\delta\varepsilon.$$

ゆえに，

$$\varphi(\boldsymbol{c})<\delta\varepsilon<\varphi(\boldsymbol{x}),\qquad |\boldsymbol{x}-\boldsymbol{c}|=2\varepsilon.$$

φ は連続，$\bar{S}$ はコンパクトであるから，φ はそこで最小値をとる．その点を $\boldsymbol{x}_0$ とする．$\varphi(\boldsymbol{x}_0)\leqq\varphi(\boldsymbol{c})$ であるから，$|\boldsymbol{x}_0-\boldsymbol{c}|=2\varepsilon$ となることはない．すなわち，$\boldsymbol{x}_0\in S$ である．したがって，$\boldsymbol{y}-\boldsymbol{f}(\boldsymbol{x}_0)=\boldsymbol{0}$ を示せばよい．

もしそうでなければ，$\boldsymbol{h}=A^{-1}[\boldsymbol{y}-\boldsymbol{f}(\boldsymbol{x}_0)]\neq\boldsymbol{0}$ である．$0<t<1$ を十分小さくとれば，$\boldsymbol{x}_0+t\boldsymbol{h}\in S$ となる．

$$|\boldsymbol{f}(\boldsymbol{x}_0)-\boldsymbol{y}+At\boldsymbol{h}|=(1-t)\varphi(\boldsymbol{x}_0).$$

(2) によって

$$\begin{aligned}|\boldsymbol{f}(\boldsymbol{x}_0+t\boldsymbol{h})-\boldsymbol{f}(\boldsymbol{x}_0)-At\boldsymbol{h}|&<\delta t|A^{-1}[\boldsymbol{y}-\boldsymbol{f}(\boldsymbol{x}_0)]|\\&\leqq\delta t\|A^{-1}\|\varphi(\boldsymbol{x}_0)=\frac{t}{2}\varphi(\boldsymbol{x}_0).\end{aligned}$$

ゆえに，上の二つの式を加えて

$$\varphi(\boldsymbol{x}_0+t\boldsymbol{h})\leqq\left(1-\frac{t}{2}\right)\varphi(\boldsymbol{x}_0).$$

これは $\varphi(\boldsymbol{x}_0)$ が最小値であることに反する．

第三段．$\boldsymbol{y}$, $\boldsymbol{y}+\boldsymbol{k}\in V$ とし $\boldsymbol{x}=\boldsymbol{g}(\boldsymbol{y})$, $\boldsymbol{h}=\boldsymbol{g}(\boldsymbol{y}+\boldsymbol{k})-\boldsymbol{g}(\boldsymbol{y})$ とおく．

式 (1) と定理 6.14 によって $Df(\boldsymbol{x})$ は逆元をもつから，それを B とおく．

$$\boldsymbol{k}=\boldsymbol{f}(\boldsymbol{x}+\boldsymbol{h})-\boldsymbol{f}(\boldsymbol{x})=Df(\boldsymbol{x})\boldsymbol{h}+\boldsymbol{\varepsilon}(\boldsymbol{h})$$

とかけば，$\boldsymbol{\varepsilon}(\boldsymbol{h})/|\boldsymbol{h}|\to\boldsymbol{0}$ $(\boldsymbol{h}\to\boldsymbol{0})$．両辺に B を掛けると，$B\boldsymbol{k}=\boldsymbol{h}+B\boldsymbol{\varepsilon}(\boldsymbol{h})$，すなわち

$$\boldsymbol{g}(\boldsymbol{y}+\boldsymbol{k})-\boldsymbol{g}(\boldsymbol{y})=B\boldsymbol{k}-B\boldsymbol{\varepsilon}(\boldsymbol{h}).$$

(3) によって $\delta|\boldsymbol{h}|\leqq|\boldsymbol{k}|$ であるから，

$$\frac{|B\boldsymbol{\varepsilon}(\boldsymbol{h})|}{|\boldsymbol{k}|}\leqq\frac{\|B\|\,|\boldsymbol{\varepsilon}(\boldsymbol{h})|}{\delta|\boldsymbol{h}|}\to0,\qquad \boldsymbol{k}\to\boldsymbol{0},$$

となる．ゆえに，$\boldsymbol{g}=\boldsymbol{f}^{-1}$ は微分可能，したがって連続である．

$$Dg(y)=[Df(g(y))]^{-1}, \qquad y\in V$$

であるから，$g_j{}^i$ は連続．ゆえに，$g\in C^{(1)}$ である．さらに，$Dg(y)$ はクラメールの公式(→I§3.3 定理 3.10) によって $f_j{}^i(g(y))$ の線形結合の比で表わされるから，$f_j{}^i\in C^{(1)}$ ならば $g_j{}^i\in C^{(1)}$，すなわち $f\in C^{(2)}$ ならば $g\in C^{(2)}$ である．これをくり返して，一般の場合が証明される． (証終)

6.6. 陰関数定理

R^n の点 x と R^m の点 y に対して，(x, y) は R^{n+m} の点

$$(x_1, \cdots, x_n, y_1, \cdots, y_m)$$

を表わすものとする．

定理 6.18. D を R^{n+m} の開集合，f を D から R^n へのクラス $C^{(p)}$, $p\geqq 1$, の写像とする．$(a, b)\in D$, $f(a, b)=0$, さらに

$$Df(a, b)(x, 0)=0 \quad ならば \quad x=0$$

であるとする．

そのとき，b を含む R^m の開集合 W がとれて，

$$f(g(y), y)=0, \qquad y\in W$$

となるようなクラス $C^{(p)}$ の W から R^n への写像 g がただ一つ存在する．

証明.

$$F(x, y)=(f(x, y), y)$$

とおく．F は D から R^{n+m} へのクラス $C^{(p)}$ の写像である．$Df(a, b)=A$ とおくと，$f(a, b)=0$ であるから，

$$f(a+h, b+k)=A(h, k)+\varepsilon(h, k)$$

とかける．ゆえに，

$$F(a+h, b+k)-F(a, b)=(f(a+h, b+k), k)$$
$$=(A(h, k), k)+(\varepsilon(h, k), k).$$

ゆえに，$DF(a, b)$ は (h, k) を $(A(h, k), k)$ に写す行列である．$DF(a, b)(h, k)=0$ ならば，$k=0$, $A(h, k)=0$．したがって，仮定から $h=0$．すなわち，$DF(a, b)$ は逆元をもつ行列である．

逆関数定理によって R^{n+m} の開集合 U, V が存在して $(a, b)\in U$, F は U から V への1対1写像である．逆写像もクラス $C^{(p)}$ の写像であって，それは

$$x=g(z, y), \qquad z=f(x, y), \qquad (z, y)\in V$$

と表わせる．

$(0, b)\in V$ であるから，$w\in W$ なら $(0, w)\in V$ となるような b を含む R^m の開集合 W がとれる．$y\in W$ ならば $f(g(0, y), y)=0$ であるから，$g(0, y)$ をあらためて $g(y)$ とかけば，求める関数がえられる．

g が一意であることは，$f(x, y)=f(x', y)$ ならば $F(x, y)=F(x', y)$，そして F は1対1であるから，$x=x'$ となることよりわかる． (証終)

参考書. [B 5], [F 3], [F 6], [L 1], [R 3], [S 12], [T 3]

[猪狩 惺]

IV. 積　分　学

1. 定積分(その1)

1.1. 定積分の定義

$f(x)$ は有限閉区間 $[a, b]$ で定義された有界函数 $(|f(x)| \leqq M)$ とする．区間 $[a, b]$ の分割

(1.1) $$\varDelta:\ a = x_0 < x_1 < \cdots < x_n = b$$

を考え，各小区間 $[x_{i-1}, x_i]$ における $f(x)$ の上限，下限をそれぞれ u_i, l_i とする．

$$S(\varDelta) = S(\varDelta;\ f) = \sum_{i=1}^{n} u_i(x_i - x_{i-1}),$$

$$s(\varDelta) = s(\varDelta;\ f) = \sum_{i=1}^{n} l_i(x_i - x_{i-1})$$

を，それぞれ $f(x)$ の分割 $\varDelta$ に関する**上**，**下リーマン和**という．

定理 1.1. $\varDelta, \varDelta'$ を $[a, b]$ の二つの分割とする．$\varDelta'$ が $\varDelta$ の細分である($\varDelta$ の分点はすべて $\varDelta'$ の分点である)ならば，

$$S(\varDelta) \geqq S(\varDelta'), \qquad s(\varDelta) \leqq s(\varDelta').$$

証明. $\varDelta$ による小区間 $[x_{j-1}, x_j]$ に新しい分点 x^* が追加されて $\varDelta'$ がえられる場合について考えればよい．

$$u_j^- = \sup\{f(x):\ x \in [x_{j-1},\ x^*]\} \leqq u_j,$$
$$u_j^+ = \sup\{f(x):\ x \in [x^*,\ x_j]\} \leqq u_j$$

であるから，

$$S(\varDelta') = \sum_{i=1}^{j-1} u_i(x_i - x_{i-1}) + u_j^-(x^* - x_{j-1}) = u_j^+(x_j - x^*) + \sum_{i=j+1}^{n} u_i(x_i - x_{i-1})$$
$$\leqq \left(\sum_{i=1}^{j-1} + \sum_{i=j+1}^{n}\right) u_i(x_i - x_{i-1}) + u_j(x^* - x_{j-1} + x_j - x^*) = S(\varDelta)$$

である．$s(\varDelta)$ と $s(\varDelta')$ とについても同様である．（証終）

定理 1.2. $\varDelta, \varDelta'$ を $[a, b]$ の二つの分割とするとき，

$$S(\varDelta) \geqq s(\varDelta').$$

証明. $\varDelta$ と $\varDelta'$ とを合わせた分割 $\varDelta''$ を定理 1.1 の $\varDelta'$ のように扱うと，

$$S(\varDelta) \geqq S(\varDelta''), \qquad s(\varDelta') \leqq s(\varDelta'')$$

がえられる．これと $s(\varDelta'') \leqq S(\varDelta'')$ とを組合せればよい．（証終）

定義. 分割 $\varDelta$ を動かすときの $S(\varDelta)$ の下限[$s(\varDelta)$ の上限]をそれぞれ

$$\bar{I}(f) = \bar{\int_b^a} f(x)dx \qquad \left[\underline{I}(f) = \underline{\int_a^b} f(x)dx\right]$$

とかいて，$[a, b]$ における $f(x)$ の**リーマン上積分**[**リーマン下積分**]という．両者が一

致するとき，$f(x)$ は区間 $[a, b]$ で**リーマン可積分**あるいは単に**可積分**であるといい，共通の値を

$$I(f)=\int_a^b f(x)dx\left[=\int_a^b f(y)dy=\int_a^b f(t)dt\right] \tag{1.2}$$

で表わす．(2) を $[a, b]$ 上での $f(x)$ の**定積分**，a, b をそれぞれ定積分の**下端**，**上端**，$f(x)$ を**被積分函数**という．

定積分は積分区間 $[a, b]$ と函数 $f(x)$ とで定まり，(2) における変数には関係しない．変数 x は，上限，下限を考える過程で消滅してしまっている．

$a \geqq b$ のときは，

$$\int_a^b f(x)dx=-\int_b^a f(x)dx, \qquad \int_a^a f(x)dx=0$$

と定める．

1.2. 積分可能性

定理 1.3. $[a, b]$ における有界函数 $f(x)$ が可積分であるためには，任意の正数 ε に対し，適当な分割 $\varDelta$ をえらんで

$$S(\varDelta)-s(\varDelta)<\varepsilon$$

の成立するようにできることが，必要かつ十分である．

証明． 必要性．$\varepsilon>0$ を任意に与える．上積分の定義から，ある分割 $\varDelta'$ が存在して

$$0 \leqq S(\varDelta')-\bar{I}(f)<\frac{\varepsilon}{2} \tag{1.3}$$

が成立する．また，下積分の定義から，適当な分割 $\varDelta''$ に対して

$$0 \leqq \underline{I}(f)-S(\varDelta'')<\frac{\varepsilon}{2} \tag{1.4}$$

が成立する．定理 1.1 から，$\varDelta'$ と $\varDelta''$ を合わせた分割を $\varDelta$ とするとき，$S(\varDelta') \geqq S(\varDelta) \geqq s(\varDelta) \geqq s(\varDelta'')$ であり，$f(x)$ が可積分であれば (3), (4) の $\bar{I}(f)$, $\underline{I}(f)$ は一致するから，

$$S(\varDelta)-s(\varDelta)<\left(I(f)+\frac{\varepsilon}{2}\right)-\left(I(f)-\frac{\varepsilon}{2}\right)=\varepsilon.$$

十分性．定理 1.2 から $\bar{I}(f) \geqq \underline{I}(f)$ である．ここで，もし等号が成立しなければ，

$$\varepsilon=\bar{I}(f)-\underline{I}(f)>0$$

とおくとき，適当な分割 $\varDelta$ に対して $S(\varDelta)-s(\varDelta)<\varepsilon$ が成立するはずである．ところが，$\bar{I}(f) \leqq S(\varDelta)$, $\underline{I}(f) \geqq s(\varDelta)$ であるから，

$$\varepsilon>S(\varDelta)-s(\varDelta) \geqq \bar{I}(f)-\underline{I}(f)=\varepsilon.$$

これは不合理である．したがって，$\bar{I}(f)=\underline{I}(f)$. （証終）

注意． 各小区間 $[x_{i-1}, x_i]$ から t_i を任意にとり，**リーマン和**

$$R(\varDelta)=R(\varDelta; f)=\sum_{i=1}^{n} f(t_i)(x_i-x_{i-1}) \tag{1.5}$$

をつくると，

$$s(\varDelta) \leqq R(\varDelta) \leqq S(\varDelta).$$

$f(x)$ が可積分であれば，分割 $\varDelta$ を細かくするとき $S(\varDelta)$，$s(\varDelta)$ がともに $I(f)$ に近づくから，$R(\varDelta)$ も $I(f)$ に近づく．逆に，$f(t_i)$ が u_i $[l_i]$ に十分近くなるようにとっておけば，$R(\varDelta)$ は $S(\varDelta)$ $[s(\varDelta)]$ に十分近くできるから，$t_i \in [x_{i-1}, x_i]$ を任意にとって $R(\varDelta)$ をつくり，それが $\varDelta$ を細かくするとき一定数 I に近づけば，$f(x)$ は可積分で $I=I(f)$ である．

定理 1.4. 有限閉区間上でつぎの有界函数 $f(x)$ $(|f(x)| \leqq M)$ は可積分である:

i. 連続函数;

ii. 不連続点が有限個しかない函数;

iii. 単調函数.

証明. いずれも定理 1.3 の条件をみたすことを示そう.

i. 有限閉区間で連続な函数はそこで一様連続である(→ III §3.2.2 定理 3.8)から，任意の $\varepsilon>0$ に対して $\delta>0$ を適当にえらべば，$x', x'' \in [a, b]$ のとき，

$$|x'-x''|<\delta \quad \text{ならば,} \quad |f(x')-f(x'')|<\frac{\varepsilon}{(b-a)} \tag{1.6}$$

とできる．また，$f(x)$ は各小区間 $[x_{i-1}, x_i]$ において上限 u_i，下限 l_i に到達する(→ III §3.2.2 定理 3.9)から，分割 $\varDelta$ を $\max_i(x_i-x_{i-1})<\delta$ となるようにとっておくと，$0 \leqq u_i - l_i < \varepsilon/(b-a)$．したがって，

$$0 \leqq S(\varDelta)-s(\varDelta)=\sum_{i=1}^{n}(u_i-l_i)(x_i-x_{i-1})<\frac{\varepsilon}{b-a}\sum_{i=1}^{n}(x_i-x_{i-1})=\varepsilon.$$

ii. $f(x)$ の不連続点を $z_1, \cdots, z_m$ とする．各 z_j を中心に，長さ $\varepsilon/4Mm$ 以下の小区間(と $[a, b]$ との共通部分)を重ならないようにつくり，$J_1, \cdots, J_m$ とする．$f(x)$ は $[a, b]$ から $J_1, \cdots, J_m$ の内部を除いた閉区間の有限和の上で一様連続であるから，$J_1, \cdots, J_m$ の端点をすべて含み，かつ十分細かな((6) を成立させる δ よりも「目が細かく」なるような) 分割 $\varDelta$ に対して

$$\begin{aligned} 0 \leqq S(\varDelta)-s(\varDelta)&=\sum_{i=1}^{n}(u_i-l_i)(x_i-x_{i-1}) \\ &=\sum{}'(u_i-l_i)(x_i-x_{i-1})+\sum{}''(u_i-l_i)(x_i-x_{i-1}); \end{aligned}$$

ここで $\sum'$ は $J_1, \cdots, J_m$ に含まれない部分，$\sum''$ は $J_1, \cdots, J_m$ に含まれる部分についての和である．前者は $u_i-l_i<\varepsilon/2(b-a)$ とできる($f(x)$ の一様連続性)し，後者では $u_i-l_i \leqq 2M$, $x_i-x_{i-1} \leqq \varepsilon/4Mm$ で，区間の個数は m であるから，

$$\sum{}' < \frac{\varepsilon}{2(b-a)}\sum_{i=1}^{n}(x_i-x_{i-1})=\frac{\varepsilon}{2},$$

$$\sum{}'' < m\cdot 2M\cdot\frac{\varepsilon}{4Mm}=\frac{\varepsilon}{2}. \qquad \therefore \quad S(\varDelta)-s(\varDelta)<\varepsilon.$$

iii. $f(x)$ が増加のときを考える．減少のときも，u_i と l_i とが入れかわるだけで同様である．$[a, b]$ を n 等分すると，$u_i=f(x_i)$, $l_i=f(x_{i-1})$ であるから，

$$\begin{aligned} 0 \leqq S(\varDelta)-s(\varDelta)&=\sum_{i=1}^{n}(f(x_i)-f(x_{i-1}))(x_i-x_{i-1}) \\ &=\frac{b-a}{n}\sum_{i=1}^{n}(f(x_i)-f(x_{i-1}))=\frac{b-a}{n}(f(b)-f(a)). \end{aligned}$$

これは，n を大きくすればいくらでも0に近くできる．　（証終）

例題 1. [0, 1] 上のつぎの各函数は可積分である．

i. $$f(0)=1,\quad f(x)=\sin(\pi/x)\quad(0<x\leqq 1);$$

ii. x を2進法展開し(二通りの展開が可能なときは有限展開)，それを10進法で読んでえられる値 $g(x)$.

[**解**] f は $x\neq 0$ で連続，g は単調増加である．　（以上）

定理 1.5. $f(x)$, $g(x)$ がともに $[a, b]$ で可積分であるとする．このとき，

i. $f(x)+g(x)$ も $[a, b]$ で可積分で $I(f+g)=I(f)+I(g)$ すなわち，

$$\int_a^b\{f(x)+g(x)\}dx=\int_a^b f(x)dx+\int_a^b g(x)dx;$$

ii. 定数 α に対して，$\alpha f(x)$ も可積分で $I(\alpha f)=\alpha I(f)$ すなわち，

$$\int_a^b \alpha f(x)dx=\alpha\int_a^b f(x)dx;$$

iii. $a<c<b$ である任意の c に対して，$f(x)$ は $[a, c]$ および $[c, b]$ で可積分で

$$\int_a^c f(x)dx+\int_c^b f(x)dx=\int_a^b f(x)dx;$$

iv. $$f(x)\geqq 0 \quad \text{であれば，}\quad I(f)\geqq 0;$$

v. $|f(x)|$ も可積分で $|I(f)|\leqq I(|f|)$ すなわち，

$$\left|\int_a^b f(x)dx\right|\leqq\int_a^b|f(x)|dx;$$

vi. $f(x)g(x)$ も可積分である．

証明. i. $S(\Delta;\, f+g)\leqq S(\Delta;\, f)+S(\Delta;\, g)$, $s(\Delta;\, f+g)\geqq s(\Delta;\, f)+s(\Delta;\, g)$ と定理 1.3 から明らかである．

ii. $\alpha\geqq 0$ であれば $S(\Delta;\,\alpha f)=\alpha S(\Delta;\, f)$, $s(\Delta;\,\alpha f)=\alpha s(\Delta;\, f)$, $\alpha<0$ であれば $S(\Delta;\,\alpha f)=\alpha s(\Delta;\, f)$, $s(\Delta;\,\alpha f)=\alpha S(\Delta;\, f)$ であるから，定理 1.3 から明らかである．

iii. c を一つの分点とする $[a, b]$ の分割を考えればよい．

iv. $f(x)\geqq 0$ のリーマン和は負でないことから明らかである．

v. $|f(x)|$ の小区間 $[x_{i-1}, x_i]$ における上限，下限を U_i, L_i とすると，$0\leqq U_i-L_i\leqq u_i-l_i$ であり，したがって $S(\Delta;\,|f|)-s(\Delta;\,|f|)\leqq S(\Delta;\, f)-s(\Delta;\, f)$ である．f が可積分であるから右辺はいくらでも小さくできる．不等式は $|f(x)|-f(x)\geqq 0$, $|f(x)|+f(x)\geqq 0$ に iv を用いる．これらの函数が可積分であることは i による．

vi. $\{f(x)\}^2$ が可積分であることが，v と同様に示される．じっさい，$|f(x)|\leqq M$ とするとき，$S(\Delta;\, f^2)-s(\Delta;\, f^2)\leqq 2M(S(\Delta;\, f)-s(\Delta;\, f))$ であるから．あとは

$$f(x)g(x)=\frac{1}{4}\{(f(x)+g(x))^2-(f(x)-g(x))^2\}$$

に注意して，i, ii を用いればよい．　（証終）

1.3. 定積分と微分法

定理 1.6. $f(t)$ は $[a, b]$ で可積分で，点 $x_0\in[a, b]$ においては連続であるとす

る. $x \in [a, b]$ に対して

$$F(x)=\int_a^x f(t)dt \tag{1.7}$$

とおくとき，$F'(x_0)=f(x_0)$ である.

証明. $f(t)$ は x_0 で連続であるから，$\varepsilon>0$ を与えるとき，t が x_0 に十分近ければ $|f(x_0)-f(t)|<\varepsilon$ であるようにできる．定数 $f(x_0)$ に対しては $S(\Delta)=s(\Delta)$ であるから，定積分は $f(x_0)$ と区間の長さとの積になり，したがって

$$\frac{1}{h}\{F(x_0+h)-F(x_0)\}-f(x_0)=\frac{1}{h}\int_{x_0}^{x_0+h}\{f(t)-f(x_0)\}dt$$

である．定理 1.5 v から右辺の絶対値は $|h|$ が十分小さいとき，

$$\frac{1}{|h|}\left|\int_{x_0}^{x_0+h}|f(t)-f(x_0)|dt\right|<\frac{1}{|h|}\varepsilon\cdot|h|=\varepsilon$$

をこえない. （証終）

2. 原始函数

2.1. 原始函数

$f(x)$ を与えるとき，平均値の定理(→ III §4.2 定理 4.8 あるいはむしろ直接に III §4.2 定理 4.11 iii)から，ある区間において $F'(x)=f(x)$ をみたす函数 $F(x)$ は，もし存在すれば定数(積分定数という)だけの差を除いて一意に定まる．この $F(x)$ を $f(x)$ の**原始函数**といい，$\int f(x)dx$ とかく．定理 1.6 によって，連続函数はつねに原始函数をもち，それは不定積分 (1.7) で表わされる．このため，本来は別の概念である不定積分と原始函数が混同され，原始函数を不定積分とよぶことも多い．原始函数を求める演算も「積分する」とよばれるのがふつうである.

2.2. 積分法

積分学の主役は定積分であるが，積分区間上で原始函数が求まれば積分区間の端から未定定数を決定するだけで定積分が求まるから，原始函数を求める方法すなわち積分法がいろいろと考案されている.

もっとも直接的なものは，微分法の諸公式(→ III §4.1)を逆向きに利用するもので，後出 §2.6 の左欄が主なものである．以下，積分定数を省略する.

定理 2.1. α, β を定数とするとき，

$$\int\{\alpha f(x)+\beta g(x)\}dx=\alpha\int f(x)dx+\beta\int g(x)dx. \tag{2.1}$$

証明. 微分法の公式(→ §4.1.1 定理 4.2 i. ii)ののべ直しである. （証終）

定理 2.2. $F(x)=\int f(x)dx,\ x=g(t)$ ならば，

$$F(g(t))=\int f(g(t))g'(t)dt. \tag{2.2}$$

（置換積分法）

証明. 合成函数の微分法の公式(→III §4.1.1 定理 4.4)による. （証終）

定理 2.3. $\int g(x)dx=G(x)$ とするとき，

$$\int f(x)g(x)dx=f(x)G(x)-\int f'(x)G(x)dx.$$ **(部分積分法)**

証明.　微分法の公式(→ III §4.1.1 定理 4.2 iii)を $f(x)G(x)$ に適用して，移項したものである.　(証終)

例題 1.
$$\int f(ax)dx=\frac{F(ax)}{a}.$$

［**解**］　定理 2.2 で x の代りに $u=g(x)=ax$, t の代りに x とかいて，両辺を a で割ったものである.　(以上)

例題 2.
$$\int f(x)dx=xf(x)-\int xf'(x)dx.$$

［**解**］　定理 2.3 で $g(x)=1$ としたものである.　(以上)

2.3.　有理函数の積分法

有理函数の原始函数を求めるにさいしては，必要があれば割算を実行して整式と真分数式に分ければ，前者は容易に積分できるから，けっきょく既約な真分数式を考えれば十分である.

$$f(x)=\frac{P(x)}{Q(x)}$$

を既約な真分数式とし，$Q(x)$ を因数に分解して

$$Q(x)=a(x-\alpha_1)^{m_1}\cdots(x-\alpha_k)^{m_k}(x^2+2p_1x+q_1)^{n_1}\cdots(x^2+2p_lx+q_l)^{n_l}$$

とする．ここに $\alpha_1, \cdots, \alpha_k$ は $Q(x)=0$ の実根であり，$p_j{}^2-q_j<0$ である．このとき，$f(x)$ はつぎのように部分分数に分解される:

$$f(x)=\frac{P(x)}{Q(x)}=\frac{A_{11}}{x-\alpha_1}+\cdots+\frac{A_{1m_1}}{(x-\alpha_1)^{m_1}}+\cdots+\frac{A_{k1}}{x-\alpha_k}+\cdots+\frac{A_{km_k}}{(x-\alpha_k)^{m_k}}$$
$$+\frac{B_{11}x+C_{11}}{x^2+2p_1x+q_1}+\cdots+\frac{B_{1n_1}x+C_{1n_1}}{(x^2+2p_1x+q_1)^{n_1}}+\cdots$$
$$+\frac{B_{l1}x+C_{l1}}{x^2+2p_lx+q_l}+\cdots+\frac{B_{ln_l}x+C_{ln_l}}{(x^2+2p_lx+q_l)^{n_l}}.$$

ここで係数 A_{ij}, B_{ij}, C_{ij} は上式の分母を払って未定係数法によるか，あるいは x に特別な値を代入して求められる.

定理 2.4.　有理函数の原始函数は，有理函数，対数函数，逆三角函数の組合せとして表わされる.

証明.　上にのべたことから，有理函数は整式および

$$\text{a.}\quad \frac{A}{(x-\alpha)^m},\qquad \text{b.}\quad \frac{Bx+C}{(x^2+2px+q)^n}\quad (p^2-q<0)$$

の形の分数の和として表わされるから，a, b の形の分数式について証明すればよい．a については，$m\neq1$ であるか $m=1$ であるかにしたがって

$$\int\frac{dx}{(x-\alpha)^n}=\frac{1}{1-m}\frac{1}{(x-\alpha)^{m-1}}\quad \text{または}\quad \int\frac{dx}{x-\alpha}=\log|x-\alpha|$$

であるから，それでよい．b については，$x+p=z$ とおくとき，

$$\int\frac{Bx+C}{(x^2+2px+q)^n}dx=\int\frac{Bz+D}{(z^2+a^2)^n}dz \qquad \begin{pmatrix}q-p^2=a^2\\ C-Bp=D\end{pmatrix}$$

となるから，つぎの二つの原始函数を考えれば十分である:

$$I_n=\int\frac{z}{(z^2+a^2)^n}dz, \qquad J_n=\int\frac{dz}{(z^2+a^2)^n}.$$

I_n は $z^2+a^2=u$ とおけば，$2z\,dz=u\,du$ から

$$I_n=\frac{1}{2}\int\frac{du}{u^n}=\frac{1}{2(1-n)(z^2+a^2)^{n-1}}\ (n\neq 1), \quad =\frac{1}{2}\log(z^2+a^2) \quad (n=1)$$

であるから，定理の主張どおりである．

J_n については，

$$\frac{d}{dz}\frac{z}{(z^2+a^2)^{n-1}}=\frac{1}{(z^2+a^2)^{n-1}}-\frac{(2n-2)z^2}{(z^2+a^2)^n}=-\frac{2n-3}{(z^2+a^2)^{n-1}}+\frac{(2n-2)a^2}{(z^2+a^2)^n}$$

と原始函数の定義から

$$\frac{z}{(z^2+a^2)^{n-1}}=-(2n-3)J_{n-1}+(2n-2)a^2J_n,$$

すなわち

$$J_n=\frac{1}{2(n-1)a^2}\cdot\frac{z}{(z^2+a^2)^{n-1}}+\frac{2n-3}{(2n-2)a^2}J_{n-1}$$

がえられるから，この漸化式を用いて n の値を減少させれば，けっきょく

$$J_1=\int\frac{dz}{z^2+a^2}=\frac{1}{a^2}\int\frac{dz}{1+\left(\frac{z}{a}\right)^2}=\frac{1}{a}\arctan\frac{z}{a}$$

に帰着する． (証終)

例題 1. $\displaystyle\int\frac{dx}{x^4+4}=\frac{1}{16}\log\frac{x^2+2x+2}{x^2-2x+2}+\frac{1}{8}\arctan(x+1)+\frac{1}{8}\arctan(x-1).$

［解］ 部分分数に分解して ($x^4+4=(x^2+2)^2-(2x)^2$ に注意)

$$\begin{aligned}\frac{1}{x^4+4}&=\frac{1}{8}\left(\frac{x+2}{x^2+2x+2}-\frac{x-2}{x^2-2x+2}\right)\\ &=\frac{1}{16}\left(\frac{2x+2}{x^2+2x+2}-\frac{2x-2}{x^2-2x+2}\right)+\frac{1}{8}\left(\frac{1}{1+(x+1)^2}+\frac{1}{1+(x-1)^2}\right).\end{aligned}$$

$x+1=z$ あるいは $x-1=u$ と考えて，求める結果がえられる． (以上)

注意. 原始函数から定積分の値を求めるさいに，対数を含む項が複数個出てきたら，上の例のように一つにまとめておく方がよい．

2.4. 無理函数の積分法

前節でみたように，有理函数の原始函数は初等函数で表わされるから，他の函数の積分法も適当な変換によって有理函数の積分法に帰着される(「有理化される」)ならば，初等函数の範囲内で解決されることになる．ただし，実際の計算にさいしては，他の方法をとる方が便利なこともある．本節では，R は有理函数を表わすものとする．

2.4.1. $\displaystyle\int R\left(x,\ \sqrt[n]{\frac{ax+b}{cx+d}}\right)dx \qquad (ad-bc\neq 0).$

これは変換

$$\sqrt[n]{\frac{ax+b}{cx+d}} \quad \text{すなわち} \quad x=\frac{dt^n-b}{a-ct^n} \quad \frac{dx}{dt}=\frac{n(ad-bc)t^{n-1}}{(a-ct^n)^2}$$

によって有理化される．じっさい，

$$\int R\left(x,\ \sqrt[n]{\frac{ax+b}{cx+d}}\right)dx=\int R\left(\frac{dt^n-b}{a-ct^n},\ t\right)\frac{n(ad-bc)t^{n-1}}{(a-ct^n)^2}dt.$$

2.4.2. $\displaystyle\int R(x,\ \sqrt{ax^2+2bx+c})dx \qquad (a\neq 0,\ b^2-ac\neq 0).$

$a=0$ であれば，§2.4.1 で $c=0$, $d=1$ とした場合になり，$b^2-ac=0$ であれば根号が消滅するから，標記の場合だけを考えれば十分である．

a. $a>0$ の場合．

$$\sqrt{ax^2+2bx+c}=t\pm\sqrt{a}\,x$$

とおけば，

$$x=\frac{t^2-c}{2(b\mp\sqrt{a}\,t)}, \qquad \frac{dx}{dt}=\frac{1}{2}\frac{\mp\sqrt{a}\,t^2+2bt\mp\sqrt{a}\,c}{(b\mp\sqrt{a}\,t)^2} \quad \text{（複号同順）}$$

であるから，標記の積分は有理化される．

b. $a<0$ の場合．根号の中が負になる範囲は除外しているから，二次方程式 $ax^2+2bx+c=0$ は相異なる二実根 α, β（$\alpha<\beta$ とする）をもつ．

$$\sqrt{\frac{x-\alpha}{\beta-x}}=t$$

とおけば，

$$x=\frac{\alpha+\beta t^2}{1+t^2}, \qquad \frac{dx}{dt}=\frac{2(\beta-\alpha)t}{(1+t^2)^2}, \qquad \sqrt{ax^2+2bx+c}=\frac{\sqrt{-a}\,(\beta-\alpha)t}{1+t^2}$$

であるから，標記の積分は有理化される．

注意．被積分函数を $R(x,\ \sqrt{a^2\pm x^2})$ の形にして三角函数の積分法に帰着させる方が便利なこともある（→§2.5）．

例題 1． $\displaystyle\int\frac{dx}{\sqrt{x^2+a}}=\log|x+\sqrt{x^2+a}|.$

［**解**］ $\sqrt{x^2+a}=t-x$ とおくと，

$$x=\frac{t^2-a}{2t}, \qquad \frac{dx}{dt}=\frac{t^2+a}{2t^2}, \qquad \sqrt{x^2+a}=\frac{t^2+a}{2t}$$

となるから，

$$\int\frac{dx}{\sqrt{x^2+a}}=\int\frac{dt}{t}=\log|t|.$$

$\sqrt{x^2+a}=t+x$ とおいても，$1/|x-\sqrt{x^2+a}|=|x+\sqrt{x^2+a}|/|a|$ に注意して，$\log|a|$ を積分定数に含めて省略すれば，同じ結果になる． （以上）

例題 2． $\displaystyle\int\sqrt{x^2+a}\,dx=\frac{1}{2}\{x\sqrt{x^2+a}+\log|x+\sqrt{x^2+a}|\}.$

［**解**］ 求める積分を I とすれば，§2.2 例題2によって

$$I=x\sqrt{x^2+a}-\int\frac{x^2}{\sqrt{x^2+a}}dx=x\sqrt{x^2+a}-I+a\int\frac{dx}{\sqrt{x^2+a}}.$$

これを I に関する一次方程式とみて，例題 1 を用いれば求める結果がえられる．（以上）

2.4.3. $\int x^m(ax^n+b)^{p/q}dx$ （m, n, p, q は整数）.

a. $(m+1)/n$ が整数であれば，

$$\sqrt[q]{ax^n+b}=t$$

とおく．すると，

$$x=\left(\frac{t^q-b}{a}\right)^{1/n},\qquad \frac{dx}{dt}=\frac{1}{n}\left(\frac{t^q-b}{a}\right)^{(1-n)/n}\cdot\frac{qt^{q-1}}{a}$$

であるから，求める積分は

$$\int x^m(ax^n+b)^{p/q}dx=\frac{q}{na^{(m+1)/n}}\int t^{p+q-1}(t^q-b)^{-1+(m+1)/n}dt$$

と有理化される．

b. $(m+1)/n+p/q$ が整数であれば，

$$\sqrt[q]{a+bx^{-n}}=t$$

とおけば有理化される．

注意． $n\geqq 3$ であれば，a, b 以外の場合には有理化されないことが知られている．

2.5. 超越函数の積分法

2.5.1. 三角函数の積分法． $R(u,\ v)$ を u, v の有理函数とするとき，

$$\int R(\cos x,\ \sin x)dx$$

は $\tan(x/2)=t$ とおけば，有理化される．じっさい，$x=2\arctan t$ から dx/dt は t の有理函数であり，他方，

$$\sin x=2\cos\frac{x}{2}\sin\frac{x}{2}=2\cos^2\frac{x}{2}\tan\frac{x}{2}=\frac{2t}{1+t^2},$$

$$\cos x=\cos^2\frac{x}{2}-\sin^2\frac{x}{2}=\cos^2\frac{x}{2}\left(1-\tan^2\frac{x}{2}\right)=\frac{1-t^2}{1+t^2}$$

であるから，これらを R に入れればよい．

$R(u,\ v)=S(u^2,\ v^2)$ の形であれば，単に $\tan x=t$ とおいてもよい．じっさい，$\sin^2 x=\tan^2 x/\sec^2 x=t^2/(1+t^2)$，$\cos^2 x=1/\sec^2 x=1/(1+t^2)$，$dx/dt=1/(1+t^2)$ であるから．また，$R(\cos x,\ \sin x)=T(\cos x,\ \sin^2 x)\sin x$ あるいは $=U(\cos^2 x,\ \sin x)\cos x$ であれば，それぞれ $\cos x=t$, $\sin x=t$ とおいても有理化される．

例題 1. i. $$\int\frac{dx}{\cos x\sin x}=\log|\tan x|;$$

ii. $$\int\frac{dx}{\sin x}=\log\left|\tan\frac{x}{2}\right|,\qquad \int\frac{dx}{\cos x}=\log\left|\tan\left(\frac{x}{2}+\frac{\pi}{4}\right)\right|.$$

［解］ i. $1/\cos x\sin x=1/\cos^2 x\tan x=\sec^2 x/\tan x$ であるから，$\tan x=t$ とおいて $dt/dx=\sec^2 x$ と逆函数の微分法から

$$\int \frac{dx}{\cos x \sin x} = \int \frac{\sec^2 x}{\tan x} dx = \int \frac{dt}{t} = \log|t| = \log|\tan x|.$$

ii. $\tan(x/2)=t$ とおくと，$1/\sin x=(1+t^2)/2t$, $dx/dt=2/(1+t^2)$ であるから，

$$\int \frac{dx}{\sin x} = \int \frac{1+t^2}{2t} \cdot \frac{2}{1+t^2} dt = \int \frac{dt}{t} = \log|t| = \log\left|\tan \frac{x}{2}\right|.$$

また，$\cos x=\sin(x+\pi/2)$ から

$$\int \frac{dx}{\cos x} = \int \frac{dx}{\sin(x+\pi/2)} = \log\left|\tan \frac{1}{2}\left(x+\frac{\pi}{2}\right)\right| = \log\left|\tan\left(\frac{x}{2}+\frac{\pi}{4}\right)\right|.$$ （以上）

例題 2. m, n を整数とし，

$$I(m, n) = \int \sin^m x \cos^n x \, dx$$

とおくと，つぎの漸化式が成立する：

(2.3) $$I(m, n) = \frac{\sin^{m+1} x \cos^{n-1} x}{m+n} + \frac{n-1}{m+n} I(m, n-2) \qquad (m+n \fallingdotseq 0);$$

(2.4) $$= -\frac{\sin^{m-1} x \cos^{n+1} x}{m+n} + \frac{m-1}{m+n} I(m-2, n) \qquad (m+n \fallingdotseq 0);$$

(2.5) $$= -\frac{\sin^{m+1} x \cos^{n+1} x}{n+1} + \frac{m+n+2}{n+1} I(m, n+2) \qquad (n+1 \fallingdotseq 0);$$

(2.6) $$= \frac{\sin^{m+1} x \cos^{n+1} x}{m+1} + \frac{m+n+2}{m+1} I(m+2, n) \qquad (m+1 \fallingdotseq 0).$$

［**解**］ $(\sin^{m+1} x)' = (m+1)\sin^m x \cos x$ に注意して部分積分法を用いると，

$$I(m, n) = \int \sin^m x \cos x \cos^{n-1} x \, dx$$

$$= \frac{\sin^{m+1} x}{m+1} \cos^{n-1} x + \frac{n-1}{m+1} \int \sin^{m+2} x \cos^{n-2} x \, dx.$$

ここで

$$\sin^{m+2} x \cos^{n-2} x = \sin^m x (1-\cos^2 x) \cos^{n-2} x = \sin^m x \cos^{n-2} x - \sin^m x \cos^n x$$

であるから，上式は

$$I(m, n) = \frac{\sin^{m+1} x \cos^{n-1} x}{m+1} + \frac{n-1}{m+1} (I(m, n-2) - I(m, n)).$$

これを $I(m, n)$ について解けば，(3) がえられる．

まったく同様に，$(\cos^{n+1} x)' = (n+1)\cos^n x(-\sin x)$ から出発すると，(4) がえられる．(5), (6) については，それぞれ (3), (4) を逆に($I(m, n-2)$ または $I(m-2, n)$ について)解いて，n または m の代りに $n+2$ または $m+2$ とかけばよい． （以上）

例題 2 をくり返し用いると，$I(m, n)$ は m, $n=0$, ± 1 の 9 個の場合に帰着され，それらは直接ないし例題 1 によって簡単に積分される．

2.5.2. 指数函数の積分法. $R(t)$ が t の有理函数であれば，$e^x=t$ とおくと，

$$\int R(e^x) dx = \int R(t) \cdot \frac{1}{t} dt = \int \frac{R(t)}{t} dt$$

と有理化される．また，$P(x)$ が x の整式であれば，部分積分で

$$\int P(x)e^x dx = P(x)e^x - \int P'(x)e^x dx.$$

これをくり返せば，$P(x)e^x$ の原始函数が求められる．

2.5.3. 対数函数の積分法．$P(t)$ が t の整数であれば，$\log x=t$ とおくとき，

$$\int P(\log x)dx = \int P(t)e^t dt.$$

また，部分積分法で

$$\int P(x)\log x\,dx = \int P(x)dx\cdot\log x - \int\left\{\frac{1}{x}\int P(x)dx\right\}dx$$

であるから，これらの場合には容易に原始函数が求められる．

2.5.4. 逆三角函数の積分法．$P(x)$ を x の整式，$\int P(x)dx=Q(x)$ とするとき，

$$\int P(x)\arcsin x\,dx = Q(x)\arcsin x - \int\frac{Q(x)}{\sqrt{1-x^2}}dx.$$

この右辺は前節の方法で有理化される．また，$x=\sin t$ とおいて

$$\int P(\arcsin x)dx = \int P(t)\cos t\,dt$$

であるから，これらの場合には容易に原始函数が求められる．逆正接函数に対しても，前半は同様に計算できる．

2.6. 公式表

$f(x)$	$\int f(x)dx$	$f(x)$	$\int f(x)dx$
x^α	$\dfrac{x^{\alpha+1}}{(\alpha+1)}$ $(\alpha\neq-1)$	$1/\sqrt{x^2+A}$	$\log\lvert x+\sqrt{x^2+A}\rvert$
$\dfrac{1}{x}$	$\log\lvert x\rvert$	$\sqrt{a^2-x^2}$	$\dfrac{1}{2}\left\{x\sqrt{a^2-x^2}+a^2\arcsin\dfrac{x}{a}\right\}$ $(a>0)$
e^x	e^x	$\sqrt{x^2+A}$	$\dfrac{1}{2}\{x\sqrt{x^2+A}+A\log\lvert x+\sqrt{x^2+A}\rvert\}$
$\sin x$	$-\cos x$	$\dfrac{1}{x^2-a^2}$	$\dfrac{1}{2a}\log\left\lvert\dfrac{x-a}{x+a}\right\rvert$ $(a\neq0)$
$\cos x$	$\sin x$	$\arcsin x$	$x\arcsin x+\sqrt{1-x^2}$
$\tan x$	$-\log\lvert\cos x\rvert$	$\arctan x$	$x\arctan x-\dfrac{1}{2}\log(1+x^2)$
$\cot x$	$\log\lvert\sin x\rvert$	$\log x$	$x\log x-x$
$\sec^2 x$	$\tan x$		
$1/(1+x^2)$	$\arctan x$		
$1/\sqrt{1-x^2}$	$\arcsin x$		

3. 定積分(その 2)

3.1. 定積分の計算法

$\int_a^b f(x)dx$ を求めるにさいして，$f(x)$ の一つの原始函数 $F(x)$ が求まれば，定積分の計算は容易である:

$$\int_a^b f(x)dx = [F(x)]_a^b = F(b)-F(a).$$

原始函数が簡単に求まらない場合にも，問題ごとに適当な方法で定積分の値を求めるこ

とができることを，例によって示そう．ここにあげた以外にも，補助の変数を用いる方法(→§5.4，§5.5)や函数論を用いる方法(→ V §3.4)などがある．

なお，定積分の数値の近似計算については，→ 応用編 VI §2

例題 1. (漸化式を用いる方法.)　m が正の整数であれば，

$$I_m=\int_0^{\pi/2}\sin^m x\,dx=\begin{cases}\dfrac{m-1}{m}\cdot\dfrac{m-3}{m-2}\cdots\dfrac{3}{4}\cdot\dfrac{1}{2}\cdot\dfrac{\pi}{2} & (m\text{ が偶数のとき}),\\[2ex] \dfrac{m-1}{m}\cdot\dfrac{m-3}{m-2}\cdots\dfrac{4}{5}\cdot\dfrac{2}{3} & (m\text{ が奇数のとき}).\end{cases}$$

［**解**］　$n=0$ として (2.4) を利用すると，

$$\int_0^{\pi/2}\sin^m x\,dx=\left[-\frac{\sin^{m-1}x\cos x}{m}\right]_0^{\pi/2}+\frac{m-1}{m}\int_0^{\pi/2}\sin^{m-2}x\,dx.$$

$m>1$ であれば，［　］の項は0になるから，

$$I_m=\frac{m-1}{m}I_{m-2}.$$

これをくり返すと，m が偶数であるか奇数であるかにしたがって，I_0 または I_1 に帰着させることができる．

$I_0=\pi/2$, $I_1=1$ は容易にわかるから，求める結果がえられる．　(以上)

例題 2. (計算しにくい項を消去する方法.)

$$\int_0^{\pi}\frac{x\sin x}{1+\cos^2 x}dx=\frac{\pi^2}{4}.$$

［**解**］　求める積分の値を I とし，$x=\pi-t$ と置換すれば，

$$I=\int_0^{\pi}\frac{x\sin x}{1+\cos^2 x}dx=\int_0^{\pi}\frac{(\pi-t)\sin t}{1+\cos^2 t}dt=\pi\int_0^{\pi}\frac{\sin t}{1+\cos^2 t}dt-I.$$

これを I について解くと，

$$I=\frac{\pi}{2}\int_0^{\pi}\frac{\sin t}{1+\cos^2 t}dt=-\frac{\pi}{2}\int_1^{-1}\frac{du}{1+u^2}\quad[u=\cos t]$$

$$=\frac{\pi}{2}\int_{-1}^{1}\frac{du}{1+u^2}=\frac{\pi}{2}[\arctan u]_{-1}^{1}=\frac{\pi}{2}\left(\frac{\pi}{4}-\left(-\frac{\pi}{4}\right)\right)=\frac{\pi^2}{4}.$$　(以上)

3.2.　広義積分

区間 $(a, b]$ で定義された函数 $f(x)$ が，任意の $\delta\in(0, b-a]$ に対して $[a+\delta, b]$ において可積分でかつ極限値

(3.1)　$$\lim_{\delta\to 0}\int_{a+\delta}^{b}f(x)dx$$

が存在すれば，その極限値を

(3.2)　$$\int_a^b f(x)dx$$

とかいて，区間 $[a, b]$ における $f(x)$ の**広義積分**という．極限値 (1) が存在するとき，積分 (2) は**存在**する．または**収束**するといい，そうでないとき**発散**するという．

$f(x)$ が $[a, b]$ で可積分であれば，区間 $[a, a+\delta]$ における $f(x)$ の定積分は δ とと

もに0に近づくから，広義積分は通常の積分と一致する．

$[a, b-\varepsilon]$ で可積分である函数に対しても同様に，$[a, b]$ での広義積分が定義される．また，$f(x)$ が任意の $\delta>0$, $\varepsilon>0$ に対して $[a+\delta, b-\varepsilon]$ で可積分であれば，右辺の極限値が存在するとき，

$$\int_a^b f(x)dx=\lim_{\substack{\delta\to 0\\ \varepsilon\to 0}}\int_{a+\delta}^{b-\varepsilon} f(x)dx$$

で**広義積分**を定義する．区間 $[a, b]$ に属する有限個の点の近傍で $f(x)$ が有界性を失うときは，それらの点を端とする小区間ごとに広義積分を求め，それらの和として $[a, b]$ における広義積分が定義される．

$f(x)$ が $[a, \infty)$ で定義され，任意の $b>a$ に対して $[a, b]$ で(広義)可積分で，かつ極限値

(3.3) $$\lim_{b\to\infty}\int_a^b f(x)dx$$

が存在するとき，この値を

(3.4) $$\int_a^\infty f(x)dx$$

とかき，$[a, \infty)$ における $f(x)$ の**広義積分**という．(4) が存在するまたは収束する，あるいは発散するという用語も前と同様である．つぎのような積分も同様に定義される:

$$\int_{-\infty}^b f(x)dx, \qquad \int_{-\infty}^\infty f(x)dx.$$

定積分の基本的な性質(特に定理 1.5)は大部分そのまま成立するが，v, vi は成立しない．v の代りに，

v′. $$I=\int_a^b f(x)dx, \qquad J=\int_a^b |f(x)|dx$$

がともに存在すれば(このとき $\int_a^b f(x)dx$ は**絶対収束**するという)，$|I|\leqq J$ であるが成立することは，定理 1.5 の証明をみれば明らかである．

置換積分法，部分積分法を用いて定積分の値を計算するには，$f(x)$ が有界可積分である部分区間ごとに公式を適用して，極限をとればよい．このさい，広義積分が通常の積分になったり，逆に通常の積分が広義積分になったりすることがある．

例題 1. α を正数とするとき，

$$\int_0^1 \frac{dx}{x^\alpha}=\frac{1}{1-\alpha} \quad (0<\alpha<1), \qquad \infty \text{ に発散} \quad (\alpha\geqq 1).$$

［解］ $0<\delta<1$ に対して $x^{-\alpha}$ は $[\delta, 1]$ で連続，したがって可積分で，$\alpha\neq 1$ のときは

$$I(\delta)=\int_\delta^1 \frac{dx}{x^\alpha}=\frac{1}{1-\alpha}[1-\delta^{1-\alpha}=]\frac{\delta^{1-\alpha}-1}{\alpha-1}$$

である．$\delta\to +0$ のとき，$\alpha<1$ ならば $\delta^{1-\alpha}\to 0$, $\alpha>1$ ならば $\delta^{1-\alpha}\to\infty$ であり，また $\alpha=1$ のときは $I(\delta)=[\log x]_\delta^1=-\log\delta\to\infty$ であるから，求める結果がえられる．

(以上)

例題 2. α を正数とするとき，

$$\int_1^\infty \frac{dx}{x^\alpha}=\frac{1}{\alpha-1}\quad(\alpha>1),\qquad \infty \text{ に発散}\quad(0<\alpha\leqq 1).$$

［解］ $\alpha\neq 1$ であれば，

$$\int_1^b \frac{dx}{x^\alpha}=\frac{1}{1-\alpha}(b^{1-\alpha}-1). \tag{3.5}$$

$b\to\infty$ のとき，$\alpha>1$ であるか $\alpha<1$ であるかにしたがって，$b^{1-\alpha}\to 0$ または $b^{1-\alpha}\to\infty$ である．$\alpha=1$ であれば，(5) の右辺は $\log b$ となり，$b\to\infty$ のとき $\to\infty$ である．

（以上）

注意． 広義積分 (2)，(4) 等が正または負の無限大に発散するときは，

$$\int_a^b f(x)dx=\infty,\qquad \int_a^\infty f(x)dx=-\infty$$

等の記法が用いられる．

例題 3． i. $\displaystyle\int_0^1 \frac{dx}{\sqrt{1-x^2}}=\frac{\pi}{2}$, ii. $\displaystyle\int_0^\infty e^{-x}dx=1$.

［解］ i. $1>\varepsilon>0$ を任意に与えるとき，

$$\int_0^{1-\varepsilon}\frac{dx}{\sqrt{1-x^2}}=\arcsin(1-\varepsilon)\to\frac{\pi}{2}\qquad(\varepsilon\to+0).$$

ii. a. 直接に定義から計算すると，

$$\int_0^\infty e^{-x}dx=\lim_{b\to\infty}\int_0^b e^{-x}dx=\lim_{b\to\infty}(1-e^{-b})=1.$$

b. $e^{-x}=t$ とおくと，$x=-\log t$, $dx/dt=-1/t$,

$$\int_0^b e^{-x}dx=\int_{\varepsilon(b)}^1 t\cdot\frac{1}{t}dt=1-\varepsilon(b)\qquad(\varepsilon(b)=e^{-b}).$$

定数 1 は $[0,\ 1]$ で可積分であるから，$b\to\infty$ のとき左端辺も $\to 1$． （以上）

注意． 広義積分の計算に出てくる極限値の存在が明らかであるときは，いちいち極限値をとらないで，直接に原始函数に代入するのがふつうである．

定理 3.1． b は有限の実数または ∞ とするとき，区間 $[a,\ b]$ において $f(x)$ が広義積分可能であるためには，つぎの二条件がみたされることが必要かつ十分である：

i. 任意の $y\in(a,\ b)$ に対し $f(x)$ は $[a,\ y]$ で(広義)可積分である；

ii. 任意の $\varepsilon>0$ に対し $c\in(a,\ b)$ を適当にえらぶと，$c<p<q<b$ をみたす任意の p, q に対して

$$\left|\int_p^q f(x)dx\right|<\varepsilon.$$

証明． 必要性． $F(y)=\int_a^y f(x)dx$ $(a\leqq y\leqq b)$ とおくと，広義積分の定義から，ある区間で広義可積分な函数は，その区間の部分区間で(広義)可積分であり，不定積分 $F(y)$ は y の連続函数である．条件 ii は $F(y)$ が $y=b$ において連続であることから出る．

十分性． i から不定積分 $F(y)$ が $a\leqq y<b$ に対して定義される．定義により

$$\int_a^b f(x)dx=\lim_{y\to b-0}\int_a^y f(x)dx=\lim_{y\to b-0}F(y)$$

であるが，右端辺の極限値が存在するための必要十分条件が ii である(→ 数列に関する III

§2.1 定理 2.1 の函数の場合の類似物). (証終)

系. $a \leqq x < b$ (b は有限または ∞)の範囲で $f(x)$ が連続で，つねに

(3.6) $$|f(x)| \leqq g(x)$$

が成立し，かつ積分 $\int_a^b g(x)dx$ が収束すれば，$\int_a^b f(x)dx$ は絶対収束する．

証明. 定理 3.1 の条件 i は自動的にみたされている．$G(y)=\int_a^y g(x)dx$ は y について単調増加で，$y \to b-0$ のとき有限の値 $G(b)=\int_a^b g(x)dx$ に収束するから，定理 3.1 ii を 2 回用いて

$$\varepsilon > \int_p^q g(x)dx \geqq \int_p^q |f(x)|dx \geqq \left|\int_p^q f(x)dx\right|$$

から $\int_a^b f(x)dx$ の存在が知られる． (証終)

注意. $f(x)$ がパラメター α に関係するとき，α に無関係な $g(x)$ によって (6) がみたされ，かつ $\int_a^b g(x)dx$ が収束すれば，$f(x)$ の $[a, b]$ における積分も α に関して一様に収束する(→§5.5).

例題 4. $s>0$ のとき，

(3.7) $$\Gamma(s)=\int_0^\infty e^{-x}x^{s-1}dx$$

は収束する．――この函数を**ガンマ函数**という．→X §1.2 (1.23)

［解］ $\sigma>0$ を与えるとき，(7) の積分が $\sigma \leqq s < 1/\sigma$ の範囲で一様に収束することを示そう．区間 $[0, 1]$ では $e^{-x}x^{s-1} \leqq x^{\sigma-1}$ であり，定理 3.1 系と上の注意から $g(x)=x^{\sigma-1}$ として $\int_0^1 e^{-x}x^{s-1}dx$ の一様収束することがみられる．他方において，区間 $[1, \infty)$ では $\lim_{x\to\infty} x^k e^{-x}=0$ から

$$x^{s-1}e^{-x} \leqq x^{1/\sigma-1}e^{-x} \leqq x^k e^{-x} \cdot x^{-2} \leqq \frac{M}{x^2} \qquad \left(k \geqq \frac{1}{\sigma}+1\right)$$

となる定数 $M=M(k)$ が存在する． したがってまた， 定理 3.1 系と上の注意から，$\int_1^\infty x^{s-1}e^{-x}dx$ も考える範囲で一様収束する．

$\sigma>0$ はいくらでも 0 に近くとっておけるから，これで解決された． (以上)

定理 3.2. $f(x)$ は $[1, \infty)$ で非負，非増加の連続函数とする．このとき，級数 $\sum_1^\infty f(n)$ と積分 $\int_1^\infty f(x)dx$ とは同時に収束・発散する．

証明. $x \in [n, n+1]$ の範囲では $f(n+1) \leqq f(x) \leqq f(n)$ である．この不等式を区間 $[n, n+1]$ で積分して

(3.8) $$f(n+1) \leqq \int_n^{n+1} f(x)dx \leqq f(n).$$

(8) を n について 1 から N まで加え合わせて

(3.9) $$\sum_{n=2}^{N+1} f(n) \leqq \int_1^{N+1} f(x)dx \leqq \sum_{n=1}^{N} f(n).$$

したがって，もし積分 $\int_1^\infty f(x)dx$ が収束すれば，(9) の左半から $\sum_2^\infty f(n)$ が収束，したがってまた $\sum_1^\infty f(n)$ が収束する．$\int_1^\infty f(x)dx$ が発散すれば，(9) の右半から $\sum_1^\infty f(n)$ も発散する． (証終)

例題 5. つぎの各級数は，$\alpha>1$ のとき収束，$\alpha \leqq 1$ のときに発散する:

i. $\sum_{n=1}^{\infty}\frac{1}{n^{\alpha}}$;　　　ii. $\sum_{n=2}^{\infty}\frac{1}{n(\log n)^{\alpha}}$.

［**解**］ i. $f(x)=x^{-\alpha}$ とすると，$\int_1^{\infty}f(x)dx$ は $\alpha>1$ のとき収束，$\alpha\leqq 1$ のとき発散である(→例題2)．これと定理 3.2 から結果がえられる(→ III §2.3.2 例題1)． ii では $f(x)=x^{-1}(\log x)^{-\alpha}$ とおき，$\log x=t$ と置換すれば，i の場合に帰着される．（以上）

3.3. 函数項級数の項別積分

定理 3.3. i. $f_n(x)$ がいずれも有限閉区間 $[a, b]$ において可積分で，この区間で $f(x)$ に一様収束すれば，$f(x)$ も $[a, b]$ で可積分で，かつ

$$\int_a^b f(x)dx=\lim_{n\to\infty}\int_a^b f_n(x)dx.$$

ii. $f_n(x)$ がいずれも $[a, b]$ で可積分で，級数 $\sum_1^{\infty}f_n(x)$ が一様収束すれば，和 $F(x)$ も $[a, b]$ で可積分で

$$\int_a^b F(x)dx=\sum_{n=1}^{\infty}\int_a^b f_n(x)dx.$$

すなわち，有限閉区間で一様収束する級数 $\sum_1^{\infty}f_n(x)$ は，項別に積分することができる．

証明. ii は i から出る．じっさい，$F_n(x)=\sum_1^n f_k(x)$ とおくと，$F_n(x)$ はいずれも $[a, b]$ で可積分であり，かつ $[a, b]$ で一様に $F(x)$ に収束するから，i が示されれば，

$$\int_a^b F(x)dx=\lim_{n\to\infty}\int_a^b F_n(x)dx=\lim_{n\to\infty}\sum_{k=1}^{n}\int_a^b f_k(x)dx=\sum_{k=1}^{\infty}\int_a^b f_k(x)dx.$$

i を証明しよう．$\varepsilon>0$ を任意に与えるとき，適当な番号 N をえらべば，$[a, b]$ に属するすべての x に対して

$$f_N(x)-\frac{\varepsilon}{3(b-a)}<f(x)<f_N(x)+\frac{\varepsilon}{3(b-a)}$$

が成立する．したがって，$[a, b]$ の任意の分割 $\varDelta$ に対して

$$s(\varDelta;\ f_N)-\frac{\varepsilon}{3}<s(\varDelta;\ f)\leqq S(\varDelta;\ f)<S(\varDelta;\ f_N)+\frac{\varepsilon}{3} \tag{3.10}$$

が成立する．f_N は $[a, b]$ で可積分であるから，定理 1.3 によって，分割 $\varDelta$ を適当にえらんで

$$S(\varDelta;\ f_N)-s(\varDelta;\ f_N)<\frac{\varepsilon}{3} \tag{3.11}$$

とできるから，(10) とあわせて

$$S(\varDelta;\ f)-s(\varDelta;\ f)<\varepsilon$$

である．ふたたび定理 1.3 から，f は $[a, b]$ で可積分であることがわかる．(10) から

$$I(f_N)-\frac{\varepsilon}{3}\leqq I(f)\leqq I(f_N)+\frac{\varepsilon}{3}$$

も出るが，これは

$$\lim_{n\to\infty}I(f_n)=I(f)$$

にほかならない．（証終）

例題 1. $[-\pi, \pi]$ において級数

(3.12)
$$\frac{a_0}{2}+\sum_{k=1}^{\infty}(a_k\cos kx+b_k\sin kx)$$
が一様収束しているとき，和を $f(x)$ とおけば，
$$a_n=\frac{1}{\pi}\int_{-\pi}^{\pi}f(x)\cos nx\,dx \qquad (n=0,\ 1,\ 2,\ \cdots),$$
$$b_n=\frac{1}{\pi}\int_{-\pi}^{\pi}f(x)\sin nx\,dx \qquad (n=1,\ 2,\ \cdots).$$
—— (12) を $f(x)$ の**フーリエ級数**という．→IX A §1.1

［**解**］ $\cos nx$, $\sin nx$ は一様有界であるから，級数
$$\frac{a_0}{2}\cos nx+\sum_{k=1}^{\infty}(a_k\cos kx+b_k\sin kx)\cos nx=f(x)\cos nx,$$
$$\frac{a_0}{2}\sin nx+\sum_{k=1}^{\infty}(a_k\cos kx+b_k\sin kx)\sin nx=f(x)\sin nx$$
はともに $[-\pi,\ \pi]$ で一様収束し，項別積分ができる．積分を実行すると，三角函数の性質から一項だけが残って求める結果がえられる．　（以上）

注意． 無限区間に対しては，$f_n(x)$ が連続であってもこの定理は成立しない．たとえば，
$$f_1(x)=x\ (0\leqq x\leqq 1),\quad =2-x\ (1\leqq x\leqq 2),\quad =0\ (x\geqq 2 \text{ および } x<0);$$
$$f_n(x)=\varepsilon_n f_1(x-(2n-2)) \qquad (n=1,\ 2,\ \cdots)$$
$$\left(\varepsilon_1=1,\quad \varepsilon_n\downarrow 0 \quad \text{たとえば}\quad \varepsilon_n=\frac{1}{n}\right)$$
とおけば，$f_n(x)$ はいずれも $[0,\ \infty)$ で連続，$\sum_1^\infty f_n(x)$ は $[0,\ \infty)$ で一様収束するが，和 $s(x)$ は可積分ではない．

有限閉区間でない場合に項別積分の可能性を保証するものとして，つぎの定理がある:

定理 3.4． $f_n(x)$ $(n=1,\ 2,\ \cdots)$ は $[a,\ b)$ (b は有限または ∞) において連続で，任意の $c\in(a,\ b)$ に対し $\sum_1^\infty f_n(x)$, $\sum_1^\infty|f_n(x)|$ は $[a,\ c]$ で一様に収束するとする．このとき，
$$I=\int_a^b\sum_{n=1}^{\infty}|f_n(x)|\,dx, \qquad J=\sum_{n=1}^{\infty}\int_a^b|f_n(x)|\,dx$$
の一方が収束すれば他方も収束し，かつつぎの式の両辺はともに収束して相等しい:
$$\int_a^b\sum_{n=1}^{\infty}f_n(x)dx=\sum_{n=1}^{\infty}\int_a^b f_n(x)dx.$$

証明． $J<\infty$ とし，$c\in(a,\ b)$ を任意にとるとき，定理 3.3 から
$$\int_a^c\sum_{n=1}^{\infty}|f_n(x)|\,dx=\sum_{n=1}^{\infty}\int_a^c|f_n(x)|\,dx\leqq J<\infty.$$
$c\to b$ とすると，左端辺は I の定義になるから，$I\leqq J$ がえられ，したがってまた $I<\infty$ である．$I<\infty$ から出発すると，
$$\sum_{n=1}^{\infty}\int_a^c|f_n(x)|\,dx=\int_a^c\sum_{n=1}^{\infty}|f_n(x)|\,dx\leqq I.$$
ここで $c\to b$ として $J\leqq I$ がみられ，結局 $I=J$ であることがわかる．

さて，$\sum_1^\infty\{|f_n(x)|+f_n(x)\}$, $\sum_1^\infty\{|f_n(x)|-f_n(x)\}$ はともに $[a,\ c]$ で一様収束で，項の大きさは $2|f_n(x)|$ をこえないから，上に示したことから，これからつくった I, J

に相当する量はいずれも有限確定で相等しい．すなわち，

$$\int_a^b \sum_{n=1}^{\infty}\{|f_n(x)|+f_n(x)\}dx=\sum_{n=1}^{\infty}\int_a^b\{|f_n(x)|+f_n(x)\}dx, \tag{3.13}$$

$$\int_a^b \sum_{n=1}^{\infty}\{|f_n(x)|-f_n(x)\}dx=\sum_{n=1}^{\infty}\int_a^b\{|f_n(x)|-f_n(x)\}dx. \tag{3.14}$$

(13) から (14) を辺々減じて求める結果をうる．　　　　　　　　　　（証終）

4. スチルチェス積分

4.1. 有界変分函数

$[a, b]$ で定義された函数 $f(x)$ と，$[a, b]$ の分割

$$\varDelta:\ a=x_0<x_1<\cdots<x_n=b$$

とに対して，和

$$v(\varDelta)=\sum_{i=1}^{n}|f(x_i)-f(x_{i-1})| \tag{4.1}$$

をつくる．$v(\varDelta)$ が $\varDelta$ に無関係な上界をもつとき，$v(\varDelta)$ の上限を $V=V[f;\ a, b]$ とかいて，$[a, b]$ における f の**全変分**または**全変動**といい，$f(x)$ は $[a, b]$ において**有界変分**または**有界変動**であるという．

和 (1) に現われる $f(x_i)-f(x_{i-1})$ のうち，正であるものすべての和，負であるものすべての和をそれぞれ $p(\varDelta)$, $-n(\varDelta)$ と表わすと，

$$v(\varDelta)=p(\varDelta)+n(\varDelta),\qquad f(b)-f(a)=p(\varDelta)-n(\varDelta) \tag{4.2}$$

が成立する．$f(x)$ が有界変分であれば $p(\varDelta)$, $n(\varDelta)$ も有界で，それらの上限をそれぞれ

$$P=P[f;\ a, b],\qquad N=N[f;\ a, b]$$

と表わし，f の $[a, b]$ における**正変分**，**負変分**または**正変動**，**負変動**という．分割が細かくなるとき，$p(\varDelta)$, $n(\varDelta)$ は非減少で，(2) と上限の定義とから

$$V=P+N,\qquad f(b)-f(a)=P-N \tag{4.3}$$

がえられる．

区間 $[a, b]$ 内の点 x に対し，$[a, x]$ において上と同じ考察をすれば，$p(x)=P[f;\ a, x]$ および $n(x)=N[f;\ a, x]$ がつくれる．区間 $[a, x]$ における f の全変分を $v(x)$ とすれば，$p(x)\leqq P$, $n(x)\leqq N$, $v(x)\leqq V$ で，

$$v(x)=p(x)+n(x),\qquad f(x)=p(x)-n(x)+f(a) \tag{4.4}$$

が成立する．$v(x)$, $p(x)$, $n(x)$ を $f(x)$ の**不定全変分**，**不定正変分**，**不定負変分**ということがある．

定理 4.1. i. 有限閉区間で単調な函数はその区間で有界変分である．

ii. $f'(x)$ が $[a, b]$ において(存在して)有界であれば，$f(x)$ は $[a, b]$ において有界変分である．

iii. $f(x)$ が $[a, b]$ において有界変分であれば，$f(x)$ は $[a, b]$ において有界である．

証明. $f(x)$ が $[a, b]$ において増加であるときを考えれば十分である．このとき，任

意の分割 Δ に対して

$$\sum_{j=1}^{n}|f(x_j)-f(x_{j-1})|=\sum_{j=1}^{n}\{f(x_j)-f(x_{j-1})\}=f(b)-f(a).$$

したがって，$V=f(b)-f(a)$ である．$f(x)$ が減少のときも同様である．

ii. $f(x)$ は $[a, b]$ の各点で微分可能であるから，$[a, b]$ において連続で，平均値の定理(→ III §4.2.1 定理 4.8)の条件をみたす．したがって，

$$f(x_j)-f(x_{j-1})=(x_j-x_{j-1})f'(\xi_j) \qquad (x_{j-1}<\xi_j<x_j)$$

となる ξ_j が存在する．したがってまた，$|f'(x)|\leqq M$ から

$$\sum_{j=1}^{n}|f(x_j)-f(x_{j-1})|\leqq M\sum_{j=1}^{n}|x_j-x_{j-1}|=M(b-a)$$

となり，$V\leqq M(b-a)$ である．

iii. $x\in[a, b]$ を任意にとるとき，

$$V\geqq|f(x)-f(a)|+|f(b)-f(x)|\geqq|f(x)-f(a)|\geqq|f(x)|-|f(a)|.$$

したがって，$|f(x)|\leqq V+|f(a)|$ である．　　　　　　　　　　　　　　　（証終）

定理 4.2. $[a, b]$ において $f(x)$, $g(x)$ がともに有界変分であるとする．このとき，

i. $f(x)+g(x)=F(x)$,　　　　　　ii. $f(x)\cdot g(x)=G(x)$

はともに有界変分である．

証明. i. $|F(x_j)-F(x_{j-1})|\leqq|f(x_j)-f(x_{j-1})|+|g(x_j)-g(x_{j-1})|$

右辺を加え合わせたものは $f(x)$ および $g(x)$ の全変分の和をこえないから，$F(x)$ は有界変分である．

ii. 定理 4.1 iii から $|f(x)|\leqq M$, $|g(x)|\leqq M$ としてよい．

$$\begin{aligned}|G(x_j)-G(x_{j-1})|&=|\{f(x_i)-f(x_{j-1})\}g(x_j)+f(x_{j-1})\{g(x_j)-g(x_{j-1})\}|\\&\leqq M|f(x_j)-f(x_{j-1})|+M|g(x_j)-g(x_{j-1})|\end{aligned}$$

であるから，右辺の和の有界であることから結論が出る．　　　　　　　　（証終）

注意. 定数値をとる函数は有界変分であるから，定理 4.2 によって，有界変分函数の一次結合は有界変分であることがわかる．

定理 4.3. $f(x)$ が $[a, b]$ で有界変分であるためには，$f(x)$ が二つの増加函数の差として表わされることが必要かつ十分である．　　　　　　**(ジョルダンの分解)**

証明. $f(x)$ が有界変分であれば，その不定正変分と不定負変分の差として表わされる．逆に，単調函数は有界変分であり(→ 定理 4.1 i)，その差も有界変分である(→ 定理 4.2 とそのあとの注意)．　　　　　　　　　　　　　　　　　　　　　（証終）

定理 4.4. $f(x)$ が $[a, b]$ において有界変分であれば，任意の $x\in[a, b]$ に対して

(4.5) $$V[f;\ a,\ b]=V[f;\ a,\ x]+V[f;\ x,\ b].$$

正変分，負変分についても同様である．

証明. x が a または b と一致したときは，右辺の項のうち一方が0になり，明らかに成立する．$a<x<b$ であれば，$[a, b]$ の分割 Δ を考えるさいに x をその分点に追加すれば，$[a, x]$ の分割 Δ_1 と $[x, b]$ の分割 Δ_2 とがえられる．(1) は分割 Δ を細かくす

るとき非減少であるから，

$$V(\Delta)\leqq V(\Delta_1)+V(\Delta_2).$$

Δ を動かして上限をとると，

$$V[f;\ a,\ b]\leqq V[f;\ a,\ x]+V[f;\ x,\ b]. \tag{4.6}$$

逆に，$[a, x]$ の分割 Δ_1 と $[x, b]$ の分割 Δ_2 が与えられれば，それらをつなぎ合わせて $[a, b]$ の一つの分割 Δ がえられるから，

$$V[f;\ a,\ b]\geqq V(\Delta)=V(\Delta_1)+V(\Delta_2).$$

Δ_1, Δ_2 を動かして上限をとると，

$$V[f;\ a,\ b]\geqq V[f;\ a,\ x]+V[f;\ x,\ b]. \tag{4.7}$$

(6), (7) を合わせて (5) がえられる．　（証終）

4.2. スチルチェス積分

$f(x)$, $g(x)$ は $[a, b]$ 上で定義された函数とし，$[a, b]$ の分割

$$\Delta:\ a=x_0<x_1<\cdots<x_n=b$$

を考える．小区間 $[x_{i-1}, x_i]$ における $f(x)$ の上限，下限を §1.1 と同じく u_i, l_i とし，和

$$S(\Delta)=S(\Delta;\ f,\ g)=\sum_{i=1}^{n} e_i^{+}\Delta g_i,\qquad s(\Delta)=s(\Delta;\ f,\ g)=\sum_{i=1}^{n} e_i^{-}\Delta g_i$$

をつくる．ここで $\Delta g_i=g(x_i)-g(x_{i-1})$ であり，$\Delta g_i\geqq 0$ である i に対しては $e_i^{+}=u_i$, $e_i^{-}=l_i$, $\Delta g_i<0$ である i に対しては $e_i^{+}=l_i$, $e_i^{-}=u_i$ と定める．

小区間 $[x_{i-1}, x_i]$ の任意の点を t_i とするとき，

$$l_i\leqq f(t_i)\leqq u_i \tag{4.8}$$

であるから，Δg_i の符号に注意しながら (8) の各辺に Δg_i を掛けて加え合わせると，

$$s(\Delta)\leqq\sum_{i=1}^{n} f(t_i)\Delta g_i=R(\Delta)\leqq S(\Delta) \tag{4.9}$$

がえられる．§1.1 におけると同様に，分割 Δ が細かくなるとき，$S(\Delta)$ は非増加，$s(\Delta)$ は非減少である．Δ を動かしたときの $S(\Delta)$ の下限を $\bar{I}(f,\ g)$, $s(\Delta)$ の上限を $\underline{I}(f,\ g)$ とかき，両者が一致するときに，

$$I(f,\ g)=\int_a^b f(x)dg(x) \tag{4.10}$$

とかいて，$[a, b]$ における $f(x)$ の $g(x)$ に関する**スチルチェス積分**といい，$f(x)$ は $g(x)$ に関して**スチルチェス可積分**である，あるいは単に $g(x)$ に関して可積分であるという．このとき，$R(\Delta)$ は $t_i\in[x_{i-1}, x_i]$ のとり方に関係なく同一の極限値 $I(f,\ g)$ に近づくし，この逆も成立する(→ 定理 1.3 およびその後の注意)．$g(x)=x$ であれば，$e_i^{+}=u_i$, $e_i^{-}=l_i$ となり，§1.1 のリーマン積分に還元される．

定理 4.5. $[a, b]$ において $f(x)$ が連続，$g(x)$ が有界変分であれば，$f(x)$ は $g(x)$ に関して可積分である．

証明. $g(x)$ が定数であれば，$\Delta g_i=0$ であって自明である．$V[g;\ a,\ b]>0$ であれば，$f(x)$ の一様連続性によって，$\varepsilon>0$ を任意に与えるとき十分細かな分割 Δ に対しては

$$|e_i^+ - e_i^-| = u_i - l_i < \frac{\varepsilon}{V[g;\ a,\ b]}$$

とできるから，定理 1.4 i の証明にならえばよい． （証終）

定理 4.6. $[a,\ b]$ において $f(x)$ が連続，$g'(x)$ が存在して連続であれば，

$$\int_a^b f(x)dg(x) = \int_a^b f(x)g'(x)dx. \tag{4.11}$$

証明. Δを $[a,\ b]$ の分割とするとき，平均値の定理(→ III §4.2.1 定理 4.8)から

$$g(x_i) - g(x_{i-1}) = g'(t'_i)(x_i - x_{i-1}) \qquad (x_{i-1} < t_i' < x_i)$$

となる t_i' が存在する． $f(x)$ は $g(x)$ に関して可積分である(→ 定理 4.1, 4.5)から，$R(\Delta)$ の極限値は利用する t_i に無関係である．ゆえに，この t_i' を用いることにすると，

$$\sum_{i=1}^{n} f(t_i')\Delta g_i = R(\Delta) = \sum_{i=1}^{n} f(t_i')g'(t_i')(x_i - x_{i-1}). \tag{4.12}$$

$f(x)\ g'(x)$ は連続函数であるから，分割 Δ を細かくするとき (12) の右端辺は (11) の右辺に，左端辺は (11) の左辺に収束する． （証終）

4.3. スチルチェス積分の性質

定理 4.7. $\alpha,\ \beta$ を定数とする．$[a,\ b]$ において

i. $f_1(x),\ f_2(x)$ がともに $g(x)$ に関して可積分であれば，$\alpha f_1(x) + \beta f_2(x)$ も可積分で

$$\int_a^b \{\alpha f_1(x) + \beta f_2(x)\}dg(x) = \alpha\int_a^b f_1(x)dg(x) + \beta\int_a^b f_2(x)dg(x);$$

ii. $f(x)$ が $g_1(x)$ および $g_2(x)$ に関して可積分であれば，$f(x)$ は $\alpha g_1(x) + \beta g_2(x)$ に関しても可積分で

$$\int_a^b f(x)d\{\alpha g_1(x) + \beta g_2(x)\} = \alpha\int_a^b f(x)dg_1(x) + \beta\int_a^b f(x)dg_2(x);$$

iii. $a < c < b$ のとき，

$$\int_a^b f(x)dg(x) = \int_a^c f(x)dg(x) + \int_c^b f(x)dg(x);$$

iv. $f(x) \geqq 0$ で $g(x)$ が単調増加であれば，

$$\int_a^b f(x)dg(x) \geqq 0;$$

v. $f_1(x),\ f_2(x)$ がともに $g(x)$ に関して可積分で $f_1(x) \leqq f_2(x)$，かつ $g(x)$ が単調増加であれば，

$$\int_a^b f_1(x)dg(x) \leqq \int_a^b f_2(x)dg(x).$$

証明. i, ii は $R(\Delta)$ を分解して分割を細かくすれば容易に示される． iii, iv は定義から明らかであろう．v は $f(x) = f_2(x) - f_1(x)$ とおけば，i, iv に帰着される．

（証終）

定理 4.8. $[a,\ b]$ において $f(x)$ が $g(x)$ に関して可積分であれば，$g(x)$ は $f(x)$ に関して可積分で

(4.13) $$\int_a^b f(x)dg(x)=[f(x)g(x)]_a^b-\int_a^b g(x)df(x).$$ **(部分積分法)**

証明. 分割 $\varDelta$ に対して点 t_i を $x_{i-1}\leqq t_i\leqq x_i$ となるようにとり，「分割」

$$\varDelta': a=t_0\leqq t_1\leqq\cdots\leqq t_n=b$$

を考える．ここで若干の場所では等号が成立するかもしれないが，$R(\varDelta')$ に相当するものをつくるさいには，等号の成立する部分は消失するから，分割と同じように考えることができる．さて，アーベルの変形法(→ III §2.3.5)から

$$\begin{aligned}R(\varDelta;\ g,\ f)&=\sum_{i=1}^{n}g(t_i)\{f(x_i)-f(x_{i-1})\}\\&=\sum_{i=1}^{n-1}f(x_i)\{g(t_i)-g(t_{i+1})\}+g(t_n)f(b)-g(t_1)f(a)\\&=f(b)g(b)-f(a)g(a)-\sum_{i=1}^{n+1}f(x_{i-1})\{g(t_i)-g(t_{i-1})\}\\&=f(b)g(b)-f(a)g(a)-R(\varDelta';\ f,\ g).\end{aligned}\tag{4.14}$$

$\varDelta$ の「目」を細かくしていくと，$\varDelta'$ の「目」も細かくなり，$f(x)$ は $g(x)$ に関して可積分であるから，(14) の右端辺にある $R(\varDelta';\ f,\ g)$ は $\int_a^b f(x)dg(x)$ に収束する．したがって，左端辺も収束し，その極限値は $\int_a^b g(x)df(x)$ である． (証終)

例題 1. x をこえない最大の整数を $[x]$ で表わす(ガウスの記号)と，

$$\int_0^3 x\,d([x]-x)=\frac{3}{2}.$$

［解］ $[0,\ 3]$ において x は連続，$[x]-x$ は有界変分であるから，部分積分法によって

$$\int_0^3 x\,d([x]-x)=[x([x]-x)]_0^3-\int_0^3([x]-x)dx$$

$$=-\int_0^3[x]dx+\int_0^3 x\,dx=\frac{9}{2}-(0+1+2)=\frac{3}{2}.$$ (以上)

定理 4.9. $[a,\ b]$ において $f(x)$ は連続，$g(x)$ は有界変分であり，$[c,\ d]$ において $\varphi(t)$ は連続な増加函数で $a=\varphi(c)$, $b=\varphi(d)$ であるとすれば，

(4.15) $$\int_a^b f(x)dg(x)=\int_c^d f(\varphi(t))dg(\varphi(t)).$$ **(置換積分法)**

証明. $[c,\ d]$ の分割 $\varDelta$: $c=t_0<t_1<\cdots<t_n=d$ から，$x_i=\varphi(t_i)$ によって $[a,\ b]$ の「分割」$\varDelta'$: $a=x_0\leqq x_1\leqq\cdots\leqq x_n=b$ がえられる．ここで

$$\sum_{i=1}^{n}|g(\varphi(t_i))-g(\varphi(t_{i-1}))|=\sum_{i=1}^{n}|g(x_i)-g(x_{i-1})|\leqq V[g;\ a,\ b]$$

から $g(\varphi(t))$ は $[c,\ d]$ において有界変分である．他方，$\varphi(t)$ が連続であることから，$[c,\ d]$ の分割 $\varDelta$ を細かくすれば，$[a,\ b]$ の分割 $\varDelta'$ も限りなく細かくできる．ところが，

$$\sum_{i=1}^{n}f(x_i)\{g(x_i)-g(x_{i-1})\}=\sum_{i=1}^{n}f(\varphi(t_i))\{g(\varphi(t_i))-g(\varphi(t_{i-1}))\}$$

であるから，上式の左辺は (15) の左辺に，右辺は (15) の右辺にそれぞれ収束する．

(証終)

定理 4.10. $[a, b]$ において $f(x)$ が連続，$g(x)$ が単調であれば，適当な $c\in[a, b]$ に対して

$$\int_a^b f(x)dg(x)=f(c)\{g(b)-g(c)\}. \qquad \textbf{（第一平均値定理）}$$

証明. $g(x)$ は増加としてよい．$f(x)$ の $[a, b]$ における最大値，最小値を M, m とするとき，$\varDelta g_i\geqq 0$ から

$$m\varDelta g_i\leqq f(t_i)\varDelta g_i\leqq M\varDelta g_i.$$

これを加え合わせて分割を細かくすれば，

$$m\{g(b)-g(a)\}\leqq\int_a^b f(x)dg(x)\leqq M\{g(b)-g(a)\}.$$

各辺を $g(b)-g(a)$ で割って中間値の定理(→ III §3.2.2 定理 3.7)を用いれば，ある $c\in[\alpha, \beta]\subset[a, b]$ (α, β は $f(x)$ が最大または最小になる点)に対して

$$m\leqq f(c)=\frac{1}{g(b)-g(a)}\int_a^b f(x)dg(x)\leqq M.$$

これからただちに求める結果がえられる．もし $g(b)=g(a)$ であれば，$g(b)-g(a)$ で割ることはできないが，このときは $g(x)$ が定数となるから，$[a, b]$ の任意の点を c に採用すればよい． （証終）

定理 4.11. $[a, b]$ において $\varphi(x)$ が単調，$g(x)$ が連続であれば，適当な $c\in[a, b]$ に対して

(4.16) $$\int_a^b \varphi(x)dg(x)=\varphi(a)\{g(c)-g(a)\}+\varphi(b)\{g(b)-g(c)\}. \qquad \textbf{（第二平均値定理）}$$

証明. 部分積分法と定理 4.10 を組合せて

$$\int_a^b \varphi(x)dg(x)=\varphi(b)g(b)-\varphi(a)g(a)-\int_a^b g(x)d\varphi(x)$$
$$=\varphi(b)g(b)-\varphi(a)g(a)-g(c)\{\varphi(b)-\varphi(a)\}, \qquad c\in[a, b]. \qquad \text{（証終）}$$

この右端辺を整理すれば，(16) がえられる．

系. $[a, b]$ において $f(x)$, $\varphi(x)$ がともに連続であるとき，

i. $\varphi(x)$ が単調であれば，適当な $c\in(a, b)$ に対して

(4.17) $$\int_a^b f(x)\varphi(x)dt=\varphi(a)\int_a^c f(x)dx+\varphi(b)\int_c^b f(x)dx;$$

ii. $\varphi(x)$ が単調減少で負にならなければ，同様に

(4.18) $$\int_a^b f(x)\varphi(x)dx=\varphi(a)\int_a^c f(x)dx;$$

iii. $\varphi(x)$ が単調増加で負にならなければ，同様に

(4.19) $$\int_a^b f(x)\varphi(x)dx=\varphi(b)\int_c^b f(x)dx. \qquad \textbf{（第二平均値定理）}$$

証明. i. 定理 4.11 において $g(x)=\int_a^x f(t)dt$ とすれば，定理 4.6 によって求める結果が出る．

ii. $g(x)=\int_a^x f(t)dt$ の $[a, b]$ における最大値，最小値をそれぞれ M, m とすれば，

$g(a)=0$ と i とから

$$\int_a^b f(x)\varphi(x)dx=\varphi(a)g(c)+\varphi(b)(g(b)-g(c))$$
$$\geqq\varphi(a)g(c)+\varphi(a)\{m-g(c)\}=m\varphi(a)$$

同様に，$g(b)\leqq M$ と $0\leqq\varphi(b)\leqq\varphi(a)$ から

$$\int_a^b f(x)\varphi(x)dx\leqq M\varphi(a)$$

がえられ，$\varphi(a)=0$（したがって $\varphi(x)\equiv 0$）でない限り

$$m\leqq\frac{1}{\varphi(a)}\int_a^b f(x)\varphi(x)dx\leqq M$$

が成立する．これに中間値の定理を用いて，分母を払ったものが（18）である．iii もまったく同様に示される．（証終）

例題 2． 積分 $\int_0^\infty x^{-1}\sin x\,dx$ は収束する．

［**解**］ $\varepsilon>0$ を任意に与えるとき，$q>p>2/\varepsilon$ に対して

（18）から

$$\left|\int_p^q\frac{\sin x}{x}dx\right|=\frac{1}{p}\left|\int_p^r\sin x\,dx\right|\leqq\frac{2}{p}<\varepsilon.$$

したがって，定理 3.1 によって，この積分は収束する．（以上）

注意． 例題2の積分の値は $\pi/2$ に等しい(→ V § 3.4 例題 1，XI § 1.3 例題1注意，応用編 III § 4.1 例題3）．

$g(x)$ が $[a, b]$ において有界変分であるとき，$g(x)$ の不定全変分 $v(x)$ に関する $f(x)$ のスチルチェス積分

$$\int_a^b f(x)dv(x)=\int_a^b f(x)dp(x)+\int_a^b f(x)dn(x)$$

を

$$\int_a^b f(x)|dg(x)| \tag{4.20}$$

とかく．特に，$g(x)$ の $[a, b]$ における全変分を V とすると，

$$\int_a^b |dg(x)|=V.$$

定理 4.12． $[a, b]$ において $f(x)$ が連続，$g(x)$ が有界変分であれば，

$$\left|\int_a^b f(x)dg(x)\right|\leqq\int_a^b |f(x)||dg(x)|. \tag{4.21}$$

特に，$|f(x)|\leqq M$ であれば，$g(x)$ の全変分を M とするとき，

$$\left|\int_a^b f(x)dg(x)\right|\leqq MV. \tag{4.22}$$

証明． $g(x)$ をジョルダン分解(→ 定理 4.3)して $g(x)=g(a)+p(x)-n(x)$ とすると，

$$\left|\int_a^b f(x)dg(x)\right|=\left|\int_a^b f(x)dp(x)-\int_a^b f(x)dn(x)\right|$$
$$\leqq\left|\int_a^b f(x)dp(x)\right|+\left|\int_a^b f(x)dn(x)\right|$$

$$\leqq \int_a^b |f(x)|dp(x)+\int_a^b |f(x)|dn(x)$$
$$=\int_a^b |f(x)|dv(x)=\int_a^b |f(x)||dg(x)|.$$

これが (21) である．ここで $|f(x)|\leqq M$ とすると，(22) がえられる．（証終）

スチルチェス積分に対しても，§3.2 のように広義積分を定義することができるが，その性質は §3.2 の所論および本節にのべたことから類推できるものが大部分であるから，ここでは省略する．

5. 重積分

5.1. 重積分の定義

$f(x, y)$ は xy 平面上の閉長方形

$$Q:\ a\leqq x\leqq b, \qquad c\leqq y\leqq d$$

において有界な函数とする．$[a, b]$, $[c, d]$ を分点

$$\varDelta:\ \begin{aligned} &a=x_0<x_1<\cdots<x_m=b,\\ &c=y_0<y_1<\cdots<y_n=d \end{aligned}$$

によって分割し，直線群 $x=x_i$ $(i=1, \cdots, m-1)$, $y=y_j$ $(j=1, \cdots, n-1)$ によって Q を mn 個の小長方形に分割する．小長方形 Q_{ij}: $x_{i-1}\leqq x\leqq x_i$, $y_{j-1}\leqq y\leqq y_j$ における $f(x, y)$ の上限，下限をそれぞれ u_{ij}, l_{ij} として，つぎの和をつくる:

$$S(\varDelta;\ f)=\sum_{i=1}^{m}\sum_{j=1}^{n}u_{ij}(x_i-x_{i-1})(y_j-y_{j-1}),$$
$$s(\varDelta;\ f)=\sum_{i=1}^{m}\sum_{j=1}^{n}l_{ij}(x_i-x_{i-1})(y_j-y_{j-1}).$$

分割 $\varDelta$ を動かすときの $S(\varDelta; f)$ の下限，$s(\varDelta; f)$ の上限をそれぞれ $f(x, y)$ の Q における**上リーマン積分**，**下リーマン積分**といい，両者が一致するとき，共通の値を

$$\iint_Q f(x,\ y)dxdy \tag{5.1}$$

とかいて，$f(x, y)$ は Q 上で**可積分**であるといい，(1) を $f(x, y)$ の Q 上での**二重積分**という．$f(x, y)$ が Q 上で可積分であるためには，定理 1.3 と同様に，任意の正数 ε に対して分割 $\varDelta$ を適当にえらんで $S(\varDelta; f)-s(\varDelta; f)<\varepsilon$ とできることが，必要かつ十分であることが知られる．

3 次元以上の区間(「直方体」)で定義された函数に対しての重積分も同様に定義される．以下，主として 2 次元の場合を論じるが，3 次元以上の場合も同様である．重積分を表わすのは，積分記号を次元の数だけかいて，右端に dx 等を同じ数だけかくのが慣例であるが，一つのベクトル x の函数と考えて，通常の(単一)積分のように，$\int_D f(x)dx$ 等とかくこともある．

E を有界な点集合とする．E の定義函数 $\chi_E(x, y)$ ($(x, y)\in E$ のとき $\chi_E(x, y)=1$, そうでないとき $=0$)が，E を含み辺が座標軸に平行なある長方形 Q で可積分であれば，

E は**面積確定**であるといい，Q 上での $\chi_E(x, y)$ の二重積分を E の**面積**といって，$|E|$ で表わすことがある．E が面積確定であるか否か，および E の面積は，ここで用いる長方形 Q には無関係に確定する．E が面積確定であるためには，E を含む長方形 Q を分割するとき，E の境界と交わる小長方形の面積の和$(=S(\Delta; \chi_E)-s(\Delta; \chi_E))$がいくらでも小さくできることが，必要かつ十分である．

D が面積確定な有界集合であるとき，D 上の函数 $f(x, y)$ の二重積分は，(D の外では $f(x, y)=0$ として $f(x, y)$ の定義域を拡張して) D を含む長方形の上の二重積分として定義される．$\iint_D f(x, y)dxdy$ という記号も，前と同じである．

定理 5.1.　面積確定な有界集合 D が，面積確定で互いに素な二つの集合 D_1, D_2 の和として表わされれば，D 上で有界可積分な函数 $f(x, y)$ に対して

(5.2)
$$\iint_D f(x, y)dxdy=\iint_{D_1} f(x, y)dxdy+\iint_{D_2} f(x, y)dxdy.$$

証明.　D を含む一つの長方形 Q を分割して D_1, D_2 (を含む長方形)上で $S(\Delta; f)$, $s(\Delta; f)$ を考える．D_1, D_2 はともに面積確定であるから，$S(\Delta; f)$ ないし $s(\Delta; f)$ に対しての境界からの寄与はいくらでも小さくできるし，$S(\Delta; f)-s(\Delta; f)$ に対する内部の小長方形からの寄与は f の可積分性からいくらでも小さくできる．(2) の右辺は D_1, D_2 を別に考えてつくった $S(\Delta; f)$ (ないし $s(\Delta; f)$) の和の極限で，左辺は D に対してつくった $S(\Delta; f)$ (ないし $s(\Delta; f)$) の極限であるが，上のように考えての差はいくらでも小さくできる．　(証終)

定理 5.2.　面積確定な集合 D 上で有界函数 $f(x, y)$, $g(x, y)$ が可積分であれば，

i.　$f(x, y)+g(x, y)$ も可積分で
$$\iint_D (f+g)dxdy=\iint_D f\,dxdy+\iint_D g\,dxdy;$$

ii.　定数に対して $\alpha f(x, y)$ も可積分で
$$\iint_D \alpha f(x, y)dxdy=\alpha\iint_D f(x, y)dxdy;$$

iii.　$f(x, y)\geqq g(x, y)$ であれば，　$\iint_D f(x, y)dxdy\geqq\iint_D g(x, y)dxdy;$

iv.　$|f(x, y)|$ も可積分で
$$\left|\iint_D f(x, y)dxdy\right|\leqq\iint_D |f(x, y)|dxdy;$$

v.　$f(x, y)\cdot g(x, y)$ も可積分である．

証明は定理 1.5 と同様に行なわれる．

5.2.　累次積分

長方形 Q: $a\leqq x\leqq b$, $c\leqq y\leqq d$ で定義された有界函数 $f(x, y)$ において，$y\in[c, d]$ を固定して $x\in[a, b]$ の函数と考えるとき，これが $[a, b]$ 上の可積分函数であれば，その積分の値は $y\in[c, d]$ の函数になる．この函数が y に関して $[c, d]$ 上で可積分であれば，定積分

(5.3)
$$\int_c^d\left\{\int_a^b f(x,\ y)dx\right\}dy$$
がえられる．これを

(5.4)
$$\int_c^d dy\int_a^b f(x,\ y)dx$$
と略記する．同様にして，適当な条件のもとに

(5.5)
$$\int_a^b dx\int_c^d f(x,\ y)dy$$
が定義できる．(4)，(5) を $f(x,\ y)$ の Q における**累次積分**という．

定理 5.3． $f(x, y)$ が Q において連続であれば，(1)，(4)，(5) は存在して相等しい．

証明． $f(x, y)$ が Q において一様連続であることから，任意の $\varepsilon>0$ に対して十分細かな分割 $\varDelta$ をとれば，$S(\varDelta;\ f)-s(\varDelta;\ f)<\varepsilon$ とでき，したがって (1) が存在する．

(4) の存在すること．y を固定するとき，$f(x,\ y)$ は x の函数として $[a,\ b]$ において連続であるから，
$$F(y)=\int_a^b f(x,\ y)dx$$
が存在する．これが y について連続であればよいが，$f(x,\ y)$ の一様連続性から，$\varepsilon>0$ を任意に与えるとき $\delta>0$ を十分小さくとれば，$|f(x,\ y)-f(x,\ y')|<\varepsilon/(b-a)$ ($|y-y'|<\delta$) が成立する．したがって，
$$|F(y)-F(y')|\leqq\int_a^b|f(x,\ y)-f(x,\ y')|dx<\varepsilon$$
であり，(4) が存在する．

積分値の等しいことをみるために，Q を $\varDelta$ によって小長方形 Q_{ij} に分割する．各 Q_{ij} において $l_{ij}\leqq f(x,\ y)\leqq u_{ij}$ であるから，$y\in[y_{j-1},\ y_j]$ を任意にとるとき，
$$l_{ij}(x_i-x_{i-1})\leqq\int_{x_{i-1}}^{x_i}f(x,\ y)dx\leqq u_{ij}(x_i-x_{i-1}).$$
これを y について $[y_{j-1},\ y_j]$ で積分して
$$l_{ij}(x_i-x_{i-1})(y_j-y_{j-1})\leqq\int_{y_{j-1}}^{y_j}dy\int_{x_{i-1}}^{x_i}f(x,\ y)dxdy\leqq u_{ij}(x_i-x_{i-1})(y_j-y_{j-1}).$$
$i,\ j$ について加え合わせて，分割を細かくすると，両端辺と (1) との差はいくらでも小さくなる．

(1) と (5) についても同様である．（証終）

定理 5.4． $\phi_1(x)$，$\phi_2(x)$ は $[a,\ b]$ で定義された連続函数で $\phi_1(x)\leqq\phi_2(x)$ であるとする．$\phi_1(x)\leqq y\leqq\phi_2(x)$，$a\leqq x\leqq b$ をみたす点 $(x,\ y)$ の集合を D とするとき(→ 図5.1 (i))，D は面積確定で，D 上の連続函数 $f(x,\ y)$ に対して
$$\iint_D f(x,\ y)dxdy=\int_a^b dx\int_{\phi_1(x)}^{\phi_2(x)}f(x,\ y)dy.$$
また，$[c,\ d]$ 上の連続函数 $\psi_1(y)\leqq\psi_2(y)$ に関して
$$\psi_1(y)\leqq x\leqq\psi_2(y),\qquad c\leqq y\leqq d$$

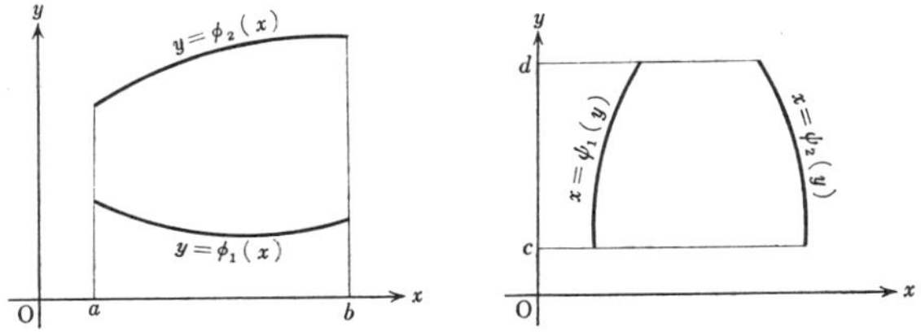

(i) (ii)

図 5.1

をみたす $(x,\ y)$ の集合を D とするとき(→図 5.1 (ii)),

$$\iint_D f(x,\ y)dxdy=\int_c^d dy\int_{\phi_1(y)}^{\phi_2(y)} f(x,\ y)dx.$$

証明. D が面積確定であることは, $\phi_1(x)$, $\phi_2(x)$ の一様連続性から出る. $f(x,\ y)$ は D において一様連続であるから, 分割 Δ を細かくすると, D の境界にかからない Q_{ij} からの $S(\Delta;\ f)-s(\Delta;\ f)$ への寄与はいくらでも小さくできる. 境界にかかる部分からの寄与は, D が面積確定であることからいくらでも小さくできるから, 定理 5.3 の証明に帰着される. (証終)

例題 1. $0<a<b$ とし, $f(x,\ y)$ は連続とする.

$$\int_a^b dx\int_a^x f(x,\ y)dy=\int_a^b dy\int_y^b f(x,\ y)dx. \qquad \text{(ディリクレの変換)}$$

[**解**] $f(x,\ y)$ は連続であるから, 左辺の積分は三角形 D: $a\leqq x\leqq b$, $a\leqq y\leqq x$ の上の二重積分と一致する. D はまた $a\leqq y\leqq b$, $y\leqq x\leqq b$ とも表わせるから(→図 5.2), 定理 5.3 と定理 5.4 とから

$$\int_a^b dx\int_a^x f(x,\ y)dy=\iint_D f(x,\ y)dxdy=\int_a^b dy\int_y^b f(x,\ y)dx. \qquad \text{(以上)}$$

例題 2. 例題1と同じ条件のもとに

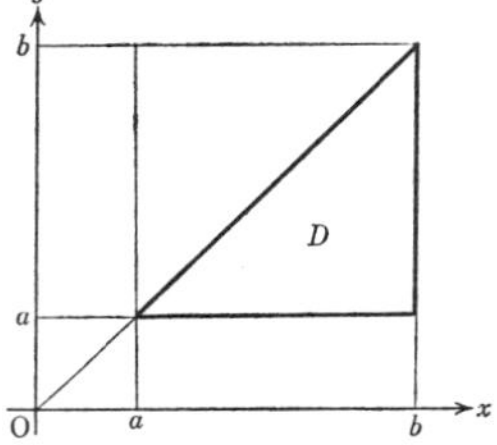

図 5.2

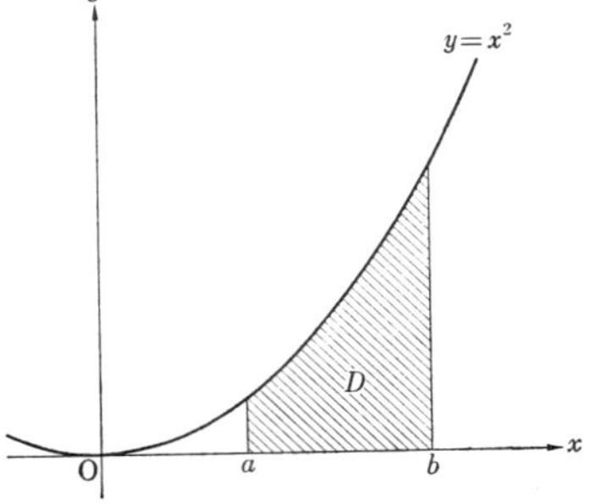

図 5.3

$$\int_a^b dx\int_0^{x^2} f(x,\ y)dy=\int_0^{a^2} dy\int_a^b f(x,\ y)dx+\int_{a^2}^{b^2} dy\int_{\sqrt{y}}^b f(x,\ y)dx.$$

［**解**］ 左辺の積分範囲は D: $a\leqq x\leqq b$, $0\leqq y\leqq x^2$ で，これは縦線 $x=a$, $x=b$ および放物線 $y=x^2$ と x 軸とで囲まれる閉領域である(→ 図 5.3)．したがって，D は

$$D_1\text{: } 0\leqq y\leqq a^2,\ a\leqq x\leqq b; \qquad D_2\text{: } a^2\leqq y\leqq b^2,\ \sqrt{y}\leqq x\leqq b$$

の二つの部分に分けられる．定理 5.1, 5.3, 5.4 から

$$\int_a^b dx\int_0^{x^2} f(x,\ y)dy=\iint_D f(x,\ y)dxdy=\iint_{D_1} f(x,\ y)dxdy+\iint_{D_2} f(x,\ y)dxdy$$
$$=\int_0^{a^2} dy\int_a^b f(x,\ y)dx+\int_{a^2}^{b^2} dy\int_{\sqrt{y}}^b f(x,\ y)dx. \qquad \text{(以上)}$$

5.3. 広義積分

D を領域とする．D に含まれ，面積確定な有界閉領域の列 $\{D_n\}$ が二条件

（i） $\{D_n\}$ は増加列である; すなわち $D_n\subset D_{n+1}$ $(n=1,\ 2,\ \cdots)$;

（ii） D に含まれる任意の面積確定な有界閉領域 D_0 に対し，適当な番号 n をえらべば，$D_0\subset D_n$ が成立する

をみたすとき，$\{D_n\}$ を D の**近似増加列**という．$f(x,\ y)$ が D において連続であるとき，近似増加列 $\{D_n\}$ のとり方に関係しない一定の極限値が存在すれば，

$$\lim_{n\to\infty}\iint_{D_n} f(x,\ y)dxdy=\iint_D f(x,\ y)dxdy \tag{5.6}$$

とかいて，$f(x,\ y)$ の D における**広義積分**という．

定理 5.5. D 上で $f(x,\ y)\geqq 0$ であるとき，$\iint_D f(x,\ y)dxdy$ が存在するためには，つぎのいずれか一つが成立することが，必要かつ十分である:

i. 定数 M が存在して，D に含まれる任意の面積確定な有界閉領域 E に対して

$$\iint_E f(x,\ y)dxdy\leqq M \qquad (M \text{ は } E \text{ に無関係});$$

ii. D の一つの近似増加列 $\{D_n\}$ に対して (6) が存在する．

証明. まず, i がみたされているとする．$\{D_n\}$ を D の一つの近似増加列とするとき，$\{\iint_{D_n} f(x,\ y)dxdy\}_{n=1,2,\cdots}$ は増加で，上に有界であるから，収束する．すなわち，ii が成立する．$\{E_m\}$ を D の任意の近似増加列とするとき，任意の番号 m に対して $E_m\subset D_n$ をみたす $n=n(m)$ が存在する．したがって，$f(x,\ y)\geqq 0$ から

$$\iint_{E_m} f(x,\ y)dxdy\leqq\iint_{D_n} f(x,\ y)dxdy\leqq\lim_{n\to\infty}\iint_{D_n} f(x,\ y)dxdy. \tag{5.7}$$

左端辺は m に関して増加で，上に有界であるから，$m\to\infty$ のとき収束する．同様に，任意の番号 n に対して $D_n\subset E_m$ をみたす $m=m(n)$ の存在することから

$$\iint_{D_n} f(x,\ y)dxdy\leqq\iint_{E_m} f(x,\ y)dxdy\leqq\lim_{m\to\infty}\iint_{E_m} f(x,\ y)dxdy. \tag{5.8}$$

(7), (8) を合わせると，

$$\lim_{m\to\infty}\iint_{E_m} f(x,\ y)dxdy=\lim_{n\to\infty}\iint_{D_n} f(x,\ y)dxdy$$

が示され，$f(x, y)$ は D で可積分である．逆に，$f(x, y)$ が D で可積分であれば，$\iint_D f(x, y)dxdy$ の値を M として i がみたされる．（証終）

定理 5.6．$f(x, y)$ が D において連続で，$\iint_D |f(x, y)|dxdy$ が収束すれば，$\iint_D f(x, y)dxdy$ も収束する．

証明． $|f(x, y)|$，$|f(x, y)|+f(x, y)$ および $|f(x, y)|-f(x, y)$ はいずれも D において非負かつ連続で，

$$\iint_D |f(x, y)|dxdy=M$$

とすると，

$$\iint_K \{|f(x, y)|+f(x, y)\}dxdy\leqq 2M, \qquad \iint_K \{|f(x, y)|-f(x, y)\}dxdy\leqq 2M$$

が D に含まれる任意の面積確定な有界閉領域 K に対して成立する．

したがって，

$$\lim_{n\to\infty}\iint_{D_n}(|f|+f)dxdy, \qquad \lim_{n\to\infty}\iint_{D_n}(|f|-f)dxdy$$

が任意の近似増加列に対して存在し，それぞれ一定値である．両者の差をとって 2 で割れば，求める結果をうる．（証終）

例題 1．四直線 $x=0$，$x=1$，$y=0$，$y=1$ で囲まれる正方形を D として，

$$I=\iint_D \frac{dxdy}{(x+y)^p}$$

とおくとき，

$$I=\frac{2(2^{1-p}-1)}{(1-p)(2-p)} \quad (p<2,\ p\neq 1), \qquad =2\log 2 \quad (p=1);$$

$p\geqq 2$ ならば，積分 I は収束しない．

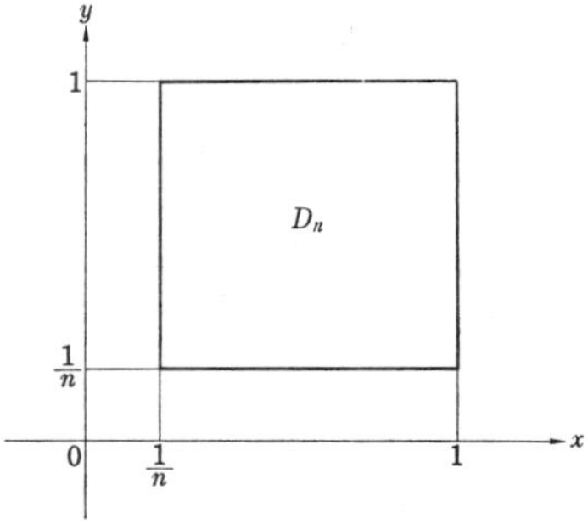

図 5.4

［解］ D_n: $1/n\leqq x\leqq 1$，$1/n\leqq y\leqq 1$ の上での積分を I_n とするとき，$p\neq 1$，$p\neq 2$ であれば，

$$I_n=\int_{1/n}^1 dy\int_{1/n}^1 \frac{dx}{(x+y)^p}$$
$$=\frac{1}{(1-p)(2-p)}\left\{2^{2-p}-2\left(\frac{1}{n}+1\right)^{2-p}+\left(\frac{2}{n}\right)^{2-p}\right\}.$$

したがって，$n\to\infty$ のとき，$p<2$ であれば $(2^{2-p}-2)/(1-p)(2-p)$ に収束し，$p>2$ であれば ∞ に発散する．また，$p=1$ であれば，

$$I_n=\int_{1/n}^1\left\{\log(1+y)-\log\left(\frac{1}{n}+y\right)\right\}dy$$
$$=[(1+y)\log(1+y)-y]_{1/n}^1-\left[\left(\frac{1}{n}+y\right)\log\left(\frac{1}{n}+y\right)-y\right]_{1/n}^1$$
$$=2\log 2-1-\left(1+\frac{1}{n}\right)\log\left(1+\frac{1}{n}\right)+\frac{1}{n}-\left(1+\frac{1}{n}\right)\log\left(1+\frac{1}{n}\right)+1+\frac{2}{n}\log\frac{2}{n}-\frac{1}{n}.$$

$n\to\infty$ のとき，$I_n\to 2\log 2$ である．$p=2$ であれば，

$$I_n=\int_{1/n}^{1}\left(\frac{1}{y+1/n}-\frac{1}{y+1}\right)dy$$

$$=\log\left(1+\frac{1}{n}\right)-\log\frac{2}{n}-\log 2+\log\left(1+\frac{1}{n}\right)\to\infty \qquad (n\to\infty).$$ （以上）

5.4. 積分変数の変換

考える領域はすべて面積確定(あるいは「体積確定」)であるとする．

定理 5.7. $\boldsymbol{R}^n$ の閉領域 D と $\boldsymbol{R}^n$ の閉領域 Ω とが

$$x=\Phi(u) \quad \text{すなわち} \quad x_i=\phi_i(u_1,\ \cdots,\ u_n) \qquad (i=1,\ \cdots,\ n)$$

によって1対1に対応し，ϕ_i が Ω の近傍で C^1 級で，さらにヤコビ行列式

$$J=J(u)=\frac{\partial(\phi_1,\ \cdots,\ \phi_n)}{\partial(u_1,\ \cdots,\ u_n)}=\det\left(\frac{\partial\phi_i}{\partial u_j}\right)_{i,j=1,\cdots,n}$$

が Ω において一定符号をもつとする．このとき，D 上で連続な函数 $f(x)$ に対して

(5.9) $$\int_D f(x)dx=\int_\Omega f(\Phi(u))|J|du.$$

証明. $n=2$ として証明する．このとき，Φ は

$x=\phi(u,\ v)$，$y=\psi(u,\ v)$ $J=\phi_u\psi_v-\psi_u\phi_v$ であり，(9) は

(5.10) $$\iint_D f(x,\ y)dxdy=\iint_\Omega f(\phi(u,\ v),\ \psi(u,\ v))|J|dudv$$

となる．以下，段階に分けて (10) を証明しよう．

Φ が一次変換で，$f(x,\ y)$ が定数である場合．必要があれば Ω を若干個の小正方形に分割して，一つずつで等式が成立したらそれらを加え合わせればよいから，Ωは正方形であると仮定してよい．このとき D は平行四辺形となり，その面積は $|J||\Omega|$ である．この事実が (10) にほかならない．

$\phi_u(u,\ v)$，$\phi_v(u,\ v)$，$\psi_u(u,\ v)$，$\psi_v(u,\ v)$ はいずれも有界閉領域 Ω において一様連続であるから，

$$\phi(u,\ v)-\phi(u_0,\ v_0)=\phi_u(u',\ v')(u-u_0)+\phi_v(u',\ v')(v-v_0),$$
$$\psi(u,\ v)-\psi(u_0,\ v_0)=\psi_u(u',\ v')(u-u_0)+\psi_v(u',\ v')(v-v_0)$$

において $(u',\ v')$ を $(u_0,\ v_0)$ でおきかえて生じる誤差は

$$\rho=\sqrt{(u-u_0)^2+(v-v_0)^2}$$

よりも高次の無限小である．したがって，Ω に含まれ，$(u_0,\ v_0)$ を頂点にもち，辺が u 軸，v 軸に平行な一辺 δ の小正方形 Q の Φ による像(「曲平行四辺形」)P と，一次変換

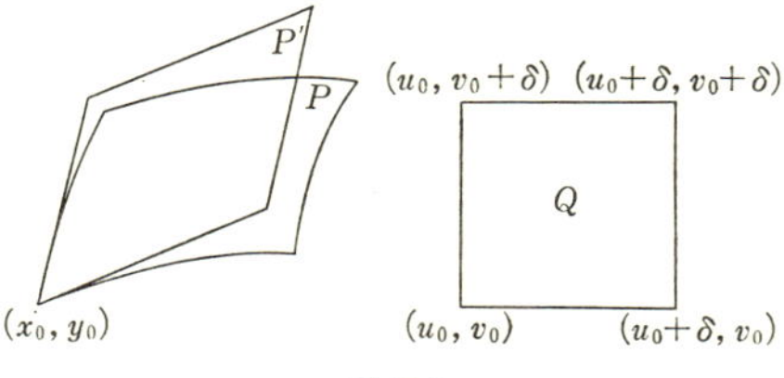

図 5.5

$$\Phi':\quad \begin{aligned} x-x_0&=\phi_u(u_0,\ v_0)(u-u_0)+\phi_v(u_0,\ v_0)(v-v_0),\\ y-y_0&=\psi_u(u_0,\ v_0)(u-u_0)+\psi_v(u_0,\ v_0)(v-v_0)\end{aligned}$$

による像 P' (平行四辺形: → 図 5.5)とは，一般にくい違うが，くい違った部分の面積は δ^2 よりも高次の無限小である．したがって，はじめに考えた特別な場合から

$$(5.11)\qquad \iint_P f(x_0,\ y_0)dxdy=f(x_0,\ y_0)|J_0|\delta^2+\varepsilon_0\delta^2 \qquad (\delta\to 0 \text{ のとき } \varepsilon_0\to 0)$$

がえられる．右辺第1項の J_0 は，ヤコビ行列式 $\partial(\phi,\ \psi)/\partial(u,\ v)$ において，$(u,\ v)=(u_0,\ v_0)$ としたものである．$f(x,\ y)$ も D において一様連続であることから，(11) の右辺第一項と $\iint_Q f(\phi(u,\ v),\ \psi(u,\ v))|J|dudv$ との差は，δ^2 より高位の無限小で，Ω を等間隔(たとえば $1/N$)の平行線で仕切ってえられる Ω 内の小正方形ごとにこの考察をくり返せば，Ω 内に含まれる KN^2 個(K は Ω の形から定まる定数)程度の正方形について誤差を積み上げても，分割を細かくすれば誤差はいくらでも小さくなる．Ω に完全には含まれない部分からの影響は $f(x,\ y)$ および J が一様有界であることと Ω が面積確定であることから無視できる．　(証終)

例題 1． 平面における極座標への変換

$$(5.12)\qquad x=r\cos\theta,\qquad y=r\sin\theta$$

で，r, θ 平面の領域 Ω が xy 平面の領域 D に対応していれば，

$$\iint_D f(x,\ y)dxdy=\iint_\Omega f(r\cos\theta,\ r\sin\theta)r\,drd\theta.$$

［**解**］ 変換 (12) のヤコビ行列式は

$$J=\begin{vmatrix}\cos\theta & -r\sin\theta\\ \sin\theta & r\cos\theta\end{vmatrix}=r\geqq 0$$

であるから，$r>0$ の範囲では定理 5.7 から結果がえられる．$r=0$ を含む積分範囲が問題になるときは，$r\geqq 1/n$ との共通部分を考えて $n\to\infty$ とすればよい．　(以上)

例題 2． $(x,\ y,\ z)$ を空間における円柱座標

$$(5.13)\qquad x=r\cos\theta,\qquad y=r\sin\theta,\qquad z=z$$

に変換するとき，

$$\iiint_D f(x,\ y,\ z)dxdydz=\iiint_\Omega f(r\cos\theta,\ r\sin\theta,\ z)r\,drd\theta dz.$$

［**解**］ 変換 (13) のヤコビ行列式を計算すれば，$J=r$ となる．必要があれば前題と同じに論じればよい．　(以上)

例題 3． x, y, z を空間における極座標

$$x=r\sin\theta\cos\varphi,\qquad y=r\sin\theta\sin\varphi,\qquad z=r\cos\theta$$

に変換するとき，

$$\iiint_D f(x,\ y,\ z)dxdydz=\iiint_\Omega f(r\sin\theta\cos\varphi,\ r\sin\theta\sin\varphi,\ r\cos\theta)r^2\sin\theta\,drd\theta d\varphi.$$

［**解**］ ヤコビ行列式 $J=\partial(x,\ y,\ z)/\partial(r,\ \theta,\ \varphi)$ を計算すれば $r^2\sin\theta$ になるから，定理 5.7 から結論がえられる．　(以上)

例題 4．

$$\int_{-\infty}^{\infty}e^{-x^2}dx=\sqrt{\pi}.$$

［解］ e^{-x^2} は偶函数であるから，$[0, \infty)$ で積分して2倍すればよい．$x \geqq 1$ の範囲で $e^{-x^2} \leqq e^{-x}$ であるから，積分 $I=\int_0^\infty e^{-x^2}dx$ の存在することは，§3.2 例題3からわかる．さて，xy 平面の $x \geqq 0$, $y \geqq 0$ の部分を D として

$$I^2=\int_0^\infty e^{-x^2}dx\int_0^\infty e^{-y^2}dy=\iint_D e^{-x^2-y^2}dxdy$$
$$=\lim_{R\to\infty}\iint_{D_R} e^{-x^2-y^2}dxdy=\lim_{R\to\infty}\int_0^{\pi/2}d\theta\int_0^R e^{-r^2}rdr=\frac{\pi}{4};$$

ここに D_R は円板 $x^2+y^2 \leqq R^2$ と D との共通部分を表わす．$I \geqq 0$ は明らかであるから，平方根に開いて求める結果がえられる．（以上）

なお，この種の積分については → 応用編 III §4.1

5.5. 定積分で定義された函数の微積分法

定理 5.8. $f(x, y)$ および $f_y(x, y)$ が，閉長方形

$$a \leqq x \leqq b, \qquad c \leqq y \leqq d$$

において連続であれば，$F(y)=\int_a^b f(x, y)dx$ は $y \in [c, d]$ に対して微分可能で

(5.14)
$$F'(y)=\int_a^b f_y(x, y)dx.$$

証明. y, $y+h \in [c, d]$ とするとき，平均値の定理(→ III §4.2.1 定理 4.8)から

(5.15)
$$\frac{1}{h}\{F(y+h)-F(y)\}=\frac{1}{h}\int_a^b \{f(x, y+h)-f(x, y)\}dx$$
$$=\int_a^b f_y(x, y+\theta h)dx \qquad (0<\theta<1).$$

$f_y(x, y)$ は $a \leqq x \leqq b$, $c \leqq y \leqq d$ の範囲で一様連続であるから，$h \to 0$ のとき，

$$\int_a^b |f_y(x, y+\theta h)-f_y(x, y)|dx \to 0.$$

したがって (15) の右辺は (14) の右辺に近づき，(15) の左辺の極限値も存在する．それが (14) の左辺の定義である．（証終）

定義. a, c, d は有限，b は有限または ∞ として，$f(x, y)$ は $a \leqq x < b$, $c \leqq y \leqq d$ の範囲において連続であるとする．任意の正数 ε に対し，正数 $\beta_0 \in (a, b)$ を適当にえらべば，すべての $y \in [c, d]$ と，すべての $\beta \in [\beta_0, b)$ とについて

$$\left|\int_\beta^b f(x, y)dx\right|<\varepsilon$$

が成立するとき，積分 $\int_a^b f(x, y)dx$ は $y \in [c, d]$ について**一様に収束**するという．

定理 3.1 およびその系から，もしも $|f(x, y)| \leqq g(x)$ かつ $[a, b]$ で(広義)可積分な函数 $g(x)$ が存在すれば，$\int_a^b f(x, y)dx$ は $y \in [c, d]$ について一様に収束する．

定理 5.9. $f(x, y)$, $f_y(x, y)$ が $a \leqq x < b$, $c \leqq y \leqq d$ の範囲で連続で，

$$\int_a^b f(x, y)dx \quad \text{が収束，} \qquad \int_a^b f_y(x, y)dx \text{ が } y \in [c, d] \text{ について一様収束}$$

であれば，

$$\frac{d}{dy}\int_a^b f(x, y)dx=\int_a^b f_y(x, y)dx.$$

証明.　$a\leqq\beta_n\uparrow b$ となる数列 $\{\beta_n\}$ をとり，

$$F_n(y)=\int_a^{\beta_n}f(x,\ y)dx$$

とおけば，各区間 $[a,\ \beta_n]$ に対しては定理 5.8 が使えて

$$\int_a^b f_y(x,\ y)dy=\lim_{n\to\infty}\int_a^{\beta_n}f_y(x,\ y)dy=\lim_{n\to\infty}\frac{d}{dy}F_n(y).$$

III §5.2 の結果から

$$\lim_{n\to\infty}F_n'(y)=\left(\lim_{n\to\infty}F_n(y)\right)'=\frac{d}{dy}\int_a^b f(x,\ y)dx.$$　（証終）

定理 5.10.　$f(x,\ y)$ は $a\leqq x<b$ (b は有限または ∞)，$c\leqq y\leqq d$ において連続とし，積分 $\int_a^b f(x,\ y)dx$ は $y\in[c,\ d]$ について一様に収束するとする．このとき，

$$\int_a^b dx\int_c^d f(x,\ y)dy=\int_c^d dy\int_a^b f(x,\ y)dx.$$

証明.　$F(y)=\int_a^b f(x,\ y)dx$, $F_n(y)=\int_a^{\beta_n}f(x,\ y)dx$ とおけば，各 n について $F_n(y)$ は y の連続函数(→ 定理 5.3 の証明)であり，その一様収束する極限として $F(y)$ も連続である．$F_n(y)$ の積分の極限が $F(y)$ の積分になることは定理 3.3 による．（証終）

定理 5.11.　$f(a,\ y)$ は $a\leqq x<b$, $c\leqq y<d$ (a, c は有限，b, d は有限または∞)において定符号の連続函数であるとする．任意の $\beta\in[a,\ b)$ に対して $\int_c^d f(x,\ y)dy$ が $x\in[a,\ \beta]$ について一様に収束し，任意の $\gamma\in[c,\ d)$ に対して $\int_a^b f(x,\ y)dx$ が $y\in[c,\ \gamma]$ について一様に収束するとする．このとき，

$$\int_a^b dx\int_c^d f(x,\ y)dy=\int_c^d dy\int_a^b f(x,\ y)dx; \tag{5.16}$$

ここで符号 = は (16) の一辺が有限であれば，他辺も有限で相等しいという意味である．

証明.　$f(x,\ y)\geqq 0$ と考えてよい．$\gamma\in[c,\ d)$ に対して

$$\int_c^\gamma f(x,\ y)dy\leqq\int_c^d f(x,\ y)dy.$$

区間 $[c,\ \gamma]$ を定理 5.10 の $[c,\ d]$ として扱って

$$\int_c^\gamma dy\int_a^b f(x,\ y)dx=\int_a^b dx\int_c^\gamma f(x,\ y)dy\leqq\int_a^b dx\int_c^d f(x,\ y)dy;$$

$\gamma\in[c,\ d)$ は任意にとれたから，$\gamma\to d$ として

$$\int_c^d dy\int_a^b f(x,\ y)dx\leqq\int_a^b dx\int_c^d f(x,\ y)dy.$$

$\beta\in[a,\ b)$ をとって x に関して積分することから出発すれば，同じ議論で反対向きの不等号がえられる．（証終）

注意.　定理 5.11 は定符号の函数に適用されるが，$f(x,\ y)$ が定符号でなくても，$|f(x,\ y)|$ が定理 5.11 の条件をみたしていれば，$f(x,\ y)$ を定符号の函数の差として表わすことができるから，結論は成立する．

例題 1.　$p>0$, $q>0$ として

$$B(p,\ q)=\int_0^1 x^{p-1}(1-x)^{q-1}dx,\qquad \Gamma(p)=\int_0^\infty x^{p-1}e^{-x}dx$$

とおくとき,

$$B(p,\ q)=\frac{\Gamma(p)\Gamma(q)}{\Gamma(p+q)}.$$

［解］ 積分変数を区別して積

$$\Gamma(p)\Gamma(q)=\int_0^\infty t^{p-1}e^{-t}dt\int_0^\infty u^{q-1}e^{-u}du$$

を考え, $u=tv$, $w=t(1+v)$ とおいて形式的に積分の順序を交換する:

$$\begin{aligned}\Gamma(p)\Gamma(q)&=\int_0^\infty t^{p-1}e^{-t}dt\int_0^\infty t^q v^{q-1}e^{-tv}dv\\&=\int_0^\infty v^{q-1}dv\int_0^\infty t^{p+q-1}e^{-t(1+v)}dt\\&=\int_0^\infty v^{q-1}dv\int_0^\infty \frac{w^{p+q-1}e^{-w}}{(1+v)^{p+q}}dw=\Gamma(p+q)\int_0^\infty \frac{v^{q-1}}{(1+v)^{p+q}}dv.\end{aligned}$$

他方, $x=\cos^2\theta$, $\tan^2\theta=v$ とおきかえて

$$\begin{aligned}B(p,\ q)&=\int_0^1 x^{p-1}(1-x)^{q-1}dx=2\int_0^{\pi/2}\cos^{2p-1}\theta\sin^{2q-1}\theta\,d\theta\\&=\int_0^{\pi/2}\frac{\tan^{2q-2}\theta}{\sec^{2(p+q)}\theta}2\tan\theta\sec^2\theta\,d\theta=\int_0^\infty\frac{v^{q-1}}{(1+v)^{p+q}}dv.\end{aligned}$$

ここで, 形式的な順序変更が正当であることを示そう. 定理 5.11 の条件がそのままみたされているとは限らないが, 必要があれば積分区間を $(0,\ 1]$, $[1,\ \infty)$ と区別して前者には定理 5.11 を「折り返した」ものを適用することにすれば, つぎの二つの事実を確認すれば十分であることがわかる; $f(t,\ v)=t^{p+q-1}v^{q-1}e^{-t(1+v)}$ とおく:

1° $0<\varepsilon<T$ を任意にとるとき, $\int_0^\infty f(t,\ v)dv$ は $t\in[\varepsilon,\ T]$ について一様に収束する;

2° $0<\delta<V$ を任意にとるとき, $\int_0^\infty f(t,\ v)dt$ は $v\in[\delta,\ V]$ について一様に収束する.

どちらでも同様であるから, 2° を示そう. 不等式

$$0\leqq f(t,\ v)\leqq A(\delta,\ V)t^{p+q-1}e^{-t(1+\delta)}$$

(ここで, $q\geqq 1$ であれば $A(\delta,\ V)=V^{q-1}$, $q<1$ であれば $A(\delta,\ V)=\delta^{q-1}$) が成立し, $\int_0^\infty t^{p+q-1}e^{-t(1+\delta)}dt$ は収束する(§3.2 例題 3)から, 順序変更ができる. (以上)

$\Gamma(p)$ を**ガンマ函数**, $B(p,\ q)$ を**ベータ函数**という. → X §1.2, §1.5

例題 2. $$\int_0^\infty \exp\left\{-\left(x-\frac{a}{x}\right)^2\right\}dx=\frac{\sqrt{\pi}}{2}\qquad(\exp z\equiv e^z).$$

［解］ 左辺の積分を $I(a)$ とおく.

$$\exp\left\{-\left(x-\frac{a}{x}\right)^2\right\}=\exp\left\{-\left(x^2+\frac{a^2}{x^2}-2a\right)\right\}=e^{2a}\exp\left(-x^2-\frac{a^2}{x^2}\right)\leqq e^{2a}\cdot e^{-x^2}$$

であるから, a が有限区間 $[-A,\ A]$ に属するとき, $I(a)$ は一様収束し, したがって $I(a)$ は a の連続函数である.

$0<a\leqq A$ のとき $I'(a)=0$ であることが示されれば, 平均値の定理から $I(a)=I(0)=\sqrt{\pi}/2$ (→§5.4 例題 4)がえられる. さて, $f(x,\ a)=\exp\{-(x-a/x)^2\}$ とおくとき,

$$f_a(x,\ a)=\frac{2}{x}\left(x-\frac{a}{x}\right)\exp\left\{-\left(x-\frac{a}{x}\right)^2\right\}=\frac{2}{x}\left(x-\frac{a}{x}\right)e^{2a}\exp\left(-x^2-\frac{a^2}{x^2}\right)$$

であるから，$0<\delta\leqq a\leqq A$ に対しては

$$|f_a(x,\ a)|\leqq\frac{2Ae^{2A}}{x^2}\exp\left(-\frac{\delta^2}{x^2}\right)\to 0 \qquad (x\to 0\ のとき)$$

$$\leqq 2e^{2A}\exp(-x^2)\to 0 \qquad (x\to\infty\ のとき)$$

で，$\int_0^\infty f_a(x,\ a)dx$ は一様収束する．したがって，

$$I'(a)=\int_0^\infty f_a(x,\ a)dx=2\int_0^\infty\frac{1}{x}\left(x-\frac{a}{x}\right)\exp\left\{-\left(x-\frac{a}{x}\right)^2\right\}dx.$$

ここで $x=a/y$ とおきかえれば，

$$=2\int_0^\infty\frac{1}{y}\left(\frac{a}{y}-y\right)\exp\left\{-\left(y-\frac{a}{y}\right)^2\right\}dy=-I'(a)$$

となり，$I'(a)=0$ $(\delta\leqq a\leqq A)$ がえられる．したがって，$a>0$ の範囲で $I'(a)=0$ である．

（以上）

6. 積分法の応用

6.1. 曲線の長さ

平面上あるいは空間における点 P の座標が，有限閉区間 $[a,b]$ 上の連続函数として表わされるとき， P の集合 Γ を**曲線**という．単に連続なだけでなく， C^1 級の函数であるとき，**滑らかな曲線**という．区間 $[a,\ b]$ を分割して

$$\Delta:\ a=t_0<t_1<\cdots<t_n=b$$

とし，各分点 t_i に対応する曲線上の点を P_i とするとき，線分 $P_{i-1}P_i$ の長さの和の，分割に関する上限を Γ の長さという．長さが有限である曲線を**有長曲線**という．

空間曲線の場合，P の座標を $(x,\ y,\ z)$ として

(6.1)　　$x=\xi(t),\quad y=\eta(t),\quad z=\zeta(t)\quad (a\leqq t\leqq b)$

で Γ が表わされているとすると，Γ が長さをもつためには，$\xi(t)$, $\eta(t)$, $\zeta(t)$ がともに $[a,\ b]$ において有界変分であることが，必要かつ十分である．

定理 6.1. i. 空間曲線 (1) において，$\xi(t)$, $\eta(t)$, $\zeta(t)$ が連続な導函数をもつならば，(1) は有長で，その長さ L はつぎの式で与えられる:

(6.2)　　$L=\int_a^b\sqrt{\xi'(t)^2+\eta'(t)^2+\zeta'(t)^2}\,dt;$

ii. 平面曲線

(6.3)　　$x=\xi(t),\quad y=\eta(t)$

が滑らかであれば，

(6.4)　　$L=\int_a^b\sqrt{\xi'(t)^2+\eta'(t)^2}\,dt;$

iii. 平面曲線が $y=f(x)$ $(a\leqq x\leqq b)$ または $x=g(y)$ $(c\leqq y\leqq d)$ で与えられれば，

$$L=\int_a^b\sqrt{1+f'(x)^2}\,dx\quad または\quad L=\int_c^d\sqrt{1+g'(y)^2}\,dy.$$

証明. i. 分割 Δ に対応する曲線上の点を $\mathrm{P}_i(x_i,\ y_i,\ z_i)$ $(i=0,\ 1,\ \cdots,\ n)$ とし，折線の長さを $L(\Delta)$ とすると，

$$L(\Delta)=\sum_{i=1}^{n}\sqrt{(x_i-x_{i-1})^2+(y_i-y_{i-1})^2+(z_i-z_{i-1})^2}$$

である．平均値の定理(→ III §4.2.1 定理 4.8) から

$$x_i-x_{i-1}=\xi(t_i)-\xi(t_{i-1})=(t_i-t_{i-1})\xi'(\rho_i),$$
$$y_i-y_{i-1}=\eta(t_i)-\eta(t_{i-1})=(t_i-t_{i-1})\eta'(\sigma_i),$$
$$z_i-z_{i-1}=\zeta(t_i)-\zeta(t_{i-1})=(t_i-t_{i-1})\zeta'(\tau_i)$$

となる $\rho_i,\ \sigma_i,\ \tau_i\in(t_{i-1},\ t_i)$ が存在する．小区間 $[t_{i-1},\ t_i]$ において $|\xi'(t)|$, $|\eta'(t)|$, $|\zeta'(t)|$ が最大・最小になる点をそれぞれ ρ_i', σ_i', τ_i'; ρ_i'', σ_i'', τ_i'' とすると，

$$L''(\Delta)\leqq L(\Delta)\leqq L'(\Delta)$$

が成立する．ここに，

$$L'(\Delta)=\sum_{i=1}^{n}\sqrt{\xi'(\rho_i')^2+\eta'(\sigma_i')^2+\zeta'(\tau_i')^2}\,(t_i-t_{i-1}),$$
$$L''(\Delta)=\sum_{i=1}^{n}\sqrt{\xi'(\rho_i'')^2+\eta'(\sigma_i'')^2+\zeta'(\tau_i'')^2}\,(t_i-t_{i-1}).$$

不等式

$$\left|\sqrt{\alpha_1^2+\beta_1^2+\gamma_1^2}-\sqrt{\alpha_2^2+\beta_2^2+\gamma_2^2}\right|\leqq\sqrt{(\alpha_1-\alpha_2)^2+(\beta_1-\beta_2)^2+(\gamma_1-\gamma_2)^2}$$
$$\leqq|\alpha_1-\alpha_2|+|\beta_1-\beta_2|+|\gamma_1-\gamma_2|$$

によって，

$$L'(\Delta)-L''(\Delta)\leqq\sum_{i=1}^{n}(t_i-t_{i-1})\{|\xi'(\rho_i')-\xi'(\rho_i'')|+|\eta'(\sigma_i')-\eta'(\sigma_i'')|$$
$$+|\zeta'(\tau_i')-\zeta'(\tau_i'')|\}$$

がえられる．

$$\varphi(t)=\sqrt{\xi'(t)^2+\eta'(t)^2+\zeta'(t)^2}$$

とおくとき，

$$S(\Delta,\ \varphi)\leqq L'(\Delta),\qquad s(\Delta,\ \varphi)\geqq L''(\Delta)$$

であり，$\xi'(t)$, $\eta'(t)$, $\zeta'(t)$ はいずれも $[a,\ b]$ において一様連続であるから，分割 Δ を十分細かくすれば，あらかじめ与えられた正数 ε に対して

$$S(\Delta,\ \varphi)-s(\Delta,\ \varphi)\leqq L'(\Delta)-L''(\Delta)<\varepsilon$$

とできる．

分割 Δ を細かくしていくとき，$S(\Delta,\ \varphi)$ および $s(\Delta,\ \varphi)$ はともに $\int_a^b\varphi(t)dt$ に近づき，同時に $L(\Delta)$ との差の絶対値も限りなく小さくなる．これは

$$L=\int_a^b\varphi(t)dt$$

を表わしている．

ii. $\zeta(t)=0$ の場合である．

iii. $x=t,\ y=f(t)$ あるいは $x=g(t),\ y=t$

として ii に帰着される． （証終）

例題 1． サイクロイド(→ 応用編 II §1.4) $x=a(t-\sin t)$, $y=a(1-\cos t)$ $(0\leqq t\leqq 2\pi$, $a>0$ は定数)の全長は $8a$ である．

［**解**］ 全長を L とする．$\xi'(t)=a(1-\cos t)$, $y'=a\sin t$ であるから，

$$\varphi(t)=\sqrt{\xi'(t)^2+\eta'(t)^2}=2a\sin\frac{t}{2}.$$

したがって，

$$L=\int_0^{2\pi}2a\sin\frac{t}{2}\,dt=4a\int_0^{\pi}\sin u\,du=8a.$$ （以上）

例題 2． 平面上の極座標に関して

$$r=a(1+\cos\theta)\qquad (a>0 \text{ は定数}, \ 0\leqq\theta\leqq 2\pi)$$

で与えられる曲線(心臓形 → 応用編 II §1.2.6, §1.3)の全長を求めよ．

［**解**］ まず極座標に関する曲線 $r=f(\theta)$, $\alpha\leqq\theta\leqq\beta$ の長さが $\int_\alpha^\beta\sqrt{f(\theta)^2+f'(\theta)^2}\,d\theta$ で与えられることを示そう．$x=r\cos\theta$, $y=r\sin\theta$ に $r=f(\theta)$ を代入して

$$x=f(\theta)\cos\theta=\xi(\theta),\qquad y=f(\theta)\sin\theta=\eta(\theta)$$

に定理 6.1 ii を適用すると，

$$\xi'(\theta)^2+\eta'(\theta)^2=f(\theta)^2+f'(\theta)^2$$

であることから求める結果がえられる．さて，今の場合は

$$f(\theta)^2+f'(\theta)^2=2a^2(1+\cos\theta)=4a^2\cos^2\frac{\theta}{2}$$

であるから，

$$L=\int_0^{2\pi}\left|2a\cos\frac{\theta}{2}\right|d\theta=4a\int_0^{\pi}\cos\frac{\theta}{2}d\theta=8a.$$ （以上）

例題 3． 楕円 $x=a\cos\theta$, $y=b\sin\theta$ $(0<b<a$, $0\leqq\theta\leqq 2\pi)$ の全長は，離心率を $\varepsilon=\sqrt{a^2-b^2}/a$ として

$$L=4a\int_0^{\pi/2}\sqrt{1-\varepsilon^2\sin^2\theta}\,d\theta$$

で与えられる．

［**解**］ 定理 6.1 ii から，第1象限の部分を考えて

$$L=4\int_0^{\pi/2}\sqrt{a^2\sin^2\theta+b^2\cos^2\theta}\,d\theta=4a\int_0^{\pi/2}\sqrt{1-\varepsilon^2\sin^2\theta}\,d\theta.$$ （以上）

注意． 3次式および4次式の平方根を含む積分を楕円積分という．その結果は，一般には初等函数では表わせない．本題の場合，$\sin\theta=u$ とおくと，

$$L=4a\int_0^1\sqrt{\frac{1-\varepsilon^2u^2}{1-u^2}}du=4a\int_0^1\frac{\sqrt{(1-u^2)(1-\varepsilon^2u^2)}}{1-u^2}du$$

となり，一つの楕円積分である．→ X §5.6 (5.43)

例題 4． 螺線(→ 応用編 II §2.2.2) $x=a\cos t$, $y=a\sin t$, $z=bt$ $(0\leqq t\leqq c)$ の全長は $c\sqrt{a^2+b^2}$ である．

［**解**］ 定理 6.1 i に代入すれば，

$$\xi'(t)^2+\eta'(t)^2+\zeta'(t)^2=a^2+b^2.$$

この平方根を $0\leqq t\leqq c$ で積分すれば，求める結果になる．なお，この曲線は tz 平面上の線分 $z=bt,\ 0\leqq t\leqq c$ を斜辺とする直角三角形を，半径 a の直円柱に巻きつけてえられるから，もとの直角三角形の斜辺の長さからも結果がえられる． (以上)

6.2. 平面積

xy 平面上の(面積確定な)領域 D の面積は

(6.5) $$|D|=\iint\chi_D(x,\ y)dxdy=\iint_D dxdy$$

で与えられる． ここで，(5) の中央辺の積分は xy 平面全体にわたってとるものとする(→§5.1).

領域 D が，二つの連続函数 $\phi_1(x)$, $\phi_2(x)$ によって

$$\phi_1(x)\leqq y\leqq\phi_2(x),\qquad a\leqq x\leqq b$$

と表わされるとき，D は**縦線形の領域**であるという．→図 5.1 (i)

定理 6.2. 縦線形の領域 D:

$$a\leqq x\leqq b,\qquad \phi_1(x)\leqq y\leqq\phi_2(x)$$

の面積は，つぎの式で表わされる:

$$\int_a^b\{\phi_2(x)-\phi_1(x)\}dx.$$

証明. 定理 5.4 から

$$|D|=\iint_D dxdy=\int_a^b dx\int_{\phi_1(x)}^{\phi_2(x)}dy=\int_a^b\{\phi_2(x)-\phi_1(x)\}dx. \qquad \text{(証終)}$$

例題 1. 曲線 $r=f(\theta)$ および二つの動径 $\theta=\alpha$, $\theta=\beta$ の囲む領域 D の面積は

$$|D|=\frac{1}{2}\int_\alpha^\beta r^2d\theta=\frac{1}{2}\int_\alpha^\beta f(\theta)^2d\theta$$

である．したがって，デカルトの正葉形(→応用編 II §1.2.4)

$$x^3-3axy+y^3=0\qquad(a>0)$$

の輪線の囲む部分の面積は，この曲線の無限分枝と漸近線との間の部分の面積に等しい．

［解］ 前半: §6.1 例題2のように示される．後半: 曲線の方程式を極座標で表わすと，

$$r=\frac{3a\cos\theta\sin\theta}{\cos^3\theta+\sin^3\theta}$$

となる．輪線内の面積 A_1 は，$\theta=0$ と $\theta=\pi/2$ との間の面積であるから，$\tan^3\theta=t$ とおいて，

$$A_1=\frac{3a^2}{2}\int_0^{\pi/2}\frac{3\tan^2\theta\sec^2\theta}{(1+\tan^3\theta)^2}d\theta=\frac{3a^2}{2}\int_0^\infty\frac{dt}{(1+t)^2}=\frac{3a^2}{2}.$$

また，漸近線 $x+y+a=0$ を極座標で表わせば，

$$r=-\frac{a}{\cos\theta+\sin\theta}$$

で，曲線と漸近線の間で x 軸より上にある部分の面積 A_2 は

$$A_2=\frac{1}{2}\int_{3\pi/4}^{\pi}\left\{\left(\frac{a}{\cos\theta+\sin\theta}\right)^2-\left(\frac{3a\cos\theta\sin\theta}{\cos^3\theta+\sin^3\theta}\right)^2\right\}d\theta$$
$$=\frac{a^2}{2}\int_{3\pi/4}^{\pi}\left\{\frac{\sec^2\theta}{(1+\tan\theta)^2}-\frac{9\tan^2\theta\sec^2\theta}{(1+\tan^3\theta)^2}\right\}d\theta.$$

$\tan\theta=t$ とおけば，

$$A_2=\frac{a^2}{2}\int_{-1}^{0}\left\{\frac{1}{(1+t)^2}-\frac{9t^2}{(1+t^3)^2}\right\}dt$$
$$=\frac{a^2}{2}\left[-\frac{1}{1+t}+\frac{3}{1+t^3}\right]_{-1}^{0}=\frac{a^2}{2}.$$

同様に，曲線と漸近線の間で，第4象限にある部分の面積も $a^2/2$ である．第3象限にある部分は三角形で，その面積が $a^2/2$ であることは，明らかである．　　　　(以上)

6.3. 体積

xyz 空間における立体 V の体積 $|V|$ は，V の定義函数 χ_V を用いて，

(6.6)
$$|V|=\iiint\chi_V(x,\ y,\ z)dxdydz=\iiint_V dxdydz$$

で与えられる．V を円柱座標，極座標で表わした範囲を V', V'' とすれば，

(6.7)
$$|V|=\iiint_{V'}r\,drd\theta dz=\iiint_{V''}r^2\sin\theta\,d\theta d\varphi dr$$

である(→ 定理 5.7)．特に，V が縦線形の領域

$$V=\{(x,\ y,\ z):\ (x,\ y)\in D,\ \phi_1(x,\ y)\leqq z\leqq\phi_2(x,\ y)\}$$

であれば，(6) で z に関する積分を先に計算して

(6.8)
$$|V|=\iint_D\{\phi_2(x,\ y)-\phi_1(x,\ y)\}dxdy$$

と表わすことができる．また，高さ z の平面で V を切った切口の面積 $D(z)$ が既知であれば，

(6.9)
$$|V|=\int_\alpha^\beta D(z)dz$$

と表わすこともできる．特に，xz 平面における曲線 $x=f(z)$ を z 軸のまわりに回転してえられる曲面と，二平面 $z=\alpha$, $z=\beta$ とで囲まれた立体の体積は

$$|V|=\pi\int_\alpha^\beta\{f(z)\}^2dz$$

で与えられる．

例題 1. 楕円 $x^2/a^2+y^2/b^2=1$ を x 軸のまわりに回転してえられる立体(x 軸が楕円の長軸であれば長球，短軸であれば偏球)の体積は $4\pi a^2b/3$ である．

［**解**］ $y^2=b^2(1-x^2/a^2)$ $(-a\leqq x\leqq a)$ であるから，

$$V=\pi\int_{-a}^{a}y^2dx=\pi b^2\int_{-a}^{a}\left(1-\frac{x^2}{a^2}\right)dx=\frac{4}{3}\pi a^2b.$$　　　　(以上)

6.4. 曲面積

$f(x,\ y)$ は xy 平面上の閉領域 D で定義された C^1 級の函数とする．このとき，曲面

$$S:\ z=f(x,\ y) \qquad (x,\ y)\in D$$

の面積は

$$\iint_D \sqrt{1+f_x(x,\ y)^2+f_y(x,\ y)^2}\,dxdy \tag{6.10}$$

で与えられる．曲面の方程式が円柱座標で

$$z=F(r,\ \theta), \qquad (r,\ \theta)\in D,$$

と与えられていれば，S の面積は $(f_x)^2+(f_y)^2=(F_r)^2+(F_\theta)^2/r^2$ から

$$\iint_D \sqrt{1+(F_r)^2+(F_\theta/r)^2}\,r\,drd\theta=\iint_D \sqrt{r^2+(rF_r)^2+(F_\theta)^2}\,drd\theta \tag{6.11}$$

で与えられる．より一般に，曲面 S の方程式が

$$x=\xi(u,\ v), \qquad y=\eta(u,\ v), \qquad z=\zeta(u,\ v) \qquad (u,\ v)\in \Omega$$

$(J_1=\partial(y,\ z)/\partial(u,\ v),\ J_2=\partial(z,\ x)/\partial(u,\ v),\ J_3=\partial(x,\ y)/\partial(u,\ v)$ のうち少なくとも一つは 0 でない)

で表わされていれば，例えば $J_3\neq 0$ として陰函数の存在定理(→ III §6.4)と定理 5.7 とから

$$\begin{aligned}\iint_D \sqrt{1+\left(\frac{\partial z}{\partial x}\right)^2+\left(\frac{\partial z}{\partial y}\right)^2}\,dxdy &= \iint_\Omega \sqrt{1+\left(\frac{\partial z}{\partial x}\right)^2+\left(\frac{\partial z}{\partial y}\right)^2}\,|J_3|\,dudv \\ &= \iint_\Omega \sqrt{J_1^2+J_2^2+J_3^2}\,dudv\end{aligned} \tag{6.12}$$

が S の面積を与える．

注意． §6.1 で曲線の長さを定義するのに，曲線上に頂点をもつ多角形の長さの上限を用いた．ここでその例にならえば，曲面上に頂点をもつ多面体の面積の上限を用いることが考えられるが，折線と曲線の場合と異なり，多面体の面の向きが曲面の向きとくい違うことが生じるので，円柱面のような曲面に対してもうまくいかない．上記の定義では接平面で曲面を近似している．

6.5. 線積分・面積分

滑らかな曲線

$$\Gamma:\quad x=\xi(t), \quad y=\eta(t), \quad z=\zeta(t) \qquad (\alpha\leqq t\leqq\beta)$$

と，その上の連続函数 $f(x,\ y,\ z)$, $g(x,\ y,\ z)$, $h(x,\ y,\ z)$ が与えられたとき，

$$\begin{aligned}&\int_C \{f(x,\ y,\ z)dx+g(x,\ y,\ z)dy+h(x,\ y,\ z)dz\} \\ &=\int_\alpha^\beta \{f(\xi(t),\ \eta(t),\ \zeta(t))\xi'(t)+g(\xi(t),\ \eta(t),\ \zeta(t))\eta'(t) \\ &\qquad +h(\xi(t),\ \eta(t),\ \zeta(t))\zeta'(t)\}dt\end{aligned} \tag{6.13}$$

を C に沿う**線積分**という．

(13) の値は C の表示には関係しないが(表示を変えることは (13) の右辺を置換積分法で計算することにほかならない)，曲線 C の向きを反対にすれば，符号が変わる．向きを強調するために，始点，終点を積分記号に付記することがある．始点と終点が共通でも，経路がことなれば積分 (13) の値は必ずしも一致しない．一致する条件については，→応用編 I §3.1

曲面 S が

$$x=\xi(u,\ v),\qquad y=\eta(u,\ v),\qquad z=\zeta(u,\ v),\qquad (u,\ v)\in D$$

($\xi,\ \eta,\ \zeta$ はいずれも C^1 級で，$J_1=\partial(y,\ z)/\partial(u,\ v)$ 等が同時に 0 になることはない)で与えられているとき，S 上の連続函数 $f,\ g,\ h$ に対して

$$(6.14)\qquad \iint_S\{f\,dydz+g\,dzdx+h\,dxdy\}=\iint_D\{fJ_1+gJ_2+hJ_3\}\,dudv$$

を S 上の**面積分**という．また，$\|J\|=(J_1{}^2+J_2{}^2+J_3{}^2)^{1/2}$ とおくとき，

$$(6.15)\qquad \iint_S\{f+g+h\}d\sigma=\iint_D\{f+g+h\}\|J\|dudv$$

を面積要素 $d\sigma$ に関する S 上の面積分という．

S の法線の正の方向と，座標軸の正の方向とがなす角を $\theta_x,\ \theta_y,\ \theta_z$ とすると，

$$\cos\theta_x=\frac{J_1}{\|J\|},\qquad \cos\theta_y=\frac{J_2}{\|J\|},\qquad \cos\theta_z=\frac{J_3}{\|J\|}$$

であるから，(14)，(15) の右辺をくらべて，

$$(6.16)\qquad \iint_S h(x,\ y,\ z)dxdy=\iint_S h(x,\ y,\ z)\cos\theta_z d\sigma$$

等がえられる．→ 応用編 I § 3.2

7. ルベッグ積分

7.1. 直線上の点集合

本節では，主として直線(一次元空間)上の点集合を考えるが，結果は「区間」を「長方形」ないし「直方体」と読みかえて，n 次元空間でも成立する．集合算に関する基本的な事項は既知とする．→I§1

点 x の適当な近傍が E に含まれるとき，x は E の**内点**であるという．内点だけから成る(内点以外の点をもたない)集合を**開集合**という．空集合 ϕ および全空間は開集合である．補集合が開集合であるような集合を**閉集合**という．

定理 7.1. 開集合は，互いに重ならない可算個の区間の和として表わされる．

証明. E を開集合とする．全空間を長さ 1 の区間 $(n,\ n+1]$ に分割し，これらの区間のうち E に含まれてしまうものの和集合を F_1 とする．含まれてしまわない区間があれば，それらを二等分して，E に含まれるようになったものの和集合を F_2 とし，以下同様に $\{F_n\}$ をつくる．$F_n\subset E$ であるから，$\bigcup_{n=1}^{\infty}F_n\subset E$ であり，$\bigcup_{n=1}^{\infty}F_n$ が可算個の区間の和であることはつくり方から明らかである．さて，$x\in E$ を任意にとると，x は E の内点であるから，適当な近傍 U がとれて $x\in U\subset E$ である．他方，F_n を構成するために考えた小区間系のうちで，x を含むものの長さは $1/2^n$ であるから，n が十分大きくなれば，この小区間は U に含まれ，したがって E に含まれ，したがってある F_n の構成要素として採用される．すなわち，

$$x\in F_n\subset\bigcup_{n=1}^{\infty}F_n.$$

これは $E\subset\bigcup_{n=1}^{\infty}F_n$ を示している．（証終）

7.2. 外測度

定義． 点集合 E が与えられたとき，E を可算個の区間 I_j $(j=1, 2, \cdots)$ でおおい，

(7.1) $$m^*(E)=\inf\{\sum_{j=1}^{\infty}|I_j|;\ E\subset\bigcup_{j=1}^{\infty}I_j\}$$

を考える．$m^*(E)$ を E の**外測度**という．

定理 7.2． 外測度はつぎの性質をもつ:

i. $0\leqq m^*(E)\leqq\infty$;

ii. $m^*(\{x\})=0$;

iii. $E\subset F$ であれば，$m^*(E)\leqq m^*(F)$; 特に $m^*(\phi)=0$;

iv. $E=\bigcup_{i=1}^{\infty}E_i$ であれば，$m^*(E)\leqq\sum_{i=1}^{\infty}m^*(E_i)$.

証明． i, ii, iii は下限の性質から明らかである．iv を示せばよいが，右辺が収束するときを考えれば十分である．任意の正数 ε と任意の番号 i に対して，外測度の定義から区間列 $\{I_j{}^i\}$ をえらんで

$$E_i\subset\bigcup_{j=1}^{\infty}I_j{}^i,\qquad \sum_{j=1}^{\infty}|I_j{}^i|<m^*(E_i)+\frac{\varepsilon}{2^i}$$

とできる．$\bigcup_{i=1}^{\infty}\bigcup_{j=1}^{\infty}I_j{}^i\supset E$ であるから，

$$m^*(E)\leqq\sum_{i=1}^{\infty}\sum_{j=1}^{\infty}|I_j{}^i|<\sum_{i=1}^{\infty}m^*(E_i)+\varepsilon.$$

$\varepsilon>0$ はいくらでも 0 に近くとれるから，iv が成立する．（証終）

7.3. 可測集合

定義． 点集合 M が**可測**であるとは，任意の E に対してカラテオドリの条件

(7.2) $$m^*(E)=m^*(E\cap M)+m^*(E\cap M^c)$$

が成立することをいう．

定理 7.3． 可測集合全体の族を $\mathfrak{M}$ とするとき，$\mathfrak{M}$ はつぎの性質をもつ:

i. $M_1, M_2\in\mathfrak{M}$ であれば，$M_1\backslash M_2(=M_1\cap M_2{}^c)\in\mathfrak{M}$;

ii. $M_i\in\mathfrak{M}$ $(i=1, 2, \cdots)$ であれば，$\bigcup_{i=1}^{\infty}M_i\in\mathfrak{M}$;

iii. $M_i\in\mathfrak{M}$ $(i=1, 2, \cdots)$, $M_i\cap M_j=\phi$ $(i\neq j)$ であれば，$m^*(\bigcup_{i=1}^{\infty}M_i)=\sum_{i=1}^{\infty}m^*(M_i)$.

証明． i. $M_1, M_2\in\mathfrak{M}$ とする．E を任意の点集合とするとき，(2) を E, $E\cap M_1$, $E\cap M_1{}^c$ に適用して

(7.3) $$m^*(E)=m^*(E\cap M_1)+m^*(E\cap M_1{}^c),$$

(7.4) $$m^*(E\cap M_1)=m^*(E\cap M_1\cap M_2)+m^*(E\cap M_1\cap M_2{}^c),$$

(7.5) $$m^*(E\cap M_1{}^c)=m^*(E\cap M_1{}^c\cap M_2)+m^*(E\cap M_1{}^c\cap M_2{}^c).$$

(4), (5) を (3) に代入して

(7.6) $$m^*(E)=m^*(E\cap M_1\cap M_2)+m^*(E\cap M_1\cap M_2{}^c)+m^*(E\cap M_1{}^c\cap M_2)+m^*(E\cap M_1{}^c\cap M_2{}^c).$$

ここで E の代りに $E\cap(M_1{}^c\cup M_2)$ を考えて

$$(7.7)\qquad \begin{aligned} &m^*(E\cap(M_1\cap M_2{}^c)^c)=m^*(E\cap(M_1{}^c\cup M_2))\\ &=m^*(E\cap M_1\cap M_2)+m^*(E\cap M_1{}^c\cap M_2)+m^*(E\cap M_1{}^c\cap M_2{}^c)\end{aligned}$$

($m^*(\phi)=0$ に注意.) (7) を (6) の右辺に代入すると,

$$(7.8)\qquad m^*(E)=m^*(E\cap(M_1\backslash M_2))+m^*(E\cap(M_1\backslash M_2)^c)$$

がえられる. これが i である.

ii. (6) で E の代りに $E\cap(M_1\cup M_2)$ を考えると, (7) と同様な式を経て

$$(7.9)\qquad m^*(E)=(m^*(E\cap(M_1\cup M_2))+m^*(E\cap(M_1\cup M_2)^c)$$

がえられる. これから帰納法で $\dot{\bigcup}_{j=1}^{i} M_j\in\mathfrak{M}$ であることがみられるから,

$$\bigcup_{i=1}^{\infty} M_i=\bigcup_{i=1}^{\infty}(M_i\backslash\bigcup_{j=1}^{i-1}M_j)$$

と合わせて, ii の証明にさいしては, M_i が互いに素であると仮定してよい. (6) で $M_1\cap M_2=\phi$ であれば,

$$(7.10)\quad m^*(E)=m^*(E\cap M_1\cap M_2{}^c)+m^*(E\cap M_1{}^c\cap M_2)+m^*(E\cap M_1{}^c\cap M_2{}^c).$$

E の代りに $E\cap(M_1\cup M_2)$ を考えると,

$$(7.11)\qquad m^*(E\cap(M_1\cup M_2))=m^*(E\cap M_1)+m^*(E\cap M_2).$$

これからまた数学的帰納法で

$$(7.12)\qquad m^*(E\cap\bigcup_{i=1}^{n}M_i)=\sum_{i=1}^{n}m^*(E\cap M_i)$$

がえられる. さて, $M=\bigcup_{i=1}^{\infty}M_i\supset\bigcup_{i=1}^{n}M_i$ すなわち $M^c\subset(\bigcup_{i=1}^{n}M_i)^c$ と定理 7.2 iii から

$$\begin{aligned} m^*(E)&=m^*(E\cap\bigcup_{i=1}^{n}M_i)+m^*(E\cap(\bigcup_{i=1}^{n}M_i)^c)\\ &\geqq m^*(E\cap\bigcup_{i=1}^{n}M_i)+m^*(E\cap M^c)=\sum_{i=1}^{n}m^*(E\cap M_i)+m^*(E\cap M^c).\end{aligned}$$

これが任意の正の整数 n に対して成立するから,

$$(7.13)\qquad m^*(E)\geqq\sum_{i=1}^{\infty}m^*(E\cap M_i)+m^*(E\cap M^c).$$

$E=M$ ととると,

$$(7.14)\qquad m^*(M)\geqq\sum_{i=1}^{\infty}m^*(M_i).$$

定理 7.2 iv から実は (14) では等号が成立する. (13) で E の代りに $E\cap M$ とかけば, $M\in\mathfrak{M}$ であることも出るから, ii, iii がともに示された. (証終)

定義. 可測集合 M に対して $m(M)=m^*(M)$ を M の**測度**という.

定理 7.4 つぎの各集合は可測である:

i. 区間; ii. 開集合; iii. 閉集合.

証明. i. I を区間とする. I は I 自身によってもっとも経済的におおわれるから, $m^*(I)=|I|$ である. E を任意の集合として $\varepsilon>0$ を与えるとき, 全体として E をおおう区間列 $\{I_j\}$ を適当にえらんで

$$\sum_{j=1}^{\infty}|I_j|\leqq m^*(E)+\varepsilon$$

とできる．I と各 I_j の共通部分はまた一つの区間(ないしは空集合)であり，I^c と I_j との共通部分は高々有限個の重ならない区間の和として表わされる．$I\cap I_j$ および $I^c\cap I_j$ は全体としてそれぞれ $E\cap I$ および $E\cap I^c$ をおおっているから，

$$\sum|I_j|=\sum|I\cap I_j|+\sum|I^c\cap I_j|\geqq m^*(E\cap I)+m^*(E\cap I^c).$$

左辺は $m^*(E)$ にいくらでも近づけられるから，

$$m^*(E)\geqq m^*(E\cap I)+m^*(E\cap I^c). \tag{7.15}$$

(15) と定理 7.2 iii から (15) では等号が成立し，$I\in\mathfrak{M}$ である．ii は定理 7.1 と定理 7.3 ii から，iii は定理 7.3 i から明らかである． (証終)

定理 7.5．$\{M_i\}_{i=1}^{\infty}\subset\mathfrak{M}$ とするとき，つぎの集合は可測である:

$$\limsup_{n\to\infty}M_n=\bigcap_{n=1}^{\infty}\bigcup_{i=n}^{\infty}M_i,\qquad \liminf_{n\to\infty}M_n=\bigcup_{n=1}^{\infty}\bigcap_{i=n}^{\infty}M_i.$$

証明．$E_n=\bigcup_{i=n}^{\infty}M_i$ は定理 7.3 から可測である．したがって，$E_n{}^c$ および $\bigcup_{n=1}^{\infty}E_n{}^c$ も可測である．$\limsup M_n=(\bigcup_{n=1}^{\infty}E_n{}^c)^c$ であるから，前半が出る．$\liminf M_n$ についても同様である． (証終)

7.4. ルベッグ積分

$f(x)$ を $(-\infty,\ \infty)$ (あるいは $\boldsymbol{R}^n$) で定義された実数値函数とするとき，$\{x\colon f(x)>c\}$ が任意の実数 c に対して $(-\infty,\ \infty)$ (あるいは $\boldsymbol{R}^n$) における可測集合であれば，$f(x)$ は**可測**であるという．$f(x)$ がある(可測)集合の上だけで定義されているときは，その集合の外では 0 であるとして定義域を拡張すれば，可測性が定義できる．

定理 7.6．$f(x)$ が可測であるためには，つぎの条件のうち一つが成立することが，必要かつ十分である:

1° 任意の実数 c に対して $\{x\colon f(x)>c\}$ が可測集合である;

2° 任意の実数 c に対して $\{x\colon f(x)\geqq c\}$ が可測集合である;

3° 任意の実数 c に対して $\{x\colon f(x)<c\}$ が可測集合である;

4° 任意の実数 c に対して $\{x\colon f(x)\leqq c\}$ が可測集合である．

証明．1° は定義そのものである．2° と 3°，1° と 4° が同値であることは，補集合を考えればみられる．1° と 2° が同値であることを示せばよいが，

$$\{x\colon f(x)\geqq c\}=\bigcap_{n=1}^{\infty}\left\{x\colon f(x)>c-\frac{1}{n}\right\},$$

$$\{x\colon f(x)>c\}=\bigcup_{n=1}^{\infty}\left\{x\colon f(x)\geqq c+\frac{1}{n}\right\}$$

であるから，定理 7.3 から結論がえられる． (証終)

定理 7.7．i．$f(x)$ が可測で，k が定数であれば，$kf(x)$ も可測である;

ii．$f(x)$，$g(x)$ がともに可測であれば，$f(x)+g(x)$ も可測である;

iii．$f_n(x)$ $(n=1,\ 2,\ \cdots)$ がいずれも可測であれば，$\sup_n f_n(x)$，$\inf_n f_n(x)$ も可測である．

証明. i. $k>0$ であれば $\{x: kf(x)>c\}=\{x: f(x)>c/k\}$, $k<0$ であれば $\{x: f(x)>c\}=\{x: f(x)<c/k\}$ であるから，定理 7.6 から $kf(x)$ は可測である．

ii.
$$\{x: f(x)+g(x)>c\}=\{x: f(x)>c-g(x)\}$$
$$=\bigcup_r \{x: f(x)>r\}\cap\{x: c-g(x)<r\} \qquad (r \text{ は有理数全体を動く})$$
であるから，定理 7.6 と定理 7.3 とから $f(x)+g(x)$ は可測である．

iii. $\{x: \sup_n f_n(x)>c\}=\bigcup_n\{x: f_n(x)>c\}$ から明らかである．下限は同様に共通部分で表わされる．（証終）

定理 7.7 から可測函数列の上極限，下極限
$$\limsup_{n\to\infty} f_n(x)=\inf_n \sup_{m\geqq n} f_m(x), \qquad \liminf_{n\to\infty} f_n(x)=\sup_n \inf_{m\geqq n} f_m(x)$$
および(もし存在すれば)極限も可測であることがわかる．また，定理 7.4 から連続函数は可測($\{x: f(x)>c\}$ は開集合)であるから，連続函数の極限として表わされる函数は可測である．

例題 1. $f(x)$ が可測であれば，$|f(x)|$, $f^+(x)$, $f^-(x)$ も可測である．

［解］ $|f(x)|=\sup(f(x), -f(x))$, 等から明らかである．（以上）

$f(x)$ を有限区間に含まれる可測集合 E の上の可測函数とする．$0\leqq f(x)<M$ としておく．区間 $[0, M]$ の分割を考え，
$$\Delta: 0=y_0<y_1<\cdots<y_n=M, \qquad A_j=\{x\in E: y_{j-1}\leqq f(x)<y_j\}$$
とおく．定理 7.6 から A_j はすべて可測集合である．
$$S(\Delta, f)=\sum_{j=1}^n y_j m(A_j), \qquad s(\Delta, f)=\sum_{j=1}^n y_{j-1}m(A_j)$$
とおくと，$S(\Delta, f)\geqq s(\Delta, f)\geqq 0$ かつ分割を細かくする(分点を追加する)とき，$S(\Delta, f)$ は減少，$s(\Delta, f)$ は増加である．「分割の目」$|\Delta|=\max_j(y_j-y_{j-1})$ が小さくなれば，
$$S(\Delta, f)-s(\Delta, f)=\sum_{j=1}^n (y_j-y_{j-1})m(A_j)\leqq|\Delta|m(E)\to 0$$
であるから，
$$\sup_\Delta s(\Delta, f)=\inf_\Delta S(\Delta, f)=L(f)$$
である．この共通の値を f の E における**ルベッグ積分**といって
$$(\mathrm{L})\int_E f(x)dx$$
で表わす．f が有界と限らないときは，
$$[f]_k(x)=\begin{cases} f(x) & (0\leqq f(x)\leqq k \text{ のとき}), \\ 0 & (f(x)>k \text{ のとき}) \end{cases}$$
に対して，上のようにルベッグ積分を考え，$k\to\infty$ とした極限値が有限であれば，f が**ルベッグ積分可能**であるといって
$$(\mathrm{L})\int_E f(x)dx=\lim_{k\to\infty}\int_E [f]_k(x)dx$$
と定める．E が有限区間に含まれていると限らないときは，原点に関して対称で，長さ

$2k$ である区間と E との共通部分 E_k の上で上のような積分を考え，$k\to\infty$ とした極限が有限であるときに $f(x)$ は E 上で**ルベッグ積分可能**であるといって

$$(\mathrm{L})\int_E f(x)dx=\lim_{k\to\infty}\int_{E_k} f(x)dx$$

と定める．f が非負と限らないときは，$f(x)=f^+(x)-f^-(x)$ と分解して，$f^+(x)$，$f^-(x)$ がともにルベッグ積分可能であるときに $f(x)$ が**ルベッグ積分可能**であるといって

$$\int_E f(x)dx=\int_E f^+(x)dx-\int_E f^-(x)dx$$

と定める．

例題 2. $$(\mathrm{L})\int_0^1 x^{-\alpha}dx=\frac{1}{1-\alpha}\qquad(0<\alpha<1).$$

［**解**］ 正の整数 k をを与えるとき，$\varepsilon(k)=k^{-1/\alpha}$ とおけば，

$$[x^{-\alpha}]_k=x^{-\alpha}\quad(\varepsilon(k)\leqq x\leqq 1),\qquad =0\quad(0<x<\varepsilon(k))$$

であるから，

$$(\mathrm{L})\int_0^1 x^{-\alpha}dx=\lim_{k\to\infty}\int_{\varepsilon(k)}^1 x^{-\alpha}dx=\lim_{k\to\infty}\frac{1-\varepsilon(k)^{1-\alpha}}{1-\alpha}=\frac{1}{1-\alpha}.$$ （以上）

n 次元空間におけるルベッグ積分も，まったく同じに定義される．外見上ただ一つの相違点は，有界でない集合の上での積分を考えるにさいして，「長さ $2k$ の区間」の代りに，「座標軸に平行で，長さ $2k$ の辺をもつ区間」，とする必要のあることである．もちろん，考える集合の測度が n 次元空間の区間をもとに定義された測度である点が基本になっている．

7.5. ルベッグ積分の性質

本節で単に積分といえばルベッグ積分のこととする．§6 までの積分を考えるときには，リーマン積分あるいは (R) 積分とことわることにする．

定理 7.8. $f(x)$ が E 上で積分可能であれば，$|f(x)|$ も積分可能である．$f(x)$ が可測であれば，逆も成立する．さらに，

$$\left|\int_E f(x)dx\right|\leqq\int_E|f(x)|dx.$$

証明. $f(x)$ の積分は $f^+(x), f^-(x)$ の積分の差として定義されたから，$f^+(x), f^-(x)$ は積分可能である．これらが有界函数でないときは定義どおり適当に切って

$$\int_E(f^+(x)+f^-(x))dx=\int_E f^+(x)dx+\int_E f^-(x)dx$$

がみられ，左辺は $|f(x)|$ の E 上での積分であるから，$|f(x)|$ の積分可能であることが知られる．逆については，$f^+(x)$，$f^-(x)$ あるいはそれらを「切った」ものについて

$$f^+(x)\leqq|f(x)|,\qquad f^-(x)\leqq|f(x)|$$

であるから，$f^+(x)$，$f^-(x)$ が積分可能で，それらの積分の差として $f(x)$ の積分が確定する．不等式も

$$|a-b|\leqq|a|+|b|$$

の読みかえにすぎない． （証終）

例題 1. (L)$\int_0^\infty x^{-1}\sin x\,dx$ は存在しない.

［**解**］ もし存在すれば, (L)$\int_0^\infty x^{-1}|\sin x|dx$ も有限確定でなければならないが, 正の整数 k に対して $n=[k/\pi]$ とおくと,

$$\int_0^k \frac{|\sin x|}{x}dx \geqq \int_0^{n\pi}\frac{|\sin x|}{x}dx=\sum_{j=0}^{n-1}\int_0^\pi \frac{\sin x}{x+j\pi}dx.$$

ここで $x+j\pi\leqq(j+1)\pi$, $\sin x\geqq\chi_{[\pi/6,5\pi/6]}(x)/2$ $(0\leqq x\leqq\pi)$ ($\chi_E(x)$ は集合 E の定義函数)であるから,

$$\int_0^\pi \frac{\text{sim}\,x}{x+j\pi}dx\geqq\frac{1}{(j+1)\pi}\int_{\pi/2}^{5\pi/2}\frac{1}{2}dx=\frac{1}{3(j+1)}.$$

したがって, 結局

$$\int_0^k \frac{|\sin x|}{x}dx\geqq\frac{1}{3}\sum_{j=0}^{n-1}\frac{1}{j+1}\to\infty \qquad (k\to\infty).$$ (以上)

ルベッグ積分の性質のうち, 簡単にみられるものをまとめておく. 一般に, $f(x)$ の E 上の積分を $\int_E f$ と略記する.

定理 7.9. i. $f(x)\leqq g(x)$ であれば, $\int_E f\leqq\int_E g$;

ii. $E=\bigcup_{n=1}^\infty E_n$, $E_i\cap E_i=\phi$ であれば, $\int_E f=\sum\int_{E_i}f$;

iii. 定数 c に対して $\int_E cf=c\int_E f$;

iv. $f(x)$, $g(x)$ が E 上で積分可能であれば,

$$\int_E(f+g)=\int_E f+\int_E g.$$

証明. 考える積分範囲 E は有界集合と考えてよい. もしそうでなければ, E の代りに E_k を考えて $k\to\infty$ の極限をとればよい.

i. $f=f^+-f^-$, $g=g^+-g^-$ と分解すると, $f(x)$, $g(x)$ の符号に注意して

$$f^+(x)\leqq g^+(x), \qquad f^-(x)\geqq g^-(x)$$

が容易にみられる. $\int_E f^+\leqq\int_E g^+$, $\int_E f^-\geqq\int_E g^-$ から辺々相減じて求める不等式がえられる.

ii. $M_i=E_i\cap\{x\colon y_{j-1}\leqq f(x)<y_j\}$ を i について加え合わせると, (14) から測度の間に等式が成立する. あとは積分の定義にあてはめればよい.

iii. $f(x)\geqq0$ として証明してよい. $c=0$ ならば, 自明である. $c>0$ ならば,

$$\{x\colon y_{j-1}\leqq f(x)<y_j\}=\{x\colon cy_{j-1}\leqq cf(x)<cy_j\}$$

からえられる. $c<0$ ならば,

$$\{x\colon y_{j-1}\leqq f(x)<y_j\}=\{x\colon cy_{j-1}<f(x)\leqq cy_{j-1}\}$$

から出発すれば, 積分の定義をたどり直して結果がえられる.

iv. $f(x)\geqq0$, $g(x)\geqq0$ ともに有界で, E は有界集合であると仮定しておく. $g(x)$ が定数 z であれば,

$$\{x\colon y_{j-1}\leqq f(x)<y_j\}=\{x\colon y_{j-1}+z\leqq f(x)+g(x)<y_j+z\}$$

から出発して

$$\int_E\{f(x)+g(x)\}dx=\int_E f(x)dx+zm(E)$$

がえられる．$g(x)$ が定数でなければ，与えられた $\varepsilon>0$ に対して $g(x)$ の値域を分割して，

$$0=l_0<l_1<\cdots<l_\nu,\qquad l_i-l_{i-1}<\frac{\varepsilon}{m(E)}\qquad (i=1,\ \cdots,\ \nu)$$

としておく．$E_i=\{x:\ l_{i-1}\leqq g(x)<l_i\}$ とおくとき，各 E_i 上では $f(x)+l_{i-1}\leqq f(x)+g(x)\leqq f(x)+l_i$ であるから，

$$\int_{E_i}(f+l_{i-1})=\int_{E_i}f+l_{i-1}m(E_i)\leqq\int_{E_i}(f+g)\leqq\int_{E_i}f+l_im(E_i).$$

これを i について加え合わせて，すでに示された ii を用いると，

$$\int_E f+\sum_{i=1}^{\nu}l_{i-1}m(E_i)\leqq\int_E(f+g)\leqq\int_E f+\sum_{i=1}^{\nu}l_im(E_i).$$

両端辺の差は ε よりも小さいし，両端辺は $\int_E f+\int_E g$ に近づくから，

$$\int_E(f+g)=\int_E f+\int_E g.$$

E が有界でないときは，E_k について成立する等式で $k\to\infty$ とすればよい．f, g が有界でないときは，

$$[f+g]_n\leqq[f]_n+[g]_n\leqq[f+g]_{2n}$$

に注意して $n\to\infty$ とすればよい．$f,\ g\geqq0$ でないときは，$f^+,\ f^-;\ g^+,\ g^-$ に分解して一つずつに成立する等式を組合せればよい．（証終）

積分の定義からわかるように，Eの測度が 0 であれば，任意の可測函数fに対して$\int_E f=0$ であり，他方，$f(x)=0$ であれば，任意の可測集合に対して $\int_E f=0$ であるが，ある意味でこの逆ともいうべき結果が成立する．すなわち，

定理 7.10． $f(x)\geqq0$ で $\int_E f=0$ であれば，集合 $\{x\in E:\ f(x)\neq0\}=\{x\in E:\ f(x)>0\}$ の測度は 0 である．この事実を E において $f(x)=0$ a.e. と表わす．

証明． $E(n)=\{x\in E:\ f(x)>1/n\}$ とおくとき，$\{x\in E:\ f(x)>0\}=\bigcup_{n=1}^{\infty}E(n)$ から

$$0=\int_E f\geqq\int_E fI_{E(n)}=\int_{E(n)}f\geqq\frac{1}{n}m(E(n))\geqq0.$$

したがって，$m(E(n))=0$ $(n=1,\ 2,\ \cdots)$ である．

$$0\leqq m(\{x\in E:\ f(x)>0\})=m(\bigcup_{n=1}^{\infty}E(n))\leqq\sum_{n=1}^{\infty}m(E(n))=0$$

から，結果がえられる．（証終）

定理 7.10 およびその前の注意から，積分にさいして測度 0 の集合は無理してもよい．したがって，二つの函数が測度 0 のある集合を除いていたるところ，すなわち，a.e.（ほとんどいたるところ）一致していれば，両者の積分可能性，積分の値は一致する．

定理 7.11． $f_n\geqq0$ とする．

i．$f_n\leqq f_{n+1}$ $(n=1,\ 2,\ \cdots)$ であれば，$f=\lim f_n$ として

$$\int_E f=\lim\int_E f_n$$

（一方が有限であれば，他方も有限で，両辺が等しい）；

ii．f_n が積分可能で $f_n\geqq f_{n+1}$ $(n=1,\ 2,\ \cdots)$ であれば，

$$\int_E f=\lim\int_E f_n.$$ **（単調収束定理）**

証明. i. f が積分可能であれば，$f\geqq f_n\,(n=1,\,2,\,\cdots)$ から $\int_E f_n\leqq\int_E f_{n+1}\leqq\int_E f$. $\{\int_E f_n\}$ は上に有界な増加数列であるから，収束して $\lim\int_E f_n\leqq\int_E f$.

逆向きの不等号を示すために，E を有限測度の集合の和に分割して，そのおのおのの上で考えることにすると(定理 7.9 ii 参照)，E は有限の測度をもつとしてよい．$\varepsilon>0$ を任意に定めて $E(n)=\{x\in E\colon f(x)-f_n(x)>\varepsilon\}$ とおく．

$$E(1)=\bigcup_{n=1}^{\infty}(E(n)\backslash E(n+1)),\qquad m(E(1))=\sum_{n=1}^{\infty}m(E(n)\backslash E(n+1))$$

に注意すると，$m(E(n))\to 0\ (n\to\infty)$ であるから，与えられた $\varepsilon>0$ に対して正の整数 N を十分大きくとれば，$n\geqq N$ のとき $m(E(n))<\varepsilon$ とできる．したがって，もし $f(x)\leqq M$ であれば，

$$\int_E f=\int_{E\setminus E(n)}f+\int_{E(n)}f\leqq\int_E f_n+\varepsilon m(E)+\varepsilon M\leqq\lim\int_E f_n+\varepsilon m(E)+\varepsilon M.$$

左端辺は ε に無関係で，$\varepsilon>0$ はいくらでも 0 に近くとれるから，$\int_E f\leqq\lim\int_E f_n$ でなければならない．$f(x)$ が有界でなければ，$f(x)$ の代りに $[f]_M(x)$ を考えると，

$$[f_n]_M(x)\to[f]_M(x)\qquad(n\to\infty)$$

であるから，

$$\int[f]_M\leqq\lim_n\int_E[f_n]_M\leqq\lim_n\int_E f_n.$$

右端辺は M に無関係であるから，$\int_E f$ の定義から f は E で積分可能で，

$$\int_E f\leqq\lim_n\int_E f_n.$$

これで i が示された．

ii は f_n の代りに f_1-f_n を考えると，i に帰着される．（証終）

定理 7.11 i で，条件 $f_n\geqq 0$ を除いたものは，**ベッポ・レビの定理**といわれる．これは $f_n(x)$ の代りに $f_n(x)-f_1(x)$ を考えれば，ただちに証明される．また，

$$f_n(x)=\sum_{j=1}^{n}u_j(x),\qquad u_j\geqq 0$$

とかき直して，**項別積分定理**とよばれることもある．

定理 7.12. $f_n(x)$ が積分可能で，$f_n(x)\geqq 0$ であれば，

$$\int_E\liminf f_n(x)dx\leqq\liminf\int_E f_n(x)dx.$$ **（ファトゥの補題）**

証明. $g_n(x)=\inf_{j\geqq n}f_j(x)$ とおくと，$g_n\geqq 0$ かつ $g_n\leqq g_{n+1}$ であり，しかも $\lim g_n(x)=\liminf f_n(x)$ である．したがって，定理 7.11 i から

$$\int_E\liminf f_n(x)dx=\int_E\lim g_n(x)dx=\lim\int_E g_n(x)dx.$$

ところが，$g_n(x)\leqq f_n(x)$ から $\int_E g_n\leqq\int_E f_n$ で，両辺の下極限の間にも同じ向きの不等式が成立する．（証終）

つぎの定理は，ルベッグ積分の一つの特徴ともなっている．函数列の一様収束，積分の範囲が有限の測度をもつことが仮定にはいっていないことに注意されたい．

定理 7.13． 積分可能な函数の列 $f_n(x)$ と積分可能な函数 $g(x)$ とがあって

$$|f_n(x)|\leqq g(x) \qquad \text{a.e.}$$

が成立し，かつ $\lim f_n(x)=f(x)$ a.e. であるとする．このとき，$f(x)$ も積分可能であって

$$\int_E f=\lim\int_E f_n. \qquad \text{（ルベッグの収束定理）}$$

証明． $f(x)=g(x)-\lim\inf(g(x)-f_n(x))$ から $f(x)$ は積分可能である．$g(x)-f_n(x)$，$g(x)+f_n(x)$ にファトウの補題(定理 7.12)を適用すると，

$$\int_E \lim\inf(g-f_n)\leqq\lim\inf\int_E(g-f_n)=\int_E g-\lim\sup\textstyle\int_E f_n,$$

$$\int_E \lim\inf(g+f_n)\leqq\lim\inf\int_E(g+f_n)=\int_E g+\lim\inf\int_E f_n.$$

左辺はそれぞれ $\int_E(g-f)$，$\int_E(g+f)$ に等しいから，$\int_E g$ を引いて

$$\lim\sup\int_E f_n\leqq\int_E f\leqq\lim\inf\int_E f_n\leqq\lim\sup\int_E f_n.$$

したがって，$\{\int_E f_n\}$ は収束して，その極限値は $\int_E f$ である．（証終）

例題 2． $m(E)$ が有限で，$f_n(x)\to f(x)$ a.e.，$|f_n(x)|\leqq M$ であれば，$\int_E f_n\to\int_E f$.

（ルベッグの有界収束定理）

［**解**］ $g(x)=M$ は E において積分可能であるから，定理 7.13 の条件がすべてみたされ，したがって結論がえられる．（以上）

定理 7.14． $\int\sum|u_n(x)|$ または $\sum\int|u_n(x)|$ が有限であれば，$\int\sum u_n=\sum\int u_n$ である．

（項別積分定理）

証明． 二つの仮定が同値であることは単調収束定理 7.11 から出るから，$\int\sum|u_n|$ が存在するとしてよい．このとき，$\sum|u_n(x)|$ は a.e. 収束で，和 $g(x)$ は積分可能である．$\sum_{j=1}^n u_j(x)=f_n(x)$ と $g(x)$ とに収束定理 7.13 を適用すれば，結論がえられる．

（証終）

例題 3． $[0, 1]$ において $f_n(x)=nx/(1+n^2x^2)$，$g_n(x)=n^{3/2}x/(1+n^2x^2)$ とおくとき，

$$\text{i.}\ \lim_{n\to\infty}\int_0^1 f_n(x)dx=0; \qquad \text{ii.}\ \lim_{n\to\infty}\int_0^1 g_n(x)dx=0.$$

［**解**］ i. 相加平均と相乗平均の関係から $f_n(x)\leqq1/2$ であり，x を固定して $n\to\infty$ とするとき，$f_n(x)\to0$ であるから，ルベッグの有界収束定理(例題２)から結論が出る．

ii. i と同様に，$a^{1/4}b^{3/4}\leqq a/4+3b/4$ から

$$g_n(x)=x^{-1/2}\cdot\frac{n^{3/2}x^{3/2}}{1+n^2x^2}\leqq x^{-1/2}.$$

また，x を固定して $n\to\infty$ とすると，$g_n(x)\to0$ であるから，定理 7.13 から結論がえられる．——これらの函数列は一様収束でないことに注意．（以上）

リーマン積分とルベッグ積分との関係を考えよう．

$[a, b)$ で定義された有界函数 $f(x)|(f(x)|\leqq M)$ に対して

$$u(x, k)=\sup\{f(t): x-1/k\leqq t\leqq x+1/k\}, \qquad u(x)=\lim_{k\to\infty}u(x, k),$$
$$l(x, k)=\inf\{f(t): x-1/k\leqq t\leqq x+1/k\}, \qquad l(x)=\lim_{k\to\infty}l(x, k)$$

とおく．容易にみられるように，

$$-M\leqq l(x, k)\leqq l(x, k+1)\leqq f(x)\leqq u(x, k+1)\leqq u(x, k)\leqq M$$

である．$S(\varDelta; f)$, $s(\varDelta; f)$ および $\bar{I}(f)$, $\underline{I}(f)$ を §1.1 と同じに定義するとき，つぎの定理がある：

定理 7.15． i. $f(x)$ が $[a, b]$ における有界可測函数であれば，

$$\bar{I}(f)=(\mathrm{L})\int_a^b u(x)dx, \qquad \underline{I}(f)=(\mathrm{L})\int_a^b l(x)dx;$$

ii. $f(x)$ が $[a, b]$ においてリーマン積分可能であれば，$f(x)$ は可測である；

iii. 可測函数 $f(x)$ がリーマン積分可能があるためには，$f(x)$ の不連続点全体の集合の測度が 0 であることが，必要かつ十分である．

証明． i. $\bar{I}(f)=(\mathrm{L})\int_a^b u(x)dx$ を示す．$f(x)$ の代りに $-f(x)$ を考えれば，$\underline{I}(f)$ に関する部分がえられる．$[a, b]$ の分割 $\varDelta$ に対する上リーマン和 $S(\varDelta; f)$ を考えるとき，各小区間 $[x_{i-1}, x_i]$ の中央部 $[x_{i-1}+1/k, x_i-1/k]$ においては $u(x, k)\leqq u_i$ であるから，(x_{i-1}, x_i) において $u(x)\leqq u_i$ であり，したがって $(\mathrm{L})\int_a^b u(x)dx\leqq S(\varDelta; f)$ である．$\varDelta$ に関する下限をとれば，

$$(\mathrm{L})\int_a^b u(x)dx\leqq\bar{I}(f)$$

がえられる．他方，自然数 k を任意に固定するとき，分割 $\varDelta$ の目が $1/k$ よりも小さければ，$x\in[x_{i-1}, x_i]$ のとき $u(x, k)\geqq u_i$ であるから，

$$S(\varDelta; f)\leqq(\mathrm{L})\int_a^b u(x, k)dx.$$

両辺で $\varDelta$ に関する下限をとって $\bar{I}(f)\leqq(\mathrm{L})\int_a^b u(x, k)dx$．$k\to\infty$ として単調収束定理 7.11 を用いれば，求める結果がえられる．

ii.
$$U(x, \varDelta)=\sum_{i=1}^n u_i\chi_{[x_{i-1}, x_i]}(x)$$

とおくと，$U(x, \varDelta)$ は可測函数で $(\mathrm{L})\int_a^b U\,dx=S(\varDelta; f)$ である．分割の列 $\{\varDelta_k\}$ を，しだいに細かくなりながら $S(\varDelta_k; f)\to\bar{I}(f)$ となるようにとっておくとき，$\{U(x, \varDelta_k)\}$ は下に有界な減少列として収束する．同様に，$L(x, \varDelta)$ をつくって，$(\mathrm{L})\int_a^b L(x, \varDelta)dx=s(\varDelta; f)$ で $\{L(x, \varDelta_k)\}$（の部分列）が収束することがみられる．

$$\lim_{k\to\infty}U(x, \varDelta_k), \qquad \lim_{k\to\infty}L(x, \varDelta_k)$$

は可測函数の極限として可測である．f がリーマン積分可能であることと

$$L(x, \varDelta_k)\leqq f(x)\leqq U(x, \varDelta_k) \qquad (k=1, 2, \cdots)$$

とから

$$\lim_{k\to\infty}L(x, \varDelta_k)=\lim_{k\to\infty}U(x, \varDelta_k)=f(x) \qquad \text{a.e.}$$

となり，$f(x)$ が可測であることがみられる．

iii. $f(x)$ が点 $x=x_0$ において連続であれば，$u(x_0)=l(x_0)$ である．逆に，$u(x_0)=l(x_0)$ であれば，$f(x)$ が $x=x_0$ において連続であることも容易にみられる．i から

$$\bar{I}(f)-\underline{I}(f)=(\mathrm{L})\int_a^b(u(x)-l(x))dx$$

であるから，$u(x)=l(x)$ a.e. のとき，そのときに限り $\bar{I}(f)=\underline{I}(f)$ である．（証終）

ルベッグ積分の基本性質としては，このほかに多次元の可測函数の積分に関するフビニの定理と定積分の微分係数に関するルベッグの定理が重要であるが，これらについては実函数論の参考書を参照されたい．

7.6. 函数族 L^p

可測集合 E と正数 p（ふつうは $p\geqq 1$ で，以下特にことわらない限り，この条件がついているものとする）とがあるとき，

$$\int_E|f(x)|^p dx<\infty \tag{7.16}$$

をみたす可測函数 $f(x)$ の全体を $L^p(E)$ あるいは単に L^p で表わす．E で $|f(x)|\leqq M$ a.e. のとき $f\in L^\infty(E)$ という．

例題 1. $p<2$ のとき，$x^{-1/2}\in L^p(0, 1)$.

［解］ §3.2 例題 2 および § 7.4 例題 2 ののべ直しである．（以上）

定理 7.16. $p<r<s$ であれば，$L^p\cap L^s\subset L^r$.

証明. $f(x)\in L^p\cap L^s$ を任意にとるとき，

$$E_1=\{x\in E:\ |f(x)|\leqq 1\},\qquad E_2=\{x\in E:\ |f(x)|>1\}$$

はともに可測かつ互いに素な E の部分集合であって，

$$\int_E|f(x)|^r dx=\int_{E_1}|f(x)|^r dx+\int_{E_2}|f(x)|^r dx$$
$$\leqq\int_{E_1}|f(x)|^p dx+\int_{E_2}|f(x)|^s dx\leqq\int_E|f|^p dx+\int_E|f|^s dx<\infty.$$（証終）

$p\geqq 1$ に対して $1/p+1/q=1$ をみたす q（$p=1$ のときは $q=\infty$）を p の**共役指数**という．また，$(\int_E|f|^p dx)^{1/p}=\|f\|_p$ を f の **L^p ノルム**という．$p=\infty$ に対しては $\|f\|_\infty=\inf\{M:\ |f(x)|\leqq M \text{ a.e.}\}$ と定める．

定理 7.17. $f\in L^p$, $g\in L^q$, $1/p+1/q=1$ であれば，

$$\|fg\|_1\leqq\|f\|_p\|g\|_q. \tag{7.17}$$

ここで等号が成立するのは，$A|f(x)|^p=B|g(x)|^q$ a.e. となるともには 0 でない定数 A, B が存在するときに限る．**（ヘルダーの不等式）**

証明. $1/p=\alpha$, $1/q=\beta$, $|f|^p=\phi$, $|g|^q=\psi$ とおくと，(17) は $\int\phi^\alpha\psi^\beta\leqq(\int\phi)^\alpha(\int\psi)^\beta$（積分範囲を省く）と変形される．相加平均と相乗平均の関係から

$$a^\alpha b^\beta\leqq\alpha a+\beta b\qquad(\alpha+\beta=1) \tag{7.18}$$

であるから，(18) で $a=\phi/\int\phi$, $b=\psi/\int\psi$ とおいたものの両辺を積分すると，右辺は 1 に等しいから，両端辺の分母を払って (17) がえられる．等号が成立するのは，(18) にお

いて相加平均と相乗平均とが一致するとき，すなわち $a=b$ のときに限られる．（証終）

定理 7.18． $f,\ g\in L^p$ のとき，

(7.19) $$\|f+g\|_p\leqq\|f\|_p+\|g\|_p \quad (p\geqq 1).$$ （**ミンコフスキの不等式**）

証明． $p=1,\ \infty$ のときは明らかである．$1<p<\infty$ とすると，

$$\|f+g\|_p{}^p=\int|f+g|^p dx\leqq\int(|f|+|g|)|f+g|^{p-1}dx$$

$$=\int|f||f+g|^{p-1}dx+\int|g||f+g|^{p-1}dx.$$

右端辺にヘルダーの不等式(定理 7.17)を適用すると$(1/q=(p-1)/p)$，

$$\leqq\left(\int|f|^p\right)^{1/p}\left(\int|f+g|^p\right)^{1/q}+\left(\int|g|^p\right)^{1/p}\left(\int|f+g|^p\right)^{1/q}$$

すなわち $\|f+g\|_p{}^p\leqq(\|f\|_p+\|g\|_p)\|f+g\|_p{}^{p-1}$ をうる．この両辺を $\|f+g\|_p{}^{p-1}$ で割れば，(19) がえられる．$\|f+g\|_p=0$ であれば，はじめから成立している．（証終）

ミンコフスキの不等式(→定理 7.18)から，L^p は $\|f-g\|_p$ を f と g との距離として，距離空間(→VI A § 3.1)になっているが，実はバナッハ空間(→VI C § 1.1.3)である．その基本的な部分はつぎの定理で示される:

定理 7.19． $\{f_n\}\subset L^p$ が任意の $\varepsilon>0$ に対して適当な自然数 N をえらべば，$m>n\geqq N$ であるすべての $m,\ n$ に対して $\|f_m-f_n\|_p<\varepsilon$ とできるとき，実はある $f\in L^p$ に対して $\lim_{n\to\infty}\|f_n-f\|_p=0$ である．

証明． $p=\infty$ のときは(E のある部分集合上での)一様収束であるから，$1\leqq p<\infty$ のときを証明しよう．$\varepsilon>0$ と正の整数 k を与えるとき，自然数 N_k を適当にえらべば，

$$m>n\geqq N_k \quad \text{ならば}\ \|f_m-f_n\|_p<\frac{\varepsilon^2}{2^{2k}}$$

とできる．したがって，集合 $\{x:\ |f_m(x)-f_n(x)|\geqq\varepsilon/2^k\}$ の測度は $\varepsilon/2^k$ 以下である．$N_{k+1}>N_k$ と考えてよいから，任意の自然数 r に対して不等式

$$\sum_{k=r}^{\infty}|f_{N_{k+1}}(x)-f_{N_k}(x)|\leqq\varepsilon\sum_{k=r}^{\infty}\frac{1}{2^k}=\frac{\varepsilon}{2^{r-1}}$$

が，測度 $\varepsilon/2^{r-1}$ 以下の集合上を除いて成立する．これは級数

$$\sum_{k=1}^{\infty}|f_{N_{k+1}}(x)-f_{N_k}| \quad \text{したがって} \quad \sum_{k=1}^{\infty}\{f_{N_{k+1}}(x)-f_{N_k}(x)\}$$

がほとんどいたるところ収束することを示している．$n\geqq N=N_0$ とするとき，ファトゥの補題(定理 7.12)から

$$\int|f-f_n|^p dx=\int\liminf_{k\to\infty}|f_{N_k}-f_n|^p dx\leqq\lim_{k\to\infty}\int|f_{N_k}-f_n|^p dx\leqq\varepsilon^{2p},$$

すなわち $\|f-f_n\|_p\leqq\varepsilon^2<\varepsilon\ (n\geqq N)$ である．（証終）

参考書． [F 6], [H 1], [H 8], [I 2], [K 6], [K 22], [R 3], [S 11], [T 3]

［**渡利　千波**］

V. 函　数　論

1.　複素函数

1.1.　複素平面

複素数 $z=x+iy$ に xy 平面上の点 (x, y) を対応させると，この対応は 1 対 1 であるから，平面上の各点は一つの複素数を表わしていると考えられる．このように考えた平面を**複素平面**とか**ガウス平面**という．複素平面上の点 (x, y) を，複素数 $z=x+iy$ を表わすという意味で，点 z とよぶ．

複素数 $z=x+iy$ の実部 x，虚部 y をそれぞれ $\mathrm{Re}\,z$，$\mathrm{Im}\,z$ または $\Re z$，$\Im z$ で表わす．複素平面においては，x 軸，y 軸をそれぞれ**実軸**，**虚軸**という．複素数 $z=x+iy$ に対して，$x-iy$ をその**共役複素数**といって，$\bar{z}$ で表わす．z と $\bar{z}$ は実軸に関して対称である．

点 z と原点 O との距離すなわち $\sqrt{x^2+y^2}$ を z の**絶対値**といい，$|z|$ で表わす．$|z|=|\bar{z}|=\sqrt{z\bar{z}}$ である．明らかに $|x|, |y|\leqq|z|\leqq|x|+|y|$．また，二つの複素数 z_1，z_2 に対し $||z_1|-|z_2||\leqq|z_1+z_2|\leqq|z_1|+|z_2|$ が成り立つ．

$z\neq0$ のとき，線分 $\overline{\mathrm{O}z}$ が実軸の正の向きとなす角を z の**偏角**といい，$\arg z$ で表わす．偏角は 2π の整数倍の差を無視すれば一意的に定まる．$\arg\bar{z}=-\arg z$．複素数 $z=x+iy$ の絶対値を r，偏角を θ で表わすとき，図 1.1 から明らかに $x=r\cos\theta$，$y=r\sin\theta$ であるから，

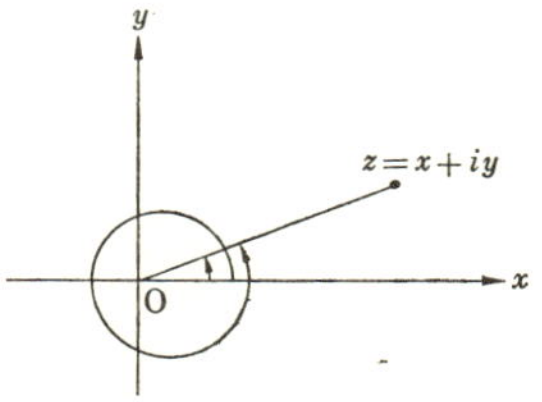

図 1.1

$$z=r(\cos\theta+i\sin\theta)$$

と表わされる．これを z の **極形式** という．二つの複素数

$$z_1=r_1(\cos\theta_1+i\sin\theta_1),\qquad z_2=r_2(\cos\theta_2+i\sin\theta_2)$$

の積および商をつくれば，三角法の加法定理により，

$$z_1z_2=r_1r_2[\cos(\theta_1+\theta_2)+i\sin(\theta_1+\theta_2)],$$

$$\frac{z_1}{z_2}=\frac{r_1}{r_2}[\cos(\theta_1-\theta_2)+i\sin(\theta_1-\theta_2)].$$

したがって，二つの複素数の積[商]の絶対値は，おのおのの絶対値の積[商]に相等しく，その偏角は，2π の整数倍の差を無視すれば，おのおのの偏角の和[差]に相等しい．これにより任意の整数 n に対し

$$(\cos\theta+i\sin\theta)^n=\cos n\theta+i\sin n\theta.\qquad \textbf{（ド・モアブルの公式）}$$

つぎに，無限遠点を導入する．複素平面の原点でこれに接する直径 1 の球面 Σ をとり (→ 図 1.2)，N(0, 0, 1) と複素平面上の点 z とを線分で結べば，この線分は N 以外に

球面 Σ とただ一点 Z で交わる．この写像(これを N からの**立体射影**という)によって，複素平面の点全体と N を除外した球面 Σ 上の点全体の間に 1 対 1 の対応がつけられる．

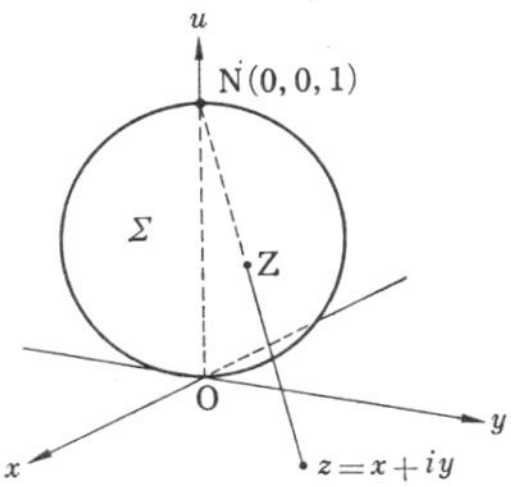

図 1.2

ゆえに，球面 Σ 上の N 以外の各点は一つの複素数を表わしていると考えてよい．N には複素平面の点が対応しないのであるが，新しく仮想的な点を複素平面に添加して N に対応させる．これを**無限遠点**と名づけ，記号 ∞ で表わす．このとき，Σ を**複素球面**または**リーマン球面**という．

複素平面は $|z|<\infty$ で表わす．$|z|<\infty$ に無限遠点 ∞ を添加した平面を $|z|\leqq\infty$ で表わし，**函数論的平面**または**拡張された平面**とよぶ．

1.2. 点集合

複素平面上の点集合についてすこしのべておく．点 z_0 に対して，開円板 $|z-z_0|<\rho$ ($\rho>0$) を z_0 の $\boldsymbol{\rho}$ **近傍**といい，これを $U_\rho(z_0)$ と表わす．点列 $\{z_n\}$ と点 z_0 が与えられたとき，任意の正数 ρ に対して有限個の n を例外として，すべての項 z_n が $U_\rho(z_0)$ に含まれるならば，点 z_0 をこの点列の**極限点**といい，$\lim_{n\to\infty}z_n=z_0$ で表わす．$z_0=x_0+iy_0$，$z_n=z_n+iy_n$ とするとき，$\lim_{n\to\infty}z_n=z_0$ は $\lim_{n\to\infty}x_n=x_0$ および $\lim_{n\to\infty}y_n=y_0$ が同時に成り立つことと同値である．

一つの点集合を S とするとき，点 z_0 について，z_0 のどのような近傍も S の点を無数に含んでいるとき，z_0 を S の**集積点**という．S の集積点は必ずしも S に属するとは限らない．S と S の集積点の集合との合併を S の**閉包**といい，$\bar{S}$ で表わす．$S=\bar{S}$ であるとき，すなわち S の集積点がすべて S に属するとき，S を**閉集合**という．

点 z_0 のある近傍が集合 S に含まれるとき，z_0 を S の**内点**といい，内点ばかりから成る集合を**開集合**という．集合 S に属さない点全体のなす集合を S の**補集合**という．S が開集合であるのは，S の補集合が閉集合であることに等しい．

点集合 S に対しその補集合の内点を**外点**という．内点でも外点でもない点を S の**境界点**，境界点全体のなす集合を S の**境界**とよびこれを ∂S で表わす．点 z_0 が S の境界点であるとは，z_0 のいかなる近傍も S の点と S の補集合の点とを同時に含むことである．

原点 O を中心に十分大きな半径 R の円 $|z|=R$ をえがいて，その内部に集合が含まれるようにできるとき，S は**有界**であるという．つぎの定理は有用である:

定理 1.1. 有界な無限点集合は必ず集積点をもつ．

(ボルツァノ・ワイエルシュトラスの定理)

この定理を点列についていえば，有界点列は必ず収束部分列を含むことが結論される．→ III §2.1 定理 2.2

函数論的平面 $|z|\leqq\infty$ においては，無限遠点 ∞ の近傍として，任意正数 R に対して $|z|>R$ をみたす点 z の全体と ∞ とから成る集合 $R<|z|\leqq\infty$ を考える．集積点，閉集

合，開集合などを前と同様に定義する．複素平面で考える場合，定理1.1は有界という仮定なしでは一般に成り立たないが，$|z|\leqq\infty$ で考えるとこの仮定は不用となる．$|z|\leqq\infty$ における無限点集合は必ず集積点をもつのである．じっさい，無限点集合が有界でなければ，無限遠点がその集積点になっている．

函数論的平面における開集合 D の任意の有限な二点が D 内の折線で結べるとき，D を**領域**という．例えば，円の内部は領域である．

実数 t の区間 $[a, b]$ で連続な二つの函数を $x(t)$, $y(t)$ とする．曲線

$$C:\quad z=z(t)=x(t)+iy(t)\qquad(a\leqq t\leqq b)$$

が，$t_1=a$, $t_2=b$ の特別な場合を除いて，$t_1\neq t_2$ ならばつねに $z(t_1)\neq z(t_2)$ をみたすとき，C を**ジョルダン曲線**という．特に $z(a)=z(b)$ すなわち始点と終点が一致するとき，**ジョルダン閉曲線**または**単純閉曲線**という．一つのジョルダン閉曲線は平面を二つの部分に分ける(**ジョルダンの定理**)．このうち有界な方を曲線の**内部**，他方を**外部**という．これらはいずれも領域をなすが，前者は**ジョルダン領域**とよばれる．

1.3. 複素函数

二つの函数論的平面を z 平面，w 平面とし，z 平面上の点集合 S の各点に w 平面上の点 w を対応させる写像 $w=f(z)$ を考える．このとき，z に対応する w を z の**像**，S の空でない部分集合 S' に対し w 平面の点集合 $\{w;\ w=f(z),\ z\in S'\}$ を S' の像という．特に S の像が無限遠点を含まないとき，写像 $w=f(z)$ を S 上で定義された**複素函数**といい，z の像 w を z における函数の**値**という．

いま，$w=f(z)$ を z 平面の点集合 S で定義された w 平面の中への写像とし，z_0 を S の集積点とする．点 w_0 があって，任意に近傍 $U(w_0)$ をとるとき，適当に z_0 の近傍 $U(z_0)$ がとれて，z_0 を例外として $U(z_0)$ 内のすべての S の点 z の像が $U(w_0)$ に含まれるならば，w_0 を z が S から z_0 に近づくときの $f(z)$ の**極限**といい，これを $\lim_{S\ni z\to z_0}f(z)=w_0$ で表わす．特に，z_0 が S の内点であるときは単に z_0 における極限とよんで，$\lim_{z\to z_0}f(z)=w_0$ と表わす．$w=f(z)$ が複素函数で，w_0 が有限であるならば，w_0 は**極限値**とよばれる．この場合，点 z_0 も有限として定義をかきかえてみれば，つぎのようになる: 任意の正数 ε に対して正数 ρ を適当にえらび，$0<|z-z_0|<\rho$ をみたすすべての S の点 z に対して $|f(z)-w_0|<\varepsilon$ が成り立つとき，w_0 を z が S から z_0 に近づくときの $f(z)$ の**極限値**という．

点集合 S 上で定義された複素函数 $f(z)$ が，S の点 z_0 で

$$f(z_0)=\lim_{S\ni z\to z_0}f(z)$$

となるとき，函数 $f(z)$ は点 z_0 で**連続**であるという．S の各点で連続なとき，単に S で連続であるという．いいかえると，任意の $\varepsilon>0$ に対して，S の各点 z_0 について $\rho>0$ を適当にとれば，$|z-z_0|<\rho$ をみたす S のすべての点 z に対して

$$|f(z)-f(z_0)|<\varepsilon$$

が成り立つことである．この場合，一般に ρ は ε だけでなく点 z_0 にも関係している．特

に ρ が z_0 に無関係に選べるとき，$f(z)$ は S で**一様連続**であるという．ついでながら，$f(z)$ が S において**有界**であるとは，S の像が w 平面で有界集合，すなわち実函数 $|f(z)|$ が S で有界なことである．定理 1.1 を用いれば，実函数の場合(→ III §3.2.2)と同様にして，つぎの定理が証明される．

定理 1.2. 有界な閉集合で連続な複素函数 $f(z)$ は，そこで一様連続である．

定理 1.3. 有界な閉集合で連続な複素函数 $f(z)$ は，そこで有界であり，$|f(z)|$ は最大値と最小値をもつ．

1.4. 函数列

z 平面の点集合 S 上で定義された函数列 $\{f_n(z)\}$ を考える．S 上の函数 $f(z)$ があって，S の各点 z で $\lim_{n\to\infty}f_n(z)=f(z)$ が成り立つ．すなわち，任意に $\varepsilon>0$ をとると，S の各点 z について適当に自然数 N を選んで，$n>N$ であるすべての自然数 n に対して $|f_n(z)-f(z)|<\varepsilon$ が成り立つとき，$\{f_n(z)\}$ は S 上 $f(z)$ に**収束**するといい，$f(z)$ を函数列 $\{f_n(z)\}$ の**極限函数**という．記号で $\lim_{n\to\infty}f_n(z)=f(z)$ とかく．この場合，一般に自然数 N は $\varepsilon>0$ だけでなく，S の点 z にも関係している．N が $\varepsilon>0$ に対し，S のすべての点 z に共通に選べるとき，函数列 $\{f_n(z)\}$ は S において $f(z)$ に**一様収束**するという．

定理 1.4. 函数列 $\{f_n(z)\}$ が S において一様収束するための必要十分条件は，任意の $\varepsilon>0$ に対し適当に自然数 $N=N(\varepsilon)$ を定めて，$n>N$ である限り p をいかなる自然数としても $|f_{n+p}(z)-f_n(z)|<\varepsilon$ が S のすべての点で成り立つことである．

定理 1.5. 函数列 $\{f_n(z)\}$ が点集合 S において函数 $f(z)$ に一様収束する場合に，$f_n(z)$ がすべて S の一点 z_0 で連続であるならば，$f(z)$ もまた z_0 において連続である．

複素平面上の領域 D で，函数列 $\{f_n(z)\}$ および函数 $f(z)$ が与えられていて，D に含まれる任意の有界閉集合 E について，$\{f_n(z)\}$ が E 上で $f(z)$ に一様収束するとき，$\{f_n(z)\}$ は領域 D で $f(z)$ に**広義一様収束**するという．

定理 1.6. 函数列 $\{f_n(z)\}$ が領域 D で広義一様収束するための必要十分条件は，$\{f_n(z)\}$ が D の各点のある近傍で一様収束することである．

証明. 必要なことは明らかである．そこで十分なことを証明する．極限函数を $f(z)$ とする．任意に $\varepsilon>0$ をとる．仮定から D の各点 z に対してある近傍 $U(z)$ が対応して，$U(z)$ では $\{f_n(z)\}$ が $f(z)$ に一様収束しているから，もちろん点 z では，ある自然数 N を選んで，$n>N$ である限り $|f_n(z)-f(z)|<\varepsilon$ とできる．このような N の最小のものを $N(z)$ で示そう．D に含まれる有界閉集合を任意に一つとり，それを E とする．自然数 N_0 で E のすべての点 z に対して $N(z)\leqq N_0$ をみたすものの存在を示せば証明は終わる．E 内の点列 $\{z_n\}$ で，$N(z_n)<N(z_{n+1})$ $(n=1, 2, \cdots)$ をみたすものがあると仮定してみる．$\{z_n\}$ は有界点列ゆえ，定理 1.1 によって収束部分列を含むから，はじめから $\{z_n\}$ 自身が収束点列であるとしてよい．E が閉集合であることから，$\{z_n\}$ の極限点 z_0 は E の点である．$U(z_0)$ では $\{f_n(z)\}$ が $f(z)$ に一様収束しているから，適当に自

然数 $\tilde{N}$ を選べば $n>\tilde{N}$ である限り $|f_n(\zeta)-f(\zeta)|<\varepsilon$ が $U(z_0)$ のすべての点 ζ で成り立つ．点 z_0 は $\{z_n\}$ の極限点であった．したがって，有限個の z_n を除外すれば，すべての z_n は $U(z_0)$ に属する．このような z_n に対しては $N(z_n)\leqq\tilde{N}$ でなくてはならない．これは $N(z_n)<N(z_{n+1})$ $(n=1, 2, \cdots)$ に反する． （証終）

注意． 証明には，任意に $\varepsilon>0$ を与えたとき D の各点 z_0 に対して近傍 $U(z_0, \varepsilon)$ と自然数 $N(z_0, \varepsilon)$ が，$n>N(z_0, \varepsilon)$ なら $U(z_0, \varepsilon)$ 上 $|f_n(z)-f(z)|<\varepsilon$ が成り立つようにとれるという事実だけを用いた．ここでの近傍 $U(z_0, \varepsilon)$ は ε に関係していてもよいことを注意しておく．

今度は函数項の級数を説明しよう．複素函数 $\varphi_n(z)$ $(n=1, 2, \cdots)$ は点集合 S で定義されたものとし，その部分和 $f_n(z)=\varphi_1(z)+\cdots+\varphi_n(z)$ のなす函数列 $\{f_n(z)\}$ が S 上で収束，一様収束，広義一様収束するとき，級数 $\sum_{n=1}^{\infty}\varphi_n(z)$ は S 上でそれぞれ**収束，一様収束，広義一様収束**するという．また，級数 $\sum_{n=1}^{\infty}|\varphi_n(z)|$ が S 上収束するとき，級数 $\sum_{n=1}^{\infty}\varphi_n(z)$ は S 上で**絶対収束**するという．絶対収束すれば必ず収束する．つぎの定理は簡単であるが有用である(→ III §5.1.1 定理 5.2):

定理 1.7． 点集合 S 上で定義された複素函数列 $\{\varphi_n(z)\}$ が S の各点で $|\varphi_n(z)|\leqq M_n$ $(n=1, 2, \cdots)$ をみたし，かつ実数項の級数 $\sum_{n=1}^{\infty}M_n$ $(M_n\geqq 0)$ が収束するならば，級数 $\sum_{n=1}^{\infty}\varphi_n(z)$ は S において絶対かつ一様に収束する．

（**ワイエルシュトラスの定理**）

1.5. 複素微分

$f(z)$ は複素平面上の一つの領域 D で定義された函数とする．D の一点 z_0 で極限値 $\lim_{z\to z_0}\{f(z)-f(z_0)\}/(z-z_0)$ が存在するとき，$f(z)$ は点 z_0 で**微分可能**であるという．この極限値を z_0 における $f(z)$ の**微分係数**とよび，これを $f'(z_0)$ で表わす．

定理 1.8． 一点 $z_0=a+ib$ のある近傍で定義された函数 $f(z)=u(x, y)+iv(x, y)$ が点 z_0 で微分可能であるための必要十分条件は，$f(z)$ の実部 $u(x, y)$ および虚部 $v(x, y)$ がともに (a, b) において全微分可能(→ III §6.2.1)でかつ**コーシー・リーマンの関係式**

$$u_x(a, b)=v_y(a, b), \qquad u_y(a, b)=-v_x(a, b)$$

をみたすことである．

証明． $f(z)$ は $z_0=a+ib$ で微分可能とし，$f'(z_0)=A+iB$ とおく．

$$f(z)-f(z_0)=(f'(z_0)+\varepsilon)(z-z_0),$$

ただし $z\to z_0$ のとき $\varepsilon\to 0$．したがって，$\varepsilon=\varepsilon'+i\varepsilon''$ とおくと，

$$u(x, y)-u(a, b)=(A+\varepsilon')(x-a)-(B+\varepsilon'')(y-b),$$
$$v(x, y)-v(a, b)=(B+\varepsilon'')(x-a)+(A+\varepsilon')(y-b).$$

これら二式は $u(x, y)$ および $v(x, y)$ が (a, b) でともに全微分可能で，$A=u_x(a, b)=v_y(a, b)$，$B=-u_y(a, b)=v_x(a, b)$ であることを示す．

十分性の証明．$u(x, y)$, $v(x, y)$ の点 z_0 での全微分可能性から $z=x+iy$ を z_0 に十分近くとれば，

$$u(x, y)-u(a, b)=(u_x(a, b)+\varepsilon_1)(x-a)+(u_y(a, b)+\varepsilon_2)(y-b),$$

$$v(x, y)-v(a, b)=(v_x(a, b)+\varepsilon_3)(x-a)+(v_y(a, b)+\varepsilon_4)(y-b)$$

とかける．ここで $z\to z_0$ のとき，$|\varepsilon_1|+|\varepsilon_2|+|\varepsilon_3|+|\varepsilon_4|\to 0$ である．上の二つの式とコーシー・リーマンの関係式から

$$f(z)-f(z_0)=[u_x(a, b)+iv_x(a, b)](z-z_0)+(\varepsilon_1+i\varepsilon_3)(x-a)+(\varepsilon_2+i\varepsilon_4)(y-b)$$

となる．$|x-a|/|z-z_0|\leqq 1$ かつ $|y-b|/|z-z_0|\leqq 1$ に注意すれば，上式は $f(z)$ が点 z_0 で微分可能であることを示す． （証終）

複素平面上の領域 D で定義された複素函数 $f(z)$ が D の各点で微分可能であるとき，$f(z)$ は D において**正則**であるという．D の各点に $f(z)$ の微分係数を対応させてえられる函数を $f(z)$ の**導函数**といって $f'(z)$ で表わす．

微分係数の定義が微分学における実変数の実数値函数の微分係数のそれと形式上同じであることから，微分学での微分法に関する諸定理や諸公式には，複素微分についてもそのままの形で成立するものが多い．例えば，点 z_0 で微分可能ならその点で連続，したがって $f(z)$ が領域 D で正則ならそこで連続である．函数 $g(z)$ も D で正則として，$h_1(z)=f(z)+g(z)$，$h_2(z)=f(z)g(z)$ とおけば，$h_1'(z)=f'(z)+g'(z)$，$h_2'(z)=f'(z)g(z)+f(z)g'(z)$．さらに，$g(z)\neq 0$ なる点 $z\in D$ では，$h_3(z)=1/g(z)$ に対して，$h_3'(z)=-g'(z)/\{g(z)\}^2$．合成函数の微分に関する公式も成り立つ．→ III § 4.1.1

例題 1． 領域 D で正則な函数 $f(z)$ がつぎの三つの条件のいずれか一つをみたせば，$f(z)$ は D で定数である:

i. D で $f'(z)\equiv 0$;

ii. D で $\mathrm{Re}\,f(z)\equiv$定数，または $\mathrm{Im}\,f(z)\equiv$定数;

iii. D で $|f(z)|\equiv$定数.

［**解**］ i. $f'(z)=u_x(x, y)+iv_x(x, y)=v_y(x, y)-iu_y(x, y)\equiv 0$ から，$u_x=v_x=u_y=v_y\equiv 0$．領域 D の任意な二点は D 内の折線で結べるゆえ，$u(x, y)\equiv$定数，$v(x, y)\equiv$定数．したがって，$f(z)\equiv$定数.

ii. $u(x, y)\equiv$定数 とすると，$u_x=u_y\equiv 0$．コーシー・リーマンの関係式によって，$v_x=v_y\equiv 0$．よって，$v(x, y)\equiv$定数 である.

iii. $|f(z)|^2=u^2+v^2\equiv$定数 となる．いま，一点 z_0 で $f(z_0)=0$ ならば，この定数は0に相等しく，$f(z)\equiv 0$．$u^2+v^2\neq 0$ と仮定すれば，$uu_x+vv_x=0$, $uu_y+vv_y=0$ が D で成り立つ．仮定から $(u, v)\neq(0, 0)$，したがって $u_x^2+u_y^2=|f'(z)|^2\equiv 0$．すなわち D で $f'(z)\equiv 0$ である．i から $f(z)$ は D で定数である． （以上）

1.6. 複素積分

z 平面に曲線 C: $z=z(t)$, $a\leqq t\leqq b$ を考える．いま，閉区間 $[a, b]$ の分割 $a=t_0<t_1<\cdots<t_n=b$ に対し和 $\sum_{k=1}^{n}|z(t_k)-z(t_{k-1})|$ が分割の仕方をいろいろ変えたとき有界ならば，C は**長さをもつ**といい，その上限 L を C の**長さ**という．$z(t)=x(t)+iy(t)$ とおくとき，$z(t)$ が $[a, b]$ で微分可能とは，$x(t)$, $y(t)$ がそれぞれ $[a, b]$ で微分可能であることとし，$z'(t)=x'(t)+iy'(t)$ を導函数とよぶ．さて曲線 C: $z=z(t)$, $a\leqq t\leqq b$ に対

し，$z(t)$ が $[a, b]$ で連続な導函数 $z'(t)$ をもち，$[a, b]$ の各点 t で $z'(t)\neq 0$ であるならば，この曲線 C を**正則弧**という．正則弧を有限個連結してえられる曲線を**正則曲線**という．正則曲線は長さをもち，その長さは

$$\int_a^b |z'(t)|dt$$

で与えられる．

長さをもつ曲線 C: $z=z(t)$, $a\leqq t\leqq b$ 上で連続な複素函数を $f(z)=u(x, y)+iv(x, y)$ とする．分割 $a=t_0<t_1<t_2<\cdots<t_n=b$ に対し，$\tilde{t}_k$ を $[t_{k-1}, t_k]$ に任意にとり，和 $S=\sum_{k=1}^{n} f(z(\tilde{t}_k))(z(t_k)-z(t_{k-1}))$ をつくる．分点の個数を増して $\max\{t_k-t_{k-1}; 1\leqq k\leqq n\}$ を0に近づけるとき，定理 1.2 により $f(z)$ が C 上一様連続であることから S は一定の極限値に収束する．この極限値を，**曲線 C に沿っての $f(z)$ の積分**とよび，

$$\int_C f(z)dz$$

で表わす．これは線積分

$$\int_C u(x, y)dx-\int_C v(x, y)dy+i\left[\int_C v(x, y)dx+\int_C u(x, y)dy\right]$$

である．したがって，C が正則曲線であれば，つぎの公式をうる:

$$\int_C f(z)dz=\int_a^b f[z(t)]z'(t)dt.$$

例題 1. 曲線 C: $z=r(\cos t+i\sin t)$, $0\leqq t\leqq 2\pi$, に対し，n を整数とすると，

$$\int_C z^n dz=\begin{cases} 0 & (n\neq -1), \\ 2\pi i & (n=-1). \end{cases}$$

［**解**］

$$\int_C z^n dz=ir^{n+1}\int_0^{2\pi}[\cos(n+1)t+i\sin(n+1)t]dt.$$

右辺を計算して結論をうる．　　（以上）

定理 1.9. 長さをもつ曲線 C 上で $f(z)$ は連続，C 上での $|f(z)|$ の最大値を M，曲線の長さを L とすれば，

$$\left|\int_C f(z)dz\right|\leqq ML.$$

証明. $|S|=|\sum_{k=1}^{n} f(z(\tilde{t}_k))(z(t_k)-z(t_{k-1}))|\leqq M\sum_{k=1}^{n}|z(t_k)-z(t_{k-1})|\leqq ML$ であるから，$\max(t_k-t_{k-1})\to 0$ のときの極限を考えればよい．　　（証終）

長さをもつ曲線 C 上で，連続な函数 $f_n(z)$ $(n=1, 2, \cdots)$ からなる函数列 $\{f_n(z)\}$ が函数 $f(z)$ に一様収束すれば，定理 1.5 によって $f(z)$ も C 上連続である．このとき，つぎの定理が成り立つことが，定理 1.9 を用いて容易に証明される:

定理 1.10.

$$\lim_{n\to\infty}\int_C f_n(z)dz=\int_C f(z)dz.$$

定理 1.11. 級数 $\varphi(z)=\sum_{n=1}^{\infty}\varphi_n(z)$ が C 上一様収束し，各項 $\varphi_n(z)$ が C 上連続とすれば，

$$\int_C \varphi(z)dz=\sum_{n=1}^{\infty}\int_C \varphi_n(z)dz.$$

2. 正則函数

2.1. コーシーの積分定理

領域 D 内にいかに単純閉曲線 C を描いても，C の内部が D の点だけから成るとき，D は**単連結**であるという．つぎの定理は函数論において基本的定理である:

定理 2.1. 単連結領域 D で函数 $f(z)$ は正則であるとし，C を D 内の長さをもつ閉曲線とすれば，

$$\int_C f(z)dz=0 \tag{2.1}$$

が成り立つ．　　　　　　　　　　　　　　　　　　**(コーシーの積分定理)**

証明. C と C の内部を含み，その閉包が D に含まれる領域 D_0 を考えれば，定理 1.2 によって $f(z)$ は D_0 で一様連続となる．このことと，C が長さをもつ曲線であることから，(1) の積分は C に内接する閉屈折線に沿っての $f(z)$ の積分で近似できるから，C が閉屈折線のとき (1) を証明すれば十分である．C は有限個の線分をつないだものであるが，その隣り合わせの線分が線分 s を共有すれば，点 z が C 上を動くとき s を往復する．したがって，s に沿っての積分と，向きを逆にした s に沿っての積分とが打消しあって，この部分は (1) の積分に寄与しない．よって，C の隣り合わせの線分は一つの線分を共有しないと仮定してよい．C の始点 $z(a)$ から出発して点 z が C 上を動きすでに通過した点にはじめて出会う点を z^* とする．このとき，点 z^* を始点および終点とする一つの単純多角形がえられる．C からこの多角形を取除いてえられる閉屈折線について同様に考えていけば，C は有限個の単純多角形に分解される．積分がこれら単純多角形に関して加法的であるから，結局 D 内の任意な単純多角形について (1) が成り立つことを示せばよい．ところで，単純多角形の内部は図 2.1 のように有限個の三角形に分解される．よって，曲線 C が一つの三角形の周 $\varDelta$ である場合に (1) を証明すればよいことになった．そこで，

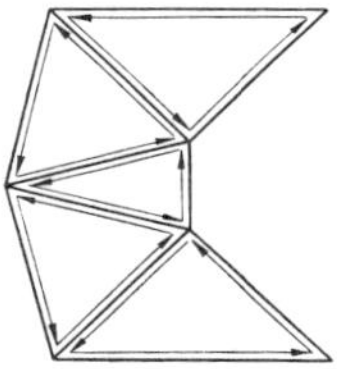

図 2.1

$$\left|\int_{\varDelta} f(z)dz\right|=M \tag{2.2}$$

とおく．$\varDelta$ の 3 辺の中点を結び四つの合同な三角形 $\varDelta_k{}^1$ $(1\leqq k\leqq 4)$ に分け，$\varDelta$ の向きに適合する向きを各 $\varDelta_k{}^1$ につけると，$\int_{\varDelta} f(z)dz=\sum_{k=1}^4\int_{\varDelta_k{}^1} f(z)dz$ であるから，(2) より少なくとも一つの $\varDelta_k{}^1$，それを $\varDelta^1$ とおく，に対しては

$$\left|\int_{\varDelta^1} f(z)dz\right|\geqq M/4$$

が成り立つ．今度は $\varDelta^1$ を合同な四つの三角形に分ければ，

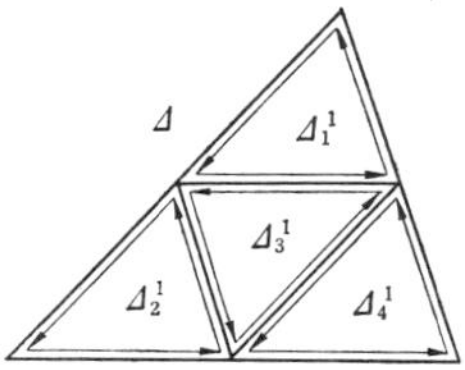

図 2.2

そのうちの一つ $\varDelta^2$ に対して $\left|\int_{\varDelta^2} f(z)dz\right|\geqq M/4^2$ が成り立つ．以下，同様な操作を繰返せば，三角形の列 $\varDelta^1, \cdots, \varDelta^n, \cdots$ がえられ，各 n に対して

$$\left|\int_{\varDelta^n} f(z)dz\right|\geqq\frac{M}{4^n} \tag{2.3}$$

が成り立つ．このとき，$\varDelta$の長さを L とすれば，$\varDelta^n$ の長さは $L/2^n$ であって，$(\varDelta^k)$ で $\varDelta^k$ の内部を表わすものとして $(\bar{\varDelta})\supset(\overline{\varDelta^1})\supset\cdots\supset(\overline{\varDelta^n})\supset\cdots$ である．定理 1.1 によってすべての $(\overline{\varDelta^n})$ に共通な点 z_0 がただ一つ存在する．この z_0 は D の点ゆえ，$f(z)$ は z_0 で微分可能，したがって，任意の正数 ε に対し $\rho>0$ を適当に定めて，$|z-z_0|<\rho$ なる D の点 z で

$$f(z)-f(z_0)=[f'(z_0)+\delta(z)](z-z_0),\qquad |\delta(z)|<\varepsilon \tag{2.4}$$

が成り立つようにできる．n を十分大にとって $\varDelta^n$ が開円板 $|z-z_0|<\rho$ の内部にあるようにすれば，

$$\int_{\varDelta^n}dz=\int_{\varDelta^n}z\,dz=0$$

に注意して (4) から

$$\int_{\varDelta^n}f(z)dz=\int_{\varDelta^n}\delta(z)(z-z_0)dz \tag{2.5}$$

をうる．$\varDelta^n$ 上の点 z と z_0 の距離は $\varDelta^n$ の直径，したがって周の長さ $L/2^n$ でおさえられるから，$|\delta(z)(z-z_0)|\leqq\varepsilon L/2^n$ が成り立ち，定理 1.9 を用いて (5) から

$$\left|\int_{\varDelta^n}f(z)dz\right|\leqq\frac{\varepsilon L}{2^n}\cdot\frac{L}{2^n}=\frac{\varepsilon L^2}{4^n}. \tag{2.6}$$

(3) と (6) から $M/4^n\leqq\varepsilon L^2/4^n$ すなわち $M\leqq\varepsilon L^2$．ε は任意の正数であるから，$M=0$ となる． (証終)

定理 1.8 によれば，正則函数 $f(z)$ の実部 $u(x,\ y)$ および虚部 $v(x,\ y)$ はともに全微分可能であった．ここで，もしさらに強く $u(x,\ y)$, $v(x,\ y)$ の一次偏導函数がすべて連続であることがいえれば，コーシーの積分定理はガウスの定理の直接の結果としてえられることを注意しておく．じっさい，(1) の積分の実部は線積分 $\int_C(u\,dx-v\,dy)$ であった．これにガウスの定理を適用すれば，(C) を C の内部として

$$\int_C(u\,dx-v\,dy)=-\iint_{(C)}(u_y+v_x)\,dxdy.$$

コーシー・リーマンの関係式によって $u_y+v_x\equiv0$ であるから，(1) の積分の実部は 0 である．虚部についても同様に 0 であることがいえ，結局 (1) が結論される．ところが，これら偏導函数の連続性が簡単にはいえないのである．

以下では，特にことわらない限り，単純閉曲線 C: $z=z(t)$, $a\leqq t\leqq b$ の向きは，t が a から b まで動くとき点 $z(t)$ が C の内部を左側にみて動くようにつけられているものとする．これを単純閉曲線 C の**正の向き**とよび，その逆の向きを**負の向き**という．

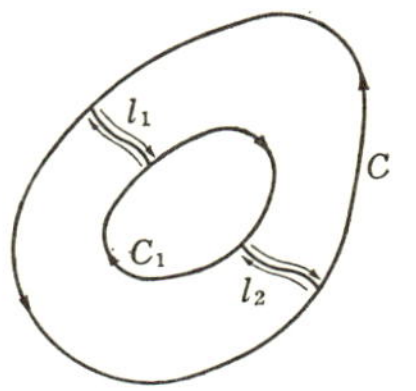

図 2.3

さて，長さをもつ単純閉曲線 C の内部にもう一つの長さをもつ単純閉曲線 C_1 を考え，C と C_1 で囲まれた領域を D で表わす．D と C, C_1 の合併が D の閉包 $\bar{D}$ である．図 2.3 のように，曲線 C と C_1 を，端点以外は D の点だけから成り，互いに共通点のない二つの正則弧 l_1 と l_2 で結べば，領域 D は二つの単連結な領域 D_1, D_2 に分けられる．いま，D_1, D_2 の

境界の部分として l_1, l_2 にはそれぞれ互いに逆な二通りの向きが導入されることに注意すれば，定理 2.1 の系として，つぎの定理をうる:

定理 2.2 $\bar{D}$ を含むある領域で函数 $f(z)$ が正則ならば,

$$\int_C f(z)dz=\int_{C_1} f(z)dz. \tag{2.7}$$

2.2. 正則函数の積分表示

定理 2.3. 領域 D で $f(z)$ を正則とし，C を D 内の長さをもつ単純閉曲線でその内部は D の点ばかりから成るものとすれば,

$$f(z)=\frac{1}{2\pi i}\int_C \frac{f(\zeta)}{\zeta-z}d\zeta \tag{2.8}$$

が C の内部の各点で成り立つ. **(コーシーの積分表示)**

証明. C の内部の点 z_0 に対して，$r>0$ を十分小さくとれば，円 K_r: $|z-z_0|=r$ は C の内部にあり，定理 2.2 を，K_r をそこでの C_1 と考えて適用すれば，$f(z)/(z-z_0)$ が D から z_0 を除いた領域で正則であることから,

$$\int_C \frac{f(\zeta)}{\zeta-z_0}d\zeta=\int_{K_r}\frac{f(\zeta)}{\zeta-z_0}d\zeta.$$

§1.5 例題1を用いて

$$\begin{aligned}\int_C \frac{f(\zeta)}{\zeta-z_0}d\zeta&=\int_{K_r}\frac{f(z_0)}{\zeta-z_0}d\zeta+\int_{K_r}\frac{f(\zeta)-f(z_0)}{\zeta-z_0}d\zeta\\&=2\pi i f(z_0)+\int_{K_r}\frac{f(\zeta)-f(z_0)}{\zeta-z_0}d\zeta\end{aligned} \tag{2.9}$$

とかき直して，$|f(\zeta)-f(z_0)|$ の K_r 上の最大値を $m(r)$ とおけば,

$$\left|\int_{K_r}\frac{f(\zeta)-f(z_0)}{\zeta-z_0}d\zeta\right|\leqq\frac{m(r)}{r}\cdot 2\pi r=2\pi m(r). \tag{2.10}$$

$f(z)$ は z_0 で連続であるから，$r\to 0$ のとき $m(r)\to 0$ であることに注意すれば，(9) と (10) から

$$f(z_0)=\frac{1}{2\pi i}\int_C \frac{f(\zeta)}{\zeta-z_0}d\zeta.$$

(証終)

定理 2.4. 長さのある単純曲線 C 上で函数 $\varphi(\zeta)$ が連続なとき,

$$F_n(z)=\int_C \frac{\varphi(\zeta)}{(\zeta-z)^n}d\zeta \qquad (n=1,2,\cdots) \tag{2.11}$$

とおくと，$F_n(z)$ は C 以外の点で正則であって,

$$F_n'(z)=nF_{n+1}(z). \tag{2.12}$$

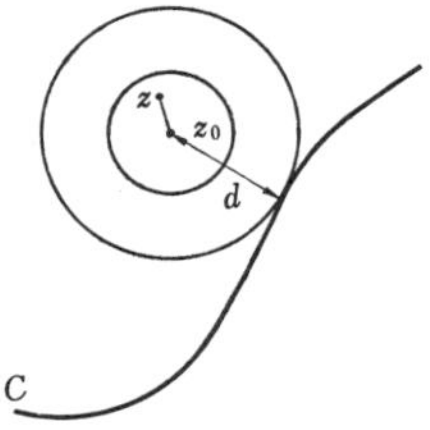

図 2.4

証明. 点 z_0 は C 上にないとし，$d>0$ を z_0 と C との距離とする. $|z-z_0|\leqq d/2$ ならば，C 上の任意の点 ζ に対して $|\zeta-z|\geqq d/2$ である(→ 図 2.4). C 上 $|\varphi(\zeta)|\leqq M$ とする. $|z-z_0|\leqq d/2$ である z に対し，z_0 と z を結ぶ線分を積分路として

$$\frac{1}{(\zeta-z)^n}-\frac{1}{(\zeta-z_0)^n}=n\int_{z_0}^{z}\frac{d\xi}{(\zeta-\xi)^{n+1}}$$

であるから，

$$\begin{aligned}&\frac{F_n(z)-F_n(z_0)}{z-z_0}-nF_{n+1}(z_0)\\ &=\frac{n}{z-z_0}\int_C\varphi(\zeta)\left[\int_{z_0}^{z}\left\{\frac{1}{(\zeta-\xi)^{n+1}}-\frac{1}{(\zeta-z_0)^{n+1}}\right\}d\xi\right]d\zeta\end{aligned}\tag{2.13}$$

となる．ここで

$$\left|\frac{1}{(\zeta-\xi)^{n+1}}-\frac{1}{(\zeta-z_0)^{n+1}}\right|=(n+1)\left|\int_{z_0}^{\xi}\frac{d\eta}{(\zeta-\eta)^{n+2}}\right|$$
$$\leqq(n+1)\left(\frac{2}{d}\right)^{n+2}|\xi-z_0|\leqq(n+1)\left(\frac{2}{d}\right)^{n+2}|z-z_0|$$

であるから，(13) に適用して

$$\left|\frac{F_n(z)-F_n(z_0)}{z-z_0}-nF_{n+1}(z_0)\right|\leqq n(n+1)\left(\frac{2}{d}\right)^{n+2}ML|z-z_0|.$$

ここに L は C の長さとする．$z\to z_0$ とすれば，(12) がえられる．　（証終）

定理 2.4 を正則函数 $f(z)$ の積分表示 (8) に適用すれば，導函数 $f'(z)$ が C の内部の各点 z で

$$f'(z)=\frac{1}{2\pi i}\int_C\frac{f(\zeta)}{(\zeta-z)^2}d\zeta$$

と表わされかつ $f'(z)$ がそこで正則であることがわかる．これを順次繰返して，つぎの定理をうる:

定理 2.5. 領域 D で $f(z)$ を正則とすれば，その逐次導函数 $f'(z)$，$f''(z)$，…，$f^{(n)}(z)$，… はすべて D で正則である．この場合，C を D 内の長さをもつ単純閉曲線でその内部は D の点ばかりから成るものとすれば，C の内部の各点 z で

$$f^{(n)}(z)=\frac{n!}{2\pi i}\int_C\frac{f(\zeta)}{(\zeta-z)^{n+1}}d\zeta.\tag{2.14}$$

定理 2.6. 領域 D での正則函数の列 $\{f_n(z)\}$ が，函数 $f(z)$ に D で広義一様収束すれば，$f(z)$ も D で正則で，各自然数 k に対して $\{f_n{}^{(k)}(z)\}$ がまた $f^{(k)}(z)$ に D で広義一様収束する．　**（ワイエルシュトラスの定理）**

証明. D の点 z_0 を任意にとる．$r>0$ を十分小にとって円 K_r: $|z-z_0|=r$ およびその内部が D に含まれるようにする．この K_r を定理 2.5 での C として，$f_n{}^{(k)}(z)$ の積分表示 (14) に定理 1.10 を適用すればよい．　（証終）

2.3. ベキ級数とテイラー展開

複素数列 a_0, a_1, …, a_n, … に対して，級数

$$\sum_{n=0}^{\infty}a_n(z-z_0)^n=a_0+a_1(z-z_0)+\cdots+a_n(z-z_0)^n+\cdots\tag{2.15}$$

を z_0 を中心とする**ベキ級数**という．明らかに，ベキ級数 (5) は中心 z_0 で収束する．以下簡単のため $z_0=0$ の場合を考える．いま，原点と異なる一点 z_1 で収束すれば，開円

板 $|z|<|z_1|$ で絶対かつ広義一様に収束することが，つぎのようにしてわかる．点 z_1 で収束するから，自然数 N を十分大きくとれば，$n>N$ なるすべての n に対して $|a_n z_1{}^n|<1$ とできる．したがって，$0<\rho<r=|z_1|$ である ρ を任意にとると，$|z|\leqq\rho$ である z に対して，$|a_n z^n|=|a_n z_1{}^n|(|z|/|z_1|)^n<(\rho/r)^n$ となる．$\rho/r<1$ であるから，等比級数 $\sum_{n=N+1}^{\infty}(\rho/r)^n$ は収束する．定理 1.7 によって級数 $\sum_{n=N+1}^{\infty}a_n z^n$ は $|z|\leqq\rho$ で絶対かつ一様収束する．したがって，$\sum_{n=0}^{\infty}a_n z^n$ は $|z|<r$ で絶対かつ広義一様収束する．

いま証明したことから，ベキ級数 (15) の収束に関しては，つぎの三つの場合が考えられる: i. 級数 (15) は $z=z_0$ だけで収束する; ii. ある正数 R が存在して，ベキ級数 (15) は $|z-z_0|<R$ で収束し，$|z-z_0|>R$ では収束しない; iii. すべての z において収束する．ii の場合，R をベキ級数 (15) の**収束半径**，$|z-z_0|=R$ をその**収束円**という．収束円上での収束問題は一般に複雑である．i の場合は $R=0$，ii の場合は $R=\infty$ と定義する．

定理 2.7. ベキ級数 $\sum_{n=0}^{\infty}a_n(z-z_0)^n$ に対し $\lambda=\overline{\lim}_{n\to\infty}\sqrt[n]{|a_n|}$ とおくと，収束半径 R は $R=1/\lambda$ で与えられる．ただし，$\lambda=0$ のときは $R=\infty$，$\lambda=\infty$ のときは $R=0$ とする． **（コーシー・アダマールの定理）**

証明. $|z-z_0|<R$ をみたす点 z を任意に固定し，$\varepsilon>0$ を $|z-z_0|<R-2\varepsilon$ が成り立つように十分小さくとる．自然数 N を十分大きくとれば，$n>N$ である限り $\sqrt[n]{|a_n|}<1/(R-\varepsilon)$ が成り立つ．よって，$|a_n||z-z_0|^n<\{(R-2\varepsilon)/(R-\varepsilon)\}^n$，したがって，級数 $\sum_{n=N+1}^{\infty}a_n(z-z_0)^n$ は等比級数 $\sum_{n=N+1}^{\infty}\{(R-2\varepsilon)/(R-\varepsilon)\}^n$ とともに絶対収束する．すなわち，ベキ級数 $\sum_{n=0}^{\infty}a_n(z-z_0)^n$ は $|z-z_0|<R$ で収束する．以上から，$\lambda=0$ のときは $R=\infty$ である．

つぎに，$|z-z_0|>R$ である一点 z を固定し，今度は $|z|>R+2\varepsilon$ であるように $\varepsilon>0$ をとる．$\sqrt[n]{|a_n|}>1/(R+\varepsilon)$ となる n が無限にあるから，$|a_n(z-z_0)^n|>\{(R+2\varepsilon)/(R+\varepsilon)\}^n>1$ となる n が無数にあることになる．$n\to\infty$ のとき，$a_n(z-z_0)^n\to 0$ とはならない．すなわち，$|z-z_0|>R$ の各点 z でベキ級数 $\sum_{n=0}^{\infty}a_n(z-z_0)^n$ は収束しない．特に，$\lambda=\infty$ のときは，$z=z_0$ 以外では収束しない．→ III § 2.3.4 定理 2.19 （証終）

ベキ級数の各項 $a_n(z-z_0)^n$ は明らかに全平面 $|z|<\infty$ で正則である．また，その k 次の導函数は $n(n-1)\cdots(n-k+1)a_n(z-z_0)^{n-k}$ である．したがって，定理 2.6 をベキ級数に適用すれば，つぎの定理をうる:

定理 2.8. ベキ級数 $\varphi(z)=\sum_{n=0}^{\infty}a_n(z-z_0)^n$ の収束半径 R が正または ∞ のとき，$\varphi(z)$ は $|z-z_0|<R$ で正則で，各 k に対し

$$\varphi^{(k)}(z)=\sum_{n=k}^{\infty}n(n-1)\cdots(n-k+1)a_n(z-z_0)^{n-k} \tag{2.16}$$

が成り立つ．

ベキ級数が正則な函数を表わすことがわかったが，逆に正則函数は局所的にベキ級数として表わされる．

定理 2.9. 函数 $f(z)$ は領域 D で正則とする．D の一点 z_0 と D の境界 ∂D との距

離を $R(z_0)$ とし，$0<r<R(z_0)$ なる r に対して

$$a_n=\frac{f^{(n)}(z_0)}{n!}=\frac{1}{2\pi i}\int_{|\zeta-z_0|=r}\frac{f(\zeta)}{(\zeta-z_0)^{n+1}}d\zeta \tag{2.17}$$

とおけば，$f(z)$ は $|z-z_0|<R(z_0)$ において，ベキ級数 $\sum_{n=0}^{\infty}a_n(z-z_0)^n$ に展開される．$f(z)$ のベキ級数への展開は一意的である．

証明． $|z-z_0|<R$ である z を任意にとり，$|z-z_0|=\rho$ とおく．$0<\rho<r<R$ である r をとれば，$|\zeta-z_0|=r$ のとき $|(z-z_0)/(\zeta-z_0)|=\rho/r<1$ であるから，

$$\frac{1}{\zeta-z}=\frac{1}{\zeta-z_0}\cdot\frac{1}{1-(z-z_0)/(\zeta-z_0)}=\sum_{n=0}^{\infty}\frac{(z-z_0)^n}{(\zeta-z_0)^{n+1}} \tag{2.18}$$

で右辺の級数は $|\zeta-z_0|=r$ 上一様収束する．$f(z)$ が $|z-z_0|<R$ $(R>r)$ で正則ゆえ，(18) を用いて

$$\begin{aligned}f(z)&=\frac{1}{2\pi i}\int_{|\zeta-z_0|=r}\frac{f(\zeta)}{\zeta-z}d\zeta\\&=\sum_{n=0}^{\infty}\left(\frac{1}{2\pi i}\int_{|\zeta-z_0|=r}\frac{f(\zeta)}{(\zeta-z_0)^{n+1}}d\zeta\right)(z-z_0)^n.\end{aligned}$$

つぎに，ある $R'>0$ に対し，$|z-z_0|<R'$ で $f(z)=\sum_{n=0}^{\infty}b_n(z-z_0)^n$ と表わされたとする．定理 2.8 により $f^{(k)}(z)=\sum_{n=k}^{\infty}n(n-1)\cdots(n-k+1)b_n(z-z_0)^{n-k}$ であるから，$z=z_0$ とおいて，$f^{(k)}(z_0)=k!b_k$ をうる．(17) とみくらべれば，$b_n=a_n$, $n=0, 1, \cdots$. したがって，$f(z)$ のベキ級数への展開は一意的である．（証終）

定理 2.9 による正則函数 $f(z)$ のベキ級数展開

$$f(z_0)+\frac{f'(z_0)}{1!}(z-z_0)+\cdots+\frac{f^{(n)}(z_0)}{n!}(z-z_0)^n+\cdots$$

を $f(z)$ の**テイラー展開**，えられたベキ級数を**テイラー級数**という．

2.4. 正則函数の諸性質

複素平面 $|z|<\infty$ において正則な函数を**整函数**という．

定理 2.10． $f(z)$ を整函数とし，各 $r>0$ に対して $M(r)=\max_{|z|=r}|f(z)|$ とおく．$M>0$ および $K\geqq 0$ なるある定数に対して $M(r_n)\leqq Mr_n{}^K$ となる数列 $\{r_n\}$，$r_n\to\infty$，が存在するならば，$f(z)$ は高々 $[K]$ 次の多項式である．特に，有界な整函数は定数以外にない．　**（リウビルの定理）**

証明． $f(z)$ のテイラー展開を $f(z)=\sum_{k=0}^{\infty}a_kz^k$ とすると，(17) により任意の $r>0$ でもって

$$a_k=\frac{1}{2\pi i}\int_{|z|=r}\frac{f(z)}{z^{k+1}}dz$$

である．したがって，$|a_k|\leqq(1/2\pi)(M(r)/r^{k+1})\cdot 2\pi r=M(r)/r^k$ である．ゆえに，$|a_k|\leqq M(r_n)/r_n{}^k\leqq Mr_n{}^{K-k}$. $k\geqq[K]+1$ ならば，$n\to\infty$ ならしめて，$a_k=0$ をうる．すなわち，$f(z)$ は高々 $[K]$ 次の多項式である．（証終）

例題 1． 代数方程式 $a_nz^n+\cdots+a_1z+a_0=0$ $(n\geqq 1,\ a_n\neq 0)$ は必ず根をもつ．

（代数学の基本定理）

［**解**］ $f(z)=a_nz^n+\cdots+a_0$ とおき，これが $|z|<\infty$ で値0をとらないと仮定する．$\varphi(z)=1/f(z)$ は整函数であり，$z\to\infty$ のとき $\varphi(z)\to 0$ であるから，$|z|<\infty$ で有界である．定理 2.10 から $\varphi(z)$ は定数でなければならない．したがって，$f(z)$ が定数となり，$n\geqq 1$, $a_n\neq 0$ なる仮定に反する． （以上）

定理 2.11． 領域 D において $\varphi(z)$ を正則とする．D の点 z_0 と，D 内の z_0 に収束する点列 $\{z_n\}$, $z_n\neq z_0$, があって，$\varphi(z_n)=0$ $(n=1, 2, \cdots)$ ならば，$\varphi(z)$ は D において恒等的に定数0に等しい．

証明． z_0 を中心とする D 内に含まれる最大開円板 $|z-z_0|<R(z_0)$ において，$\varphi(z)=\sum_{k=0}^{\infty}a_k(z-z_0)^k$ とテイラー展開される．点列 $\{z_n\}$ はこの開円板に含まれるとしてよい．仮定より $a_0=\lim_{z_n\to z_0}\varphi(z_n)=0$ である．つぎに，$\varphi(z)/(z-z_0)=\sum_{k=1}^{\infty}a_k(z-z_0)^{k-1}$ が $0<|z-z_0|<R(z_0)$ で定義できて正則となるが，再び仮定から $a_1=\lim_{z_n\to z_0}\varphi(z_n)/(z_n-z_0)=0$. 以下同様にして，$a_2=a_3=\cdots=0$ をうる．結局，$\varphi(z)$ が $|z-z_0|<R(z_0)$ で恒等的に0に等しいことがわかった．

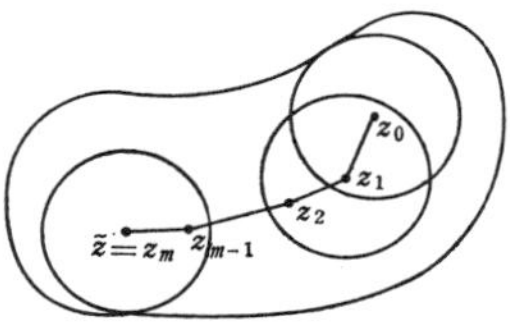

図 2.5

D の任意の点 $\tilde{z}$ に対し $\varphi(\tilde{z})=0$ であることを示そう．z_0 と $\tilde{z}$ を D 内の折線 Γ で結ぶ．Γ と D の境界 ∂D との距離を d とし，Γ 上に有限個の点 $z_1, z_2, \cdots, z_{m-1}$, $z_m=\tilde{z}$ をとって，$|z_k-z_{k-1}|<d$, $1\leqq k\leqq m$, となるようにする(→図 2.5)．まず，$|z-z_0|<d$ においては $\varphi(z)\equiv 0$ であった．z_1 はこの開円板に含まれるから，明らかに z_1 に収束する $\varphi(z)$ の零点から成る点列がとれる．$|z-z_1|<d$ で $\varphi(z)\equiv 0$ が結論される．以下順次に，$|z-z_k|<d$ $(k=2, 3, \cdots, m)$ で $\varphi(z)\equiv 0$. 結局，$\varphi(\tilde{z})=0$. （証終）

定理 2.12． 領域 D において，二つの正則函数 $f(z)$ および $g(z)$ が，D の内部に少なくとも一つ集積点をもつ D 内の点集合 S の上で共通の値をとれば，領域 D において $f(z)\equiv g(z)$ である． **（一致の定理）**

証明． S が D 内にもつ集積点の一つを z_0 とし，$\{z_n\}$, $z_n\neq z_0$, を S の点列で z_0 に収束するものとする．$\varphi(z)=f(z)-g(z)$ とおけば，$\varphi(z_n)=0$ $(n=1, 2, \cdots)$ ゆえ，D で $\varphi(z)\equiv 0$ すなわち $f(z)\equiv g(z)$ である． （証終）

例題 2． z 平面の領域 D は実軸に関して対称とし，l を実軸上の線分で D に含まれるものとする．D で正則な函数 $f(z)$ が線分 l 上で実数値をとるならば，各点 $z\in D$ において

$$f(z)=\overline{f(\bar{z})} \tag{2.19}$$

である． **（シュワルツの鏡像の原理）**

［**解**］ $\varphi(z)=\overline{f(\bar{z})}$ とおくと，各点 $z_0\in D$ において z を z_0 に十分近くとれば，

$$\frac{\varphi(z)-\varphi(z_0)}{z-z_0}=\frac{\overline{f(\bar{z})}-\overline{f(\bar{z}_0)}}{z-z_0}=\left[\overline{\frac{f(\bar{z})-f(\bar{z}_0)}{\bar{z}-\bar{z}_0}}\right].$$

ここで $z\to z_0$ とすれば，$\bar{z}\to\bar{z}_0$. $f(z)$ が点 $\bar{z}_0\in D$ で正則なことから［ ］内の極限値

が存在して $f'(\bar{z}_0)$ に等しい．すなわち，$\lim_{z\to z_0}\{\varphi(z)-\varphi(z_0)\}/(z-z_0)=\overline{f'(\bar{z}_0)}$．かくして，$\varphi(z)$ は D の各点 z_0 で微分可能，したがって，D で正則となる．一方，l 上の点 z では $\varphi(z)=f(z)$ である．定理 2.12 によれば，D で $f(z)\equiv\varphi(z)$ すなわち (19) が成り立つ．

（以上）

函数 $f(z)$ を $|z-z_0|<R$ で正則とする．$0<r<R$ である r をとれば，$|\zeta-z_0|=r$ 上の点 ζ は $\zeta=z_0+r(\cos\theta+i\sin\theta)$ と表わされる．$d\zeta/(\zeta-z_0)=i\,d\theta$ であるから，正則函数の積分表示式により

$$f(z_0)=\frac{1}{2\pi}\int_0^{2\pi}f(\zeta)d\theta. \tag{2.20}$$

定理 2.13． $f(z)$ が領域 D において正則であり，かつ定数でないとすれば，$|f(z)|$ は D において最大値をとらない．特に，D が有界で，$\bar{D}$ で $f(z)$ を連続とすれば，$|f(z)|$ は必ず D の境界 ∂D においてその最大値をとる．　**（最大絶対値の原理）**

証明． $|f(z)|$ が D の一点 z_0 で最大値 M をとったとする．閉円板 $|z-z_0|\leqq\rho$ を D に含まれるようにえらべば，$0<r<\rho$ である r に対し，(20) によって，

$$M=|f(z_0)|\leqq\frac{1}{2\pi}\int_0^{2\pi}|f(\zeta)|d\theta,\qquad \zeta=z_0+r(\cos\theta+i\sin\theta).$$

$|f(\zeta)|\leqq M$ ゆえ，$|\zeta-z_0|=r$ 上 $|f(\zeta)|\equiv M$ でなくてはならない．$0<r<\rho$ である限り r は任意であるから，$|z-z_0|<\rho$ で $|f(z)|\equiv M$ である．§1.5 例題1によって $|z-z_0|<\rho$ で $f(z)$ 自身が定数となり，定理 2.12 から，D で $f(z)$ が定数となることが結論される．

（証終）

例題 3． $f(z)$ が $|z-z_0|<R$ で正則で，$|f(z)|\leqq M$ とする．$f(z)$ のテイラー展開を $\sum_{n=0}^{\infty}a_n(z-z_0)^n$ とすれば，

$$\sum_{n=0}^{\infty}|a_n|^2R^{2n}\leqq M^2 \tag{2.21}$$

（グッツマーの不等式）

が成り立つことを示し，これを用いて定理 2.13 を証明せよ．

［解］ $0<r<R$ とすれば，$|z-z_0|=r$ 上で $\sum_{n=0}^{\infty}a_n(z-z_0)^n$ は一様収束するから，$z=z_0+r(\cos\theta+i\sin\theta)$ とおいて，

$$2\pi M^2\geqq\int_0^{2\pi}|f(z)|^2d\theta=\int_0^{2\pi}\Big(\sum_{n=0}^{\infty}a_n(z-z_0)^n\Big)\Big(\sum_{m=0}^{\infty}\bar{a}_m\overline{(z-z_0)}^m\Big)d\theta$$
$$=\sum_{n,m=0}^{\infty}\int_0^{2\pi}a_n\bar{a}_mr^{n+m}(\cos(n-m)\theta+i\sin(n-m)\theta)d\theta.$$

$n\neq m$ の項はすべて 0 であり，$n=m$ のとき $2\pi|a_n|^2r^{2n}$ となるから，$\sum_{n=0}^{\infty}|a_n|^2r^{2n}\leqq M^2$ である．ここで $r\to R$ として (21) をうる．

いま，$|f(z_0)|=M$ と仮定する．$f(z_0)=a_0$ であるから，(21) から，$n\geqq1$ に対して $a_n=0$ でなければならない．すなわち，$f(z)\equiv a_0$ となる．これより定理 2.13 の証明は容易である．

（以上）

(17) と (21) とから $|f^{(n)}(z_0)|\leqq n!M/R^n$ をうる．これを**コーシーの不等式**という．

定理 2.14． $|z|<1$ で正則な $f(z)$ が，$f(0)=0$，$|f(z)|<1$ をみたせば，$|z|<1$ で

$|f(z)|\leqq|z|$ である．このとき，もし $0<|z_0|<1$ である一点 z_0 で等号が成り立てば，$|z|<1$ で $f(z)=\varepsilon z$ である．ここで，ε は $|\varepsilon|=1$ をみたすある複素数とする．

（シュワルツの定理）

証明． $\varphi(z)=f(z)/z$ は $\varphi(0)=f'(0)$ とおくことにより $|z|<1$ で正則な函数となる．$0<r<1$ とすれば，$|z|=r$ 上，$|\varphi(z)|=|f(z)|/r<1/r$ ゆえ，最大絶対値の原理によって，$|z|<r$ で $|\varphi(z)|<1/r$ である．ここで $r\to 1$ とすれば，$|z|<1$ で $|\varphi(z)|\leqq 1$ すなわち $|f(z)|\leqq|z|$ がえられる．つぎに，$0<|z_0|<1$ である一点 z_0 で $|f(z_0)|=|z_0|$ とすれば，$|\varphi(z_0)|=1$ すなわち $|\varphi(z)|$ は $|z|<1$ の内点で最大値をとることになる．よって，$\varphi(z)\equiv$定数．$|\varphi(z_0)|=1$ からこの定数の絶対値は 1 である．（証終）

2.5．初等函数

2.5.1．函数 $w=z^n$（n：自然数）． $z=r(\cos\theta+i\sin\theta)$ とおけば，$w=r^n(\cos n\theta+i\sin n\theta)$ であるから，点 z が $|z|=r$ を正の向きに一周するとき，点 $w=z^n$ は $|w|=r^n$ 上を正の向きに n 周する．角領域 $2\pi(k-1)/n<\arg z<2\pi k/n$ $(1\leqq k\leqq n)$ を $\varDelta_k$ で表わせば，各 $\varDelta_k$ は w 平面から原点と正の実軸を取除いてえられる領域 $\varOmega$ に 1 対 1 に写像される．この場合，半直線 l_k: $\arg z=2\pi(k-1)/n$ は w 平面の正の実軸と 1 対 1 に対応する．すなわち，$\varDelta_k$ に l_k を加えた点集合 $\tilde{\varDelta}_k$: $2\pi(k-1)/n\leqq\arg z<2\pi k/n$ と，$\varOmega$ の切れこみの上岸に正の実軸を加えた $\tilde{\varOmega}$ とが 1 対 1 に対応する(→ 図 2.6)．

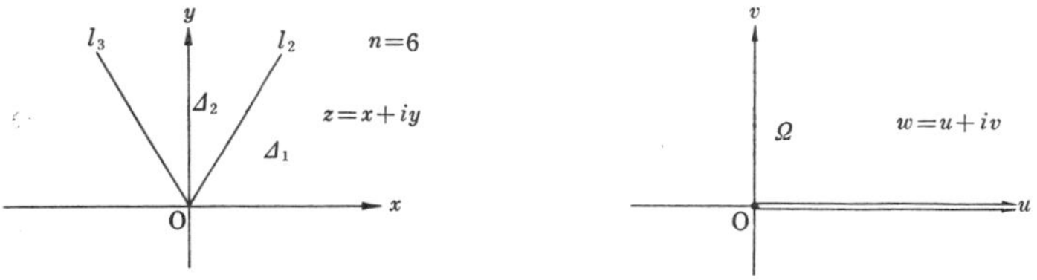

図 2.6

そこで，n 個の $\tilde{\varOmega}$ を用意しこれに番号をつけて $\tilde{\varOmega}_1, \cdots, \tilde{\varOmega}_n$ で表わし，各 $\tilde{\varDelta}_k$ が $\tilde{\varOmega}_k$ と 1 対 1 に対応するものとする．各 k $(1\leqq k\leqq n)$ に対し，$\tilde{\varOmega}_k$ の切れこみの下岸を $\tilde{\varOmega}_{k+1}$ のそれの上岸に連結する．ここに $\tilde{\varOmega}_{n+1}=\tilde{\varOmega}_1$．こうして w 平面上にひろがった一つの面をうるが，これに $w=0$ 上にある渦心を加えたものを F と記そう．$z=0$ に F の渦心を対応させれば，函数 $w=z^n$ は z 平面と F との間の 1 対 1 連続な対応を与える．この逆写像を $\sqrt[n]{w}$ と表わし，**ベキ根函数**とよぶ．面 F が $\sqrt[n]{w}$ の**リーマン面**である．

いま，w 平面上に原点を含まない単連結領域 D を考えれば，F は D 上にちょうど n 個の領域 $D_1, \cdots, D_n$ をもつ．ベキ根函数 $\sqrt[n]{w}$ の各 D_k への制限・$\varphi_k(w)$ を D の函数と考え，D における**分枝**という．これら n 個の分枝は，1 の n 乗根を $\varepsilon_1, \cdots, \varepsilon_n$ として一つの分枝，例えば $\varphi_1(w)$ を用いて，$\varepsilon_k\varphi_1(w)$ $(1\leqq k\leqq n)$ で与えられる．D の任意の点 w_0 に対し，$\varphi_k(w_0)=z_0$ とおけば，$\lim_{w\to w_0}(\varphi_k(w)-\varphi_k(w_0))/(w-w_0)=\lim_{z\to z_0}1/((z^n-z_0{}^n)/(z-z_0))=1/n(\varphi_k(w_0))^{n-1}$ となる．各分枝は D で正則な函数である．

2.5.2. 指数函数 $w=e^z$. $z=x+iy$ のとき，**指数函数** e^z を

$$e^z=e^x(\cos y+i\sin y) \tag{2.22}$$

と定義する．e^z の実部 $u(x, y)=e^x\cos y$，虚部 $v(x, y)=e^x\sin y$ はコーシー・リーマンの関係式(→§1.5 定理 1.8)を各点 z でみたすから，指数函数 e^z は整函数である．また，$de^z/dz=e^z$．定理 2.9 より原点における e^z のテイラー展開は

$$e^z=\sum_{n=0}^{\infty}\frac{z^n}{n!}$$

となる．(22) で $x=0$ のとき $e^{iy}=\cos y+i\sin y$ であるから，複素数 z の極形式は $z=re^{i\theta}$ とかける．

指数法則 $e^{z_1+z_2}=e^{z_1}e^{z_2}$ が成り立つ．特に $e^ze^{-z}=1$ であるから，指数函数 e^z は値 0 をとりえない．また，k を整数とすると，$e^{2\pi ik}=1$ であるから，$e^{z+2\pi ik}=e^z$ をうる．逆に，$p=a+ib\neq 0$ に対して $e^{z+p}=e^z$ が成り立てば，$e^p=1$，よって $e^a=|e^p|=1$ かつ $b=\arg e^p=2\pi k$ (k: 整数)をうる．$p=2\pi ik$ である．以上から指数函数 e^z は周期 $2\pi i$ をもつ．

指数函数を用いれば，三角函数の定義域を複素平面にまでひろげられる．整函数 $(e^{iz}+e^{-iz})/2$ は $z=\theta$ (実数)のとき $\cos\theta$ に等しい．そこで，この整函数を $\cos z$ と記して**余弦函数**とよぶ．同様に**正弦函数**を $\sin z=(e^{iz}-e^{-iz})/2i$ で定義する．$d\cos z/dz=-\sin z$ および $d\sin z/dz=\cos z$ である．また，

$$e^{iz}=\cos z+i\sin z$$

が成り立つ．これを**オイラーの公式**という．

つぎに，指数函数による z 平面の w 平面への写像をしらべる．任意な整数 k に対して帯状領域 Δ_k: $2\pi k<y<2\pi(k+1)$ が w 平面から原点と正の実軸を取除いてえられる領域 Ω と 1 対 1 に対応する．この対応の様子を図 2.7 に示す．この場合，直線 l_k: $y=2\pi k$ は w 平面の正の実軸と 1 対 1 に対応する．すなわち，Δ_k に l_k を加えた点集合 $\tilde{\Delta}_k$ と，Ω の切れこみの上岸に正の実軸を加えた $\tilde{\Omega}$ とが 1 対 1 に対応する．

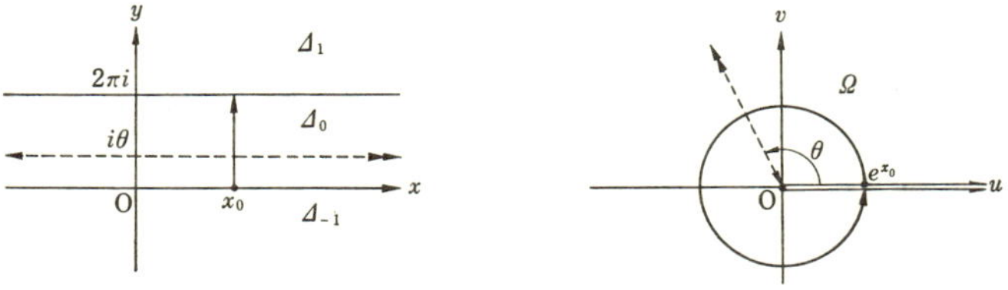

図 2.7

そこで，可算無限個の $\tilde{\Omega}$ を用意して番号をつけ，それらを $\tilde{\Omega}_k$ ($k=0, \pm 1, \cdots$) とし，$\tilde{\Delta}_k$ が $\tilde{\Omega}_k$ に 1 対 1 に対応するものとする．各 k に対し $\tilde{\Omega}_k$ の切れこみの下岸を $\tilde{\Omega}_{k+1}$ のそれの上岸に連結する．こうして，w 平面上にひろがった一つの面 F がえられる．函数 $w=e^z$ は z 平面と F との間の 1 対 1 連続な対応を与える．この逆写像を $z=\log w$ で表わし**対数函数**とよぶ．F は対数函数 $z=\log w$ のリーマン面である．w 平面上の原点

を含まない単連結領域 D における分枝は可算無限個ある．その一つの分枝を $\varphi(w)$ と表わせば，$\varphi(z)+2\pi ik$ $(k=0,\ \pm1,\ \cdots)$ が D における分枝のすべてを与える．各分枝は D で正則な函数であり，その導函数は $1/w$ で与えられる．w の偏角 $\arg w$ の値は 2π の整数倍の差を無視しなければ一意的に定まらなかったのであるが，対数函数 $\log w$ の虚部として F 上の函数と考えれば，F の各点に対して値が一つ定まるのである．このように考えれば，$\log w=\log|w|+i\arg w$.

2.5.3. 解析接続. ベキ級数 $P(z;\ z_0)=\sum_{n=0}^{\infty}a_n(z-z_0)^n$ の収束半径 $R(z_0)$ が正であるとき，$P(z;\ z_0)$ を z_0 を中心とする**函数要素**という．$P(z;\ z_0)$ は $|z-z_0|<R(z_0)$ で正則であるから，$\tilde{z}$ を収束円内の一点とすれば $\tilde{z}$ を中心とするベキ級数

$$P(z;\ \tilde{z})=\sum_{n=0}^{\infty}\tilde{a}_n(z-\tilde{z})^n$$

に展開される．$P(z;\ \tilde{z})$ の収束半径を $R(\tilde{z})$ とすると，$R(\tilde{z})\geqq R(z_0)-|\tilde{z}-z_0|>0$ であるから，$P(z;\ \tilde{z})$ は $\tilde{z}$ を中心とする一つの函数要素になる．これを $P(z;\ z_0)$ の**直接解析接続**という．一致の定理 2.12 によって，両者の収束円 $|z-z_0|<R(z_0)$ と $|z-\tilde{z}|<R(\tilde{z})$ との共通部分で $P(z;\ z_0)\equiv P(z;\ \tilde{z})$ が成り立つ．

いま，z_0 を中心とする一つの函数要素 $P(z;\ z_0)$ が与えられているとする．C: $z=z(t)$, $0\leqq t\leqq 1$, を z_0 を始点とする一つの曲線，$\tilde{z}$ を C の終点として，C に沿っての解析接続を定義する．C の各点 $z(t)$ に対し，$z(t)$ を中心とする函数要素 $P(z;\ t)$ が与えられていて，$P(z;\ 0)=P(z;\ z_0)$ であり，かつ C の各点 $z(t_0)$ において $\delta>0$ を適当にえらべば $|t-t_0|<\delta$ をみたす t, $0\leqq t\leqq 1$, に対しては $P(z;\ t)$ は $P(z;\ t_0)$ の直接解析接続になっているとき，函数要素 $P(z;\ z_0)$ は**曲線 C に沿って解析接続ができる**といい，$P(z;\ 1)=P(z;\ \tilde{z})$ を曲線 C に沿ってえられた $P(z;\ z_0)$ の**解析接続**という．この場合，解析接続 $P(z;\ \tilde{z})$ は，はじめに与えられた要素 $P(z;\ z_0)$ と曲線 C に対して一意的に定まる（解析接続の一意性）．しかし，一般には，両端点が同じでも途中の曲線によってえられる解析接続は異なるし，曲線によっては終点まで解析接続できないことも起こる．

いま，一点 z_0 を中心とする函数要素 $P(z;\ z_0)$ が与えられたとき，z_0 を始点とするすべての曲線に沿って可能な限り解析接続してえられる函数要素全部の集りを，$P(z;\ z_0)$ によって定められる**解析函数**という．二つの解析函数が一つの函数要素を共有すれば，この両者は一致する．

中心が z_0 である函数要素を点 z_0 上の一点と考えることによって，解析函数をなす函数要素全体は z 平面の上にひろがった一つの面となる．これがこの解析函数のリーマン面である．リーマン面上の点における解析函数の値を，この点に対応する函数要素の中心における値をもって定義する．ある解析函数が z 平面上の領域 D の一点 z_0 における函数要素 $P(z;\ z_0)$ をもつとき，z_0 を始点とする D 内のすべての曲線に沿って可能な限り解析接続してえられる函数要素の集りを，D における一つの**分枝**という．つぎの定理は重要である:

定理 2.15. D を単連結な領域，$P(z)$ を D の一点 z_0 における函数要素とする．も

し $P(z)$ が z_0 を始点とする D 内のすべての曲線に沿って解析接続できるならば，$P(z)$ の定める D での分枝は一価である． **(一価性定理)**

例として，ベキ根函数を §2.5.1 と対比のため w の函数 $\sqrt[n]{w}$ として考える．点 $w_0=re^{i\theta}$ $(r\neq 0,\ 0\leqq\theta<2\pi)$ をとる．$|w-w_0|<r$ で $\sqrt[n]{w}$ の分枝はすべて正則であったから，それらのテイラー展開として，w_0 を中心とする n 個の函数要素 $P_k(w;\ w_0)=\sqrt[n]{r}\,e^{i(\theta+2\pi(k-1))/n}\sum_{\nu=0}^{\infty}(1/\nu!\,w_0{}^{\nu})(1/n)(1/n-1)\cdots(1/n-\nu+1)(w-w_0)^{\nu}$, $1\leqq k\leqq n$, をうる．収束半径は r である．これら n 個の函数要素は w_0 を始点とし原点を通らないすべての曲線 C に沿って解析接続ができて，終点 $\tilde{w}$ でうる解析接続は全体として $P_k(w;\ \tilde{w})$, $1\leqq k\leqq n$, である．特に，C が原点を内部に含む単純閉曲線で，その向きは内部に対して正であるとすれば，$P_k(w;\ w_0)$ を C に沿って解析接続して再び w_0 に帰ったとき，解析接続として $P_{k+1}(w;\ w_0)$（ただし $P_{n+1}(w;\ w_0)=P_1(w;\ w_0)$ とする）をうる．したがって，$P_k(w;\ w_0)$, $0<|w_0|<\infty$, $1\leqq k\leqq n$, 全体が一つの解析函数を定義する．これがベキ根函数の解析函数としての定義である．

いま，w_0 は実軸上にないとすれば，一価性定理 2.15 によって各 $P_k(w;\ w_0)$ が定める Ω における分枝は，Ω の各点に対しその点を中心とする函数要素をちょうど一つもつ．よって，$P_k(w;\ w_0)$ の定める分枝に Ω_k を対応させれば，この分枝に属する函数要素を実軸をこえて解析接続するとき，$P_{k+1}(w;\ w_0)$ の定める分枝に属する函数要素をうるから，Ω_k と Ω_{k+1} とは §2.5.1 でのべたように連結されなくてはいけない．以上から，§2.5.1 でのべた $\sqrt[n]{w}$ のリーマン面は解析函数 $\sqrt[n]{w}$ のリーマン面を w 平面の被覆面として実現したものであることがわかる．実は，ここでのリーマン面は §2.5.1 の F と異なり，渦心に対応する要素をもたず，そこに穴があいている．したがって，さらに一般の函数要素を考えて，こういう穴をうめていくのが自然であるが，ここではこれ以上解析接続の理論に立ち入らないことにする．

2.6. 2変数の正則函数

2変数 $z,\ w$ の複素数値函数 $f(z,\ w)$ を考える．任意な正数 r に対し $|z-z_0|<r$ と $|w-w_0|<r$ との積集合 $\{(z,\ w);\ |z-z_0|<r,\ |w-w_0|<r\}$ を点 $(z_0,\ w_0)$ の一つの近傍とし，点集合 S の各点が S に含まれる近傍をもつとき，S を**開集合**という．D が**領域**であるとは，D は開集合でありかつ D の任意の二点が D 内の屈折で結べることと定義する．

1変数 z の函数 $f(z)$ が点 z_0 の近傍で定義されていて，$\lim_{z\to z_0}(f(z)-f(z_0))/(z-z_0)$ が存在するとき，$f(z)$ は z_0 で微分可能であるといった．これはつぎのようにいいかえられる: ある複素数 a があって，z_0 の近傍で $f(z)=f(z_0)+a(z-z_0)+\varepsilon(z;\ z_0)$, $\lim_{z\to z_0}\varepsilon(z;\ z_0)/|z-z_0|\to 0$. これにならって，2変数函数 $f(z,\ w)$ が点 $(z_0,\ w_0)$ の近傍で定義されていて，ある二つの複素数 $a,\ b$ に対し $(z_0,\ w_0)$ の近傍で $f(z,\ w)=f(z_0,\ w_0)+a(z-z_0)+b(w-w_0)+\varepsilon(z,\ w;\ z_0,\ w_0)$, $\lim_{(z,w)\to(z_0,w_0)}\varepsilon(z,\ w;\ z_0,\ w_0)/(|z-z_0|+|w-w_0|)=0$ と表わせるとき，$f(z,\ w)$ は $(z_0,\ w_0)$ で**全微分可能**という．領域 D で定義された $f(z,\ w)$

が D の各点で全微分可能であるとき，D で**正則**であるという．この定義から容易につぎの定理をうる:

定理 2.16. 函数 $f(z,\ w)$ が領域 D で正則ならば，

i. $f(z,\ w)$ は D で連続である;

ii. D の各点で，z を固定して w の函数とみなせば，w に関して微分可能であり，w を固定して z の函数とみなせば，z に関して微分可能である．——これを**各変数ごとに正則**という．

D_z, D_w をそれぞれ z, w 平面上の正則な単純閉曲線 C_z, C_w で囲まれた領域とし，函数 $f(z,\ w)$ は $\Delta=D_z\times D_w$ をその境界まで含む領域 D で連続で，各変数ごとに正則とする．1変数函数に対するコーシーの積分表示(→定理 2.3)を用い，2変数函数に対する**コーシーの積分表示**をうる:

$$f(z,\ w)=\frac{1}{(2\pi i)^2}\int_{C_z}\int_{C_w}\frac{f(\zeta,\ \eta)}{(\zeta-z)(\eta-w)}d\zeta d\eta. \tag{2.23}$$

また，1変数の場合と同様に，積分 (23) は $f(\zeta,\ \eta)$ が $C_z\times C_w$ 上連続という仮定だけで，Δ の各点において z, w について何度でも微分可能で，その導函数は

$$\frac{\partial^{k+l}f(z,\ w)}{\partial z^k\partial w^l}=\frac{k!l!}{(2\pi i)^2}\int_{C_z}\int_{C_w}\frac{f(\zeta,\ \eta)}{(\zeta-z)^{k+1}(\eta-w)^{l+1}}d\zeta d\eta \tag{2.24}$$

で与えられる．

函数 $f(z,\ w)$ は領域 D で正則とする．D は各点で上記 Δ の型の領域を含むから，$f(z,\ w)$ が D の各点で z, w について何度でも微分可能であり，したがって，そのすべての偏導函数が D で正則であることがわかる．また，定理 2.16 の逆が成立する．実はこの点に関して，ハルトグスは $f(z,\ w)$ の連続性を仮定しないで，各変数ごとに正則であれば，D で正則であることを示している． (**ハルトグスの正則性定理**)

1変数の場合と同様，コーシーの積分表示から多くの重要な結果がみちびかれる．一例として**一致の定理**をあげる:

定理 2.17. 領域 D で函数 $f(z,\ w)$ は正則とし，D に含まれるある開集合 U 上 $f(z,\ w)\equiv 0$ とすれば，D 全体で $f(z,\ w)\equiv 0$ である．

証明. D の一点 $(z_0,\ w_0)$ を任意にとり，$(z_0,\ w_0)$ と D の境界との距離を $\sqrt{2}\,d>0$ とする．コーシーの積分表示 (23) を用いて $f(z,\ w)$ は $\Delta(z_0,\ w_0)=\{|z-z_0|<d\}\times\{|w-w_0|<d\}$ においてテイラー展開される． $f(z,\ w)=\sum_{k,l=0}^{\infty}a_{kl}(z-z_0)^k(w-w_0)^l$, $a_{kl}=(1/k!l!)\partial^{k+l}f(z_0,\ w_0)/\partial z^k\partial w^l$. したがって，$(z_0,\ w_0)$ のある近傍で $f(z_0,\ w_0)\equiv 0$ ならば，$a_{kl}=0$ $(k,\ l=0,\ 1,\ 2,\ \cdots)$ となり，$\Delta(z_0,\ w_0)$ 全体で $f(z,\ w)\equiv 0$ が結論される．特に，$(z_0,\ w_0)$ が U の点であれば，$\Delta(z_0,\ w_0)$ で $f(z,\ w)\equiv 0$ である．D の連結性を用いて，D 全体で $f(z,\ w)\equiv 0$ であることがみちびかれる． (証終)

1変数の場合，任意の領域 D に対して，そこで正則な函数 $f(z)$ で D の境界をこえては決して解析接続できないものの存在が知られているが，2変数の場合はこれといちじるしく異なる現象が起こる．

定理 2.18. z 平面と w 平面との直積内の単一閉曲面 S で囲まれた領域を D とする. S のある近傍において函数 $f(z, w)$ が正則であれば, $f(z, w)$ は D 全体で正則な函数に拡張できる. **(ハルトグス・オスグッドの定理)**

証明. $f(z, w)$ が正則である S の近傍を U とおく. S は滑らかな閉曲面で, 開集合 $\Delta_z=\{w; (z, w)\in D\}$ が空集合とならない各 z に対し, Δ_z の境界 C_z は有限個の正則閉曲線(一点に退化することもある)から成るものとして一般性を失わない. C_z を Δ_z に関して正の方向づけをし, Δ_z の点 w に対し

$$g(z, w)=\frac{1}{2\pi i}\int_{C_z}\frac{f(z, \eta)}{\eta-w}d\eta \tag{2.25}$$

とおく. Δ_z の一点 w_0 をとる. 1変数の場合のコーシーの積分定理(→ 定理 2.1) によれば, C_z を $U_z=\{w; (z, w)\in U\}$ 内で連続的にすこし変化させても, w_0 の近傍で函数 $g(z, w)$ の値は変わらない. したがって, D の任意の一点 (z_0, w_0) に対し, $r>0$ を適当にとれば, $\{|z-z_0|<r\}\times\{|w-w_0|<r\}$ の各点 (z, w) において, 積分 (25) の積分路 C_z を一定の積分路 C_{z_0} でおきかえてよい. これより $g(z, w)$ は (z_0, w_0) で連続である. また, C_{z_0} 上の各 η に対し, $f(z, w)$ は (z_0, η) において正則であるから, $g(z, w_0)$ は z の函数として z_0 で微分可能となる. (z_0, w_0) は D 内の任意の点であった. したがって, $g(z, w)$ は D で連続でかつ w を固定して z の函数とみなせば, z に関して微分可能である. 明らかに, (25) は w の函数として Δ_z で正則な函数である. すなわち, $g(z, w)$ は D で連続でありかつ各変数ごとに正則である. よって, D で正則である.

いま, $\tilde{z}$ を S 上絶対値 $|z|$ を最大とする点の一つとする. $\tilde{z}$ の近傍 V を十分小にとれば, V に属する z に対しては, Δ_z は空集合でなければ境界までこめて U_z に含まれる. したがって, (25) は Δ_z における $f(z, w)$ の積分表示であり, U の部分集合 $\tilde{U}=\{(z, w); z\in V$ かつ $(z, w)\in D\}$ 上で $g(z, w)\equiv f(z, w)$. $\tilde{U}$ は明らかに開集合であるから, 定理 2.17 によって U 全体で $g(z, w)\equiv f(z, w)$ である. (証終)

3. 有理型函数

3.1. ローラン展開

定理 3.1. 領域 $0\leqq R_1<|z-z_0|<R_2\leqq\infty$ で正則な函数 $f(z)$ は, この領域で絶対かつ広義一様収束する級数 $f(z)=\sum_{n=-\infty}^{\infty}a_n(z-z_0)^n$ に一意的に展開される. ここに

$$a_n=\frac{1}{2\pi i}\int_{|\zeta-z_0|=r}\frac{f(\zeta)}{(\zeta-z_0)^{n+1}}d\zeta \qquad (n=0, \pm 1, \cdots) \tag{3.1}$$

で, r は $R_1<r<R_2$ をみたす任意な正数である. ——この級数を $R_1<|z-z_0|<R_2$ における $f(z)$ の**ローラン展開**とよぶ.

証明. $R_1<r_1<r_2<R_2$ となる任意の r_1, r_2 に対して, $f(z)$ を $r_1<|z-z_0|<r_2$ でコーシーの積分表示(→ 定理 2.3)すれば,

$$f(z)=\frac{1}{2\pi i}\int_{|\zeta-z_0|=r_2}\frac{f(\zeta)}{\zeta-z}d\zeta-\frac{1}{2\pi i}\int_{|\zeta-z_0|=r_1}\frac{f(\zeta)}{\zeta-z}d\zeta. \tag{3.2}$$

$|\zeta-z_0|=r_1$ のとき，$|\zeta-z_0|<|z-z_0|$ であるから，

$$\frac{1}{\zeta-z}=-\frac{1}{z-z_0}\frac{1}{1-(\zeta-z_0)/(z-z_0)}=-\sum_{k=1}^{\infty}\frac{(\zeta-z_0)^{k-1}}{(z-z_0)^k}$$

は ζ について一様収束である．したがって，

$$-\frac{1}{2\pi i}\int_{|\zeta-z_0|=r_1}\frac{f(\zeta)}{\zeta-z}d\zeta=\sum_{k=1}^{\infty}\left(\frac{1}{2\pi i}\int_{|\zeta-z_0|=r_1}\frac{f(\zeta)}{(\zeta-z_0)^{-k+1}}d\zeta\right)(z-z_0)^{-k}$$
$$=\sum_{n=-1}^{-\infty}a_n(z-z_0)^n$$

をうる．$|\zeta-z_0|=r_2$ のとき，今度は $|\zeta-z_0|>|z-z_0|$ であるから，

$$\frac{1}{\zeta-z}=\frac{1}{\zeta-z_0}\frac{1}{1-(z-z_0)/(\zeta-z_0)}=\sum_{n=0}^{\infty}\frac{(z-z_0)^n}{(\zeta-z_0)^{n+1}}$$

となり，ζ について一様収束である．よって，第二項の場合と同様に，(2) の第一項は $\sum_{n=0}^{\infty}a_n(z-z_0)^n$ に展開される．r_1，r_2 は $R_1<r_1<r_2<R_2$ でありさえすれば任意であった．したがって，$f(z)$ は領域 $R_1<|z-z_0|<R_2$ において (1) で与えられる a_n を係数として $\sum_{n=-\infty}^{\infty}a_n(z-z_0)^n$ と展開される．容易にわかるように，この級数は $R_1<|z-z_0|<R_2$ で絶対かつ広義一様収束する．

つぎに，$f(z)$ が $R_1<|z-z_0|<R_2$ で $f(z)=\sum_{n=-\infty}^{\infty}b_n(z-z_0)^n$ と表わされたとすると，$R_1<r<R_2$ である r に対し $|z-z_0|=r$ 上一様収束であるから，

$$a_n=\frac{1}{2\pi i}\int_{|\zeta-z_0|=r}\frac{f(\zeta)}{(\zeta-z_0)^{n+1}}d\zeta=\frac{1}{2\pi i}\sum_{m=-\infty}^{\infty}b_m\int_{|\zeta-z_0|=r}(\zeta-z_0)^{m-n-1}d\zeta.$$

§1.6 例題1によれば，

$$\int_{|\zeta-z_0|=r}(\zeta-z_0)^{m-n-1}d\zeta=\begin{cases}2\pi i & (m=n),\\ 0 & (m\neq n)\end{cases}$$

であるから，$a_n=b_n$ ($n=0,\ \pm1,\ \cdots$) である． (証終)

例題 1． $\sin(1/z)$ の $0<|z|<\infty$ におけるローラン展開を求めよ．

［**解**］ $|z|<\infty$ において

$$\sin z=z-\frac{z^3}{3!}+\cdots+(-1)^k\frac{z^{2k+1}}{(2k+1)!}+\cdots$$

であるから，$0<|z|<\infty$ において，

$$\sin\frac{1}{z}=\frac{1}{z}-\frac{1}{3!}\frac{1}{z^3}+\cdots+\frac{(-1)^k}{(2k+1)!}\frac{1}{z^{2k+1}}+\cdots.$$ (以上)

3.2. 孤立特異点

函数 $f(z)$ が領域 D: $0<|z-z_0|<R$ において正則であって，D に点 z_0 を付加してえられる開円板 $|z-z_0|<R$ においては正則でないとき，z_0 を $f(z)$ の**孤立特異点**という．このとき定理 3.1 によれば，$f(z)$ は D において一意的にローラン展開される．それを

(3.3) $$f(z)=\sum_{n=1}^{\infty}\frac{a_{-n}}{(z-z_0)^n}+\sum_{n=0}^{\infty}a_n(z-z_0)^n$$

とする．(3) の右辺の第二項は $|z-z_0|<R$ で収束するベキ級数で，$|z-z_0|<R$ で正則

な函数を表わすが，第1項は特異点 z_0 の近傍における $f(z)$ の特異性を示す部分であるから，これを孤立特異点 $z=z_0$ における $f(z)$ のローラン展開の**主要部**という．孤立特異点は主要部の項の個数にしたがって，つぎのように分類される．

1° **除去可能な特異点**． 主要部を欠く場合，すなわちすべての自然数 n に対して $a_{-n}=0$ である場合，$z=z_0$ を $f(z)$ の**除去可能な特異点**という．ベキ級数 $\sum_{n=0}^{\infty}a_n(z-z_0)^n$ は円板 $|z-z_0|<R$ で正則で $0<|z-z_0|<R$ で $f(z)$ に等しいのであるから，$f(z)$ が $z=z_0$ で定義されていると否とにかかわらず，$f(z)$ の $z=z_0$ における値を新しく a_0 と定義することによって，$f(z)$ は $|z-z_0|<R$ で正則となって，z_0 での特異性は除かれる．函数論では，除去可能な特異点ではつねにその特異性を除去して考えることになっている．つぎの定理は重要である：

定理 3.2． 函数 $f(z)$ は $0<|z-z_0|<R$ で正則で，$0<r_k<R$, $\lim_{k\to\infty}r_k=0$ である $\{r_k\}$ に対し円の系列 $|z-z_0|=r_k$ 上一様に有界，$|f(z)|\leqq M$ （M はある正数），であれば，$z=z_0$ は $f(z)$ の除去可能な特異点である． **（リーマンの定理）**

証明． (1) によって，

$$a_{-n}=\frac{1}{2\pi i}\int_{|\zeta-z_0|=r_k}f(\zeta)(\zeta-z_0)^{n-1}d\zeta,$$

したがって，

$$|a_{-n}|\leqq\frac{1}{2\pi}Mr_k{}^{n-1}\cdot 2\pi r_k=Mr_k{}^n.$$

$k\to\infty$ とすれば，$a_{-n}=0\ (n=1,\ 2,\ \cdots)$． （証終）

2° **極**． 主要部が有限級数の場合，すなわちある自然数 k で，$a_{-k}\neq 0$ かつ $k<n$ ならば $a_{-n}=0$ となるものがある場合には，$0<|z-z_0|<R$ で

$$f(z)=\frac{a_{-k}}{(z-z_0)^k}+\cdots+\frac{a_{-1}}{(z-z_0)}+\sum_{n=0}^{\infty}a_n(z-z_0)^n$$

となる．このとき，$z=z_0$ を $f(z)$ の **k 位の極**という．$z=z_0$ が極の場合には $\lim_{z\to z_0}f(z)=\infty$ である．

いま，$|z-z_0|<R$ で正則な函数 $\varphi(z)$ のテイラー展開が $\varphi(z)=\alpha+a_k(z-z_0)^k+a_{k+1}(z-z_0)^{k+1}+\cdots$ $(a_k\neq 0,\ k\geqq 1)$ であるとき，$z=z_0$ を $\varphi(z)$ の **k 位の α 点**という．$f(z)$ が $0<|z-z_0|<R$ で正則で $z=z_0$ を k 位の極とするとき，$1/f(z)$ は $z=z_0$ を k 位の零点とする．逆に，$f(z)$ が $z=z_0$ を k 位の零点とすれば，$1/f(z)$ は $z=z_0$ を k 位の極とする．

3° **真性特異点**． 主要部が無限級数の場合，すなわち $a_{-n}\neq 0$ となる自然数 n が無限に多く存在する場合，$z=z_0$ を $f(z)$ の**真性特異点**という．

定理 3.3． 函数 $f(z)$ は $0<|z-z_0|<R$ で正則で，$z=z_0$ を真性特異点とするならば，任意の複素数 α（∞ も許す）に対し，$0<|z_n-z_0|<R$, $z_n\to z_0$ なる点列で，$\lim_{n\to\infty}f(z_n)=\alpha$ となるものが存在する． **（ワイエルシュトラスの定理）**

証明． ある値 α に対して，$\varepsilon>0$ と r, $0<r<R$, を適当にえらんで，$0<|z-z_0|<r$ に

おいて $|f(z)-\alpha|\geqq\varepsilon$ が成り立つと仮定する．函数 $1/(f(z)-\alpha)$ は $0<|z-z_0|<r$ で正則有界であるから，定理 3.2 によって $z=z_0$ を除去可能な特異点にもつ．したがって，$f(z)$ は $z=z_0$ において正則であるか，または極をもつことになり，$z=z_0$ が $f(z)$ の真性特異点であることに反する． （証終）

つぎに，孤立特異点として無限遠点を考える．領域 D: $R<|z|<\infty$ で正則な函数 $f(z)$ は D で

$$(3.4)\qquad f(z)=\sum_{n=-\infty}^{\infty}a_nz^n=\sum_{n=1}^{\infty}a_nz^n+\sum_{n=0}^{\infty}\frac{a_{-n}}{z^n}$$

とローラン展開される．(4) で $w=1/z$ とおけば，領域 $0<|w|<1/R$ での正則函数 $\varphi(w)=f(1/w)$ のローラン展開

$$(3.5)\qquad \varphi(w)=\sum_{n=1}^{\infty}\frac{a_n}{w^n}+\sum_{n=0}^{\infty}a_{-n}w^n$$

がえられる．(5) の右辺の第二項は $\lim_{w\to0}\sum_{n=0}^{\infty}a_{-n}w^n=a_0$ であり，$\varphi(w)$ の原点での挙動は (5) の右辺の第一項が支配する．これより函数 $f(z)$ の無限遠点での挙動は (4) の右辺の第一項に支配される．そこで (4) の右辺の第一項を $f(z)$ の D でのローラン展開の主要部とよんで，孤立特異点 ∞ をつぎのように分類する．

1° **無限遠点で正則**．主要部を欠くとき，函数 $f(z)$ の $z=\infty$ での値を a_0 と定めて，$f(z)$ は $z=\infty$ **で正則**であるという．$\lim_{z\to\infty}f(z)=a_0=f(\infty)$ である．

2° **極**．主要部が有限級数の場合，すなわち主要部が k 次の多項式 $a_1z+\cdots+a_kz^k$ $(a_k\neq0,\ k\geqq1)$ となるとき，$z=\infty$ を $f(z)$ の k 位の**極**という．$\lim_{z\to\infty}f(z)=\infty$ である．

3° **真性特異点**．主要部が無限級数の場合，$z=\infty$ を $f(z)$ の**真性特異点**という．

上記の分類は (5) における $\varphi(w)$ の孤立特異点としての $w=0$ の分類に対応している．したがって，$f(z)$ が $z=\infty$ を真性特異点としてもてば，定理 3.3 にのべた性質を $z=\infty$ においてもつ．

3.3. 有理型函数の定義

函数論的平面 $|z|\leqq\infty$ 上の領域 D の点から成る集合 E の各点 ζ は，十分小さな近傍 U をとれば，U 内には ζ 以外 E の点を含まないようにできるとし，函数 $f(z)$ は $D-E$ において正則であり，E の各点を極とする．やや粗雑にいえば，函数 $f(z)$ は高々極を例外とすれば，D の各点において正則である．このような函数 $f(z)$ を領域 D で**有理型**であるという．

領域 $0<|z-z_0|<R$ で有理型な函数 $f(z)$ が開円板 $|z-z_0|<R$ では有理型でないとき，点 z_0 を有理型函数 $f(z)$ の**真性特異点**という．同様に，$f(z)$ が $R<|z|<\infty$ で有理型で $|z|>R$ では有理型でないとき，$f(z)$ は無限遠点 ∞ を真性特異点にもつという．ワイエルシュトラスの定理 3.3 がこの場合も成立する．

有理型函数のうちで簡単なものは有理函数である．二つの有理整式 $P(z)$, $Q(z)$ (ただし $Q(z)\neq0$) の商で表わされる函数 $f(z)=P(z)/Q(z)$ を**有理函数**という．

定理 3.4．有理函数は全 z 平面 $|z|\leqq\infty$ で有理型である．逆に，$|z|\leqq\infty$ で有理型な

函数は有理函数である.

証明. $f(z)$ は $|z|\leqq\infty$ で有理型とする. 有理型函数の定義から $f(z)$ の極全体は集積点をもちえないから, §1.2 でのべた $|z|\leqq\infty$ におけるボルツァノ・ワイエルシュトラスの定理 1.1 によって有限集合でなければならない.

そこで, $f(z)$ のすべての極を $z_0, \cdots, z_N$ とする. ここに z_0 は無限遠点であってもよい. これら各点に対する $f(z)$ のローラン展開の主要部をそれぞれ

$$\varphi_j(z)=\sum_{m=1}^{k_j}\frac{c_m^{(j)}}{(z-z_j)^m} \qquad \left(z_0=\infty \text{ ならば } \varphi_0(z)=\sum_{m=1}^{k_0}c_m^{(0)}z^m\right)$$

とし, これら $\varphi_j(z)$ の j についての総和を $\varphi(z)$ とおく. さて, $f(z)-\varphi(z)$ は $|z|\leqq\infty$ で正則である. リウビルの定理 2.10 により $f(z)-\varphi(z)$ は定数でなければならない. すなわち, $f(z)\equiv\varphi(z)+c$ (c はある定数). $\varphi(z)$ は $\varphi_j(z)$ ($0\leqq j\leqq N$) の総和として有理函数であるから, $f(z)$ も有理函数である. (証終)

$|z|<\infty$ で有理型であるが, 有理函数ではない函数を**超越有理型函数**という.

3.4. 留数

領域 $0<|z-z_0|<R$ で $f(z)$ を正則とすれば,

$$f(z)=\sum_{n=-\infty}^{\infty}a_n(z-z_0)^n$$

と一意的にローラン展開される. このとき係数 a_{-1} を $f(z)$ の点 z_0 における**留数**といい, $\mathrm{Res}(z_0)$ と表わす. (1) によれば, r を $0<r<R$ である任意の正数として,

$$\mathrm{Res}(z_0)=a_{-1}=\frac{1}{2\pi i}\int_{|z-z_0|=r}f(z)dz \tag{3.6}$$

である. 定義から直ちに, $f(z)$ が $z=z_0$ において正則なとき, $\mathrm{Res}(z_0)=0$ である. また, $\lim_{z\to z_0}(z-z_0)f(z)$ が存在して $\neq 0$, $\neq\infty$ ならば, $f(z)$ は $z=z_0$ に 1 位の極をもち, $\mathrm{Res}(z_0)=\lim_{z\to z_0}(z-z_0)f(z)$ である.

つぎに, $f(z)$ は $R<|z|<\infty$ で正則とし, そのローラン展開を $f(z)=\sum_{n=0}^{\infty}a_nz^n+\sum_{n=1}^{\infty}a_{-n}/z^n$ とするとき, $-a_{-1}$ を $f(z)$ の無限遠点 ∞ における**留数**といい, これを $\mathrm{Res}(\infty)$ で表わす. $r>R$ とすれば,

$$\mathrm{Res}(\infty)=-a_{-1}=-\frac{1}{2\pi i}\int_{|z|=r}f(z)dz \tag{3.7}$$

である. 前と同様に $\lim_{z\to\infty}zf(z)$ が存在して $\neq 0$, $\neq\infty$ であれば, $f(z)$ は $z=\infty$ で正則で 1 位の零点をもち $\mathrm{Res}(\infty)=-\lim_{z\to\infty}zf(z)$ である.

定理 3.5. z 平面上の長さをもつ単純閉曲線 C およびその内部を含む領域から C の内部にある有限個の点 $z_1, \cdots, z_n$ を除いてえられる領域で函数 $f(z)$ を正則とすれば,

$$\frac{1}{2\pi i}\int_C f(z)dz=\sum_{k=1}^{n}\mathrm{Res}(z_k) \tag{3.8}$$

である. **(留数定理)**

証明. $r>0$ を適当に小にとり, 各円周 C_k: $|z-z_k|=r$ が C の内部にありかつ $C_1, \cdots, C_n$ が互いに他の外にあるようにする(→ 図 3.1). $C, C_1, \cdots, C_n$ で囲まれた領域の

場合に定理 2.2 を拡張して，(6) を用いれば，

$$\frac{1}{2\pi i}\int_C f(z)dz=\sum_{k=1}^{n}\frac{1}{2\pi i}\int_{|z-z_k|=r} f(z)dz=\sum_{k=1}^{n}\mathrm{Res}(z_k)$$

をうる．　　　　　　　　　　　　　　　　　　(証終)

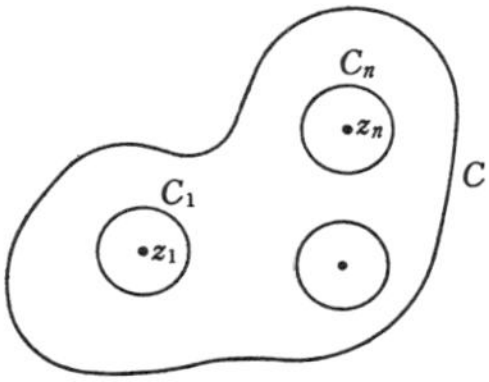

図 3.1

定理 3.6. 全平面 $|z|\leqq\infty$ から有限個の点 $z_1, \cdots, z_n$ を除いてえられる領域で函数 $f(z)$ を正則とすれば，すべての留数の和は 0 に等しい．

証明. $z_1, \cdots, z_n$ のうち無限遠点でないものすべてを内部に含むように円周 C: $|z|=R$ をえがけば，定理 3.5 によって

(3.9)　　$$\frac{1}{2\pi i}\int_C f(z)dz=\sum_{z_k\neq\infty}\mathrm{Res}(z_k).$$

(7) によれば，(9) の左辺は $-\mathrm{Res}(\infty)$ に等しい．ゆえに，$-\mathrm{Res}(\infty)=\sum_{z_k\neq\infty}\mathrm{Res}(z_k)$ すなわち $\sum_{|z|\leqq\infty}\mathrm{Res}(z)=0.$　　　　(証終)

留数定理を用いて，種々の定積分の値が計算できる．

例題 1.　　$$\int_0^\infty\frac{\sin x}{x}dx=\frac{\pi}{2}.$$

［**解**］ 図 3.2 のような閉曲線を C とする．C の内部および C 上で e^{iz}/z は正則であるから，定理 3.5 (または定理 2.1)によって

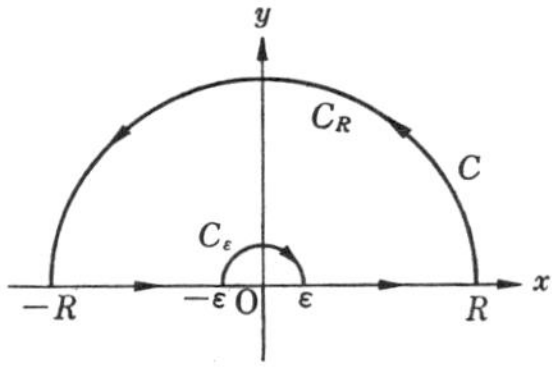

図 3.2

$$I=\int_C\frac{e^{iz}}{z}dz=0$$

である．一方(→図 3.2)，

$$I=\int_{C_R}\frac{e^{iz}}{z}dz+\int_{C_\varepsilon}\frac{e^{iz}}{z}dz+\int_{-R}^{-\varepsilon}\frac{e^{ix}}{x}dx+\int_\varepsilon^R\frac{e^{ix}}{x}dx.$$

まず，

$$\int_{-R}^{-\varepsilon}\frac{e^{ix}}{x}dx+\int_\varepsilon^R\frac{e^{ix}}{x}dx=2i\int_\varepsilon^R\frac{\sin x}{x}dx$$

である．また，

$$I_R=\int_{C_R}\frac{e^{iz}}{z}dz=i\int_0^\pi e^{iR\cos\theta}e^{-R\sin\theta}d\theta$$

ゆえ，

$$|I_R|\leqq\int_0^\pi e^{-R\sin\theta}d\theta\leqq 2\int_0^{\pi/2}e^{-2\theta R/\pi}d\theta=\frac{\pi}{R}(1-e^{-R}),$$

したがって，$R\to\infty$ のとき $I_R\to 0$ である．つぎに，

$$I_\varepsilon=\int_{C_\varepsilon}\frac{e^{iz}}{z}dz=\int_{C_\varepsilon}\frac{dz}{z}+\int_{C_\varepsilon}\frac{e^{iz}-1}{z}dz,$$

$$\int_{C_\varepsilon}\frac{dz}{z}=-i\int_0^\pi d\theta=-\pi i,\qquad \int_{C_\varepsilon}\frac{e^{iz}-1}{z}dz=-i\int_0^\pi(e^{iz}-1)d\theta\to 0\quad(\varepsilon\to 0)$$

であるから，$\varepsilon\to 0$ のとき $I_\varepsilon\to -\pi i$ をうる．以上から，$\varepsilon\to 0$, $R\to\infty$ のとき，

$$I\to 2i\int_0^\infty \frac{\sin x}{x}dx-\pi i,$$

すなわち

$$\int_0^\infty \frac{\sin x}{x}dx=\frac{\pi}{2}. \qquad \text{（以上）}$$

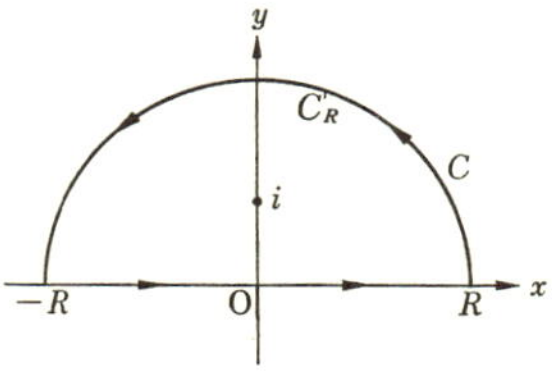

図 3.3

例題 2. $$\int_0^\infty \frac{dx}{1+x^2}=\frac{\pi}{2}.$$

［**解**］ 図 3.3 のような閉曲線 C に沿って $1/(1+z^2)$ を積分する．$z=i$ において1位の極をもち，留数は $1/2i$ であるから，定理 3.5 により

$$\frac{1}{2\pi i}\int_C \frac{dz}{1+z^2}=\frac{1}{2i} \quad \text{すなわち} \quad \int_C \frac{dz}{1+z^2}=\pi.$$

$$\int_C \frac{dz}{1+z^2}=\int_{-R}^0 \frac{dx}{1+x^2}+\int_0^R \frac{dx}{1+x^2}+\int_{C_R}\frac{dz}{1+z^2},$$

$$\left|\int_{C_R}\frac{dz}{1+z^2}\right|\leqq \frac{\pi R}{R^2-1}\to 0 \quad (R\to\infty)$$

であるから，$R\to\infty$ のとき，

$$\int_C \frac{dz}{1+z^2}\to 2\int_0^\infty \frac{dx}{1+x^2} \quad \text{すなわち} \quad \int_0^\infty \frac{dx}{1+x^2}=\frac{\pi}{2}. \qquad \text{（以上）}$$

3.5. ルーシェの定理

定理 3.7. z 平面上の長さをもつ単純閉曲線 C とその内部を含む領域で有理型な函数 $f(z)$ が，C 上に零点および極をもたなければ，C の内部にある $f(z)$ の零点の個数 N と極の個数 P に関して，つぎの公式が成り立つ:

$$\frac{1}{2\pi i}\int_C \frac{f'(z)}{f(z)}dz=N-P. \tag{3.10}$$

証明. 函数 $f'(z)/f(z)$ は $f(z)$ の零点および極以外の点においては正則である．

z_0 が $f(z)$ の k 位の零点であれば，$f(z)=(z-z_0)^k g(z)$, $g(z_0)\neq 0$ とかける．$f'(z)=k(z-z_0)^{k-1}g(z)+(z-z_0)^k g'(z)$ であるから，

$$\frac{f'(z)}{f(z)}=\frac{k}{z-z_0}+\frac{g'(z)}{g(z)}$$

は $z=z_0$ に1位の極をもち，留数は k に等しい．

$\tilde{z}$ が $f(z)$ の k 位の極であるときも同様にして，$f'(z)/f(z)$ は $z=\tilde{z}$ に1位の極をもち，その留数は $-k$ に等しいことがわかる．定理 3.5 により (10) の積分は C の内部における $f'(z)/f(z)$ の留数の総和に等しいから，上記よりそれは $N-P$ に等しい．

（証終）

定理 3.8. $f(z)$, $g(z)$ はともに，長さのある単純閉曲線 C および C の内部を含む領域で正則で，C 上で

$$|f(z)|>|g(z)|$$

をみたせば，C の内部にある $f(z)$ の零点の個数と $f(z)+g(z)$ の零点の個数とは相等しい． **(ルーシェの定理)**

証明. 実数 λ, $0\leqq\lambda\leqq1$, に対して $\varphi_\lambda(z)=f(z)+\lambda g(z)$ とおき，$\varphi_\lambda(z)$ の C の内部にある零点の個数を $N(\lambda)$ で表わす．(10) によれば，

$$N(\lambda)=\frac{1}{2\pi i}\int_C\frac{\varphi_\lambda'(z)}{\varphi_\lambda(z)}dz$$

である．$|\varphi_\lambda(z)|\geqq|f(z)|-|g(z)|>0$. C 上の連続函数 $|f(z)|-|g(z)|$ の最小値を $d>0$ とする．つぎに，C 上の連続函数 $|f'(z)g(z)-f(z)g'(z)|$ の最大値を M で表わせば，容易に $|\varphi_{\lambda_1}'(z)/\varphi_{\lambda_1}(z)-\varphi_{\lambda_2}'(z)/\varphi_{\lambda_2}(z)|\leqq(M/d^2)|\lambda_1-\lambda_2|$ であるから，

$$|N(\lambda_1)-N(\lambda_2)|=\left|\frac{1}{2\pi i}\int_C\left(\frac{\varphi_{\lambda_1}'(z)}{\varphi_{\lambda_1}(z)}-\frac{\varphi_{\lambda_2}'(z)}{\varphi_{\lambda_2}(z)}\right)dz\right|\leqq\frac{ML}{2\pi d^2}|\lambda_1-\lambda_2|$$

をうる．ここに L は曲線 C の長さを表わす．したがって，$N(\lambda)$ は $[0, 1]$ において λ の連続函数である．$N(0)=N(1)$ でなければならない． (証終)

例題 1. 長さのある単純閉曲線 C およびその内部を含む領域 D で正則な函数の列 $\{f_n(z)\}$ が定数でない函数 $f(z)$ に D で広義一様収束するとき，もし C 上 $f(z)\neq0$ であるならば，十分大きなすべての n に対し $f_n(z)$ と $f(z)$ との C の内部にある零点の個数は相等しい． **(フルウィッツの定理)**

［**解**］ $\min\{|f(z)|;\ z\in C\}=m>0$. $\{f_n(z)\}$ は C 上 $f(z)$ に一様収束するから，十分大きいすべての n に対して C 上の各点で $|f_n(z)-f(z)|<m\leqq|f(z)|$ が成り立つ．定理 2.6 により $f(z)$ は D で正則となる．定理 3.8 より $f(z)$ と $f_n(z)=f(z)+(f_n(z)-f(z))$ とは C 内に同数の零点をもつ． (以上)

4. 等角写像

4.1. 正則函数による写像

領域 D において定数でない正則函数 $f(z)$ が D の一点 z_0 を k 位の w_0 点とする場合，すなわちある $R>0$ に対し $|z-z_0|<R$ で

$$f(z)=w_0+\sum_{n=k}^{\infty}a_n(z-z_0)^n \qquad (a_k\neq0) \tag{4.1}$$

と展開される場合，$r>0$ $(r<R)$ および $\rho>0$ を適当に選んで，$|w-w_0|<\rho$ をみたす任意の w に対して $|z-z_0|<r$ 内に $f(z)$ はちょうど k 個の w 点をもつようにできることを示そう．まず，$f(z)$ は定数でないから，z_0 は $f(z)$ の w_0 点の集積点ではありえない．したがって，$r>0$ を適当に選んで $0<|z-z_0|\leqq r$ には $f(z)$ の w_0 点がないようにできる．$|z-z_0|=r$ 上における $|f(z)-w_0|$ の最小値を ρ とすれば $\rho>0$ で，$|w-w_0|<\rho$ をみたす任意の w に対して，円周 $|z-z_0|=r$ 上 $|w_0-w|<|f(z)-w_0|$ が成り立つ．ルーシェの定理 3.8 によって $f(z)-w_0$ と $f(z)-w=(f(z)-w_0)+(w_0-w)$ とは $|z-z_0|<r$ 内に同数の零点をもつ．すなわち，$|z-z_0|<r$ 内にある $f(z)$ の w 点の個数はちょうど k 個である．

定理 4.1. $f(z)$ を領域 D において正則で定数でないとすれば，$f(z)$ の D においてとる値の集合 $\varDelta$ は，w 平面上の領域である．——正則函数のこの性質を**領域保存性**という．

証明. 上記から D の各点 z_0 の像 $w_0=f(z_0)$ は $\varDelta$ の内点である．したがって，$\varDelta$ は開集合である．つぎに，$\varDelta$ の二点を w_1, w_2 とし，z_1, z_2 をそれぞれ $f(z_1)=w_1$, $f(z_2)=w_2$ をみたす D の 2 点とすれば，D は領域であるから，z_1 と z_2 は D 内の曲線 C_z: $z=z(t)$, $0\leqq t\leqq 1$ で結べる．像曲線 C_w: $w=w(t)=f(z(t))$, $0\leqq t\leqq 1$ は明らかに $\varDelta$ 内で w_1 と w_2 を結ぶ曲線である．以上より $\varDelta$ は w 平面上の領域である． （証終）

つぎに，$k=1$ の場合，すなわち $f'(z_0)\neq 0$ である場合の局所的性質をしらべよう．正則函数 $f(z)$ は z_0 で連続であるから $r_1>0$ $(r_1<r)$ を適当に選べば，$|z-z_0|<r_1$ の $w=f(z)$ による像は $|w-w_0|<\rho$ に含まれる．したがって，$f(z)$ は $|z-z_0|<r_1$ で単葉，すなわち $|z-z_0|<r_1$ 内の任意の二点 $z_1\neq z_2$ に対し $f(z_1)\neq f(z_2)$ である．この性質を正則函数の**局所単葉性**という．

さて，$f(z)$ は z_0 で $f'(z_0)\neq 0$ とし，U: $|z-z_0|<r_1$ において単葉であるとする．U 内の z_0 を始点とする任意の単純正則弧を C_z: $z=z(t)$ $(0\leqq t\leqq 1)$ とすれば，$w=f(z)$ による像曲線 C_w: $w=w(t)=f(z(t))$ $(0\leqq t\leqq 1)$ は $w_0=f(z_0)$ を始点とする正則弧である．$w(t)$ は $[0, 1]$ の各点で微分可能で

$$w'(t)=f'(z(t))z'(t) \qquad (0\leqq t\leqq 1) \tag{4.2}$$

が成り立つ．したがって，特に

$$|w'(0)|=|f'(z_0)||z'(0)|, \tag{4.3}$$

$$\arg w'(0)=\arg z'(0)+\arg f'(z_0). \tag{4.4}$$

いま，$0<\tau\leqq 1$ として，C_z および C_w の部分弧 $z=z(t)$ $(0\leqq t\leqq\tau)$ および $w=w(t)$ $(0\leqq t\leqq\tau)$ を考え，それらの長さをそれぞれ $s_z(\tau)$ $s_w(\tau)$ で表わせば，(3) から

$$\lim_{\tau\to 0}\frac{s_w(\tau)}{s_z(\tau)}=|f'(z_0)|.$$

すなわち，z_0 を始点とする正則弧 C_z の長さとそれの $w=f(z)$ による像曲線 C_w の長さの比は，点 z_0 の十分近くでは C_z のとり方に依存せず近似的には一定であることを示している．この性質を写像 $w=f(z)$ の点 z_0 での**線分比不変性**という．

点 z_0 で正則弧 C_z に接線 T_z をひき，その向きは C_z の表示式 $z=z(t)$ で t が増加する方向につけ，T_z が z 平面の正の実軸となす角を θ_z とする．同様に，C_w の始点 w_0 における接線 T_w が w 平面の正の実軸となす角を θ_w とする．明らかに，

$$\theta_z=\arg z'(0), \qquad \theta_w=\arg w'(0)$$

であるから，(4) から

$$\theta_w-\theta_z=\arg f'(z_0).$$

すなわち $\theta_w-\theta_z$ なる量は函数 $f(z)$ にだけ依存し，正則弧 C_z のとり方には無関係である．したがって，U 内に z_0 を始点とする任意の二つの正則弧 C_z, C_z' の像を C_w, C_w' とすれば，C_z と C_z' が z_0 でなす角すなわち C_z の z_0 における接線 T_z と C_z' の z_0

における接線 T_z' とがなす角は，C_w と C_w' が w_0 でなす角に等しい．この性質を写像 $w=f(z)$ の点 z_0 での**等角性**という．

以上にのべてきたことから，つぎの定理をうる:

定理 4.2. 領域 D において $w=f(z)$ を正則かつ単葉とすれば，導函数 $f'(z)$ は D において決して0にならない．したがって，D の像領域 Δ において，$w=f(z)$ の逆函数を $z=\varphi(w)$ とすれば，$\varphi(w)$ は正則かつ単葉である．写像 $w=f(z)$ は D を Δ に1対1かつ等角に写像する．

証明. D の一点 z_0 で $f'(z_0)=0$ とすれば，$w_0=f(z_0)$ に対して z_0 は $k(\geqq 2)$ 位の w_0 点となり，z_0 の近傍で単葉でありえない．ゆえに，$f'(z)$ は D において決して0になりえない．したがって，$f(z)$ は D の各点において等角性をもつ．

D の像 Δ が領域になるのは，定理 4.1 による．Δ で定義される $w=f(z)$ の逆函数 $z=\varphi(w)$ は，$w=f(z)$ が開集合を開集合に写す性質をもつことから，Δ で連続である．ゆえに，w_0 を Δ の任意の点，$z_0=\varphi(w_0)$ とすれば，$\lim_{w\to w_0}\varphi(w)=z_0$ である．これより

$$\lim_{w\to w_0}\frac{\varphi(w)-\varphi(w_0)}{w-w_0}=\lim_{z\to z_0}\frac{z-z_0}{f(z)-f(z_0)}=\frac{1}{f'(z_0)}.$$

こうして，Δ において $z=\varphi(w)$ は正則な函数であることがわかる． （証終）

4.2. 一次変換

有理函数

$$w=\frac{az+b}{cz+d} \qquad (ad-bc\neq 0) \tag{4.5}$$

を一次函数とよび，一次函数が与える $|z|\leqq\infty$ から $|w|\leqq\infty$ への写像を**一次変換**または**メービウス変換**という．これを z について解くと，

$$z=\frac{dw-b}{-cw+a} \tag{4.6}$$

となるから，(5) の逆函数も一次変換である．(5) を $w=T(z)$ で表わすとき，(6) を $z=T^{-1}(w)$ と表わし，(5) の**逆変換**とよぶ．一次変換は $|z|\leqq\infty$ から $|w|\leqq\infty$ への1対1かつ等角な写像を与える．

T_1，T_2 が一次変換であるとき，T_1 と T_2 の積 $T_1\cdot T_2$ を

$$T_1\cdot T_2(z)=T_1(T_2(z))$$

でもって定義する．積 $T_1\cdot T_2$ は一次変換である．容易にわかるように，一次変換全体はこの積に関し，恒等変換 I: $w=I(z)=z$ を単元として群をなす．これを**一次変換群**という．

さて，(5) で与えられる一次変換 $w=T(z)$ において，$c=0$ ならば，仮定 $ad-bc\neq 0$ から $ad\neq 0$ である．よって，$w=(a/d)z+(b/d)$ となる．$c\neq 0$ ならば，

$$w=\frac{a}{c}+\frac{bc-ad}{c^2}\frac{1}{z+\dfrac{d}{c}}$$

とかける．いずれの場合も，つぎの三つの形をした一次変換

(4.7)　$$w=\alpha z, \quad w=z+\beta, \quad w=\frac{1}{z}$$

の合成である.

定理 4.3. 一次変換は，直線または円を直線または円に写像する.　(**円々対応**)

証明. (7) の形の一次変換が定理にいう性質をもつことを示せばよい. (7) のはじめの二つ，伸縮回転 $w=\alpha z$ と平行移動 $w=z+\beta$ が円々対応を与えることは明らかである. z 平面上の円または直線は $|B|^2-AC>0$ をみたす実数 A, C と複素数 B に対し

(4.8)　$$Az\bar{z}+Bz+\bar{B}\bar{z}+C=0$$

と表わされる. 変換 $w=1/z$ によって (8) は

$$Cw\bar{w}+\bar{B}w+B\bar{w}+A=0$$

で表わされる図形，したがって円または直線に写像される.　(証終)

点 z_0 を中心，$R>0$ を半径とする円 K: $|z-z_0|=R$ および z 平面上の任意の点 $\zeta \neq z_0$ に対して,

$$(\tilde{\zeta}-z_0)(\overline{\zeta-z_0})=R^2$$

によって決まる点 $\tilde{\zeta}$ を K に関する ζ の**対称点**とよぶ. 点 z_0 と無限遠点は K に関して互いに対称であるとみなす. さらに，z 平面の直接 L に関して二点 $\zeta, \tilde{\zeta}$ が対称であるとはふつうの意味，すなわち L が二点 ζ と $\tilde{\zeta}$ を結ぶ線分の垂直二等分線であることとする. 二点 $\zeta, \tilde{\zeta}$ が円 K (または直線 L) に関して互いに対称であるためには，ζ と $\tilde{\zeta}$ をとおる円または直線がすべて円 K (または直線 L) に直交することが，必要かつ十分である. 一次変換は等角写像であり，また定理 4.3 から円々対応を与えるから，直交する円または直線は直交する円または直線に写像される. したがって，つぎの定理をうる:

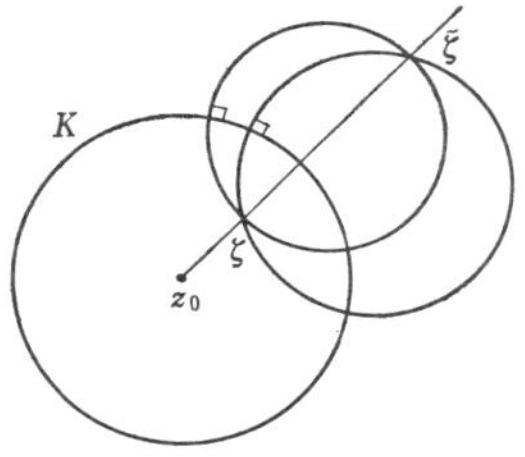

図 4.1

定理 4.4. 一次変換によって，円または直線 K_z に関して対称な二点 z_1, z_2 は，K_z の像である円または直線 K_w に関して対称な二点 w_1, w_2 に写像される.

z 平面上の互いに異なる四点 z_1, z_2, z_3, z_4 に対して,

(4.9)　$$\frac{z_1-z_3}{z_2-z_3}\bigg/\frac{z_1-z_4}{z_2-z_4}$$

を四点 z_1, z_2, z_3, z_4 の**非調和比**という. 一次変換 (5) による像をそれぞれ w_1, w_2, w_3, w_4 とすれば，簡単な計算によって $[(w_1-w_3)/(w_2-w_3)]/[(w_1-w_4)/(w_2-w_4)]=[(z_1-z_3)/(z_2-z_3)]/[(z_1-z_4)/(z_2-z_4)]$ であることがわかる.

定理 4.5. 一次変換は四点の比調和比を不変にする.

系. 一次変換は，相異なる三点 z_1, z_2, z_3 の像 w_1, w_2, w_3 を指定すれば，ただ一つ定まり，それは

$$\frac{w-w_1}{w-w_2}\bigg/\frac{w_3-w_1}{w_3-w_2}=\frac{z-z_1}{z-z_2}\bigg/\frac{z_3-z_1}{z_3-z_2}$$

で与えられる.

例題 1. 単位円 $|z|<1$ を単位円 $|w|<1$ に写像し，点 $\alpha(|\alpha|<1)$ を $w=0$ に写す一次変換は

$$w=e^{it}\frac{z-\alpha}{1-\bar{\alpha}z} \qquad (t\text{: 実数}). \tag{4.10}$$

［**解**］ α と $1/\bar{\alpha}$ とは円 $|z|=1$ に関して対称であるから，定理 4.4 により $1/\bar{\alpha}$ は $w=\infty$ に写像されなければならない．したがって，求める一次変換は必ず $w=\lambda(z-\alpha)/(1-\bar{\alpha}z)$ という形をもつ．特に，$|z|=1$ ならば，$|1-\bar{\alpha}z|=|\bar{z}-\bar{\alpha}z\bar{z}|=|z-\alpha|$，すなわち $|z-\alpha|/|1-\bar{\alpha}z|=1$ かつ $|w|=1$ であるから，$|\lambda|=1$．よって，求める一次変換は (10) の形をもつ．逆に，この形の一次変換が $|z|<1$ を $|w|<1$ に写像しかつ点 α を $w=0$ に対応させることは明らかである． （以上）

この節の最後に，例題 1 を用いて，つぎの定理を証明する：

定理 4.6. 単位円 $|z|<1$ を単位円 $|w|<1$ に 1 対 1 に写像する正則函数は一次変換に限る．

証明. 問題の函数を $f(z)$ とし，$f(0)=\alpha$ とおく．

$$W=F(z)=\frac{f(z)-\alpha}{1-\bar{\alpha}f(z)} \tag{4.11}$$

は $|z|<1$ を $|W|<1$ に写像し，$z=0$ を $W=0$ に写す．すなわち，$F(z)$ は $|z|<1$ で正則，$F(0)=0$, $|F(z)|<1$ であるから，定理 2.14 によって

$$|F(z)|\leqq|z| \tag{4.12}$$

が $|z|<1$ で成り立つ．さて，$F(z)$ の逆函数 $G(W)$ は定理 4.2 によって $|W|<1$ で正則でそこで $|G(W)|<1$ かつ $G(0)=0$ であるから，ふたたび定理 2.14 によって

$$|G(W)|\leqq|W| \tag{4.13}$$

をうる．(12) と (13) から $|z|<1$ で $|F(z)|=|z|$ となり，定理 2.14 から $F(z)=e^{it}z$ (t: 実数)である．これを (11) に代入し，$f(z)$ について解くことによって定理の結論をうる． （証終）

4.3. 等角写像の基本定理

ここでリーマンの写像定理を証明する．準備として，正規族の説明からはじめる．領域 D で定義された函数のある族 $\mathscr{F}$ の任意の函数列 $\{f_n(z)\}$ がつねに D で広義一様収束する部分列を含むとき，$\mathscr{F}$ を**正規族**という．

定理 4.7. 領域 D で正則な函数の族 $\mathscr{F}$ があって，ある正数 M に対して $\mathscr{F}$ に属するすべての函数 $f(z)$ が D 上 $|f(z)|\leqq M$ をみたすならば，$\mathscr{F}$ は正規族である．

（モンテルの定理）

証明. $\{f_n(z)\}$ を $\mathscr{F}$ に属する函数からなる任意の函数列とする．D 内の有理点全部をとり出し，それを $z_1, z_2, \cdots, z_n, \cdots$ とする．$\{f_n(z_1)\}$ は有界数列であるから適当に部分列 $\{f_{1n}(z)\}$ を選べば，数列 $\{f_{1n}(z_1)\}$ が収束するようにできる．$\{f_{1n}(z_2)\}$ はふたたび有界数列であるから，同様に部分列 $\{f_{2n}(z)\}$ を選んで数列 $\{f_{2n}(z_2)\}$ が収束するようにできる．同じ論法を繰返して，函数列 $\{f_{mn}(z)\}$ を $\{f_{m-1n}(z)\}$ の部分列で数列

$\{f_{mn}(z_m)\}$ が収束するように選ぶ．そこで函数列 $\{f_{mm}(z)\}$ を考えると，これは $\{f_n(z)\}$ の部分列で，各 z_n で収束する．

D 内の任意の一点を z_0 とする，$|z-z_0|\leqq r$ を D に含まれるようにとれば，$|z-z_0|<r/2$ をみたす z に対して

$$|f(z)-f(z_0)|=\frac{1}{2\pi}\left|\int_{|\zeta-z_0|=r}f(\zeta)\left(\frac{1}{\zeta-z}-\frac{1}{\zeta-z_0}\right)d\zeta\right|$$
$$\leqq(2M/r)|z-z_0|$$

が $\mathscr{F}$ に属するすべての $f(z)$ について成立する．したがって，任意に $\varepsilon>0$ を与えたとき，$\delta>0$ を $\delta<\varepsilon r/10M$ にとれば，$|z-z_0|<\delta$ なら $|f(z)-f(z_0)|<\varepsilon/5$ となる．z_0 の δ 近傍には必ず有理点が含まれるから，その一つを z_k とする．自然数 N を十分大きくとれば，$n>m\geqq N$ ならば $|f_{nn}(z_k)-f_{mm}(z_k)|<\varepsilon/5$ とできる．このとき，$|z-z_0|<\delta$ の任意の点 z に対して

$$|f_{nn}(z)-f_{mm}(z)|\leqq|f_{nn}(z)-f_{nn}(z_0)|+|f_{nn}(z_0)-f_{nn}(z_k)|$$
$$+|f_{nn}(z_k)-f_{mm}(z_k)|+|f_{mm}(z_k)-f_{mm}(z_0)|+|f_{mm}(z_0)-f_{mm}(z)|<\varepsilon$$

が成り立つ．定理 1.6 の注意から $\{f_{mm}(z)\}$ は D で広義一様収束する．　（証終）

定理 4.8. 少なくとも二つの境界点をもつ単連結な領域 D は，単位円 $|w|<1$ に1対1等角に写像される．このとき D の1点 z_0 を $w=0$ に対応させ，$\varphi'(z_0)>0$ なる条件のもとで，写像は一意に定まる．　**（リーマンの写像定理）**

証明. 1° $\mathscr{F}$ を D で正則単葉な函数 $\varphi(z)$ で，$\varphi(z_0)=0$，$\varphi'(z_0)>0$ かつ D で $|\varphi(z)|<1$ をみたすものの族とする．$\mathscr{F}$ に属する函数が少なくとも一つ存在することを示そう．D の境界の二点 a, b をとり $\zeta=(z-a)/(z-b)$ とおくと，D は ζ 平面の単連結領域 D_ζ に写像される．このとき，a, b の像はそれぞれ $\zeta=0, \zeta=\infty$ である．そこで，$\xi=\sqrt{\zeta}$ を考える．D_ζ は 0，∞ を含まない単連結領域であるから，$\sqrt{\zeta}$ は D_ζ において二つの分枝をもち，そのおのおのによって ξ 平面の単連結領域 D_ξ と D_ξ' に写像される．D_ξ と D_ξ' は共通点をもたないから，D_ξ' の一点 ξ_0 をとり，$r>0$ を十分小にとって $|\xi-\xi_0|\leqq r$ が D_ξ' に含まれるようにすれば，$\eta=r/(\xi-\xi_0)$ によって D_ξ は $|\eta|<1$ 内の単連結領域 D_η に写像される．以上の合成函数を $\eta=\psi(z)$ とおく．$\eta_0=\psi(z_0)$ を (10) での α にとり，実数 t を適当にとれば，

$$w=e^{it}\frac{\psi(z)-\eta_0}{1-\bar{\eta}_0\psi(z)}=\varphi(z)$$

できまる $\varphi(z)$ は D で正則単葉，$\varphi(z_0)=0$, $\varphi'(z_0)>0$ かつ $|\varphi(z)|<1$，すなわち $\varphi(z)$ は $\mathscr{F}$ に属する．定理 4.7 によれば，$\mathscr{F}$ は正規族である．

2° $\sup\{\varphi'(z_0);\ \varphi(z)\in\mathscr{F}\}=\rho$ とおく．$\{\varphi_n(z)\}$ を $\mathscr{F}$ の函数列で $\lim_{n\to\infty}\varphi_n'(z_0)=\rho$ となるようにとる．$\mathscr{F}$ が正規族であるから，$\{\varphi_n(z)\}$ ははじめから D で広義一様収束するとしてよい．極限函数を $\varphi(z)$ とおくと，定理 2.6 によって $\varphi'(z_0)=\rho$ したがって ρ は有限である．$\rho>0$ ゆえ $\varphi(z)$ は定数でない．§3.5 例題1（フルウィッツの定理）によって $\varphi(z)$ は D で単葉となり，$\mathscr{F}$ に属する函数である．いま，ある α ($|\alpha|<1$) に対

して $\varphi(z)=\alpha$ をみたす z が D 内にないと仮定する．$\varphi(z)-\alpha\neq 0$ であるから，$\sqrt{(\varphi(z)-\alpha)/(1-\bar{\alpha}\varphi(z))}$ の D における一価な分枝 $g(z)$ がきまり，$w=g(z)$ によって D は $|w|<1$ に含まれる単連結領域に写像される．$h(z)=e^{i\tau}(g(z)-g(z_0))/(1-\overline{g(z_0)}g(z))$ とおくと，実数 τ を $h'(z_0)>0$ となるように選べば，$h(z)$ は $\mathscr{F}$ に属する．

$$h'(z_0)=e^{i\tau}\frac{1+|\alpha|}{2\sqrt{-\alpha}}\varphi'(z_0)$$

において $1+|\alpha|>2\sqrt{|\alpha|}$ であるから，$h'(z_0)>\varphi'(z_0)$ となり $\varphi(z)$ のとり方に矛盾する．以上より $\varphi(z)$ は D を $|w|<1$ の上に1対1等角に写像する．

3°　$\varphi_1(z)$, $\varphi_2(z)$ はともに D を $|w|<1$ に1対1等角に写像し，$\varphi_1(z_0)=\varphi_2(z_0)=0$ かつ $\varphi_1'(z_0)>0$, $\varphi_2'(z_0)>0$ であるとする．$f(w)=\varphi_1(\varphi_2^{-1}(w))$ とおけば，$|w|<1$ をそれ自身に写像するから，定理 4.6 によって $f(w)$ は w の一次変換である．$f(0)=0$ かつ $f'(0)>0$ ゆえ，§4.2 例題1によれば，$f(w)=w$．よって，$\varphi_1(z)\equiv\varphi_2(z)$ である．

（証終）

5.　調和函数

5.1.　調和函数

z 平面の領域 D で定義された2回連続的偏微分可能な実数値函数 $u(z)=u(x,y)$ $(z=x+iy)$ が D の各点で

$$\Delta u=\frac{\partial^2 u}{\partial x^2}+\frac{\partial^2 u}{\partial y^2}=0 \tag{5.1}$$

をみたすとき，$u(z)$ は D で**調和**であるという．また，(1) を**ラプラス方程式**という．

D で正則な函数 $f(z)$ の実部 $u(z)$ および虚部 $v(z)$ はそれぞれ D で調和である．じっさい，定理 2.5 によれば，$u(z)$, $v(z)$ は D で何度でも偏微分可能である．コーシー・リーマンの関係式(→ 定理 1.8)から容易に D で $\Delta u=0$ および $\Delta v=0$ がみちびかれる．逆に，D が単連結の場合には，つぎの定理が成り立つ:

定理 5.1． 函数 $u(z)$ が単連結領域 D で調和であれば，D での正則函数 $f(z)$ で $u(z)$ をその実部としてもつものが存在する．

証明． $\varphi(z)=u_x(z)-iu_y(z)$ とおく．$u(z)$ は D で調和であるから，u_x, u_y は D で1回連続的偏微分可能，したがって D の各点で全微分可能である．$\Delta u=0$ から

$$(u_x)_x=(-u_y)_y.$$

$$(u_x)_y=-(-u_y)_x$$

とあわせ考えれば，$\varphi(z)$ の実部 u_x と虚部 $-u_y$ がコーシー・リーマンの関係式をみたす．よって，$\varphi(z)$ は D で正則である．点 $z_0\in D$ を任意に固定し，z_0 と D の任意の点 z とを D 内で結ぶ長さのある曲線 C に対し

$$f(z)=\int_C\varphi(\zeta)d\zeta+u(z_0) \tag{5.2}$$

とおく．$\varphi(z)$ は D で正則であり，かつ D は単連結であるから，定理 2.1 によれば (2)

の右辺の積分は C のとり方に無関係なのである．$f(z)$ は D の各点で微分可能で，その導函数は $\varphi(z)$ となる．(2) から

$$\operatorname{Re} f(z)=\int_C (u_x dx+u_y dy)+u(z_0)=u(z). \qquad \text{(証終)}$$

$u(z)$ が領域 D で調和であるとき，函数 $v(z)$ で $u(z)+iv(z)$ が D で正則な函数を定義するものが存在するならば，$v(z)$ を D における $u(z)$ の**共役調和函数**という．この場合，$v(z)$ は定数差を無視すれば一意的に定まる．D が単連結のときは，定理 5.1 により，つねに共役調和函数が存在するが，単連結でないときには必ずしも存在するとは限らない．

5.2. ポアッソン積分

定理 5.2. $|z|<R$ で調和で，$|z|\leqq R$ で連続な函数 $u(z)$ は，$|z|<R$ の各点 $z=re^{i\theta}$ において

$$(5.3) \qquad u(re^{i\theta})=\frac{1}{2\pi}\int_0^{2\pi} u(Re^{i\varphi})\frac{R^2-r^2}{R^2-2Rr\cos(\varphi-\theta)+r^2}d\varphi$$

と表わされる．特に，

$$u(0)=\frac{1}{2\pi}\int_0^{2\pi} u(Re^{i\varphi})d\varphi.$$

証明. ある $R_1>R$ に対して，$u(z)$ が $|z|<R_1$ において調和である場合に証明する．$|z|<R_1$ において $u(z)$ を実部にもつ正則函数を $f(z)$ とすれば，定理 2.3 によって，$|z|<R$ の各点 z に対して

$$(5.4) \qquad f(z)=\frac{1}{2\pi i}\int_{|\zeta|=R}\frac{f(\zeta)}{\zeta-z}d\zeta=\frac{1}{2\pi}\int_0^{2\pi}\frac{f(\zeta)\zeta}{\zeta-z}d\varphi;$$

ただし $\zeta=Re^{i\varphi}$ とおいた．$0<|z|<R$ なる z に対して $f(\zeta)/(\zeta-R^2/\bar{z})$ は ζ の函数として $|\zeta|<R^2/r$ で正則であるから，

$$(5.5) \qquad 0=\frac{1}{2\pi i}\int_{|\zeta|=R}\frac{f(\zeta)}{\zeta-R^2/\bar{z}}d\zeta=\frac{1}{2\pi}\int_0^{2\pi}\frac{f(\zeta)\bar{z}}{\bar{z}-\bar{\zeta}}d\varphi.$$

(5) の最後の積分は $z=0$ の場合も 0 に等しいことに注意すれば，(4) と (5) から

$$\begin{aligned} f(z)&=\frac{1}{2\pi}\int_0^{2\pi} f(\zeta)\left[\frac{\zeta}{\zeta-z}-\frac{\bar{z}}{\bar{z}-\bar{\zeta}}\right]d\varphi \\ &=\frac{1}{2\pi}\int_0^{2\pi} f(\zeta)\frac{|\zeta|^2-|z|^2}{|\zeta-z|^2}d\varphi=\frac{1}{2\pi}\int_0^{2\pi} f(Re^{i\varphi})\frac{R^2-r^2}{R^2-2Rr\cos(\theta-\varphi)+r^2}d\varphi. \end{aligned}$$

両辺の実部を比較すれば，(3) がえられる．一般の場合の証明は後程(→ 定理 5.5 の証明のあと)与える． (証終)

(3) の右辺の積分を**ポアッソンの積分**といい

$$(5.6) \qquad \frac{R^2-r^2}{R^2-2Rr\cos(\theta-\varphi)+r^2}=\frac{|\zeta|^2-|z|^2}{|\zeta-z|^2}=\operatorname{Re}\frac{\zeta+z}{\zeta-z};$$

ただし $\zeta=Re^{i\varphi}$, $z=re^{i\theta}$, を**ポアッソン核**とよぶ．

定理 5.3. $U(Re^{i\varphi})$ を区間 $0\leqq\varphi\leqq 2\pi$ で連続とするとき，そのポアッソン積分

$$u(z)=\frac{1}{2\pi}\int_0^{2\pi}U(Re^{i\varphi})\frac{R^2-r^2}{R^2-2Rr\cos(\theta-\varphi)+r^2}d\varphi \qquad (z=re^{i\theta}) \tag{5.7}$$

は $|z|<R$ で調和で，各 $\zeta_0=Re^{i\varphi_0}$ で $\lim_{z\to\zeta_0}u(z)=U(\zeta_0)$ が成り立つ．

証明．ポアッソン核として (6) の最後の表現を用いれば，$(\zeta+z)/(\zeta-z)=2\zeta/(\zeta-z)-1$ および $d\varphi=d\zeta/i\zeta$ に注意して，

$$\begin{aligned}u(z)&=\mathrm{Re}\left[\frac{1}{2\pi}\int_0^{2\pi}U(Re^{i\varphi})\frac{\zeta+z}{\zeta-z}d\varphi\right]\\&=\mathrm{Re}\left[\frac{1}{\pi i}\int_{|\zeta|=R}\frac{U(\zeta)}{\zeta-z}d\zeta\right]-\frac{1}{2\pi}\int_0^{2\pi}U(Re^{i\varphi})d\varphi.\end{aligned} \tag{5.8}$$

$U(\zeta)$ は $|\zeta|=R$ 上連続ゆえ，定理 2.4 によって (8) の右辺の第一項の積分は $|z|<R$ での正則な函数を表わす．第2項は定数であるから，$u(z)$ は正則函数の実部として $|z|<R$ で調和である．

つぎに，定理の後半を証明する．まず，定数1は全平面で調和であるから，(3) によって

$$1=\frac{1}{2\pi}\int_0^{2\pi}\frac{R^2-r^2}{R^2-2Rr\cos(\theta-\varphi)+r^2}d\varphi \qquad (r<R).$$

$U(\zeta)$ は点 ζ_0 で連続であるから，任意に $\varepsilon>0$ を与えると，適当に $\delta>0$ を定めて，$|\varphi-\varphi_0|<\delta$ をみたす $|\zeta|=R$ 上の各点 ζ に対して，$|U(\zeta)-U(\zeta_0)|<\varepsilon$ とできる．ここで δ を固定して．ρ を十分小にとれば，$|z-\zeta_0|<\rho$ と $|z|<R$ との共通部分に属する $z=re^{i\theta}$ に対して $R^2-r^2<\varepsilon\delta^2$ および $|\varphi-\varphi_0|<\delta$ 外にある $|\zeta|=R$ 上の点 $\zeta=Re^{i\varphi}$ との間に $|Re^{i\varphi}-z|>\delta/2$ が成り立つようにできる．$\max\{|U(\zeta)|;\ |\zeta|=R\}=M$ とおく．

$$\begin{aligned}|u(z)-U(\zeta_0)|&=\frac{1}{2\pi}\left|\int_0^{2\pi}(U(Re^{i\varphi})-U(Re^{i\varphi_0}))\frac{R^2-r^2}{R^2-2Rr\cos(\theta-\varphi)+r^2}d\varphi\right|\\&\leqq\frac{1}{2\pi}\int_{\varphi_0-\delta}^{\varphi_0+\delta}|U(Re^{i\varphi})-U(Re^{i\varphi_0})|\frac{R^2-r^2}{R^2-2Rr\cos(\theta-\varphi)+r^2}d\varphi\\&\quad+\frac{1}{2\pi}\int_{\varphi_0+\delta}^{\varphi_0+2\pi-\delta}|U(Re^{i\varphi})-U(Re^{i\varphi_0})|\frac{R^2-r^2}{R^2-2Rr\cos(\theta-\varphi)+r^2}d\varphi\\&\leqq\frac{\varepsilon}{2\pi}\int_0^{2\pi}\frac{R^2-r^2}{R^2-2Rr\cos(\theta-\varphi)+r^2}d\varphi+\frac{1}{2\pi}\cdot 2M\cdot\frac{\varepsilon\delta^2}{(\delta/2)^2}\int_{\varphi_0+\delta}^{\varphi_0+2\pi-\delta}d\varphi\\&\leqq\varepsilon+8\varepsilon M=\varepsilon(1+8M).\end{aligned}$$

したがって，$z\to\zeta_0$ とすれば，$u(z)\to U(\zeta_0)$．(→ IX B §3.5 定理 3.8)　(証終)

定理 5.4．領域 D で連続な実数値函数 $u(z)$ が，D の各点 z_0 において $r(z_0)>0$ を適当に選ぶと，$0<r<r(z_0)$ をみたすすべての r に対して

$$u(z_0)\leqq\frac{1}{2\pi}\int_0^{2\pi}u(z_0+re^{i\varphi})d\varphi \tag{5.9}$$

であるならば，$u(z)$ は定数でない限り D において最大値をとらない．(**最大値の原理**)

証明．D の一点 z_0 で $u(z)$ が最大値 M をとったとする．仮定から $0<r<r(z_0)$ ならば，

$$M=u(z_0)\leqq\frac{1}{2\pi}\int_0^{2\pi}u(z_0+re^{i\varphi})d\varphi\leqq\frac{1}{2\pi}\cdot M\cdot 2\pi=M.$$

すなわち，上の不等式で等号が成り立つ．$u(z_0+re^{i\varphi})\leqq M$ であるから，$|z-z_0|=r$ の上で $u(z)\equiv M$ である．r は $0<r<r(z_0)$ で任意であるから，$|z-z_0|<r(z_0)$ において $u(z)\equiv M$. D の連結性を用いて一致の定理 2.11 の証明のときと同様にして，D 全体で $u(z)\equiv M$ であることが示される．　（証終）

定理 5.5. $u(z)$（$\neq$ const）を領域 D で調和とすれば，$u(z)$ は D で最大値および最小値をとらない．特に，D が有界で，$u(z)$ が $\bar{D}$ で連続ならば，$u(z)$ は ∂D においてその最大値および最小値をとる．　**（最大値の原理）**

証明. 調和函数に対しては，定理 5.2 より定理 5.4 の仮定が，不等式 (9) を等号でもってみたされる．したがって，定理 5.4 を $u(z)$ と $-u(z)$ に適用すれば，$u(z)$ は D で最大値および最小値をとらないことが示される．→ XI C§1.1 定理 1.2　（証終）

ここで定理 5.2 の一般の場合の証明を与えよう．$u(z)$ は $|z|<R$ で調和で $|z|\leqq R$ で連続であった．いま，(3) の右辺のポアッソン積分を $\tilde{u}(z)$ とおくと，定理5.3によって $u(z)-\tilde{u}(z)$ は $|z|<R$ で調和であり，$|z|=R$ 上の各点 ζ で $\lim_{z\to\zeta}(u(z)-\tilde{u}(z))=0$ であるから，定理 5.5 から $u(z)-\tilde{u}(z)\equiv 0$ すなわち $u(z)\equiv\tilde{u}(z)$.

さて，定理 5.5 は，定理5.4の仮定を不等式 (9) を等号でもってみたす $u(z)$ に対して成立する．したがって，上記で，$u(z)$ を $|z|<R$ で調和とする代りに，そこで (9) の不等式を等号でもってみたすとしても，同じ結論 $u(z)\equiv\tilde{u}(z)$ がえられる．すなわち，$u(z)$ が $|z|<R$ で調和であることがみちびかれる．調和という性質が局所的なものであることから，調和函数の一つの特徴づけとして，つぎの定理がえられる:

定理 5.6. 領域 D で連続な実数値函数 $u(z)$ が D で調和であるためには，D の各点 z_0 において，$r(z_0)>0$ を適当にえらぶと，$0<r<r(z_0)$ をみたすすべての r に対して

$$u(z_0)=\frac{1}{2\pi}\int_0^{2\pi}u(z_0+re^{i\varphi})d\varphi \tag{5.10}$$

が成り立つことが，必要十分である．

定理 5.4 の仮定をみたす実数値連続函数を，D で**劣調和**であるという．$-u(z)$ が D で劣調和であるとき，$u(z)$ を D で**優調和**な函数という．D で調和な函数は，D で劣調和かつ優調和であり，逆に D で劣調和かつ優調和な函数は D で調和である．つぎの定理は容易に証明される:

定理 5.7. 1° $u_1(z)$, $u_2(z)$ を領域 D で劣調和とし，a_1, a_2 を正の数とすれば，$a_1u_1(z)+a_2u_2(z)$ も D で劣調和である．

2° $u_1(z)$, $u_2(z)$ を D で劣調和とすれば，

$$v(z)=\max\{u_1(z),\ u_2(z)\}$$

で定義される函数 $v(z)$ も D で劣調和である．

3° $u(z)$ を D で劣調和な函数とする．D に含まれる任意の閉円板 K: $|z-z_0|\leqq R$ に対し，D で定義された函数

$$u_K(z)=\begin{cases}\tilde{u}(z), & |z-z_0|<R,\\ u(z), & |z-z_0|\geqq R \quad \text{かつ} \quad z\in D,\end{cases}$$

をつくる．ここに $\tilde{u}(z)$ は $|z-z_0|<R$ の点 $z=z_0+re^{i\theta}$ に対し

$$\tilde{u}(z)=\frac{1}{2\pi}\int_0^{2\pi}u(z_0+Re^{i\varphi})\frac{R^2-r^2}{R^2-2Rr\cos(\theta-\varphi)+r^2}d\varphi$$

なるポアッソン積分である．$u_K(z)$ は D で $u_K(z)\geqq u(z)$ をみたす劣調和函数である．

5.3. ハルナックの定理

定理 5.2 と 5.3 から直ちにつぎの定理をうる：

定理 5.8. 領域 D で調和な函数の列 $\{u_n(z)\}$ が D で広義一様収束すれば，その極限函数も D で調和である．

ポアッソン核に対し不等式

$$\frac{R-r}{R+r}\leqq\frac{R^2-r^2}{R^2-2Rr\cos(\theta-\varphi)+r^2}\leqq\frac{R+r}{R-r}$$

が成立する．したがって，$|z-z_0|\leqq R$ で連続な函数 $u(z)\geqq 0$ が $|z-z_0|<R$ で調和とすれば，定理 5.2 により

$$\frac{R-r}{R+r}u(z_0)\leqq u(z)\leqq\frac{R+r}{R-r}u(z_0) \tag{5.11}$$

が $z=z_0+re^{i\theta}$ $(r<R)$ で成り立つ．定理 5.5 によれば，(11) は $|z-z_0|\leqq r$ 全体で成立する．これを**ハルナックの不等式**という．

定理 5.9. 領域 D で調和な函数の列 $\{u_n(z)\}$ が単調に増加; $u_1(z)\leqq u_2(z)\leqq\cdots\leqq u_n(z)\leqq\cdots$，でかつ D の一点 z_0 で収束するならば，$\{u_n(z)\}$ は D で広義一様収束する．

(ハルナックの定理)

証明. z_0 を中心とし D に含まれる最大円板の半径を $R(z_0)$ とする．$u_n(z)-u_m(z)$ $(n>m)$ にハルナックの不等式を適用すれば，$|z-z_0|\leqq R(z_0)/2$ をみたすすべての z に対して

$$0\leqq u_n(z)-u_m(z)\leqq 3(u_n(z_0)-u_m(z_0)).$$

仮定により数列 $\{u_n(z_0)\}$ は収束であったから，$|z-z_0|\leqq R(z_0)/2$ において函数列 $\{u_n(z)\}$ は一様収束する．D の連結性を用いれば，D の任意の点は $\{u_n(z)\}$ が一様収束するような近傍をもつことが示される．　(証終)

5.4. ディリクレ問題

D を z 平面上の有界領域とし，その境界を Γ とする．$\varphi(\zeta)$ を Γ 上に与えられた連続な実数値函数とするとき，D で調和な函数 $u(z)$ で，かつ各 $\zeta\in\Gamma$ において

$$\lim_{D\ni z\to\zeta}u(z)=\varphi(\zeta)$$

となる函数を求める問題を境界値 $\varphi(\zeta)$ に関する D での**ディリクレ問題**または**第一境界値問題**という．領域 D として開円板 $|z|<R$ をとれば，そこでのディリクレ問題はつねに解をもった(→ 定理 5.3)．しかし，D が一般の場合ディリクレ問題はつねに解けるとは限らない．例えば，D として $0<|z|<1$ をとれば，$|z|=1$ 上で 0，D の境界 $z=0$ で

1を境界値とするディリクレ問題は解をもたない．D で調和かつ有界で $|z|=1$ 上で0を境界値とする函数は定数0に限るからである．以下で**ペロンの方法**により一般の場合のある意味の解を構成し，いつディリクレ問題が解けるかをしらべる．→ XI C§1.3

Γ 上 $\varphi(\zeta)$ は連続ゆえ有界，そこで $\varphi(\zeta)$ は Γ 上 $m\leqq\varphi(\zeta)\leqq M$ であるとしておく．D で劣調和な実数値函数 $v(z)$ が Γ 上の各点 ζ で $\overline{\lim}_{z\to\zeta}v(z)\leqq\varphi(\zeta)$ をみたすとき，$v(z)$ を境界値 $\varphi(\zeta)$ に関する**劣函数**とよび，$\varphi(\zeta)$ に関する劣函数全体を U_φ で表わす．D で定数 m に等しい函数は明らかに U_φ に属するから，U_φ は空ではない．$v_1(z), v_2(z)$ を U_φ の函数とすれば，$v(z)=\max\{v_1(z), v_2(z)\}$ も U_φ の函数であり，また $v(z)$ を U_φ の函数，閉円板 K を D に含まれるようにとれば，$v_K(z)$ も U_φ の函数である．

いま，有界領域 D の境界 Γ 上に与えられた連続な実数値函数 $\varphi(\zeta)$ に対し，D で定義された函数

$$u(z)=\sup\{v(z);\ v\in U_\varphi\}\ (\leqq M)$$

を考える．

$u(z)$ は D で調和な函数であることを示そう．D の一点 z_0 を任意にとる．$u(z)$ の定義から，U_φ の函数列 $\{v_n(z)\}$ を選んで，$\lim_{n\to\infty}v_n(z_0)=u(z_0)$ とできる．$\tilde{v}_n(z)=\max\{v_1(z), \cdots, v_n(z)\}\in U_\varphi$．$z_0$ を中心とし D に含まれる閉円板 K: $|z-z_0|\leqq R$ をとって，$\tilde{v}_{nK}(z)$ を考えれば，$\{\tilde{v}_{nK}(z)\}$ は U_φ の函数から成る単調増加列である．D の各点で $v_n(z)\leqq\tilde{v}_n(z)\leqq\tilde{v}_{nK}(z)\leqq u(z)$ であるから，$\lim_{n\to\infty}\tilde{v}_{nK}(z_0)=u(z_0)$ である．ハルナックの定理 5.9 によって，$\{\tilde{v}_{nK}(z)\}$ は $|z-z_0|<R$ 上広義一様にある調和函数 $h(z)$ に収束する．つぎに，$|z-z_0|<R$ の一点 $z_1\neq z_0$ を任意にとり，U_φ の函数列 $\{v_n^*(z)\}$ を $\lim_{n\to\infty}v_n^*(z_1)=u(z_1)$ となるように選ぶ．前と同様にして $\{v_n^*(z)\}$ は増加列で，各 $v_n^*(z)$ は $|z-z_0|<R$ 上調和であるとしてよい．$v_n^{**}(z)=\max\{\tilde{v}_{nK}(z), v_n^*(z)\}\in U_\varphi$．$\{v_{nK}^{**}(z)\}$ を考えれば，U_φ の函数からなる増加列で，各 $v_{nK}^{**}(z)$ は $|z-z_0|<R$ で調和であるから，再びハルナックの定理により，$|z-z_0|<R$ 上である調和函数 $h^{**}(z)$ に広義一様収束する．明らかに $h^{**}(z)\geqq h(z)$ であり，かつ $h^{**}(z_0)=h(z_0)$ であるから，定理 5.5 (最大値の原理)により $|z-z_0|<R$ において $h^{**}(z)\equiv h(z)$ である．$h^{**}(z_1)=u(z_1)$ ゆえ $h(z_1)=u(z_1)$．z_1 は $|z-z_0|<R$ 内の任意の点であったから，$|z-z_0|<R$ 全体で $u(z)\equiv h(z)$ となる．以上から $u(z)$ は $|z-z_0|<R$ で調和なことがわかった．z_0 は D 内任意であったから，$u(z)$ は D で調和である．

ζ_0 を Γ の一点とする．D で定義された正値優調和函数 $b(z)$ が $\lim_{z\to\zeta_0}b(z)=0$ かつ ζ_0 以外の Γ の各点 ζ で $\underline{\lim}_{z\to\zeta}b(z)>0$ をみたすとき，$b(z)$ を ζ_0 における**バーリヤ**という．$\zeta\in\Gamma$ においてバーリヤがあるとき，ζ を**正則(境界)点**という．

正則点 $\zeta_0\in\Gamma$ では，$\lim_{z\to\zeta_0}u(z)=\varphi(\zeta_0)$ が成り立つことを示そう．$\varepsilon>0$ を任意に与える．適当に $\delta>0$ を定めれば $|\zeta-\zeta_0|<\delta$ をみたす $\zeta\in\Gamma$ に対して $|\varphi(\zeta)-\varphi(\zeta_0)|<\varepsilon$ とできる．$\inf\{b(\zeta);\ |\zeta-\zeta_0|\geqq\delta, \zeta\in D\}=b_0>0$．$v(z)=\varphi(\zeta_0)-\varepsilon-(\varphi(\zeta_0)-m)b(z)/b_0$ は U_φ に属する．じっさい，$v(z)$ は D で劣調和であり，$|\zeta-\zeta_0|<\delta$ なる $\zeta\in\Gamma$ では

$\overline{\lim}_{z\to\zeta}v(z)\leqq\varphi(\zeta_0)-\varepsilon<\varphi(\zeta)$. $|\zeta-\zeta_0|\geqq\delta$ なる $\zeta\in\Gamma$ では $\overline{\lim}_{z\to\zeta}v(z)\leqq\varphi(\zeta_0)-(\varphi(\zeta_0)-m)\underline{\lim}_{z\to\zeta}b(z)/b_0\leqq\varphi(\zeta_0)-(\varphi(\zeta_0)-m)=m\leqq\varphi(\zeta)$. 同様にして, $w(z)=\varphi(\zeta_0)+\varepsilon+(M-\varphi(\zeta_0))b(z)/b_0$ とおけば, $-w(z)$ は境界値 $-\varphi(\zeta)$ に関する劣函数となる. 明らかに $v(z)\leqq u(z)$ であり, また U_φ の任意の函数 $v^*(z)$ に対して $v^*(z)-w(z)$ を考えれば, 定理5.4により D で $v^*(z)-w(z)\leqq 0$ が結論されるから, $u(z)\leqq w(z)$ である. ゆえに, $|u(z)-\varphi(\zeta_0)|\leqq\varepsilon+(M-m)b(z)/b_0$. $\lim_{z\to\zeta_0}b(z)=0$ であるから, $\rho>0$ を十分小にとれば, $|z-\zeta_0|<\rho$ なる $z\in D$ で $|u(z)-\varphi(\zeta_0)|<2\varepsilon$ とできる. すなわち, $\lim_{z\to\zeta_0}u(z)=\varphi(\zeta_0)$. 以上をまとめれば,

定理 5.10. 有界な領域 D の境界 Γ の各点が正則点であるとすれば, Γ 上の連続な任意実数値函数 $\varphi(\zeta)$ に対し, 境界値 $\varphi(\zeta)$ に関する D でのディリクレ問題は, つねに一意的な解をもつ.

注意. 逆に, 有界な領域 D で連続な境界値に対しつねにディリクレ問題が解ければ, D の境界 Γ の点はすべて正則点である. じっさい, $\zeta_0\in\Gamma$ とし, $\varphi(\zeta)=|\zeta-\zeta_0|$ をもって境界値を与えれば, ディリクレ問題の解が ζ_0 におけるバーリヤを与える.

最後に, 正則境界点であるための条件を与えよう.

例題 1. 有界領域 D の境界点 ζ_0 を含む D の余集合の連結成分 C が ζ_0 以外に点を含めば, ζ_0 は正則点である.

［**解**］ 境界値 $\varphi(\zeta)=|\zeta-\zeta_0|$ に対し, $b(z)=\sup\{w(z);\ w\in U_\varphi\}$ とおく. $|z-\zeta_0|$ は連続な劣調和函数であるから, $b(z)\geqq|z-\zeta_0|$. ζ_0 以外の C の一点を ζ_1 とする. C の余集合は D を含む単連結領域. $\log\{(z-\zeta_1)/(z-\zeta_0)\}$ の分枝を任意にとり $f(z)$ とおく. $\tilde{b}(z)=\mathrm{Re}\{1/f(z)\}$ は $z\to\zeta_0$ のとき0に近づく. $r>0$ を十分小にとり, $|z-\zeta_0|\leqq r$ が $|z-\zeta_1|>|z-\zeta_0|$ に含まれるようにし, $\inf\{\tilde{b}(z);\ |z-\zeta_0|=r,\ z\in D\}=m>0$ とおく. D は有界であるから, $\max\{|\zeta-\zeta_0|;\ \zeta\in\partial D\}=M<\infty$. U_φ に属する任意の $w(z)$ に対して $w_1(z)=w(z)-r-M\tilde{b}(z)/m$ を考えると, 開集合 $D\cap\{|z-\zeta_0|\leqq r\}$ の各境界点で $\overline{\lim}\,w_1(z)\leqq 0$ であるから, 最大値の原理によりそこで $w_1(z)\leqq 0$. すなわち, $w(z)\leqq r+M\tilde{b}(z)/m$. $w(z)$ の任意性より $b(z)\leqq r+M\tilde{b}(z)/m$. よって, $z\to\zeta_0$ のとき, $\overline{\lim}\,b(z)<r$ となる. r はいくらでも小にとれるから, $\lim_{z\to\zeta_0}b(z)=0$ となる. したがって, $b(z)$ は ζ_0 におけるバーリヤをなす. （以上）

例題 2. D を有界領域でその境界 Γ は互いに点を共有しない有限個の単純閉曲線から成るものとすれば, Γ 上の連続な任意実数値函数 $\varphi(\zeta)$ に対し, 境界値 $\varphi(\zeta)$ に関する D でのディリクレ問題は, つねに一意的な解をもつ.

［**解**］ 例題1によって, Γ の各点は正則点である. （以上）

参考書. [A 1], [B 1], [C 1], [H 5], [H 14], [K 15], [N 6], [N 11], [O 2], [T 14], [T 18], [Y 10]

［**松本　幾久二**］

VI. 位 相 数 学

A. 位 相 空 間

1. 位相的構造

1.1. 開集合・閉集合・近傍系・開核・閉包

1.1.1. 諸概念の間の関係. 位相空間 S では，上掲の諸概念のうち，一つを公理系によって仮定し，他はつぎの相互関係によって定義する.

開集合: ○補集合が閉集合であるような集合;
○その各点に対して，その点の適当な近傍を含む，というような集合;
○開核と一致する集合.

閉集合: ○補集合が開集合であるような集合;
○ S の1点 x の任意の近傍がその集合と交われば，その集合は x を含む，というような集合;
○閉包と一致する集合.

近傍: 位相空間の点 x に対して，x の近傍とは，
○ x を含む開集合.
(なお， x を内点(後述→§ 1.1.3)にもつような任意の集合をすべて近傍ということがある. ——**一般近傍**，またはブルバキの意味の近傍.)

開核: 位相空間の任意の集合 A に対して，その開核 A° とは，
○その集合に含まれる最大の開集合;
○ A の補集合 A^c の閉包の補集合 $A^\circ=\overline{A^c}^c$.

閉包: 位相空間の任意の集合 A に対して，その閉包 $\bar{A}$ とは，
○その集合を含む最小の閉集合;
○ A の補集合 A^c の開核の補集合 $\bar{A}=A^{c\circ c}$.

1.1.2. 公理系. 空間 S につぎの公理系のいずれかを用いて，**位相**が導入される．そのようにして位相の導入された空間が**位相空間**である．一つの公理系を用いて位相を導入した場合，以下の他の公理系は，その中で定理として証明されることになる.

開集合の公理. つぎの性質をもっている S の集合族 $\mathfrak{O}$ を考え，$\mathfrak{O}$ に属する各集合を**開集合**という:

$\mathrm{O_I}$. $\phi\in\mathfrak{O}$, $S\in\mathfrak{O}$;

$\mathrm{O_{II}}$. O_1, $O_2\in\mathfrak{O}$ ならば，$O_1\cap O_2\in\mathfrak{O}$;

O_{III}. $\mathfrak{O}$ に属する任意個数(有限または無限)の集合から成る族 $\{O_\alpha\}$ に対して,

$$\bigcup O_\alpha \in \mathfrak{O}.$$

閉集合の公理. つぎの性質をもっている S の集合族 $\mathfrak{F}$ を考え, $\mathfrak{F}$ に属する各集合を**閉集合**という:

F_{I}. $\phi \in \mathfrak{F}$, $S \in \mathfrak{F}$;

F_{II}. $F_1, F_2 \in \mathfrak{F}$ ならば, $F_1 \cup F_2 \in \mathfrak{F}$;

F_{III}. $\mathfrak{F}$ に属する任意個数(有限または無限)の集合から成る族 $\{F_\alpha\}$ に対して,

$$\bigcap F_\alpha \in \mathfrak{F}.$$

基本近傍系の公理. 各 $x \in S$ に対して対応させられた S の集合族 $\mathfrak{V}(x)$ がつぎの性質をもつとき, $\mathfrak{V}(x)$ を x の**基本近傍系**という:

V_{I}. $V \in \mathfrak{V}(x)$ ならば $x \in V$;

V_{II}. $V_1, V_2 \in \mathfrak{V}(x)$ ならば, $V_3 \subset V_1 \cap V_2$ であるような $V_3 \in \mathfrak{V}(x)$ が存在する;

V_{III}. $V_1 \in \mathfrak{V}(x)$, $y \in V_1$ ならば, $V_2 \subset V_1$ であるような $V_2 \in \mathfrak{V}(y)$ が存在する.

注意. $\mathfrak{V}(x)$ が基本近傍系であるというのは, x の近傍の族で, x の任意の近傍 U に対して, つねに $V \subset U$ であるような $V \in \mathfrak{V}(x)$ が存在することである.

x の近傍をすべて集めたもの $\mathfrak{U}(x)$——**全近傍系**——に対しては, V_{I} と下の U_{II}, U_{III} がその公理系となる:

U_{II}. $U_1, U_2 \in \mathfrak{U}(x)$ ならば, $U_1 \cap U_2 \in \mathfrak{U}(x)$;

U_{III}. $U \in \mathfrak{U}(x)$, $y \in U$ ならば, $U \in \mathfrak{U}(y)$.

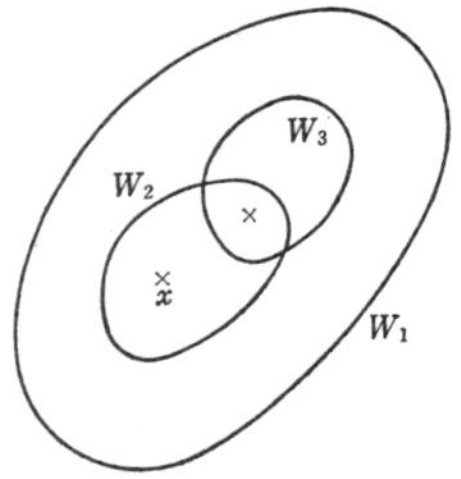

図 1.1

また, 近傍を一般近傍の意味にとったとき, 基本近傍系 $\mathfrak{W}(x)$ に対する公理は, V_{I}, V_{II} および下の W_{III} となる:

W_{III}. $W_1 \in \mathfrak{W}(x)$ ならば, $W_2 \in \mathfrak{W}(x)$ が存在して, 各 $y \in W_2$ に対して, 適当に $W_3 \in \mathfrak{W}(y)$ をとれば, $W_3 \subset W_1$.

閉包の公理. S の各集合 A に対して, 集合 $\bar{A}$ を対応させる対応が, つぎの性質をもっているとき, この対応を閉包演算, $\bar{A}$ を A の**閉包**という:

C_{I}. $A \subset \bar{A}$;

C_{II}. $\bar{\bar{A}} = \bar{A}$ ($\bar{\bar{A}}$ は $\bar{A}$ の閉包);

C_{III}. $\overline{A \cup B} = \bar{A} \cup \bar{B}$;

C_{IV}. $\bar{\phi} = \phi$.

1.1.3. 点と集合の関係. 位相空間 S の集合 A に対して, S の点 x のいろいろな関係が考えられる.

触点: x の任意の近傍が A と交わるとき, x を A の触点という. A の触点の全体が, A の閉包である.

集積点: x の任意の近傍が, x と異なる A の点を含むとき, x を A の集積点という.

A の集積点の全体は**導集合**とよばれる.

内点: x のある近傍が A に含まれるとき, x を A の内点という. A の内点の全体が, A の開核である.

外点: x のある近傍は A と共通部分をもたないというとき, x を A の外点という. A の外点とは, A の補集合 A^c の内点のことである.

境界点: x のいかなる近傍も, A とも A の補集合 A^c とも空でない交わりをもつとき, x を A の境界点という. A の境界点の全体を A の**境界**という. ここでは, A の境界を boundary A と表わす.

1.1.4. 稠密性. 位相空間 S の集合 A に対して, A の部分集合 B の閉包 $\bar{B}$ が A を含むとき, B は A で**稠密**であるという.

特に集合 D が S で稠密であるとき, D はいたるところ稠密であるという. D がいたるところ稠密であるというのは, S のいかなる開集合も D の点を含むことである.

また, 集合 N に対して, $\bar{N}$ が内点をもたないとき, N は**いたるところ非稠密**であるという. N がいたるところ非稠密であるというのは, S のいかなる空でない開集合 O に対しても, 空でない開集合 U で, $U \subset O$, $U \cap N = \phi$ であるようなものが存在することである.

1.2. 収束

S の位相が特別なものである場合は, 点列の収束だけ考えていても十分であるが, 一般の位相空間ではそういうわけにはいかないので, 点の有向系を問題にする. このほかに, フィルターを用いる方法もある.

1.2.1. 有向集合. 集合 $\mathfrak{N}$ の要素の間に, 順序が定義されている, すなわち, $\mathfrak{N}$ の要素のあるものに対して,

$$\nu \leqq \nu'$$

という関係があって, これがつぎの性質をもっているとする:

(1.1) すべての $\nu \in \mathfrak{N}$ に対して $\nu \leqq \nu$; (反射律)

(1.2) $\nu \leqq \nu'$, $\nu' \leqq \nu$ ならば, $\nu = \nu'$; (反対称律)

(1.3) $\nu \leqq \nu'$, $\nu' \leqq \nu''$ ならば, $\nu \leqq \nu''$. (推移律)

このとき, $\mathfrak{N}$ を**順序集合**というが, さらに,

(1.4) 任意の ν, $\nu' \in \mathfrak{N}$ に対して, $\nu \leqq \nu''$, $\nu' \leqq \nu''$ をみたすような $\nu'' \in \mathfrak{N}$ が存在する

ときに, $\mathfrak{N}$ は**有向集合**であるという.

位相空間 S において, 一点 a の基本近傍系 $\mathfrak{V}(a)$ を考えると, V, $V' \in \mathfrak{V}(a)$ に対して,

(1.5) $V \leqq V'$ とは $V' \subset V$ のことである

と定義すれば, 一つの有向集合がえられる. この有向集合は, しばしば利用される.

二つの有向集合 $\mathfrak{N}$, $\mathfrak{M}$ に対して, 直積 $\mathfrak{N} \times \mathfrak{M}$ は,

(1.6) $$(\nu,\ \mu) \leqq (\nu',\ \mu') \rightleftarrows \nu \leqq \nu',\ \mu \leqq \mu'$$

と定義すれば，また一つの有向集合をつくる．

1.2.2. 有向系の収束． 位相空間 S において，一つの有向集合 $\mathfrak{N}$ の各要素に S の点が一つずつ対応させられているとき，これを $\mathfrak{N}$ の上に定義された一つの**有向系**という．

有向系 $\{x_\nu;\ \nu \in \mathfrak{N}\}$ に対して，一点 a があって，a のいかなる近傍 V をとっても，適当な $\nu_0 \in \mathfrak{N}$ があって，$\nu \geqq \nu_0$ ならばつねに $x_\nu \in V$ をみたしているとするならば，このときこの有向系は a に**収束**するという．そして，a をこの有向系の**極限**といって，

$$\lim_{\nu} x_\nu = a$$

とかく．

定理 1.1. 点 a が集合 A の集積点であるための必要十分条件は，A の中から a と異なる点より成る有向系で a に収束するようなものをとり出すことができることである．

証明． [⇒] a の一つの基本近傍系 $\mathfrak{V}(a)$ をとって，(5) のようにして，これを有向集合と考えておく．各 $V \in \mathfrak{V}(a)$ に対して，$V \cap A$ は a 以外の要素を含んでいる．その一つを x_V とすれば，有向系 $\{x_V;\ V \in \mathfrak{V}(a)\}$ は a に収束する．

[⇐] a はこの有向系の集積点，したがって A の集積点である． （証終）

定理 1.2. 有向系の極限は一般にただ一つとは限らない．

空間 S が，その中でどんな有向系をとっても，もし極限が存在するならば一意的に定まるというための必要十分条件は，S がハウスドルフ空間(→§2.1.1)であることである．

証明． [⇒] ハウスドルフ空間でないときは，$a, b \in S$, $a \neq b$ で，a のいかなる近傍をとっても，b の任意の近傍と必ず空でない交わりをもつようなものがある．いま，a, b の基本近傍系 $\mathfrak{V}(a)$, $\mathfrak{V}(b)$ に対して，$V \in \mathfrak{V}(a)$, $W \in \mathfrak{V}(b)$ とすれば，$V \cap W$ は空でないから，要素 $x_{(V,W)}$ を含む．$\{x_{(V,W)};\ V \in \mathfrak{V}(a),\ W \in \mathfrak{V}(b)\}$ は有向集合 $\mathfrak{V}(a) \times \mathfrak{V}(b)$ の上に定義された有向系で，a にも b にも収束する．

[⇐] 有向系 $\{x_\nu;\ \nu \in \mathfrak{N}\}$ は a に収束しているとする．いま，a と異なる点 b をとれば，a の近傍 V と b の近傍 W で，$V \cap W = \phi$ であるようなものがある．$\{x_\nu;\ \nu \in \mathfrak{N}\}$ は a に収束しているから，

$$(\exists \nu_0 \in \mathfrak{N})\ (\nu \geqq \nu_0 \Rightarrow x_\nu \in V).$$

そこで，どのように ν_1 をとっても，$\nu \geqq \nu_0$, $\nu \geqq \nu_1$ なる $\nu \in \mathfrak{N}$ が存在し，$x_\nu \in V$, したがって $x_\nu \notin W$. これは，$\{x_\nu;\ \nu \in \mathfrak{N}\}$ が b には収束していないことを示す． （証終）

注意． 空間 S において，どのような有向系が収束するかということを考え，その収束のみたすべき条件を公理系によって規定して，逆に収束概念から位相を導入することもできる．

1.3. 写像

1.3.1. 一般の写像． S および S' を二つの空間とする．S の集合 D に属する各点に，S' の点を一つずつ対応させるような対応 f を，D から S' への**写像**といい，

$$f\colon D \to S'$$

というような記号を用いる．

D をこの写像の**定義域**;

$x \in D$ に対応する S' の点 $f(x)$ をこの写像による x の**像**;

$A \subset D$ に対して，$f(A)=\{f(x);\ x \in A\}$ を集合 A の**像**;

$A' \subset S'$ に対して，$f^{-1}(A')=\{x;\ f(x) \in A'\}$ を集合 A' の**原像**

という．

これらの間には，つぎの関係が成り立つ:

$$f(A \cup B)=f(A) \cup f(B), \qquad f^{-1}(A' \cup B')=f^{-1}(A') \cup f^{-1}(B'),$$
$$f(A \cap B) \subset f(A) \cap f(B), \qquad f^{-1}(A' \cap B')=f^{-1}(A') \cap f^{-1}(B'),$$
$$f(A \cap f^{-1}(B'))=f(A) \cap B',$$
$$f(A-B) \supset f(A)-f(B), \qquad f^{-1}(A'-B')=f^{-1}(A')-f^{-1}(B'),$$
$$f^{-1}(A'^c)=D-f^{-1}(A'),$$
$$f(f^{-1}(A'))=A' \cap f(D), \qquad f^{-1}(f(A)) \supset A.$$

もっと一般に，

$$f(\bigcup A_\alpha)=\bigcup f(A_\alpha), \qquad f^{-1}(\bigcup A_\alpha')=\bigcup f^{-1}(A_\alpha'),$$
$$f(\bigcap A_\alpha) \subset \bigcap f(A_\alpha), \qquad f^{-1}(\bigcap A_\alpha')=\bigcap f^{-1}(A_\alpha').$$

1.3.2. 連続写像. S, S' を二つの位相空間とする．写像 $f: S \to S'$ が**一点 a において連続**であるというのは，$a'=f(a)$ の S' における近傍 $U(a')$ を任意に与えたとき，つねに適当な a の S における近傍 $U(a)$ をとることができて，

$$f(U(a)) \subset U(a')$$

であるようにすることができることである．

また，写像 $f: S \to S'$ が**連続**であるというのは，f が S の各点で連続であることである．

定理 1.3. 写像 $f: S \to S'$ が連続であることと，つぎの I, II, III のおのおのとは同値である:

I. S' の開集合 O' に対して，$f^{-1}(O')$ は S の開集合である;

II. S' の閉集合 F' に対して，$f^{-1}(F')$ は S の閉集合である;

III. S の任意の集合 A に対して，$f(\bar{A}) \subset \overline{f(A)}$.

証明. 連続性 $\Rightarrow$ I. $a \in f^{-1}(O') \Rightarrow f(a) \in O' \Rightarrow \exists U'$: $f(a)$ の近傍，$U' \subset O' \Rightarrow \exists U$: a の近傍，$f(U) \subset U'(\subset O') \Rightarrow U \subset f^{-1}(O')$. ゆえに，$f^{-1}(O')$ は開集合．

I $\Rightarrow$ 連続性．$U(a')$ を $a'=f(a)$ の近傍とする．$U(a')$ は開集合．ゆえに，$f^{-1}(U(a'))$ は開集合，かつ $\ni a$. ゆえに，$\exists U(a)$: a の近傍，$U(a) \subset f^{-1}(U(a'))$. すなわち，$f(U(a)) \subset U(a')$.

I $\rightleftarrows$ II. O'^c は閉集合．F'^c は開集合．$f^{-1}(O'^c)=f^{-1}(O')^c$, $f^{-1}(F'^c)=f^{-1}(F')^c$ から従う．

II $\Rightarrow$ III. $f(A) \subset \overline{f(A)}$ ゆえに，$A \subset f^{-1}(f(A)) \subset f^{-1}(\overline{f(A)})$. $\overline{f(A)}$ は閉集合であるから，$f^{-1}(\overline{f(A)})$ は閉集合．ゆえに，$\bar{A} \subset f^{-1}(\overline{f(A)})$. ゆえに，$f(\bar{A}) \subset \overline{f(A)}$.

III ⇒ II．$A=f^{-1}(F')$ とする．$f(\bar{A})\subset\overline{f(A)}\subset\overline{F'}=F'$．ゆえに，$\bar{A}\subset f^{-1}(F')=A$．ゆえに，$A=\bar{A}$．すなわち，$f^{-1}(F')$ は閉集合． （証終）

定理 1.4. 写像 $f: S\to S'$ が点 a で連続であるための必要十分条件は，a に収束する S の点の有向系 $\{x_\nu;\ \nu\in\mathfrak{N}\}$ に対して，つねに

$$\lim_\nu f(x_\nu)=f(a)$$

証明. [⇒] $a'=f(a)$ の近傍 $U(a')$ を任意にとる．$\exists\, U(a)$: a の近傍，$f(U(a))\subset U(a')$．$\exists\,\nu_0$: $\nu\geqq\nu_0\Rightarrow x_\nu\in U(a)$．$\Rightarrow f(x_\nu)\in U(a')$．ゆえに，

$$\lim_\nu f(x_\nu)=a'.$$

[⇐] f が a で連続でないとすれば，適当な $a'=f(a)$ の近傍 $U(a')$ に対して，a の近傍 V をどのようにとっても，$f(V)\not\subset U(a')$．あるいは，$V\not\subset f^{-1}(U(a'))$．そこで，$a$ の基本近傍系 $\mathfrak{V}(a)$ の各近傍 V に対し，$x_V\in V$，$\notin f^{-1}(U(a'))$ であるような x_V を一つずつ対応させる．そうすれば，$\{x_V;\ V\in\mathfrak{V}(a)\}$ は a に収束するが，$f(x_V)$ はつねに $\notin U(a')$ で，$\{f(x_V);\ V\in\mathfrak{V}(a)\}$ は $f(a)$ に収束しない． （証終）

1.3.3. 位相写像. S, S' を二つの位相空間とする．写像 $f: S\to S'$ が

(1.7) 全射: $f(S)=S'$

かつ

(1.8) 単射: $x\neq x'$ ならばつねに $f(x)\neq f(x')$

(すなわち，全単射)であるとする．このような写像に対しては，S' の点 y に対して，$f(x)=y$ であるような $x\in S$ が一意的に定まるから，y にこの x を対応させることによって，逆写像 $f^{-1}: S'\to S$ がえられる．

このとき，もし f も f^{-1} も連続写像であるならば，f は**位相写像**であるといい，またこのとき，S と S' とは**位相同型**または**同相**であるという．

S, S' が位相写像 f によって位相同型であるならば，両者における位相概念は，f を媒介として一致する．たとえば S の開集合 O に対して，$f(O)$ は S' における開集合となる．S' の一点 y の一つの基本近傍系 $\mathfrak{V}(y)$ に対して，$\{f^{-1}(V');\ V'\in\mathfrak{V}(y)\}$ は S の点 $x=f^{-1}(y)$ の基本近傍系となる．

1.3.4. 位相の強弱. 一つの空間 S に対しては，いろいろな位相が導入できる．いま，二つの位相 $\mathfrak{T}^{(1)}, \mathfrak{T}^{(2)}$ を考えたとき，位相 $\mathfrak{T}^{(i)}$ に関する開集合(以下 $\mathfrak{T}^{(i)}$開集合という．他も同様)の族を $\mathfrak{O}^{(i)}$，$\mathfrak{T}^{(i)}$閉集合の族を $\mathfrak{F}^{(i)}$，全 $\mathfrak{T}^{(i)}$近傍系を $\mathfrak{V}^{(i)}(x)$ とすると，

$$\mathfrak{O}^{(1)}\supset\mathfrak{O}^{(2)},$$

$$\mathfrak{F}^{(1)}\supset\mathfrak{F}^{(2)},$$

$$\mathfrak{V}^{(1)}(x)\supset\mathfrak{V}^{(2)}(x)\quad (すべての\ x\ について)$$

は同じことになる．これが成り立っているとき，位相 $\mathfrak{T}^{(1)}$ は位相 $\mathfrak{T}^{(2)}$ よりも**強い**または**細かい**といい，$\mathfrak{T}^{(2)}$ は $\mathfrak{T}^{(1)}$ より**弱い**または**粗**(あら)**い**という．

このことはまた，S に位相 $\mathfrak{T}^{(1)}$ を導入した位相空間を $S^{(1)}$，$\mathfrak{T}^{(2)}$ を導入した位相空間を $S^{(2)}$ とするとき，S の恒等写像 i，すなわち各 x を自分自身に写す写像が，これを

$S^{(1)}$ から $S^{(2)}$ への写像とみて連続であることといってもよい.

定理 1.5. 位相 $\mathfrak{T}^{(1)}$ が位相 $\mathfrak{T}^{(2)}$ より強いための必要十分条件は，つぎの I, II のいずれかが成り立つことである:

I. S の各点 x の任意の $\mathfrak{T}^{(2)}$近傍 W に対して，$\mathfrak{T}^{(1)}$近傍 V で，$V\subset W$ であるようなものが存在する;

II. 集合 A の $\mathfrak{T}^{(i)}$閉包を $\bar{A}^{(i)}$ とするとき，$\bar{A}^{(1)}\subset\bar{A}^{(2)}$.

証明. $\mathfrak{T}^{(1)}$ が $\mathfrak{T}^{(2)}$ より強い $\Rightarrow$I. W はまた $\mathfrak{T}^{(1)}$開集合. ゆえに，x の $\mathfrak{T}^{(1)}$近傍 V が存在して，$V\subset W$.

I $\Rightarrow$ II. $x\in\bar{A}^{(1)}$ なら，x の $\mathfrak{T}^{(2)}$近傍 W を任意にとり，$V\subset W$ なる $\mathfrak{T}^{(1)}$近傍をとれば，$V\cap A\neq\phi$. ゆえに，$W\cap A\neq\phi$. ゆえに，$x\in\bar{A}^{(2)}$. ゆえに，$\bar{A}^{(1)}\subset\bar{A}^{(2)}$.

II $\Rightarrow\mathfrak{T}^{(1)}$ が $\mathfrak{T}^{(2)}$ より強い. F を $\mathfrak{T}^{(2)}$閉集合とすれば，$\bar{F}^{(2)}=F$. ゆえに，$\bar{F}^{(1)}\subset\bar{F}^{(2)}$ より，また，$\bar{F}^{(1)}=F$. ゆえに，F は $\mathfrak{T}^{(1)}$, 閉集合. ゆえに，$\mathfrak{F}^{(1)}\supset\mathfrak{F}^{(2)}$.　(証終)

例題 1. 空間 S において，いちばん弱い位相といちばん強い位相を定めよ.

［解］ いちばん弱い位相は，$\mathfrak{O}=\{\phi, S\}$ としたものである. ——これを**トリビアルな位相**という.

いちばん強い位相は，S のすべての集合を開集合としたものである. ——これを**離散位相**という.　(以上)

1.4. 部分空間

S を一つの位相空間とし，T をその任意の集合とする. いま，S の開集合族 $\mathfrak{O}$ に対して，

$$O\cap T \qquad (O\in\mathfrak{O})$$

の形の集合の全体を考えると，これを開集合族として，T に位相が導入される. これを S からの**相対位相**といい，この位相に関して T を位相空間と考えるとき，T を S の**部分空間**という.

集合 $A(\subset T)$ の，相対位相に関する閉包は，$\bar{A}\cap T$ ($\bar{A}$ は A の S における閉包)となる. また，T の相対位相に関する閉集合は $F\cap T$ (F は S の閉集合)という形をした集合である.

1.5. 直積空間

S, T を二つの空間とする. S, T からそれぞれ一点ずつ x, y をとってならべた組 (x, y) の全体を $S\times T$ で示す. また一般に，$A\subset S$, $B\subset T$ に対して，$S\times T$ の点 (x, y) $(x\in A,\ y\in B)$ の全体を $A\times B$ で示す.

S, T が位相空間であるときは，S の各点 x の基本近傍系を $\mathfrak{V}(x)$, T の各点 y の基本近傍系を $\mathfrak{W}(y)$ として，$S\times T$ の点 (x, y) の基本近傍系を

$$V\times W \qquad (V\in\mathfrak{V}(x),\ W\in\mathfrak{W}(y)) \tag{1.9}$$

という集合の全体として，$S\times T$ に位相が導入される. $S\times T$ をこのようにして位相空間と考えたとき，これを位相空間としての**直積**という.

つぎに，写像 p_S を

$$p_S: S\times T\to S,\qquad p_S(x,\ y)=x$$

によって定める．これを $S\times T$ から S への**射影**という．

定理 1.6. 射影 p_S は，連続かつ開写像である．

ここに**開写像**というのは，開集合の像が必ず開集合であるような写像という意味である．

証明. $p_S(A\times B)=A$, $p_S^{-1}(A)=A\times T$ であるから，連続写像であることは容易に知られる．

開写像であることをみるために，O を $S\times T$ の開集合とすれば，$x\in p_S(O)$ に対して，$(x,\ y)\in O$ であるような $y\in T$ がある．(9) から，x の近傍 V と y の近傍 W があって，$V\times W\subset O$. ゆえに，$V=p_S(V\times W)\subset p_S(O)$. したがって，$p_S(O)$ は開集合．

（証終）

1.6. 商空間

1.6.1. 同一化と商空間. 空間のいくつかの点を同じ点とみなして新しい空間をつくることは，よく行なわれる．よく現われる二，三の例をあげる．

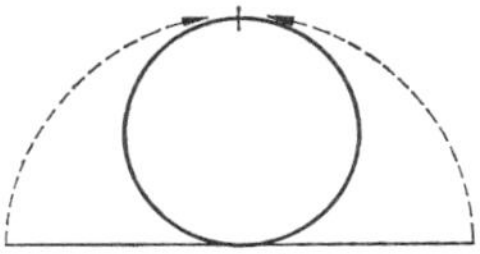

図 1.2

例 1. 線分と円．線分の両端を同一視してしまうと円になる(→ 図 1.2).

例 2. 長方形の相対する二辺をはり合わせると円筒ができる(→ 図 1.3.1). さらに，その一方のはしを全部同一点とみなすと円錐になる(→ 図 1.3.2). さらに，他方のはしも同一点とみなすと球になる(→ 図 1.3.3).

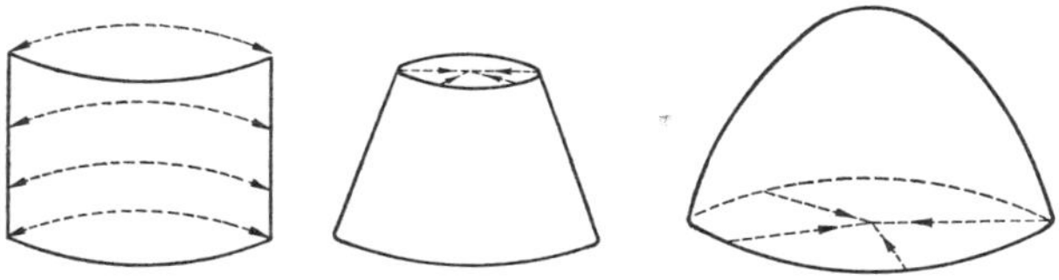

図 1.3.1　　図 1.3.2　　図 1.3.3

例 3. 長方形の相対する二辺を逆の向きにはりあわせると，いわゆる**メービウスの帯**となる(→ 図 1.4).

例 4. 長方形の相対する二組の対辺をはり合わせると，ドーナツ形の面ができる(→ 図 1.5). これを**円環面**という．

例 5. 射影平面．一つの円板でその周上の2点で直径の両端になっているようなものを同一視したものは，射影平面と位相同型になる(→ 図 1.6).

一つの空間のいくつかの点を同一のものとみなして新しい空間をつくったとき，この新しい空間をもとの空間の**商空間**という．

1.6.2. 同値関係と商空間. 空間 S の要素の間に，同値関係が定義されている，すな

図 1.4

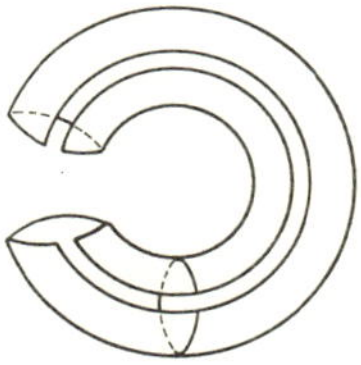

図 1.5

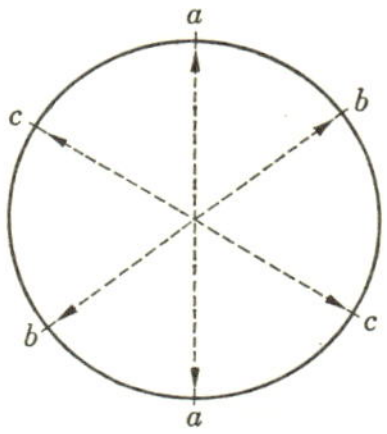

図 1.6

わち，S の要素のあるものに対して，

$$x \sim y$$

という関係があって，これがつぎの性質をもっているとする:

(1.10) すべての $x \in S$ に対して $x \sim x$; （反射律）

(1.11) $x \sim y$ ならば，$y \sim x$; （対称律）

(1.12) $x \sim y$, $y \sim z$ ならば，$x \sim z$. （推移律）

同値関係 $\sim$ について，

$$C_x = \{u;\ u \sim x\}$$

を x を含む**同値類**という．これらは，二つずつ共通部分をもたないか または全く同じ集合となる:

$$C_x \cap C_y = \phi \quad \text{または} \quad C_x = C_y.$$

空間 S における同値関係 $\sim$ に対して，相異なる同値類をそれぞれ新たに要素と考えてつくった空間を，S の同値関係 $\sim$ に関する**商空間**といい，$S/\sim$ で表わす．S から $S/\sim$ をつくることを**類別**といい，また $x \in S$ に対して，$C_x \in S/\sim$ を対応させる写像

$$\pi\colon S \to S/\sim, \quad \pi(x) = C_x$$

を**自然写像**という．

以上は，§1.6.1 の同一化ということを，数学的に表現したものにほかならない．

1.6.3. 商空間の位相. S を一つの位相空間とし，S においてある同値関係 $\sim$ を考え，それに関する商空間 $S' = S/\sim$ につぎのようにして位相を導入する:

すなわち，$O' \subset S'$ が開集合であるとは，$\pi^{-1}(O')$ が開集合のこととする．

これは，π が連続となるような位相のうちで一番強いものを S' に導入したことになる．

商空間の位相は一般に複雑であるが，特に，各同値類が閉集合であるような場合でないと，あまりうまい性質は期待できない．

2. 位相的性質

2.1. 分離公理

2.1.1. 点を分離する公理.

T_0 **分離公理**: 相異なる二点 x, y に対して，そのいずれかの近傍で，他を含まないものがある.

T_1 **分離公理**: 相異なる二点 x, y に対して, x の近傍で y を含まないものおよび y の近傍で x を含まないものがある.

T_2 **分離公理(ハウスドルフの分離公理)**: 相異なる二点 x, y に対して, x の近傍 V, y の近傍 W で, $V \cap W = \phi$ であるようなものがある.

T_0 分離公理をみたす位相空間を T_0 **空間**という.

T_1 分離公理をみたす位相空間を T_1 **空間**という. 位相空間が T_1 空間であるというのは, その一点から成る集合がすべて閉集合であるというのと同じことになる.

また T_1 空間では, 点 a と集合 A に関して, つぎの三つの性質は互いに同値になる:

I. a のいかなる近傍も, a と異なる A の点を含む. すなわち, A の集積点である;

II. A の中から, a と異なる点ばかりから成る有向系 $\{x_\nu;\ \nu \in \mathfrak{N}\}$ で, a に収束するようなものをとり出すことができる;

III. a のいかなる近傍も, A の点を無限に多く含む.

つぎに, T_2 分離公理をみたす位相空間を**ハウスドルフ空間**または分離空間という. ハウスドルフ空間では, 収束する有向系の極限の単一性が成り立つ. → 定理 1.2

2.1.2. 閉集合を分離する公理.

正則性の公理: 一点 a と a の任意の近傍 W に対して, a の近傍 V で, $\bar{V} \subset W$ であるようなものが存在する.

正則性の公理をみたす T_1 空間を**正則空間**という.

正規性の公理: 二つの共通部分をもたない閉集合 A, B に対して, それぞれを含む開集合 O_A, O_B で, $O_A \cap O_B = \phi$ であるようなものがある.

あるいは, 閉集合 A と, A を含む開集合 O に対して, $A \subset U \subset \bar{U} \subset O$ であるような開集合 U が存在する とのべてもよい.

正規性の公理をみたす T_1 空間を**正規空間**という.

定理 2.1. S を正規空間とする. S において, 任意に二つの共通部分をもたない閉集合 A_0, A_1 をとるとき, S において定義された実数値連続函数 $f(x)$ で,

$$0 \leqq f(x) \leqq 1 \qquad (\text{すべての } x \in S \text{ について}),$$
$$f(x) = 0 \qquad (\text{すべての } x \in A_0 \text{ について}),$$
$$f(x) = 1 \qquad (\text{すべての } x \in A_1 \text{ について})$$

であるようなものが存在する. **(ウリソーンの補題)**

証明. $A_1{}^c = O_1$ とおけば, O_1 は開集合で $A_0 \subset O_1$. そこで, $A_0 \subset O_{1/2} \subset \bar{O}_{1/2} \subset O_1$ なる開集合 $O_{1/2}$ が存在する. これを続けて, 二進分数 $\alpha = k/2^m$ ($k=1, 2, \cdots, 2^m$; $m=1, 2, \cdots$) に対して, 開集合 O_α を

$$\alpha < \beta \quad \text{ならば,} \quad A_0 \subset O_\alpha \subset \bar{O}_\alpha \subset O_\beta \tag{2.1}$$

なるようにとることができる. そこで,

(2.2) $$f(x)=\begin{cases}\inf\{\alpha;\ x\in O_\alpha\} & (x\in O_1),\\ 1 & (x\notin O_1)\end{cases}$$

とおけば，これが定理にいうような連続函数である．（証終）

これから，つぎの定理がみちびかれる:

定理 2.2. S は正規空間であるとし，D をその一つの閉集合とする．いま，D を定義域とする有界な実数値連続函数 $f(x)$ があるとき，S 全体において定義された連続関数 $g(x)$ で，D 上では $f(x)$ と一致するようなものが存在する．

完全正則性の公理: 位相間 S において，一点 a と，a の任意の近傍 V に対して，S 上の連続函数 $f(x)$ で，

$$0\leqq f(x)\leqq 1 \quad (\text{すべての } x\in S \text{ について}),$$
$$f(a)=0,$$
$$f(x)=1 \quad (x\notin V \text{ のとき})$$

であるようなものが存在する．

完全正則性の公理をみたす T_1 空間を**完全正則空間**という．

2.2. 可算公理

2.2.1. 第一可算公理. 位相空間 S の各点において，可算個の集合から成る基本近傍系がとれるとき，S は**第一可算公理**をみたすという．

例えば，距離空間(→§ 3.1)は第一可算公理をみたす．

第一可算公理をみたす空間では，一般の有向系の収束を考えずとも，点列の収束だけで，収束の議論(例えば定理 1.1)はうまくいく．

2.2.2. 第二可算公理. 位相空間 S の開集合のある族 $\mathfrak{U}=\{U\}$ は，任意の開集合 O とその任意の一点 x に対して，$x\in U\subset O$ となる $U\in\mathfrak{U}$ が存在するとき，**開集合の基**であるという．

特に，可算個の集合から成る族で，S の開集合の基をなすものがあるとき，S は**第二可算公理**をみたすという．

S が第二可算公理をみたすならば，もちろん第一可算公理もみたされる．

また，S が第二可算公理をみたすならば，S の中には稠密な可算集合が存在する．このとき，S は**可分**であるという．距離空間(→§3.1)ではこの逆も成り立つ．しかし，一般には，第一可算公理があっても，この逆は成立しない．

2.3. 被覆

2.3.1. 被覆. 位相空間 S の集合の族 $\{A_\alpha\}$ があって，S のある集合 A に対して $A\subset\bigcup A_\alpha$ となるとき，$\{A_\alpha\}$ は A を**被う**といい，また，A の**被覆**であるという．

$\{A_\alpha\}$ が有限集合族，すなわち A_α が全部で有限個というような場合は**有限被覆**;

$\{A_\alpha\}$ が可算集合族というような場合は**可算被覆**;

任意の $x\in A$ に対して，x の近傍 V を適当にとれば，V は有限個の A_α とのみ空でない交わりをもつというとき，**局所有限被覆**;

A_α がすべて開集合であるとき，**開被覆**という．

2.3.2. 部分被覆と細分． A の一つの被覆 $\{A_\alpha\}$ に対して，$\{A_\alpha\}$ の一部分 $\{A_{\alpha(\kappa)}\}$ で A の被覆になっているようなものがあるとき，これを**部分被覆**という．

A の二つの被覆 $\{A_\alpha\}$, $\{B_\beta\}$ があって，どの B_β をとっても，B_β はある A_α に含まれるというとき，$\{B_\beta\}$ は $\{A_\alpha\}$ の**細分**であるという．

例えば，正規空間では，その閉集合 A の任意の有限開被覆 $\{O_k;\ k=1,\ 2, \cdots, n\}$ に対して，開被覆 $\{U_k;\ 1,\ 2, \cdots, n\}$ で，$\bar{U}_k \subset O_k$ であるようなものがとれる．

位相空間 S の任意の開被覆から，いつでも可算部分被覆がとり出せるとき，S は**リンデレーフの性質**をもつという．

定理 2.3． 第二可算公理をみたす位相空間 S では，その任意の集合 A に対して，A の開被覆 $\{O_\alpha\}$ から可算部分被覆をとり出すことができる．すなわち，S の任意の部分空間がリンデレーフの性質をもつ．

証明． S の可算基を $U_1, U_2, \cdots$ として，この中から，いずれかの O_α に対して $U_k \subset O_\alpha$ となっているものを全部とり出して，$U_{m(1)}, U_{m(2)}, \cdots$ とする．各 $U_{m(k)}$ に対しては，そのとり方から $U_{m(k)}$ を含んでいるような O_α が必ずあるわけであるから，その一つをとって $O_{\alpha(k)}$ とする．このようにして選ばれた $\{O_{\alpha(k)};\ k=1,\ 2, \cdots\}$ は A の可算部分被覆である． （証終）

2.4. コンパクト性

2.4.1. 定義． 位相空間 S の集合 A は，その任意の開被覆 $\{O_\alpha\}$ から，いつでも有限部分被覆をとり出すことができる，すなわち，有限個の $O_{\alpha(1)}, \cdots, O_{\alpha(n)}$ をとり出して，

$$A \subset \bigcup_{k=1}^{n} O_{\alpha(k)}$$

であるようにできるとき，**コンパクト**な集合であるという．

また，S 自身がコンパクトであるとき，S はコンパクトな空間であるという．

位相空間の集合 A がコンパクトであることと，部分空間 A がコンパクトであることとは同じことになる．

注意． コンパクト性を利用するのには，ハウスドルフ空間でないとあまりうまくいかない．ブルバキ流では，コンパクトの定義自身の中に，ハウスドルフ空間であることも仮定するのであるが，ここでは上の定義を用いる．

2.4.2. 諸定理． コンパクト性はきわめて有用な性質であるので，多くのことがこの仮定のもとに成り立つ．

定理 2.4． S をコンパクト空間，A をその閉集合とすれば，A はコンパクト集合である．

証明． A の開被覆 $\{O_\alpha\}$ に対して，$\{O_\alpha\} \cup \{A^c\}$ は S の開被覆になり，これから，S の有限部分被覆 $\{O_{\alpha(k)};\ k=1,\ 2, \cdots, n\} \cup \{A^c\}$ がえられる．このとき，$\{O_{\alpha(k)};\ k=1,\ 2, \cdots, n\}$ は A の被覆． （証終）

定理 2.5． S をハウスドルフ空間とすれば，S のコンパクト集合は，すべて閉集合で

ある.

証明. A を S のコンパクト集合とする. $a \notin A$ とすると, 各 $x \in A$ に対して, x の近傍 $U(x)$ と a の近傍 V_x を, $U(x) \cap V_x = \phi$ であるように選べる. $\{U(x);\ x \in A\}$ は A の開被覆だから, これから有限部分被覆 $\{U(x(k));\ k=1, 2, \cdots, n\}$ をとり出せる. このとき, $V = \bigcap_{k=1}^{n} V_{x(k)}$ は a の近傍で, かつ, $V \cap A = \phi$. ゆえに, $a \notin \bar{A}$. したがって, a は閉集合である. (証終)

定理 2.6. コンパクト・ハウスドルフ空間 S は, 正規空間である.

証明. A, B を S の閉集合で, $A \cap B = \phi$ であるとする. 各 $x \in A$, $y \in B$ に対して, x の近傍 $U_y(x)$ と y の近傍 $V_x(y)$ で, $U_y(x) \cap V_x(y) = \phi$ となるものがある. $\{V_x(y);\ y \in B\}$ は B の開被覆. B はコンパクトであるから(→ 定理 2.4), これから有限部分被覆 $\{V_x(y(k));\ k=1, \cdots, n\}$ がとり出せる. このとき, $U(x) = \bigcap_{k=1}^{n} U_{y(k)}(x)$, $V_x = \bigcup_{k=1}^{n} V_x(y(k))$ とすれば, $U(x)$ は x の近傍, V_x は B を含む開集合で, $U(x) \cap V_x = \phi$. ここで再び, 有限個の $x(1), \cdots, x(m)$ をとって, $\{U(x(s));\ s=1, \cdots, m\}$ が A を被うようにし, $U = \bigcup_{s=1}^{n} U(x(s))$, $V = \bigcap_{s=1}^{n} V_{x(s)}$ とすれば, U, V は開集合で, $A \subset U$, $B \subset V$, $U \cap V = \phi$. すなわち, S において正規性の公理が成立する. (証終)

定理 2.7. S, S' を位相空間, f: $S \to S'$ は連続写像とする. A を S のコンパクト集合とすれば, $f(A)$ は S' のコンパクト集合である.

証明. $f(A)$ の開被覆 $\{O_\alpha'\}$ に対して, $\{f^{-1}(O_\alpha')\}$ は A の開被覆である. $f(f^{-1}(O_\alpha')) = O_\alpha'$ から, この有限部分被覆をとって考えればよい. (証終)

定理 2.8. S はコンパクト空間, S' はハウスドルフ空間で, f: $S \to S'$ は連続な全単射(→§1.3.3)であるとすれば, f は位相写像である.

証明. S の閉集合 A はコンパクト(→ 定理 2.4). ゆえに, $f(A)$ はコンパクト(→ 定理 2.7). ゆえに, $f(A)$ は閉集合(→ 定理 2.5). これは, 写像 f^{-1}: $S' \to S$ が連続であることを示している. (証終)

定理 2.9. S, T をコンパクト空間とすれば, $S \times T$ もコンパクトである.

2.4.3. コンパクト性の定義の他の形. 空間 S の集合族 $\{A_\alpha\}$ は, もしその中から任意に有限個の $A_{\alpha(1)}, A_{\alpha(2)}, \cdots, A_{\alpha(n)}$ をとるとき, その共通部分が決して空にならないならば, **有限交差性**をもつという.

定理 2.10. 位相空間 S がコンパクトであるための必要十分条件は, S の閉集合から成る任意の有限交差性をもつ集合族 $\{A_\alpha\}$ に対して, $\bigcap A_\alpha \neq \phi$ が成り立つことである.

証明. もし $\bigcap A_\alpha = \phi$ ならば, $\{A_\alpha{}^c\}$ は S の開被覆. S がコンパクトならば, これから有限部分被覆 $\{A_{\alpha(k)}{}^c;\ k=1, \cdots, n\}$ がとり出せる. このとき, $A_{\alpha(1)} \cap \cdots \cap A_{\alpha(n)} = \phi$. これは有限交差性に反する. 逆も同様に示される. (証終)

つぎに, 位相空間の点の有向系 $\{x_\nu;\ \nu \in \mathcal{N}\}$ に対して, $\bigcap_{\mu \in \mathcal{N}} \overline{\{x_\nu;\ \nu \geqq \mu\}}$ に属する点を, この有向系の**部分極限点**という.

定理 2.11. 位相空間 S がコンパクトであるための必要十分条件は, S の点の任意の有向系が少なくとも一つの部分極限点をもつことである.

証明. 必要条件であることは,定理 2.10 から明らか.

十分条件であることは,いま,$\{O_\alpha\}$ を S の開被覆で,有限部分被覆をもたないものとすれば,任意の有限個の $\alpha(1),\cdots,\alpha(n)$ に対して,$x_{(\alpha(1),\cdots,\alpha(n))}\notin O_{\alpha(1)}\cup\cdots\cup O_{\alpha(n)}$ とすれば,$\{x_{(\alpha(1),\cdots,\alpha(n))}\}$ は部分極限点をもたない有向系となる. (証終)

2.4.4. 相対コンパクト性. 位相空間 S の集合 A は,その閉包 $\bar{A}$ がコンパクトであるとき,**相対コンパクト**という.

2.4.5. 可算コンパクト性と列的コンパクト性. 位相空間 S は,「S の無限集合は少なくとも一つの集積点をもつ」というとき,**可算コンパクト**であるという.

このことは,S の任意の可算開被覆から,つねに有限部分被覆をとり出すことができるということと同じである.

つぎに,位相空間 S は,「S の点列から,つねに,収束する部分列をとり出すことができる」という条件をみたすならば,**列的コンパクト**であるという.

列的コンパクトならば可算コンパクトであるが,逆はいかない.第二可算公理があれば同じことになる.

コンパクト性と列的コンパクト性は,どちらが強いともいえない概念である.

2.4.6. パラコンパクト性. 位相空間 S の任意の開被覆に対して,その細分として局所有限開被覆がとれるとき,S は**パラコンパクト**であるという.

2.5. 連結性

2.5.1. 定義. 位相空間 S の集合 A に対して,

$$A=A_1\cup A_2 \quad \text{かつ} \quad \bar{A}_1\cap A_2=A_1\cap\bar{A}_2=\phi \tag{2.3}$$

と表わしたとき,必ず $A_1=\phi$ または $A_2=\phi$ となるとき,A を**連結**集合という.

また,S 自身連結であるとき,S は連結な空間であるという.

位相空間の集合 A が連結であることと,部分空間 A が連結であることとは同じことになる.

定理 2.12. 位相空間 S が連結であるための必要十分条件は,S の中に開集合でもあり,閉集合でもあるような集合 ($\neq\phi$, $\neq S$) が存在しないことである.

証明. A を S の開かつ閉集合であるとすれば,$S=A\cup A^c$, $\bar{A}\cap A^c=A\cap\overline{A^c}=A\cap A^c=\phi$ と表わされることになる. (証終)

2.5.2. 諸定理.

定理 2.13. A を連結集合とすれば,$A\subset B\subset\bar{A}$ であるような任意の集合 B がまた連結である.

証明. $B=B_1\cup B_2$, $\bar{B}_1\cap B_2=B_1\cap\bar{B}_2=\phi$ とする.$A=(A\cap B_1)\cup(A\cap B_2)$ に対し,$A\cap B_1=\phi$ または $A\cap B_2=\phi$ (A が連結だから).$A\cap B_1=\phi$ とすれば,$B_2=B\cap\bar{B}_2\supset B\cap\overline{A\cap B_2}=B\cap\bar{A}=B$. ゆえに,$B_1=\phi$. (証終)

定理 2.14. 集合族 $\{A_\alpha\}$ において,各 A_α は連結集合で,かつある一点 a を共有しているものとする．そのとき，$\bigcup A_\alpha$ はまた連結集合である．

証明． $B=\bigcup A_\alpha$ として，$B=B_1\cup B_2$, $\bar{B}_1\cup B_2=B_1\cap\bar{B}_2=\phi$ であるように表わしたとする．そうすれば，$A_\alpha=(A_\alpha\cap B_1)\cup(A_\alpha\cap B_2)$ から，$A_\alpha\cap B_1=\phi$ または $A_\alpha\cap B_2=\phi$. $a\in B_1$ とすれば，$A_\alpha\cap B_2=\phi$. ゆえに，$B_2=B\cap B_2=\bigcup A_\alpha\cap B_2=\phi$. したがって，$B$ は連結集合．（証終）

定理 2.15． 連続写像 f: $S\to S'$ があるとき，S の連結集合 A に対して，$f(A)$ は S' の連結集合である．

証明． $B=f(A)$ として，$B=B_1\cup B_2$, $\bar{B}_1\cap B_2=B_1\cap\bar{B}_2=\phi$ であるように表わしたとする．$A_1=A\cap f^{-1}(B_1)$, $A_2=A\cap f^{-1}(B_2)$ とすれば，$A=A_1\cup A_2$ で，$\bar{A}_1\cap A_2\subset\overline{f^{-1}(B_1)}\cap f^{-1}(B_2)\subset f^{-1}(\bar{B}_1)\cap f^{-1}(B_2)=f^{-1}(\bar{B}_1\cap B_2)=\phi$. 同様に，$A_1\cap\bar{A}_2=\phi$. ゆえに，$A_1=\phi$, または $A_2=\phi$. $A_1=\phi$ とすれば，$B_1=f(A\cap f^{-1}(B_1))=\phi$. これは，$B$ が連結であることを示す．（証終）

定理 2.16． S, T を連結空間とすれば，$S\times T$ も連結である．

例題 1． 位相空間 S の任意の二点 x_0, x_1 に対して，x_0, x_1 を結ぶ**曲線**，すなわち連続写像 f: $[0, 1]\to S$ で $f(0)=x_0$, $f(1)=x_1$ であるようなものが存在するとき，S は**弧状連結**であるという．弧状連結な空間は連結である．

［**解**］ 曲線 $x(t)$ に対して集合 $\{x(t);\ 0\leqq t\leqq 1\}$ は連結集合(→ 定理 2.15). x_0 を固定して，S の点 x_1 をいろいろ考え，x_0, x_1 を結ぶ曲線の和集合を考えれば連結(→ 定理 2.14). それは S である．（以上）

2.5.3．連結成分． 位相空間 S の集合 A に対して，点 $a\in A$ を含み，A に含まれる最大の連結集合，それは，a を含み A に含まれる連結集合すべての和集合であるが，これを A の a を含む**連結成分**という．

定理 2.17． A の各連結成分は，部分空間 A の閉集合である．二つの連結成分は，完全に一致するか，または共通部分をもたない．

証明． 定理 2.13 によって，A の連結成分 C に対し，C の部分空間 A における閉包 $\bar{C}$ はまた連結．ゆえに，$\bar{C}\subset C$ でなければならない．また，二つの成分 C_1, C_2 に対して，$C_1\cap C_2\neq\phi$ ならば，定理 2.14 によって $C_1\cup C_2$ も連結集合であるから，$C_1\cup C_2\subset C_1$. ゆえに，$C_2\subset C_1$. 同様に，$C_1\subset C_2$ となり，$C_1=C_2$.（証終）

2.6．局所的性質

ある位相的性質に関し，位相空間の各点の基本近傍系で，その各集合がその性質をみたすものがあれば，その空間は**局所的に**その性質をもつという．

2.6.1．局所コンパクト性． 位相空間 S において，S の各点 a に対して，a の基本近傍系 $\mathfrak{V}(a)$ で，各 $V\in\mathfrak{V}(a)$ の閉包 $\bar{V}$ がコンパクトであるようなものがとれるとき，S は**局所コンパクト**であるという．

局所コンパクト・ハウスドルフ空間は完全正則である．この空間は正規空間にはならないが，正規性をやや弱めて，コンパクト集合 A と A を含む開集合 O に対して，$A\subset U$

$\subset\bar{U}\subset O$ であるような開集合 U で，かつ $\bar{U}$ がコンパクトであるようなものが存在する．これを用いれば，正規空間におけるウリソーンの補題と同様の命題が成立し，さらにコンパクト集合 D で定義された連続関数は S 全体に連続に拡張できることがわかる．

コンパクト・ハウスドルフ空間から有限個の点を除けば，局所コンパクト・ハウスドルフ空間になる．この逆として，

定理 2.18. 局所コンパクト・ハウスドルフ空間は，これに一点を付加して，コンパクト・ハウスドルフ空間にできる． **（アレクサンドロフのコンパクト化）**

2.6.2. 局所連結性. 位相空間 S において，S の各点 a に対して，a の基本近傍系 $\mathfrak{V}(a)$ で，各 $V\in\mathfrak{V}(a)$ が連結開集合であるようなものがとれるとき，S は**局所連結**であるという．

局所連結ということは，S の開集合の各連結成分がすべてまた開集合となるということと同じである．

また，§2.5.2 例題1における弧状連結という性質を用いて，**局所弧状連結**ということが，上と同様に定義できる．

3. 一様位相空間

3.1. 距離空間

空間 S の任意の二点 $x,\ y$ に対して，実数 $d(x,\ y)$ が対応して，これがつぎの性質をもっているとする：

(3.1) $$d(x,\ y)\geqq 0,\quad d(x,\ y)=0\rightleftarrows x=y;$$

(3.2) $$d(x,\ y)=d(y,\ x);$$

(3.3) $$d(x,\ y)+d(y,\ z)\geqq d(x,\ z).$$

このとき，$d(x,\ y)$ を**距離**といい，距離の定義されている空間を**距離空間**という．

距離空間では，$x\in S$ と $\varepsilon>0$ に対して，

$$U_\varepsilon(x)=\{y;\ d(x,\ y)<\varepsilon\}$$

とおくと，$\mathfrak{V}(x)=\{U_\varepsilon(x);\ \varepsilon>0\}$，また $\mathfrak{V}'(x)=\{U_{1/n}(x);\ n=1,\ 2,\cdots\}$ は x の基本近傍系をなす．

3.2. 一様空間；定義とその位相的性質

空間 S に対して，$S\times S$ の集合族 $\mathcal{U}=\{U\}$ がつぎの四つの条件をみたしているとする：

i. $U\in\mathcal{U}\Rightarrow\varDelta\subset U$ （$\varDelta$ は対角線集合: $\varDelta=\{(x,\ x);\ x\in S\}$）;

ii. $U\in\mathcal{U}\Rightarrow U^{-1}\in\mathcal{U}$ （$U^{-1}=\{(x,\ y);\ (y,\ x)\in U\}$）;

iii. $U\in\mathcal{U}\Rightarrow\exists V\in\mathcal{U}$: $V\circ V\subset U$ （$V\circ V=\{(x,\ y);\ \exists z((x,\ z)\in V,\ (z,\ y)\in V)\}$;

iv. $U,\ V\in\mathcal{U}\Rightarrow U\cap V\in\mathcal{U}$.

このとき，S に $\mathcal{U}$ によって**一様構造**が定義されるという．一様構造の定義された空間を**一様空間**という．

いま，各 $x\in S$, $U\in\mathcal{U}$ に対して，$U(x)=\{y;\ (x,\ y)\in U\}$ とおくと，$\mathfrak{V}(x)=\{U(x);$

$U\in\mathcal{U}\}$ を x における(一般近傍から成る)基本近傍系として，位相が導入できることがわかる．この位相を**一様位相**という．

一様空間は一様位相に関して，完全正則性の公理をみたす．

距離空間 S に対しては，$\varepsilon>0$ に対して，$U_\varepsilon=\{(x,\ y);\ d(x,\ y)<\varepsilon\}$ とおくと，$\mathcal{U}=\{U_\varepsilon;\ \varepsilon>0\}$ によって一様構造が定義される．

3.3. 一様連続写像

一様空間 $S,\ T$ に対して，それぞれの一様位相を定義する集合族を $\mathcal{U}^S,\ \mathcal{U}^T$ とする．いま，写像 $f\colon S\to T$ に対して，任意の $W\in\mathcal{U}^T$ について，適当に $U\in\mathcal{U}^S$ をとると，

$$(x,\ y)\in U\Rightarrow(f(x),\ f(y))\in W$$

となるとき，f は**一様連続**であるという．

定理 3.1. S が一様位相に関してコンパクトならば，$f\colon S\to T$ が $S,\ T$ の一様位相に関して連続であるとき，f は一様連続である．

3.4. 完備性・完備化

S は $\mathcal{U}$ によって一様構造の定義された一様空間とする．S の有向系 $\{x_\nu;\ \nu\in\mathcal{N}\}$ は，任意の $U\in\mathcal{U}$ に対して，適当な ν_0 をとれば，

$$\nu,\ \mu\geqq\nu_0\Rightarrow(x_\nu,\ x_\mu)\in U$$

となるとき，**コーシー有向系**であるという．

コーシー有向系が一様位相に関して必ず収束するとき，S は**完備**であるという．

定理 3.2. 一様空間 S に対して，つぎのような位相空間 $\tilde{S}$ が存在する：

i. $S\subset\tilde{S}$;

ii. $\tilde{S}$ の一様構造を定義する集合族を $\tilde{\mathcal{U}}$ とすれば，$\mathcal{U}=\{\tilde{U}\cap S\times S;\ \tilde{U}\in\tilde{\mathcal{U}}\}$ は S の一様構造を定義する；

iii. 一様位相に関して，S は $\tilde{S}$ で稠密;

iv. $\tilde{S}$ は完備．

このような $\tilde{S}$ は，一意的に定まる．$\tilde{S}$ を S の**完備化**という．

3.5. 位相群

G が位相空間であり，かつ群でもあって，しかも群演算 $G\times G\ni(x,\ y)\to xy^{-1}\in G$ が連続であるようなものを**位相群**という．

位相群では，単位要素 e の全近傍系 $\mathfrak{U}(e)$ に対して，$U=\{(x,\ y);\ xy^{-1}\in V\}$ $(V\in\mathfrak{U}(e))$ とすれば，U の全体 $\mathcal{U}$ によって，G に一様位相が定義される．

例えば，実数を要素とする n 次の正則行列の全体 $GL(n,\ \boldsymbol{R})$ (一般線形群→I §6.1) などはそのようなものである．

4. 写像のつくる空間

4.1. 種々の位相

位相空間 $S,\ T$ に対して，$\mathcal{F}=\{$連続写像 $f\colon S\to T\}$ を考え，これに適当に位相を導

入して位相空間とすることを考える．

各点収束の位相: 有限個の点 $x_1, \cdots, x_n \in S$, $y_1, \cdots, y_n \in T$ と各 y_k の近傍 W_k を考え，

$$\{f;\ f(x_k) \in W_k \ \ (k=1, \cdots, n)\}$$

という形の集合の全体を開集合の基とする．

この位相に関して，有向系 $\{f_\nu;\ \nu \in \mathcal{N}\}$ が f に収束するための必要十分条件は，各 $x \in S$ について，$\lim_\nu f_\nu(x)=f(x)$ となることである．

コンパクト開位相: コンパクト集合 $C \subset S$ と，開集合 $U \subset T$ について，

$$\{f;\ f(x) \in U \ (\text{すべての } x \in C \text{ について})\}$$

という形の集合の全体を開集合の基とする．

一様位相: T が一様空間ならば，T の一様構造を定義する集合族を $\mathcal{U}$ として，$f_0 \in \mathcal{F}$, $U \in \mathcal{U}$ に対し，

$$\{f; (f_0(x), f(x)) \in U \ \ (\text{すべての } x \in S \text{ について})\}$$

という形の集合の全体を f_0 の基本近傍系とする．

4.2. 同程度連続性

位相空間 S から，一様空間 T への写像の集合 Φ を考える．T の一様構造を定義する集合族を $\mathcal{U}^T$ とする．

S の点 x において，Φ が**同程度連続**であるというのは，任意の $U \in \mathcal{U}^T$ に対して，適当な x の近傍 V をとれば，$y \in V$ のとき，すべての $f \in \Phi$ について，$(f(x), f(y)) \in U$ となることである．

定理 4.1. Φ が S の各点において同程度連続であり，また，各 $x \in S$ について，$\{f(x);\ f \in \Phi\}$ が T の相対的コンパクト集合ならば，Φ はコンパクト開位相に関して相対的コンパクトである．

これをふつうの函数について表現すれば，つぎの定理となる(→ III §5.1.3 定理 5.5):

定理 4.2. S をコンパクト・ハウスドルフ空間とする．S 上の連続函数の集合 Φ は，任意の $\varepsilon>0$ に対して，x の近傍 V を適当にとれば，$y \in V$ ならばすべての $f \in \Phi$ について $|f(x)-f(y)|<\varepsilon$ となるとき，x で同程度連続であるという．もし Φ が無限集合で，S の各点で同程度連続，かつ各点で有界($\{f(x);\ f \in \Phi\}$が有界)ならば，Φ の中から相異なる函数より成る一様収束する列をとり出すことができる．

(アスコリ・アルツェラの定理)

4.3. ワイエルシュトラス・ストウンの定理

定理 4.3. S はコンパクト・ハウスドルフ空間とする．S 上の実数値連続函数の集合 Φ がつぎの条件をみたすとする:

i. 定数値函数は $\in \Phi$;

ii. Φ は環をつくる; すなわち，$f, g \in \Phi$ ならば，$f+g$, $fg \in \Phi$;

iii. Φ は S の点を分離する; すなわち，$x, y \in S$, $x \neq y$ ならば，適当な $f \in \Phi$ をと

れば $f(x)\neq f(y)$.

そのとき，S 上の任意の実数値連続函数 φ に対して，$f_1, f_2, \cdots \in \Phi$ で，φ に一様収束するようなものが存在する．　　　　**（ワイエルシュトラス・ストウンの定理）**

B. 位 相 幾 何

1. ホモロジー理論

1.1. 代数的理論

1.1.1. 単体. p 次元の**単体**というのは，$p+1$ 個の要素の一組 $(a_0\ a_1\ \cdots\ a_p)$ である．これを σ^p または単に σ とかく．

各 a_i を**頂点**という．

p をこの単体の**次元**といい，$p=\dim\sigma$ ともかく．

σ^p の部分集合 σ^q を，σ^p の**面**という．また，このとき，単体 σ^q は σ^p の上にあるという．

σ^p においては，その要素の順序が問題で，これを $(a_{i(0)}\ a_{i(1)}\cdots a_{i(p)})$ のようにならべ変えたときは，順列 $i(0)\ i(1)\cdots i(p)$ が $01\cdots p$ の偶順列であるか奇順列であるかによって，$+\sigma$ または $-\sigma$ とする．σ と $-\sigma$ は**向き**が反対であるという．

二つの単体 σ^p と σ^{p-1} に対して，**結合係数** $[\sigma^p:\sigma^{p-1}]$ をつぎのように定める：

σ^{p-1} が σ^p の面でなければ，$[\sigma^p:\sigma^{p-1}]=0$;

$\sigma^p=(a_0\ a_1\cdots a_p)$，$\sigma^{p-1}=(a_0\ a_1\cdots \check{a}_i\cdots a_p)$ (a_i をはぶいたもの) ならば，

$[\sigma^p:\sigma^{p-1}]=(-1)^i$.

1.1.2. 単体複体. 単体複体というのは，有限個の単体の集合 $K=\{\sigma\}$ で，$\sigma\in K$ ならば，σ のすべての面がまた $\in K$ というようなものをいう．ここで，各単体は向きを定めてあるものとする．

複体 K の**次元** $\dim K$ は，$\dim\sigma$, $\sigma\in K$ の最大値のことである．

結合係数に関して，つぎの関係がある：

$$\sum_i[\sigma^p:\sigma_i^{p-1}][\sigma_i^{p-1}:\sigma^{p-2}]=0; \tag{1.1}$$

ここに，σ_i^{p-1} はすべての $p-1$ 次元単体の上を動く．

1.1.3. 鎖. $K=\{\sigma\}$ を単体複体とするとき，その中の p 次元単体を $\sigma_1^p,\cdots,\sigma_{\alpha(p)}^p$ として，これに整数の係数を掛けて形式的につくった和

$$c^p=g_1\sigma_1^p+\cdots+g_{\alpha(p)}\sigma_{\alpha(p)}^p$$

を，整係数 p 鎖または単に**鎖**という．

ここで，

$$g(-\sigma)=(-g)\sigma,$$
$$\sum g_i\sigma_i^p+\sum g_i'\sigma_i^p=\sum(g_i+g_i')\sigma_i^p,$$

$$g(\sum g_i\sigma_i{}^p)=\sum(gg_i)\sigma_i{}^p$$

と定めると，鎖の全体は加群をつくる．この加群を p **鎖群**といって，$C_p(K)$ で表わす．$C_p(K)$ の零要素は，係数がすべて 0 の鎖である．これを 0 で示す．

1.1.4．境界． 単体 $\sigma^p=(a_0\ a_1 \cdots a_p)$ の**境界** $\partial\sigma^p$ を

(1.2) $$\partial\sigma^p=\sum_i[\sigma^p:\sigma_i{}^{p-1}]\sigma_i{}^{p-1}$$

によって定義する．

また，p 鎖 $c^p=\sum g_k\sigma_k{}^p$ の境界を

(1.3) $$\partial c^p=\sum g_k\partial\sigma_k{}^p$$

によって定義する．

この境界作用素 ∂ は，$C_p(K)$ から $C_{p-1}(K)$ への準同型を与える．

また，結合係数の性質 (1) から，任意の p 鎖 c^p について，

(1.4) $$\partial\partial c^p=0.$$

1.1.5．輪体． 境界が 0 であるような鎖 z^p: $\partial z^p=0$ を p **輪体**あるいは p **サイクル**という．

(4) によって，b^p がもしある $p+1$ 鎖 c^{p+1} の境界: $\partial c^{p+1}=b^p$ になっていれば，b^p は輪体である．

p 輪体の全体は，p 鎖群の部分群をつくる．これを p **輪体群**といい，$Z_p(K)$ で示す．これは境界作用素 ∂: $C_p(K)\to C_{p-1}(K)$ の核である．

ある $p+1$ 鎖の境界になっているような p 鎖の全体は，p 輪体群の部分群をつくる．これを p **境界輪体群**といい，$B_p(K)$ で示す．これは，境界作用素 ∂: $C_{p+1}(K)\to C_p(K)$ の像である．

1.1.6．ホモロジー群．

(1.5) $$B_p(K)\subset Z_p(K)\subset C_p(K)$$

であるが，いま商群

(1.6) $$H_p(K)=Z_p(K)/B_p(K)$$

を考え，これを K の**ホモロジー群**という．

$H_p(K)$ の要素は，輪体を

$$z^p\sim z'^p \rightleftarrows z^p-z'^p=\partial c^{p+1} \quad (\text{ある } c^{p+1} \text{ について})$$

という同値関係によって分類した同値類である． この同値類を**ホモロジー類**といい，$z^p \sim z'^p$ のとき，z^p と z'^p は**ホモローグ**であるという．

例 1． K が n 次元単体 σ およびその面の全体から成る複体 $\varDelta^n$ のとき，$H_0(\varDelta^n)\cong\mathbf{Z}$, $H_p(\varDelta^n)=0$ $(p>0)$.

例 2． K が n 次元単体の $n-1$ 次元以下の面から成る複体 $\dot{\varDelta}^n$（すなわち，単体の表面; $n-1$ 次元球面といってもよい）のとき，$H_p(\dot{\varDelta}^n)\cong\mathbf{Z}$ ($p=0$ または $n-1$)，$=0$（それ以外のとき）．

1.1.7．ベッチ数． $H_p(K)$ は有限生成のアーベル群であるから，アーベル群の基本定

理によって，$H_p(K)$ は自由アーベル群と有限群の直和に分解される．

この自由アーベル群の階数を K の**ベッチ数**といい，$\rho(p)$ で示す．また，有限群の部分を**ねじれ群**という．

1.1.8. オイラー・ポアンカレの公式. K の p 単体の個数を $\alpha(p)$ とし，また，$n=\dim K$ とすれば，

$$\sum_{p=0}^{n}(-1)^p\alpha(p)=\sum_{p=0}^{n}(-1)^p\rho(p)$$

が成立する．この式を**オイラー・ポアンカレの公式**という．そして，この数を複体 K の**オイラー指標**という．

$K=\dot{\varDelta}^3$ に対しては，オイラー・ポアンカレーの公式は，$\alpha(0)-\alpha(1)+\alpha(2)=2$ となる．

（**オイラーの多面体定理**）

1.1.9. ホモロジー群の一般化. 以上では整係数のホモロジー群を扱ったが，任意のアーベル群に対して，その要素を係数とするホモロジー群の議論を，同様につくることができる．

また，複体 K の部分複体 L を考え，L の要素を法とした同値関係を導入して，相対ホモロジー群を考える．

また，無限に多くの単体からできている複体も考える必要がある．

1.2. 幾何学的理論

1.2.1. 重心座標. E^n を n 次元ユークリッド空間とする．$p+1$ 個の点 $a_0, a_1, \cdots, a_p$ $(a_i=(a_{i1}, \cdots, a_{in}))$ は，これらの点が E^n の p 次元部分空間 E^p を張る，すなわち，ベクトル $\overrightarrow{a_0a_1}, \cdots, \overrightarrow{a_0a_p}$ が一次独立(→ I § 4.2)であるとき，**独立**であるという．

部分空間 E^p の点は

(1.7)　　$x=t_0a_0+t_1a_1+\cdots+t_pa_p, \qquad t_0+t_1+\cdots+t_p=1,$

すなわち，$x=(x_1, \cdots, x_n)$ に対して，

$$x_k=t_0a_{0k}+t_1a_{1k}+\cdots+t_pa_{pk} \qquad (k=1,\ 2, \cdots, n)$$

と一意的に表わされる．

E^p の各点 x をこのように表わしたとき，$(t_0, t_1, \cdots, t_p)$ を x の $a_0, a_1, \cdots, a_p$ に関する**重心座標**という．

1.2.2. ユークリッド単体. E^n における $p+1$ 個の独立な点 $a_0, a_1, \cdots, a_p$ に対して，重心座標 $(t_0, t_1, \cdots, t_p)$ が，$t_i\geqq 0$ $(i=0,\ 1, \cdots, p)$ をみたす点の全体は，E^n の中で，$a_0, a_1, \cdots, a_p$ を含む最小の凸集合である．これを $a_0, a_1, \cdots, a_p$ を頂点とする p 次元**ユークリッド単体**(または単に p 単体)とよび，$\overline{a_0a_1\cdots a_p}$ で表わす．

重心座標のいくつか，$t_{i(1)}, \cdots, t_{i(p-q)}$，が 0 に等しいような点の全体は，$a_i$ $(i\neq i(1), \cdots, i(p-q))$ を頂点とする q 次元ユークリッド単体となる．これらは単体 $\overline{a_0a_1\cdots a_p}$ の**面**である．

また，重心座標のどれもが 0 でないような点の集合は，$\overline{a_0a_1\cdots a_p}$ から面の上の点を除いたものである．これをこの単体の**内部**という．

ユークリッド単体 $\overline{a_0 a_1 \cdots a_p}$ に対しては，§1.1.1 の単体 $(a_0\ a_1\ \cdots\ a_p)$ が対応する．これを**抽象単体**とよぶ．そして，単体 $\overline{a_0 a_1 \cdots a_p}$ に単体 $(a_0\ a_1\ \cdots\ a_p)$ の向きをつけて考える．

1.2.3. ユークリッド複体． いま，抽象的単体複体 $K=\{\sigma\}$ において，二条件

(a) K に属する各単体 σ の頂点は E^n の独立な点で，したがって一つのユークリッド単体 $\bar{\sigma}$ を定める；

(b) σ, σ' を K に属する相異なる単体とすれば，対応するユークリッド単体 $\bar{\sigma}, \bar{\sigma}'$ の共通部分は，両者に共通な面である

をみたしているものとする．

このような抽象的単体複体 K に対して，集合 $\bar{K}=\{\bar{\sigma};\ \sigma\in K\}$ を**ユークリッド複体**とよぶ．また，E^n の集合 $|K|=\bigcup\{\bar{\sigma};\ \sigma\in K\}$ を**多面体**という．多面体 $|K|$ に対して，複体 K を $|K|$ の**単体分割**という．

単体複体 K のホモロジー群，ベッチ数等を，多面体 $|K|$ のホモロジー群，ベッチ数等という．

1.2.4. 細分． ユークリッド複体 $\bar{K}=\{\bar{\sigma}\}$ に対して，ユークリッド複体 $\bar{L}=\{\zeta\}$ は，

(a) 各 $\zeta\in\bar{L}$ に対して，$\zeta\subset\bar{\sigma}$ であるような $\bar{\sigma}\in\bar{K}$ がある；

(b) 各 $\bar{\sigma}\in\bar{K}$ は，それに含まれる $\zeta\in\bar{L}$ の和集合である．

をみたすときに，$\bar{K}$ の**細分**であるという．

このとき，K, L のホモロジー群は同型である．

1.2.5. 単体写像． 多面体 $|K|$ から $|L|$ への写像 f が，つぎの条件をみたすとき，f を**単体写像**という：

i. f は K の各頂点を L のある頂点に写す；

ii. K の任意の単体 $\sigma=(a_0\ a_1 \cdots a_p)$ に対して，L の単体 $(b_0\ b_1 \cdots b_q)$ が存在して，

$$f(a_i)=b_{j(i)} \qquad (i=0,\ 1, \cdots, p);$$

iii. ii のように対応しているとき，単体 $\bar{\sigma}$ の任意の点 $x=t_0a_0+t_1a_1+\cdots+t_pa_p$ $(\sum_{i=0}^p t_i=1,\ t_i\geqq 0\ (i=0,\ 1, \cdots, p))$ は，

$$f(x)=t_0b_{j(0)}+t_1b_{j(1)}+\cdots+t_pb_{j(p)}$$

に写される．

単体写像は連続写像である．

また，p 単体 $\sigma=(a_0\ a_1 \cdots a_p)$ に対して，$f(a_0), f(a_1), \cdots, f(a_p)$ がすべて異なるならば，$(f(a_0)f(a_1)\cdots f(a_p))$ は L の一つの p 単体となる．これを $f\sigma$ で示す．$f\sigma$ が退化するとき，すなわち，$f(a_0), f(a_1), \cdots, f(a_p)$ のうちに同じものがあるときは，$f\sigma=0$ と定める．そして，K の p 鎖 $c^p=\sum g_k\sigma_k{}^p$ に対して，

$$fc^p=\sum g_k f\sigma_k{}^p$$

と定義すると，f は $C_p(K)$ から $C_p(L)$ への準同型を与える．

さらに，

$$f\partial=\partial f,$$

すなわち，$f(\partial c^p)=\partial(fc^p)$ が成立し，したがって f は輪体を輪体に，境界輪体を境界輪体に写す．したがって，

$$\text{準同型 } f_*\colon H_p(K)\to H_p(L)$$

が定まる．

1.2.6. 単体近似，ホモロジー群の位相的不変性． 二つの多面体 $|K|$, $|L|$ に対して，連続写像 $\varphi\colon |K|\to|L|$ が与えられたとき，これを単体写像で近似することを考える．

多面体 $|K|$ の各頂点 a に対して，a を頂点にもつ K の単体 σ の内部 $\mathring{\sigma}$ の和集合を a の**星状体**といい，$O_K(a)$ とかく．

そうすると，$|K|$ の単体分割 L を適当につくると，K の各頂点 a_i に対して L の頂点 $b_{j(i)}$ が存在して，$\varphi(O_K(a_i))\subset O_L(b_{j(i)})$ であるようにできる．このとき，$f\colon a_i\to b_{j(i)}$ は K から L への単体写像を定義することが知られる．これを φ の**単体近似**という．

この単体近似の応用として，つぎの結果がえられる：

I. 多面体のホモロジー群は，単体分割の仕方によらない．

II. 位相同型な二つの多面体のホモロジー群は同型である．

1.3. コホモロジー環

1.3.1. 双対鎖群． 単体複体 $K=\{\sigma\}$ において，各単体 σ^p に対して，双対境界 $\delta\sigma^p$ を

$$\delta\sigma^p=\sum_i[\sigma_i{}^{p+1}:\sigma^p]\sigma_i{}^{p+1}$$

によって定める．このように考えるとき，σ^p とかかずに $\sigma_p{}^*$ とかいて，$-p$ 次元の**双対単体**という．そして，上式は

$$\delta\sigma_p{}^*=\sum_i[\sigma^*_{p+1,i}:\sigma_p{}^*]\sigma^*_{p+1,i} \tag{1.8}$$

とかかれる．

$-p$ 次元双対単体の一次結合

$$u_p=\sum_i g_i\sigma^*_{p,i}$$

を p **双対鎖**という．その全体は加群をなす．これを p **双対鎖群**といって，$C^p(K)$ で表わす．

$C^p(K)$ $(p=0,\ 1,\ 2,\cdots,N\ (N=\dim K))$ の直和を双対鎖群といい，$C^*(K)$ で表わす．双対鎖群の要素は，K 上の整数値をとる函数の全体と考えることもできる．すなわち，$u=\sum_{p,i}g_{p,i}\sigma^*_{p,i}$ を，K の単体 $\sigma_i{}^p$ 上で $g_{p,i}$ という値をとる函数とみるのである．

$$\langle u,\ \sigma_i{}^p\rangle=g_{p,i}$$

とかく．

1.3.2. カップ積． 二つの双対鎖 u_p, v_q に対して，$p+q$ 双対鎖 $u\cup v$ が，その $\sigma^{p+q}=(a_0a_1\cdots a_{p+q})$ 上でとる値を

$$\langle u\cup v,\ \sigma^{p+q}\rangle=\langle u,\ a_0\ a_1\cdots a_p\rangle\langle v,\ a_p\ a_{p+1}\cdots a_{p+q}\rangle$$

と定めることによってえられる. $u \cup v$ を u, v の**カップ積**という.

双対鎖群はカップ積によって環をなす.

1.3.3. コホモロジー環. 双対境界作用素 δ は, $\delta(\sum_i g_i \sigma^*_{p,i}) = \sum_i g_i \delta\sigma^*_{p,i}$ によって, 双対鎖群 $C^p(K)$ から $C^{p+1}(K)$ への準同型を定める. そしてつぎの式をみたす:

(1.9) $$\delta\delta u = 0,$$

(1.10) $$\delta(u \cup v) = \delta u \cup v + (-1)^p u \cup \delta v$$ (双対境界公式);

ここで, u は p 双対鎖, v は任意の双対鎖.

双対境界作用素を用いて, ホモロジーの場合と同じく, つぎのようなものが定義される:

双対輪体群: $Z^p(K) = \{u_p;\ \delta u_p = 0\}$;

双対境界輪体群: $B^p(K) = \{\delta u_{p-1};\ u_{p-1} \in C^{p-1}(K)\}$;

コホモロジー群: $H^p(K) = Z^p(K)/B^p(K)$.

$H^p(K)$ の自由アーベル群成分の階数として, 双対ベッチ数が考えられるが, これは実は K の p 次元ベッチ数に等しい.

(1.10) から, 双体輪体(双体境界)と双対境界のカップ積は双対輪体(双対境界)となる. したがって, カップ積はコホモロジー類の間の積を定める. そして, $H^p(K) \cdot H^q(K) \subset H^{p+q}(K)$. いま, $H^*(K)$ を $H^p(K)$ の直和とすれば, $H^*(K)$ は環となる. これを**コホモロジー環**という.

定理 1.1. M^n をコンパクトな n 次元可符号多様体とすれば, ホモロジー群 $H_p(M^n)$ とコホモロジー群 $H^{n-p}(M^n)$ は同型である. **(ポアンカレの双対定理)**

ここで**多様体**というのは, 多面体の特別なものであって, 各頂点 a は n 次元単体 σ に含まれ, a を頂点にもつ n 次元単体の a を含まない面の和集合が, $n-1$ 次元球面と位相同型になるようなものをいう. また, 多様体が**可符号**であるとは, n 次元単体に適当に向きをつけて, それらの和が, 輪体となるときをいう. このとき, $H_n(M^n) \cong Z_n(M^n) \cong \boldsymbol{Z}$.

2. ホモトピー理論

2.1. 被覆空間と基本群

2.1.1. ホモトープな道. 位相空間 X の 2 点 x_0, x_1 を結ぶ曲線を x_0 から x_1 への**道**という.

x_0 と x_1 を結ぶ道をいろいろ考えてみると, 図 2.1 の A, B のように, 空間内で, 一方を連続的に移動させて他方に移ることができるものと, A, C のように, そのようにできないものとある. 前者の場合, 二つの道 A, B は**ホモトープ**であるといい, 後者の場合はそうでないという.

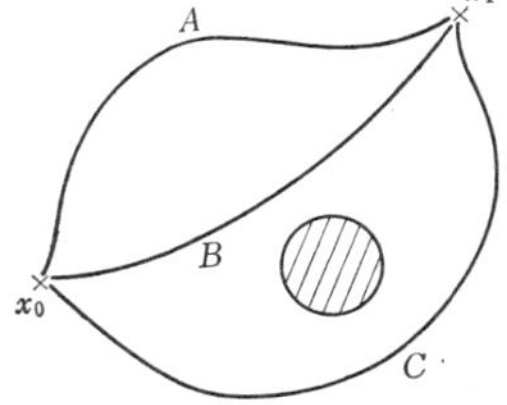

図 2.1

これを表現しなおすと, つぎのとおりである:

曲線 l_0: $x = l_0(u)$, l_1: $x = l_1(u)$ $(0 \leqq u \leqq 1,\ l_0(0) = l_1(0) = x_0,\ l_0(1) = l_1(1) = x_1)$ に対して, 連続写像 f: $[0, 1] \times [0, 1] \to X$ で, $f(u, 0) = l_0(u)$, $f(u, 1) = l_1(u)$, $f(0, t) = x_0$,

$f(1, t)=x_1$ であるようなものが存在するとき，x_0 から x_1 への道 $l_0(u)$ と $l_1(u)$ はホモトープである．このとき，$l_0 \simeq l_1$ とかく．また，$0\leqq t\leqq 1$ に対して $l_t(u)=F(u, t)$ とかき，l_t の集合を一つの**ホモトピー**という．

二点 x_0, x_1 を結ぶ曲線全体の中で，ホモトープという関係は同値関係を与える．この同値関係による，道 l を含む類を，**ホモトピー同値類**といって，$[l]$ とかく．

2.1.2. 道の積． x_0 から x_1 への道 l_1: $x=l_1(t)$ $(0\leqq t\leqq 1)$ と x_1 から x_2 への道 l_2: $x=l_2(t)$ $(0\leqq t\leqq 1)$ に対して，x_0 から x_2 への道 l: $x=l(t)=l_1(2t)$ $(0\leqq t\leqq 1/2)$, $=l_2(2t-1)$ $(1/2\leqq t\leqq 1)$ を l_1 と l_2 の積といって，$l=l_2\cdot l_1$ とかく．

また，道 l: $x=l(t)$ $(0\leqq t\leqq 1)$ に対して，$l(1)$ から $l(0)$ への逆の道 l^{-1} を，$x=l^{-1}(t)=l(1-t)$ $(0\leqq t\leqq 1)$ で定義する．

(2.1)　$l_1\simeq l_1'$, $l_2\simeq l_2'$ ならば，$l_2\cdot l_1\simeq l_2'\cdot l_1'$,

(2.2)　$l\simeq l'$ ならば，$l^{-1}\simeq l'^{-1}$.

2.1.3. 基本群． X は弧状連結空間とする．一点 x_0 を固定して，x_0 から x_0 への道を**閉じた道**という．

閉じた道のホモトピー同値類全体のつくる集合を $\pi_1(X)$ とする．$\pi_1(X)$ は§2.1.2 の積および逆の定義によって群をなす．また，この群は，固定した点 x_0 のとり方は関係しない．$\pi_1(X)$ を，X の**基本群**という．

基本群が単位要素のみより成る群となるとき，S は**単一連結**であるという．

円周，すなわち1次元球面は単一連結でない．$\pi_1(X)\cong \boldsymbol{Z}$.

定理 2.1. 多面体 X について，$H_1(X)\cong\pi_1(X)/[\pi_1(X), \pi_1(X)]$. ここで，$[\pi_1(X), \pi_1(X)]$ は $\pi_1(X)$ の交換子群である．　**(ポアンカレの定理)**

2.1.4. 被覆空間． X, $\tilde{X}$ を弧状連結な位相空間とする．連続写像 p: $\tilde{X}\to X$ が，X の各点 x に対し，その適当な近傍 V をとれば，$p^{-1}(V)$ の各連結成分は V と位相同型になるという性質をもつとき，p を**被覆写像**といい，このような写像 p が存在するならば，$\tilde{X}$ は X の**被覆空間**であるという．このとき，$\pi_1(\tilde{X})$ は $\pi_1(X)$ の部分群をなす．

X に対して，その被覆空間で単一連結なものが存在するならば，それを**普遍被覆空間**という．

定理 2.2. X が弧状連結，局所弧状連結，かつ局所単連結(X の各点が単連結な近傍から成る基本近傍系をもつこと)ならば，普遍被覆空間が存在する．

それを定義するには，$x_0\in X$ を固定し，x_0 から出る道のホモトピー同値類の全体を $\tilde{X}$ とする．$[l]\in\tilde{X}$ に対して，$[l]$ の近傍を，つぎのように定める．l の終点xは，弧状連結かつ単連結な近傍 V をもつ．$y\in V$ に対して，x と y を V 内で結ぶ曲線 S を考え，$[S\cdot l]$ の全体を $[l]$ の近傍 $\tilde{V}$ とする．V をいろいろ変えると，このような $\tilde{V}$ の全体は $[l]$ の基本近傍系をつくり，$\tilde{X}$ は単連結な位相空間となる．各 $[l]\in\tilde{X}$ に対して，l の終点 x を対応させる写像を p とすれば，p は被覆写像となり，$\tilde{X}$ は X の普遍被覆空間である．

例題 1.　平面から一点を除いてえられる位相空間の普遍被覆空間を求めよ．

［**解**］　この除かれた点は原点であるとしておいてよい．原点を1回まわるたびに相異なる点がえられると考えると，普遍被覆空間がえられる．

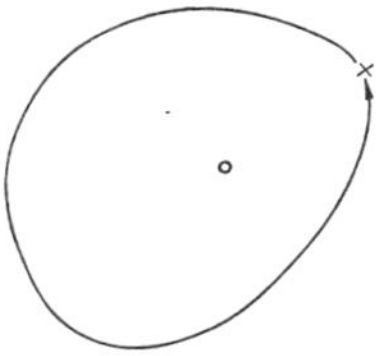

図 2.2

この平面上の点を極座標で表わし，(r, θ) とするとき，θ の値が 2π 変わるごとに別の点と思うわけであるから，この普遍被覆空間は $\boldsymbol{R}^+\times\boldsymbol{R}$ と位相同型である．ここに，

$$\boldsymbol{R}^+=\{r;\ r\in\boldsymbol{R},\ r>0\}.$$

（以上）

2.2. ホモトピー群

2.2.1. ホモトープな写像.　位相空間 X, Y に対して，二つの連続写像 f_0, f_1: $X\to Y$ があるとき，もし連続写像 F: $X\times[0, 1]\to Y$ で $F(x, 0)=f_0(x)$, $F(x, 1)=f_1(x)$ であるようなものが存在するならば，f_0 と f_1 は**ホモトープ**であるといって，$f_0\simeq f_1$ で示す．これはすなわち，f_0 を連続的に変えていって f_1 にすることができることを意味する．また，$f_t(x)=F(x, t)$ とかき，f_t の集合を一つの**ホモトピー**という．

ホモトープの関係は同値関係である．この同値関係に関する同値類を**ホモトピー同値類**という．f を含むホモトピー同値類を $[f]$ で示す．

2.2.2. ホモトピー群.　n 次元球面 S^n 上の一点 s を固定し，弧状連結な位相空間 X への連続写像で，s を X の固定された一点 x_0 へ写すものの全体を考える．この写像の集合からつくったホモトピー同値類の全体を $\pi_n(X)$ とする．S^n はまた n 次元立方体 $I^n=I\times I\times\cdots\times I$ (n 個)において，その表面 $\dot{I}^n$ を一点に同一視したものと考えられる．したがって，$\pi_n(X)$ の要素のもとになる写像 f は，f: $I^n\to X$, $\dot{I}_n\to x_0$ であるものと考えられる．このような写像 f_1, f_2 に対して，積 $f_2\cdot f_1$ を

$$f_2\cdot f_1(t_1,\ t_2, \cdots, t_n)=\begin{cases} f_1(2t_1,\ t_2, \cdots, t_n) & \left(0\leqq t_1\leqq\dfrac{1}{2}\right), \\ f_2(2t_1-1,\ t_2, \cdots, t_n) & \left(\dfrac{1}{2}\leqq t_1\leqq 1\right) \end{cases}$$

で定義すれば，$f_1\simeq f_1'$, $f_2\simeq f_2'$ のとき，$f_2\cdot f_1\simeq f_2'\cdot f_1'$. これから，$\pi_n(X)$ は群をなすことが知られる．これを X の n 次元**ホモトピー群**という．これは，はじめに X に固定してとった一点 x_0 のとり方に関係しない．

$n\geqq 2$ ならば，$\pi_n(X)$ はアーベル群である．

例 1.　球面 S^n のホモトピー群．

$$\pi_i(S^n)=0 \qquad (i<n),$$
$$\pi_n(S^n)\cong\boldsymbol{Z}.$$

$\pi_i(S^n)$ $(i>n)$ は完全には知られていない．例えば，

$$\pi_3(S^2)\cong\boldsymbol{Z}, \qquad \pi_{n+1}(S^n)=\boldsymbol{Z}_2\left(=\frac{\boldsymbol{Z}}{2\boldsymbol{Z}}\right) \qquad (n\geqq 3).$$

定理 2.3.　X が弧状連結な多面体で，$\pi_1(X)=\cdots=\pi_{n-1}(X)=0$ $(n\geqq 2)$ ならば，

$$\pi_n(X)\cong H_n(X).$$ **(フレビッチの定理)**

3. ファイバー空間

3.1. ファイバー空間

位相空間 E, B と連続写像 p: $E\to B$ が与えられているとする．もし n 次元立方体 I^n $(n=0, 1, 2, \cdots)$ から E への任意の連続写像 f: $I^n\to E$ と，$I^n\times I$ から B へのホモトピー g_t: $I^n\to B$ で $p\circ f=g_0$ であるようなものに対して，つねに，ホモトピー f_t: $I^n\to E$ で，$f_0=f$, $p\circ f_t=g_t$ であるようなものが存在するならば，E, p, B を組にして系 (E, p, B) を**ファイバー空間**という．

定理 3.1. (E, p, B) をファイバー空間とする．そうすれば，多面体 X，連続写像 f: $X\to E$，ホモトピー g_t: $X\to B$ に対して，$p\circ f=g_0$ であるならば，つねに，ホモトピー f_t: $X\to E$ で，$p\circ f_t=g_t$ であるようなものが存在する．　**(被覆ホモトピー定理)**

例 1. 位相空間 B に対して，一点 $b_0\in B$ を固定して，

$$PB=\{\text{連続写像 } l\text{: } [0, 1]\to B;\ l(0)=b_0\}$$

すなわち，b_0 を始点とする B の中の道の全体の集合に対して，コンパクト開位相を与える．p: $PB\to B$ を $p(l)=l(1)$ と定義すれば，(PB, p, B) はファイバー空間である．

3.2. ファイバー束

位相空間 E, B, F, 連続写像 p: $E\to B$, F の位相写像のつくる位相群 G (F の要素をすべて固定するものは G の単位要素に限るものとする)が与えられているとする．いま B の開被覆 $\{U_\alpha;\ \alpha\in\Lambda\}$ があって，$p^{-1}(U_\alpha)$ は $U_\alpha\times F$ と位相同型であり，かつ，その位相写像 φ_α: $U_\alpha\times F\to p^{-1}(U_\alpha)$ で，

i. $p\varphi_\alpha(b, y)=b \quad (b\in U_\alpha,\ y\in F)$;

ii. $b\in U_\alpha$ に対し，$\varphi_{\alpha,b}(y)=\varphi_\alpha(b, y)$ とおけば，$b\in U_\alpha\cap U_\beta$ に対して，

$$g_{\beta\alpha}(b)=\varphi_{\beta,b}^{-1}\circ\varphi_{\alpha,b}\in G;$$

iii. $g_{\beta\alpha}$: $U_\alpha\cap U_\beta\to G$ は連続写像

をみたしているものがあるとする．

このとき，系 (E, p, B, F, G) を**ファイバー束**といい，E, p, B, F, G を，それぞれ**全空間**，**射影**，**底空間**，**ファイバー**，**構造群**という．

例 1. 位相空間 B, F と $G=\{e\}$ に対して，$(B\times F, p_B, B, F, G)$ はファイバー束である．これを積ファイバー束という．

例 2. 3次元球面は，$S^3=\{(z_1, z_2);\ z_i\in \boldsymbol{C},\ |z_1|^2+|z_2|^2=1\}$ と表わすことができる．

また，2次元球面 S^2 は，S^3 の二点 (z_1, z_2), (z_1', z_2') に対して，同値関係 $(z_1, z_2)\sim(z_1', z_2')$ を $z_i'=\lambda z_i$ $(i=1, 2,\ |\lambda|=1)$ として定義した同値類 $[z_1, z_2]$ の集合と考えられる．そこで p: $S^3\to S^2$ を $p((z_1, z_2))=[z_1, z_2]$ と定義すれば，これはファイバー束を定める．このファイバー束をホップ・ファイバー束という．

3.3. ベクトル束

ファイバー束 (E, p, B, F, G) において，ファイバー F が実ベクトル空間 $\boldsymbol{R}^n$ であり，さらに，構造群 G が $GL(n, \boldsymbol{R})$ であるとき，**ベクトル束**という．

例 1. M を可微分な多様体とし，$\{U_\alpha\}$ をその座標近傍から成る開被覆とする．ψ_α: $U_\alpha \to \boldsymbol{R}^n$ を座標函数，$U_\alpha \cap U_\beta \neq \phi$ のとき，写像

$$h_{\alpha,\beta}=\psi_\beta \circ \psi_\alpha{}^{-1}\colon \psi_\alpha(U_\alpha \cap U_\beta) \to \psi_\beta(U_\alpha \cap U_\beta)$$

のヤコビ行列を

$$D(h_{\alpha,\beta})\colon \boldsymbol{R}^n \to \boldsymbol{R}^n$$

とかく．互いに素な合併

$$\bigcup_\alpha U_\alpha \times \boldsymbol{R}^n$$

において，同値関係 $(x, u)\sim(y, v)$ を $x=y$, $D(h_{\alpha,\beta})(u)=v$ によって定めてえられる空間を $T(M)$ とし，p: $T(M) \to M$ を，$p([x, u])=x$ で定義すれば，ファイバー束 $(T(M), p, M, \boldsymbol{R}^n, GL(n, \boldsymbol{R}))$ がえられる．これを M の**接ベクトル束**という．

4. 不動点定理

位相空間 X から X への連続写像 f: $X \to X$ に対して，$f(x)=x$ なる点を，写像 f の**不動点**という．

定理 4.1. X がユークリッド単体 $\bar{\sigma}$ であるとき，f は少なくとも一つの不動点をもつ． **（ブローエルの不動点定理）**

定理を 4.1 拡張して，いろいろな形の不動点定理がえられている．その一つとして，つぎの定理がある：

定理 4.2. X を n 次元多面体 $|K|$, φ: $X \to X$ を連続写像とする．φ の単体近似 f: $K \to K$ をとると，f_*: $H_p(K) \to H_p(K)$ は f_p: $H_p(K)/T \to H_p(K)/T$ （T はねじれ群）をひきおこす．$H_p(K)/T$ は自由アーベル群であるから，f_p は行列で表示される．その行列のトレースを $\mathrm{Tr}(f_p)$ とすれば，$\sum_{p=0}^{n}(-1)^p \mathrm{Tr}(f_p) \neq 0$ のとき，φ は不動点をもつ． **（レフシェッツ・ホップの定理）**

5. 次元論

正規空間 S の次元 $\dim S$ というのはつぎのように定義される．

S の任意の有限開被覆 $\{U_1, \cdots, U_s\}$ に対して，その適当な細分 $\{V_1, \cdots, V_s\}$ で，$V_1, \cdots, V_s$ のどの $n+2$ 個をとっても共通部分が空であるというようなものが存在するとき，S は，次元 $\leqq n$ であるという．そして，このような n の最小の値を S の**次元**という．

定理 5.1. $\boldsymbol{R}^n$ はここに定義した意味で n 次元である． **（ルベーグの敷石定理）**

C. 函 数 解 析

1. バナッハ空間

1.1. 定義と種々の例

1.1.1. ノルム空間. ベクトル空間 $\mathscr{X}$ (係数体 $\boldsymbol{K}$ は実数体 $\boldsymbol{R}$ でも複素数体 $\boldsymbol{C}$ でもよい)の各要素 x に対して，実数 $\|x\|$ が対応して定められ，これがつぎの性質をもっているとする:

(1.1) $\|x\| \geqq 0.\quad \|x\|=0$ となるのは $x=0$ のときに限る;

(1.2) $\|x+y\| \leqq \|x\|+\|y\|$;

(1.3) $\|\alpha x\|=|\alpha|\,\|x\|$.

このとき，$\mathscr{X}$ を**ノルム空間**といい，$\|x\|$ を要素 x の**ノルム**という.

ノルム空間では，$d(x, y)=\|x-y\|$ とおくと，$d(x, y)$ は距離の条件をみたし，距離空間と考えられる.

1.1.2. バナッハ空間. ノルム空間 $\mathscr{X}$ が距離 d に関して完備であるとき，$\mathscr{X}$ を**バナッハ空間**という．すなわち，X の要素列 $x_1, x_2, \cdots$ が $\lim_{n,m\to\infty}\|x_n-x_m\|=0$ をみたす(これを**基本列**または**コーシー列**という)ときには，必ずある X の要素 x が存在して，$\lim_{n\to\infty}\|x_n-x\|=0$ となることである.

1.1.3. バナッハ空間の例.

例 1. 有限次元のノルム空間.

例 2. 数列空間 (c_0), (c), (l^p) $(1\leqq p\leqq\infty)$.

(c_0): 数列 $(\xi_1, \xi_2, \cdots)$ で，$\lim_{n\to\infty}\xi_n=0$ であるようなもの全体.

(c): 数列 $(\xi_1, \xi_2, \cdots)$ で，有限な $\lim_{n\to\infty}\xi_n$ の存在するようなものの全体.

(l^∞): 数列 $(\xi_1, \xi_2, \cdots)$ で，有界であるようなものの全体.

いま，$x=(\xi_1, \xi_2, \cdots)$, $y=(\eta_1, \eta_2, \cdots)$ に対して,

(1.4) $$x+y=(\xi_1+\eta_1, \xi_2+\eta_2, \cdots), \qquad \alpha x=(\alpha\xi_1, \alpha\xi_2, \cdots),$$

(1.5) $$\|x\|=\sup\{|\xi_1|, |\xi_2|, \cdots\}$$

と定義すれば，これらはいずれもバナッハ空間になる.

(l^p) $(1\leqq p<\infty)$: 数列 $(\xi_1, \xi_2, \cdots)$ で，$\sum_{n=1}^{\infty}|\xi_n|^p<\infty$ であるようなものの全体.

(l^p) では，和，スカラー倍は (4) で，ノルムは

(1.6) $$\|x\|=\left(\sum_{n=1}^{\infty}|\xi_n|^p\right)^{1/p}$$

で定義すれば，(l^p) はバナッハ空間になる.

(l^p) の議論では，つぎの不等式が基本的である:

(1.7) $$\sum_{n=1}^{\infty}|\xi_n\eta_n| \leqq \left(\sum_{n=1}^{\infty}|\xi_n|^p\right)^{1/p}\left(\sum_{n=1}^{\infty}|\eta_n|^q\right)^{1/q} \qquad \left(\frac{1}{p}+\frac{1}{q}=1\right);$$

(ヘルダーの不等式)

(1.8) $$\left(\sum_{n=1}^{\infty}|\xi_n+\eta_n|^p\right)^{1/p}\leqq\left(\sum_{n=1}^{\infty}|\xi_n|^p\right)^{1/p}+\left(\sum_{n=1}^{\infty}|\eta_n|^p\right)^{1/p}.$$

（ミンコフスキーの不等式）

(l^p) の完備性. $x_1, x_2, \cdots$ $(x_n=(\xi_{n1}, \xi_{n2}, \cdots))$ を基本列とすれば，各 $k=1, 2, \cdots$ について，$|\xi_{nk}-\xi_{mk}|\leqq(\sum_{s=1}^{\infty}|\xi_{ns}-\xi_{ms}|^p)^{1/p}=\|x_n-x_m\|$ より，$\lim_{n\to\infty}\xi_{nk}$ が存在. それを ξ_k とすれば，$\forall\varepsilon>0$ に対して，$N(=1, 2, \cdots)$ を $n, m\geqq N\Rightarrow\|x_n-x_m\|<\varepsilon$ であるようにとるとき，$(\sum_{s=1}^{k}|\xi_{ns}-\xi_{ms}|^p)^{1/p}\leqq\|x_n-x_m\|<\varepsilon$ から，$m\to\infty$ として，$(\sum_{s=1}^{k}|\xi_{ns}-\xi_s|^p)^{1/p}\leqq\varepsilon$. $k\to\infty$ として，$(\sum_{s=1}^{\infty}|\xi_{ns}-\xi_s|^p)^{1/p}\leqq\varepsilon$. これより，$x=(\xi_1, \xi_2, \cdots)\in(l^p)$ で，$\|x_n-x\|\to 0$ $(n\to\infty)$.

例 3. 函数空間 $C(a, b)$, $C(S)$, $C_0(S)$.

$C(a, b)$: 閉区間 $[a, b]$ 上の連続函数の全体.

$C(S)$: 位相空間 S 上の有界な連続函数の全体.

$C_0(S)$: 局所コンパクト・ハウスドルフ空間上の，無限遠で 0 になるような連続函数，すなわち，任意の $\varepsilon>0$ に対して，$\{t;\ |x(t)|\geqq\varepsilon\}$ がコンパクトであるようなものの全体.

いま，$x(t)$, $y(t)$ に対して，

(1.9) $$(x+y)(t)=x(t)+y(t), \qquad (\alpha x)(t)=\alpha x(t).$$

(1.10) $$\|x\|=\sup\{|x(t)|;\ t\in S\}$$

と定義すれば，これらはいずれもバナッハ空間になる.

例 4. $L^p(a, b)$, $L^p(\Omega)$ $(1\leqq p\leqq\infty)$.

$L^p(a, b)$: 区間 (a, b) 上で定義されたルベーグ可測函数 $x(t)$ で，$\int_a^b|x(t)|^p dt<\infty$ ($p=\infty$ のときは，適当な $M>0$ をとれば，$\{t;\ |x(t)|>M\}$ がルベーグ測度 0)であるようなものの全体.

$L^p(\Omega)$: $(\Omega, \mathcal{B}, \mu)$ を測度空間とするとき，Ω 上の可測函数 $x(\omega)$ で，$\int_\Omega|x(\omega)|^p d\mu(\omega)<\infty$ ($p=\infty$ のときは，適当な $M>0$ をとれば，$\mu\{\omega;\ |x(\omega)|>M\}=0$ であるようなもの)の全体.

いま，$x(\omega)$, $y(\omega)$ に対して，和，スカラー倍は (9) で，ノルムは

(1.11) $$\|x\|=\left(\int_\Omega|x(\omega)|^p d\mu(\omega)\right)^{1/p} \qquad (1\leqq p<\infty \text{ のとき}),$$

(1.12) $$\|x\|=\text{ess. sup}|x(\omega)|=\inf\{M;\ \mu\{\omega;\ |x(\omega)|>M\}=0\} \qquad (p=\infty \text{ のとき})$$

と定義すれば，これらはバナッハ空間になる.

$L^p(\Omega)$ $(1\leqq p<\infty)$ の議論では，つぎの不等式が基本的である:

(1.13) $$\int_\Omega|x(\omega)y(\omega)|d\mu(\omega)\leqq\left(\int_\Omega|x(\omega)|^p d\mu(\omega)\right)^{1/p}\left(\int_\Omega|y(\omega)|^q d\mu(\omega)\right)^{1/q}$$

$$\left(\frac{1}{p}+\frac{1}{q}=1\right);$$ **（ヘルダーの不等式）**

(1.14) $$\left(\int_\Omega|x(\omega)+y(\omega)|^p d\mu(\omega)\right)^{1/p}\leqq\left(\int_\Omega|x(\omega)|^p d\mu(\omega)\right)^{1/p}$$

$+\left(\int_\Omega |y(\omega)|^p d\mu(\omega)\right)^{1/p}.$　　　　**(ミンコフスキーの不等式)**

$L^p(\Omega)(1\leqq p<\infty)$ の完備性(**リース・フィッシャーの定理**).　$x_1(\omega), x_2(\omega), \cdots$ を基本列とすれば，$k=1, 2, \cdots$ に対して，$n(k)$ を $n, m\geqq n(k) \Rightarrow \|x_n-x_m\|<1/2^k$ であるようにとる．そして，$s_k(\omega)=|x_{n(1)}(\omega)|+|x_{n(2)}(\omega)-x_{n(1)}(\omega)|+\cdots+|x_{n(k)}(\omega)-x_{n(k-1)}(\omega)|$ とすれば，$\|s_k\|\leqq\|x_{n(1)}\|+\|x_{n(2)}-x_{n(1)}\|+\cdots+\|x_{n(k)}-x_{n(k-1)}\|\leqq\|x_{n(1)}\|+1$．$0\leqq s_1(\omega)\leqq s_2(\omega)\leqq\cdots$ であるから，$s(\omega)=\lim_{k\to\infty}s_k(\omega)$ とすれば，単調収束定理(→ IV §7.5 定理 7.11)によって，

$$\int s(\omega)^p d\mu(\omega)=\lim_{k\to\infty}\int s_k(\omega)^p d\mu(\omega)\leqq(\|x_{n(1)}\|+1)^p<\infty.$$

そうすれば，$s(\omega)$ は殆んどいたるところ有限．$s(\omega)<\infty$ であるような ω については，級数 $x_{n(1)}(\omega)+(x_{n(2)}(\omega)-x_{n(1)}(\omega))+\cdots+(x_{n(k)}(\omega)-x_{n(k-1)}(\omega))+\cdots$ は絶対収束．その和を $x(\omega)$ とすれば，実は $x(\omega)=\lim_{k\to\infty}x_{n(k)}(\omega)$．$|x(\omega)-x_{n(k)}(\omega)|^p\leqq 2^p s(\omega)^p$ であるから，優収束定理(→IV §7.5 定理 7.13)によって，$\|x-x_{n(k)}\|\to 0\ (k\to\infty)$ となる．

1.1.4．部分空間． ノルム空間 $\mathcal{X}$ に対し，その一部分 $\mathcal{Y}$ が

(1.15)　　$x, y\in\mathcal{Y}$ ならば，任意の $\alpha, \beta\in\boldsymbol{K}$ に対して　$\alpha x+\beta y\in\mathcal{Y}$

をみたすとき，$\mathcal{Y}$ を部分空間という．

また，$\mathcal{Y}$ が $\mathcal{X}$ の部分空間であり，かつ閉集合であるとき，閉部分空間という．

1.2．線形作用素，線形汎函数

1.2.1．線形作用素． ノルム空間 $\mathcal{X}$ の集合 $\mathcal{D}$ を定義域とするノルム空間 $\mathcal{Y}$ への写像 T——それを**作用素**という——が，つぎの条件をみたすとき，**線形作用素**という：

(1.16)　　　T の定義域 $\mathcal{D}$ は $\mathcal{X}$ の部分空間である；

(1.17)　　　$T(\alpha x+\beta y)=\alpha Tx+\beta Ty$　　$(\alpha, \beta\in\boldsymbol{K}, x, y\in\mathcal{D})$.

定理 1.1． 線形作用素 T に対して，つぎのことは同値である：

I．T は $\mathcal{D}$ 上で連続である；

II．T は $\mathcal{D}$ のある 1 点 x_0 で連続である；

III．適当な $\gamma\geqq 0$ が存在して，$\forall x\in\mathcal{D}$ について

(1.18)　　　$\|Tx\|\leqq\gamma\|x\|.$

証明．　I ⇒ II，III ⇒ I　は明らか．

II ⇒ III．$\forall\varepsilon>0$ に対して，$\exists\delta>0$: $\|x-x_0\|\leqq\delta\Rightarrow\|Tx-Tx_0\|\leqq\varepsilon$．$\forall x\neq 0$ について，$x_0+(\delta/\|x\|)x$ を考えれば，

$$\left\|T\left(x_0+\frac{\delta}{\|x\|}x\right)-Tx_0\right\|=\frac{\delta}{\|x\|}\|Tx\|\leqq\varepsilon.$$

ゆえに，$\|Tx\|\leqq(\varepsilon/\delta)\|x\|$．　　　(証終)

作用素 T の定義域を $\mathcal{D}(T)$，値域を $\mathcal{R}(T)$，また，零点の集合 $\{x;\ Tx=0\}$ を $\mathcal{N}(T)$ で示す．

1.2.2．有界線形作用素． ノルム空間 $\mathcal{X}$ からノルム空間 $\mathcal{Y}$ への線形作用素 T が

$\mathscr{X}$ 全体を定義域とし，かつ連続，すなわち，すべての $x\in\mathscr{X}$ について (18) をみたすような $\gamma\geqq 0$ が存在するとき，T を $\mathscr{X}$ から $\mathscr{Y}$ への**有界線形作用素**という．

このとき，(18) をみたす γ の下限を $\|T\|$ とかいて，これを有界線形作用素 T の**ノルム**という：

$$\|T\|=\inf\{\gamma;\ \|Tx\|\leqq\gamma\|x\|\ (x\in\mathscr{X})\}$$

(1.19)
$$=\sup\{\|Tx\|;\ x\in\mathscr{X},\ \|x\|\leqq 1\}$$

$$=\sup\left\{\frac{\|Tx\|}{\|x\|};\ x\in\mathscr{X},\ x\neq 0\right\}.$$

$\mathscr{X}$ から $\mathscr{Y}$ への有界線形作用素の全体を $\boldsymbol{B}(\mathscr{X},\mathscr{Y})$ とかくと，$\boldsymbol{B}(\mathscr{X},\mathscr{Y})$ は線形演算

$$(T+S)x=Tx+Sx,\qquad(\alpha T)x=\alpha(Tx)$$

および上に定めたノルムに関してノルム空間になる．その零要素は，$\mathscr{X}$ のすべての要素を 0 に写すような作用素である．それを O で示す．

$\mathscr{Y}$ がバナッハ空間ならば，$\boldsymbol{B}(\mathscr{X},\mathscr{Y})$ もバナッハ空間である．

また，$\mathscr{X}=\mathscr{Y}$ のとき，$\boldsymbol{B}(\mathscr{X},\mathscr{X})$ を単に $\boldsymbol{B}(\mathscr{X})$ とかく．$\boldsymbol{B}(\mathscr{X})$ は，積を

$$(TS)x=T(Sx)$$

で定義して，多元環になる．

1.2.3. コンパクト作用素. バナッハ空間 $\mathscr{X}$ からバナッハ空間 $\mathscr{Y}$ への有界線形作用素 T で，$\mathscr{X}$ の有界集合を $\mathscr{Y}$ の相対的コンパクト集合に写すようなものを**コンパクト作用素**という．

$\mathscr{X}$ から $\mathscr{Y}$ へのコンパクト作用素の全体を $\boldsymbol{C}(\mathscr{X},\mathscr{Y})$ とすれば，$\boldsymbol{C}(\mathscr{X},\mathscr{Y})$ は $\boldsymbol{B}(\mathscr{X},\mathscr{Y})$ の閉部分空間である．

また，$\mathscr{X}=\mathscr{Y}$ のとき，$\boldsymbol{C}(\mathscr{X},\mathscr{X})$ を単に $\boldsymbol{C}(\mathscr{X})$ とかくことにすれば，$\boldsymbol{C}(\mathscr{X})$ は $\boldsymbol{B}(\mathscr{X})$ のイデアルである．すなわち，$B\in\boldsymbol{B}(\mathscr{X}), C\in\boldsymbol{C}(\mathscr{X})$ とすれば，$BC, CB\in\boldsymbol{C}(\mathscr{X})$．

$T\in\boldsymbol{C}(\mathscr{X})$ であるとき，$\lambda\neq 0$ ならば $\mathfrak{N}(T-\lambda I)$ は有限次元の空間になる．

コンパクト作用素の例．$K(t, s)$ を $[a, b]\times[a, b]$ 上の連続函数とすれば，フレドホルム型積分作用素(→ VIII A § 2)

$$Tx(t)=\int_a^b K(t,s)x(s)ds$$

は，$C(a, b)$ のコンパクト作用素となる．

1.2.4. 線形汎函数. ノルム空間 $\mathscr{X}$ から係数体 $\boldsymbol{K}$ への線形作用素を**線形汎函数**という．また，$\mathscr{X}$ から $\boldsymbol{K}$ への有界線形作用素を**有界線形汎函数**という．

有界線形汎函数の全体のつくるバナッハ空間を $\mathscr{X}$ の**共役空間**といって，$\mathscr{X}^*$ で示す．

1.2.5. 共役空間の例.

例 1. 有限次元のノルム空間では，その上の線形汎函数はすべて有界．したがって，共役空間は同じ次元のベクトル空間になる．

例 2.　$(c_0)^*=(l^1)$，$(c)^*=(l^1)$，$(l^p)^*=(l^q)$　$\left(1\leqq p<\infty,\ \dfrac{1}{p}+\dfrac{1}{q}=1\right)$.

これらでは，$(c)^*$ の場合を除き，いずれも，$x=(\xi_1, \xi_2, \cdots)\in\mathcal{X}$，$f=(\eta_1, \eta_2, \cdots)\in\mathcal{X}^*$ として，

$$f(x)=\sum_{n=1}^{\infty}\xi_n\eta_n.$$

$(c)^*$ の場合は，$(\xi_1, \xi_2, \cdots)\in(c)$，$(\eta_0, \eta_1, \eta_2, \cdots)\in(l^1)$ として，

$$f(x)=\sum_{n=1}^{\infty}\xi_n\eta_n+\eta_0\lim_{n\to\infty}\xi_n.$$

例 3. $(C_0(S))^*$ は S 上のラドン測度のつくる空間となる．

例 4. $$(L^p(\Omega))^*=L^q(\Omega)\qquad\left(1\leqq p<\infty,\ \frac{1}{p}+\frac{1}{q}=1\right).$$

ここでは，$x=x(\omega)\in L^p$，$f=y(\omega)\in L^q$ として，

$$f(x)=\int_\Omega x(\omega)y(\omega)d\mu(\omega).$$

1.3. ハーン・バナッハの定理

1.3.1.

定理 1.2. $\mathcal{V}$ を実ベクトル空間とする．いま，$\mathcal{V}$ 上の実数値汎函数 $p(x)$ で，性質

(1.20) $$p(x+y)\leqq p(x)+p(y),\qquad\text{（劣加法性）}$$

(1.21) $$p(\alpha x)=\alpha p(x)\quad(\alpha>0)\qquad\text{（正斉次性）}$$

をもつものが与えられているとする．

$\mathcal{V}$ の一つの部分空間 $\mathcal{W}$ 上で定義された実数値線形汎函数 $f(x)$ が，すべての $x\in\mathcal{W}$ について

(1.22) $$f(x)\leqq p(x)$$

をみたしているならば，$f(x)$ を，(22) をみたしながら V 上の実数値線形汎函数に拡張することができる．すなわち，$\mathcal{V}$ 上の実数値線形汎函数 $F(x)$ で

(1.23) $$F(x)=f(x)\quad(x\in\mathcal{W}),$$

(1.24) $$F(x)\leqq p(x)\quad(x\in\mathcal{V})$$

をみたすものが存在する．　　　　**（ハーン・バナッハの定理）**

1.3.2. ノルム空間への応用.

定理 1.3. $\mathcal{X}$ をノルム空間，$\mathcal{Y}$ をその部分空間とするとき，$\mathcal{Y}$ 上の有界線形汎函数 $f(x)$ は，ノルムを変えずに $\mathcal{X}$ 上の有界線形汎函数 $F(x)$ に拡張することができる．すなわち，$F(x)$ は $\mathcal{X}$ 上の有界線形汎函数で

$$F(x)=f(x)\ (x\in\mathcal{Y}),\qquad\|F\|=\|f\|.$$

証明. $p(x)=\|x\|$ として定理 1.2 を用いればよい．　（証終）

定理 1.4. $\mathcal{X}$ をノルム空間とする．そのとき，任意の $x_0\in\mathcal{X}$，$x_0\neq0$ に対して，$\mathcal{X}$ 上の有界線形汎函数 $f(x)$ で，

$$f(x_0)=\|x_0\|,\qquad\|f\|=1$$

であるようなものが存在する．

証明. 定理 1.3 で，$\mathcal{Y}=\{\xi x_0;\ \xi\in\boldsymbol{K}\}$，$f(\xi x_0)=\xi\|x_0\|$ とすればよい．　（証終）

1.4. 強収束，弱収束

1.4.1. 要素列の収束. ノルム空間 $\mathscr{X}$ の要素列 $x_1, x_2, \cdots$ に対して，適当な要素 x があって，

$$\lim_{n\to\infty}\|x_n-x\|=0$$

となるとき，$x_1, x_2, \cdots$ は x に**強収束**するという．

また，すべての $f\in\mathscr{X}^*$ に対して

$$\lim_{n\to\infty}f(x_n)=f(x)$$

となるとき，$x_1, x_2, \cdots$ は x に**弱収束**するという．

強収束ならば弱収束であるが，逆は一般に成立しない．また，弱収束する列は有界である．

例 1. (c_0) の要素列 $x_1, x_2, \cdots$ ($x_n=(0, \cdots, 0, \overset{n}{\smile}{1}, 0, \cdots)$; n 番目の座標だけ 1 で，他はすべて 0)は 0 に弱収束するが，強収束はしない．

1.4.2. 有界線形作用素の列の収束. $T_1, T_2, \cdots \in \boldsymbol{B}(\mathscr{X})$ に対して，適当な $T\in\boldsymbol{B}(\mathscr{X})$ があって，

$$\lim_{n\to\infty}\|T_n-T\|=0$$

となるとき，$T_1, T_2, \cdots$ は T に**一様収束**または**ノルムの意味で収束**するという．

また，すべての $x\in\mathscr{X}$ について，要素列 $T_1x, T_2x, \cdots$ が Tx に強収束するとき，$T_1, T_2, \cdots$ は T に**強収束**するという．

また，すべての $x\in\mathscr{X}$ について，要素列 $T_1x, T_2x, \cdots$ が Tx に弱収束するとき，$T_1, T_2, \cdots$ は T に**弱収束**するという．

一様収束 ⇒ 強収束 ⇒ 弱収束　であるが，逆向きのことは一般に成り立たない．また弱収束する有界線形作用素の列については，その作用素のノルムは有界である．(後述の一様有界性原理による．→§1.7)

1.5. 開写像定理

定理 1.5. $\mathscr{X}$, $\mathscr{Y}$ をバナッハ空間とする．いま T を $\mathscr{X}$ から $\mathscr{Y}$ の上への有界線形作用素とすれば，T は開写像(→ A § 1.5)である．

注意. 定理 1.5 は，一般に $\mathscr{X}$, $\mathscr{Y}$ が完備な距離をもったベクトル空間で，線形演算がその距離に関して連続であるような場合に成り立つ．

定理 1.6. $\mathscr{X}$, $\mathscr{Y}$ をバナッハ空間とする．いま T を $\mathscr{X}$ から $\mathscr{Y}$ の上への一対一の有界線形作用素であるとすれば，T^{-1} は $\mathscr{Y}$ から $\mathscr{X}$ の上への有界線形作用素である．

証明. $\mathscr{X}$ における $U_1(0)$ の像は開集合で 0 を含むから，$\exists\rho>0$: $TU_1(0)\supset U_\rho(0)$. そうすれば，$\|T^{-1}\|\leqq 1/\rho$. (証終)

1.6. 閉グラフ定理

1.6.1. 閉作用素. $\mathscr{X}$, $\mathscr{Y}$ をノルム空間とする．$\mathscr{X}$ のある集合 $\mathscr{D}$ で定義された $\mathscr{Y}$ への線形作用素 T が，

$x_1, x_2, \cdots \in \mathscr{D}$ で，かつ，$\lim_{n\to\infty} x_n$, $\lim_{n\to\infty} Tx_n$ がともに存在するならば，

$$\lim_{n\to\infty} x_n \in \mathscr{D} \quad \text{で,} \quad T(\lim_{n\to\infty} x_n) = \lim_{n\to\infty} Tx_n$$

をみたすとき，**閉作用素**であるという．

1.6.2. 閉グラフ定理.

定理 1.7. $\mathscr{X}$, $\mathscr{Y}$ をバナッハ空間とする．T を $\mathscr{X}$ 全体で定義された $\mathscr{Y}$ への閉作用素とすれば，T は有界線形作用素である．

証明. $\mathscr{X} \oplus \mathscr{Y}$ を，$\mathscr{X}$, $\mathscr{Y}$ の直積 $\mathscr{X} \times \mathscr{Y}$ にノルム $\|(x, y)\| = \|x\| + \|y\|$ を導入したものとすれば，$\mathscr{X} \oplus \mathscr{Y}$ はバナッハ空間．そして，$\mathscr{Z} = \{(x, Tx);\ x \in \mathscr{X}\}$ はその閉部分空間．有界線形作用素 $\mathscr{Z} \ni (x, Tx) \to x \in \mathscr{X}$ に定理 1.6 を用いる．（証終）

1.7. 一様有界性原理

1.7.1.

定理 1.8. $\mathscr{X}$ をバナッハ空間とする．いま，$\mathscr{X}$ 上の実数値汎函数 $p(x)$ が，非負値，かつ劣加法性 (20) と正斉次性 (21) をもち，さらに下半連続，すなわち，

$$x_1, x_2, \cdots \to x \quad \text{ならば,} \quad p(x) \leqq \varliminf_{n\to\infty} p(x_n)$$

であれば，

$$p(x) \leqq \gamma \|x\|$$

であるような $\gamma > 0$ が存在する．**（ゲルファントの定理）**

1.7.2.

定理 1.9. $\mathscr{X}$ はバナッハ空間，$\mathscr{Y}$ はノルム空間とする．$\mathscr{X}$ から $\mathscr{Y}$ への有界線形作用素の集合 $\{T_\lambda;\ \lambda \in \Lambda\}$ が，各点で有界，すなわち，すべての $x \in \mathscr{X}$ について $\sup\{\|T_\lambda x\|;\ \lambda \in \Lambda\} < \infty$ ならば，一様に有界，すなわち，

$$\sup\{\|T_\lambda\|;\ \lambda \in \Lambda\} < \infty$$

である．**（バナッハ・スタインハウスの定理）**

証明. $p(x) = \sup\{\|T_\lambda x\|;\ \lambda \in \Lambda\}$ として，定理 1.8 を利用すればよい．（証終）

2. ヒルベルト空間

2.1. 定義と種々の例

2.1.1. 前ヒルベルト空間. 複素ベクトル空間 $\mathscr{H}$ の任意の二つの要素 x, y に対して，一つの複素数 (x, y) が対応して定められ，これがつぎの性質をもっているとする：

(2.1)　$(x, y) = \overline{(y, x)}$;

(2.2)　$(x+y, z) = (x, z) + (y, z)$;

(2.3)　$(\alpha x, y) = \alpha(x, y) \qquad (\alpha \in \boldsymbol{C})$;

(2.4)　$(x, x) \geqq 0.\qquad (x, x) = 0$ となるのは $x = 0$ のときに限る．

このとき，(x, y) を x と y の**内積**または**スカラー積**といい，内積の定義された $\boldsymbol{C}$ 上のベクトル空間 $\mathscr{H}$ を**前ヒルベルト空間**という．

前ヒルベルト空間では，

(2.5) $$\|x\|=(x,\ x)^{1/2}$$

は一つのノルムを与える．これによって，前ヒルベルト空間はノルム空間の特別なものとみることができる．

つぎの式が成立する：

(2.6) $$|(x,\ y)|\leqq\|x\|\|y\|;$$

(2.7) $$\|x+y\|^2=\|x\|^2+\|y\|^2+2\Re(x,\ y);$$

(2.8) $$\|x+y\|^2+\|x-y\|^2=2(\|x\|^2+\|y\|^2);$$

(2.9) $$(x,\ y)=\frac{1}{4}\{(\|x+y\|^2-\|x-y\|^2)+i(\|x+iy\|^2-\|x-iy\|^2)\}.$$

2.1.2. ヒルベルト空間. 前ヒルベルト空間 $\mathscr{H}$ が，(5) のノルムに関して完備，すなわちバナッハ空間であるとき，$\mathscr{H}$ を**ヒルベルト空間**という．

2.1.3. ヒルベルト空間の例.

例 1. 有限次元複素ユークリッド空間.

例 2. 数列空間 (l^2) は，その要素 $x=(\xi_1,\ \xi_2,\cdots)$，$y=(\eta_1,\ \eta_2,\cdots)$ に対して，内積を

$$(x,\ y)=\sum_{n=1}^{\infty}\xi_n\bar{\eta}_n$$

によって定義すれば，ヒルベルト空間になる．

例 3. $L^2(\Omega)$ は，その要素 $x(\omega)$，$y(\omega)$ に対して，内積を

$$(x,\ y)=\int_{\Omega}x(\omega)\overline{y(\omega)}d\mu(\omega)$$

によって定義すれば，ヒルベルト空間になる．

2.2. 正規直交系・フーリエ展開

2.2.1. 直交関係. ヒルベルト空間 $\mathscr{H}$ の要素 x, y が $(x,\ y)=0$ をみたしているとき，x, y は**直交**するという．記号で $x\perp y$.

x が集合 $\mathscr{A}$ のおのおのの要素と直交するとき，x は $\mathscr{A}$ と直交するという．記号で $x\perp\mathscr{A}$.

集合 $\mathscr{A}$ と直交するような要素の全体を，$\mathscr{A}$ の**直交補集合**といって，$\mathscr{A}^{\perp}$ とかく．これは，$\mathscr{H}$ の閉部分空間である．

二つの集合 $\mathscr{A}$, $\mathscr{B}$ に対して，任意に $x\in\mathscr{A}$, $y\in\mathscr{B}$ をとるとき必ず $x\perp y$ であるならば，$\mathscr{A}$, $\mathscr{B}$ は直交するという．記号で $\mathscr{A}\perp\mathscr{B}$.

2.2.2. 正規直交系. $\mathscr{H}$ の集合 $\mathcal{S}$ は，各 $x\in\mathcal{S}$ は $\neq 0$，かつ $\mathcal{S}$ のどの二つの要素をとっても互いに直交しているとき，**直交系**であるという．

さらに，$\mathcal{S}$ の各要素のノルムが 1 であるとき，$\mathcal{S}$ は**正規化**されている，また**正規直交系**であるといい，しばしば ONS とかく．

また，$\mathcal{S}$ の要素の一次結合の全体が $\mathscr{H}$ で稠密であるとき，$\mathcal{S}$ は**完全正規直交系**であるといって，CONS と略記される．

2.2.3. 完全正規直交系の例.

例 1. 三角関数系.

$L^2(0, 2\pi)$ で,

$$\left\{\frac{1}{\sqrt{2\pi}},\ \frac{1}{\sqrt{\pi}}\cos nx,\ \frac{1}{\sqrt{\pi}}\sin nx \quad (n=1,\ 2,\ \cdots)\right\}$$

は CONS をなす. → IX A §1.3 定理 1.8

例 2. ルジャンドル多項式.

$L^2(-1, 1)$ で,

$$\left\{\sqrt{\frac{2n+1}{2}}P_n(x) \quad (n=0,\ 1,\ 2,\ \cdots)\right\}$$

は CONS をなす. ここに,

$$P_n(x)=\frac{1}{2^n n!}\frac{d^n}{dx^n}(x^2-1)^n$$

はルジャンドル多項式(→ X §2.3).

例 3. ラゲール函数系.

$L^2(0, \infty)$ で,

$$\left\{\frac{1}{n!}e^{-x/2}L_n(x) \quad (n=0,\ 1,\ 2,\ \cdots)\right\}$$

は CONS をなす. ここに,

$$L_n(x)=e^x\frac{d^n}{dx^n}(x^n e^{-x})$$

はラゲール多項式(→ X §2.5).

例 4. エルミット函数系.

$L^2(-\infty, \infty)$ で,

$$\left\{\left(\frac{1}{2^n n!\sqrt{\pi}}\right)^{1/2}e^{-x^2/2}H_n(x) \quad (n=0,\ 1,\ 2,\ \cdots)\right\}$$

は CONS をなす. ここに,

$$H_n(x)=(-1)^n e^{x^2}\frac{d^n}{dx^n}e^{-x^2}$$

はエルミット多項式(→ X §2.6).

例 5. ベッセル函数系.

ν 位(ν は非負整数)のベッセル函数(→ X §4) $J_\nu(x)$ の正の零点を $\xi_1, \xi_2, \cdots$ とすれば,

$$\left\{\frac{1}{J_\nu'(\xi_n)}\sqrt{2x}\,J_\nu(\xi_n x) \quad (n=1,\ 2,\ \cdots)\right\}$$

は $L^2(0, 1)$ で CONS をなす.

2.2.4. フーリエ展開. $\mathcal{S}=\{\varphi_1, \varphi_2, \cdots\}$ を一つの ONS とするとき, 任意の $x\in\mathcal{H}$ についてつくった

$$\sum_{n=1}^{\infty}(x,\ \varphi_n)\varphi_n \tag{2.10}$$

を，この ONS に関する x の**フーリエ展開**という．そして，各 (x, φ_n) を**フーリエ係数**という．

(2.11) $$\sum_{n=1}^{\infty}|(x, \varphi_n)|^2 \leqq \|x\|^2$$ （**ベッセルの不等式**）

が成立する．→ 応用編 III §2.1 (2.3)

(10) の級数は強収束する．すなわち，ある $y \in \mathcal{H}$ が存在して，

(2.12) $$\lim_{n\to\infty}\|y-\sum_{k=1}^{n}(x, \varphi_k)\varphi_k\|=0.$$

特に，$\mathcal{S}$ が CONS であれば $y=x$. そして，$\mathcal{S}$ が CONS であるための必要十分条件は，すべての $x \in \mathcal{S}$ について，

(2.13) $$\|x\|^2=\sum_{n=1}^{\infty}|(x, \varphi_n)|^2$$

が成り立つことと表現される．(13) を**パーセバルの完全関係**という．→ 応用編 III §2.3 (2.13)

2.3. 直交分解

2.3.1. 直交分解. ヒルベルト空間 $\mathcal{H}$ において，その一つの閉部分空間 $\mathcal{K}$ をとると，任意の $x \in \mathcal{H}$ は

(2.14) $$x=x_{\mathcal{K}}+x' \qquad (x_{\mathcal{K}} \in \mathcal{K},\ x' \perp \mathcal{K})$$

というように，ただ一とおりにかき表わすことができる．

$x_{\mathcal{K}}$ は，$\mathcal{K}$ の要素で $\|x-y\|$ $(y \in \mathcal{K})$ の最小値を与えるものとして確定する．

(14) を x の $\mathcal{K}$ に関する**直交分解**という．

2.3.2. 射影作用素. 各 $x \in \mathcal{H}$ に，(14) によって定まる $x_{\mathcal{K}}$ を対応させると，$\mathcal{H}$ 全体で定義された作用素が定まる．これを $\mathcal{K}$ 上への**射影作用素**といって，$P_{\mathcal{K}}$ または $\mathrm{proj}(\mathcal{K})$ で示す．射影作用素の性質については後述．→ §2.5.4

2.4. 線形汎函数

定理 2.1. ヒルベルト空間 $\mathcal{H}$ 上の有界線形汎函数 $f(x)$ に対しては，

(2.15) $$f(x)=(x, x_0) \qquad (x \in \mathcal{H})$$

であるような x_0 が一意的に存在する． （**リースの定理**）

証明. $\mathcal{K}=\{x; f(x)=0\}$ は $\mathcal{H}$ の閉部分空間．$\mathcal{K}=\mathcal{H}$ のときは $x_0=0$. そうでないときは，$u \in \mathcal{K}^{\perp}$, $\neq 0$ をとって，$x_0=\alpha u$ として (15) がみたされる．(実際には，$\alpha=\overline{f(u)}/\|u\|^2$ とすればよい) （証終）

2.5. 有界線形作用素のいろいろなタイプ

2.5.1. 共役作用素. T をヒルベルト空間 $\mathcal{H}$ 上の有界線形作用素，すなわち $T \in \boldsymbol{B}(\mathcal{H})$ とするとき，

$$x \to (Tx, y)$$

は $\mathcal{H}$ 上の有界線形汎函数を与え，したがって定理 2.1 により，

$$(Tx, y)=(x, y^*)$$

であるような $y^* \in \mathcal{H}$ が定まる．

各 $y \in \mathscr{H}$ に，このように定まる y^* を対応させる作用素を**共役作用素**という．そしてこれを T^* で示す．

T^* も有界線形作用素で，$\|T^*\|=\|T\|$．

また，

$$(T+S)^*=T^*+S^*,\ (\alpha T)^*=\bar{\alpha}T^*,\ (TS)^*=S^*T^*,\ T^{**}=T$$

が成立する．

2.5.2. エルミット作用素．$A=A^*$ であるような有界線形作用素 A を**エルミット作用素**という．このことは，また，すべての $x, y \in \mathscr{H}$ について，

$$(Ax, y)=(x, Ay)$$

が成立すること　とのべることもできる．

また，任意の $x \in \mathscr{H}$ について，(Ax, x) がつねに実数であること　とのべても，同じことになる．

定理 2.2.　A がエルミット作用素ならば，

$$\|A\|=\sup\{|(Ax, x)|;\ \|x\|\leqq 1\}. \tag{2.16}$$

証明.　(16) の右辺を M とおけば，$M\leqq\|A\|$ は明らか．

一方，

$$(A(x+y), x+y)=(Ax, x)+(Ay, y)+2\Re(Ax, y)\leqq M\|x+y\|^2,$$
$$(A(x-y), x-y)=(Ax, x)+(Ay, y)-2\Re(Ax, y)\geqq -M\|x-y\|^2$$

から，

$$4\Re(Ax, y)\leqq M(\|x+y\|^2+\|x-y\|^2)=2M(\|x\|^2+\|y\|^2)$$

x のかわりに tx，y のかわりに $(1/t)Ax$ とおいて，t にいろいろな実数値をとらせて，右辺の下限をとれば，$\|Ax\|^2\leqq M\|Ax\|\|x\|$ をうる．　（証終）

2.5.3. ユニタリ作用素．$UU^*=U^*U=I$ であるような有界線形作用素を**ユニタリ作用素**という．ここで I というのは恒等作用素，すなわち，すべての $x \in \mathscr{H}$ について $Ix=x$ によって定義された作用素である．

すべての $x \in \mathscr{H}$ に対して　$\|Ux\|=\|x\|$，

すべての $x, y \in \mathscr{H}$ に対して　$(Ux, Uy)=(x, y)$

をみたす $\mathscr{H}$ 上の有界線形作用素を**等距離作用素**という．$\mathscr{H}$ が有限次元のときは，これで U がユニタリであることが結論されるが，一般のヒルベルト空間では，これだけでは不十分で，U^* も等距離作用素であることが要求される．

例 1.　(l^2) で

$$(\xi_1, \xi_2, \cdots)\to(0, \xi_1, \xi_2, \cdots)$$

によって定義された作用素は，等距離作用素であるが，ユニタリでない．

例 2.　$L^2(-\infty, \infty)$ の函数のフーリエ変換(→ IX B§1.2)を考える．$x \in L^2$ に対して，

$$\hat{x}_N(s)=\frac{1}{\sqrt{2\pi}}\int_{-N}^{N}e^{-ist}x(t)dt$$

をつくると，$\hat{x}_N \in L^2$．そして，$\hat{x}_N$ は $N\to\infty$ とするとき，ある $\hat{x} \in L^2$ に強収束する．

それを

$$\hat{x}(s)=\underset{N\to\infty}{\mathrm{l.i.m.}}\frac{1}{\sqrt{2\pi}}\int_{-N}^{N}e^{-ist}x(t)dt$$

のように表わす.

各 $x\in L^2$ に $\hat{x}$ を対応させる作用素を考えると，これはユニタリ作用素になる.

(プランシュレルの定理)

2.5.4. 射影作用素.

§2.3.2 で定義した射影作用素はつぎの性質をもっている:

I. $x\in\mathcal{K}\rightleftarrows P_{\mathcal{K}}x=x\rightleftarrows\|P_{\mathcal{K}}x\|=\|x\|$;

II. $P_{\mathcal{K}}$ はエルミット作用素である.

有界線形作用素 P が射影作用素であるための必要十分条件は,

a. P はエルミット作用素である;

b. P は冪等である，すなわち $P^2=P$

の二つの条件が成立することである.

III. 閉部分空間 $\mathcal{K}$, $\mathcal{L}$ に対して，$\mathcal{K}\subset\mathcal{L}$ のとき，$P_{\mathcal{K}}\leqq P_{\mathcal{L}}$ とかく.

$$P_{\mathcal{K}}\leqq P_{\mathcal{L}} \quad\rightleftarrows\quad \|P_{\mathcal{K}}x\|\leqq\|P_{\mathcal{L}}x\| \ (\forall x\in\mathcal{H})$$

また，このとき,

$$\|(P_{\mathcal{L}}-P_{\mathcal{K}})x\|^2=\|P_{\mathcal{L}}x\|^2-\|P_{\mathcal{K}}x\|^2.$$

IV. 射影作用素 P, Q に対して,

$$P+Q \text{ が射影作用素} \quad\rightleftarrows\quad PQ=O,$$
$$PQ \text{ が射影作用素} \quad\rightleftarrows\quad PQ=QP.$$

V. 射形作用素の列 $P_1, P_2, \cdots$ が単調($P_1\leqq P_2\leqq\cdots$ または $P_1\geqq P_2\geqq\cdots$)ならば，これは，ある射影作用素に強収束する.

3. スペクトル論

3.1. スペクトル

3.1.1. スペクトルの定義と分類. 複素バナッハ空間 $\mathcal{X}$ における線形作用素 T (定義域は一般でよい)に対して，その**スペクトル**をつぎのように定義する.

a. 線形作用素 $T-\lambda I$ が，0 でない零点をもつ．すなわち，$\mathcal{N}(T-\lambda I)\neq\{0\}$.

このような λ 全体の集合を T の**点スペクトル**といって $\sigma_{\mathrm{P}}(T)$ で示す．$\sigma_{\mathrm{P}}(T)$ に属する数のおのおのを T の**固有値**，または**点スペクトル**ともいう．また，固有値 λ に対して，$\mathcal{N}(T-\lambda I)$ を**固有空間**，固有空間に属する 0 でない要素を**固有ベクトル**という.

b. 点スペクトルに属さない λ に対しては，$(T-\lambda I)^{-1}$ が存在することになるが,

b_1. $\mathcal{D}((T-\lambda I)^{-1})$ は $\mathcal{X}$ で稠密，$(T-\lambda I)^{-1}$ は有界である　というような λ 全体の集合を，T の**リゾルベント集合**といって，$\rho(T)$ で示す.

b_2. $\mathcal{D}((T-\lambda I)^{-1})$ は $\mathcal{X}$ で稠密，しかし $(T-\lambda I)^{-1}$ は有界でない　というような λ 全体の集合を，T の**連続スペクトル**という.

b$_3$. $\mathscr{D}((T-\lambda I)^{-1})$ は $\mathscr{X}$ で稠密でない というような λ 全体の集合を，T の**剰余スペクトル**という．

任意の複素数 λ は以上の集合のうちのどれかただ一つに属する．点スペクトル，連続スペクトル，剰余スペクトルをあわせて，T の**スペクトル**といい，これを $\sigma(T)$ で示す．

3.1.2. 有界線形作用素のスペクトル． $T\in \boldsymbol{B}(\mathscr{X})$ であるときは，

$$\lambda\in\sigma(T) \quad \rightleftarrows \quad \mathscr{N}(T-\lambda I)\neq\{0\}，\text{または } \mathscr{R}(T-\lambda I)\neq\mathscr{X}.$$

また，$\sigma(T)$ は複素平面 $\boldsymbol{C}$ 上の有界閉集合で空ではない．そして，

$$\sup\{|\lambda|;\ \lambda\in\sigma(T)\}=\lim_{n\to\infty}\sqrt[n]{\|T^n\|}.$$

3.1.3. リゾルベント． $T\in\boldsymbol{B}(\mathscr{X})$ とする．$\lambda\in\rho(T)$ に対して $R(\lambda)=(T-\lambda I)^{-1}$ とかき，これを**リゾルベント**という．$R(\lambda)$ はある意味で λ の解析函数であるが，その説明は省略する．

i. 連続性．$\lambda_0\in\rho(T)$，$\|R(\lambda_0)\|=\gamma$ とすれば，

$$|\lambda-\lambda_0|\leqq 1/2\gamma \quad\Rightarrow\quad \|R(\lambda)-R(\lambda_0)\|\leqq 2\gamma^2|\lambda-\lambda_0|.$$

ii. リゾルベント方程式．

$$R(\lambda)-R(\lambda')=(\lambda'-\lambda)R(\lambda)R(\lambda').$$

3.2. エルミット作用素のスペクトル分解

3.2.1. エルミット作用素のスペクトル．

定理 3.1. $\mathscr{H}$ をヒルベルト空間，A を $\mathscr{H}$ のエルミット作用素とする．そのとき，A のスペクトルは実数から成る．そして，剰余スペクトルは存在しない．

$\lambda\in\sigma_{\mathrm{P}}(A)$ とし，$\mathscr{K}(\lambda)$ を λ に対応する固有空間とすると，$\mathscr{K}(\lambda)$ は $\mathscr{H}$ の閉部分空間であり，また $\lambda, \lambda'\in\sigma_{\mathrm{P}}(A)$，$\lambda\neq\lambda'$ ならば，$\mathscr{K}(\lambda)\perp\mathscr{K}(\lambda')$．

証明． $\lambda\in\sigma_{\mathrm{P}}(A)$，$Ax=\lambda x$，$x\neq 0$ とすれば，$\lambda\|x\|^2=(Ax,x)=$実数 から λ は実数．また，$\lambda, \lambda'\in\sigma_{\mathrm{P}}(A)$，$Ax=\lambda x$，$Ax'=\lambda' x'$ とすれば，$\lambda(x, x')=(Ax, x')=(x, Ax')=\lambda'(x, x')$．ゆえに，$x\perp x'$．ゆえに，$\mathscr{K}(\lambda)\perp\mathscr{K}(\lambda')$．

$\lambda\notin\sigma_{\mathrm{P}}(A)$ とする．もし $\mathscr{R}(A-\lambda I)$ が $\mathscr{H}$ で稠密でなければ，$x\perp\mathscr{R}(A-\lambda I)$ であるような $x\neq 0$ がある．そうすれば，任意の $y\in\mathscr{H}$ について，$(x, (A-\lambda I)y)=((A-\bar{\lambda}I)x, y)=0$．ゆえに，$Ax=\bar{\lambda}x$．ゆえに，$\bar{\lambda}\in\sigma_{\mathrm{P}}(A)$．そうすれば λ は実数．ゆえに，$\lambda\in\sigma_{\mathrm{P}}(A)$．これは矛盾である．これは剰余スペクトルが存在しないことを示す．

$\lambda=\sigma+i\tau$, $\tau\neq 0$ とすれば，$\|(A-\lambda I)x\|\|x\|\geqq|((A-\lambda I)x, x)|=|((A-\sigma I)x, x)-i\tau(x, x)|\geqq|\tau|\|x\|^2$．これから $(A-\lambda I)^{-1}$ が有界であることがわかるから，$\lambda\in\rho(A)$．（証終）

3.2.2. スペクトル分解． $-\infty<\lambda<\infty$ について定義された射影作用素 $E(\lambda)$ が

(3.1) $\lambda<\lambda'$ ならば $E(\lambda)\leqq E(\lambda')$;

(3.2) $\lambda\to-\infty$ とするとき，$E(\lambda)$ は O に強収束する;

(3.3) $\lambda\to\infty$ とするとき，$E(\lambda)$ は I に強収束する;

(3.4) 任意の λ について，$\mu\to\lambda+0$ とするとき，$E(\mu)$ は $E(\lambda)$ に強収束する．

の四条件をみたすとき，**スペクトル族**という．

定理 3.2. エルミット作用素 A に対して，スペクトル族 $\{E(\lambda);\ -\infty<\lambda<\infty\}$ で，

$$E(\lambda)=O\quad(\lambda<m),\qquad E(\lambda)=I\quad(\lambda\geqq M)$$

であるようなものが一意的に定まって，A はつぎの積分で表わされる：

$$A=\int_{m-0}^{M}\lambda\,dE(\lambda). \tag{3.5}$$

このとき，各 $E(\lambda)$ は A と可換な $T\in\boldsymbol{B}(\mathcal{H})$ と可換である．すなわち，

$$TA=AT\Rightarrow TE(\lambda)=E(\lambda)T.$$

定理 3.2 において，m, M は，

$$m=\inf\{(Ax,\ x);\ \|x\|\leqq 1\},\qquad M=\sup\{(Ax,\ x);\ \|x\|\leqq 1\}$$

で定められる数，また積分の意味は，任意の $\mu<m$ に対して，$[\mu,\ M]$ の分割 $\mu=\lambda_0<\lambda_1<\lambda_2<\cdots<\lambda_n=M$ に対してつくった近似和

$$\sum_{k=1}^{n}\xi_k(E(\lambda_k)-E(\lambda_{k-1}))\qquad(\lambda_{k-1}\leqq\xi_k\leqq\lambda_k\ \ (k=1,\cdots,n))$$

が，分割を細かくして $\max\{\lambda_k-\lambda_{k-1};\ k=1,\cdots,n\}\to 0$ であるようにしていくとき，A に強収束することを意味する．

A を (5) のように表わしたとき，これを A の**スペクトル分解**という．

3.2.3. スペクトル分解の例.

例 1. (l^2) において，

$$A(\xi_1,\ \xi_2,\cdots,\xi_n,\cdots)=\left(\xi_1,\ \frac{1}{2}\xi_2,\ \cdots,\ \frac{1}{n}\xi_n,\ \cdots\right)$$

によって定義されたエルミット作用素 A のスペクトル分解.

$\mathcal{K}_n=\{(\xi_1,\ \xi_2,\cdots);\ \xi_1=\cdots=\xi_{n-1}=0\}$ $(n=2,\ 3,\cdots)$ として，

$$E(\lambda)=O\ (\lambda\leqq 0),\quad=\mathrm{proj}(\mathcal{K}_n)\ \left(\frac{1}{n}\leqq\lambda<\frac{1}{n-1}\right),\quad=I\ (\lambda\geqq 1)$$

とすればよい．

このとき，1, 1/2, 1/3, … は A の固有値である．(0は連続スペクトルに属する.)

例 2. $L^2(0,\ 1)$ において，

$$Ax(t)=tx(t)$$

によって定められたエルミット作用素 A のスペクトル分解.

$0\leqq\lambda<1$ に対して $\mathcal{K}(\lambda)=\{x(t);\ x(t)=0\ (t\geqq\lambda)\}$ とおき，

$$E(\lambda)=O\ (\lambda\leqq 0),\quad=P_{\mathcal{K}(\lambda)}\ (0\leqq\lambda<1),\quad=I\ (\lambda\geqq 1)$$

とすればよい．

このとき，$\sigma(A)=\{\lambda;\ 0\leqq\lambda\leqq 1\}$ で，これは連続スペクトルのみより成る．

3.2.4. コンパクト・エルミット作用素のスペクトル分解. A をコンパクト・エルミット作用素とすれば，A のスペクトルは0を除いては点スペクトルのみより成り，かつ，点スペクトルは0以外には集積点をもたない．そして，0でない各固有値に対応する固有空間は有限次元である．

いま，A の0以外の固有値を $\lambda_1,\lambda_2,\cdots$ とし，λ_n に対応する固有空間を $\mathcal{K}(\lambda_n)$, $P(\lambda_n)$

$=\mathrm{proj}(\mathcal{K}(\lambda_n))$ とすれば，$\mathcal{K}(\lambda_n)$ は有限次元で，二つずつ互いに直交し，

$$A=\sum_{n=1}^{\infty}\lambda_n P(\lambda_n)$$

とかくことができる．これは，ちょうど有限次エルミット行列の対角化に相当する．

各 λ_n の重複度($\mathcal{K}(\lambda_n)$ の次元)を μ_n とするとき，

$\sum_{n=1}^{\infty}\mu_n|\lambda_n|<\infty$ ならば，A は**核型作用素**または**トレース級の作用素**;

$\sum_{n=1}^{\infty}\mu_n\lambda_n^2<\infty$ ならば，A は**ヒルベルト・シュミット型の作用素**

という．

3.2.5. 自己共役作用素とそのスペクトル分解． いままでは有界線形作用素について考えたが，微分作用素など，解析学で用いられる多くの作用素は有界ではない．

有界でない作用素 T に対しても，もし $\mathcal{D}(T)$ が $\mathcal{H}$ で稠密ならば，$y\in\mathcal{H}$ に対して

$$(Tx,\ y)=(x,\ y^*)\qquad(\forall x\in\mathcal{D}(T))$$

をみたす y^* は，存在するならば，ただ一つに定まる．§2.5.1 と同じように，y^* を y に対応させて，作用素 T^* がえられる．これを T の**共役作用素**という．

そこで，エルミット作用素を一般にして，稠密な定義域をもつ線形作用素 A で $A=A^*$ であるようなものを**自己共役作用素**という．

自己共役作用素 A については，つぎの形でスペクトル分解がえられる:

$$A=\int_{-\infty}^{\infty}\lambda\,dE(\lambda).$$

例 1． $L^2(-\infty,\ \infty)$ で，作用素 $A=i\,d/dt$ を考える:

$$Ax(t)=ix'(t).$$

定義域は殆んどいたるところ微分可能(絶対連続)な L^2 の函数で，導函数がまた L^2 に属するようなものの全体である．

プランシュレルの定理(→§2.5.3)によって，$x\in L^2$ のフーリエ変換 $\hat{x}$ を考えると，$y=Ax$ に対応する函数は，

$$\hat{y}(s)=s\hat{x}(s)$$

で与えられる．そこで，$-\infty<\lambda<\infty$ に対して，$\mathcal{K}(\lambda)=\{x;\ \hat{x}(s)=0\ (s\geqq\lambda)\}$ とすれば，

$$E(\lambda)=P_{\mathcal{K}(\lambda)}\qquad(-\infty<\lambda<\infty)$$

として，A のスペクトル分解が定められる．

3.3. ユニタリ作用素のスペクトル分解

3.3.1.

定理 3.3． ヒルベルト空間 $\mathcal{H}$ におけるユニタリ作用素 U に対して，スペクトル族 $\{E(\lambda);\ -\infty<\lambda<\infty\}$ が存在して，U はつぎの形に表示される:

$$U=\int_0^{2\pi}e^{i\lambda}dE(\lambda).$$

例 1． $L^2(0,\ 1)$ において，$Ux(t)=x(t+a)$ ($t+a$ は mod 1 で考える)という作用素を考えると，これはユニタリ作用素である．

$x_n(t)=e^{2\pi int}$ $(n=0, \pm 1, \pm 2, \cdots)$ を考えると，$Ux_n(t)=e^{2\pi ina}x_n(t)$ であるから，これらは固有ベクトル．そして，$0\leqq\lambda\leqq 2\pi$ に対して，

$\mathcal{K}(\lambda)=\{x_n;\ 0\neq 2\pi na\leqq\lambda\}$ で生成された閉部分空間　とし($2\pi na$ は $\mathrm{mod}\ 2\pi$ で考える)，

$$E(\lambda)=O\ (\lambda<0),\quad =P_{\mathcal{K}(\lambda)}\ (0\leqq\lambda<2\pi),\quad =I\ (\lambda\geqq 2\pi)$$

とすれば，この $\{E(\lambda);\ -\infty<\lambda<\infty\}$ が U のスペクトル分解を与える．

3.3.2.　ストウンの定理.

定理 3.4.　ヒルベルト空間 $\mathcal{H}$ におけるユニタリ作用素の族 $\{U_t;\ -\infty<t<\infty\}$ が

i.　$U_0=I,\quad U_{s+t}=U_sU_t\quad (-\infty<s,\ t<\infty)$;

ii.　任意の $x,\ y\in\mathcal{H}$ について，$(U_tx,\ y)$ は t の連続函数

という条件をみたしているとする．

このとき，スペクトル族 $\{E(\lambda);\ -\infty<\lambda<\infty\}$ が存在して，つぎの形に表わされる：

$$U_t=\int_{-\infty}^{\infty}e^{i\lambda t}dE(\lambda).\qquad\text{（ストウンの定理）}$$

4.　局所凸空間

4.1.　定義と例

4.1.1.　局所凸空間.　ベクトル空間 $\mathcal{X}$ の各要素 x に対して実数 $p(x)$ が定められ，$p(x)\geqq 0$; $p(x+y)\leqq p(x)+p(y)$; $p(\alpha x)=|\alpha|p(x)$ という性質をもっているとき，**半ノルム**という．

局所凸空間は，半ノルムの族の与えられたベクトル空間である．

4.1.2.　局所凸空間の例.

例 1.　閉区間 $[a, b]$ 上で定義された C^∞ 函数 $x(t)$ で，その導函数 $x^{(n)}(t)$ $(n=0, 1, 2, \cdots)$ がすべて，$t=a, b$ で 0 になるようなものの全体．$p_n(x)=\sup\{|x^{(n)}(t)|;\ a\leqq t\leqq b\}$ として，半ノルムの族 $\{p_1, p_2 \cdots\}$ が与えられ，これがこの空間の性質を論じる基礎となる．

例 2.　さらに，$(-\infty, \infty)$ 上の C^∞ 函数で，その**台**(すなわち，$\{t;\ x(t)\neq 0\}$ の閉包)がコンパクトであるようなものの全体にも，局所凸空間としての構造が定義され，この局所凸空間の性質が**超函数**の議論の基礎をなす．

参考書.　[B 7]，[C 3]，[D 3]，[E 1]，[H 4]，[H 15]，[K 1]，[K 4]，[K 5]，[K 6]，[K 9]，[K 12]，[K 13]，[L 4]，[L 5]，[M 1]，[N 4]，[N 5]，[N 9]，[N 10]，[R 1]，[S 10]，[S 14]，[S 18]，[S 19]，[S 20]，[T 4]，[T 5]，[T 6]，[T 7]，[T 9]，[Y 5]，[Y 7]，[Y 8]，[Y 9]

[竹之内　脩]

VII. 常微分方程式

A. 線形微分方程式

1. 一階線形微分方程式

1.1. 一階常微分方程式

1.1.1. 独立変数 x, 未知関数 y とその導関数 y' との関係式

$$F(x,\ y,\ y')=0 \tag{1.1}$$

を y についての**一階常微分方程式**という．特に，y' について解けている形

$$y'=f(x,\ y) \tag{1.2}$$

のとき，**正規形**であるという．

1.1.2. 微分可能な関数 $\varphi(x)$ がある区間 I で

$$F(x,\ \varphi(x),\ \varphi'(x))=0$$

を恒等的にみたすとき，$y=\varphi(x)$ を方程式（1）の**解**であるという．同様に，

$$\varphi'(x)=f(x,\ \varphi(x))$$

が区間 I で成立すれば，$y=\varphi(x)$ は（2）の解であるという．

例題 1. i. $\varphi_1(x)=1$, ii. $\varphi_2(x)=\cos(x^2/2)$, iii. $\varphi_3(x)=\sin(x^2/2)$ が微分方程式

$$y'=-x\sqrt{1-y^2} \qquad (0<x<2\sqrt{\pi})$$

の解となるのはどのような区間か．

［解］ i. $\varphi_1{}'(x)\equiv 0$, $-x\sqrt{1-\varphi_1{}^2}\equiv 0$ であるから，$y=\varphi_1(x)$ は全区間で解である．

ii.
$$\varphi_2{}'(x)=-\left(\sin\frac{x^2}{2}\right)x=-x\sqrt{1-\cos^2\frac{x}{2}}=-x\sqrt{1-\varphi_2{}^2}$$

が成り立つのは $\sin(x^2/2)>0$ であるとき，つまり $I=(0,\ \sqrt{2\pi})$．

iii.
$$\varphi_3{}'(x)=x\cos\frac{x^2}{2}=-x\sqrt{1-\sin^2\frac{x^2}{2}}$$

が成り立つのは $\cos(x^2/2)<0$ であるとき，つまり $I=(\sqrt{\pi},\ \sqrt{3\pi})$．　（以上）

1.1.3. 微分方程式（1）または（2）の解で与えられた定数 x_0, y_0 に対して

$$y(x_0)=y_0 \tag{1.3}$$

をみたす解を求める問題を**初期値問題**，（3）を**初期条件**という．

例題 2. $y'=-x\sqrt{1-y^2}$ の解で $y(0)=1/\sqrt{2}$, 1, $\sqrt{2}$ をみたすものを見出せ．

［解］
$$y_1=\sin\left(\frac{x^2}{2}+\frac{3}{4}\pi\right)$$

とおけば，$y(0)=1/\sqrt{2}$ をみたしてしかも

$$y'=x\cos\left(\frac{x^2}{2}+\frac{3}{4}\pi\right)=-x\sqrt{1-\sin^2\left(\frac{x^2}{2}+\frac{3}{4}\pi\right)}$$

が $0\leqq x<\sqrt{5\pi/2}$ で成立するから，y_1 は解である．

$y_2=1$ とおくと，すべての x に対して $y_2(0)=1$ をみたす解であるが，$\tilde{y}_2=\cos(x^2/2)$ もまた $0\leqq x<\sqrt{\pi}$ で同じ初期条件をみたす解である．

一方，根号内は $1-y^2\geqq 0$ でなければならないから，$y(0)=\sqrt{2}$ をみたす解はありえない．　(以上)

1.2. 一階線形常微分方程式

1.2.1. $a(x)$ を区間 I で連続な関数とするとき，

$$L[y]\equiv\frac{dy}{dx}-a(x)y=0 \tag{1.4}$$

を**斉次一階線形常微分方程式**といい，

$$L[y]\equiv\frac{dy}{dx}-a(x)y=b(x) \tag{1.5}$$

を**非斉次一階線形常微分方程式**という．

1.2.2. $a(x)$ の原始関数を

$$A(x)=\int^x a(t)dt$$

とするとき，$y(x)=ce^{A(x)}$ (c は任意の定数)は (4) の解である．

1.2.3. (4) の解で初期条件 $y(x_0)=0$ をみたす解は $y(x)\equiv 0$ しかない．

1.2.4. $V=\{y(x);\ L[y]=0\}$ はベクトル空間(→ I §4.1)となる．これは L の線形性: $L[c_1y_1+c_2y_2]=c_1L[y_1]+c_2L[y_2]$ (c_1, c_2: 定数)から明らかである．

1.2.5.

定理 1.1. 方程式 (4) は任意の初期条件 $y(x_0)=y_0$ に対してただ一つの解をもち，

$$y(x)=y(x_0)e^{A(x)-A(x_0)}$$

とかける．

証明. 解であることは明らかであるから，別の解 $z(x)$ があって $z(x_0)=y_0$ となったとする．$L[y-z]=L[y]-L[z]=0$ であるから，$y(x)-z(x)$ は (4) の解で $(y-z)(x_0)=0$ をみたす．ところが，これは $y(x)\equiv z(x)$ を意味する．　(証終)

1.2.6. 定理 1.1 で $a(x)$ が連続であるということが重要である．例えば，$x=0$ で不連続な $a(x)=2/x$ を考えると，

$$L[y]\equiv\frac{dy}{dx}-\frac{2}{x}y=0$$

は任意の c に対して $y=cx^2$ を解とする．ところが，初期条件 $y(0)=0$ をみたす解は $y(x)\equiv 0$ に限らないし，また $y(0)=1$ をみたす解は存在しない．

1.3. 定数変化法

1.3.1. 非斉次方程式 (5) をみたすある関数 $z(x)$ があったとする．以後，このよう

な特定の関数で解となるものを**特殊解**とよぶ．cを任意の定数とするとき，

$$y(x)=ce^{A(x)}+z(x)$$

は (5) の解である．

任意に与えられた初期条件 $y(x_0)=y_0$ をみたす解は

$$y_0=ce^{A(x_0)}+z(x_0)$$

から c を解いて

$$y(x)=(y_0-z(x_0))e^{A(x)-A(x_0)}+z(x)$$

で求められる．

1.3.2. $L[y]=0$ の解 $y(x)$ を用いて $z(x)=y(x)c(x)$ の形の (5) の解を求めることができる．

$$L[z]=y(x)c'(x)=b(x)$$

であるから，

$$z(x)=y(x)\int^{x}y(t)^{-1}b(t)dt. \tag{1.6}$$

これを**ラグランジュの定数変化法**という．

1.3.3. c を任意定数とするとき，(5) の解は

$$y(x)=ce^{A(x)}+\int^{x}e^{A(x)-A(t)}b(t)dt$$

の形ですべて表わすことができる．

2. 定係数線形微分方程式

2.1. 二階の場合

2.1.1. a_1, a_2 を定数として

$$L[y]\equiv y''+a_1y'+a_2y=0 \tag{2.1}$$

を**定係数二階線形常微分方程式**といい，

$$L[y]\equiv y''+a_1y'+a_2y=f(x) \tag{2.2}$$

をその**非斉次形**という．

2.1.2. λに関する代数方程式

$$\varphi(\lambda)\equiv\lambda^2+a_1\lambda+a_2=0 \tag{2.3}$$

を方程式 (1) の**特性方程式**という．いま，特性方程式の根 λ が

1° 相異なる二実根 λ_1, λ_2 の場合に

$$y_1(x)=e^{\lambda_1x},\qquad y_2(x)=e^{\lambda_2x},$$

2° 重根 λ の場合に

$$y_1(x)=e^{\lambda x},\qquad y_2(x)=xe^{\lambda x},$$

3° 共役複素根 $\lambda=\mu+i\nu$, $\mu-i\nu$ の場合に

$$y_1(x)=e^{\mu x}\cos\nu x,\qquad y_2(x)=e^{\mu x}\sin\nu x$$

とおけば，どの場合でも $y_1(x)$, $y_2(x)$ は (1) の解である．

2.1.3. c_1, c_2 を任意の定数, $y_1(x)$, $y_2(x)$ を (1) の任意の二つの解とすると,

$$L[c_1y_1+c_2y_2]=c_1L[y_1]+c_2L[y_2]$$

であるから, $c_1y_1(x)+c_2y_2(x)$ もまた (1) の解である.

$V=\{y: L[y]=0\}$ とすると, V はベクトル空間(→ I §4.1)になる.

2.1.4. 区間 I で定義された二つの関数 $y_1(x)$, $y_2(x)$ が I 上で

$$c_1y_1(x)+c_2y_2(x)\equiv 0$$

となるのは $c_1=c_2=0$ のときに限るとき, $y_1(x)$, $y_2(x)$ は I で**一次独立**であるといい, そうでないとき**一次従属**であるという.

I で微分可能な二つの関数 $y_1(x)$, $y_2(x)$ があったとき, その**ロンスキアン** $W(y_1, y_2; x)$ をつぎのように定義する:

$$W(y_1, y_2; x)=\begin{vmatrix} y_1(x) & y_2(x) \\ y_1'(x) & y_2'(x) \end{vmatrix}.$$

定理 2.1. 区間 I で微分可能な二つの関数 $y_1(x)$, $y_2(x)$ は, $W(y_1, y_2; x)\neq 0$ であれば一次独立である.

証明. $\phi(x)=c_1y_1(x)+c_2y_2(x)$ とおく. I で $\phi(x)=0$ ならば, $\phi'(x)\equiv 0$ であるから,

$$\begin{pmatrix} y_1(x) & y_2(x) \\ y_1'(x) & y_2'(x) \end{pmatrix}\begin{pmatrix} c_1 \\ c_2 \end{pmatrix}\equiv 0.$$

左辺の行列の行列式 $W(y_1, y_2; x)$ は I 上で 0 でないから,

$$c_1=c_2=0. \qquad \text{(証終)}$$

例題 1. §2.1.2 であげられた $y_1(x)$, $y_2(x)$ はおのおのの場合に $I=(-\infty, \infty)$ で一次独立であることを証明せよ.

［**解**］ 1° $W(e^{\lambda_1 x}, e^{\lambda_2 x}; x)=e^{(\lambda_1+\lambda_2)x}(\lambda_2-\lambda_1)\neq 0.$

2° $W(e^{\lambda x}, xe^{\lambda x})=e^{\lambda x}\neq 0.$

3° $W(e^{\mu x}\cos\nu x, e^{\mu x}\sin\nu x; x)$

$$=\begin{vmatrix} e^{\mu x}\cos\nu x & e^{\mu x}\sin\nu x \\ \mu e^{\mu x}\cos\nu x-\nu e^{\mu x}\sin\nu x & \mu e^{\mu x}\sin\nu x+\nu e^{\mu x}\cos\nu x \end{vmatrix}=\nu e^{2\mu x}\neq 0.$$

($\nu=0$ ならば, 2° の場合となる.) (以上)

2.1.5. (1) の解で与えられた定数 x_0, y_0, y_1 に対して,

$$y(x_0)=y_0, \qquad y'(x_0)=y_1 \tag{2.4}$$

をみたすものを求める問題を**初期値問題**という.

定理 2.2. (1) の解で初期条件

$$y(x_0)=0, \qquad y'(x_0)=0$$

をみたすものは, $y(x)\equiv 0$ しかない.

2.1.6. $y_1(x)$, $y_2(x)$ を (1) の解とすると,

$$W'(y_1, y_2; x)=-a_1W(y_1, y_2; x)$$

が成り立つから，

(2.5) $$W(y_1,\ y_2;\ x)=W(y_1,\ y_2;\ x_0)e^{-a_1(x-x_0)}.$$

これを**アーベルの公式**ということがある．

2.1.7.

定理 2.3. $y_1(x)$, $y_2(x)$ を (1) の一次独立な二つの解とすると，(1) の任意の解は $y(x)=c_1y_1(x)+c_2y_2(x)$ の形にただ一通りにかける．

証明. x_0 を固定して $y(x_0)=y_0$, $y'(x_0)=y_1$ とすれば，c_1, c_2 を

$$c_1y_1(x_0)+c_2y_2(x_0)=y_0, \qquad c_1y_1'(x_0)+c_2y_2'(x_0)=y_1$$

となるようにえらべる．$\varphi(x)=c_1y_1(x)+c_2y_2(x)$ とおけば，これは (1) の解であるから，$y(x)-\varphi(x)$ もまた (1) の解であって初期条件 $y(x_0)-\varphi(x_0)=0$, $y'(x_0)-\varphi'(x_0)=0$ をみたすから，

$$y(x)\equiv\varphi(x).$$ （証終）

例題 2. $L[y]\equiv y''+\omega^2y=0$ の解で $y(0)=A$, $y'(0)=B$ となるものを求めよ．

［**解**］ $\varphi(\lambda)\equiv\lambda^2+\omega^2=0$ から §2.1.2 の 3° の場合であって，

$$y(x)=c_1\cos\omega x+c_2\sin\omega x$$

とおけば，初期条件 $y(0)=A$, $y'(0)=B$ をみたす解は

$$y(x)=A\cos\omega x+\frac{B}{\omega}\sin\omega x$$

とただ一通りにかける． （以上）

2.2. 非斉次方程式と特殊解の求め方

2.2.1. $L[y]=y''+py'+qy=f(x)$ の形の方程式を**非斉次方程式**という．$L[y]=f(x)$ の一つの解 $z(x)$ が求まれば，一般に $L[y]=0$ の独立な解 $y_1(x)$, $y_2(x)$ を用いて

$$y(x)=c_1y_1(x)+c_2y_2(x)+z(x)$$

もまた解となる．ゆえに，任意の初期条件

$$y(a)=A, \qquad y'(a)=B$$

をみたす解は，連立一次方程式

$$c_1y_1(a)+c_2y_2(a)+z(a)=A, \qquad c_1y_1'(a)+c_2y_2'(a)+z(a)=B$$

を c_1, c_2 について解けば求めることができる．$c_1y_1+c_2y_2+z$ を $L[y]=f$ の**一般解**，$z(x)$ を**特殊解**とよぶ．

2.2.2. $c_1(x)$, $c_2(x)$ を未知関数とし，y_1, y_2 を $L[y]=0$ の独立な解とするとき，$z(x)=c_1(x)y_1(x)+c_2(x)y_2(x)$ とおいて特殊解を求める方法を**ラグランジュの定数変化法**という．簡単のために

$$c_1'(x)y_1(x)+c_2'(x)y_2(x)=0$$

とおけば，

$$L[c_1(x)y_1(x)+c_2(x)y_2(x)]=c_1'y_1'+c_2'y_2'+c_1L[y_1]+c_2L[y_2]=f$$

であるから，

$$z(x)=c_1(x)y_1(x)+c_2(x)y_2(x)=\int^x \frac{y_2(x)y_1(t)-y_1(x)y_2(t)}{W(y_1,\ y_2;\ t)}f(t)dt$$

という公式がえられる.

2.2.3. **例 1.** $L[y]=y''+\omega^2 y$. $y_1(x)=\sin\omega x$, $y_2(x)=\cos\omega x$ とすれば,

$$z(x)=\frac{1}{\omega}\int^x \sin\omega(x-t)f(t)dt$$

が特殊解である.

2.2.4. **未定係数法**とよばれるつぎの方法は, 特別な $f(x)$ の形にしか適用しないが, 実用上便利なことが多い.

i. $f(x)$ が x の r 次の多項式のとき, $z(x)=c_0+c_1x+\cdots+c_rx^r$ の形の特殊解がある.

ii. $f(x)=e^{\alpha x}\sin\beta x$ のとき, $z(x)=Ae^{\alpha x}\sin\beta x+Be^{\alpha x}\cos\beta x$ の形の特殊解がある.

2.2.5. **例 2.** $L[y]=y''-3y'+2y=x^2$. $z(x)=c_0+c_1x+c_2x^2$ とおけば,

$$\begin{aligned}L[z]&=2c_2-3(2c_2x+c_1)+2(c_0+c_1x+c_2x^2)\\&=2c_2x^2+(2c_1-6c_2)x+2c_0-3c_1+2c_2=x^2\end{aligned}$$

として未定係数法を用いると,

$$z(x)=\frac{1}{4}(7+6x+2x^2)$$

が特殊解であることがわかる.

例 3. $L[y]=y''+4y=\cos x$, $z(x)=A\sin x+B\cos x$ とおけば,

$$L[z]=3A\sin x+3B\cos x=\cos x$$

から $z(x)=(1/3)\cos x$ が特殊解である.

2.3. n 階定係数線形微分方程式

2.3.1. $L[y]=y^{(n)}+p_1y^{(n-1)}+\cdots+p_ny=0$ (p_1, $\cdots$, p_n は定数)

の形の微分方程式を n 階定係数斉次線形微分方程式といい,

$$L[y]=f(x)$$

をその非斉次方程式という. 二階の場合に記した事項はほとんどそのまま一般化することができる.

2.3.2. $y_j(x)$ ($j=1$, $\cdots$, r) を $L[y]=0$ の解 c_1, $\cdots$, c_r を任意定数とすれば,

$$L[\sum_{j=1}^{r}c_jy_j(x)]=\sum_{j=1}^{r}c_jL_j[y_j]=0$$

であるから,

$$V=\{y(x);\ L[y]=0\}$$

はベクトル空間(→ I § 4.1)である.

2.3.3. 区間 I で定義された r 個の関数 $y_1(x)$, $\cdots$, $y_r(x)$ が

$$\sum_{j=1}^{r}c_j(x)y_j(x)\equiv 0$$

となるのは $c_1=\cdots=c_r=0$ のときに限るとき, y_1, $\cdots$, y_r は**一次独立**であるという. そうでないとき, つまり全部が 0 ではない定数の組 (c_1, $\cdots$, c_r) があって区間 I で上の一次

結合が恒等的に 0 となるとき，y_1, …, y_r は一次独立であるという．

2.3.4. λ についての多項式 $\varphi(\lambda)=\lambda^n+p_1\lambda^{n-1}+\cdots+p_n$ からつくられた $\varphi(\lambda)=0$ を $L[y]$ の**特性方程式**といい，その根を**特性根**という．λ が実の単根であれば，$e^{\lambda x}$ は $L[y]=0$ の解である．また，実の r 重根のとき，$e^{\lambda x}$, $xe^{\lambda x}$, …, $x^{r-1}e^{\lambda x}$ もまた解である．$\lambda=\mu+i\nu$ が複素 r 重根ならば，$\bar{\lambda}=\mu-i\nu$ もまた r 重根であって，これら $2r$ 個の特性根に対応して $2r$ 個の$L[y]=0$ の解

$$e^{\mu x}\sin\nu x,\ e^{\mu x}\cos\nu x,\ xe^{\mu x}\sin\nu x,\ xe^{\mu x}\cos\nu x,\ \cdots,\ x^{r-1}e^{\mu x}\sin\nu x,\ x^{r-1}e^{\mu x}\cos\nu x$$

がある．これら n 個の解は $I=(-\infty,\ \infty)$ で一次独立である．

2.3.5. $L[y]=0$ の解で初期条件 $y(a)=y'(a)=\cdots=y^{(n-1)}(a)=0$ をみたすものは，$y(x)\equiv 0$ に限る．

2.3.6. I で定義されて $n-1$ 階連続微分可能な関数 y_1, y_2, …, y_n のロンスキアン $W(y_1,\ y_2,\ \cdots,\ y_n;\ x)$ を

$$W(y_1,\ y_2,\ \cdots,\ y_n;\ x)=\begin{vmatrix} y_1 & y_2 & \cdots & y_n \\ y_1' & y_2' & \cdots & y_n' \\ \cdots & \cdots & \cdots & \cdots \\ y_1^{(n-1)} & y_2^{(n-1)} & \cdots & y_n^{(n-1)} \end{vmatrix}$$

によって定義する．区間 I で $y_1, y_2, \cdots, y_n$ が一次独立であれば，$W(y_1,\ y_2,\ \cdots,\ y_n;\ x)\neq 0$ が I で成立する．

2.3.7. y_1, …, y_n を $L[y]=0$ の解とすると，$W(a)=W(y_1,\ y_2,\ \cdots,\ y_n;\ x)$ は微分方程式 $W'+p_1W=0$ の解である．つまり，$W(x)=W(x_0)e^{-p_1(x-x_0)}$ とかけるから，$W(x)$ が区間 I の一点 z_0 で $W(x_0)=0$ となると，$W(x)$ は I で恒等的に 0 である．ゆえに，$L[y]=0$ の解 y_1, y_2, …, y_n が I で一次独立となるための必要十分条件は，

$$W(y_1,\ y_2\ \cdots,\ y_n;\ x)\neq 0 \qquad (x\in I).$$

2.3.8. 初期条件 $y(a)=A_0$, $y'(a)=A_1$, …, $y^{(n-1)}(a)=A_{n-1}$ をみたす $L[y]=0$ の解は，n 連立方程式

$$\sum_{j=1}^{n} c_j y_j^{(k)}(a)=A_k \qquad (k=0,\ 1,\ 2,\ \cdots,\ n-1)$$

を c_1, …, c_n について解いて

$$y(x)=\sum_{j=1}^{n} c_j y_j(x)$$

の形に一意にかける．ここに $y_1(x)$, …, $y_n(x)$ は§2.3.4 で各特性根に対してつくった解を全部あつめたものである．

$V=\{y(x);\ L[y]=0\}$ というベクトル空間の次元は n であって，§2.3.4 の n 個の解がその基底となっている．

n 個の任意定数を用いてかいた解

$$y(x)=\sum_{j=1}^{n} c_j y_j(x)$$

を $L[y]=0$ の**一般解**という．また，一次独立な n 個の解の組 $(y_1,\ \cdots,\ y_n)$ を $L[y]=0$

の**基本解系**という.

2.3.9. 非斉次方程式 $L[y]=f(x)$ の一つの解を $z(x)$ とすると, $L[y]=f(x)$ のすべての解は

$$y(x)=\sum_{j=1}^{n} c_j y_j(x)+z(x)$$

の形にかける. ただし, $(y_1, \cdots, y_n)$ は $L[y]=0$ の基本解系とする. したがって, 非斉次方程式を解くには, $L[z]=f$ となるただ一つの解を見出せばよい.

2.3.10. 定数変化法. $(y_1, \cdots, y_n)$ を $L[y]=0$ の基本解系とするとき, 連立方程式

$$\sum_{j=1}^{n} c_j'(x) y_j^{(k)}(x)=0 \quad (k=0, 1, \cdots, n-2), \qquad \sum_{j=1}^{n} c_j'(x) y_j^{(n-1)}(x)=f(x)$$

を解いてえられた $c_1(x), \cdots, c_n(x)$ を用いて

$$z(x)=\sum_{j=1}^{n} c_j(x) y_j(x)$$

とおけば, z は $L[y]=f$ の特殊解である.

2.3.11. 未定係数法. いま, $f(x)$ がある m 階定係数線形微分方程式 $M[f]=0$ の解であるとする.

$$M[L[y]]=M[f]=0$$

であるから, y は $n+m$ 階定係数線形微分方程式 $ML[y]=0$ の解である. ゆえに, その基本解系 $(y_1, \cdots, y_n, z_1, \cdots, z_m)$ を用いて

$$y(x)=\sum_{j=1}^{n} c_j y_j+\sum_{j=1}^{m} d_j z_j$$

とかける. つまり, $L[y]=f$ の特殊解は

$$z(x)=\sum_{j=1}^{m} d_j z_j(x)$$

の形で求められる. これを**未定係数法**という.

2.3.12. 例 4. $y''-4y=3e^{2x}+4e^{-x}$. $L[y]=y''-4y$, $M[z]=z''-z'-2z$ とおけば, $M[e^{2x}]=M[e^{-x}]=0$. y は $M[L[y]]=(D^2-D-2)(D^2-4)y=0$ の解であり, 固有方程式は

$$\varphi(\lambda)=(\lambda-2)^2(\lambda+2)(\lambda-1)=0$$

であるから, $z(x)=c_1xe^{2x}+c_2e^{-x}$ の形の解がある. $L[xe^{2x}]=4e^{2x}$, $L[e^{-x}]=-3e^{-x}$ であるから,

$$z(x)=\frac{3}{4}xe^{2x}-\frac{4}{3}e^{-x}$$

が特殊解となる.

2.4. 一階連立方程式

2.4.1. 方程式系

$$\frac{dy_j}{dx}=\sum_{k=1}^{n} a_{j,k} y_k \qquad (j=1, \cdots, n)$$

を未知変数 $y_1, \cdots, y_n$ に関する**連立一階線形常微分方程式系**という. 特に, n^2 個の係数

$a_{j,k}$ $(j,\ k=1,\ \cdots,\ n)$ が定数のときを考える．単独の方程式との関連を明らかにするために，列ベクトル $(y_1,\ \cdots,\ y_n)$ を $\boldsymbol{y}(x)$，$(j,\ k)$ 要素が a_{jk} である行列を A で表わす．考える方程式は

$$\frac{d\boldsymbol{y}}{dx}=A\boldsymbol{y} \tag{2.6}$$

とかける．ただし $d\boldsymbol{y}/dx$ は各要素が dy_j/dx $(j=1,\ \cdots,\ n)$ であるような列ベクトルである．行列 A の固有方程式

$$\varphi(\lambda)=\det(A-\lambda I)=0$$

の根 $\lambda_1,\ \cdots,\ \lambda_n$ が相異なる実根の場合から考えよう．

固有値 λ_j に対応する固有ベクトル $\overrightarrow{\xi_j}$ を用いると，

$$(A-\lambda_j I)\overrightarrow{\xi_j}=0$$

$\overrightarrow{y_j}(x)=e^{\lambda_j x}\overrightarrow{\xi_j}$ は

$$\frac{d\overrightarrow{y_j}}{dx}=\lambda_j e^{\lambda_j x}\overrightarrow{\xi_j}=A(e^{\lambda_j x}\overrightarrow{\xi_j})=A\overrightarrow{y_j}$$

であるから，まず n 個の解 $\overrightarrow{y_1}(x),\ \cdots,\ \overrightarrow{y_n}(x)$ が求められる．

2.4.2. 各要素が区間 I で定義された関数であるようなベクトル $\overrightarrow{y_1}(x),\ \cdots,\ \overrightarrow{y_r}(x)$ が I で**一次独立**であるとは，

$$\sum_{j=1}^{n} c_j\overrightarrow{y_j}(x)\equiv 0 \qquad (x\in I)$$

であるのは $c_1=\cdots=c_r=0$ に限るときをいい，そうでないときに**一次従属**であるという．

ベクトル $\overrightarrow{\xi_1},\ \cdots,\ \overrightarrow{\xi_n}$ は R^n のベクトルとして一次独立であるから，当然スカラー $e^{\lambda_j x}$ を掛けてえられたベクトル

$$e^{\lambda_1 x}\overrightarrow{\xi_1},\ \cdots,\ e^{\lambda_n x}\overrightarrow{\xi_n}$$

も一次独立である．

n 個のベクトル $\overrightarrow{y_1}(x),\ \cdots,\ \overrightarrow{y_n}(x)$ をならべてつくった行列を $Y(x)$ とかくことにすると，$\det Y(x)\neq 0$ が区間 I で成り立てば，$\overrightarrow{y_1},\ \cdots,\ \overrightarrow{y_n}$ は一次独立である．

2.4.3. 方程式系 (6) の解で初期条件 $\overrightarrow{y}(a)=\overrightarrow{\alpha}=(\alpha_1,\ \cdots,\ \alpha_n)$ をみたす解を求める問題を (6) に対する**初期値問題**という．

(6) の解で初期条件 $\overrightarrow{y}(a)=\overrightarrow{0}=(0,\ \cdots,\ 0)$ をみたす解は，恒等的に 0 である要素から成るベクトル解

$$\overrightarrow{y}(x)\equiv\overrightarrow{0}=(0,\ \cdots,\ 0)$$

しかない． **(解の一意性の定理)**

2.4.4. (6) の任意の解 $\overrightarrow{y_1}(x),\ \cdots,\ \overrightarrow{y_n}(x)$ によってつくられる行列 $Y(x)$ は行列微分方程式

$$\frac{dY}{dx}=AY \tag{2.7}$$

の解である．ここに dY/dx は Y の各要素の導関数を要素とする行列である．

いま，$w(x)=\det Y(x)$ とおけば，$w(x)$ は一階線形単独微分方程式

$$\frac{dw}{dx}=(\mathrm{Trace}\,A)w=(\sum_{k=1}^{n}a_{kk})w$$

の解である．ゆえに，$w(x_0)=0$ がある x_0 に対して成り立てば，

$$w(x)=w(x_0)\cdot\exp[(\sum_{k=1}^{n}a_{kk})(x-x_0)]$$

より $w(x)\equiv 0$ となる．

微分方程式 (6) の n 個の解 $\vec{y}_1, \cdots, \vec{y}_n$ が一次独立であるための必要十分条件は，$w(x)=\det Y(x)$ が 0 とならないことがある x について示されることである．

行列微分方程式 (7) の解で初期条件 $Y(a)=I$ (単位行列)をみたすものの n 個の列ベクトルは，(6) の一次独立な解である．この行列を方程式系 (6) の**基本解行列**という．

与えられた初期条件 $\vec{y}(a)=\vec{\alpha}$ をみたす (6) の解 $\vec{y}(x)$ は $I=(-\infty, \infty)$ でただ一つ存在して

$$\vec{y}(x)=Y(x)\vec{\alpha}$$

の形にかける．

2.4.5. 行列 A が任意に与えられたとき，行列微分方程式 (7) の解で $Y(a)=I$ をみたす基本解行列を求めるために，行列値をとる関数 e^{Ax} をつぎの式で定義する:

$$e^{Ax}=\sum_{n=0}^{\infty}\frac{A^nx^n}{n!}=I+Ax+\frac{A^2}{2}x^2+\frac{A^3}{3!}x^3+\cdots.$$

右辺の行列の各要素はすべての x に対して収束する．

$$Y(x)=e^{A(x-a)}$$

とおけば，$Y(x)$ が求める基本解行列である．

もっと具体的に e^{Ax} の形を求めるには，正則行列 T を用いて行列 A をそのジョルダン標準形 $J=T^{-1}AT$ に変換すると，

$$T^{-1}e^{Ax}T=e^{Jx}$$

となるから，いま

$$J=J_1\oplus J_2\oplus\cdots\oplus J_m, \qquad J_p=\lambda_pI+Z$$

と J を直和に分解する．ただし，ここで I は r_p 次の単位行列，Z は r_m 次の巡回行列

$$Z=\begin{bmatrix}0 & 1 & 0 & \cdots & 0\\ 0 & 0 & 1 & \cdots & 0\\ 0 & 0 & 0 & \ddots & \\ \cdots & \cdots & \cdots & & 1\\ 0 & 0 & 0 & \cdots & 0\end{bmatrix} \qquad \left(\sum_{p=1}^{m}r_p=n\right).$$

J の直和分解に対応して行列 e^{Jx} も直和に分解され，

$$\begin{aligned}e^{Jx}&=e^{J_1x}\oplus e^{J_2x}\oplus\cdots\oplus e^{J_mx}\\ &=e^{\lambda_1x}P_1(x)\oplus e^{\lambda_2x}P_2(x)\oplus\cdots\oplus e^{\lambda_mx}P_m(x)\end{aligned}$$

となり，$P_j(x)$ は x の高々 r_j-1 次の多項式を要素とする r_j 次の行列である．e^{Ax} を計算するには，$Te^{Jx}T^{-1}$ を計算すればよい．

λ を行列 A の重複度 m の固有値とすれば，

$$e^{\lambda x}\overrightarrow{p}(x)$$

の形の m 個の一次独立な解がある．ここに $\overrightarrow{p}(x)$ は各要素が x の高々 $m-1$ 次の多項式であるようなベクトルである．

2.4.6.　例 1.

$$\frac{dy_1}{dx}=15y_1-32y_2+25y_3,\quad \frac{dy_2}{dx}=8y_1-17y_2+14y_3,\quad \frac{dy_3}{dx}=2y_1-4y_2+4y_3.$$

$$\begin{vmatrix} 15-\lambda & -32 & 25 \\ 8 & -17-\lambda & 14 \\ 2 & -4 & 4-\lambda \end{vmatrix}=(\lambda+1)(\lambda-1)(\lambda-2)=0.$$

$\lambda_1=-1$，$\lambda_2=+1$，$\lambda_3=2$ とすれば，対応する固有ベクトルは

$$\overrightarrow{\xi_1}=\begin{pmatrix}2\\1\\0\end{pmatrix},\quad \overrightarrow{\xi_2}=\begin{pmatrix}1\\2\\2\end{pmatrix},\quad \overrightarrow{\xi_3}=\begin{pmatrix}3\\2\\1\end{pmatrix}.$$

一般解は $\overrightarrow{y}(x)=c_1e^{-x}\overrightarrow{\xi_1}+c_2e^{x}\overrightarrow{\xi_2}+c_3e^{2x}\overrightarrow{\xi_3}$ とかける．

一方，

$$T=\begin{pmatrix}2&1&3\\1&2&2\\0&2&1\end{pmatrix}$$

とおけば．

$$T^{-1}\begin{pmatrix}15&-32&25\\8&-17&14\\2&-4&4\end{pmatrix}T=\begin{pmatrix}-1&0&0\\0&1&0\\0&0&2\end{pmatrix}$$

であるから，$x=0$ で $Y(0)=I$ となる基本解行列 $Y(x)$ を計算するには，

$$Y(x)=T\begin{pmatrix}e^{-x}&0&0\\0&e^{x}&0\\0&0&e^{2x}\end{pmatrix}T^{-1}=(\overrightarrow{\xi_1}e^{-x},\ \overrightarrow{\xi_2}e^{x}\overrightarrow{\xi_3}e^{2x})T^{-1}$$

$$=\begin{pmatrix}2e^{-x}&e^{x}&3e^{2x}\\e^{-x}&2e^{x}&2e^{2x}\\0&2e^{x}&e^{2x}\end{pmatrix}\begin{pmatrix}-2&5&-4\\-1&2&-1\\2&-4&3\end{pmatrix}$$

$$=\begin{pmatrix}-4e^{-x}-e^{x}+6e^{2x} & 10e^{-x}+2e^{x}-12e^{2x} & -8e^{-x}-e^{x}+9e^{2x}\\ -2e^{-x}-2e^{x}+4e^{2x} & 5e^{-x}+4e^{-x}-8e^{-2x} & -4e^{-x}-2e^{x}+6e^{2x}\\ -2e^{x}+2e^{2x} & 4e^{x}-4e^{2x} & -2e^{x}+3e^{2x}\end{pmatrix}$$

とすればよい．

2.4.7.　$\overrightarrow{f}(x)$ を n 次元の列ベクトルでその要素は区間 I で連続であるとするとき，非

斉次方程式

$$\frac{d\vec{y}}{dx}=A\vec{y}+\vec{f}(x)$$

を考える. $Y(x)$ を斉次方程式の基本解行列, $\vec{z}(x)$ を一つの解, $\vec{c}$ を任意の定数ベクトルとするとき,

$$\vec{y}(x)=Y(x)\vec{c}+\vec{z}(x)$$

もまた解となる. したがって, $\vec{y}(a)=\vec{\alpha}$ をみたす解を求めるには, 代数方程式

$$Y(a)\vec{c}+\vec{z}(a)=\vec{\alpha} \qquad (Y(a)=I)$$

より $\vec{c}$ を解いて

$$\vec{y}(x)=Y(x)(\vec{\alpha}-\vec{z}(a))+\vec{z}(x)$$

とおけばよい.

非斉次方程式の特殊解を見出すには, 定数変化法を用いて未知関数 $\vec{c}(x)$ が $\vec{z}(x)=Y(x)\vec{c}(x)$ とおいたとき,

$$\frac{d\vec{z}}{dx}=A\vec{z}+\vec{f}(x)$$

となるようにしてきめることができる. $Y(x)=e^{Ax}$ という表記法を用いれば,

$$\vec{z}(x)=\int^{x}e^{Ax-At}\vec{f}(t)dt$$

によって特殊解が与えられる. すなわち,

$$\vec{y}(x)=e^{A(x-a)}\vec{\alpha}+\int_{a}^{x}e^{A(x-t)}\vec{f}(t)dt$$

が $d\vec{y}/dx=A\vec{y}+\vec{f}$ の $\vec{y}(a)=\vec{\alpha}$ となる解であって, これ以外に解は存在しない.

3. 高階線形方程式の一般論

3.1. 独立な解・基本解系

3.1.1. $a_1(x)$, …, $a_n(x)$ を区間 I で連続な関数とするとき,

$$L[y]\equiv\frac{d^ny}{dx^n}+a_1(x)\frac{d^{n-1}y}{dx^{n-1}}+\cdots+a_n(x)y=0 \tag{3.1}$$

の形の方程式を ***n* 階線形常微分方程式**といい, I で n 階連続微分可能な関数 $y(x)$ が I の適当な部分区間で $L[y]=0$ をみたすとき, $y(x)$ をその**解**という.

y_0, y_1, …, y_{n-1} を n 個の定数とするとき,

$$y(x_0)=y_0,\ y'(x_0)=y_1,\ \cdots,\ y^{(n-1)}(x_0)=y_{n-1}$$

をみたす $L[y]=0$ の解 $y(x)$ は区間 I でただ一つ存在する.

(解の存在と一意性の定理)

3.1.2. $y_j(x)$ $(j=1, \cdots, n)$ を $L[y]=0$ の解とすると任意の定数 c_1, …, c_n に対して

$$L[\sum_{j=1}^{n} c_j y_j(x)]=0$$

が成り立つ.

I で一次独立な n 個の解 $y_1(x)$, …, $y_n(x)$ が存在して，任意の解 $y(x)$ はその一次結合でかき表わすことができる.

$V=\{y(x);\ L[y]=0,\ x\in I\}$ は n 次元ベクトル空間(→I § 4.1)である.

$L[y]=0$ の n 個の解 $y_1(x)$, $y_2(x)$, …, $y_n(x)$ が区間 I で一次独立であるための必要十分条件は，区間 I でロンスキアン

$$W(y_1,\ y_2,\ \cdots,\ y_n;\ x)=\begin{vmatrix} y_1 & y_2 & \cdots & y_n \\ y_1' & y_2' & \cdots & y_n' \\ \cdots & \cdots & \cdots & \cdots \\ y_1^{(n-1)} & y_2^{(n-1)} & \cdots & y_n^{(n-1)} \end{vmatrix}$$

が 0 にならないことである. このとき，ロンスキアンはつぎの一階線形方程式の解である:

$$\frac{d}{dx}W(y_1,\ y_2,\ \cdots,\ y_n;\ x)=-a_1(x)W(y_1,\ y_2,\ \cdots,\ y_n;\ x);$$

つまり，

$$W(x)=W(x_0)\exp\left(-\int_{x_0}^{x}a_1(t)dt\right). \qquad \textbf{(アーベルの公式)}$$

$L[y]=0$ の区間 I で一次独立な n 個の解の組 (y_1, …, y_n) を区間 I での**基本解系**という.

3.2. 非斉次方程式の解法・その他

3.2.1. $L[y]=f(x)$ の形の方程式を**非斉次方程式**という. 非斉次方程式の一つの特殊解 $z(x)$ がわかったとすると，

$$y(x)=\sum_{j=1}^{n} c_j y_j(x)+z(x)$$

もまた非斉次方程式の解である. ただし，(y_1, …, y_n) は $L[y]=0$ の基本解系とする.

$L[y]=f(x)$ の初期値問題: $y(a)=\alpha_1$, $y'(a)=\alpha_2$, …, $y^{(n-1)}(a)=\alpha_n$ の解は c_1, …, c_n についての連立一次方程式

$$\sum_{j=1}^{n} c_j y_j^{(k)}(a)+z^{(k)}(a)=\alpha_{k+1} \qquad (k=0,\ 1,\ \cdots,\ n-1)$$

を解いて

$$y(x)=\sum_{j=1}^{n} c_j y_j(x)+z(x)$$

の形でえられるから，結局，特殊解 $z(x)$ を一つ見つければよい.

3.2.2. 定数変化法.

$$z(x)=\sum_{j=1}^{n} c_j(x) y_j(x) \qquad ((y_1,\cdots,\ y_n)\ \text{は基本解系})$$

とおいて $c_1(x)$, …, $c_n(x)$ をつぎの連立微分方程式の解として定めると，$z(x)$ は $L[y]=f(x)$ の一つの特殊解となる:

$$\sum_{j=1}^{n} c_j'(x) y_j^{(k)}(x)=0 \quad (k=0,\ 1,\ \cdots,\ n-2), \qquad \sum_{j=1}^{n} c_j'(x) y_j^{(n-1)}(x)=f(x).$$

いま，$W(x)=W(y_1,\ y_2,\ \cdots,\ y_n;\ x)$ とおき，$W_k(x)$ を $W(y_1,\ y_2,\ \cdots,\ y_n;\ x)$ の k 番目の列ベクトル $(y_k,\ y_k',\ \cdots,\ y_k^{(n-1)})$ を $(0,\ 0,\ \cdots,\ 0,\ 1)$ でおきかえてえられる行列式とすれば，

$$z(x)=\sum_{j=1}^{n} y_j(x) \int^x \frac{W_j(t) f(t)}{W(t)} dt$$

が求める特殊解である．

3.2.3. 階数低下法． $L[y]=0$ の一つの解 $y_1(x)$ が知られているとき，$y=uy_1,\ v=u'$ とおくと，v についての $n-1$ 階の線形方程式 $M[v]=0$ がえられる．$M[v]=0$ の $n-1$ 個の基本解系 $(v_2,\ v_3,\ \cdots,\ v_n)$ を用いて

$$u_k=\int^x v_k(t) dt \qquad (k=2,\ 3,\ \cdots,\ n)$$

と定めると，$(y_1,\ y_1u_2,\ y_1u_3,\ \cdots,\ y_1u_n)$ は $L[y]=0$ の基本解系となる．

3.2.4. 連立方程式への変換． 方程式 (1) は従属変数を

$$y=y_1,\ y'=y_2,\ \cdots,\ y^{(n-1)}=y_n$$

ととることによって，ベクトル $\vec{y}=(y_1,\ y_2,\ \cdots,\ y_n)$ に関する方程式系

$$\frac{d\vec{y}}{dx}=A(x)\vec{y}, \qquad A(x)=\begin{bmatrix} 0 & 1 & 0 & \cdots & 0 \\ 0 & 0 & 1 & \cdots & 0 \\ & & & \ddots & 1 \\ -a_n(x), & -a_{n-1}(x), & \cdots, & & a_1(x) \end{bmatrix} \tag{3.2}$$

に変換される．

3.3. 連立方程式系

3.3.1. 区間 I で連続な $a_{jk}(x)$ $(j,\ k=1,\cdots,n)$ を係数とする一階線形常微分方程式系

$$\frac{dy_j}{dx}=\sum_{k=1}^{n} a_{jk}(x) y_k \qquad (j=1,\ \cdots,\ n) \tag{3.3}$$

を，ベクトル $\vec{y}=(y_1,\ \cdots,\ y_n)$ と行列 $A(x)=(a_{jk}(x))$ を用いて，

$$\frac{d\vec{y}}{dx}=A(x)\vec{y} \tag{3.4}$$

とかくことにする．

定理 3.1. 初期条件 $\vec{y}(x_0)=\vec{y_0}=(y_{10},\ \cdots,\ y_{n0})$ をみたす (4) の解 $\vec{y}(x;\ x_0,\ \vec{y_0})$ が区間 I でただ一つ存在する．特に，行列関数 $Y(x,\ x_0)$ があって

$$\frac{dY}{dx}=A(x) Y, \qquad Y(x_0,\ x_0)=I \ \ (\text{単位行列})$$

をみたし，

$$\vec{y}(x;\ x_0,\ y_0)=Y(x,\ x_0)\vec{y_0}$$

とかける．

一般に，$\det Y(x) \neq 0$ である行列微分方程式

(3.5) $$\frac{dY}{dx}=A(x)Y$$

の解 $Y(x)$ を方程式系 (4) の**基本解系**という．基本解系の各列ベクトルは (4) の解である．

3.3.2. 非斉次方程式

(3.6) $$\frac{d\vec{y}}{dx}=A(x)\vec{y}+\vec{f}(x)$$

の解は (4) の任意の基本解系 $Y(x)$ を用いて

$$\vec{y}(x)=Y(x)\vec{c}+Y(x)\int^{x}Y^{-1}(t)\vec{f}(t)dt$$

とかける．ただし，$\vec{c}$ は各要素が定数であるようなベクトル $\vec{c}=(c_1,\cdots,c_n)$ である．特に，$Y(x_0)=I$ となるような基本解系を用いれば，(6) の解で初期条件 $\vec{y}(x_0)=\vec{y_0}$ をみたす解 $\vec{y}(x;\ x_0,\ \vec{y_0})$ は

$$\vec{y}(x;\ x_0,\ \vec{y_0})=Y(x)\vec{y_0}+Y(x)\int_{x_0}^{x}Y^{-1}(t)\vec{f}(t)dt$$

とかける．

3.3.3. $W(x)=\det Y(x)$ として $Y(x)$ を (4) の基本解系とすると，$W(x)$ は一階単独線形方程式

$$\frac{dW}{dx}=-a_1(x)W(x)$$

の解で

$$W(x)=W(x_0)\exp\left(-\int_{x_0}^{x}a_1(t)dt\right).$$ **（アーベルの公式）**

3.3.4. いま，$P(x)$ を周期 ω の周期関数 $p_{jk}(x)$ ($j,\ k=1,\ \cdots,\ n$):

$$p_{jk}(x+\omega)=p_{jk}(x)$$

を要素とする行列として，微分方程式系

(3.7) $$\frac{d\vec{y}}{dx}=P(x)\vec{y}$$

を考える．

定理 3.2. 定数行列 B と周期 ω をもつ行列 $Q(x)$，$Q(x+\omega)=Q(x)$，が存在して，(7) の基本解行列 $Y(x)$ は

$$Y(x)=Q(x)e^{Bx}$$

の形にかける． **（リアプノフの定理）**

証明. 行列 $X(x)=Y(x+\omega)$ は明らかに (7) の解であるから，$X(x)=Y(x)C$ となる定数行列 C がある．$e^{B\omega}=C$ となる行列 B をとって $Q(x)=Y(x)e^{-Bx}$ とおけば，

$$Q(x+\omega)=Y(x+\omega)e^{-Bx}e^{-B\omega}=Y(x)e^{B\omega}e^{-Bx}e^{-B\omega}=Q(x).$$ （証終）

行列 $C=e^{B\omega}$ の固有値を $\sigma_1,\ \cdots,\ \sigma_n$ とすると，$\sigma_j\neq\sigma_k$ ならば，$\vec{y}_j(x+\omega)=\sigma_j\vec{y}_j(x)$

となるような n 個の解 $\overrightarrow{y_1}(x)$, …, $\overrightarrow{y_n}(x)$ がある. $\overrightarrow{y_j}(x)$ を**固有指数** σ_j に対する**正規解**という. $|\sigma_j|\leqq 1$ ならば, 解 $\overrightarrow{y_j}(x)$ は有界である.

これを二階の単独方程式

$$L[y]=y''+p(x)y=0, \qquad p(x+\omega)=p(x)$$

についてさらにくわしくみる. 独立な解 $y_1(x)$, $y_2(x)$ を初期条件 $y_1(0)=1$, $y_1'(0)=0$; $y_2(0)=0$, $y_2'(0)=1$ によって定めれば, 固有方程式は

$$\varphi(\sigma)\equiv\sigma^2-(y_1(\omega)+y_2'(\omega))\sigma+1=0$$

である. その根を σ_1, σ_2 とすると,

1° $\sigma_1\neq\sigma_2$ ならば, 周期 ω の周期関数 $q_1(x)$, $q_2(x)$ があって独立な二つの解 $z_1(x)$, $z_2(x)$ で

$$z_1(x)=\sigma_1 q_1(x), \qquad z_2(x)=\sigma_2 q_2(x)$$

とかけるものがある.

2° $\sigma_1=\sigma_2=\sigma$ の場合は周期 ω または 2ω の解 $y(x)$ があり, $y(x)$ と独立な解 $z(x)$ は

$$z(x+\omega)=\sigma z(x)+\theta y(x) \qquad (\theta \text{ は定数})$$

という関係をみたす. $\theta=0$ となるための必要十分条件は,

$$y_1(\omega)+y_2'(\omega)=\pm 2, \qquad y_2(\omega)=0, \qquad y_1'(\omega)=0. \qquad \textbf{(フロ−ケの定理)}$$

3.3.5. 定数行列 A を係数とする非斉次方程式系

$$\frac{d\vec{y}}{dx}=A\vec{y}+\vec{f}(x) \tag{3.8}$$

で $\vec{f}(x)$ が周期 ω の周期関数とする. このとき, A が $2\pi i/\omega$ の整数倍の固有値をもたなければ, (8) は周期 ω の解をただ一つもつ.

例題 1. $y''+cy'+k^2y=E\sin x$ $(k>0)$ が周期 2π の解をもつ条件を求めよ.

［解］ $y=y_1$, $y'=y_2$ として $\vec{y}=(y_1, y_2)$ についての連立方程式系とすれば,

$$A=\begin{pmatrix} 0 & 1 \\ -k^2 & -c \end{pmatrix}, \qquad |A-\lambda I|=\lambda(\lambda+c)+k^2=0.$$

1° $c\neq 0$ または $c=0$ で $k\neq$ 整数 ならば, λ は i の整数倍ではない. ゆえに, 方程式は周期 2π の解をただ一つもつ.

2° $c=0$, $k=1$ ならば,

$$y(x)=c_1\cos x+c_2\sin x-\frac{E}{2}x\sin x$$

で周期解はない.

3° $c=0$, $k\geqq 2$ (整数) ならば,

$$y(x)=c_1\cos kx+c_2\sin kx+\frac{E}{k^2-1}\sin x$$

ですべての解が周期 2π の周期解となる. (以上)

いま, $Z(x)$ を行列微分方程式

$$\frac{dZ'}{dx}=-Z(x)A$$

をみたすものとする．これを $d\vec{y}/dx=A\vec{y}$ の随伴微分方程式ということがある．つまり，$Z(x)$ の任意の行ベクトル $\vec{z}$ は $d\vec{z}/dx=-\vec{z}A$ をみたす．$Y=AY$ なる行列 Y との積 ZY は

$$(ZY)'=Z'Y+ZY'=(-ZAY)+(ZAY)=0$$

より定数である．

斉次方程式

$$\frac{d\vec{y}}{dx}=A\vec{y}$$

が m 個の周期 ω の周期解をもつための必要十分条件は，

$$\mathrm{rank}(e^{A\omega}-I)=n-m$$

である．このとき，随伴微分方程式

$$\frac{d\vec{z}}{dx}=-\vec{z}A \qquad (\vec{z}\text{ は行ベクトル})$$

もまた m 個の周期 ω の列ベクトル周期解 $\vec{z_1}(x)$, …, $\vec{z_m}(x)$ をもつ．いま，$\tilde{z}(x)$ を第 j 列が $\vec{z_j}(x)$ であるような (m, n) 型の行列とすれば，方程式 (8) が周期 ω の周期解をもつための必要十分条件は，

$$\int_0^{\omega}\tilde{z}(t)\vec{f}(t)dt=0$$

となることである．

3.4. 線形方程式の解の評価

3.4.1. c を正の定数，$\varphi(x)$, $\psi(x)$ を $x\geqq x_0$ で $\varphi(x)\geqq 0$, $\psi(x)\geqq 0$ とするとき，

$$\varphi(x)\leqq c+\int_{x_0}^{x}\varphi(t)\psi(t)dt$$

が成り立てば，

$$\varphi(x)\leqq c\exp\left[\int_{x_0}^{x}\psi(t)dt\right] \qquad (x\geqq x_0). \quad \textbf{（グローンウォールの不等式）}$$

証明.

$$\frac{\varphi(x)\psi(x)}{\left[c+\int_{x_0}^{x}\varphi(t)\psi(t)dt\right]}\leqq\psi(x)$$

を x_0 から x まで積分すると，左辺が

$$\frac{d}{dx}\log\left[c+\int_{x_0}^{x}\varphi(t)\psi(t)dt\right]$$

であることを用いて，

$$\varphi(x)\leqq c+\int_{x_0}^{x}\varphi(t)\psi(t)dt\leqq c\exp\left[\int_{x_0}^{x}\psi(t)dt\right]. \qquad \text{（証終）}$$

3.4.2.

定理 3.3. 単独一階線形方程式

$$L[y]\equiv y'-a(x)y=0$$

の解で $y(x_0)=0$ となるものは $y(x)\equiv 0$ に限る．ただし $a(x)$ は閉区間 I で連続とする．

証明． $y(x_0)=c_1$ $(c_1>0)$ となる解は積分方程式

$$y(x)=c_1+\int_{x_0}^{x}a(t)y(t)dt$$

をみたす．$\varphi(x)=|y(x-x_0)|$，$c_2=\max\{a(x);\ x\in I\}$ とすれば，

$$\varphi(x)\leqq c_1+\int_0^x c_2\varphi(t)dt.$$

ゆえに，

$$|y(x-x_0)|\leqq c_1e^{c_2|x-x_0|}.$$

$c_1\to 0$ とすれば，$y(x)\equiv 0$ となる．（証終）

定理 3.4． $A(x)$ を閉区間 I で連続な行列とするとき，

$$\frac{d\vec{y}}{dx}=A(x)\vec{y},\qquad \vec{y}(x_0)=\vec{0}=(0,\ \cdots,\ 0)$$

ならば，$\vec{y}(x)\equiv\vec{0}$ である．

証明． $\vec{y}(x_0)=\vec{y_0}$ とすると，

$$\vec{y}(x)=\vec{y_0}+\int_{x_0}^{x}A(t)\vec{y}(t)dt.$$

$\varphi(x)=\|\vec{y}(x)\|$，$\|\vec{y_0}\|=c_1$，$\max\{\|A(t)\|;\ t\in I\}=c_2$ とおけば，

$$\varphi(x)\leqq c_1+c_2\int_0^x\varphi(t)dt,\qquad \varphi(x)\geqq 0,\quad x\geqq x_0$$

となる．ただし $\|\vec{y}\|=\sum_{j=1}^n|y_j|$，$\|A\|=\sum_{j,k=1}^n|a_{j,k}|$ とする．これから

$$\|\vec{y}(x)\|\to 0\qquad (c_1\to 0)$$

であるから，$\vec{y}(x)\equiv 0$ となる．（証終）

3.4.3． $A(x)$ がすべての x に対して定義されているとする． $x\to\infty$ のときの $y'=A(x)y$ の解のふるまいをしらべることは，応用上重要である．これを**解の漸近的性質**という．

定理 3.5． A を定数行列とし，$(x_0,\ \infty)$ で連続な行列関数 $B(x)$ が条件

$$\int^{\infty}\|B(t)\|dt<\infty$$

をみたすとき，$\vec{y'}=A\vec{y}$ の解がすべて有界とすれば，

$$\frac{d\vec{y}}{dx}=(A+B(x))\vec{y} \tag{3.9}$$

の解もまたすべて有界である．

証明． $Y(x)=e^{Ax}$ とおけば，(9) の解は

$$\vec{y}(x)=Y(x)\vec{c}+\int_{x_0}^{x}Y(x-t)B(t)\vec{y}(t)dt.$$

$\varphi(x)=\|\overrightarrow{y}(x)\|$, $\|Y(x)\|\leqq M$, $\|B(x)\|=\psi(x)$, $\|\overrightarrow{c}\|=c_1$ とおけば,

$$\varphi(x)\leqq Mc_1+\int_0^x M\psi(t)\varphi(t)dt.$$

ゆえに,

$$\|\overrightarrow{y}(x)\|\leqq K\exp\left[M\cdot\int_{x_0}^x\|B(t)\|dt\right].$$ (証終)

4. ある種の二階線形微分方程式

4.1. 確定特異点

4.1.1. $x=0$ で正則な関数 $P(x)$, $Q(x)$ を係数とする二階線形微分方程式

$$\frac{d^2y}{dx^2}=P(x)\frac{dy}{dx}+Q(x)y;\quad P(x)=\sum_{n=0}^{\infty}P_nx^n,\qquad Q(x)=\sum_{n=0}^{\infty}Q_nx^n, \tag{4.1}$$

を考える. これの級数解

$$y(x)=\sum_{n=0}^{\infty}c(n)x^n \tag{4.2}$$

を求めるには, (2) を (1) に代入して

$$(n+2)(n+1)c(n+2)=\sum_{k=0}^{n}P_{n-k}(k+1)c(k+1)+\sum_{k=0}^{n}Q_{n-k}c(k) \tag{4.3}$$

によって, あらかじめきめられた $y(0)=c(0)$, $y'(0)=c(1)$ から $c(n)$ を定めて収束を証明すればよい. 一方, $c(n+2)$ の係数は $n\geqq 0$ で 0 とならないから, $c(n)$ は一意にきまる.

定理 4.1. $P(x)$, $Q(x)$ を $|x|<C$ で正則な関数とするとき, (2) の級数は $|x|<C$ で収束する.

証明. $P(x)$, $Q(x)$ の係数にコーシーの評価式(→ V §2.4)を応用して

$$|P_n|\leqq MC^{-n},\qquad |Q_n|\leqq MC^{-n}.$$

一方, 正の係数をもつ x の関数

$$p(x)=\sum_{n=0}^{\infty}p_nx^n=\sum_{n=0}^{\infty}\frac{M}{C^n}x^n=\frac{MC}{C-x},$$

$$q(x)=\sum_{n=0}^{\infty}q_nx^n=\sum_{n=0}^{\infty}\frac{M}{C^n}(n+1)x^n=\frac{d}{dx}\left[\frac{MC^2}{C-x}\right]$$

を係数としてもつ微分方程式

$$\frac{d^2z}{dx^2}=p(x)\frac{dy}{dx}+q(x)y=\frac{MC}{C-x}\frac{dy}{dx}+\frac{MC^2}{(C-x)^2}y$$

の解

$$z(x)=\sum_{n=0}^{\infty}d(n)x^n$$

の係数 $d(n)$ は

$$(n+2)(n+1)d(n+2)=\sum_{k=0}^{n}(k+1)p_{n-k}d(k+1)+\sum_{k=0}^{n}q_{n-k}d(k)$$

から定まり, 右辺の係数はすべて正である. いま, $d(0)$, $d(1)$ を

$$|c(0)|\leqq d(0),\qquad |c(1)|\leqq d(1)$$

となるようにとると，$p_k \geqq |P_k|$, $q_k \geqq |Q_k|$ であることから，

$$d(n) \geqq |c(n)|$$

であることが示される．一方，方程式の形から $z(x)$ は

$$z(x)=K\left(1-\frac{x}{C}\right)^{\mu}$$

の形の解をもつ．ここに μ は代数方程式

$$\mu(\mu-1)+MC\mu-MC^2=0$$

の負の根である；$-MC^2<0$ であるから，そのような根は必ずある．K は任意の定数であるから，

$$z(x)=K-\frac{\mu K}{C}x+\frac{K}{2}\mu(\mu-1)\frac{x^2}{C^2}+\cdots$$

の展開の最初の二つの項 K, $-\mu K/C$ $(\mu<0)$ が

$$K>|c(0)|, \qquad -\frac{\mu K}{C}>|c(1)|$$

となるようにとれる．したがって，$z(x)$ は正の係数をもち，

$$d(n) \geqq |c(n)|$$

であって $|x|<C$ で収束する級数である．ゆえに，ワイエルシュトラスの優級数の定理(→ III §5.1.1 定理 5.2)によって，$y(x)$ は収束する．（証終）

定理 4.1 は線形常微分方程式が複素領域で特異点をもち，したがって解の収束半径に制限を受けるとすれば，それは係数 $P(x)$, $Q(x)$ の特異点によるものであることを示している．

4.1.2. 簡単のために，一階の方程式

$$\frac{dy}{dx}+P(x)y=0 \tag{4.4}$$

と考える．$P(x)$ は $x=0$ の近傍で一価正則とし，したがって特異点は $x=0$ に極しかもちえない．いま，$x=0$ が正則点ならば，上と同様に収束する級数解をもち，$x=0$ が 1 位の極であれば，

$$x\frac{dy}{dx}+\left(\sum_{k=0}^{\infty}P_k x^k\right)y=0$$

となるから，変換 $y=x^{-P_0}z$ によって

$$\frac{dz}{dx}+\left(\sum_{k=1}^{\infty}P_k x^{k-1}\right)z=0$$

となる．つまり，

$$y(x)=x^{\rho}\sum_{n=0}^{\infty}c(n)x^n \qquad (\rho=P_0) \tag{4.5}$$

の形の解がある．もし $x=0$ が 2 位以上の極であれば，例えば

$$x^2y'+y=0$$

のように $y(x)=e^{1/x}$ の形の真性特異点をもつ．もちろん，x についての収束する級数に解をかくことはできない．

4.1.3. $P(x)$, $Q(x)$, $R(x)$ を $x=0$ で正則な関数, $P(0)\neq 0$ とするとき, 二階線形常微分方程式

$$x^2P(x)\frac{d^2y}{dx^2}+xQ(x)\frac{dy}{dx}+R(x)y=0 \tag{4.6}$$

は $x=0$ を**確定特異点**としてもつという. いま, $P(x)$, $Q(x)$, $R(x)$ の展開を

$$P(x)=\sum_{n=0}^{\infty}P_nx^n,\qquad Q_n(x)=\sum_{n=0}^{\infty}Q_nx^n,\qquad R(x)=\sum_{n=0}^{\infty}R_nx^n$$

とするとき, 代数方程式

$$f_0(\rho)=\rho(\rho-1)+P_0\rho+Q_0=0 \tag{4.7}$$

を微分方程式 (6) の**決定方程式**, その根を**決定根**という.

定理 4.2. 決定方程式 (7) の二根 ρ_1, ρ_2 の少なくとも一方に対して,

$$y(x)=x^{\rho}\sum_{n=0}^{\infty}c(n)x^n$$

の形の収束する (6) の解がある.

証明. 記号を簡単にするために,

$$f_n(\rho)=\rho(\rho-1)P_n+\rho Q_n+R_n$$

とおくことにする. 形式解を方程式 (6) に代入すると,

$$\sum_{k=0}^{n}f_{n-k}(\rho+k)c(k)=0\qquad(n=0,\ 1,\ 2,\ \cdots).$$

$c(0)$, $c(1)$, $\cdots$, $c(n-1)$ がきまったとき $c(n)$ がきまるためには, 係数 $f_0(\rho+n)$ が 0 であってはならない. $n=0$ に対しては決定方程式そのものであるから, 一根 ρ をとり, $c(0)$ を任意に定める. $f_0(\rho+n)=0$ となるのは決定方程式の二根の差が正の整数になるときに限るが, 実部が大きい方の根をとれば, $f_0(\rho+n)\neq 0$, $n=1$, 2, $\cdots$, が成立するので, 少なくとも一つの ρ に対して $c(n)$ は一意に $c(0)$ から定まる.

このようにして定まった係数をもつ級数が収束することを示すには, $P(x)\equiv 1$ の場合を証明すれば十分である. つまり, Q, R の代りに Q/P, R/P としても, $P(0)\neq 0$ であることから一般性を失わない.

$$f_0(\rho+n)\neq 0,\qquad \lim_{n\to\infty}\frac{f_0(\rho+n)}{n^2}=1$$

であるから, 1より大きな数 K をとって

$$|f_0(\rho+n)|\geqq\frac{n^2}{K}\qquad(n=1,\ 2,\ \cdots)$$

とできる. また, コーシーの評価式(→ V §2.4) $|Q_n|\leqq MC^{-n}$, $|R_n|\leqq MC^{-n}$ を用いると,

$$\frac{1}{n}|f_{n-k}(\rho+k)|=\left|\frac{(\rho+k)}{n}Q_{n-k}+R_{n-k}\right|\leqq MC^{k-n}\left|\frac{\rho+k}{n}\right|\leqq MA\cdot C^{k-n},$$

$$A=\sup_{n\geqq 1}\max_{k\leqq n}\left|\frac{\rho+k}{n}\right|.$$

ゆえに,

$$|c(n)|=\left|-\sum_{k=0}^{n-1}\frac{f_{n-k}(\rho+k)}{f_0(\rho+n)}\cdot c(k)\right|\leqq\frac{KMA}{n}\cdot\sum_{k=0}^{n-1}|c(k)|\cdot c^{k-n}.$$

この式を用いて帰納法により

$$|c(n)|\leqq\left(\frac{KMA}{C}\right)^n\cdot|c(0)|$$

であることを証明する．$n=0$ に対しては明らかであり，$c(0)$，$c(1)$，…，$c(n-1)$ まで成り立っていると仮定すると，

$$|c(n)|\leqq\frac{MKA}{n}\sum_{k=0}^{n-1}|c(0)|\cdot C^k\left(\frac{MKA}{C}\right)^k\cdot C^{-n}$$

$$\leqq|c(0)|C^{-n}\frac{1}{n}\{MKA+(MKA)^2+\cdots+(MKA)^n\}\qquad(MKA>1)$$

$$\leqq|c(0)|\cdot\left(\frac{MKA}{C}\right)^n.$$

ゆえに，解は $|x|<C/MKA$ で収束する． （証終）

定理 4.3． 決定方程式 (7) の根が整数差をもつ場合に，$\mathrm{Re}\,\rho_1\geqq\mathrm{Re}\,\rho_2$，$\rho_1-\rho_2=n_0$ のとき，第二の解は

$$y_2(x)=Cy_1(x)\log x+x^{\rho_2}\sum_{n=0}^{\infty}d(n)x^n\qquad\left(y_1(x)=x^{\rho_1}\sum_{n=0}^{\infty}c(n)x^n\right)$$

の形に求められる．

証明． $y(x)=y_1(x)w(x)$ とおいて方程式に代入すると，$w'=z$ に関する一階の方程式

$$x^2Py_1z'+(2x^2Py_1'+xQy_1)z=0$$

をうる．変形すれば，

$$z'+\left(\frac{2y_1'}{y_1}+\frac{1}{x}\frac{Q}{P}\right)z=0,$$

z の係数の級数展開は

$$\frac{2y_1'}{y_1}+\frac{1}{x}\frac{Q}{P}=\frac{1}{x}\left(2\rho_1+\frac{Q_0}{P_0}\right)+\sum_{n=0}^{\infty}\gamma_nx^n.$$

一方，$f_0(\rho)=\rho(\rho-1)P_0+\rho Q_0+R_0=P_0(\rho-\rho_1)(\rho-\rho_1+n_0)=P_0\rho^2+(n_0-2\rho_1)\rho+R_0$ であるから，上の初項は $(L/x)(n_0+1)$ となる．ゆえに，

$$w'(x)=x^{-n_0-1}\sum_{n=0}^{\infty}g(n)x^n,$$

$$w(x)=g(n_0)\cdot\log x+\sum_{n=0}^{\infty}d(n)\cdot x^{n-n_0}.$$ （証終）

例題 1． 微分方程式(→ X § 4.1 (4.1))

$$x^2\frac{d^2y}{dx^2}+x\frac{dy}{dx}+(x^2-m^2)y=0\qquad(2m\neq\text{整数})$$

の確定特異点 $n=0$ における級数解を求めよ．

［**解**］ $f_0(\rho)=\rho^2-m^2,\qquad f_1(\rho)=0,\qquad f_2(\rho)=1$

であるから，$\rho=\pm m$．$2m\neq$整数 であるから，

$$f_0(\rho+n)c(n)+f_2(\rho+n-2)c(n-2)=0$$

より $n=2k$ とおいて

$$2k(2k+2\rho)c(2k)+c(2k-2)=0,$$

$$c(2k)=(-1)^k\frac{\Gamma(\rho+1)}{2^{2k}\Gamma(k+\rho+1)\Gamma(k+1)}c(0).$$

これから

$$y_1(x)=\sum_{k=0}^{\infty}\frac{\Gamma(m+1)x^{2k+m}}{2^{2k}\Gamma(m+k+1)\Gamma(k+1)}.$$

同様にして,

$$y_2(x)=\sum_{k=0}^{\infty}\frac{(-1)^k\Gamma(-m+1)}{\Gamma(k+1)\cdot\Gamma(k-m+1)}\left(\frac{x}{2}\right)^{2k}\cdot x^{-m}.$$

（以上）

4.1.4.　二つの関数

$$y_j(x)=x^{\rho_j}\sum_{n=0}^{\infty}c_j(n)x^n \qquad (j=1,\ 2;\ \rho_1\neq\rho_2,\ c_j(0)\neq 0)$$

を解としてもつ微分方程式

$$\begin{vmatrix} y & y' & y'' \\ y_1 & y_1' & y_1'' \\ y_2 & y_2' & y_2'' \end{vmatrix}=0$$

を

$$\frac{d^2y}{dx^2}+P(x)\frac{dy}{dx}+Q(x)y=0$$

の形にかくと,

$$y_1y_2'-y_2y_1'=c_1(0)c_2(0)\{(\rho_2-\rho_1)+\sum_{k=1}^{\infty}c_kx^k\}x^{\rho_1+\rho_2-1},$$

$$y_1y_2''-y_2y_1''=c_1(0)c_2(0)x^{\rho_1+\rho_2-2}\{\rho_2(\rho_2-1)-\rho_1(\rho_1-1)+\sum_{k=1}^{\infty}d_kx^k\},$$

$$y_1'y_2''-y_2'y_1''=c_1(0)c_2(0)\rho_1\rho_2x^{\rho_1+\rho_2-3}\{(\rho_2-\rho_1)+\sum_{k=1}^{\infty}e_kx^k\}$$

を利用して, $P(x)$ は $x=0$ を高々1位の極, $Q(x)$ は $x=0$ を高々2位の極としてもつから, $x=0$ は方程式の確定特異点である.

4.1.5.　$x=\infty$ が確定特異点であるかどうかを判定するには, $x=1/t$ とおいて $t=0$ が確定特異点であるか否かをしらべればよい.

$$\frac{d^2y}{dx^2}+P(x)\frac{dy}{dx}+Q(x)y=0$$

が $x=\infty$ を確定特異点とする条件は,

$$P(x)=\frac{P_1}{x}+\frac{P_2}{x^2}+\cdots, \qquad Q(x)=\frac{Q_2}{x^2}+\frac{Q_3}{x^3}+\cdots$$

という形であることになる.

4.2.　超幾何方程式

4.2.1.　二階線形常微分方程式

(4.8)
$$x(1-x)\frac{d^2y}{dx^2}+\{\gamma-(\alpha+\beta+1)x\}\frac{dy}{dx}-\alpha\beta y=0$$

をガウスの**超幾何微分方程式**という. $x=0$ は確定特異点である. x を掛けて

$$x^2(1-x)\frac{d^2y}{dx^2}+x\{\gamma-(\alpha+\beta+1)x\}\frac{dy}{dx}-\alpha\beta xy=0$$

とかきなおして §4.1.3 の方法をあてはめると,

$$f_0(\rho)=\rho(\rho-1)+\gamma\rho=\rho(\rho-1+\gamma),$$
$$f_1(\rho)=-\rho(\rho-1)-(\alpha+\beta+1)\rho-\alpha\beta=-(\rho+\alpha)(\rho+\beta)$$

であるから,

$$y(x)=x^\rho\sum_{n=0}^{\infty}c(n)x^n$$

の係数 $c(n)$ は

$$(\rho+n)(\rho+n+\gamma-1)c(n)=(\rho+n+\alpha-1)(\rho+n+\beta-1)c(n-1)$$

から定められて,

$$\begin{aligned}y_1(x)&=1+\frac{\alpha\cdot\beta}{1\cdot\gamma}x+\frac{\alpha(\alpha+1)\beta(\beta+1)}{1\cdot2\cdot\gamma(\gamma+1)}x^2+\cdots\\&=\frac{\Gamma(\gamma)}{\Gamma(\alpha)\cdot\Gamma(\beta)}\sum_{n=0}^{\infty}\frac{\Gamma(n+\alpha)\Gamma(n+\beta)}{\Gamma(n+1)\Gamma(n+\gamma)}x^n\end{aligned}\tag{4.9}$$

が解となる. この右辺を記号 $F(\alpha,\ \beta;\ \gamma;\ x)$ によって表わす(→ IXA §3.3). 第二の解は $\rho=1-\gamma$ に対して

$$\begin{aligned}y_2(x)&=\frac{\Gamma(2-\gamma)}{\Gamma(\alpha-\gamma+1)\Gamma(\beta-\gamma+1)}\sum_{n=0}^{\infty}\frac{\Gamma(\alpha-\gamma+n+1)\Gamma(\beta-\gamma+n+1)}{\Gamma(n+1)\Gamma(n+2-\gamma)}x^{n+1-\gamma}\\&=x^{1-\gamma}F(\alpha-\gamma+1,\ \beta-\gamma+1;\ 2-\gamma;\ x)\end{aligned}$$

で与えられる.

$$\frac{c(n)}{c(n+1)}=\frac{(\rho+n+\gamma)(\rho+n+1)}{(\rho+n+\alpha)(\rho+n+\beta)}\to1$$

であるから, 収束円は $|x|<1$ である.

4.2.2. 方程式 (8) において $x=1-\xi$ とおくと,

$$\xi(1-\xi)\frac{d^2y}{d\xi^2}+\{\alpha+\beta+1-\gamma)-(\alpha+\beta+1)\xi\}\frac{dy}{d\xi}-\alpha\beta y=0$$

をうるから, $\xi=0$ つまり $x=1$ もまた確定特異点で

$$y_3(x)=F(\alpha,\ \beta;\ \alpha+\beta+1-\gamma;\ 1-x),$$
$$y_4(x)=(1-x)^{\alpha+\beta-\gamma}F(\gamma-\alpha,\ \gamma-\beta;\ \gamma+1-\alpha-\beta;\ 1-x)$$

という $|1-x|<1$ で収束する二つの解がある.

変換 $x=1/t$ によって方程式 (8) は

$$t^2(1-t)\frac{d^2y}{dt^2}+t\{(2+\gamma)t-(\alpha+\beta+3)\}\frac{dy}{dt}-\alpha\beta y=0$$

となり, $t=0$ つまり $x=\infty$ が確定特異点で, 級数解を求めて再び §4.1.3 の方法を用いると,

$$y_5(x)=(-z)^{-\alpha}F\left(\alpha,\ \alpha+1-\gamma;\ \alpha+1-\beta;\ \frac{1}{x}\right),$$
$$y_6(x)=(-z)^{-\beta}F\left(\beta+1-\gamma,\ \beta;\ \beta+1-\alpha;\ \frac{1}{x}\right).$$

4.2.3. 一般に，$x=x_1$, $x=x_2$, $x=x_3$ 以外に特異点をもたず，これらがすべて確定特異点で，x_j における決定方程式の根を ρ_j, ρ_j' とすれば，そのような微分方程式は条件

$$\sum_{j=1}^{3}\rho_j+\sum_{j=1}^{3}\rho_j'=1 \tag{4.10}$$

がみたされれば，ただ一通りにきまって

$$\frac{d^2y}{dx^2}+\left(\sum_{j=1}^{3}\frac{1-\rho_j-\rho_j'}{x-x_j}\right)\frac{dy}{dx}+\left(\sum_{j=1}^{3}\frac{\rho_j\rho_j'\Pi_{j\neq k}(x_j-x_k)}{x-x_j}\right)\frac{y}{(x-x_1)(x-x_2)x-x_3)}=0$$

とかける．条件 (10) を**フックスの条件**という．

一般に，ある多項式係数の二階微分方程式

$$P(x)\frac{d^2y}{dx^2}+Q(x)\frac{dy}{dx}+R(x)y=0$$

が超幾何関数を用いてかけるかどうかをしらべるには， (a) $P(x)=0$ の根の数が 3 をこえないか， (b) $P(x)=0$ の根 x_j が確定特異点か， (c) 無限遠点が確定特異点か，をしらべ，特異点がすべて確定特異点でその個数が 3 をこえないとき， 上の方程式，または $x\to 1/x$ によって上の方程式に帰着させる．

つぎに，変換 $y=(x-x_1)^{\rho_1}(x-x_2)^{\rho_2}u$ を行なって決定方程式の根を x_1, x_2 で $(0,\ \rho_1')$, $(0,\ \rho_2')$ にして，最後に独立変数を

$$\frac{(x-x_1)(x_2-x_3)}{(x-x_3)(x_2-x_1)}=z$$

で変換すると，ガウスの方程式となる．

4.3. 不確定特異点

4.3.1. 多項式 $P(x)$, $Q(x)$, $R(x)$ を係数とする二階線形方程式

$$P(x)\frac{d^2y}{dx^2}+Q(x)\frac{dy}{dx}+R(x)y=0$$

で，確定特異点でない特異点を**不確定特異点**という．

例題 1. 定係数線形微分方程式

$$\frac{d^2y}{dx^2}+\alpha\frac{dy}{dx}+\beta y=0$$

において，$x=\infty$ は不確定特異点であることを証明せよ．

［**解**］ $x=1/t$ とおけば，

$$\frac{d}{dx}=-t^2\frac{d}{dt},\qquad \frac{d^2}{dx^2}=t^4\frac{d^2}{dt^2}-2t^3\frac{d}{dt}$$

であるから，

$$t^4\frac{d^2y}{dt^2}-(\alpha t^2+2t^3)\frac{dy}{dt}+\beta y=0$$

で $t=0$ は明らかに確定特異点ではない． （以上）

同様にして，$P(x)$, $Q(x)$, $R(x)$ の次数が等しければ，上の方程式は $x=\infty$ を不確定特異点とするから，今後簡単にするために，方程式

$$\frac{d^2y}{dx^2}+A(x)\frac{dy}{dx}+B(x)y=0; \tag{4.11}$$

$$A(x)=A_0+\frac{A_1}{x}+\frac{A_2}{x^2}+\cdots,\qquad B(x)=B_0+\frac{B_1}{x}+\frac{B_2}{x^2}+\cdots,$$

の不確定特異点 $x=\infty$ を考えよう.

4.3.2. 方程式 (11) は

$$y(x)\cong e^{\lambda x}x^P\sum_{k=0}^{\infty}g(k)x^{-k}\qquad(\lambda^2+A_0\lambda+B_0=0) \tag{4.12}$$

の形の形式解をもつ. これらの形式解は**漸近級数**(→ 応用編 III §3)として意味づけされる.

4.4. 合流形超幾何方程式

4.4.1. $x=0,\ c,\ \infty$ に確定特異点をもち, 各特異点における決定方程式の根が $(1/2+m,\ 1/2-m)$, $(c-k,\ k)$, $(-c,\ 0)$ である二階線形微分方程式

$$\frac{d^2y}{dx^2}+\frac{1-c}{x-c}\frac{dy}{dx}+\frac{1}{x(x-c)}\left\{\frac{-c(1/4-m^2)}{x}+\frac{k(c-k)c}{x-c}\right\}y=0$$

で $c\to\infty$ としてえられる微分方程式

$$\frac{d^2y}{dx^2}+\frac{dy}{dx}+\left(\frac{k}{x}+\frac{1/4-m^2}{x^2}\right)y=0 \tag{4.13}$$

に変換 $y=e^{-x/2}W$ をほどこしてえられる微分方程式

$$\frac{d^2W}{dx^2}+\left\{-\frac{1}{4}+\frac{k}{x}+\frac{1/4-m^2}{x^2}\right\}W=0 \tag{4.14}$$

を**合流形超幾何方程式**という.

一般に, $x=0$ に確定特異点, $x=\infty$ に不確定特異点をもつ微分方程式

$$x^2\frac{d^2y}{dx^2}+x(A_0+A_1x)\frac{dy}{dx}+(B_0+B_1x+B_2)y=0$$

は $y=x^\rho e^{\lambda x}W$ の形の変換に $x\to\sigma x$ という変換を行なえば, 必ず (13) または (14) の形に帰着できる.

例題 1. ベッセルの微分方程式

$$\frac{d^2y}{dx^2}+\frac{1}{x}\frac{dy}{dx}+\left(1-\frac{\nu^2}{x^2}\right)y=0$$

を (14) の形に変換せよ.

[解] $y=p(x)z$ とおいて

$$pz''+\left(2p'+\frac{1}{x}p\right)z'+\left(p''+\frac{1}{x}p'+p-\frac{\nu^2}{x^2}p\right)z=0$$

$2p'+p/x=0$ とすれば,

$$z''+\left(\frac{p''}{p}+\frac{1}{x}\frac{p'}{p}+1-\frac{\nu^2}{x^2}\right)z=z''+\left\{1+\left(\frac{1}{4}-\nu^2\right)\frac{1}{x^\nu}\right\}z.$$

$x=\xi/2i$ とおいて,

$$\frac{d^2z}{d\xi^2}+\left\{-\frac{1}{4}+\frac{4\nu^2-1}{x^2}\right\}z=0.$$

(以上)

4.4.2. $x=0$ は方程式 (14) の確定特異点で決定方程式の二根は $1/2+m$, $1/2-m$ である．これらの根に対応する解を通常 $M_{k,m}(x)$, $M_{k,-m}(x)$ とかく：

$$M_{k,m}(x)=x^{1/2+m}e^{-x/2}\left\{1+\frac{1/2+m-k}{1!(2m+1)}x+\frac{(1/2+m-k)(3/2+m-k)}{2!(2m+1)(2m+2)}x^2+\cdots\right\},$$

$$M_{k,-m}(x)=x^{1/2-m}e^{-x/2}\left\{1+\frac{1/2-m-k}{1!(1-2m)}x+\frac{(1/2-m-k)(3/2-m-k)}{2!(1-2m)(2-2m)}x^2+\cdots\right\}.$$

5. 境界値問題(スツルム・リウビル型)

5.1. ラグランジュの等式

5.1.1. 二階線形常微分方程式

(5.1) $$M[y]\equiv p_0(x)\frac{d^2y}{dx^2}+p_1(x)\frac{dy}{dx}+p_2(x)y=0$$

に対して

(5.2) $$M^*[y]\equiv\frac{d^2}{dx^2}[p_0(x)y]-\frac{d}{dx}[p_1(x)y]+p_2(x)y=0$$

を**随伴微分方程式**という． $M[y]=M^*[y]$ となる微分方程式を**自己随伴微分方程式**という．一般に，等式

(5.3) $$\bar{z}M[y]-y\overline{M^*[z]}=\frac{d}{dx}[y'(p_0\bar{z})-y(p_0\bar{z})'+p_1y\bar{z}]$$

が成立する．これを**ラグランジュの等式**という．

5.1.2. $p(x)$ を区間 $[a, b]$ で $p(x)\geqq 0$ なる微分可能な関数とするとき，二階線形常微分方程式

(5.4) $$L[y]\equiv\frac{d}{dx}\left[p(x)\frac{dy}{dx}\right]+q(x)y=0$$

を**スツルム・リウビル型の微分方程式**という．方程式 (4) は自己随伴微分方程式である．(4) に対する**ラグランジュの等式** (3) は

$$\int_a^b\{\bar{z}L[y]-y\overline{L[z]}\}dx=[p(x)\{y'\bar{z}-y\bar{z}'\}]_a^b$$

とかける．

5.1.3. 二階線形常微分方程式

(5.5) $$L[y]+\lambda r(x)y=0 \qquad (r(x)\geqq 0,\ a\leqq x\leqq b)$$

の解で境界条件

(5.6) $$B_1(y)\equiv\alpha_1y(a)+\alpha_2y'(a)=0, \qquad B_2(y)\equiv\beta_1y(b)+\beta_2y'(b)=0$$

をみたすものを求める問題を**スツルム・リウビル型の境界値問題**という．この境界条件をみたす関数 y, z に対しては，ラグランジュの等式の右辺が 0 になって

$$\int_a^b\bar{z}L[y]dx=\int_a^b y\overline{L[z]}dx \qquad ((Ly,\ z)=(y,\ Lz))$$

が成立する．

一般に，(6) の形の境界条件は (6) の解 $y\equiv 0$ によってみたされるが，もし恒等的に

0 でない解 $y=\varphi_\lambda(x)$ がある λ の値に対して存在するならば，λ を**固有値**，$\varphi_\lambda(x)$ を λ に対応する**固有関数**という．

区間 $[a, b]$ が有限で $p(x)>0$ であるとき**正則**な境界値問題といい，そうでない場合，つまり無限区間であるか，有限区間でも $p(x)=0$ となることが許される場合に**特異**境界値問題という．ここでは正則な場合だけを考える．

5.1.4. いま，λ が固有値であるとし，境界条件を必ずしもみたさない (5) の一次独立な解を $u_\lambda(x)$, $v_\lambda(x)$ とする．固有関数 $\varphi_\lambda(x)$ は u_λ と v_λ の一次結合でかけるはずであるから，

$$\varphi_\lambda(x)=c_1u_\lambda(x)+c_2v_\lambda(x)$$

とおいて線形である境界条件 (6) に代入すると，

$$c_1B_1(u_\lambda)+c_2B_1(v_\lambda)=0, \qquad c_1B_2(u_\lambda)+c_2B_2(v_\lambda)=0$$

がともに 0 でない定数 c_1, c_2 に対して成立するから，行列式

$$\Delta(\lambda)=\begin{vmatrix} B_1(u_\lambda) & B_1(v_\lambda) \\ B_2(u_\lambda) & B_2(v_\lambda) \end{vmatrix} \tag{5.7}$$

は $\Delta(\lambda)=0$ をみたす．

逆に，ある λ の値に対して (5) の解 u_λ, v_λ をとって $\Delta(\lambda)=0$ が成立したとすると，λ は固有値で適当な c_1, c_2 をとれば，固有関数 $\varphi_\lambda(x)$ をつくることができる．(7) を**特性方程式**とよぶことがある．

例題 1. $L[y]\equiv d^2y/dx^2$, $r(x)=1$ $B_1(y)\equiv y(0)=0$, $B_2(y)\equiv y(1)=0$ とするとき，固有値および固有関数を求めよ．

[**解**] $y''+\lambda y=0$ の独立な解を $u_\lambda=e^{\sqrt{-\lambda}\,x}$, $v_\lambda=e^{-\sqrt{-\lambda}\,x}$ とおく．

$$\Delta(\lambda)=\begin{vmatrix} 1 & 1 \\ e^{\sqrt{-\lambda}} & e^{-\sqrt{-\lambda}} \end{vmatrix}=e^{-\sqrt{-\lambda}}-e^{\sqrt{-\lambda}}=0;$$

$$\therefore\quad e^{2\sqrt{-\lambda}}=1=e^{2k\pi i}, \qquad -\lambda=-k^2\pi^2.$$

対応する固有関数は $\varphi_{k^2\pi^2}(x)=\sin k\pi x$ $(k=1, 2, \cdots)$ である．　　　　(以上)

定理 5.1. スツルム・リウビル型問題の固有値はすべて実数である．

証明. $\varphi_\lambda(x)$ を λ に対応する固有関数とすれば，

$$L[\varphi_\lambda]+\lambda r\varphi_\lambda=0, \qquad \overline{L[\varphi_\lambda]}+\bar{\lambda}r\bar{\varphi}_\lambda=0$$

であるから，ラグランジュの等式 (3) を用いて

$$0=\int_a^b\{\bar{\varphi}_\lambda\cdot L[\varphi_\lambda]-\varphi_\lambda\overline{L[\varphi_\lambda]}\}dx=\int_a^b\{-\lambda r|\varphi_\lambda|^2+\bar{\lambda}r|\varphi_\lambda|^2\}dx$$
$$=(\bar{\lambda}-\lambda)\int_a^b r(x)|\varphi_\lambda(x)|^2dx.$$

積分記号内は 0 でないから，$\lambda-\bar{\lambda}=0$ つまり λ は実数である．　　　　(証終)

定理 5.2. 相異なる固有値 λ, μ に対応する固有関数 $\varphi_\lambda(x)$, $\varphi_\mu(x)$ は区間 $[a, b]$ で重み $r(x)$ の下に直交する．

証明.
$$L[\varphi_\lambda]+\lambda r\varphi_\lambda=0, \quad L[\varphi_\mu]+\mu r\varphi_\mu=0$$

をラグランジュの等式 (3) に代入すると，

$$\int_a^b \{\overline{\varphi}_\mu L[\varphi_\lambda]-\varphi_\lambda \overline{L[\varphi_\mu]}\}\,dx=(\lambda-\mu)\int_a^b r(x)\varphi_\lambda(x)\overline{\varphi_\mu(x)}dx.$$

$\lambda \neq \mu$ であるから． （証終）

定理 5.3. スツルム・リウビル問題は $+\infty$ に収束する無限個の固有値をもつ:

$$\lambda_0<\lambda_1<\cdots<\lambda_n<\cdots, \qquad \lim_{n\to\infty}\lambda_n=\infty.$$

証明については，→ 応用編 III §2.4 定理 2.5

5.2. グリーン関数

5.2.1. 非斉次二階線形方程式

$$p_0(x)\frac{d^2y}{dx^2}+p_1(x)\frac{dy}{dx}+p_2(x)y=f(x)$$

の解で境界条件あるいは初期条件をみたすものが

$$y(x)=\int_a^b G(x,\ \xi)f(\xi)d\xi$$

とかけるとき，積分核 $G(x,\ \xi)$ を対応する境界条件または初期条件に関する**グリーン関数**という．

ここでは，§5.1.1 の方程式 (4) の境界条件 (6) に関するグリーン関数をつくる．$L[y]=0$ の解で境界条件の一つ $B_1(u)=0$ をみたす任意の解を $u(x)$，同じく $B_2(v)=0$ をみたすものを $v(x)$ とする．ロンスキアン $w(x)$ を

$$w(x)=\det\begin{pmatrix}u(x) & v(x)\\ u'(x) & v'(x)\end{pmatrix}$$

で定義すると，つぎの定理が成り立つ:

定理 5.4. 非斉次方程式 $L[y]=f$ の解で $B_j(y)=0$ ($j=1,\ 2$) をみたす解は，つぎの式で与えられる:

$$y(x)=\int_a^b G(x,\ \xi)f(\xi)d\xi;$$

$$G(x,\ \xi)=\begin{cases}\dfrac{u(x)v(\xi)}{p(\xi)w(\xi)} & (a\leqq x\leqq \xi),\\[2ex] \dfrac{u(\xi)v(x)}{p(\xi)w(\xi)} & (x\leqq \xi\leqq b).\end{cases}$$

証明. ラグランジュの定数変化法(→§2.2.2)を用いて，$L[u]=f$ の一般解は

$$y(x)=c_1u(x)+c_2v(x)+\int_a^x\frac{-u(x)v(\xi)+u(\xi)v(x)}{w(\xi)p(\xi)}f(\xi)d\xi.$$

微分して

$$y'(x)=c_1u'(x)+c_2v'(x)+\int_a^x\frac{-u'(x)v(\xi)+u(\xi)v'(x)}{w(\xi)p(\xi)}f(\xi)d\xi.$$

これから

$$B_1(y)=c_1B_1(u)+c_2B_2(v)=c_2B_2(v)=0. \qquad \therefore\ c_2=0.$$

つぎに,

$$B_2(y)=c_1B_2(u)+\int_a^b\frac{-B_2(u)v(\xi)B_2(v)}{w(\xi)p(\xi)}f(\xi)d\xi$$

$$=B_2(u)\left\{c_1-\int_a^b\frac{v(\xi)f(\xi)}{w(\xi)p(\xi)}d\xi\right\}=0.$$

$$\therefore\quad y(x)=\int_a^b\frac{u(x)v(\xi)}{w(\xi)p(\xi)}f(\xi)d\xi+\int_a^x\frac{-u(x)v(\xi)+u(\xi)v(x)}{p(\xi)w(\xi)}f(\xi)d\xi.$$ (証終)

5.2.2. 非斉次方程式 $L[y]=f$ の代りに方程式 (5) を用いると, つぎの定理がえられる:

定理 5.5. スツルム・リウビル型の境界値問題 (5), (6) は, 連続な核をもつ積分方程式の固有値問題

$$\mu y(x)=\int_a^b k(x,\ \xi)y(\xi)d\xi$$

に変換される.

証明. $L[y]+\lambda ry=0$, $B_j(y)=0$ に対してグリーン関数を用いて

$$y(x)+\lambda\int_a^b r(\xi)G(x,\ \xi)y(\xi)d\xi=0,$$

ここに $\lambda=-1/\mu$, $k(x,\ \xi)=G(x,\ \xi)r(\xi)$ とおけばよい. (証終)

B. 一般の常微分方程式

1. 求積法と解の存在

1.1. 求積法

1.1.1. ある微分方程式

$$F(x,\ y,\ y')=0$$

が与えられたとき, 解 $y=\varphi(x)$ が既知の関数で求められることは, 特別の場合を除いて期待することはできない. この節では, 解が $y=\varphi(x)$ の形や $\phi(x,\ y)=c$ または既知関数の積分の形で表現される特殊な例を列記する.

1.1.2. **変数分離形**とよばれる微分方程式

$$\frac{dy}{dx}=\frac{g(x)}{f(y)}$$

の解は $f(y)$ の不定積分を $F(y)$, $g(x)$ の不定積分を $G(x)$ とするとき,

$$\int^x f(y)\frac{dy}{dx}dx=\int^x g(x)dx$$

から

$$F(y)-G(x)=c$$

の形に求められる. 変数を分離する場合に 0 となる式を解とする場合があるので, 上式がすべての解を表現するものではないことを注意する必要がある.

例題 1. $\dfrac{dy}{dx}=y^2$ を解け．

［**解**］

$$\int\frac{1}{y^2}\frac{dy}{dx}dx=-\frac{1}{y}=\int dx=x+c.$$

$$\therefore\quad y=-\frac{1}{x+c}.$$

ただし，$y\neq 0$ として変数を分離したので，$y=0$ を両辺に代入して，これもまた解である．

（以上）

例題 2. $y'=y^{2/3}$ を解け．特に，$x=0$ で $y=0$ となるものを求めよ．

［**解**］

$$\int^x\left(y^{-2/3}\frac{dy}{dx}-1\right)dx=3y^{1/3}-x+c.$$

$$\therefore\quad y=\frac{1}{3}(x-c)^3.$$

変数を分離するとき，$y^{2/3}$ で両辺を除したので，$y=0$ を代入してこれも解である．したがって，$x=0$ で $y=0$ となる解として

$$y=0,\qquad y=3x^3$$

または

$$y(x)=\begin{cases}0 & (-\infty<x<c),\\ 3(x-c)^3 & (x\geqq c).\end{cases}$$

（以上）

上の例題からみられるように，求積法によって一階の方程式を解くと，任意定数を一つ含む解，任意定数のある値に対して定義された解，任意定数を変化させてもえられない解，それらを合成してえられる解などのいろいろな解がある．第一の種類の解を**一般解**，第二の解を**特殊解**，その他の解を**特異解**ということがある．

例題 3. $y'=e^xy^2-e^xy$ を解け．

［**解**］ $y(y-1)\neq 0$ として

$$\frac{1}{y^2-y}\frac{dy}{dx}=e^x$$

を積分して一般解

$$\log\left|\frac{y-1}{y}\right|=e^x+c,$$

除外した場合から特異解 $y=0$, $y=1$ をうる． （以上）

1.1.3. **同次形**とよばれる微分方程式

$$\frac{dy}{dx}=F\left(\frac{y}{x}\right)$$

は，新しい変数 u を $xu=y$ によって導入すれば，

$$xu'+u=y'=F(u)$$

となって変数分離形に帰着される．

例題 4. $x^2y'=xy-y^2$ を解け．

［解］ $ux=y$ とおけば，

$$xu'=-u^2. \qquad \therefore \quad \frac{1}{u}=\frac{x}{y}=\log x+c.$$ （以上）

同様に，微分方程式

$$\frac{dy}{dx}=F(ax+by+c) \qquad (b\neq 0)$$

は $u=ax+by+c$ とおくことにより

$$\frac{1}{b}\left(\frac{du}{dx}-a\right)=F(u)$$

となって変数分離形となる．

例題 5． $e^x(y'+1)=e^y$ を解け．

［解］ $u=y-x$ とおけば，

$$1+u'+1=e^u. \qquad \therefore \quad x-y=2x-e^{y-x}+c.$$ （以上）

また，微分方程式

$$\frac{dy}{dx}=F\left(\frac{ax+by+c}{Ax+By+C}\right)$$

は，$\xi=x-\alpha$, $\eta=y-\beta$ とおくことにより，α, β を

$$c=a\alpha+b\beta, \qquad C=A\alpha+B\beta \qquad (aB-Ab\neq 0)$$

からきめれば，

$$\frac{d\eta}{d\xi}=\frac{dy}{dx}=F\left(\frac{a\xi+b\eta}{A\xi+B\eta}\right)$$

と同次形の場合に帰着される．$aB-Ab=0$ の場合は $u=ax+by$ とおけば，

$$\frac{1}{b}\left(\frac{du}{dx}-a\right)=F\left(\frac{u+c}{(A/a)u+C}\right)$$

という変数分離形になる．

例題 6． $y'=(x-y+2)/(x+y-1)$ を解け．

［解］ $2=\alpha-\beta$, $-1=\alpha+\beta$ を解いて $\alpha=1/2$, $\beta=-3/2$ となるから，

$$x=\xi-\frac{1}{2}, \qquad y=\eta+\frac{3}{2}$$

とおけば，$\xi u=\eta$ に対して

$$\xi\frac{du}{d\xi}+u=\frac{1-u}{1+u}.$$

積分して $2\log\xi+\log(u^2+2u-1)=c$, 整理して

$$(2y-3)^2+2(2y-3)(2x+1)-(2x+1)^2=c.$$ （以上）

1.1.4． 完全微分方程式とよばれる

$$M(x,\ y)+N(x,\ y)\frac{dy}{dx}=0, \qquad \frac{\partial M}{\partial y}=\frac{\partial N}{\partial x}$$

は $F(x,\ y)=c$ なる式を x について微分して

$$\frac{\partial F}{\partial x}+\frac{\partial F}{\partial y}\cdot\frac{dy}{dx}=0, \qquad \frac{\partial^2 F}{\partial x\partial y}=\frac{\partial^2 F}{\partial y\partial x},$$

をかきなおしたものと考えられるので,

$$\frac{\partial F}{\partial x}=M(x,\ y),\qquad \frac{\partial F}{\partial y}=N(x,\ y)$$

となる関数 $F(x,\ y)$ を求めれば,解である.

左側の式から

$$F(x,\ y)=\int^{x}M(t,\ y)dt+f(y)$$

とおき,

$$\frac{\partial}{\partial y}F(x,\ y)=\frac{\partial}{\partial y}\int^{x}M(t,\ y)dt+f'(y)=N(x,\ y)$$

から $f'(y)$ を定めればよい.$f'(y)$ がじっさいに y だけの関数であることは,

$$\frac{\partial}{\partial x}[f'(y)]=\frac{\partial}{\partial x}\left[N(x,\ y)-\frac{\partial}{\partial y}\int^{x}M(t,\ y)dt\right]=\frac{\partial N}{\partial x}-\frac{\partial M}{\partial y}=0$$

からたしかめられる.

例題 7. $(x^2-2y)\dfrac{dy}{dx}+(2xy-3x^2)=0$ を解け.

［**解**］ $M(x,\ y)=2xy-3x^2$, $N(x,\ y)=x^2-2y$ として $M_y-N_x=2x-2x=0$ であるから,完全微分方程式である.

$$F(x,\ y)=\int^{x}(2ty-3t^2)dt+f(y)=x^2y-x^3+f(y)$$

を y について微分して

$$x^2+f'(y)=N=x^2-2y.\qquad \therefore\quad f(y)=-y^2.$$

$$\therefore\quad x^2y-x^3-y^2=c.$$

（以上）

いま,D を xy 平面上の閉曲線 C に囲まれた単連結な領域とし,$M(x,y)$, $N(x,\ y)$ がそこで連続微分可能とすると,グリーンの定理により

$$\int_C M(x,\ y)dx+N(x,\ y)dy=\iint_D\left(\frac{\partial N}{\partial x}-\frac{\partial M}{\partial y}\right)dxdy=0$$

であるから,今度は C を二点 $(a,\ b)$, $(x,\ y)$ を結ぶ弧としたときに,線積分

$$0=\int_C M(x,\ y)dx+N(x,\ y)dy=\int_{(a,b)}^{(x,y)}M\,dx+N\,dy=F(x,\ y)-F(a,\ b)$$

は両端点のみによって定まる.(a,b) を任意と考えると,これから解を求めることができる.

例題 8. $[6(x+y)^5+e^x]dx+[6(x+y)^5+e^y]dy=0$ を解け.

［**解**］ $(0,\ 0)$ と $(\xi,\ \eta)$ を直線 $x=\xi t,\ y=\eta t\ (0\leqq t\leqq 1)$ で結んで

$$0=\int_{(0,0)}^{(\xi,\eta)}M\,dx+N\,dy=\int_0^1[\{6(\xi+\eta)^5t^5+e^{\xi t}\}\xi+\{6(\xi+\eta)^5t^5+e^{\eta t}\}\eta]dt$$
$$=(\xi+\eta)^5(\xi+\eta)+e^{\xi}+e^{\eta}-2.$$

$$\therefore\quad (x+y)^6+e^x+e^y=c.$$

（以上）

1.1.5. 微分方程式

$$M(x, y)+N(x, y)\frac{dy}{dx}=0$$

が完全微分方程式でなくても，適当な関数 $\mu(x, y)$ と掛けて

$$\mu(x, y)M(x, y)+\mu(x, y)N(x, y)\frac{dy}{dx}=0$$

が完全微分方程式になるとき，$\mu(x, y)$ を**積分因子**とよぶ．

$$\frac{\partial F}{\partial x}=\mu(x, y)M(x, y), \qquad \frac{\partial F}{\partial y}=\mu(x, y)N(x, y)$$

となる F が求められれば，$F(x, y)=c$ が解を表わす．

例題 9． 線形方程式 $y'+r(x)y=f(x)$ に対して，x だけの関数である積分因子を求めて解を見出せ．

［**解**］ $M(x, y)=r(x)y-f(x)$, $N(x, y)=1$ として

$$\frac{\partial}{\partial x}\mu(x)=\frac{\partial}{\partial y}[\mu(x, y)\{r(x)y-f(x)\}]$$

とおけば，$\mu'=r\mu$. $\mu(x)=e^{R(x)}$, $R(x)=\int^x r(t)dt$, を掛けると，

$$e^R y'+re^R y=\frac{d}{dx}(e^R y)=e^R f$$

となって解ける．　　　　　　　　　　　　　　　　　　　　　　　　　（以上）

$(M_y-N_x)/N=p$ が x だけの関数であれば，

$$\mu(x)=\exp\int^x p(t)dt$$

は x だけの関数である積分因子となる．

また，$(N_x-M_y)/M=q$ が y だけの関数であれば，

$$\mu(y)=\exp\int^y q(t)dt$$

は y だけの関数である積分因子となる．

例題 10． $(e^y+xe^y)dx+xe^y dy=0$ を解け．

$M_y-N_x=e^y+xe^y-e^y=xe^y$, $(M_y-N_x)/N=1$ であるから，積分因子 e^x をもつ．$F_x=e^{x+y}+xe^{x+y}$ から

$$F=xe^{x+y}+f(y), \qquad F_y=xe^{x+y}+f'(y)=xe^{x+y}.$$

$$\therefore \quad xe^{x+y}=c.$$

（以上）

1.1.6. ベルヌイの方程式

$$\frac{dy}{dx}+P(x)y+Q(x)y^m=0$$

は変数変換 $y=u^p$ によって

$$p\frac{du}{dx}+P(x)u+Q(x)u^{mp-p+1}=0$$

に移るから，$p=1/(1-m)$ とおけば，線形の方程式になる．

1.1.7. リッカチ型の方程式

$$\frac{dy}{dx}+P(x)y+Q(x)y^2+R(x)=0$$

は一般には初等的に解を求めることができない．しかし，特殊解 $y_1(x)$ が一つ求められたとすると，$y(x)=y_1(x)+w(x)$ とおけば，

$$\frac{dz}{dx}+Qz^2+(2Qy_1+P)z=0$$

となってベルヌイの方程式に帰着される．

また，新しい変数 $w(x)$ を $y=w(x)/Q(x)$ によってきめると，

$$\frac{dw}{dx}+w^2+pw+q=0, \qquad p=P-\frac{Q'}{Q}, \quad q=QR$$

となり，さらに変換 $w=z'/z$ により二階線形方程式

$$z''+pz'+qz=0$$

に帰着される．

1.1.8. 正規形でない微分方程式 $F(x, y, dy/dx)=0$ ついては，dy/dx ににについて解いてから解をかき下せばよい．例えば，$F(x, y, p)=0$ が p に関する多項式であれば，左辺を

$$F\equiv(p-R_1(x, y))(p-R_2(x, y))\cdots(p-R_n(x, y))=0$$

と因数分解して

$$\frac{dy}{dx}=R_j(x, y)$$

の解を $Y_j(x, y)=c$ とすると，

$$(Y_1(x, y)-c_1)(Y_2(x, y)-c_2)\cdots(Y_n(x, y)-c_n)=0$$

が解を表わす．

1.1.9. $x=f(dy/dx)$ または $y=f(dy/dx)$ の形の方程式は y または x について，$p=dy/dx$ の関数を微分すると，変数分離形になる:

$$x=f(p), \qquad \frac{1}{p}=f'(p)\frac{dp}{dy} \qquad (y \text{ について微分}), \; y=\int^p pf'(p)dp;$$

$$y=f(p), \qquad p=f'(p)\frac{dp}{dx} \qquad (x \text{ について微分}), \; x=\int^p \frac{1}{p}f'(p)dp.$$

この方法によって今度は y または x が p の関数となって表示されるので，もとの方程式といっしょにして p を消去すればよい．

例題 11. $p^3-p^2+y=0$ を解け; $p=dy/dx$.

［**解**］ x について微分して

$$(3p^2-2p)\frac{dp}{dx}+p=0.$$

$$p=0 \quad \text{または} \quad \frac{3}{2}p^2-2p+x=c.$$

したがって，解はパラメター表示

$$x=2t-\frac{3}{2}t^2+c, \qquad y=t^2-t^3$$

で表わされる曲線と直線 $y=0$ である.　(以上)

微分することが有効な方程式の一般形は**ラグランジュ型の方程式**

$$y=x\varphi(p)+\psi(p) \qquad \left(p=\frac{dy}{dx}\right)$$

である. x について微分することにより,

$$p=\varphi(p)+\{x\varphi'(p)+\psi'(p)\}\frac{dp}{dx}$$

は p を独立変数としてみると, 線形方程式

$$\frac{dx}{dp}-\frac{\varphi'(p)}{p-\varphi(p)}x=\frac{\psi'(p)}{p-\varphi(p)}$$

に帰着する. この解を $x(p)=cf(p)+g(p)$ とかいて, もとの方程式と連立させて p を消去すれば, 解がえられる.

例題 12. $y=2px-p^2$ $(p=dy/dx)$ を解け.

［**解**］ x について微分して

$$p=2p+2(x-p)\frac{dp}{dx}, \qquad \frac{dx}{dp}+\frac{2x}{p}=2, \qquad x=\frac{c}{p^2}+\frac{2}{3}p \qquad (p\neq 0)$$

であるから, 解は連立方程式

$$x=\frac{c}{t^2}+\frac{2}{3}t, \qquad y=\frac{2c}{t}+\frac{t^2}{3}$$

で与えられる. $p=0$ の場合は解 $y=0$ が対応する.　(以上)

1.1.10. §1.1.9 のラグランジュ型の方程式で $\varphi(p)=p$ とすると, 分母が 0 となるので, うまくいかない. 微分方程式

$$y=px+f(p) \qquad \left(p=\frac{dy}{dx}\right)$$

を**クレーローの方程式**という. x について微分して

$$(x+f'(p))\frac{dp}{dx}=0$$

から $p=c$ または $x=-f'(p)$ をうる. 第一の場合は直線族

$$y=cx+f(c)$$

が解で, 第二の場合はパラメター表示

$$y=-f'(t)t+f(t), \qquad x=-f'(t)$$

はその包絡線である.

例題 13. $y=px+1/p$ を解け.

［**解**］ 直線 $y=cx+1/c$ と曲線 $x=1/t^2$, $y=2/t$ つまり放物線 $y^2=4x$ が解で, 放物線上の点 $(c^2, 2c)$ における接線が $y=cx+1/c$ である.　(以上)

1.2. 解の幾何学的意味

1.2.1. 微分方程式 $dy/dx=f(x, y)$ が与えられたとき, 考える領域 D で $f(x, y)$

を点 (x, y) における傾きとするような曲線 $y=\varphi(x)$ が解なのであるから，微分方程式は D の各点にベクトル $(1, f(x, y))$ を与えて D をベクトル場とすると考えてもよい．

例えば，曲線 $f(x, y)=0$ は解曲線 $y=\varphi(x)$ の停留値がのっている曲線であり

$$y''=\frac{d}{dx}f(x, y)=f_x+f_y\cdot f=0$$

となる曲線は解の変曲点ののっている曲線である．これを利用してじっさいに解を求めなくても，解曲線の大体の形を推察することができる．例えば，

$$\frac{dy}{dx}=xy-1$$

において解の行動は領域 $D_1=\{(x, y): xy>1, y''=(x^2+1)y-x>0\}$ で単調に増大，下に凸，領域 $D_2=\{(x, y): xy<1, (x^2+1)y>x\}$ では単調減少，下に凸，など大体の様子がわかるから(→図 1.1)，解曲線の形は図 1.2 のようになると考えられる．じっさいに

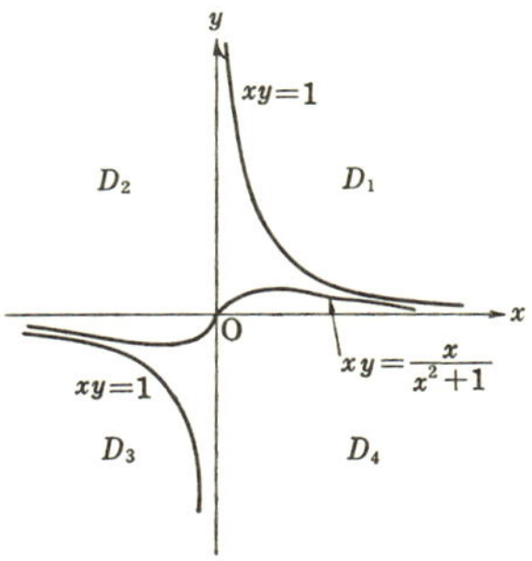

図 1.1

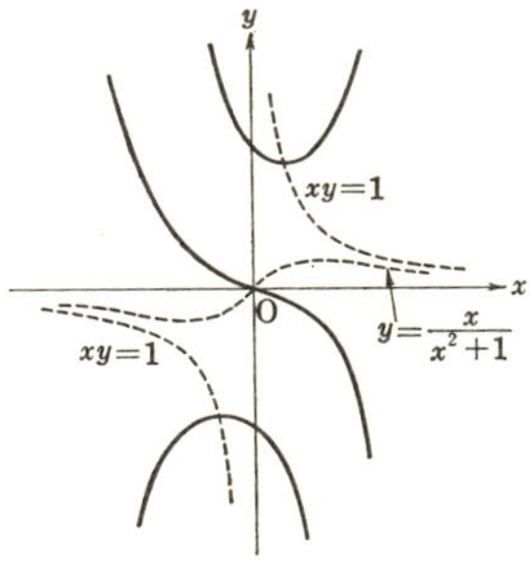

図 1.2

解を求めてみても

$$y(x)=ce^{x^2/2}+\int_0^x e^{(x^2-t^2)/2}dt$$

であって，幾何学的には上の情報以上のものをえることは困難である．

1.2.2. 上の微分方程式の意味付けを用いて，いろいろな幾何学的応用問題が考えられる．例えば，

$$y=\varphi(x, c), \qquad \frac{dy}{dx}=\varphi'(x, c)$$

から c を消去して

$$\frac{dy}{dx}=f(x, y)$$

がえられたとすると，微分方程式

$$\frac{dy}{dx}=-\frac{1}{f(x, y)}$$

をみたす曲線 $y=\psi(x)$ はいたるところ曲線族 $y=\varphi(x, c)$ に直交している．

例題 1. 原点 (0, 0) で y 軸に接する円の族 $x^2+y^2--2cx=0$ と直交する曲線族を求めよ．

［**解**］ $2x+2yy'-2c=0$ と $x^2+y^2-2cx=0$ から c を消去して，

$$x^2+y^2-x(2x+2yy')=0, \qquad y'=\frac{y^2-x^2}{2xy}$$

であるから，微分方程式

$$\frac{dy}{dx}=\frac{2xy}{x^2-y^2}$$

を積分因子 $1/y^2$ を用いて解けば，

$$x^2+y^2-ky=0. \qquad \text{(以上)}$$

1.2.3. **コーシーの折れ線近似**とよばれる近似解法は，解の幾何学的意味を利用したものである．

$$y'=f(x,\ y)$$

の解で $x=x_0$ のとき $y_0=y(x_0)$ となる解を求めるのに，まず点 $(x_0,\ y_0)$ における解曲線の傾きが $f(x_0,\ y_0)$ であることから

$$y-y_0=f(x_0,\ y_0)(x-x_0)$$

とおく．$x_1>x_0$ を x_1-x_0 が十分小さい範囲にとって

$$y_1=y_0+f(x_0,\ y_0)(x-x_0)$$

と y_1 をきめる．点 $(x_1\ ,y_1)$ を通る解曲線の傾きは $f(x_1,\ y_1)$ であるから，$x\geqq x_1$ に対して

$$y-y_1=f(x_1,\ y_1)(x-x_1)$$

を次の近似とする．以下同様(→ 図 1.3)．

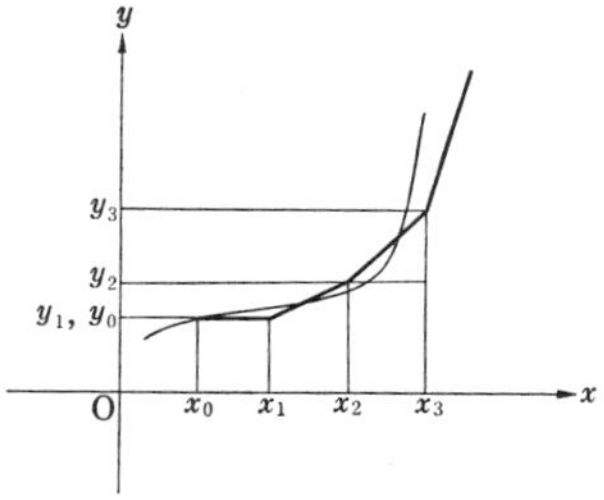

図 1.3

積分した形で与えられた方程式をかけば，

$$y(x)=y_0+\int_{x_0}^{x}f(t,\ y(t))dt.$$

$x_0\leqq x\leqq xy_1$ における近似解は

$$y(x)=y_0+\int_{x_0}^{x}f(x_0,\ y_0)dt$$

とよく似た形にかける．この近似解は $f(x,\ y)$ についての連続性だけを仮定して解の存在定理を証明するのに重要である．

1.3. 逐次近似法

1.3.1. いま，連立方程式

$$x=\frac{y}{3}+1, \qquad y=\frac{x}{3}+2$$

の解の存在を行列式を用いないで証明してみよう．点列 P_n を

$$P_0\colon\ (x_0,\ y_0),$$

$$P_{n+1}\colon\ (x_{n+1},\ y_{n+1})=\left(\frac{y_n}{3}+1,\ \frac{x_n}{3}+2\right)$$

によって定義する．$r_n=\sqrt{(x_{n+1}-x_n)^2+(y_{n+1}-y_n)^2}$ とすると，定義から

$$r_n=\frac{1}{3}r_{n-1}=\cdots=\left(\frac{1}{3}\right)^n r_0$$

が成立する．P_n と P_m $(m>n)$ の距離は明らかに

$$r_n+r_{n+1}+\cdots+r_{m-1}=r_0\cdot 3^{-n}\left(\frac{1-(1/3)^{m-n-1}}{1-1/3}\right)\leqq 2r_0 3^{-n}$$

より小さいから，点列 $\{\mathrm{P}_n\}$ はコーシー列で極限 $\lim_{n\to\infty}\mathrm{P}_n=\mathrm{P}$ が存在する．P の座標を $(x,\ y)$ とすれば，明らかに

$$x=\frac{1}{3}y+1, \qquad y=\frac{1}{3}x+2$$

をみたす．

このように，方程式

$$x=f(x,\ y), \qquad y=g(x,\ y) \qquad (f,\ g \text{ は連続})$$

を解くのに，まずある $(x_0,\ y_0)$ から出発して，逐次に

$$x_{n+1}=f(x_n,\ y_n), \qquad y_{n+1}=g(x_n,\ y_n)$$

を定義して，極限値

$$\lim_{n\to\infty}x_n, \qquad \lim_{n\to\infty}y_n$$

があれば，これらが方程式の解となることを示す方法を**逐次近似法**という．

1.3.2. 微分方程式の初期値問題

$$\frac{dy}{dx}=f(x,\ y); \qquad y(x_0)=y_0 \tag{1.1}$$

と積分方程式(→ VIII §1)

$$y(x)=y_0+\int_{x_0}^{x}f(x,\ y(x))dx \tag{1.2}$$

は，$f(x,\ y(x))$ が連続であれば同値であるから，(2) の解の存在をいえば (1)の解の存在がいえる．

いま，$f(x,\ y)$ を $D=\{(x,\ y);\ |x-x_0|\leqq a,\ |y-y_0|\leqq b\}$ で連続，M を

$$M=\max\{f(x,\ y)|;\ (x,\ y)\in D\}$$

とおく． 逐次近似がうまく定義できるためには， 新しく定義される関数 y_n に対して点 $(x,\ y_n(x))$ が D 内にないと次の近似がきめられないので，まず

$$y_0(x)=y_0$$

とおく．点 $(x,\ y_0)$ は区間 $[x_0-a,\ x_0+a]$ に属する x のすべてに対して領域 D 内にある．つぎに，$y_0(x),\ y_1(x),\ \cdots,\ y_n(x)$ が定義されていて点 $(x,\ y_j(x))$ $(j=0,\ 1,\ 2,\ \cdots,\ n)$ は $x_0-a\leqq x\leqq x_0+a$ ですべて D 内にあるとする．このとき，

$$y_{n+1}(x)=y_0+\int_{x_0}^{x}f(t,\ y_n(t))dt$$

と定義すれば，$(x,\ y_{n+1}(x))\in D$ という条件は

$$|y_{n+1}(x)-y_0|\leqq b$$

であるから，

$$|y_{n+1}-y_0|\leqq\left|\int_{x_0}^{x}f(t,\ y_n(t))dt\right|\leqq Ma\leqq b.$$

つまり，$a\leqq b/M$ であれば，$(x,\ y_{n+1}(x))\in D$ で次の近似 $y_{n+2}(x)$ を定義することが可能である．

例題 1. $$\frac{dy}{dx}=1+y^2,\qquad y(0)=0$$

に対して逐次近似を第4項まで計算し，有効な範囲を定めよ．

［**解**］ $y_0=0,\qquad y_1=\int_0^x(1+0)dt=x,\qquad y_2=\int_0^x(1+t^2)dt=x+\dfrac{x^3}{3},$

$$y_3=\int_0^x\left\{1+\left(t+\frac{t}{3}\right)^2\right\}dt=x+\frac{x^3}{3}+\frac{2}{15}x^5+\frac{7}{9}x^7.$$

いま，$D=\{(x,\ y);\ |x|\leqq a,\ |y|\leqq b\}$ とすると，

$$M=\max\{1+y^2;\ |y|\leqq b\}=1+b^2,\qquad \frac{b}{M}=\frac{b}{1+b^2}\leqq\frac{1}{2}\quad\cdot(b=1\ \text{のとき})$$

であるから，はじめから

$$D=\left\{(x,\ y);\ |x|\leqq\frac{1}{2},\ |y|\leqq 1\right\}$$

とおけば，$(x,\ y_j(x))$ は $|x|\leqq 1/2$ で $|y_j(x)|\leqq 1$ である．

$y_0(x)$，$y_1(x)$，$y_2(x)$，$y_3(x)$ は見掛け上はすべての x に対して定義されている．一方，解 $y(x)=\tan x$ は $-\pi/2<x<\pi/2$ で定義されて，例えば $x=\pi/2$ をこえて連続な関数として接続することはできない．したがって，当然，近似解の定義域も制限を受けるわけである．

（以上）

1.4. 解の存在定理

1.4.1. 逐次近似法を用いて解の存在を示すには，リプシッツ条件

(1.3) $$|f(x,\ y)-f(x,\ z)|\leqq L|y-z|$$

を D における $f(x,\ y)$ の連続性とともに仮定する．

定理 1.1. 逐次近似 $\{y_n(x)\}$ は $|x|\leqq a'=\min(a,\ b/M)$ で一様にある微分可能な関数 $y(x)$ に一様収束し，$y(x)$ は (1) の解となる．

証明. $$|y_1(x)-y_0|\leqq\left|\int_{x_0}^{x}f(t,\ y_0)dt\right|\leqq M|x-x_0|,$$

$$|y_2(x)-y_1(x)|\leqq\left|\int_{x_0}^{x}\{f(t,\ y_1(t))-f(t,\ y_0)\}dt\right|$$

$$\leqq L\cdot\left|\int_{x_0}^{x}|y_1(t)-y_0|dt\right|\leqq LM\cdot\frac{|x-x_0|^2}{2}.$$

同様にして，$|y_n(x)-y_{n-1}(x)|\leqq L^nM|x-x_0|^n/n!$ を仮定すると，

$$|y_{n+1}(x)-y_n(x)|\leqq L\left|\int_{x_0}^{x}|y_n(t)-y_{n-1}(t)|dt\right|$$

$$\leqq\frac{ML^{n+1}|x-x_0|^{n+1}}{(n+1)!}.$$

一方,

$$y_n(x)=\sum_{k=0}^{n-1}(y_{k+1}(x)-y_k(x))+y_0(x)$$

の各項の絶対値は無限級数

$$\sum_{k=0}^{\infty}\frac{ML^{k+1}|x-x_0|^{k+1}}{(k+1)!}+|y_0|=M(e^{L|x-x_0|}-1)+|y_0|$$

の対応する項より大きくないので, $\lim_{n\to\infty}y_n(x)$ が $|x-x_0|\leqq a'$ で一様収束の極限として存在する(→ III §5.1.1 定理 5.2). 一方,

$$y_{n+1}(x)=y_0+\int_{x_0}^{x}f(t,\ y_n(t))dt$$

の両辺で $n\to\infty$ の極限をとると, 一様収束ということと f の連続性から $y(x)$ は積分方程式 (2) の解であり, また f の連続性から微分可能で (1) の解になる. (証終)

1.4.2.

定理 1.2. $z(x)$ を初期値問題

$$\frac{dz}{dx}=f(x,\ z),\qquad z(x_0)=z_0$$

の解とすると,

$$|y(x)-z(x)|\leqq|y_0-z_0|e^{L|x-x_0|}$$

が $|x-x_0|\leqq a'$ で成立する.

証明. $y(x)=y_0+\int_{x_0}^{x}f(t,\ y(t))dt,\qquad z(x)=z_0+\int_{x_0}^{x}f(t,\ y(t))dt$

より

$$|y(x)-z(x)|\leqq|y_0-z_0|+\left|\int_{x_0}^{x}\{f(t,\ y(t))-f(t,\ z(t))\}dt\right|$$

$$\leqq|y_0-z_0|+L\left|\int_{x_0}^{x}|y(t)-z(t)|dt\right|.$$

$x\geqq x_0$ に対して $\varphi(t)=|y(t)-z(t)|$ とおいてグロンウォールの不等式(→ A §3.4.1)を応用すればよい. (証終)

系. (1) の解はただ一つである. **(一意性の定理)**

証明. $y_0=z_0$ とおけば, $y(x)=z(x)$. (証終)

1.4.3. $f(x,\ y)$ が y に関して連続微分可能なとき, ある解 $y=y(x)$ を固定して線形微分方程式

$$\frac{dz}{dx}=f_y(x,\ y(x))z \tag{1.4}$$

を解 $y(x)$ に沿っての**変分方程式**という.

定理 1.3. 初期値問題 (1) の解を $y(x,\ y_0)$ と表わしたとき, f_y が連続ならば, $y(x,\ y_0)$ は y_0 について微分可能であり,

$$z(x)=\frac{\partial}{\partial y_0}y(x,\ y_0)$$

は変分方程式 (4) の $z(x_0)=1$ をみたす解である.

1.4.4. 連立微分方程式系の初期値問題

(1.5) $$\frac{dy_j}{dx}=f_j(x,\ y_1,\ \cdots,\ y_n),\qquad y_j(x_0)=y_j{}^0\qquad (j=1,\ \cdots,\ n)$$

を考える．記号を簡単にするために，$\vec{y}=(y_1,\ \cdots,\ y_n)$，$\vec{f}=(f_1,\ \cdots,\ f_n)$ を用いて，(5) を

(1.6) $$\frac{d\vec{y}}{dx}=\vec{f}(x,\ \vec{y}),\qquad \vec{y}(x_0)=\vec{y_0}$$

とかく．

$$D=\{(x,\ \vec{y});\ |x-x_0|\leqq a,\ \|\vec{y}-\vec{y_0}\|\leqq b\},$$
$$M=\max\{|\vec{f}(x,\ \vec{y})|;\ (x,\ \vec{y})\in D\}$$

とおき，$\vec{f}(x,\ \vec{y})$ は D で連続でリプシッツ条件

$$\|\vec{f}(x,\ \vec{y})-\vec{f}(x,\ \vec{z})\|\leqq L\|\vec{y}-\vec{z}\|\qquad ((x,\ \vec{y}),\ (x,\ \vec{z})\in D)$$

をみたすものとする．

定理 1.4. 逐次近似

$$\vec{y_0}(x)=\vec{y_0},\qquad \vec{y}_{n+1}(x)=\vec{y_0}+\int_{x_0}^{x}\vec{f}(t,\ \vec{y}_n(t))dt$$

は $|x-x_0|\leqq a'=\min(a,\ b/M)$ で定義され，(6) の解に一様に収束して，解はただ一つに限る．

いま，記号 $A(x)$ によって x の関数を要素とする行列

$$\left\|\left.\frac{\partial f_j}{\partial y_k}\right|_{(x,\vec{y}(x))}\right\|$$

を表現するものとすれば，

定理 1.5. $\vec{f}(x,\vec{y})$ が D で $\vec{y}$ について連続微分可能であるとき，(6) の解 $y(x)$ は初期値 $\vec{y_0}$ に関して微分可能であって，行列微分方程式

$$\frac{dZ}{dx}=A(x)Z,\qquad Z(x_0)=I\qquad (I\text{ は単位行列})$$

の解が $\|\partial y_j/\partial y_k{}^0\|$ を与える．

2. 非線形問題

2.1. 安定性

2.1.1. ここでは，2連立微分方程式

(2.1) $$\frac{dx}{dt}=X(x,\ y),\qquad \frac{dy}{dt}=Y(x,\ y)$$

を考える．xy 平面上の点 $(x_0,\ y_0)$ が

$$X(x_0,\ y_0)=0,\qquad Y(x_0,\ y_0)=0$$

をみたすとき，$(x_0,\ y_0)$ を系 (1) の**特異点**という．明らかに，$x=x_0$, $y=y_0$ は (1) の

解で t に無関係である．

(1) の解 $x=x(t)$, $y=y(t)$ は xy 平面の曲線のパラメター表示と考えて，その曲線を**積分曲線**または**軌道**とよぶ．

例題 1. $\dfrac{dx}{dt}=3x, \quad \dfrac{dy}{dt}=2y$

の軌道をえがけ．

［**解**］ $x=c_1e^{3t}$, $y=c_2e^{2t}$ であるから， $kx^2=y^3$. t が増加すると x も y もその絶対値が増加するので，図 2.1 をうる． （以上）

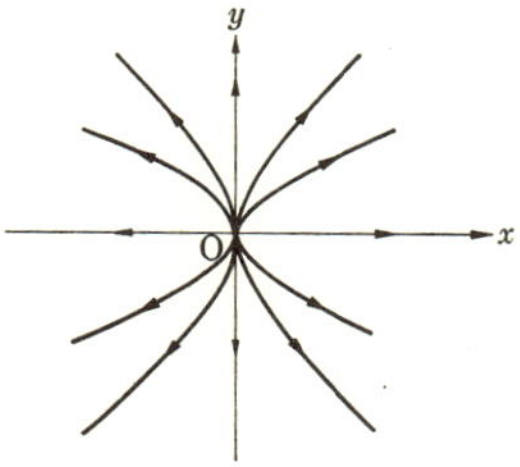

図 2.1

2.1.2 簡単のために，(0, 0) が (1) の特異点とする．(0, 0) が**安定**であるとは， 任意に $\varepsilon>0$ が与えられたとき，$\delta>0$ をとって $\sqrt{x_0{}^2+y_0{}^2}<\delta$ とすれば，$x(0)=x_0$, $y(0)=y_0$ となる解 $x(t)$, $y(t)$ は $t>0$ に対して存在して $\sqrt{x(t)^2+y(t)^2}<\varepsilon$ $(t>0)$ となることをいう．安定でない特異点を**不安定**であるという．

また，$x(0)=x_0$, $y(0)=y_0$ をみたす解が $\sqrt{x_0{}^2+y_0{}^2}<\delta$ であれば

$$\lim_{t\to\infty}\sqrt{x(t)^2+y(t)^2}=0$$

をみたすとき，(0, 0) は**漸近安定**であるという．

例題 2. $\dfrac{dx}{dt}=\lambda x+\lambda y, \quad \dfrac{dy}{dt}=\lambda y$

において (0, 0) が安定であるかどうかを判定せよ．

［**解**］ $x(t)=c_2e^{\lambda t}+\lambda c_1te^{\lambda t}$, $y(t)=c_1e^{\lambda t}$ であるから，求める解について

$$x(t)=x_0e^{\lambda t}+\lambda y_0te^{\lambda t}, \qquad y(t)=y_0e^{\lambda t};$$

$$\sqrt{x(t)^2+y(t)^2}=e^{\lambda t}\sqrt{x_0{}^2+y_0{}^2+2\lambda x_0y_0t+\lambda^2y_0{}^2t^2}.$$

$\lambda>0$ ならば，$e^{\lambda t}\to\infty$ であるから，不安定;

$\lambda=0$ ならば，(x_0, y_0) を出る解はそこにとどまるので，安定;

$\lambda<0$ ならば，$te^{\lambda t}\to 0$ であるから，漸近安定． （以上）

定理 2.1. 線形系

$$\frac{dx}{dt}=ax+by, \qquad \frac{dy}{dt}=cx+dy$$

の特異点 (0, 0) が漸近安定となるための必要十分条件は，

$$\lambda^2-(a+d)\lambda+ad-bc=0 \tag{2.2}$$

の根の実部が負となることである．

証明. いま，必要とあれば一次変換

$$x=a_{11}\xi+a_{12}\eta, \qquad y=a_{21}\xi+a_{22}\eta$$

をほどこして，ξ, η に関する方程式

$$\frac{d\xi}{dt}=\alpha\xi+\beta\eta, \qquad \frac{d\eta}{dt}=\gamma\xi+\delta\eta$$

が標準形となるようにできる．このとき，

$$\lambda^2-(a+d)\lambda+(ad-bc)=\lambda^2-(\alpha+\delta)\lambda+(\alpha\delta-\beta\gamma)$$

はともに行列

$$\begin{pmatrix} a & b \\ c & d \end{pmatrix}, \quad \begin{pmatrix} \alpha & \beta \\ \gamma & \delta \end{pmatrix}$$

の固有多項式であるから，同一の二次式である．また，$k_1\sqrt{x^2+y^2} \leqq \sqrt{\xi^2+\eta^2} \leqq k_2\sqrt{x^2+y^2}$ となる正の数 k_1, k_2 が存在するから，安定，不安定，漸近安定の性質は一次変換に関して不変である．ゆえに，はじめから行列

$$\begin{pmatrix} a & b \\ c & d \end{pmatrix}$$

は標準形であると仮定して一般性を失なわない．

1° 相異なる2実根 λ_1, λ_2 をもつ場合．標準形は

$$\frac{dx}{dt}=\lambda_1 x, \qquad \frac{dy}{dt}=\lambda_2 y$$

で (x_0, y_0) を通る解は $x(t)=x_0e^{\lambda_1 t}$, $y(t)=y_0e^{\lambda_2 t}$ とかける．

a. $\lambda_1>\lambda_2>0$:

$$\sqrt{x^2+y^2}=\sqrt{{x_0}^2e^{2\lambda_1 t}+{y_0}^2e^{2\lambda_2 t}}=e^{\lambda_2 t}\sqrt{{x_0}^2e^{2(\lambda_1-\lambda_2)t}+{y_0}^2} \geqq e^{\lambda_2 t}\sqrt{{x_0}^2+{y_0}^2}.$$

t が増加するとともに (x_0, y_0) を通る解は $(0, 0)$ から遠ざかるから，不安定．

b. $\lambda_1>\lambda_2 \geqq 0$: 同様に，$\sqrt{x^2+y^2} \geqq |x_0|e^{\lambda_1 t}$ … 不安定．

c. $\lambda_1=0$, $\lambda_2<0$: $|x_0| \leqq \sqrt{x^2+y^2} \leqq \sqrt{{x_0}^2+{y_0}^2}$.

安定であるが，漸近安定でない．

d. $\lambda_1>0>\lambda_2$: $\sqrt{x^2+y^2} \geqq |x_0|e^{\lambda_1 t}$ … 不安定．

e. $0>\lambda_1>\lambda_2$: $\sqrt{x^2+y^2} \leqq e^{\lambda_1 t}\sqrt{{x_0}^2+{y_0}^2e^{2(\lambda_2-\lambda_1)t}} \leqq e^{\lambda_1 t}\sqrt{{x_0}^2+{y_0}^2}$ … 漸近安定．

2° 重根の場合．

a. 標準形が

$$\frac{dx}{dt}=\lambda x, \qquad \frac{dy}{dt}=\lambda y$$

の場合．上の場合と同じように $\lambda>0$ で不安定，$\lambda=0$ で安定であるが漸近安定でない．$\lambda<0$ で漸近安定．

b. 標準形が

$$\frac{dx}{dt}=\lambda x+y, \qquad \frac{dy}{dt}=\lambda y$$

の場合．(x_0, y_0) を通る解は $x(t)=(x_0+y_0t)e^{\lambda t}$, $y(t)=y_0e^{\lambda t}$ であるから，$\lambda>0$ ならば不安定，$\lambda=0$ のとき $\sqrt{x^2+y^2}=\sqrt{{x_0}^2+2x_0y_0t+{y_0}^2t^2} \geqq |y_0||t|$ で不安定，$\lambda<0$ のとき漸近安定である．

3° 共役な複素根 $\lambda_1=\mu+i\nu$, $\lambda_2=\mu-i\nu$ をもつ場合．標準形は

$$\frac{dx}{dt}=\mu x-\nu y, \qquad \frac{dy}{dt}=\nu x+\mu y$$

で $(x_0,\ y_0)$ を通る解については

$$x(t)=e^{\mu t}(x_0\cos\nu t+y_0\sin\nu t),\qquad y(t)=e^{\mu t}(-x_0\sin\nu t+y_0\cos\nu t);$$
$$\sqrt{x^2+y^2}=e^{\mu t}\sqrt{x_0{}^2+y_0{}^2}$$

であるから，$\mu>0$ で不安定，$\mu=0$ で安定だが漸近安定でなく，$\mu<0$ のとき漸近安定である． （証終）

なお，→ 応用編 IV § 2.2

定理 2.2. 十分小さい x^2+y^2 に対して

$$|p(x,\ y)|\leqq M(x^2+y^2),\qquad |q(x,\ y)|\leqq M(x^2+y^2)$$

が成立するならば．

$$\frac{dx}{dt}=ax+by+p(x,\ y),\qquad \frac{dy}{dt}=cx+dy+q(x,\ y)$$

の特異点 (0, 0) は線形部分

$$\frac{dx}{dt}=ax+by,\qquad \frac{dy}{dt}=cx+dy$$

の特異点 (0, 0) が漸近安定のとき，漸近安定となる．

2.2. 相平面

2.2.1. 二階の微分方程式

$$\frac{d^2x}{dt^2}=F\left(x,\ \frac{dx}{dt}\right) \tag{2.3}$$

は新しい従属変数 y を $dx/dt=y$ によって導入すると，同値な系

$$\frac{dx}{dt}=y,\qquad \frac{dy}{dt}=F(x,\ y)$$

に移るので，(3) の解の様子を $(x,\ y)$ 平面上に表現することができる． このとき，$(x,\ dx/dt)$ 平面を方程式 (3) の**相平面**という．

例題 1.
$$\frac{d^2\theta}{dt^2}=-k^2\sin\theta$$

の解曲線を相平面上にえがけ．

［**解**］ $x=\theta$, $d\theta/dt=y$ とおけば，

$$\frac{dx}{dt}=y,\qquad \frac{dy}{dt}=-k^2\sin x.$$
$$\frac{dy}{dx}=-\frac{k^2\sin x}{y}$$

から $y^2=2k^2\cos x-c$ が解曲線を表わすので，図 2.2 のようになる． （以上）

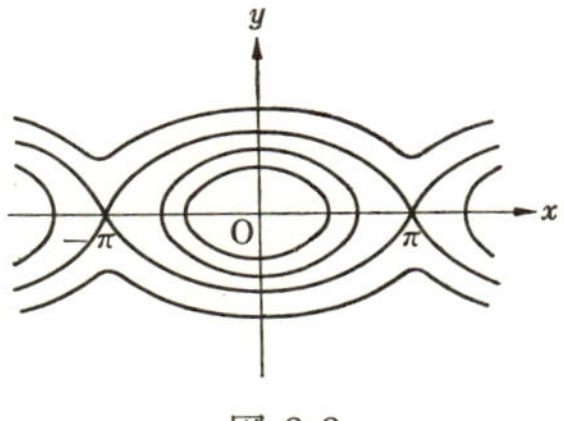

図 2.2

2.2.2. 方程式 (3) についても，同様に特異点，安定，不安定などを議論する．例えば，(0, 0) が (3) の特異点であるとは，(3) の解 $x(t)\equiv 0$ のことであり，解 $x(t)\equiv 0$ が安定であるとは，初期条件 $x(0)=x_0$, $x'(0)=y_0$ をみたす解が $x(t)\equiv 0$ の近くにとどまって，しかも $|dx/dt|$ も 0 に近いということを表わす．

2.3. 軌道の形

2.3.1 一般に，与えられた方程式（1）が初等的に解けることは期待できないので，軌道の形を幾何学的に考察することによって解の構造をしらべる．その手掛かりになるのは，特異点の場合とその付近における軌道の形である．特に，$(x_0,\ y_0)$ が特異点の場合に，$X(x,\ y)$，$Y(x,\ y)$ が全微分可能ならば，

$$\begin{aligned} X(x,\ y) &= X(x_0,\ y_0)+X_x(x_0,\ y_0)(x-x_0)+X_y(x_0,\ y_0)(y-y_0)+p(x,\ y) \\ &\equiv a(x-x_0)+b(y-y_0)+p(x,\ y) \\ Y(x,\ y) &= Y(x_0,\ y_0)+Y_x(x_0,\ y_0)(x-x_0)+Y_y(x_0,\ y_0)(y-y_0)+q(x,\ y) \\ &\equiv c(x-x_0)+d(y-y_0)+q(x,\ y) \end{aligned}$$

となって，

$$\frac{d(x-x_0)}{dt}=a(x-x_0)+b(y-y_0), \qquad \frac{d(y-y_0)}{dt}=c(x-x_0)+d(y-y_0)$$

が特異点の付近における軌道の形を支配する．

2.3.2.
$$\frac{dx}{dt}=ax+by, \qquad \frac{dy}{dt}=cx+dy$$

が標準形になっているとして，定理 2.1 の証明の分類にしたがって，特異点 (0, 0) の付近の解の軌道のようすを図示する(→ 図 2.3，…，2.11)．

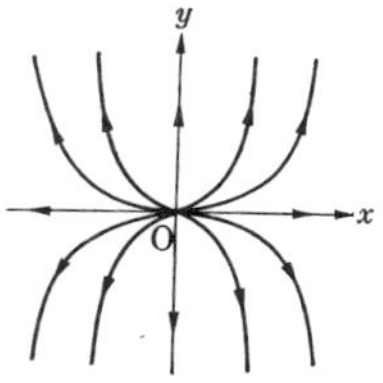

$\lambda_1>\lambda_2>0$

図 2.3

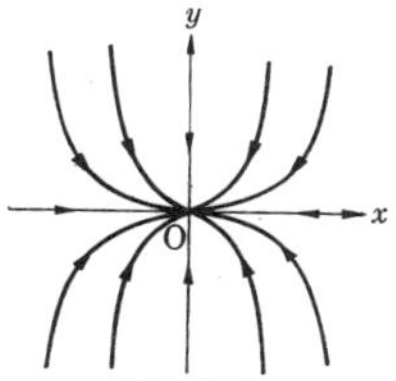

$0>\lambda_1>\lambda_2$

図 2.4

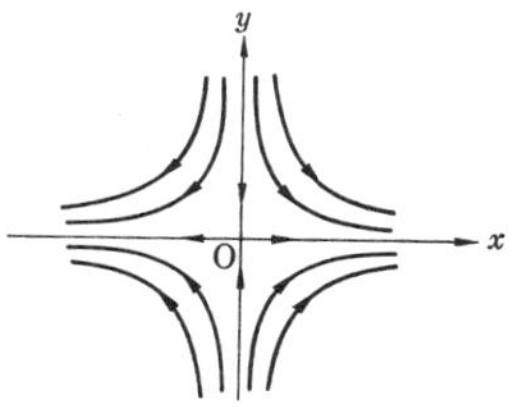

$\lambda_1>0_2>\lambda_2$

図 2.5

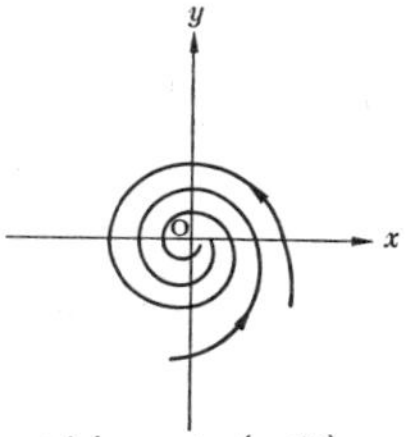

$\mu+i\nu,\ \mu-i\nu\ \ (\mu<0)$

図 2.6

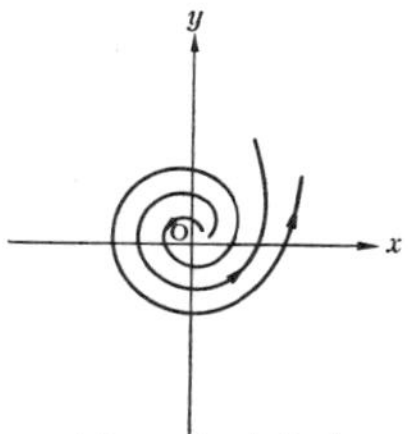

$\mu+i\nu,\ \mu-i\nu\ \ (\mu>0)$

図 2.7

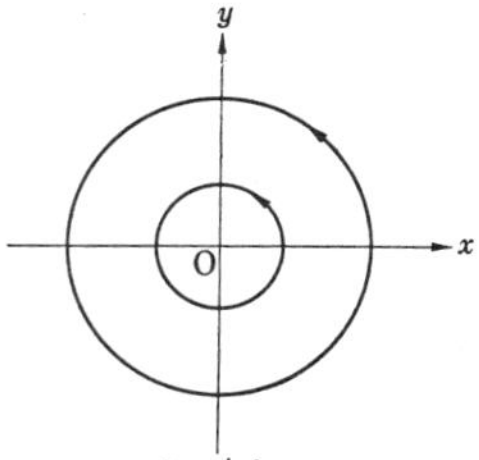

$\lambda=\pm i\nu$

図 2.8

図 2.3，2.4，2.9，2.11 の形の特異点を**結節点**，図 2.5 を**鞍点**，図 2.6，2.7 を**渦心点**，図 2.8 を**中心点**という．図 2.10 では，$x=0$ 上の点はすべて特異点である．→ 応用編 Ⅳ§2.2.1

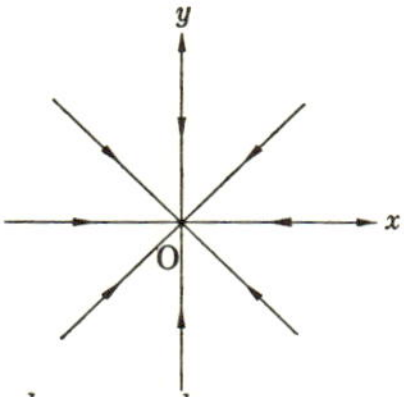

$\frac{dx}{dt}=\lambda z$, $\frac{dy}{dt}=\lambda y$ $(\lambda<0)$

図 2.9

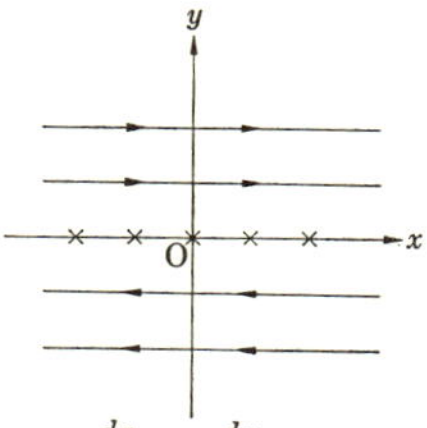

$\frac{dx}{dt}=y$, $\frac{dy}{dt}=0$

図 2.10

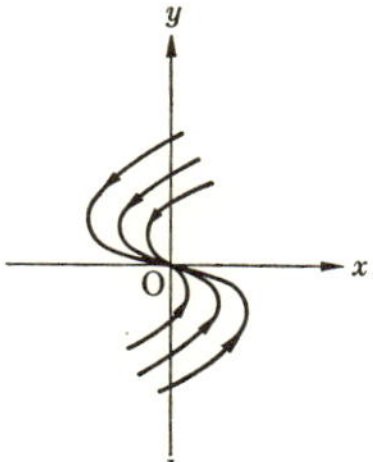

$\frac{dx}{dt}=\lambda x+y$, $\frac{dy}{dt}=\lambda y$ $(\lambda<0)$

図 2.11

方程式 (1) の右辺が無限回微分可能であり，(0, 0) が孤立した特異点で，(0, 0) における線形部分

$$\begin{pmatrix} X_x(0,\ 0), & X_y(0,\ 0) \\ Y_x(0,\ 0), & Y_y(0,\ 0) \end{pmatrix}$$

の固有値 λ が 0 でないとき，孤立特異点は上にあげた四つの種類(結節点，渦心点，鞍点，中心点)になることが知られている．

2.4. 周期解

2.4.1. 方程式 (1) が周期 T の周期解 $x(t+T)=x(t)$, $y(t+T)=y(t)$ をもてば，軌道は閉曲線になる．逆に，特異点をもたない閉曲線は必ず周期解に対応する．

線形の場合には，$\lambda=\pm i\nu$ の場合に軌道は閉じているから，周期解が存在する．しかし，それ以外に周期解はありえない．しかし，非線形の場合にはさまざまな周期解が存在しうる．

例題 1. $\frac{dx}{dt}=-y+x(1-x^2-y^2)$, $\qquad \frac{dy}{dt}=x+y(1-x^2-y^2)$

が周期解をもつことを示せ．

［**解**］ $x=r\cos\theta$, $y=r\sin\theta$ とおけば，

$$r\frac{dr}{dt}=r^2(1-r^2), \qquad \frac{d\theta}{dt}=1.$$

閉曲線 $r=1$ は解であって，その上で

$$\left(\frac{dx}{dt}\right)^2+\left(\frac{dy}{dt}\right)^2=x^2+y^2=1$$

であるから特異点をもたない．ゆえに，$x(t)=\cos(t+c_1)$, $y(t)=\sin(t+c_1)$ という周期解が存在する． （以上）

2.4.2. 方程式を解かないで周期解の存在を証明するには，位相幾何学的方法を用いる．→応用編 IV§2.1

C. 差　分　法

1. 定係数線形差分方程式

差分方程式については，→応用編 IV§1

1.1. 差分と和分

1.1.1. x の関数 $y(x)$ に対して $\Delta y(a)=y(a+h)-y(a)$ を a における y の**差分**，h を x の差分という．変数 x の代りに hx とかきなおせば，$y(a+h)-y(a)$ は $y((a+1)h)-y(ah)$ となるから，x の差分を1としても一般性を失わないので，今後 $h\equiv 1$ とかくことにする． $\Delta^2y(a)=\Delta(\Delta y(a))$ として2階の差分を定義し，一般に，$\Delta^{n+1}y(a)=\Delta(\Delta^n y(a))$ をもって a における y の $n+1$ 階の差分と定める．

$$\Delta^2 y(a)=y(a+2)-2y(a+1)+y(a),$$

$$\Delta^n y(a)=\sum_{k=0}^{n}(-1)^{n-k}\binom{n}{k}y(a+k) \tag{1.1}$$

と表現できる．また逆に，

$$y(a+n)=\sum_{k=0}^{n}\binom{n}{k}\Delta^k y(a) \tag{1.2}$$

という式が成り立つ．

(1) を証明するには，帰納法による．$n=1$ のときは，明らか．

$$\Delta^{n-1}y(a)=\sum_{k=0}^{n-1}(-1)^{n-1-k}\binom{n-1}{k}y(a+k)$$

が成り立つとして

$$\begin{aligned}\Delta(\Delta^{n-1}y(a))&=\sum_{k=0}^{n-1}(-1)^{n-1-k}\binom{n-1}{k}[y(a+k+1)-y(a+k)]\\&=\sum_{k=1}^{n}(-1)^{n-k}\binom{n-1}{k-1}y(a+k)+\sum_{k=0}^{n-1}(-1)^{n-k}\binom{n-1}{k}y(a+k)\\&=\sum_{k=0}^{n}(-1)^{n-k}\binom{n}{k}y(a+k).\end{aligned}$$

(2) も同様に証明される．

1.1.2. $$\Delta y(x)=y(x+1)-y(x)=g(x)$$

で右辺の関数 $g(x)$ が与えられたとき，$y(x)$ を $g(x)$ の**和分**といい，

$$y(x)=\mathop{S}^{x} g(x)\Delta x$$

とかく．一般に，周期1の関数，例えば $\sin 2\pi x$，を $c(x)$ とするとき，$y(x)$ が $g(x)$ の和分ならば，$y(x)+c(x)$ もまた $g(x)$ の和分である．$c(x)$ は不定積分における積分定数の役割を果している．

いま，記号 $x^{(m)}$ で関数　$x^{(m)}=x(x-1)(x-2)\cdots(\lambda-m+1)$　を表わすと，$\Delta x^{(m)}$

$=mx^{(m-1)}$ が成立する．なぜならば，

$$\begin{aligned}\Delta x^{(m)}&=(x+1)x(x-1)\cdots(x-m+2)-x(x+1)\cdots(x-m+1)\\&=x(x-1)\cdots(x-m+2)\{(x+1)-(x-m+1)\}=mx^{(m-1)}.\end{aligned}$$

負の整数に対して

$$x^{(-m)}=\frac{1}{x(x+1)\cdots(x+m-1)},$$

$m=0$ に対して

$$x^{(0)}=1$$

と定義すれば，上の公式はすべて成立するので，多項式に対する差分，和分は微分，積分と同様に議論できる．

1.1.3. $a_0(x)$, $a_1(x)$, …, $a_n(x)$ が与えられたとき，

$$\sum_{k=0}^{n}a_{n-k}(x)y(x+k)=0 \tag{1.3}$$

を**線形差分方程式**，(3) をみたす $y(x)$ をその**解**という．特に，x を整数に限ると，$y_1(x)$, …, $y_n(x)$ を (3) の一次独立な解とすれば，任意の解 $y(x)$ は一次結合

$$y(x)=\sum_{j=1}^{n}c_jy_j(x)$$

の形に表わせる．x が一般の実変数のときは，周期 1 の周期関数 $c_1(x)$, …, $c_n(x)$ を c_1, …, c_n の代りに用いて，しかも線形一次独立であるということを定義しなおす必要があるから面倒なので，以下 x を整数と限定する．

特に，a_0, a_1, …, a_n が定数の場合に (3) は定係数であるといい，つぎのようにして一次独立な解の組をつくることができる．

$$\varphi(\lambda)\equiv\sum_{k=0}^{n}a_{n-k}\lambda^k=0 \tag{1.4}$$

の単根 λ に対して λ^x を，m 重根 λ に対しては λ^x, $x\lambda^x$, …, $x^{m-1}\lambda^x$ を対応させると，(4) の n 個の根に対して n 個の関数 $y_1(x)$, …, $y_n(x)$ がえられ，これらは一次独立な (3) の解になる．例えば，λ を二重根とすると，

$$\sum_{k=0}^{n}a_{n-k}\lambda^{x+k}=\lambda^x\sum_{k=0}^{n}a_{n-k}\lambda^k=\lambda^x\varphi(\lambda)=0,$$

$$\begin{aligned}\sum_{k=0}^{n}a_{n-k}(x+k)\lambda^{x+k}&=x\lambda^x\sum_{k=0}^{n}a_{n-k}\lambda^k+\lambda^x\sum_{k=0}^{n}ka_{n-k}\lambda^k\\&=x\lambda^x\varphi(\lambda)+\lambda^{x+1}\varphi'(\lambda)=0.\end{aligned}$$

例題 1. $a_0=1$, $a_1=3$, $a_{n+2}-4a_{n+1}+3a_n=0$ という数列の一般項を求めよ．

［**解**］ $a_x=y(x)$ とかけば，

$$y(x+2)-4y(x+1)+3y(x)=0,\qquad y(0)=1,\qquad y(1)=3$$

と同値である．$\varphi(\lambda)=\lambda^2-4\lambda+3=(\lambda-1)(\lambda-3)$ であるから，

$$y(x)=c_1+c_23^x,\qquad c_1+c_2=1,\quad c_1+3c_2=3.$$

ゆえに，$c_1=-1$, $c_2=1$ であって，

$$a_n=3^n-1.$$

（以上）

係数 $a_0, a_1, \cdots, a_n$ が実数でも方程式 (4) が虚根をもつことがある．このとき，実数値をもつ解はつぎのようにつくられる．いま，$\lambda+i\mu$ が m 重根とするとき，明らかに $\lambda-i\mu$ も m 重根であるから，

$$r=\sqrt{\lambda^2+\mu^2}, \qquad \theta=\tan^{-1}\frac{\mu}{\lambda}$$

を用いて

$$r^x\cos\theta x,\ r^x\sin\theta x,\ \cdots,\ x^{m-1}r^x\cos\theta x,\ x^{m-1}r^x\sin\theta x$$

の形の $2m$ 個の解を用いればよい．

1.1.4. 非斉次の方程式

(1.5)
$$\sum_{k=0}^{n} a_{n-k}y(x+k)=f(x)$$

を解く方法を2階の場合に説明する．これは微分方程式の場合の定数変化法に相当する．いま，$\varphi(\lambda)=0$ の二根 λ_1, λ_2 は相異なるものとして，

$$y(x)=c_1(x)\lambda_1{}^x+c_2(x)\lambda_2{}^x$$

とおいて (5) に代入する．このとき，

$$y(x+1)=c_1(x)\lambda_1{}^{x+1}+c_2(x)\lambda_2{}^{x+1}+\Delta c_1(x)\lambda_1{}^{x+1}+\Delta c_2(x)\lambda_2{}^{x+1}$$

で $\lambda_1{}^{x+1}\Delta c_1(x)+\lambda_2{}^{x+2}\Delta c_2(x)=0$ とおくと，

$$y(x+2)=c_1(x)\lambda_1{}^{x+2}+c_2(x)\lambda_2{}^{x+2}+\Delta c_1(x)\lambda_1{}^{x+2}+\Delta c_2(x)\lambda_2{}^{x+2}$$

となるから，

$$a_0(\Delta c_1(x)\Delta_1{}^{x+2}+\Delta c_2(x)\lambda_2{}^{x+2})=f(x)$$

をうる．この式と上の式の二つを連立させて $\Delta c_1(x), \Delta c_2(x)$ を解くと，

$$\begin{pmatrix}\lambda_1{}^{x+1} & \lambda_2{}^{x+1}\\ a_0\lambda_1{}^{x+2} & a_0\lambda_2{}^{x2}\end{pmatrix}\begin{pmatrix}\Delta c_1(x)\\ \Delta c_2(x)\end{pmatrix}=\begin{pmatrix}0\\ f(x)\end{pmatrix}$$

より

$$\Delta c_1(x)=\frac{f(x)\lambda_1{}^{-x-1}}{a_0(\lambda_2-\lambda_1)}, \qquad \Delta c_2(a)=\frac{f(x)\lambda_2{}^{-x-1}}{a_0(\lambda_2-\lambda_1)}.$$

これから $c_1(x), c_2(x)$ を求めれば(和分すれば)よい．

1.2. 特別な差分方程式

1.2.1. z を複素変数とするとき，

$$zf(z)=f(z+1)$$

をみたす関数は $c(z)\Gamma(z)$ である．ただし，$c(z)$ は周期1の周期関数である．

x が実変数で $xf(x)=f(x+1)$ をみたす $\log f(x)$ が凸な関数は $\Gamma(x)$ に限る．→ X §1.3 (ボーア・モレループの定理)

1.2.2. $\dfrac{d}{dx}(x^m)=mx^{m-1}, \qquad \Delta[x^{(m)}]=mx^{(m-1)}, \qquad \displaystyle\int\frac{1}{x}dx=\log x$

であるから，当然 $\Delta g(x)=x^{(-1)}=1/x$ となる $g(x)$ が何かは問題となる．

$$\psi(x)=\frac{d}{dx}\log\Gamma(x)=\frac{\Gamma'(x)}{\Gamma(x)}$$

はつぎの差分方程式の解である:

$$\psi(x+1)-\psi(x)=\frac{1}{x}.$$

1.2.3. 母関数

$$\frac{te^{xt}}{e^t-1}=\sum_{n=0}^{\infty}B_n(x)\frac{t^n}{n!}$$

で定義される多項式 $B_n(x)$ を**ベルヌイの多項式**という. → X §1.1 (1.8)

$$\sum_{n=0}^{\infty}B_n(x+1)\frac{t^n}{n!}-\sum_{n=0}^{\infty}B_n(x)\frac{t^n}{n!}=\frac{te^{(x+1)t}}{e^t-1}-\frac{te^{xt}}{e^t-1}=te^{xt}=\sum_{n=0}^{\infty}\frac{x^nt^{n+1}}{n!}$$

であるから, $B_n(x)$ は差分方程式

$$B_n(x+1)-B_n(x)=nx^{n-1}$$

をみたす. これを利用すれば, 差分方程式

$$y(x+1)-y(x)=\sum_{n=0}^{m}a_nx^m$$

の解は

$$y(x)=\sum_{n=0}^{m}\frac{a_n}{n+1}B_{n+1}(x).$$

1.3. 差分微分方程式

1.3.1.
$$\sum_{k=0}^{n}a_k(x)\frac{d^{n-k}y}{dx^{n-k}}+\sum_{k=0}^{n}b_k(x)y(x+k)=0$$

の形の方程式を**線形差分微分方程式**という. 差分微分方程式には一般に無限個の一次独立な解があって, 微分方程式や差分方程式のように簡単にとりあつかうことができない.

1.3.2. 定係数一階線形差分方程式

(1.6)
$$ay'(x)+y(x+1)+by(x)=0$$

において, λ に関する方程式

$$\varphi(\lambda)\equiv e^{\lambda}+a\lambda+b=0$$

の根 λ をとると, $e^{\lambda x}$ は解である. 一方, $\varphi(\lambda)=0$ は代数方程式ではなく無限個の根をもつことが知られている.

方程式 (6) に対して初期値問題にあたるのは,

(1.7)
$$y(x)=\psi(x) \qquad (-1\leqq x<0)$$

を与えることにより

$$y(x+1)=-ay'(x)-by(x)$$

から $0\leqq x<1$ における $y(x)$ の値がきまる. 以下同様に, 解を右に接続していけるから, 結局, 条件 (7) をみたす (6) の解を求めよという問題を考えるのが適当である. この問題の解が

$$y(x)=\sum_{\varphi(\lambda)=0}a_{\lambda}e^{\lambda x}$$

の形に与えられることを, ラプラス変換(→ IX B §2)を用いて示すことができる.

参考書. [C 4], [H 11], [K 10], [S 2], [S 3], [Y 4], [Y 6], [Y 11]

[大久保　謙二郎]

VIII. 積分方程式・変分法

A. 積 分 方 程 式

1. ボルテラ型積分方程式

$f(x)$ を既知関数とし，$\phi(x)$ を未知関数とする方程式

$$\int_0^x K(x, y)\phi(y)dy=f(x),$$

$$\phi(x)-\lambda\int_0^x K(x, y)\phi(y)dy=f(x)$$

をそれぞれ**第一種**，**第二種**の**ボルテラ型積分方程式**という．$K(x, y)$ は**核**といわれる．

1.1. 逐次近似法

第二種ボルテラ型方程式の逐次近似法についてのべる．$\phi_0(x)=f(x)$ とおき，

$$\phi_1(x)=f(x)+\lambda\int_0^x K(x, y)f(y)dy$$

として $\phi_1(x)$ を定める．このつくり方をつづけて，$\phi_n(x)$ から $\phi_{n+1}(x)$ は

$$\phi_{n+1}(x)=f(x)+\lambda\int_0^x K(x, y)\phi_n(y)dy$$

によって定める．$\phi_n(x)-\phi_{n-1}(x)=\lambda^n\psi_n(x)$ とおくと，

$$\phi_n(x)=\sum_{\nu=0}^{n}\lambda^\nu\psi_\nu(x), \qquad \psi_0(x)=f(x).$$

さらに，

$$\psi_n(x)=\int_0^x K(x, y)\psi_{n-1}(y)dy.$$

よって，

$$\psi_2(x)=\int_0^x K(x, z)\psi_1(z)dz=\int_0^x K(x, z)dz\int_0^z K(z, y)f(y)dy$$
$$=\int_0^x f(y)dy\int_y^x K(x, z)K(z, y)dz.$$

一般に，**反復核** $K_{n+1}(x, y)$ を

$$K_{n+1}(x, y)=\int_0^x K(x, z)K_n(z, y)dz, \qquad K_1(x, y)\equiv K(x, y)$$

で定義すると，

$$\psi_n(x)=\int_0^x K_n(x, y)f(y)dy$$

と表わせる．このとき，容易につぎのことが示される:

$$K_{n+1}(x,\ y)=\int_0^x K_r(x,\ z)K_s(z,\ y)dz \qquad (s=n-r+1;\ r=1,\ 2,\ \cdots,\ n).$$

収束性の問題はしばらく保留して，形式的なことだけを考えると，

$$\phi_n(x)=f(x)+\int_0^x\left[\sum_{\nu=1}^{n}\lambda^\nu K_\nu(x,\ y)\right]f(y)dy$$

から，解 $\phi(x)$ は $\phi_n(x)$ の極限として定まり，

$$\phi(x)=f(x)-\lambda\int_0^x H(x,\ y;\ \lambda)f(y)dy.$$

$H(x,\ y;\ \lambda)$ は**解核**といわれ，つぎの式で与えられる:

$$H(x,\ y;\ \lambda)=-\sum_{n=0}^{\infty}\lambda^n K_{n+1}(x,\ y).$$

収束性の問題を含めて，解 $\phi(x)$ を関数 $\phi_n(x)$ で近似する方法を**逐次近似法**という．上の式で定められた $\phi(x)$ が解であることは，つぎのように示される(ここでも，やかましいことは保留する):

$$-\lambda\int_0^x K(x,\ y)f(y)dy-\lambda\int_0^x \lambda K(x,\ y)\int_0^y\sum_{n=0}^{\infty}\lambda^n K_{n+1}(y,\ z)f(z)dzdy$$
$$=-\lambda\int_0^x K(x,\ y)f(y)dy-\lambda\int_0^x\sum_{n=0}^{\infty}\lambda^{n+1}K_{n+2}(x,\ y)f(y)dy$$
$$=-\lambda\int_0^x\sum_{n=0}^{\infty}\lambda^n K_{n+1}(x,\ y)f(y)dy.$$

よって，

$$\phi(x)-\lambda\int_0^x K(x,\ y)\phi(y)dy=f(x).$$

1.2. 解

逐次近似法の項では一切厳密な議論を省略した．ここでは厳密な議論をする．当然，核 $K(x,\ y)$ と $f(x)$ とに条件を要する．仮定:

(1.1) $$\|K\|^2=\int_0^h\int_0^h K^2(x,\ y)dxdy$$

が存在する;

(1.2) $$\|f\|^2=\int_0^h f^2(x)dx$$

が存在する．

それぞれの場合に，K は L_2 核，f は L_2 関数であるといわれる．

$K(x,\ y)$ が L_2 核で，$f(x)$ が L_2 関数ならば

$$g(x)=\int_0^h K(x,\ y)f(y)dy,$$
$$G(y)=\int_0^h K(x,\ y)f(x)dx$$

はともに L_2 関数であって

$$\|g\|\leqq\|K\|\|f\|, \qquad \|G\|\leqq\|K\|\|f\|.$$

同様に，二つの L_2 核の合成

$$G_1(x,\ y)=\int_0^h K(x,\ z)H(z,\ y)dz,$$

$$G_2(x, y)=\int_0^h H(x, z)K(z, y)dz$$

はともに L_2 核であって

$$\|G_1\|\leqq\|K\|\|H\|, \qquad \|G_2\|\leqq\|K\|\|H\|.$$

特に，反復核について

$$\|K_n\|\leqq\|K\|^n$$

が示される．

定理 1.1. 仮定 (1), (2) をみたす核 $K(x, y)$ と $f(x)$ とに対する第二種ボルテラ型方程式

$$\phi(x)-\lambda\int_0^x K(x, y)\phi(y)dy=f(x), \qquad 0\leqq x\leqq h$$

は L_2 関数に属するただ一つの解をもつ．解は

$$\phi(x)=f(x)-\lambda\int_0^x H(x, y; \lambda)f(y)dy$$

で与えられる．ここで $H(x, y; \lambda)$ は解核であって

$$-H(x, y; \lambda)=\sum_{\nu=0}^{\infty}\lambda^\nu K_{\nu+1}(x, y).$$

この級数は殆んどいたるところ収束する．解核 H は積分方程式

$$K(x, y)+H(x, y; \lambda)=\lambda\int_y^x K(x, z)H(z, y; \lambda)dz$$
$$=\lambda\int_y^x H(x, z; \lambda)K(z, y)dz$$

をみたす．

証明. 形式的な部分はすでに示してある(→§1.1末)．

反復核の評価をする．シュワルツの不等式によって

$$K_2^2(x, y)=\left[\int_y^x K(x, z)K(z, y)dz\right]^2\leqq\int_y^x K^2(x, z)dz\int_y^x K^2(z, y)dz$$
$$\leqq\int_0^h K^2(x, z)dz\int_0^h K^2(z, y)dz\equiv A^2(x)B^2(y).$$

一般に，帰納法によって

$$K_{n+2}{}^2(x, y)\leqq A^2(x)B^2(y)F_n(x, y),$$
$$F_n(x, y)=\int_y^x A^2(z)F_{n-1}(z, y)dz, \qquad F_0(z, y)\equiv 1$$

が示される．さらに，

$$F_n(x, y)=\frac{1}{n!}F_1{}^n(x, y).$$

$n-1$ のとき正しいとすると，

$$F_n(x, y)=\frac{1}{(n-1)!}\int_y^x A^2(z)F_1{}^{n-1}(z, y)dz$$
$$=\frac{1}{(n-1)!}\int_y^x F_1{}^{n-1}(z, y)\frac{\partial F_1(z, y)}{\partial z}dz$$

$$=\frac{1}{(n-1)!}\left[\frac{1}{n}F_1{}^n(z,\ y)\right]_{z=y}^{z=x}=\frac{1}{n!}F_1{}^n(x,\ y).$$

一方において，

$$0\leqq F_1(x,\ y)\leqq\int_0^h A^2(z)dz=\int_0^h\int_0^h K^2(x,\ y)dxdy\equiv\|K\|^2.$$

よって，

$$0\leqq F_n(x,\ y)\leqq\frac{1}{n!}\|K\|^{2n}.$$

これより

$$|K_{n+2}(x,\ y)|\leqq A(x)B(y)\frac{\|K\|^n}{\sqrt{n!}}\qquad(n=0,\ 1,\ 2,\ \cdots).$$

以上により，解核

$$H(x,\ y;\ \lambda)=-\sum_{n=0}^{\infty}\lambda^n K_{n+1}(x,\ y)$$

に対して優級数

$$M(x,\ y)=|\lambda|A(x)B(y)\sum_{n=0}^{\infty}\frac{(\|K\||\lambda|)^n}{\sqrt{n!}}$$

がえられる．最後の級数は，整級数 $\sum_{n=0}^{\infty}z^n/\sqrt{n!}$ の収束半径が ∞ であることから，つねに収束する．以上により，解核は殆んどいたるところ絶対収束である．さらに，項別積分可能となる．これは優級数 $M(x,y)$ が明らかに L_2 関数であることからえられる．ここまでにえられたことから，殆んど形式的に解核が求める積分方程式をみたすことおよび解 ϕ の表示がえられる．積分方程式をみたすことはつぎのように示される:

$$\begin{aligned}&\lambda\int_y^x K(x,\ z)H(z,\ y;\ \lambda)dz\\&=-\sum_{\nu=0}^{\infty}\lambda^{\nu+1}\int_y^x K(x,\ z)K_{\nu+1}(z,\ y)dz\\&=-\sum_{\nu=0}^{\infty}\lambda^{\nu+1}K_{\nu+2}(x,\ y)=K(x,\ y)+H(x,\ y;\ \lambda).\end{aligned}$$

他のも同様である．ϕ が解であること:

$$\phi_0(x)=f(x)-\lambda\int_0^x H(x,\ y;\ \lambda)f(y)dy$$

は L_2 関数である．そのとき，

$$\begin{aligned}&\phi_0(x)-\lambda\int_0^x K(x,\ y)\phi_0(y)dy\\&=f(x)-\lambda\int_0^x H(x,\ y;\ \lambda)f(y)dy-\lambda\int_0^x K(x,\ y)f(y)dy\\&\quad+\lambda^2\int_0^x K(x,\ z)dz\int_0^z H(z,\ y;\ \lambda)f(y)dy\\&=f(x)-\lambda\int_0^x\left[K(x,\ y)+H(x,\ y;\ \lambda)-\lambda\int_y^x K(x,z)H(z,\ y;\ \lambda)dz\right]f(y)dy\\&=f(x).\end{aligned}$$

解の唯一性. 解が二つあったとして. それらを ϕ_1, ϕ_2 とおく. そのとき, $\psi=\phi_1-\phi_2$ は

$$\psi(x)-\lambda\int_0^x K(x, y)\psi(y)dy=0$$

をみたす; ϕ_1, ϕ_2 ともに L_2 関数であるから, ψ も L_2 関数であって

$$\psi^2(x)\leqq|\lambda|^2\int_0^x K^2(x, y)dy\int_0^x \psi^2(y)dy\leqq|\lambda|^2A^2(x)\|\psi\|^2.$$

この不等式を代入して

$$\begin{aligned}\psi^2(x)&=|\lambda|^2\left(\int_0^x K(x, y)\psi(y)dy\right)^2\\&\leqq|\lambda|^2\int_0^x K^2(x, y)dy\int_0^x \psi^2(y)dy\\&\leqq|\lambda|^2\int_0^x K^2(x, y)dy|\lambda|^2\int_0^x A^2(y)dy\|\psi\|^2\\&=|\lambda|^4\|\psi\|^2A^2(x)\int_0^x A^2(y)dy.\end{aligned}$$

これを繰り返して

$$\int_0^x A^2(y_1)dy_1\int_0^{y_1}\cdots\int_0^{y_n}A^2(y_n)dy_n=\frac{1}{n!}\left[\int_0^x A^2(y)dy\right]^n$$

に注意すると,

$$\begin{aligned}\psi^2(x)&\leqq|\lambda|^2\|\psi\|^2A^2(x)\frac{|\lambda|^{2n}}{n!}\left[\int_0^x A^2(y)dy\right]^n\\&\leqq|\lambda|^2\|\psi\|^2A^2(x)|\lambda|^{2n}\frac{\|K\|^n}{n!}.\end{aligned}$$

よって, $A(x)<\infty$ である点では $n\to\infty$ として $\psi(x)=0$ がえられる. $A(x)$ は L_2 関数であるから, $A(x)=\infty$ である点は測度0の集合をなす. よって, $\psi(x)$ は零関数である. これから, 解は零関数を除けばただ一つである. (証終)

注意. 解核のみたす積分方程式は解核を特徴づけるものである. これは定理1.1における解の唯一性がこの積分方程式に適用できることから, 直ちにわかる. 定理 1.1 は $K(x, y)$ が連続, $f(x)$ が連続である場合には適用できる.

第一種ボルテラ型積分方程式は, $K(x, x)\neq 0$ であってさらに $f'(x)$, $\partial K(x, y)/\partial x$, $\partial K(x, y)/\partial y$ が存在して連続ならば, 第二種ボルテラ型方程式に帰着される.

証明はつぎの通り.

$$\int_0^x K(x, y)\phi(y)dy=f(x) \qquad (0\leqq x\leqq h)$$

を x で微分して

$$K(x, x)\phi(x)+\int_0^x \frac{\partial K(x, y)}{\partial x}\phi(y)dy=f'(x).$$

よって,

$$\phi(x)+\int_0^x \frac{1}{K(x, x)}\frac{\partial}{\partial x}K(x, y)\phi(y)dy=\frac{f'(x)}{K(x, x)}.$$

これは第二種ボルテラ型方程式である.

この方法から条件はもっと弱いものでおきかえうる.

例題 1. つぎの第二種ボルテラ型方程式を解け:

$$\phi(x)-\lambda\int_0^x e^{x-y}\phi(y)dy=f(x).$$

［**解**］ この場合, $K(x, y)=e^{x-y}=e^x e^{-y}$. 簡単な計算で $K_2(x, y)=e^{x-y}(x-y)$, $K_3(x, y)=e^{x-y}(x-y)^2/2$, $\cdots$, $K_{n+1}(x, y)=e^{x-y}(x-y)^n/n!$, $\cdots$ がえられる. よって, 解核は

$$H(x, y; \lambda)=-\sum_{n=0}^{\infty}\lambda^n K_{n+1}(x, y)=-e^{x-y}\sum_{n=0}^{\infty}\frac{\lambda^n(x-y)^n}{n!}$$
$$=-e^{(1+\lambda)(x-y)}.$$

よって, 解は

$$\phi(x)=f(x)+\lambda\int_0^x e^{(1+\lambda)(x-y)}f(y)dy.$$ (以上)

例題 2. $K(x, y)=A(x)/A(y)$ の場合の第二種ボルテラ型方程式は微分方程式に帰着させうる. そして, 直ちに解が求められる.

［**解**］
$$\frac{\phi(x)}{A(x)}=\phi_1(x), \qquad \frac{f(x)}{A(x)}=f_1(x)$$

とおくと, 方程式は

$$\phi_1(x)-\lambda\int_0^x \phi_1(y)dy=f_1(x)$$

となる. これは

$$\phi_2(x)=\int_0^x \phi_1(y)dy$$

とおけば,

$$\frac{d\phi_2(x)}{dx}-\lambda\phi_2(x)=f_1(x)$$

となる. これは直ちに積分できる微分方程式である. $\phi_2(0)=0$ であるから,

$$\phi_2(x)=e^{\lambda x}\int_0^x e^{-\lambda y}f_1(y)dy.$$

よって,

$$\phi_1(x)=\frac{d\phi_2(x)}{dx}=f_1(x)+\lambda\int_0^x e^{\lambda(x-y)}f_1(y)dy,$$

$$\phi(x)=f(x)+\lambda\int_0^x e^{\lambda(x-y)}K(x, y)f(y)dy.$$

これが解である. (以上)

ボルテラ型方程式の演算子法による解法については, →応用編 V §6.4

2. フレドホルム型積分方程式

$f(x)$, $\phi(x)$ を既知関数, 未知関数とする方程式

$$\int_0^1 K(x, y)\phi(y)dy=f(x),$$

$$\phi(x)-\lambda\int_0^1 K(x,\ y)\phi(y)dy=f(x)$$

をそれぞれ**第一種**，**第二種フレドホルム型積分方程式**という．

2.1. 逐次近似法

反復核

$$K_n(x,\ y)=\int_0^1 K(x,\ z)K_{n-1}(z,\ y)dz, \qquad K_1\equiv K$$

をもって

$$\psi_n(x)=\int_0^1 K_n(x,\ y)f(y)dy$$

とおく．そのとき，

$$f(x)+\sum_{n=1}^{\infty}\lambda^n\psi_n(x)$$

を**ノイマン級数**という．**解核**は

$$-H(x,\ y;\ \lambda)=\sum_{n=0}^{\infty}\lambda^n K_{n+1}(x,\ y)$$

で定義する．ボルテラ型の場合との差異は，ノイマン級数が十分小さい $|\lambda|$ に対してのみ収束することである．同じことであるが，$H(x,\ y;\ \lambda)$ は λ の解析関数であるが一般に整関数とはならないことである．解核の収束半径の下界を定める．仮定: $K(x, y)$ は L_2 核である; すなわち，

$$\|K\|^2=\int_0^1\int_0^1 K^2(x,\ y)dxdy=\int_0^1 A^2(x)dx=\int_0^1 B^2(y)dy\leqq N^2.$$

このとき，

$$K_2{}^2(x,\ y)\leqq A^2(x)B^2(y),$$

$$K_3{}^2(x,\ y)\leqq\int_0^1 K^2(x,\ z)dz\int_0^1 K_2{}^2(z,\ y)dz$$

$$\leqq A^2(x)B^2(y)\int_0^1 A^2(z)dz\leqq A^2(x)B^2(y)N^2.$$

一般に，帰納法によって

$$|K_{n+2}(x,\ y)|\leqq A(x)B(y)N^n.$$

よって，解核の優級数

$$A(x)B(y)|\lambda|\sum_{n=0}^{\infty}(|\lambda|N)^n$$

がえられる．ところが，この級数は等比級数であるから，$|\lambda|N<1$ のとき収束，よって，

$$|\lambda|<\|K\|^{-1}$$

に対して解核は収束する．さらに，このとき優級数は x, y について L_2 関数であるから，項別積分が可能になり，エゴロフの定理によって，十分小さな測度の集合を除けば一様に収束することがいえる．

$|\lambda|<\|K\|^{-1}$ である限り，解核は積分方程式

$$K(x,\ y)+H(x,\ y;\ \lambda)=\lambda\int_0^1 K(x,\ z)H(z,\ y;\ \lambda)dz$$

$$=\lambda\int_0^1 H(x,\ z;\ \lambda)K(z,\ y)dz$$

をみたすことは容易に示される.（上式は H の定義される領域全体でも成り立つものである. これは解析接続によって示される.）$|\lambda|<\|K\|^{-1}$ に対して, もし $f(x)$ が L_2 関数ならば,

$$\phi(x)=f(x)-\lambda\int_0^1 H(x,\ y;\ \lambda)f(y)dy$$

が解を与えていることは容易に示される.

つぎに, $\lambda=\lambda_0$, $|\lambda_0|<\|K\|^{-1}$ に対して斉次方程式

$$\phi(x)-\lambda\int_0^1 K(x,\ y)\phi(y)dy=0$$

を考える. もし上の方程式が解 $\phi_0(x)$ をもつとすると,

$$\begin{aligned}\phi_0(x)&=\lambda_0\int_0^1 K(x,\ y)\phi_0(y)dy\\&=-\lambda_0\int_0^1 H(x,\ y;\ \lambda_0)\phi_0(y)dy+\lambda_0^2\int_0^1\phi_0(y)dy\int_0^1 H(x,\ z;\ \lambda_0)K(z,\ y)dz\\&=-\lambda_0\int_0^1 H(x,\ y;\ \lambda_0)\phi_0(y)dy+\lambda_0^2\int_0^1 H(x,\ z;\ \lambda_0)dz\int_0^1 K(z,\ y)\phi_0(y)dy\\&=-\lambda_0\int_0^1 H(x,\ y;\ \lambda_0)\phi_0(y)dy+\lambda_0\int_0^1 H(x,\ z;\ \lambda_0)\phi_0(z)dz=0.\end{aligned}$$

よって, ϕ_0 は殆んどいたるところ 0 である. 以上を総合してつぎの定理がえられる:

定理 2.1. $K(x,\ y)$ は L_2 核, $f(x)$ は L_2 関数として第二種フレドホルム型方程式

$$\phi(x)-\lambda\int_0^1 K(x,\ y)\phi(y)dy=f(x)$$

は $|\lambda|<\|K\|^{-1}$ で解をもつ. 解は L_2 関数であって

$$\phi(x)=f(x)-\lambda\int_0^1 H(x,\ y;\ \lambda)f(y)dy$$

と表わされる. $H(x,\ y;\ \lambda)$ は $|\lambda|<\|K\|^{-1}$ で λ の正則関数である. 解はただ一つである.

ここで, 具体例によって解核には極が現われることを示しておく.

$$\phi(x)-\lambda\int_0^1 e^{x-y}\phi(y)dy=f(x)$$

に対して反復核は

$$K_n(x,\ y)=K(x,\ y)=e^{x-y}$$

となる. よって, 解核については

$$-H(x,\ y;\ \lambda)=K(x,\ y)(1+\lambda+\lambda^2+\cdots)=\frac{e^{x-y}}{1-\lambda}.$$

定理 2.1 は $H(x,\ y;\ \lambda)$ が正則である点で成り立つが, 特異点については複雑な現象が起こる.

2.2. フレドホルムの理論

まず, 退化核といわれる特殊な核の場合を考える.

$$K(x,\ y)=\sum_{k=1}^{n} X_k(x)Y_k(y),$$

$X_1,\ \cdots,\ X_n;\ Y_1,\ \cdots,\ Y_n$ は二組の一次独立な L_2 関数

なるとき，**退化核**という．

$$\int_0^1 Y_k(x)\phi(x)dx=\xi_k, \qquad \int_0^1 Y_h(x)f(x)dx=b_h,$$

$$\int_0^1 X_k(x)Y_h(x)dx=a_{hk},$$

とおくと，第二種フレドホルム型方程式

(2.1) $$\phi(x)-\lambda\int_0^1 K(x,\ y)\phi(y)dy=f(x)$$

は

(2.2) $$\xi_h-\lambda\sum_{k=1}^{n} a_{hk}\xi_k=b_h \qquad (h=1,\ 2,\ \cdots,\ n)$$

となる．さらに，

(2.3) $$\phi(x)=f(x)+\lambda\sum_{k=1}^{n}\xi_k X_k(x)$$

である．よって，退化核をもつ第二種フレドホルム型方程式の解は線形方程式の解に帰着する．

$$\mathcal{D}(\lambda)=\begin{vmatrix} 1-\lambda a_{11} & -\lambda a_{12} & \cdots & -\lambda a_{1n} \\ -\lambda a_{21} & 1-\lambda a_{22} & \cdots & -\lambda a_{2n} \\ \cdots & \cdots & \cdots & \cdots \\ -\lambda a_{n1} & -\lambda a_{n2} & \cdots & 1-\lambda a_{nn} \end{vmatrix}$$

とおく．これは λ の n 次の多項式である．

$\mathcal{D}(\lambda)\neq 0$ ならば，(2) はただ一つの解をもつ．そして，

$$\xi_k=\frac{1}{\mathcal{D}(\lambda)}(\mathcal{D}_{1k}b_1+\mathcal{D}_{2k}b_2+\cdots+\mathcal{D}_{nk}b_n) \qquad (k=1,\ 2,\ \cdots,\ n),$$

$\mathcal{D}_{h,k}$ は $(h,\ k)$ 成分の余因子．

よって，(1) の解は (3) により

$$\phi(x)=f(x)+\frac{\lambda}{\mathcal{D}(\lambda)}\sum_{k=1}^{n}(\mathcal{D}_{1k}b_1+\mathcal{D}_{2k}b_2+\cdots+\mathcal{D}_{nk}b_n)X_k(x)$$

で与えられる．このとき，対応する斉次方程式

(2.4) $$\phi(x)-\lambda\int_0^1 K(x,\ y)\phi(y)dy=0$$

は自明な解 $\phi(x)\equiv 0$ のみをもつ．

(1) の解を他の形に変形する．b_h の定義を代入して

$$\phi(x)=f(x)+\frac{\lambda}{\mathcal{D}(\lambda)}\int_0^1\left\{\sum_{k=1}^{n}\left[\sum_{j=1}^{n}\mathcal{D}_{jk}Y_j(y)\right]X_k(x)\right\}f(y)dy$$

がえられる．ここで，

$$\mathcal{D}(x,\ y;\ \lambda)=\begin{vmatrix} 0 & X_1(x) & X_2(x) & \cdots & X_n(x) \\ Y_1(y) & 1-\lambda a_{11} & -\lambda a_{12} & \cdots & -\lambda a_{1n} \\ \cdots & \cdots & \cdots & \cdots & \cdots \\ Y_n(y) & -\lambda a_{n1} & -\lambda a_{n2} & \cdots & 1-\lambda a_{nn} \end{vmatrix}$$

とおくと，解は

$$\phi(x)=f(x)-\frac{\lambda}{\mathscr{D}(\lambda)}\int_0^1 \mathscr{D}(x,\ y;\ \lambda)f(y)dy$$

と表わされる．よって，解核 $H(x,\ y;\ \lambda)$ は $\mathscr{D}(x,\ y;\ \lambda)/\mathscr{D}(\lambda)$ に等しいことになる．このことから解核 $H(x,\ y;\ \lambda)$ の可能な特異点は方程式 $\mathscr{D}(\lambda)=0$ の根である．$\mathscr{D}(\lambda)=0$ の根は核 $K(x,\ y)$ の**固有値**といわれる．

$\mathscr{D}(\lambda)=0$ ならば，(1) は一般に解をもたない．これは (2) の右辺が特別なものでない限り解をもたないことからえられる．

(4) に対応して

(2.5) $$\xi_h-\lambda\sum_{k=1}^{n} a_{hk}\xi_k=0$$

を考える．(5) の自明でない解を $\xi_1^{(10)}$, …, $\xi_n^{(10)}$ とおけば，(4) の自明でない解は

$$\phi(x)=\lambda\sum_{k=1}^{n}\xi_k^{(10)}X_k(x)$$

としてえられる．

λ が一つの固有値 λ_0 に一致しており，$\mathscr{D}(\lambda_0)$ が階数 p をもつならば，$n-p=r$ 個の独立な解が (5) に存在する．これから (4) の r 次元の解がえられる：

$$\phi_0(x)=\sum_{k=1}^{r} c_k\phi_{0k}(x),$$

ここに，ϕ_{01}, …, ϕ_{0r} は一次独立であって，これを**固有関数**という．ここで，正規化条件

$$\int_0^1 \phi_{0h}{}^2(x)dx=1 \qquad (h=1,\ 2,\ \cdots,\ r)$$

を課すことができる．

固有値の指数 r は $\mathscr{D}(\lambda)=0$ の根の重複度 m をこえない．そして，$a_{hk}=a_{kh}$ の場合には $r=m$ となる．

与えられた核に対応して

$$K(y,\ x)=\sum_{k=1}^{n} X_k(y)Y_k(x)$$

を考え，これによって転置斉次方程式

$$\psi(x)-\lambda\int_0^1 K(y,\ x)\psi(y)dy=0$$

を考える．このとき，$K(y,\ x)$ の固有値はもとの固有値に一致する．これは行列式は行と列との入れかえで不変であることから明らかである．しかし，固有値からえられる r 次元の解は同一ではない．

λ_0, λ_1 は $K(x,\ y)$ の固有値とし，ϕ_{0h} は λ_0 に対応するもとの斉次方程式の固有関数，ψ_{1k} を λ_1 に対応する転置斉次方程式の固有関数とすると，ϕ_{0h} と ψ_{1k} とは直交する：

$$\int_0^1 \phi_{0h}(x)\psi_{1k}(x)dx=0.$$

なぜならば，

$$I=\int_0^1\phi_{0h}(x)\psi_{1k}(x)dx=\lambda_0\int_0^1\psi_{1k}(x)dx\int_0^1K(x,\ y)\phi_{0h}(y)dy$$
$$=\lambda_0\int_0^1\phi_{0h}(y)dy\int_0^1K(x,\ y)\psi_{1k}(x)dx$$
$$=\frac{\lambda_0}{\lambda_1}\int_0^1\phi_{0h}(y)\psi_{1k}(y)dy=\frac{\lambda_0}{\lambda_1}I.$$

$\lambda_0\neq\lambda_1$ より $I=0$.

$\mathscr{D}(\lambda_0)=0$ のとき，(1) の解について考える．この場合，(1) の解が存在するための完全条件は，

$$(f,\ \psi_{0h})\equiv\int_0^1f(x)\psi_{0h}(x)dx=0\qquad(h=1,\ 2,\ \cdots,\ r).$$

ここで，ψ_{0h} は $\lambda=\lambda_0$ に対応する転置斉次方程式の固有関数でその指数は r であるとする．

以下この証明をする．

(1) が $\lambda=\lambda_0$ に対して解をもつとし，解を $\Phi(x)$ とおく．

$$\int_0^1f(x)\psi_{0h}(x)dx=\int_0^1\Phi(x)\psi_{0h}(x)dx-\lambda_0\int_0^1\psi_{0h}(x)dx\int_0^1K(x,\ y)\Phi(y)dy$$
$$=\int_0^1\Phi(x)\psi_{0h}(x)dx-\lambda_0\int_0^1\Phi(y)dy\int_0^1K(x,\ y)\psi_{0h}(x)dx$$
$$=\int_0^1\Phi(x)\psi_{0h}(x)dx-\int_0^1\Phi(y)\psi_{0h}(y)dy=0.$$

逆に，条件がみたされたとする．(5) の転置方程式の r 個の一次独立な解を $y_{k1},\ \cdots,\ y_{kn}$ $(k=1,\ \cdots,\ r)$ とおくとき，(2) が解けるための完全条件は，

$$\sum_{j=1}^n b_jy_{kj}=0\qquad(k=1,\ \cdots,\ r).$$

これは $(f,\ \psi_{0h})=0$ ならば，みたされている．

$\lambda=\lambda_0$ のとき，(一般)解は特殊解 $\Phi(x)$ と λ_0 に対応する固有関数を用いて

$$\phi(x)=\Phi(x)+\sum_{j=1}^r c_j\phi_{0j}(x)$$

と表わされる．

一般の L_2 核の場合には，退化核による近似を行なう．

補助定理． $K(x,\ y)$ は L_2 核とすると，

$$K(x,\ y)=\sum_{k=1}^n X_k(x)Y_k(y)+T(x,\ y)$$

と分解できる．ここで任意の正数 ε に対して n を大きくとれば，

$$\|T\|^2<\varepsilon^2.$$

証明． $[0,\ 1]$ 上の L_2 関数の完全正規直交系 $\{\phi_h\}$ をとる．

$$a_h(y)=\int_0^1K(x,\ y)\phi_h(x)dx$$

とおく．このとき，$a_h(y)\in L_2$.

$$\sum_{h=1}^\infty a_h{}^2(y)=\int_0^1K^2(x,\ y)dx=B^2(y)$$

より

$$\int_0^1 a_h^2(y)dy \leqq \int_0^1 \left[\sum_{h=1}^{\infty} a_h^2(y)\right] dy = \int_0^1 B^2(y)dy = \|K\|^2.$$

このとき，

$$\int_0^1 \int_0^1 \left[K(x,\ y) - \sum_{h=1}^{n} \phi_h(x) a_h(y)\right]^2 dxdy = \sum_{h=n+1}^{\infty} \int_0^1 a_h^2(y)dy.$$

ここで

$$K(x,\ y) - \sum_{h=1}^{n} \phi_h(x) a_h(y) = T(x,\ y)$$

とおくと，

$$\|T\|^2 = \sum_{h=n+1}^{\infty} \int_0^1 a_h^2(y)dy.$$

一方，

$$\sum_{h=1}^{\infty} \int_0^1 a_h^2(y)dy = \int_0^1 B^2(y)dy = \|K\|^2.$$

よって，n を十分大にとれば，$\|T\|^2 < \varepsilon^2$. （証終）

この補助定理によって，一般核(L_2 核)は退化核で近似できる．よって，

$$K(x,\ y) = S(x,\ y) + T(x,\ y)$$

とおいて

$$\|T\|^2 < \frac{1}{R^2} \qquad (R \text{ は任意な正数});$$

$S(x,\ y)$ は退化核である．このとき，$T(x,\ y)$ の解核を $H_T(x,\ y;\ \lambda)$ とおくと，もとの方程式は

$$\phi(x) - \lambda \int_0^1 T(x,\ y)\phi(y)dy = F(x),$$

$$F(x) = f(x) + \lambda \int_0^1 S(x,\ y)\phi(y)dy$$

とかけるから，

$$\phi(x) = F(x) - \lambda \int_0^1 H_T(x,\ y;\ \lambda)F(y)dy$$

となる．よって，

$$\phi(x) - \lambda \int_0^1 \sum_{k=1}^{n} X_k^*(x,\ \lambda) Y_k(y)\phi(y)dy = f^*(x,\ \lambda);$$

$$X_k^*(x,\ \lambda) = X_k(x) - \lambda \int_0^1 H_T(x,\ y;\ \lambda) X_k(y)dy,$$

$$f^*(x,\ \lambda) = f(x) - \lambda \int_0^1 H_T(x,\ y;\ \lambda) f(y)dy$$

に帰する．これは退化核をもつ第二種フレドホルム型方程式であるから，すでにえられたことはすべて成り立つ．

この近似から任意の L_2 核に対する固有値は無限大に発散する．なぜならば，任意の固有値 λ で $|\lambda| \leqq R$ をみたすものは，この直前の方程式に対応する行列式 $\mathcal{D}_R(\lambda)$ の零点

である．一方，$\mathcal{D}_R(\lambda)$ は $|\lambda|\leqq R$ では正則であるから，零点は集積することはない．

以上を総合して，つぎの定理がえられる:

定理 2.2． 第二種フレドホルム型方程式は一般に L_2 核 $K(x, y)$ と L^2 関数 $f(x)$ とに対してただ一つの解をもつ．そのときの解核 $H(x, y; \lambda)$ は λ の解析関数であって，$|\lambda|<\|K\|^{-1}$ ならば，ノイマン級数

$$-H(x, y; \lambda)=K(x, y)+\lambda K_2(x, y)+\lambda^2 K_3(x, y)+\cdots$$

で与えられる．$H(x, y; \lambda)$ の特異点は λ の解析関数 $\mathcal{D}(\lambda)$ の零点である．$H(x, y; \lambda)$ の特異点 λ_0 においては，一般に解は存在しない．

$\mathcal{D}(\lambda)=0$ の重複度 m の根 $\lambda=\lambda_0$ に対して対応する斉次方程式

$$\phi(x)-\lambda\int_0^1 K(x, y)\phi(y)dy=0$$

は r 個の一次独立な解をもつ．さらに，$1\leqq r\leqq m$ であって，r は固有値 λ_0 の指数である．$\lambda=\lambda_0$ に対してもとの方程式が解をもつための完全条件は，

$$(f, \psi_{0h})=0 \qquad (h=1, 2, \cdots, r).$$

ここで，ψ_{0h} は転置斉次方程式

$$\psi(x)-\lambda_0\int_0^1 K(y, x)\psi(y)dy=0$$

の解である．このとき，一般解は特殊解 Φ と斉次方程式の r 次元の解 $\{\phi_{0h}\}$ とをもって

$$\phi=\Phi+\sum_{h=1}^{r} c_h\phi_{0h}.$$

と表わされる． **（フレドホルムの定理）**

フレドホルムは定理 2.2 を異なる方法でみちびいた．

$$\mathcal{D}(\lambda)=1+\sum_{n=1}^{\infty}(-1)^n\frac{\lambda^n}{n!}A_n,$$

$$A_n=\int_0^1\int_0^1\cdots\int_0^1\begin{vmatrix} K(x_1, x_1) & K(x_1, x_2) & \cdots & K(x_1, x_n) \\ K(x_2, x_1) & K(x_2, x_2) & \cdots & K(x_2, x_n) \\ \cdots & \cdots & \cdots & \cdots \\ K(x_n, x_1) & K(x_n, x_2) & \cdots & K(x_n, x_n) \end{vmatrix} dx_1dx_2\cdots dx_n;$$

$$\mathcal{D}(x, y; \lambda)=-\sum_{n=1}^{\infty}(-1)^n\frac{\lambda^n}{n!}B_n,$$

$$B_n=\int_0^1\int_0^1\cdots\int_0^1\begin{vmatrix} K(x, y) & K(x, x_1) & \cdots & K(x, x_n) \\ K(x_1, y) & K(x_1, x_1) & \cdots & K(x_1, x_n) \\ \cdots & \cdots & \cdots & \cdots \\ K(x_n, y) & K(x_n, x_1) & \cdots & K(x_n, x_n) \end{vmatrix} dx_1dx_2\cdots dx_n$$

とおく．このとき，$K(x, y)$ が $[0, 1]$ で連続有界ならば，$\mathcal{D}(\lambda)$, $\mathcal{D}(x, y; \lambda)$ はすべての λ について収束する．そして，

$$\begin{aligned}\mathcal{D}(x, y; \lambda)+\mathcal{D}(\lambda)K(x, y)&=\lambda\int_0^1\mathcal{D}(x, z; \lambda)K(z, y)dz\\ &=\lambda\int_0^1 K(x, z)\mathcal{D}(z, y; \lambda)dz\end{aligned}$$

が成り立つ．これから解核は

$$H(x,\ y;\ \lambda)=\frac{\mathscr{D}(x,\ y;\ \lambda)}{\mathscr{D}(\lambda)}.$$

さらに，

$$\frac{\mathscr{D}'(\lambda)}{\mathscr{D}(\lambda)}=-\sum_{n=0}^{\infty}C_{n+1}\lambda^n, \qquad C_n=\int_0^1 K_n(x,\ x)dx.$$

上のフレドホルムの定理をみちびくフレドホルムの方法について，概略をのべてみよう．まず，アダマールによる評価

$$|D|^2\leqq\prod_{j=1}^{n}\sum_{k=1}^{n}|a_{jk}|^2, \qquad D=\det(a_{jk})$$

は有用である．特に，$|a_{jk}|\leqq N$ ならば，

$$|D|\leqq n^{n/2}N^n.$$

この評価式をフレドホルム級数に応用すると，$|K|\leqq N$ より

$$|A_n|\leqq N^n n^{n/2}.$$

よって，

$$\sum_{n=1}^{\infty}\frac{n^{n/2}}{n!}(|\lambda|N)^n$$

は $\mathscr{D}(\lambda)$ の優級数となる．しかも，この級数の収束半径は ∞ であるから，$\mathscr{D}(\lambda)$ は $|\lambda|<\infty$ で正則関数となる．$\mathscr{D}(x,\ y;\ \lambda)$ についても同様である．$\mathscr{D}(\lambda)$，$\mathscr{D}(x,\ y;\ \lambda)$ のみたす等式は行列式の第一行または第一列による展開を B_n に適用すればえられる．この等式は解核のみたす積分方程式と同値になっているから，解核は比として表わされる．以上により，解核は $|\lambda|<\infty$ での有理型関数であることがわかる．

第二種フレドホルム型方程式から

$$\phi(x)-\lambda^n\int_0^1 K_n(x,\ y)\phi(y)dy=f_n(x),$$

$$f_1(x)\equiv f(x), \qquad f_{n+1}(x)=f(x)+\lambda\int_0^1 K(x,\ y)f_n(y)dy$$

がえられる．これから反復核 K_n と K との間につぎの関係がえられる:

λ_0，$\phi_0(x)$ を K の固有値，対応する固有関数とすると，${\lambda_0}^n$，$\phi_0(x)$ は K_n の固有値，対応する固有関数である．逆に，μ_0 が反復核 K_n の固有値ならば，少なくとも一つの μ_0 の n 乗根は K の固有値である．

なぜならば，$H_n(x,\ y;\ \lambda)$ を K_n の解核とすると，

$$-\lambda H(x,\ y;\ \lambda)=\sum_{j=1}^{\infty}\lambda^j K_j(x,\ y),$$

$$-\lambda^n H(x,\ y;\ \lambda^n)=\sum_{j=1}^{\infty}\lambda^{nj}K_{nj}(x,\ y).$$

これから n 個の定数 η_1，η_2，$\cdots$，η_n があって，

$$\lambda^{n-1}H_n(x,\ y;\ \lambda^n)=\sum_{j=1}^{n}\eta_j H(x,\ y;\ \varepsilon_j\lambda), \qquad {\varepsilon_j}^n=1.$$

$\mu=\mu_0$ が $H_n(x_j,\ y_j;\ \mu)$ の特異点であるならば，$\varepsilon\sqrt[n]{\mu_0}$，$\cdots$，$\varepsilon_n\sqrt[n]{\mu_0}$ のどれか一つは

$H(x, y; \lambda)$ の特異点である．解核の特異点は固有値であることから証明は終わる．

特に，$n=2$ の場合は

$$H_2(x, y; \lambda^2)=\frac{1}{2\lambda}[H(x, y; \lambda)-H(x, y, -\lambda)].$$

3. 対称核

$K(x, y)=K(y, x)$ をみたす核を**対称核**という．このときには，斉次方程式とその転置方程式は一致する．よって，固有関数を区別する必要はない．このことから，異なる固有値に属する固有関数は直交することがわかる．

3.1. 固有値と固有関数

対称核のときには，明らかに $K_n(x, y)=K_n(y, x)$，そして $H(x, y; \lambda)=H(y, x; \lambda)$ である．

定理 3.1. 実対称核の固有値と固有関数は実である．

証明. 複素固有値 $\lambda_1=a+ib$ $(b\neq 0)$ が固有関数 $\phi_1(x)=\alpha(x)+i\beta(x)$ に対応しているとする．このとき，$\lambda_2=a-ib$ も固有値であり，$\phi_2(x)=\alpha(x)-i\beta(x)$ は対応する固有関数である．よって，

$$0=\int_0^1\phi_1(x)\phi_2(x)dx=\int_0^1[\alpha^2(x)+\beta^2(x)]dx.$$

これから $\alpha(x)$，$\beta(x)$ は零関数となり矛盾．　　　　　　　　　　　　　　　　（証終）

定理 3.2. 0 でない L_2 対称核は少なくとも一つの固有値をもつ．

証明. §2.2 の最後のことによって，$K_2(x, y)$ について証明すれば十分である．K_2 からつくられた $\mathscr{D}_2(\lambda)$ に対して

$$\frac{\mathscr{D}_2{}'(\lambda)}{\mathscr{D}_2(\lambda)}=A_2+A_4\lambda^2+A_6\lambda^4+\cdots,\qquad A_{2m}=\int_0^1K_{2m}(x, x)dx$$

が有限な収束半径 ρ をもつことを示せばよい．（ここで $\mathscr{D}_2(\lambda)$ は整関数であるから，$\mathscr{D}_2{}'(\lambda)/\mathscr{D}_2(\lambda)$ の極は $\mathscr{D}_2(\lambda)$ の零点から起こり，$\mathscr{D}_2(\lambda)$ の零点は固有値である．）

$$K_{m+n}(x, y)=\int_0^1K_m(x, z)K_n(z, y)dz$$

から対称核のときには

$$K_{m+n}(x, x)=\int_0^1K_m(x, y)K_n(x, y)dy.$$

よって，

$$\begin{aligned}A_{m+n}{}^2&=\left[\int_0^1K_{m+n}(x, x)dx\right]^2\\&\leqq\int_0^1K_{2m}(x, x)dx\int_0^1K_{2n}(x, x)dx=A_{2m}A_{2n}.\end{aligned}$$

特に，

$$A_{2n}{}^2\leqq A_{2n-2}A_{2n+2}\qquad(n=2, 3, \cdots).$$

これから $A_{2n+2}=0$ ならば，$A_{2n}=0$；よって，$A_{2n-2}=\cdots=A_4=0$. $A_4=0$ から

$$A_4=\int_0^1 K_4(x,\ x)dx=0,$$

$$K_4(x,\ x)=\int_0^1 K_2{}^2(x,\ y)dy\geqq 0.$$

ゆえに，$K_4(x,\ x)=0$ a.e. このとき，$K_2(x,\ y)=0$ a.e.,

$$\|K\|^2=\int_0^1 K_2(x,\ x)dx=0.$$

ゆえに，$A_{2n}>0$ $(n=1,\ 2,\ \cdots)$.

$$\frac{A_{2n}}{A_{2n+2}}\leqq\frac{A_{2n-2}}{A_{2n}}$$

によって

$$\rho=\lim_{n\to\infty}\frac{A_{2n}}{A_{2n+2}}$$

は存在し有限な値である．この ρ は $\sum A_{2j}\lambda^{2j-2}$ の収束半径である． （証終）

特に，

$$\lambda_1{}^2\leqq\frac{A_{2n}}{A_{2n+2}}\quad(n=1,\ 2,\ \cdots),\qquad |\lambda_1|\leqq\sqrt{\frac{A_2}{A_4}}=\frac{\|K\|}{\|K_2\|}.$$

定理 3.2 から，固有値 λ_1 と対応する固有関数 ϕ_1 が存在する．そこで，ϕ_1 を正規化しておいて

$$K^{(2)}(x,\ y)=K(x,\ y)-\frac{\phi_1(x)\phi_1(y)}{\lambda_1}$$

とおくと，これも対称核で L_2 であるから，再び固有値がある．それを λ_2，対応する固有関数を ϕ_2 とおく．$\lambda_1=\lambda_2$ であっても，ϕ_1 は $K^{(2)}$ の固有関数ではない．それは

$$\int_0^1 K^{(2)}(x,\ y)\phi_1(y)dy=\int_0^1 K(x,\ y)\phi_1(y)dy-\frac{\phi_1(x)}{\lambda_1}\int_0^1\phi_1{}^2(y)dy\equiv 0$$

による．よって，この操作をつづければ，

$$K^{(n)}(x,\ y)=K(x,\ y)-\sum_{h=1}^{n-1}\frac{\phi_h(x)\phi_h(y)}{\lambda_h}.$$

ここで二つの可能性が起こる．一つは $K^{(n+1)}(x,\ y)\equiv 0$ のときであり，他はどこまでもつづくときである．

定理 3.3. 任意の 0 でない対称核に対して，固有値が無限個あるか，有限個であるかである．あとのとき，核は退化核となる．

3.2. ヒルベルト・シュミットの定理

一般に，

$$K(x,\ y)=\sum_{k=1}^{\infty}\frac{\phi_h(x)\phi_h(y)}{\lambda_h} \tag{3.1}$$

は成り立たない．しかし，右辺は左辺に平均収束する:

$$\lim_{n\to\infty}\int_0^1\int_0^1\left[K(x,\ y)-\sum_{h=1}^{n}\frac{\phi_h(x)\phi_h(y)}{\lambda_h}\right]^2 dxdy=0.$$

まず，

$$\sum_{h=1}^{\infty}\left(\frac{\phi_h(x)}{\lambda_h}\right)^2\leqq\int_0^1 K^2(x,\ y)dy=A^2(x)$$

がリース・フィッシャーの定理とベッセルの不等式(→応用編 III §2 (2.3))とからいえるから，各変数について平均収束することはいえている．そこで，

$$K^*(x,\ y)=\underset{n\to\infty}{\text{l.i.m.}}\sum_{h=1}^{n}\frac{\phi_h(x)\phi_h(y)}{\lambda_h}$$

とおく．さらに，

$$R(x,\ y)=K(x,\ y)-K^*(x,\ y)$$

とおく．この R は対称核であるが，この R に対しては固有値は存在しないことを証明する．これが示されれば，$R(x,\ y)=0$ (a.e.) となるから，$K(x,\ y)=K^*(x,\ y)$ (a.e.).

まず，

$$\int_0^1 R(x,\ y)\phi_h(y)dy=0 \qquad (h=1,\ 2,\cdots).$$

なぜならば，$K^*(x,\ y)$ は $K(x,\ y)$ と正規直交系 $\{\phi_h(x)\}$ に関して同一のフーリエ係数 $\phi_h(y)/\lambda_h$ をもつから．

つぎに，$\psi(x)$ を $R(x,\ y)$ の正規化された固有関数とすると，$(\psi,\ \phi_h)=0$ $(h=1,\ 2,\ \cdots)$.

なぜならば，

$$(\psi,\ \phi_h)=\int_0^1\psi(x)\phi_h(x)\,dx=\mu\int_0^1\phi_h(x)dx\int_0^1 R(x,\ y)\psi(y)dy$$
$$=\mu\int_0^1\psi(y)dy\int_0^1 R(x,\ y)\phi_h(x)dx=0.$$

さらに，

$$I\equiv\int_0^1 K^*(x,\ y)\psi(y)dy=0.$$

なぜならば，

(3.2) $$\Phi_n(x,\ y)=\sum_{h=1}^{n}\frac{\phi_h(x)\phi_h(y)}{\lambda_h}$$

とおくと，

$$I=\int_0^1[K^*(x,\ y)-\Phi_n(x,\ y)]\psi(y)dy+\sum_{h=1}^{n}\frac{\phi_h(x)}{\lambda_h}\int_0^1\phi_h(y)\psi(y)dy$$
$$=\int_0^1[K^*(x,\ y)-\Phi_n(x,\ y)]\psi(y)dy,$$
$$I^2\leqq\int_0^1[K^*(x,\ y)-\Phi_n(x,\ y)]^2dy\int_0^1\psi^2(y)dy$$
$$=\int_0^1[K^*(x,\ y)-\Phi_n(x,\ y)]^2dy<\varepsilon$$

が n を十分大にとるとみたされる．よって，$I=0$.

以上より

$$\mu\int_0^1 K(x,\ y)\psi(y)dy=\mu\int_0^1 R(x,\ y)\psi(y)dy+\mu\int_0^1 K^*(x,\ y)\psi(y)dy=\psi(x).$$

よって，$\psi(x)$ は $K(x, y)$ の固有値 μ に対応する固有関数である．ところが，$\psi(x)$ は $\{\phi_h(x)\}$ に直交するから $\psi(x)$ は自分自身に直交する．よって，$\psi(x)=0$ a.e. よって，$R(x, y)$ には固有値はないことになる．よって，$K(x, y)=K^*(x, y)$.

定理 3.4. もし

$$\sum_{h=1}^{\infty}\frac{\phi_h(x)\phi_h(y)}{\lambda_h}(=S(x, y))$$

が一様収束(あるいは，もっと弱く $\forall\varepsilon>0\,\exists n_0\,\forall n\geqq n_0$

$$\int_0^1\int_0^1\left[\sum_{h=n+1}^{\infty}\frac{\phi_h(x)\phi_h(y)}{\lambda_h}\right]^2dxdy<\varepsilon\Biggr)$$

ならば，(1) が成り立つ:

$$K(x, y)=\sum_{h=1}^{\infty}\frac{\phi_h(x)\phi_h(y)}{\lambda_h}.$$

証明. まず，(2) とおいて

$$\int_0^1\int_0^1[S(x, y)-\Phi_n(x, y)]^2dxdy<\varepsilon \qquad (n\geqq n_0),$$

$$\int_0^1\int_0^1[K(x, y)-\Phi_n(x, y)]^2dxdy<\varepsilon \qquad (n\geqq n_0^*).$$

よって，$n\geqq\max(n_0, n_0^*)$ に対して

$$\int_0^1\int_0^1[S(x, y)-K(x, y)]^2dxdy<4\varepsilon.$$

これから $S(x, y)=K(x, y)$ a.e. (証終)

定理 3.5. L_2 関数 $w(x)$ が対称核 $K(x, y)$ のすべての固有関数 $\phi_h(x)$ と直交するための完全条件は，$w(x)$ が核と直交することである．

証明. $$\int_0^1\phi_h(x)dx\int_0^1K(x, y)w(y)dy=\int_0^1w(y)dy\int_0^1K(x, y)\phi_h(x)dx$$
$$=\frac{1}{\lambda_h}\int_0^1w(y)\phi_h(y)dy \qquad (h=1, 2, \cdots).$$

これから $(w, K)=0$ ならば，$(w, \phi_h)=0$. 逆に，$(w, \phi_h)=0$ $(h=1, 2, \cdots)$ とする．

$$I=\int_0^1K(x, y)w(y)dy=\int_0^1[K(x, y)-\Phi_n(x, y)]w(y)dy.$$

よって，

$$I^2\leqq\int_0^1[K(x, y)-\Phi_n(x, y)]^2dy\int_0^1w^2(y)dy$$
$$\leqq\varepsilon\int_0^1w^2(y)dy=W\varepsilon, \qquad W<\infty.$$

ゆえに，$I=0$. (証終)

定理 3.6. $f(x)$ が L_2 対称核 $K(x, y)$ と L_2 関数 $g(y)$ とをもって

$$f(x)=\int_0^1K(x, y)g(y)dy$$

と表わされているならば，$K(x, y)$ の固有関数による正規直交系 $\{\phi_h\}$ をもって

$$f(x)=\sum_{h=1}^{\infty}a_h\phi_h(x), \qquad a_h=\int_0^1 f(x)\phi_h(x)dx$$

と表わされる．さらに，

$$\int_0^1 K^2(x,\ y)dy=A^2(x)\leqq N^2, \qquad N \text{ は定数},$$

ならば，$\sum a_h\phi_h(x)$ は絶対かつ一様収束である．　　**（ヒルベルト・シュミットの定理）**

証明.

$$\begin{aligned} b_h&=(g,\ \phi_h)=\lambda_h(g,\ K\phi_h)\\ &=\lambda_h(f,\ \phi_h)=a_h\lambda_h \qquad (h=1,\ 2,\ \cdots). \end{aligned}$$

よって，

$$\begin{aligned} f(x)&=(K(x,\ y),\ g(y))\\ &=(K(x,\ y)-\Phi_n(x,\ y),\ g(y))+\sum_{h=1}^{n}\frac{\phi_h(x)}{\lambda_h}(\phi_h(y),\ g(y))\\ &=(K(x,\ y)-\Phi_n(x,\ y),\ g(y))+\sum_{h=1}^{n}a_h\phi_h(x). \end{aligned}$$

ゆえに，

$$\left[f(x)-\sum_{h=1}^{n}a_h\phi_h(x)\right]^2\leqq\int_0^1[K(x,\ y)-\Phi_n(x,\ y)]^2dy\int_0^1 g^2(y)dy.$$

よって，

$$\lim_{n\to\infty}\left[f(x)-\sum_{h=1}^{n}a_h\phi_h(x)\right]^2=0,$$

$$\left(\sum_{h=n+1}^{\infty}|a_h\phi_h(x)|\right)^2=\left(\sum_{h=n+1}^{\infty}\left|b_h\frac{\phi_h(x)}{\lambda_h}\right|\right)^2\leqq\sum_{h=n+1}^{\infty}\frac{{\phi_h}^2(x)}{{\lambda_h}^2}\sum_{h=n+1}^{\infty}{b_h}^2.$$

これより

$$\sum_{h=n+1}^{\infty}|a_h\phi_h(x)|\leqq N\left(\sum_{h=n+1}^{\infty}{b_h}^2\right)^{1/2}.$$

なぜならば，ベッセルの不等式により

$$\sum_{h=n+1}^{\infty}\frac{{\phi_h}^2(x)}{{\lambda_h}^2}\leqq\int_0^1 K^2(x,\ y)dy=A^2(x)\leqq N^2.$$

$g\in L^2$．であるから，$\sum {b_h}^2$ は収束する．よって，$n\geqq n_0$ のとき，

$$\sum_{h=n+1}^{\infty}{b_h}^2<\varepsilon^2.$$

ゆえに，

$$\sum_{h=n+1}^{\infty}|a_h\phi_h(x)|<N\varepsilon.$$

これで絶対かつ一様収束性が示された．　　　　（証終）

定理 3.6 で $K(x,\ y)$ が単に L_2 核であるときには，

$$\begin{aligned} \left(\sum_{h=1}^{n}|a_h\phi_h(x)|\right)^2&\leqq\sum_{h=1}^{n}\frac{{\phi_h}^2(x)}{{\lambda_h}^2}\sum_{h=1}^{n}{b_h}^2\\ &\leqq A^2(x)\int_0^1 g^2(x)dx=A^2(x)\|g\|^2. \end{aligned}$$

（このことを殆んど一様収束するという.）

いくつかの応用についてのべる.

定理 3.7. 対称核 $K(x, y)\in L_2$ ならば，すべての反復核 $K_m(x, y)$ $(m\geqq 2)$ は絶対かつ殆んど一様収束する級数をもって

$$K_m(x, y)=\sum_{h=1}^{\infty}\frac{1}{\lambda_h{}^m}\phi_h(x)\phi_h(y)\qquad (m\geqq 2).$$

さらに，$K(x, y)$ が有限な定数 N をもって

$$\int_0^1 K^2(x, y)dy=A^2(x)\leqq N^2$$

をみたすならば，上の級数は一様収束である.

証明. $$K_m(x, y)=\int_0^1 K(x, z)K_{m-1}(z, y)dz\qquad (m=2, 3, \cdots)$$

によってヒルベルト・シュミットの定理 3.6 を応用できる. K についての固有関数系に関する K_m のフーリエ係数 $a_n(y)$ は

$$a_h(y)=(K_m(x, y), \phi_h(x))=\frac{1}{\lambda_h{}^m}\phi_h(y).$$

これは ϕ_h は固有値 $\lambda_h{}^m$ に対応する K_m の固有関数であることからわかる. (証終)

特に，定理 3.7 から $y=x$ とおいて $[0, 1]$で積分すると,

$$\sum_{h=1}^{\infty}\frac{1}{\lambda_h{}^m}=A_m\quad (m=2, 3, \cdots),\qquad A_m=\int_0^1 K_m(x, x)dx.$$

定理 3.8. 対称 L_2 核 $K(x, y)$ に対応する解核 H は

$$H(x, y; \lambda)=-K(x, y)+\lambda\sum_{h=1}^{\infty}\frac{\phi_h(x)\phi_h(y)}{\lambda_h(\lambda-\lambda_h)}\tag{3.3}$$

と表わされる. $H(x, y; \lambda)$ の特異点は単一極である.

証明. $$\phi(x)-\lambda\int_0^1 K(x, y)\phi(y)dy=f(x)\qquad (\lambda \text{ は固有値ではない})$$

を考える. $\phi(x)-f(x)$ は積分で表わされているから,

$$\phi(x)-f(x)=\sum_{h=1}^{\infty}c_h\phi_h(x);$$

$$c_h=(\phi-f, \phi_h)=\xi_h-a_h,\qquad \xi_h=(\phi, \phi_h),\qquad a_h=(f, \phi_h).$$

一方，$c_h=\lambda\xi_h/\lambda_h$. よって,

$$\xi_h=\frac{\lambda_h}{\lambda_h-\lambda}a_h,\qquad c_h=\frac{\lambda}{\lambda_h-\lambda}a_h.$$

よって,

$$\phi(x)=f(x)+\lambda\sum_{h=1}^{\infty}\frac{a_h}{\lambda_h-\lambda}\phi_h(x).$$

$$=f(x)-\lambda\sum_{h=1}^{\infty}\int_0^1\frac{\phi_h(x)\phi_h(y)}{\lambda-\lambda_h}f(y)dy.$$

これより解核 $H(x, y; \lambda)$ の表示 (3) がえられる. (証終)

つぎに,

$$J(\phi, \phi)=\int_0^1\int_0^1 K(x, y)\phi(x)\phi(y)dxdy$$

を考える.

$$\int_0^1 K(x,\ y)\phi(y)dy=\sum_{h=1}^{\infty}\frac{a_h}{\lambda_h}\phi_h(x), \qquad a_h=\int_0^1 \phi_h(x)\phi(x)dx$$

により

$$J(\phi,\ \phi)=\sum_{h=1}^{\infty}\frac{a_h{}^2}{\lambda_h}.$$

同様に,

$$J(\phi,\ \psi)=\int_0^1\int_0^1 K(x,\ y)\phi(x)\psi(y)dxdy$$
$$=\sum_{h=1}^{\infty}\frac{a_hb_h}{\lambda_h}, \qquad b_h=\int_0^1 \phi_h(y)\psi(y)dy.$$

特に, $J(\phi_m,\ \phi_m)=1/\lambda_m$ $(m=1,\ 2,\ \cdots)$. 一方, ベッセルの不等式(→ 応用編 III §2 (2.3)) によって

$$J(\phi,\ \phi)\leqq\sum_{h=1}^{\infty}\frac{a_h{}^2}{|\lambda_h|}\leqq\frac{1}{|\lambda_1|}\sum_{h=1}^{\infty}a_h{}^2\leqq\frac{1}{|\lambda_1|}\int_0^1\phi^2(x)dx.$$

これより第一固有値に対して $|\lambda_1|\leqq J(\phi,\ \phi)^{-1}$, $\|\phi\|=1$. $J(\phi_1,\ \phi_1)=1/\lambda_1$ により $1/|\lambda_1|=\max|J(\phi,\ \phi)|$, $\|\phi\|=1$. 同様に, $1/|\lambda_m|=\max|J(\phi,\ \phi)|$, $\|\phi\|=1$, $(\phi,\ \phi_j)=0$ $(j=1,\ \cdots,\ m-1)$.

3.3. マーサーの展開定理

§3.2 の終わりの部分からつぎのことがいえている:

定理 3.9. $J(\phi,\ \phi)\geqq 0$ $\forall\phi\in L_2$ であるための完全条件は, $K(x,\ y)$ のすべての固有値が正であることである.

$K(x,\ y)$ が上の条件をみたすとき**正核**という. $J(\phi,\phi)>0$ $\forall\phi$, $\|\phi\|>0$ のとき正定値という. 正核の値は必ずしも正ではないが, もし $K(x,\ y)$ が連続ならば,

$$K(x,\ x)\geqq 0 \qquad (0\leqq x\leqq 1).$$

なぜならば, $K(x_0,\ x_0)<0$ とすると, $K(x,\ y)<0$ $(x_0-\delta\leqq x\leqq x_0+\delta,\ x_0-\delta\leqq y\leqq x_0+\delta.$ $\phi_0(x)=1(x_0-\delta\leqq x\leqq x_0+\delta)$, $=0$ $(0\leqq x<x_0-\delta,\ x_0+\delta<x\leqq 1)$ とおくと,

$$J(\phi_0,\ \phi_0)=\int_{x_0-\delta}^{x_0+\delta}\int_{x_0-\delta}^{x_0+\delta}K(x,\ y)dxdy<0.$$

定理 3.10. 対称 L_2 核 $K(x,\ y)$ が連続, そして有限個を除けば正の固有値のみをもつならば, (1) が成り立つ:

$$K(x,\ y)=\sum_{h=1}^{\infty}\frac{\phi_h(x)\phi_h(y)}{\lambda_h}.$$

右辺の級数は絶対かつ一様収束である. **(マーサーの定理)**

証明.

$$K^{(m)}(x,\ y)=K(x,\ y)-\sum_{h=1}^{m-1}\frac{\phi_h(x)\phi_h(y)}{\lambda_h} \qquad (m\geqq m_0)$$

は正核, 連続である. よって,

$$K(x,\ x)-\sum_{h=1}^{m-1}\frac{\phi_h{}^2(x)}{\lambda_h}=K^{(m)}(x,\ x)\geqq 0 \qquad (m\geqq m_0).$$

よって，

$$\sum_{h=1}^{m-1}\frac{\phi_h^2(x)}{\lambda_h}\leqq K(x,\ x) \qquad (m\geqq m_0).$$

これから $\sum\phi_h{}^2(x)/\lambda_h$ は収束する．ここでシュワルツの不等式によって

$$\left(\sum_{h=n+1}^{n+p}\left|\frac{\phi_h(x)\phi_h(y)}{\lambda_h}\right|\right)^2\leqq\sum_{h=n+1}^{n+p}\frac{\phi_h{}^2(x)}{\lambda_h}\sum_{h=n+1}^{n+p}\frac{\phi_h{}^2(y)}{\lambda_h}.$$

これより

$$\sum_{h=1}^{\infty}\frac{\phi_h(x)\phi_h(y)}{\lambda_h}$$

は絶対かつ一様収束する． （証終）

定理 3.11． 定理 3.10 と同じ仮定のもとに，$\sum\lambda_h{}^{-1}$ は絶対収束であり，

$$\sum_{h=1}^{\infty}\frac{1}{\lambda_h}=A_1=\int_0^1 K(x,\ x)dx.$$

対称核の理論は複素数値核のときには，エルミト核の場合に拡張される．**エルミト核**とは，$K(x,\ y)=\overline{K(y,\ x)}$ をみたすときにいう．

4. 特異核と非線形積分方程式

4.1. 特異核

$$K(x,\ y)=\frac{H(x,\ y)}{|x-y|^{\alpha}} \quad (0\leqq x\leqq 1,\ 0\leqq y\leqq 1); \qquad 0<\alpha<1,\ H \text{ は連続},$$

の場合．$|H(x,\ y)|\leqq M$ とすると，反復核に対して

$$|K_2(x,\ y)|=\left|\int_0^1 K(x,\ t)K(t,\ y)dt\right|\leqq M^2\int_0^1\frac{dt}{|x-t|^{\alpha}|t-y|^{\alpha}}.$$

最後の積分は対角線 $x=y$ に沿って 2α 位の ∞ となる．よって，$\alpha<1/2$ ならば，K_2 は有界となる．$\alpha>1/2$ ならば，変換 $t=x+s(y-x)$ によって

$$|K_2(x,\ y)|\leqq\frac{M^2}{|x-y|^{2\alpha-1}}\int_{-\infty}^{\infty}\frac{ds}{|s|^{\alpha}|1-s|^{\alpha}}.$$

これから K_2 は $x=y$ 上で高々 $2\alpha-1(<\alpha)$ 位の ∞ となる．$\alpha=1/2$ ならば，

$$|K_2(x,\ y)|\leqq M^2\left|\int_{(1-x)/(y-x)}^{-x/(y-x)}\frac{ds}{|s|^{1/2}|1-s|^{1/2}}\right|$$

ここで $y-x\to 0$ とすると，$O(|\log|x-y||)$ である．

そこで，$\alpha\geqq 1/2$ のとき，さらに反復核をつくる．$\alpha=1/2$ のとき，

$$K_4(x,\ y)=\int_0^1 K_2(x,\ t)K_2(t,\ y)dt$$

は有界となる．$\alpha>1/2$ のとき，反復核 K_{2^ν} $(\nu=2,\ 3,\ \cdots)$ をつくる．数列 $\{\alpha_\nu\}$ を $\alpha_0=\alpha$, $\alpha_\nu=2\alpha_{\nu-1}-1$ $(\nu=1,\ 2,\ \cdots)$ によって定めると，

$$\alpha_\nu=1-2^\nu(1-\alpha).$$

これから ν を大にとれば，$\alpha_\nu<0$．これは K_{2^ν} が有界であることを示している．K_n が有界になれば，以前の理論を適用できる．

一般に，特異核の場合には固有値は孤立して出てくるとは限らない．ある区間全部が固有値であることがありうるし，さらにある固有値は ∞ の指数をもつこともある．

例． ラレスコ・ピカール方程式

$$\phi(x)-\lambda\int_{-\infty}^{\infty}e^{-|x-y|}\phi(y)dy=f(x).$$

このとき，

$$\int_{-\infty}^{\infty}K(x,\ y)e^{\pm i\rho y}dy=\frac{2}{1+\rho^2}e^{\pm i\rho x},\qquad K(x,\ y)=e^{-|x-y|}.$$

これから固有値は $(1+\rho^2)/2$ であって $1/2$ 以上のすべての実数値が固有値となる．

$K(x,\ y)=e^{ixy}$, $-\infty<x,\ y<\infty$ は

$$\int_{-\infty}^{\infty}e^{ixy}\varphi_n(y)=\sqrt{2\pi}\,i^n\varphi_n(x),\qquad \varphi_n(x)=e^{x^2/2}\frac{d^n}{dx^n}e^{-x^2}$$

により，固有値 $i^{-n}/\sqrt{2\pi}$ をもち，これに対応する固有関数は $\varphi_n(x)$ である．$n=0, 1, \cdots$ とすると，$\pm 1/\sqrt{2\pi}$，$\pm i/\sqrt{2\pi}$ がえられる．これらはすべて重複度 ∞ である．

4.2. 非線形方程式

ハンメルシュタイン型の非線形方程式

$$\psi(x)+\int_0^1 K(x,\ y)f(y,\ \psi(y))dy=0 \tag{4.1}$$

についてのべる．

定理 4.1.

$$A^2(x)=\int_0^1 K(x,\ y)^2dy$$

が存在して有界可積であるとし，f については L_2 関数 C をもってリプシッツの条件

$$|f(y,\ u)-f(y,\ v)|\leqq C(y)|u-v|$$

が成り立ち，$f(y,\ 0)$ は L_2 関数とする．このとき，もし

$$M\equiv\int_0^1 A^2(x)C^2(x)dx<1$$

ならば，積分方程式

$$\psi(x)+\int_0^1 K(x,\ y)f(y,\ \psi(y))dy=0$$

の解は逐次近似関数列で一様に近似できる．

証明． $\{\psi_n(x)\}_{n=0}^{\infty}$ は $\psi_0(x)\equiv 0$ から

$$\psi_n(x)=-\int_a^b K(x,\ y)f(y,\ \psi_{n-1}(y))dy$$

によって定める．

$$(\psi_1(x)-\psi_0(x))^2=\psi_1(x)^2\leqq\int_0^1 K(x,\ y)^2dy\int_0^1 f(y,\ 0)^2dy=cA(x)^2,$$

$$(\psi_{n+1}(x)-\psi_n(x))^2\leqq\int_0^1 K(x,\ y)^2dy\int_0^1(f(y,\ \psi_n(y))-f(y,\ \psi_{n-1}(y)))^2dy$$

$$\leqq A(x)^2\int_0^1 C(y)^2(\psi_n(y)-\psi_{n-1}(y))^2dy.$$

よって,

$$|\psi_{n+1}(x)-\psi_n(x)|\leqq c^{1/2}A(x)M^{n/2}.$$

$M<1$ より $\sum c^{1/2}A(x)M^{n/2}$ は収束する. $A(x)$ は有界であるから, 一様収束の意味で

$$\varphi(x)=\sum_{n=0}^{\infty}(\psi_{n+1}(x)-\psi_n(x))=\lim_{n\to\infty}\psi_n(x)$$

が存在する.

$$\left|\int_0^1 K(x,\ y)(f(y,\ \varphi(y))-f(y,\ \psi_n(y)))dy\right|^2$$
$$\leqq\int_0^1 K(x,\ y)^2dy\int_0^1 C^2(y)|\varphi(y)-\psi_n(y)|^2dy$$

より

$$\lim_{n\to\infty}\int_0^1 K(x,\ y)f(y,\ \psi_n(y))dy=\int_0^1 K(x,\ y)f(y,\ \varphi(y))dy.$$

よって, $\varphi(x)$ は解である. (証終)

一般に, 実非線形方程式の場合には, $\lambda=\lambda_0$ の左右での解の個数が変わるような点 λ_0 がありうる. このような点を**分叉点**という.

$\lambda=\lambda_0$ が $\psi_0(x)$ の分叉点であるための必要条件は, λ_0 がフレドホルム核 $-K(x, y)f_u(y,\ \psi_0(x))$ の固有値であることである.

定理 4.2. 核 K は正で対称, 最小固有値 λ_1 とする. もし $|f(y, u)|\leqq\alpha|u|+\beta$. ($\alpha$, β は定数), $0\leqq\alpha<\lambda$, ならば, 積分方程式 (1) は少なくとも一つ連続な解をもつ.

証明. K の固有値と正規直交化された固有関数列を λ_ν, $\phi_\nu(x)$ とおく. (1) に連続解があれば, ヒルベルト・シュミットの定理によって, 解 $\varphi(x)$ は一様収束する級数で

$$\varphi(x)=\sum_{\nu=1}^{\infty}c_\nu\varphi_\nu(x),$$
$$c_\nu=\int_0^1\varphi(x)\varphi_\nu(x)dx=-\int_0^1\varphi_\nu(x)dx\int_0^1 K(x,\ y)f(y,\ \varphi(y))dy$$
$$=-\int_0^1 f(y,\ \varphi(y))dy\int_0^1 K(x,\ y)\varphi_\nu(x)\,dx=-\frac{1}{\lambda_\nu}\int_0^1 f(y,\ \varphi(y))\varphi_\nu(y)dy.$$

ゆえに, (1) を解く問題は

$$c_\nu=-\frac{1}{\lambda_\nu}\int_0^1 f(y,\ \sum_k c_k\varphi_k(y))\varphi_\nu(y)dy \qquad (\nu=1,\ 2,\ \cdots) \tag{4.2}$$

を解くことに帰する. これの近似方程式

$$c_{n\nu}=-\frac{1}{\lambda_\nu}\int_0^1 f\left(y,\ \sum_{k=1}^{n}c_{nk}\varphi_k(y)\right)\varphi_\nu(y)dy \qquad (\nu=1,\ 2,\ \cdots,n) \tag{4.3}$$

を考える. (3) が解をもつことを示す. そのために,

$$H(x_1,\ \cdots,\ x_n)=\sum_{\nu=1}^{n}\lambda_\nu x_\nu^2+2\int_0^1 F\left(y,\ \sum_{k=1}^{n}x_k\varphi_k(y)\right)dy,$$
$$F(y,\ u)=\int_0^u f(y,\ v)dv.$$

このとき,

$$|F(y,\ u)|\leqq\frac{\alpha}{2}u^2+\beta|u|.$$

一方，$\alpha<k$ ならば，

$$\frac{\alpha^2}{2}u^2+\beta|u|=\frac{k}{2}u^2+\frac{1}{2(k-\alpha)}(\beta^2-(\beta-(k-\alpha)|u|)^2)$$
$$\leqq\frac{k}{2}u^2+\gamma,\qquad \gamma=\frac{\beta^2}{2(k-\alpha)}$$

によって

$$|F(y,\ u)|\geqq-\left(\frac{k}{2}u^2+\gamma\right).$$

特に，$\alpha<k<\lambda_1\leqq\lambda_2\leqq\cdots$ とすれば，

$$H(x_1,\ \cdots,\ x_n)\geqq\sum_1^n\lambda_\nu x_\nu{}^2-\int_0^1\left(k\left(\sum_1^n x_j\varphi_j(y)\right)^2+2\gamma\right)dy$$
$$=\sum_1^n\lambda_\nu x_\nu{}^2-k\sum_1^n x_\nu{}^2-2\gamma$$
$$=\sum_1^n(\lambda_\nu-k)x_\nu{}^2-2\gamma\geqq-2\gamma.$$

ゆえに，H は下に有界．さらに，$\sum_1^n x_\nu{}^2\to\infty$ のときには $H\to+\infty$．よって，最小値 d_n を与える点 $(x_1,\ \cdots,\ x_n)=(c_{n1},\ \cdots,\ c_{nn})$ が存在する．このときには，

$$0=\frac{1}{2\lambda_\nu}\frac{\partial H}{\partial x_\nu}=x_\nu+\frac{1}{\lambda_\nu}\int_0^1 f\left(y,\ \sum_1^n x_\nu\varphi_\nu(y)\right)\varphi_\nu(y)dy\qquad(\nu=1,\ \cdots,\ n).$$

よって，方程式 (3) が解かれた．この根に対して

$$C_n=\sum_1\lambda_\nu c_{n\nu}{}^2\qquad(n=1,\ 2,\ \cdots)$$

とおくと，

$$d_n\geqq\sum_{\nu=1}^n(\lambda_\nu-k)c_{n\nu}{}^2-2\gamma.$$
$$C_n=\frac{1}{1-k/\lambda_1}\sum_{\nu=1}^n\left(\lambda_\nu-k\frac{\lambda_\nu}{\lambda_1}\right)c_{n\nu}{}^2$$
$$\leqq\frac{1}{1-k/\lambda_1}\sum_{\nu=1}^n(\lambda_\nu-k)c_{n\nu}{}^2\leqq\frac{d_n+2\gamma}{1-k/\lambda_1}.$$

他方，$H_n(x_1,\ \cdots,\ x_n)=H_{n+1}(x_1,\ \cdots,\ x_n,\ 0)$ であるから，$\{d_n\}$ は減少数列．よって，

$$C_n\leqq\frac{d_1+2\gamma}{1-k/\lambda_1}\qquad(n=1,\ 2,\ \cdots).$$

これから $\{C_n\}$ は有界．(3) に対応する関数列

$$\psi_n(x)=\sum_{\nu=1}^n c_{n\nu}\varphi_\nu(x)\qquad(n=1,\ 2,\ \cdots)$$

は $\|\psi_n\|<M<\infty$; なぜならば，

$$\int_0^1\psi_n{}^2(x)dx=\sum_1^n c_{n\nu}{}^2\leqq\frac{1}{\lambda_1}\sum_{\nu=1}^n\lambda_\nu c_{n\nu}{}^2\leqq\frac{d_1+2\gamma}{\lambda_1-k}.$$

$\psi_n(x)$ を (1) に代入したときの誤差 $\delta_n(x)$ は

$$\delta_n(x)=\psi_n(x)+\int_0^1 K(x,\ y)f(y,\ \psi_n(y))dy.$$

そのとき，

$$\delta_n(x)=\sum_{\nu=1}^{n} c_{n\nu}\varphi_\nu(x)+\sum_{\nu\geqq 1}\varphi_\nu(x)\int_0^1\varphi_\nu(t)dt\int_0^1 K(t,\ y)f(y,\ \psi_n(y))dy$$

$$=\sum_{1}^{n} c_{n\nu}\varphi_\nu(x)+\sum_{\nu\geqq 1}\frac{\varphi_\nu(x)}{\lambda_\nu}\int_0^1 f(y,\ \psi_n(y))\varphi_\nu(y)dy$$

$$=\sum_{\nu\geqq n+1}\frac{\varphi_\nu(x)}{\lambda_\nu}\int_0^1 f(y,\ \psi_n(y))\varphi_\nu(y)dy.$$

ベッセルの不等式によって

$$\delta_n(x)^2\leqq\sum_{\nu\geqq n+1}\frac{\varphi_\nu(x)^2}{\lambda_\nu{}^2}\sum_{\nu\geqq n+1}\left(\int_0^1 f(y,\ \psi_n(y))\varphi_\nu(y)dy\right)^2$$

$$\leqq\sum_{\nu\geqq n+1}\frac{\varphi_\nu(x)^2}{\lambda_\nu{}^2}\int_0^1 f(y,\ \psi_n(y))^2dy.$$

$0\leqq\alpha<k$ とするとき，

$$f(y,\ u)^2\leqq(\alpha|u|+\beta)^2=k^2u^2+\beta^2+\frac{1}{k^2-\alpha^2}(\alpha^2\beta^2-(\alpha\beta-(k^2-\alpha^2)|u|)^2)$$

$$\leqq k^2u^2+\beta^2+\frac{\alpha^2\beta^2}{k^2-\alpha^2}=k^2\left(u^2+\frac{\beta^2}{k^2-\alpha^2}\right)$$

によって

$$\int_0^1 f(y,\ \psi_n(y))^2dy\leqq\int_0^1 k^2\left(\psi_n(y)^2+\frac{\beta^2}{k^2-\alpha^2}\right)dy$$

$$\leqq k^2\left(\frac{d_1+2\gamma}{\lambda_1-k}+\frac{\beta^2}{k_2-\alpha^2}\right).$$

$\sum\varphi_\nu(x)^2/\lambda_\nu{}^2$ は $K_2(x,\ x)$ に一様収束するから，$\delta_n(x)\to 0$ は一様である．

$$(\delta_n(x)-\psi_n(x))^2\leqq\int_0^1 K(x,\ y)^2dy\int_0^1 f(y,\ \psi_n(y))^2dy$$

より $\{\delta_n(x)-\psi_n(x)\}$ は一様有界．

$$(\delta_n(x)-\psi_n(x))-(\delta_n(x')-\psi_n(x')))^2$$

$$\leqq\int_0^1(K(x,\ y)-K(x',\ y))^2dy\int_0^1 f(y,\ \psi_n(y))^2dy.$$

ここで $K(x,\ y)$ は一様連続．よって，$\{\delta_n(x)-\psi_n(x)\}$ は同程度連続．$\delta_n(x)\to 0$ が一様であるから，$\{\psi_n(x)\}$ は一様収束する部分列を含む．この極限関数を $\varphi(x)$ とおくと，$\varphi(x)$ が (1) の連続解である． (証終)

定理 4.3. 連続正対称核 K をもつ方程式 (1) において，$y\in[0,\ 1]$ に対して連続な $f(y,\ u)$ が u の増加関数ならば，高々一つの解をもつ．

証明. 二つの解を φ_1, φ_2 とおく．

$$\varphi_2-\varphi_1=-\int_0^1 K(x,\ y)(f(y,\ \varphi_2(y))-f(y,\ \varphi_1(y)))dy,$$

$$\int_0^1(\varphi_2-\varphi_1)(f(x,\ \varphi_2(x))-f(x,\ \varphi_1(x)))dx$$

$$=-\int_0^1\int_0^1 K(x, y)(f(y, \varphi_2(y))-f(y, \varphi_1(y)))(f(x, \varphi_2(x))-f(x, \varphi_1(x)))dxdy.$$

$f(y, u)$ は u の増加関数であるから，右辺 $\geqq 0$. K の正であることから，$f(y, \varphi_2(y))=f(y, \varphi_1(y))$. これから $\varphi_2(x)\equiv\varphi_1(x)$. （証終）

つぎの定理は証明なしで与えておく:

定理 4.4. 連続正対称核 K をもつ方程式 (1) において

$$|f(y, u)-f(y, v)|\leqq\alpha|u-v|, \qquad 0<\alpha<\lambda_1(=K \text{ の最小固有値})$$

ならば，高々一つの解をもつ.

B. 変　分　法

1. 第一変分

1.1. 固定端点

n 次元ユークリッド空間 R^n 中の二点を x_0, x_1 とし，この二点を結ぶ連続曲線を $x=x(t)$ $(0\leqq t\leqq 1)$, $x_0=x(0)$, $x_1=x(1)$ とする. $x(t)$ は区分的に C^1 であるとする. $f(t, x, y)\in R$ は $I\times R^n\times R^n$ で定義されているとする.

R^n 内で x_0, x_1 を結ぶ曲線を**許容曲線**という. つぎの変分問題を考える:

すべての許容曲線のうち，汎関数

$$J[x]=\int_0^1 f(t, x(t), \dot{x}(t))dt, \qquad \dot{x}(t)=\frac{d}{dt}x(t)$$

を最小にする曲線を求めよ. ——この問題を固定端点の**変分問題**という.

このとき，許容曲線は $x(t)+\varphi(t)$, $\varphi(0)=\varphi(1)=0$ と表わされる; $\varphi(t)=\varepsilon\eta(t)$, $\eta(t)$ は $\eta_i(t)$ を i 成分とするベクトル. そのとき，

$$\left(\frac{\partial}{\partial\varepsilon}J[x+\varepsilon\eta]\right)_{\varepsilon=0}\varepsilon$$

を $x(t)$ における $J[x]$ の**第一変分**といい，$\delta J[x]$ と表わす.

$$\left(\frac{\partial^2}{\partial\varepsilon^2}J[x+\varepsilon\eta]\right)_{\varepsilon=0}\varepsilon^2$$

を $J[x]$ の**第二変分**という.

補助定理 1. 区間 $0\leqq t\leqq 1$ において $\varphi(t)\in C^0$ とし，$\eta(t)$ は C^m である任意の関数で $\eta(0)=\eta(1)=0$ をみたすとする. もし

$$\int_0^1 \varphi(t)^{\mathrm{T}}\eta(t)dt=0 \qquad (\mathrm{T} \text{ は転置ベクトルを表わす})$$

がつねに成り立つならば，$\varphi(t)\equiv 0$.

証明. $\varphi(t)$ の一つの成分 $\varphi_i(t)$ が $\tau\leqq t\leqq\sigma$ $(0<\tau<\sigma<1)$ で $\neq 0$ とする. $\varphi_i(t)>0$ としてよい. $\eta(t)$ を

$$\eta_i(t)=\begin{cases}((t-\tau)(\sigma-t))^{m+1} & (\tau\leqq t\leqq\sigma),\\ 0 & (0\leqq t\leqq\tau,\ \sigma\leqq t\leqq 1),\end{cases}$$

$\eta_j(t)\equiv 0$ $(j\neq i)$ によって定義すると，

$$0=\int_0^1\varphi(t)^{\mathrm{T}}\eta(t)dt=\int_\tau^\sigma\varphi_i(t)((t-\tau)(\sigma-t))^{m+1}dt>0.$$

これは矛盾．よって，$\varphi(t)\equiv 0$.　（証終）

補助定理 2.　区間 $[0,\ 1]$ において $\varphi(t)\in C^0$, $\eta(t)\in C^1$ とし，$\eta(0)=\eta(1)=0$ をみたす任意の関数に対して

$$\int_0^1\varphi(t)^{\mathrm{T}}\dot{\eta}(t)dt=0$$

ならば，$\varphi(t)\equiv$定数.　**（デュボア・レイモンの定理）**

証明.

$$c=\int_0^1\varphi(t)dt,\qquad \eta(t)=\int_0^1(\varphi(s)-c)ds$$

とおくと，$\eta(0)=\eta(1)=0$, $\eta(t)\in C^1$. よって，

$$0=\int_0^1\varphi(t)^{\mathrm{T}}(\varphi(t)-c)dt=\int_0^1(\varphi(t)-c)^{\mathrm{T}}(\varphi(t)-c)dt$$
$$=\int_0^1|\varphi(t)-c|^2dt.$$

$\varphi(t)-c\in C^0$ より $\varphi(t)\equiv c$.　（証終）

定理 1.1.　$f(t,\ x,\ y)$ は $R^n\times R^n$ で C^2 に属し，$t\in I$ では C^0 に属する関数とする．このとき，一つの許容曲線 $x=x^*(t)$ が $J[x]$ の最小値を与えるならば，

$$f_{\dot{x}}(t,\ x^*(t),\ \dot{x}^*(t))=\int_0^1 f_x(s,\ x^*(s),\ \dot{x}^*(s))ds+c,\qquad t\in I$$

が成り立つ；c は定数ベクトル.

$\dot{x}^*(t)$ が不連続な点(角点)を除いて

(1.1)
$$\frac{d}{dt}f_{\dot{x}}(t,\ x^*(t),\ \dot{x}^*(t))=f_x(t,\ x^*(t),\ \dot{x}^*(t))$$

が成り立つ．$t=\gamma$ で角点をもつならば，

(1.2)
$$f_{\dot{x}}(\gamma,\ x^*(\gamma),\ \dot{x}^*(\gamma+0))=f_{\dot{x}}(\gamma,\ x^*(\gamma),\ \dot{x}^*(\gamma-0))$$

が成り立つ.

(1) を**オイレルの微分方程式**，(2) を**ワイエルシュトラス・エルトマンの角点条件**という.

証明.　ε は $|\varepsilon|$ が十分小さい定数とし，$\eta(t)\in C^1$ とする.

$$J[x^*+\varepsilon\eta]\geqq J[x^*].$$

$f\in C^2$ により

$$\begin{aligned}f(t,\ x^*+\varepsilon\eta,\ \dot{x}^*+\varepsilon\dot{\eta})=&f(t,\ x^*,\ \dot{x}^*)+(f_x(t,\ x^*,\ \dot{x}^*)\eta+f_{\dot{x}}(t,\ x^*,\ \dot{x}^*)\dot{\eta})\varepsilon\\&+(1/2)(\eta^{\mathrm{T}}f_{xx}(t,\ \xi_1,\ \xi_2)\eta+\eta^{\mathrm{T}}f_{x\dot{x}}(t,\ \xi_1,\ \xi_2)\dot{\eta}+\dot{\eta}^{\mathrm{T}}f_{\dot{x}x}(t,\ \xi_1,\ \xi_2)\eta\\&+\dot{\eta}^{\mathrm{T}}f_{\dot{x}\dot{x}}(t,\ \xi_1,\ \xi_2)\dot{\eta})\varepsilon^2\end{aligned}$$

$$(\xi_1=x^*+\theta\varepsilon\eta,\ \xi_2=\dot{x}^*+\theta\varepsilon\dot{\eta},\quad 0<\theta<1).$$

よって，$\tilde{f}$ は f において ξ_1, ξ_2 を用いた関数として

$$J[x^*]\leqq J[x^*]+\varepsilon\int_0^1(f_x(t,\ x^*,\ \dot{x}^*)\eta+f_{\dot{x}}(t,\ x^*,\ \dot{x}^*)\dot{\eta})dt$$

$$+\frac{1}{2}\varepsilon^2\left(\int_0^1(\eta^{\mathrm{T}}\tilde{f}_{xx}\eta+\eta^{\mathrm{T}}\tilde{f}_{x\dot{x}}\dot{\eta}+\dot{\eta}^{\mathrm{T}}\tilde{f}_{\dot{x}x}\eta+\dot{\eta}^{\mathrm{T}}\tilde{f}_{\dot{x}\dot{x}}\dot{\eta})dt\right).$$

$f\in C^2$ により，$|\varepsilon|$ が十分小さいときは，第三項は除外してよい．よって，

$$\int_0^1(f_x(t,\ x^*,\ \dot{x}^*)\eta+f_{\dot{x}}(t,\ x^*,\ \dot{x}^*)\dot{\eta})dt=0.$$

部分積分を行なって

$$\int_0^1\left(f_{\dot{x}}(t,\ x^*,\ \dot{x}^*)-\int_0^1 f_x(s,\ x^*,\ \dot{x}^*)ds\right)\dot{\eta}(t)dt=0.$$

$\eta(t)$ は任意．よって，補助定理 2 により

$$f_{\dot{x}}(t,\ x^*,\ \dot{x}^*)=\int_0^1 f_x(s,\ x^*,\ \dot{x}^*)ds+c.$$

$\dot{x}^*(t)$ の連続点では上式を微分して，(1) がえられる．$\dot{x}^*(t)$ の不連続点 $t=\gamma$ においては，$t\to\gamma\pm0$ とすることによって (2) がえられる．　（証終）

定理 1.1 がのべているのは，必要条件であって十分条件ではない．

高階導関数を含む場合も，同様につぎの定理がえられる：

定理 1.2.

$$J[x]=\int_0^1 f(t,\ x(t),\ x'(t),\ \cdots,\ x^{(k)}(t))dt,$$

$$x^{(i)}(0)=a_i,\qquad x^{(i)}(1)=b_i\qquad(i=0,\ 1,\ \cdots,\ k-1),$$

を最小にする $x(t)$ は微分方程式

$$f_x-\frac{d}{dt}f_{x'}+\frac{d^2}{dt^2}f_{x''}-\cdots+(-1)^k\frac{d^k}{dt^k}f_{x^{(k)}}=0$$

をみたす．

多重積分の場合．点 $(x,\ y)$ は平面上の領域 D 内を動くとし，関数 $z(x,\ y)\in C^2$ は D の境界 S 上で与えられた値をもつとする．このとき，

(1.3)
$$J[z]=\iint_D f\left(x,\ y,\ z,\ \frac{\partial z}{\partial x},\ \frac{\partial z}{\partial y}\right)dxdy$$

の極値を求めることを問題とする．

補助定理 3.　$\varphi(x,\ y)$ は D で連続．$\eta(x,\ y)$ は D で C^2，S 上では 0 である $D+S$ で連続な関数とする．もし任意の η に対し

$$\iint_D\varphi(x,\ y)\eta(x,\ y)dxdy=0$$

ならば，$\varphi(x,\ y)\equiv0\ (x,\ y)\in D$.

証明.　$\varphi(x_0,\ y_0)>0$ とする．$(x_0,\ y_0)$ を中心とする D に含まれる十分小さい円 C: $(x-x_0)^2+(y-y_0)^2<\varepsilon^2$ $(\varepsilon>0)$ の中で $\eta(x,\ y)>0$, $D-\bar{C}$ で $\eta(x,\ y)\equiv0$ で C^2 に属する関数を考える．例えば，

$$\eta(x,\ y)=((x-x_0)^2+(y-y_0)^2-\varepsilon^2)^3.$$

さらに，$\varphi(x,\ y)$ は C 内で正であるように C を十分小さくしておく．したがって，

$$0=\iint_D\varphi(x,\ y)\eta(x,\ y)dxdy=\iint_C\varphi(x,\ y)\eta(x,\ y)dxdy>0.$$

これは不合理.　（証終）

定理 1.3.　(3) の極値を求める問題の解 $z(x, y)$ は偏微分方程式

$$f_z-\frac{\partial}{\partial x}f_{z_x}-\frac{\partial}{\partial y}f_{z_y}=0 \tag{1.4}$$

をみたす. ただし $f\in C^2(D\cup S)$ とする.

証明.　以前の場合と同様に第一変分について $\delta J[z]=0$ がいえる:

$$\delta J[z]=\iint_D(f_z\eta+f_{z_x}\eta_x+f_{z_y}\eta_y)dxdy=0.$$

一方,

$$\delta J[z]=\iint_D f_z\eta\,dxdy+\iint_D\Big(\frac{\partial}{\partial x}(f_{z_x}\eta)\Big)+\frac{\partial}{\partial y}(f_{z_y}\eta)\Big)dxdy$$
$$-\iint_D\Big(\frac{\partial}{\partial x}f_{z_x}+\frac{\partial}{\partial y}f_{z_y}\Big)\eta\,dxdy,$$

ここでグリーンの公式により

$$\iint_D\Big(\frac{\partial}{\partial x}(f_{z_x}\eta)+\frac{\partial}{\partial y}(f_{z_y}\eta)\Big)dxdy=\int_S\eta(f_{z_x}dy-f_{z_y}dx)=0.$$

よって,

$$0=\iint_D\Big(f_z-\frac{\partial}{\partial x}f_{z_x}-\frac{\partial}{\partial y}f_{z_y}\Big)\eta\,dxdy.$$

補助定理3によって (4) がえられる:

$$f_z-\frac{\partial}{\partial x}f_{z_x}-\frac{\partial}{\partial y}f_{z_y}=0.$$

（証終）

与えられた変分問題の解自身は連続であっても, その導関数が不連続点をもつとき, 解を**不連続解**という.

定理 1.4.　$\det f_{\dot{x}\dot{x}}\neq 0$ ならば, 不連続解は現われない.

証明.　区間 $0<t<1$ の一点 γ で $\dot{x}(t)$ が不連続とすると, 角点条件 (B) により

$$f_{\dot{x}}(\gamma,\ x(\gamma),\ \dot{x}(\gamma+0))=f_{\dot{x}}(\gamma,\ x(\gamma),\ \dot{x}(\gamma-0)).$$

ロールの定理により

$$f_{\dot{x}\dot{x}}(\gamma,\ x(\gamma),\ \dot{x}(\gamma-0)+\theta(\dot{x}(\gamma+0)-\dot{x}(\gamma-0)))(\dot{x}(\gamma+0)-\dot{x}(\gamma-0))=0\quad(0<\theta<1).$$

$\dot{x}(\gamma+0)-\dot{x}(\gamma-0)\neq 0$ より $\det f_{\dot{x}\dot{x}}(\gamma,\ x(\gamma),\ \dot{x}(\gamma-0)+\theta(\dot{x}(\gamma+0)-\dot{x}(\gamma-0)))=0.$

（証終）

1.2.　可動端点

$$J[x]=\int_{t_0}^{t_1}f(t,\ x,\ \dot{x})dt,$$

を両端点 $x_0=x(t_0)$, $x_1=x(t_1)$ が動きうるときの一般の第一変分を考える. $(t_0,\ x_0)$, $(t_1,\ x_1)$ を結ぶ曲線と $(t_0+\delta t_0,\ x_0+\delta x_0)$, $(t_1+\delta t_1,\ x_1+\delta x_1)$ とを結ぶ曲線とを考える. それぞれを $x(t)$, $x(t)+\delta x(t)$ とおく. このとき,

$$J[x+\delta x]=\int_{t_0+\delta t_0}^{t_1+\delta t_1}f\Big(t,\ x+\delta x,\ \dot{x}+\frac{d}{dt}\delta x\Big)dt$$

とし，

$$\Delta J = J[x+\delta x] - J[x]$$

をつくると，

$$\Delta J = \int_{t_0}^{t_1} (f(t,\ x+h,\ \dot{x}+\dot{h}) - f(t,\ x,\ \dot{x}))dt$$
$$+\int_{t_1}^{t_1+\delta t_1} f(t,\ x+h,\ \dot{x}+\dot{h})dt - \int_{t_0}^{t_0+\delta t_0} f(t,\ x+h,\ \dot{x}+\dot{h})dt.$$

一次の項が重要であるから，それらだけ求めておくと，

$$\int_{t_0}^{t_1}\left(f_x - \frac{d}{dt}f_{\dot{x}}\right)h\,dt + f|_{t=t_1}\delta t_1 + f_{\dot{x}}h|_{t=t_1} - f|_{t=t_0}\delta t_0 - f_{\dot{x}}h|_{t=t_0}.$$

$h(t_0) \sim \delta x_0 - \dot{x}(t_0)\delta t_0$, $h(t_1) \sim \delta x_1 - \dot{x}(t_1)\delta t_1$ により

$$\delta J = \int_{t_0}^{t_1}\left(f_x - \frac{d}{dt}f_{\dot{x}}\right)\delta x dt + [(f - f_{\dot{x}}\dot{x})\delta t + f_{\dot{x}}\delta x]_{t=t_0}^{t=t_1}.$$

定理 1.5．　両端点 x_0, x_1 が与えられたとき，

$$J[x] = \int_{t_0}^{t_1} f(t,\ x,\ \dot{x})dt$$

を最小にする区分的に滑らかな曲線 $K^*: x = x^*(t)$ が $t=\gamma$ において角点をもつならば，K^* について

$$f_{\dot{x}}|_{t=\gamma-0} = f_{\dot{x}}|_{t=\gamma+0}, \qquad (f - f_{\dot{x}}\dot{x})|_{t=\gamma-0} = (f - f_{\dot{x}}\dot{x})|_{t=\gamma+0}.$$

証明．　$J[x] = \int_{t_0}^{\gamma} f(t,\ x,\ \dot{x})dt + \int_{\gamma}^{t_1} f(t,\ x,\ \dot{x})dt = J_1[x] + J_2[x].$

$J[x]$ を最小にする曲線 K^* 上では，角点の間ではオイレルの微分方程式をみたすから，

$$\delta J_1 = [f_{\dot{x}}\delta x + (f - f_{\dot{x}}\dot{x})\delta t]_{t=t_0}^{t=\gamma-0},$$
$$\delta J_2 = [f_{\dot{x}}\delta x + (f - f_{\dot{x}}\dot{x})\delta t]_{t=\gamma+0}^{t=t_1}, \qquad \delta J = \delta J_1 + \delta J_2 = 0.$$

端点固定によって

$$[f_{\dot{x}}\dot{x} + (f - f_{\dot{x}}\dot{x})]_{t=\gamma-0}^{t=\gamma+0} = 0.$$

$x^*(t)$ は連続であるから，J_1, J_2 で同じ連続な変分 δx, δt を用いてよい．δx, δt の任意性によって

$$[f_{\dot{x}}]_{t=\gamma-0}^{t=\gamma+0} = 0, \qquad [f - f_{\dot{x}}\dot{x}]_{t=\gamma-0}^{t=\gamma+0} = 0.$$ （証終）

1.3．境界条件と横断条件

両端点または一方が自由に動きうるとき，変分問題

$$\min J[x] = \min \int_{t_0}^{t_1} f(t,\ x(t),\ \dot{x}(t))dt$$

を考える．$x = x(t)$ が解を与えているとき，その両端点固定問題での最小を与えているから，オイレルの方程式はみたされる．よって，第一変分は

$$\delta J = [f_{\dot{x}}\delta x]_{t_0}^{t_1} + \int_{t_0}^{t_1}\left(f_x - \frac{d}{dt}f_{\dot{x}}\right)\delta x dt = [f_{\dot{x}}\delta x]_{t_0}^{t_1}.$$

$\delta J = 0$ により

$$f_{\dot{x}}(t_1,\ x(t_1),\ \dot{x}(t_1)) = 0, \qquad f_{\dot{x}}(t_0,\ x(t_0),\ \dot{x}(t_0)) = 0.$$

これを**自然境界条件**という.

両端点または一方がある曲線または曲面上を自由に動きうるとき，変分問題

$$\min J[x]=\min\int_{t_0}^{t_1}f(t,\ x(t),\ \dot{x}(t))dt$$

を考える. $x_0=x(t_0)$ は固定し， $x_1=x(t_1)$ が $t_1=t_1(\sigma)$, $x_1=x_1(\sigma)$ で定まる集合を動くとして考える. 許容曲線を $x=x(t,\ \sigma)$ とする. $x=x(t,\ \sigma_0)$ が解であるとして， $J[x]$ の第一変分は $x=x(t,\ \sigma_0)$ に対して 0 である. $\partial J/\partial\sigma|_{\sigma=\sigma_0}=0$ を求めると,

$$\left.\frac{\partial J}{\partial\sigma}\right|_{\sigma=\sigma_0}=f(t_1(\sigma_0),\ x_1(\sigma_0),\ x_t(t_1(\sigma_0),\ \sigma_0))t_{1\sigma}(\sigma_0)$$
$$+\int_{t_0}^{t_1(\sigma)}(f_x^0x_\sigma(t,\ \sigma_0)+f_{\dot{x}}{}^0x_{t\sigma}(t,\ \sigma_0))dt.$$

ここで f^0 は f の $x,\ \dot{x}$ の代わりに $x(t,\sigma_0)$, $x_t(t,\sigma_0)$ を入れたものとする. オイレルの方程式は $x(t,\ \sigma_0)$ に対してみたされるから $(f_x^0-df_{\dot{x}}{}^0/dt=0)$,

$$J_\sigma[x(t,\ \sigma_0)]\equiv J_\sigma(\sigma_0)=f(t_1(\sigma_0),\ x_1(\sigma_0),\ x_t(t_1(\sigma_0),\ \sigma_0))t_{1\sigma}(\sigma_0)$$
$$+f_{\dot{x}}(t_1(\sigma_0),\ x_1(\sigma_0),\ \sigma_0)x_\sigma(t_1(\sigma_0),\ \sigma_0)=0.$$

x_0 がある集合上を動けるときも同様である. この条件を**横断条件**という. これから上の問題を最小にする曲線は横断条件をみたすことがわかる.

2. 第二変分

2.1. ルジャンドルの条件

定理 2.1. 汎関数

(2.1)
$$J[x]=\int_{t_0}^{t_1}f(t,\ x,\ \dot{x})dt$$

において f は各変数について C^2 に属するとする. $J[x]$ を最小にする $x=x(t)$ に対して行列

$$f_{\dot{x}\dot{x}}(t,\ x(t),\ \dot{x}(t))$$

は半正定値である. とくに，一次元のときには

$$f_{\dot{x}\dot{x}}(t,\ x(t),\ \dot{x}(t))\geqq 0.$$

この条件を**ルジャンドルの条件**という. もちろん必要条件であって十分条件ではない.

証明. $(\varepsilon_1,\cdots,\varepsilon_n)=\varepsilon^{\mathrm{T}}$ は定数ベクトル， δ は十分小なる正数， τ は $t_0<t<t_1$ 内の任意の点としてつぎの関数をつくる:

$$\eta(t)=\begin{cases}\sqrt{\delta}\left(1+\dfrac{t-\tau}{\delta}\right) & (\tau-\delta\leqq t\leqq\tau),\\ \sqrt{\delta}\left(1-\dfrac{t-\tau}{\delta}\right) & (\tau\leqq t\leqq\tau+\delta),\\ 0 & (|t-\tau|>\delta).\end{cases}$$

$|\varepsilon|$ を十分小にすると， $x(t)+\eta(t)\varepsilon$ も許容関数となる.

$$J[x+\eta\varepsilon]=J[x]+\int_{t_0}^{t_1}\left(f_x(t,\ x(t),\ \dot{x}(t))-\frac{d}{dt}f_{\dot{x}}(t,\ x(t),\ \dot{x}(t))\right)\eta(t)dt\,\varepsilon$$

$$+\frac{1}{2}\varepsilon^{\mathrm{T}}\int_{t_0}^{t_1}(f^*_{xx}\eta^2+2f^*_{x\dot{x}}\eta\dot{\eta}+f_{\dot{x}\dot{x}}{}^*\dot{\eta}^2)dt\,\varepsilon,$$

$$f^*=f(t,\ x+\theta\eta\varepsilon,\ \dot{x}+\theta\dot{\eta}\varepsilon),\qquad 0<\theta<1.$$

$J[x]$ の最小性から

$$\varepsilon^{\mathrm{T}}\int_{t_0}^{t_1}(f^*_{xx}\eta^2+2f_{x\dot{x}}{}^*\eta\dot{\eta}+f_{\dot{x}\dot{x}}\dot{\eta}^2)dt\,\varepsilon\geqq 0.$$

$\varepsilon=\rho\lambda$ $(\rho\neq 0)$ とおき，ρ^2 で割ってから $\rho\to 0$ とすれば，$f\in C^2$ により $x(t)$ に対して

$$\int_{t_0}^{t_1}\lambda^{\mathrm{T}}(f_{xx}\eta^2+2f_{x\dot{x}}\eta\dot{\eta}+f_{\dot{x}\dot{x}}\dot{\eta}^2)\lambda\,dt\geqq 0.$$

$f\in C^2$ より $\|f_{xx}\|\leqq K$, $\|f_{x\dot{x}}\|\leqq K$. よって，$\eta(t)$ のつくり方により

$$\frac{1}{2\delta}\int_{\tau-\delta}^{\tau+\delta}\lambda^{\mathrm{T}}f_{\dot{x}\dot{x}}\lambda dt\geqq -\delta(\delta+2)K|\lambda|^2.$$

ここで $\delta\to 0$ とすると，$t=\tau$ で

$$\lambda^{\mathrm{T}}f_{\dot{x}\dot{x}}\lambda\geqq 0.$$

λ の任意性により $f_{\dot{x}\dot{x}}$ の半正定値性がいえている．（証終）

2.2. 共役点

(1) で $f(t,\ x,\ \dot{x})$ は C^3 とする．第二変分

$$\delta^2 J=\frac{\varepsilon^2}{2}\int_{t_0}^{t_1}(\eta^{\mathrm{T}}f_{xx}\eta+2\eta^{\mathrm{T}}f_{x\dot{x}}\dot{\eta}+\dot{\eta}^{\mathrm{T}}f_{x\dot{x}}\dot{\eta})dt$$

に部分積分を施して $\eta(t_0)=\eta(t_1)=0$ に注意すれば，

$$\delta^2 J=\frac{\varepsilon^2}{2}\int_{t_0}^{t_1}\left(\dot{\eta}^{\mathrm{T}}f_{\dot{x}\dot{x}}\dot{\eta}+\eta^{\mathrm{T}}\left(f_{xx}-\frac{d}{dt}f_{x\dot{x}}\right)\eta\right)dt.$$

$P=f_{\dot{x}\dot{x}}$, $Q=f_{xx}-df_{x\dot{x}}/dt$ とおき，汎関数

$$F[\eta]=\int_{t0}^{t_1}(\dot{\eta}^{\mathrm{T}}P\dot{\eta}+\eta^{\mathrm{T}}Q\eta)dt \tag{2.2}$$

に対応するオイレルの方程式は

$$\frac{d(P\dot{\eta})}{dt}-Q\eta=0$$

となる．これをもとの汎関数に対応する**ヤコビの微分方程式**という．行列微分方程式

$$\frac{d}{dt}(P\dot{Y})-QY=0,\qquad Y(t_0)=0,\quad \dot{Y}(t_0)=E\quad(\text{単位行列})$$

の解 $Y(t)$ が点 $t=\tilde{t}(>t_0)$ において $\det Y(\tilde{t})=0$ をみたすならば，点 $\tilde{t}$ は点 t_0 の**共役点**という．

証明なしでつぎの二つの定理をあげておく．

定理 2.2. 汎関数 (2) が正定値であるための完全条件は，区間 $t_0\leqq t<t_1$ 内に共役点が存在しないことである．

定理 2.3. $x=x(t)$ が汎関数 (1) の最小値を与えるならば，区間 $t_0\leqq t<t_1$ 内に共役点は存在しない．

3. *E* 関数

汎関数 $J[x]=\int_{t_0}^{t_1}f(t,\ x,\ \dot{x})dt$ を $[t_0,\ t_1]$, $x\in D$ で考える. $f\in C^3$, $\det f_{\dot{x}\dot{x}}\neq 0$ のとき，オイレルの微分方程式は

$$f_{\dot{x}\dot{x}}\ddot{x}+f_{\dot{x}x}\dot{x}+f_{\dot{x}t}^{\mathrm{T}}-f_{x}^{\mathrm{T}}=0 \tag{3.1}$$

となる. この解は x, $\dot{x}$ に初期値を与えると決定される. D 内の任意の点 (t,x) での解曲線の傾きは，t, x の一意な関数となる. それを

$$\dot{x}=\varphi(t,\ x)$$

とおく. 一般に，D に関数 $\varphi(t,\ x)\in C^1$ があって $\dot{x}=\varphi(t,\ x)$ の解が $J[x]$ の停留曲線となっているとき，D を停留曲線の**場**といい，解曲線全体は D において場をつくるという.

定理 3.1. $\dot{x}=\varphi(t,\ x)$ に対して解曲線全体が D で場をつくるための完全条件は，

$$\frac{\partial}{\partial t}p(t,\ x,\ \varphi(t,\ x))=\frac{\partial}{\partial x}H(t,\ x,\ \varphi(t,\ x)), \tag{3.2}$$
$$p(t,\ x,\ \dot{x})=f_{\dot{x}}(t,\ x,\ \dot{x}),\qquad H(t,\ x,\ \dot{x})=f(t,\ x,\ \dot{x})-p(t,\ x,\ \dot{x})\dot{x}.$$

証明. 十分性. 与えられた式から

$$f_x=f_{\dot{x}t}+\varphi^{\mathrm{T}}f_{\dot{x}x}^{\mathrm{T}}+(\varphi_t^{\mathrm{T}}+\varphi^{\mathrm{T}}\varphi_x^{\mathrm{T}})f_{\dot{x}\dot{x}}.$$

$\dot{x}=\varphi(t,\ x)$ の解に沿っては $\dot{x}=\varphi(t,\ x)$, $\ddot{x}=\varphi_t+\varphi_x\dot{x}=\varphi_t+\varphi_x\varphi$. これを代入して

$$f_x=f_{\dot{x}t}+\dot{x}^{\mathrm{T}}f_{\dot{x}x}^{\mathrm{T}}+\ddot{x}f_{\dot{x}\dot{x}}=\frac{d}{dt}f_{\dot{x}},$$

これは $J[x]$ のオイレルの方程式 (1) である.

必要性は逆にたどればよい.　(証終)

定理 3.1 での条件は微分式 $H(t,\ x,\ \varphi(t,\ x))dt+p(t,\ x,\ \varphi(t,\ x))dx$ が完全微分であるための完全条件を与えているから，関数 $\Omega(t,\ x)$ が存在して $d\Omega$ が上の微分式になる. よって，

$$\Omega(t,\ x)=\int_C(H\,dt+p\,dx),\qquad C\in D, \tag{3.3}$$

は C の両端点のみの関数となる. これを**ヒルベルトの不変積分**という.

最初の汎関数 $J[x]$, $x(t_0)=x_0$, $x(t_1)=x_1$ に対して

$$E(t,\ x,\ y,\ z)=f(t,\ x,\ y)-f(t,\ x,\ z)-f_{\dot{x}}(t,\ x,\ z)(y-z)$$

を**ワイエルシュトラスの *E* 関数**という. これは

$$E(t,\ x,\ y,\ z)=(y-z)^{\mathrm{T}}f_{\dot{x}\dot{x}}(t,\ y,\ z+\theta(y-z))(y-z)\qquad(0<\theta<1). \tag{3.4}$$

定理 3.2. 曲線 C は停留曲線で，汎関数 $J[x]$ に対応して場を定義する方程式を $\dot{x}=\varphi(t,\ x)$ とする. 場 D の任意の点 $(t,\ x)$ において $E(t,\ x,\ \varphi,\ z)\geqq 0$ が任意の z に対して成立するならば，$J[x]$ は C に対して最小となる.

証明. C_0 は C と両端点を共有する D 内の任意の曲線とする. ヒルベルトの不変積分 (3) から

$$\int_C f(t,\ x,\ \dot{x})dt=\int_{C_0}((f(t,\ x,\ \varphi(t,\ x))-f_{\dot{x}}(t,\ x,\ \varphi(t,\ x,\ \varphi(t,\ x))\varphi(t,\ x))dt$$
$$+f_{\dot{x}}(t,\ x,\ \varphi(t,\ x))dx).$$

ここで

$$\varDelta J=\int_{C_0} f(t,\ x,\ \dot{x})dt-\int_C f(t,\ x,\ \dot{x})dt$$

とおけば，

$$\varDelta J=\int_{C_0} f(t,\ x,\ \dot{x})dt-\int_{C_0}((f(t,\ x,\ \varphi)-f_{\dot{x}}(t,\ x,\ \varphi)\varphi)dt+f_{\dot{x}}(t,\ x,\ \varphi)dx)$$
$$=\int_{C_0} E(t,\ x,\ \varphi,\ \dot{x})dt\geqq 0.$$
（証終）

定理 3.3.　D において $f_{\dot{x}\dot{x}}(t,\ x,\ y)$ が半正定値ならば，定理 3.2 の曲線 C において $J[x]$ は最小となる．

定理 3.4.　汎関数 $J[x]$ がオイレル方程式の解曲線 $x=x^0(t)$ に対して最小となるならば，任意の y に対して

$$E(t,\ x^0(t),\ \dot{x}^0(t),\ y)\geqq 0.$$

証明.　$\tau\in[t_0,\ t_1]$ で $E(\tau,\ x^0(\tau),\ \dot{x}^0(\tau),\ p)<0$ なるベクトル p があるとする．E 関数は連続．よって，$\tau\in(t_0,\ t_1)$ としてよい．

$$x^h(t)=\begin{cases} x^0(t)+(t-t_0)P & (t_0\leqq t\leqq \tau-h), \\ (t-\tau)p+x^0(\tau) & (\tau-h\leqq t\leqq \tau), \\ x^0(t) & (\tau\leqq t\leqq t_1); \end{cases}$$
$$x^0(\tau-h)+(\tau-h)P=-hp+x^0(\tau).$$

$\varDelta(h)=J[x^h]-J[x^0]$ とおくと，$\varDelta(0)=0$. $\dot{x}=\varphi(t,\ x)$ によって

$$\varDelta(h)=\int_{t_0}^{t_1}(f(t,\ x^h,\ \dot{x}^h)-f(t,\ x^0,\ \dot{x}^0))dt=\int_{t_0}^{t_1}E(t,\ x^h,\ \varphi,\ \dot{x}^h)dt$$
$$=\int_{t_0}^{\tau-h}E(t,\ x^h,\ \varphi,\ \dot{x}^h)dt+\int_{\tau-h}^{\tau}E(t,\ x^h,\ \varphi,\ \dot{x}^h)dt$$
$$=\int_{\tau-h}^{\tau}E(t,\ x^h,\ \varphi,\ \dot{x}^h)dt.$$

よって，

$$\varDelta(h)=\int_{\tau-h}^{\tau}E(t,\ x^0(\tau)+(t-\tau)p,\ \varphi,\ p)dt$$
$$=hE(\tau,\ x^0(\tau),\ \varphi(\tau,\ x^0(\tau)),\ p)+o(h).$$

$h\to 0$ として

$$\varDelta'(0)=E(\tau,\ x^0(\tau),\ \varphi(\tau,\ x^0(\tau)),\ p)=E(\tau,\ x^0(\tau),\ \dot{x}^0(\tau),\ p)<0,$$

ゆえに，h を十分小にとれば，$J[x^h]<J[x^0]$. これは $J[x^0]$ の最小性に反する．
（証終）

4. 条件つき変分問題

多様な問題が考えられている．

4.1. 等周問題

関数 $f(t, x, y)$, $g_i(t, x, y)$ $(i=1, \cdots, m)$ はすべて C^2 であるとし，$x(t_j)=x^j$ $(j=0, 1)$ とする．付帯条件

$$K_i[x]=\int_{t_0}^{t_1} g_i(t, x, \dot{x})dt=l_i \qquad (l_i \text{ は定数}, 1\leqq i\leqq m)$$

の下に

$$J[x]=\int_{t_0}^{t_1} f(t, x, \dot{x})dt$$

を最小にする変分問題を**等周問題**という．

$\eta^i(t)$ $(i=1, 2, \cdots, m+1)$ は n 次元関数で，$t_0<t<t_1$ 内の任意の点の近傍で $\eta^i(t)>0$，その他では 0 である区分的に C^1 なる任意関数とする．$J[x]$ を最小にする $x(t)$ に対して

$$\text{(4.1)} \qquad \int_{t_0}^{t_1}\left(g_{ix}-\frac{d}{dt}g_{i\dot{x}}\right)\eta^i(t)dt\neq 0 \qquad (i=2, \cdots, m+1),$$
$$\det\int_{t_0}^{t_1}\left(g_x-\frac{d}{dt}g_{\dot{x}}\right)(\eta^2\cdots\eta^{m+1})dt\neq 0$$

と仮定する．$g=(g_1, \cdots, g_m)^{\mathrm{T}}$ とおく．

定理 4.1. 仮定 (1) の下に，$J[x]$ を最小にする関数 $x(t)$ に対して，定数 λ があって

$$f_x-\frac{d}{dt}f_{\dot{x}}+\lambda\left(g_x-\frac{d}{dt}g_{\dot{x}}\right)=0.$$

未知関数の導関数を含まない条件 $g_i(t, x)=0$ $(i=1, \cdots, m, m<n)$ と境界条件 $x(t_j)=x^j$ $(j=0, 1)$ の下に $J[x]$ を最小にする問題を考える．このとき，つぎの定理が成り立つ:

定理 4.2. f, $g=(g_1, \cdots, g_m)^{\mathrm{T}}\in C^2$ とし，上の条件の下に $J[x]$ の極値を与える関数 $x(t)$ に対して $\mathrm{rank}(\partial g/\partial x)=m$ がみたされるならば，関数 $\lambda(t)$ があって

$$f_x-\frac{d}{dt}f_{\dot{x}}+\lambda(t)g_x=0.$$

5. 直接的方法

変分法の問題を取扱うのに，すでにのべてきたオイレルの微分方程式を解くという方法がある．この方法の困難はオイレルの微分方程式を解くことがもとの問題より容易であるとは限らないことから起こる．例えば，ディリクレ積分

$$\iint_D (u_x{}^2+u_y{}^2)dxdy$$

を最小にする $u(x, y)$ を境界条件 $u(x, y)=v(x, y)$ $(x, y)\in\partial D$ で解く問題のとき，オイレルの方程式は $\Delta u=0$ だけを与える．これはすべての調和関数の中で境界条件をみたすものを求めることに帰する．この問題の変換はさほど有効であるとはいえない．さらに，問題の与え方によっては，解の存在を示すのは容易ではない．いずれにしろ，存在を仮定して必要条件を求めているにすぎない．

直接的方法といわれる方法においては，二つのことが基本的である．第一に存在を証明すること，第二には解への近似関数列の収束を示すことである．どちらも困難な問題である．個々の場合に応じて工夫が必要である．

5.1. 特殊等周問題

周長 $2l$ を与えて閉曲線の囲む面積を最大にせよという問題をいう．この問題の解法は多種知られている．まずオイレル方程式による方法をのべる．

閉曲線を $(x(t),\ y(t))$ $(0\leqq t\leqq 1)$, $x(0)=x(1)$, $y(0)=y(1)$ と表わせば，

$$\int_0^1 \sqrt{x'(t)^2+y'(t)^2}\,dt=2l$$

の下に，

$$S=\frac{1}{2}\int_0^1 (xy'-x'y)\,dt$$

を最大にする問題となる．この問題は λ を定数として

$$\int_0^1\left\{\frac{1}{2}(xy'-x'y)+\lambda\sqrt{x'^2+y'^2}\right\}dt$$

を最大にする問題を解けばよいことになる．ここで，x についてのオイレル方程式をつくると，

$$\left(-\frac{1}{2}y+\lambda\frac{x'}{\sqrt{x'^2+y'^2}}\right)'-\frac{1}{2}y'=0.$$

よって，

$$-y+\lambda\frac{x'}{\sqrt{x'^2+y'^2}}=-b \quad (\text{定数}),$$

y についても同様に

$$x+\lambda\frac{y'}{\sqrt{x'^2+y'^2}}=a \quad (\text{定数}).$$

ゆえに，

$$(x-a)^2+(y-b)^2=\lambda^2, \qquad \lambda=\frac{2l}{2\pi}=\frac{l}{\pi}.$$

よって，解は円であって最大値は l/π である．

直接的方法によって解を求めてみよう．C が許容曲線であるとき，C の面積 $F[C]$ の集合を考える．$F[C]\leqq\tau l^2$ であることは明らかであるから，$\sup F[C]$ が存在する．そのとき，曲線列 $\{K_n\}$ があって

$$\lim_{n\to\infty} F[K_n]=\sup F[C].$$

そのとき，十分大なる偶数辺をもつ多角形 P_n があって

$$|F[P_n]-F[K_n]|<\varepsilon_n, \qquad |L(P_n)-2l|<\varepsilon_n$$

とできる．相似伸縮によって P_n' を P_n からつくり，$L[P_n']=2l$ としてよい．そのとき，$F[P_n']=(2l/L[P_n])^2F[P_n]$.　よって，$\varepsilon_n\to 0$ ならば $\varepsilon_n'\to 0$ が存在して $|F[P_n']-F[K_n]|<\varepsilon_n'$. これで $\{P_n'\}$ も許容曲線列となる．しかるに，偶数辺の等周な多角形の

中では正多角形が最大面積をもつ．これを Π_n とおくと，$\lim_{n\to\infty}F[\Pi_n]=\sup F[C]$．辺数を無限に増加させれば，$\Pi_n$ は周 $2l$ の円に収束する．そして，面積は円の面積に収束する．これで解がえられた．

5.2. リッツの方法

変分問題を有効に解く比較的一般な方法が，リッツによって与えられている．まず，座標関数系 $\{\omega_\nu\}$ をつぎの性質をもつようにえらぶ：

1） $n+1$ 個の関数からつくった一次結合

$$u_n=\sum_{j=0}^{n}c_j\omega_j$$

は許容関数である．ここで c_j は任意であるかあるいはある種の条件をみたすかである．

2） 逆に，任意の許容関数 u に対して適当な一次結合 u_n をつくり，$|J[u_n]-J[u]|$ を任意に小さくできる．

このような意味での完全性をもつ座標関数系の存在とそのえらび方は問題に応じて定まる．例えば，テイラー展開，フーリエ展開の可能なときには，$\{x^n\}$，$\{\cos nx, \sin nx\}$ を座標関数系としてとりうる．さらに，ワイエルシュトラスの多項式近似定理(→応用編 III §1.2 定理 1.2)によって，許容関数がすべて連続ならば $\{x^n\}$ を採用できる．

上の条件をみたす座標関数系があったとすると，u_n なる形をもつ関数からなる最小列がある．このとき，$J[u_n]$ は有限個の変数 c_ν $(\nu=0, 1, \cdots, n)$ の関数となる．特に，c_ν を各 n について $J[u_n]$ が最小となるようにとれば，それからできる u_n もまた最小列となる．この c_ν をきめる条件は

$$\frac{\partial}{\partial c_\nu}J[u_n]=0 \qquad (\nu=0, 1, \cdots, n)$$

で与えられる．c_ν の間に条件があるときは，適当な修正を要する．

5.3. ディリクレ問題

これはつぎのようにのべられる：平面領域 D で C^2，$\bar{D}$ で連続な関数 $u(x, y)$ に対して ∂D 上での値 $f(x, y)$ を与えて，ディリクレ積分

$$D[u]=\iint_D(u_x{}^2+u_h{}^2)dxdy$$

を最小にする u を求めよ．

すでにのべたように，解があれば解は D 内で調和である．ところが，一般に上の問題の設定では不十分である．それは D を単位円として連続な境界値を与えても $D[u]$ はすべての u に対して ∞ であるという例があるからである．もっとも，調和関数の境界値問題とだけ考え，$D[u]$ の最小性を問題にしなければ別である．上の問題はつぎのように修正して考えるべきである：

連続な境界値 $f(x, y)$ をもち，内部で区分的に C^2 である関数族中に $D[u]<\infty$ なものが存在するとき，$D[u]$ を最小にする u を求めよ．

この問題は解をもつ．この問題を本来の形で解くのは相当困難であるが，調和関数の境

界値問題の一部であることに注意すれば，比較的容易である．→ V §5.4

極小曲面の存在問題はディリクレ問題の類似である．そして極めて一般的な場合にまで解かれている．ここで極小曲面とは，実験的にはプラトーによって古くから知られている石鹼膜が自然に張る面であるが，局所的には平均曲率 0 の面である． → II B §2.3，応用編 II §3.5

参考書． [B 3]，[C 5]，[K 14]，[K 19]，[S 21]，[T 17]

［小沢　満］

IX. 特殊級数・積分変換

A. 特　殊　級　数

1.　フーリエ級数

1.1.　フーリエ係数

［$-\pi$, π］で可積な函数 f に対して

(1.1)
$$\begin{matrix} a_n \\ b_n \end{matrix} = \frac{1}{\pi}\int_{-\pi}^{\pi} f(x) \begin{matrix} \cos \\ \sin \end{matrix} nx\,dx \qquad (n=0,\ 1,\ \cdots;\ b_0\equiv 0)$$

をその**フーリエ係数**または**フーリエ定数**という．このとき，

(1.2)
$$f(x) \sim \frac{a_0}{2} + \sum_{n=1}^{\infty} (a_n \cos nx + b_n \sin nx)$$

と記し，右辺を f の**フーリエ級数**という．

可積な f に対して，そのフーリエ級数が収束するとは限らず，また収束しても $f(x)$ に等しいとは限らない．フーリエ級数論では，(2) の右辺の形の三角級数の収束点の分布に関する**収束問題**，収束点での級数の値 $s(x)$ で定まる函数の性質に関する**総和問題**，与えられた f のフーリエ級数が果して収束して和 $f(x)$ をもつかという**表現問題**，f を表わす三角級数がただ一つに限るかという**単独問題**などが論じられる．

例題 1.
$$f(x) = \frac{a_0}{2} + \sum_{n=1}^{\infty} (a_n \cos nx + b_n \sin nx)$$

において，右辺が一様収束しているならば，その係数 a_n, b_n は (1) で与えられる．

［**解**］ →IV §3.3 例題1　　　　（以上）

フーリエ係数はつぎの定理に示す極値性をもっている:

定理 1.1.　平方とともに可積な f を最小自乗法の意味で最良近似する与えられた次数の三角多項式は，いわゆるフーリエの三角多項式である．すなわち，各 m について，平均平方誤差

(1.3)
$$\varDelta_m = \frac{1}{2\pi}\int_{-\pi}^{\pi} \left(f(x) - \frac{\alpha_0}{2} - \sum_{n=1}^{m} (\alpha_n \cos nx + \beta_n \sin nx) \right)^2 dx$$

を最小にする係数 $\{\alpha_n,\ \beta_n\}$ は f のフーリエ係数 $\{a_n,\ b_n\}$ で与えられる．

証明.　三角函数系の直交性によって，

$$2\varDelta_m = \frac{1}{\pi}\int_{-\pi}^{\pi} f(x)^2 dx + \left(-\alpha_0 a_0 + \frac{\alpha_0{}^2}{2} + \sum_{n=1}^{m} (-2\alpha_n a_n + \alpha_n{}^2 - 2\beta_n b_n + \beta_n{}^2) \right)$$
$$= \frac{1}{\pi}\int_{-\pi}^{\pi} f(x)^2 dx - \left(\frac{a_0{}^2}{2} + \sum_{n=1}^{m} (a_n{}^2 + b_n{}^2) \right) + \frac{(\alpha_0 - a_0)^2}{2} + \sum_{n=1}^{m} ((\alpha_n - a_n)^2 + (\beta_n - b_n)^2).$$

ゆえに，Δ_m の最小値は $\alpha_n=a_n$, $\beta_n=b_n$ のときに限って達せられる．(→ 応用編 III 定理 2.1)　(証終)

例題 2. 平方とともに可積な f のフーリエ係数を (1) とすれば，いわゆる**ベッセルの不等式**が成り立つ:

$$\frac{a_0^2}{2}+\sum_{n=1}^{\infty}(a_n^2+b_n^2)\leqq\frac{1}{\pi}\int_{-\pi}^{\pi}f(x)^2dx. \tag{1.4}$$

［解］ 定理 1.1 の証明で Δ_m の最小値が負でないことに注意して，$m\to\infty$ とすればよい．(→ 応用編 III §2 (2.3))　(以上)

例題 2 から特に，フーリエ係数は零列をなすことがわかる．すなわち，

$$a_n\to 0,\qquad b_n\to 0\qquad (n\to\infty). \tag{1.5}$$

この性質はもっと一般な形で示される．

定理 1.2. 任意な有限区間で k が有界可積であって $\int_0^T k(t)dt=o(|T|)$ $(T\to\pm\infty)$ ならば，$[a, b]$ で絶対可積な f に対して

$$\lim_{\lambda\to\infty}\int_a^b f(x)k(\lambda x)dx=0. \tag{1.6}$$　**(リーマン・ルベーグの定理)**

証明. 一様に $|f(x)k(\lambda x)|\leqq|f(x)|O(1)$ であるから，すべての λ について一様に，積分に対する特異点からの寄与は任意に小さくできる．ゆえに，f は狭義に可積と仮定してよい．任意な $\varepsilon>0$ に対して，$[a, b]$ を分点 $a=x_0<x_1<\cdots<x_m=b$ により m 個の部分に分け，$[x_{\mu-1}, x_\mu]$ における f の振幅を ω_μ で表わすとき，$\sum_{\mu=1}^m\omega_\mu(x_\mu-x_{\mu-1})<\varepsilon$ となるようにできる(→ IV §1.2 定理 1.3)．そのとき，

$$\left|\int_a^b f(x)k(\lambda x)dx\right|\leqq\sum_{\mu=1}^m|f(x_{\mu-1})|\left|\int_{x_{\mu-1}}^{x_\mu}k(\lambda x)dx\right|+\sum_{\mu=1}^m\omega_\mu\left|\int_{x_{\mu-1}}^{x_\mu}k(\lambda x)dx\right|$$
$$\leqq\sum_{\mu=1}^m|f(x_{\mu-1})|\left|\frac{1}{\lambda}\int_{\lambda x_{\mu-1}}^{\lambda x_\mu}k(t)dt\right|+\sum_{\mu=1}^m\omega_\mu\int_{x_{\mu-1}}^{x_\mu}O(1)dx$$
$$=\sum_{\mu=1}^m|f(x_{\mu-1})|o(1)+\sum_{\mu=1}^m\omega_\mu(x_\mu-x_{\mu-1})O(1)\qquad(\lambda\to\infty).$$

$\varepsilon>0$ は任意に小さくえらんでおけるから，これで (6) が示されている．　(証終)

注意. 定理 1.2 (とその証明)はリーマン積分の形で示されている．しかし，フーリエ級数や積分ではルベーグの積分概念がむしろ適切である．定理 1.2 はルベーグ積分の範囲でも成立する．

$k(t)=\cos t, \sin t$ は定理 1.2 の条件をみたすから，絶対可積な f のフーリエ係数は (5) をみたす．

例題 3. f が $[-\pi, \pi]$ で有界変動，$f(-\pi)=f(\pi)$ ならば，

$$\left|\int_{-\pi}^{\pi}f(x)\begin{matrix}\cos\\ \sin\end{matrix}nx\,dx\right|\leqq\frac{1}{n}\int_{-\pi}^{\pi}|df(x)|\qquad(n=1,\ 2,\ \cdots). \tag{1.7}$$

特に，このとき f のフーリエ係数 (1) に対して $a_n=O(n^{-1})$, $b_n=O(n^{-1})$.

［解］ IV §4.2 定理 4.6 と IV §4.3 定理 4.8 によって，

$$n\left|\int_{-\pi}^{\pi}f(x)\cos nx\,dx\right|=\left|\int_{-\pi}^{\pi}f(x)d\sin nx\right|=\left|\int_{-\pi}^{\pi}\sin nx\,df(x)\right|\leqq\int_{-\pi}^{\pi}|df(x)|$$

すなわち，(7) での cos の部分が示された．sin の部分についても同様である．(以上)

1.2. 収束条件

(2) の右辺にある f のフーリエ級数の部分和を

(1.8) $$S_N(x)=\frac{a_0}{2}+\sum_{n=1}^{N}(a_n\cos nx+b_n\sin nx) \qquad (N=0,\ 1,\ \cdots)$$

で表わす; $S_0(x)=a_0/2$. 部分和の列 $\{S_n(x)\}_{n=0}^{N}$ の相加平均を

(1.9) $$\sigma_N(x)=\frac{1}{N+1}\sum_{n=0}^{N}S_n(x)$$

とおく. 必要に応じて, f は周期 2π をもって接続されているとする. このとき, (8), (9) に対して, つぎの積分表示がある:

定理 1.3. $\varphi(x,\ t)=(f(x+2t)+f(x-2t))/2$ とおくとき,

(1.10) $$\begin{aligned}S_N(x)&=\frac{1}{2\pi}\int_{-\pi}^{\pi}f(t)\frac{\sin(N+1/2)(t-x)}{\sin((t-x)/2)}dt\\&=\frac{2}{\pi}\int_0^{\pi/2}\varphi(x,\ t)\frac{\sin(2N+1)t}{\sin t}dt,\end{aligned}$$ **(ディリクレの公式)**

(1.11) $$\sigma_N(x)=\frac{2}{(N+1)\pi}\int_0^{\pi/2}\varphi(x,\ t)\left(\frac{\sin(N+1)t}{\sin t}\right)^2dt.$$ **(ファイエの公式)**

証明. 帰納法によってたしかめられるように,

$$\frac{1}{2}+\sum_{n=1}^{N}\cos n\tau=\frac{1}{2}\,\frac{\sin(N+1/2)\tau}{\sin(\tau/2)}.$$

(8) の右辺へ (1) を用いると, この等式によって,

$$\begin{aligned}S_N(x)&=\frac{1}{\pi}\int_{-\pi}^{\pi}f(t)\left(\frac{1}{2}+\sum_{n=1}^{N}\cos n(t-x)\right)dt\\&=\frac{1}{2\pi}\int_{-\pi}^{\pi}f(t)\frac{\sin(N+1/2)(t-x)}{\sin((t-x)/2)}dt.\end{aligned}$$

最後の積分の被積分函数は t について周期 2π をもつから, 積分区間を $(-\pi+x,\ \pi+x)$ としてもよい. そのとき,

$$S_N(x)=\frac{1}{\pi}\int_{-\pi/2}^{\pi/2}f(x+2\tau)\frac{\sin(2N+1)\tau}{\sin\tau}d\tau \qquad [t=x+\tau].$$

これから容易に (10) の第二の表示がみちびかれる.

つぎに, (10) を (9) の右辺に用いれば,

$$\begin{aligned}\sigma_N(x)&=\frac{1}{N+1}\sum_{n=0}^{N}\frac{2}{\pi}\int_0^{\pi/2}\varphi(x,\ t)\frac{\sin(2n+1)t}{\sin t}dt\\&=\frac{2}{(N+1)\pi}\int_0^{\pi/2}\varphi(x,\ t)\sum_{n=0}^{N}\frac{\cos 2nt-\cos 2(n+1)t}{1-\cos 2t}dt\\&=\frac{2}{(N+1)\pi}\int_0^{\pi/2}\varphi(x,\ t)\left(\frac{\sin(N+1)t}{\sin t}\right)^2dt.\end{aligned}$$ (証終)

例題 1.

$$\frac{2}{\pi}\int_0^{\pi/2}\frac{\sin(2N+1)t}{\sin t}dt=1,$$

$$\frac{2}{(N+1)\pi}\int_0^{\pi/2}\left(\frac{\sin(N+1)t}{\sin t}\right)^2dt=1.$$

［**解**］ $f\equiv 1$ に定理 1.3 を適用．このとき，$\varphi(x,\ t)\equiv 1$, $S_N\equiv 1$, $\sigma_N\equiv 1$.　（以上）

定理 1.4．周期 2π をもつ連続函数 f のフーリエ級数の部分和の平均を (9) とおけば，一様に　（**ファイエの定理**）

(1.12)
$$\lim_{N\to\infty}\sigma_N(x)=f(x).$$

証明．ファイエの公式 (11) と例題 1 の等式から

$$\sigma_N(x)-f(x)=\frac{2}{(N+1)\pi}\int_0^{\pi/2}(\varphi(x,\ t)-f(x))\left(\frac{\sin(N+1)t}{\sin t}\right)^2 dt.$$

仮定によって f は一様連続(→ III §3.2.2 定理 3.8)であるから，任意な $\varepsilon>0$ に対して適当な $\delta=\delta(\varepsilon)>0$ をとれば，

$$|\varphi(x,\ t)-f(x)|=\left|\frac{f(x+2t)+f(x-2t)}{2}-f(x)\right|<\frac{\varepsilon}{2}\qquad(|t|<\delta).$$

また，$|\varphi(x,\ t)-f(x)|\leqq M$ がつねに成り立つような M が存在する．ゆえに，

$$|\sigma_N(x)-f(x)|\leqq\frac{2}{(N+1)\pi}\left(\int_0^{\delta}+\int_{\delta}^{\pi/2}\right)|\varphi(x,\ t)-f(x)|\left(\frac{\sin(N+1)t}{\sin t}\right)^2 dt$$
$$<\frac{\varepsilon}{2}\,\frac{2}{(N+1)\pi}\int_0^{\delta}\left(\frac{\sin(N+1)t}{\sin t}\right)^2 dt+M\frac{2}{(N+1)\pi}\int_{\delta}^{\pi/2}\left(\frac{\sin(N+1)t}{\sin t}\right)^2 dt$$
$$<\frac{\varepsilon}{2}+M\frac{2}{(N+1)\pi}\,\frac{\pi/2}{\sin^2\delta}.$$

この右辺で N を大きくすると，第二項は $\varepsilon/2$ より小さくなる．　（証終）

定理 1.5．周期 2π をもつ滑らかな函数 f のフーリエ級数は一様収束し，$f(x)$ を表わす．

証明．f のフーリエ係数を (1) とし，f' のそれを a_n', b_n' で表わせば，$n\geqq 1$ のとき，部分積分によって

$$a_n=\frac{1}{\pi}\left[f(x)\frac{\sin nx}{n}\right]_{-\pi}^{\pi}-\frac{1}{\pi}\int_{-\pi}^{\pi}f'(x)\frac{\sin nx}{n}dx$$
$$=-\frac{1}{n\pi}\int_{-\pi}^{\pi}f'(x)\sin nx\,dx=-\frac{b_n'}{n}.$$

同様に，

$$b_n=\frac{a_n'}{n}.$$

ちなみに，周期性の仮定によって，$a_0'=\pi^{-1}\int_{-\pi}^{\pi}f'(x)dx=\pi^{-1}[f(x)]_{-\pi}^{\pi}=0$. これらの関係からさらに

$$|a_n|=\frac{|b_n'|}{n}\leqq\frac{1}{2}\left(b_n'^2+\frac{1}{n^2}\right),\qquad |b_n|=\frac{|a_n'|}{n}\leqq\frac{1}{2}\left(a_n'^2+\frac{1}{n^2}\right).$$

§1.1 例題 2 を f' に用いれば，$\sum a_n'^2$ と $\sum b_n'^2$ は収束する．$\sum 1/n^2$ は収束するから，$\sum|a_n|$ と $\sum|b_n|$ も収束する．$|a_n\cos nx+b_n\sin nx|\leqq|a_n|+|b_n|$ であるから，f のフーリエ級数は一様に収束する．その和を $S(x)$ で表わす:

$$S(x)=\frac{a_0}{2}+\sum_{n=1}^{\infty}(a_n\cos nx+b_n\sin nx).$$

さて，(9) の $\sigma_N(x)$ は高々 N 次の三角多項式である．ゆえに，定理 1.1 によって

$$\int_{-\pi}^{\pi}(f(x)-S_N(x))^2dx \leqq \int_{-\pi}^{\pi}(f(x)-\sigma_N(x))^2dx.$$

定理 1.4 によりこの右辺は $N\to\infty$ のとき 0 に近づくから，左辺も 0 に近づく．ところで，S_N は一様に S に近づくから，

$$0=\lim_{N\to\infty}\int_{-\pi}^{\pi}(f(x)-S_N(x))^2dx=\int_{-\pi}^{\pi}(f(x)-S(x))^2dx.$$

$f-S$ は連続であるから，$f-S\equiv 0$ すなわち $f\equiv S$.　　（証終）

フーリエ級数の収束と表現に関しては，数多くの結果がえられている．例えば，つぎの定理がある：

定理 1.6.　周期 2π をもつ連続函数が基礎区間の有限個の点でしか極値をとらない(**ディリクレの条件**)ならば，それはフーリエ級数で表わされる．

定理 1.7.　可積な f が点 x の近傍で有界変動ならば，

$$\lim_{N\to\infty}S_N(x)=\varphi(x,\ +0)\equiv\frac{1}{2}(f(x+0)+f(x-0)).$$

例題 2.　i.　$g(x)=(\pi-x)/2$ $(0<x\leqq\pi)$ を周期 2π の奇函数として接続すれば，

(1.13)
$$g(x)=\sum_{n=1}^{\infty}\frac{\sin nx}{n}.$$

ii.　$h(x)=|x|$ $(-\pi<x\leqq\pi)$ を周期 2π の函数として接続すれば，

(1.14)
$$h(x)=\frac{\pi}{2}-\frac{4}{\pi}\sum_{\nu=1}^{\infty}\frac{\cos(2\nu-1)x}{(2\nu-1)^2}.$$

［**解**］　一般公式 (1) によって，フーリエ係数を直接に計算するだけでよい．　（以上）

(13)，(14) で一般な記法 (2) の代りに等号を用いたのは，実は等式として成り立つことが示されるのである．

しかし，(13) で g の不連続点 0 のまわりでの収束の状況は，簡単とはいえない．じっさい，(13) の右辺の部分和を $S_N(x)$ で表わせば，

$$\begin{aligned}S_N(x)&=\sum_{n=1}^{N}\frac{\sin nx}{n}=\int_0^x\sum_{n=1}^{N}\cos nt\,dt\\&=\int_0^x\frac{1}{2}\left(\frac{\sin(N+1/2)t}{\sin(t/2)}-1\right)dt=\int_0^x\frac{\sin(N+1/2)t}{2\sin(t/2)}dt-\frac{x}{2}.\end{aligned}$$

例えば，特に $x=\pm 2\pi/(2N+1)$ とおけば，

$$\begin{aligned}S_N\left(\frac{\pm 2\pi}{2N+1}\right)&=\int_0^{\pm 2\pi/(2N+1)}\frac{\sin(N+1/2)t}{2\sin(t/2)}dt-\frac{\pm\pi}{2N+1}\\&=\int_0^{\pm\pi}\frac{\sin\tau}{(2N+1)\sin(\tau/(2N+1))}d\tau-\frac{\pm\pi}{2N+1};\end{aligned}$$

$$\lim_{N\to\infty}S_N\left(\frac{\pm 2\pi}{2N+1}\right)=\int_0^{\pm\pi}\frac{\sin\tau}{\tau}d\tau=\pm\frac{\pi}{2}(1+2\times 0.089\cdots).$$

この右辺は $g(\pm 0)=\pm\pi/2$ と一致しない．これは収束が不連続点のまわりで一様でないことを示すものであって，**ギップスの現象**とよばれる．

1.3. 完全性

一般に，$[a, b]$ で定義された函数列 $\{f_n\}$ が

$$(1.15)\qquad \operatorname*{l.i.m.}_{n\to\infty} f_n=f \quad \text{すなわち} \quad \lim_{n\to\infty}\int_a^b (f_n(x)-f(x))^2dx=0$$

をみたすとき，それは f に**平均収束**するという．任意な連続函数 f が函数系 $\{\varphi_\nu\}_{\nu=0}^{\infty}$ からの一次結合の列 $\{\sum_{\nu=0}^{n}c_{n\nu}\varphi_\nu\}_{n=0}^{\infty}$ で平均近似(平均収束の意味で近似)されるならば，$\{\varphi_\nu\}$ は**完全**であるという．

注意．ここで f を連続としたが，区分的に連続な函数あるいはさらに L^2 の函数は連続函数で平均近似されることが示されるから，f をこのような函数に拡めても完全性の定義の実質は変わらない．

例題 1．函数系 $\{x^\nu\}_{\nu=0}^{\infty}$ は任意な有限区間で完全である．

［**解**］ 連続函数は多項式で一様近似される(→ 応用編 III § 1.2 定理 1.2)．ゆえに，もちろん平均近似される．（以上）

定理 1.8．三角函数系 $\{1;\ \cos nx,\ \sin nx\}_{n=1}^{\infty}$ は完全である．

証明．連続函数 f は周期 2π をもつとしてよい．定理 1.4 によって，f は三角多項式の列 $\{\sigma_N\}$ で一様近似される．したがって，もちろん平均近似される．（証終）

定理 1.9．f のフーリエ係数を (1) とすれば，三角函数系 $\{1;\ \cos nx,\ \sin nx\}_{n=1}^{\infty}$ の完全性の条件は，**パーセバルの等式**

$$(1.16)\qquad \frac{a_0{}^2}{2}+\sum_{n=1}^{\infty}(a_n{}^2+b_n{}^2)=\frac{1}{\pi}\int_{-\pi}^{\pi}f(x)^2dx$$

と同値である．

証明．定理 1.5 の証明でもみたように，定理 1.1 と定理 1.4 (定理 1.8 の証明)から

$$\frac{1}{2\pi}\int_{-\pi}^{\pi}(f(x)-S_N(x))^2dx\leqq\frac{1}{2\pi}\int_{-\pi}^{\pi}(f(x)-\sigma_N(x))^2dx\to 0 \qquad (N\to\infty).$$

この左辺は定理 1.1 の証明でみたように，

$$\frac{1}{2\pi}\int_{-\pi}^{\pi}(f(x)-S_N(x))^2dx=\frac{1}{\pi}\int_{-\pi}^{\pi}f(x)^2dx-\left(\frac{a_0{}^2}{2}+\sum_{n=1}^{N}(a_n{}^2+b_n{}^2)\right).$$

これから $N\to\infty$ として (16) がえられる．（証終）

例題 2．i. $\displaystyle\sum_{n=1}^{\infty}\frac{1}{n^2}=\frac{\pi^2}{6}$; ii. $\displaystyle\sum_{n=1}^{\infty}\frac{(-1)^{n-1}}{n^2}=\frac{\pi^2}{12}$; iii. $\displaystyle\sum_{\nu=1}^{\infty}\frac{1}{(2\nu-1)^4}=\frac{5\pi^4}{192}$.

［**解**］ i. フーリエ展開 (13) にパーセバルの等式 (16) を適用すれば，

$$\sum_{n=1}^{\infty}\frac{1}{n^2}=\frac{1}{\pi}\int_{-\pi}^{\pi}g(x)^2dx=\frac{2}{\pi}\int_0^{\pi}\left(\frac{\pi-x}{2}\right)^2dx=\frac{\pi^2}{6}.$$

あるいは，x^2 のフーリエ展開

$$x^2=\frac{\pi^2}{3}+4\sum_{n=1}^{\infty}\frac{(-1)^n}{n^2}\cos nx \qquad (-\pi\leqq x\leqq\pi)$$

において，$x=\pi$ とおく．

ii. 上記の x^2 のフーリエ展開で $x=0$ とおく．あるいは，i の結果を利用して

$$\sum_{n=1}^{\infty}\frac{(-1)^{n-1}}{n^2}=\sum_{n=1}^{\infty}\frac{1}{n^2}-2\sum_{\nu=1}^{\infty}\frac{1}{(2\nu)^2}=\left(1-\frac{1}{2}\right)\sum_{n=1}^{\infty}\frac{1}{n^2}=\frac{\pi^2}{12}.$$

iii. フーリエ展開 (14) にパーセバルの等式 (16) を適用して

$$\frac{\pi^2}{4}+\frac{16}{\pi^2}\sum_{\nu=1}^{\infty}\frac{1}{(2\nu-1)^4}=\frac{1}{\pi}\int_{-\pi}^{\pi}|x|^2dx=\frac{2\pi^2}{3}.$$

これから求める結果がえられる. (以上)

なお，この種の和については，→ X §1.1 (1.19)，(1.20)

1.4. 三角級数

一般な三角級数がいたるところ収束するとしても，それをフーリエ級数としてもつ函数が存在するとは限らない．それを例示するために，便宜上，基礎区間を [0, 2π] として，フーリエ係数がみたすべき一つの必要条件をみちびこう．

定理 1.10. [0, 2π] で可積な f のフーリエ係数を

(1.17) $$\begin{matrix}a_n\\ b_n\end{matrix}=\frac{1}{\pi}\int_0^{2\pi}f(x)\begin{matrix}\cos\\ \sin\end{matrix}nx\,dx \qquad (n=0,\ 1,\ \cdots;\ b_0\equiv 0)$$

とすれば，[0, 2π] において

(1.18) $$\int_0^x f(x)dx=\frac{a_0}{2}x+\sum_{n=1}^{\infty}\frac{1}{n}(a_n\sin nx+b_n(1-\cos nx)).$$

特に，$\sum b_n/n$ は収束して

(1.19) $$\sum_{n=1}^{\infty}\frac{b_n}{n}=\frac{1}{2\pi}\int_0^{2\pi}(\pi-x)f(x)dx.$$

証明. 特殊な函数 $g(x)=(\pi-x)/2$ $(0<x<2\pi)$ のフーリエ級数を考える(→(1.13)): $g(x)=\sum_{n=1}^{\infty}n^{-1}\sin nx$. 右辺の級数の部分和の列は一様に有界であるから，ここで x の代りに $x-t$ とおいた式に $f(t)/\pi$ を掛けて $0<t<2\pi$ にわたって積分するさいに項別積分が許されて，

$$\frac{1}{\pi}\int_0^{2\pi}g(x-t)f(t)dt=\sum_{n=1}^{\infty}\frac{1}{n}(a_n\sin nx-b_n\cos nx).$$

この左辺で f は周期 2π をもって接続されたとみなし，

(1.20) $$F(x)=\int_0^x\left(f(t)-\frac{a_0}{2}\right)dt=\int_0^x f(t)dt-\frac{a_0}{2}x$$

とおけば，g は周期 2π をもつから，

$$\begin{aligned}\frac{1}{\pi}\int_0^{2\pi}g(x-t)f(t)dt&=\frac{1}{\pi}\int_{x-2\pi}^{x}g(x-t)f(t)dt\\ &=\frac{1}{\pi}\int_{x-2\pi}^{x}\frac{\pi-(x-t)}{2}f(t)dt=\frac{1}{\pi}\int_{x-2\pi}^{x}\frac{\pi-x+t}{2}\left(f(t)-\frac{a_0}{2}\right)dt\\ &=\frac{1}{2\pi}[(\pi-x+t)F(t)]_{x-2\pi}^{x}-\frac{1}{2\pi}\int_{x-2\pi}^{x}F(t)dt=F(x)-\frac{1}{2\pi}\int_0^{2\pi}F(t)dt.\end{aligned}$$

ゆえに，

(1.21) $$F(x)=\frac{1}{2\pi}\int_0^{2\pi}F(t)dt+\sum_{n=1}^{\infty}\frac{1}{n}(a_n\sin nx-b_n\cos nx).$$

ここで $x=0$ とおけば，(20) により $F(0)=0$ であるから，

(1.22) $$\frac{1}{2\pi}\int_0^{2\pi}F(t)dt=\sum_{n=1}^{\infty}\frac{b_n}{n}.$$

(22) を (21) に入れれば, (18) がえられる. さらに, (22) から

$$\sum_{n=1}^{\infty}\frac{b_n}{n}=\frac{1}{2\pi}\int_0^{2\pi}F(x)dx$$
$$=\frac{1}{2\pi}\int_0^{2\pi}dx\int_0^x\left(f(t)-\frac{a_0}{2}\right)dt=\frac{1}{2\pi}\int_0^{2\pi}dx\int_0^x f(t)dt-\frac{\pi}{2}a_0$$
$$=\frac{1}{2\pi}\int_0^{2\pi}f(t)dt\int_t^{2\pi}dx-\frac{1}{2}\int_0^{2\pi}f(t)dt=\frac{1}{2\pi}\int_0^{2\pi}(\pi-t)f(t)dt.$$

(証終)

例題 1.　$\sum_{n=2}^{\infty}\sin nx/(-\log n)$ はいたるところ収束するが, フーリエ級数ではありえない.

［**解**］ $b_1=0$, $b_n=1/(-\log n)$ $(n\geqq 2)$ とおけば,

(1.23)
$$\sum_{n=1}^{\infty}\frac{b_n}{n}=\sum_{n=2}^{\infty}\frac{1}{-n\log n}$$

となるが, この級数は発散する. ゆえに, 定理 1.10 によって, 与えられた級数はフーリエ級数ではない. 他方において, 問題の級数は $x=0,\ 2\pi$ ではたしかに収束する. 任意な $\delta>0$ に対して $\delta\leqq x\leqq 2\pi-\delta$ とする. このとき,

$$s_n(x)\equiv\sum_{\nu=2}^{n}\sin\nu x=\frac{\cos(x/2)-\cos(n+1/2)x}{2\sin(x/2)}-\sin x$$

とおけば, $|s_n(x)|\leqq\operatorname{cosec}(\delta/2)+1$. したがって, $1\leqq n<m$ のとき,

$$\left|-\sum_{\nu=n+1}^{m}\frac{\sin\nu x}{\log\nu}\right|=\left|\frac{s_n(x)}{\log(n+1)}-\sum_{\nu=n+1}^{m}\left(\frac{1}{\log\nu}-\frac{1}{\log(\nu+1)}\right)s_\nu(x)-\frac{s_m(x)}{\log(m+1)}\right|$$
$$\leqq\left(\operatorname{cosec}\frac{\delta}{2}+1\right)\left(\frac{1}{\log(n+1)}+\sum_{\nu=n+1}^{m}\left(\frac{1}{\log\nu}-\frac{1}{\log(\nu+1)}\right)+\frac{1}{\log(m+1)}\right)$$
$$=2\left(\operatorname{cosec}\frac{\delta}{2}+1\right)\frac{1}{\log(n+1)}\to 0\qquad(m>n\to\infty).$$

ゆえに, $\sum\sin nx/(-\log n)$ は $\delta\leqq x\leqq 2\pi-\delta$ で(一様に)収束する(→ III § 2.3.5 定理 2.21).

(以上)

ところが, (23) と類似な級数

(1.24)
$$\sum_{n=2}^{\infty}\frac{\cos nx}{\log n}$$

は $x=0$ で発散するけれども, これをフーリエ級数とする可積函数の存在が示されるのである.

一般に, 一つの三角級数

(1.25)
$$\frac{c_0}{2}+\sum_{n=1}^{\infty}(c_n\cos nx+d_n\sin nx)$$

が与えられたとき, 三角級数

(1.26)
$$\sum_{n=1}^{\infty}(d_n\cos nx-c_n\sin nx)$$

をその**共役級数**という.

(24) の共役級数は例題 1 にあげた三角級数である. したがって, (25) がフーリエ級数

であっても，その共役級数 (26) はフーリエ級数であるとは限らない．

一般な三角級数はフーリエ級数にくらべて，その取扱いがはるかに困難であるが，フーリエ級数の共役級数については，ある程度の結果がえられている．

2. ディリクレ級数

2.1. 収束座標

一つの数列 $\{a_n\}_{n=1}^{\infty}$ と $+\infty$ へ定発散する狭義の増加列 $\{\lambda_n\}_{n=1}^{\infty}$ からつくられた級数

(2.1)
$$\sum_{n=1}^{\infty} a_n e^{-\lambda_n x}$$

を(一般)**ディリクレ級数**という．特に $\lambda_n=\log n$ とおくと，

(2.2)
$$\sum_{n=1}^{\infty} \frac{a_n}{n^x}$$

となる; この形のものを**特殊ディリクレ級数**という．

(1) で $\lambda_n=n$ とおけば，$\sum a_n e^{-nx}$ となる．これは e^{-x} についてのベキ級数である．

定理 2.1. (1) が x_0 で収束する(あるいは単に x_0 での部分和の列が有界である)ならば，(1) は $x>x_0$ で一様に収束する．

証明.
$$\sum a_n e^{-\lambda_n x}=\sum a_n e^{-\lambda_n x_0}\cdot e^{-\lambda_n(x-x_0)}$$
と考えて，III §2.3.5 定理 2.21 を適用すればよい． (証終)

定理 2.2. (1) が x_1 で発散するならば，$x<x_1$ で発散する．

証明. 定理 2.1 の対偶． (証終)

定理 2.1, 2.2 からわかるように，ディリクレ級数 (1) が収束点と発散点とをもつならば，実数 A が存在して，$x>A$ で収束し，$x<A$ で発散する．A は (1) が $x>[<]a$ で収束[発散]するような a の集合の下[上]限である．この A を (1) の**収束座標**といい，区間 (A,∞) を**収束半直線**という．収束点が存在しないとき $A=+\infty$，すべての点で収束するとき $A=-\infty$ とする．

注意. ここでは暗に実数の範囲に限ったが，$\{a_n\}$ が複素数列，x が複素変数の場合には，収束半直線の代りに収束半平面 $\Re x>A$ が現われる．

例題 1.
$$\text{i.}\ \sum_{n=1}^{\infty}\frac{1}{n^x};\qquad \text{ii.}\ \sum_{n=2}^{\infty}\frac{(-1)^n}{n}\frac{1}{(\log n)^x}$$
の収束座標は，i. $A=1$; ii. $A=-\infty$.

［解］ i. 級数は $x>1$ のとき収束，$x\leqq 1$ のとき発散(→III §2.3.2 例題 1 または IV §3.2 例題 4)．ゆえに，$A=1$.

ii. $\sum(-1)^n$ の部分和は有界であり，任意な x に対して，$1/n(\log n)^x$ は $n>e^{-x}$ のとき，単調に減少しながら 0 に近づく．ゆえに(→III §2.3.5 定理 2.21)，与えられた級数は収束する．すなわち，$A=-\infty$. (以上)

ディリクレ級数 (1) の絶対値級数 $\sum|a_n|e^{-\lambda_n x}$ の収束座標 A^* を (1) の**絶対収束座標**という．

例題 2. 例題1の級数の絶対収束座標は，i. $A^*=1$; ii. $A^*=1$.

［**解**］ i. 係数がすべて正であるから，$A^*=A=1$.

ii. $\sum n^{-1}(\log n)^{-x}$ は $x>1$ のとき収束，$x\leqq 1$ のとき発散する(→IV §3.2 例題4)．ゆえに，$A^*=1$. (以上)

ディリクレ級数 (1) の収束座標を $\{a_n\}$, $\{\lambda_n\}$ を用いて表わす公式は，ベキ級数の場合のコーシー・アダマールの公式(→III §2.3.4 定理 2.19，V §2.3 定理 2.7)にくらべて，いくらか複雑な形をもつ．ここでは，結果だけをあげるにとどめる．

定理 2.3. ディリクレ級数 (1) の収束座標は

$$A=\overline{\lim_{x\to\infty}}\frac{1}{x}\log\left|\sum_{[x]\leqq\lambda_n<x}a_n\right|; \tag{2.3}$$

空な和は0を表わし，$\log 0=-\infty$ とする． **(小島の定理)**

$\{\lambda_n\}$ に特殊な制限をつけると，収束座標 A の決定が簡単になることがある．つぎの定理を例示する:

定理 2.4. (1) において $\lambda_n/\log n\to\infty$ $(n\to\infty)$ ならば,

$$A=\overline{\lim_{n\to\infty}}\frac{1}{\lambda_n}\log|a_n|. \tag{2.4}$$

証明. (4) の右辺を c で表わし，まず $-\infty<c<\infty$ とする．任意な $x>c$ に対して適当な $n_0(x)$ をとると，$n\geqq n_0(x)$ のとき,

$$\lambda_n>\frac{4}{x-c}\log n, \qquad |a_n|<\exp\left(\lambda_n\left(c+\frac{x-c}{2}\right)\right);$$

$$\begin{aligned}|a_n|e^{-\lambda_n x}&=|a_n|e^{-\lambda_n c}e^{-\lambda_n(x-c)}\\&<\exp\left(\lambda_n\frac{x-c}{2}-\lambda_n(x-c)\right)<\exp(-2\log n)=\frac{1}{n^2}.\end{aligned}$$

ゆえに，(1) は(絶対)収束するから，$A\leqq c$. つぎに，任意な $x<c$ に対しては，無限に多くの n について

$$\frac{1}{\lambda_n}\log|a_n|>c-\frac{c-x}{2};$$

$$|a_n|e^{-\lambda_n x}>\exp\left(\lambda_n\left(c-\frac{c-x}{2}\right)-\lambda_n x\right)=\exp\left(\lambda_n\frac{c-x}{2}\right)>1.$$

ゆえに，$A\geqq c$. したがって，$A=c$. $c=\pm\infty$ の場合も容易にわかる． (証終)

定義から明らかに $A\leqq A^*$ であるが，例題1 ii の級数については，例題2で示したように，$A=-\infty<1=A^*$. A と A^* の間にはつぎの相互関係がある:

定理 2.5. ディリクレ級数 (1) の収束座標を A，絶対収束座標を A^* とすれば,

$$A\leqq A^*\leqq A+\overline{\lim_{n\to\infty}}\frac{\log n}{\lambda_n}. \tag{2.5}$$

証明. (5) の右辺を $A+d$ とおく．$0\leqq d<\infty$ の場合に，(1) が x_0 で収束すると仮定して，任意な $\delta>0$ に対して (1) が $x=x_0+d+\delta$ で絶対収束することを示せばよい．さて，$\sum a_n e^{-\lambda_n x_0}$ の収束にもとづいて，$K=\sup|a_n|e^{-\lambda_n x_0}<\infty$ とおけば,

$$|a_ne^{-\lambda_nx}|=|a_ne^{-\lambda_nx_0}|e^{-\lambda_n(x-x_0)}\leqq Ke^{-\lambda_n(d+\delta)}.$$

他方で，d の定義から，$n>n_0(\delta)$ のとき，$\log n<(d+\delta/2)\lambda_n$ となり，

$$|a_ne^{-\lambda_nx}|\leqq K\exp\left(-\frac{d+\delta}{d+\delta/2}\log n\right)=K_n^{-(d+\delta)/(d+\delta/2)}.$$

$(d+\delta)/(d+\delta/2)>1$ であるから，$\sum|a_n|e^{-\lambda_nx}$ は収束する． (証終)

2.2. 諸性質

まず，ディリクレ級数表示の単独性からはじめる．

定理 2.6. $x>C$ でともに収束するディリクレ級数 $\sum a_ne^{-\lambda_nx}$, $\sum b_ne^{-\mu_nx}$ が $+\infty$ へ定発数する点列 $\{x_k\}_{k=1}^{\infty}$ 上で共通な値をもつならば，両者は一致する．すなわち，一般性を失うことなく $a_nb_n\neq0$ $(n=1,\ 2,\ \cdots)$ とするとき，$a_n=b_n$, $\lambda_n=\mu_n$ $(n=1,\ 2,\ \cdots)$.

証明. $\{\lambda_n\}$, $\{\mu_n\}$ を重ねてえられる数列を $\{\nu_n\}$ とすれば，両者の差は $\sum c_ne^{-\nu_nx}$ という形をもつ．ゆえに，$\sum c_ne^{-\nu_nx_k}=0$ $(k=1,\ 2,\ \cdots)$ から $c_n=0$ $(n=1,\ 2,\ \cdots)$ をみちびけばよい．級数は $x\geqq C+1$ で一様に収束するから，仮に $c_1\neq0$ とすれば，適当な n_0 に対して

$$\left|\sum_{n=n_0+1}^{\infty}c_ne^{-(\nu_n-\nu_1)x}\right|<\frac{1}{2}|c_1| \qquad (x\geqq C+1).$$

他方で，適当な $X_0\geqq C+1$ をとれば，$x>X_0$ のとき，

$$\left|\sum_{n=2}^{n_0}c_ne^{-(\nu_n-\nu_1)x}\right|<\frac{1}{2}|c_1|;$$

$$\left|\sum_{n=1}^{\infty}c_ne^{-\nu_nx}\right|\geqq e^{-\nu_1x}\left(|c_1|-\left|\left(\sum_{n=2}^{n_0}+\sum_{n=n_0+1}^{\infty}\right)c_ne^{-(\nu_n-\nu_1)x}\right|\right)>0.$$

これは零点の列 $\{x_k\}$ の存在に反する．同じ論法で帰納的に $c_n=0$ が示される．

(証終)

例題 1. $\sum a_ne^{-\lambda_nx}$, $\sum b_ne^{-\mu_nx}$ がともに絶対収束する範囲では，$\{\lambda_n\}$, $\{\mu_n\}$ のおのおのから一数ずつをとり，すべての対にわたって加えられた数(同じものは一度ずつとる)を増加の順にならべたものを $\{\nu_n\}$ とし，$c_n=\sum_{\lambda_h+\mu_k=\nu_n}a_hb_k$ とおけば，$\sum c_ne^{-\nu_nx}$ も絶対収束して，その和は両者の積に等しい．

［解］ 一般な絶対収束級数の乗法と項の順序変更に関する定理(→ III § 2.5 定理 2.25, III § 2.4 定理 2.22)からの直接の結果である． (以上)

2.3. リーマンのツェータ函数

特殊ディリクレ級数で定義された函数

$$\zeta(x)=\sum_{n=1}^{\infty}\frac{1}{n^x} \tag{2.6}$$

を**リーマンのツェータ函数**という．右辺の収束座標は1に等しい(→§2.1 例題1)．これはむしろ特殊函数として論じられる性格をもつが，ここではディリクレ級数という観点でいくつかの性質をあげることにする．

例題 1. $$\sum_{n=1}^{\infty}\frac{(-1)^{n-1}}{n^x}=(1-2^{1-x})\zeta(x) \qquad (x>1).$$

［**解**］
$$\sum_{n=1}^{\infty}\frac{(-1)^{n-1}}{n^x}=\sum_{n=1}^{\infty}\frac{1}{n^x}-2\sum_{n=1}^{\infty}\frac{1}{(2n)^x}=\sum_{n=1}^{\infty}\frac{1}{n^x}-2^{1-x}\sum_{n=1}^{\infty}\frac{1}{n^x}.$$
（以上）

ツェータ函数は解析的整数論で，殊に素数分布の問題と関連して，極めて重要な役割を果たす．

定理 2.7. 素数を増加の順に並べた列を $\{p_n\}_{n=1}^{\infty}$ とする；$p_1=2$，$p_2=3$，$p_3=5$，….このとき，

$$\frac{1}{\zeta(x)}=\prod_{n=1}^{\infty}\left(1-\frac{1}{p_n{}^x}\right)\qquad(x>1).\tag{2.7}$$
（オイレルの関係）

証明. 因子 p_1 を含まないすべての自然数から成る増加列を $\{m_{1n}\}_{n=1}^{\infty}$ とすれば，

$$\left(1-\frac{1}{p_1{}^x}\right)\zeta(x)=\sum_{n=1}^{\infty}\frac{1}{n^x}-\sum_{n=1}^{\infty}\frac{1}{(p_1n)^x}=\sum_{n=1}^{\infty}\frac{1}{m_{1n}{}^x}.$$

帰納的に，因子 p_1，…，p_k を含まないすべての自然数から成る増加列を $\{m_{kn}\}_{n=1}^{\infty}$ とすれば，

$$\prod_{\kappa=1}^{k}\left(1-\frac{1}{p_\kappa{}^x}\right)\cdot\zeta(x)=\sum_{n=1}^{\infty}\frac{1}{m_{k-1,n}{}^x}-\sum_{n=1}^{\infty}\frac{1}{(p_km_{k-1,n})^x}=\sum_{n=1}^{\infty}\frac{1}{m_{kn}{}^x}.$$

特に $m_{k1}=1$，$m_{k2}\geqq p_k+1>k$ であるから，

$$\left|\prod_{\kappa=1}^{k}\left(1-\frac{1}{p_\kappa{}^x}\right)\cdot\zeta(x)-1\right|<\sum_{n=k}^{\infty}\frac{1}{n^x}.$$

この右辺は $k\to\infty$ のとき，0 に近づく．（証終）

注意. $\zeta(x)\to+\infty$ $(x\to1+0)$ であるから，(7) によって乗積 $\Pi(1-p_n{}^{-1})$ は 0 に発散する．したがって(→ III § 2.6.3 定理 2.29)，級数 $\sum p_n{}^{-1}$ は発散する．

そこで，整数論的函数の一つとして**メービウスの函数** μ を考える．これはつぎのように定義される：

$$\mu(n)=\begin{cases}1 & (n=1),\\ 0 & (n\text{ が素数の平方で整除されるとき}),\\ (-1)^k & (n\text{ が相異なる }k\text{ 個の積のとき}).\end{cases}\tag{2.8}$$

定理 2.8. μ をメービウスの函数として，

$$\frac{1}{\zeta(x)}=\sum_{n=1}^{\infty}\frac{\mu(n)}{n^x}\qquad(x>1).\tag{2.9}$$

証明. 定理 2.7 の関係 (7) と μ の定義 (8) からわかる．（証終）

例題 2. メービウスの函数 μ に対して

$$\sum_{d\mid n}\mu(d)=\begin{cases}1 & (n=1),\\ 0 & (n>1).\end{cases}\tag{2.10}$$

［**解**］ 二つのディリクレ級数 (1.1) と (9) の積をつくれば，§ 2.2 例題 1 の結果によって，$x>1$ のとき，

$$1=\sum_{n=1}^{\infty}\frac{1}{n^x}\cdot\sum_{n=1}^{\infty}\frac{\mu(n)}{n^x}\equiv\sum_{n=1}^{\infty}\frac{c_n}{n^x},\qquad c_n=\sum_{d\mid n}\mu(d).$$

ゆえに，定理 2.6 によって (10) が成り立つ．（以上）

一般に，m，n を互いに素な自然数とするとき，

(2.11) $$f(mn)=f(m)f(n) \qquad (f(1)=1)$$

をみたす整数論的函数 f は**乗法的**であるという.

定理 2.9. f が乗法的ならば, 素数を増加の順に並べた列を $\{p_n\}_{n=1}^{\infty}$ とするとき,

(2.12) $$\sum_{n=1}^{\infty}\frac{f(n)}{n^x}=\prod_{n=1}^{\infty}\sum_{\nu=0}^{\infty}\frac{f(p_n{}^{\nu})}{p_n{}^{\nu x}}.$$

証明. n の素因数分解を $n=\Pi_{j=1}^{k}q_j{}^{e_j}$ とする. (12) の右辺を特殊ディリクレ級数の形にかきなおすとき, $1/n^x$ の項はつぎの形としてだけ現われる:

$$\prod_{j=1}^{k}\frac{f(q_j{}^{e_j})}{q_j{}^{e_j x}}=\frac{f(n)}{n^x}.$$ (証終)

注意. 定理 2.9 で $f\equiv 1$ の場合が定理 2.6 にほかならない.

乗法的な函数の例として, **オイレルの函数** φ がある(→I §9.1 定理 9.4). $\varphi(n)$ は n をこえない自然数のうちで n と互いに素であるものの個数として定義される. n の素因数分解を $n=\Pi_{j=1}^{k}q_j{}^{e_j}$ とすれば,

(2.13) $$\varphi(n)=\prod_{j=1}^{k}(q_j{}^{e_j}-q_j{}^{e_j-1})=n\prod_{j=1}^{k}(1-q_j{}^{-1}),\quad \varphi(1)=1.$$ →I §9.1 定理 9.4 系

例題 3. オイレルの函数 φ に対して

(2.14) $$\sum_{n=1}^{\infty}\frac{\varphi(n)}{n^x}=\frac{\zeta(x-1)}{\zeta(x)} \qquad (x>2).$$

［**解**］ 定理 2.9 で $f=\varphi$ とおけば, 定理 2.7 によって,

$$\sum_{n=1}^{\infty}\frac{\varphi(n)}{n^x}=\prod_{n=1}^{\infty}\sum_{\nu=0}^{\infty}\frac{\varphi(p_n{}^{\nu})}{p_n{}^{\nu x}}=\prod_{n=1}^{\infty}\left(1+\sum_{\nu=1}^{\infty}\frac{p_n{}^{\nu}-p_n{}^{\nu-1}}{p_n{}^{\nu x}}\right)$$
$$=\prod_{n=1}^{\infty}\frac{1-p_n{}^{-x}}{1-p_n{}^{1-x}}=\frac{\zeta(x-1)}{\zeta(x)}.$$ (以上)

例題 4. 自然数 n の約数の $\alpha(\geqq 0)$ 乗の総和を $\sigma_\alpha(n)$ で表わせば,

(2.15) $$\sum_{n=1}^{\infty}\frac{\sigma_\alpha(n)}{n^x}=\zeta(x)\zeta(x-\alpha) \qquad (x>\alpha+1).$$

［**解**］ 明らかに σ_α は乗法的であり, 特に素数のベキに対しては $\sigma_\alpha(p^\nu)=\sum_{j=0}^{\nu}p^{j\alpha}=(1-p^{(\nu+1)\alpha})/(1-p^\alpha)$. ゆえに, 定理 2.9 と定理 2.7 により

$$\sum_{n=1}^{\infty}\frac{\sigma_\alpha(n)}{n^x}=\prod_{n=1}^{\infty}\sum_{\nu=0}^{\infty}\frac{1-p_n{}^{(\nu+1)\alpha}}{1-p_n{}^{\alpha}}\frac{1}{p_n{}^{\nu x}}$$
$$=\prod_{n=1}^{\infty}\frac{1}{(1-p_n{}^{-x})(1-p_n{}^{-(x-\alpha)})}=\zeta(x)\zeta(x-\alpha).$$ (以上)

最後に, 特殊函数の観点からリーマンのツェータ函数について, いくつかの表示と関係を証明なしにあげておこう; $s=\sigma+it$ は複素変数とする:

(2.16) $$\zeta(s)=\frac{1}{\Gamma(s)}\int_0^\infty\frac{u^{s-1}}{e^u-1}du \qquad (\sigma>1);$$

(2.17) $$\zeta(s)=-\frac{\Gamma(1-s)}{2\pi i}\int_C\frac{(-z)^{s-1}e^{-z}}{1-e^{-z}}dz,$$ **(リーマンの表示)**

C は正の実軸に沿って $+\infty$ から $\delta\,(0<\delta<2\pi)$ にいたり, 原点のまわりの半径 δ の円周を正の向きに一周し, 正の実軸に沿い $+\infty$ にいたる路;

(2.18)　$$\zeta(s)=\frac{2\Gamma(1-s)}{(2\pi)^{1-s}}\sin\frac{\pi s}{2}\sum_{n=1}^{\infty}\frac{1}{n^{1-s}}\qquad(\sigma<0);$$　**（フルウィッツの表示）**

(2.19)　$$\zeta(1-s)=\frac{2}{(2\pi)^s}\Gamma(s)\zeta(s)\cos\frac{\pi s}{2};$$　**（リーマンの関係）**

(2.20)　$$\pi^{-s/2}\Gamma\left(\frac{s}{2}\right)\zeta(s)=\pi^{-(1-s)/2}\Gamma\left(\frac{1-s}{2}\right)\zeta(1-s).$$　**（相反性）**

3．特殊級数の諸例

3.1．ランベルト級数

与えられた数列 $\{a_n\}$ からつくられた級数

(3.1)　$$\sum_{n=1}^{\infty}a_n\frac{x^n}{1-x^n}$$

を**ランベルト級数**という；$x=\pm1$ は除外される．その収束範囲は $\sum a_n$ と $\sum a_nx^n$ の収束発散性によって完全に決定される．それはつぎの両定理で示される．

定理 3.1． $\sum a_n$ が収束すれば，(1) はすべての $x\neq\pm1$ で収束する．

証明． まず，$|x|<1$ とすると，$|1-x^n|\geqq1-|x|$ $(n=1, 2, \cdots)$．$\sum a_n$ が収束すれば，$\sum a_nx^n$ は絶対収束し，(1) も収束する．つぎに，$|x|>1$ とすると，$|1/x|<1$ であって，

(3.2)　$$\sum a_n\frac{x^n}{1-x^n}=-\sum a_n-\sum a_n\frac{(1/x)^n}{1-(1/x)^n}.$$

ゆえに，このときにも (1) は収束する．　（証終）

定理 3.2． $\sum a_n$ が発散すれば，(1) は $\sum a_nx^n$ と同時に収束または発散する．

証明． $\sum a_nx^n$ の収束半径は $R\leqq1$．まず，$(-1, 1)$ に属する $\sum a_nx^n$ の収束区間で (1) が収束し，この区間のその他の点(が存在すれば，そこ)で (1) が発散することを示そう．そのために，

$$a_n\frac{x^n}{1-x^n}=a_nx^n\frac{1}{1-x^n},\qquad a_nx^n=a_n\frac{x^n}{1-x^n}(1-x^n)$$

に注意する．$\sum_{\nu=1}^{n}a_\nu x^\nu=s_n(x)$ とおけば，アーベルの変換(→ III §2.3.2 定理 2.20)によって，$m>n$ のとき，

$$\sum_{\nu=n+1}^{m}a_\nu\frac{x^\nu}{1-x^\nu}=-s_n(x)\frac{1}{1-x^{n+1}}+\sum_{\nu=n+1}^{m}s_\nu(x)\left(\frac{1}{1-x^\nu}-\frac{1}{1-x^{\nu+1}}\right)+s_m(x)\frac{1}{1-x^m}.$$

ゆえに，$\sum a_nx^n$ の収束点 $x\in(-1, 1)$ では，$\{s_n(x)\}$ は有界であり，

$$\left|\frac{1}{1-x^\nu}-\frac{1}{1-x^{\nu+1}}\right|=\left|\frac{(1-x)x^\nu}{(1-x^\nu)(1-x^{\nu+1})}\right|\leqq\frac{|x|^\nu}{1-|x|}$$

となるから，(1) が収束する．逆に，(1) が x で収束すれば，$x\in(-1, 1)$ のとき，

$$|(1-x^\nu)-(1-x^{\nu+1})|=|(1-x)x^\nu|\leqq2|x|^\nu$$

に注意すれば，上と同様に $\sum a_nx^n$ も収束することがわかる．つぎに，$|x|>1$ で (1) が発散することを示す．仮に (1) が x_1 $(|x_1|>1)$ で収束したとすれば，$\sum a_n(1-x_1{}^n)^{-1}x^n$ が x_1 で収束し，したがって 1 でも収束することになる．さらに，

$$\sum\frac{a_n}{1-x_1{}^n}-\sum a_n\frac{x_1{}^n}{1-x_1{}^n}=\sum a_n$$

も収束することになり，不合理である．（証終）

$\sum a_n$ が収束すれば，(1) で表わされる函数を $f(x)$ とするとき，(2) によって

$$f(x)+f\left(\frac{1}{x}\right)=-\sum_{n=1}^{\infty}a_n \qquad (x\neq\pm1).$$

ランベルト級数も数論的に有用である．

定理 3.3. ベキ級数 $\sum a_nx^n$ の収束半径を $R>0$ とすれば，

(3.3) $$A_n=\sum_{d|n}a_d$$

とおくとき，$|x|<\min(R,\ 1)$ において

(3.4) $$\sum_{n=1}^{\infty}a_n\frac{x^n}{1-x^n}=\sum_{n=1}^{\infty}A_nx^n.$$

証明. $|x|<\min(R,\ 1)$ で $\sum a_nx^n$ は絶対収束するから，定理 3.1，3.2 により $\sum|a_n||x|^n/(1-|x|^n)$ は収束する．ゆえに(→ III §2.4 定理 2.22 の一般化)，

$$\sum_{n=1}^{\infty}a_n\frac{x^n}{1-x^n}=\sum_{d=1}^{\infty}a_d\sum_{\nu=1}^{\infty}x^{d\nu}$$

の右辺で総和の順序を交換することができて，

$$\sum_{d=1}^{\infty}a_d\sum_{\nu=1}^{\infty}x^{d\nu}=\sum_{d=1}^{\infty}a_d\sum_{d|n}x^n=\sum_{n=1}^{\infty}\Big(\sum_{d|n}a_d\Big)x^n=\sum_{n=1}^{\infty}A_nx^n.$$ （証終）

例題 1. 自然数 n の約数の個数を $\tau(n)=\sigma_0(n)$，約数の総和を $\sigma(n)=\sigma_1(n)$ とすれば (→§2.3 例題 4)，

(3.5) $$\sum_{n=1}^{\infty}\frac{x^n}{1-x^n}=\sum_{n=1}^{\infty}\tau(n)x^n, \qquad \sum_{n=1}^{\infty}\frac{nx^n}{1-x^n}=\sum_{n=1}^{\infty}\sigma(n)x^n \qquad (|x|<1).$$

［解］ 定理 3.3 で $a_n\equiv1$ とおけば，$A_n=\tau(n)$ となる．また，$a_n\equiv n$ とおけば，$A_n=\sigma(n)$ となる．（以上）

さて，(3) が成り立つとき，メービウスの函数 (2.8) を用いると，

$$\sum_{d|n}\mu(d)A_{n/d}=\sum_{d|n}\mu(d)\sum_{c|n/d}a_c=\sum_{b|n}a_{n/b}\sum_{d|b}\mu(d).$$

(2.10) によりこの右辺は a_n に等しいから，(3) はつぎのように反転される：

(3.6) $$a_n=\sum_{d|n}\mu(d)A_{n/d}=\sum_{d|n}\mu\left(\frac{n}{d}\right)A_d.$$

例題 2. メービウスの函数 μ，オイレルの函数 φ に対して

(3.7) $$x=\sum_{n=1}^{\infty}\mu(n)\frac{x^n}{1-x^n}, \qquad \frac{x}{(1-x)^2}=\sum_{n=1}^{\infty}\varphi(n)\frac{x^n}{1-x^n} \qquad (|x|<1).$$

［解］ (6) で $A_1=1,\ A_n=0\ (n>1)$ とおけば，$a_n=\mu(n)$ となる．(同じことだが，(3) で $a_n=\mu(n)\ (n=1,\ 2,\ \cdots)$ とおけば，(2.10) により $A_1=1,\ A_n=0\ (n>1)$ となる．) ゆえに，定理 3.3 によって，(7) の第一の関係がえられる．

つぎに，$d|n$ とすれば，n をこえない自然数のうちで n との最大公約数が d に等しいものの個数は $\varphi(n/d)$ に等しいから，

(3.8)　$$n=\sum_{d\mid n}\varphi\left(\frac{n}{d}\right)=\sum_{d\mid n}\varphi(d).$$

ゆえに，(3) で $a_n=\varphi(n)$ $(n=1,\ 2,\ \cdots)$ とすれば，$A_n=n$ $(n=1,\ 2,\ \cdots)$ となる．したがって，定理 3.3 によって，(7) の第二の関係がえられる．　（以上）

定理 3.4.　$$f(x)=\sum_{n=1}^{\infty}a_n\frac{x^n}{1-x^n},\qquad g(x)=\sum_{n=1}^{\infty}a_nx^n$$

において，後者の収束半径を $R>0$ とすれば，

(3.9)　$$f(x)=\sum_{\nu=1}^{\infty}g(x^\nu)\qquad(|x|<\min(R,\ 1)).$$

証明.　定理 3.3 の証明におけると同様に，

$$f(x)=\sum_{n=1}^{\infty}a_n\sum_{\nu=1}^{\infty}x^{n\nu}=\sum_{\nu=1}^{\infty}\sum_{n=1}^{\infty}a_nx^{\nu n}=\sum_{\nu=1}^{\infty}g(x^\nu).$$　（証終）

例題 3.　$|a|\leqq 1$ とするとき，

(3.10)　$$\sum_{n=1}^{\infty}\frac{nx^n}{1-x^n}=\sum_{\nu=1}^{\infty}\frac{x^\nu}{(1-x^\nu)^2},\qquad \sum_{n=1}^{\infty}\frac{a^nx^n}{1-x^n}=\sum_{\nu=1}^{\infty}\frac{ax^\nu}{1-ax^\nu}\qquad(|x|<1).$$

［解］　定理 3.4 で $a_n=n$ とすれば，$g(x)=x/(1-x)^2$．また，$a_n=a^n$ とすれば，$g(x)=ax/(1-ax)$．　（以上）

3.2．階乗級数・二項係数級数

与えられた数列 $\{a_n\}$ からつくられた級数

(3.11)　$$\sum_{n=1}^{\infty}\frac{a_n}{x}\prod_{\nu=1}^{n}\frac{\nu}{x+\nu}\equiv\sum_{n=1}^{\infty}a_n\frac{B(x,\ n+1)}{x}$$

を**階乗級数**という；ここに B はベータ函数(→ X §1.5)である．x の非正の整数値はつねに除外される．

定理 3.5.　点 $0,\ -1,\ -2,\ \cdots$ を除外すれば，階乗級数 (11) は対応するつぎの特殊ディリクレ級数と同時に収束または発散する：

(3.12)　$$\sum_{n=1}^{\infty}\frac{a_n}{n^x}.$$　**（ランダウの定理）**

証明.　$x\neq 0,\ -1,\ -2,\ \cdots$ として

(3.13)　$$\varphi_n(x)=\frac{1}{n!n^x}\prod_{\nu=0}^{n}(x+\nu)$$

とおけば，ガンマ函数の性質(→ X §1.2 (1.22)) によって $1/\varphi_n(x)\to\Gamma(x)$ $(n\to\infty)$．ゆえに，このような各 x に対して $\{1/\varphi_n\}$ は有界である．(12) がこのような一つの x で収束すると仮定する．そのとき，(11) すなわち $\sum a_nn^{-x}/\varphi_n(x)$ の収束を示すには，

$$\sum_{n=1}^{\infty}\left|\frac{1}{\varphi_n(x)}-\frac{1}{\varphi_{n+1}(x)}\right|=\sum_{n=1}^{\infty}\frac{|\varphi_{n+1}(x)-\varphi_n(x)|}{|\varphi_n(x)\varphi_{n+1}(x)|}$$

の収束を示せば十分である(→§3.1 定理 3.2 の証明)．さらに，$\{1/\varphi_n\}$ の有界性により $\sum|\varphi_{n+1}(x)-\varphi_n(x)|$ の収束を示せばよい．ところで，

$$\varphi_n(x)-\varphi_{n-1}(x)=\varphi_{n-1}(x)\left(\left(1+\frac{x}{n}\right)\left(1-\frac{1}{n}\right)^x-1\right)$$

の右辺で $\varphi_{n-1}(x)$ は有界である．$n>1+|x|$ のとき，順次に

$$x\log\left(1-\frac{1}{n}\right)=-x\sum_{\nu=1}^{\infty}\frac{1}{\nu n^{\nu}}\equiv-\frac{x}{n}+\alpha_n(x),$$

$$|\alpha_n(x)|\leqq|x|\sum_{\nu=2}^{\infty}\frac{1}{2n^{\nu}}=\frac{|x|}{2n(n-1)}\leqq\frac{|x|}{n^2};$$

$$e^{\alpha_n(x)}=\sum_{\nu=0}^{\infty}\frac{1}{\nu!}\alpha_n(x)^{\nu}\equiv1+\beta_n(x),$$

$$|\beta_n(x)|\leqq\sum_{\nu=1}^{\infty}|\alpha_n(x)|^{\nu}=\frac{|\alpha_n(x)|}{1-|\alpha_n(x)|}\leqq\frac{|x|}{n^2-|x|};$$

$$e^{-x/n}=\sum_{\nu=0}^{\infty}\frac{1}{\nu!}\left(-\frac{x}{n}\right)^{\nu}=1-\frac{x}{n}+\gamma_n(x),$$

$$|\gamma_n(x)|\leqq\sum_{\nu=2}^{\infty}\frac{1}{2}\left|\frac{x}{n}\right|^{\nu}=\frac{x^2}{2n(n-|x|)};$$

$$\left(1-\frac{1}{n}\right)^x=e^{-x/n+\alpha_n(x)}=\left(1-\frac{x}{n}+\gamma_n(x)\right)(1+\beta_n(x)).$$

ゆえに，さらに

$$\left(1+\frac{x}{n}\right)\left(1-\frac{1}{n}\right)^x-1=-\frac{x^2}{n^2}+\delta_n(x)$$

とおけば，上記の評価によって

$$n^2\delta_n(x)=(n^2-x^2)\beta_n(x)+\left(1+\frac{x}{n}\right)n^2\gamma_n(x)(1+\beta_n(x))$$

は有界である．したがって，$\sum|\varphi_{n+1}(x)-\varphi_n(x)|$ は収束する．逆に，(11) が収束すれば，$a_n/n^x=a_nx^{-1}B(x,\ n+1)\varphi_n(x)$ となるから，(12) の収束を示すには $\sum|\varphi_{n+1}(x)-\varphi_n(x)|$ の収束を証明すればよいが，これはすぐ上に行なったとおりである．（証終）

例題 1. $x\neq0,\ -1,\ -2,\ \cdots$ に対して

$$\sum_{n=0}^{\infty}\prod_{\nu=0}^{n}\frac{1}{x+\nu}=e\sum_{n=0}^{\infty}\frac{(-1)^n}{n!(x+n)}. \tag{3.14}$$

［**解**］ この左辺は (11) で $a_n=1/n!$ とおき，一項 $1/x$ を追加したものである．その各項を部分分数に分解して

$$\prod_{\nu=0}^{n}\frac{1}{x+\nu}=\sum_{\nu=0}^{n}\frac{h_{n\nu}}{x+\nu}$$

とおく．両辺に $x+\nu$ を掛けてから $x\to-\nu$ とすることにより

$$h_{n\nu}=\frac{(-1)^{\nu}}{\nu!(n-\nu)!}.$$

ゆえに，(14) の左辺は二つの絶対収束級数の積とみなされ，

$$\sum_{n=0}^{\infty}\prod_{\nu=0}^{n}\frac{1}{x+\nu}=\sum_{n=0}^{\infty}\sum_{\nu=0}^{n}\frac{(-1)^{\nu}}{\nu!(n-\nu)!}\frac{1}{x+\nu}$$
$$=\sum_{n=0}^{\infty}\frac{1}{n!}\cdot\sum_{n=0}^{\infty}\frac{(-1)^n}{n!(x+n)}=e\sum_{n=0}^{\infty}\frac{(-1)^n}{n!(x+n)}.$$
（以上）

与えられた数列 $\{a_n\}$ からつくられた級数

(3.15)
$$\sum_{n=1}^{\infty} a_n \binom{x-1}{n} \equiv \sum_{n=1}^{\infty} a_n \frac{1}{xB(x-n,\ n+1)}$$

を**二項係数級数**という．

定理 3.6. 点 0,1,2,… を除外すれば，二項係数級数 (15) は対応するつぎの特殊ディリクレ級数と同時に収束または発散する：

(3.16)
$$\sum_{n=1}^{\infty} \frac{(-1)^n a_n}{n^x}.$$

証明. (13) とおけば，こんどは

$$a_n \frac{1}{xB(x-n,\ n+1)} = \frac{(-1)^n a_n}{n^x} \frac{\varphi_n(-x)}{x},$$

$$\frac{\varphi_n(-x)}{x} \to -\frac{1}{\Gamma(1-x)} \qquad (n\to\infty).$$

以後の証明は，定理 3.5 の場合と同様である．　(証終)

3.3. 超幾何級数

$\alpha,\ \beta,\ \gamma$ が非正の整数でないとき，

(3.17)
$$F(\alpha,\ \beta;\ \gamma;\ x) = 1 + \sum_{n=1}^{\infty} x^n \prod_{\nu=0}^{n-1} \frac{(\alpha+\nu)(\beta+\nu)}{(\gamma+\nu)(1+\nu)}$$

の右辺を**ガウスの超幾何級数**，それによって定義される左辺を**超幾何函数**という．

超幾何級数の収束半径は 1 に等しい．収束区間の端点での収束発散については，つぎの結果がある：

$x=1$ では $\alpha+\beta<\gamma$ のとき絶対収束し，$\alpha+\beta\geqq\gamma$ のとき発散する．$x=-1$ では $\alpha+\beta<\gamma$ のとき絶対収束し，$\gamma\leqq\alpha+\beta<\gamma+1$ のとき条件収束し，$\alpha+\beta\geqq\gamma+1$ のとき発散する．

超幾何函数の三つのパラメター α,β,γ を特殊化することによって，いろいろな初等函数がみちびかれる．

例題 1.

$$F(-m,\ \beta;\ \beta;\ -x) = (1+x)^m; \qquad F\left(-\frac{2}{m},\ -\frac{m-1}{2};\ \frac{1}{2};\ x^2\right) = \frac{(1+x)^m+(1-x)^m}{2};$$

$$F(1,\ 1;\ 2;\ -x) = \frac{1}{x}\log(1+x); \qquad F\left(\frac{1}{2},\ 1;\ \frac{3}{2};\ x^2\right) = \frac{1}{2x}\log\frac{1+x}{1-x}.$$

［**解**］ (17) にもとづいて，$F(-m,\ \beta;\ \beta;\ -x)$ のテイラー展開における x^n の係数は

$$(-1)^n \prod_{\nu=0}^{n-1} \frac{(-m+\nu)(\beta+\nu)}{(\beta+\nu)(1+\nu)} = \binom{m}{n}.$$

この右辺は $(1+x)^m$ のテイラー展開(二項展開)における x^n の係数にほかならない．残りの等式についても同様．　(以上)

例題 2.
$$\lim_{\beta\to\infty} F\left(\alpha,\ \beta;\ \alpha;\ \frac{x}{\beta}\right) = e^x;$$

$$\lim_{\alpha,\beta\to\infty} F\left(\alpha,\ \beta;\ \begin{matrix}1/2\\3/2\end{matrix};\ -\frac{x^2}{2\alpha\beta}\right) = x^{-1}\begin{matrix}\cos\\ \sin\end{matrix}\,x.$$

［**解**］ $F(\alpha,\ \beta;\ \alpha;\ x/\beta)$ のテイラー展開における x^n の係数は

$$\frac{1}{\beta^n}\prod_{\nu=0}^{n-1}\frac{(\alpha+\nu)(\beta+\nu)}{(\alpha+\nu)(1+\nu)}=\prod_{\nu=0}^{n-1}\frac{1+\nu/\beta}{1+\nu}\to\frac{1}{n!}\qquad(\beta\to\infty).$$

この極限値 $1/n!$ は e^x のテイラー展開における x^n の係数に等しい．残りの等式についても同様．　(以上)

例題 3. k $(k^2<1)$ を母数とする第一種，第二種の**完全楕円積分**(→ X §5.6 (5.41), (5.43))に対して

$$K(k)\equiv\int_0^{\pi/2}\frac{d\theta}{\sqrt{1-k^2\sin^2\theta}}=\frac{\pi}{2}F\left(\frac{1}{2},\ \frac{1}{2};\ 1;\ k^2\right), \tag{3.18}$$

$$E(k)\equiv\int_0^{\pi/2}\sqrt{1-k^2\sin^2\theta}\,d\theta=\frac{\pi}{2}F\left(-\frac{1}{2},\ \frac{1}{2};\ 1;\ k^2\right). \tag{3.19}$$

［**解**］ いずれも被積分函数を k^2 のベキ級数に展開してから項別積分したものを定義の式 (17) と比較すればよい．　(以上)

超幾何函数に対しては，つぎの積分表示がある．

定理 3.7. $\gamma>\beta>0$ のとき，$|x|<1$ において

$$F(\alpha,\ \beta;\ \gamma;\ x)=\frac{\Gamma(\gamma)}{\Gamma(\beta)\Gamma(\gamma-\beta)}\int_0^1 t^{\beta-1}(1-t)^{\gamma-\beta-1}(1-tx)^{-\alpha}dt. \tag{3.20}$$

証明. 右辺で $(1-tx)^{-\alpha}$ を二項展開して項別積分することができる．X §1.5 (1.32), (1.36) および X §1.3 (1.26) を用いて右辺でえられる x のベキ級数を定義の式 (17) と比較すればよい．　(証終)

定理 3.8. $y=F(\alpha,\ \beta;\ \gamma;\ x)$ はつぎのいわゆる**超幾何微分方程式**をみたす:

$$x(1-x)\frac{d^2y}{dx^2}+(\gamma-(\alpha+\beta+1)x)\frac{dy}{dx}-\alpha\beta y=0. \tag{3.21}$$

証明. dy/dx および d^2y/dx^2 を (17) から項別微分によって求め，(21) の左辺へ入れることにより，その成立がたしかめられる．(→ VII A §4.2.1)　(証終)

$F(\alpha,\ \beta;\ \gamma;\ x)$ の展開 (17) で α または β が非正の整数となった場合には，級数は有限項で中断し，多項式となってしまう．ある種の二階線形微分方程式は超幾何方程式に帰着され，したがってそれらの解としてえられる特殊多項式は超幾何(有限)級数で表わされる(→ X §2.3 (2.12), §2.4 (2.23))．

例題 4. ルジャンドルの多項式 P_n，チェビシェフの多項式 T_n に対して

$$P_n(x)=F\left(-n,\ n+1;\ 1;\ \frac{1-x}{2}\right)\qquad(n\geqq 0), \tag{3.22}$$

$$T_n(x)=\frac{1}{2^{n-1}}F\left(n,\ -n;\ \frac{1}{2};\ \frac{1-x}{2}\right)\qquad(n\geqq 1). \tag{3.23}$$

［**解**］ ルジャンドルの微分方程式(→ X §2.3 (2.11))

$$(1-x^2)y''-2xy'+n(n+1)y=0\qquad(y=P_n(x))$$

で独立変数の置換 $(1-x)/2=t$ を行なえば，

$$t(1-t)\frac{d^2y}{dt^2}+(1-2t)\frac{dy}{dt}+n(n+1)y=0$$

となる．これは超幾何方程式で $\alpha=-n$，$\beta=n+1$，$\gamma=1$ とおいたものにあたるから，

$P_n(1)=1$ (→ X §2.3 例題1)に注意して，

$$y=F(-n,\ n+1;\ 1;\ t)=F\left(-n,\ n+1;\ 1;\ \frac{1-x}{2}\right).$$

チェビシェフの微分方程式(→ X §2.4 (2.22))

$$(1-x^2)y''-xy'+n^2y=0 \qquad (y=T_n(x))$$

についても同様；$T_n(1)=1/2^{n-1}$ (→ X §2.4 例題1)．　(以上)

注意． 一般な第一種の球函数 P_λ に対しても，ルジャンドルの方程式の1で正則な解と考えれば，上記の解と同じ論法によって，超幾何級数による表示(→ X §3.1 (3.4))がえられる．

α, β, γ を複素パラメター，xを複素変数とするとき，(17) とその解析接続を考えることによって，解析函数としての超幾何函数が定められる．

他方において，超幾何方程式 (21) および (17) で x の代りに x/β とおいてから $\beta\to\infty$ とすれば，それぞれ

$$x\frac{d^2y}{dx^2}+(\gamma-x)\frac{dy}{dx}-\alpha y=0, \tag{3.24}$$

$$F(\alpha;\ \gamma;\ x)\equiv\lim_{\beta\to\infty}F\left(\alpha,\ \beta;\ \gamma;\ \frac{z}{\beta}\right)=\sum_{n=0}^{\infty}\frac{x^n}{n!}\prod_{\nu=0}^{n-1}\frac{\alpha+\nu}{1+\nu} \tag{3.25}$$

となる．(24) を**合流型超幾何方程式**または**クンマーの方程式**，(25) を**合流型超幾何級(函)数**という．

合流型超幾何級数で表わされる特殊多項式としては，ラゲルの多項式 L_n やソニンの多項式 S_n^α (→ X §2.5 (2.31)，(2.41))，エルミトの多項式 H_n (→ X §2.6 (2.47)) などがみられる．

B．積　分　変　換

1．フーリエ変換

1.1．フーリエの積分定理

$f(x)$ が $-l<x\leqq l$ で可積ならば，$\varphi(\xi)\equiv f(l\xi/\pi)$ は $-\pi<\xi\leqq\pi$ で可積である．φ のフーリエ級数で変数の置換 $\xi=\pi x/l$ を行なえば，f のフーリエ級数として

$$f(x)\sim\frac{a_0}{2}+\sum_{n=1}^{\infty}\left(a_n\cos\frac{n\pi x}{l}+b_n\sin\frac{n\pi x}{l}\right);$$

$$\begin{matrix}a_n\\ b_n\end{matrix}=\frac{1}{l}\int_{-l}^{l}f(t)\begin{matrix}\cos\\ \sin\end{matrix}\frac{n\pi t}{l}dt \qquad (n=0,\ 1,\ \cdots;\ b_0\equiv0)$$

がえられる．係数の積分表示を入れてかきあげれば，

$$f(x)\sim\frac{\delta}{\pi}\left(\frac{1}{2}\int_{-\pi/\delta}^{\pi/\delta}f(t)dt+\sum_{n=1}^{\infty}\int_{-\pi/\delta}^{\pi/\delta}f(t)\cos n\delta(t-x)dt\right) \qquad \left(\delta=\frac{\pi}{l}\right)$$

となる．ゆえに，周期が無限に大きくなった極限 ($l\to+\infty$，$\delta\to+0$) を考えると，一般な f に対して，

$$f(x)=\frac{1}{\pi}\int_0^{\infty}du\int_{-\infty}^{\infty}f(t)\cos u(t-x)dt \tag{1.1}$$

に移行するであろうと期待される.

このいわゆる**フーリエの積分公式**（1）は, f に関する適当な条件のもとで成り立つ. 例えば, f が $(-\infty, \infty)$ で可積であって, 連続点 x のまわりで有界変動ならば, (1) の成り立つことが知られている.

$\cos\theta=(e^{i\theta}+e^{-i\theta})/2$ $(i=\sqrt{-1})$ にもとづいて, (1) を複素形式にかきかえれば, u に関する主値積分をもって,

$$f(x)=\frac{1}{2\pi}\int_{-\infty}^{\infty}du\int_{-\infty}^{\infty}f(t)e^{-iu(t-x)}dt \qquad (i=\sqrt{-1}). \tag{1.2}$$

注意. x のまわりで有界変動と仮定されているときには, 左辺を $(f(x+0)+f(x-0))/2$ でおきかえればよい.

定理 1.1. 積分公式（1）はつぎの形にかきかえられる:

$$f(x)=\lim_{U\to\infty}\frac{1}{\pi}\int_{-\infty}^{\infty}f(x+t)\frac{\sin Ut}{t}dt. \tag{1.3}$$

証明. (1) で積分変動 t を $t+x$ でおきかえることによって,

$$\begin{aligned}f(x)&=\lim_{U\to\infty}\frac{1}{\pi}\int_0^U du\int_{-\infty}^{\infty}f(x+t)\cos ut\,dt\\&=\lim_{U\to\infty}\frac{1}{\pi}\int_{-\infty}^{\infty}f(x+t)dt\int_0^U\cos ut\,dt\\&=\lim_{U\to\infty}\frac{1}{\pi}\int_{-\infty}^{\infty}f(x+t)\frac{\sin Ut}{t}dt.\end{aligned}$$

（証終）

(3) を**フーリエの単積分公式**という. これに対して (1) ないしは (2) を**重積分公式**ともいう.

函数 f の第一種の不連続点では, (1), (2), (3) の左辺を $(1/2)(f(x+0)+f(x-0))$ でおきかえればよい. 以下, 第一種の不連続点ではこの値をあらためて $f(x)$ と定めることにする.

さて, フーリエ級数の部分和 A§1.2 (1.8) に相当して

$$S_U(x)=\frac{1}{\pi}\int_0^U du\int_{-\infty}^{\infty}f(t)\cos u(t-x)dt=\frac{1}{\pi}\int_{-\infty}^{\infty}f(x+t)\frac{\sin Ut}{t}dt \tag{1.4}$$

とおけば, 部分和の平均 A§1.2 (1.9) に相当するものは, これの U に関する算術平均として

$$\begin{aligned}\sigma_U(x)&=\frac{1}{U}\int_0^U S_u(x)du=\frac{1}{\pi U}\int_{-\infty}^{\infty}\frac{f(x+t)}{t}dt\int_0^U\sin ut\,du\\&=\frac{1}{2\pi U}\int_{-\infty}^{\infty}f(x+t)\left(\frac{\sin(Ut/2)}{t/2}\right)^2dt.\end{aligned} \tag{1.5}$$

A§1.2 定理 1.4 に対応して, つぎの定理がある:

定理 1.2. $(-\infty, \infty)$ で可積な f の連続点 x で

$$\lim_{U\to\infty}\sigma_U(x)=f(x). \tag{1.6}$$

（ファイエの定理）

証明. 函数1に対して (5) の右辺を直接に求めると(→ 応用編 III §4.1 例題3あるいは下記 §1.3 例題3注意 (19)),

$$\frac{1}{2\pi U}\int_{-\infty}^{\infty}\left(\frac{\sin(Ut/2)}{t/2}\right)^2dt=\frac{4}{\pi}\int_0^{\infty}\frac{\sin^2(v/2)}{v^2}dv=\frac{2}{\pi}\int_0^{\infty}\frac{1-\cos v}{v^2}dv=1.$$

ゆえに，簡単のため $\omega(t,\ x)=f(x+t)+f(x-t)-2f(x)$ とおけば，

$$\sigma_U(x)-f(x)=\frac{1}{2\pi U}\int_0^{\infty}\omega(t,\ x)\left(\frac{\sin(Ut/2)}{t/2}\right)^2dt.$$

仮定によって，任意な $\varepsilon>0$ に対して $U_0=U_0(\varepsilon)$ を大きくえらべば，

$$\left|\frac{1}{2\pi U}\int_{U_0}^{\infty}\omega(t,\ x)\left(\frac{\sin(Ut/2)}{t/2}\right)^2dt\right|\leqq\frac{1}{2\pi U}\int_{U_0}^{\infty}\frac{|\omega(t,\ x)|}{(t/2)^2}dt<\frac{\varepsilon}{4};$$

$\delta=\delta(\varepsilon)$ を小さくえらべば，$|\omega(t,\ x)|<\varepsilon$ $(|t|<\delta)$ となり，

$$\left|\frac{1}{2\pi U}\int_0^{\delta}\omega(t,\ x)\left(\frac{\sin(Ut/2)}{t/2}\right)^2dt\right|<\frac{\varepsilon}{2\pi U}\int_0^{\infty}\left(\frac{\sin(Ut/2)}{t/2}\right)^2dt=\frac{\varepsilon}{2};$$

$$|\sigma_U(x)-f(x)|<\frac{\varepsilon}{2}+\left|\frac{1}{2\pi U}\int_{\delta}^{U_0}\omega(x,\ t)\left(\frac{\sin(Ut/2)}{t/2}\right)^2dt\right|+\frac{\varepsilon}{4}$$

$$\leqq\frac{3\varepsilon}{4}+\frac{2}{\pi U\delta^2}\int_{\delta}^{U_0}|\omega(x,\ t)|dt.$$

最後の辺は U を大きくとれば，ε より小さくなる．　　　　（証終）

1.2. フーリエ変換

$(-\infty,\ \infty)$ で可積な f が与えられたとき，

(1.7)
$$\mathscr{F}\{f\}\equiv\mathscr{F}(u;\ f)=\mathscr{F}(u)=\frac{1}{\sqrt{2\pi}}\int_{-\infty}^{\infty}f(t)e^{-iut}dt$$

をその**フーリエ変換**という．

一般に，K が定まった函数であるとき，f に F を対応させる関係

$$F(u)=\int_a^b K(u,\ t)f(t)dt$$

のことを，K を**核**とする**積分変換**という．(7) はここで特に $a=-\infty$, $b=\infty$, $K(u,t)=e^{-iut}/\sqrt{2\pi}$ となった場合である．

まず，フーリエ変換の**反転公式**をあげる:

定理 1.3. f のフーリエ変換を $F=\mathscr{F}\{f\}$ とすれば，f の連続点 x において，主値積分をもって，

(1.8)
$$f(x)=\frac{1}{\sqrt{2\pi}}\int_{-\infty}^{\infty}F(u)e^{ixu}du.$$

証明. (2) の右辺をかきかえれば，

$$f(x)=\frac{1}{\sqrt{2\pi}}\int_{-\infty}^{\infty}e^{ixu}du\frac{1}{\sqrt{2\pi}}\int_{-\infty}^{\infty}f(t)e^{-iut}dt=\frac{1}{\sqrt{2\pi}}\int_{-\infty}^{\infty}F(u)e^{ixu}du.$$　（証終）

f のフーリエ**余弦変換** F_c，フーリエ**正弦変換** F_s は

(1.9)
$$\begin{matrix}F_c\\F_s\end{matrix}(u)=\sqrt{\frac{2}{\pi}}\int_0^{\infty}f(t)\begin{matrix}\cos\\\sin\end{matrix}ut\,dt$$

で定義される．これらは $(0,\ \infty)$ で与えられた f を $(-\infty,\ \infty)$ にまでそれぞれ偶函数，奇函数として接続したもののフーリエ変換にほかならない．これらについての**反転公式**は

つぎのようにのべられる:

定理 1.4. f の余弦変換を F_c, 正弦変換を F_s とすれば,

(1.10)
$$f(x)=\sqrt{\frac{2}{\pi}}\int_0^\infty \begin{matrix}F_c\\F_s\end{matrix}(u)\begin{matrix}\cos\\\sin\end{matrix}xu\,du.$$

例題 1. $f(t)=e^{-t^2/2}$ のフーリエ余弦変換は $F_c(u)=e^{-u^2/2}$.

［**解**］
$$F_c(u)=\sqrt{\frac{2}{\pi}}\int_0^\infty e^{-t^2/2}\cos ut\,dt=e^{-u^2/2}$$
(→応用編 III §4.1 例題 2).　(以上)

例題 2. $x\to\pm\infty$ のとき0に近づく滑らかな函数 $f(x)$ のフーリエ変換を $\mathscr{F}\{f\}=F(u)$ とすれば, $f'(x)$ のフーリエ変換は $\mathscr{F}\{f'\}=iuF(u)$ である.

［**解**］ 部分積分法によって,
$$\frac{1}{\sqrt{2\pi}}\int_{-\infty}^\infty f'(t)e^{-iut}dt=\frac{1}{\sqrt{2\pi}}[f(t)e^{-iut}]_{-\infty}^\infty+\frac{iu}{\sqrt{2\pi}}\int_{-\infty}^\infty f(t)e^{-iut}dt=iuF(u).$$
(以上)

一般に, $(-\infty,\ \infty)$ で可積な f_1, f_2 からつくられた函数

(1.11)
$$f(x)=f_1*f_2(x)\equiv\int_{-\infty}^\infty f_1(y)f_2(x-y)dy$$

を f_1, f_2 の**たたみこみ**または**結合函数**または**重畳函数**という.

つぎの関係は容易にみちびかれる:

(1.12)
$$f_1*f_2=f_2*f_1,\qquad (f_1*f_2)*f_3=f_1*(f_2*f_3).$$

定理 1.5. f, g のフーリエ変換をそれぞれ F, G とすれば, $f*g$ のフーリエ変換は $\sqrt{2\pi}\,FG$ となる: $\mathscr{F}\{f*g\}=\sqrt{2\pi}\,\mathscr{F}\{f\}\mathscr{F}\{g\}$.

証明. $f*g$ のフーリエ変換を求めると,
$$\frac{1}{\sqrt{2\pi}}\int_{-\infty}^\infty e^{-iux}dx\int_{-\infty}^\infty f(y)g(x-y)dy$$
$$=\frac{1}{\sqrt{2\pi}}\int_{-\infty}^\infty f(y)e^{-iuy}dy\int_{-\infty}^\infty g(x-y)e^{-iu(x-y)}dx=\sqrt{2\pi}\,F(u)G(u).$$
(証終)

定理 1.6. f, g のフーリエ変換をそれぞれ F, G とすれば, つぎの**相反性**が成り立つ:

(1.13)
$$\int_{-\infty}^\infty F(u)g(u)du=\int_{-\infty}^\infty f(x)G(x)dx.$$

証明.
$$\int_{-\infty}^\infty F(u)g(u)du=\int_{-\infty}^\infty g(u)du\frac{1}{\sqrt{2\pi}}\int_{-\infty}^\infty f(x)e^{-iux}dx$$
$$=\int_{-\infty}^\infty f(x)dx\frac{1}{\sqrt{2\pi}}\int_{-\infty}^\infty g(u)e^{-ixu}du=\int_{-\infty}^\infty f(x)G(x)dx.$$
(証終)

例題 3. f, g のフーリエ余弦変換をそれぞれ F_c, G_c とすれば,

(1.14)
$$\int_0^\infty F_c(u)g(u)du=\int_0^\infty f(x)G_c(x)dx.$$

［**解**］
$$\int_0^\infty F_c(u)g(u)du=\int_0^\infty g(u)du\sqrt{\frac{2}{\pi}}\int_0^\infty f(x)\cos ux\,dx$$

$$=\int_0^\infty f(x)dx\sqrt{\frac{2}{\pi}}\int_0^\infty g(u)\cos xu\,du=\int_0^\infty f(x)G_c(x)dx. \qquad (以上)$$

注意. 正弦変換についても，同形の等式が成り立つ．

例題 4. f のフーリエ変換を $F=\mathscr{F}\{f\}$ とすれば，

(1.15) $$\int_{-\infty}^\infty |F(u)|^2 du=\int_{-\infty}^\infty |f(x)|^2 dx. \qquad \textbf{(パーセバルの等式)}$$

［**解**］ F に共役な函数 $\bar{F}$ のフーリエ変換を求めると，(8) により

$$\frac{1}{\sqrt{2\pi}}\int_{-\infty}^\infty \overline{F(u)}e^{-ixu}du=\overline{f(x)}.$$

ゆえに，定理 1.6 で $g=\bar{F}$, $G=\bar{f}$ とおくことができる． (以上)

1.3. 応用例

フーリエの積分公式ないしはフーリエ変換の反転公式を利用して，ある種の定積分の値を求めることができる．

例題 1. **ディリクレの不連続因子**:

(1.16) $$\frac{2}{\pi}\int_0^\infty \frac{\sin u\cos xu}{u}du=\begin{cases} 1 & (|x|<1), \\ 1/2 & (|x|=1), \\ 0 & (|x|>1). \end{cases}$$

［**解**］ $f(x)=\lim_{n\to\infty}(1+|x|^n)^{-1}$ にフーリエの重積分公式 (1) を適用する．f は偶函数であり，$f(x)=1$ $(0\leqq x<1)$, $f(1)=1/2$, $f(x)=0$ $(x>1)$ であるから，

$$f(x)=\frac{2}{\pi}\int_0^\infty \cos xu\,du\int_0^1 \cos ut\,dt=\frac{2}{\pi}\int_0^\infty \frac{\cos xu\sin u}{u}du. \qquad (以上)$$

注意. 特に，$x=1$ とおけば，

$$\frac{1}{2}=\frac{2}{\pi}\int_0^\infty \frac{\sin u\cos u}{u}du=\frac{1}{\pi}\int_0^\infty \frac{\sin v}{v}dv.$$ (→応用編 III §4.1 例題 3)

例題 2. **ラプラスの積分**:

(1.17) $$\int_0^\infty \frac{\cos xu}{\beta^2+u^2}du=\frac{\pi}{2}\frac{e^{-\beta|x|}}{\beta} \qquad (\beta>0).$$

［**解**］ 偶函数 $f(x)=e^{-\beta|x|}$ に重積分公式 (1) を適用して，

$$e^{-\beta|x|}=\frac{2}{\pi}\int_0^\infty \cos xu\,du\int_0^\infty e^{-\beta t}\cos ut\,dt=\frac{2}{\pi}\int_0^\infty \cos xu\cdot\frac{\beta}{\beta^2+u^2}du. \qquad (以上)$$

同様に，奇函数 $e^{-\beta|x|}\operatorname{sgn} x$ を考えることによって，

(1.18) $$\int_0^\infty \frac{u\sin xu}{\beta^2+u^2}du=\frac{\pi}{2}e^{-\beta|x|}\operatorname{sgn} x \qquad (\beta>0).$$

例題 3. $$\frac{2}{\pi}\int_0^\infty \left(\frac{\sin u}{u}\right)^2 \cos xu\,du=\begin{cases} 1-|x|/2 & (|x|\leqq 2), \\ 0 & (|x|>2). \end{cases}$$

［**解**］ 右辺にある偶函数 $f(x)$ の余弦変換 $F_c(u)$ をつくれば，(9) によって

$$F_c(u)=\sqrt{\frac{2}{\pi}}\int_0^\infty f(t)\cos ut\,dt=\sqrt{\frac{2}{\pi}}\int_0^2\left(1-\frac{t}{2}\right)\cos ut\,dt$$

$$=\sqrt{\frac{2}{\pi}}\left[\frac{\sin ut}{u}-\frac{1}{2}\left(\frac{t\sin ut}{u}+\frac{\cos ut}{u^2}\right)\right]_0^2=\sqrt{\frac{2}{\pi}}\left(\frac{\sin u}{u}\right)^2.$$

ゆえに，定理 1.4 の反転公式 (10) によって

$$f(x)=\sqrt{\frac{2}{\pi}}\int_0^\infty F_c(u)\cos xu\,du=\frac{2}{\pi}\int_0^\infty\left(\frac{\sin u}{u}\right)^2\cos xu\,du. \qquad \text{(以上)}$$

注意． $f(0)=1$ であるから，特に

(1.19) $$\int_0^\infty\left(\frac{\sin u}{u}\right)^2 du=\frac{\pi}{2}.$$ （→応用編 III §4.1 例題3）

定理 1.7．（$-\infty$, ∞）で可積な連続函数 f に対して

$$g(u)=\int_{-\infty}^\infty f(t)e^{2\pi iut}dt$$

とおくとき，$\Phi(x)=\lim_{N\to\infty}\sum_{\nu=-N}^N f(x+\nu)$ が $|x|\leqq 1/2$ で一様に収束して $x=0$ のまわりで有界変動ならば，

(1.20) $$\lim_{N\to\infty}\sum_{n=-N}^N g(n)=\lim_{N\to\infty}\sum_{\nu=-N}^N f(\nu).$$ **（ポアッソンの総和公式）**

証明． $$g(n)=\sum_{\nu=-\infty}^\infty\int_{\nu-1/2}^{\nu+1/2}f(t)e^{2\pi int}dt=\sum_{\nu=-\infty}^\infty\int_{-1/2}^{1/2}f(t+\nu)e^{2\pi int}dt$$
$$=\lim_{N\to\infty}\int_{-1/2}^{1/2}\sum_{\nu=-N}^N f(t+\nu)e^{2\pi int}dt=\int_{-1/2}^{1/2}\Phi(t)e^{2\pi int}dt.$$

ゆえに，

$$\sum_{n=-N}^N g(n)=\int_{-1/2}^{1/2}\Phi(t)\frac{\sin(2N+1)\pi t}{\sin\pi t}dt=\frac{1}{2\pi}\int_{-\pi}^\pi\Phi\left(\frac{\tau}{2\pi}\right)\frac{\sin(N+1/2)\tau}{\sin(\tau/2)}d\tau.$$

フーリエ級数に関する A§1.2 定理 1.6 によって，最後の辺は $N\to\infty$ のとき $\Phi(0)$ に近づく． （証終）

例題 4． **シータ函数**（→ X §5.4 (5.27); $\vartheta_3(0)$, $q=e^{-\pi x}$）

(1.21) $$\vartheta(x)=\sum_{n=-\infty}^\infty e^{-n^2\pi x} \qquad (x>0)$$

に対して

(1.22) $$\vartheta(x)=\frac{1}{\sqrt{x}}\vartheta\left(\frac{1}{x}\right) \quad \text{すなわち} \quad \sum_{n=-\infty}^\infty e^{-n^2\pi/x}=\sqrt{x}\sum_{n=-\infty}^\infty e^{-n^2\pi x} \quad (x>0).$$

［**解**］ 定理 1.7 で $f(t)=e^{-t^2\pi x}$ とおけば，

$$g(u)=\int_{-\infty}^\infty e^{-t^2\pi x}e^{2\pi iut}dt=2\int_0^\infty e^{-t^2\pi x}\cos 2\pi ut\,dt$$
$$=\frac{2}{\sqrt{\pi x}}\int_0^\infty e^{-\tau^2}\cos 2\sqrt{\frac{\pi}{x}}u\tau\,d\tau=\frac{1}{\sqrt{x}}e^{-u^2\pi/x}.$$ （→応用編 III §4.1 例題2）

これらをポアッソンの総和公式 (20) に入れればよい． （以上）

2. ラプラス変換

2.1. ラプラス積分

区間 [0, ∞) で定義された f に対して，s を複素数として，無限積分

(2.1) $$F(s)=\int_0^\infty e^{-st}f(t)dt$$

を f の**ラプラス積分**という．実変数 x の範囲での $F(x)$ $(x \geqq 0)$ については，例えば →応用編 III §4.1

(1) をすこし一般にして，その $f(t)dt$ の代りに $d\varphi(t)$ を用いていわゆる**ラプラス・スティルチェス積分**

$$\Phi(s)=\int_0^\infty e^{-st}d\varphi(t) \tag{2.2}$$

を考えることができる．特に，$\varphi(t)$ が正の増加列 $\{\lambda_n\}$ の項以外では変動しない階段函数ならば，

$$\int_0^\infty e^{-st}d\varphi(t)=\sum a_n e^{-\lambda_n s}, \qquad a_n=\varphi(\lambda_n+0)-\varphi(\lambda_n-0).$$

ゆえに，(2) はディリクレ級数(→A §2.1)の一般化とみなされる．ここでは，(1) の形のラプラス積分に限定するけれども，ディリクレ級数との類似性はこれについてすでにみられる．例えば，A §2.1 定理 2.1 に対応してつぎの定理がある:

定理 2.1. (1) が s_0 で収束する(あるいは単に s_0 で

$$F_T(s)\equiv\int_0^T e^{-st}f(t)dt$$

が $T\in(0, \infty)$ について有界である)ならば，(1) は $\Re s>\Re s_0$ で収束する．

証明. 部分積分法によって，

$$F_T(s)=\int_0^T e^{-(s-s_0)t}e^{-s_0t}f(t)dt$$
$$=e^{-(s-s_0)T}F_T(s_0)+(s-s_0)\int_0^T e^{-(s-s_0)t}F_t(s_0)dt.$$

仮定により $|F_T(s_0)|\leqq K<\infty$ とすれば，$\Re s>\Re s_0$ のとき，右辺の第一項は $T\to\infty$ に対して 0 に近づき，第二項で $T\to\infty$ とした無限積分は収束する．ゆえに，有限な極限 $F(s)=\lim_{T\to\infty}F_T(s)$ $(\Re s>\Re s_0)$ が存在する． (証終)

したがって，ディリクレ級数の場合(→A §2.1)と同様に，(1) が $\Re s>[<]a$ で収束[発散]するような a の集合の下[上]限 A によって，(1) の**収束座標**が定められ，$\Re s>A$ を**収束域**または**収束半平面**という．ただし，収束[発散]点が存在しないときには，$A=+\infty[-\infty]$ とおく．

また，(1) の絶対値積分の収束座標を (1) の**絶対収束座標**という．

例題 1. i. $F(s)=\int_\tau^\infty e^{-st}dt$; ii. $F(s)=\int_0^\infty e^{-st}\frac{\cos\alpha\sqrt{t}}{\pi\sqrt{t}}dt$

の収束座標はいずれも 0 に等しく，積分の値は

i. $F(s)=\frac{e^{-\tau s}}{s}$ $(\Re s>0)$; ii. $F(s)=\frac{e^{-\alpha^2/4s}}{\sqrt{\pi s}}$ $(s>0)$.

［**解**］ 収束座標がいずれも 0 であることは容易にわかる．

i. $$F(s)=\left[\frac{e^{-st}}{-s}\right]_\tau^\infty=\frac{e^{-\tau s}}{s} \qquad (\Re s>0).$$

ii. $s>0$ のとき，積分変数の置換 $t=u^2/s$ をほどこせば，

$$F(s)=\frac{2}{\pi\sqrt{s}}\int_0^\infty e^{-u^2}\cos\frac{\alpha}{\sqrt{s}}u\,du=\frac{e^{-\alpha^2/4s}}{\sqrt{\pi s}}.$$ （→ 応用編 Ⅲ §4.1 例題 2）

（以上）

例題 2. $(0,\ \infty)$ で連続な f が $|f(t)|\leqq Me^{\lambda t}$（$M,\ \lambda$ は実定数）をみたすならば，f のラプラス積分 F の収束座標は $A\leqq\lambda$.

［**解**］ 仮定によって $e^{-st}f(t)$ は $(0,\ \infty)$ で連続であって，

$$|e^{-st}f(t)|\leqq Me^{-(\Re s-\lambda)t}.$$

ゆえに，$\Re s>\lambda$ のとき，F は収束する．すなわち，$A\leqq\lambda$.　（以上）

例題 3. (1) が一点 s_0 $(\sigma_0\equiv\Re s_0>0)$ で収束すれば，

$$\int_0^T f(t)dt=o(e^{\sigma_0 T})\qquad (T\to\infty).$$

［**解**］ 定理 2.1 の記号を用いて

$$F_T(0)=e^{s_0 T}F_T(s_0)-s_0\int_0^T e^{s_0 t}F_t(s_0)dt.$$

仮定によって，$T\to\infty$ のとき $F_T(s_0)\to F(s_0)$ であり，$\sigma_0>0$ であるから，

$$s_0 e^{-s_0 T}\int_0^T e^{s_0 t}dt\to 1.$$

したがって，

$$\lim_{T\to\infty}e^{-s_0 T}F_T(0)=\lim_{T\to\infty}s_0 e^{-s_0 T}\int_0^T e^{s_0 t}(F(s_0)-F_t(s_0))dt=0;$$

$$F_T(0)=o(|e^{s_0 T}|)=o(e^{\sigma_0 T}).$$ （以上）

例題 4. 周期 $\omega(>0)$ をもつ連続函数 f のラプラス積分 F の収束座標は $A\leqq 0$ をみたし，

$$F(s)=\frac{1}{1-e^{-\omega s}}\int_0^\omega e^{-st}f(t)dt\qquad (\Re s>0).$$

［**解**］

$$\begin{aligned}F(s)&=\int_0^\infty e^{-st}f(t)dt=\sum_{\nu=0}^{\infty}\int_{\nu\omega}^{(\nu+1)\omega}e^{-st}f(t)dt\\&=\sum_{\nu=0}^{\infty}\int_0^\omega e^{-s(t+\nu\omega)}f(t)dt=\sum_{\nu=0}^{\infty}e^{-\nu\omega s}\int_0^\omega e^{-st}f(t)dt\\&=\frac{1}{1-e^{-\omega s}}\int_0^\omega e^{-st}f(t)dt.\end{aligned}$$ （以上）

与えられた f のラプラス積分 F の収束座標 A を決定することに関して，いくつかの結果を証明なしであげておく:

定理 2.2. i. $A>0$ ならば，

(2.3)
$$A=\overline{\lim_{T\to\infty}}\frac{1}{T}\log\left|\int_0^T f(t)dt\right|;$$

ii. (3) の右辺を c で表わすとき，$c\neq 0$ ならば，$A=c$.

iii. (3) の右辺が 0 であって，$F(0)$ が発散するならば，$A=0$;

iv. (3) の右辺を c で表わすとき，$c\leqq 0$ であって，$F(0)$ が収束するならば，$A=c$.

2.2. ラプラス変換

ラプラス積分 (1) は函数 f に函数 F を対応させる積分変換とみなされる．この対応を強調するために，(1) を

(2.4)　$F(s)=\mathcal{L}(s;\ f)$,　$F(s)=\mathcal{L}(f,\ s)$,　$F(s)=\mathcal{L}_s\{f\}$,　$F=\mathcal{L}\{f\}$,　$F \sqsubset f$

などともかく．このとき，

(2.5)
$$\mathcal{L}(s;\ f)=\int_0^\infty e^{-st}f(t)dt$$

を f の**ラプラス変換**という．また，F を f の**像**または**像函数**，f を F の**原像**または**原函数**という．→応用編 V §3.1

例題 1.
$$\mathcal{L}(s;\ \log t)=-\frac{C}{s}-\frac{\log s}{s}\qquad (\Re s>0;\ C\text{ はオイレルの定数}).$$

［**解**］ ガンマ函数の積分表示(→ X §1.2 (1.23))から

$$\Gamma'(x)=\int_0^\infty e^{-u}u^{x-1}\log u\,du\qquad (x>0),$$

したがって(→ X §1.6 (1.39)),

$$\int_0^\infty e^{-u}\log u\,du=\Gamma'(1)=-C.$$

この関係を利用することによって，

$$\mathcal{L}(s;\ \log t)=\int_0^\infty e^{-st}\log t\,dt=\frac{1}{s}\int_0^\infty e^{-u}(\log u-\log s)du\quad [st=u]$$
$$=-\frac{C}{s}-\frac{\log s}{s}\qquad (\Re s>0).$$
（以上）

$F=\mathcal{L}\{f\}$ のとき，$f=\mathcal{L}^{-1}\{F\}$ とかいて**ラプラス逆変換**という．逆変換の単独性を保証するラプラス変換の**反転公式**は，つぎのようにのべられる：

定理 2.3. $(0,\ \infty)$ で可積，連続点 t のまわりで有界変動の函数 f のラプラス変換 $F=\mathcal{L}\{f\}$ の収束座標を A とすれば，

(2.6)
$$f(t)=\frac{1}{2\pi i}\lim_{v\to\infty}\int_{u-iv}^{u+iv}e^{st}F(s)ds\qquad (u>A).$$

証明. 変数の置換 $s=u+i\tau$ によって，(1) から

$$\frac{1}{2\pi i}\int_{u-iv}^{u+iv}e^{st}F(s)ds=\frac{1}{2\pi}\int_{-v}^{v}e^{(u+i\tau)t}d\tau\int_0^\infty e^{-(u+i\tau)x}f(x)dx$$
$$=\frac{1}{2\pi}\int_0^\infty e^{u(t-x)}f(x)dx\int_{-v}^{v}e^{i(t-x)\tau}d\tau=\frac{1}{\pi}\int_0^\infty f(x)e^{u(t-x)}\frac{\sin v(t-x)}{t-x}dx.$$

最後の辺で $f(x)=0\ (x\leqq 0)$ として f を $(-\infty,\ \infty)$ にまで接続し，置換 $x=t+\xi$ をほどこせば，

$$\frac{1}{2\pi i}\int_{u-iv}^{u+iv}e^{st}F(s)ds=\frac{1}{\pi}\int_{-\infty}^{\infty}e^{-u\xi}f(t+\xi)\frac{\sin v\xi}{\xi}d\xi.$$

フーリエの単積分定理 1.1 によって，この最後の辺は $v\to\infty$ のとき，$[e^{-u\xi}f(t+\xi)]^{\xi=0}=f(t)$ に近づく．
（証終）

例題 2. $\Re\alpha>-1$ のとき,

$$\mathcal{L}^{-1}\left\{\frac{1}{(s-\beta)^{\alpha+1}}\right\}=\frac{t^{\alpha}e^{\beta t}}{\Gamma(\alpha+1)} \qquad (\Re s>\Re\beta).$$

［解］ $$\mathcal{L}_s\left\{\frac{t^{\alpha}e^{\beta t}}{\Gamma(\alpha+1)}\right\}=\frac{1}{\Gamma(\alpha+1)}\int_0^{\infty}t^{\alpha}e^{-(s-\beta)t}dt=\frac{1}{(s-\beta)^{\alpha+1}}$$

(→ X §1.2 (1.23)). 定理 2.3 で示した逆変換の単独性により結果がえられる.

(以上)

函数のたたみこみ (1.11) のラプラス変換については, フーリエ変換に関する定理 1.5 に対応する結果がある:

定理 2.4. 一点 s で $\mathcal{L}\{f\}$, $\mathcal{L}\{g\}$ がともに絶対収束すれば, $\mathcal{L}\{f*g\}$ も絶対収束して

(2.7) $$\mathcal{L}\{f*g\}=\mathcal{L}\{f\}\mathcal{L}\{g\}.$$

証明. 仮定にもとづいて,

$$\mathcal{L}\{f\}\mathcal{L}\{g\}=\int_0^{\infty}\int_0^{\infty}e^{-s(u+v)}f(u)g(v)dudv.$$

この右辺で積分変数の置換 $u+v=x$, $u=y$ を行なえば,

$$\begin{aligned}\mathcal{L}\{f\}\mathcal{L}\{g\}&=\iint_{0<y<x<\infty}e^{-sx}f(y)g(x-y)dxdy\\&=\int_0^{\infty}e^{-sx}dx\int_0^{x}f(y)g(x-y)dy=\mathcal{L}\{f*g\}.\end{aligned}$$

(証終)

2.3. 計算規則

ラプラス変換自身ならびにその応用にとって基本的な性質ないしは計算規則を列挙しよう. →応用編 V §3.2

定理 2.5. ラプラス変換は線形である:

(2.8) $$\mathcal{L}_s\{af+bg\}=a\mathcal{L}_s\{f\}+b\mathcal{L}_s\{g\} \qquad (a,\ b \text{ は定数}).$$

証明. $\mathcal{L}_s$ の定義 (2.5) から明らか. (証終)

定理 2.6. $(0,\ \infty)$ で与えられた f と定数 $a>0$, $b\geqq 0$ に対して

$$g(t)=f(at-b)\quad\left(t\geqq\frac{b}{a}\right),\qquad g(t)=0\quad\left(0<t<\frac{b}{a}\right)$$

とおけば,

(2.9) $$\mathcal{L}_s\{g\}=\frac{1}{a}e^{-bs/a}\mathcal{L}_{s/a}\{f\}.$$

証明. $$\begin{aligned}\mathcal{L}_s\{g\}&=\int_{b/a}^{\infty}e^{-st}f(at-b)dt\\&=\frac{1}{a}e^{-bs/a}\int_0^{\infty}e^{-su/a}f(u)du=\frac{1}{a}e^{-bs/a}\mathcal{L}_{s/a}\{f\}.\end{aligned}$$ (証終)

注意. $b=0$ の場合を**相似法則**, $a=1$ の場合を**第一移動法則**という.

例題 1. 逆変換の**相似法則**は, $\alpha>0$ のとき,

(2.10) $$\mathcal{L}_t^{-1}\{F(\alpha s)\}=\frac{1}{\alpha}\mathcal{L}_{t/\alpha}^{-1}\{F\}.$$

［解］ 定理 2.3 の反転公式によってもよいが, むしろ逆変換の単独性に注意すれば,

(9) で $a=1/\alpha$, $b=0$ とした式によって,

$$\mathcal{L}_s\left\{\frac{1}{\alpha}\mathcal{L}^{-1}_{t/\alpha}\{F\}\right\}=\frac{1}{\alpha}\cdot\alpha\mathcal{L}_{\alpha s}\{\mathcal{L}^{-1}_t\{F\}\}=F(\alpha s). \qquad \text{(以上)}$$

定理 2.7. $a>0$ に対して, **第二移動法則**が成り立つ:

$$\mathcal{L}_s\{f(t+a)\}=e^{as}\left(\mathcal{L}_s\{f\}-\int_0^a e^{-st}f(t)dt\right). \tag{2.11}$$

証明. $$\mathcal{L}_s\{f(t+a)\}=\int_0^\infty e^{-st}f(t+a)dt=\int_a^\infty e^{-s(t-a)}f(t)dt$$
$$=e^{as}\left(\int_0^\infty-\int_0^a\right)e^{-st}f(t)dt=e^{as}\left(\mathcal{L}_s\{f\}-\int_0^a e^{-st}f(t)dt\right). \qquad \text{(証終)}$$

定理 2.8. 実定数 $a>0$ と複素定数 b に対して

$$\mathcal{L}_{as+b}\{f\}=\mathcal{L}_s\left\{\frac{1}{a}e^{-bt/a}f\left(\frac{t}{a}\right)\right\}. \tag{2.12}$$

証明. $$\mathcal{L}_{as+b}\{f\}=\int_0^\infty e^{-(as+b)u}f(u)du$$
$$=\frac{1}{a}\int_0^\infty e^{-st}e^{-bt/a}f\left(\frac{t}{a}\right)dt=\mathcal{L}_s\left\{\frac{1}{a}e^{-bt/a}f\left(\frac{t}{a}\right)\right\}. \qquad \text{(証終)}$$

注意. $a=1$ の場合 $\mathcal{L}_s\{e^{-bt}f\}=\mathcal{L}_{s+b}\{f\}$ を**像の移動法則**という.

定理 2.9. i. f が $(0,\ \infty)$ で n 回微分可能, $\{f^{(\nu)}(+0)\}_{\nu=0}^{n-1}$ が存在するとき, $\mathcal{L}_s\{f^{(n)}\}$ が一点 $s(>0)$ で存在すれば, $\{\mathcal{L}_s\{f^{(\nu)}\}\}_{\nu=0}^{n-1}$ も s で収束して

$$\mathcal{L}_s\{f^{(n)}\}=s^n\mathcal{L}_s\{f\}-\sum_{\nu=0}^{n-1}f^{(\nu)}(+0)s^{n-\nu-1}; \tag{2.13}$$

ii. f, t^nf がそれぞれ $(0,\ 1)$, $(1,\ \infty)$ で可積ならば,

$$\frac{d^n}{ds^n}\mathcal{L}_s\{f\}=\mathcal{L}_s\{(-t)^nf\}. \tag{2.14}$$

証明. i. $$\int_0^T e^{-st}f'(t)dt=[e^{-st}f(t)]_0^T+s\int_0^T e^{-st}f(t)dt$$

において, もし $\mathcal{L}_s\{f'\}$ が存在するならば, §2.2 例題3により

$$f(T)=f(+0)+\int_0^T f'(t)dt=o(e^{sT})$$

であるから,

$$[e^{-st}f(t)]_0^T=e^{-sT}f(T)-f(+0)\to-f(+0).$$

これで (13) における $n=1$ の場合が示されている. 一般な場合は帰納法による.

ii. $$\frac{d^n}{ds^n}\mathcal{L}_s\{f\}=\frac{d^n}{ds^n}\int_0^\infty e^{-st}f(t)dt=\int_0^\infty e^{-st}(-t)^nf(t)dt=\mathcal{L}_s\{(-t)^nf\}.$$

(証終)

注意. (13), (14) はそれぞれ原函数, 像函数の**微分法則**である.

定理 2.10. i. $\mathcal{L}_s\{f\}$ が s_0 $(\Re s_0>0)$ で収束すれば,

$$s\mathcal{L}_s\left\{\int_0^t f(u)du\right\}=\mathcal{L}_s\{f\} \qquad (\Re s\geqq\Re s_0); \tag{2.15}$$

ii. さらに, $\mathcal{L}_s\{f/t\}$ が s_0 で収束すれば,

(2.16)
$$\mathcal{L}_s\left\{\frac{f}{t}\right\}=\int_s^\infty \mathcal{L}_v\{f\}dv \qquad (\Re s \geqq \Re s_0).$$

証明. i. s_0 で収束すれば，s $(\Re s \geqq \Re s_0)$ でも収束する．部分積分法によって，

$$s\int_0^T e^{-st}dt\int_0^t f(u)du=-e^{-sT}\int_0^T f(u)du+\int_0^T e^{-st}f(t)dt.$$

§2.2 例題3により $\int_0^T f(u)du=o(e^{\Re sT})$ であるから，$T\to\infty$ とすることによって (15) がえられる．

ii.
$$\mathcal{L}_s\left\{\frac{f}{t}\right\}=\int_0^\infty e^{-st}\frac{f(t)}{t}dt=\int_0^\infty f(t)dt\int_s^\infty e^{-vt}dv$$
$$=\int_s^\infty dv\int_0^\infty e^{-vt}f(t)dt=\int_s^\infty \mathcal{L}_v\{f\}dv.$$
（証終）

注意. (15)，(16) はそれぞれ原函数，像函数の**積分法則**である．一般には

(2.17)
$$s^n\mathcal{L}\left\{\int_0^t du_n\int_0^{u_n}du_{n-1}\cdots\int_0^{u_2}f(u_1)du_1\right\}=\mathcal{L}_s\{f\},$$

(2.18)
$$\mathcal{L}_s\left\{\frac{f}{t^n}\right\}=\int_s^\infty dv_n\int_{v_n}^\infty dv_{n-1}\cdots\int_{v_2}^\infty \mathcal{L}_{v_1}\{f\}dv_1.$$

ラプラス変換の応用については，応用編 V §6 にみられる．ここでは，一例をあげるにとどめる．

例題 2. $y=y(t)$ に対するつぎの微分方程式の初期値問題を解け:

$$y''-2y'+y=2t-3, \qquad y(0)=1,\ y'(0)=0.$$

［**解**］ 与えられた方程式の両辺のラプラス変換をつくれば，定理 2.9 i によって，$Y(s)\equiv\mathcal{L}_s\{y\}$ に対するいわゆる**像方程式**は

$$s^2Y(s)-s-2(sY(s)-1)+Y(s)=\frac{2}{s^2}-\frac{3}{s};$$

$$Y(s)=\frac{1}{s}+\frac{2}{s^2}-\frac{2}{(s-1)^2}.$$

§2.2 例題1を利用して，逆変換をほどこせば，

$$y(t)=1+2t-2te^t.$$
（以上）

3. 積分変換の諸例

3.1. スティルチェス変換

$(0,\ \infty)$ で定義された f に対して，s を複素数として，

(3.1)
$$\mathcal{S}\{f\}\equiv\mathcal{S}(s;\ f)=\mathcal{S}(s)=\int_0^\infty \frac{f(t)}{s+t}dt$$

で定められる積分変換を**スティルチェス変換**という．

定理 3.1. スティルチェス変換はラプラス変換の反復である: $\mathcal{S}\{f\}=\mathcal{L}\{\mathcal{L}\{f\}\}$; すなわち，

(3.2)
$$\mathcal{S}(s;\ f)=\int_0^\infty e^{-su}du\int_0^\infty e^{-ut}f(t)dt.$$

証明. $\displaystyle\int_0^\infty e^{-su}du\int_0^\infty e^{-ut}f(t)dt=\int_0^\infty f(t)dt\int_0^\infty e^{-(s+t)u}du=\int_0^\infty\frac{f(t)}{s+t}dt.$ （証終）

例題 1． $f(t)=1/(t+\alpha)$ $(\alpha>0)$ のスティルチェス変換は

$$\mathcal{S}(s)=\frac{1}{s-\alpha}\log\frac{s}{\alpha}.$$

［**解**］ 定義 (1) にしたがって，

$$\mathcal{S}(s)=\int_0^\infty \frac{1}{t+\alpha}\,\frac{1}{s+t}dt=\frac{1}{s-\alpha}\log\frac{s}{\alpha}.\qquad\text{(以上)}$$

スティルチェス変換を定義する無限積分 (1) の収束について，つぎの定理がある：

定理 3.2． 複素 s 平面を負の実軸に沿って切ることによってえられる截線平面を Σ: $|\arg s|<\pi$ とする．(1) が一点 $s_0\in\Sigma$ で収束すれば，それは Σ 全体で広義の一様に収束して

$$\mathcal{S}(s)=\mathcal{S}(s_0)-(s-s_0)\int_0^\infty \frac{dt}{(s+t)^2}\int_0^t \frac{f(u)}{s_0+u}du. \tag{3.3}$$

証明.

$$F_T(s)=\int_0^T \frac{f(t)}{s+t}dt\qquad (T>0) \tag{3.4}$$

とおく．部分積分をほどこすことによって，

$$\begin{aligned}F_T(s)&=\int_0^T \frac{s_0+t}{s+t}\,\frac{f(t)}{s_0+t}dt\\&=\frac{s_0+T}{s+T}F_T(s_0)-(s-s_0)\int_0^T \frac{F_t(s_0)}{(s+t)^2}dt,\end{aligned}$$

$T\to\infty$ のとき，$F_T(s_0)\to\mathcal{S}(s_0)$ となるから，この右辺は Σ で広義の一様に収束し，(3) がえられる．　(証終)

例題 2． (1) が截線平面 Σ: $|\arg s|<\pi$ の一点で収束すれば，$\mathcal{S}(s)$ は Σ で正則であって，

$$\mathcal{S}^{(n)}(s)=n!(-1)^n\int_0^\infty \frac{f(t)}{(s+t)^{n+1}}dt\qquad (n=1,\ 2,\ \cdots). \tag{3.5}$$

［**解**］ 定理 3.2 にもとづいて，(1) を積分記号下で微分することができる．　(以上)

スティルチェス変換の**反転公式**はつぎのようにのべられる：

定理 3.3． f のスティルチェス変換 (1) が収束すれば，$f(t\pm0)$ が存在する点 $t>0$ において

$$\frac{1}{2}(f(t+0)+f(t-0))=\frac{1}{2\pi i}\lim_{r\to+0}(\mathcal{S}(-t-ir)-\mathcal{S}(-t+ir)). \tag{3.6}$$

証明.

$$\begin{aligned}&\frac{1}{2\pi i}(\mathcal{S}(-t-ir)-\mathcal{S}(-t+ir))\\&=\frac{1}{2\pi i}\left(\int_0^\infty \frac{f(x)}{x-t-ir}dx-\int_0^\infty \frac{f(x)}{x-t+ir}dx\right)\\&=\frac{1}{\pi}\int_0^\infty \frac{rf(x)}{(x-t)^2+r^2}dx=\frac{1}{\pi}\left(\int_0^{2t}+\int_{2t}^\infty\right)\frac{rf(x)}{(x-t)^2+r^2}dx.\end{aligned}$$

まず，$r\to+0$ のとき，$(2t,\infty)$ にわたる積分が 0 に近づくことを示す．(4) とおけば，部分積分法によって，

$$\int_0^T f(x)dx=\int_0^T (x+1)\frac{f(x)}{x+1}dx=(T+1)F_T(1)-\int_0^T F_x(1)dx.$$

$F_T(1)\to\mathcal{S}(1)$ $(T\to\infty)$ であるから，

$$\varphi(T)\equiv\int_0^T f(x)dx=O(T)\qquad (T\to\infty).$$

ゆえに，部分積分法によって，

$$\left|\int_{2t}^\infty \frac{rf(x)}{(x-t)^2+r^2}dx\right|=\left|\frac{-r\varphi(2t)}{t^2+r^2}+2r\int_{2t}^\infty \frac{(x-t)\varphi(x)}{((x-t)^2+r^2)^2}dx\right|$$
$$=\frac{rO(t)}{t^2+r^2}+2rO\left(\int_{2t}^\infty \frac{(x-t)x}{((x-t)^2+r^2)^2}dx\right)\to 0\qquad (r\to 0).$$

つぎに，$r\to +0$ のとき，$(0,\ 2t)$ にわたる積分が (6) の左辺の π 倍に近づくことを示そう．そのために，

$$\int_0^{2t}\frac{rf(x)}{(x-t)^2+r^2}dx=\left(\int_0^t+\int_t^{2t}\right)\frac{rf(x)}{(x-t)^2+r^2}dx$$
$$=\int_0^t (f(t-x)+f(t+x))\frac{r}{x^2+r^2}dx$$

とかく．ゆえに，$[0,\ t]$ で可積であって $g(+0)$ が存在する g に対して，つぎの関係が示されればよい:

(3.7)
$$\lim_{r\to+0}\int_0^t g(x)\frac{r}{r^2+x^2}dx=g(+0)\frac{\pi}{2}.$$

さて，任意な $\varepsilon>0$ に対して適当な $\delta=\delta(\varepsilon)>0$ をとれば，$|g(x)-g(+0)|<\varepsilon/\pi$ $(0<x<\delta)$ となる．ゆえに，

$$\int_0^t g(x)\frac{r}{r^2+x^2}dx=g(+0)\int_0^t\frac{r}{r^2+x^2}dx$$
$$+\left(\int_0^\delta+\int_\delta^t\right)(g(x)-g(+0))\frac{r}{r^2+x^2}dx$$

において，右辺の $(0,\ \delta)$, $(\delta,\ t)$ にわたる積分は

$$\left|\int_0^\delta (g(x)-g(+0))\frac{r}{r^2+x^2}dx\right|<\frac{\varepsilon}{\pi}\int_0^\delta\frac{r}{r^2+x^2}dx=\frac{\varepsilon}{\pi}\arctan\frac{\delta}{r}<\frac{\varepsilon}{2},$$
$$\left|\int_\delta^t (g(x)-g(+0))\frac{r}{r^2+x^2}dx\right|<\frac{\varepsilon}{2}\qquad (0<r<r_0(\varepsilon)).$$

したがって，(7) がえられる:

$$\lim_{r\to+0}\int_0^t g(x)\frac{r}{r^2+x^2}dx=\lim_{r\to+0}g(+0)\arctan\frac{t}{r}=g(+0)\frac{\pi}{2}.$$ （証終）

例題1にあげた具体例について，定理3.3の関係を直接にたしかめれば，つぎのとおりである:

$$\frac{1}{2\pi i}\lim_{r\to+0}\left(\frac{1}{-t-ir-\alpha}\log\frac{-t-ir}{\alpha}-\frac{1}{-t+ir-\alpha}\log\frac{-t+ir}{\alpha}\right)$$
$$=\frac{1}{2\pi i}\lim_{r\to+0}\frac{1}{-t-\alpha}(i\arg(-t-ir)-i\arg(-t+ir))$$
$$=\frac{1}{2\pi i}\frac{1}{-t-\alpha}(-i\pi-i\pi)=\frac{1}{t+\alpha}.$$

3.2. メリン変換

(0, ∞) で定義された f に対して，s を複素数として，

$$\mathcal{M}\{f\}\equiv\mathcal{M}(s;\ f)=\mathcal{M}(s)=\int_0^\infty x^{s-1}f(x)dx \tag{3.8}$$

で定められる積分変換を**メリン変換**という．

例題 1．e^{-x} のメリン変換は $\Re s>0$ で存在し，ガンマ函数 $\Gamma(s)$ である：

$$\mathcal{M}(s;\ e^{-x})\equiv\int_0^\infty x^{s-1}e^{-x}dx=\Gamma(s) \qquad (\Re s>0). \tag{3.9}$$

［解］ オイレルの第二種の積分としてのガンマ函数の積分表示にほかならない． → X §1.2 (1.23) （以上）

例題 2．$f(x)=1$ $(0<x<c)$, $f(x)=0$ $(c\leqq x)$ のメリン変換は c^s/s $(\Re s>0)$ である．

［解］
$$\mathcal{M}\{f\}=\int_0^c x^{s-1}dx=\frac{c^s}{s} \qquad (\Re s>0).$$
（以上）

なお，A §2.3 (2.16) からわかるように，ガンマ函数とリーマンのツェータ函数との積は $1/(e^x-1)$ のメリン変換として表わされる：

$$\mathcal{M}\left(s;\ \frac{1}{e^x-1}\right)=\Gamma(s)\zeta(s) \qquad (\Re s>1). \tag{3.10}$$

メリン変換の**反転公式**はつぎのようにのべられる．

定理 3.4．メリン変換 (8) において，σ を実数として $x^{\sigma-1}|f(x)|$ が (0, ∞) で可積であって f が点 x のまわりで有界変動ならば，

$$\frac{1}{2}(f(x+0)+f(x-0))=\frac{1}{2\pi i}\lim_{T\to\infty}\int_{\sigma-iT}^{\sigma+iT}x^{-s}\mathcal{M}(s)ds \qquad (\Re s=\sigma). \tag{3.11}$$

証明．変数の置換 $x=e^{-t}$ をほどこせば，

$$\infty>\int_0^\infty x^{\sigma-1}|f(x)|dx=\int_{-\infty}^\infty e^{-\sigma t}|f(e^{-t})|dt,$$
$$\mathcal{M}(s)=\int_0^\infty x^{s-1}f(x)dx=\int_{-\infty}^\infty e^{-st}f(e^{-t})dt.$$

したがって，(11) の右辺に関して

$$\frac{1}{2\pi i}\int_{\sigma-iT}^{\sigma+iT}x^{-s}\mathcal{M}(s)ds=\frac{1}{2\pi}\int_{-T}^{T}e^{(\sigma+i\tau)t}d\tau\int_{-\infty}^\infty e^{-(\sigma+i\tau)u}f(e^{-u})du$$
$$=\frac{e^{\sigma t}}{2\pi}\int_{-T}^{T}d\tau\int_{-\infty}^\infty e^{-\sigma u}f(e^{-u})e^{i\tau(t-u)}du.$$

フーリエの積分公式 (1.2) にもとづいて，$F(u)=e^{-\sigma u}f(e^{-u})$ とおくとき，

$$\lim_{T\to\infty}\frac{1}{2\pi i}\int_{\sigma-iT}^{\sigma+iT}x^{-s}\mathcal{M}(s)ds=e^{\sigma t}\frac{1}{2}(F(t+0)+F(t-0)) \qquad [x=e^{-t}]$$
$$=\frac{1}{2}(f(x+0)+f(x-0)).$$
（証終）

定理 3.5．$\mathcal{M}(s)$ が $s=\sigma+i\tau$ 平面上の帯状領域 S: $\alpha<\sigma<\beta$ で正則，任意な $\delta>0$ に対して $\alpha+\delta\leqq\sigma\leqq\beta-\delta$ で一様に $\mathcal{M}(s)\to 0$ $(\tau\to\pm\infty)$ であり，さらに S において $|\mathcal{M}(\sigma+i\tau)|$ の $-\infty<\tau<\infty$ にわたる積分が収束すれば，

(3.12) $$f(x)=\frac{1}{2\pi i}\int_{\sigma-i\infty}^{\sigma+i\infty}x^{-s}\mathcal{M}(s)ds \qquad (\alpha<\sigma<\beta,\ x>0)$$

とおくとき，(8) が成り立つ．

証明． $\alpha+\delta\leqq\sigma\leqq\beta-\delta$ のとき，一様に $x^{-s}\mathcal{M}(s)\to 0$ $(\tau\to\pm\infty)$ となるから，コーシーの積分定理(→ V §2.1 定理 2.1)によって，(12) の右辺の積分は個々の $\sigma\in(\alpha,\beta)$ の値に無関係である．ゆえに，$\alpha<\sigma_1<\sigma<\sigma_2<\beta$ とすれば，

$$\int_0^\infty x^{s-1}f(x)dx=\int_0^1 x^{s-1}dx\frac{1}{2\pi i}\int_{\sigma_1-i\infty}^{\sigma_1+i\infty}x^{-s_1}\mathcal{M}(s_1)ds_1 + \int_1^\infty x^{s-1}dx\frac{1}{2\pi i}\int_{\sigma_2-i\infty}^{\sigma_2+i\infty}x^{-s_2}\mathcal{M}(s_2)ds_2 \qquad (s_j=\sigma_j+i\tau).$$

右辺の第一項，第二項をそれぞれ J_1, J_2 とおけば，

$$|J_j|\leqq\frac{1}{2\pi}\int_{-\infty}^\infty|\mathcal{M}(\sigma_j+i\tau)|d\tau\int_0^1 x^{-1\pm(\sigma-\sigma_j)}dx \qquad (j=1,\ 2)$$

であるから，これらは絶対収束する．ゆえに，積分の順序変更ができて，

$$\int_0^\infty x^{s-1}f(x)dx=\frac{1}{2\pi i}\left(\int_{\sigma_2-i\infty}^{\sigma_2+i\infty}\frac{\mathcal{M}(s_2)}{s_2-s}ds_2-\int_{\sigma_1-i\infty}^{\sigma_1+i\infty}\frac{\mathcal{M}(s_1)}{s_1-s}ds_1\right).$$

ところで，長方形 $\sigma_1<\sigma<\sigma_2$, $|\tau|<T$ における $\mathcal{M}$ に対するコーシーの積分表示(→V §2.2 定理 2.2)で $T\to\infty$ とすると，すぐ上の式の右辺は $\mathcal{M}(s)$ に等しいことがわかる．

(証終)

例題 3. $\sigma=\Re s>0$ のとき，

(3.13) $$e^{-x}=\frac{1}{2\pi i}\int_{\sigma-i\infty}^{\sigma+i\infty}x^{-s}\Gamma(s)ds \qquad (x>0).$$

[**解**] 例題 1 の関係 (9) を定理 3.5 にもとづいて反転したものにほかならない．

(以上)

3.3. ヒルベルト変換

$(-\infty,\ \infty)$ で f が平方可積なとき，主値積分

(3.14) $$\mathcal{H}\{f\}\equiv\mathcal{H}(y;f)=\mathcal{H}(y)=\frac{1}{\pi}\int_{-\infty}^\infty\frac{f(x)}{x-y}dx$$

で定義される積分変換を**ヒルベルト変換**という．$g=\mathcal{H}\{f\}$ のとき，g を f の**共役函数**という．定義 (14) にしたがって，

(3.15) $$g(y)=\frac{1}{\pi}\lim_{\delta\to+0}\int_\delta^\infty\frac{f(y+x)-f(y-x)}{x}dx$$

となるが，これは殆んどすべての y に対して存在することが示される．また，相反的に $\mathcal{H}\{f\}=g$ ならば，$\mathcal{H}\{g\}=-f$ である．

一般に，複素平面上で，積分路 C に沿う複素積分

(3.16) $$I\{h\}=\frac{1}{2\pi i}\int_C\frac{h(\xi)}{\zeta-z}d\zeta$$

を**コーシー型の積分**という．ヒルベルト変換は C が実軸である場合の $I\{h\}$ の境界値と密接な関係をもっている．ヒルベルト自身は C が単位円周である場合についてのべた．

ここでは，ヒルベルトの結果をあげ，その証明の概要を記そう．

定理 3.6. 主値積分について，つぎの相反関係が成り立つ:

(3.17) $$f(t)=\int_0^1 g(u)\cot\pi(t-u)du,\qquad \int_0^1 g(u)du=0;$$

(3.18) $$-g(u)=\int_0^1 f(t)\cot\pi(u-t)dt,\qquad \int_0^1 f(t)dt=0.$$

すなわち，(17)，(18) の一方から他方がみちびかれる．

証明. 単位円において，$f(t)$ を点 $e^{2\pi it}$ における実部の境界値とする正則な解析函数を F とすれば，$0\leqq r<1$ のとき，

$$F(re^{2\pi iu})=\int_0^1 f(t)\frac{e^{2\pi it}+re^{2\pi iu}}{e^{2\pi it}-re^{2\pi iu}}dt$$
$$=\int_0^1 f(t)\left(\frac{1-r^2}{1-2r\cos 2\pi(u-t)+r^2}+i\frac{-2r\sin 2\pi(u-t)}{1-2r\cos 2\pi(u-t)+r^2}\right)dt.$$

ここで，$r\to 1-0$ とすれば(→ V §5.2 定理 5.2)，

$$F(e^{2\pi iu})=f(u)-i\int_0^1 f(t)\cot\pi(u-t)dt.$$

ゆえに，(18) を仮定すれば，$f=\Re F$ のとき，$g=\Im F$ となる．同じ理由で，逆に (17) を仮定すれば，$g=\Im F=\Re(-iF)$ のとき，$f=\Im(-iF)=\Re F$ となる． (証終)

注意. (17), (18) における付帯の正規化は，$\cot\pi(t-u)$ の主値積分が 0 に等しいから，

$$f(t)=\int_0^1 (g(u)-g(t))\cot\pi(t-u)du,$$
$$-g(u)=\int_0^1 (f(t)-f(u))\cot\pi(u-t)dt$$

として取扱うさいに有用である．

なお，主値積分について

$$\int_0^1 {\cos \atop \sin} 2\pi\nu t\cdot\cos\pi(u-t)dt=\mp 2{\sin \atop \cos} 2\pi\nu u$$

が成り立つことに注意して，形式的な項別積分を行なえば，f と g のフーリエ級数に対して

$$f(t)\sim\sum(a_\nu\cos 2\pi\nu t+b_\nu\sin 2\pi\nu t),\qquad g(u)\sim\sum(-b_\nu\cos 2\pi\nu t-a_\nu\sin 2\pi\nu t).$$

(→ A § 1.4 (1.25), (1.26))

3.4. ハンケル変換

J をベッセル函数(→ X §4.1)とするとき，

(3.19) $$\mathcal{G}\{f\}\equiv\mathcal{G}(u;f)=\mathcal{G}(u)=\int_0^\infty (uv)^{1/2}J_\lambda(uv)f(v)dv$$

で定められる積分変換を**ハンケル変換**という．

特に，$\lambda=\mp 1/2$ の場合には，X §4.1 (4.4) によって，(19) はフーリエ余弦・正弦変換 §1.2 (1.9) となる．

ベッセル函数に関しては，フーリエ型の積分定理が知られている：(0, ∞) で区分的に滑らかな φ に対して $x\varphi(x)$ が可積ならば，

(3.20) $$\varphi(x)=\int_0^\infty uJ_\lambda(xu)du\int_0^\infty vJ_\lambda(uv)\varphi(v)dv\qquad (x>0).$$

これはつぎの相反的な形で，**反転公式**としても表わされる:

$$g(u)=\int_0^\infty \sqrt{uv}\,J_\lambda(uv)f(v)dv \qquad (u>0), \tag{3.21}$$

$$f(v)=\int_0^\infty \sqrt{vu}\,J_\lambda(vu)g(u)du \qquad (v>0). \tag{3.22}$$

すぐ上にのべたことは，一般にはつぎの形で成り立つ:

$\Re\lambda\geqq-1/2$ のとき，$(0,\ \infty)$ において平方とともに可積な f に対して，(21)（すなわち (19)）で定められる $g=\mathcal{J}\{f\}$ が可積ならば，殆んどすべての x において $f=\mathcal{J}\{g\}$，すなわち (22) が成り立つ.

一般に，核 K をもつ積分変換において，相反関係

$$g(u)=\int_0^\infty K(uv)f(v)dv, \qquad f(v)=\int_0^\infty K(vu)g(u)du \tag{3.23}$$

が成り立つとき，K を**一般フーリエ核**という．すぐ上でみたように，$K(t)=\sqrt{t}\,J_\lambda(t)$ $(\Re\lambda\geqq-1/2)$ はその一例である.

3.5. ワイエルシュトラス変換

$$k(x,\ t)=\frac{1}{2\sqrt{\pi t}}e^{-x^2/4t} \qquad (t>0,\ -\infty<x<\infty) \tag{3.24}$$

で定義された核 k をもつ積分変換

$$\mathcal{W}\{f\}\equiv\mathcal{W}(x,\ t;\ f)=\mathcal{W}(x,\ t)=\int_{-\infty}^\infty k(x-y,\ t)f(y)dy \tag{3.25}$$

を**ワイエルシュトラス変換**または**ガウス変換**という．時には，パラメターを $t=1$ と限定することもある; $t>0$ をパラメターとして $x=\sqrt{t}\,\xi$ とおけば，$k(\xi,\ 1)d\xi=k(x,\ t)dx$.

例題 1. i. $\mathcal{W}(x,\ 1;\ y)=x$;　　ii. $\mathcal{W}(x,\ 1;\ e^{ay-a^2})=e^{ax}$.

［解］ i.
$$\mathcal{W}(x,\ 1;\ y)=\frac{1}{2\sqrt{\pi}}\int_{-\infty}^\infty e^{-(x-y)^2/4}y\,dy$$
$$=\frac{1}{2\sqrt{\pi}}\int_{-\infty}^\infty e^{-(x-y)^2/4}(x-(x-y))dy$$
$$=\frac{1}{2\sqrt{\pi}}\left(x\int_{-\infty}^\infty e^{-u^2/4}du-\int_{-\infty}^\infty e^{-u^2/4}u\,du\right)=x.$$

ii.
$$\mathcal{W}(x,\ 1;\ e^{ay-a^2})=\frac{1}{2\sqrt{\pi}}\int_{-\infty}^\infty e^{-(x-y)^2/4}e^{ay-a^2}dy$$
$$=\frac{e^{ax}}{2\sqrt{\pi}}\int_{-\infty}^\infty e^{-(x-y+2a)^2/4}dy=e^{ax}.$$
（以上）

例題 2. i. $\mathcal{W}(x,\ 1;\ e^{y^2/4-|y|/2})=\dfrac{2e^{-x^2/4}}{\sqrt{\pi}(1-x^2)}$　　$(|x|<1)$;

ii. $\mathcal{W}\left(x,\ 1;\ H_n\left(\dfrac{y}{2}\right)\right)=x^n$　　（H_n はエルミトの多項式 → X §2.6 (2.42)）.

［解］ i.
$$\mathcal{W}(x,\ 1;\ e^{y^2/4-|y|/2})=\frac{1}{2\sqrt{\pi}}\int_{-\infty}^\infty e^{-(x-y)^2/4}e^{y^2/4-|y|/2}dy$$
$$=\frac{e^{-x^2/4}}{2\sqrt{\pi}}\int_{-\infty}^\infty e^{-(|y|-xy)/2}dy=\frac{2e^{-x^2/4}}{\sqrt{\pi}\,(1-x^2)}.$$

ii. 部分積分法を反復することによって,

$$\int_{-\infty}^{\infty}e^{-(\xi-\eta)^2}H_n(\eta)d\eta=(-1)^n e^{-\xi^2}\int_{-\infty}^{\infty}e^{2\xi\eta}\frac{d^n}{d\eta^n}e^{-\eta^2}d\eta$$

$$=(2\xi)^n e^{-\xi^2}\int_{-\infty}^{\infty}e^{2\xi\eta}e^{-\eta^2}d\eta=(2\xi)^n\int_{-\infty}^{\infty}e^{-(\xi-\eta)^2}d\eta=\sqrt{\pi}\,(2\xi)^2.$$

変数の置換 $\eta=y/2$, $\xi=x/2$ を行なうことによって,

$$\mathcal{W}\left(x,\ 1;\ H_n\left(\frac{y}{x}\right)\right)=\frac{1}{2\sqrt{\pi}}\int_{-\infty}^{\infty}e^{-(x-y)^2/4}H_n\left(\frac{y}{2}\right)dy=x^n. \qquad \text{(以上)}$$

例題 3. if のフーリエ変換を $\mathcal{F}(s;\ if)$ とすれば,

$$\mathcal{W}(ix,\ t;\ f)=\int_{-\infty}^{\infty}e^{-xs-ts^2}\mathcal{F}(s;\ if)ds.$$

[**解**]

$$\int_{-\infty}^{\infty}e^{-xs-ts^2}\mathcal{F}(s;\ if)ds=\int_{-\infty}^{\infty}e^{-xs-ts^2}ds\frac{1}{2\pi}\int_{-\infty}^{\infty}f(u)e^{-isu}du$$

$$=\frac{1}{2\pi}\int_{-\infty}^{\infty}f(u)du\int_{-\infty}^{\infty}e^{-t(s+i(u-ix)/2t)^2-(u-ix)^2/4t}ds$$

$$=\frac{1}{2\pi}\sqrt{\frac{\pi}{t}}\int_{-\infty}^{\infty}f(u)e^{-(u-ix)^2/4t}du=\mathcal{W}(ix,\ t;\ f). \qquad \text{(以上)}$$

核 (24) は**熱伝導の偏微分方程式**(→ XI C § 3.1)

$$\frac{\partial z}{\partial t}=\frac{\partial^2 z}{\partial x^2} \qquad (z=z(x,\ t)) \tag{3.26}$$

のいわゆる基礎解である. したがって, ワイエルシュトラス変換 (25) は初期条件

$$z(x,+0)=f(x) \tag{3.27}$$

が与えられたときの (26) の解であることが期待される. じっさい, つぎの定理が成り立つ:

定理 3.7. $(-\infty,\ \infty)$ で可積な f の連続点 x において

$$\lim_{t\to+0}\mathcal{W}(x,\ t;\ f)=f(x). \tag{3.28}$$

証明. 下記の定理 3.8 参照. (証終)

一般に, 核 K がつぎの性質をもつとする:

1° $t\to+0$ のとき, $|x|\geqq\delta>0$ において一様に $K(x,\ t)\to 0$;

2° $\alpha\leqq t\leqq\beta$, $a\leqq x\leqq b$ において $K(x,\ t)\geqq 0$;

3° $t\to+0$ のとき, $\displaystyle\int_{-\delta}^{\delta}K(x,\ t)dx\to 1$.

このとき, いわゆる**特異積分**

$$I(x,\ t;\ f)\equiv\int_a^b K(\xi-x,\ t)f(\xi)d\xi \tag{3.29}$$

に関して, つぎの定理が成り立つ:

定理 3.8. 上記の三性質をもつ核 K をもってつくられた特異積分 (29) は, (a,b) で絶対可積な f の連続点 x において, つぎの関係をみたす:

$$\lim_{t\to+0}I(x,\ t;\ f)=f(x). \tag{3.30}$$

証明. $I(x, t; f)-f(x)=\left(\int_{|\xi-x|\geq\delta}+\int_{|\xi-x|<\delta}\right)K(\xi-x, t)f(\xi)d\xi-f(x)$

$$=\int_{|\xi-x|\geq\delta}K(\xi-x, t)f(\xi)d\xi+\int_{|\xi-x|<\delta}K(\xi-x, t)(f(\xi)-f(x))d\xi$$
$$+f(x)\left(\int_{|\xi-x|<\delta}K(\xi-x, t)d\xi-1\right).$$

$t\to+0$ のとき，右辺の第一項は 1° によって，0に近づく．第二項は f の x における連続性と 2° にもとづいて，小さい $\delta>0$ に対して0に近い．第三項は 3° によって，0に近づく．ゆえに，(30) が成り立つ． (証終)

この種の特異積分は解析学で各処に現われる．§1.1 定理 1.2 のほか，ポアッソン積分などはその具体例である(→ V §5.2 定理 5.3)．また，ここでは，$K(x, t)$ における変数 t は連続的に変化するものとした．しかし，離散的な変数 $n(=1, 2, \cdots)$ に関する核 $K_n(t)$ についても事情は同様である．フーリエ級数に関するファイエの核(→ A §1.2 (1.11)) はその一つの具体例である．

参考書．[B 4]，[B, 8]，[C 2]，[C 5]，[D 1]，[F 5]，[F 6]，[H 2]，[H 7]，[I 7]，[K 11]，[K 16]，[K 17]，[K 20]，[K 21]，[K 28]，[O 1]，[P 1]，[R 2]，[S 9]，[S 16]，[T 13]，[T 15]，[W 4]，[W 5]，[Y 1]，[Z 1]

[小松　勇作]

X. 特 殊 函 数

1. ガンマ函数

1.1. ベルヌイの数とオイレルの数

n を自然数とするとき，つぎの関係で定められる B_n, $B_n(z)$ をそれぞれ**ベルヌイの数**，**ベルヌイの多項式**という：

(1.1) $$B_0=1, \qquad B_n=\frac{p_{n+1}'(0)}{n+1} \quad (n\geqq 1);$$

(1.2) $$B_0(z)=1, \qquad B_n(z)=p_n(z)+B_n \quad (n\geqq 1).$$

ここに $p_n(z)$ は n 次の多項式で，つぎの条件をみたす：

(1.3) $$p_n(z+1)-p_n(z)=nz^{n-1}, \qquad p_n(0)=0.$$

定義からわかるように，つぎの関係が成り立つ：

(1.4) $$B_n(z+1)-B_n(z)=nz^{n-1}, \qquad B_n(0)=B_n;$$

(1.5) $$B_n'(z)=nB_{n-1}(z);$$

(1.6) $$B_n(z)=\sum_{\nu=0}^{n}\binom{n}{\nu}B_{n-\nu}z^{\nu};$$

(1.7) $$B_1=B_1(1)-1, \qquad B_n=B_n(1)=\sum_{\nu=0}^{n}\binom{n}{\nu}B_{\nu} \quad (n>1).$$

$\{B_n(z)\}_{n=0}^{\infty}$ はつぎの**母函数展開**によっても定義される：

(1.8) $$\frac{te^{zt}}{e^t-1}=\sum_{n=0}^{\infty}\frac{B_n(z)}{n!}t^n \qquad (|t|<2\pi).$$

これから

$$\sum_{n=0}^{\infty}\frac{B_n(1-z)}{n!}t^n=\frac{te^{(1-z)t}}{e^t-1}=\frac{-te^{-zt}}{e^{-t}-1}=\sum_{n=0}^{\infty}\frac{B_n(z)}{n!}(-t)^n;$$

t^n の係数を比較すれば，

(1.9) $$B_n(1-z)=(-1)^nB_n(z).$$

ここで $z=1$ とおいてえられる式を (7) と比較して

(1.10) $$B_{2n+1}=0 \qquad (n=1,\ 2,\ \cdots).$$

定義からわかるように， $B_n(z)$ は有理係数の n 次の多項式， $B_n=B_n(0)$ は有理数である：

(1.11) $$B_0=1,\ B_1=-\frac{1}{2},\ B_2=\frac{1}{6},\ B_4=-\frac{1}{30},\ B_6=\frac{1}{42},$$
$$B_8=-\frac{1}{30},\ B_{10}=\frac{5}{66},\ B_{12}=-\frac{691}{2730},\ B_{14}=\frac{7}{6},\ \cdots.$$

ベルヌイの数と関連して，**母函数展開**

$$(1.12)\qquad \frac{2}{e^t+e^{-t}}=\sum_{n=0}^{\infty}\frac{E_{2n}}{(2n)!}t^{2n}\qquad \left(|t|<\frac{\pi}{2}\right)$$

で定められる E_{2n} $(n=0,\ 1,\ \cdots)$ を**オイレルの数**という．E_{2n} は整数であって，

$$(1.13)\qquad E_0=1,\ E_2=-1,\ E_4=5,\ E_6=-61,\ E_8=1385,\ \cdots.$$

$\{E_{2n}\}$ と $\{B_{2n}\}$ の関係はつぎの式で与えられる:

$$(1.14)\qquad \sum_{n=0}^{\infty}\frac{1}{(2n+1)!}t^{2n}\cdot\sum_{n=0}^{\infty}\frac{E_{2n}}{(2n)!}t^{2n}\cdot\sum_{n=0}^{\infty}\frac{2^{2n}B_{2n}}{(2n)!}t^{2n}=1\qquad \left(|t|<\frac{\pi}{2}\right).$$

正弦と余弦のほかの三角函数のベキ級数展開は，ベルヌイの数とオイレルの数を用いればみちびかれる:

$$(1.15)\qquad z\cot z=\sum_{n=0}^{\infty}\frac{(-1)^n2^{2n}B_{2n}}{(2n)!}z^{2n}\qquad (|z|<\pi),$$

$$(1.16)\qquad \tan z=\sum_{n=1}^{\infty}\frac{(-1)^{n-1}2^{2n}(2^{2n}-1)B_{2n}}{(2n)!}z^{2n-1}\qquad \left(|z|<\frac{\pi}{2}\right),$$

$$(1.17)\qquad z\operatorname{cosec} z=\sum_{n=0}^{\infty}\frac{(-1)^{n+1}(2^{2n}-2)B_{2n}}{(2n)!}z^{2n}\qquad (|z|<\pi),$$

$$(1.18)\qquad \sec z=\sum_{n=0}^{\infty}\frac{(-1)^nE_{2n}}{(2n)!}z^{2n}\qquad \left(|z|<\frac{\pi}{2}\right).$$

ベルヌイの数およびオイレルの数自身の表示はつぎの通り:

$$(1.19)\qquad \sum_{\nu=1}^{\infty}\frac{1}{\nu^{2n}}=\frac{(-1)^{n-1}(2\pi)^{2n}}{2\cdot(2n)!}B_{2n}\qquad (n=1,\ 2,\ \cdots),$$

$$(1.20)\qquad \sum_{\nu=1}^{\infty}\frac{(-1)^{\nu-1}}{(2\nu-1)^{2n+1}}=\frac{(-1)^n\pi^{2n+1}}{2^{2n+2}\cdot(2n)!}E_{2n}\qquad (n=0,\ 1,\ \cdots).$$

1.2. ガンマ函数の定義と表示

無限乗積

$$(1.21)\qquad \frac{1}{\Gamma(z)}\equiv ze^{Cz}\prod_{n=1}^{\infty}\left(1+\frac{z}{n}\right)e^{-z/n}$$

$$\left(C=\lim_{n\to\infty}\left(\sum_{\nu=1}^{n}\frac{1}{\nu}-\log n\right)\ \text{は\textbf{オイレルの定数}}\right)$$

は任意な複素数 z に対して収束し，$z=0,\ -1,\ -2,\ \cdots$ に1位の零点をもつ z の整函数である．この函数の逆数を**ガンマ函数**といい，$\Gamma(z)$ で表わす．定義から $\Gamma(z)$ は $|z|<\infty$ で有理型であり，$z=0,\ -1,\ \cdots$ に1位の極をもち，零点をもたないことがわかる．$\Gamma(z)$ はつぎの形の式によっても定義される:

$$(1.22)\qquad \Gamma(z)=\lim_{n\to\infty}\frac{(n-1)!\,n^z}{z(z+1)\cdots(z+n-1)}=\frac{1}{z}\prod_{n=1}^{\infty}\frac{(1+1/n)^z}{(1+z/n)};$$

$$(1.23)\qquad \Gamma(z)=\int_0^{\infty}e^{-t}t^{z-1}dt\qquad (\Re z>0).\qquad \text{(\textbf{オイレルの第二種の積分})}$$

定理 1.1． 定義 (21)，(22)，(23) は互いに同値である．

証明． まず，(21) と (22) の同値性を示す:

$$ze^{Cz}\prod_{n=1}^{\infty}\left(1+\frac{z}{n}\right)e^{-z/n}=z\lim_{n\to\infty}\exp\left(\left(\sum_{\nu=1}^{n}\frac{1}{\nu}-\log n\right)z\right)\cdot\prod_{\nu=1}^{n}\left(1+\frac{z}{\nu}\right)e^{-z/\nu}$$

$$=z\lim_{n\to\infty}n^{-z}\prod_{\nu=1}^{n}\left(1+\frac{z}{\nu}\right)=z\prod_{n=1}^{\infty}\left(1+\frac{z}{n}\right)\bigg/\left(1+\frac{1}{n}\right)^{z}.$$

つぎに，部分積分を繰返すことによって

$$\int_0^1(1-v)^n v^{z-1}dv=n!\bigg/\prod_{\nu=0}^{n}(z+\nu)$$

がえられる．ここで $v=t/n$ とおいて，(22) から

$$\Gamma(z)=\lim_{n\to\infty}\int_0^n\left(1-\frac{t}{n}\right)^n t^{z-1}dt$$

$$=\int_0^\infty e^{-t}t^{z-1}dt-\lim_{n\to\infty}\left(\int_0^n\left(e^{-t}-\left(1-\frac{t}{n}\right)^n\right)t^{z-1}dt+\int_n^\infty e^{-t}t^{z-1}dt\right).$$

不等式 $1+\tau\leqq e^{\tau}\leqq(1-\tau)^{-1}$ $(0\leqq\tau<1)$ において $\tau=t/n$ とおけば，$0\leqq t<n$ のとき $(1+t/n)^{-n}\geqq e^{-t}\geqq(1-t/n)^n$,

$$0\leqq e^{-t}-\left(1-\frac{t}{n}\right)^n=e^{-t}\left(1-e^t\left(1-\frac{t}{n}\right)^n\right)\leqq e^{-t}\left(1-\left(1-\frac{t^2}{n^2}\right)^n\right).$$

さらに $(1-t^2/n^2)^n\geqq1-n\cdot t^2/n^2$ であるから，$0\leqq e^{-t}-(1-t/n)^n\leqq e^{-t}\cdot t^2/n$. ゆえに，上式の最後の辺の第二項の極限値は0に等しく，(23) がみちびかれる． （証終）

(23) に対して $\Gamma(z)$ の全定義域において積分表示

(1.24) $$\Gamma(z)=\frac{i}{2\sin\pi z}\int_\gamma e^{-\zeta}(-\zeta)^{z-1}d\zeta$$

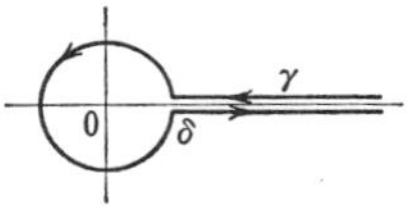

図 1.1

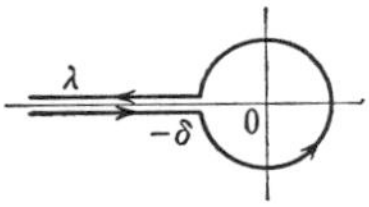

図 1.2

が成り立つ(→図 1.1)．ここに

$$(-\zeta)^{z-1}=e^{(z-1)\log(-\zeta)}$$

において，$\log(-\zeta)$ は $\zeta=-1$ で0となる分枝とする．

また，相反公式(→§1.3 (27))を用いると，

(1.25) $$\frac{1}{\Gamma(z)}=\frac{1}{2\pi i}\int_\lambda e^{\zeta}\zeta^{-z}d\zeta$$

が成り立つ(→ 図 1.2)．

1.3. 基本性質

定理 1.2. ガンマ函数に対して，つぎの関係が成り立つ:

(1.26) $$\Gamma(z+1)=z\Gamma(z),$$ **(差分方程式)**

(1.27) $$\Gamma(z)\Gamma(1-z)=\frac{\pi}{\sin\pi z}.$$ **(相反公式)**

証明. $\Re z>0$ として，(23) から部分積分法により

$$\Gamma(z+1)=\int_0^\infty e^{-t}t^z dt=[-e^{-t}t^z]_0^\infty+z\int_0^\infty e^{-t}t^{z-1}dt=z\Gamma(z).$$

ガンマ函数は解析函数であるから，これは一般に成立する(→V §2.5.3)．(26) と正弦の乗積表示 $\sin\pi z=\pi z\prod_{\nu=1}^{\infty}(1-z^2/\nu^2)$ を利用すると，

$$\Gamma(z)\Gamma(1-z)=-z\Gamma(z)\Gamma(-z)$$
$$=-z\cdot\frac{1}{z}e^{-Cz}\prod_{n=1}^{\infty}\left(1+\frac{z}{n}\right)^{-1}e^{z/n}\cdot\frac{1}{-z}e^{Cz}\prod_{n=1}^{\infty}\left(1-\frac{z}{n}\right)^{-1}e^{-z/n}$$
$$=\frac{1}{z}\prod_{n=1}^{\infty}\left(1-\frac{z^2}{n^2}\right)^{-1}=\frac{\pi}{\sin\pi z}.$$ （証終）

n を自然数とするとき，**ガウスの乗法公式**が成り立つ:

(1.28) $$\Gamma(nz)=\frac{n^{nz-1/2}}{(2\pi)^{(n-1)/2}}\prod_{\nu=0}^{n-1}\Gamma\left(z+\frac{\nu}{n}\right).$$

(28) の特別な場合として，つぎの**ルジャンドルの公式**が成り立つ:

(1.29) $$\Gamma(2z)=\frac{2^{2z-1}}{\pi^{1/2}}\Gamma(z)\Gamma\left(z+\frac{1}{2}\right).$$

例題 1. $\Gamma(n)=(n-1)!\quad(n=1,\ 2,\ \cdots),\qquad \Gamma\left(\frac{1}{2}\right)=\sqrt{\pi}.$

［解］ (26) を用いる; (22) (または (23)) から $\Gamma(1)=1$. (27) で $z=1/2$ とおき，$\Gamma(1/2)>0$ に注意すればよい． （以上）

例題 2. $\Gamma\left(n+\frac{1}{2}\right)=\frac{(2n)!}{n!2^{2n}}\sqrt{\pi}\qquad(n=0,\ 1,\ \cdots).$

［解］ (26) を繰返し用いると，

$$\Gamma\left(n+\frac{1}{2}\right)=\left(n-\frac{1}{2}\right)\left(n-\frac{3}{2}\right)\cdots\frac{1}{2}\Gamma\left(\frac{1}{2}\right)=\frac{(2n)!}{n!2^{2n}}\sqrt{\pi}.$$ （以上）

定理 1.3. $x>0$ において，$\Gamma(x)$ は対数的凸である．

証明. (21) を対数微分すれば，

$$\frac{\Gamma'(x)}{\Gamma(x)}=-\frac{d}{dx}\log\frac{1}{\Gamma(x)}=-C-\frac{1}{x}+\sum_{n=1}^{\infty}\frac{x}{n(n+x)}.$$

これから x で微分して

$$\frac{d^2}{dx^2}\log\Gamma(x)=\sum_{n=0}^{\infty}\frac{1}{(n+x)^2}.$$

$x>0$ で右辺は正であるから，$\log\Gamma(x)$ はそこで凸函数である．→III §4.2.2 定理 4.12

（証終）

ガンマ函数の諸性質をあげたが，その特性を示す**ボーア・モレループの定理**がある:

$x>0$ で定義された正の実数値函数 f が三つの条件

(i) $f(x+1)=xf(x)$, (ii) $f(1)=1$, (iii) 対数的凸

をみたすならば，$f=\Gamma$.

また，$\Gamma(z)$ は代数的微分方程式をみたさない; すなわち，$P(z,\ \Gamma(z),\ \Gamma'(z),\ \cdots,\ \Gamma^{(n)}(z))=0$ となる多項式 P は存在しないことが知られている．

1.4. 漸近展開

漸近級数に関する一般的なことがらについては，→ 応用編 III §3

$|\arg z|<\pi/2$ のとき，つぎの**漸近展開**が成り立つ:

(1.30) $$\log\Gamma(z)\sim\left(z-\frac{1}{2}\right)\log z-z+\frac{1}{2}\log 2\pi+\sum_{n=1}^{\infty}\frac{B_{2n}}{2n(2n-1)}\frac{1}{z^{2n-1}};$$

$$\Gamma(z)\sim\sqrt{2\pi}e^{-z}z^{z-1/2}\left(1+\frac{1}{12z}+\frac{1}{288z^2}-\frac{139}{51840z^3}+\cdots\right).$$

z が自然数のときには，つぎの**スターリングの漸近公式**が成り立つ:

(1.31) $$n!=\sqrt{2\pi n}\,n^n e^{-n+\theta_n/12n}\qquad(0<\theta_n<1).$$

証明. $a_n=n!/\sqrt{2\pi n}\,n^n e^{-n+1/12n}$，$b_n=n!/\sqrt{2\pi n}\,n^n e^{-n}$ とおく．明らかに $a_n<b_n$. 定義の式から

$$\log\frac{a_{n+1}}{a_n}=1+\frac{1}{12n(n+1)}-\left(n+\frac{1}{2}\right)\log\left(1+\frac{1}{n}\right),\qquad \log\frac{b_{n+1}}{b_n}=1-\left(n+\frac{1}{2}\right)\log\left(1+\frac{1}{n}\right);$$

$$\left(n+\frac{1}{2}\right)\log\left(1+\frac{1}{n}\right)=\frac{2n+1}{2}\log\frac{1+1/(2n+1)}{1-1/(2n+1)}=\sum_{\nu=1}^{\infty}\frac{1}{2\nu-1}\frac{1}{(2n+1)^{2\nu-2}}$$

$$<1+\frac{1}{3}\sum_{\nu=2}^{\infty}\frac{1}{(2n+1)^{2\nu-2}}=1+\frac{1}{12n(n+1)}.$$

よって，$\log(a_{n+1}/a_n)>0>\log(b_{n+1}/b_n)$; $a_{n+1}>a_n$, $b_{n+1}<b_n$. また，$b_n/a_n=e^{1/12n}\to 1$ $(n\to\infty)$ であるから，共通な極限値 $\lim a_n=\lim b_n=\alpha$ が存在する:

$$\alpha=n!/(\sqrt{2\pi n}\,n^n e^{-n+\theta_n/12n})\qquad(0<\theta_n<1).$$

n に無関係な正の定数 α を定めるために，ここでワリスの公式(→応用編 III §4.3 例題 1) $\lim_{n\to\infty}(1/2n)(n!^2 2^{2n}/(2n)!)^2=\pi/2$ を用いる:

$$\frac{\pi}{2}=\lim_{n\to\infty}\frac{1}{2n}\left(\frac{\alpha^2 2\pi n n^{2n}e^{-2n+\theta_n/6n}2^{2n}}{\alpha\sqrt{2\pi 2n}\,(2n)^{2n}e^{-2n+\theta_{2n}/24n}}\right)^2$$

$$=\lim_{n\to\infty}\frac{\alpha^2\pi}{2}e^{\theta_n/3n-\theta_{2n}/12n}=\frac{\alpha^2\pi}{2}.$$

したがって，$\alpha^2=1$; $\alpha>0$ であるから，$\alpha=1$. →応用編 III §4.3 (証終)

1.5. ベータ函数

(1.32) $$B(p,\,q)=\int_0^1 t^{p-1}(1-t)^{q-1}dt\qquad(\Re p>0,\ \Re q>0)$$

(オイレルの第一種の積分)

で定義される p, q の解析函数を**ベータ函数**という; ベキ函数は主値を表わすものとする．

積分変数の置換によって，つぎの形にも表わされる:

(1.33) $$B(p,\,q)=2\int_0^{\pi/2}\cos^{2p-1}\theta\,\sin^{2q-1}\theta\,d\theta\qquad(\Re p>0,\ \Re q>0);$$

(1.34) $$B(p,\,q)=\frac{1}{2^{p+q-1}}\int_{-1}^{1}(1+u)^{p-1}(1-u)^{q-1}du\qquad(\Re p>0,\ \Re q>0).$$

定理 1.4. つぎの関係が成り立つ:

(1.35) $$B(p,\,q)=B(q,\,p),$$

(1.36) $$B(p,\,q)=\frac{\Gamma(p)\Gamma(q)}{\Gamma(p+q)}.$$

証明. (35) は (32) の右辺で積分変数の置換 $t|1-u$ を行なえばよい．(36) は

$$\Gamma(p)\Gamma(q)=\int_0^\infty e^{-s}s^{p-1}ds\int_0^\infty e^{-t}t^{q-1}dt \qquad [s=u^2,\ t=v^2]$$

$$=4\int_0^\infty\int_0^\infty e^{-(u^2+v^2)}u^{2p-1}v^{2q-1}dudv \qquad [u=\sqrt{\rho}\cos\theta,\ v=\sqrt{\rho}\sin\theta]$$

$$=2\int_0^\infty e^{-\rho}\rho^{p+q-1}d\rho\int_0^{\pi/2}\cos^{2p-1}\theta\sin^{2q-1}\theta\,d\theta=\Gamma(p+q)B(p,\ q).$$ (証終)

→IV §5.5 例題1

例題 1. $$B(p,\ 1-p)=\frac{\pi}{\sin\pi p}.$$

［**解**］ (36) と (27) から

$$B(p,\ 1-p)=\Gamma(p)\Gamma(1-p)=\frac{\pi}{\sin\pi p}.$$ (以上)

例題 2. 自然数 $m,\ n$ に対して

$$\frac{1}{B(m,\ n)}=m\binom{m+n-1}{n-1}=n\binom{m+n-1}{m-1}.$$

［**解**］ $$\frac{1}{B(m,\ n)}=\frac{\Gamma(m+n)}{\Gamma(m)\Gamma(n)}=\frac{(m+n-1)!}{(m-1)!(n-1)!}.$$ (以上)

1.6. ポリガンマ函数・指数積分 等

ガンマ函数の対数微分によって定義される**プサイ函数**がある:

(1.37) $$\psi(z)=\frac{d}{dz}\log\Gamma(z).$$

ガンマ函数の定義の式 (21) から

(1.38) $$\psi(z)=-C-\sum_{n=0}^\infty\left(\frac{1}{z+n}-\frac{1}{n+1}\right).$$

これからさらに，つぎの関係が成り立つ:

(1.39) $$\Gamma'(1)=\psi(1)=-C;$$

(1.40) $$\psi^{(k)}(z)=(-1)^{k-1}\cdot k!\sum_{n=0}^\infty\frac{1}{(z+n)^{k+1}} \qquad (k=1,\ 2,\ \cdots).$$

$\psi^{(k-1)}$ を ψ_k とかき，これらを総称して**ポリガンマ函数**とよぶ．ψ については，→応用編 IV §1.2 例題1

(23) から

$$\Gamma'(z)=\int_0^\infty e^{-t}\frac{\partial}{\partial z}t^{z-1}dt=\int_0^\infty e^{-t}t^{z-1}\log t\,dt$$

が成り立つ．ここで $z=1$ とし，(39) と比較して

$$C=-\int_0^\infty e^{-t}\log t\,dt.$$

右辺の積分の下限を $x(>0)$ とした式に部分積分を行なえば，

$$\int_x^\infty e^{-t}\log t\,dt=e^{-x}\log x+\int_x^\infty\frac{e^{-t}}{t}dt \qquad (x>0).$$

この右辺に現われる積分

(1.41)
$$\mathrm{Ei}(-x)=-\int_x^\infty \frac{e^{-t}}{t}dt \qquad (x>0)$$

で定義される函数を**指数積分**という．$x\to 0$ のとき対数的に発散する．積分変数の置換 $t=-\log u$ を行なえば，

$$\mathrm{Ei}(-x)=\int_0^{e^{-x}} \frac{du}{\log u}.$$

積分

(1.42)
$$\mathrm{li}(x)=\int_0^x \frac{dt}{\log t}$$

で定義される函数を**対数積分**という．つぎの関係が成り立つ:

$$\mathrm{Ei}(x)=\mathrm{li}(e^x).$$

また，

(1.43)
$$\mathrm{Ci}(x)=-\int_x^\infty \frac{\cos t}{t}dt, \qquad \mathrm{Si}(x)=\int_0^x \frac{\sin t}{t}dt$$

をそれぞれ**余弦積分**，**正弦積分**という．Ci, Si に対する漸近展開については，→ 応用編 III §3.3 例題4

2. 直交函数系

本節については，VIC §2.2, 応用編 III §2 をも参照されたい．

2.1. 正規直交化; 定義と性質

$\boldsymbol{L}^2(a, b)$ の函数系 $\{f_n\}_{n=0}^\infty$ において，その内積 (f_m, f_n) に対して

(2.1)　$(f_m, f_n)=0 \quad (m\neq n); \qquad (f_m, f_n)=\delta_{mn} \quad (m, n=0, 1, \cdots)$

が成り立つとき，$\{f_n\}$ は (a, b) でそれぞれ**直交系**である; **正規直交系**であるという．

(a, b) で $\{\varphi_n\}$ が正規直交系をなすならば，$\{\varphi_n\}$ は一次独立である．

$\boldsymbol{L}^2(a, b)$ の函数系 $\{f_n\}$ が一次独立ならば，各 n に対して適当な一次結合

$$\varphi_n=\sum_{\nu=0}^n c_{n\nu}f_\nu \qquad (n=0, 1, \cdots)$$

をつくり，$\{\varphi_n\}$ が正規直交系であるようにできる．

$\{f_n\}$ から $\{\varphi_n\}$ をつくるには，つぎの**シュミットの直交化**による:

(2.2)
$$\psi_0=f_0, \qquad \psi_n=f_n-\sum_{\nu=0}^{n-1}(f_n, \varphi_\nu)\varphi_\nu \quad (n=1, 2, \cdots);$$

ψ のノルムを $\|\psi\|=\sqrt{(\psi, \psi)}\ (\geqq 0)$ として，

(2.3)
$$\varphi_n=\frac{\psi_n}{\|\psi_n\|} \qquad (n=0, 1, \cdots).$$

φ_n はまたつぎのように，行列式を用いても表わせる．$f_0, \cdots, f_n$ のグラムの行列式を

(2.4)
$$D_n=\begin{vmatrix} (f_0, f_0) & \cdots & (f_0, f_n) \\ \cdots & \cdots & \cdots \\ (f_n, f_0) & \cdots & (f_n, f_n) \end{vmatrix}$$

とおく; $\{f_n\}$ が一次独立ならば，$D_n>0$. これを用いて

$$\varphi_0=\frac{1}{\sqrt{D_0}}f_0,$$

(2.5) $$\varphi_n=\frac{1}{\sqrt{D_{n-1}D_n}}\begin{vmatrix}(f_0, f_0) & \cdots & (f_0, f_{n-1}) & f_0\\ \cdots & \cdots & \cdots & \cdots\\ (f_n, f_0) & \cdots & (f_n, f_{n-1}) & f_n\end{vmatrix}\qquad (n=1,\ 2,\ \cdots).$$

2.2. 直交多項式系

区間 (a, b) で正値連続函数 $\rho(x)$ が与えられたとき，函数列 $\{\sqrt{\rho(x)}\,x^n\}_{n=0}^{\infty}$ を正規直交化することにより，$\{\sqrt{\rho(x)}\,p_n(x)\}_{n=0}^{\infty}$ という形の函数系がえられる；ここに $p_n(x)$ は n 次の多項式である．このとき，$\{p_n(x)\}$ は (a, b) で**重み** $\rho(x)$ に関して**直交多項式系**をなすという：

(2.6) $$(\sqrt{\rho}\,p_m,\ \sqrt{\rho}\,p_n)=\int_a^b\rho(x)p_m(x)\bar{p}_n(x)dx=0\qquad (m\neq n).$$

基礎区間 (a, b) と重み $\rho(x)$ を指定するごとに，特殊な直交多項式系が定められる．

二変数 x, t の函数 $F(x, t)$ の t についてのテイラー展開が

(2.7) $$F(x,\ t)=\sum_{n=0}^{\infty}f_n(x)t^n$$

となるとき，$F(x, t)$ を函数列 $\{f_n\}$ の**母函数**という．便宜上 (7) の右辺で t^n の代りに $(2t)^n$, $t^n/n!$ などが用いられることもある．例えば，→§1.1 (1.8), (1.12)

例題 1. 母函数展開 (7) で与えられる $\{f_n\}$ が重み ρ に関して直交系をなす条件は，$(\sqrt{\rho(x)}\,F(x, s),\ \sqrt{\rho(x)}\,F(x, t))$ が積 st だけの函数となることである．

［**解**］ $$(\sqrt{\rho(x)}\,F(x,\ s),\ \sqrt{\rho(x)}\,F(x,\ t))=\int_a^b\rho(x)F(x,\ s)\bar{F}(x,\ t)dx$$
$$=\int_a^b\rho(x)\sum_{\mu=0}^{\infty}f_\mu(x)s^\mu\cdot\sum_{\nu=0}^{\infty}\bar{f}_\nu(x)t^\nu dx=\sum_{\mu,\nu=0}^{\infty}(\sqrt{\rho}\,f_\mu,\ \sqrt{\rho}\,f_\nu)s^\mu t^\nu.$$

直交性の条件 (6) $(\sqrt{\rho}\,f_\mu,\ \sqrt{\rho}\,f_\nu)=0$ $(\mu\neq\nu,\ \mu,\ \nu=0,\ 1,\ \cdots)$ は，右辺が

$$\sum_{n=0}^{\infty}\|\sqrt{\rho}\,f_n\|^2(st)^n$$

となることと同値である． （以上）

§2.3, 2.4, …, 4.1 にあげる特殊函数は，ルジャンドル函数，…，ベッセル函数等いずれも研究者の名によってよばれている．これらは同じ名をつけてよばれる二階線形常微分方程式をみたしており， 超幾何函数および合流型超幾何函数（→ VII A § 4.2, 4.4, IX A §3.3) の特殊な場合にあたる．しかし，ベッセル函数を除いてこれらがよく現われるのは多項式の場合で，直交函数系をなしている．ゆえに，微分方程式の解の一般論ではなく，その特殊解である直交多項式についてのべる．

2.3. ルジャンドルの多項式

ルジャンドルの多項式系 $\{P_n(z)\}_{n=0}^{\infty}$ は**ロドリグの表示**

(2.8) $$P_n(z)=\frac{1}{n!2^n}\frac{d^n}{dz^n}(z^2-1)^n$$

によって定義される．右辺の微分を行なうと，その具体的な形は

(2.9) $$P_n(z)=\frac{1}{2^n}\sum_{\nu=0}^{[n/2]}(-1)^\nu\frac{(2n-2\nu)!}{\nu!(n-2\nu)!(n-\nu)!}z^{n-2\nu}\qquad(n\geqq 0).$$

特に，

$$P_0(z)=1,\ P_1(z)=z,\ P_2(z)=\frac{1}{2}(3z^2-1),\ P_3(z)=\frac{1}{2}(5z^3-3z),$$

$$P_4(z)=\frac{1}{8}(35z^4-30z^2+3),\ P_5(z)=\frac{1}{8}(63z^5-70z^3+15z),\ \cdots;$$

$$P_{2n}(0)=(-1)^n\frac{(2n)!}{(n!2^n)^2},\qquad P_{2n+1}(0)=0.$$

定理 2.1. $\{P_n\}$ はつぎの**母函数展開**によっても定義される：

(2.10) $$\frac{1}{\sqrt{1-2zt+t^2}}=\sum_{n=0}^{\infty}P_n(z)t^n.$$

証明.
$$\frac{1}{\sqrt{1-2zt+t^2}}=\sum_{\mu=0}^{\infty}(-1)^\mu\binom{-1/2}{\mu}(2zt-t^2)^\mu$$
$$=\sum_{\mu=0}^{\infty}(-1)^\mu\binom{-1/2}{\mu}\sum_{\nu=0}^{\mu}(-1)^\nu\binom{\mu}{\nu}(2zt)^{\mu-\nu}t^{2\nu}$$
$$=\sum_{\mu=0}^{\infty}\sum_{\nu=0}^{\mu}(-1)^\nu\frac{1}{2^{\mu+\nu}}\frac{(2\mu)!}{\nu!(\mu-\nu)!\mu!}z^{\mu-\nu}t^{\mu+\nu}$$
$$=\sum_{n=0}^{\infty}t^n\sum_{0\leq 2\nu\leq n}(-1)^\nu\frac{1}{2^n}\frac{(2n-2\nu)!}{\nu!(n-2\nu)!(n-\nu)!}z^{n-2\nu}.$$
（証終）

例題 1. $$P_n(\pm 1)=(\pm 1)^n.$$

［**解**］ 母函数展開の式 (10) で $z=\pm 1$ とおけば，

$$\sum_{n=0}^{\infty}P_n(\pm 1)t^n=\frac{1}{\sqrt{1\mp 2t+t^2}}=\frac{1}{1\mp t}=\sum_{n=0}^{\infty}(\pm 1)^n t^n.$$

ここで t^n の係数を比較すればよい． （以上）

例題 2. $$P_n(\cos\theta)=\frac{1}{2^{2n}}\sum_{\nu=0}^{n}\frac{(2\nu)!(2n-2\nu)!}{\nu!^2(n-\nu)!^2}\cos(n-2\nu)\theta,$$
$$|P_n(z)|<1\qquad(-1<z<1;\ n=1,\ 2,\ \cdots).$$

［**解**］
$$(1-2t\cos\theta+t^2)^{-1/2}=(1-te^{-i\theta})^{-1/2}(1-te^{i\theta})^{-1/2}$$
$$=\sum_{\nu=0}^{\infty}\binom{-1/2}{\nu}(-te^{-i\theta})^\nu\cdot\sum_{\mu=0}^{\infty}\binom{-1/2}{\mu}(-te^{i\theta})^\mu.$$

右辺の乗積級数における t^n の係数を求めると，

$$P_n(\cos\theta)=\frac{1}{2^{2n}}\sum_{\nu=0}^{n}\frac{(2\nu)!(2n-2\nu)!}{\nu!^2(n-\nu)!^2}e^{i(n-2\nu)\theta}.$$

ここで両辺の実数部分を比較すればよい．この表示から $|P_n(\cos\theta)|\leqq P_n(1)=1$．しかも，$n\geqq 1$ のとき $|P_n(\cos\theta)|=1$ となるのは，$|\cos\theta|=1$ のときに限る． （以上）

例題 3. $$P_{n-1}(x)<P_n(x)\qquad(x>1;\ n=1,\ 2,\ \cdots).$$

［**解**］ (10) にもとづいて

$$1+\sum_{n=1}^{\infty}(P_n(x)-P_{n-1}(x))t^n=\frac{1}{\sqrt{1-2xt+t^2}}-\frac{t}{\sqrt{1-2xt+t^2}}$$

$$=\frac{1}{\sqrt{1-2(x-1)t/(1-t)^2}}=1+\sum_{n=1}^{\infty}\frac{(2n)!}{n!^2 2^{2n}}\left(\frac{2(x-1)t}{(1-t)^2}\right)^n.$$

$t/(1-t)^2=\sum_{\nu=1}^{\infty}\nu t^{\nu}$ の係数はすべて正であるから，最後の式を t のベキ級数として表わせば，$x>1$ に対してその係数は正となる．（以上）

定理 2.2. $y=P_n(z)$ はつぎの**ルジャンドルの微分方程式**(1, −1, ∞ に確定特異点をもつフックス型微分方程式)をみたす:

(2.11) $$(1-z^2)y''-2zy'+n(n+1)y=0.$$

さらに，つぎの形の**超幾何級数**で表示される:

(2.12) $$P_n(z)=F\left(-n,\ n+1;\ 1;\ \frac{1-z}{2}\right).$$

証明. 母函数 $F(z,\ t)=1/\sqrt{1-2zt+t^2}$ に対して

$$\sum_{n=0}^{\infty}((1-z^2)P_n''(z)-2zP_n'(z)+n(n+1)P_n(z))t^n$$
$$=(1-z^2)\frac{\partial^2 F}{\partial z^2}-2z\frac{\partial F}{\partial z}+t\frac{\partial^2(tF)}{\partial t^2}=0.$$

ゆえに，(11) が成り立つ．つぎに，(11) で独立変数の置換 $z=1-2u$ を行なえば，

$$u(1-u)\frac{d^2y}{du^2}+(1-2u)\frac{dy}{du}+n(n+1)y=0.$$

これは $F(-n,\ n+1;\ 1;\ u)$ に対する方程式であるから，その多項式解として，$P_n(z)=cF(-n,\ n+1;\ 1;\ (1-z)/2)$ (c は定数); ここで $z=1$ とおけば，$1=c\cdot 1$. → IX A § 3. 3 例題 4 （証終）

定理 2.3. $\{P_n(z)\}_{n=0}^{\infty}$ はつぎの漸化式をみたす:

(2.13) $$(1-z^2)P_n'(z)=(n+1)(zP_n(z)-P_{n+1}(z))$$
$$=-n(zP_n(z)-P_{n-1}(z));$$

(2.14) $$(n+1)P_{n+1}(z)-(2n+1)zP_n(z)+nP_{n-1}(z)=0\qquad(0P_{-1}(z)=0);$$

(2.15) $$P_n'(z)=\sum_{\nu=0}^{[(n-1)/2]}(2n-4\nu-1)P_{n-2\nu-1}(z).$$

証明. ロドリグの表示 (8) を用いて

$$P_{n+1}'(z)=\frac{1}{2^{n+1}(n+1)!}\frac{d^{n+2}}{dz^{n+2}}(z^2-1)^{n+1}=\frac{1}{2^{n+1}(n+1)!}\frac{d^{n+1}}{dz^{n+1}}(2(n+1)z(z^2-1)^n)$$
$$=\frac{2(n+1)}{2^{n+1}(n+1)!}\left(z\frac{d^{n+1}}{dz^{n+1}}(z^2-1)^n+(n+1)\frac{d^n}{dz^n}(z^2-1)^n\right);$$

(2.16) $$P_{n+1}'(z)=zP_n'(z)+(n+1)P_n(z).$$

両辺に z^2-1 を掛けて z で微分し，ルジャンドルの微分方程式を考慮すれば，(13) の第一の関係式となる:

(2.17) $$(n+1)P_{n+1}(z)=(z^2-1)P_n'(z)+(n+1)zP_n(z).$$

P_{n+1} の代りに P_n から出発して，(16)，(17) に相当する式を求め，それから P_{n-1}' を消去すれば，(13) の第二の関係がえられる．(14) は (13) の後半の等式である．(13) と (14) を用いて，

$$(1-z^2)(P_{n+1}'(z)-P_{n-1}'(z))$$
$$=-(n+1)(zP_{n+1}(z)-P_n(z))-n(zP_{n-1}(z)-P_n(z))$$
$$=(2n+1)P_n(z)-z((n+1)P_{n+1}(z)+nP_{n-1}(z))=(1-z^2)(2n+1)P_n(z);$$
$$P_n'(z)=(2n-1)P_{n-1}(z)+P_{n-2}'(z).$$

最後の関係式で帰納法を用いれば，(15) がみちびかれる． (証終)

区間 $(-1,\ 1)$ で函数列 $\{z^n\}_{n=0}^{\infty}$ を直交化すれば，函数列 $\{\sqrt{n+1/2}\,P_n(z)\}$ ($n=0,\ 1,\ \cdots$) がえられる．したがって，$\{P_n(z)\}$ はつぎの直交性の関係をみたす:

(2.18)
$$\int_{-1}^{1}P_m(z)P_n(z)dz=\begin{cases}0 & (m\neq n),\\ \dfrac{2}{2n+1} & (m=n).\end{cases}$$

例題 4. 複素 ζ 平面で点 z を正の向きに一周する路を C とすれば,

$$P_n(z)=\frac{1}{2^{n+1}\pi i}\int_C\frac{(\zeta^2-1)^n}{(\zeta-z)^{n+1}}d\zeta.$$

[**解**] ロドリグの表示 (8) から，正則函数 $(1/n!2^n)(z^2-1)^n$ の n 階導函数に対するコーシーの積分表示(→ V § 2.2 定理 2.5)である． (以上)

例題 5.
$$P_n(z)=\frac{1}{\pi}\int_0^{\pi}(z+\sqrt{z^2-1}\cos\varphi)^n d\varphi.$$
(ラプラスの表示)

[**解**] 被積分函数は周期 2π の偶函数であるから，

$$\frac{1}{\pi}\int_0^{\pi}(z+\sqrt{z^2-1}\cos\varphi)^n d\varphi$$
$$=\frac{1}{2\pi}\int_{-\pi}^{\pi}\left(\sqrt{\frac{z+1}{2}}+\sqrt{\frac{z-1}{2}}e^{i\varphi}\right)^n\left(\sqrt{\frac{z+1}{2}}+\sqrt{\frac{z-1}{2}}e^{-i\varphi}\right)^n d\varphi$$
$$=\frac{1}{2\pi}\int_{-\pi}^{\pi}\sum_{\mu=0}^{n}\binom{n}{\mu}\left(\frac{z+1}{2}\right)^{(n-\mu)/2}\left(\frac{z-1}{2}\right)^{\mu/2}e^{i\mu\varphi}\cdot\sum_{\nu=0}^{n}\binom{n}{\nu}\left(\frac{z+1}{2}\right)^{(n-\nu)/2}\left(\frac{z-1}{2}\right)^{\nu/2}e^{-i\nu\varphi}d\varphi$$
$$=\sum_{k=0}^{n}\binom{n}{k}^2\left(\frac{z+1}{2}\right)^{n-k}\left(\frac{z-1}{2}\right)^{k}=\frac{1}{n!2^n}\frac{d^n}{dz^n}(z^2-1)^n=P_n(z).$$
(以上)

例題 6.

$$\frac{2n+1}{2}\int_{-1}^{1}x^N P_n(x)dy=\begin{cases}(2n+1)2^n\dfrac{N!(N/2+n/2)!}{(N+n+1)!(N/2-n/2)!} & (n=N,\ N-2,\ \cdots),\\ 0 & (n=N-1,\ N-3,\ \cdots).\end{cases}$$

[**解**] ロドリグの表示 (8) を用い，n 回部分積分を行なえば,

$$\frac{2n+1}{2}\int_{-1}^{1}x^N P_n(x)dx=\frac{2n+1}{2}\frac{1}{n!2^n}\int_{-1}^{1}x^N\frac{d^n}{dx^n}(x^2-1)^n dx$$
$$=\frac{2n+1}{2}\frac{1}{n!2^n}(-1)^n\frac{N!}{(N-n)!}\int_{-1}^{1}x^{N-n}(x^2-1)^n dx.$$

最後の積分は $N-n$ が奇数のとき 0 となることに注意して，$N-n$ が偶数のときは,

$$(-1)^n\int_{-1}^{1}x^{N-n}(x^2-1)^n dx=2\int_0^1 x^{N-n}(1-x^2)^n dx \qquad [x^2=t]$$
$$=\int_0^1 t^{(N-n-1)/2}(1-t)^n dt=B\left(\frac{N-n+1}{2},\ n+1\right)$$

$$=2^{2n+1}\frac{(N-n)!(N/2+n/2)!n!}{(N/2-n/2)!(N+n+1)!}.$$ (以上)

2.4. チェビシェフの多項式

チェビシェフの多項式系 $\{T_n(z)\}_{n=0}^{\infty}$ は

(2.19) $$T_0(z)=1,\qquad T_n(z)=\frac{1}{2^{n-1}}\cos(n\arc\cos z)\quad(n=1,\ 2,\ \cdots)$$

によって定義される．具体的な形は

$$\cos n\theta+i\sin n\theta=(\cos\theta+i\sin\theta)^n=\sum_{\mu=0}^{n}i^{\mu}\binom{n}{\mu}\cos^{n-\mu}\theta\sin^{\mu}\theta$$

において両辺の実部を比較して $\cos\theta=z$ とおけば，

(2.20) $$T_n(z)=\frac{1}{2^{n-1}}\sum_{\nu=0}^{[n/2]}(-1)^{\nu}\binom{n}{2\nu}z^{n-2\nu}(1-z^2)^{\nu}\qquad(n\geqq 1).$$

特に，T_n は n 次の多項式である．

定理 2.4. $\{T_n\}$ はつぎの母函数展開をもつ:

(2.21) $$\frac{1-t^2}{1-2zt+t^2}=\sum_{n=0}^{\infty}T_n(z)(2t)^n.$$

証明. (19) で $z=\cos\theta$ とおけば，

$$T_0(\cos\theta)=1,\qquad T_n(\cos\theta)=\frac{1}{2^{n-1}}\cos n\theta\qquad(n\geqq 1).$$

$$\frac{1-t^2}{1-2t\cos\theta+t^2}=\Re\frac{1+e^{i\theta}t}{1-e^{i\theta}t}=1+2\sum_{n=1}^{\infty}t^n\cos n\theta$$

において，$\cos\theta=z$ とおけばよい(→V §2.5.3). (証終)

例題 1. $$T_n(\pm 1)=\frac{(\pm 1)^n}{2^{n-1}}\qquad(n\geqq 1).$$

［**解**］ (21) で $z=\pm 1$ とおけば，

$$\sum_{n=0}^{\infty}T_n(\pm 1)(2t)^n=\frac{1-t^2}{1\mp 2t+t^2}=\frac{1\pm t}{1\mp t}=1+\sum_{n=1}^{\infty}2(\pm 1)^n t^n.$$ (以上)

定理 2.5. $y=T_n(z)$ は**チェビシェフの微分方程式**

(2.22) $$(1-z^2)y''-zy'+n^2y=0$$

をみたす．さらに，つぎの形の超幾何級数で表示される:

(2.23) $$T_n(z)=\frac{1}{2^{n-1}}F\left(n,\ -n;\ \frac{1}{2};\ \frac{1-z}{2}\right).$$

証明. 母函数 (21) を用いると，

$$\sum_{n=0}^{\infty}((1-z^2)T_n''(z)-zT_n'(z)+n^2T_n(z))(2t)^n$$
$$=\left((1-z^2)\frac{\partial^2}{\partial z^2}-z\frac{\partial}{\partial z}+t\frac{\partial}{\partial t}\left(t\frac{\partial}{\partial t}\right)\right)\frac{1-t^2}{1-2zt+t^2}=0.$$

ゆえに，(22) が成り立つ．つぎに，独立変数の置換 $z=1-2u$ を行なえば，

$$u(1-u)\frac{d^2y}{du^2}+\left(\frac{1}{2}-u\right)\frac{dy}{du}+n^2y=0.$$

これは $F(n,\ -n;\ 1/2,\ u)$ に対する微分方程式である．したがって，その多項式解とし

て，$T_n(u)=cF(n,\ -n;\ 1/2;\ u)$（$c$ は定数）；ここで $u=0$ すなわち $z=1$ での値を比較して $c=1/2^{n-1}$. → IXA §3.3 例題4　（証終）

定理 2.6. $\{T_n(z)\}$ はつぎの漸化式をみたす:

$$(2.24)\quad \begin{aligned} 2nT_{n+1}(z)&=nzT_n(z)-(1-z^2)T_n'(z) \quad (n\geqq 1),\\ nT_{n-1}(z)&=2nzT_n(z)+2(1-z^2)T_n'(z) \quad (n\geqq 2); \end{aligned}$$

$$(2.25)\quad \begin{aligned} &T_1(z)-zT_0(z)=0, \qquad T_2(z)-zT_1(z)+\frac{1}{4}T_0(z)=-\frac{1}{4},\\ &T_{n+1}(z)-zT_n(z)+\frac{1}{4}T_{n-1}(z)=0 \quad (n\geqq 2). \end{aligned}$$

証明. (19) で $z=\cos\theta$ とおいた表示を用いて

$$\begin{aligned} &2nT_{n+1}(\cos\theta)-n\cos\theta T_n(\cos\theta)+(1-\cos^2\theta)\frac{d}{d\cos\theta}T_n(\cos\theta)\\ &=2^{-n+1}(n\cos(n+1)\theta-n\cos\theta\cdot\cos n\theta+\sin\theta\cdot n\sin n\theta)=0,\\ &nT_{n-1}(\cos\theta)-2n\cos\theta T_n(\cos\theta)-2(1-\cos^2\theta)\frac{d}{d\cos\theta}T_n(\cos\theta)\\ &=2^{-n+2}(n\cos(n-1)\theta-n\cos\theta.\ \cos n\theta-\sin\theta\cdot n\sin n\theta)=0. \end{aligned}$$

注意. (24) の第二式は $n=1$ のときはつぎの形となる:

$$T_0(z)=2zT_1(z)+2(1-z^2)T_1'(z)-1 \qquad (T_0(z)=1,\ T_1(z)=z).$$

(25) の最初の関係は $T_0(z)=1$, $T_1(z)=z$ から明らかである. $n\geqq 2$ の場合は (24) の二式から T_n' を消去すればよい. $n=1$ のときは上の注意による修正を行なう.　（証終）

定理 2.7. $\{T_n\}$ はつぎの直交性の条件をみたす:

$$(2.26)\quad \int_{-1}^{1}\frac{1}{\sqrt{1-z^2}}T_m(z)T_n(z)dz=\begin{cases} 0 & (m\neq n),\\ \pi/2^{2n-1} & (m=n\geqq 1),\\ \pi & (m=n=0). \end{cases}$$

証明. 母函数展開 (21) を利用すると,

$$\begin{aligned} &\sum_{m,n=0}^{\infty}(2s)^m(2t)^n\int_{-1}^{1}\frac{1}{\sqrt{1-z^2}}T_m(z)T_n(z)dz\\ &=\int_{-1}^{1}\frac{1}{\sqrt{1-z^2}}\,\frac{1-s^2}{1-2zs+s^2}\,\frac{1-t^2}{1-2zt+t^2}dz=\pi\frac{1+st}{1-st}=\pi+\sum_{n=1}^{\infty}2\pi s^nt^n. \end{aligned}$$

この両辺の s^mt^n の係数を比較すればよい.　（証終）

$T_n(x)$ $(-1\leqq x\leqq 1)$ の極値性については，例えば → 応用編 III §1.3 例題1

2.5. ラゲルの多項式・ソニンの多項式

ラゲルの多項式系 $\{L_n(z)\}_{n=0}^{\infty}$ は

$$(2.27)\quad L_n(z)=e^z\frac{d^n}{dz^n}(e^{-z}z^n) \qquad (n=0,\ 1,\ \cdots)$$

によって定義される. ライプニッツの公式(→III §4.1.1 定理 4.3)により右辺の計算を行なえば,

$$(2.28)\quad L_n(z)=\sum_{\nu=0}^{n}(-1)^{\nu}\binom{n}{\nu}\frac{n!}{\nu!}z^{\nu} \qquad (n\geqq 0).$$

$L_n(z)$ は整数係数の n 次の多項式である．その最初のいくつかは

$$L_0(z)=1,\quad L_1(z)=-z+1,\quad L_2(z)=z^2-4z+2,$$
$$L_3(z)=-z^3+9z^2-18z+6,\quad L_4(z)=z^4-16z^3+72z^2-96z+24,\ \cdots.$$

定理 2.8. $\{L_n\}$ はつぎの母函数展開をもつ:

(2.29) $$\frac{e^{-zt/(1-t)}}{1-t}=\sum_{n=0}^{\infty}L_n(z)\frac{t^n}{n!}.$$

証明. $$\frac{e^{-zt/(1-t)}}{1-t}=\sum_{\nu=0}^{\infty}\frac{(-z)^\nu}{\nu!}\frac{t^\nu}{(1-t)^{\nu+1}}$$
$$=\sum_{\nu=0}^{\infty}\frac{(-z)^\nu}{\nu!}\sum_{n=\nu}^{\infty}\binom{n}{\nu}t^n=\sum_{n=0}^{\infty}\frac{t^n}{n!}\sum_{\nu=0}^{n}(-1)^\nu\binom{n}{\nu}\frac{n!}{\nu!}z^\nu.$$ （証終）

例題 1. $L_n(0)=n!,\qquad L_n'(0)=-n!n.$

［**解**］ (29) を用いて

$$\sum_{n=0}^{\infty}L_n(0)\frac{t^n}{n!}=\frac{1}{1-t}=\sum_{n=0}^{\infty}t^n,$$
$$\sum_{n=0}^{\infty}L_n'(0)\frac{t^n}{n!}=-\frac{t}{(1-t)^2}=\sum_{n=0}^{\infty}(-n)t^n.$$ （以上）

定理 2.9. $u=L_n(z)$ は**ラゲルの微分方程式**

(2.30) $$zu''+(1-z)u'+nu=0$$

をみたす．さらに，つぎの形の合流型超幾何級数により表示される(→ IXA §3.3 末):

(2.31) $$L_n(z)=n!\,F(-n;\ 1;\ z).$$

証明. 母函数 $F(z,\ t)=e^{-zt/(1-t)}/(1-t)$ に対して

$$\sum_{n=0}^{\infty}(zL_n''(z)+(1-z)L_n'(z)+nL_n(z))\frac{t^n}{n!}=z\frac{\partial^2F}{\partial z^2}+(1-z)\frac{\partial F}{\partial z}+t\frac{\partial F}{\partial t}=0.$$

ゆえに，(30) が成り立つ．これは函数 $F(-n;\ 1;\ z)$ に対する方程式である．多項式解として，$L_n(z)=cF(-n;\ 1;\ z)$; ここで $z=0$ とおけば，例題 1 により $c=n!$.（証終）

定理 2.10. $\{L_n\}$ に対してつぎの漸化式が成り立つ:

(2.32) $$L_{n+1}(z)-(2n+1-z)L_n(z)+n^2L_{n-1}(z)=0,$$

(2.33) $$zL_n'(z)=L_{n+1}(z)-(n+1-z)L_n(z)=nL_n(z)-n^2L_{n-1}(z).$$

証明. 母函数 $F(z,\ t)=e^{-zt/(1-t)}/(1-t)$ に対して $(1-t)^2\partial F(z,\ t)/\partial t=(1-t-z)F(z,\ t)$ が成り立つから，

$$(1-t)^2\sum_{n=1}^{\infty}\frac{L_n(z)}{(n-1)!}t^{n-1}=(1-t-z)\sum_{n=0}^{\infty}\frac{L_n(z)}{n!}t^n.$$

この両辺の係数を比較すれば，(32) がえられる．ただし，$n=0$ のときは $L_{-1}(z)=0$ と解する．

母函数 (29) を利用すれば，

$$\sum_{n=0}^{\infty}(zL_n'(z)-L_{n+1}(z)+(n+1-z)L_n(z))\frac{t^n}{n!}$$
$$=\left(z\frac{\partial}{\partial z}-\frac{\partial}{\partial t}+\frac{\partial}{\partial t}t-z\right)F(z,\ t)=0.$$ （証終）

区間 $(0,\ \infty)$ で $\{z^n\}_{n=0}^{\infty}$ を荷重 e^{-x} に関して直交化すれば，函数列 $\{(1/n!)L_n(z)\}_{n=0}^{\infty}$

がえられる.

定理 2.11. ラゲルの多項式はつぎの直交関係をみたす:

(2.34) $$\int_0^\infty e^{-z}L_m(z)L_n(z)dz=\begin{cases}0 & (m\neq n),\\ n!^2 & (m=n).\end{cases}$$

証明. $$\sum_{m,n=0}^\infty \frac{s^m}{m!}\frac{t^n}{n!}\int_0^\infty e^{-z}L_m(z)L_n(z)dz$$
$$=\int_0^\infty e^{-z}\frac{e^{-zs/(1-s)}}{1-s}\frac{e^{-zt/(1-t)}}{1-t}dz=\frac{1}{1-st}=\sum_{n=0}^\infty s^nt^n.$$ (証終)

α を複素数として, 一般化されたラゲルの多項式が

(2.35) $$S_n^\alpha(z)=\frac{1}{n!}z^{-\alpha}e^z\frac{d^n}{dz^n}(z^{n+\alpha}e^{-z})\qquad (n=0,\ 1,\ \cdots)$$

によって定義される. これを**ソニンの多項式**という. 明らかに

(2.36) $$L_n(z)=n!S_n^0(z).$$

また, (28) に対応して

(2.37) $$S_n^\alpha(z)=\sum_{\nu=0}^n\frac{(-1)^\nu}{\nu!}\binom{n+\alpha}{n-\nu}z^\nu.$$

母函数展開は

(2.38) $$\frac{e^{-zt/(1-t)}}{(1-t)^{1+\alpha}}=\sum_{n=0}^\infty S_n^\alpha(z)t^n.$$

これから, 例題 1 に対応して

$$S_n^\alpha(0)=\binom{n+\alpha}{n}=\frac{\Gamma(n+1+\alpha)}{n!\Gamma(1+\alpha)},\qquad S_n^{\alpha\prime}(0)=-\binom{n+\alpha}{n-1}=-\frac{\Gamma(n+1+\alpha)}{(n-1)!\Gamma(2+\alpha)}.$$

定理 2.12. $\{S_n^\alpha\}_{n=0}^\infty$ に対して $\Re\alpha>-1$ のとき, つぎの直交性がある:

(2.39) $$\int_0^\infty z^\alpha e^{-z}S_m^\alpha(z)S_n^\alpha(z)dz=\begin{cases}0 & (m\neq n),\\ \Gamma(n+1+\alpha)/n! & (m=n).\end{cases}$$

証明. $$\sum_{m,n=0}^\infty s^mt^n\int_0^\infty z^\alpha e^{-z}S_m^\alpha(z)S_n^\alpha(z)dz$$
$$=\frac{1}{(1-s)^{1+\alpha}(1-t)^{1+\alpha}}\int_0^\infty z^\alpha\exp\left(-\frac{(1-st)z}{(1-s)(1-t)}\right)dz$$
$$=\frac{\Gamma(1+\alpha)}{(1-st)^{1+\alpha}}=\sum_{n=0}^\infty\Gamma(1+\alpha)\binom{n+\alpha}{n}(st)^n$$
$$=\sum_{n=0}^\infty\frac{\Gamma(n+1+\alpha)}{n!}(st)^n.$$ (証終)

(30), (31) に対応して, $u=S_n^\alpha(z)$ はつぎの関係をみたす(→ IX A §3.3 末):

(2.40) $$zu''+(1+\alpha-z)u'+nu=0;$$

(2.41) $$S_n^\alpha(z)=\frac{\Gamma(n+1+\alpha)}{n!\Gamma(1+\alpha)}F(-n;\ 1+\alpha;\ z).$$

例題 2. $$(n+1)S_{n+1}^\alpha(z)-(2n+1+\alpha-z)S_n^\alpha(z)+(n+\alpha)S_{n-1}^\alpha(z)=0,$$
$$S_n^\alpha(z)=S_{n-1}^\alpha(z)+S_n^{\alpha-1}(z).$$

[**解**] (38) の母函数を $F(z,\ t)$ で表わせば,

$$(1-t)^2\frac{\partial F}{\partial t}=((1+\alpha)(1-t)-z)F.$$

両辺の t^n の係数を比較．第二式はつぎの関係に注意すればよい:

$$\sum_{n=0}^{\infty}S_n^{\alpha-1}(z)t^n=\frac{e^{-zt/(1-t)}}{(1-t)^{\alpha}}=(1-t)\frac{e^{-zt/(1-t)}}{(1-t)^{1+\alpha}}=(1-t)\sum_{n=0}^{\infty}S_n^{\alpha}(z)t^n.$$ （以上）

2.6. エルミトの多項式

エルミトの多項式系 $\{H_n(z)\}_{n=0}^{\infty}$ は

(2.42) $$H_n(z)=(-1)^n e^{z^2}\frac{d^n}{dz^n}e^{-z^2}\qquad(n=0,\ 1,\ \cdots)$$

によって定義される．また，$\{H_n\}$ はつぎの母函数展開をもつ:

(2.43) $$e^{2zt-t^2}=\sum_{n=0}^{\infty}H_n(z)\frac{t^n}{n!}.$$

e^{2zt-t^2} の t についてのベキ級数展開における $t^n/n!$ の係数は

$$\left[\frac{\partial^n e^{2zt-t^2}}{\partial t^n}\right]^{t=0}=e^{z^2}\left[\frac{\partial^n e^{-(t-z)^2}}{\partial t^n}\right]^{t=0}=(-1)^n e^{z^2}\frac{d^n e^{-z^2}}{dz^n}.$$

母函数を直接に展開することにより

(2.44) $$H_n(z)=\sum_{\nu=0}^{[n/2]}(-1)^{\nu}\frac{n!}{\nu!(n-2\nu)!}(2z)^{n-2\nu}.$$

$H_n(z)$ は整数係数の n 次の多項式で，n の偶，奇に応じて偶函数，奇函数である．

$$H_0(z)=1,\ H_1(z)=2z,\ H_2(z)=4z^2-2,\ H_3(z)=8z^3-12z,$$
$$H_4(z)=16z^4-48z^2+12,\ H_5(z)=32z^5-160z^3+120z,\ \cdots.$$

(2.45) $$H_{2m}(0)=(-1)^m\frac{(2m)!}{m!},\qquad H_{2m}'(0)=0,$$
$$H_{2m+1}(0)=0,\qquad H_{2m+1}'(0)=(-1)^m 2\frac{(2m+1)!}{m!}\qquad(m=0,\ 1,\ \cdots).$$

定理 2.13. $u=H_n(z)$ は**エルミトの微分方程式**

(2.46) $$u''-2zu'+2nu=0$$

をみたす．さらに合流型超幾何級数でつぎのように表示される(→ IX A §3.3 末):

(2.47) $$\begin{aligned}H_{2m}(z)&=(-1)^m\frac{(2m)!}{m!}F\left(-m;\ \frac{1}{2};\ z^2\right),\\ H_{2m+1}(z)&=(-1)^m 2\frac{(2m+1)!}{m!}zF\left(-m;\ \frac{3}{2};\ z^2\right)\end{aligned}\qquad(m=0,\ 1,\ \cdots).$$

証明.
$$\sum_{n=0}^{\infty}(H_n''(z)-2zH_n'(z)+2nH_n(z))\frac{t^n}{n!}$$
$$=\left(\frac{\partial^2}{\partial z^2}-2z\frac{\partial}{\partial z}+2t\frac{\partial}{\partial t}\right)e^{2zt-t^2}=0.$$

(46) で独立変数の置換 $z^2=x$ を行なえば，

$$x\frac{d^2u}{dx^2}+\left(\frac{1}{2}-x\right)\frac{du}{dx}+\frac{n}{2}u=0.$$

これは $F(-n/2;\ 1/2;\ x)$ に対する方程式である．$n=2m$ のときは，(45) の $H_{2m}(0)$

$=(-1)^m(2m)!/m!$ に注意すると，(47) の第一式をうる．$n=2m+1$ のときは，これと独立な解 $x^{1/2}F(-n/2+1/2;\ 3/2;\ x)$ をとる．(45) の第三，第四式により (47) の第二式がえられる． (証終)

区間 $(-\infty,\ \infty)$ で $\{z^n\}_{n=0}^{\infty}$ を荷重 e^{-z^2} に関して直交化すれば，函数列

$$\{(1/\sqrt{2^n n!\sqrt{\pi}})H_n(z)\}_{n=0}^{\infty}$$

がえられる．

定理 2.14. $\{H_n\}$ はつぎの直交関係をみたす:

$$\int_{-\infty}^{\infty} e^{-z^2} H_m(z) H_n(z) = \begin{cases} 0 & (n \neq m), \\ n!2^n\sqrt{\pi} & (n=m). \end{cases} \tag{2.48}$$

証明. 母函数展開を利用して

$$\sum_{m,n=0}^{\infty} \frac{s^m}{m!}\frac{t^n}{n!}\int_{-\infty}^{\infty} e^{-z^2} H_m(z) H_n(z) dz$$
$$= \int_{-\infty}^{\infty} e^{-z^2} e^{2zs-s^2} e^{2zt-t^2} dz = \sqrt{\pi}\, e^{2st} = \sum_{n=0}^{\infty} \frac{\sqrt{\pi}\, 2^n}{n!} s^n t^n. \qquad \text{(証終)}$$

例題 1. $\{H_n\}$ はつぎの漸化式をみたす:

$$H_{n+1}(z) - 2zH_n(z) + 2nH_{n-1}(z) = 0;$$
$$H_n'(z) = 2nH_{n-1}(z), \qquad H_{n+1}(z) = 2zH_n(z) - H_n'(z).$$

［**解**］ 母函数を $F(z,\ t)$ とする．

$$\sum_{n=1}^{\infty} H_n(z) \frac{t^{n-1}}{(n-1)!} = \frac{\partial F}{\partial t} = 2(z-t)F = 2(z-t)\sum_{n=0}^{\infty} H_n(z)\frac{t^n}{n!}$$

の両辺で t^n の係数を比較する．第二，三式については，

$$\sum_{n=0}^{\infty}(H_n'(z) - 2nH_{n-1}(z))\frac{t^n}{n!} = \left(\frac{\partial}{\partial z} - 2t\right)F(z,\ t) = 0,$$
$$\sum_{n=0}^{\infty}(H_{n+1}(z) - 2zH_n(z) + H_n'(z))\frac{t^n}{n!} = \left(\frac{\partial}{\partial t} - 2z + \frac{\partial}{\partial z}\right)F(z,\ t) = 0. \qquad \text{(以上)}$$

例題 2.

$$H_n(z) = \frac{(-2i)^n}{\sqrt{\pi}} e^{z^2} \int_{-\infty}^{\infty} u^n e^{-u^2+2iuz} du.$$

［**解**］ $\int_{-\infty}^{\infty} e^{-(u-iz)^2} du = \sqrt{\pi}$ であるから，

$$\frac{d^n}{dz^n} e^{-z^2} = \frac{d^n}{dz^n}\frac{1}{\sqrt{\pi}}\int_{-\infty}^{\infty} e^{-u^2+2izu} du = \frac{(2i)^n}{\sqrt{\pi}}\int_{-\infty}^{\infty} u^n e^{-u^2+2izu} du.$$

ゆえに，

$$H_n(z) = (-1)^n e^{z^2}\frac{d^n}{dz^n} e^{-z^2} = \frac{(-2i)^n}{\sqrt{\pi}} e^{z^2}\int_{-\infty}^{\infty} u^n e^{-u^2+2izu} du. \qquad \text{(以上)}$$

3. ルジャンドル函数

3.1. 第一種の球函数

任意な複素数 λ に対して，λ 位の**第一種の球函数**はつぎの**シュレフリの積分**によって定義される(→図3.1):

(3.1) $$P_\lambda(z)=\frac{1}{2\pi i}\int_C\frac{(\zeta^2-1)^\lambda}{2^\lambda(\zeta-z)^{\lambda+1}}d\zeta.$$

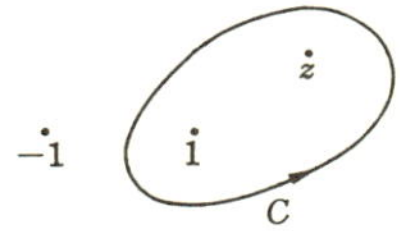

図 3.1

定理 3.1. $w=P_\lambda(z)$ はルジャンドルの微分方程式

(3.2) $$(1-z^2)w''-2zw'+\lambda(\lambda+1)w=0$$

をみたす.

証明. $\lambda\neq-1$ のとき, $w=P_\lambda(z)$ に対して

$$2\pi i\frac{2^\lambda}{\lambda+1}((1-z^2)w''-2zw'+\lambda(\lambda+1)w)$$
$$=\int_C\frac{(\zeta^2-1)^\lambda}{(\zeta-z)^{\lambda+3}}((\lambda+2)(1-z^2)-2z(\zeta-z)+\lambda(\zeta-z)^2)d\zeta=\int_C\frac{\partial}{\partial\zeta}\frac{(\zeta^2-1)^{\lambda+1}}{(\zeta-2)^{\lambda+2}}d\zeta.$$

$(\zeta^2-1)^{\lambda+1}/(\zeta-z)^{\lambda+2}$ は ζ が C を一周するときもとの値にもどるから, 最後の積分の値は0に等しい. $\lambda=-1$ のときは, 直接に

$$P_{-1}(z)=\frac{1}{2\pi i}\int_C\frac{2}{\zeta^2-1}d\zeta=\mathrm{Res}\left(1;\ \frac{2}{\zeta^2-1}\right)=1.$$

$w=P_{-1}(z)$ は (2) $(\lambda=-1)$ をみたす. (証終)

λ が整数 $n(\geqq0)$ のとき, (1) の右辺は $(1/n!2^n)d^n(z^2-1)^n/dz^n$ に等しく, n 次のルジャンドルの多項式と一致する. 一般な λ に対して

(3.3) $$P_\lambda(\pm1)=\frac{1}{2\pi i}\int_C\frac{(\zeta\pm1)^\lambda}{2^\lambda(\zeta\mp1)}d\zeta=\left[\frac{(\zeta\pm1)^\lambda}{2^\lambda}\right]^{\zeta=\pm1}=(\pm1)^\lambda.$$

したがって, (2) の $z=1$ において正則な解として, つぎの超幾何級数による表示が成り立つ(→ IXA §3.3 例題4の注意):

(3.4) $$P_\lambda(z)=F\left(-\lambda,\ \lambda+1;\ 1;\ \frac{1-z}{2}\right).$$

方程式 (2) は λ を $-\lambda-1$ でおきかえても不変である. あるいは, (4) の右辺の $-\lambda$ と $\lambda+1$ に関する対称性から

(3.5) $$P_\lambda(z)=P_{-\lambda-1}(z).$$

定理 3.2. つぎの**ラプラスの積分表示**が成り立つ:

(3.6) $$P_\lambda(z)=\frac{1}{\pi}\int_0^\pi(z+\sqrt{z^2-1}\cos\varphi)^\lambda d\varphi.$$

証明. $\Re z>0$ のとき, $z\neq1$ とすればシュレフリの積分 (1) の路 C として円周 $|\zeta-z|=|\sqrt{z^2-1}|$ をとることができる. $\zeta=z+\sqrt{z^2-1}\,e^{i\varphi}$ とおけばよい. (証終)

例題 1.
$$P_{\lambda+1}'(z)-zP_\lambda'(z)=(\lambda+1)P_\lambda(z);$$
$$(\lambda+1)P_{\lambda+1}(z)-(2\lambda+1)zP_\lambda(z)+\lambda P_{\lambda-1}(z)=0.$$

［**解**］ シュレフリの積分表示 (1) にもとづいて,

$$0=\frac{1}{2^{\lambda+1}}\frac{1}{2\pi i}\frac{1}{(\lambda+1)}\int_C\frac{\partial}{\partial\zeta}\frac{(\zeta^2-1)^{\lambda+1}}{(\zeta-z)^{\lambda+1}}d\zeta$$
$$=\frac{1}{2^\lambda}\frac{1}{2\pi i}\int_C\frac{(\zeta^2-1)^\lambda}{(\zeta-z)^\lambda}d\zeta+\frac{z}{2^\lambda 2\pi i}\int_C\frac{(\zeta^2-1)^\lambda}{(\zeta-z)^{\lambda+1}}-\frac{1}{2^{\lambda+1}}\frac{1}{2\pi i}\int_C\frac{(\zeta^2-1)^{\lambda+1}}{(\zeta-z)^{\lambda+2}}d\zeta$$
$$=\frac{1}{2^\lambda}\frac{1}{2\pi i}\int_C\frac{(\zeta^2-1)^\lambda}{(\zeta-z)^\lambda}d\zeta+zP_\lambda(z)-P_{\lambda+1}(z).$$

この両辺を z で微分すれば，第一式となる．第二式は

$$0=\int_C\frac{\partial}{\partial\zeta}\frac{\zeta(\zeta^2-1)^\lambda}{(\zeta-z)^\lambda}d\zeta$$
$$=\int_C\frac{(\zeta^2-1)^\lambda}{(\zeta-z)^\lambda}d\zeta+2\lambda\int_C\frac{\zeta^2(\zeta^2-1)^{\lambda-1}}{(\zeta-z)^\lambda}d\zeta-\lambda\int_C\frac{\zeta(\zeta^2-1)^\lambda}{(\zeta-z)^{\lambda+1}}d\zeta$$
$$=(\lambda+1)\int_C\frac{(\zeta^2-1)^\lambda}{(\zeta-z)^\lambda}d\zeta+2\lambda\int_C\frac{(\zeta^2-1)^{\lambda-1}}{(\zeta-z)^\lambda}d\zeta-\lambda z\int_C\frac{(\zeta^2-1)^\lambda}{(\zeta-z)^{\lambda+1}}d\zeta.$$

ゆえに，上にえられた関係を第一項に利用すれば，第二式となる． （以上）

例題 2.
$$zP_\lambda'(z)-P_{\lambda-1}'(z)=\lambda P_\lambda(z);$$
$$(z^2-1)P_\lambda'(z)=\lambda zP_\lambda(z)-\lambda P_{\lambda-1}(z).$$

［**解**］ 例題1の第一式と第二式を微分した式とから $P_{\lambda+1}'$ を消去すれば，第一式がえられる．つぎに，この式と例題1の第二式で λ を $\lambda-1$ とおいた式から $P_{\lambda-1}'$ を消去する． （以上）

3.2. 第二種の球函数

λ が整数でないとき，λ 位の**第二種の球函数**は

(3.7)
$$Q_\lambda(z)=\frac{1}{4i\sin\pi\lambda}\int_C\frac{(\zeta^2-1)^\lambda}{2^\lambda(z-\zeta)^{\lambda+1}}d\zeta$$

によって定義される；積分路 C は図 3.2 に示す．

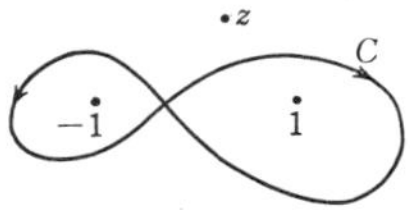

図 3.2

$\Re\lambda>-1$, $z\notin[-1, 1]$ ならば，積分路を縮めることができて，整数の λ に対してもきく表示がえられる：

(3.8)
$$Q_\lambda(z)=\frac{1}{2^{\lambda+1}}\int_{-1}^1\frac{(1-\zeta^2)^\lambda}{(z-\zeta)^{\lambda+1}}d\zeta$$
$$(\Re\lambda>-1,\ z\notin[-1,\ 1]).$$

他の λ に対しては，$Q_\lambda=Q_{-\lambda-1}$ で定義する．

$w=Q_\lambda(z)$ がルジャンドルの微分方程式 (2) をみたすことは，$P_\lambda(z)$ と同様に(→定理 3.1)たしかめられる．さらに，Q_λ は $z=1$ で正則ではないから，P_λ と独立な解である．

$\Re\lambda>-1$ のとき (8) の被積分函数を展開すれば，$|z|>1$ である限り $-1\leqq\zeta\leqq1$ で一様収束する級数 $(1-\zeta^2)^\lambda/(z-\zeta)^{\lambda+1}=(1/z^{\lambda+1})(1-\zeta^2)^\lambda\sum_{\nu=0}^\infty\binom{\lambda+\nu}{\nu}(\zeta/z)^\nu$ がえられる．奇数値の ν からの積分は0になることに注意すれば，

$$Q_\lambda(z)=\frac{1}{2^{\lambda+1}}\frac{1}{z^{\lambda+1}}\int_{-1}^1(1-\zeta^2)^\lambda\left(1+\sum_{\mu=1}^\infty\binom{\lambda+2\mu}{2\mu}\left(\frac{\zeta}{z}\right)^{2\mu}\right)d\zeta \qquad [\zeta^2=t]$$
$$=\frac{1}{2^{\lambda+1}}\frac{1}{z^{\lambda+1}}\left(\int_0^1t^{-1/2}(1-t)^\lambda dt+\sum_{\mu=1}^\infty\binom{\lambda+2\mu}{2\mu}\frac{1}{z^{2\mu}}\int_0^1t^{\mu-1/2}(1-t)^\lambda dt\right)$$
$$=\frac{1}{2^{\lambda+1}}\frac{1}{z^{\lambda+1}}\left(B\left(\frac{1}{2},\ \lambda+1\right)+\sum_{\mu=1}^\infty\binom{\lambda+2\mu}{2\mu}\frac{1}{z^{2\mu}}B\left(\mu+\frac{1}{2},\ \lambda+1\right)\right)$$
$$=\frac{\pi^{1/2}\Gamma(\lambda+1)}{2^{\lambda+1}\Gamma(\lambda+3/2)}\frac{1}{z^{\lambda+1}}\left(1+\frac{\sum_{\mu=1}^\infty\binom{\lambda+2\mu}{2\mu}\frac{1}{z^{2\mu}}\frac{(2\mu)!}{\mu!2^{2\mu}}}{\left(\lambda+\frac{3}{2}\right)\left(\lambda+\frac{5}{2}\right)\cdots\left(\lambda+\mu+\frac{1}{2}\right)}\right)$$

$$=\frac{\pi^{1/2}\Gamma(\lambda+1)}{2^{\lambda+1}\Gamma(\lambda+3/2)}\frac{1}{z^{\lambda+1}}F\left(\frac{\lambda}{2}+\frac{1}{2},\ \frac{\lambda}{2}+1;\ \lambda+\frac{3}{2};\ \frac{1}{z^2}\right).$$

例題 1. $n(\geqq 0)$ が整数ならば,

$$Q_n(z)=\frac{1}{2}\int_{-1}^{1}\frac{P_n(\zeta)}{z-\zeta}d\zeta \qquad (z\notin[-1,\ 1]). \qquad \text{(F. ノイマンの公式)}$$

［**解**］ $P_n(\zeta)/(z-\zeta)=P_n(\zeta)\sum_{\nu=0}^{\infty}\zeta^\nu/z^{\nu+1}$ $(|z|>1)$. ゆえに,

$$\frac{1}{2}\int_{-1}^{1}\frac{P_n(\zeta)}{z-\zeta}d\zeta=\frac{1}{2}\sum_{\nu=0}^{\infty}\frac{1}{z^{\nu+1}}\int_{-1}^{1}\zeta^\nu P_n(\zeta)d\zeta.$$

§2.3 例題6によって，右辺は

$$=\frac{1}{2}\sum_{\nu=0}^{\infty}\frac{1}{z^{n+2\nu+1}}\int_{-1}^{1}\zeta^{n+2\nu}P_n(\zeta)d\zeta=\frac{1}{2}\sum_{\nu=0}^{\infty}\frac{2^{n+1}(n+2\nu)!(n+\nu)!}{\nu!(2n+2\nu+1)!}\frac{1}{z^{n+2\nu+1}}$$
$$=\frac{2^n(n!)^2}{(2n+1)!}\frac{1}{z^{n+1}}F\left(\frac{n}{2}+\frac{1}{2},\ \frac{n}{2}+1;\ n+\frac{3}{2};\ \frac{1}{z^2}\right)=Q_n(z). \qquad \text{(以上)}$$

例題 2. 整数位の第二種の球函数 Q_n について，つぎの母函数展開が成り立つ:

$$\frac{1}{\sqrt{1-2zt+t^2}}\operatorname{arccosh}\frac{t-z}{\sqrt{z^2-1}}=\sum_{n=0}^{\infty}Q_n(z)t^n.$$

［**解**］ 十分小さい t に対して，例題1の関係と $\{P_n\}$ の母函数を用いて,

$$\sum_{n=0}^{\infty}Q_n(z)t^n=\sum_{n=0}^{\infty}\frac{t^n}{2}\int_{-1}^{1}\frac{P_n(\zeta)}{z-\zeta}d\zeta$$
$$=\frac{1}{2}\int_{-1}^{1}\frac{d\zeta}{(z-\zeta)\sqrt{1-2\zeta t+t^2}}=\frac{1}{\sqrt{1-2zt+t^2}}\operatorname{arccosh}\frac{t-z}{\sqrt{z^2-1}}. \qquad \text{(以上)}$$

3.3. ルジャンドルの陪函数

$-1<z<1$, λ を任意の複素数とするとき,

$$(3.9)\qquad P_\lambda^h(z)=(1-z^2)^{h/2}\frac{d^hP_\lambda(z)}{dz^h},\qquad Q_\lambda^h(z)=(1-z^2)^{h/2}\frac{d^hQ_\lambda(z)}{dz^h}\qquad (h=0,\ 1,\ \cdots)$$

をそれぞれ**フェラースの第一種**，**第二種陪函数**という.

特に $P_\lambda^0=P_\lambda$, $Q_\lambda^0=Q_\lambda$ であり，$\lambda\geqq 0$ が整数位のときは $P_\lambda^h=0$ $(h>\lambda)$.

定理 3.3. P_λ^h, Q_λ^h はつぎのルジャンドルの**陪微分方程式**をみたす:

$$(3.10)\qquad (1-z^2)w''-2zw'+\left(\lambda(\lambda+1)-\frac{h^2}{1-z^2}\right)w=0.$$

証明. ルジャンドルの微分方程式 $(1-z^2)u''-2zu'+\lambda(\lambda+1)u=0$ を h 回微分すれば,

$$(1-z^2)u^{(h+2)}-2(h+1)zu^{(h+1)}+(\lambda(\lambda+1)-h(h+1))u^{(h)}=0.$$

ここで，$w=(1-z^2)^{h/2}u^{(h)}$ とおけば，(10) がえられる．P_λ, Q_λ がルジャンドルの微分方程式をみたすことによって求める結果をうる. (証終)

つぎの積分表示が成り立つ:

$$(3.11)\qquad P_\lambda^h(z)=\frac{\Gamma(\lambda+h+1)}{\Gamma(\lambda+1)}(1-z^2)^{h/2}\frac{1}{2\pi i}\int_C\frac{(\zeta^2-1)^\lambda}{2^\lambda(\zeta-z)^{\lambda+h+1}}d\zeta;$$

$$(3.12)\qquad Q_\lambda^h(z)=\frac{\Gamma(\lambda+h+1)}{\Gamma(\lambda+1)}\frac{1}{2^{\lambda+1}}(1-z^2)^{h/2}\int_{-1}^{1}\frac{(1-\zeta^2)^\lambda}{(z-\zeta)^{\lambda+h+1}}d\zeta\qquad (\Re\lambda>-1).$$

ただし (11) の積分路はシュレフリの積分 (1) と同じもの (→図 3.1) とする．(11)

[(12)] は (1) [(8)] を (9) の右辺に入れて微分を行なったものにほかならない.

m, $n(\geqq h\geqq 0)$ が整数のとき, つぎの直交性の関係が成り立つ:

$$\int_{-1}^{1} P_m^h(z)P_n^h(z)dz=\begin{cases} 0 & (m\neq n), \\ \dfrac{2}{2n+1}\dfrac{(n+h)!}{(n-h)!} & (m=n). \end{cases} \tag{3.13}$$

z を複素数とするときには, (9) を修正してつぎの定義を用いる:

$$P_\lambda^h(z)=(z^2-1)^{h/2}\frac{d^hP_\lambda(z)}{dzb},\qquad Q_\lambda^h(z)=(z^2-1)^{h/2}\frac{d^hQ_\lambda(z)}{dz^h}. \tag{3.14}$$

これらを**ホブソンの陪函数**という. このときにも, 前記諸公式は簡単な修正で保存される.

3.4. 球面調和函数

(x, y, z) を三次元空間の直角座標, (r, θ, φ) をその極座標とする:

$$x=r\sin\theta\cos\varphi,\qquad y=r\sin\theta\sin\varphi,\qquad z=r\cos\theta.$$

ラプラスの偏微分方程式

$$\Delta u\equiv\frac{\partial^2u}{\partial x^2}+\frac{\partial^2u}{\partial y^2}+\frac{\partial^2u}{\partial z^2}=0 \tag{3.15}$$

の解 $u=u(x, y, z)$ を**調和函数**という(→XI C §1.1). 解のうちで n 次の同次多項式

$$u=r^nY_n(\theta, \varphi)\qquad (n\geqq 0 \text{ は整数}) \tag{3.16}$$

を n 次の**体球調和函数**, $Y_n(\theta, \varphi)$ を n 次の**球面調和函数**という. これを定めるために (15) を極座標に変換すれば,

$$\Delta u\equiv\frac{1}{r^2}\frac{\partial}{\partial r}\left(r^2\frac{\partial u}{\partial r}\right)+\frac{1}{r^2\sin\theta}\left(\frac{1}{\sin\theta}\frac{\partial^2u}{\partial\varphi^2}+\frac{\partial}{\partial\theta}\left(\sin\theta\frac{\partial u}{\partial\theta}\right)\right)=0. \tag{3.17}$$

ここで $u=r^nY_n(\theta, \varphi)$ とおけば $Y=Y_n(\varphi, \theta)$ に対して

$$\frac{1}{\sin^2\theta}\frac{\partial^2Y}{\partial\varphi^2}+\frac{1}{\sin\theta}\frac{\partial}{\partial\theta}\left(\sin\theta\frac{\partial Y}{\partial\theta}\right)+n(n+1)Y=0 \tag{3.18}$$

をうる. さらに, $Y=\Phi(\varphi)\Theta(\theta)$ とおいて変数を分離すれば,

$$-\frac{\Phi''}{\Phi}=\frac{\sin\theta(\Theta'\sin\theta)'+n(n+1)\Theta\sin^2\theta}{\Theta}.$$

この左辺は θ に, 右辺は φ にそれぞれ無関係であるから, 各辺を定数 κ に等しいとおくことにより

$$\Phi''+\kappa\Phi=0, \tag{3.19}$$

$$\sin\theta(\Theta'\sin\theta)'+(n(n+1)\Theta\sin^2\theta-\kappa)\Theta=0. \tag{3.20}$$

(19) の解 $\Phi(\varphi)$ が φ について周期 2π をもつための条件として, $\kappa=h^2$ $(h=0, 1, \cdots)$. このとき (20) で $\xi=\cos\theta$ とおけば,

$$\frac{d}{d\xi}\left((1-\xi^2)\frac{d\Theta}{d\xi}\right)+\left(n(n+1)-\frac{h^2}{1-\xi^2}\right)\Theta=0.$$

これは ξ の函数 Θ に対するルジャンドルの陪微分方程式 (10) である. ゆえに, (18) に対して $2n+1$ 個の独立な解

$$P_n(\cos\theta),\quad P_n^h(\cos\theta)\cos h\varphi,\quad P_n^h(\cos\theta)\sin h\varphi\qquad (h=1, \cdots, n) \tag{3.21}$$

がえられた．これらを n 次の**対称球函数**という．また，これらのうちで，$P_n(\cos\theta)$ を n 次の**帯球調和函数**，残りの $2n$ 個を n 次 h 位の**方球調和函数**という．

n 次の同次調和多項式 (16) における Y_n は n 次の対称球函数 (21) の一次結合として表わされる:

$$(3.22)\qquad Y_n(\theta,\ \varphi)=\frac{a_0}{2}P_n(\cos\theta)+\sum_{h=1}^{n}(a_h\cos h\varphi+b_h\sin h\varphi)P_n^h(\cos\theta)$$
$$(a_0,\ a_h,\ b_h\ \text{は任意定数}).$$

4. ベッセル函数

ベッセル函数は惑星運動に関するケプラーの方程式を解くために導入され，ベッセルにより組織的に研究された．その後もいろいろな問題に現われ，応用上重要な函数である．

4.1. ベッセルの微分方程式とベッセル函数

ヘルムホルツの方程式(→ XI C §1.5) $\Delta\Psi+k^2\Psi=0$ を円柱座標で変数分離したとき，動径成分のみたす方程式

$$(4.1)\qquad \frac{d^2w}{dz^2}+\frac{1}{z}\frac{dw}{dz}+\left(1-\frac{\lambda^2}{z^2}\right)w=0$$

を**ベッセルの微分方程式**という．$z=0$ に確定特異点，$z=\infty$ に不確定特異点をもつ二階線形微分方程式である．原点における決定方程式の根は $\pm\lambda$ である．$w=z^\lambda\sum_{\mu=0}^{\infty}c_\mu z^\mu$，$c_0=1/2^\lambda\Gamma(\lambda+1)$ とおいて特殊解を求めると，

$$(4.2)\qquad J_\lambda(z)=\sum_{\nu=0}^{\infty}\frac{(-1)^\nu}{\nu!\,\Gamma(\lambda+\nu+1)}\left(\frac{z}{2}\right)^{\lambda+2\nu}\qquad (0<|z|<\infty)$$

をうる(→ VII A §4.1.3 例題1)．$J_\lambda(z)$ を λ 位の**ベッセル函数**という．$J_\lambda(z)/z^\lambda$ は整函数である．λ が整数でなければ，$J_{-\lambda}$ は J_λ と独立な解である．$\lambda=n$ が整数ならば，二つの解は独立ではなく，つぎの従属関係がある:

$$(4.3)\qquad J_{-n}(z)=(-1)^nJ_n(z)\qquad (n=0,\ 1,\ \cdots).$$

例題 1． $\lambda=n+1/2$ (n は整数) のとき，J_λ は初等函数で表わされる:

$$(4.4)\qquad J_{1/2}(z)=\sqrt{\frac{2}{\pi z}}\sin z,\qquad J_{-1/2}(z)=\sqrt{\frac{2}{\pi z}}\cos z;$$

$$(4.5)\qquad J_{\pm(n+1/2)}(z)=(\mp1)^n\sqrt{\frac{2}{\pi}}z^{n+1/2}\left(\frac{d}{zdz}\right)^n\left(\frac{1}{z}\begin{matrix}\sin\\ \cos\end{matrix}z\right)\qquad (n=0,\ 1,\ \cdots).$$

［**解**］ (4) は展開式 (2) で $\lambda=\pm1/2$ とおけばよい．また，(2) からわかるように，

$$(4.6)\qquad (z^{\mp\lambda}J_\lambda(z))'=\mp z^{\mp\lambda}J_{\lambda\pm1}(z).$$

これを用いて帰納法により (5) がえられる． (以上)

しばらく λ が整数 n の場合に限ることにする．

定理 4.1． 整数位のベッセル函数 $\{J_n(z)\}_{n=-\infty}^{\infty}$ に対して，つぎの母函数展開が成り立つ:

$$(4.7)\qquad \exp\left(\frac{z}{2}\left(t-\frac{1}{t}\right)\right)=\sum_{n=-\infty}^{\infty}J_n(z)t^n\qquad (0<|t|<\infty).$$

証明． (7) の左辺を展開すれば，$|z|<\infty$，$0<|t|<\infty$ のとき，

$$\exp\left(\frac{z}{2}\left(t-\frac{1}{t}\right)\right)=\exp\left(\frac{z}{2}t\right)\cdot\exp\left(-\frac{z}{2}\frac{1}{t}\right)=\sum_{m=0}^{\infty}\frac{t^m}{m!}\left(\frac{z}{2}\right)^m\cdot\sum_{n=0}^{\infty}\frac{(-1)^n}{n!t^n}\left(\frac{z}{2}\right)^n$$

$$=\sum_{n=-\infty}^{-1}t^n\sum_{\nu=-n}^{\infty}\frac{(-1)^\nu}{(\nu+n)!\nu!}\left(\frac{z}{2}\right)^{n+2\nu}+\sum_{n=0}^{\infty}t^n\sum_{\nu=0}^{\infty}\frac{(-1)^\nu}{(\nu+n)!\nu!}\left(\frac{z}{2}\right)^{n+2\nu}.$$

$1/\Gamma(k)=0$ ($k\leqq 0$ は整数) に注意すれば, (2) によって (7) がえられる. (証終)

例題 2. つぎのフーリエ展開が成り立つ:

$$\cos(z\sin\theta)=J_0(z)+2\sum_{n=1}^{\infty}J_{2n}(z)\cos 2n\theta,$$
(4.8)
$$\sin(z\sin\theta)=2\sum_{n=1}^{\infty}J_{2n-1}(z)\sin(2n-1)\theta.$$

[**解**] z を実数と仮定し, (7) で $t=e^{i\theta}$ とおけば, $e^{iz\sin\theta}=\sum_{n=-\infty}^{\infty}J_n(z)e^{in\theta}$. (3) に注意して両辺の実虚部を比較すればよい. (以上)

例題 3. つぎの漸化式が成り立つ:

$$2J_n'(z)=J_{n-1}(z)-J_{n+1}(z),\qquad \frac{2n}{z}J_n(z)=J_{n-1}(z)+J_{n+1}(z);$$

$$J_n'(z)=-\frac{n}{z}J_n(z)+J_{n-1}(z),\qquad J_n'(z)=\frac{n}{z}J_n(z)-J_{n+1}(z).$$

[**解**] (7) の左辺にあげた母函数 $F(z,\ t)=e^{z(t-t^{-1})/2}$ に対して, $2\partial F/\partial z=(t-t^{-1})F$, $(1+1/t^2)F=(2/z)\partial F/\partial t$. 両辺を t についてローラン展開し, それぞれ t^n, t^{n-1} の係数を比較すれば, 第一式, 第二式がえられる. 第三, 第四式はこれらと同値である. (以上)

例題 4.
$$J_n(x+y)=\sum_{\nu=-\infty}^{\infty}J_\nu(x)J_{n-\nu}(y).$$

[**解**] 母函数 $F(z,\ t)=e^{z(t-t^{-1})/2}$ に対して

$$F(x+y,\ t)=e^{(x+y)(t-t^{-1})/2}=e^{x(t-t^{-1})/2}\,e^{y(t-t^{-1})/2}=F(x,\ t)\cdot F(y,\ t).$$

ゆえに,

$$\sum_{n=-\infty}^{\infty}J_n(x+y)t^n=\sum_{\nu=-\infty}^{\infty}J_\nu(x)t^\nu\sum_{\mu=-\infty}^{\infty}J_\mu(y)t^\mu\sum_{n=-\infty}^{\infty}t^n=\sum_{\nu=-\infty}^{\infty}J_\nu(x)J_{n-\nu}(y).$$ (以上)

定理 4.2. J_n に対してつぎの積分表示が成り立つ:

(4.9)
$$J_n(z)=\frac{1}{2\pi}\int_{-\pi}^{\pi}e^{iz\sin\theta-in\theta}d\theta=\frac{1}{\pi}\int_0^{\pi}\cos(n\theta-z\sin\theta)d\theta.$$

証明. 例題2により J_n は $e^{iz\sin\theta}$ の複素形のフーリエ展開の係数とみなされるから, (9) の前半をうる. その被積分函数(z を実数とみなしたときの)の実部, 虚部は θ についてそれぞれ偶函数, 奇函数であるから, 後半が成り立つ. (証終)

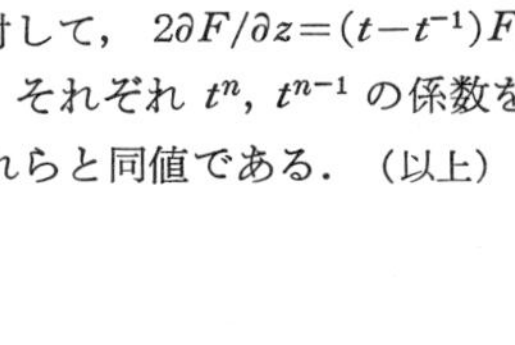

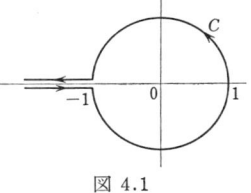

図 4.1

4.2. 積分表示

定理 4.3. λ を任意な複素数として, J_λ に対してつぎの**シュレフリの積分表示**が成り立つ(→図 4.1):

(4.10)
$$J_\lambda(z)=\left(\frac{z}{2}\right)^\lambda\frac{1}{2\pi i}\int_C\zeta^{-\lambda-1}\exp\left(\zeta-\frac{z^2}{4\zeta}\right)d\zeta.$$

ここに $\zeta^{-\lambda-1}=e^{-(\lambda+1)\log\zeta}$ において $|\arg\zeta|\leqq\pi$ とする.

証明. (10) の右辺は，被積分函数をテイラー展開することにより

$$\left(\frac{z}{2}\right)^{\lambda}\frac{1}{2\pi i}\sum_{\nu=0}^{\infty}\frac{(-1)^{\nu}}{\nu!}\left(\frac{z}{2}\right)^{2\nu}\int_C \zeta^{-\lambda-\nu-1}e^{\zeta}d\zeta$$

となる．この式の積分は (1.25) により $2\pi i/\Gamma(\lambda+\nu+1)$ に等しい． (証終)

定理 4.4. (10) と同じ積分路 C をもって．**ソニンの積分表示**が成り立つ:

(4.11) $$J_\lambda(z)=\frac{1}{2\pi i}\int_C \zeta^{-\lambda-1}\exp\left(\frac{z}{2}\left(\zeta-\frac{1}{\zeta}\right)\right)d\zeta \qquad (\Re z>0).$$

証明. z を正の実数とし．(10) の積分路を原点のまわりで $2/z$ 倍に伸縮した路でおきかえる(コーシーの積分定理 → V §2.1 定理 2.2)．積分変数の置換 $\zeta|z\zeta/2$ をほどこすことにより (11) がえられる． (証終)

定理 4.5. つぎの**シュレフリの積分表示**が成り立つ:

(4.12) $$J_\lambda(z)=\frac{1}{\pi}\int_0^{\pi}\cos(\lambda\theta-z\sin\theta)d\theta-\frac{\sin\lambda\pi}{\pi}\int_0^{\infty}e^{-\lambda\tau-z\sinh\tau}d\tau \qquad \left(|\arg z|<\frac{\pi}{2}\right).$$

証明. (11) の積分を積分路を分けてかけば，

$$J_\lambda(z)=\frac{1}{2\pi i}\left(\int_{-\infty}^{-1}+\int_{|\zeta|=1}+\int_{-1}^{-\infty}\right)\zeta^{-\lambda-1}\exp\left(\frac{z}{2}\left(\zeta-\frac{1}{\zeta}\right)\right)d\zeta$$
$$=\frac{1}{2\pi}\int_{-\pi}^{\pi}e^{-i\lambda\theta+iz\sin\theta}d\theta+\frac{1}{2\pi i}(e^{i(\lambda+1)\pi}-e^{-i(\lambda+1)\pi})\int_1^{\infty}t^{-\lambda-1}\exp\left(\frac{z}{2}\left(-t+\frac{1}{t}\right)\right)dt.$$

第二項で積分変数の置換 $t=e^{\tau}$ をほどこせばよい． (証終)

(9) は (12) で $\lambda=n$ (整数)とおいたものである．

定理 4.6. つぎの**ハンケルの第一積分表示**が成り立つ(→図 4.2):

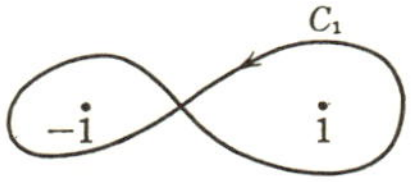

図 4.2

(4.13) $$J_\lambda(z)=\frac{1}{2\pi i}\,\frac{\Gamma(1/2-\lambda)}{\Gamma(1/2)}\left(\frac{z}{2}\right)^{\lambda}\int_{C_1}e^{iz\zeta}(\zeta^2-1)^{\lambda-1/2}d\zeta.$$

証明. (13) の右辺の $e^{iz\zeta}$ をテイラー展開して項別積分すれば，

$$I=\frac{\Gamma(1/2-\lambda)}{2\pi i\Gamma(1/2)}\left(\frac{z}{2}\right)^{\lambda}\sum_{n=0}^{\infty}\frac{(iz)^n}{n!}\int_{C_1}\zeta^n(\zeta^2-1)^{\lambda-1/2}d\zeta.$$

右辺の積分を $\varphi_n(\lambda)$ とおけば，

$$\varphi_n(\lambda)=\int_{C_1}\zeta^n(\zeta^2-1)^{\lambda-1/2}d\zeta \qquad (n=0,\ 1,\ \cdots).$$

$\Re\lambda>0$ と仮定すれば，C_1 を端点が ±1 の線分に縮めることができて，

$$\varphi_n(\lambda)=\int_{-1}^{1}(e^{-i\pi(\lambda-1/2)}-e^{i\pi(\lambda-1/2)})\zeta^n(1-\zeta^2)^{\lambda-1/2}d\zeta$$
$$=-2i\sin\pi\left(\lambda-\frac{1}{2}\right)\int_{-1}^{1}\zeta^n(1-\zeta^2)^{\lambda-1/2}d\zeta.$$

n が奇数ならば，明らかに $\varphi_n(\lambda)=0$. n が偶数のとき，$n=2\nu$ とし，置換 $\zeta^2=t$ を行なえば，

$$\int_{-1}^{1}\zeta^{2\nu}(1-\zeta^2)^{\lambda-1/2}d\zeta=\int_0^1 t^{\nu-1/2}(1-t)^{\lambda-1/2}dt=B\left(\nu+\frac{1}{2},\ \lambda+\frac{1}{2}\right);$$

$$\varphi_{2\nu}(\lambda)=2\pi i\frac{\Gamma(\nu+1/2)}{\Gamma(1/2-\lambda)\Gamma(\nu+\lambda+1)}=2\pi i\frac{\Gamma(1/2)(2\nu)!/\nu!2^{2\nu}}{\Gamma(1/2-\lambda)\Gamma(\nu+\lambda+1)}.$$

ゆえに，

$$I=\sum_{\nu=0}^{\infty}\frac{(-1)^{\nu}}{\nu!\Gamma(\lambda+\nu+1)}\left(\frac{z}{2}\right)^{\lambda+2\nu}=J_{\lambda}(z).\qquad\text{（証終）}$$

また，積分路 C_2（→図 4.3）に対して，つぎの**ハンケルの第二積分表示**が成り立つ:

(4.14)　$J_{-\lambda}(z)$

$$=\frac{1}{2\pi i}\frac{\Gamma(1/2-\lambda)e^{i\lambda\pi}}{\Gamma(1/2)}\left(\frac{z}{2}\right)^{\lambda}\int_{C_2}e^{iz\zeta}(\zeta^2-1)^{\lambda-1/2}d\zeta\qquad(\Re z>0).$$

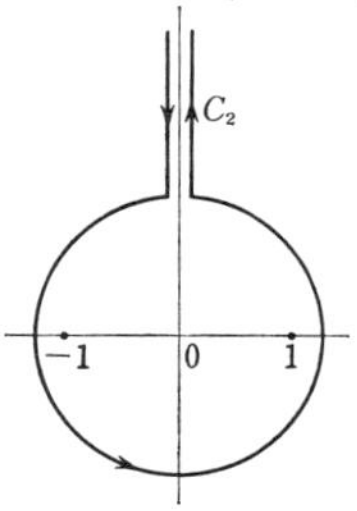

図 4.3

4.3.　ノイマン函数・ハンケル函数

λ が整数でないとき，J_{λ}, $J_{-\lambda}$ はベッセルの微分方程式（1）の二つの独立な解である．これらの一次結合としてえられる解

(4.15)
$$Y_{\lambda}(z)=\frac{1}{\sin\lambda\pi}(J_{\lambda}(z)\cos\lambda\pi-J_{-\lambda}(z))$$

を位数 λ の**ノイマン函数**という．J_{λ}, Y_{λ} もまた（1）の解の基本系をなす．

$\lambda=n$ が整数のときは，(15) で $\lambda\to n$ とした極限の形がとられる．$J_{-n}(z)=(-1)^nJ_n(z)$ に注意すると，$n\geqq 0$ が整数のとき，(15) から，オイレルの定数を C として，

(4.16)
$$Y_n(z)=\frac{1}{\pi}\left[\frac{\partial J_{\lambda}(z)}{\partial\lambda}-(-1)^n\frac{\partial J_{-\lambda}(z)}{\partial\lambda}\right]^{\lambda=n}$$

$$Y_n(z)=\frac{2}{\pi}\left(\log\frac{z}{2}+C\right)J_n(z)-\frac{1}{\pi}\sum_{\nu=0}^{n-1}\frac{(n-\nu-1)!}{\nu!}\left(\frac{z}{2}\right)^{-n+2\nu}$$

$$-\frac{1}{\pi}\sum_{\nu=0}^{\infty}\frac{(-1)^{\nu}}{\nu!(n+\nu)!}\left(\frac{z}{2}\right)^{n+2\nu}\left(\sum_{m=1}^{\nu}\frac{1}{m}+\sum_{m=1}^{n+\nu}\frac{1}{m}\right)\qquad(n\geqq 0;\ 0<|z|<\infty).$$

λ が整数でないときは，定義の式（15）の右辺にベッセル函数 $J_{\pm\lambda}$ の展開（2）を入れれば，

(4.17)

$$Y_{\lambda}(z)=\cot\lambda\pi\sum_{\nu=0}^{\infty}\frac{(-1)^{\nu}}{\nu!\Gamma(\lambda+\nu+1)}\left(\frac{z}{2}\right)^{\lambda+2\nu}-\operatorname{cosec}\lambda\pi\sum_{\nu=0}^{\infty}\frac{(-1)^{\nu}}{\nu!\Gamma(-\lambda+\nu+1)}\left(\frac{z}{2}\right)^{-\lambda+2\nu}$$
$$(0<|z|<\infty).$$

例題 1．$J_{-\lambda}(z)=J_{\lambda}(z)\cos\lambda\pi-Y_{\lambda}(z)\sin\lambda\pi$，$Y_{-\lambda}(z)=J_{\lambda}(z)\sin\lambda\pi+Y_{\lambda}(z)\cos\lambda\pi$；$n$ が整数のとき，

$$Y_{-n}(z)=(-1)^nY_n(z),\qquad Y_{n+1/2}(z)=(-1)^{n-1}J_{-n-1/2}(z).$$

［**解**］ 第一式，第二式は（15）から明らか．第三式，第四式は第二式でそれぞれ $\lambda=n$, $\lambda=-n-1/2$ とおく．　（以上）

例題 2．
$$Y_{\pm 1/2}(z)=\mp\sqrt{\frac{2}{\pi z}}\,\frac{\cos}{\sin}\,z.$$

［**解**］ 例題 1 の第四式と（4）によって

$$Y_{\mp 1/2}(z)=\mp J_{\mp 1/2}(z)=\mp\sqrt{\frac{2}{\pi z}}\,\frac{\cos}{\sin}\,z.\qquad\text{（以上）}$$

例題 3．m を整数とするとき，つぎの関係が成り立つ:

$$J_\lambda(ze^{im\pi})=e^{im\lambda\pi}J_\lambda(z), \qquad Y_\lambda(ze^{im\pi})=e^{-im\lambda\pi}Y_\lambda(z)+2i\cot\lambda\pi\sin m\lambda\pi J_\lambda(z);$$

ただし，第二式で $\lambda=n$（整数)のときは $[\cot\lambda\pi\sin m\lambda\pi]^{\lambda=n}=(-1)^{mn}m$.

［**解**］(2) からわかるように，$J_\lambda(z)/z^\lambda$ は z の一価な偶函数であるから，第一式は成り立つ．Y_λ の定義の式 (15) を用い，いまえられた第一式を利用すると，

$$\begin{aligned}Y_\lambda(ze^{im\pi})&=J_\lambda(ze^{im\pi})\cot\lambda\pi-J_{-\lambda}(ze^{im\pi})\operatorname{cosec}\lambda\pi\\&=e^{im\lambda\pi}J_\lambda(z)\cot\lambda\pi-e^{-im\lambda\pi}J_\lambda(z)\operatorname{cosec}\lambda\pi\\&=e^{-im\lambda\pi}(J_\lambda(z)\cot\lambda\pi-J_{-\lambda}(z)\operatorname{cosec}\lambda\pi)+(e^{im\lambda\pi}-e^{-im\lambda\pi})J_\lambda(z)\cot\lambda\pi\\&=e^{-im\lambda\pi}Y_\lambda(z)+2i\cot\lambda\pi\sin m\lambda\pi\, J_\lambda(z).\end{aligned}$$

（以上）

Y_λ の定義の式 (15) の右辺の J_λ に (12) の積分表示を代入すれば，$Y_\lambda(z)$ に対するつぎの**シュレフリの積分表示**が成り立つ:

(4.18) $$Y_\lambda(z)=-\frac{1}{\pi}\int_0^\pi\sin(\lambda\theta-z\sin\theta)d\theta-\frac{1}{\pi}\int_0^\infty(e^{\lambda\tau}+e^{-\lambda\tau}\cos\lambda\pi)e^{-z\sinh\tau}d\tau$$

$$\left(|\arg z|<\frac{\pi}{2}\right).$$

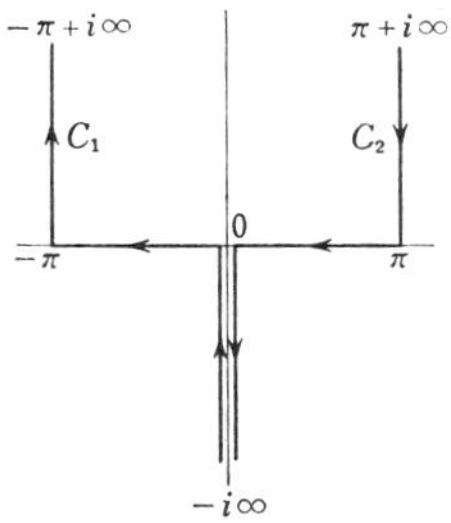

図 4.4

ζ 平面上で，積分路 C_1 および C_2 を図 4.4 のようにとるとき，

(4.19) $$H^j_\lambda(z)=-\frac{1}{\pi}\int_{C_j}e^{-iz\sin\zeta+i\lambda\zeta}d\zeta$$

$$(j=1,\ 2;\ \Re z>0)$$

によって定義される解析函数をそれぞれ位数 λ の**第一種，第二種のハンケル函数**という．これらの函数はすべての λ に対してベッセル微分方程式 (1) の一次独立な解の組を与える．

$H^j_{-\lambda}(z)$ は (19) で積分変数の置換 $\zeta=-t\mp\pi$ を行なえばえられるように，

(4.20) $$H^1_{-\lambda}(z)=e^{i\lambda\pi}H^1_\lambda(z), \qquad H^2_{-\lambda}(z)=e^{-i\lambda\pi}H^2_\lambda(z).$$

定理 4.7. ベッセル函数，ノイマン函数との間につぎの関係が成り立つ:

(4.21) $$H^1_\lambda(z)=J_\lambda(z)+iY_\lambda(z), \qquad H^2_\lambda(z)=J_\lambda(z)-iY_\lambda(z).$$

証明. (19) によって

$$H^1_\lambda(z)+H^2_\lambda(z)=-\frac{1}{\pi}\int_{C_1\cup C_2}e^{-iz\sin\zeta+i\lambda\zeta}d\zeta.$$

$C_1\cup C_2$ において負の虚軸に沿う積分は消える．z を正の実数として，積分変数の置換 $\tau=(z/2)e^{-i\zeta}$ をほどこせば，τ 平面上の積分路は定理 4.3 (10) の積分路 C と同値になる．(10) のシュレフリの表示とくらべて，

(4.22) $$\frac{1}{2}(H^1_\lambda(z)+H^2_\lambda(z))=\left(\frac{z}{2}\right)^\lambda\frac{1}{2\pi i}\int_C\tau^{-\lambda-1}\exp\left(\tau-\frac{z^2}{4\tau}\right)d\tau=J_\lambda(z).$$

他方において，(20) から

$$\begin{aligned}J_{-\lambda}(z)&=\frac{1}{2}(H^1_{-\lambda}(z)+H^2_{-\lambda}(z))=\frac{1}{2}(e^{i\lambda\pi}H^1_\lambda(z)+e^{-i\lambda\pi}H^2_\lambda(z))\\&=\frac{1}{4}(e^{i\lambda\pi}(2J_\lambda(z)+H^1_\lambda(z)-H^2_\lambda(z))+e^{-i\lambda\pi}(2J_\lambda(z)-(H^1_\lambda(z)-H^2_\lambda(z)))\end{aligned}$$

$$=J_\lambda(z)\cos\lambda\pi+\frac{i}{2}(H_\lambda^1(z)-H_\lambda^2(z))\sin\lambda\pi.$$

ノイマン函数の定義 (15) に注意して

$$\frac{1}{2i}(H_\lambda^1(z)-H_\lambda^2(z))=J_\lambda(z)\cot\lambda\pi-J_{-\lambda}(z)\operatorname{cosec}\lambda\pi=Y_\lambda(z). \tag{4.23}$$

(22) と (23) から z が正の実数のとき, (21) が成り立つ. これらは z の解析函数であるから, (21) は一般に成り立つ(→ V § 2.5.3). (証終)

例題 4. λ が実数, z が正の実数のとき, $H_\lambda^1(z)$ と $H_\lambda^2(z)$ とは互いに共役である:

$$\overline{H_\lambda^1(t)}=H_\lambda^2(z).$$

このとき,

$$J_\lambda(t)=\Re H_\lambda^1(z),\qquad Y_\lambda(z)=\Im H_\lambda^1(z).$$

[**解**] 路 C_1 の実軸に関する鏡像を $\bar{C}_1$ とする. λ が実数, z が正の実数のとき, (19) により

$$\overline{H_\lambda^1(z)}=-\frac{1}{\pi}\int_{\bar{C}_1}e^{iz\sin\zeta-i\lambda\zeta}d\zeta \qquad [\zeta=-\tau]$$

$$=\frac{1}{\pi}\int_{-\bar{C}_1}e^{-iz\sin\tau+i\lambda\tau}d\tau.$$

$-\bar{C}_1$ は C_2 の向きを逆にしたものであるから,

$$\overline{H_\lambda^1(z)}=-\frac{1}{\pi}\int_{C_2}e^{-iz\sin\tau+i\lambda\tau}d\tau=H_\lambda^2(t).$$

後半は, (22), (23) に注意すれば, 前半から明らかである. (以上)

例題 5. m が整数のとき, つぎの関係が成り立つ:

$$H_\lambda^1(ze^{im\pi})=(\cos m\lambda\pi-\cot\lambda\pi\sin m\lambda\pi)H_\lambda^1(z)+(i\sin m\lambda\pi-\cot\lambda\pi\sin m\lambda\pi)H_\lambda^2(z),$$

$$H_\lambda^2(ze^{im\pi})=(\cos m\lambda\pi+\cot\lambda\pi\sin m\lambda\pi)H_\lambda^1(z)+(i\sin m\lambda\pi+\cot\lambda\pi\sin m\lambda\pi)H_\lambda^2(z).$$

[**解**] (21) と例題3によって

$$\begin{aligned}H_\lambda^1(ze^{im\pi})&=J_\lambda(ze^{im\pi})+iY_\lambda(ze^{im\pi})\\&=e^{im\lambda\pi}J_\lambda(z)+i(e^{-im\lambda\pi}Y_\lambda(z)+2i\cot\lambda\pi\sin m\lambda\pi J_\lambda(z))\\&=(e^{im\lambda\pi}-2\cot\lambda\pi\sin m\lambda\pi)\frac{1}{2}(H_\lambda^1(z)+H_\lambda^2(z))+e^{-im\lambda\pi}\frac{1}{2}(H_\lambda^1(z)-H_\lambda^2(z))\\&=(\cos m\lambda\pi-\cot\lambda\pi\sin m\lambda\pi)H_\lambda^1(z)+(i\sin m\lambda\pi-\cot\lambda\pi\sin m\lambda\pi)H_\lambda^2(z).\end{aligned}$$

$H_\lambda^2(z)$ についても同様. (以上)

4.4. 円柱函数

連立差分微分方程式

$$2f_\lambda'(z)=f_{\lambda-1}(z)-f_{\lambda+1}(z),\qquad \frac{2\lambda}{z}f_\lambda(z)=f_{\lambda-1}(z)+f_{\lambda+1}(z) \tag{4.24}$$

をみたす z の解析函数 $f_\lambda(z)$ を**円柱函数**という. (24) はつぎの形にもかける:

$$f_\lambda'(z)=f_{\lambda-1}(z)-\frac{\lambda}{z}f_\lambda(z),\qquad f_\lambda'(z)=\frac{\lambda}{z}f_\lambda(z)-f_{\lambda+1}(z). \tag{4.25}$$

定理 4.8. 円柱函数 $w=f_\lambda(z)$ はベッセルの微分方程式 (1) をみたす.

証明. (25) の第二式を z で微分すれば,

$$f_\lambda''(z)=-\frac{\lambda}{z^2}f_\lambda(z)+\frac{\lambda}{z}f_\lambda'(z)-f_{\lambda+1}'(z).$$

右辺に (25) の第二式から f_λ' と第一式から $f_{\lambda+1}'$ を代入する:

$$f_\lambda''(z)=\left(\frac{\lambda^2}{z^2}-1\right)f_\lambda(z)+\frac{1}{z}f_{\lambda+1}(z)-\frac{\lambda}{z^2}f_\lambda(z).$$

この式と (25) の第二式から $f_{\lambda+1}$ を消去すると, $w=f_\lambda(z)$ に対する微分方程式をうる:

$$f_\lambda''(z)+\frac{1}{z}f_\lambda'(z)+\left(1-\frac{\lambda^2}{z^2}\right)f_\lambda(z)=0. \qquad \text{(証終)}$$

関係式 (6) から $J_\lambda(z)$ が (25) をみたしていることが示される. ベッセル函数, ノイマン函数, ハンケル函数はすべて円柱函数である. 特に, これらをそれぞれ**第一種, 第二種, 第三種の円柱函数**ということがある.

円柱函数について,

$$\left.\begin{aligned} U_\lambda(z)&\sim\sum_{h=0}^{\infty}\frac{(-1)^h\Gamma(\lambda+2h+1/2)}{(2h)!\,\Gamma(\lambda-2h+1/2)}\,\frac{1}{(2z)^{2h}},\\ V_\lambda(z)&\sim\sum_{h=0}^{\infty}\frac{(-1)^h\Gamma(\lambda+2h+3/2)}{(2h+1)!\,\Gamma(\lambda-2h-1/2)}\,\frac{1}{(2z)^{2h+1}}\end{aligned}\right. \qquad (z\to\infty)$$

とおけば, $|\arg z|<\pi/2$, $z\to\infty$ のとき, つぎの漸近展開が成り立つ:

(4.26)
$$\begin{aligned} H_\lambda^1(z)&\sim\left(\frac{2}{\pi z}\right)^{1/2}e^{i(z-\lambda\pi/2-\pi/4)}(U_\lambda(z)+iV_\lambda(z)),\\ H_\lambda^2(z)&\sim\left(\frac{2}{\pi z}\right)^{1/2}e^{-i(z-\lambda\pi/2-\pi/4)}(U_\lambda(z)-iV_\lambda(z));\\ J_\lambda(z)&\sim\left(\frac{2}{\pi z}\right)^{1/2}\left(U_\lambda(z)\cos\left(z-\frac{\lambda\pi}{2}-\frac{\pi}{4}\right)-V_\lambda(z)\sin\left(z-\frac{\lambda\pi}{2}-\frac{\pi}{4}\right)\right);\\ Y_\lambda(z)&\sim\left(\frac{2}{\pi z}\right)^{1/2}\left(U_\lambda(z)\sin\left(z-\frac{\lambda\pi}{2}-\frac{\pi}{4}\right)+V_\lambda(z)\cos\left(z-\frac{\lambda\pi}{2}-\frac{\pi}{4}\right)\right).\end{aligned}$$

→応用編 III §3.3 例題 5, 例題 6, (3.27)

4.5. 変形ベッセル函数

円柱函数と関連して, いろいろな函数と記号が慣用されている. まず,

(4.27)
$$I_\lambda(z)\equiv\begin{matrix}e^{-i\lambda\pi/2}J_\lambda(iz)\\ e^{3i\lambda\pi/2}J_\lambda(-iz)\end{matrix}=\sum_{\nu=0}^{\infty}\frac{1}{\nu!\,\Gamma(\lambda+\nu+1)}\left(\frac{z}{2}\right)^{\lambda+2\nu} \qquad \begin{pmatrix}-\pi<\arg z<\pi/2\\ \pi/2<\arg z<\pi\end{pmatrix};$$

$$K_\lambda(z)=\frac{\pi}{2}\cdot\frac{I_{-\lambda}(z)-I_\lambda(z)}{\sin\lambda\pi} \qquad (\lambda \text{ は非整数}),$$

$$K_n(z)=\frac{(-1)^n}{2}\left[\frac{\partial I_{-\lambda}(z)}{\partial\lambda}-\frac{\partial I_\lambda(z)}{\partial\lambda}\right]^{\lambda=n} \qquad (n \text{ は整数}).$$

特に,

(4.28)
$$\begin{aligned} K_n(z)=&(-1)^{n+1}\left(\log\frac{z}{2}+C\right)I_n(z)+\frac{1}{2}\sum_{\nu=0}^{n-1}(-1)^\nu\frac{(n-\nu-1)!}{\nu!}\left(\frac{z}{2}\right)^{-n+2\nu}\\ &+\frac{(-1)^n}{2}\sum_{\nu=0}^{\infty}\frac{1}{\nu!\,(n+\nu)!}\left(\frac{z}{2}\right)^{n+2\nu}\left(\sum_{\kappa=1}^{\nu}\frac{1}{\kappa}+\sum_{\kappa=1}^{n+\nu}\frac{1}{\kappa}\right)\end{aligned}$$

($n\geqq 0$ は整数; C はオイレルの定数).

$w=I_\lambda(z)$, $K_\lambda(z)$ はつぎ微分方程式の基本系をなす:

$$\frac{d^2w}{dz^2}+\frac{1}{z}\frac{dw}{dz}-\left(1+\frac{\lambda^2}{z^2}\right)w=0.$$

定義の式から

$$K_\lambda(z)=\frac{\pi}{2\sin\lambda\pi}(e^{i\lambda\pi/2}J_{-\lambda}(iz)-e^{-i\lambda\pi/2}J_\lambda(iz))$$
$$=\frac{\pi i}{2}e^{\pm i\lambda\pi/2}\frac{J_{\mp\lambda}(iz)-e^{\mp i\lambda\pi}J_{\pm\lambda}(iz)}{i\sin(\pm\lambda)\pi};$$
$$K_\lambda(z)=\frac{\pi i}{2}e^{\pm i\lambda\pi/2}H^1_{\mp\lambda}(iz).$$

つぎの式で定義される ber, bei, ker, kei を**ケルビンの函数**という:

$$I_0(e^{\pm i\pi/4}x)=\mathrm{ber}\,x\pm i\,\mathrm{bei}\,x,$$
$$K_0(e^{\pm i\pi/4}x)=\mathrm{ker}\,x\pm i\,\mathrm{kei}\,x.$$

実用上，特に実変数 x の場合に利用される．いずれも実数値 x に対して実数値をとる函数で，展開式は (27) と (28) から

$$\mathrm{ber}\,x=\sum_{\nu=0}^{\infty}\frac{(-1)^\nu}{(2\nu)!^2}\left(\frac{x^2}{4}\right)^{2\nu},\qquad \mathrm{bei}\,x=\sum_{\nu=0}^{\infty}\frac{(-1)^\nu}{(2\nu+1)!^2}\left(\frac{x^2}{4}\right)^{2\nu+1};$$
$$\mathrm{ker}\,x=-\left(C+\log\frac{x}{2}\right)\mathrm{ber}\,x+\frac{\pi}{4}\mathrm{bei}\,x+\sum_{\nu=0}^{\infty}\frac{(-1)^\nu}{(2\nu)!^2}\left(\frac{x}{2}\right)^{4\nu}\sum_{\kappa=1}^{2\nu+1}\frac{1}{\kappa},$$
$$\mathrm{kei}\,x=-\left(C+\log\frac{x}{2}\right)\mathrm{bei}\,x-\frac{\pi}{4}\mathrm{ber}\,x+\sum_{\nu=0}^{\infty}\frac{(-1)^\nu}{(2\nu+1)!^2}\left(\frac{x}{2}\right)^{4\nu+2}\sum_{\kappa=1}^{2\nu+2}\frac{1}{\kappa}.$$

$I_0(e^{i\pi/4}x)$, $K_0(e^{i\pi/4}x)$ はいずれもつぎの**ケルビンの微分方程式**をみたす:

$$\frac{d^2y}{dx^2}+\frac{1}{x}\frac{dy}{dx}-iy=0.$$

また，つぎの函数 her, hei が定義される:

$$H^1_0(e^{\pm 3i\pi/4}x)=\mathrm{her}\,x\pm i\,\mathrm{hei}\,x;$$
$$\mathrm{her}\,x=\frac{2}{\pi}\mathrm{kei}\,x,\qquad \mathrm{hei}\,x=-\frac{2}{\pi}\mathrm{ker}\,x.$$

n を整数とするとき，半奇数位の円柱函数と関連して，n 位の**球ベッセル函数**が導入される:

$$j_n(z)=\sqrt{\frac{\pi}{2z}}J_{n+1/2}(z),\qquad n_n(z)=\sqrt{\frac{\pi}{2z}}Y_{n+1/2}(z);$$
$$h^1_n(z)=\sqrt{\frac{\pi}{2z}}H^1_{n+1/2}(z),\qquad h^2_n(z)=\sqrt{\frac{\pi}{2z}}H^2_{n+1/2}(z).$$

これらはいずれも，つぎの微分方程式をみたす:

$$\frac{d^2w}{dz^2}+\frac{2}{z}\frac{dw}{dz}+\left(1-\frac{n(n+1)}{z^2}\right)w=0.$$

また，展開式は

$$j_n(z)=(2z)^n\sum_{\nu=0}^{\infty}\frac{(-1)^\nu(n+\nu)!}{\nu!(2n+2\nu+1)!}z^{2\nu},$$

$$n_n(z)=\frac{1}{2^{n-1}z^{n+1}}\sum_{\nu=0}^{n-1}\frac{(2n-2\nu-1)!}{\nu!(n-\nu-1)!}z^{2\nu}-\frac{z^{n-1}}{2^n}\sum_{\nu=0}^{\infty}\frac{(-1)^\nu\cdot\nu!}{(n+\nu)!(2\nu)!}z^{2\nu},$$

$$h_n^j(z)=\frac{e^{\mp i(n+1)\pi/2}}{2}e^{\pm iz}\sum_{\nu=0}^{n}\frac{(n+\nu)!}{\nu!(n-\nu)!}\left(\frac{\pm i}{2z}\right)^\nu \qquad (j=1,\ 2).$$

5. 楕円函数

5.1. 二重周期函数

$f(z)$ は複素変数 z の一価解析函数とする．複素定数 ω に対して $f(z+\omega)\equiv f(z)$ が成り立つとき，ω を $f(z)$ の**周期**という．0でない周期をもつ函数を**周期函数**という．

周期函数 $f(z)$ は，その周期全体の集合が

$$\left\{m\omega+n\omega' \,|\, m,\ n=0,\ \pm 1,\ \cdots,\ \Im\frac{\omega'}{\omega}\neq 0\right\}$$

であるとき，ω, ω' を**基本周期**とする**二重周期函数**であるという．基本周期のとり方は一通りではない．任意な一組を $(\omega,\ \omega')$ とすれば，すべての基本周期は $(a\omega+b\omega',\ c\omega+d\omega')$ ($a,\ b,\ c,\ d$ は整数，$ad-bc=1$) の形で表わされる．

$|z|<\infty$ で一価有理型な定数でない二重周期函数を**楕円函数**という．楕円函数では習慣上，基本周期を $2\omega_1,\ 2\omega_3$ で表わし，$\Im(\omega_3/\omega_1)>0$ にとる．楕円函数のすべての周期を Ω_{mn} で表わす:

(5.1) $$\Omega_{mn}=2m\omega_1+2n\omega_3 \qquad (m,\ n=0,\ \pm 1,\ \pm 2,\ \cdots).$$

複素平面上の四点 $0,\ 2\omega_1,\ 2\omega_1+2\omega_3,\ 2\omega_3$ を頂点とする平行四辺形(→図 5.1)

$$\{2\alpha\omega_1+2\beta\omega_3 \,|\, 0\leqq\alpha<1,\ 0\leqq\beta<1\}$$

を**基本周期平行四辺形**という．

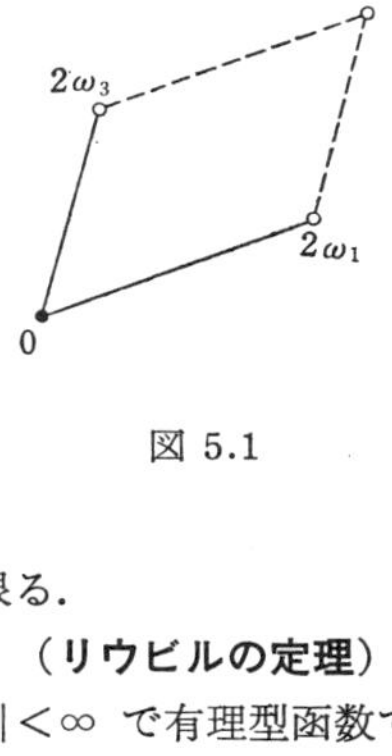

図 5.1

$f(z)$ が楕円函数ならば，$f'(z)$ も同じ周期をもつ楕円函数である．

$f(z),\ g(z)$ が基本周期を共有する楕円函数ならば，

$$f(z)\pm g(z), \qquad f(z)g(z), \qquad f(z)/g(z)$$

はすべて，定数でない限り，楕円函数である．

定理 5.1. 基本周期平行四辺形で正則な二重周期函数は定数に限る．

(リウビルの定理)

したがって，楕円函数は基本周期平行四辺形に必ず極をもつ．$|z|<\infty$ で有理型函数であるから，かような極は基本周期平行四辺形内に有限個である．この極の(重複度に応じて数えた)個数を楕円函数の**位数**という．

定理 5.2. 楕円函数の基本周期平行四辺形 P での極の留数の和は0に等しい．したがって，位数はつねに2以上である．

証明. P の周(周上に極があるときは適当に平行移動したものを考え，周上の極がないようにする)を C，頂点を $a,\ a+2\omega_1,\ a+2\omega_1+2\omega_3,\ a+2\omega_3$ とする．楕円函数 $f(z)$の C

内にある極の留数の総和は

$$\frac{1}{2\pi i}\int_C f(z)dz=\frac{1}{2\pi i}\left(\int_a^{a+2\omega_1}+\int_{a+2\omega_1}^{a+2\omega_1+2\omega_3}+\int_{a+2\omega_1+2\omega_3}^{a+2\omega_3}+\int_{a+2\omega_3}^{a}\right).$$

$f(z)$ の周期性により

$$\int_a^{a+2\omega_1}+\int_{a+2\omega_1+2\omega_3}^{a+2\omega_3}=0,\qquad \int_{a+2\omega_1}^{a+2\omega_1+2\omega_3}+\int_{a+2\omega_3}^{a}=0.$$

（証終）

定理 5.3. 位数 h の楕円函数は，P においてすべての値を（重複度を考慮すれば）h 回ずつとる.

証明. h 位の楕円函数 $f(z)$ の P における $c(\neq\infty)$ 点の個数を k とすれば，P の周を C とするとき，

$$\frac{1}{2\pi i}\int_C\frac{f'(z)}{f(z)-c}dz=k-h.$$

$f'(z)/(f(z)-c)$ は $f(z)$ と同じ周期をもつ楕円函数であるから，定理5.2により上式の左辺は0に等しい.

（証終）

定理 5.4. 楕円函数 $f(z)$ の基本周期平行四辺形 P に属する零点を $\{a_\nu\}_{\nu=1}^h$，極を $\{b_\nu\}_{\nu=1}^h$ とすれば，$(a_1+\cdots+a_h)-(b_1+\cdots+b_h)$ は一つの周期に等しい.

証明. P の周を C，頂点を a, $a+2\omega_1$, $a+2\omega_1+2\omega_3$, $a+2\omega_3$ とする.

$$\sum_{\nu=1}^h a_\nu-\sum_{\nu=1}^h b_\nu=\frac{1}{2\pi i}\int_C z\frac{f'(z)}{f(z)}dz.$$

ここで

$$\int_{a+2\omega_1+2\omega_3}^{a+2\omega_3}z\frac{f'(z)}{f(z)}dz=\int_{a+2\omega_1}^{a}(z+2\omega_3)\frac{f'(z+2\omega_3)}{f(z+2\omega_3)}dz$$

$$=-\int_a^{a+2\omega_1}z\frac{f'(z)}{f(z)}dz-2\omega_3\int_a^{a+2\omega_1}\frac{f'(z)}{f(z)}dz,$$

$$\frac{1}{2\pi i}\int_C z\frac{f'(z)}{f(z)}dz=\frac{1}{2\pi i}\left(2\omega_1\int_a^{a+2\omega_3}d\log f(z)-2\omega_3\int_a^{a+2\omega_1}d\log f(z)\right).$$

$f(z)$ の周期性にもとづいて，最後の式は $2\omega_1$ の整数倍と $2\omega_3$ 整数倍の差として，一つの周期に等しい.

（証終）

5.2. ワイエルシュトラスの楕円函数

5.2.1. $\wp$ 函数.

任意に与えられた $2\omega_1$, $2\omega_3$ $(\Im(\omega_3/\omega_1)>0)$ に対し，$\Omega_{mn}=2m\omega_1+2n\omega_3$ （m, n は整数）とおいて，

(5.2)
$$\wp(z)=\wp(z|2\omega_1,\ 2\omega_3)\equiv\frac{1}{z^2}+{\sum_{m,n}}'\left(\frac{1}{(z-\Omega_{mn})^2}-\frac{1}{\Omega_{mn}{}^2}\right)$$

で定義される $\wp(z)$ を**ワイエルシュトラスの $\wp$ 函数**という．ここに $\sum'$ は (m, n) が $(0, 0)$ を除いてすべての整数の組にわたるときの和を表わす.

$\wp$ 函数は $2\omega_1$, $2\omega_3$ を基本周期にもつ位数2の楕円函数であって，$z=\Omega_{mn}$ $(m, n=0, \pm1, \cdots)$ に2位の極をもつ.

まず，(2) から

$$\wp(-z)=\frac{1}{z^2}+\sum_{m,n}{}'\left(\frac{1}{(z+\Omega_{mn})^2}-\frac{1}{(-\Omega_{mn})^2}\right).$$

$\{-\Omega_{mn}\}$ は集合として $\{\Omega_{mn}\}$ と一致するから，$\wp(-z)=\wp(z)$．すなわち，$\wp(z)$ は偶函数である．また，その導函数は

$$\wp'(z)=-2\sum_{m,n}\frac{1}{(z-\Omega_{mn})^3}. \tag{5.3}$$

ここで，$\{\Omega_{mn}-2\omega_1\}$ および $\{\Omega_{mn}-2\omega_3\}$ が集合として $\{\Omega_{mn}\}$ と一致することに注意すれば，$\wp'(z)$ は $2\omega_1$ および $2\omega_3$ を周期としてもつことがわかる:

$$\wp'(z+2\omega_j)=\wp'(z) \qquad (j=1,\ 3).$$

この式を積分することによって，$\wp(z+2\omega_j)=\wp(z)+C_j$ (C_j は定数)．ここで $z=-\omega_j$ とおいて $\wp(z)$ が偶函数であることに注意すれば，$C_j=\wp(\omega_j)-\wp(-\omega_j)=0$．したがって，$\wp(z)$ もまた $2\omega_j$ ($j=1,\ 3$) を周期としている:

$$\wp(z+2\omega_j)=\wp(z) \qquad (j=1,\ 3). \tag{5.4}$$

定理 5.5. $\wp(z)$ はつぎの微分方程式をみたす:

$$\wp'(z)^2=4\wp(z)^3-g_2\wp(z)-g_3; \tag{5.5}$$

$$g_2=60\sum{}'\Omega_{mn}^{-4}, \qquad g_3=140\sum{}'\Omega_{mn}^{-6}. \tag{5.6}$$

証明. 原点で正則な偶函数 $\wp(z)-z^{-2}$ のテイラー展開を

$$\wp(z)-\frac{1}{z^2}=\sum_{\nu=0}^{\infty}c_\nu z^{2\nu} \tag{5.7}$$

とおく．これを (2) からえられる展開と比較して

$$c_0=0, \qquad c_\nu=(2\nu+1)\sum_{m,n}{}'\Omega_{mn}^{-2(\nu+1)} \quad (\nu\geqq 1). \tag{5.8}$$

原点の近傍で，$\wp(z)=z^{-2}+c_1z^2+c_2z^4+o(|z|^4)$ に注意すれば，

$$\begin{aligned}\wp'(z)^2-4\wp(z)^3&=-20c_1z^{-2}-28c_2+o(1)\\&=-20c_1\wp(z)-28c_2+o(1).\end{aligned}$$

$\wp'(z)^2-4\wp(z)^3+20c_1\wp(z)+28c_2$ は楕円函数で基本周期平行四辺形に属する極の主要部はすべて消されるから，定理 5.1 により定数 C に等しく，これは $z=0$ の値により $C=0$.

（証終）

例題 1. i. $\omega_1+\omega_2+\omega_3=0$ とおけば，ω_j ($j=1,\ 2,\ 3$) は $\wp'(z)$ の1位の零点である．

ii. $e_j=\wp(\omega_j)$ ($j=1,\ 2,\ 3$) とおけば，$e_1,\ e_2,\ e_3$ は相異なり，

$$\wp'(z)^2=4(\wp(z)-e_1)(\wp(z)-e_2)(\wp(z)-e_3). \tag{5.9}$$

［**解**］ i. $\wp'(z)$ は $2\omega_j$ ($j=1,\ 2,\ 3$) を周期としてもつ奇函数であるから，

$$\wp'(\omega_j)=\wp'(\omega_j-2\omega_j)=\wp'(-\omega_j)=-\wp'(\omega_j) \qquad (j=1,\ 2,\ 3).$$

$\wp'(\omega_j)\neq\infty$ であるから，$\wp'(\omega_j)=0$．$\omega_1,\ \omega_2,\ \omega_3$ のどの二つの差も周期と一致せず，$\wp'(z)$ は3位の楕円函数であるから，これらはすべて $\wp'(z)$ の1位の零点である．

ii. 定理5.5の微分方程式にもとづいて，三次方程式 $4w^3-g_2w-g_3=0$ の三根は $\wp'(z)$ の零点における $\wp(z)$ の値 e_j ($j=1,\ 2,\ 3$) である．$\wp(z)-e_j$ は ω_j を2位の零点とす

るから，e_1, e_2, e_3 は相異なる．したがって，(9) が成り立つ．（以上）

例題 2． $w=\wp(z)$ に対してつぎの関係が成り立つ：

$$w''=6w^2-\frac{g_2}{2},\qquad w'''=12ww',\qquad w''''=120w^3-18g_2w-12g_3.$$

［**解**］ $\wp(z)$ の微分方程式 (5) を逐次に微分すればよい．（以上）

一般に，$\wp^{2n}(z)$ は $\wp(z)$ の $n+1$ 次の多項式で，$\wp^{(2n+1)}(z)$ は $\wp'(z)\times[\wp(z)$ の n 次の多項式] の形に表示される．

例題 3． $e_1+e_2+e_3=0,\qquad e_2e_3+e_3e_1+e_1e_2=-\dfrac{g_2}{4},\qquad e_1e_2e_3=\dfrac{g_3}{4}.$

［**解**］ 定理 5.5 と例題 1 ii の関係 (5.9) からえられる恒等式 $4w^3-g_2w-g_3=4(w-e_1)(w-e_2)(w-e_3)$ において両辺の係数を比較すればよい．（以上）

定理 5.6． $\wp(z)$ はつぎの加法公式をみたす：

$$(5.10)\qquad \begin{vmatrix} \wp(u) & \wp'(u) & 1 \\ \wp(v) & \wp'(v) & 1 \\ \wp(u+v) & -\wp'(u+v) & 1 \end{vmatrix}=0,$$

$$(5.11)\qquad \wp(u+v)+\wp(u)+\wp(v)=\frac{1}{4}\left(\frac{\wp'(v)-\wp'(v)}{\wp(u)-\wp(v)}\right)^2.$$

証明． α, β を定数として函数 $f(z)=\wp'(z)+\alpha\wp(z)+\beta$ を考える．$f(z)$ は 0 に 3 位の極をもつ 3 位の楕円函数である．u, v, $u+v$ が周期と一致しなければ，$\wp(u)\neq\wp(v)$ であるから，α, β を $f(u)=0$, $f(v)=0$ となるように定めることができる．定理 5.4 により $f(z)$ は u, v, $-u-v$ に 1 位の零点をもつ．$f(u)=f(v)=f(-u-v)=0$ から α, β を消去することにより (10) がえられる．

$\wp(z)$ の微分方程式 (5) にもとづいて，(10) は $\wp(u+v)$ を $\wp(u)$ と $\wp(v)$ によって代数的に表わす関係としての**代数的加法公式**とみなされる．

つぎに，

$$\begin{aligned} g(z)&=\wp'(z)^2-(\alpha\wp(z)+\beta)^2 \\ &=4\wp(z)^3-\alpha^2\wp(z)^2-(2\alpha\beta+g_2)\wp(z)-(\beta^2+g_3) \end{aligned}$$

を考える；α, β は上で定めた値をもつ定数である．$g(z)$ は $\pm u$, $\pm v$, $\pm(u+v)$ を零点とする．$\wp(z)$ は偶函数で，これらの零点が周期差をもたなければ，$\wp(u)$, $\wp(v)$, $\wp(u+v)$ は互いに等しくないから，三次方程式

$$4w^3-\alpha^2w^2-(2\alpha\beta+g_2)w-(\beta^2+g_3)=0$$

の三根は $\wp(u)$, $\wp(v)$, $\wp(u+v)$ である．このことから，$\wp(u)+\wp(v)+\wp(u+v)=\alpha^2/4$ がえられる．また，α, β を定める方程式

$$\wp'(u)+\alpha\wp(u)+\beta=0,\qquad \wp'(v)+\alpha\wp(v)+\beta=0$$

を解けば，$\alpha=-(\wp'(u)-\wp'(v))/(\wp(u)-\wp(v))$ となるから，(11) がえられる．（証終）

加法公式 (11) で $u\to z$, $v\to z$ とすれば，

$$\wp(2z)+2\wp(z)=\frac{1}{4}\left(\frac{\wp''(z)}{\wp'(z)}\right)^2.$$

例題 4. $e_{j+3}=e_j$ とおくとき，

(5.12) $$\wp(z+\omega_j)=e_j+\frac{(e_j-e_{j+1})(e_j-e_{j+2})}{\wp(z)-e_j} \qquad (j=1,\ 2,\ 3).$$

［**解**］ 加法公式 (11) によって，$\wp'(\omega_j)=0$, $\wp(\omega_j)=e_j$ に注意して

$$\wp(z+\omega_j)=\frac{1}{4}\left(\frac{\wp'(z)}{\wp(z)-e_j}\right)^2-\wp(z)-e_j.$$

(9) および $e_1+e_2+e_3=0$ を用いれば，

$$\wp(z+\omega_j)=\frac{(\wp(z)-e_{j+1})(\wp(z)-e_{j+2})}{\wp(z)-e_j}-\wp(z)-e_j$$

$$=\frac{e_j^2+e_{j+1}e_{j+2}-(e_{j+1}+e_{j+2})\wp(z)}{\wp(z)-e_j}=e_j+\frac{(e_j-e_{j+1})(e_j-e_{j+2})}{\wp(z)-e_j}.$$ （以上）

5.2.2. ζ 函数

(5.13) $$\zeta(z)=\zeta(z|2\omega_1,\ 2\omega_3)=\frac{1}{z}+\sum_{m,n}{}'\left(\frac{1}{z-\Omega_{mn}}+\frac{1}{\Omega_{mn}}+\frac{z}{\Omega_{mn}{}^2}\right)$$

で定義される函数を**楕円 ζ 函数**という．

$\zeta(z)$ は楕円函数ではないが，その導函数は楕円函数である：

(5.14) $$\zeta'(z)=-\wp(z).$$

$\zeta(z)$ は $|z|<\infty$ で一価有理型な奇函数で，$z=\Omega_{mn}$ に1位の極をもつ．

定理 5.7. $\zeta(z)$ はつぎの**加法的擬周期性**をもつ：

(5.15) $$\zeta(z+2\omega_j)=\zeta(z)+2\eta_j, \qquad \eta_j=\zeta(\omega_j) \qquad (j=1,\ 2,\ 3).$$

証明. $\wp(z)$ の周期性 (4) と (14) から $\zeta(z+2\omega_j)=\zeta(z)+2\eta_j$ (η_j は定数; $j=1,\ 3$) となるが，ここで $z=-\omega_j$ とおいて $\zeta(z)$ が奇函数であることに注意すれば，$2\eta_j=\zeta(\omega_j)-\zeta(-\omega_j)=2\zeta(\omega_j)$．したがって，$j=1,\ 3$ に対し (15) が成り立つ．$\omega_1+\omega_2+\omega_3=0$ に注意すれば $j=2$ に対しても成り立つ． （証終）

例題 5. i. $$\eta_1+\eta_2+\eta_3=0,$$

ii. $$\eta_3\omega_2-\eta_2\omega_3=\eta_1\omega_3-\eta_3\omega_1=\eta_2\omega_1-\eta_1\omega_2=\frac{\pi i}{2}.$$ （**ルジャンドルの関係**）

［**解**］ i. (15) を用いて

$$\eta_2=\zeta(\omega_2)=\zeta(-\omega_2-2\omega_1-2\omega_3)=\zeta(-\omega_2)-2\eta_1-2\eta_3=-\eta_2-2\eta_1-2\eta_3.$$

ii. $\zeta(z)$ は四点 $\pm\omega_1\pm\omega_3$ を頂点とする周期平行四辺形 P において，$z=0$ に留数1の単一極をもつ以外は正則であるから，その周 C に沿って $\zeta(z)$ を積分することにより

$$2\pi i=\int_C\zeta(z)dz=\int_{\omega_1-\omega_3}^{\omega_1+\omega_3}(\zeta(z)-\zeta(z-2\omega_1))dz+\int_{-\omega_1-\omega_3}^{\omega_1-\omega_3}(\zeta(z)-\zeta(z+2\omega_3))dz$$

$$=2\eta_1\int_{\omega_1-\omega_3}^{\omega_1+\omega_3}dz-2\eta_3\int_{-\omega_1-\omega_3}^{\omega_1-\omega_3}dz=4\eta_1\omega_3-4\eta_3\omega_1.$$

これを $\omega_1+\omega_2+\omega_3=\eta_1+\eta_2+\eta_3=0$ とあわせて，残りの関係がえられる． （以上）

5.2.3. σ 函数

(5.16) $$\sigma(z)=\sigma(z|2\omega_1,\ 2\omega_3)=z\prod_{m,n}{}'\left(1-\frac{z}{\Omega_{mn}}\right)\exp\left(\frac{z}{\Omega_{mn}}+\frac{z^2}{2\Omega_{mn}{}^2}\right)$$

によって定義される $\sigma(z)$ を **$\boldsymbol{\sigma}$ 函数**という; Π' は (m, n) が $(0, 0)$ を除いたすべての整数の組にわたる積を表わす.

$\sigma(z)$ は $\{\Omega_{mn}\}$ に1位の零点をもつ整函数である. (16) から明らかに

$$\sigma(0)=0, \qquad \sigma'(0)=1.$$

$\{\Omega_{-m,-n}\}$ が全体として $\{\Omega_{mn}\}$ と一致することに注意すれば,

$$\begin{aligned}\sigma(-z)&=-z\prod_{m,n}{}'\left(1-\frac{-z}{\Omega_{mn}}\right)\exp\left(\frac{-z}{\Omega_{mn}}+\frac{(-z)^2}{2{\Omega_{mn}}^2}\right)\\&=-z\prod_{m,n}{}'\left(1-\frac{z}{\Omega_{-m,-n}}\right)\exp\left(\frac{z}{\Omega_{-m,-n}}+\frac{z^2}{2{\Omega_{-m,-n}}^2}\right)=-\sigma(z).\end{aligned}$$

すなわち, $\sigma(z)$ は奇函数である. また, $\sigma(z)$ を対数的に微分すると, $\zeta(z)$ がえられる:

$$\frac{d\log\sigma(z)}{dz}=\frac{\sigma'(z)}{\sigma(z)}=\zeta(z). \tag{5.17}$$

定理 5.8. $\sigma(z)$ は**乗法的擬周期性**をもつ:

$$\sigma(z+2\omega_j)=-e^{2\eta_j(z+\omega_j)}\sigma(z) \qquad (j=1,\ 2,\ 3); \tag{5.18}$$

ここに, $\omega_1+\omega_2+\omega_3=0$, $\eta_j=\zeta(\omega_j)$ $(j=1,\ 2,\ 3)$.

証明. $\zeta(z)$ の擬周期性 (15) によって, (17) から

$$\sigma(z+2\omega_j)=C_je^{2\eta_jz}\sigma(z) \qquad (C_j \text{ は定数; } j=1,\ 2,\ 3)$$

となるが, ここで $z=-\omega_j$ とおけば, $\sigma(z)$ は奇函数であるから,

$$C_j=\frac{e^{2\eta_j\omega_j}\sigma(\omega_j)}{\sigma(-\omega_j)}=-e^{2\eta_j\omega_j}.$$
(証終)

$\sigma(z)$ と関連して, つぎの三つの函数を導入する:

$$\sigma_j(z)=\frac{e^{-\eta_jz}\sigma(z+\omega_j)}{\sigma(\omega_j)} \qquad (j=1,\ 2,\ 3). \tag{5.19}$$

擬周期性 (18) によりこの右辺は $-e^{\eta_jz}\sigma(z-\omega_j)/\sigma(\omega_j)$ ともかける. これらはいずれも整函数かつ偶函数である, つぎの擬周期性が成り立つ:

$$\begin{aligned}&\sigma_j(z+2\omega_j)=-e^{2\eta_j(z+\omega_j)}\sigma_j(z),\\&\sigma_j(z+2\omega_k)=e^{2\eta_k(z+\omega_k)}\sigma_j(z) \qquad (k\neq j).\end{aligned} \tag{5.20}$$

5.3. 楕円函数の表示

定理 5.9. $2\omega_1, 2\omega_3$ を基本周期の組とする楕円函数 $f(z)$ の基本周期平行四辺形 P に属する零点, 極の(重複度に応じてかきあげた)全体をそれぞれ $\{a_\nu\}_{\nu=1}^h$, $\{b_\nu\}_{\nu=1}^h$ で表わせば,

$$f(z)=Ce^{2(m\eta_1+n\eta_3)z}\prod_{\nu=1}^{h}\frac{\sigma(z-a_\nu)}{\sigma(z-b_\nu)}; \tag{5.21}$$

ここに, C は定数であり, m と n は $\sum_{\nu=1}^h a_\nu=\sum_{\nu=1}^h b_\nu+2m\omega_1+2n\omega_3$ によって定まる整数である(→ 定理 5.4).

証明. 最初に $m=n=0$ と仮定して, 函数

$$g(z)=\prod_{\nu=1}^{h}\frac{\sigma(z-a_\nu)}{\sigma(z-b_\nu)}$$

を考える．これは $f(z)$ と零点および極を共有する．$\sigma(z)$ の擬周期性(→ 定理 5.8)により

$$\frac{g(z+2\omega_j)}{g(z)}=\prod_{\nu=1}^{h}\frac{\exp(2\eta_j(z-a_\nu+\omega_j))}{\exp(2\eta_j(z-b_\nu+\omega_j))}=1.$$

ゆえに，$g(z)/f(z)\equiv\mathrm{const}$ すなわち

$$f(z)=C\prod_{\nu=1}^{h}\frac{\sigma(z-a_\nu)}{\sigma(z-b_\nu)}\qquad (C\ は定数). \tag{5.22}$$

必ずしも $m=n=0$ でない一般な場合には，(18) によって

$$\sigma(z-(b_h+2m\omega_1+2n\omega_3))=\mathrm{const}\cdot e^{-2(m\eta_1+n\eta_3)z}\sigma(z-b_h)$$

となることに注意すれば，(22) の代りに (21) がえられる． (証終)

定理 5.10． $2\omega_1$, $2\omega_3$ を基本周期の組とする楕円函数 $f(z)$ の基本周期平行四辺形 P に属する極の全体を $\{p_\nu\}_{\nu=1}^{n}$，p_ν における主要部を $\sum_{\kappa=1}^{n_\nu}c_{\nu\kappa}(z-p_\nu)^{-\kappa}$ とすれば，

$$f(z)=\sum_{\nu=1}^{n}\sum_{\kappa=1}^{n_\nu}\frac{(-1)^{\kappa-1}c_{\nu\kappa}}{(\kappa-1)!}\zeta^{(\kappa-1)}(z-p_\nu)+C\qquad (C\ は定数). \tag{5.23}$$

証明． 函数

$$g(z)=\sum_{\nu=1}^{n}\sum_{\kappa=1}^{n_\nu}\frac{(-1)^{\kappa-1}c_{\nu\kappa}}{(\kappa-1)!}\zeta^{(\kappa-1)}(z-p_\nu)$$

を考える．$\zeta(z)$ の擬周期性 (15) と $\sum_{\nu=1}^{n}c_{\nu1}=0$ (→ 定理 5.2)および $\zeta^{(\kappa-1)}(z-p_\nu)=-\wp^{(\kappa-2)}(z-p_\nu)$ $(\kappa\geqq 2)$ によって $g(z+2\omega_j)=g(z)$ がえられる．$g(z)$ は $f(z)$ と極およびそこでの主要部を共有するから，$g(z)-f(z)=\mathrm{const}$. (証終)

定理 5.11． $2\omega_1$, $2\omega_3$ を基本周期とする楕円函数 $f(z)$ が偶函数で，$f(0)\neq 0,\infty$ とする．平行四辺形 $z=2\lambda\omega_1+2\mu\omega_3$ $(0\leqq\lambda<1,\ 0\leqq\mu<1/2)$ に属する零点，極の(重複度に応じてかきあげた)全体を $\{a_\nu\}_{\nu=1}^{h/2}$，$\{b_\nu\}_{\nu=1}^{h/2}$ とすれば，

$$f(z)=C\prod_{\nu=1}^{h/2}\frac{\wp(z)-\wp(a_\nu)}{\wp(z)-\wp(b_\nu)}\qquad (C\ は定数). \tag{5.24}$$

証明． $f(z)$ は偶函数であるから，$-a_\nu$, $-b_\nu$ もやはりそれぞれ零点，極であることに注意する．$\prod_{\nu=1}^{h/2}(\wp(z)-\wp(a_\nu))/(\wp(z)-\wp(b_\nu))$ は $2\omega_1$, $2\omega_3$ を基本周期とする楕円偶函数で，基本周期平行四辺形 P で零点，極を $f(z)$ と共有するから，(24) が成り立つ．

(証終)

系． $2\omega_1$, $2\omega_3$ を基本周期とする一般な楕円函数 $f(z)$ は，適当な有理函数 $R(w)$, $S(w)$ をもってつぎの形に表わせる:

$$f(z)=R(\wp(z))+\wp'(z)S(\wp(z)). \tag{5.25}$$

証明． 定理 5.11 における $f(z)$ で $f(0)\neq 0,\infty$ という仮定がない場合には，ある整数 k をもって $\wp(z)^k f(z)$ に対して (24) の表示がえられる．$f(z)$ が偶函数でなければ，

$$f(z)=\frac{1}{2}(f(z)+f(-z))+\frac{1}{2}\frac{f(z)-f(-z)}{\wp'(z)}\wp'(z)$$

とかきなおせば，$f(z)+f(-z)$，$(f(z)-f(-z))/\wp'(z)$ はいずれも楕円偶函数である．したがって，(25) の表示がえられる． (証終)

定理 5.12． 楕円函数は**代数的加法公式**をもつ．

証明. $f(z)$ を任意な楕円函数とすれば，定理 11 系により $\varphi(U, V)$ を有理函数として $f(z)=\varphi(\wp(z), \wp'(z))$. ゆえに，

$$f(u)=\varphi(\wp(u), \wp'(u)), \qquad f(v)=\varphi(\wp(v), \wp'(v)).$$

$\wp(z)$ の加法公式 (11)，微分方程式 (5)，§5.2.1 例題 2 の関係に注意すれば，$f(u+v)=\varphi(\wp(u+v), \wp'(u+v))$ の右辺は ψ を有理函数として

$$f(u+v)=\psi(\wp(u), \wp(v), \wp'(u), \wp'(v))$$

の形にかける．以上の三式から微分方程式 (5) を用いて $\wp(u)$, $\wp(v)$, $\wp'(u)$, $\wp'(v)$ を消去すれば，$f(u+v)$, $f(u)$, $f(v)$ の間の代数的関係がえられる． （証終）

例題 1. i.
$$\wp(u)-\wp(v)=-\frac{\sigma(u-v)\sigma(u+v)}{\sigma(u)^2\sigma(v)^2};$$

ii.
$$\wp(z)-e_j=e^{-2\eta_j z}\frac{\sigma(z+\omega_j)^2}{\sigma(z)^2\sigma(\omega_j)^2}=\frac{\sigma_j(z)^2}{\sigma(z)^2} \qquad (j=1, 2, 3).$$

［**解**］ i. $\wp(u)-\wp(v)$ を u の函数とみなせば，定理 5.9 によってこれは

$$C\sigma(u-v)\sigma(u+v)/\sigma(u)^2 \qquad (C \text{ は定数})$$

となる．ここで，$u=0$ のまわりの展開係数を比較して，$1=-C\sigma(v)^2$.

ii. i で $v=\omega_j$ とおき，$\sigma(z)$ の擬周期性 (18) に注意すれば，最初の等式をうる．さらに，定義の式 (19) を用いて第二の等式をうる． （以上）

例題 2. i.
$$\frac{1}{2}\frac{\wp'(u)-\wp'(v)}{\wp(u)-\wp(v)}=\zeta(u+v)-\zeta(u)-\zeta(v);$$

ii. $u+v+w=0$ のとき，

$$(\zeta(u)+\zeta(v)+\zeta(w))^2+\zeta'(u)+\zeta'(v)+\zeta'(w)=0.$$

［**解**］ i. 左辺を u の函数とみなせば，単一極 $-v, 0$ における留数はそれぞれ $1, -1$. 定理 5.10 によって，それは $\zeta(u+v)-\zeta(u)+C$ の形にかける．$u=0$ のまわりの定数項を比較して $0=\zeta(v)+C$.

ii. i と (11) とを比較し，$\wp(z)$, $\zeta(z)$ がそれぞれ偶函数，奇函数であることに注意すればよい． （以上）

—— ii の等式を $\zeta(z)$ の**擬加法公式**という．$\zeta'(z)$ は $\zeta(z)$ の代数函数ではないから，代数的な加法公式ではない．

5.4. 楕円 ϑ 函数

楕円函数の基本周期を $2\omega_1$, $2\omega_3$ ($\Im(\omega_3/\omega_1)>0$) として，

$$\tau=\omega_3/\omega_1, \qquad e^{\pi i\tau}=q \quad (|q|<1) \tag{5.26}$$

とおくとき，

$$\vartheta_0(z)=\sum_{n=-\infty}^{\infty}(-1)^n q^{n^2}e^{2niz}=1+2\sum_{n=1}^{\infty}(-1)^n q^{n^2}\cos 2nz,$$

$$\vartheta_1(z)=-ie^{iz+\pi i\tau/4}\vartheta_0\left(z+\frac{\pi\tau}{2}\right)=i\sum_{n=-\infty}^{\infty}(-1)^n q^{(n-1/2)^2}e^{(2n-1)iz}$$

$$=2\sum_{n=1}^{\infty}(-1)^n q^{(n-1/2)^2}\sin(2n-1)z, \tag{5.27}$$

$$\vartheta_2(z)=\vartheta_1(z+\pi/2)=\sum_{n=-\infty}^{\infty}q^{(n-1/2)^2}e^{(2n-1)iz}=2\sum_{n=1}^{\infty}q^{(n-1/2)^2}\cos(2n-1)z,$$

$$\vartheta_3(z)=\vartheta_0(z+\pi/2)=\sum_{n=-\infty}^{\infty}q^{n^2}e^{2niz}=1+2\sum_{n=1}^{\infty}q^{n^2}\cos 2nz \qquad (|z|<\infty)$$

で定義される整函数を**楕円 ϑ 函数**という．ϑ_0 はしばしば ϑ_4 ともかかれる．ϑ_1 は奇函数，他は偶函数である．パラメターが q または τ であることを強調するためには，それぞれ $\vartheta_j(z, q)$，$\vartheta_j(z|\tau)$ ($j=0, 1, 2, 3, 4$) とも記される．

ϑ 函数はつぎの**擬周期性**をもつ：

$$\begin{aligned}
&\vartheta_0(z+\pi)=\ \ \vartheta_0(z), &&\vartheta_0(z+\pi\tau)=-q^{-1}e^{-2iz}\vartheta_0(z);\\
&\vartheta_1(z+\pi)=-\vartheta_1(z), &&\vartheta_1(z+\pi\tau)=-q^{-1}e^{-2iz}\vartheta_1(z);\\
&\vartheta_2(z+\pi)=-\vartheta_2(z), &&\vartheta_2(z+\pi\tau)=\ \ q^{-1}e^{-2iz}\vartheta_2(z);\\
&\vartheta_3(z+\pi)=\ \ \vartheta_3(z), &&\vartheta_3(z+\pi\tau)=\ \ q^{-1}e^{-2iz}\vartheta_3(z).
\end{aligned} \tag{5.28}$$

——右辺の係数 ± 1 と，$\pm q^{-1}e^{-2iz}$ をそれぞれ周期 π，$\pi\tau$ に対する**周期因数**という．

$w=\vartheta_j(z|\tau)$ ($j=0, 1, 2, 3$) はいずれも $\Im\tau>0$，$|z|<\infty$ で正則であり，二変数 z，τ の函数とみなすとき，つぎの偏微分方程式をみたす：

$$\frac{\partial w}{\partial\tau}+\frac{\pi i}{4}\frac{\partial^2 w}{\partial z^2}=0.$$

例題 1．i．$\vartheta_j(z)$ ($j=0, 1, 2, 3$) は基本周期平行四辺形 P: $z=t+\lambda\pi+\mu\pi\tau$ ($0\leqq\lambda<1$, $0\leqq\mu<1$) にただ一つの単一零点をもつ； ii．それは

$$\vartheta_0:\ \frac{\pi\tau}{2},\quad \vartheta_1:\ 0,\quad \vartheta_2:\ \frac{\pi}{2},\quad \vartheta_3:\ \frac{\pi}{2}+\frac{\pi\tau}{2} \qquad (\mathrm{mod}\ \pi,\ \pi\tau).$$

［**解**］ i．ϑ_j は整函数で有限な極をもたないから，ϑ_j の P にある零点の(重複度に応じた)個数 N_j は，

$$N_j=\frac{1}{2\pi i}\int_C\frac{\vartheta_j'(z)}{\vartheta_j(z)}dz \qquad (C=\partial P)$$

によって与えられる．ところで，擬周期性 (28) によって

$$\begin{aligned}
N_j&=\frac{1}{2\pi i}\int_t^{t+\pi}\left(\frac{\vartheta_j'(z)}{\vartheta_j(z)}-\frac{\vartheta_j'(z+\pi\tau)}{\vartheta_j(z+\pi\tau)}\right)dz-\frac{1}{2\pi i}\int_t^{t+\pi\tau}\left(\frac{\vartheta_j'(z)}{\vartheta_j(z)}-\frac{\vartheta_j'(z+\pi)}{\vartheta_j(z+\pi)}\right)dz\\
&=\frac{1}{2\pi i}\int_t^{t+\pi}2i\,dz=1.
\end{aligned}$$

ii．まず，$\vartheta_1(z)$ が $z=0$ に零点をもつことは，(27) から明らか．あとは，定義の式 (27) と擬周期性 (28) に注意すればよい． （以上）

例題 2．$\vartheta_j(z)$ はつぎの**無限乗積表示**をもつ：

$$\vartheta_0(z)=q_0\prod_{n=1}^{\infty}(1-q^{2n-1}e^{2iz})(1-q^{2n-1}e^{-2iz})=q_0\prod_{n=1}^{\infty}(1-2q^{2n-1}\cos 2z+q^{4n-2}),$$

$$\begin{aligned}
\vartheta_1(z)&=2q_0q^{1/4}\sin z\prod_{n=1}^{\infty}(1-q^{2n}e^{2iz})\prod_{n=1}^{\infty}(1-q^{2n}e^{-2iz})\\
&=2q_0q^{1/4}\sin z\prod_{n=1}^{\infty}(1-2q^{2n}\cos 2z+q^{4n}),
\end{aligned}$$

$$\vartheta_2(z)=2q_0q^{1/4}\cos z\prod_{n=1}^{\infty}(1+q^{2n}e^{2iz})\prod_{n=1}^{\infty}(1+q^{2n}e^{-2iz})$$
$$=2q_0q^{1/4}\cos z\prod_{n=1}^{\infty}(1+2q^{2n}\cos 2z+q^{4n}),$$
$$\vartheta_3(z)=q_0\prod_{n=1}^{\infty}(1+q^{2n-1}e^{2iz})\prod_{n=1}^{\infty}(1+q^{2n-1}e^{-2iz})$$
$$=q_0\prod_{n=1}^{\infty}(1+2q^{2n-1}\cos 2z+q^{4n-2}).$$

ここに q_0 は z に無関係な定数，$q_0=\Pi_{n=1}^{\infty}(1-q^{2n})$，である．

［**解**］
$$f(z)=\prod_{n=1}^{\infty}(1-q^{2n-1}e^{2iz})\prod_{n=1}^{\infty}(1-q^{2n-1}e^{-2iz})$$
とおく．$\sum_{n=1}^{\infty}q^{2n-1}$ は絶対収束するから，右辺の二つの積は z の値の任意な有界領域で絶対一様収束する．ゆえに，f は整函数である．f は ϑ_0 と同じく $z=(n+1/2)\pi\tau+m\pi$ $(m, n=0, \pm1, \pm2, \cdots)$ においてのみ単一零点をもつ．一方，$f(z+\pi)=f(z)$, $f(z+\pi\tau)=-q^{-1}e^{-2iz}f(z)$ となり，f は ϑ_0 と同じ周期因数をもつ．したがって，ϑ_0/f は零点も極ももたない二重周期函数，すなわち z に無関係な定数に等しい．(27) の関係から残りの表示をうる．（以上）

例題 3.

$$\sigma(z)=\frac{2\omega_1}{\pi}\exp\left(\frac{\eta_1}{2\omega_1}z^2\right)\cdot\vartheta_1\left(\frac{\pi}{2\omega_1}z\right)\Big/\vartheta_1{}'(0),\quad \sigma_1(z)=\exp\left(\frac{\eta_1}{2\omega_1}z^2\right)\cdot\vartheta_2\left(\frac{\pi}{2\omega_1}z\right)\Big/\vartheta_2(0),$$
$$\sigma_2(z)=\exp\left(\frac{\eta_1}{2\omega_1}z^2\right)\cdot\vartheta_3\left(\frac{\pi}{2\omega_1}z\right)\Big/\vartheta_3(0),\qquad \sigma_3(z)=\exp\left(\frac{\eta_1}{2\omega_1}z^2\right)\cdot\vartheta_0\left(\frac{\pi}{2\omega_1}z\right)\Big/\vartheta_0(0).$$

［**解**］ $v=\pi z/2\omega_1$ とおく．函数 $f(v)=\exp(-2\eta_1\omega_1v^2/\pi^2)\cdot\sigma(2\omega_1v/\pi)$ は整函数で，$m\pi+n\pi\tau$ (m, n は整数)に単一零点をもつ．σ 函数の擬周期性 (18) によって，$f(v+\pi)=-f(v)$, $f(v+\pi\tau)=-\exp(-2iv-\pi i\tau)f(v)$．ゆえに，$f(v)/\vartheta_1(v)$ は整函数でしかも二重周期をもつ; すなわち，定数である:
$$\frac{f(v)}{\vartheta_1(v)}\equiv C;\qquad \exp\left(-\frac{2\eta_1\omega_1}{\pi^2}v^2\right)\cdot\sigma\left(\frac{2\omega_1}{\pi}v\right)=C\vartheta_1(v).$$
最後の式の両辺を微分すれば，
$$-\frac{4\eta_1\omega_1}{\pi^2}v\exp\left(-\frac{2\eta_1\omega_1}{\pi^2}v^2\right)\cdot\sigma\left(\frac{2\omega_1}{\pi}v\right)+\frac{2\omega_1}{\pi}\exp\left(-\frac{2\eta_1\omega_1}{\pi^2}v^2\right)\cdot\sigma'\left(\frac{2\omega_1}{\pi}v\right)=C\vartheta_1{}'(v).$$
ここで $v=0$ とおけば，$\sigma'(0)=1$ であるから，$2\omega_1/\pi=C\vartheta_1{}'(0)$．これで，$\sigma(z)$ に対する表示をうる．そこで，z の代りに $z+\omega_1$ とおけば，
$$\sigma(z+\omega_1)=\frac{2\omega_1}{\pi}\exp\left(\frac{\eta_1}{2\omega_1}(z+\omega_1)^2\right)\vartheta_2\left(\frac{\pi}{2\omega_1}z\right)\Big/\vartheta_1{}'(0).$$
ここで $v=0$ とおけば，$\sigma(\omega_1)=(2\omega_1/\pi)\exp(\eta_1\omega_1/2)\cdot\vartheta_2(0)/\vartheta_1{}'(0)$．ゆえに，$\sigma_1(z)=e^{-\eta_1z}\sigma(z+\omega_1)/\sigma(\omega_1)=\exp(\eta_1z^2/2\omega_1)\cdot\vartheta_2(\pi z/2\omega_1)/\vartheta_2(0)$．$\sigma_2(z)$, $\sigma_3(z)$ の表示も同様にしてえられる．（以上）

5.5. ヤコビの楕円函数

(16), (19) の σ 函数によって，つぎの**ヤコビの楕円函数**を定義する:

$$\text{(5.29)}\qquad \operatorname{sn} u=\sqrt{e_1-e_3}\,\frac{\sigma(z)}{\sigma_3(z)},\qquad \operatorname{cn} u=\frac{\sigma_1(z)}{\sigma_3(z)},\qquad \operatorname{dn} u=\frac{\sigma_2(z)}{\sigma_3(z)}$$
$$(u=z\sqrt{e_1-e_3};\ e_j=\wp(\omega_j)).$$

sn は奇函数，cn, dn は偶函数であり，

$$\text{(5.30)}\qquad K=\omega_1\sqrt{e_1-e_3},\qquad iK'=\omega_3\sqrt{e_1-e_3}$$

とおくとき，それぞれ $4K$, $2iK'$; $4K$, $2K+2iK'$; $2K$, $4iK'$ を**基本周期**としている.

§5.3 例題1 ii と (19) により

$$\text{(5.31)}\qquad \sqrt{\wp(z)-e_j}=e^{-\eta_j z}\frac{\sigma(z+\omega_j)}{\sigma(z)\sigma(\omega_j)}=\frac{\sigma_j(z)}{\sigma(z)}.$$

(29) と比較して

$$\text{(5.32)}\qquad \operatorname{sn} u=\frac{\sqrt{e_1-e_3}}{\sqrt{\wp(z)-e_3}},\qquad \operatorname{cn} u=\frac{\sqrt{\wp(z)-e_1}}{\sqrt{\wp(z)-e_3}},\qquad \operatorname{dn} u=\frac{\sqrt{\wp(z)-e_2}}{\sqrt{\wp(z)-e_3}}.$$

これからつぎの等式がえられる:

$$\text{(5.33)}\qquad \operatorname{sn}^2 u+\operatorname{cn}^2 u=1,\qquad k^2\operatorname{sn}^2 u+\operatorname{dn}^2 u=1.$$

ここに，

$$\text{(5.34)}\qquad k=-\frac{\sqrt{e_2-e_3}}{\sqrt{e_1-e_3}},\qquad k'=\frac{\sqrt{e_1-e_2}}{\sqrt{e_1-e_3}}\qquad (k^2+k'^2=1)$$

をそれぞれ**母数**，**補母数**という．母数が k であることを明示するために，$\operatorname{sn}(u, k)$ などと記すこともある.

定義の式 (32) と (9) から

$$\text{(5.35)}\qquad \frac{d\operatorname{sn} u}{du}=\operatorname{cn} u\operatorname{dn} u,\qquad \frac{d\operatorname{cn} u}{du}=-\operatorname{sn} u\operatorname{dn} u,\qquad \frac{d\operatorname{dn} u}{du}=-k^2\operatorname{sn} u\operatorname{cn} u.$$

これと (33) の関係から，ヤコビの楕円函数はつぎの微分方程式をみたす:

$$\text{(5.36)}\qquad \begin{aligned} w'^2&=(1-w^2)(1-k^2w^2) && (w=\operatorname{sn} u),\\ w'^2&=(1-w^2)(k'^2+k^2w^2) && (w=\operatorname{cn} u),\\ w'^2&=(1-w^2)(w^2-k'^2) && (w=\operatorname{dn} u).\end{aligned}$$

また，つぎの**加法公式**が成り立つ:

$$\text{(5.37)}\qquad \begin{aligned} \operatorname{sn}(u+v)&=\frac{\operatorname{sn} u\operatorname{cn} v\operatorname{dn} v+\operatorname{sn} v\operatorname{cn} u\operatorname{dn} u}{1-k^2\operatorname{sn}^2 u\operatorname{sn}^2 v},\\ \operatorname{cn}(u+v)&=\frac{\operatorname{cn} u\operatorname{cn} v-\operatorname{sn} u\operatorname{sn} v\operatorname{dn} u\operatorname{dn} v}{1-k^2\operatorname{sn}^2 u\operatorname{sn}^2 v},\\ \operatorname{dn}(u+v)&=\frac{\operatorname{dn} u\operatorname{dn} v-k^2\operatorname{sn} u\operatorname{sn} v\operatorname{cn} u\operatorname{cn} v}{1-k^2\operatorname{sn}^2 u\operatorname{sn}^2 v}.\end{aligned}$$

5.6. 楕円積分

$P(z)$ を重複零点のない三次または四次の多項式，$R(z, w)$ を $\partial R/\partial w\neq 0$ なる有理函数とするとき，つぎの形の積分を**楕円積分**という:

$$\int R(z,\ \sqrt{P(z)})dz \tag{5.38}$$

楕円積分は初等的変形によって,初等函数およびつぎの三種の積分で表わされる(**ルジャンドル・ヤコビの標準形**):

$$\int\frac{dz}{\sqrt{(1-z^2)(1-k^2z^2)}},\qquad \int\sqrt{\frac{1-k^2z^2}{1-z^2}}dz,$$
$$\int\frac{dz}{(z^2-a^2)\sqrt{(1-z^2)(1-k^2z^2)}}. \tag{5.39}$$

これらを順次に**第一種**,**第二種**,**第三種の楕円積分**といい,定数 k を**母数**,a を**パラメター**という.

第一種の楕円積分において,変数の置換 $z=\mathrm{sn}\,u\equiv\mathrm{sn}(u,\ k)$ をほどこせば,(35) により

$$\int_0^z\frac{dz}{\sqrt{(1-z^2)(1-k^2z^2)}}=\int_0^u du=u. \tag{5.40}$$

すなわち,$z=\mathrm{sn}\,u$ はこの積分の逆函数である.$\mathrm{sn}\,K=1$ に注意して $z=\sin\theta$ とおけば,

$$K=\int_0^1\frac{dz}{\sqrt{(1-z^2)(1-k^2z^2)}}=\int_0^{\pi/2}\frac{d\theta}{\sqrt{1-k^2\sin^2\theta}}. \tag{5.41}$$

K を**第一種の完全楕円積分**という.第二種の積分で $z=\mathrm{sn}\,u$ とおけば,

$$\int_0^z\sqrt{\frac{1-k^2z^2}{1-z^2}}dz=\int_0^u\mathrm{dn}^2\,u\,du. \tag{5.42}$$

$z=\sin\theta$ とおくとき,

$$E\equiv\int_0^1\sqrt{\frac{1-k^2z^2}{1-z^2}}dz=\int_0^{\pi/2}\sqrt{1-k^2\sin^2\theta}\,d\theta. \tag{5.43}$$

E を**第二種の完全楕円積分**という.→IX A§3.3 例題3

5.7. モジュラ函数

複素平面の一次変換

$$\tau'=\frac{a\tau+b}{c\tau+d}\qquad (a,\ b,\ c,\ d\ \text{は整数};\ ad-bc=1)$$

を**モジュラ変換**という.モジュラ変換全体のなす群を**モジュラ群**という.モジュラ群は二つの変換

$$S:\ \tau'=\tau+1,\qquad T:\ \tau'=-1/\tau$$

から生成される.

上半平面内の領域 D で,D の点のモジュラ変換による像は D に含まれず,上半平面の任意な点は D の一点の適当なモジュラ変換による像であるとき,D をモジュラ群の**基本領域**という.

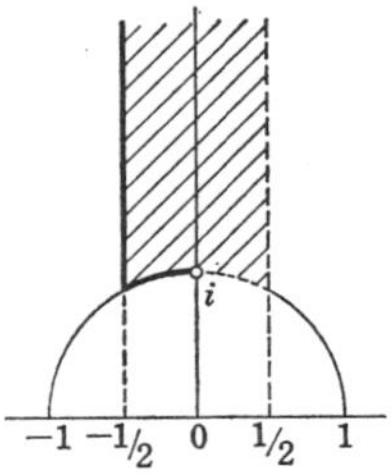

図 5.2

D としては,例えば

$$\{\tau\,|\,-1/2\leqq\Re\tau<1/2,\ \Im\tau>0,\ |\tau|\geqq1\}$$

$f(\tau)$ が $\Im\tau>0$, $|\tau|<\infty$ で有理型な τ の解析函数であって,モジュラ群に対し不変,す

なわち

$$f(T\tau)=f(\tau) \qquad (T \text{ は任意なモジュラ変換})$$

が成り立ち，

$$\lim_{\tau\in D,\,\tau\to\infty} f(\tau) \qquad (D \text{ はモジュラ群の基本領域})$$

が確定するとき，$f(\tau)$ を**モジュラ函数**という．

$2\omega_1$, $2\omega_3$ を基本周期とする $\wp$ 函数 $\wp(z)$ について，(7) の g_2, g_3 を用いて，$g_2^3/(g_2^3-27g_3^2)$ を**絶対不変式**という．$\tau=\omega_3/\omega_1$ の函数とみなせば，

$$J(\tau)=\frac{g_2^3}{g_2^3-27g_3^2}=\frac{(\vartheta_0^8+\vartheta_2^8+\vartheta_3^8)^3}{54(\vartheta_0\vartheta_2\vartheta_3)^8}$$

は $\Im\tau>0$ で正則なモジュラ函数である．これを**楕円モジュラ函数**という．

$$J(i)=1, \qquad J(e^{2\pi i/3})=0, \qquad \lim_{y\to\infty} J(x_0+iy)=\infty;$$

$$J(\tau)=\frac{1}{12^3}\left(\frac{1}{q^2}+744+196884q^2+O(q^4)\right) \quad (q=e^{\pi i\tau}).$$

基本周期がそれぞれ $(2\omega_1,\ 2\omega_3)$, $(2\tilde{\omega}_1,\ 2\tilde{\omega}_3)$ である二つの楕円函数体が同型であるための必要十分条件は，

$$J(\tau)=J(\tilde{\tau}) \qquad \left(\tau=\frac{\omega_3}{\omega_1},\ \tilde{\tau}=\frac{\tilde{\omega}_3}{\tilde{\omega}_1}\right).$$

τ の函数

$$\lambda(\tau)=\frac{e_2-e_3}{e_1-e_3}=\left(\frac{\vartheta_2}{\vartheta_3}\right)^2=16q\prod_{n=1}^{\infty}\left(\frac{1+q^{2n}}{1+q^{2n-1}}\right)^8$$

を**ラムダ函数**という．

ラムダ函数 $\lambda(\tau)$ はモジュラ函数 $J(\tau)$ の6次の代数函数であって，

$$J(\tau)=\frac{4}{27}\frac{(\lambda^2-\lambda+1)^3}{\lambda^2(\lambda-1)^2}, \qquad \left(\frac{(\lambda+1)(\lambda-2)(2\lambda-1)}{\lambda(\lambda-1)}\right)^2=27(J(\tau)-1).$$

$$\tau'=\frac{a\tau+2b}{2c\tau+d} \qquad (a,\ b,\ c,\ d \text{ は整数};\ ad-4bc=1)$$

の形の一次変換全体のなす群を**ラムダ群**といい，変換

$$S^2\colon\ \tau'=\tau+2, \qquad TS^{-2}T\colon\ \tau'=\frac{\tau}{2\tau+1}$$

から生成される．ラムダ函数はラムダ群に対して不変である．また，モジュラ群 G により，つぎの6種の値にうつされる．

G	E	S	T	TS	STS	$S^{-1}T$
τ'	τ	$\tau+1$	$-1/\tau$	$-1/(1+\tau)$	$\tau/(1+\tau)$	$-(\tau+1)/\tau$
$\lambda(\tau)$	λ	$1-\lambda$	$1/(1-\lambda)$	$1/\lambda$	$\lambda/(\lambda-1)$	$(\lambda-1)/\lambda$

6. 楕円体函数

6.1. マシュウ函数

三変数（x_1, x_2, x_3）のヘルムホルツの方程式(→ XI C § 1.5)

$$\Delta f+\kappa f=0 \qquad \left(\Delta\equiv\frac{\partial^2}{\partial x_1{}^2}+\frac{\partial^2}{\partial x_2{}^2}+\frac{\partial^2}{\partial x_3{}^2}\right)$$

を楕円体座標（ξ_1, ξ_2, ξ_3）によって変数分離すれば，その各成分 $w=w(z)$ はすべて同一の形の微分方程式

$$\text{(6.1)} \qquad \frac{d^2w}{dz^2}+\frac{1}{2}\left(\frac{1}{z-e_1}+\frac{1}{z-e_2}+\frac{1}{z-e_3}\right)\frac{dw}{dz}+\frac{\kappa^2z+\alpha z+\beta}{4(z-e_1)(z-e_2)(z-e_3)}w=0$$

$$(\infty>\xi_1>e_1>\xi_2>e_2>\xi_3>e_3>0)$$

をみたす．**楕円体微分方程式**（1）は e_1, e_2, e_3 に確定特異点，∞ に不確定特異点をもつ．（1）の解を一般の**楕円体函数**という．

楕円体座標（ξ_1, ξ_2, ξ_3）において主軸の値 e_1, e_2, e_3 を適当に変化させることにより，特別な場合がえられる．特に，

$$e_1-e_2=c^2, \qquad \xi_1=e_2+c^2\cosh^2 u, \qquad \xi_2=e_2+c^2\cos^2 v, \qquad \xi_3=e_3+z$$

とおき，$e_1>e_2\to\infty$ として，さらに x と y をおきかえれば，楕円柱座標

$$x=c\cosh u\cos v, \qquad y=c\sinh u\sin v, \qquad z=z$$

となり，（1）の u, v 成分はそれぞれつぎの方程式をみたす:

$$\text{(6.2)} \qquad \frac{d^2w}{du^2}-(a-2q\cosh 2u)w=0,$$

$$\text{(6.3)} \qquad \frac{d^2w}{dv^2}+(a-2q\cos 2v)w=0$$

（a は任意定数，$q=\kappa c^2/4$）．

（3）を**マシュウの微分方程式**，（2）を**変形されたマシュウの微分方程式**という．（2）は（3）において $v=\pm iu$ とおけばえられる．（3）は $|v|<\infty$ で正則，∞ を不確定特異点とする．$\cos v=\zeta$ を独立変数とすれば，

$$(1-\zeta^2)\frac{d^2w}{d\zeta^2}-\zeta\frac{dw}{d\zeta}+(a+2q-4q\zeta^2)w=0$$

となり，$\zeta=\pm1$ を確定特異点，$\zeta=\infty$ を不確定特異点とする微分方程式となる．

マシュウの微分方程式

$$\text{(6.4)} \qquad \frac{d^2w}{dz^2}+(a-2q\cos 2z)w=0$$

において，q が与えられた定数であるとき，a を適当な値(固有値)にえらんで，（4）に 0 でない周期解が存在するならば，その解を**マシュウ函数**という．

$q=0$ のときは $a=n^2$（n は 0 または正の整数）が固有値で，（4）の解の基本系は $\cos nz$, $\sin nz$ である．これに因んで，$q\to0$ のとき $\cos nz$, $\sin nz$ に収束するマシュウ函数をそれぞれ $\mathrm{ce}_n(z, q)$, $\mathrm{se}_n(z, q)$ で表わし，n 次のマシュウ函数という．

初期条件

(6.5) $w_1(0)=1,\quad w_1'(0),\qquad w_2(0)=0,\quad w_2'(0)=1$

をみたす (4) の解はそれぞれ偶函数，奇函数である．係数の周期 π に対して，

(6.6) $$\cos\pi\nu=w_1(\pi;\ a,\ q)$$

をみたす $\nu=\nu(a,\ q)$ を**特性指数**という．このような ν に対しては

(6.7) $$w_1(z+\pi)=e^{i\pi\nu}w_1(z)$$

が成り立つ．この解を**フロッケの解**という．特に，それらのうちで $q\to 0$ のとき $e^{i\nu z}$ に収束する解を ν 次の**マシュウ函数**といい，$\mathrm{me}_\nu(z,\ q)$ で表わす．

ν が整数でなければ，$\mathrm{me}_\nu(z,\ q)$ と $\mathrm{me}_{-\nu}(z,\ q)$ とが (4) の解の基本系をなす．$q,\ \nu$ が実数のときは，a も実数である．このとき，z が実数ならば，$\mathrm{me}_\nu(z,q)$ と $\mathrm{me}_{-\nu}(z,q)$ とは互いに共役な複素数である．

$$\mathrm{me}_\nu(z,\ q)=\mathrm{ce}_\nu(z,\ q)+i\,\mathrm{se}_\nu(z,\ q),\qquad \mathrm{me}_{-\nu}(z,\ q)=\mathrm{ce}_\nu(z,\ q)-i\,\mathrm{se}_\nu(z,\ q)$$

により $\mathrm{ce}_\nu(z,\ q)$, $\mathrm{se}_\nu(z,\ q)$ を定義する．

$a,\ q$ が実数ならば，$w_1(z;\ a,\ q)$ も実数である．$|w_1|\gtreqless 1$ によって解の性質に著しい差がある．

I．$|w_1|>1$ ならば，(6) により特性指数 ν は純虚数 $\nu=\pm i\tau\ (\tau>0)$ である．$\mathrm{me}_{i\tau}(z,\ q)$ は $z\to-\infty$ のとき，$\mathrm{me}_{-i\tau}(z,\ q)$ は $z\to+\infty$ のとき，いずれも指数的に増大し，有界な解はない．このとき，解は不安定であるといい，$(a,\ q)$ を座標とする平面上の i の範囲を不安定域という．

II．$|w_1|<1$ ならば，(6) により ν は実数である．$|e^{\pm i\pi\nu}|=1$ であるから，(4) の解はすべて実軸上で有界である．このとき，解は安定であるといい，(a,q) の範囲を安定域という．

III．$w_1=\pm 1$ のとき，ν は整数である．$\mathrm{me}_\nu(z,q)$ は有界な周期函数であるが，これと独立な他の解は有界ではない．

6.2. ラメ函数

楕円体微分方程式 (1) において $\kappa=0$ の場合(ラプラスの方程式 $\Delta f=0$ を変数分離したもの)が**ラメの微分方程式**にあたる:

(6.8) $$\frac{d^2w}{dz^2}+\frac{1}{2}\left(\frac{1}{z-e_1}+\frac{1}{z-e_2}+\frac{1}{z-e_3}\right)\frac{dw}{dz}=\frac{n(n+1)z+h}{4(z-e_1)(z-e_2)(z-e_3)}$$
$$(e_1+e_2+e_3=0).$$

(8) は $e_1,\ e_2,\ e_3$ および ∞ を確定特異点とする方程式である．(8) の解を**ラメ函数**という．

(8) はいろいろな形に変換される．例えば，$z=\wp(u)$ を $2\omega_1,\ 2\omega_3$ を基本周期とするワイエルシュトラスの楕円函数(→§5.2.1)，$e_j=\wp(\omega_j)\ (j=1,\ 2,\ 3)$ とすれば，(8) はつぎの形になる:

(6.9) $$\frac{d^2w}{du^2}-(h+n(n+1)\wp(u))w=0.$$

また，ヤコビの楕円函数 $\mathrm{sn}\,x$ (→§5.5) を用いれば，置換 $x=u\sqrt{e_1-e_3}-iK'$; $k^2=(e_2$

$-e_3)/(e_1-e_3)$，$\wp(u)-e_3=(e_1-e_3)(k\,\mathrm{sn}\,x)^2$ により，つぎの形となる：

(6.10)
$$\frac{d^2w}{dx^2}-(n(n+1)k^2\,\mathrm{sn}^2\,x-\eta)w=0.$$

二重周期函数 $\wp(u)$ を係数にもつラメの方程式 (9) において，その有限にある特異点は $\Omega_{\mu\nu}\equiv 2\mu\omega_1+2\nu\omega_3$ $(\mu,\nu=0,\ \pm1,\ \cdots)$ であって，いずれも2位の極である．ゆえに，これらは確定特異点であり，各特異点での決定方程式 $r(r-1)-n(n+1)=0$ の根はいずれも $-n,\ n+1$ である．

$w(u)$ とともに $w(u+\Omega_{\mu\nu})$ も解であるから，点 $u=\Omega_{00}(=0)$ のまわりで考える．一般論にしたがって，原点のまわりでつぎの形に表わされる解が存在する：

(6.11)
$$w_1(u)=u^{n+1}\,\varphi(u);$$

ここに $\varphi(u)$ は 0 のまわりで一価正則であって，$\varphi(0)\neq 0$.

特に n が自然数ならば，(11) 自身が 0 のまわりで一価正則である．このとき，指数 $-n$ は $n+1$ と整数差をもつが，リウビルの関係(アーベルの公式→VIIA §2.1.6 (2.5)) により，$w_1(u)w_2'(u)-w_1'(u)w_2(u)=\mathrm{const.}$ ゆえに，第二の解は定数因子を除いて

(6.12)
$$w_2(u)=w_1(u)\int^u\frac{du}{w_1(u)^2}$$

である．(9) からわかるように，$w_1(u)^2$ は偶函数であるから，(12) で与えられる $w_2(u)$ は対数項を含まない．

例 1．ラメの方程式 $w''-(h+2\wp(u))w=0$ において $\wp(a)=h$ とすれば，$h\neq e_j$ $(j=1,2,3)$ すなわち $a\not\equiv\omega_j$ $(\mathrm{mod}\ 2\omega_1,\ 2\omega_3)$ のとき，$e^{\mp\zeta(a)u}\sigma(u\pm a)/\sigma(u)$ が基本系をなす．$h=e_1$，$a=\omega_1$ のときは，基本系として $e^{-\eta_1 u}\sigma(u+\omega_1)/\sigma(u)$，$e^{-\eta_1 u}(\sigma(u+\omega_1)/\sigma(u))(\zeta(u+\omega_1)+e_1)$ をとることができる．または，一般解はつぎの形にも表わされる：$w=(\wp(u)-e_1)^{1/2}(c_1+c_2(\zeta(u+\omega_1)+e_1u))$ (c_1，c_2 は積分定数)．

参考書．[C 5]，[F 5]，[I 1]，[I 4]，[K 18]，[K 20]，[M 3]，[S 12]，[S 13]，[S 15]，[T 8]，[T 11]，[T 12]

[西宮　範]

XI. 偏 微 分 方 程 式

A. 一階偏微分方程式

1. 線形・準線形方程式

1.1. 偏微分方程式とその解

二つ以上の独立変数 $x_1, x_2, \cdots, x_n$ とその函数 z および z の偏導函数 $z_{x_1}, z_{x_2}, \cdots, z_{x_1x_2}, \cdots$ の間に成り立つ関係式

$$F(x_1, x_2, \cdots x_n, z, z_{x_1}, z_{x_2}, \cdots, z_{x_1x_2}, \cdots)=0$$

を**偏微分方程式**といい，これをみたす函数 $z=f(x_1, x_2, \cdots, x_n)$ を**解**または**積分**という．方程式に含まれる偏導函数の最高階数が k であるとき，この方程式を k **階**の(**階数** k の)偏微分方程式という．

本章では特に断らない限り，独立変数およびその函数は実数の範囲で考える．

2変数 x, y の函数 z に対して

$$\frac{\partial z}{\partial x}=p, \qquad \frac{\partial z}{\partial y}=q$$

とおくと，一般な一階の偏微分方程式はつぎの形にかける:

(1.1) $$F(x, y, z, p, q)=0.$$

いま，a, b を任意な定数として，球面の方程式

(1.2) $$(x-a)^2+(y-b)^2+z^2=1$$

を考え，これを x, y について微分すると，

$$x-a+zp=0, \qquad y-b+zq=0.$$

これらと (2) から a, b を消去すると，一階偏微分方程式

(1.3) $$z^2(p^2+q^2+1)=1$$

をうる．すなわち，(2) で与えられる x, y の函数 z が (3) の解である．

解によって表わされる曲面を**積分曲面**または**解曲面**という．上の例では，x, y 平面上に中心をもつ半径1の球面が積分曲面である．

偏微分方程式の解を求めるとき，単に方程式をみたすだけでなく，他の種々な付帯条件をもみたすような解を求める必要が起こる．例えば，

$$x=x(t), \quad y=y(t), \quad z=z(t) \qquad (t_1 \leqq t \leqq t_2)$$

をあらかじめ与えられた x, y, z 空間の曲線として，(1) の解でこの曲線を通るものを求める問題がある．これを**初期値問題**(**コーシー問題**)といい，上記の曲線を通るという条件を**初期条件**という．なお，付帯条件の種類によって，別種の問題も提出されるが，それら

については後に(→B§2.3)解説する.

1.2. 線形方程式

一階偏微分方程式で，一階偏導函数について1次式，かつ係数が独立変数だけに従属する方程式

$$\sum_{i=1}^{n} P_i(x_1, x_2, \cdots, x_n)\frac{\partial z}{\partial x_i}=Q(x_1, x_2, \cdots, x_n) \tag{1.4}$$

を**線形方程式**という．特に，(4) において $Q\equiv 0$ である方程式

$$\sum_{i=1}^{n} P_i(x_1, x_2, \cdots, x_n)\frac{\partial z}{\partial x_i}=0 \tag{1.5}$$

を**同次方程式**，また $Q\not\equiv 0$ である方程式を**非同次方程式**という.

いま，2変数の同次線形方程式

$$F(x, y)p+G(x, y)q=0 \tag{1.6}$$

を考えてみよう．$z=\psi(x, y)$ が (6) の積分曲面であるとし，平面 $z=c$ (定数) とこの積分曲線との交線(積分曲面の等高線)が，函数 $\varphi_1(t)$, $\varphi_2(t)$ によって

$$x=\varphi_1(t),\quad y=\varphi_2(t),\quad z=c \qquad (\alpha\leqq t\leqq\beta)$$

と表わされるものとすると，$\psi(\varphi_1(t), \varphi_2(t))=c$ が成り立つから，

$$\psi_x(\varphi_1, \varphi_2)\varphi_1'+\psi_y(\varphi_1, \varphi_2)\varphi_2'=0.$$

さらに，ψ は (6) をみたすのであるから，

$$\psi_x(\varphi_1, \varphi_2)F(\varphi_1, \varphi_2)+\psi_y(\varphi_1, \varphi_2)G(\varphi_1, \varphi_2)=0.$$

これら二つの方程式が ψ, φ_1, φ_2 によってみたされなければならないが，もし

$$\varphi_1'=F(\varphi_1, \varphi_2), \qquad \varphi_2'=G(\varphi_1, \varphi_2)$$

であれば，それらは確かにみたされる.

以上の考察によって，積分曲面の等高線は上記の常微分方程式によって特徴付けられると予想できるし，またそのような等高線の族によって積分曲面ができていることが予想される．このことは，(5) に対しても同様であって，上記の常微分方程式を (5) と関連してかくと，

$$\frac{dx_i}{dt}=P_i(x_1, x_2, \cdots, x_n) \qquad (i=1, 2, \cdots, n) \tag{1.7}$$

または

$$\frac{dx_1}{P_1(x_1, x_2, \cdots, x_n)}=\cdots=\frac{dx_n}{P_n(x_1, x_2, \cdots, x_n)}. \tag{1.8}$$

(7) (または (8)) を (5) の**特性微分方程式**といい，この方程式の解 $x_i=x_i(t)$ $(i=1, 2, \cdots, n)$ によって表わされる $x_1, \cdots, x_n, z$ 空間の曲線

$$x_i=x_i(t) \quad (i=1, 2, \cdots, n), \quad (\alpha<t<\beta), \quad z=c \text{ (定数)}$$

を (5) の**特性曲線**という.

なお，つねに函数 P_i $(i=1, 2, \cdots, n)$ は連続，かつあらかじめ与えられた初期条件をみたす (7) の解はただ一つであると仮定しておく.

(5) の積分曲面と特性曲線との間にはつぎの関係がある:

定理 1.1. 連続微分可能な函数 $\psi(x_1, x_2, \cdots, x_n)$ が (5) の解であるための必要十分条件は，曲面 $z=\psi$ 上の任意な点を通る (5) の特性曲線が曲面 $z=\psi$ に含まれることである.

§1.3 定理 1.2 においてより一般の場合を示すから，ここでは証明を省略する.

定理 1.1 によって，函数 $\psi(x_1, x_2, \cdots, x_n)$ が (5) の解であるための必要十分条件は，ψ が特性微分方程式 (7) の第一積分であることがわかる．したがって，$\psi_i(x_1, x_2, \cdots, x_n)$ $(i=1, 2, \cdots, n-1)$ が (5) の解で，これらの函数よりつくられるヤコビアン行列の階数が $n-1$ であれば，任意な連続微分可能な函数 $\Phi(z_1, z_2, \cdots, z_{n-1})$ に対して，$\Phi(\psi_1, \psi_2, \cdots, \psi_{n-1})$ も (5) の解である．逆に，いかなる領域においても $P_i(x_1, x_2, \cdots, x_n)$ $(i=1, 2, \cdots, n)$ のすべてが恒等的に 0 になることがなければ，(5) の任意な解 $z=\psi(x_1, x_2, \cdots, x_n)$ は適当な函数 $\Phi(z_1, z_2, \cdots, z_{n-1})$ によって，$\psi=\Phi(\psi_1, \psi_2, \cdots, \psi_{n-1})$ と表わせることが知られている．したがって，特に初期値問題の解を求めるには，ヤコビアン行列の階数が $n-1$ であるような解 $\psi_1, \psi_2, \cdots, \psi_{n-1}$ を求めて，さらに $\Phi(\psi_1, \psi_2, \cdots, \psi_{n-1})$ が初期条件をみたすように Φ を定めればよい.

例題 1. $x_1\dfrac{\partial z}{\partial x_1}+x_2\dfrac{\partial z}{\partial x_2}+x_3\dfrac{\partial z}{\partial x_3}=0$ の解を求めよ.

［**解**］ 特性微分方程式は $dx_1/dt=x_1$, $dx_2/dt=x_2$, $dx_3/dt=x_3$ であり，その解として $x_1=c_1e^t$, $x_2=c_2e^t$, $x_3=c_3e^t$ (c_1, c_2, c_3 は定数) をうる．したがって，x_1/x_3, x_2/x_3 は特性微分方程式の第一積分で，ヤコビアン行列の階数は 2 であるから，$\Phi(z_1, z_2)$ を連続微分可能な任意函数として，求める解は

$$\Phi\left(\frac{x_1}{x_3}, \frac{x_2}{x_3}\right).$$ (以上)

1.3. 準線形方程式

最高階の導函数について 1 次式である方程式を**準線形方程式**という(また単に**線形方程式**ということもある)．一階準線形偏微分方程式はつぎの形に表わされる:

$$\sum_{i=1}^{n} P_i(x_1, \cdots, x_n, z)\frac{\partial z}{\partial x_i}=Q(x_1, \cdots, x_n, z). \tag{1.9}$$

この方程式については §1.2 の理論が容易に拡張できる．すなわち，(9) に対して，

$$\frac{dx_i}{dt}=P_i(x_1, \cdots, x_n, z) \quad (i=1, 2, \cdots, n), \qquad \frac{dz}{dt}=Q(x_1, \cdots, x_n, z) \tag{1.10}$$

または

$$\frac{dx_1}{P_1(x_1, \cdots, x_n, z)}=\cdots=\frac{dx_n}{P_n(x_1, \cdots, x_n, z)}=\frac{dz}{Q(x_1, \cdots, x_n, z)} \tag{1.11}$$

を (9) の**特性微分方程式**といい，(10) の解 $x_i=x_i(t)$ $(i=1, 2, \cdots, n)$, $z=z(t)$ がえがく $x_1, \cdots, x_n, z$ 空間の曲線を (9) の**特性曲線**という.

なお，つねに函数 P_i $(i=1, 2, \cdots, n)$, Q は連続，かつあらかじめ与えられた初期条件をみたす (10) の解はただ一つであると仮定しておく.

(9) の積分曲面と特性曲線との間の関係については，定理 1.1 と類似なつぎの定理が成り立つ:

定理 1.2. 連続微分可能な函数 $\psi(x_1, x_2, \cdots, x_n)$ が (9) の解であるための必要十分条件は，曲面 $z=\psi$ 上の任意な点を通る (9) の特性曲線が曲面 $z=\psi$ に含まれることである.

証明. 必要性. $z=\psi$ が (9) の積分曲面であって,

$$(\xi_1, \cdots, \xi_n, \zeta), \qquad \zeta=\psi(\xi_1, \xi_2, \cdots, \xi_n),$$

をこの曲面上の任意な点とする. 連立常微分方程式

$$\frac{dx_i}{dt}=P_i(x_1, \cdots, x_n, \psi(x_1, \cdots, x_n)) \qquad (i=1, 2, \cdots, n)$$

の解で，$t=t_0$ のとき点 $(\xi_1, \xi_2, \cdots, \xi_n)$ を通るものを

$$x_i=\varphi_i(t) \qquad (i=1, 2, \cdots, n)$$

とし，$\varphi(t)=\psi(\varphi_1(t), \varphi_2(t), \cdots, \varphi_n(t))$ とおくと,

$$\begin{aligned}\frac{d}{dt}\varphi(t)&=\sum_{i=1}^{n}\frac{\partial\psi}{\partial x_i}\varphi_i{}'(t)\\&=\sum_{i=1}^{n}\frac{\partial\psi}{\partial x_i}P_i(\varphi_1, \cdots, \varphi_n, \psi)=Q(\varphi_1, \cdots, \varphi_n, \psi).\end{aligned}$$

したがって,

$$x_i=\varphi_i(t) \quad (i=1, 2, \cdots, n), \qquad z=\varphi(t)$$

は (10) をみたし，点 $(\xi_1, \cdots, \xi_n, \zeta)$ を通る (9) の特性曲線であることがわかる. しかも定義により，この曲線は曲面 $z=\psi$ に含まれる.

十分性. 点 $(\xi_1, \cdots, \xi_n, \zeta)$ を曲面 $z=\psi$ 上の任意な点とし，かつ $t=t_0$ のときこの点を通る特性曲線

$$x_i=\varphi_i(t) \quad (i=1, 2, \cdots, n), \qquad z=\varphi(t)$$

は曲面 $z=\psi$ に含まれるものとする. すなわち,

$$\psi(\varphi_1(t), \varphi_2(t), \cdots, \varphi_n(t))-\varphi(t)=0.$$

したがって,

$$\sum_{i=1}^{n}\psi_{x_i}(\varphi_1, \varphi_2, \cdots, \varphi_n)\varphi_i{}'-\varphi'=0.$$

さらに，$t=t_0$ のとき $\varphi_i=\xi_i$, $\varphi=\zeta$ であるから,

$$\sum_{i=1}^{n}\psi_{x_i}(\xi_1, \xi_2, \cdots, \xi_n)P_i(\xi_1, \cdots, \xi_n, \zeta)-Q(\xi_1, \cdots, \xi_n, \zeta)=0.$$

ゆえに，$z=\psi$ は点 $(\xi_1, \xi_2, \cdots, \xi_n)$ で (9) をみたす.　(証終)

(9) の解と同次線形方程式

$$\sum_{i=1}^{n}P_i(x_1, \cdots, x_n, z)\frac{\partial w}{\partial x_i}+Q(x_1, \cdots, x_n, z)\frac{\partial w}{\partial z}=0 \tag{1.12}$$

の解との間につぎの関係がある:

定理 1.3. $\chi(x_1, \cdots, x_n, z)$ を (12) の解とし，かつ $\psi(x_1, x_2, \cdots, x_n)$ はつぎの条

件をみたすとする: i. ψ は連続微分可能; ii. 任意な領域で $\chi_z(x_1, \cdots, x_n, \psi(x_1, \cdots, x_n)) \neq 0$; iii. $\chi(x_1, \cdots, x_n, \psi(x_1, \cdots, x_n))=c$ (定数). このとき, $\psi(x_1, x_2, \cdots, x_n)$ は (9) の解である.

証明. $\chi(x_1, \cdots, x_n, \psi(x_1, \cdots, x_n))=c$ を x_i に関して微分すると,

$$\chi_{x_i}+\chi_z\psi_{x_i}=0, \quad \text{ゆえに} \quad \chi_{x_i}=-\chi_z\psi_{x_i}.$$

これを (12) に代入すると,

$$\frac{\partial\chi}{\partial z}\left(\sum_{i=1}^{n} P_i\frac{\partial\psi}{\partial x_i}-Q\right)=0.$$

したがって, ψ に関する条件 ii により, $\sum_{i=1}^{n}P_i\psi_{x_i}-Q=0$. (証終)

定理 1.3 と関連して, いかなる領域においても P_i $(i=1, 2, \cdots, n)$, Q のすべてが恒等的に0になることがないとき, (9) の任意な解 $z=\psi(x_1, x_2, \cdots, x_n)$ と任意な(ψ の定義域の)有界閉部分領域 Ω に対して, (12) の解 $w=\chi(x_1, \cdots, x_n, z)$ で, 条件 (i) いかなる領域でも, $\chi(x_1, \cdots, x_n, z)\neq 0$, (ii) Ω において, $\chi(x_1, \cdots, x_n, \psi(x_1, \cdots, x_n))\equiv 0$, をみたすものが存在することが証明できる.

以上のことから, (9) に関する初期値問題の解を求めるには, 連立常微分方程式 (10) の第一積分 $\varphi_i(x_1, \cdots, x_n, z)$ $(i=1, 2, \cdots, n)$ で, ヤコビアン行列の階数が n であるものを求めると, 任意函数 $\Phi(w_1, w_2, \cdots, w_n)$ に対して $\Phi(\varphi_1, \varphi_2, \cdots, \varphi_n)=0$ は (9) の積分曲面を定義することになるから, この曲面が初期条件をみたすように Φ を定めればよい.

例題 1.

$$x\frac{\partial z}{\partial x}+y\frac{\partial z}{\partial y}=z$$

の解で, 曲線

$$\Gamma: \quad \frac{x^2}{a^2}+\frac{y^2}{b^2}+\frac{z^2}{c^2}=1, \qquad lx+my+nz=1$$

を通るものを求めよ.

[**解**] §1.2 例題1および §1.3 の議論により, 与えられた微分方程式の積分曲面は, 連続微分可能な任意函数 $\Phi(u, v)$ を用いて, $\Phi(x/z, y/z)=0$ と表わせる.

いま, 曲線 Γ を

$$x=a\lambda, \quad y=b\mu, \quad z=c\nu$$

の形にかくと,

$$\lambda^2+\mu^2+\nu^2=1, \qquad al\lambda+bm\mu+cn\nu=1.$$

また, 曲線 Γ 上での $u=x/z$, $v=y/z$ の値 $\bar{u}$, $\bar{v}$ は $\bar{u}=a\lambda/c\nu$, $\bar{v}=b\mu/c\nu$ であるから, $\lambda=c\nu\bar{u}/a$, $\mu=c\nu\bar{v}/b$. ゆえに,

$$\nu^2\left(1+\frac{c^2\bar{u}^2}{a^2}+\frac{c^2\bar{v}^2}{b^2}\right)=1,$$

$$\nu(cn+cl\bar{u}+cm\bar{v})=1.$$

さらに,

$$\left(1+\frac{c^2\bar{u}^2}{a^2}+\frac{c^2\bar{v}^2}{b^2}\right)=c^2(n+l\bar{u}+m\bar{v})^2.$$

ゆえに，$\Phi(u, v)$ として

$$\left(\frac{u^2}{a^2}+\frac{v^2}{b^2}+\frac{1}{c^2}\right)-(lu+mv+n)^2$$

をとればよい．結局，求める積分曲面は

$$\frac{x^2}{a^2}+\frac{y^2}{b^2}+\frac{z^2}{c^2}=(lx+my+nz)^2. \qquad \text{(以上)}$$

2. 非線形方程式

2.1. 解の分類

独立変数 $x_1, x_2, \cdots, x_n$ の函数 z に対して，$\partial z/\partial x_i=p_i$ $(i=1, 2, \cdots, n)$ とおくと，一階偏微分方程式の一般形はつぎのように表わされる：

(2.1) $$F(x_1, \cdots, x_n, z, p_1, \cdots, p_n)=0.$$

§1 でも知ったように，一階偏微分方程式の解のうちには，任意定数を含むものと任意函数に従属するものとがあった．これらの解の種類を (1) の解についてのべると，(1) の解で，n 個の任意定数を含むものを**完全解**，任意函数に従属するものを**一般解**という．ここで，完全解と一般解の関係を説明しておこう．

いま，(1) の完全解が，n 個の任意定数 $a_1, a_2, \cdots, a_n$ を含む関係

(2.2) $$G(x_1, \cdots, x_n, z, a_1, \cdots, a_n)=0$$

によって与えられているとする．すなわち，(2) を x_i $(i=1, 2, \cdots, n)$ で微分してえられる式

(2.3) $$\frac{\partial G}{\partial x_i}+p_i\frac{\partial G}{\partial z}=0 \qquad (i=1, 2, \cdots, n)$$

と (2) とから z, p_i を $x_1, x_2, \cdots, x_n$ の函数として求めたものが，(1) をみたすことになる．

また，(2)，(3) から定数 $a_1, a_2, \cdots, a_n$ を消去すれば，(1) がえられる．このとき，$a_1, a_2, \cdots, a_n$ が $x_1, x_2, \cdots, x_n$ の函数であっても (2)，(3) から (1) がえられるはずであるから，いま (2) において $a_1, a_2, \cdots, a_n$ を $x_1, x_2, \cdots, x_n$ の函数としてみよう．

(2) を x_i $(i=1, 2, \cdots, n)$ で微分すると，

$$\frac{\partial G}{\partial x_i}+p_i\frac{\partial G}{\partial x_i}+\sum_{k=1}^{n}\frac{\partial G}{\partial a_k}\frac{\partial a_k}{\partial x_i}=0 \qquad (i=1, 2, \cdots, n).$$

したがって，(3) が成り立つための必要十分条件は

(2.4) $$\sum_{k=1}^{n}\frac{\partial G}{\partial a_k}\frac{\partial a_k}{\partial x_i}=0 \qquad (i=1, 2, \cdots, n)$$

であるから，(2)，(3) の代りに (2)，(4) を考えることにしよう．

(4) が成り立つためには，まず

$$\frac{\partial a_k}{\partial x_i}=0 \qquad (i, k=1, 2, \cdots, n)$$

であればよい．このときは，a_i＝定数（$i=1, 2, \cdots, n$）であって，最初からわかっている解がえられる．

つぎに，

$$\frac{\partial G}{\partial a_k}=0 \qquad (k=1, 2, \cdots, n)$$

であっても（4）は成り立つ．これらの関係と（2）とから $a_1, a_2, \cdots, a_n$ を消去すると，定数を含まない（1）の解がえられる．これを**特異解**という．

以上の二つの場合が起こらないときは，$\partial a_k/\partial x_i$（$i, k=1, 2, \cdots, n$）の中に0と異なるものがあって，$n>\mathrm{Rank}(\partial a_k/\partial x_j)(=m)$ となる．この場合には，m 個の互いに独立な函数，例えば，a_i（$i=n-m+1, \cdots, n$）があって，他の a_j（$j=1, 2, \cdots, n-m$）は a_i（$i=n-m+1, \cdots, n$）の函数として表わせる．すなわち，

$$a_j-\psi_j(a_{n-m+1}, \cdots, a_n)=0 \qquad (j=1, 2, \cdots, n-m).$$

さらに，（4）が成り立つためには，

$$\sum_{k=1}^{n}\frac{\partial G}{\partial a_k}\frac{\partial a_k}{\partial x_i}-\sum_{j=1}^{n-m}\frac{\partial G}{\partial a_j}\frac{\partial}{\partial x_i}(a_j-\psi_j)=0 \qquad (i=1, 2, \cdots, n) \tag{2.6}$$

でなければならない．

$a_j-\psi_j=\varphi_j$, $\partial G/\partial a_j=\lambda_j$ とおくと，（6）は

$$\sum_{k=1}^{n}\frac{\partial G}{\partial a_k}\frac{\partial a_k}{\partial x_i}=\sum_{j=1}^{n-m}\lambda_j\left(\sum_{k=1}^{n}\frac{\partial \varphi_j}{\partial a_k}\frac{\partial a_k}{\partial x_i}\right) \qquad (i=1, 2, \cdots, n) \tag{2.7}$$

となる．さらに，これは

$$\frac{\partial G}{\partial a_k}=\sum_{j=1}^{n-m}\lambda_j\frac{\partial \varphi_j}{\partial a_k} \qquad (k=1, 2, \cdots, n) \tag{2.8}$$

と同等である．

逆に，$n-m$ 個の関係

$$\varphi_j(a_1, a_2, \cdots, a_n)=0 \qquad (j=1, 2, \cdots, n-m) \tag{2.9}$$

および（8）が成り立つような $a_1, a_2, \cdots, a_n$ の函数 $\lambda_1, \lambda_2, \cdots, \lambda_{n-m}$ が存在すれば，（4）が成り立つ．

（2），（8），（9）より，$a_1, \cdots, a_n, \lambda_1, \cdots, \lambda_{n-m}$ を消去すれば，$x_1, \cdots, x_n, z$ だけを含む一つの関係をうる．この関係より定まる $x_1, \cdots, x_n$ の函数 z が（1）の解である．$a_1, a_2, \cdots, a_n$ の函数 $\varphi_1, \varphi_2, \cdots, \varphi_{n-m}$ は互いに独立な任意函数でよいから，上にえられた（1）の解は $n-m$ 個の任意函数に従属する．このような解が一般解である．m の値によって，一般解が従属する任意函数の数は 1, 2, …, $n-1$ であるけれども，これらの一般解の間には本質的な差はなく，すべて1個の任意函数に従属する一般解として表わされることが示される．

2.2.　特性微分方程式

線形・準線形方程式に対して導入された特性曲線の概念を一般な一階偏微分方程式（1）に拡張するには，曲線とともに曲線上の各点における解曲面の接平面の方向係数もあわせ

考えなければならない．すなわち，

$$(2.10)\quad \begin{aligned} &\frac{dx_i}{dt}=F_{p_i}\ (i=1,\ 2,\ \cdots,\ n), \qquad \frac{dz}{dt}=\sum_{j=1}^{n} p_jF_{p_j}, \\ &\frac{dp_i}{dt}=-(F_{x_i}+p_iF_z) \qquad (i=1,\ 2,\ \cdots,\ n), \end{aligned}$$

または

$$(2.11)\quad \begin{aligned} &\frac{dx_1}{F_{p_1}}=\cdots=\frac{dx_n}{F_{p_n}}=\frac{dz}{p_1F_{p_1}+\cdots+p_nF_{p_n}} \\ &=-\frac{dp_1}{F_{x_1}+p_1F_z}=\cdots=-\frac{dp_n}{F_{x_n}+p_nF_z} \end{aligned}$$

を（1）の**特性微分方程式**といい，この方程式をみたす

$$(2.12)\qquad x_i=x_i(t),\ z=z(t),\ p_i=p_i(t) \qquad (i=1,\ 2,\ \cdots,\ n)$$

を（1）の**特性帯**という．また，特性帯を支える $x_1,\ \cdots,\ x_n,\ z$ 空間の曲線 $x_i=x_i(t)$ $(i=1,\ 2,\ \cdots,\ n)$, $z=z(t)$ を（1）の**特性曲線**という．

函数 $F(x_1,\ \cdots,\ x_n,\ z,\ p_1,\ \cdots,\ p_n)$ は連立常微分方程式（10）（または（11））の第一積分であることが示される．また，$z=f(x_1,\ x_2,\ \cdots,\ x_n)$ が（1）の積分曲面，（12）が（1）の特性帯であるとき，一点 $t=t_0$ に対して

$$u(t)=f(x_1(t),\ \cdots,\ x_n(t)),$$

$$p_i(t)=\frac{\partial}{\partial x_i}f(x_1(t),\ \cdots,\ x_n(t)) \qquad (i=1,\ 2,\ \cdots,\ n)$$

が成り立てば，すべての t に対して上式が成り立つことが示される．

2変数 $x,\ y$ の函数 z に関する方程式

$$(2.13)\qquad F(x,\ y,\ z,\ p,\ q)=0$$

に対しては，その特性微分方程式

$$(2.14)\qquad \frac{dx}{F_p}=\frac{dy}{F_q}=\frac{dz}{pF_p+qF_q}=\frac{-dp}{F_x+pF_z}=\frac{-dq}{F_y+qF_z}$$

の第一積分を利用して，（13）の完全解を求める方法がある．それは以下に解説する**ラグランジュ・シャルピーの方法**である．

（14）の第一積分 $G(x,\ y,\ z,\ p,\ q)$ で，$D(F,\ G)/D(p,\ q)\neq 0$ となるものを求める（ここで $D(F,\ G)/D(p,\ q)$ は $F,\ G$ の $p,\ q$ に対するヤコビアン）．つぎに，任意定数 a に対して，二つの関係

$$F(x,\ y,\ z,\ p,\ q)=0, \qquad G(x,\ y,\ z,\ p,\ q)=a$$

より，$p,\ q$ を $x,\ y,\ z$ の函数 $p=f(x,\ y,\ z,\ a)$, $q=g(x,\ y,\ z,\ a)$ として求めると，

$$dz=f(x,\ y,\ z,\ a)dx+g(x,\ y,\ z,\ a)dy$$

は完全に積分可能な全微分方程式になる．そして，この方程式の一般解 $z=z(x,\ y,\ a,\ b)$ （b は積分定数）を求めると，これは（13）の完全解である．

例題 1． $z^2(p^2+q^2)=x^2+y^2$ の完全解を求めよ．

［**解**］ 特性微分方程式は

$$\frac{dx}{2z^2p}=\frac{dy}{2z^2q}=\frac{dz}{2z^2(p^2+q^2)}=\frac{dp}{2x-2z(p^2+q^2)p}=\frac{dq}{2y-2z(x^2+y^2)q}$$

である．これから

$$\frac{pdz+zdp}{xz}=\frac{dx}{z^2p}$$

となるから，特性微分方程式の一つの第一積分として $z^2p^2-x^2$ をうる．そこで，

$$z^2p^2-x^2=a \qquad (a \text{ は任意定数})$$

と与えられた方程式から p, q を求めると，

$$p=\frac{\sqrt{x^2+a}}{z}, \qquad q=\frac{\sqrt{y^2-a}}{z}.$$

したがって，完全に積分可能な全微分方程式

$$dz=\frac{\sqrt{x^2+a}}{z}dx+\frac{\sqrt{y^2-a}}{z}dy$$

を積分すると，求める完全解としてつぎの関係をうる:

$$z^2=x\sqrt{x^2+a}+y\sqrt{y^2-a}+a\log\frac{x+\sqrt{x^2+a}}{y+\sqrt{y^2-a}}+b.$$

（以上）

2.3. 完全解が容易に求まる方程式

2.3.1. x, y, z を陽に含まない方程式.

$$f(p,\ q)=0.$$

特性微分方程式は $dx/f_p=dy/f_q=dz/(pf_p+qf_q)=-dp/0=-dq/0$ であるから，任意定数 a に対して $p-a$ がその第一積分になる．$p=a$ とおき，$f(a, q)=0$ より $q=\psi(a)$ がえられたとすれば，求める完全解は

$$z=ax+\psi(a)y+b.$$

また，$f(p,\ q)=0$ が $p=\varphi(a)$, $q=\psi(a)$ によってみたされるとき，求める完全解は

$$z=\varphi(a)x+\psi(a)y+b.$$

例題 1. $pq-k=0$ （k は定数）.

［**解**］ $p=a$, $q=k/a$ によって $pq-k=0$ がみたされるから，求める完全解は

$$z=ax+\frac{k}{a}y+b \qquad (a,\ b \text{ は任意定数}).$$

（以上）

2.3.2. x, y を陽に含まない方程式.

$$f(z,\ p,\ q)=0.$$

特性微分方程式は $dx/f_p=dy/f_q=dz/(pf_p+qf_q)=-dp/pf_z=-dq/qf_z$ であるから，$qdp-pdq=0$ となり，$q/p-a$ （a は任意定数）が特性微分方程式の第一積分である．$q=ap$ とおいて，$f(z, p, ap)=0$ を p について解き，$p=\varphi(z, a)$ をえたものとすると，

$$dz=\varphi(z,\ a)dx+a\varphi(z,\ a)dy.$$

したがって，完全解は

$$x+ay+b=\int\frac{dz}{\varphi(z,\ a)} \qquad (a,\ b \text{ は任意定数}).$$

例題 2. $pq-z=0.$

［**解**］ $q=ap$ とおくと，$p=(z/a)^{1/2}$, $q=(az)^{1/2}$. したがって，完全解は，a, b を任意定数として，

$$x+ay+b=\int\frac{dz}{(z/a)^{1/2}},$$

$$4az=(x+ay+b)^2.$$ （以上）

2.3.3. 変数分離形.

$$f(x,\ p)=g(y,\ q).$$

特性微分方程式は $dx/f_p=dy/-g_q=dz/(pf_p-qg_q)=-dp/f_x=dq/g_y$ であるから，$f_xdx+f_pdp=0$, $g_ydy+g_qdq=0$. ゆえに，$df(x,\ p)=0$, $dg(y,\ q)=0$. したがって，$f(x,\ p)-a$, $g(y,\ q)-a'$ （a, a' は任意定数）が特性微分方程式の第一積分である．特に，与えられた方程式を考慮して，$f(x,\ p)=a$, $g(y,\ q)=a$ を p, q について解き，$p=\varphi(x,\ a)$, $q=\psi(y,\ a)$ をえたとすれば，求める完全解は，a, b を任意定数として，

$$z=\int\varphi(x,\ a)dx+\int\psi(y,\ a)dy+b.$$

例題 3. $pq-xy=0.$

［**解**］ 方程式をかきなおして $p/x=y/q$. $p/x=a$, $y/q=a$ より $p=ax$, $q=y/a$ をうるから，完全解は，a, b を任意定数として，

$$z=\int axdx+\int\frac{y}{a}dy+b=\frac{ax^2}{2}+\frac{y^2}{2a}+b.$$ （以上）

2.3.4. クレーローの微分方程式.

$$z=xp+yq+f(p,\ q).$$

p, q を任意定数 a, b でおきかえることにより，完全解は

$$z=ax+by+f(a,\ b).$$

なお，これと，これを a, b で微分してえられる関係

$$x=-f_a(a,\ b),\qquad y=-f_b(a,\ b)$$

から a, b を消去すれば，特異解をうる．

例題 4. $z=xp+yq+pq.$

［**解**］ a, b を任意定数として，完全解は

$$z=ax+by+ab.$$

また，これと，これを a, b で微分してえられる関係 $x=-b$, $y=-a$ とから a, b を消去して特異解を求めると，

$$z=-xy.$$ （以上）

B.　二階偏微分方程式

1.　型の分類

1.1.　特性曲線・特性曲面

1.1.1.　2 変数の場合.

2変数 x, y の函数 z に対して，$p=\partial z/\partial x$, $q=\partial z/\partial y$, $r=\partial^2 z/\partial x^2$, $s=\partial^2 z/\partial x\partial y$, $t=\partial^2 z/\partial y^2$ とおくと，二階偏微分方程式の一般形は

(1.1)
$$F(x,\ y,\ z,\ p,\ q,\ r,\ s,\ t)=0$$

とかける．また，この方程式に関する初期値問題は一般的な形でつぎのようにいい表わせる：

x, y, z 空間内において，あらかじめ与えられた曲線

$$C_0:\quad x=x(\lambda),\quad y=y(\lambda),\quad z=z(\lambda)\qquad (\alpha\leqq\lambda\leqq\beta)$$

を通る方程式 (1) の解で，曲線 C_0 に沿って $\partial z/\partial x$, $\partial z/\partial y$ があらかじめ与えられた値 $p=p(\lambda)$, $q=q(\lambda)$ に一致するものを求めること．

なお，曲線 C_0 を**初期曲線**といい，x, y 平面上の曲線

$$C:\quad x=x(\lambda),\quad y=y(\lambda)\qquad (\alpha\leqq\lambda\leqq\beta)$$

を曲線 C_0 の**基礎曲線**という．

曲線 C_0 を通り，かつ曲線 C_0 に沿って $\partial z/\partial x=p(\lambda)$, $\partial z/\partial y=q(\lambda)$ である曲面 $z=z(x,\ y)$ が存在するためには，函数 $x(\lambda)$, $y(\lambda)$, $z(\lambda)$, $p(\lambda)$, $q(\lambda)$ の間に関係

(1.2)
$$dz=pdx+qdy$$

が成立していなければならない．(2) を**一階の成帯条件**という．

成帯条件 (2) をみたす函数の組

$$C_1:\quad (x(\lambda),\ y(\lambda),\ z(\lambda),\ p(\lambda),\ q(\lambda))\qquad (\alpha\leqq\lambda\leqq\beta)$$

を**一階の一次元帯(多様体)**という．初期値問題と関連して，C_1 を**初期帯**ということもある．また，曲面 $z=z(x,\ y)$ が上述の条件をみたすとき，曲面 $z=z(x,\ y)$ は帯 C_1 を含むという．これらの用語を用いると，初期値問題をつぎのようにいい表わすことができる：

初期帯 C_1 を含む方程式 (1) の解を求めること．

曲面 $z=z(x,\ y)$ が帯 C_1 を含むとき，$r(\lambda)=z_{xx}(x(\lambda),\ y(\lambda))$, $s(\lambda)=z_{xy}(x(\lambda),\ y(\lambda))$, $t(\lambda)=z_{yy}(x(\lambda),\ y(\lambda))$ とおくと，

(1.3)
$$dp=rdx+sdy,\qquad dq=sdx+qdy$$

が成り立つ．これを**二階の成帯条件**という．

成帯条件 (2), (3) をみたし，かつ関係

$$F(x(\lambda),\ y(\lambda),\ z(\lambda),\ p(\lambda),\ q(\lambda),\ r(\lambda),\ s(\lambda),\ t(\lambda))=0$$

をみたす函数の組

$$C_2:\quad (x(\lambda),\ y(\lambda),\ z(\lambda),\ p(\lambda),\ q(\lambda),\ r(\lambda),\ s(\lambda),\ t(\lambda))\qquad (\alpha\leqq\lambda\leqq\beta)$$

を (1) の**積分帯**という.

方程式 (1) の一つの積分曲面 $z=z(x,\ y)$ に含まれる積分帯 C_2 に沿って, もし

(1.4) $$F_r dy^2 - F_s dx dy + F_t dx^2 = 0$$

が成り立たないならば, 積分帯 C_2 を含む積分曲面は $z=z(x,\ y)$ 以外にないことが示される. (4) を**特性条件**という.

上記の積分帯に沿って (4) が成り立つとき, この積分帯を**特性帯**(**特性多様体**)という. 特性帯を支える曲線 C_0 を**特性曲線**, 特性曲線の基礎曲線を**特性基礎曲線**という.

$\mathfrak{D}_0=(F_s)^2-4F_rF_t$ とおくと, もし $\mathfrak{D}_0>0$ ならば, 積分曲面上の各点を2本の特性曲線が通るが, $\mathfrak{D}_0=0$ であると積分曲面上の各点を1本の特性曲線しか通らない. また, $\mathfrak{D}_0<0$ であると, 実数の範囲で特性曲線は存在しない.

特に, 半線形方程式

(1.5) $$A(x,\ y)r+2B(x,\ y)s+C(x,\ y)t=F(x,\ y,\ z,\ p,\ q)$$

を考えると, 特性条件は

$$A(x,\ y)dy^2-2B(x,\ y)dxdy+C(x,\ y)dx^2=0$$

となる. この場合には, 上の条件によって定まる $x,\ y$ 平面上の曲線を**特性曲線**という. なお, 特性曲線が $\varphi(x,\ y)=0$ の形で与えられるとすれば, 特性条件は

(1.6) $$A(x,\ y){\varphi_x}^2+2B(x,\ y)\varphi_x\varphi_y+C(x,\ y){\varphi_y}^2=0$$

となる.

1.1.2. 多変数の場合.

$m(\geqq 3)$ 変数 $x_1,\ x_2,\ \cdots,\ x_m$ の函数 z に関する半線形方程式

(1.7) $$\sum_{i,j=1}^{m} A_{ij}(x_1,\ \cdots,\ x_m)p_{ij} = F(x_1,\ \cdots,\ x_m,\ z,\ p_1,\ \cdots,\ p_m) \qquad \left(p_i=\frac{\partial z}{\partial x_i},\ p_{ij}=\frac{\partial^2 z}{\partial x_j \partial x_i}\right)$$

について考えよう. この方程式に関する初期値問題はつぎのようにいい表わせる:

$x_1,\ \cdots,\ x_m,\ z$ 空間においてあらかじめ与えられた $m-1$ 次元多様体

$$S_0:\quad x_i=x_i(\lambda_1,\ \cdots,\ \lambda_{m-1})\quad (i=1,\ 2,\ \cdots,\ m),\qquad z=z(\lambda_1,\ \cdots,\ \lambda_{m-1})$$

を含む方程式 (7) の解で, 多様体 S_0 に沿って $\partial z/\partial x_i$ $(i=1,\ 2,\ \cdots,\ m)$ があらかじめ与えられた値 $p_i=p_i(\lambda_1,\ \cdots,\ \lambda_{m-1})$ に一致するものを求めること.

多様体 S_0 を**初期多様体**, 多様体

$$S:\quad x_i=x_i(\lambda_1,\ \cdots,\ \lambda_{m-1})\quad (i=1,\ 2,\ \cdots,\ m)$$

を S_0 の**基礎多様体**という.

上記の初期値問題が意味をもつためには, 2変数の場合と同様に, 函数 $x_i(\lambda_1,\ \cdots,\ \lambda_{m-1})$, $z(\lambda_1,\ \cdots,\ \lambda_{m-1})$, $p_i(\lambda_1,\ \cdots,\ \lambda_{m-1})$ の間に**一階の成帯条件**

(1.8) $$dz=p_1dx_1+p_2dx_2+\cdots+p_mdx_m$$

が成り立っていなければならない.

成帯条件 (8) をみたす函数の組

$$S_1:\quad (x_i(\lambda_1,\ \cdots,\ \lambda_{m-1}),\ z(\lambda_1,\ \cdots,\ \lambda_{m-1}),\ p_i(\lambda_1,\ \cdots,\ \lambda_{m-1}))$$

を**一階の $m-1$ 次元帯**(**多様体**)といい，また，初期値問題と関連して，**初期帯**ということもある．

2変数の場合と同様に，初期値問題をつぎのようにいい表わすこともできる:

初期帯 S_1 を含む方程式 (7) の解を求めること．

いま，初期多様体 S_0 の基礎多様体 S が $x_1,\ \cdots,\ x_m$ 空間の超曲面として

$$S:\quad \Phi(x_1,\ x_2,\ \cdots,\ x_m)=0$$

によって表示されているとしよう．このとき，もし S 上で

(1.9) $$\sum_{i,j=1}^{m} A_{ij}(x_1,\ x_2,\ \cdots,\ x_m)\ \Phi_{x_i}\Phi_{x_j}=0$$

が成り立たなければ，初期帯 S_1 を含む方程式 (7) の解はただ一つに定まることが示される．超曲面 S 上で (9) が成り立つとき，S のことを方程式 (7) の**特性曲面**という．また，(9) を**特性条件**という．

1.2. 型の分類

1.2.1. 2 変数の場合．

§1.1.1 で説明したことから，$\mathfrak{D}_0=(F_s)^2-4F_rF_t$ の符号によって，方程式 (1) を分類することができる．$(x_0,\ y_0,\ z_0,\ p_0,\ q_0,\ r_0,\ s_0,\ t_0)$ の近傍において $\mathfrak{D}_0>0$ であるか，$\mathfrak{D}_0=0$ であるか，$\mathfrak{D}_0<0$ であるかによって，方程式 (1) は $(x_0,\ y_0,\ z_0,\ p_0,\ q_0,\ r_0,\ s_0,\ t_0)$ の近傍において**双曲型**，**放物型**，**楕円型**であるという．

半線形方程式 (5) に対しては，

$$\mathfrak{D}_0=4\mathfrak{D},\qquad \mathfrak{D}=B(x,\ y)^2-A(x,\ y)C(x,\ y)$$

であり，$x,\ y$ 平面上の領域 D において $\mathfrak{D}>0$ であるか，$\mathfrak{D}=0$ であるか，$\mathfrak{D}<0$ であるかによって，方程式 (5) は D において**双曲型**，**放物型**，**楕円型**であるという．

適当な変数変換

(1.10) $$\xi=\varphi(x,\ y),\qquad \eta=\psi(x,\ y)$$

によって，方程式 (5) をできるだけ簡単な形にすることを考えてみよう．

変換 (10) によって函数 $z(x,\ y)$ は $\xi,\ \eta$ の函数となるから，それを $z'(\xi,\ \eta)$ で示し，また $p'=\partial z'/\partial\xi$, $q'=\partial z'/\partial\eta$, $r'=\partial^2 z'/\partial\xi^2$, $s'=\partial^2 z'/\partial\xi\partial\eta$, $t'=\partial^2 z'/\partial\eta^2$ とおく．さらに，

$$Q(\varphi,\ \psi)=A\varphi_x\psi_x+B(\varphi_x\psi_y+\varphi_y\psi_x)+C\varphi_y\psi_y$$

とおくと，微分式

$$L[z]=Ar+2Bs+Ct$$

は変換 (10) によって

$$L'[z']=A^*r'+2B^*s'+C^*t'+L[\varphi]p'+L[\psi]q',$$
$$A^*=Q(\varphi,\ \varphi),\qquad B^*=Q(\varphi,\ \psi),\qquad C^*=Q(\psi,\ \psi)$$

となることが簡単な計算によってわかる．

以下，$A\neq 0$ と仮定しておく．

I. 方程式 (5) が双曲型の場合には，特性条件 (6) は，$\lambda_1=(-B+\sqrt{B^2-AC})/A$, $\lambda_2=(-B-\sqrt{B^2-AC})/A$ とおくと，つぎの形になる:

$$Q(\varphi,\varphi)\equiv A(\varphi_x-\lambda_1\varphi_y)(\varphi_x-\lambda_2\varphi_y)=0.$$

そこで，二つの一階偏微分方程式

$$(1.11)\qquad u_x-\lambda_1 u_y=0,$$

$$(1.11)'\qquad u_x-\lambda_2 u_y=0$$

の解で，$u_y\neq 0$ となるもの $u=\varphi(x, y)$, $u=\psi(x, y)$ を変換 (10) の函数 φ, ψ にとると，$A^*=0$, $C^*=0$, $B^*=2(AC-B^2)\varphi_y\psi_y/A\neq 0$ となるから，方程式 (5) は

$$\frac{\partial^2 z'}{\partial\xi\partial\eta}=G\left(\xi, \eta, z', \frac{\partial z'}{\partial\xi}, \frac{\partial z'}{\partial\eta}\right)$$

の形に変形される．これを双曲型方程式の**標準形**という．

なお，上の函数 φ, ψ を用いた変換 $\xi=\varphi+\psi$, $\eta=\varphi-\psi$ によって，方程式 (5) はつぎの形に変形できる:

$$\frac{\partial^2 z'}{\partial\xi^2}-\frac{\partial^2 z'}{\partial\eta^2}=G\left(\xi, \eta, z', \frac{\partial z'}{\partial\xi}, \frac{\partial z'}{\partial\eta}\right).$$

II. 方程式 (5) が楕円型の場合には，λ_1, λ_2 は互いに共役な複素数となる．方程式 (11), (11)′ の解 $u=\sigma(x, y)$, $u=\tau(x, y)$ で，$u_y\neq 0$ かつ $\overline{\sigma(x, y)}=\tau(x, y)$ となるものを選び，$\varphi=(\sigma+\tau)/2$, $\psi=(\sigma-\tau)/2i$ を変換 (10) の函数 φ, ψ にとると，変換 (10) は実変数から実変数への変換になる．

$\sigma=\varphi+i\psi$ かつ $Q(\sigma, \sigma)=0$ であることから，

$$Q(\sigma, \sigma)=Q(\varphi, \varphi)+iQ(\varphi, \psi)-Q(\psi, \psi)=0.$$

したがって，$Q(\varphi, \varphi)=Q(\psi, \psi)$, $Q(\varphi, \psi)=0$. さらに，$Q(\varphi, \varphi)=(AC-B^2)\sigma_y\tau_y/A\neq 0$.

ゆえに，変換 (10) を用いると，方程式 (5) は

$$\frac{\partial^2 z'}{\partial\xi^2}+\frac{\partial^2 z'}{\partial\eta^2}=G\left(\xi, \eta, z', \frac{\partial z'}{\partial\xi}, \frac{\partial z'}{\partial\eta}\right)$$

の形に変形できる．これを楕円型方程式の**標準形**という．

III. 方程式 (5) が放物型の場合には，$\lambda_1=\lambda_2$ となって，方程式 (11), (11)′ は同一になる．$\psi(x, y)$ をこの方程式の解で，$\psi_y\neq 0$ であるものとし，$\varphi(x, y)$ として x 自身をとると，$A^*=Q(\varphi, \varphi)=A$, $C^*=0$, $B^*=A(\psi_x-\lambda_1\psi_y)=0$ となるから，変換 (10) によって方程式 (5) は

$$\frac{\partial^2 z'}{\partial\xi^2}=G\left(\xi, \eta, z', \frac{\partial z'}{\partial\xi}, \frac{\partial z'}{\partial\eta}\right)$$

に変形される．これが放物型方程式の**標準形**である．

方程式 (5) が p, q に関しても線形，すなわち

$$Ar+2Bs+Ct+Dp+Eq=F(x, y, z)\qquad (A, B, C, D, E \text{ は } x, y \text{ の函数})$$

のときには，ξ, η, z' をあらためて x, y, z とかくと，方程式 (5) は

$$r+D'p+E'q=F'(x, y, z)\qquad (D', E' \text{ は } x, y \text{ の函数})$$

に変形される.

ここで，$E' \neq 0$ であるときには，独立変数および従属変数の適当な変換によって，方程式は

$$\frac{\partial^2 v}{\partial \xi^2}-\frac{\partial v}{\partial \eta}=G(\xi,\ \eta,\ v)$$

の形に変形できることが知られている.

1.2.2. 多変数の場合.

$m(\geqq 3)$ 独立変数の半線形方程式（7）に関して説明しよう.

$x_1,\ x_2,\ \cdots,\ x_m$ 空間の一点（$x_1^0,\ x_2^0,\ \cdots,\ x_m^0$）に対して，二次形式

$$(1.12)\qquad Q_0=\sum_{i,j=1}^{m} A_{ij}^0 y_i y_j \qquad (A_{ij}^0=A_{ij}(x_1^0,\ x_2^0,\ \cdots,\ x_m^0))$$

は一次変換

$$(1.13)\qquad y_i=\sum_{k=1}^{m} t_{ik}\eta_k \qquad (i=1,\ 2,\ \cdots,\ m)$$

によって

$$Q_0=\sum_{k,l=1}^{m} A_{kl}^{0*}\eta_k\eta_l \qquad \left(A_{kl}^{0*}=\sum_{i,j=1}^{m} A_{ij}^0 t_{ik} t_{jl}\right)$$

と変換されるが，一次変換（13）を適当にとれば，正準形

$$Q_0=\sum_{i=1}^{m}\kappa_i {\eta_i}^2$$

に変換される．ここに κ_i は $+1,\ -1$ または 0 である.

はじめの二次形式を正準形にする一次変換はただ一つではない．しかし，シルベスターの慣性法則(→I§5.3 定理 5.6)によって，$\kappa_i=+1$ である κ_i の個数，$\kappa_i=-1$ である κ_i の個数，$\kappa_i=0$ である κ_i の個数はつねに一定で，それらは A_{ij}^0 $(i,\ j=1,\ 2,\ \cdots,\ m)$ によって定まる．これら κ_i の個数によって方程式（7）をつぎのように分類する:

一つの κ_i が $+1$（または -1）で，他のすべての κ_i が -1（または $+1$）であるとき，方程式（7）は点（$x_1^0,\ x_2^0,\ \cdots,\ x_m^0$）において**正規双曲型**，または単に**双曲型**であるという;

すべての κ_i が $+1$ か -1 であって，$+1$ および -1 に等しい κ_i がともに二つ以上あるとき，方程式（7）は点（$x_1^0,\ x_2^0,\ \cdots,\ x_m^0$）において**超双曲型**であるという;

すべての κ_i が $+1$ であるか，または -1 であるとき，方程式（7）は点（$x_1^0,\ x_2^0,\ \cdots,\ x_m^0$）において**楕円型**であるという;

κ_i の中に 0 に等しいものがあるとき，方程式（7）は点（$x_1^0,\ x_2^0,\ \cdots,\ x_m^0$）において**放物型**であるという.

2変数の場合には，半線形方程式がある領域で同一の型に属していれば，その領域全体において一つの変数変換によって方程式を標準形に変えることができた．しかしながら，変数の個数が3以上の場合には，このようなことは一般に不可能である.

特に，定数係数の線形方程式

(1.14) $\sum_{i,j=1}^{m} A_{ij}p_{ij}+\sum_{i=1}^{m} B_i p_i+Cz=F(x_1, \cdots, x_m)$ (A_{ij}, B_i, C は定数)

について考えてみよう．この場合には，適当な一次変換 $\xi_i=\sum_{j=1}^{m} s_{ij}x_j$ $(i=1, 2, \cdots, m)$ によって変数変換を行なうと，$\sum_{ij=1}^{m} A_{ij}p_{ij}$ を標準形にすることができる．すなわち，記号をあらためて，(14) は

(1.15) $$\sum_{i=1}^{m} \kappa_i p_{ii}+\sum_{i=1}^{m} B_i p_i+Cz=F(x_1, \cdots, x_m)$$

に変形される．ここで，κ_i は ± 1 または 0 である．

さらに，すべての κ_i が 0 でないときには，$z=v\exp(-\sum_{i=1}^{m} B_i x_i/2\kappa_i)$ によって，(15) は

$$\sum_{i=1}^{m} \kappa_i p'_{ii}+C'v=G(x_1, \cdots, x_m) \qquad \left(p'_{ii}=\frac{\partial^2 v}{\partial {x_i}^2}\right) \qquad (C' \text{ は定数})$$

の形に変形される．

特に，(14) が楕円型ならば，方程式は

$$\Delta z+Cz=G(x_1, \cdots, x_m)$$

の形になる．また (14) が双曲型ならば，m の代りに $m+1$ を用い，$x_{m+1}=t$ とおくことにより，方程式は

$$\Delta z-\frac{\partial^2 z}{\partial t^2}+Cz=G(x_1, \cdots, x_m, t)$$

の形になる．ここで

$$\Delta z=\frac{\partial^2 z}{\partial {x_1}^2}+\frac{\partial^2 z}{\partial {x_2}^2}+\cdots+\frac{\partial^2 z}{\partial {x_m}^2}$$

であり，微分演算子 Δ は**ラプラシアン**とよばれる．

1.3. モンジュ・アンペールの方程式

1.3.1. 特性多様体．

2 変数 x, y の函数 z に関する二階偏微分方程式で，

(1.16) $$Hr+2Ks+Lt+M+N(rt-s^2)=0$$

の形のものを**モンジュ・アンペールの方程式**という；ここに，H, K, L, M, N は x, y, z, p, q の函数である．

モンジュ・アンペールの方程式の特性多様体は，つぎのような二つの微分方程式系のうちの一つをみたす函数の組 $(x(\lambda), y(\lambda), z(\lambda), p(\lambda), q(\lambda))$ から成る:

(i) $N\neq 0$ のときは，λ_1, λ_2 を二次方程式 $\lambda^2+2K\lambda+HL-MN=0$ の二根として，

$(1.17)_1$ $Ndp+Ldx+\lambda_1 dy=0, \quad Ndq+\lambda_2 dx+Hdy=0, \quad dz-pdx-qdy=0;$

$(1.17)_2$ $Ndp+Ldx+\lambda_2 dy=0, \quad Ndq+\lambda_1 dx+Hdy=0, \quad dz-pdx-qdy=0.$

(ii) $N=0$, $H\neq 0$ のときは，λ_1, λ_2 を二次方程式 $H\lambda^2-2K\lambda+L=0$ の二根として

$(1.18)_1$ $dy=\lambda_1 dx, \quad Hdp+H\lambda_2 dq+Mdx=0, \quad dz-pdx-qdy=0;$

$(1.18)_2$ $dy=\lambda_2 dx, \quad Hdp+H\lambda_1 dq+Mdx=0, \quad dz-pdx-qdy=0.$

(iii) $N=H=0$, $L\neq 0$ のときは，

$(1.19)_1$　$dx=0$,　$Mdy+2Kdp+Ldq=0$,　$dz-pdx-qdy=0$;

$(1.19)_2$　$2Kdy-Ldx=0$,　$Mdy+Ldq=0$,　$dz-pdx-qdy=0$.

(iv)　$N=H=L=0$ のときは,

$(1.20)_1$　$dx=0$,　$2Kdp+Mdy=0$,　$dz-pdx-qdy=0$;

$(1.20)_2$　$dy=0$,　$2Kdq+Mdx=0$,　$dz-pdx-qdy=0$.

方程式 (16) の積分曲面と特性多様体はつぎの関係をもつ:

方程式 (16) の積分曲面の各点に，その点における接平面の方向係数を結合した多様体は方程式 (16) の特性多様体によって二通りに生成される．逆に，一つの曲面 S の各点に，その点における接平面の方向係数を結合した多様体が特性多様体によって生成されるならば，曲面 S は方程式 (16) の積分曲面である．

1.3.2.　中間積分.

函数 $V(x, y, z, p, q)$ が，方程式 (16) の特性多様体を定義する微分方程式系の第一積分であると，一階偏微分方程式 $V(x, y, z, p, q)=c$ (c は定数) の解(特異解は除く) は方程式 (16) の解である．逆に，函数 $V(x, y, z, p, q)$ に対して，方程式 $V(x, y, z, p, q)=c$ の解(特異解は除く)がすべて方程式 (16) の解であるならば，V は方程式 (16) の特性多様体を定義する微分方程式系の第一積分である．

特性多様体の一つの微分方程式系が二つの第一積分 u, v をもつとき，$z(x, y)$ が方程式 (16) の解であるならば，これがまた方程式 $F(u(x, y, z, p, q), v(x, y, z, p, q))=0$ の解であるように函数 F をきめることができる．このとき，$F(u, v)=0$ を方程式 (16) の**中間積分**という．中間積分を $u=G(v)$ の形にかくこともある．

いま，特性多様体の二つの微分方程式系が異なっていて，それぞれ二つの第一積分 u, v および u_1, v_1 をもつとする．この場合には方程式 (16) は二つの中間積分 $F(u, v)=0$, $G(u_1, v_1)=0$ をもつ．$F(u, v)=0$, $G(u_1, v_1)=0$ を p, q について解き，$p=p(x, y, z)$, $q=q(x, y, z)$ をえたものとすれば，$dz=p(x, y, z)dx+q(x, y, z)dy$ は完全に積分可能であり，その解は方程式 (16) の解となる．

特性多様体の微分方程式系の一つが三つの第一積分をもつときにも，方程式 (16) は二つの中間積分をもつ．この場合には，例えば $(17)_1$, $(17)_2$ において $\lambda_1=\lambda_2$ でなければならないことが示される．

例題 1.　$rt-s^2+a^2=0$ ($a\neq 0$) を解け．

［**解**］ 特性多様体の微分方程式系は

$$dp+ady=0,\quad dq-adx=0,\quad dz-pdx-qdy=0;$$
$$dp-ady=0,\quad dq+adx=0,\quad dz-pdx-qdy=0.$$

したがって，与えられた方程式の中間積分として，$q-ax=\varphi(p+ay)$, $q+ax=\psi(p-ay)$ をうる；ここに φ, ψ は任意函数.

$p+ay=\alpha$, $p-ay=\beta$ (α, β は媒介変数) とおくと，

$$x=\frac{\psi(\beta)-\varphi(\alpha)}{2a},\qquad y=\frac{\alpha-\beta}{2a},\qquad p=\frac{\alpha+\beta}{2},\qquad q=\frac{\varphi(\alpha)+\psi(\beta)}{2}$$

をうる．これらを $dz=pdx+qdy$ に代入すると，

$$4adz=(\varphi+\psi-(\alpha+\beta)\varphi')d\alpha+((\alpha+\beta)\psi'-\varphi-\psi)d\beta.$$

上式を積分すると，α, β を媒介変数として，解

$$4az=(\alpha-\beta)(\psi(\beta)-\varphi(\alpha))+2\left(\int\varphi(\alpha)d\alpha+\int\psi(\beta)d\beta\right)$$

がえられる．　(以上)

2．グリーンの公式・数理物理学上の考察

2.1．グリーンの公式

2 変数 x, y の函数 A, B, C, D, E, F を係数とする微分式

(2.1)
$$L[u]=A\frac{\partial^2u}{\partial x^2}+2B\frac{\partial^2u}{\partial x\partial y}+C\frac{\partial^2u}{\partial y^2}+D\frac{\partial u}{\partial x}+E\frac{\partial u}{\partial y}+Fu$$

に対して，

(2.2)
$$L^*[v]=\frac{\partial^2(Av)}{\partial x^2}+2\frac{\partial^2(Bv)}{\partial x\partial y}+\frac{\partial^2(Cv)}{\partial y^2}-\frac{\partial(Dv)}{\partial x}-\frac{\partial(Ev)}{\partial y}+Fv$$

を微分式 $L[u]$ の**随伴微分式**という．つねに $L^{**}[u]=L[u]$ が成り立つ．ここで特に，$L^*[u]=L[u]$ であるとき，$L[u]$ は**自己随伴**(**自己共役**)であるという．また，

(2.3)
$$vL[u]-uL^*[v]=\frac{\partial}{\partial x}H[u,\ v]+\frac{\partial}{\partial y}K[u,\ v]$$

が成り立つ; ここで

$$H[u,\ v]=Av\frac{\partial u}{\partial x}-u\frac{\partial(Av)}{\partial x}-2u\frac{\partial(Bv)}{\partial y}+Duv,$$

$$K[u,\ v]=2Bv\frac{\partial u}{\partial x}+Cv\frac{\partial u}{\partial y}-u\frac{\partial(Cv)}{\partial y}+Euv.$$

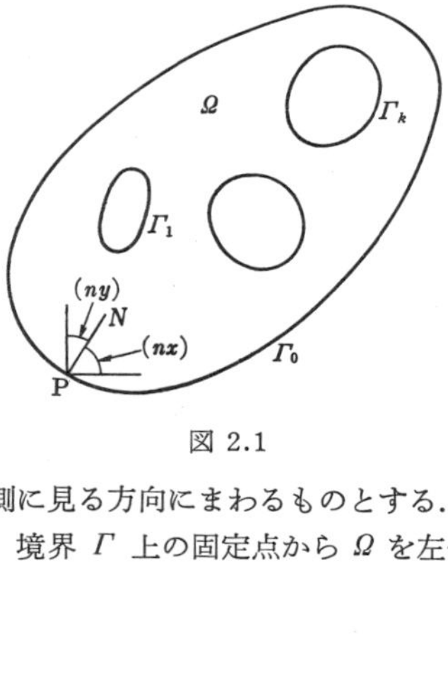

図 2.1

いま，Ω を x, y 平面上の有界領域とし，その境界 Γ は有限個の区分的に滑らかな閉曲線 Γ_0, Γ_1, $\cdots$, Γ_k からできているとする．さらに，境界 Γ は座標軸に平行な線分であるか，または座標軸に平行な直線と高々有限個の点で交わるものとする(→図 2.1)．このとき，(3) より

(2.4)
$$\iint_\Omega(vL[u]-uL^*[v])dxdy=\int_\Gamma Hdy-Kdx$$

をうる．ここで右辺の境界 Γ 上の線積分は Ω を左側に見る方向にまわるものとする．(4) を**グリーンの公式**という．

境界 Γ 上の固定点から Ω を左側に見る方向に測った Γ 上の弧長を s とする．また，

Γ 上の点 P において Γ の法線が存在するとき，内法線 PN を n で示し，n と x 軸，y 軸とのなす角をそれぞれ (nx)，(ny) で示すと，(4) を

$$\text{(2.5)}\quad \begin{aligned}&\iint_\Omega (vL[u]-uL^*[v])dxdy\\&=-\int_\Gamma\{H\cos(nx)+K\cos(ny)\}ds=-\int_\Gamma\left(H\frac{\partial x}{\partial n}+K\frac{\partial y}{\partial n}\right)ds\end{aligned}$$

とかくことができる．

$$P[u]=\left(A\frac{\partial u}{\partial x}+B\frac{\partial u}{\partial y}\right)\frac{\partial x}{\partial n}+\left(B\frac{\partial u}{\partial x}+C\frac{\partial u}{\partial y}\right)\frac{\partial y}{\partial n},$$
$$R=\left(\frac{\partial A}{\partial x}+\frac{\partial B}{\partial y}-D\right)\frac{\partial x}{\partial n}+\left(\frac{\partial B}{\partial x}+\frac{\partial C}{\partial y}-E\right)\frac{\partial y}{\partial n}$$

とおけば，(5) は

$$\text{(2.6)}\quad \iint_\Omega (vL[u]-uL^*[v])dxdy=-\int_\Gamma (vP[u]-uP[v]-Ruv)ds$$

とかける．特に，L が自己随伴ならば，$R\equiv 0$ である．

$$\text{(2.7)}\quad \Lambda^2=\{A\cos(nx)+B\cos(ny)\}^2+\{B\cos(nx)+C\cos(ny)\}^2,$$

$$\text{(2.8)}\quad A\cos(nx)+B\cos(ny)=\Lambda\cos(\nu x),\qquad B\cos(nx)+C\cos(ny)=\Lambda\cos(\nu y)$$

によって，量 $\Lambda(>0)$ および方向 ν を定義すると，

$$P[u]=\Lambda\left\{\frac{\partial u}{\partial x}\cos(\nu x)+\frac{\partial u}{\partial y}\cos(\nu y)\right\}=\Lambda\frac{\partial u}{\partial \nu}$$

であるから，(6) はつぎのようにかける:

$$\text{(2.9)}\quad \iint_\Omega (vL[u]-uL^*[v])dxdy=\int_\Gamma\left\{\Lambda\left(u\frac{\partial v}{\partial \nu}-v\frac{\partial u}{\partial \nu}\right)+Ruv\right\}ds.$$

なお，(7)，(8) によって導入した方向 ν をもつ直線を Γ の**余法線**という．

つぎに，いままでにえた公式を，$m(\geqq 3)$ 変数 $x_1, x_2, \cdots, x_m$ の函数 A_{ij}，B_i，C を係数とする微分式

$$\text{(2.10)}\quad L[u]=\sum_{i,j=1}^m A_{ij}\frac{\partial^2 u}{\partial x_i\partial x_j}+\sum_{i=1}^m B_i\frac{\partial u}{\partial x_i}+Cu\qquad (A_{ij}=A_{ji})$$

に拡張しよう．微分式 $L[u]$ に対して，

$$\text{(2.11)}\quad L^*[v]=\sum_{i,j=1}^m \frac{\partial^2(A_{ij}v)}{\partial x_i\partial x_j}-\sum_{i=1}^m\frac{\partial(B_iv)}{\partial x_i}+Cv$$

を $L[u]$ の**随伴微分式**という． つねに $L^{**}[u]=L[u]$ が成り立つ． 特に，$L^*[u]=L[u]$ であるとき，$L[u]$ は**自己随伴**(**自己共役**)であるという．

微分式 $L[u]$ およびその随伴微分式 $L^*[v]$ に対して，

$$\text{(2.12)}\quad vL[u]-uL^*[v]=\sum_{i=1}^m\frac{\partial}{\partial x_i}H_i[u,v]$$

が成り立つ; ここで

$$H_i[u,v]=\sum_{j=1}^m\left\{A_{ij}v\frac{\partial u}{\partial x_j}-u\frac{\partial(A_{ij}v)}{\partial x_j}\right\}+B_iuv.$$

いま，Ω を $x_1, x_2, \cdots, x_m$ 空間の有界領域，Γ を Ω の境界とする．さらに，Γ の内法線を n, n と x_i 軸とのなす角を (nx_i), Γ 上の面積要素を $d\sigma$ で表わすと，(12) よりつぎの式をうる:

$$\begin{aligned}(2.13)\quad &\int\cdots\int_\Omega (vL[u]-uL^*[v])dx_1dx_2\cdots dx_m\\ &=-\sum_{i=1}^m\int\cdots\int_\Gamma H_i[u,\ v]\cos(nx_i)d\sigma=-\sum_{i=1}^m\int\cdots\int_\Gamma H_i[u,\ v]\frac{\partial x_i}{\partial n}d\sigma.\end{aligned}$$

これが m 次元空間における**グリーンの公式**である．

$$P[u]=\sum_{i,j=1}^m A_{ij}\frac{\partial u}{\partial x_i}\ \frac{\partial x_j}{\partial n},\qquad R=\sum_{i=1}^m\left(\sum_{j=1}^m\frac{\partial A_{ij}}{\partial x_j}-B_i\right)\frac{\partial x_i}{\partial n}$$

とおくと，(13) は

$$(2.14)\quad \int\cdots\int_\Omega (vL[u]-uL^*[v])dx_1dx_2\cdots dx_n=\int\cdots\int_\Gamma (uP[v]-vP[u]+Ruv)d\sigma$$

ともかくことができる．さらに量 Λ と方向 ν を

$$\Lambda=\left\{\sum_{i=1}^m\left(\sum_{j=1}^m A_{ij}\cos(nx_i)\right)^2\right\}^{1/2},\qquad \sum_{j=1}^m A_{ij}\cos(nx_i)=\Lambda\cos(\nu x_i)$$

によって定義すると，(14) よりつぎの式をうる:

$$(2.15)\quad \int\cdots\int_\Omega (vL[u]-uL^*[v])dx_1dx_2\cdots dx_n=\int\cdots\int_\Gamma\left\{\Lambda\left(u\frac{\partial v}{\partial\nu}-v\frac{\partial u}{\partial\nu}\right)+Ruv\right\}d\sigma.$$

2.2. 重ね合わせの原理

数理物理学における問題の多くは線形同次の偏微分方程式に帰着されるが，このような方程式の解は加法性をもっている．すなわち，例えば $z_1, z_2, \cdots, z_p$ が線形同次偏微分方程式

$$(2.16)\quad L[z]\equiv a(x,\ y)z+b(x,\ y)\frac{\partial z}{\partial x}+c(x,\ y)\frac{\partial z}{\partial y}+d(x,\ y)\ \frac{\partial^2 z}{\partial x^2}+\ \cdots\ =0$$

の解であると，任意定数 $c_1, c_2, \cdots, c_p$ に対して $\sum_{j=1}^p c_jz_j$ も (16) の解である．さらに，解の無限列 $\{z_j\}$ によってつくられた級数 $z=\sum_{j=1}^\infty c_jz_j$ が一様収束し，項別に微分演算子 L がほどこせるならば，z も解である．このように加法性を利用して，はじめに知られたいくつかの解から新しい解をつくることができる．これを**重ね合わせの原理**という．

この原理によれば，微分，積分によっても新しい解をつくることができる．例えば，α を微分演算子 L の係数 $a, b, c, \cdots$ には含まれていない助変数とし，$z=\varphi(x,\ y,\ \alpha)$ を α に従属する (16) の解とすると，$\partial\varphi/\partial\alpha$ も (16) の解である．なぜならば，二つの解 $\varphi(x,\ y,\ \alpha+h)$, $\varphi(x,\ y,\ \alpha)$ に対して，その一次結合

$$\frac{1}{h}\{\varphi(x,\ y,\ \alpha+h)-\varphi(x,\ y,\ \alpha)\}$$

も解であり，$\partial\varphi/\partial\alpha$ はその極限と考えられるからである．また，係数 $a, b, c, \cdots$ が独立変数 x に従属しないならば，x に関する解の導函数も解になる．もちろん，これらの場合，導函数についての適当な仮定が必要である．定数係数の線形同次方程式に対しては，一つの解の独立変数に関する導函数について，その導函数自身が与えられた方程式の階数

と同じ階数の導函数をもてば，はじめに考えた導函数もまた解である．

助変数 α を含む解 $\varphi(x, y, \alpha)$ に対して，任意函数 $\rho(\alpha)$ に依存する積分

$$\int \rho(\alpha)\varphi(x, y, \alpha)d\alpha$$

も解である．α は一次元と限らず，高次元空間の点でもよく，また積分範囲は有限，無限のどちらでもよい．しかし，積分が存在し，積分記号下で微分演算子 L をほどこせることが保証されていなければならない．このようにして，任意函数に依存する解をつくり，それがあらかじめ与えられた付帯条件をみたすようにすると，一般には任意函数 $\rho(\alpha)$ を決定するための積分方程式に帰着される．

2.3. 問題の適切性

数理物理学上の要求から，偏微分方程式の解で，他の付帯条件をみたすものを求めることが問題となる．そして，付帯条件の与え方によって，初期値問題，境界値問題，混合問題などの区別がある．すなわち，双曲型方程式，放物型方程式に対しては，初期値問題や混合問題が，楕円型方程式に対しては境界値問題が提出される．ここで，問題の提出そのものを数学的観点から考察してみよう．

提出する問題に対して，つぎの三つのことが要求されるべきであろう．

i. 解が存在する； ii. 解は一意的にきまる； iii. 解は与えられたデータに連続的に従属する．

第一の要求は，付帯条件が多すぎて，解が存在しないことがあってはならないという意味である．第二の要求は，付帯条件が少なすぎて，解がただ一つにきまらないことがあってはならないという意味である．

第三の要求についてすこし説明しよう．提出される問題におけるデータは実際上，観測の結果により与えられるもので，多少の誤差があると考えなければならない．そしてデータのそのような小さい誤差が解(結果)に大きな誤差を生じさせてはならない．すなわち，データが小さな範囲で変動するとき，解の変動も小さな範囲に留まることが望ましい．これが第三の要求なのである．

提出される問題が上述の三つの要求をみたすとき，その問題は**適切**であるという．双曲型方程式に対しては初期値問題や混合問題が適切で，楕円型方程式に対しては境界値問題が適切である．ここで，楕円型方程式に対して初期値問題が適切でないことを示すアダマールの例をあげよう．

楕円型方程式:

$$\frac{\partial^2 z}{\partial x^2}+\frac{\partial^2 z}{\partial y^2}=0 \tag{2.17}$$

の解で，つぎの初期条件をみたすものを求める:

$$z(0, y)=0, \qquad \frac{\partial z}{\partial x}(0, y)=\frac{1}{n}\sin ny \quad (n>0). \tag{2.18}$$

函数 $e^{\pm n(iy+x)}$ は方程式 (17) の解であるから，$\sin ny\cdot e^{\pm nx}$ も解である．したがって，

$$z=\frac{1}{2n^2}\sin ny\cdot(e^{nx}-e^{-nx})=\frac{1}{n^2}\sinh nx\cdot\sin ny$$

も解であり，しかも初期条件 (18) をみたすただ一つの解である．

助変数 n を大きくすると，初期値は一様に 0 に収束するが，$x\neq 0$, $y\neq 0$ に対して上の解は振動し，その上限，下限は無限大である．ところが，恒等的に 0 である函数は，初期条件

$$z(0,\ y)=0, \qquad \frac{\partial z}{\partial x}(0,\ y)=0$$

をみたす方程式 (17) のただ一つの解である．

したがって，楕円型方程式に対しては，初期値問題の解の初期値に関する従属性は一般に連続でないことが結論される．

C. 楕円型・双曲型・放物型方程式

1. 楕円型方程式

1.1. ラプラスの方程式

楕円型方程式のうち最も簡単な方程式は

$$(1.1)\qquad \Delta u=\frac{\partial^2 u}{\partial {x_1}^2}+\frac{\partial^2 u}{\partial {x_2}^2}+\cdots+\frac{\partial^2 u}{\partial {x_m}^2}=0 \qquad (m\geqq 2)$$

である．これを**ラプラスの方程式**という．楕円型方程式は物理的には定常な状態を記述するものであって，例えば等方性の均質な物体の安定した状態における温度 u はラプラスの方程式をみたす．また，重力場や静電場でのポテンシャルも質量や電荷のない点ではラプラスの方程式をみたす．この意味でラプラスの方程式を**ポテンシャル方程式**ということもある．

函数 $u(x_1, x_2, \cdots, x_m)$ が m 次元ユーリッド空間内の領域 D で定義され，連続な 2 階導函数をもち，かつ方程式 (1) をみたすとき，u は D で**調和**であるという．また，調和函数のことを**ポテンシャル函数**ともいう．$m=2$ の場合については →V§5

いま，D 内の動点 $\mathrm{P}(x_1, x_2, \cdots, x_m)$ および $\mathrm{Q}(a_1, a_2, \cdots, a_m)$ をとり，$r=\{(x_1-a_1)^2+(x_2-a_2)^2+\cdots+(x_m-a_m)^2\}^{1/2}$ とおく．$u=\phi(r)$ を r だけの函数で調和であるとすると，$\Delta u=\phi''+\{(m-1)/r\}\phi'=0$ をうる．これの一つの解

$$(1.2)\qquad \gamma(r)=\begin{cases} -(2\pi)^{-1}\log r & (m=2),\\ \{(m-2)\omega_m\}^{-1}r^{2-m} & (m\geqq 3)\end{cases}$$

は $\mathrm{P}\neq\mathrm{Q}$ のとき P の函数として調和である．函数 $h(\mathrm{P},\ \mathrm{Q})$ は Q を助変数とし，P の函数として調和であるとすると，

$$\Psi(\mathrm{P},\ \mathrm{Q})=\gamma(r)+h(\mathrm{P},\ \mathrm{Q})$$

も $\mathrm{P}\neq\mathrm{Q}$ のとき，P の函数として (1) の解である．このような形の解を方程式 (1) の**基本解**とよび，点 Q をこの基本解の**極**という．ここで $\omega_m=2(\sqrt{\pi})^m/\Gamma(m/2)$ であり，

m 次元単位球の表面積を表わす.

調和函数の性質をしらべる上で重要な役割を果たすのは，つぎの**グリーンの公式**である：函数 $u(\mathrm{P})$ および $v(\mathrm{P})$ が有界領域 D において2回連続微分可能かつこれらの函数の1階偏導函数が D の閉包 $\bar{D}$ において連続ならば，

$$(1.3)\qquad \int\cdots\int_D (v\Delta u-u\Delta v)dx_1dx_2\cdots dx_m=-\int\cdots\int_\Gamma\left(v\frac{\partial u}{\partial n}-u\frac{\partial v}{\partial n}\right)d\sigma;$$

ここで Γ は D の滑らかな境界とし，n は Γ の内法線，および $d\sigma$ は Γ 上の面積要素を表わすものとする.

この式で u を D における調和函数とし，$v\equiv1$ ととれば，

$$(1.4)\qquad \int\cdots\int_\Gamma \frac{\partial u}{\partial n}d\sigma=0.$$

また，u, v が D において調和ならば，

$$(1.5)\qquad \int\cdots\int_\Gamma\left(u\frac{\partial v}{\partial n}-v\frac{\partial u}{\partial n}\right)d\sigma=0.$$

いま，D 内の点 Q を中心とする半径 δ が十分小さい球面 S_δ をえがく. Γ と S_δ によって囲まれた領域において u と $v=\gamma(r)$ に対して (5) を適用すれば，

$$\int\cdots\int_\Gamma\left(u\frac{\partial\gamma}{\partial n}-\gamma\frac{\partial u}{\partial n}\right)d\sigma=\int\cdots\int_{S_\delta}\left(u\frac{\partial\gamma}{\partial n}-\gamma\frac{\partial u}{\partial n}\right)d\sigma.$$

ここで右辺第2項の積分は (4) から0となり，また

$$\lim_{\delta\to0}\int\cdots\int_{S_\delta}u\frac{\partial\gamma}{\partial n}d\sigma=u(\mathrm{Q})$$

が成り立つから，

$$(1.6)\qquad u(\mathrm{Q})=\int\cdots\int_\Gamma\left(u\frac{\partial\gamma}{\partial n}-\gamma\frac{\partial u}{\partial n}\right)d\sigma.$$

特に，境界 Γ として点 Q を中心とし半径 R の球面 S_R をとる. このとき，$\partial\gamma/\partial n=R^{1-m}/\omega_m$ と (4) を考慮すれば，

$$(1.7)\qquad u(\mathrm{Q})=\frac{1}{\omega_mR^{m-1}}\int\cdots\int_{S_R}u\,d\sigma\qquad(m\geqq2).$$

さらに，両辺に R^{m-1} を掛けて R について積分することにより

$$(1.8)\qquad u(\mathrm{Q})=\frac{m}{\omega_mR^m}\int\cdots\int_{K_R}u\,dx_1\cdots dx_m\qquad(m\geqq2);$$

ここに K_R は S_R を含む半径 R の閉球とし，ω_m/m は m 次元単位球の体積を表わす. (7) および (8) を**ガウスの平均値公式**という. なお，(7) および (8) は S_R の内部で調和，K_R で連続な函数に対しても成り立つ. これらの公式からただちにつぎの定理がえられる：

定理 1.1. 調和函数の一点における値は，その点を中心とする球面上の値の平均値に等しく，また，その点を中心とする球上の値の平均値にも等しい. (**平均値の定理**)

定理 1.2. 有界領域 D において調和，閉領域 $\bar{D}$ で連続な関数 $u(\mathrm{P})$ は，$\bar{D}$ における最大値および最小値を D の境界 Γ 上でとる. もし $u(\mathrm{P})$ が D の点で最大値または最

小値をとれば，$u(\mathrm{P})$ は定数である． **（最大・最小値の原理）**

証明． 最大値について証明をすれば十分であろう． $\bar{D}$ における u の最大値を M, $u(\mathrm{P})=M$ となる $\bar{D}$ の点の集合を E とすれば，E は閉集合である．$E\subset D$ と仮定しよう．E の任意の境界点 P に対して，この点を中心とし十分小さい半径の閉円板 K を考えると $K\subset D$ である．K において $u\leqq M$, しかも E に含まれない K の部分が存在しそこでは $u<M$ である．ところが，(8) によれば，点 P における u の値は K における u の値の平均値であるから，上述のことは起こりえない．すなわち，E は D の境界点を含む．

つぎに，u は D の点 P で最大値をとるとしよう．u が $\bar{D}$ で定数でなければ，D でも定数でなく，したがって D の点で E に含まれない点 Q が存在する．P と Q を D に含まれる曲線 C で結べば，C 上に E の境界点がある．この境界点に前半の証明を適用すれば矛盾することがわかる．したがって，u が D の点で最大値をとれば，u は $\bar{D}$ で定数である．($m=2$ の場合は →V §5.2 定理 5.5) （証終）

定理 1.3． 函数 $u_1(\mathrm{P})$, $u_2(\mathrm{P})$ は有界領域 D で調和，閉領域 $\bar{D}$ で連続とする．そのとき，

i. D の境界 Γ 上で $u_1\equiv u_2$ ならば，$\bar{D}$ において $u_1\equiv u_2$; **（一意性の定理）**

ii. D の境界 Γ 上で $u_1\leqq u_2$ ならば，$\bar{D}$ において $u_1\leqq u_2$.

証明． u_2-u_1 に対して定理 1.2 を適用すればよい． （証終）

1.2． グリーン函数・ポアッソン積分

D を $x_1, x_2, \cdots, x_m$ 空間の有界領域，$P(x_1, x_2, \cdots, x_m)$ を $\bar{D}$ 上の動点，$Q(a_1, a_2, \cdots, a_m)$ を D 内の定点として，つぎの条件をみたす函数 $G(\mathrm{P}, \mathrm{Q})$ を方程式 (1) と領域 D に関する**グリーン函数**といい，点 Q をその**極**という：

i. $G(\mathrm{P}, \mathrm{Q})-\gamma(r)$ は P の函数として D において調和，$\bar{D}$ において連続である；

ii. 点 P が D の境界上にあれば，$G(\mathrm{P}, \mathrm{Q})=0$.

ここで $\gamma(r)$ は (2) で定義される函数である．$G(\mathrm{P}, \mathrm{Q})$ は $\mathrm{P}\in\bar{D}, \mathrm{Q}\in D$ のとき (P, Q) に関して連続，$\mathrm{P}, \mathrm{Q}\in D$ のとき $G(\mathrm{P}, \mathrm{Q})>0$ かつ $G(\mathrm{P}, \mathrm{Q})=G(\mathrm{Q}, \mathrm{P})$ が成り立つ．

u を D において調和，かつその1階偏導函数が $\bar{D}$ において連続な函数とし，$v=G(\mathrm{P}, \mathrm{Q})-\gamma(r)$ ととって，グリーンの公式 (3) を適用すると，

$$\int\cdots\int_\Gamma\left\{u\frac{\partial(G-\gamma(r))}{\partial n_\mathrm{P}}-(G-\gamma(r))\frac{\partial u}{\partial n_\mathrm{P}}\right\}d\sigma_\mathrm{P}=0.$$

この式と (6) および Γ 上で $G=0$ であることとを用いると，

$$u(\mathrm{Q})=\int\cdots\int_\Gamma u(\mathrm{P})\frac{\partial G(\mathrm{P}, \mathrm{Q})}{\partial n_\mathrm{P}}d\sigma_\mathrm{P} \tag{1.9}$$

をうる．すなわち，D の内点 Q における調和函数 u の値はグリーン函数がわかれば，境界 Γ 上の u の値のみによって (9) のように表現される．

つぎに，半径 R, 中心が点 O にある球 S_R に関するグリーン函数を求めよう．P を S_R によって囲まれた閉球体上の動点，Q を S_R の内部の点とする．Q の S_R に関する

共役点は $Q'(R^2a_1/\rho^2, \cdots, R^2a_m/\rho^2)$, $\rho^2=\sum_{i=1}^m a_i^2$, である．ゆえに，$r^2=\sum_{i=1}^m(x_i-a_i)^2$, $r_1^2=\sum_{i=1}^m(x_i-R^2a_i/\rho^2)^2$ とすると，求めるグリーン函数はつぎの式で与えられる:

$$G(\mathrm{P},\ \mathrm{Q})=\gamma(r)-\gamma\left(\frac{\rho}{R}r_1\right).$$

点 P が S_R 上にあるときには $r_1=Rr/\rho$ であるから，

$$\frac{\partial G(\mathrm{P},\ \mathrm{Q})}{\partial n_\mathrm{P}}=-\varphi'(r)\frac{R^2-\rho^2}{Rr}=\frac{1}{\omega_m}\frac{R^2-\rho^2}{Rr^m}$$

をうる．しかも，線分 OQ と半径 OP との間の角を Θ で表わせば，$r^2=R^2+\rho^2-2R\rho\cos\Theta$ であるから，(9) から

$$(1.10)\qquad u(\mathrm{Q})=\frac{1}{\omega_m}\int\cdots\int_{S_R}f(\mathrm{P})\frac{R^2-\rho^2}{R(R^2-2R\rho\cos\Theta+\rho^2)^{m/2}}d\sigma_\mathrm{P};$$

ここで $f(\mathrm{P})$ は S_R 上での $u(\mathrm{P})$ の値を表わす．

また，点 $\mathrm{P}(x_1, x_2, \cdots, x_m)$ は単位球面 Ω_m 上の点 $\mathrm{E}(e_1, e_2, \cdots, e_m)$ によって，$(x_1, x_2, \cdots, x_m)=(Re_1, Re_2, \cdots, Re_m)$ と表わせるから，$\mathrm{P}=R\mathrm{E}$ とかくことにすると，(10) は

$$(1.10)'\qquad u(\mathrm{Q})=\frac{1}{\omega_m}\int\cdots\int_{\Omega_m}f(R\mathrm{E})\frac{R^{m-2}(R^2-\rho^2)}{(R^2-2R\rho\cos\Theta+\rho^2)^{m/2}}d\omega_\mathrm{E}$$

とかける; ここで $d\omega_\mathrm{E}$ は単位球面 Ω_m 上の面積要素を表わす．(10), (10)′ の右辺を m 変数の場合の**ポアッソン積分**という．特に，$m=2$ の場合には，

$$(1.10)''\qquad u(\mathrm{Q})=\frac{1}{2\pi}\int_0^{2\pi}f(\phi)\frac{R^2-\rho^2}{R^2-2R\rho\cos(\phi-\theta)+\rho^2}d\phi$$

で与えられる; ここで θ は線分 OQ と x 軸のなす角，ϕ は線分 OP と x 軸のなす角とし，かつ $f(\phi)$ は円周上の u 値を表わす．→V §5.2 定理 5.2

なお，上のポアッソン積分による表示式 (10), (10)′ および (10)″ は，S_R の内部で調和，S_R で囲まれた閉球 K_R 上で連続な函数 u についても成り立つ．

これらの結果と関連してつぎの定理が証明できる:

定理 1.4. 函数 $f(\mathrm{P})$ は球面 S_R 上で与えられた連続函数とすると，ポアッソン積分 (10) で与えられる函数 $u(\mathrm{Q})$ は Q の函数として S_R の内部で調和である．また，点 Q が S_R の内部から S_R 上の点 P に近づくとき，$u(\mathrm{Q})$ の値は $f(\mathrm{P})$ に近づく．

証明． 点 Q が S_R の内部の点ならば，(10) は積分記号下で微分が何回でもできる．ところが，函数 $H(\mathrm{P},\ \mathrm{Q})=(R^2-\rho^2)/R\omega_m r^m$ が Q に関して調和であることが，

$$R\omega_m\cdot H(\mathrm{P},\ \mathrm{Q})=-\frac{1}{r^{m-2}}-\frac{2}{m-2}\sum_{i=1}^m x_i\frac{\partial}{\partial x_i}\left(\frac{1}{r^{m-2}}\right)$$

とかけることからわかる．したがって，$u(\mathrm{Q})$ は S_R の内部で調和である．つぎに，P_1 を任意の S_R 上の点とし，Q を P_1 に近い S_R の内部の点とする．P_0 を Q を通る半径で定まる球面上の点とする．このとき，

$$|u(\mathrm{Q})-f(\mathrm{P}_1)|\leqq|u(\mathrm{Q})-f(\mathrm{P}_0)|+|f(\mathrm{P}_0)-f(\mathrm{P}_1)|.$$

ところが，$f(\mathrm{P})$ は連続であるから，定理の後半は点 Q が半径に沿って P_0 に近づく場

合に証明すれば十分である．

まず，(10) で $u\equiv 1$ とおけば，$1=\int\cdots\int_{S_R}H(\mathrm{P},\ \mathrm{Q})d\sigma_{\mathrm{P}}$.

ゆえに，

$$u(\mathrm{Q})-u(\mathrm{P}_0)=\int\cdots\int_{S_R}\{f(\mathrm{P})-f(\mathrm{P}_0)\}H(\mathrm{P},\ \mathrm{Q})d\sigma_{\mathrm{P}}.$$

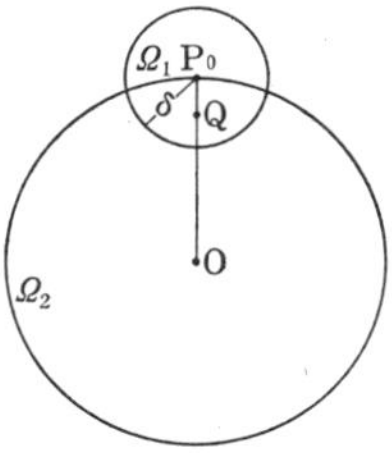

図 1.1

ここで S_R を，点 P_0 を中心とし任意に小なる半径 δ の球面の内部にある部分 Ω_1 と残り Ω_2 とに分ける．点 Q は上記の球の内部にあるとする．S_R 上で $|f|\leqq M$, Ω_1 上で $|f(\mathrm{P})-f(\mathrm{P}_0)|<\mu(\delta)$ とすると，

$$|u(\mathrm{Q})-f(\mathrm{P}_0)|\leqq 2M\int\cdots\int_{\Omega_2}Hd\sigma_{\mathrm{P}}+\mu(\delta)\int\cdots\int_{\Omega_1}Hd\sigma_{\mathrm{P}}$$
$$<2M\int\cdots\int_{\Omega_2}Hd\sigma_{\mathrm{P}}+\mu(\delta);$$

ここで，$\mu(\delta)$ は $\delta\to 0$ のとき 0 に近づく函数である．さて，Q と P_0 の距離を h とすると，函数 $H(\mathrm{P},\ \mathrm{Q})$ は

$$H(\mathrm{P},\ \mathrm{Q})\leqq\frac{1}{R}\frac{R^2-\rho^2}{\omega_m(\delta/2)^m}\leqq\frac{2Rh}{\omega_m(\delta/2)^m}$$

をみたす．そこで，任意な $\varepsilon>0$ に対して δ を $\mu(\delta)<\varepsilon/2$, h を $4\mathrm{M}R^mh/(\delta/2)^m<\varepsilon/2$ をみたすようにとれば，$|u(\mathrm{Q})-f(\mathrm{P}_0)|<\varepsilon$ をうる．　　(証終)

ここでポアッソン積分の応用をのべる．$\rho<R$ ならば，

$$\frac{1}{R\omega_m}\left(\frac{1}{R+\rho}\right)^{m-2}\frac{R-\rho}{R+\rho}\leqq\frac{R^2-\rho^2}{R\omega_m r^m}\leqq\frac{1}{R\omega_m}\left(\frac{1}{R-\rho}\right)^{m-2}\frac{R+\rho}{R-\rho}.$$

u を領域 D で非負な調和函数とする．S_R を D に含まれ，O を中心とし半径 R の球面とするとポアッソン積分 (10)，平均値定理 (7) および上の不等式から，つぎの**ハルナックの不等式**がえられる：

$$(1.11)\qquad \left(\frac{R}{R+\rho}\right)^{m-2}\frac{R-\rho}{R+\rho}u(\mathrm{O})\leqq u(\mathrm{Q})\leqq\left(\frac{R}{R-\rho}\right)^{m-2}\frac{R+\rho}{R-\rho}u(\mathrm{O}).$$

定理 1.5. 全空間で調和，かつ非負な函数は定数に等しい．

証明. (11) において $R\to\infty$ とすればよい．　　(証終)

1.3. 境界値問題

D を m 次元ユークリッド空間内の有界領域とし，Γ を D の境界とする．

I. Γ 上で定義された函数 $\varphi(\mathrm{P})$ が与えられたとき，D において方程式をみたし，Γ 上では $u=\varphi(\mathrm{P})$ となる函数 $u(\mathrm{P})$ を求めることを**第一境界値問題**または**ディリクレ問題**という．

II. Γ 上で定義された函数 $\psi(\mathrm{P})$ が与えられたとき，D において方程式をみたし，Γ 上で $\partial u/\partial n=\psi(\mathrm{P})$ となる函数 $u(\mathrm{P})$ を求めることを**第二境界値問題**または**ノイマン問題**という．ここで $\partial/\partial n$ は境界 Γ 上における法線方向の微分を表わす．

III. Γ 上で定義された函数 $h(\mathrm{P})$, $\chi(\mathrm{P})$ が与えられたとき，D において方程式をみた

し，Γ 上で $h(\mathrm{P})u+\partial u/\partial n=\chi(\mathrm{P})$ となる函数 $u(\mathrm{P})$ を求めることを**第三境界値問題**または**ロバンの問題**という．

ラプラスの方程式に関するディィリクレ問題は特に詳細に研究されているから，これについてのべる．$m=2$ の場合については，→V § 5.4

まず，解の一意性はすでに定理 1.3 でえられており，また特に，D が球面 S_R で囲まれた領域の場合には，定理 1.4 から解はポアッソン積分 (10) で与えられる．

解の存在に関してペロンによる**劣調和函数**の方法の概略をのべる．v を D において連続な函数とする．C を D 内の閉球とする．$M_c[v]$ を C の内部で調和，D の残りにおいて v に等しい連続函数とする．$M_c[v]$ は v に対して C の内部ではポアッソン積分 (10) で与え，D の残りでは v とおけばよい．函数 v が D において劣調和函数[**優調和函数**]であるとは，$v\leqq M_c[v]$ $[v\geqq M_c[v]]$ がすべての $C\subset D$ に対して成り立つときにいう．つぎに，函数 $\varphi(\mathrm{P})$ を D の境界 Γ 上で連続な函数とする．領域 D と函数 $\varphi(\mathrm{P})$ に対してつぎの条件をみたす函数 $v(\mathrm{P})$ を D と φ に関する**劣函数**[**優函数**]という： i. $v(\mathrm{P})$ は $\bar{D}$ で連続，D において劣調和[優調和]である; ii. Γ 上では $\varphi(\mathrm{P})\geqq v(\mathrm{P})$ $[\varphi(\mathrm{P})\leqq v(\mathrm{P})]$.

F をすべての D と φ に関する劣函数全体とする．劣函数として $\min_\Gamma\varphi$ がとれるから，F は空でない．このとき，函数 $u(\mathrm{P})=\sup_{v\in F}v(\mathrm{P})$ は D で調和となる．この $u(\mathrm{P})$ が $\bar{D}$ で連続，かつ Γ 上で $\varphi(\mathrm{P})$ をとるための Γ に対する十分条件は，Γ 上の各点 Q が**正則な境界点**であることである．境界上の点 Q が正則であるとは，Q においてつぎの条件をみたす D の**局所バーリヤ** $w(\mathrm{P})$ が存在することである： i. Q の適当な近傍 $U_\rho=\{\mathrm{P}: \overline{\mathrm{QP}}<\rho\}$ に対して $w(\mathrm{P})$ は $\bar{D}\cap\bar{U}_\rho$ において連続，$D\cap U_\rho$ において優調和である; ii. $w(\mathrm{Q})=0$; iii. Q 以外の $\bar{D}\cap\bar{U}_\rho$ の点 P では $w(\mathrm{P})>0$.

ここで，局所バーリヤの存在に関してのべよう．

D を $m(\geqq 3)$ 次元空間内の有界領域，Γ を D の境界，Q を Γ 上の一点とするとき，もし D の外部の点を中心とする閉球 K で，$K\cap(D\cup\Gamma)=\{\mathrm{Q}\}$ をみたすものがあれば，Q は正則な境界点である．なぜならば，Q_0 を球 K の中心，R をその半径とすると，函数 $w(\mathrm{P})=R^{2-m}-\overline{\mathrm{PQ}_0}^{2-m}$ は Q における D の局所バーリヤである．なお，Q を頂点とする円錐が D の外部につくれるとき，点 Q は正則であることが知られている．この条件を**ポアンカレの条件**という．D が x, y 平面上の有界領域の場合には，$\mathrm{Q}(a, b)$ を D の境界点，また U_ρ を Q を中心とする半径 ρ の開円板とする．このとき，もし十分小なる ρ に対して，点 P が $\bar{D}\cap\bar{U}_\rho$ の中をどのように動いても Q のまわりを一周することができないならば，点 Q における D の局所バーリヤは $w(\mathrm{P})=-\mathrm{Re}(1/\log z)$ で与えられる; ただし $z=(x-a)+i(y-b)$ $(i=\sqrt{-1})$．例えば，ジョルダン曲線の内部はこの仮定をみたす領域である．以上の結果をまとめておく：

定理 1.6． ラプラスの方程式に関するディィリクレ問題は，D の境界 Γ 上のすべての点 Q がつぎの性質をもつならば，解をただ一つもつ：

i. $m=2$ の場合：Q を中心とし十分小さい ρ を半径とする開円板 U_ρ が存在し，

$\bar{D}\cup\bar{U}_\rho$ の中をどのように動いても，点 Q のまわりを一周することができない；

ii. $m\geqq 3$ の場合：Q に対し D の外側の点を中心とする閉球 K が存在し，$K\cap(D\cup\Gamma)=\{Q\}$ をみたす．

なお，Γ 上の任意有界連続函数 $\varphi(P)$ に対し，つねにディリクレ問題の解が存在するような領域 D，すなわち，D の境界 Γ 上のすべての点が正則であるような領域 D を，ディリクレ問題に関して**正則な領域**という．

ここで，もっと一般的な楕円型方程式の解の一意性についてのべておく．

いま，自己随伴な楕円型の方程式

$$L[u]=\sum_{i=1}^{m}\partial_i\left(\sum_{j=1}^{m}a_{ij}(x)\partial_j u\right)-c(x)u=f(x)\qquad\left(\partial_i\equiv\frac{\partial}{\partial x_i}\right)\tag{1.12}$$

を考える．D を有界な m 次元の開領域，その境界 Γ は滑らかな曲面とする．このとき，もし $c(x)\geqq 0$ ならば，(12) に関するディリクレ問題の解は一意的である．また，ノイマン問題の解も $c(x^0)>0$ なる点 x^0 が D 内にあれば一意的であり，$c(x)\equiv 0$ ならば任意定数を除いて一意的である．$c(x)\equiv 0$ の場合，ノイマン問題の解が存在するためには，

$$\int\cdots\int_\Gamma\frac{\partial u}{\partial n}d\sigma=\int\cdots\int_D f(x)dx_1dx_2\cdots dx_n$$

をみたす必要がある．

さて，方程式 (12) のディリクレ問題の解を $u=u_0(x)$ とする．$u_0(x)$ と同じ境界条件をみたすあらゆる函数 u について，積分

$$J[u]=\int\cdots\int_D\left\{\sum_{i,j=1}^{m}a_{ij}(x)\frac{\partial u}{\partial x_i}\frac{\partial u}{\partial x_j}+c(x)u^2+2f(x)u\right\}dx_1dx_2\cdots dx_m\tag{1.13}$$

を考えると，これは $u=u_0(x)$ のとき最小となる．また，逆に，$u=u_0$ が Γ で与えられた境界条件をみたすあらゆる函数のうちで，$J[u]$ を最小にする函数ならば $u=u_0$ は (12) の解となる．このことからリーマンは $L\equiv\Delta$ に関するディリクレ問題の解の存在を，積分 $J[u]$ を最小にする函数の存在を仮定して証明した．彼はこれを**ディリクレの原理**とよんだ．これは後に楕円型線形自己随伴方程式の境界値問題に対する解の存在定理の証明法として用いられた．

1.4. ポアッソンの方程式

方程式

$$\Delta u\equiv\frac{\partial^2 u}{\partial x_1{}^2}+\frac{\partial^2 u}{\partial x_2{}^2}+\cdots+\frac{\partial^2 u}{\partial x_m{}^2}=f(P)\tag{1.14}$$

を**ポアッソンの方程式**という．$x_1, x_2, \cdots, x_m$ 空間内の有界領域 D はラプラスの方程式に対するディリクレ問題に関して正則な領域であるとし，$f(P)$ は D で有界，かつ2回連続微分可能であるとして (14) と D とに関するディリクレ問題を考える．

いま，φ を D の境界 Γ 上で与えられた連続函数とする．このとき，$v(P)$ を D において調和かつ Γ 上で φ をとる函数とし，$u(P)$ を D における (14) の解で，Γ 上では恒等的に0となるものとすれば，$u(P)+v(P)$ も D における (14) の解であって，Γ 上

では φ を境界値としてとる．したがって，方程式（14）に関するディィリクレ問題としては，境界値が恒等的に 0 である場合だけを扱えば十分である．

$G(\mathrm{P}, \mathrm{Q})$ をラプラスの方程式と D とに関するグリーン函数とする．$\mathrm{P}(x_1, x_2, \cdots, x_m)$，$\mathrm{Q}(\xi_1, \xi_2, \cdots, \xi_m)$ として

$$(1.15)\qquad u(\mathrm{P})=-\int\cdots\int_D G(\mathrm{P}, \mathrm{Q})f(\mathrm{Q})d\xi_1 d\xi_2\cdots d\xi_m\equiv-\int_D G(\mathrm{P}, \mathrm{Q})f(\mathrm{Q})d\xi$$

が上記の条件をみたす（14）の解であることを証明する．

$\gamma(r)$ を（2）で定義された函数とし，$g(\mathrm{P}, \mathrm{Q})$ は P の函数として D で調和，かつ Γ 上で $\gamma(r)$ と同じ値をとる函数とすれば，$G(\mathrm{P}, \mathrm{Q})=\gamma(r)-g(\mathrm{P}, \mathrm{Q})$; ゆえに，(15) は

$$(1.16)\qquad u(\mathrm{P})=-\int_D\gamma(r)f(\mathrm{Q})d\xi+\int_D g(\mathrm{P}, \mathrm{Q})f(\mathrm{Q})d\xi.$$

まず，(16) の第１項

$$(1.17)\qquad u(\mathrm{P})=-\int_D\gamma(r)f(\mathrm{Q})d\xi$$

が（14）の解の一つであることを示そう．

D 内に任意に一点 P_0 をとる．$\delta>0$ を適当にとれば，閉球 $|\mathrm{P}-\mathrm{P}_0|\leqq 2\delta$ は D に含まれる．そこで，$\rho(\mathrm{P})$ を $|\mathrm{P}-\mathrm{P}_0|\leqq\delta$ で $\rho(\mathrm{P})=1$, $|\mathrm{P}-\mathrm{P}_0|\geqq 2\delta$ で $\rho(\mathrm{P})=0$ となるような２回連続微分可能な函数とし，$\rho(\mathrm{P})f(\mathrm{P})=f_0(\mathrm{P})$，$f(\mathrm{P})-f_0(\mathrm{P})=f_1(\mathrm{P})$ とおけば，$|\mathrm{P}-\mathrm{P}_0|\geqq 2\delta$ で $f_0(\mathrm{P})=0$, $|\mathrm{P}-\mathrm{P}_0|\leqq\delta$ で $f_1(\mathrm{P})=0$, $f(\mathrm{P})=f_0(\mathrm{P})+f_1(\mathrm{P})$．そこで，

$$u_\alpha(\mathrm{P})=-\int_D\gamma(r)f_\alpha(\mathrm{Q})d\xi\qquad(\alpha=0, 1)$$

とおけば，$\mathrm{P}\neq\mathrm{Q}$ では $\gamma(r)$ は P の調和函数であるから，

$$u_1(\mathrm{P})=-\int_{D,|\mathrm{Q}-\mathrm{P}_0|>\delta}\gamma(r)f_1(\mathrm{Q})d\xi$$

は $|\mathrm{P}-\mathrm{P}_0|<\delta$ で $\Delta u_1(\mathrm{P})=0$．$|\mathrm{P}-\mathrm{P}_0|\geqq 2\delta$ で $f_0(\mathrm{P})=0$ であるから，D の外でも $f_0(\mathrm{P})=0$ として，積分域を空間全体と考えてよい．積分範囲を省略して

$$u_0(\mathrm{P})=-\int\gamma(r)f_0(\mathrm{Q})d\xi=-\int\gamma(r')f_0(\mathrm{P}+\mathrm{Q})d\xi;$$

ただし $r'=\overline{\mathrm{OQ}}$. ゆえに，$f(\mathrm{P})$ が２回連続微分可能であるから，

$$\Delta u_0(\mathrm{P})=-\int\gamma(r')\Delta f_0(\mathrm{P}+\mathrm{Q})d\xi=-\int\gamma(r)\Delta f_0(\mathrm{Q})d\xi.$$

一方，P を中心に半径 ε の球面 S_ε をえがき，Γ と S_ε で囲まれた領域 D_ε と $u=f_0(\mathrm{P})$，$v=\gamma(r)$ とにグリーンの公式（3）を適用すると，

$$\int_{D_\varepsilon}\gamma(r)\Delta f_0(\mathrm{Q})d\xi=\left\{\int_\Gamma-\int_{S_\varepsilon}\right\}\left(\gamma\frac{\partial f_0}{\partial n}-f_0\frac{\partial\gamma}{\partial n}\right)d\sigma.$$

Γ 上で $f_0=\partial f_0/\partial n=0$, かつ $\varepsilon\to 0$ のとき $\int_{S_\varepsilon}\gamma(r)\partial_n f_0 d\sigma\to 0$, $\int_{S_\varepsilon}f_0(\mathrm{Q})\partial_n\gamma(r)d\sigma\to -f_0(\mathrm{P})$ から

$$f_0(\mathrm{P})=-\int_D\gamma(r)\Delta f_0(\mathrm{Q})d\xi=-\int\gamma(r)\Delta f_0(\mathrm{Q})d\xi.$$

ゆえに，$\Delta u_0=f_0(\mathrm{P})$．したがって，$|\mathrm{P}-\mathrm{P}_0|<\delta$ で $\Delta u=f(\mathrm{P})$．P_0 は D の任意な点であ

るから，(17) は (14) の解である．

つぎに，(16) の右辺第2項は D において P に関して積分記号下で何回でも微分することができ，調和である．ゆえに，(16) によって与えられる函数 $u(\mathrm{P})$ は (14) をみたす．

また，D 内の点 P が Γ 上の点 P_0 に近づくとき，$u(\mathrm{P})\to 0$ であることも示され，結局 $u(\mathrm{P})$ は Γ 上で値0をとるポアッソンの方程式 (14) の解である．以上をまとめて，

定理 1.7. D をラプラスの方程式に対するディリクレ問題に関して正則な有界領域とし，$f(\mathrm{P})$ を D において有界，かつ2回連続微分可能な函数とすれば，D の境界 Γ 上であらかじめ与えられた連続函数 $\varphi(\mathrm{P})$ を境界値としてとる方程式 (14) の D における解 $u(\mathrm{P})$ が存在し，それは

$$u(\mathrm{P})=v(\mathrm{P})-\int_D G(\mathrm{P},\ \mathrm{Q})f(\mathrm{Q})d\xi$$

で表わされる．ここで $v(\mathrm{P})$ は D において調和，Γ 上で $\varphi(\mathrm{P})$ をとる函数，$G(\mathrm{P},\ \mathrm{Q})$ はラプラスの方程式と D に関するグリーン函数である．

1.5. ヘルムホルツの方程式

(1.18) $$\varDelta u+cu\equiv\frac{\partial^2 u}{\partial {x_1}^2}+\frac{\partial^2 u}{\partial {x_2}^2}+\cdots+\frac{\partial^2 u}{\partial {x_m}^2}+cu=0 \qquad (c \text{ は正の定数})$$

を**ヘルムホルツの方程式**という．これは楕円型方程式であるが，双曲型方程式 $u_{tt}=a^2\varDelta u$ において $u=v\exp(\pm ia\sqrt{c}\,t)$ と変数分離して考えると，v について (18) がえられる．また，放物型方程式 $u_t=\kappa\varDelta u$ $(\kappa>0)$ においても，$u=v\exp(c\kappa t)$ と変数分離すると，v について (18) がみちびかれる．

ラプラスの方程式の基本解に対応して，$r=\{\sum_{i=1}^m(x_i-a_i)^2\}^{1/2}$ だけの函数で $r=0$ において無限大となる (18) の解は

$$\psi(r)=\begin{cases} r^{-m'}J_{-m'}(\sqrt{c}\,r) & (m \text{ が奇数}),\\ r^{-m'}N_{-m'}(\sqrt{c}\,r) & (m \text{ が偶数}); \end{cases}$$

ただし $m'=(m-2)/2$ で与えられる．ここで J_ν, N_ν はそれぞれ ν 次ベッセル函数および ν 次ノイマン函数を表わす．→X §4.1，§4.3

また，調和函数のガウスの平均値公式 (7) に相当するものとして，つぎの公式がある:

$$u(\mathrm{Q})\frac{\Gamma(m/2)J_{m'}(\sqrt{c}\,R)}{(\sqrt{c}\,R/2)^{m'}}=\frac{1}{\omega_m R^{m-1}}\int\cdots\int_{S_R}u\,d\sigma;$$

ここで $m'=(m-2)/2$, S_R は点 Q を中心とする半径 R の球面である．

方程式 (18) のディリクレ問題の解の存在についてのべよう．いま，(18) より一般な方程式

(1.19) $$\varDelta u+c(\mathrm{P})u=0$$

を考える．このとき，つぎのことが成り立つ:

D をラプラスの方程式に対するディリクレ問題に関して正則な有界領域，$c(\mathrm{P})$ は D において有界，かつ1回連続微分可能な函数とする．$\psi(\mathrm{P})$ を D の境界 Γ 上で0になる

方程式 $\Delta u=-1$ の D における解とし,

$$\sup_D|c(\mathrm{P})|=\gamma, \qquad \sup_D|\phi(\mathrm{P})|=\lambda$$

とおくとき，もし $\gamma\lambda<1$ ならば，方程式 (19) および領域 D に関するディリクレ問題はつねに解をもつ.

2. 双曲型方程式

2.1. 初期値問題

2.1.1. 初期値問題.

簡単な双曲型方程式

$$\frac{\partial^2 u}{\partial x \partial y}=f(x,\ y)\equiv f(\mathrm{P}) \tag{2.1}$$

について考える．この方程式の特性条件は $dxdy=0$ であるから，x 軸，y 軸に平行な直線がそれぞれ特性曲線である．いま，x, y 平面上に，任意な特性曲線とは一点のみで交わる滑らかな曲線弧をひく．このとき，弧 AB 上で与えられた連続函数 $\varphi(x, y)$, $p(x, y)$ および $q(x,\ y)$ に対して，条件

$$u=\varphi(x,\ y), \qquad \frac{\partial u}{\partial x}=p(x,\ y), \qquad \frac{\partial u}{\partial y}=q(x,\ y) \tag{2.2}$$

をみたす方程式 (1) の解を求める問題が**初期値問題**である． なお， 初期値は成帯条件 $d\varphi=pdx+qdy$ をみたしていなければならない.

弧 AB は $y=\rho(x)$, $x_0\leqq x\leqq x_0+a$ $(0<a)$ で表わされ，$\rho(x)$ は連続微分可能かつ $\rho'(x)>0$ とする．$y_0=\rho(x_0)$, $y_0+b=\rho(x_0+a)$ とおき，座標が $(x_0,\ y_0)$, $(x_0+a,\ y_0)$, $(x_0+a,\ y_0+b)$, $(x_0,\ y_0+b)$ である点を A, C, B, D とする．閉長方形領域 ACBD 内の一点 $\mathrm{P}(x,\ y)$ を通る x 軸， y 軸に平行な直線が弧 AB と交わる点を R, Q とする(→図 2.1)．また，弧 AB に関する仮定から AB 上の初期値は $u=\varphi(x)$, $u_x=p(x)$, $u_y=q(y)$ で与えられているとしてよい． このとき，つぎの定理が成り立つ:

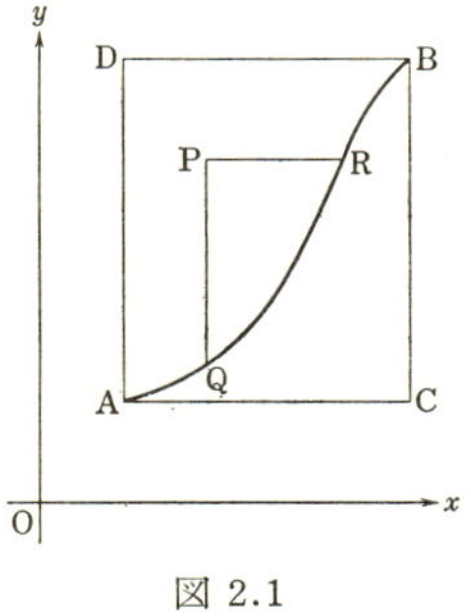

図 2.1

定理 2.1. $f(\mathrm{P})$ は閉長方形領域 ACBD で連続とする．また，$\varphi(x)$ は $x_0\leqq x\leqq x_0+a$ で連続微分可能，$p(x), q(y)$ はそれぞれ $x_0\leqq x\leqq x_0+a$, $y_0\leqq y\leqq y_0+b$ で連続，さらに $\varphi(x), p(x), q(y)$ は曲線弧 AB 上で成帯条件をみたすとする． このとき， 曲線弧 AB 上で初期条件 $u=\varphi(x)$, $u_x=p(x)$, $u_y=q(y)$ をみたし，かつ閉長方形領域 ACBD において連続な偏導函数をもつ方程式 (1) の解がただ一つ存在し，それはつぎの式によって与えられる:

$$u(\mathrm{P})=\varphi(x_0)+\int_{x_0}^{x}p(\xi)d\xi+\int_{y_0}^{y}q(\eta)d\eta-\iint_{(\mathrm{PQR})}f(\mathrm{M})d\xi d\eta; \tag{2.3}$$

ここで， $\mathrm{M}=\mathrm{M}(\xi,\ \eta)$ は動点， 二重積分は線分 PQ, PR および弧 AB によって囲まれ

る擬似三角形 PQR をわたる.

2.1.2. 特性初期値問題.

弧 AB が二つの特性曲線 CA, CB からできており, CA, CB 上で u の値を与えて方程式 (1) の解を求める問題を**特性初期値問題**という. いま, $(x_0+a,\ y_0)$, $(x_0,\ y_0+b)$, $(x_0,\ y_0)$, $(x_0+a,\ y_0+b)$ を座標とする点をそれぞれ A, B, C, D とすると(→図 2.2), つぎの定理が成り立つ:

定理 2.2. $f(\mathrm{P})$ は閉長方形領域 ADBC で連続, $\varphi(x)$ は $x_0 \leqq x \leqq x_0+a$ で連続微分可能, $\psi(y)$ は $y_0 \leqq y \leqq y_0+b$ で連続微分可能, かつ $\varphi(x_0)=\psi(y_0)$ とする. このとき, $y=y_0$, $x_0 \leqq x \leqq x_0+a$ では $\varphi(x)$ と一致し, $x=x_0$, $y_0 \leqq y \leqq y_0+b$ では $\psi(y)$ と一致し, かつ閉長方形領域 ADBC において連続な偏導函数をもつ方程式 (1) の解がただ一つ存在し, それはつぎの式で与えられる:

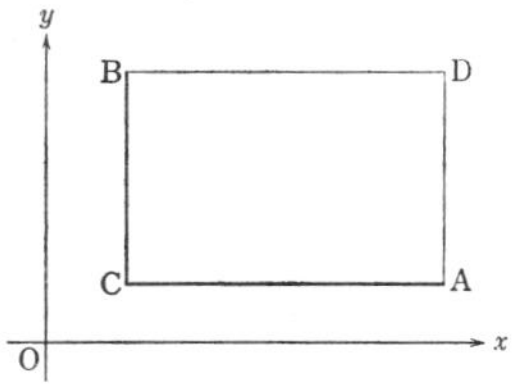

図 2.2

(2.4)
$$u(\mathrm{P})=\varphi(x)+\psi(y)-\varphi(x_0)+\int_{y_0}^{y}\int_{x_0}^{x} f(\mathrm{M})\,d\xi\,d\eta.$$

2.1.3. 半線形方程式に関する初期値問題.

半線形双曲型方程式

(2.5)
$$\frac{\partial^2 u}{\partial x \partial y}=f\Big((x,\ y,\ u,\ \frac{\partial u}{\partial x},\ \frac{\partial u}{\partial y}\Big)$$

に関する初期値問題や特性初期値問題の解の存在は, 逐次近似法によって証明することができる. 例えば, 特性初期値問題についてつぎのことが成り立つ:

函数 $g(x)$, $h(y)$ はそれぞれ区間 $0 \leqq x \leqq a$, $0 \leqq y \leqq b$ において連続微分可能, かつ $g(0)=h(0)$ とする. また, 函数 $f(x,\ y,\ u,\ p,\ q)$ は領域

$$G:\ \ 0 \leqq x \leqq a,\ 0 \leqq y \leqq b,\ |u| \leqq l,\ |p| \leqq m,\ |q| \leqq n$$

において連続, かつ

$$|f| \leqq M, \qquad Mab \leqq l, \qquad Mb \leqq m, \qquad Ma \leqq n$$

とする. さらに, 函数 f は領域 G において u, p, q に関してリプシッツの条件

$$|f(x,y,u',p',q')-f(x,y,u,p,g)| \leqq L\{|u'-u|+|p'-p|+|q'-q|\}$$

をみたすと仮定する. このとき, 初期条件

$$u(x,\ 0)=g(x)\quad (0 \leqq x \leqq a), \qquad u(0,\ y)=h(y)\quad (0 \leqq y \leqq b)$$

をみたし, 領域

$$D:\ \ 0 \leqq x \leqq a,\ 0 \leqq y \leqq b$$

において連続な偏導函数をもつ方程式 (5) の解が存在する.

2.2. 1 次元波動方程式と紘の振動

方程式

(2.6)
$$\frac{\partial^2 u}{\partial t^2}=a^2\frac{\partial^2 u}{\partial x^2} \qquad (a \text{ は正の定数})$$

は**1次元波動方程式**とよばれ，種々の振動現象を研究するさいに現われるものである．紘の振動を例にとって，方程式（6）に関する問題とその解についてのべる．

x 軸上に正，負の方向に無限に延びている紘があるとする．t を時刻変数とし，時刻 $t=0$ において，紘の各質点に x 軸からの変位と速度を x 軸に垂直な方向に与えて，紘を一つの平面内で振動させると，時刻 t における座標 x の質点の変位 $u(x,\ t)$ は方程式（6）をみたす．この $u(x,\ t)$ を求めることが問題となるが，これを数学的に表現すると，$f(x)$, $g(x)$ を区間 $-\infty<x<\infty$ において定義された既知函数として，初期条件

$$u(x,\ 0)=f(x),\qquad \frac{\partial u}{\partial t}(x,\ 0)=g(x) \tag{2.7}$$

をみたす方程式（6）の解を求めることである．

いま，変数変換 $\xi=x-at,\ \eta=x+at$ を行なうと，方程式（6）は $\partial^2u/\partial\xi\partial\eta=0$ となる．したがって，$\varphi(\eta)$, $\psi(\xi)$ をそれぞれ η, ξ の連続微分可能な任意函数として，一般解は $u=\varphi(\eta)+\psi(\xi)$ で与えられる．ここで，変数を ξ, η から x, t にもどせば，

$$u(x,\ t)=\varphi(x+at)+\psi(x-at). \tag{2.8}$$

すなわち，方程式（6）の解は（8）の形に表わせることがわかった．また，$\varphi(\eta)$, $\psi(\xi)$ が2回連続微分可能ならば，（8）で与えられる函数は方程式（6）の解である．（8）の形の解を**ダランベールの解**という．（8）で与えられる解は二つの任意函数を含んでいる．それらが初期条件（7）によって定まるのである．

解（8）が初期条件（7）をみたすようにすれば，

$$\varphi(x)+\psi(x)=f(x),\qquad a\{\varphi'(x)-\psi'(x)\}=g(x)$$

となる．したがって，c を任意定数として

$$\varphi(x)=\frac{1}{2}\left\{f(x)+\frac{1}{a}\int_0^x g(x)dx+c\right\},$$

$$\psi(x)=\frac{1}{2}\left\{f(x)-\frac{1}{a}\int_0^x g(x)dx-c\right\}$$

をうる．ゆえに，初期条件（7）をみたす方程式（6）の解は

$$u(x,\ t)=\frac{1}{2}\left\{f(x+at)+f(x-at)+\frac{1}{a}\int_{x-at}^{x+at}g(x)dx\right\} \tag{2.9}$$

によって表現される．（9）を**ストークスの波動公式**という．

つぎに，紘の両端が $x=0$, $x=l$ で固定されている場合を考える．問題は，$f(x)$, $g(x)$ を区間 $0\leqq x\leqq l$ で定義された既知の連続函数として，初期条件

$$u(x,\ 0)=f(x),\qquad \frac{\partial u}{\partial t}(x,\ 0)=g(x),$$

および境界条件

$$u(0,\ t)=u(l,\ t)=0$$

をみたす方程式（6）の解 $u(x,t)$ を求めることである．この種の問題を**混合問題**という．上記の問題に対しては，$f(x)$, $g(x)$ を $-\infty<x<\infty$ において周期 $2l$ の奇函数となるように延長定義しておくと，解 $u(x,\ t)$ は（9）と同じ表現で与えられることがわかる．

2.3. リーマンの方法

標準形に変形された線形双曲型偏微分方程式

$$L[u]\equiv\frac{\partial^2 u}{\partial x\partial y}+a(x,\ y)\frac{\partial u}{\partial x}+b(x,\ y)\frac{\partial u}{\partial y}+c(x,\ y)u=f(x,\ y) \tag{2.10}$$

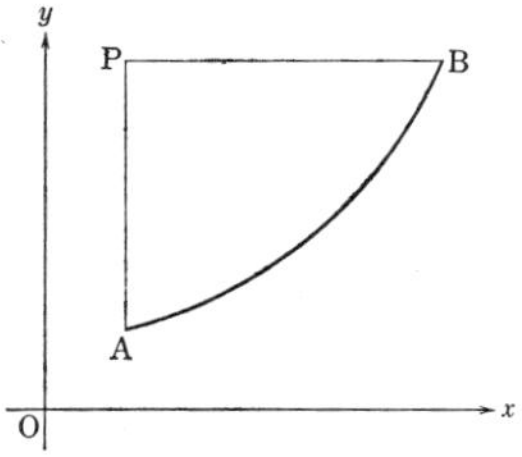

図 2.3

に関する初期値問題の解はいわゆる**リーマンの方法**によって積分表示できることを説明する．函数 $a,\ b,\ c,\ f$ は連続，かつ $a,\ b$ は1回連続微分可能とする．図 2.3 の曲線 AB 上で $u,\ u_x,\ u_y$ の値を与えたとき，点 P における解の値 $u(\mathrm{P})$ を求める問題を考える．線分 PA, PB および弧 AB で囲まれた領域を Ω, Ω の境界を Γ によって示す．

さて，$L[u]$ およびその随伴微分式

$$L^*[v]\equiv\frac{\partial^2 v}{\partial x\partial y}-\frac{\partial(av)}{\partial x}-\frac{\partial(bv)}{\partial y}+cv$$

に対してグリーンの公式により

$$-\iint_\Omega(vL[u]-uL^*[v])dxdy=\int_\Gamma v\left(\frac{\partial u}{\partial x}+bu\right)dx+u\left(\frac{\partial v}{\partial y}-av\right)dy$$

をうるから，u を方程式 (10) の解，v を任意函数とし，また変数を $\xi,\ \eta$ とすれば，

$$-\iint_\Omega(fv-uL^*[v])d\xi d\eta$$
$$=\int_{\mathrm{AB}}v\left(\frac{\partial u}{\partial\xi}+bv\right)d\xi+u\left(\frac{\partial v}{\partial\eta}-av\right)d\eta+\int_{\mathrm{BP}}v\left(\frac{\partial u}{\partial\xi}+bu\right)d\xi-\int_{\mathrm{AP}}u\left(\frac{\partial v}{\partial\eta}-av\right)d\eta.$$

さらに，$v(\partial u/\partial\xi+bu)=\partial(uv)/\partial\xi-u(\partial v/\partial\xi-bv)$ を用いれば，

$$\int_{\mathrm{BP}}v\left(\frac{\partial u}{\partial\xi}+bv\right)d\xi=u(\mathrm{P})v(\mathrm{P})-u(\mathrm{B})v(\mathrm{B})-\int_{\mathrm{BP}}u\left(\frac{\partial v}{\partial\xi}-bv\right)d\xi$$

となるから，

$$\begin{aligned}u(\mathrm{P})v(\mathrm{P})=u(\mathrm{B})v(\mathrm{B})&+\int_{\mathrm{AP}}u\left(\frac{\partial v}{\partial\eta}-av\right)d\eta+\int_{\mathrm{BP}}u\left(\frac{\partial v}{\partial\xi}-bv\right)d\xi\\&-\int_{\mathrm{AB}}v\left(\frac{\partial u}{\partial\xi}+bu\right)d\xi+u\left(\frac{\partial v}{\partial\eta}-av\right)d\eta-\iint_\Omega(fv-uL^*[v])d\xi d\eta.\end{aligned} \tag{2.11}$$

ここで函数 v として，つぎの条件をみたす函数 $R(\mathrm{Q},\ \mathrm{P})$ をとる；ただし，Q は座標が $(\xi,\ \eta)$ である点を示す:

i.　Q の函数として，方程式 $L^*_{(\mathrm{Q})}[R]=0$ をみたす；

ii.　線分 AP 上で $R_\eta(\mathrm{Q},\ \mathrm{P})=a(\mathrm{Q})R(\mathrm{Q},\ \mathrm{P})$,
　　線分 BP 上で $R_\xi(\mathrm{Q},\ \mathrm{P})=b(\mathrm{Q})R(\mathrm{Q},\ \mathrm{P})$;

iii.　$R(\mathrm{P},\ \mathrm{P})=1$.

このような函数 $R(\mathrm{Q},\ \mathrm{P})$ を微分式 $L[u]$ と点 P に関する**リーマン函数**という．この $R(\mathrm{Q},\ \mathrm{P})$ を (11) の v に用いると，

(2.12) $u(\mathrm{P})=u(\mathrm{B})R(\mathrm{B},\ \mathrm{P})-\int_{\mathrm{AB}}R\left(\frac{\partial u}{\partial\xi}+bu\right)d\xi+u\left(\frac{\partial R}{\partial\eta}-aR\right)d\eta-\iint_{\Omega}Rf\,d\xi d\eta.$

曲線弧 AB 上の弧長を s で表わすことにして，$\partial(uR)/\partial s=(\partial u/\partial\xi\cdot R+u\partial R/\partial\xi)\partial\xi/\partial s+(\partial u/\partial\eta\cdot R+u\partial R/\partial\eta)\partial\eta/\partial s$ を弧 AB に沿って積分すれば，

$$u(\mathrm{B})R(\mathrm{B},\ \mathrm{P})-u(\mathrm{A})R(\mathrm{A},\ \mathrm{P})=\int_{\mathrm{AB}}\left(\frac{\partial u}{\partial\xi}R+u\frac{\partial R}{\partial\xi}\right)d\xi+\left(\frac{\partial u}{\partial\eta}R+u\frac{\partial R}{\partial\eta}\right)d\eta.$$

上式と (12) から

(2.13)
$$\begin{aligned}2u(\mathrm{P})=&u(\mathrm{A})R(\mathrm{A},\ \mathrm{P})+u(\mathrm{B})R(\mathrm{B},\ \mathrm{P})\\&+\int_{\mathrm{AB}}\left\{R\frac{\partial u}{\partial\xi}+\left(2bR-\frac{\partial R}{\partial\xi}\right)u\right\}d\xi\\&-\left\{R\frac{\partial u}{\partial\eta}+\left(2aR-\frac{\partial R}{\partial\eta}\right)u\right\}d\eta\\&-\iint_{\Omega}Rf\,d\xi d\eta.\end{aligned}$$

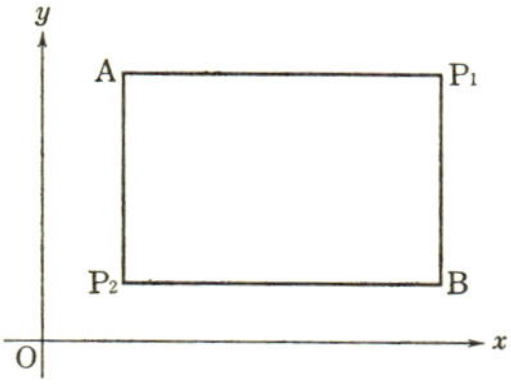

図 2.4

をうる．これを**リーマンの表示式**という．

特性初期値問題のときは(→図 2.4)，上式は簡単につぎのようになる:

(2.14) $u(\mathrm{P}_1)=u(\mathrm{P}_2)R(\mathrm{P}_2,\ \mathrm{P}_1)+\int_{\mathrm{P}_2}^{\mathrm{A}}R\left(\frac{\partial u}{\partial\eta}+au\right)d\eta+\int_{\mathrm{P}_2}^{\mathrm{B}}R\left(\frac{\partial u}{\partial\xi}+bu\right)d\xi.$

例題 1． 方程式

$$\frac{\partial^2u}{\partial x\partial y}+u=0$$

の解で，曲線 $y=x$ 上において $u=\varphi(x)$，$u_x=\psi(x)$，$u_y=\chi(x)$ をみたすものをリーマンの表示式によって表わせ．

［**解**］ 与えられた方程式に関するリーマン函数 $R(\xi,\eta;\ x,\ y)$ は，$\partial^2R/\partial\xi\partial\eta+R=0$ をみたし，かつ $\xi=x$ および $\eta=y$ のとき $R=1$ とならなければならない．そこで，$t=(x-\xi)(y-\eta)$ とおいて，R を t だけの函数と仮定すれば，R は方程式

$$t\frac{d^2v}{dt^2}+\frac{dv}{dt}+v=0$$

をみたし，かつ $t=0$ のとき $R=1$ となればよい． さらに，$\zeta=2\sqrt{t}$ とおくと，上の方程式は

$$\frac{d^2v}{d\zeta^2}+\frac{1}{\zeta}\frac{dv}{d\zeta}+v=0$$

となり，これは 0 次のベッセルの微分方程式である(→X §4.1)．$\zeta=0$ において $v=1$ となる上の方程式の解は 0 次のベッセル函数 $J_0(\zeta)$ であるから，与えられた方程式に関するリーマン函数は $R(\xi,\ \eta;\ x,\ y)=J_0(2\sqrt{(x-\xi)(y-\eta)})$ である．

(13) および

$$\partial R/\partial\xi=\sqrt{(y-\eta)/(x-\xi)}J_1(2\sqrt{(x-\xi)(y-\eta)}),$$
$$\partial R/\delta\eta=\sqrt{(x-\xi)/(y-\eta)}J_1(2\sqrt{(x-\xi)(y-\eta)})$$

より，問題の解 $u(x,\ y)$ は

$$u(x,\ y)=\frac{1}{2}\{\varphi(x)+\varphi(y)\}+\frac{1}{2}\int_x^y\{\chi(\xi)-\psi(\xi)\}J_0(2\sqrt{(x-\xi)(y-\xi)})d\xi$$
$$-\frac{1}{2}(x-y)\int_x^y\frac{\varphi(\xi)}{\sqrt{(x-\xi)(y-\xi)}}J_1(2\sqrt{(x-\xi)(y-\xi)})d\xi. \qquad (以上)$$

二階線形双曲型方程式の有名なものとして，つぎの形の**電信方程式**がある：

$$\frac{\partial^2 u}{\partial t^2}+2\kappa\frac{\partial u}{\partial t}=a^2\frac{\partial^2 u}{\partial z^2} \qquad (a,\ \kappa\ は定数) \tag{2.15}$$

初期条件 $u(z,\ 0)=\varphi(z)$, $u_t(z,\ 0)=\psi(z)$ をみたす (15) の解を求めることは，変換 $u=e^{-\kappa t}v$, $x=\sqrt{c}(z-at)$, $y=\sqrt{c}(z+at)$ $(c=\kappa^2/4a^2)$ により，方程式

$$\frac{\partial^2 v}{\partial x\partial y}+v=0$$

の解で，初期条件: $y=x$ 上において

$$v=\varphi(x/\sqrt{c}), \qquad v_y-v_x=\{\psi(x/\sqrt{c})+\kappa\varphi(x/\sqrt{c})\}/2a\sqrt{c}$$

をみたすものを求める問題に帰着される．これは例題1により解くことができる．

2.4. 2次元・3次元の波動方程式

3次元空間における波動方程式

$$\frac{\partial^2 u}{\partial t^2}=a^2\left(\frac{\partial^2 u}{\partial x^2}+\frac{\partial^2 u}{\partial y^2}+\frac{\partial^2 u}{\partial z^2}\right) \qquad (a\ は正の定数) \tag{2.16}$$

の解 $u(x,\ y,\ z,\ t)$ で，初期条件

$$u(x,\ y,\ z,\ 0)=\varphi(x,\ y,\ z), \qquad \frac{\partial u}{\partial t}(x,\ y,\ z,\ 0)=\psi(x,\ y,\ z) \tag{2.17}$$

をみたすものを求める問題を考える．例えば，空間において音の伝わる現象の研究が，上記の問題の解を求めることに帰着するのである．

さて，二点 $P(x,\ y,\ z)$, $Q(\alpha,\ \beta,\ \gamma)$ の距離を r で，点 P を中心とし半径 at の球面を Σ で示す．このとき，2回連続微分可能な任意の函数 $\mu(\alpha,\ \beta,\ \gamma)$ に対して函数

$$v(x,\ y,\ z,\ t)=\iint_\Sigma\frac{\mu(\alpha,\ \beta,\ \gamma)}{r}d\sigma \tag{2.18}$$

は方程式 (16) をみたすことを証明する．なお，函数 $v(x,\ y,\ z,\ t)$ を**球ポテンシャル**という．

原点を中心として，半径1の球面 Ω 上の点 $Q_1(\xi,\ \eta,\ \zeta)$ をとって，変数変換 $\alpha=x+at\xi$, $\beta=y+at\eta$, $\gamma=z+at\zeta$ を行なうと，球面 Σ, Ω 上の面積要素 $d\sigma$, $d\omega$ の間には，$d\sigma=a^2t^2d\omega=r^2d\omega$ という関係があるから，(18) は

$$v(x,\ y,\ z,\ t)=\iint_\Omega\mu(x+at\xi,\ y+at\eta,\ z+at\zeta)at\,d\omega. \tag{2.19}$$

上式の右辺の積分範囲は $x,\ y,\ z,\ t$ に無関係であるから，

$$\begin{aligned}\Delta v\equiv\frac{\partial^2 v}{\partial x^2}+\frac{\partial^2 v}{\partial y^2}+\frac{\partial^2 v}{\partial z^2}&=\iint_\Omega\Delta\mu(x+at\xi,\ y+at\eta,\ z+at\zeta)at\,d\omega\\&=\frac{1}{r}\iint_\Sigma\left(\frac{\partial^2\mu}{\partial\alpha^2}+\frac{\partial^2\mu}{\partial\beta^2}+\frac{\partial^2\mu}{\partial\gamma^2}\right)d\sigma,\end{aligned} \tag{2.20}$$

(2.21)
$$\frac{\partial v}{\partial t}=\frac{v}{t}+at\iint_{\Omega}\left(a\xi\frac{\partial \mu}{\partial x}+a\eta\frac{\partial \mu}{\partial y}+a\zeta\frac{\partial \mu}{\partial z}\right)d\omega=\frac{v}{t}+\frac{1}{t}J,$$
$$J=\iint_{\Sigma}\left(\frac{\alpha-x}{at}\,\frac{\partial \mu}{\partial \alpha}+\frac{\beta-y}{at}\,\frac{\partial \mu}{\partial \beta}+\frac{\gamma-z}{at}\,\frac{\partial \mu}{\partial \gamma}\right)d\sigma$$

をうる．さらに，$(\alpha-x)/at$, $(\beta-y)/at$, $(\gamma-z)/at$ は球面 Σ の外法線の方向余弦であるから，

$$J=\iint_{\Sigma}\frac{\partial \mu}{\partial \alpha}d\beta d\gamma+\frac{\partial \mu}{\partial \beta}d\gamma d\alpha+\frac{\partial \mu}{\partial \gamma}d\alpha d\beta$$
$$=\iiint_{(\Sigma)}\left(\frac{\partial^2 \mu}{\partial \alpha^2}+\frac{\partial^2 \mu}{\partial \beta^2}+\frac{\partial^2 \mu}{\partial \gamma^2}\right)d\alpha d\beta d\gamma$$

をうる；ここで (Σ) は球面 Σ の内部を表わす．

(21) を t で微分して $\partial^2 v/\partial t^2=(1/t)\partial J/\partial t=(a^2/r)\partial J/\partial r$. $\Sigma_{\delta r}$ を Σ と同心で半径 $r+\delta r$ の球面とすると，

$$\frac{\partial J}{\partial r}=\lim_{\delta r\to 0}\frac{1}{\delta r}\iiint_{(\Sigma_{\delta r})-(\Sigma)}\left(\frac{\partial^2 \mu}{\partial \alpha^2}+\frac{\partial^2 \mu}{\partial \beta^2}+\frac{\partial^2 \mu}{\partial \gamma^2}\right)d\alpha d\beta d\gamma$$
$$=\iint_{\Sigma}\left(\frac{\partial^2 \mu}{\partial \alpha^2}+\frac{\partial^2 \mu}{\partial \beta^2}+\frac{\partial^2 \mu}{\partial \gamma^2}\right)d\sigma.$$

したがって，

(2.22)
$$\frac{\partial^2 v}{\partial t^2}=\frac{a^2}{r}\,\frac{\partial J}{\partial r}=\frac{a^2}{r}\iint_{\Sigma}\left(\frac{\partial^2 \mu}{\partial \alpha^2}+\frac{\partial^2 \mu}{\partial \beta^2}+\frac{\partial^2 \mu}{\partial \gamma^2}\right)d\sigma.$$

ゆえに，(20)，(22) から，(18) によって定義される函数 v は (16) をみたす．(19) から $v(x, y, z, 0)=0$, かつ (19)，(21)，(22) より $v_t(x, y, z, 0)=4\pi a\mu(x, y, z)$. また，$\mu(\alpha, \beta, \gamma)$ が3回連続微分可能であるとき，$w(x, y, z, t)=v_t(x, y, z, t)$ も (16) をみたし，かつ (22) より $w_t(x, y, z, 0)=0$.

以上の結果をまとめて，つぎの定理をうる：

定理 2.3. 函数 $\varphi(x, y, z)$ は3回連続微分可能，函数 $\psi(x, y, z)$ は2回連続微分可能とする．このとき，点 $\mathrm{P}(x, y, z)$ を中心とし，$at>0$ を半径とする球面を Σ で示すと，初期条件 (17) をみたす方程式 (16) の解は

(2.23)
$$u(x, y, z, t)=\frac{1}{4\pi a^2}\left\{\frac{\partial}{\partial t}\left(\frac{1}{t}\iint_{\Sigma}\varphi(\alpha, \beta, \gamma)d\sigma\right)+\frac{1}{t}\iint_{\Sigma}\psi(\alpha, \beta, \gamma)d\sigma\right\}$$

で与えられる．——この式を**ポアッソンの波動公式**という．

つぎに，平面における波動方程式

(2.24)
$$\frac{\partial^2 u}{\partial t^2}=a^2\left(\frac{\partial^2 u}{\partial x^2}+\frac{\partial^2 u}{\partial y^2}\right) \qquad (a \text{ は正の定数})$$

の解 $u=u(x, y, t)$ で，初期条件

(2.25)
$$u(x, y, 0)=\varphi(x, y), \qquad \frac{\partial u}{\partial t}(x, y, 0)=\psi(x, y)$$

をみたすものを求めよう．これは上にのべた3次元の場合の初期値が z によらない特別な場合と考えられる．

点 $P(x, y, 0)$ を中心とし，at を半径とする x, y, z 空間内の球面 Σ に対して，点 $P_0(x, y)$ を中心とし，at を半径とする x, y 平面上の閉円板を K とする．(23) において $\varphi(\alpha, \beta, \gamma)=\varphi(\alpha, \beta)$, $\psi(\alpha, \beta, \gamma)=\psi(\alpha, \beta)$ とおいて，球面 Σ 上の積分を閉円板 K 上の積分にかき直せばよい．球面 Σ 上の面積要素は $d\sigma=(r/\sqrt{r^2-(x-\alpha)^2-(y-\beta)^2})d\alpha d\beta$ $(r=at)$ であり，閉円板 K 上の一点は球面 Σ 上の x, y 平面に関して対称な二つの点の射影であるから，結局，初期条件 (25) をみたす方程式 (24) の解はつぎの式で表示される:

$$u(x, y, t)=\frac{1}{2\pi a}\left\{\frac{\partial}{\partial t}\iint_K \frac{\varphi(\alpha, \beta)d\alpha d\beta}{\sqrt{a^2t^2-(x-\alpha)^2-(y-\beta)^2}} + \iint_K \frac{\psi(\alpha, \beta)d\alpha d\beta}{\sqrt{a^2t^2-(x-\alpha)^2-(y-\beta)^2}}\right\}. \tag{2.26}$$

なお，上記のように次元の高い場合の公式から次元の低い場合の公式をみちびく方法を**次元低減法**という．

ここで上記の解 (23) と (26) を比較すると，3 次元と 2 次元の場合では波の伝わり方が異なることがわかる．すなわち，初期値が原点 0 の近傍 G だけで 0 と異なるとき，3 次元では $u(P, t)$ の値は P を中心，at を半径とする球面 Σ が G と交わるときのみ 0 でなく，しかもその球面上の初期値だけにより定まる．一方，2 次元では $u(P, t)$ の値は P を中心，半径 at の閉円板 K の周囲および内部における初期値全体から定まる．この事実を**ホイゲンスの原理**が 3 次元では成り立つが，2 次元では成り立たないという．

2.5. 一般次元の波動方程式

まず，独立変数の個数が 3 以上の双曲型方程式

$$\frac{\partial^2 u}{\partial t^2}-\sum_{i=1}^{m}\frac{\partial^2 u}{\partial x_i{}^2}+\sum_{i=1}^{m} b_i\frac{\partial u}{\partial x_i}+b\frac{\partial u}{\partial t}+cu=f \tag{2.27}$$

を考えよう；ここで b_i, b, c, f は t, x_1, $\cdots$, x_m の函数，かつ $m\geqq 2$.

t, x_1, $\cdots$, x_m 空間内の点 $P(t_0, x_{10}, \cdots, x_{m0})$ に対して，

$$\Gamma:\quad \Phi\equiv(t-t_0)^2-(x_1-x_{10})^2-\cdots-(x_m-x_{m0})^2=0$$

によって定義される円錐は方程式 (27) の特性曲面である．この円錐を方程式 (27) の点 P を頂点とする**特性円錐**という．

方程式 (27) に関する初期値問題については，例えば，超平面 S: $t=0$ 上において初期条件

$$u=\varphi(x_1, \cdots, x_m), \qquad \frac{\partial u}{\partial t}=\psi(x_1, \cdots, x_m)$$

をみたす方程式 (27) の解は一意的であることが示される．さらに，方程式 (27) の解の点 P における値は特性円錐 Γ が超平面 S から切りとる部分 T における初期値のみによって定まる．このような S の部分 T を点 P における解の**依存領域**という．また，S 上の点を頂点とする特性円錐によって囲まれる領域を**影響領域**という．→図 2.5

つぎに，空間次元が一般な場合の波動方程式

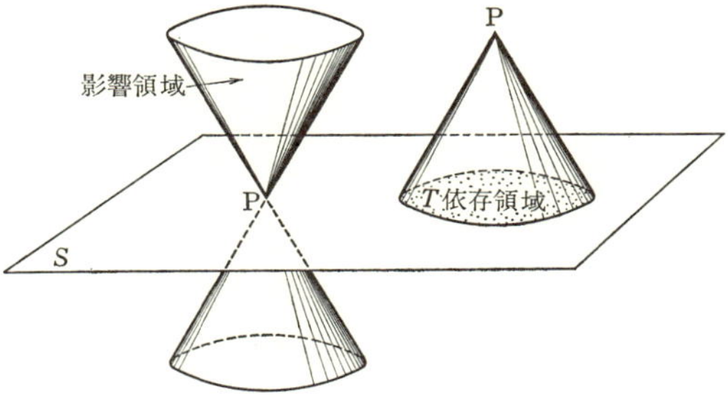

図 2.5

(2.28) $$\frac{\partial^2 u}{\partial t^2}=\sum_{j=1}^{m}\frac{\partial^2 u}{\partial x_j{}^2}$$

に関する初期値問題の解の表示についてのべよう．なお，実ベクトル $(x_1, x_2, \cdots, x_m)$ を x で表わすことにする．

さて，方程式 (28) の解 $u=u(x, t)$ で，初期条件

(2.29) $$u(x, 0)=\varphi(x), \qquad \frac{\partial u}{\partial t}(x, 0)=\psi(x)$$

をみたすものは，それぞれ初期条件

$$u(x, 0)=\varphi(x), \qquad \frac{\partial u}{\partial t}(x, 0)=0;$$

$$u(x, 0)=0, \qquad \frac{\partial u}{\partial t}(x, 0)=\psi(x)$$

をみたす方程式 (28) の二つの解の和として表わせる．さらに，初期条件

(2.30) $$u(x, 0)=0, \qquad \frac{\partial u}{\partial t}(x, 0)=\varphi(x)$$

をみたす方程式 (28) の解を $u(x, t)$ とするとき，$v(x, t)=u_t(x, t)$ とおくと，$v(x, t)$ は初期条件 $v(x, 0)=\varphi(x)$, $v_t(x, 0)=0$ をみたす (28) の解である．

したがって，初期条件 (29) をみたす方程式 (28) の解を求めるには，初期条件 (30) をみたす方程式 (28) の解を求めれば十分である．この問題の解は，$m\geqq 2$ のとき，

(2.31) $$u(x, t)=\frac{1}{(m-2)!}\frac{\partial^{m-2}}{\partial t^{m-2}}\int_0^t (t^2-\rho^2)^{(m-3)/2}\rho Q_m(x, \rho)d\rho$$

で与えられることが示される．ここで

$$Q_m(x, \rho)=\frac{1}{\omega_m}\int\cdots\int_{\Omega_m}\varphi(x+\beta\rho)d\sigma_\beta$$

であって，点 $\mathrm{P}(x_1, \cdots, x_m)$ を中心，ρ を半径とする球面上の函数 φ の平均値である．なお，Ω_m は原点を中心とする単位球面，ω_m はその表面積，$\beta=(\beta_1, \beta_2, \cdots, \beta_m)$ は Ω_m 上の点，$d\sigma_\beta$ は Ω_m 上の面積要素を表わす．

3. 放物型方程式

3.1. 熱伝導方程式

典型的な放物型方程式は

$$\frac{\partial u}{\partial y}=\frac{\partial^2 u}{\partial x^2} \tag{3.1}$$

である．この方程式は熱導体中の熱伝導の現象を記述するさいに現われ，**熱伝導方程式**といわれる．点 $\mathrm{P}(x, y)$ の函数 $u(\mathrm{P})$ が x, y 平面の領域 D において1回連続微分可能でかつ方程式 (1) をみたすとき，$u(\mathrm{P})$ を D において方程式 (1) の**正則**な解という．

まず，方程式 (1) の解析的な解について考察する．ただし変数はすべて実数とする．方程式 (1) の解 $u=u(x, y)$ が点 (x_0, y_0) の近傍で解析的ならば，$\partial^2 u/\partial x^2=\partial u/\partial y$ より，$\partial^{2n}u/\partial x^{2n}=\partial^n u/\partial y^n$ $(n=1, 2, \cdots)$ が成り立つ．そこで，

$$u(x_0, y)=\varphi(y), \qquad \frac{\partial u}{\partial x}(x_0, y)=\psi(y)$$

とおけば，一般に $\partial^{2n}u(x_0, y)/\partial x^{2n}=\varphi^{(n)}(y)$, $\partial^{2n+1}u(x_0, y)/\partial x^{2n+1}=\psi^{(n)}(y)$ が成り立つ．したがって，$u(x, y)$ は $x-x_0$ に関する整級数

$$\begin{aligned} u(x, y)=&\varphi(y)+(x-x_0)\psi(y)+\cdots \\ &+\frac{(x-x_0)^{2n}}{(2n)!}\varphi^{(n)}(y)+\frac{(x-x_0)^{2n+1}}{(2n+1)!}\psi^{(n)}(y)+\cdots \end{aligned} \tag{3.2}$$

に展開できる．逆に，任意の解析的な φ と ψ に対して (2) は形式的に方程式 (1) をみたす．さらに，$\varphi(y)$, $\psi(y)$ は $y-y_0$ に関する整級数に展開できるとし，その収束半径を R とする．(2) にこれらの整級数を代入すると，$u(x, y)$ の二重級数展開

$$u(x, y)=\sum_{j,k=0}^{\infty} c_{jk}(x-x_0)^j(y-y_0)^k \tag{3.3}$$

がえられる．逆に，任意な整級数 $\varphi(y)$, $\psi(y)$ に対し，(3) は形式的には方程式 (1) をみたす．$|y-y_0|\leqq r<R$ において，$|\varphi(y)|$, $|\psi(y)|\leqq M_r<\infty$ とすれば，

$$\Phi(y)=\frac{M_r}{1-(y-y_0)/r}=M_r\left\{1+\frac{y-y_0}{r}+\frac{(y-y_0)^2}{r^2}+\cdots\right\}$$

は $\varphi(y)$, $\psi(y)$ の優級数である．

したがって，(2) において φ と ψ を Φ でおきかえた整級数

$$U(x, y)=\sum_{j,k=0}^{\infty} C_{jk}(x-x_0)^j(y-y_0)^k \tag{3.4}$$

は級数 (3) の優級数である：$|c_{jk}|\leqq C_{jk}$．しかも

$$\sum_{k=0}^{\infty} C_{2n,k}|y-y_0|^k=\frac{1}{(2n)!}\frac{d^n}{dt^n}\frac{M_r}{(1-t/r)}\bigg|_{t=|y-y_0|}=\frac{M_r n!}{(2n)!(1-|y-y_0|r)^{n+1}r^n},$$

$$\sum_{k=0}^{\infty} C_{2n+1,k}|y-y_0|^k=\frac{1}{(2n+1)!}\frac{d^n}{dt^n}\frac{M_r}{(1-t/r)}\bigg|_{t=|y-y_0|}=\frac{M_r n!}{(2n+1)!(1-|y-y_0|/r)^{n+1}r^n}$$

であり，また

$$\sum_{n=0}^{\infty}\left[\frac{M_r n!\,|x-x_0|^{2n}}{(2n)!(1-|y-y_0|/r)^{n+1}r^n}+\frac{M_r n!\,|x-x_0|^{2n+1}}{(2n+1)!(1-|y-y_0|/r)^{n+1}r^n}\right]$$

は $|x-x_0|$ によらず $|y-y_0|<r$ であれば収束するから，級数 (3) も $|y-y_0|<r$ である限り収束する．以上をまとめて，

定理 3.1. 函数 $\varphi(y)$，$\psi(y)$ は $y=y_0$ の近傍において解析的で，その整級数展開の収束半径を R とする．このとき，$u(x_0, y)=\varphi(y)$，$\partial u(x_0, y)/\partial x=\psi(y)$ をみたす方程式 (1) の解析的な解 $u(x, y)$ が存在し，その二重級数展開 (3) は帯状領域

$$-\infty<x<\infty, \qquad y_0-R<y<y_0+R$$

において絶対一様収束する．

定理 3.2. $F(x)$ を x の整函数とするとき，原点 (0, 0) の近傍で解析的，かつ $u(x, 0)=F(x)$ をみたす方程式 (1) の解が存在するための必要十分条件は，適当な正数 L, K に対して函数 $L(1+x)e^{Kx^2}$ が $F(x)$ の優級数となることである．

証明. $u(x, y)$ を (0, 0) の近傍で解析的な (1) の解で，$u(0, y)=\varphi(y)$, $\partial u(0, y)/\partial x=\psi(y)$ とする．定理 3.1 から $u(x, 0)=F(x)$ は x の整函数であり，その展開式を

$$F(x)=a_0+a_1x+a_2x^2+\cdots+a_{2n}x^{2n}+a_{2n+1}x^{2n+1}+\cdots$$

とすれば，$a_{2n}=\varphi^{(n)}(0)/(2n)!$，$a_{2n+1}=\psi^{(n)}(0)/(2n+1)!$．

$\varphi(y), \psi(y)$ の展開式の収束半径を R とし，$r<R$ なる正数 r に対して，$|y|\leqq r$ で $|\varphi(y)|$，$|\psi(y)|\leqq M$ ならば $|\varphi^{(n)}(0)|\leqq n!M/r^n$，$|\psi^{(n)}(0)|\leqq n!M/r^n$ であるから，$|a_{2n}|\leqq Mn!/r^n(2n)!$，$|a_{2n+1}|\leqq Mn!/r^n(2n+1)!$．

正数 K を $Kr>1$ となるように選ぶと，$(n!)^2/(2n)!(Kr)^n$ は収束級数の一般項であるから，$L>M(n!)^2/(2n)!(Kr)^n$ がすべての n について成り立つような正数 L が存在する．この K, L を用いると，整函数

$$L(1+x)e^{Kx^2}=L\left\{1+x+Kx^2+\cdots+\frac{K^nx^{2n}}{n!}+\frac{K^nx^{2n+1}}{n!}+\cdots\right\}$$

は $F(x)$ の優級数である．

逆に，$F(x)$ は x の整函数で，$F(x)\ll L(1+x)e^{Kx^2}$ とする．$|F^{(2n)}(0)|\leqq L(2n)!K^n/n!$，$|F^{(2n+1)}(0)|\leqq L(2n+1)!K^n/n!$ から

$$\Phi(y)=L\left\{1+2!Ky+\cdots+\frac{2n!}{(n!)^2}K^ny^n+\cdots\right\},$$

$$\Psi(y)=L\left\{1+3!Ky+\cdots+\frac{(2n+1)!}{(n!)^2}K^ny^n+\cdots\right\}$$

はそれぞれ級数

$$\varphi(y)=F(0)+F''(0)y+\cdots+\frac{F^{(2n)}(0)}{n!}y^n+\cdots,$$

$$\psi(y)=F'(0)+F'''(0)y+\cdots+\frac{F^{(2n+1)}(0)}{n!}y^n+\cdots$$

の優級数である．$4Ky<1$ ならば，$\Phi(y)$, $\Psi(y)$ は収束するから，級数 $\varphi(y)$，$\psi(y)$ も同じ y の範囲で収束し，y の解析函数である．したがって，定理 3.1 から (0, 0) の近傍

で解析的，かつ $u(0, y)=\varphi(y)$, $\partial u(0, y)/\partial x=\psi(y)$ をみたす方程式 (1) の解が存在し，

$$u(x, y)=\varphi(y)+\psi(y)x+\cdots+\frac{\varphi^{(n)}(y)}{(2n)!}x^{2n}+\frac{\psi^{(n)}(y)}{(2n+1)!}x^{2n+1}+\cdots$$

と展開できる．ここで $y=0$ とおけば，

$$u(x, 0)=F(0)+F'(0)x+\cdots+\frac{F^{(2n)}(0)}{(2n)!}x^{2n}+\frac{F^{(2n+1)}(0)}{(2n+1)!}x^{2n+1}+\cdots=F(x).$$

（証終）

3.2. 基本解・ポアッソンの公式

$\mathrm{P}=\mathrm{P}(x, y)$, $\mathrm{Q}=\mathrm{Q}(\xi, \eta)$ とおく．このとき，P と Q の函数

$$U(\mathrm{P}, \mathrm{Q})=\begin{cases}\dfrac{1}{2\sqrt{\pi(y-\eta)}}\exp\left\{-\dfrac{(x-\xi)^2}{4(y-\eta)}\right\} & (y>\eta), \\ 0 & (y\leqq\eta)\end{cases} \tag{3.5}$$

は，点 Q を除いたところで P に関して何回でも微分可能であり，方程式 (1) をみたす．また，点 P を除いたところで Q に関して何回でも微分可能であって，(1) の随伴方程式

$$\frac{\partial^2 v}{\partial\xi^2}+\frac{\partial v}{\partial\eta}=0$$

をみたす．函数 $U(\mathrm{P}, \mathrm{Q})$ を方程式 (1) の**基本解**という．

定理 3.3. 函数 $\varphi(\xi)$ は区間 $a<\xi<b$ において有界連続とし，また $U(\mathrm{P}, \mathrm{Q})$ を方程式 (1) の基本解とする．函数 $u(\mathrm{P})$ を

$$u(\mathrm{P})=\int_a^b\varphi(\xi)U(\mathrm{P};\ \xi,\ h)d\xi \tag{3.6}$$

によって定義すれば，$a<x_0<b$ である x_0 に対して，点 P が特性曲線 $y=h$ の上側から，任意な路に沿って，点 (x_0, h) に近づくとき，

$$\lim u(P)=\varphi(x_0)$$

が成り立つ．

証明.

$$\begin{aligned}u(P)&=\frac{1}{2\sqrt{\pi}}\int_{a-x}^{b-x}\frac{\varphi(x+s)}{\sqrt{y-h}}\exp\left\{-\frac{s^2}{4(y-h)}\right\}ds\\&=\frac{1}{2\sqrt{\pi}}\int_{a-x}^{b-x}\frac{\varphi(x_0)}{\sqrt{y-h}}\exp\left\{-\frac{s^2}{4(y-h)}\right\}ds\\&\quad+\frac{1}{2\sqrt{\pi}}\int_{a-x}^{b-x}\frac{\varphi(x+s)-\varphi(x_0)}{\sqrt{y-h}}\exp\left\{-\frac{s^2}{4(y-h)}\right\}ds.\end{aligned}$$

右辺第1項は $t=s/2\sqrt{y-h}$ とおけば，x が a と b の間にあって x_0 に近づき，y が $h+0$ に近づくとき，

$$\frac{\varphi(x_0)}{\sqrt{\pi}}\int_{-\infty}^{+\infty}e^{-t^2}dt=\varphi(x_0)$$

に収束する．つぎに，右辺第2項を I とおく．任意な正数 ε に対して正数 δ を，$a<x_0-\delta<x_0+\delta<b$，かつ $|\xi-x_0|<\delta$ ならば $|\varphi(\xi)-\varphi(x_0)|<\varepsilon$ が成り立つように選び，固定する．そこで，積分 I をつぎの三つの部分に分けて考える:

$$I=\int_{a-x}^{-\delta/2}+\int_{-\delta/2}^{\delta/2}+\int_{\delta/2}^{b-x}\frac{1}{2\sqrt{\pi}}\frac{\varphi(x+s)-\varphi(x_0)}{\sqrt{y-h}}\exp\left\{-\frac{s^2}{4(y-h)}\right\}ds;$$

右辺の各項をそれぞれ I_1, I_2, I_3 としよう．

x が $|x-x_0|<\delta/2$, $|s|<\delta/2$ であれば $|\varphi(x+s)-\varphi(x_0)|<\varepsilon$ に注意して，$|I_2|<\varepsilon$. また，δ' を十分小にとり $\int_{\delta/4\delta'}^{\infty}e^{-t^2}dt<\varepsilon$ をみたすようにとっておく．仮定から区間 $a<\xi<b$ において，$|\varphi(\xi)|\leqq M<\infty$ となる正数 M が存在するから，$0<y-h<\delta'^2$ のとき，

$$|I_3|\leqq\frac{M}{\sqrt{\pi}}\int_{\delta/2}^{b-x}\frac{1}{\sqrt{y-h}}\exp\left\{-\frac{s^2}{4(y-h)}\right\}ds$$
$$\leqq\frac{2M}{\sqrt{\pi}}\int_{\delta/4\delta'}^{\infty}e^{-t^2}dt\leqq\frac{2M\varepsilon}{\sqrt{\pi}}.$$

同様にして，$|I_1|\leqq 2M\varepsilon/\sqrt{\pi}$．したがって，$|x-x_0|<\delta/2$, $0<y-h<\delta'^2$ ならば，$|I|\leqq(1+4M/\sqrt{\pi})\varepsilon$. ε は任意であるから，点 P が特性曲線の上から任意な路に沿って点 (x_0, h) に近づくとき，$I\to 0$. （証終）

定理 3.3 は $a=-\infty$, $b=\infty$ の場合にも成り立つ．そして，この場合，y を時刻変数と考え，$h=0$ とすれば，初期条件 $u(x, 0)=\varphi(x)$ $(-\infty<x<\infty)$ をみたす方程式 (1) の解は

(3.7) $$u(\mathrm{P})=\frac{1}{2\sqrt{\pi y}}\int_{-\infty}^{\infty}\varphi(\xi)\exp\left\{-\frac{(x-\xi)^2}{4y}\right\}d\xi$$

によって与えられる(→IX B §3.5 定理 3.7)．このような問題を方程式 (1) に関する**初期値問題**ということがあり，また (7) を**ポアッソンの公式**という．

なお，変数変換 $\xi=x+2s\sqrt{y}$ を行なえば，(7) は

(3.8) $$u(\mathrm{P})=\frac{1}{\sqrt{\pi}}\int_{-\infty}^{\infty}\varphi(x+2s\sqrt{y})e^{-s^2}ds$$

となる．

3.3. 第一種初期値境界値問題

図 3.1 のように，二つの特性曲線 $y=a$, $y=b$ 上の線分 AB, EF および二つの曲線弧 AE, BF によって囲まれた領域を D とする．なお，曲線弧 AE, BF は任意の特性曲線とはただ一点だけで交わり，かつ線分 EF は線分 AB の上側にあるものとする．このとき，領域 D において方程式 (1) をみたし，曲線弧 AE, BF および線分 AB 上であらかじめ与えられた値をとる函数を求める問題を方程式 (1) と領域 D とに関する**第一種初期値境界値問題**という．

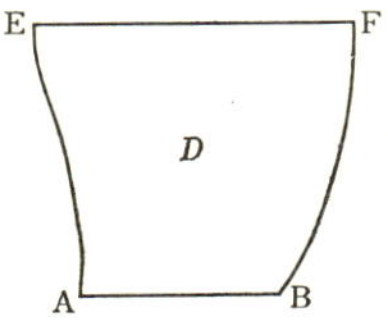

図 3.1

ここではまず，つぎのような第一種初期値境界値問題の特別な場合を**フーリエの方法**によって解く．

いま，x, t 平面において領域 $\bar{R}$ を

$$\bar{R}:\quad 0\leqq x\leqq l,\quad 0\leqq t<\infty$$

によって定義し，R を $\bar{R}$ の内部領域として，つぎの問題を考える:

$\bar{R}$ において連続，R において方程式

$$\frac{\partial^2 u}{\partial x^2}-\frac{\partial u}{\partial t}=0 \tag{3.9}$$

をみたし，また初期条件および境界条件

$$u(x,\ 0)=f(x), \tag{3.10}$$

$$u(0,\ t)=u(l,\ t)=0 \tag{3.11}$$

をみたす函数 $u(x,\ t)$ を求めること．ここで $f(x)$ は $0\leqq x\leqq l$ においてリプシッツの条件をみたし，かつ $f(0)=f(l)=0$ とする．

境界条件（11）をみたす方程式（9）の特殊解を変数分離の方法で求めると，

$$u_n=B_n\exp\left\{-\left(\frac{n\pi}{l}\right)^2 t\right\}\sin\frac{n\pi}{l}x \qquad (n=1,\ 2,\ \cdots;\ B_n\text{: 定数}).$$

これらの解を重ね合わせて

$$u(x,\ t)=\sum_{n=1}^{\infty}B_n\exp\left\{-\left(\frac{n\pi}{l}\right)^2 t\right\}\sin\frac{n\pi}{l}x \tag{3.12}$$

をつくり，これが初期条件（10）をみたすように B_n を定める．$t=0$ とおいて

$$u(x,\ 0)=\sum_{n=1}^{\infty}B_n\sin\frac{n\pi}{l}x=f(x). \tag{3.13}$$

したがって，定数 B_n を函数 $f(x)$ に対するフーリエ係数

$$B_n=\frac{2}{l}\int_0^l f(x)\sin\frac{n\pi}{l}x\,dx \qquad (n=1,\ 2,\ \cdots) \tag{3.14}$$

ととればよい．じっさい，$f(x)$ に関する仮定から，$f(x)$ のフーリエ級数は $0\leqq x\leqq l$ において絶対収束し，かつ（13）が成り立ち，$\sum_{n=1}^{\infty}|B_n|<\infty$．ゆえに，$t\geqq 0$ のとき $\exp\{-(n\pi/l)^2\}\leqq 1$ であるから，(12) の右辺も絶対収束し連続函数を表わす．また，$t>0$ のとき，十分大きい n に対して

$$\frac{n\pi}{l}\exp\left\{-\left(\frac{n\pi}{l}\right)^2 t\right\}, \qquad \left(\frac{n\pi}{l}\right)^2\exp\left\{-\left(\frac{n\pi}{l}\right)^2 t\right\}<1$$

となるから，（12）の右辺は t に関して1回，x に関して2回項別微分可能であり，したがって R において方程式（9）の解である．

つぎに，はじめに説明した第一種初期値境界値問題の解の一意性についてのべる．D を図 3.1 に示された領域，$\bar{D}$ をその閉包，D の境界 Γ のうち曲線弧 AE, BF および線分 AB から成る部分を Γ_1，線分 EF から成る部分を Γ_2 で表わすことにする．

定理 3.4. $\bar{D}$ において連続，$D\cup\Gamma_2$ において正則な方程式（1）の解 $u(\mathrm{P})$ は，その $\bar{D}$ における最大値，最小値を Γ_1 上でとる．

証明． $\bar{D}$ における $u(\mathrm{P})$ の最大値を M，Γ_1 におけるそれを m とし，$m<M$ とする．このとき，$u(\mathrm{P})$ は $D\cup\Gamma_2$ の一点 $\mathrm{P}_0(x_0,\ y_0)$ において値 M をとる．曲線弧 AE, BF 間の特性曲線上の線分の長さの最大を l とし，

$$v(\mathrm{P})=u(\mathrm{P})+\frac{M-m}{4l^2}(x-x_0)^2$$

とおくと，Γ_1 上では $v(\mathrm{P})\leqq m+(M-m)/4<M$，しかも $v(\mathrm{P}_0)=u(\mathrm{P}_0)=M$．したがって，函数 $v(\mathrm{P})$ は $\bar{D}$ における最大値を Γ_1 上ではとらないから，$D\cup\Gamma_2$ のある点 $\mathrm{P}_1(x_1, y_1)$ においてとる．したがって，$\partial^2 v(\mathrm{P}_1)/\partial x^2\leqq 0$，かつ $y_1<b$ ならば $\partial v(\mathrm{P}_1)/\partial y=0$，$y_1=b$ ならば $\partial v(\mathrm{P}_1)/\partial y\geqq 0$ であるから，

$$\frac{\partial^2 v}{\partial x^2}(\mathrm{P}_1)-\frac{\partial v}{\partial y}(\mathrm{P}_1)\leqq 0.$$

しかも，$D\cup\Gamma_2$ において

$$\frac{\partial^2 v}{\partial x^2}-\frac{\partial v}{\partial y}=\frac{M-m}{2l^2}+\frac{\partial^2 u}{\partial x^2}-\frac{\partial u}{\partial y}=\frac{M-m}{2l^2}>0$$

となるから，矛盾である．ゆえに，$M=m$．最小値については，$-u(\mathrm{P})$ に対して上の証明を適用すればよい． （証終）

定理 3.5. $\bar{D}$ において連続，Γ_1 においてあらかじめ与えられた値をとり，D において正則な方程式 (1) の解は高々一つ存在する．

証明. 二つの解 u_1, u_2 があるとして $v=u_1-u_2$ とおく．D 内を横切る特性曲線 L をひき，L の下側にある D の部分を D'，Γ_1 の部分を Γ_1'，また D 内にある L の部分を Γ_2' とする．函数 v は $\bar{D}'$ において連続，Γ_1' において 0，かつ $D'\cup\Gamma_2'$ において正則な方程式 (1) の解であるから，定理 3.4 から $\bar{D}'$ において $v\equiv 0$．さらに L は任意にとれるから，$\bar{D}$ において $v\equiv 0$．ゆえに，$\bar{D}$ において $u_1\equiv u_2$． （証終）

なお，つぎの初期値問題の解の一意性も証明できる：

定理 3.6. x, y 平面の x 軸においてあらかじめ与えられた有界連続な函数と一致し，$0\leqq y$ において正則な方程式 (1) の解は高々一つ存在する．

3.4. グリーン函数

微分式 $L[u]$ およびその随伴微分式 $L^*[u]$ を

$$L[u]\equiv\frac{\partial^2 u}{\partial x^2}-\frac{\partial u}{\partial y},\qquad L^*[u]\equiv\frac{\partial^2 u}{\partial x^2}+\frac{\partial u}{\partial y}$$

とする．$\varphi(x, y)$, $\psi(x, y)$ を 2 回連続微分可能な函数とすると，

$$\psi L[\varphi]-\varphi L^*[\psi]=\frac{\partial}{\partial x}\left(\psi\frac{\partial\varphi}{\partial x}-\varphi\frac{\partial\psi}{\partial x}\right)-\frac{\partial}{\partial y}(\varphi\psi)$$

が成り立つ．D を図 3.1 に示したような有界領域，Γ をその境界とし，$\varphi(x, y)$, $\psi(x, y)$ が D において 2 回連続微分可能，かつこれらの 1 階偏導函数が $\bar{D}$ において連続ならば，グリーンの公式からつぎの式が成り立つ：

$$\text{(3.15)}\qquad \begin{aligned}&\iint_D(\psi L[\varphi]-\varphi L^*[\psi])dxdy\\&=\int_\Gamma\varphi\psi dx+\left(\psi\frac{\partial\varphi}{\partial x}-\varphi\frac{\partial\psi}{\partial x}\right)dy.\end{aligned}$$

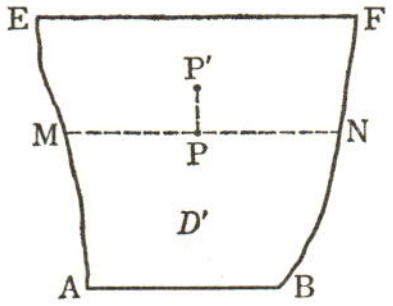

図 3.2

点 $\mathrm{P}(x, y)$, $\mathrm{P}'(x, y+h)$ $(h>0)$ を D 内の点とし，P を通る特性曲線が曲線弧 AE, BF と交わる点を M, N，線分 AB, MN および曲線弧 AM, BN によって囲まれた領域を D'，

D' の境界を Γ' とする. →図 3.2

(15) において, 積分変数を $Q=Q(\xi, \eta)$, 積分範囲を D' とし, φ として $\bar{D}$ において1回連続微分可能な方程式 (1) の解 $u(Q)$ をとり, ψ として函数

$$U'=U(P', Q) \qquad (U(P, Q) \text{ は方程式 (1) の基本解})$$

をとれば, U' は Q の函数として $L^*_{(Q)}[v]=0$ の解であるから,

$$\int_{\Gamma'} u(Q)U(P', Q)d\xi+\left(U'\frac{\partial u}{\partial \xi}-u\frac{\partial U'}{\partial \xi}\right)d\eta=0. \tag{3.16}$$

上式をかきなおして

$$\begin{aligned}&\int_{MN} u(Q)\exp\left\{-\frac{(x-\xi)^2}{4h}\right\}\frac{d\xi}{2\sqrt{\pi h}}\\ &=\int_{MABN} u(Q)U(P', Q)d\xi+\left(U'\frac{\partial u}{\partial \xi}-u\frac{\partial U'}{\partial \xi}\right)d\eta.\end{aligned} \tag{3.17}$$

定理3.3から, 上式の左辺は $h\to+0$ のとき極限値 $u(P)$ をもつ. また, 点 Q が MABN 上にあるとき, $U(P', Q)$, $\partial U(P', Q)/\partial \xi$ は h の連続函数であるから, (17) において $h\to+0$ として

$$\begin{aligned}u(P)=&\frac{1}{2\sqrt{\pi}}\int_{MABN}\frac{1}{\sqrt{y-\eta}}\exp\left\{-\frac{(x-\xi)^2}{4(y-\eta)}\right\}\\ &\times\left\{u(Q)d\xi+\frac{\partial u(Q)}{\partial \xi}d\eta-u(Q)\frac{x-\xi}{2(y-\eta)}d\eta\right\}.\end{aligned} \tag{3.18}$$

すなわち, もし第一種初期値境界値問題の解が存在すれば, それは (18) をみたすことが示された.

つぎに, ラプラスの方程式の場合のグリーン函数, 波動方程式の場合のリーマン函数に対応する役目をもつ函数を導入し, それにより第一種初期値境界値問題の解を表示しよう.

方程式 (1) と領域 D とに関する第一種初期値境界値問題において, 線分 AB 上での値は0として一般性を失わない. それは, 線分 AB ($y=a$) 上での値が有界連続函数 $\varphi(\xi)$ によって与えられているならば, 線分 AB の両側への延長上に函数 $\varphi(\xi)$ を有界連続に拡張し, それを再び $\varphi(\xi)$ とかき,

$$u=v+u_1, \qquad u_1=\frac{1}{2\sqrt{\pi}}\int_{-\infty}^{\infty}\frac{\varphi(\xi)}{\sqrt{y-a}}\exp\left\{-\frac{(x-\xi)^2}{4(y-a)}\right\}d\xi$$

とおき, v に関する方程式を考えればよいからである.

線分 AB 上で $u=0$ ならば, (18) は

$$\begin{aligned}u(P)=&\frac{1}{2\sqrt{\pi}}\int_{MA, BN}\frac{1}{\sqrt{y-\eta}}\exp\left\{-\frac{(x-\xi)^2}{4(y-\eta)}\right\}\\ &\times\left[\left\{\frac{\partial u(Q)}{\partial \xi}-u(Q)\frac{x-\xi}{2(y-\eta)}\right\}d\eta+u(Q)d\xi\right].\end{aligned} \tag{3.19}$$

ここで, D の内点 P に対して函数 $g(P, Q)$ を Q に関して $\bar{D}'$ において1回連続微分可能, D' において $L^*_{(Q)}[v]=0$ をみたし, かつ線分 MN 上では 0, 曲線弧 MA, NB に沿って

$$-\frac{1}{2\sqrt{\pi(y-\eta)}}\exp\left\{-\frac{(x-\xi)^2}{4(y-\eta)}\right\}$$

と一致する函数とすれば，(16) から

$$(3.20)\quad 0=\int_{\mathrm{MA,BN}}\left\{g(\mathrm{P},\ \mathrm{Q})\frac{\partial u(\mathrm{Q})}{\partial\xi}-u(\mathrm{Q})\frac{\partial g(\mathrm{P},\ \mathrm{Q})}{\partial\xi}\right\}d\eta+u(\mathrm{Q})g(\mathrm{P},\ \mathrm{Q})d\xi.$$

(19) と (20) の右辺を加えて

$$u(\mathrm{P})=-\int_{\mathrm{MA,BN}}u(\mathrm{Q})\left[\frac{\partial g(\mathrm{P},\ \mathrm{Q})}{\partial\xi}+\frac{x-\xi}{4\sqrt{\pi}\,(y-\eta)^{3/2}}\exp\left\{-\frac{(x-\xi)^2}{4(y-\eta)}\right\}\right]d\eta$$

となる．ここで

$$G(\mathrm{P},\ \mathrm{Q})=g(\mathrm{P},\ \mathrm{Q})+\frac{1}{2\sqrt{\pi(y-\eta)}}\exp\left\{-\frac{(x-\xi)^2}{4(y-\eta)}\right\}$$

とおけば，

$$(3.21)\qquad u(\mathrm{P})=-\int_{\mathrm{MA,BN}}u(\mathrm{Q})\frac{\partial G(\mathrm{P},\ \mathrm{Q})}{\partial\xi}d\eta$$

をうる．函数 $G(\mathrm{P},\ \mathrm{Q})$ は方程式 (1) と領域 D とに関する**グリーン函数**といわれる．

3.5. 一般な放物型方程式

D を m 次元空間 R^m の領域とし，$\Omega\equiv\bar{D}\times[T_0,\ T_1]\equiv\{(x,t);\ x\in\bar{D},\ T_0\leqq t\leqq T_1\}$ とする．微分方程式

$$(3.22)\qquad Lu\equiv\sum_{i,j=1}^{m}a_{ij}(x,\ t)\frac{\partial^2u}{\partial x_i\partial x_j}+\sum_{i=1}^{m}b_i(x,\ t)\frac{\partial u}{\partial x_i}+c(x,\ t)u-\frac{\partial u}{\partial t}=0$$

を考える．ここで L の係数は Ω で定義され，$a_{ij}=a_{ji}$ かつ任意な実ベクトル $\xi=(\xi_1,\ \xi_2,\ \cdots,\ \xi_m)\neq0$ に対して正数 $\bar{\lambda}_0$, $\bar{\lambda}_1$ が存在し，$\bar{\lambda}_0|\xi|^2\leqq\sum_{i,j=1}^m a_{ij}(x,\ t)\xi_i\xi_j\leqq\bar{\lambda}_1|\xi|^2$ ($|\xi|=(\sum_{i=1}^m\xi_i{}^2)^{1/2}$) をみたすものとする．したがって，このとき，行列 $(a_{ij}(x,t))$ の逆行列を $(a^{ij}(x,\ t))$ とかくと，$\lambda_0|\xi|^2\leqq\sum_{i,j=1}^m a^{ij}(x,\ t)\xi_i\xi_j\leqq\lambda_1|\xi|^2$ をみたす λ_0, λ_1 が存在する．

定義． 方程式 $Lu=0$ の**基本解**とは，$(x,\ t)\in\Omega$, $(\xi,\ \tau)\in\Omega$, $t>\tau$ で定義された函数 $U(x,\ t;\ \xi,\ \tau)$ でつぎの条件をみたすものをいう：

i. $(\xi,\ \tau)$ を固定したとき $(x,\ t)$ の函数として $LU=0$;

ii. $\bar{D}$ で連続，かつ正数 h $(h<\lambda_0/4(T_1-T_0))$ をもって

$$|f(x)|\leqq K\exp[h|x|^2]\qquad(K\ は正の定数)$$

をみたす任意な $f(x)$ に対して，$x\in D$, $T_0\leqq\tau<t\leqq T_1$ のとき，

$$\lim_{t\to\tau}\int_D U(x,\ t;\ \xi,\ \tau)f(\xi)d\xi=f(x);$$

ここで $d\xi=d\xi_1d\xi_2\cdots d\xi_m$.

L の係数はつぎの条件 (A) をみたすものとする：

すべての係数は Ω で有界連続，かつ Ω において $a_{ij}(x,\ t)$ については

$$|a_{ij}(x,\ t)-a_{ij}(x_0,\ t_0)|\leqq A(|x-x_0|^\alpha+|t-t_0|^{\alpha/2})\qquad(0<\alpha<1,\ A>0),$$

また $b_i(x,\ t)$, $c(x,\ t)$ は t に関して一様にヘルダー連続：

$$|b_i(x,\ t)-b_i(x_0,\ t)|,\ |c(x,\ t)-c(x_0,\ t)|\leqq A|x-x_0|^\alpha.$$

この条件 (A) のもとに方程式 (22) の基本解が存在することが知られている．特に，L が m 次元熱伝導方程式

$$Lu\equiv\sum_{i=1}^{m}\frac{\partial^2 u}{\partial {x_i}^2}-\frac{\partial u}{\partial t}=0$$

の場合には，基本解はつぎの式で与えられる:

$$U(x,\ t;\ \xi,\ \tau)=\frac{1}{(2\sqrt{\pi})^m}(t-\tau)^{-m/2}\exp\left\{-\frac{\sum(x_i-\xi_i)^2}{4(t-\tau)}\right\}.$$

つぎに，コーシー問題についてのべる．

定義． $\Omega\equiv R^m\times[0\ T]$，および R^m において与えられた函数 $f(x,\ t)$ および $\varphi(x)$ に対して，$\Omega_0\equiv R^m\times(0\ T]$ において

(3.23) $$Lu(x,\ t)=f(x,\ t),$$

かつ初期条件

(3.24) $$u(x,\ 0)=\varphi(x)$$

を R^m 上でみたす Ω で連続な函数 $u(x,\ t)$ を求める問題を**コーシー問題**という．

定理 3.7. L は条件 (A) ($D=R^m$, $T_0=0$, $T_1=T$) をみたし，$f(t,\ x)$, $\varphi(x)$ はそれぞれ Ω および R^m で連続，かつ h ($h<\lambda_0/4T$) に対して

$$|f(x,\ t)|,\ |\varphi(x)|\leqq K\exp(h|x|^2) \qquad (K \text{ は正の定数}),$$

さらに，$f(x,\ t)$ は Ω において t に関して一様にヘルダー連続(指数 α)であるとする:

(3.25) $$|f(x,\ t)-f(x_0,\ t)|\leqq A|x-x_0|^\alpha \qquad (A \text{ は正の定数}).$$

このとき，函数

$$u(x,\ t)=\int_{R^m}U(x,\ t;\ \xi,\ 0)\varphi(\xi)d\xi-\int_0^t\int_{R^m}U(x,\ t;\ \xi,\ \tau)f(\xi,\ \tau)d\xi d\tau$$

は，コーシー問題 (23)，(24) の解である．ここで函数 $U(x, t; \xi, \tau)$ は $Lu=0$ の基本解である．さらに，函数 a_{ij}, $\partial a_{ij}/\partial x_k$, $\partial^2 a_{ij}/\partial x_k\partial x_l$, b_i, $\partial b_i/\partial x_k$ および c が Ω で有界連続かつ (25) と同様な不等式をみたすならば，解は一意的である．

つぎに，第一種初期値境界値問題についてのべる．D を x_1, x_2, $\cdots$, x_m, t 空間の有界領域，その境界を Γ とし，Γ は $t=0$ 上にある領域 B の閉包 $\bar{B}$，$t=T$ 上にある領域 B_T の閉包 $\bar{B}_T$ および $0<t\leqq T$ 内にある多様体 S から成るとする．

定義． 函数 $f(x,\ t)$ および $\psi(x,\ t)$ をそれぞれ $\bar{D}$ および $\bar{B}\cup S$ 上で与えられているものとする．このとき，$D\cup B_T$ において x に関して2回，t に関して1回連続微分可能，かつ

$$Lu=f(x,\ t)$$

をみたし，$\bar{B}\cup S$ 上において

$$u=\psi(x,\ t)$$

をみたす $\bar{D}$ において連続な函数 $u(x,\ t)$ を求める問題を**第一種初期値境界値問題**という．

L の係数 $a_{ij}(x,\ t)$, $b_i(x,\ t)$, $c(x,\ t)$ および $f(x,\ t)$ は D において一様ヘルダー連続, $\psi(x,\ t)$ は $\bar{B}\cup S$ において連続, B の境界 ∂B 上において $L\psi=f$, かつある意味で一様ヘルダー連続, さらに S が十分なめらかな場合には, 第一種初期値境界値問題の解が一意的に存在することが知られている.

参考書. [C 5], [F 4], [G 1], [G 2], [H 6], [H 11], [H 12], [H 13], [I 3], [I 6], [K 2], [M 2], [N 2], [N 3], [P 2], [S 17], [W 2]

[平沢　義一・西本　敏彦]

XII. 確　　率　　論

A. 古典的確率論

1. 確率の定義

1.1. 等確率の仮定

いま硬貨を投げて，その結果が表（H）か裏（T）のどちらかである試行を考える．われわれはこの試行の前に表か裏かのどちらが出るかを前もって知ることはできない．それにもかかわらず，この硬貨投げを繰返して行なうときは，ある種の規則性が認められる．硬貨を n 回投げたとき，表の出た回数を $n(H)$ で表わすと，$n(H)/n$ はほぼ 1/2 に等しい．下の表は硬貨を 10,000 回投げたときの一つの実験結果である．

試行回数	0-1,000	-2,000	-3,000	-4,000	-5,000	-6,000	-7,000	-8,000	-9,000	-10,000
表の回数	501	485	509	536	485	488	500	497	494	484
計	501	986	1,495	2,031	2.516	3,004	3,504	4,001	4,495	4,979

一つの試行において事象 A は起こるか起こらないかのどちらかであり，この試行はほぼ同じ条件のもとで何回でも繰返すことができるとする．いま，n 回の試行中 A が $n(A)$ 回起こったとき，$n(A)/n$ を A の**相対度数**という．上の表でもわかるように，$n(A)/n$ は n が大きいとき，ほぼ一定の数の近くに集まっている．したがって，事象 A には確率とよぶ一定の値 $P(A)$ が対応していると考える．これはちょうど，一つの鉄棒にはその長さを表わす数が対応しているようなもので，確率と相対度数の関係は，この鉄棒の真の長さとその測定値との関係に対応している．相対度数は実験のたびごとに異なる値をとるが，確率は定数である．

上の硬貨投げの例では，$P(H)=1/2$ を1回の硬貨を投げるとき，表の出る確率と考える．この値は，上のような実験を行なわなくとも，表と裏が等確率: $P(H)=P(T)=1/2$ をもつという仮定から定めることができる．このことが上の表から $P(H)=1/2$ をとって，$P(H)=0.48$ や $P(H)=0.51$ をとらなかった理由である．

確率の計算．

一つの試行の結果が N 通りあり，このおのおのが等確率であるとする．このとき，事象 A が $N(A)$ 通りの仕方で起こるならば，A の起こる確率 $P(A)$ は

$$P(A)=\frac{N(A)}{N}.$$

例題 1. 2個のサイコロを投げるとき，同じ目の出る確率を求めよ．

［**解**］ この場合，結果は (a, b) で表わされる．ここに a は一つのサイコロの目の数，b は他のサイコロの目の数である．明らかに $N=6\times 6=36$ 通りの結果がある．同じ目になるのは，(a, b) のうちで $a=b$ になるときであるから，$N(A)=6$ 通りである．よって，$P(A)=6/36=1/6$ である． (以上)

注意． 等確率の仮定の下で確率を計算するときは，試行の結果をどのように考えるかが重要な問題になる．例えば，硬貨を2個投げる場合に，表と裏が出る確率 $P(A)$ を考える．例題1のように，2個の硬貨を区分して，(H, H), (H, T), (T, H), (T, T) の4通りを結果の全体とするか，または区別しないで，$\{H, H\}$, $\{H, T\}$, $\{T, T\}$ の3通りを結果の全体とするかにより，$P(A)=2/4=1/2$ または $P(A)=1/3$ となる．どちらをとるかは，いずれが現実に合うかによる．実験によると，区別するのが正しいことを示している．

例題 2. 100 個の製品から成るロットのうち，10 個が不良品であるとする．このロットから 10 個取出すとき，全部が良品である確率を求めよ．

［**解**］ 100 個から 10 個取出す方法は ${}_{100}C_{10}=100!/10!90!$ 通り，10 個とも良品であるのは ${}_{90}C_{10}=90!/10!80!$ 通りである．よって，求める確率は ${}_{90}C_{10}/{}_{100}C_{10}=(81\cdots 90)/(91\cdots 100)=0.331$． (以上)

1.2. 幾何学的確率

等確率の仮定は，試行の結果が有限個の場合であった．

結果が無限個であるときの等確率の仮定に対応するのが，いわゆる**幾何学的確率**である．

例題 1. 長さ L の線分から，でたらめに一点を選ぶ．このとき，選ばれた点と線分の中心との距離が l をこえない確率を求めよ．

［**解**］ この場合，事象 A が一つの線分で表わされるとき，$P(A)$ は線分の長さに比例すると考えられる．この問題の事象を A とすると，A は $2l\leqq L$ のときは，長さ $2l$ の線分で表わされ，$2l>L$ のときは与えられた線分で表わされる．よって，求める確率は

$$P(A)=\begin{cases} \dfrac{2l}{L} & (2l\leqq L), \\ 1 & (2l>L). \end{cases}$$

(以上)

例題 2. 間隔 L の平行線で被われた xy 平面上に長さ l の細い針をおとすとき，この針が平行線と交わる確率を求めよ．ただし $l<L$ とする．(**ビュッフォンの針の問題**)

［**解**］ 針の下方の端点 P から上方へ向かう方向と x 軸の正の方向となす角を α とし，P から最も近い上方の平行線までの距離を $\rho\,(0\leqq\rho\leqq L)$ とすると，この試行の結果は (α, ρ) 平面の長方形

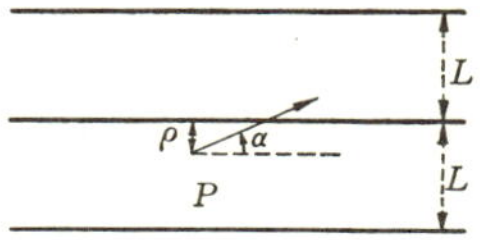

図 1.1

$$0\leqq\alpha\leqq\pi, \qquad 0\leqq\rho\leqq L$$

で表わされる．平行線と交わるという事象 A は，この長方形内の領域 $\rho\leqq l\sin\alpha$ で表わされる．いま，確率はその事象を表わす領域の面積に比例するものと仮定すると，求める確率は，$P(A)=S(A)/S$; ここで $S=\pi L$．よって，

$$S(A)=\int_0^{\pi} l\sin\alpha\, d\alpha=2l,\quad \text{すなわち,}\ P(A)=\frac{2l}{\pi L}.\qquad\text{(以上)}$$

注意. この実験を n 回繰返し, そのうち $n(A)$ 回針が平行線と交わるとすると, $P(A)\approx n(A)/n$ から $\pi\approx 2ln/Ln(A)$ として, π の近似値が実験的に求まる.

1.3. 確率空間(事象の代数・標本空間)

1.3.1. 事象の代数. 二つの事象 A_1, A_2 について, A_1 が起こったら A_2 が起こったことになり, またその逆もいえるとき, A_1 と A_2 は等しいという. 一方が起これば他方が起こらないとき, A_1 と A_2 は**互いに素**または**排反**であるという. 例えば, 二つのサイコロを投げたとき, A_1=(目の和が偶数), A_2=(奇数偶数に関して同じ種類の目が出る), A_3=(目の和が7である)とすると, A_1 と A_2 は等しいし, A_1 と A_3 は互いに排反である.

A_1 か A_2 の少なくとも一方が起こるという事象 A を A_1, A_2 の**和事象**といい, $A=A_1\cup A_2$ で表わす. $A_1, A_2, A_3, \cdots$ の和事象も同様に定義し, $A=\bigcup_k A_k$ で表わす. A_1 も A_2 もともに起こるという事象を A_1, A_2 の**積事象**といい, $A=A_1\cap A_2$ で表わす. $A_1, A_2, A_3, \cdots$ の積事象も同様に定義し, $A=\bigcap_k A_k$ で表わす. A_1 が起こって A_2 が起こらないという事象を A_1 と A_2 の**差**といい, A_1-A_2 で表わす. A が起こらないという事象を A の**余事象**といい, A^c または $\bar{A}$ で表わす. 例えば, 上の例で A_1=(二つとも偶数), A_2=(二つとも奇数) とすると, A=(目の和が偶数) は排反事象 A_1, A_2 の和事象で, このとき $A_1=A-A_2$. $A_2=A-A_1$ も成り立つ. また, A^c=(目の和が奇数), $A_1{}^c$=(少なくとも一方が奇数), $A_2{}^c$=(少なくとも一方が偶数), $A_1{}^c-A^c=A_1{}^c\cap A=A_2$, $A_2{}^c-A^c=A_2{}^c\cap A=A_1$.

1.3.2. 標本空間. 試行の結果 ω を**標本点**, **根元事象**または**単純事象**といい, 標本点の全体 Ω を**標本空間**という. この試行に関連して考えられる事象 A は, 結果 ω が起こったとき, A が起こったか起こらなかったかが定まるものでなければならない. したがって, A が起こったと答えられる標本点全体の集合が A に対して定まる. この Ω の部分集合を同じ文字 A で表わすことにする. 事象 A が起こるということと標本点が集合 A に含まれる($\omega\in A$ とかく)ということとは同値である.

確実に起こる事象 $\leftrightarrow \Omega$, 決して起こらない事象 $=\phi$ (空集合).
和事象 $\leftrightarrow$ 和集合, 積事象 $\leftrightarrow$ 積集合(共通部分),
差事象 $\leftrightarrow$ 差集合, 余事象 $\leftrightarrow$ 余集合(補集合),
排反 $\leftrightarrow$ 共通部分がない(積集合が空である).

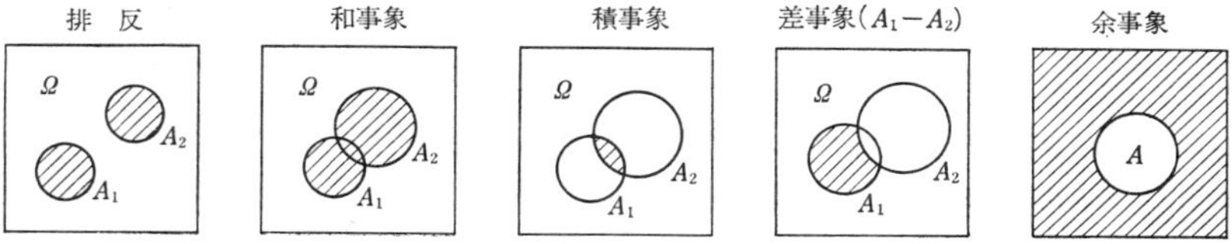

図 1.2

上に考えたことから，事象に対応する Ω の部分集合の全体 $\mathfrak{S}$ はつぎの性質をもたねばならない:

i. $\Omega \in \mathfrak{S}$, $\phi \in \mathfrak{S}$;

ii. $A \in \mathfrak{S}$ ならば $A^c \in \mathfrak{S}$;

iii. $A_i \in \mathfrak{S}$ $(i=1, 2, \cdots, n)$ ならば, $\bigcup_i A_i \in \mathfrak{S}$, $\bigcap_i A_i \in \mathfrak{S}$.

i, ii, iii をみたす Ω の部分集合の系を Ω 上の**集合体**または**ブール代数**という．なお，$\mathfrak{S}$ が集合体であるためには，i′. $\Omega \in \mathfrak{S}$; ii′. $A \in \mathfrak{S} \Rightarrow A^c \in \mathfrak{S}$; iii′. $A_i \in \mathfrak{S}$ $(i=1, 2, \cdots, n) \Rightarrow \bigcup_i A_i \in \mathfrak{S}$ を仮定すればよい．これはド・モルガンの公式

$$(\bigcup_i A_i)^c = \bigcap_i A_i^c, \qquad (\bigcap_i A_i)^c = \bigcup A_i^c$$

からわかる．

なお，iii をもっと一般にして

iii″. $$A_i \in \mathfrak{S} \ (i=1, 2, \cdots) \Rightarrow \bigcup_i A_i \in \mathfrak{S}, \ \bigcap_i A_i \in \mathfrak{S}$$

が成り立つとき，$\mathfrak{S}$ を Ω 上の **σ 集合体**という．

一つの試行に対応する標本空間 Ω とその上の σ 集合体 $\mathfrak{S}$ を定め，Ω と $\mathfrak{S}$ をいっしょに考えた $(\Omega, \mathfrak{S})$ を**可測空間**という．$\mathfrak{S}$ の元のみを事象とよぶ．なお，Ω が高々可算集合であるときは，**離散的標本空間**といい，$\mathfrak{S}$ としては Ω のすべての部分集合をとるのがふつうである．

1.3.3. 確率空間．可測空間 $(\Omega, \mathfrak{S})$ の σ 集合体 $\mathfrak{S}$ 上で定義された集合関数 $P(A)$ がつぎの条件をみたすとする:

i. $0 \leqq P(A) \leqq 1$, $P(\Omega)=1$, $P(\phi)=0$;

ii. A_i $(i=1, 2, \cdots)$ が互いに排反ならば,

$$P(\bigcup_{i=1}^{\infty} A_i) = \sum_{i=1}^{\infty} P(A_i) \qquad (\text{完全加法性}, \ \sigma \text{ 加法性}).$$

このとき $(\Omega, \mathfrak{S}, P)$ を**確率空間**といい，$P(A)$ を事象 A の起こる**確率**という．

いま，$P(A)$ が i, ii のうちの一部であるつぎの条件をみたすとし，そのことからえられる結果をあげておく:

a. $P(A) \geqq 0$; b. $P(\Omega)=1$; c. $A \cap B = \phi$ ならば, $P(A \cup B) = P(A) + P(B)$ (有限加法性).

① $P(\phi)=0$. $\because$ $P(A)=P(A)+P(\phi)$.

② $P(B-A)=P(B)-P(A \cap B)$, とくに $P(A^c)=1-P(A)$.

$\because$ B は互いに素な $B-A$ と $A \cap B$ の和集合であるから.

③ $A \subset B \Rightarrow P(A) \leqq P(B)$, $0 \leqq P(A) \leqq 1$. (単調性)

$\because$ $P(B)=P(A)+P(B-A)$.

④ A_i $(i=1, 2, \cdots, n)$ が互いに排反ならば,

$$P(\bigcup_{i=1}^{n} A_i) = \sum_{i=1}^{n} P(A_i).$$

数学的帰納法で証明される.

⑤ $P(A\cup B)=P(A)+P(B)-P(A\cap B)$, (加法公式).

$$\because\quad A\cup B=(A-B)\cup(B-A)\cup(A\cap B),$$
$$\begin{aligned}P(A\cup B)&=P(A-B)+P(B-A)+P(A\cap B)\\&=P(A)-P(A\cap B)+P(B)-P(A\cap B)+P(A\cap B)\\&=P(A)+P(B)-P(A\cap B).\end{aligned}$$
(以上)

⑥ ⑤ を一般にして

$$p_i=P(A_i),\quad p_{ij}=P(A_i\cap A_j),\quad p_{ijk}=P(A_i\cap A_j\cap A_k),\ \cdots;$$
$$S_1=\sum p_i,\quad S_2=\sum_{i,j}p_{ij},\quad S_3=\sum_{i,j,k}p_{ijk},\ \cdots$$

とおく; ここに $\sum$ は異なる $i,\ j,\ k,\ \cdots$ についてのすべての和をとる.

$$P(\bigcup_{i=1}^{n}A_i)=S_1-S_2+S_3-\cdots+(-1)^{n-1}S_n$$

が成り立つ. 証明は数学的帰納法による.

つぎに, σ 加法性からえられる結果をのべておく.

⑦
$$A_n\subset A_{n+1}\ (n=1,\ 2,\ \cdots)\Rightarrow P(\bigcup_{n=1}^{\infty}A_n)=\lim_{n\to\infty}P(A_n),$$
$$A_n\supset A_{n+1}\ (n=1,\ 2,\ \cdots)\Rightarrow P(\bigcap_{n=1}^{\infty}A_n)=\lim_{n\to\infty}P(A_n).$$

$$\because\quad \bigcup A_n=A_1\cup(A_2-A_1)\cup(A_3-A_2)\cup\cdots,$$
$$\begin{aligned}P(\bigcup A_n)&=P(A_1)+P(A_2-A_1)+P(A_3-A_2)+\cdots\\&=P(A_1)+\{P(A_2)-P(A_1)\}+\{P(A_3)-P(A_2)\}+\cdots\\&=\lim_{n\to\infty}P(A_n).\end{aligned}$$

$A_n\supset A_{n+1}$ のときは, 余集合を考えればよい. (以上)

⑧
$$P(\bigcup A_n)\leqq\sum_n P(A_n).$$
$$\because\quad \bigcup A_n=A_1\cup(A_2-A_1)\cup(A_3-A_1\cup A_2)\cup\cdots$$

と σ 加法性と単調性から明らか.

⑨ 事象 $\bigcap_{n=1}^{\infty}\bigcup_{k\geqq n}A_k$ を $\overline{\lim}\,A_n$ で表わす. これは A_n が無限回起こるという事象である. また $\bigcup_{n=1}^{\infty}\bigcap_{k\geqq n}A_k$ を $\underline{\lim}\,A_n$ で表わす. これはある番号以上のすべての A_n が起こるという事象である. 明らかに $\underline{\lim}\,A_n\subset\overline{\lim}\,A_n$. これらについてつぎの不等式が成り立つ:

$$P(\underline{\lim}\,A_n)\leqq\underline{\lim}\,P(A_n)\leqq\overline{\lim}\,P(A_n)\leqq P(\overline{\lim}\,A_n).$$

⑩
$$\sum_i P(A_i)<\infty\Rightarrow P(\overline{\lim}\,A_n)=0.$$
$$\because\quad P(\overline{\lim}\,A_n)\leqq P(\bigcup_{k\geqq n}A_k)\leqq\sum_{k=n}^{\infty}P(A_k)\to 0\qquad(n\to\infty).$$

2. 事象間の関係

2.1. 条件付確率

二つの事象 A, B 間の確率論的関係はつぎの**条件付確率**で表わされる:

事象 A が起こったという条件のもとで，事象 B の起こる確率は

(2.1) $$P(B|A)=\frac{P(A\cap B)}{P(A)}$$

で定義される．ここで $P(A)>0$ とする．

いま，標本空間が N 個の標本点から成り立ち，かつ等確率の場合を考える．$N(A)$ を A の標本点の個数，$N(A\cap B)$ を $A\cap B$ の標本点の個数とすると，$P(A)=N(A)/N$, $P(A\cap B)=N(A\cap B)/N$ であるが，(1) から

(2.2) $$P(B|A)=\frac{N(A\cap B)}{N(A)}.$$

これは $N(A)$ 個の点から成る新しい標本空間を考え，その各点に $1/N(A)$ なる確率を与えたときの，B の起こる確率を表わす．

条件付確率もふつうの確率の性質をもっている:

i. $$0\leqq P(B|A)\leqq 1;$$

ii. $$A\subset B\Rightarrow P(B|A)=1;$$

iii. $$A\cap B=\phi\Rightarrow P(B|A)=0;$$

iv. $$B_i\ (i=1,\ 2,\ \cdots),\quad B_i\cap B_j=\phi\ (i\neq j)\Rightarrow P(\bigcup_i B_i|A)=\sum_{i=1}^{\infty}P(B_i|A).$$

定理 2.1. $H_1, H_2, \cdots, H_k$ を Ω の分割，すなわち $H_i\cap H_j=\phi$ $(i\neq j)$ $\bigcup_{i=1}^k H_i=\Omega$ とする．このとき，

(2.3) $$P(A)=\sum_{i=1}^{k}P(H_i)P(A|H_i).$$ **(全確率の定理)**

証明. $P(A)=P(A\cap\Omega)=P(\bigcup_i(A\cap H_i))=\sum_{i=1}^{k}P(A\cap H_i)=\sum_i P(H_i)P(A|H_i)$.

(証終)

定理 2.2. $H_1, H_2, \cdots, H_k$ を Ω の分割とするとき，

(2.4) $$P(H_i|A)=\frac{P(H_i)P(A|H_i)}{\sum_{j=1}^{k}P(H_j)P(A|H_j)}$$

が成り立つ． **(ベイズの定理)**

証明. $P(H_i|A)=P(H_i\cap A)/P(A)=P(H_i)P(A|H_i)/P(A)$．定理 2.1 により $P(A)=\sum_{j=1}^{k}P(H_j)P(A|H_j)$. (証終)

注意. 全確率の定理 2.1 は一つの事象の確率を求めるのに，場合を分けて考えることを意味する．

注意. A を 1 回目の試行に関する事象，B を 2 回目の試行に関する事象とする．上の条件付確率は 1 回目と 2 回目をいっしょにした試行に対応する標本空間に確率が導入されているものとして定義された．確率の計算では，結合した標本空間での事象 $A\cap B$ の確率を，$P(A)$ と $P(B|A)$ を与える

ことにより，公式 $P(A\cap B)=P(A)P(B|A)$ により定めるのである．

例題 1.　袋の中に白球が4個，赤球が2個はいっている．この中からもとにもどさないで2個取出すとき，2個とも白球である確率を求めよ．

［**解**］　1回目が白球である事象を A，2回目が白球である事象を B とすると，$P(A)=4/6$．1回目が白球であるとすると，袋の中は白球3個，赤球2個であるから，$P(B|A)=3/5$，よって，$P(A\cap B)=4/6\times 3/5=2/5$．　　（以上）

注意.　6個から2個取って並べる方法は ${}_6P_2=6\times 5$ 通り．白球4個から2個取とって並べる方法は ${}_4P_2=4\times 3$ 通り．よって，求める確率は $4\cdot 3/6\cdot 5=2/5$．この方法は全標本空間を考えたやり方である．なお，この問題では，2個とも白というのは順序に関係しないから，2個いっぺんに取出す場合でも結果は同じである．${}_4C_2/{}_6C_2=2/5$．

例題 2.　n 本のうち a 本の当たりくじがある．このくじを甲，乙 2人がこの順に引くとき，甲が当たる確率および乙が当たる確率を求めよ．

［**解**］　甲，乙それぞれが当たる事象を A，B とすると，明らかに $P(A)=a/n$ である．全確率の定理 2.1 から

$$P(B)=P(A)P(B|A)+P(A^c)P(B|A^c)$$

である．しかるに，

$$P(A^c)=\frac{n-a}{n},\quad P(B|A)=\frac{a-1}{n-1},\quad P(B|A^c)=\frac{a}{n-1}.$$

よって，

$$P(B)=\frac{a}{n}\frac{a-1}{n-1}+\frac{n-a}{n}\frac{a}{n-1}=\frac{a}{n}.$$　　（以上）

例題 3.　甲，乙の所持金をそれぞれ x，y $(x+y=a)$ とする．甲が硬貨を投げて表が出たら1だけ乙からもらい，裏が出たら1だけ乙にやることにする．どちらか一方の所持金が0になったらやめることにする．甲が破産する確率を求めよ．

［**解**］　甲の所持金が x のとき，甲が破産する確率を $p(x)$ とする．1回硬貨を投げると，甲の所持金は $x+1$ または $x-1$ になる．表が出るのを A_1，裏が出るのを A_2 とすると，全確率の定理 2.1 から

$$p(x)=P(A_1)p(x+1)+P(A_2)p(x-1).$$

しかるに，$P(A_1)=P(A_2)=1/2$ であるから，

(2.5)　$$p(x)=\frac{1}{2}\{p(x+1)+p(x-1)\}\qquad(0<x<a),$$

(2.6)　$$p(0)=1,\qquad p(a)=0.$$

(5) の解は等差数列 $p(x)=C_1+C_2x$ で与えられる．係数 C_1，C_2 は境界条件 (6) から $C_1=1$，$C_1+C_2a=0$．よって，$p(x)=1-x/a$ $(0\leqq x\leqq a)$．　　（以上）

2.2.　独立事象

事象 A，B について

(2.7)　$$P(A\cap B)=P(A)P(B)$$

が成り立つとき，A と B は**独立**であるという．このとき，$P(B|A)=P(A\cap B)/P(A)$

$=P(A)$ が成り立つ．また，$P(B)=P(A\cap B)+P(A^c\cap B)=P(A)P(B)+P(A^c\cap B)$ から $P(A^c\cap B)=P(A^c)P(B)$，$P(B|A^c)=P(B)$ が成り立つ．すなわち，A^c と B は独立．同様に，A^c と B^c，A と B^c も独立である．

注意． A_1 と A_2，A_2 と A_3，A_3 と A_1 がそれぞれ独立であっても，A_3 と $A_1\cap A_2$ とは独立とは限らない．例えば，サイコロを2回投げるとする．$A_1=$(1回目が奇数)，$A_2=$(2回目が奇数)，$A_3=$(目の和が奇数)とすると，明らかに A_1 と A_2 は独立で $P(A_1)=P(A_2)=1/2$．A_1 が起こったとき，A_3 が起こるのは2回目が偶数の場合，同様に A_2 が起こったとき A_3 が起こるのは1回目が偶数の場合である．したがって，

$$P(A_3|A_1)=P(A_3|A_2)=\frac{1}{2},\qquad P(A_3)=\frac{1}{2}.$$

一方，$P(A_3|A_1\cap A_2)=0$；よって，$A_1\cap A_2$ と A_3 は独立ではない．

事象 A_1，A_2，A_3，$\cdots$ は，任意の異なる添字 i_1，i_2，i_3，$\cdots$，i_n に対して

$$P(A_{i_1}\cap A_{i_2}\cap\cdots\cap A_{i_n})=P(A_{i_1})P(A_{i_2})\cdots P(A_{i_n}) \tag{2.8}$$

が成り立つとき，互いに**独立**であるという．

標本空間の二つの分割(試行)

$$\Omega=A_1\cup A_2\cup\cdots\cup A_n,\qquad A_i\cap A_j=\phi\ \ (i\neq j),$$
$$\Omega=B_1\cup B_2\cup\cdots\cup B_m,\qquad B_i\cap B_j=\phi\ \ (i\neq j),$$

において，任意の i，j に対して

$$P(A_i\cap B_j)=P(A_i)P(B_j) \tag{2.9}$$

が成り立つとき，この二つの試行は**独立**という．

事象 A，B の独立は，試行 $(A,\ A^c)$，$(B,\ B^c)$ の独立と同じである．

定理 2.3． 事象列 A_1，A_2，$\cdots$，A_n，$\cdots$ に関して

$$\sum_{n=1}^{\infty}P(A_n)<\infty \quad ならば，P(\overline{\lim}\,A_n)=0.$$

さらに，A_1，A_2，$\cdots$ が独立のときは，

$$\sum_{n=1}^{\infty}P(A_n)=\infty \quad ならば，P(\overline{\lim}\,A_n)=1.$$ **(ボレル・カンテリの定理)**

証明． 前半は証明ずみ(→§1.3.3 ⑩)．後半を証明する．

$$(\overline{\lim}\,A_n)^c=(\bigcap_{n=1}^{\infty}\bigcup_{k\geqq n}A_k)^c=\bigcup_{n=1}^{\infty}\bigcap_{k\geqq n}A_k{}^c.$$

いま，$B_{n,p}=\bigcap_{k=n}^{n+p}A_k{}^c$，$B_n=\bigcap_{k\geqq n}A_k{}^c$ とおくと，

$$P(B_{n,p})=\prod_{k=n}^{n+p}P(A_k{}^c)=\prod_{k=n}^{n+p}(1-P(A_k)).$$

$0\leqq x\leqq 1$ のとき，不等式 $1-x\leqq e^{-x}$ が成り立つから，

$$P(B_{n,p})\leqq\exp\left\{-\sum_{k=n}^{n+p}P(A_k)\right\}.$$

$p\to\infty$ として

$$P\{(\overline{\lim}\,A_n)^c\}=P(\bigcup_{n=1}^{\infty}B_n)=\lim_{n\to\infty}P(B_n)=0.$$

よって，$P(\overline{\lim}\,A_n)=1$． (証終)

B. 確 率 変 数

1. 確率変数

1.1. 確率変数と確率分布

1.1.1. 確率変数と分布関数. 二つのサイコロを投げたときの目の数の和を X とすると，X は 36 個の標本点から成る標本空間上の関数である．例えば，(2, 4) が出たときは $X=6$ となる．X のとる値は 2, 3, …, 11, 12 の 11 通りで，そのおのおのに対する確率はつぎの表のようになる(等確率の仮定).

X	2	3	4	5	6	7	8	9	10	11	12
確率	1/36	2/36	3/36	4/36	5/36	6/36	5/36	4/36	3/36	2/36	1/36

いま，X だけが問題のときは，もとの標本空間を考える代りに 2, 3, …, 12 の 11 個の標本点から成る標本空間を考え，その各点に上の表のような確率を与えることにより新しい確率空間がえられる．この確率空間での確率の分布を X の**確率分布**という．

一般に，確率空間 $(\Omega, \mathfrak{S}, P)$ 上で定義された実数値関数 $X(\omega)$ について，任意の実数 x に対して

$$\{\omega;\ X(\omega)\leqq x\}\in\mathfrak{S}$$

が成り立つとき，$X(\omega)$ を**確率変数**という．このとき，$F_X(x)=P(X(\omega)\leqq x)$ が定まる．この x の関数 $F_X(x)$ を X の**分布関数**という．ここで $(X\leqq x)$ は事象 $\{\omega;\ X(\omega)\leqq x\}$ を表わす.

$x'\leqq x''$ に対して $P(x'<X\leqq x'')=F_X(x'')-F_X(x')$ が成り立つ.

注意. 区間 $(x', x'']$ の全体を含む最小の σ 集合体 $\mathfrak{B}$ を数直線 R の**ボレル集合体**といい，その元を**ボレル集合**という.

任意の $x'<x''$ に対して $\{\omega;\ x'<X(\omega)\leqq x''\}\in\mathfrak{S}$ ならば，任意のボレル集合 E に対して $\{\omega;\ X(\omega)\in E\}\in\mathfrak{S}$ が証明される．したがって，$Q(E)=P(X\in E)$ が定まる．X に対して新しい確率空間 $(R, \mathfrak{S}, Q)$ がえられる．この $Q(E)$ が X の確率分布である.

確率変数 $X(\omega)$ のとる値が有限個または可算無限個のとき，$X(\omega)$ を**離散的**確率変数という．$X(\omega)$ のとる値を $x_1, x_2, \cdots$ とするとき，

$$P_X(x_i)=P(X=x_i)$$

とおけば，

$$\sum_i P_X(x_i)=1$$

で，分布関数は

$$F_X(x)=\sum_{x_i\leqq x} P_X(x_i)$$

である．$F_X(x)$ のグラフは x_i で $P_X(x_i)$ だけ飛躍する．この場合，$P_X(x_i)$ $(i=1, 2,$

…）を知るだけで十分である．

確率変数の分布関数 $F_X(x)$ が

$$F_X(x)=\int_{-\infty}^{x}f(\xi)d\xi;\qquad f(\xi)\geqq 0,\qquad \int_{-\infty}^{\infty}f(x)dx=1$$

で与えられるとき，$X(\omega)$ は**連続的**確率変数といい，$f(x)$ を $X(\omega)$ の確率分布の**確率密度**または**密度関数**という．この場合に，$P(X=x)=0$ である．

1.1.2. 結合(同時)分布． $X(\omega)=(X_1(\omega), X_2(\omega), \cdots, X_n(\omega))$ を確率変数の n 個の組とする．これは n 次元空間の値をとる確率ベクトルと考えられる．$X_1, X_2, \cdots, X_n$ がすべて離散的のときは，

$$P(x_1, x_2, \cdots, x_n)=P(X_1=x_1, X_2=x_2, \cdots, X_n=x_n)$$

が，$X_1 \cdots, X_n$ のすべての可能な値 $x_1, x_2, \cdots, x_n$ に対して定まる．これを $X_1, X_2, \cdots, X_n$ の**結合確率分布**という．

また，すべての実数の組 $(x_1, x_2, \cdots, x_n)$ に対して

$$P(X_1\leqq x_1, X_2\leqq x_2, \cdots, X_n\leqq x_n)=\int_{-\infty}^{x_1}\int_{-\infty}^{x_2}\cdots\int_{-\infty}^{x_n}f_X(\xi_1, \xi_2, \cdots, \xi_n)d\xi_1 d\xi_2\cdots d\xi_n$$

が成り立つとき，X は**連続的**といい，$f_X(\xi_1, \xi_2, \cdots \xi_n)$ を X の結合分布の**密度関数(確率密度)**という．

$(X_1, X_2, \cdots, X_n)$ の結合分布が与えられたとき，その一部 $(X_{i_1}, X_{i_2}, \cdots, X_{i_m})$ の分布を $(X_1, \cdots, X_n)$ の**周辺分布**という．例えば，$X=(X_1, X_2, X_3)$ の結合分布が与えられたとき，(X_1, X_2) の分布は

$$P(X_1=x_1, X_2=x_2)=\sum_{x_3}P_X(x_1, x_2, x_3)\qquad (\text{離散的}),$$

$$f_{X_1,X_2}(x_1, x_2)=\int_{-\infty}^{\infty}f_X(x_1, x_2, x_3)dx_3\qquad (\text{連続的})$$

で与えられる．ここで $f_{X_1,X_2}(x_1, x_2)$ は (X_1, X_2) の結合分布の密度関数である．

1.1.3. 独立確率変数． 確率変数 $X_1, X_2, \cdots, X_n$ において，任意の $x_1, x_2, \cdots, x_n$ に対して $\{X_1\leqq x_1\}, \{X_2\leqq x_2\}, \cdots, \{X_n\leqq x_n\}$ が独立のとき，$X_1\ X_2, \cdots, X_n$ は**独立**であるという．$X=(X_1, X_2, \cdots, X_n)$ が離散的のときは，独立であるための必要十分条件は，

$$(1.1)\qquad P(X_1=x_1, \cdots, X_n=x_n)=P(X_1=x_1)P(X_2=x_2)\cdots P(X_n=x_n)$$

が成り立つことである．

また，連続的のときは，独立であるための必要十分条件は，

$$(1.2)\qquad f_X(x_1, \cdots, x_n)=f_{X_1}(x_1)\cdots f_{X_n}(x_n)$$

が成り立つことである．

注意． $X_1, \cdots, X_n$ が独立なときは，おのおのの確率分布からそれらの結合分布が定まるが，一般の場合は周辺分布から結合分布は定まらない．

例題 1． 独立な X_1, X_2 がそれぞれ確率密度 $f_1(x_1), f_2(x_2)$ をもつとき，$X=X_1+X_2$ の確率分布はどうなるか．

［**解**］ X_1, X_2 の結合分布の確率密度は $f_1(x_1)f_2(x_2)$ であるから,

$$P(y'\leqq X\leqq y'')=\iint_{y'\leqq x_1+x_2\leqq y''}f_1(x_1)f_2(x_2)dx_1dx_2$$
$$=\int_{y'}^{y''}\left[\int_{-\infty}^{\infty}f_1(y-x)f_2(x)dx\right]dy.$$

したがって, X の確率密度は

$$f(y)=\int_{-\infty}^{\infty}f_1(y-x)f_2(x)dx.$$ （以上）

この $f(y)$ を $f_1(x)$ と $f_2(x)$ の**たたみこみ**といい, $f_1*f_2(x)$ で表わす. もちろん, $f_1*f_2=f_2*f_1$ が成り立つ.

一般の場合, X_1, X_2 が独立で, それぞれ分布関数 $F_1(x_1)$ $F_2(x_2)$ をもつとき, $X=X_1+X_2$ の分布関数 $F(y)$ は

(1.3) $$F(y)=\int_{-\infty}^{\infty}F_1(y-x)dF_2(x)$$

で与えられる. これを F_1, F_2 の**たたみこみ**といい, $F=F_1*F_2$ で表わす.

1.2. 期待値・分散・相関係数・条件付分布

1.2.1. 期待値. 確率変数 X の**期待値**または**平均(値)**というのは,

(1.4)
$$\sum_i x_iP_X(x_i) \quad （離散的）,$$
$$\int_{-\infty}^{\infty}xf_X(x)dx \quad （連続的）$$

で与えられる. これを $E(X)$ で表わす. ただし, $\sum|x_i|P_X(x_i)<\infty$, $\int_{-\infty}^{\infty}|x|f_X(x)dx<\infty$ を仮定する.

確率変数 Y が $X=(X_1, \cdots, X_n)$ の関数 $\varphi(X_1, \cdots, X_n)$ のとき, その期待値は

(1.5) $$E(y)=\begin{cases}\displaystyle\sum_{x_1}\cdots\sum_{x_n}\varphi(x_1, \cdots, x_n)P_X(x_1,\cdots, x_n) & （離散的）,\\ \displaystyle\int_{-\infty}^{\infty}\cdots\int_{-\infty}^{\infty}\varphi(x_1, \cdots, x_n)f_X(x_1, \cdots, x_n)dx_1\cdots dx_n & （連続的）.\end{cases}$$

注意. X の期待値は X の分布関数を用いると, 離散的, 連続的の別なく(それらの混合であっても), x の $F_X(x)$ に関するリーマン・スチルチェス積分

$$E(X)=\int_{-\infty}^{\infty}x\,dF_X(x)$$

で表わされる. また, $X(\omega)$ は確率空間 $(\Omega, \mathfrak{S}, P)$ 上の $\mathfrak{S}$ 可測な関数であるから, P 測度に関するルベッグ式積分 $\int_\Omega X(\omega)P(d\omega)$ が考えられるが, これが存在するとき,

$$\int_\Omega X(\omega)P(d\omega)=\int_{-\infty}^{\infty}x\,dF_X(x)$$

が成り立つ.

期待値の定義から, つぎの性質は容易にわかる:

i. $E(1)=1$;

ii. c が定数のとき, $E(cX)=cE(X)$;

iii. $E(X_1+X_2)=E(X_1)+E(X_2)$;

iv. $X_1\leqq X_2$ ならば, $E(X_1)\leqq E(X_2)$;

v.　$E(X-\mu)=0$　（ここに $\mu=E(X)$）;

vi.　X_1, X_2 が独立ならば，$E(X_1X_2)=E(X_1)E(X_2)$.

1.2.2.　分散と標準偏差． $(X-\mu)^2$ の期待値を X の**分散**といい，これを $V(X)$ で表わす:

(1.6)
$$V(X)=E\{(X-\mu)^2\}$$

ここで μ は X の平均値 $E(X)$ である．

分散の正の平方根を X の**標準偏差**といい，$D(X)$ で表わす:

$$D(X)=\sqrt{V(X)}.$$

分散の性質:

i.　$V(1)=0$;

ii.　$V(cX)=c^2V(X)$;

iii.　X_1, X_2 が独立ならば，$V(X_1+X_2)=V(X_1)+V(X_2)$;

iv.　$V(X)=E(X^2)-[E(X)]^2$.

i, ii は明らかであるから，iii と iv を示しておく．

$E(X_1+X_2)=\mu_1+\mu_2$;　ただし　$\mu_1=E(X_1)$, $\mu_2=E(X_2)$.

$$V(X_1+X_2)=E\{[X_1+X_2-\mu_1-\mu_2]^2\}=E\{(X_1-\mu_1)^2\}+E\{(X_2-\mu_2)^2\}$$
$$+2E\{(X_1-\mu_1)(X_2-\mu_2)\}.$$

期待値の性質 v, vi から $E\{(X_1-\mu_1)(X_2-\mu_1)\}=E(X_1-\mu_1)E(X_2-\mu_2)=0$. よって，$V(X_1+X_2)=V(X_1)+V(X_2)$.

iv については，

$$E\{(X-\mu)^2\}=E(X^2)-2\mu E(X)+\mu^2=E(X^2)-2\mu^2+\mu^2=E(X^2)-\mu^2.$$　（以上）

チェビシェフの不等式: 確率変数 X が分散 $V(X)$ をもつとき，任意の正数 ε に対して，つぎの不等式が成り立つ:

(1.7)
$$P\{|X-\mu|\geqq\varepsilon\}\leqq\frac{1}{\varepsilon^2}V(X)\qquad(\mu=E(X)).$$

証明.
$$V(X)=\int_{-\infty}^{\infty}(x-\mu)^2dF(x)\geqq\int_{|x-\mu|\geqq\varepsilon}(x-\mu)^2dF(x)\geqq\varepsilon^2\int_{|x-\mu|\geqq\varepsilon}dF(x)$$
$$=\varepsilon^2P\{|X-\mu|\geqq\varepsilon\}.$$

これから不等式 (7) がえられる．　（証終）

相関係数: 二つの確率変数の一次的関係を示すものとして，相関係数がある．

確率変数 X_1, X_2, に対して，$(X_1-\mu_1)(X_2-\mu_2)$ の期待値を X_1, X_2 の**共分散**といい，$\mathrm{Cov}(X_1, X_2)$ で表わす:

(1.8)
$$\mathrm{Cov}(X_1,\ X_2)=E\{(X_1-\mu_1)(X_2-\mu_2)\}.$$

また，

(1.9)
$$\rho=\frac{\mathrm{cov}(X_1,\ X_2)}{\sigma_1\sigma_2}$$

を X_1, X_2 の**相関係数**という．ここに $\mu_1=E(X_1)$, $\mu_2=E(X_2)$, $\sigma_1=D(X_1)$, $\sigma_2=D(X_2)$.

X_1, X_2 が独立ならば，$\rho=0$ であるが，逆は必ずしも成り立たない．

シュワルツの不等式から

$$|E\{(X_1-\mu_1)(X_2-\mu_2)\}|\leqq\sqrt{E\{(X_1-\mu_1)^2\}E\{(X_2-\mu_2)^2\}}.$$

等号が成り立つのは，$X_2-\mu_2=c(X_1-\mu_1)$ が確率1で成り立つときに限る．このことから

$$-1\leqq\rho\leqq1, \tag{1.10}$$

であり，$\rho=1$ または $\rho=-1$ になるのは，

$$X_2=\mu_2+\rho\frac{\sigma_2}{\sigma_1}(X_1-\mu_1) \tag{1.11}$$

が確率1で成り立つときに限る．

例題 1．$\hat{X}_2=\mu_2+\rho_1(\sigma_2/\sigma_1)(X_1-\mu_1)$ と $X_2-\hat{X}_2$ とは無相関であることを示せ．

［**解**］

$$E(\hat{X}_2)=\mu_2,\quad E(X_2-\hat{X}_2)=0.$$

$$\begin{aligned}\mathrm{Cov}(\hat{X}_2,\ X_2-\hat{X}_2)&=E\{(\hat{X}_2-\mu_2)(X_2-\hat{X}_2)\}\\&=E\left\{\rho\frac{\sigma_2}{\sigma_1}(X_1-\mu_1)\left[(X_2-\mu_2)-\rho\frac{\sigma_2}{\sigma_1}(X_1-\mu_1)\right]\right\}\\&=\rho\frac{\sigma_2}{\sigma_1}\left\{\rho\sigma_1\sigma_2-\rho\frac{\sigma_2}{\sigma_1}\cdot\sigma_1{}^2\right\}=0.\end{aligned}$$

（以上）

注意．相関係数は X_1, X_2 の直線的関係のみを表わす量である．$\rho=0$ であるからといって，X_1, X_2 になんら関係がないということではない．例えば，X_1 の密度関数が偶関数であるとして，$X_2=|X_1|$ とおくと，

$$E(X_1)=0,\qquad E(X_1X_2)=\int_{-\infty}^{\infty}x|x|f(x)dx=0,$$

$$\mathrm{Cov}(X_1,\ X_2)=E(X_1,\ X_2)-E(X_1)E(X_2)=0.$$

1.2.3. 条件付分布．$(X_1,\ X_2)$ が連続な確率密度 $f(x_1,\ x_2)$ をもち，X_1 の確率密度 $f_{X_1}(x_1)=\int_{-\infty}^{\infty}f(x_1,\ x_2)dx_2$ が正であると仮定する．このとき，

$$P(X_2\leqq x_2|x_1\leqq X_1\leqq x_1+h)=\int_{x_1}^{x_1+h}\int_{-\infty}^{x_2}f(x,\ y)dxdy\Big/\int_{x_1}^{x_1+h}f_{X_1}(x)dx.$$

ここで，分子分母を h で割って $h\to0$ とすると，右辺は $\int_{-\infty}^{x_2}f(x_1,\ y)dy/f_{X_1}(x_1)$ に収束する．この式は x_2 の関数と考えると，一つの分布関数である．そこで，

$$f(x_2/x_1)=\frac{f(x_1,\ x_2)}{f_{X_1}(x_1)} \tag{1.12}$$

を $X_1=x_1$ のときの X_2 の**条件付確率密度**といい，

$$E(X_2|X_1=x_1)=\frac{1}{f_{X_1}(x_1)}\int_{-\infty}^{\infty}x_2f(x_1,\ x_2)dx_2 \tag{1.13}$$

を $X_1=x_1$ のときの X_2 の**条件付期待値**という．**条件付分散** $V(X_2|X_1=x_1)$ も同様に定義する．

条件付期待値(13)の右辺の x_1 を確率変数 $X_1(\omega)$ でおきかえたものを $E(X_2|X_1)$ とかくと，これは確率変数である．

これまで $f_{X_1}(x_1)>0$ としたが，$f_1(X_1(\omega))=0$ になる事象の確率は0であるから，$f_{X_1}(x_1)=0$ なる x_1 に対しては $E(X_2|X_1)=0$ と考えてよい．

例 1. (X_1, X_2) が2次元の正規分布

$$f(x_1, x_2)=\frac{1}{2\pi\sigma_1\sigma_2\sqrt{1-\rho^2}}\exp\left\{-\frac{1}{2(1-\rho^2)}\left[\frac{x_1{}^2}{\sigma_1{}^2}-2\rho\frac{x_1x_2}{\sigma_1\sigma_2}+\frac{x_2{}^2}{\sigma_2{}^2}\right]\right\}$$

にしたがうときは,

$$f(x_2|x_1)=\frac{1}{\sqrt{2\pi(1-\rho^2)\sigma_2{}^2}}\exp\left\{-\frac{(x_2-\rho(\sigma_2/\sigma_1)x_1)^2}{2(1-\rho^2)\sigma_2{}^2}\right\},$$

$$E(X_2|X_1)=\rho\frac{\sigma_2}{\sigma_1}X_1, \qquad V(X_2|X_1)=(1-\rho^2)\sigma_2{}^2.$$

ここで ρ は X_1, X_2 の相関係数, $V(X_1)=\sigma_1{}^2$, $V(X_2)=\sigma_2{}^2$.

1.2.4. 積率. 確率変数 X の分布関数を $F(x)$ とする. このとき,

(1.14) $$\alpha_k=E\{X^k\}, \qquad \beta_k=E\{|X^k|\} \qquad (k\geqq 0)$$

をそれぞれ X または $F(x)$ の ***k* 次の積率**, k 次の**絶対積率**という. ヘルダーの不等式(→ IV § 7.6 定理 7.17)から

(1.15) $$\beta_1\leqq\beta_2{}^{1/2}\leqq\beta_3{}^{1/3}\leqq\cdots$$

が成り立つことが示される. また,

(1.16) $$\mu_k=E\{(X-E(X))^k\}$$

を X の**平均のまわりの *k* 次の積率**という. $\mu_1=0$ であり, $\mu_2=\alpha_2-\alpha_1{}^2$ は分散である. 一般に, μ_k は α_1, α_2, $\cdots$, α_k で表わされ, 逆に α_k は μ_2, μ_3, $\cdots$, μ_k で表わされる.

これは　$(X-E(X))^k=\sum_{j=0}^{k}{}_kC_jX^j(-E(X))^{k-j}$,　$X^k=\{(X-E(X))+E(X)\}^k=\sum_{j=0}^{k}{}_kC_j(X-E(X))^j(E(X))^{k-j}$ からわかる.

一般に, 積率 α_1, α_2, $\cdots$ によって X の分布は定まらないが, 例えば $\sum_{k=1}^{\infty}(\alpha_{2k})^{-1/2k}=\infty$ のときは, 積率によって分布は一意に定まる(カーレマン).

確率ベクトル $X=(X_1, X_2, \cdots, X_n)$ に対しては

(1.17) $$\alpha_{p_1,p_2,\cdots,p_n}=E\{X_1{}^{p_1}X_2{}^{p_2}\cdots X_n{}^{p_n}\}$$

を X の**混合積率**という. 1次元と同様に, 平均のまわりの混合積率 $\mu_{p_1,p_2,\cdots,p_n}$ も定義される. $\mu_{1,1}$ は共分散である.

1.3. 母関数・積率母関数・特性関数

1.3.1. 定義. X が $0, 1, 2, \cdots$ のみをとる確率変数のとき,

(1.18) $$P_X(z)=E(z^X)=\sum_{k=0}^{\infty}P(X=k)z^k$$

を, X の分布の**母関数**という. $P_X(z)$ は $|z|\leqq 1$ で連続, $|z|<1$ で正則である.

X の分布関数を $F(x)$ として,

(1.19) $$M(\theta)=E(e^{\theta X})=\int_{-\infty}^{\infty}e^{\theta x}dF(x)$$

が $|\theta|<h$ で存在するとき, これを X または $F(x)$ の**積率母関数**という. このとき, $M(\theta)$ は $|\theta|<h$ で正則であって

(1.20) $$M(\theta)=\sum_{k=0}^{\infty}\frac{\alpha_k}{k!}\theta^k.$$

$X \geqq 0$ のときは，$M(-\theta)$ は $F(x)$ のラプラス・スチルチェス変換(→IX B §2.1 (2.2))である．

$-\infty < t < \infty$ に対して，

(1.21) $$\varphi(t)=E(e^{itX})=\int_{-\infty}^{\infty} e^{itx}dF(x), \qquad i=\sqrt{-1},$$

を確率変数 X または分布関数 $F(x)$ の**特性関数**という．

つぎの性質がある：

a) $|\varphi(t)| \leqq \varphi(0)=1$;

b) $\varphi(-t)=\overline{\varphi(t)}$ （$\bar{z}$ は z に共役な複素数）;

c) $-\infty < t < \infty$ で $\varphi(t)$ は一様連続である；

d) $\varphi(t)$ は正の定符号である．

分布関数は母関数，積率母関数(存在するとき)，特性関数によって一意に定まる．特に，特性関数 $\varphi(t)$ については，つぎの反転公式が成り立つ：

(1.22) $$F(x_2)-F(x_1)=\lim_{T\to\infty}\frac{1}{2\pi}\int_{-T}^{T}\frac{e^{-ix_2t}-e^{-ix_1t}}{-it}\varphi(t)dt.$$

ここで $\varphi(t)$ は分布関数 $F(x)$ の特性関数，x_1, x_2 は $F(x)$ の連続点とする．

1.3.2. 積率との関係． 確率変数 X が 0, 1, 2, … のみをとり，その母関数を $P_X(z)$ とする．

$E(X)$ が存在するときは，$E(X)=P_X'(1)$;

$V(X)$ が存在するときは，$V(X)=P_X''(1)+P_X'(1)-[P_X'(1)]^2$.

積率母関数 $M(\theta)$ が存在するとき，任意の自然数 k に対して，

$$E(X^k)=\alpha_k=M^{(k)}(0).$$

α_k が存在するとき，

$$\alpha_k=(-i)^k\varphi^{(k)}(0).$$

1.3.3. 独立確率変数の和． X_1, X_2 が独立な確率変数のとき，その和 $X=X_1+X_2$ の特性関数(積率母関数，母関数)は，おのおのの特性関数(積率母関数，母関数)の積である．

1.3.4. 分布関数の収束(法則収束)． 分布関数列 $\{F_n(x)\}$ と分布関数 $F(x)$ について，$F(x)$ の連続点で $\lim_{n\to\infty}F_n(x)=F(x)$ が成り立つとき，$\{F_n(x)\}$ は $F(x)$ に収束するという．このとき，対応する確率変数 $\{X_n\}$ は対応する確率変数 X に**法則収束**するという．

分布関数列の収束と積率母関数，特性関数の収束とは密接な関係がある．

分布関数 $F_n(x)$ の積率母関数 $M_n(\theta)$ がすべて $|\theta|<\alpha$ で存在し，

$$M(\theta)=\lim_{n\to\infty}M_n(\theta)$$

ならば，$M(\theta)$ は分布関数 $F(x)$ の積率母関数で，$F_n(x)$ は $F(x)$ に収束する．

特性関数列 $\{\varphi_n(t)\}$ が $t=0$ で連続な関数 $\varphi(t)$ に収束するならば，$\varphi(t)$ は分布関数の特性関数で，$\varphi_n(t)$ に対応する分布関数 $F_n(x)$ は $\varphi(t)$ に対応する分布関数 $F(x)$ に

収束する．

特性関数については，上のことの逆が成り立つ:

分布関数列 $F_n(x)$ が分布関数 $F(x)$ に収束するならば，対応する特性関数は，任意の有限区間で $F(x)$ の特性関数に一様に収束する．

積率母関数については，さらに条件を加えなければならない．

1.3.5. 多次元の特性関数． 確率ベクトル $X=(X_1, X_2, \cdots, X_n)$ において，任意の実数の組 $t=(t_1, t_2, \cdots, t_n)$ に対し

(1.23) $$\varphi(t_1, t_2, \cdots, t_n)=E(e^{i(t,X)})$$

を X の**特性関数**または X の分布関数の特性関数という．ここで，$(t, X)=t_1X_1+t_2X_2+\cdots+t_nX_n$．

ボホナーの定理: $\varphi(t_1, t_2, \cdots, t_n)$ が n 次元分布関数の特性関数であるための必要十分条件は，つぎの三条件が成り立つことである:

i. φ は正の定符号である;

ii. φ は $t=(0, 0, \cdots, 0)$ で連続である;

iii. $\varphi(0, 0, \cdots, 0)=1$.

2. 特殊な確率分布

2.1. ポアッソン分布に関連する分布

(2.1) $$P(X=k)=e^{-\lambda}\frac{\lambda^k}{k!} \qquad (k=0, 1, 2, \cdots), \quad (\lambda>0)$$

なる確率分布を**ポアッソン分布**という．

ポアッソン分布の母関数，平均および分散は

(2.2) $$P_X(z)=e^{\lambda(z-1)}, \qquad E(X)=\lambda, \qquad V(X)=\lambda.$$

ポアッソン分布の母関数の形からつぎのことがわかる:

X_1, X_2 は独立で，それぞれパラメーター λ_1, λ_2 のポアッソン分布にしたがうとき，X_1+X_2 はパラメーター $\lambda_1+\lambda_2$ のポアッソン分布にしたがう(再生性)．

時刻のパラメーター t に依存する確率変数の系 $X(t)$ において，$X(t)$ は，時間 $(0, t]$ の間に特定の事象 A が起こった回数を表わすとし，さらにパラメーター λt のポアッソン分布にしたがうとする:

$$P(X(t)=k)=e^{-\lambda t}\frac{(\lambda t)^k}{k!} \qquad (k=0, 1, 2, \cdots).$$

このとき，$\tau=\inf\{t;\ X(t)=1\}$ とおくと，τ ははじめて事象 A が起こる時刻を示す．$\tau>t$ と $X(t)=0$ とは同値であるから，$P(\tau>t)=P(X(t)=0)=e^{-\lambda t}$; したがって，$\tau$ の確率密度 $f(t)$ は

(2.2) $$f(t)=\begin{cases}\lambda e^{-\lambda t} & (t>0),\\ 0 & (t\leqq 0),\end{cases} \qquad (\lambda>0).$$

この分布を**指数分布**という．その平均値は $1/\lambda$ である．

$\nu(\omega)$ をパラメター λ のポアッソン分布にしたがう確率変数とする. $\{X_n\}$ を独立な確率変数列で, 同じ分布関数 $F(x)$ をもつとし, さらに $\{X_n\}$ と ν とは独立とする. このとき,

$$S_\nu = X_1 + X_2 + \cdots + X_\nu$$

とおくと($S_0=0$ とする),

$$P(S_\nu \leqq x) = \sum_{k=0}^{\infty} P(\nu=k,\ S_k \leqq x) = \sum_{k=0}^{\infty} P(\nu=k)P(S_k \leqq x) \tag{2.3}$$
$$= \sum_{k=0}^{\infty} e^{-\lambda}\frac{\lambda^k}{k!}F_k(x).$$

ここに $F_k(x)$ は $F(x)$ の k 回のたたみこみである. ただし, $F_0(x)=0$ $(x<0)$, $=1$ $(x\geqq 0)$ (**単位分布**)である.

このような分布を**複合ポアッソン分布**という.

2.2. 正規分布に関連する分布

密度関数が

$$f(x) = \frac{1}{\sqrt{2\pi}\,\sigma}\exp\left\{-\frac{1}{2}\left(\frac{x-\mu}{\sigma}\right)^2\right\} \qquad (\sigma>0,\ -\infty<\mu<\infty) \tag{2.4}$$

で与えられる分布を**正規分布**という. これはパラメター μ, σ^2 で定まるから, $\mathrm{N}(\mu,\ \sigma^2)$ で表わす. ここで μ は平均値, σ^2 は分散である.

X が $\mathrm{N}(\mu,\ \sigma^2)$ にしたがうとき, $Z=(X-\mu)/\sigma$ は $\mathrm{N}(0,\ 1)$ にしたがう. $\mathrm{N}(0,\ 1)$ を**標準正規分布**といい, X から Z にうつることを標準化という.

$\mathrm{N}(\mu,\ \sigma^2)$ の特性関数は

$$\varphi_X(t) = \exp\left(i\mu t - \frac{\sigma^2}{2}t^2\right)$$

である. フーリエ変換の公式(→IX B §1.2 例題 1)

$$(2\pi)^{-1/2}\int_{-\infty}^{\infty}\exp(itx)\exp\left(-\frac{x^2}{2}\right)dx = \exp\left(-\frac{t^2}{2}\right)$$

と

$$\exp\left(-\frac{t^2}{2}\right) = \sum_{n=0}^{\infty}(-1)^n\frac{t^{2n}}{n!2^n}$$

から, $\mathrm{N}(0,\ 1)$ の積率は

$$\alpha_{2m-1}=0, \qquad \alpha_{2m}=(2m-1)(2m-3)\cdots 3\cdot 1$$

であることがわかる.

χ^2 分布: $X_1, X_2, \cdots, X_n$ が独立で, $\mathrm{N}(0,\ 1)$ にしたがうとき, $\chi^2 = X_1{}^2 + X_2{}^2 + \cdots + X_n{}^2$ の分布の確率密度は

$$f(x) = \begin{cases} \dfrac{1}{2\Gamma(n/2)}\left(\dfrac{x}{2}\right)^{n/2-1}e^{-x/2} & (x>0), \\ 0 & (x\leqq 0). \end{cases} \tag{2.5}$$

この分布を自由度 n の **χ^2 分布**(カイ 2 乗分布)という.

χ^2 分布は，つぎの**ガンマ分布**の特別な場合である:

(2.6)
$$f(x)=\begin{cases}\dfrac{\beta^\alpha}{\Gamma(\alpha)}x^{\alpha-1}e^{-\beta x} & (x>0),\\ 0 & (x\leqq 0)\end{cases}\qquad (\alpha>0,\ \beta>0).$$

ガンマ分布の特性関数，平均値，および分散はそれぞれ

$$\varphi(t)=\left(1-\frac{it}{\beta}\right)^{-\alpha},\qquad E(X)=\frac{\alpha}{\beta},\qquad V(X)=\frac{\alpha}{\beta^2}.$$

特性関数の形から，つぎの再生性がわかる．すなわち，X_1, X_2 が独立で，それぞれパラメター (α_1, β), (α_2, β) のガンマ分布にしたがうとき，X_1+X_2 はパラメター $(\alpha_1+\alpha_2, \beta)$ のガンマ分布にしたがう．

コーシー分布: X_1, X_2 が独立で，ともに N(0, 1) にしたがうとき，X_1/X_2 の分布の確率密度は

(2.7)
$$f(x)=\frac{1}{\pi(1+x^2)}.$$

この分布を**コーシー分布**という．この分布は平均値をもたない．また，特性関数は $\varphi(t)=\exp(-|t|)$.

2.3. ベルヌイ試行に関連する分布

2.3.1. 二項分布. 繰返される独立な試行において，特別の事象 A に着目し，各回において A の起こる確率 $p=P(A)$ が一定の場合，この試行を**ベルヌイ試行**という．

A が起こったら成功 (S)，そうでなかったら失敗 (F) ということにし，X を n 回のベルヌイ試行での成功の回数とすると，

(2.8)
$$P(X=k)={}_nC_kp^k(1-p)^{n-k}\qquad (k=0,\ 1,\ 2\ \cdots,\ n).$$

これを**二項分布**という．

$$1=(p+q)^n=\sum_{k=0}^{n}P(X=k)\qquad (q=1-p)$$

が成り立つことからその名がある．特性関数，平均値および分散は

$$\varphi(t)=(pe^{it}+q)^n,\qquad E(X)=np,\qquad V(X)=npq.$$

正規分布近似. X がパラメター n, p の二項分布にしたがうとき，X を標準化した確率変数 $Z=(X-np)/\sqrt{npq}$ の分布は，$n\to\infty$ のとき N(0, 1) に近づく:

$$P(X-np\leqq x\sqrt{npq})\to\frac{1}{\sqrt{2\pi}}\int_{-\infty}^{x}e^{-\xi^2/2}d\xi\qquad (n\to\infty).$$

ポアッソン分布近似: 二項分布において，$np=\lambda$ (一定) として，$n\to\infty$ とすると，

$$P(X=k)={}_nC_kp^k(1-p)^{n-k}\to e^{-\lambda}\frac{\lambda^k}{k!}.$$

この近似は p が小であるベルヌイ試行に適用される．じっさいには，$E(X)=np$ が小さいとき，よい近似を与える．

2.3.2. 幾何分布. 無限につづくベルヌイ試行を考える．はじめて成功する前までの試行回数を X とする ($X+1$ 回目にはじめて成功する)．$X=k$ であるのは，はじめの k

回失敗し，$k+1$ 回目に成功することであるから，

$$(2.9)\qquad P(X=k)=q^k p \qquad (q=1-p),\ (k=0,\ 1,\ 2,\ \cdots).$$

この分布を**幾何分布**という．

幾何分布の母関数，平均値および分散は

$$P(z)=\frac{p}{1-qz},\qquad E(X)=\frac{q}{p},\qquad V(X)=\frac{q}{p^2}.$$

2.3.3. パスカル分布． 無限につづくベルヌイ試行で，r 回目の成功の前までの失敗の回数を X とすると，$X=k$ というのは，$r+k-1$ 回の試行で k 回失敗し，さらに $r+k$ 回目に成功することであるから，

$$(2.10)\qquad P(X=k)={}_{r+k-1}C_k q^k p^{r-1}\cdot p=\binom{-r}{k}q^k p^r \qquad (k=0,\ 1,\ 2,\ \cdots);$$

ここで

$$\binom{\alpha}{k}=\frac{\alpha(\alpha-1)\cdots(\alpha-k+1)}{k!}\qquad (\alpha \text{ は実数},\ k=0,\ 1,\ 2,\ \cdots).$$

この分布を**パスカル分布**という．これは，パラメター p の幾何分布にしたがう r 個の独立確率変数 $X_1,\ X_2,\ \cdots,\ X_r$ の和の分布に等しい．その母関数，平均値，分散は

$$P(z)=\left(\frac{p}{1-qz}\right)^r,\qquad E(X)=\frac{rq}{p},\qquad V(X)=\frac{rq}{p^2}.$$

パスカル分布はまた**負の二項分布**ともいう．

2.4. 多次元分布

2.4.1. 多項分布． 1回の試行で $A_1,\ A_2,\ \cdots,\ A_m$ の m 通りの結果が起こり，

$$P(A_j)=p_j \qquad (j=1,\ 2,\ \cdots,\ m),\ \left(\sum_{j=1}^{m} p_j=1\right)$$

とする．このような試行を独立に n 回繰返したとき，A_j の起こる回数を $X_j\ (j=1, 2, \cdots, m)$ とすると，m 次元確率ベクトル $X=(X_1, X_2, \cdots, X_m)$ の分布は

(2.11)

$$P(X_1=k_1,\ X_2=k_2,\ \cdots,\ X_m=k_m)=\frac{n!}{k_1!\,k_2!\cdots k_m!}p_1^{k_1}p_2^{k_2}\cdots p_m^{k_m} \qquad \left(k_j\geqq 0,\ \sum_{j=1}^{m}k_j=n\right)$$

である．この分布を**多項分布**という．これに対しては

$$1=(p_1+p_2+\cdots+p_m)^n=\sum_{k_1,\cdots,k_m}P(X_1=k_1,\ X_2=k_2,\ \cdots,\ X_m=k_m).$$

ここで，和は $k_j\geqq 0$, $\sum_{j=1}^{m}k_j=n$ であるすべての組にわたる．

2.4.2. 多次元正規分布． 確率ベクトル $X=(X_1, X_2, \cdots, X_n)$ の結合分布の確率密度が

$$(2.12)\qquad f(x_1,\ x_2,\ \cdots,\ x_n)=(2\pi)^{-n/2}(\det C)^{1/2}\exp\left\{-\frac{1}{2}\sum_{k,j}c_{k,j}(x_k-\mu_k)(x_j-\mu_j)\right\}$$

で与えられるとき，この分布を **n 次元正規分布**という．ここで $-\infty<\mu_k<\infty$ $(k=1, 2, \cdots, n)$．行列 $C=(c_{k,j})$ は正値行列である．C の逆行列を $B=(b_{k,j})$ とすると，この分布の特性関数は

(2.13) $$\varphi(t_1, t_2, \cdots, t_n)=\exp\left(i\sum_{k=1}^{n}\mu_k t_k-\frac{1}{2}\sum_{k,j}b_{k,j}t_k t_j\right).$$

$E(X_k)=\mu_k$, $\mathrm{Cov}(X_k, X_j)=b_{k,j}$ が成り立つ．そこで行列 B を**共分散行列**という．

$X=(X_1, X_2, \cdots, X_n)$ が n 次元正規分布にしたがうとき，その一次結合

$$y=\sum_{j=1}^{n}a_j X_j$$

は，平均 $\sum_{j=1}^{n}a_j\mu_j$，分散 $\sum_{k,j}b_{kj}a_k a_j$ の1次元正規分布にしたがう．

2.5. 対称なランダム・ウォークに関連する分布

確率変数列 X_n $(n=1, 2, \cdots)$ が独立で $P(X_n=1)=P(X_n=-1)=1/2$ とする．このとき，$S_n=\sum_{k=1}^{n}X_k$ $(S_0=0)$ とおき，(x, y) 平面で座標 $(k-1, S_{k-1})$, (k, S_k) をもつ二点を結ぶ線分が正の側にあるとき，S_k は正の側にあるということにする．S_1, S_2, $\cdots$, S_{2n} のうち正の側にあるものの個数を T_{2n} とすれば（T_{2n} は偶数値のみをとる），$n\to\infty$ のとき，

(2.14) $$P\left(\frac{T_{2n}}{2n}\leqq x\right)\to\frac{2}{\pi}\arcsin\sqrt{x} \qquad (0\leqq x\leqq 1)$$

が成り立つ．

この極限分布を**逆正弦法則**という．

3. 確率変数列

3.1. 確率変数列の収束

確率変数列 $\{X_n\}$ と確率変数 X に対し，X_n の X への収束については，いろいろな型がある．

概収束: $$P\{\lim_{n\to\infty}X_n(\omega)=X(\omega)\}=1$$

のとき，$\{X_n\}$ は X に概収束するといい，$X_n(\omega)\to X(\omega)$ (a.s.) で表わす．

確率収束: 任意の $\varepsilon>0$ に対して

$$\lim_{n\to\infty}P\{|X_n(\omega)-X(\omega)|>\varepsilon\}=0$$

のとき，X_n は X に確率収束するといい，$X_n(\omega)\xrightarrow{\mathrm{P}}X(\omega)$ で表わす．

平均収束: X_n も X も2次の積率をもつとし，

$$\lim_{n\to\infty}E\{|X_n-X|^2\}=0$$

のとき，X_n は X に平均収束するといい，$\mathrm{l.i.m.}\,X_n=X$ で表わす．

X_n-X_m が $m, n\to\infty$ のとき，いずれかの意味で0に収束するときは，一つの確率変数 X が存在して，それぞれの意味で X_n は X に収束する．

概収束 ⇒ 確率収束，　　平均収束 ⇒ 確率収束．

後者は不等式 $P(|X_n-X|>\varepsilon)\leqq E\{|X_n-X|^2\}/\varepsilon^2$ から容易にわかる．

また，$X_n\xrightarrow{\mathrm{P}}X$ ならば，適当な部分列 $\{X_{n_\nu}\}$ をとって $X_{n_\nu}\to X$ (a.s.) なるようにできる．

確率収束 ⇒ 法則収束.

逆は一般には成り立たないが， X_n の分布関数 $F_n(x)$ が一点 a に退化した分布関数 $F(x)$ に収束するならば，X_n は定数 a に確率収束する.

3.2. 独立確率変数項の級数

定理 3.1. $X_1, X_2, \cdots, X_n$ が分散をもつ独立な確率変数列であるとすると，任意の $\varepsilon>0$ に対して

$$P(\max_{1\leq k\leq n}|S_k-m_k|\geqq\varepsilon)\leqq\frac{1}{\varepsilon^2}\sum_{k=1}^{n}\sigma_k^2 \tag{3.1}$$

(コルモゴロフの不等式)

が成り立つ. ここで $S_k=\sum_{j=1}^{k}X_j$, $m_k=E(S_k)$, $\sigma_k^2=V(X_k)$ である.

定理 3.2. $\{X_n\}$ が独立な確立変数列のとき， $\sum_{n=1}^{\infty}X_n$ が概収束(確率収束，法則収束)するための必要十分条件は，ある $c>0$ に対し，つぎの三つの級数が収束することである:

$$\sum_{n=1}^{\infty}P(|X_n|>c),\quad \sum_{n=1}^{\infty}V(X_n^c),\quad \sum_{n=1}^{\infty}E\{X_n^c\}. \tag{3.2}$$

ここで，$X^c=X$ $(|X|\leqq c)$, $X^c=0$ $(|X|>c)$. **(三級数定理)**

3.3. 極限定理

3.3.1. 大数の法則.

定理 3.3. $X_1, X_2, \cdots, X_n, \cdots$ を平均値 μ の同じ分布にしたがう独立な確率変数列とすると，算術平均 $\bar{X}_n=\sum_{k=1}^{n}X_k/n$ の列は μ に確率収束する:

$$P\{|\bar{X}_n-\mu|>\varepsilon\}\to 0 \quad (n\to\infty),\ (\varepsilon>0). \tag{3.3}$$

(弱大数の法則)

証明. 分散 σ^2 が存在すると仮定すると，

$$E(\bar{X}_n)=\mu,\qquad V(\bar{X}_n)=\frac{\sigma^2}{n}$$

であるから，チェビシェフの不等式(→§1.2.2(1.7))により

$$P(|\bar{X}_n-\mu|<\varepsilon)\leqq\frac{1}{n}\cdot\frac{\sigma^2}{\varepsilon^2}\to 0 \qquad (n\to\infty).$$

一般の場合は，$Y_k=X_k$ $(|X_k|\leqq n\varepsilon)$, $=0$ $(|X_k|>n\varepsilon)$ とおいて証明されるが，ここでは省略する. (証終)

定理 3.4. 定理 3.3 の仮定のもとで $\bar{X}_n$ は μ に概収束する:

$$P(\lim_{n\to\infty}\bar{X}_n=\mu)=1. \tag{3.4}$$

(コルモゴロフの**強大数の法則**)

相対度数と確率: 同じ条件のもとで，独立な試行を繰返したとき，各回で特定の事象 A に着目する. k 回目の試行で A が起こったら1をとり，そうでなかったら0をとる確率変数を X_k とすると，$\bar{X}_n$ は n 回の試行での A の起こった相対度数 $n(A)/n$ である. $E(X_k)=P(A)$ であるから，大数の法則は

$$n(A)/n\approx P(A) \tag{3.5}$$

であることを示している.

3.3.2. 中心極限定理.

定理 3.5. $\{X_n\}$ を同じ分布にしたがう独立確率変数とし，$V(X_n)=\sigma^2<\infty$ とする.

$S_n=\sum_{k=1}^n X_k$ とおくとき，$\{S_n-E(S_n)\}/\sqrt{n}\,\sigma$ の分布は $n\to\infty$ のとき正規分布 N(0, 1) に収束する．

証明． X_k の代りに $X_k-E(X_k)$ を考えることにより $E(X_k)=0$ と仮定してよい．X_n の特性関数を $\varphi(t)$ とすると，

$$\varphi(t)=1-\frac{\sigma^2}{2}t^2+o(t^2)$$

である．$S_n/\sqrt{n}\,\sigma$ の特性関数は独立性から

$$E[\exp\{it(\sqrt{n}\,\sigma)^{-1}S_n\}]=\{\varphi(t(\sqrt{n}\,\sigma)^{-1})\}^n$$
$$=\left\{1-\frac{t^2}{2n}+o\left(\frac{t^2}{n}\right)\right\}^n\to e^{-t^2/2}\quad(n\to\infty).\qquad \text{(証終)}$$

二項分布の正規分布近似(**ドモアブル・ラプラスの定理**)は定理 3.5 の特別な場合である．

$\{X_n\}$ を平均 0，分散有限（$V(X_k)=\sigma_k^2$）の独立確率変数列とし，$S_n=\sum_{k=1}^n X_k$，$s_n^2=\sum_{k=1}^n \sigma_k^2$ とおく．

定理 3.6． $\{X_n\}$ を上の条件をみたす確率変数列とする．S_n/s_n の分布が N(0, 1) に収束し，$\max_{1\le k\le n}\sigma_k/s_n\to 0$ となるための必要十分条件は，任意の $\varepsilon>0$ に対し

(3.6) $$\lim_{n\to\infty}\frac{1}{s_n^2}\sum_{k=1}^n\int_{|x|\ge\varepsilon s_n}x^2dF_k(x)=0$$

が成り立つことである．ここで $F_k(x)$ は X_k の分布関数である．条件 (6) を**リンデベルグの条件**という．

3.3.3. 無限分解可能な法則． 特性関数 $\varphi(t)$ をもつ分布法則が**無限分解可能**であるというのは，任意の自然数に対して

(3.7) $$\varphi(t)=[\varphi_n(t)]^n$$

が成り立つ特性関数 $\varphi_n(t)$ が存在することである．確率変数で考えると，X が任意の自然数 n に対して同じ分布をもつ n 個の独立な確率変数の和として表わされることである．

つぎの例が無限分解可能な法則であることは，その特性関数から容易にわかる:

a) 正規分布; b) ポアッソン分布; c) コーシー分布; d) ガンマ分布．

無限分解可能な分布は，つぎの意味で唯一の極限分布である．$\{X_{n1}, X_{n2}, \cdots, X_{nk_n}\}$ $(n=1, 2, \cdots)$ を独立な確率変数とし，$\max_{1\le k\le k_n}P(|X_{nk}|>\varepsilon)\to 0$ $(n\to\infty)$ が成り立つとする．

分布関数 $F(x)$ が $S_n=\sum_{k=1}^{k_n}X_{nk}$ の分布関数の極限分布であるための必要十分条件は，$F(x)$ が無限分解可能であることである．

3.4. マルチンゲール

平均値をもつ確率変数列 $\{X_n\}$ $(n=1, 2, \cdots)$ について，

(3.8) $$E\{X_n|X_1, X_2, \cdots, X_{n-1}\}=X_{n-1}\quad\text{(a.s.)}$$

が成り立つとき，$\{X_n\}$ は**マルチンゲール**という．

例題 1． $\{\xi_n\}$ を独立で平均 0 の確率変数とするとき，$X_n=\sum_{k=1}^n\xi_k$ とおけば，$\{X_n\}$

はマルチンゲールである.

［解］ $E(X_n|X_1, X_2, \cdots, X_{n-1})=E(X_n|\xi_1, \xi_2, \cdots, \xi_{n-1})$

$=\xi_1+\xi_2+\cdots+\xi_{n-1}+E(\xi_n|\xi_1, \cdots, \xi_{n-1})$

$=\xi_1+\xi_2+\cdots+\xi_{n-1}+E(\xi_n)=X_{n-1}.$ （以上）

例題 2. X を平均値をもつ確率変数，$\{\xi_n\}$ を任意の確率変数列とする．このとき，

$$X_n=E(X|\xi_1, \xi_2, \cdots, \xi_n)$$

とおくと，$\{X_n\}$ はマルチンゲールである.

［解］ 略.

マルチンゲールに関して，つぎの収束定理が成り立つ:

定理 3.7. $\{X_n\}$ がマルチンゲールならば，$E\{|X_n|\}$ は非減少数列である．もし $E\{|X_n|\}$ が有界ならば，$\{X_n\}$ は概収束する．この極限を X_∞ とすると，さらに $E\{|X_n-X|\}\to 0$ $(n\to\infty)$ も成り立つ.

例題2のマルチンゲールでは，$E\{|X_n|\}\leqq E|X|$ であるから，定理 3.7 が適用できる.

C. 確　率　過　程

1. マルコフ過程

1.1. マルコフ連鎖

1.1.1. 連続パラメターのマルコフ連鎖. T を一つの集合とし，T のおのおのの元 t に対して確率変数 $X(t, \omega)$ が対応しているとする．このとき $X(t, \omega)$ をパラメター T をもつ**確率過程**という．T としては，非負の整数全体，$0\leqq t<\infty$ または $-\infty<t<\infty$ をとる．以後，$X(t, \omega)$ の代りに単に $X(t)$ とかくことにする.

一つの系に有限または可算無限個の状態 $E_0, E_1, E_2, \cdots$ があり，時刻 t で状態 E_k にあるとき，k という値をとる変数 $X(t)$ を考える．系の状態は $X(t)$ の値によって表わされる．各 t に対して $X(t)$ は確率変数であるとし，任意の $t_1<t_2<\cdots<t_n<t$ および任意の非負の整数 $i_1, i_2, \cdots, i_n, j$ に対して

(1.1) $P(X(t)=j|X(t_1)=i_1, X(t_2)=i_2, \cdots, X(t_n)=i_n)=P(X(t)=j|X(t_n)=i_n)$

が成り立つとき，$\{X(t)\}$ を**マルコフ連鎖**という.

(1.2) $$P_{i,j}(s, t)=P(X(t)=j|X(s)=i) \qquad (s<t)$$

をマルコフ連鎖 $\{X(t)\}$ の**推移確率**という.

$p_{i,j}(s, t)=p_{i,j}(t-s)$ のとき，このマルコフ連鎖は，**定常な**(**時間的に一様な**)推移確率をもつという.

$T=[0, \infty)$ または非負の整数のとき，$X(0)$ の分布を**初期分布**という．$p_i=P(X(0)=i)$ とおけば,

$$P(X(0)=i, X(t_1)=i_1, \cdots, X(t_n)=i_n)$$
$$=p_i p_{i,i_1}(0, t_1)\, p_{i_1,i_2}(t_1, t_2)\cdots p_{i_{n-1},i_n}(t_{n-1}, t_n) \qquad (0<t_1<t_2<\cdots<t_n)$$

が成り立つ.

マルコフ連鎖の推移確率にはつぎの**チャプマン・コルモゴロフの関係**が成り立つ:

(1.3) $$p_{i,j}(s,\ t)=\sum_k p_{i,k}(s,\ u)p_{k,j}(u,\ t) \qquad (i,\ j,\ k=0,\ 1,\ 2,\ \cdots).$$

ここで $s\leqq u\leqq t$; ただし $p_{i,j}(s,\ s)=\delta_{i,j}$ とする.

以後,連続パラメター($T=[0,\ \infty)$)の時間的に一様なマルコフ連鎖を考える: $p_{i,j}(s,t)=p_{i,j}(0,\ t-s)=p_{i,j}(t-s)$.

(1.4) $$\lim_{h\to 0} p_{i,j}(h)=\delta_{i,j}=p_{i,j}(0)$$

が成り立つとすると,$p_{i,j}'(t)$ は $t>0$ で連続で,$t=0$ については,

(1.5) $$\lim_{h\to 0}\frac{p_{i,j}(h)-p_{i,j}(0)}{h}=\lambda_{i,j}$$

が存在し,$i\neq j$ のとき,$\lambda_{i,j}$ は有限である.

$-\lambda_{i,i}=q_i$ とおくと,一般には $\sum_{j\neq i}\lambda_{ij}\leqq q_i\leqq\infty$ であるが,$\sum_{j\neq i}\lambda_{ij}=q_i<\infty$ のときはつぎの連立微分方程式が成り立つ:

(1.6) $$p_{i,j}'(t)=\sum_k \lambda_{i,k}p_{k,j}(t).$$

これを**コルモゴロフの後向きの微分方程式**という.

さらに,適当な解析的条件をつけ加えて

(1.7) $$p_{i,j}'(t)=\sum_k p_{i,k}(t)\lambda_{k,j}$$

が成り立つことが示される.これを**コルモゴロフの前向きの微分方程式**という.

$0<q_i<\infty$ $(i=0,1,2,\cdots)$ とし,$\Pi_{i,j}=\lambda_{i,j}/q_i$ $(i\neq j)$, $\Pi_{i,i}=0$ とおくと,$\sum_{j\neq i}\lambda_{i,j}=q_i$ は $\sum_j\Pi_{i,j}=1$ を表わし,$\lambda_{i,j}$ の定義から

(1.8) $$p_{i,j}(h)=(1-q_ih)\delta_{i,j}+q_i\Pi_{ij}h+o(h)$$

が成り立つ.これから q_i は系が状態 i にあったとき,時間 h 中に変化が起こる確率,$\Pi_{i,j}$ は変化があるとき,i から j に移る条件付確率を表わす.(8) を出発点として(マルコフ性 (3) を利用 (6),(7) をみちびくこともできる.q_i, $\Pi_{i,j}$ を用いて (6),(7) を表わすと,

(1.6′) $$p_{i,j}'(t)=-q_ip_{i,j}(t)+\sum_k q_i\Pi_{i,k}p_{k,j}(t),$$

(1.7′) $$p_{i,j}'(t)=-q_jp_{i,j}(t)+\sum_k p_{i,k}(t)q_k\Pi_{k,j}$$

(6′) は関数列 $p_{i,j}(t)$ $(i=0,1,2,\cdots)$ に関する方程式,(7′) は関数列 $p_{i,j}(t)$ $(j=0,1,2,\cdots)$ に関する方程式である.

例 1. ポアッソン過程:

$$\lambda_{i,j}=\begin{cases}-\lambda & (j=i),\\ \lambda & (j=i+1),\\ 0 & (j\neq i,\ i+1)\end{cases} \qquad (q_i=\lambda,\ \Pi_{i,i+1}=1).$$

このとき,コルモゴロフの前向きの方程式は容易に解ける.初期条件 $p_{i,j}(0)=\delta_{i,j}$ の下で解くと,

$$p_{i,j}(t)=(\lambda t)^{j-i}e^{-\lambda t}/(j-i)!\ (j\geqq i),\ =0\ (j<i).$$

これがまた，後向きの方程式をみたすことも容易にたしかめられる．

例 2. 出生死滅過程． $q_i=\lambda_i+\mu_i$; $\Pi_{i,j}=\lambda_i/(\lambda_i+\mu_i)\ (j=i+1)$, $=\mu_i/(\lambda_i+\mu_i)\ (j=i-1)$, $=0$ (その他); ただし $\mu_0=0$

の場合を**出生死滅過程**という． 特に $\mu_i=0$ $(i=0, 1, 2, \cdots)$ の場合を**純出生過程**， $\lambda_i=0$ $(i=0, 1, 2, \cdots)$ の場合を**純死滅過程**という．出生死滅過程のコルモゴロフの方程式は

(1.9) $$p'_{i,j}(t)=-(\lambda_j+\mu_j)p_{i,j}(t)+\lambda_{j-1}p_{i,j-1}(t)+\mu_{j+1}p_{i,j+1}(t),$$

(1.10) $$p'_{i,j}(t)=-(\lambda_i+\mu_i)p_{i,j}(t)+\lambda_i p_{i+1,j}(t)+\mu_i p_{i-1,j}(t).$$

例 3. 拡張されたポアッソン過程． $q_i=\lambda$ (一定) の場合で，このとき，$p_{i,j}(t)$ は

(1.11) $$p_{i,j}(t)=\sum_{n=0}^{\infty}e^{-\lambda t}\frac{(\lambda t)^n}{n!}\Pi_{i,j}(n).$$

ここで行列 $(\Pi_{i,j}(n))$ は行列 $(\Pi_{i,j})$ の n 乗を表わす．

例 4. 複合ポアッソン過程． 実数値をとる時間的に一様なマルコフ過程で

(1.12) $$P(X(t+s)\leqq x\,|\,X(s)=0)=\sum_{n=0}^{\infty}e^{-\lambda t}\frac{(\lambda t)^n}{n!}F_n(x)$$

が成り立つものを複合ポアッソン過程という． ここで $F_n(x)$ は分布関数 $F(x)$ の n 重のたたみこみで，$F_0(x)$ は単位分布である．

1.1.2. 離散パラメターのマルコフ連鎖． $T=\{0, 1, 2, \cdots\}$ で時間的に一様なマルコフ連鎖 $\{X(n)\}$ を考える．このとき， $P(X(m+n)=j\,|\,X(m)=i)=p_{i,j}(n)$ は $p_{i,j}(n, n+1)=p_{i,j}$ で一意に定まる:

(1.13) $$p_{i,j}(n)=\sum_k p_{i,k}p_{k,j}(n-1)=\sum_k p_{i,k}(n-1)p_{k,j}.$$

行列 $P=(p_{i,j})$ をマルコフ連鎖 $\{X(n)\}$ の**推移確率行列**といい，$P_n=(p_{i,j}(n))$ を **n 次の推移確率行列**という．$P_n=P^n$ が成り立つことは，(13) からわかる．

ある $n\geqq 0$ に対して $p_{i,j}(n)>0$ なるとき，状態 j は状態 i から到達可能であるといい，$i\to j$ で表わす．i, j が互いに他から到達可能のとき，$i\leftrightarrow j$ とかく．この関係 $\leftrightarrow$ は同値関係であるから ($p_{i,j}(0)=\delta_{i,j}$ とすることに注意)，この関係で状態の全体 $(0, 1, 2, \cdots)$ を組分けできる．

同値な組がただ一つ，すなわち，すべての状態が，他の状態と互いに到達可能のとき，この連鎖は**既約**であるという． $p_{i,i}=1$ または $p_{i,i}(n)=0$ $(n=1, 2, \cdots)$ なる状態は i だけで一つの組をつくる．前者の場合， i は**吸収状態**という．

いま，$f_{i,j}(n)$ で， i から出発した系が n 単位時間後にはじめて j に到達する確率を表わすとすれば(ただし $f_{i,j}(0)=0$ と定めておく)， $f_{i,j}(n)$ と $p_{i,j}(n)$ の間につぎの関係が成り立つ:

(1.14) $$p_{i,j}(n)=\sum_{k=1}^{n}f_{i,j}(k)p_{j,j}(n-k)\qquad(n\geqq 1)$$

$\sum_{n=1}^{\infty}f_{i,i}(n)=1$ のとき，状態 i は**再帰的**といい，$\sum_{n=1}^{\infty}f_{i,i}(n)<1$ のとき，状態 i は**一時的**という．i が再帰的のとき，状態 i から出発して，はじめて i にもどる時刻を T_i

とすると，$P(T_i=n)=f_{i,i}(n)$ で，T_i の平均値，すなわち平均再帰時間 μ_i は

$$\mu_i=\sum_{n=1}^{\infty} nf_{i,i}(n)$$

である．$\mu_i<\infty$，$\mu_i=\infty$ に応じて，状態 i は**正状態**，**零状態**という．

再帰的か一時的かについて，つぎのことが成り立つ:

$$i \text{ が再帰的} \leftrightarrow \sum_{n=1}^{\infty} P_{i,i}(n)=\infty, \qquad i \text{ が一時的} \leftrightarrow \sum_{n=1}^{\infty} p_{i,i}(n)<\infty.$$

$n\to\infty$ のときの $p_{i,j}(n)$ の状態については，つぎのことが成り立つ:

i.　状態 j が一時的かまたは零状態のときは，i のいかんにかかわらず

$$\lim_{n\to\infty} p_{i,j}(n)=0;$$

ii.　状態 j が非周期的で正状態ならば，

(1.15)
$$\lim_{n\to\infty} p_{i,j}(n)=f_{i,j}\,\mu_j{}^{-1};$$

iii.　任意の状態について

(1.16)
$$\lim_{n\to\infty}\frac{1}{n}\sum_{k=1}^{n} p_{i,j}(k)=f_{i,j}\mu_j{}^{-1}$$

(一時的かまたは $\mu_j=\infty$ のときは，$f_{i,j}\mu_j{}^{-1}=0$ と考える)．ここで $f_{i,j}=\sum_{n=1}^{\infty}f_{i,j}(n)$ である．また，$\{n;\ p_{i,i}(n)>0,\ n\geqq 1\}$ の最大公約数 d を状態 i の**周期**という．$d=1$ のとき，**非周期的**という．

既約なマルコフ連鎖では，つぎのことが成り立つ:

既約なマルコフ連鎖では，(15)，(16) で，$f_{i,j}=1$ である．特に，既約で非周期的な正のマルコフ連鎖では，$i,\ j$ のいかんにかかわらず，$\lim_{n\to\infty}p_{i,j}(n)=\mu_j^{-1}$，すなわち，極限値は i によらない．このようなマルコフ連鎖は**エルゴード的**ともいう．この場合 $p_i=\mu_i^{-1}$ とおくと，$\sum_i p_i=1$ で，$p_j=\sum_i p_i p_{ij}$ が成り立つ．このような確率分布（$p_0,\ p_1,\ \cdots$）をこのマルコフ連鎖の**定常な分布**という．

注意．一時的，零，正，周期的などは，組の性質であることが示される．

1.2.　加法過程

数直線上の集合 T 上での確率過程 $X(t)$ $(t\in T)$ において，任意の T の点 $t_0<t_1<\cdots<t_n$ に対して

$$\xi_k=X(t_{k+1})-X(t_k) \qquad (k=0,\ 1,\ 2,\ \cdots,\ (n-1))$$

が独立であるとき，$\{X(t)\}$ を**加法過程**または**独立増分をもつ確率過程**という．

$T=\{0,\ 1,\ 2,\ \cdots\}$ のときは，$\xi_k=X(k+1)-X(k)$ とおくと，$\xi_0,\ \xi_1,\ \xi_2,\ \cdots$ は独立な確率変数列で $X(n)=X(0)+\xi_0+\cdots+\xi_{n-1}$ となる．

例 1．　ウィーナー過程(ブラウン運動)．　$T=[0,\ \infty)$ とし，$\{X(t),\ t\in T\}$ が加法過程で，$X(t)-X(s)$ $(s<t)$ が平均 0，分散 $\sigma^2(t-s)$ の正規分布にしたがうとき，$\{X(t)\}$ を**ウィーナー過程**または**ブラウン運動**という．

一般に，確率過程 $X(t,\ \omega)$ において，ω を固定して t の関数と考えると，各標本点 ω に一つの t の関数が対応していることになる．これを ω に対応する**標本関数**または**道**

という．ブラウン運動では，確率1で標本関数は t の連続関数である．

$X(0)=0$ という条件付の $X(t)$ の分布は，密度関数

$$p(t, x, y)=\frac{1}{\sqrt{2\pi t}\,\sigma}e^{-(y-x)^2/2t\sigma^2} \tag{1.17}$$

をもつ．この $p(t, x, y)$ は (t, x) の関数として，拡散の方程式(熱伝導の方程式 → XI C §3.1)をみたす:

$$\frac{\partial p}{\partial t}=\frac{\sigma^2}{2}\frac{\partial^2 p}{\partial x^2}. \tag{1.18}$$

例 2．ポアッソン過程． $\{X(t)\}$ が加法過程で，$X(t)-X(s)$ $(s<t)$ が平均 $\lambda(t-s)$ のポアッソン分布にしたがうとき，$\{X(t)\}$ を**ポアッソン過程**という．ポアッソン過程の標本関数は確率1で，有限区間では1だけの有限個の飛躍で増加する階段関数であることが知られている．

なお一般に，確率連続 $(\lim_{h\to0} P(|X(t+h)-X(t)|>\varepsilon)=0)$ で，標本関数が右連続で，第一種の不連続しかもたないときは，$X(t)-X(s)$ $(s<t)$ の分布は無限分解可能な法則であることが証明されている(**レビ過程**)．

1.3．拡散過程

$\{X(t)\}$ を実数値をとる確率過程とする $(T=[0, \infty))$．任意の $t_1<t_2\cdots<t_n<t$ および任意の $x_1, x_2, \cdots, x_n, y$ に対して

$$P(X(t)\leqq y\,|\,X(t_1)=x_1, \cdots, X(t_n)=x_n)=P(X(t)\leqq y\,|\,X(t_n)=x_n) \tag{1.19}$$

が成り立つとき，$\{X(t)\}$ を**マルコフ過程**といい，

$$F(s, x, t, y)=P(X(t)\leqq y\,|\,X(s)=x) \qquad (s<t)$$

を，推移確率(の分布関数)という．

$$(X(t_1), X(t_2), \cdots, X(t_n)) \qquad (t_1<t_2<\cdots<t_n)$$

の結合分布は，$X(t_1)$ の分布と推移確率で表わされる．

推移確率が $t-s$ のみによるとき，$\{X(t)\}$ は時間的に一様であるという．このとき，$F(s, x, s+t, y)=F(t, x, y)$ とおくと，**チャプマン・コルモゴロフの関係式**

$$F(t+s, x, y)=\int_{-\infty}^{\infty}F(s, z, y)dF_z(t, x, z) \tag{1.20}$$

が成り立つ．積分は z の関数 $F(s, z, y)$ の分布関数 $F(t, x, z)$ に関する平均値である．

標本関数 $X(t, \omega)$ が確率1で連続なマルコフ過程を考える．このマルコフ過程の推移確率がつぎの条件をみたすとき，これを**拡散過程**という：任意の正数 δ に対して，

i.　$$\lim_{t\to0} t^{-1}\int_{|y-x|>\delta}d_yF(t, x, y)=0;$$

ii.　$$\lim_{t\to0} t^{-1}\int_{|y-x|\leqq\delta}(y-x)d_yF(t, x, y)=b(x);$$

iii.　$$\lim_{t\to0} t^{-1}\int_{|y-x|\leqq\delta}(y-x)^2d_yF(t, x, y)=a(x)>0.$$

ii, iii における積分を仮に全区間であると考える．それらは，それぞれ $X(s)=x$ のと

きの $X(t+s)-X(s)$ の条件付平均値および2次の積率である．したがって，ii, iii はこの条件付平均値および分散がそれぞれ

$$b(x)t+o(t), \qquad a(x)t-b^2(x)t^2+o(t)=a(x)t+o(t)$$

であることを示す．このことから $b(x)$ は変位の平均変化率，$a(x)$ は分散の平均変化率と考えられる．

いま，$u_0(y)$ を有界な連続関数とし，

(1.21) $$u(t, x)=\int_{-\infty}^{\infty}u_0(y)d_yF(t, x, y)=T_tu_0$$

とおくと，$\lim_{t\to 0}u(t, x)=u_0(x)$ が成り立つ．さらに，チャプマン・コルモゴロフの関係 (20) から

(1.22) $$u(s+t, x)=\int_{-\infty}^{\infty}u(t, y)d_yF(s, x, y) \quad すなわち， \quad T_{s+t}u_0=T_s(T_tu_0)$$

が成り立つ．

$(\partial/\partial x)u(t, x)$，$(\partial^2/\partial x^2)u(t, x)$ が x の関数として，有界連続と仮定すると，(22) の $u(t, y)$ を x のまわりでテイラー展開して，条件 i, ii, iii を用いると，

(1.23) $$\frac{\partial u}{\partial t}(t, x)=\frac{1}{2}a(x)\frac{\partial^2 u}{\partial x^2}(t, x)+b(x)\frac{\partial u}{\partial x}(t, x)$$

が成り立つことが示される．この方程式を**コルモゴロフの後向きの方程式**という．

条件付分布関数 $F(t, x, y)$ が (i), (ii), (iii) をみたし，さらに確率密度 $f(t, x, y)$ をもつとする．このとき，

(1.24) $$v(s, y)=\int_{-\infty}^{\infty}v_0(x)f(s, x, y)dy$$

とおくと，適当な条件のもとに

(1.25) $$\frac{\partial v}{\partial s}=\frac{1}{2}\frac{\partial^2}{\partial y^2}[a(y)v(s, y)]-\frac{\partial}{\partial y}[b(y)v(s, y)]$$

が成り立つ．この方程式を**コルモゴロフの前向きの方程式**または拡散の方程式または**フォッカー・プランクの方程式**という．

例 1. ウィーナー過程． $a(x)=\sigma^2$, $b(x)=0$ の場合で，コルモゴロフの二つの方程式は一致する．

例 2. オルンステイン・ウーレンベック過程． これはブラウン運動をしている粒子の速度に関する数学的モデルとしてとり扱われたものである．

$b(x)=-\rho x$ $(\rho>0)$, $a(x)=1$ の場合で，後向きの方程式は

(1.26) $$\frac{\partial u}{\partial t}=\frac{1}{2}\frac{\partial^2 u}{\partial x^2}-\rho x\frac{\partial u}{\partial x}.$$

$v(t, x)=u(t, xe^{\rho t})$ とおいて，v に関する方程式をつくると，

$$e^{2\rho t}\frac{\partial v}{\partial t}=\frac{1}{2}\frac{\partial^2 v}{\partial x^2}.$$

さらに，独立変数の変換 $\tau=(1-e^{-2\rho t})/2\rho$ を行なうと，

$$\frac{\partial v}{\partial t}=\frac{1}{2}\frac{\partial^2 v}{\partial x^2}.$$

これから，この過程の推移確率の密度関数は平均 $m(t)=xe^{-\rho t}$, 分散 $\sigma^2(t)=(1-e^{-2\rho t})/2\rho$ の正規分布の密度関数であることがわかる．

2. 定常過程

2.1. スペクトル表現

2.1.1. 共分散関数． 複素数値確率過程 $\{X(t), t\in T\}$ において，すべての t に対して，$E\{|X(t)|^2\}<\infty$ が成り立つとき，$\{X(t)\}$ を二次過程という．このとき $|X(t)\overline{X(s)}|\leqq|X(t)|^2+|X(s)|^2$ から，$E\{|X(t)\overline{X(s)}|\}<\infty$ であり，シュワルツの不等式から

(2.1) $$|E\{X(t)\overline{X(s)}\}|\leqq\sqrt{E\{|X(t)|^2\}E\{|X(s)|^2\}}$$

が成り立つ($\bar{\alpha}$ は α の共役複素数を表わす)．

$(t,\ s)\in T\times T$ の関数

(2.2) $$\Gamma(t,\ s)=E\{X(t)\overline{X(s)}\}$$

を $\{X(t), t\in T\}$ の**共分散関数**という．$X(t)$ の平均がすべて 0 ならば，元来の意味で $X(t)$ と $\overline{X(s)}$ の共分散を表わす．

$\Gamma(t,\ s)$ の定義から，つぎのことが容易にわかる：

i. $$\Gamma(t,\ s)=\overline{\Gamma(s,\ t)}\qquad(\text{エルミット対称}).$$

したがって，$X(t)$ が実数値をとるならば，$\Gamma(t,\ s)$ は対称である．$\Gamma(t,\ s)=\Gamma(s,\ t)$.

ii. $\Gamma(s,\ t)$ は正の定符号である．すなわち，T に属する任意の $t_1, t_2, \cdots, t_n$ および任意の複素数 $\zeta_1, \zeta_2, \cdots, \zeta_n$ に対して

(2.3) $$\sum_{i,j}\Gamma(t_i,\ t_j)\zeta_i\ \bar{\zeta}_j\geqq 0.$$

これはつぎの等式からみちびかれる：

$$0\leqq E\{|\sum_i\zeta_iX(t_i)|^2\}=E\{(\sum_i\zeta_iX(t_i))\overline{(\sum_j\zeta_jX(t_j))}\}$$
$$=E\{\sum_{i,j}\zeta_i\bar{\zeta}_jX(t_i)\overline{X(t_j)}\}=\sum_{i,j}\zeta_i\bar{\zeta}_j\Gamma(t_i,t_j).$$

2.1.2. (弱)定常過程． $T=(-\infty,\ \infty)$ である二次過程 $\{X(t), t\in T\}$ において，その共分散関数 $\Gamma(t,\ s)$ が $t-s$ の関数であるとき，$\{X(t)\}$ を**(弱)定常過程**という．このとき，

(2.4) $$\rho(t)=E\{X(s+t)\overline{X(s)}\}$$

を $\{X(t)\}$ の**共分散関数**または**自己相関関数**という．

$E\{X(t)\}=m$ (定数) のときは，

$$\mathrm{Cov}(X(s+t),\ \overline{X(s)})=E\{X(s+t)\overline{X(s)}\}-|m|^2$$

であるから，$\mathrm{Cov}(X(s+t),\ \overline{X(s)})$ が t だけの関数ならば，上の意味の定常過程となる．

$\Gamma(t,\ s)$ の性質 (3) から，$\rho(t)$ についてつぎのことが成り立つ：

i. $$|\rho(t)|\leqq\rho(0);$$

ii.　$$\rho(-t)=\overline{\rho(t)};$$

iii. $\rho(t)$ は正の定符号である; すなわち, 任意の $t_1, t_2, \cdots, t_n$ と任意の複素数 $\zeta_1, \zeta_2, \cdots, \zeta_n$ に対して

(2.5) $$\sum_{i,j}\rho(t_i-t_j)\zeta_i\bar{\zeta}_j\geqq 0.$$

二次過程 $\{X(t)\}$ において, すべての $t\in T$ で

(2.6) $$\lim_{h\to 0}E|X(t+h)-X(t)|^2=0$$

のとき, $\{X(t)\}$ は**平均連続**であるという.

定常過程 $\{X(t)\}$ では,

(2.7) $$\begin{aligned}&E\{|X(t+h)-X(t)|^2\}\\&=E\{|X(t+h)|^2\}-E\{X(t+h)\bar{X}(t)\}-E\{\overline{X(t+h)}X(t)\}+E\{|X(t)|^2\}\\&=2\rho(0)-\rho(h)-\rho(-h)=2R\{\rho(0)-\rho(h)\}\end{aligned}$$

が成り立つ. これからつぎのことがえられる:

定常過程 $\{X(t);\ -\infty<t<\infty\}$ が平均連続であるための必要十分条件は, $\rho(t)$ が $t=0$ で連続であることである. このとき, $\rho(t)$ は t の連続関数である.

共分散関数のスペクトル表現に関するつぎの定理は, 定常過程の研究の基本である:

定理 2.1. $\rho(t)$ $(\rho(0)>0)$ が平均連続な(弱)定常過程 $\{X(t),\ -\infty<t<\infty\}$ の共分散関数であるための必要十分条件は,

(2.8) $$\rho(t)=\int_{-\infty}^{\infty}e^{it\lambda}dF(\lambda)\qquad (i=\sqrt{-1})$$

とかけることである. ここで $F(\lambda)$ は非減少関数で

$$F(\infty)-F(-\infty)=\rho(0)=\sigma^2\qquad (0<\sigma<\infty).$$

——この $F(\lambda)$ を $\{X(t)\}$ の**スペクトル分布関数**という.

証明. 必要であること: $\rho(t)$ の性質 iii と連続性から, ボホナーの定理(→B§1.3.5)によって, $\rho(t)$ は (8) の形にかける. 十分であること: Z を $\sigma^{-2}\{F(x)-F(-\infty)\}$ を分布関数とする確率変数, Y を $[0, 2\pi]$ で一様分布にしたがい, Z と独立な確率変数とする.

$$X(t)=\sigma e^{i(Y+tZ)}$$

とおくと, この $X(t)$ が (8) を共分散関数とする定常過程である. じっさい,

$$E\{X(t)\}=\sigma E(e^{iY})E(e^{itZ}),$$

$$E(e^{iY})=\frac{1}{2\pi}\int_0^{2\pi}e^{iy}dy=0,\qquad \therefore\quad E\{X(t)\}=0.$$

$$E\{X(t+s)\overline{X(s)}\}=\sigma^2 E\{e^{itZ}\}=\int_{-\infty}^{\infty}e^{itz}dF(z)=\rho(t).$$ (証終)

定理 2.2. $\rho(n)$ $(n=0, \pm 1, \pm 2, \cdots, \rho(0)>0)$ が定常過程 $\{X(n),\ n=0, \pm 1, \pm 2, \cdots\}$ の共分散関数であるための必要十分条件は,

(2.9) $$\rho(n)=\int_{-\pi}^{\pi}e^{inx}dF(x)$$

とかけることである．ここに $F(x)$ は $[-\pi, \pi]$ における有界な非減少関数である．

平均連続な定常過程に対して，つぎの大数の法則が成り立つ:

$$Y(T)=\frac{1}{T}\int_0^T X(t)dt \tag{2.10}$$

とおくと，

$$E\{|Y(T)-Y|^2\}\to 0 \qquad (T\to\infty)$$

なる確率変数が存在する．$Y=0$ になるための必要十分条件は，

$$\lim_{T\to\infty}\frac{1}{T}\int_0^T \rho(t)dt=0 \tag{2.11}$$

が成り立つことである．この条件はスペクトル分布関数 $F(\lambda)$ が $\lambda=0$ で連続であることと同値である．

なお，(10) の積分はリーマン和の2乗平均の意味の極限である．

例 1． $\xi_1, \xi_2, \cdots, \xi_N$ を $E(\xi_j\bar{\xi}_k)=0\,(j\neq k)$ なる確率変数とする．——このような確率変数列を**直交過程**という．いま，

$$X(t)=\sum_{j=1}^{N}\xi_j e^{i\lambda_j t} \qquad (i=\sqrt{-1}) \tag{2.12}$$

とおく．ここに $\lambda_1, \lambda_2, \cdots, \lambda_N$ は実数とする．

$$E\{X(t+s)\overline{X(s)}\}=\sum_{j=1}^{N}E\{|\xi_j|^2\}e^{j\lambda_j t}. \tag{2.13}$$

したがって，$X(t)$ は定常過程で，共分散関数 $\rho(t)$ のスペクトル分布関数 $F(\lambda)$ は，$\lambda_1, \cdots, \lambda_N$ でそれぞれ $E\{|\xi_1|^2\}, \cdots, E\{|\xi_N|^2\}$ の飛躍をする階段関数である．このような定常過程は，**離散スペクトル**をもつという．

例 2． $\{Y(t), -\infty<t<\infty\}$ を定常過程とし，

$$X(t)=\sum_{k=1}^{N}c_k Y(t-\tau_k) \tag{2.14}$$

とおく．ここで c_k, τ_k $(k=1, 2, \cdots, N)$ は実数とする．$\{X(t)\}$ の共分散関数は

$$\begin{aligned}E\{X(t+s)\overline{X(s)}\}&=\sum_{j,k}c_j\bar{c}_k\rho(t-\tau_j+\tau_k)\\&=\sum_{j,k}c_j\bar{c}_k\int_{-\infty}^{\infty}e^{i(t-\tau_j+\tau_k)\lambda}dF_Y(\lambda)=\int_{-\infty}^{\infty}e^{it\lambda}|\sum_j c_je^{-i\tau_j\lambda}|^2dF_Y(\lambda).\end{aligned}$$

よって，$X(t)$ は定常過程で，そのスペクトル分布関数は

$$F_X(\lambda)=\int_{-\infty}^{\lambda}|\sum c_je^{-i\tau_j\lambda}|^2dF_Y(\lambda). \tag{2.15}$$

ここで $F_Y(\lambda)$ は $\{Y(t)\}$ のスペクトル分布関数である．

例 3． **移動平均(離散的)．** $\{\xi_n;\ n=0, \pm1, \pm2, \cdots\}$ を，$E\{\xi_n\bar{\xi}_m\}=\sigma^2\delta_{n,m}$ なる離散的二次過程とする(直交過程)．

$$X(n)=\sum_{k=0}^{N}a_k\xi_{n-k} \tag{2.16}$$

とおく；ここで a_k $(k=1, 2, \cdots, N)$ は定数とする．このとき，

$$E\{X(m+n)\overline{X(m)}\}=\sum_{j,k}a_j\bar{a}_kE\{\xi_{n+m-j}\overline{\xi_{m-k}}\}=\sigma^2\sum_{k=0}^{N}a_{n+k}\bar{a}_k;$$

ただし $a_l=0$ $(l>N)$ とする．よって，

$$\rho(n)=\sigma^2\sum_{k=0}^{N}a_{n+k}\bar{a}_k. \tag{2.17}$$
（以上）

$\{X(n)\}$ を $\{\xi_n\}$ の $N+1$ 項**移動平均**という．

2.2. 強定常過程

確率過程 $\{X(t),\ t\in T\}$ において任意の $h>0$ と $t_1<t_2<\cdots<t_n$ に対して

$$\{X(t_1+h),\ X(t_2+h),\ \cdots,\ X(t_n+h)\} \text{ と } \{X(t_1),\ X(t_2),\ \cdots,\ X(t_n)\}$$

のそれぞれの結合分布が同じであるとき，$\{X(t)\}$ を**強定常過程**という．強定常過程が2次の積率をもてば，もちろん弱定常である．強定常過程に関しては，$X(t)$ を $Y(t)=X(t+h)$ に変換する変換 U_h を考え，これが関数空間での測度を不変にするものであることを用いて，エルゴード定理(大数の法則)などが論じられる．

2.3. 正規過程

確率過程 $\{X(t),\ t\in T\}$ において，任意の $t_1<t_2<\cdots<t_n$ に対して $\{X(t_1),\ X(t_2),\ \cdots,\ X(t_n)\}$ の結合分布が正規分布であるとき，$\{X(t)\}$ を**正規過程**という．

例 1. ウィーナー過程． 加法過程 $\{X(t), 0\leqq t<\infty\}$ において，$X(0)=0$, $X(t)-X(s)$ $(s<t)$ は平均 0，分散 $\sigma^2(t-s)$ の正規分布にしたがうとする．

このとき，$s<t$ とすると，

$$\begin{aligned}\Gamma(t,\ s)&=E\{X(t)X(s)\}=E\{[X(t)-X(s)]X(s)\}+E\{X^2(s)\}\\&=E\{X(t)-X(s)\}E\{X(s)\}+E\{X^2(s)\}=\sigma^2 s.\end{aligned}$$

したがって，

$$\Gamma(t,\ s)=\sigma^2\min(t,\ s). \tag{2.18}$$

$0<t_1<t_2<\cdots<t_n$ に対して

$$Y_1=X(t_1),\ Y_2=X(t_2)-X(t_1),\ \cdots,\ Y_n=X(t_n)-X(t_{n-1})$$

とおくと，$Y_1,\ Y_2,\ \cdots,\ Y_n$ は独立で，Y_k は平均 0，分散 $\sigma^2(t_k-t_{k-1})$ の正規分布にしたがう．このことから，$X(t_1),\ \cdots,\ X(t_n)$ の結合分布の密度関数は

$$(2\pi)^{-n/2}\left[\prod_{k=1}^{n}(t_k-t_{k-1})\right]^{-1/2}\sigma^{-n}\exp\left[-\frac{1}{2\sigma^2}\sum_{k=1}^{n}\frac{(x_k-x_{k-1})^2}{t_k-t_{k-1}}\right]$$

であることがわかる；ただし $t_0=0$, $x_0=0$.

また，特性関数 $\varphi(u_1,\ u_2,\ \cdots,\ u_n)$ は (18) から

$$\varphi(u_1,\ u_2,\ \cdots,\ u_n)=\exp\left[-\frac{\sigma^2}{2}\sum_{j,k}\min(t_j,\ t_k)u_ju_k\right].$$

$\Gamma(t,\ s)$ は $(t,\ s)\in T\times T$ で定義された正定符号の関数とする．すなわち，任意の $t_j\in T$ $(j=1, 2, \cdots, n)$ と任意の複素数 ζ_j $(j=1, 2, \cdots, n)$ に対して

$$\sum_{i,k}\Gamma(t_j,\ t_k)\zeta_j\bar{\zeta}_k\geqq 0$$

であり，等号が成り立つのは，$\zeta_j=0$ $(j=1, 2, \cdots, n)$ のときに限るとする．

$\Gamma(t,\ s)$ が実数値のときは，u_j として実数値をとり，関数

$$\varphi(u_1,\ u_2,\ \cdots,\ u_n)=\exp\left[-\frac{1}{2}\sum_{j,k}\Gamma(t_j,\ t_k)u_ju_k\right]$$

を考えると，これは平均 0, 共分散行列が $\Gamma(t_j, t_k)$ の n 次元正規分布の特性関数である．したがって，$\Gamma(t, s)$ を共分散関数とする正規過程が存在する．

$\Gamma(t, s)$ が複素数のときは，$\Gamma(t, s)=A(t, s)+iB(t, s)$ (A, B は実数値) とすると，

$$E\{X(t)\}=E\{Y(t)\}=0,$$

$$E(X(t)X(s))=E(Y(t)Y(s))=\frac{1}{2}A(t, s),$$

$$E(X(t)Y(s))=-\frac{1}{2}B(t, s)$$

なる正規過程が存在する．いま，$Z(t)=X(t)+iY(t)$ とおくと，これが平均 0, 共分散関数が $\Gamma(t, s)$ なる確率過程になる．この $Z(t)$ を**複素正規過程**という．

このことから，つぎの定理が成り立つ:

定理 2.3. 任意の弱定常過程に対し，同じ共分散関数をもつ強定常な正規過程が存在する．

注意． 正規過程では $(X(t_1), X(t_2), \cdots, X(t_n))$ の結合分布は平均と共分散で定まるから，$E\{X(t)\}$ =定数のときは，弱定常と強定常は同値である．

正規過程がマルコフかつ定常であるときは，つぎのことが成り立つ:

定理 2.4. $\{X(t), 0\leqq t<\infty\}$ を $E(X(t))=0$ なる平均連続な正規過程とする．もし $\{X(t)\}$ がマルコフ，定常過程であるならば，共分散関数が $\rho(t)=\sigma^2e^{-\lambda t}$ $(\lambda>0)$ であるかまたは $X(t)$, $X(s)$ $(t\neq s)$ は独立である．

証明． $\rho(t-s)=E\{X(t)X(s)\},\qquad \rho(0)=E\{X^2(t)\}=\sigma^2.$

$X(t)$ の代りに $X(t)/\sigma$ を考えることにより，$\sigma=1$ と仮定してよい．$s<u<t$ に対し $X(s)=X_1$, $X(u)=X_2$, $X(t)=X_3$ とし，

$$E\{X_1X_2\}=\rho_1,\qquad E\{X_2X_3\}=\rho_2,\qquad E\{X_3X_1\}=\rho_3$$

とおくと，X_1, X_2, X_3 の結合分布の密度関数は

$$C\exp\left\{-\frac{1}{2}\left[x_1{}^2-\frac{(x_2-\rho_1x_1)^2}{1-\rho_1{}^2}-\frac{(x_3-\rho_2x_2)^2}{1-\rho_2{}^2}\right]\right\}=C\exp\left\{-\frac{1}{2}\sum a_{ij}x_ix_j\right\}$$

の形であって，$a_{13}=0$ である．

一方，X_1, X_2, X_3 の結合分布の共分散行列は

$$\begin{bmatrix} 1 & \rho_1 & \rho_3 \\ \rho_1 & 1 & \rho_2 \\ \rho_3 & \rho_2 & 1 \end{bmatrix}.$$

この行列の逆行列の 1 行 3 列の要素が a_{13} に等しい．それは $\rho_1\rho_2-\rho_3$ に比例するから，$a_{13}=0$ から

$$\rho_3=\rho_1\rho_2$$

が成り立つ．すなわち，

$$\rho(t-s)=\rho(u-s)\rho(t-u).$$

したがって，

$$\rho(t+s)=\rho(t)\rho(s)\qquad (t>0,\ s>0).$$

$\rho(t)$ は連続で $|\rho(t)|\leqq 1$ であるから,

$$\rho(t)\equiv 0 \quad \text{または} \quad \rho(t)=e^{-\lambda t} \quad (\lambda>0).$$

（証終）

参考書. [C 6], [D 2], [F 1], [F 2], [I 5], [K 7], [K 8], [K 25], [K 26], [N 7], [U 1]

［**魚返　正**］

参　考　書

[A 1]　Ahlfors, L. V., Complex analysis. McGraw-Hill (New York), 1953; 第2版, 1966.

[A 2]　秋月康夫・鈴木通夫, 高等代数学, I (岩波全書). 岩波書店, 1952.

[A 3]　秋月康夫・滝沢精二, 射影幾何学(現代数学講座 17). 共立出版, 1957.

[B 1]　Behnke, H., und F. Sommer, Theorie der analytischen Funktionen einer komplexen Veränderlichen. Springer (Berlin), 1955; 第2版, 1962.

[B 2]　Birkhoff, G., and S. MacLane, A survey of modern algebra. MacMillan (New York-London), 1941. (邦訳: 白水社)

[B 3]　Bliss, G., Lectures on the calculus of variations. Univ. of Chicago Press (Chicago), 1946.

[B 4]　Bochner, S., Vorlesungen über Fouriersche Integrale. Akad. Verlagsgesell. (Leipzig), 1932.

[B 5]　Bourbaki, N., Fonction d'une variable réelle. Hermann (Paris), 1951.

[B 6]　Bourbaki, N., Algèbre, 1—7. Hermann (Paris), 1959.

[B 7]　ブルバキ, ブルバキ数学原論, 位相 1-5. 東京図書, 1968.

[B 8]　Bromwich, T. J. I'a., An introduction to the theory of infinite series. MacMillan (London), 1926.

[C 1]　Carathéodory, C., Funktionentheorie, I; II. Birkhäuser (Basel), 1950.

[C 2]　陳　建功, 三角級数論. 岩波書店, 1930.

[C 3]　Choquet, G., Topology. Academic Press (New York-London), 1966.

[C 4]　コディントン・レヴィンソン(吉田節三訳), 常微分方程式論. 吉岡書店, 1968.

[C 5]　Courant, R., und D. Hilbert, Methoden der mathematischen Physik, I; II. Springer (Berlin), 1931, 1937.
(英語版: Method of mathematical physics, I; II. Interscience (New York-London), 1953, 1961)
(斎藤利弥監訳: 物理数学の方法, I～IV. 東京図書, 1959-68)

[C 6]　Cramér, H., Random variables and probability distribution. Cambridge Univ. Press (Cambridge), 1937.

[D 1] Doetsch, G., Theorie und Anwendung der Laplace-Transformation. Springer (Berlin), 1937.

[D 2] Doob, J. L., Stochastic processes. John Wiley and Sons (New York-London), 1953.

[D 3] Dunford, N., and J. T. Schwartz, Linear operators, 1—3. Interscience (New York-London), 1958.

[E 1] Edwards, R. E., Functional analysis. Holt, Rinehart & Winston (New York), 1965.

[F 1] フェラー，W.（河田竜夫監訳），確率論とその応用 I, 上; 下(現代経営科学全集). 紀伊国屋書店，1960-61.

[F 2] フェラー，W.（国沢清典監訳），確率論とその応用 II，上; 下(現代経営科学全集). 紀伊国屋書店，1969-70.

[F 3] Fleming, W. H., Functions of several variables. Addison-Wesley Publ. Co. (Cambridge, Mass.), 1965.

[F 4] Forsyth, A. R., Theory of differential equations, V; VI. Dover Publications, Inc. (New York), 1959.

[F 5] Frank, Ph., und v. Mises, R., Die Differential- und Integralgleichungen der Mechanik und Physik. Friedr. Vieweg & Sohn (Braunschweig), 1930.

[F 6] 藤原松三郎，微分積分学，I; II. 内田老鶴圃，1934; 1939.

[G 1] Garabedian, P. R., Partial differential equations. John Wiley & Sons (New York), 1964.

[G 2] Goursat, E., Cours d'analyse mathématique, II; III. Gauthier-Villars (Paris), 1949; 1956.

[H 1] Halmos, P. R., Measure theory. van Nostrand (New York), 1950.

[H 2] Hardy, G. H., and W. W. Rogosinski, Fourier series. Cambridge Univ. Press (Cambridge), 1943.

[H 3] 服部　昭，現代代数学(近代数学講座 1). 朝倉書店，1968.

[H 4] 林　一道，一般トポロジー入門(廣川数学シリーズ 8)，廣川書店，1967.

[H 5] Hille, E., Analytic function theory, 1. Ginn & Co. (Boston), 1959.

[H 6] 平沢義一，偏微分方程式序論(近代数学新書 13)，至文堂，1967.

[H 7] Hirschman, I. I., and D. V. Widder, The convolution transform. Princeton Univ. Press (Princeton), 1955.

[H 8]　一松　信，解析学序説，上; 下．裳華房，1962; 1963.

[H 9]　穂刈四三二，解析幾何学．東海書房，1948.

[H10]　細川藤右衛門，射影幾何学．岩波書店，1943.

[H11]　福原満洲雄，微分方程式，上; 下．朝倉書店，1951.

[H12]　福原満洲雄・中森寛二，積分方程式・偏微分方程式(基礎数学講座 18)．共立出版，1955.

[H13]　福原満洲雄・佐藤徳意，微分方程式論(現代数学講座 11)．共立出版，1960.

[H14]　Hurwitz, A., und R. Courant, Vorlesungen über allgemeine Funktionentheorie und elliptische Funktionen. Springer (Berlin), 1922.

[H15]　Husemoller, D., Fibre bundles. McGraw-Hill (New York), 1966.

[I 1]　井上正雄，応用函数論(共立全書 90)．共立出版，1954.

[I 2]　井上正雄，積分学; 積分学演習(朝倉数学講座 7; 8)．朝倉書店，1960; 1961.

[I 3]　犬井鉄郎，応用偏微分方程式論．岩波書店，1961.

[I 4]　犬井鉄郎，特殊函数(岩波全書)．岩波書店，1962.

[I 5]　伊藤　清，確率論(現代数学)．岩波書店，1953.

[I 6]　伊藤清三，偏微分方程式(新数学シリーズ 26)．培風館，1966.

[I 7]　泉　信一，ディリクレ級数論．岩波書店，1931.

[K 1]　亀谷俊司，集合と位相(朝倉数学講座 13)．朝倉書店，1961.

[K 2]　Kamke, E., Differentialgleichungen reeller Funktionen. Akademische Verlagsgesellschaft M.B.H. (Leipzig), 1930.

[K 3]　蟹谷乗養，射影幾何学．丸善，1950.

[K 4]　河田敬義(編)，位相幾何学(現代数学演習叢書 2)．岩波書店，1965.

[K 5]　河田敬義・大口邦雄，位相幾何学(近代数学講座 11)．朝倉書店，1967.

[K 6]　河田敬義・三村征雄，現代数学概説，II (現代数学)．岩波書店，1965.

[K 7]　河田竜夫，確率と統計; 確率と統計演習(朝倉数学講座 17; 18)．朝倉書店，1961; 1962.

[K 8]　Kawata, T., Fourier analysis and probability. Academic Press (New York–London), 1971.

[K 9]　ケリー，位相空間論(数学叢書 2)．吉岡書店，1968.

[K10]　木村俊房，常微分方程式の解法(新数学シリーズ 12)．培風館，1958.

[K11]　Knopp, K., Theory and applications of infinite series. Blackie & Son (London–Glasgow), 1928.

[K12]　コルモゴロフ・フォーミン(山崎三郎訳)，函数解析の基礎．岩波書店，1971.

[K13]　小松醇郎・中岡　稔・菅原正博，位相幾何学，I (現代数学)．岩波書店，1967.

[K14]　小松勇作，変分学．東海書房，1947.
[K15]　小松勇作，函数論; 函数論演習(朝倉数学講座 11; 12)．朝倉書店，1960.
[K16]　小松勇作，解析概論，I; II．廣川書店，1962; 1966.
[K17]　小松勇作，新編応用数学，廣川書店，1966.
[K18]　小松勇作，特殊函数; 特殊函数演習(近代数学講座 9; 10)．朝倉書店，1967.
[K19]　小松勇作，積分方程式．廣川書店，1967.
[K20]　小松勇作(編)，数学要項公式集．廣川書店，1969.
[K21]　小松勇作・及川廣太郎・水本久夫，精解演習応用数学，I; II．廣川書店，1964; 1965.
[K22]　近藤基吉，実函数論; 実函数論演習(近代数学講座 3; 4)．朝倉書店，1968; 1969.
[K23]　窪田忠彦，近世幾何学．岩波書店，1947.
[K24]　窪田忠彦，微分幾何学(岩波全書)．岩波書店，1957.
[K25]　国沢清典，近代確率論(岩波全書)．岩波書店，1951.
[K26]　国沢清典・羽鳥裕久，初等確率論．培風館，1968.
[K27]　栗田　稔，リーマン幾何(近代数学新書 24)．至文堂，1965.
[K28]　楠　幸男，無限級数入門(基礎数学シリーズ 10)．朝倉書店，1967.

[L 1]　Landau, E., Foundations of analysis. Chelsea Publ. Co. (New York), 1951.
[L 2]　Lang, S., Algebra. Addison-Wesley (Reading, Mass.), 1965.
[L 3]　Loéve, M., Probability theory. van Nostrand (Tronto-New York-London), 1963.
[L 4]　Loomis, L. H., Abstract harmonic analysis. van Nostrand (Tronto-New York-London), 1953.
[L 5]　リュステルニク・ソボレフ(柴岡泰光訳)，関数解析入門，1; 2．総合図書，1972.

[M 1]　Massey, W. S., Algebraic topology, An introduction. Harcourt, Brace & World (New York-Chicago-San Francisco-Atlanta), 1967.
[M 2]　溝畑　茂，偏微分方程式論．岩波書店，1965.
[M 3]　森口繁一・宇田川銈久・一松　信，数学公式 III—特殊函数—(岩波全書)．岩波書店，1960.
[M 4]　森本清吾，座標幾何学．共立出版，1952.

[N 1]　長野　正，曲面の数学．培風館，1968.
[N 2]　南雲道夫，偏微分方程式，I; II (現代応用数学講座)．岩波書店，1957.
[N 3]　南雲道夫，近代的偏微分方程式論(現代数学講座 12)．共立出版，1958.
[N 4]　中岡　稔，位相幾何学(共立講座現代の数学 15)．共立出版，1970.

[N 5] 中岡　稔，位相数学入門(基礎数学シリーズ 23)．朝倉書店，1971.

[N 6] Nehari, Z., Conformal mapping. McGraw-Hill (New York), 1952.

[N 7] Neveu, J., Mathematical foundations of the calculus of probability. Holden-Day (San Francisco-London-Amsterdam), 1965.

[N 8] 西内貞吉，非ゆうくりっど幾何学(岩波講座数学)．岩波書店，1933-35.

[N 9] 野口　宏，位相空間(近代数学新書 8)．至文堂，1964.

[N10] 野口　宏，トポロジー．日本評論社，1967.

[N11] 能代　清，初等函数論．培風館，1954.

[O 1] 岡田良知，級数論．岩波書店，1936.

[O 2] 大津賀　信，函数論特論(現代数学講座 9)．共立出版，1957.

[O 3] 大槻富之助，微分幾何学(朝倉数学講座 15)．朝倉書店，1961.

[P 1] Paley, R. E. A. C., and N. Wiener, Fourier transforms in the complex domain. Amer. Math. Soc. Colloq. Publ. (New York), 1934.

[P 2] ペトロフスキー，イ．ゲ．(渡辺　毅訳)，偏微分方程式論．商工出版，1958.

[R 1] Riesz, F., and B. Sz-Nagy, Leçon d'analyse fonctionnelle. Gauthier-Villars (Paris), 1955.

[R 2] Rogosinski, W. W., Fouriersche Reihen. Göschen (Berlin-Leipzig), 1930.

[R 3] Rudin, W., Principles of mathematical analysis. McGraw-Hill (New York), 1953. (好学社リプリント，1964.)
(近藤基吉・柳原二郎共訳，現代解析学．共立出版，1971).

[S 1] 斎藤正彦，線型代数学入門．東京大学出版会，1966.

[S 2] 斎藤利弥，解析力学入門(近代数学新書 19)．至文堂，1964.

[S 3] 斎藤利弥，常微分方程式論(近代数学講座 5)．朝倉書店，1967.

[S 4] 佐々木重夫，リーマン幾何学，I; II (現代数学講座 18)．共立出版，1957.

[S 5] 佐々木重夫，初等微分幾何学．廣川書店，1965.

[S 6] 佐々木重夫，微分幾何学(基礎数学講座 16)．共立出版，1956.

[S 7] 佐々木重夫，微分幾何学(大域的考察を中心として)(近代数学新書 7)．至文堂，1965.

[S 8] 佐武一郎，行列と行列式(数学選書 1)．裳華房，1958.

[S 9] 佐藤常三，定積分及フーリエ級数．河出書房，1945.

[S10] シュワルツ，L．(岩村　聯訳)，超函数の理論．岩波書店，1953.

[S11] Schwartz, L., Cours d'analyse, I; III. Hermann (Paris), 1967. (邦訳：シュワ

ルツ解析学，全7巻．東京図書，1970-71.)
[S12]　シュワルツ，L.,（斎藤正彦訳）解析学，I;（小島　順訳）II．東京図書，1970.
[S13]　柴垣和三雄，特殊函数論(現代数学講座 25)．共立出版，1957.
[S14]　柴田敏男，位相解析(数学講座 12)．筑摩書房，1970.
[S15]　スミルノフ，B.（小松勇作訳），高等数学教程，III_2 第6章，数理物理学における特殊函数．共立出版，1959.
[S16]　Sneddon, I. N., Fourier transforms. McGraw-Hill (New York-Toronto-London), 1951.
[S17]　Sommerfeld, A., Partial differential equations in physics. Academic Press (New York), 1949.
[S18]　Spanier, E. H., Algebraic topology. McGraw-Hill (New York), 1966.
[S19]　Steenrod, N. E., The topology of fibre bundles. Princeton Math. Series, Princeton Univ. (Princeton), 1951.
[S20]　菅原正博，位相への入門(基礎数学シリーズ6)．朝倉書店，1966.
[S21]　杉山昌平，最適問題(共立数学講座 23)．共立出版，1967.
[S22]　Szegö, G., Orthogonal polynomials. Amer. Math. Soc. Colloq. Publ., 1959（改訂版）.

[T 1]　立花俊一，リーマン幾何学(近代数学講座 15)．朝倉書店，1967.
[T 2]　高木貞治，代数学講義．共立出版，1948.
[T 3]　高木貞治，解析概論(第3版)．岩波書店，1961.
[T 4]　竹之内　脩，トポロジー(数学双書3)．廣川書店，1962.
[T 5]　竹之内　脩，函数解析(近代数学講座 13)．朝倉書店，1968.
[T 6]　竹之内　脩，集合・位相(数学講座 11)．筑摩書房，1970.
[T 7]　竹之内　脩，入門集合と位相．実教出版，1971.
[T 8]　竹内端三，楕円函数論(岩波全書)．岩波書店，1936.
[T 9]　田村一郎，トポロジー(岩波全書)．岩波書店，1972.
[T10]　寺阪英孝，射影幾何学の基礎．共立出版，1947.
[T11]　寺沢寛一，自然科学者のための数学概論(増訂版)．岩波書店，1954.
[T12]　寺沢寛一(編)，自然科学者のための数学概論，応用編．岩波書店，1960.
[T13]　Thomson, W. T., Laplace transformation. Prentice-Hall, Inc. (Englewood Cliffs, New Jersey), 1960.
[T14]　Titchmarsh, E. C., The theory of functions. Clarendon Press (Oxford), 1932; 増訂版，1938.
[T15]　Titchmarsh, E. C., Introduction to the theory of Fourier integrals. Clarendon Press (Oxford), 1937.

[T16] 朝長康郎，リーマン幾何学入門(共立全書 182)．共立出版，1970.
[T17] Tricomi, F. G., Integral equations. Interscience (New York), 1957.
[T18] 辻　正次，函数論，上; 下．朝倉書店，1952.

[U 1] 魚返　正，確率論; 確率論演習(近代数学講座 17; 18)．朝倉書店，1968; 1969.

[W 1] van der Waerden, B. L., Moderne Algebra I; II. Springer (Berlin), 1930. (邦訳: 東京図書)
[W 2] Webster, A. G., Partial differential equations of mathematical physics. G. E. Stechert & Co. (New York), 1927.
[W 3] Whittaker, E. T., and G. N. Watson, A course of modern analysis. Cambridge Univ. Press (London), 1935.
[W 4] Widder, D. V., The Laplace transform. Princeton Univ. Press (Princeton), 1946.
[W 5] Wolff, J., Fourier'sche Reihen mit Aufgaben. P. Noordhoff N.V. (Groningen), 1931.

[Y 1] 柳原二郎，級数(応用数学力学講座 8)．朝倉書店，1962.
[Y 2] 矢野健太郎，微分幾何学．朝倉書店，1949.
[Y 3] 矢野健太郎，初等リーマン幾何学．森北出版，1971.
[Y 4] 吉田耕作，積分方程式論(岩波全書)．岩波書店，1950.
[Y 5] 吉田耕作，ヒルベルト空間論(共立全書 49)．共立出版，1953.
[Y 6] 吉田耕作，微分方程式の解法(岩波全書)．岩波書店，1954.
[Y 7] 吉田耕作，近代解析(基礎数学講座 20)．共立出版，1956.
[Y 8] Yosida, K., Functional analysis. Springer (Berlin-Heidelberg-New York), 1965.
[Y 9] 吉田耕作・河田敬義・岩村　聯，位相解析の基礎．岩波書店，1961.
[Y10] 吉田洋一，函数論(岩波全書)．岩波書店，1938; 改訂版，1965.
[Y11] 吉沢太郎，微分方程式入門(基礎数学シリーズ 13)．朝倉書店，1966.

[Z 1] Zygmund, A., Trigonometrical series. Z Subwencji Funduszu Kultury Narodowej (Warszawa-Lwow). 1935.

索　　　　引

人 名 索 引

アインシュタイン　Einstein, A. (1879—1955) 110
アスコリ　Ascoli, G. (1843—1896) 145,272
アダマール　Hadamard, J. (1865—1963) 125, 226,363,493
アーベル　Abel, N.H. (1802—1829) 49,125, 147,303,311,313,472
アルキメデス　Archimedes (287？—212 BC) 118
アルゼラ→アルツェラ
アルツェラ　Arzelà, C. (1847—1912) 145,272
アレクサンドロフ　Aleksandrov, P.S. (1896—) 270
アンペール　Ampère, A.-M. (1775—1836) 488
ウィーナー　Wiener, N. (1894—1964) 547, 549,553
ウリソーン　Uryson, P.S. (1898—1924) 264
ウーレンベック　Uhlenbeck, G.E. (1900—) 549
エゴロフ　Egoroff, D.F. (1869—1931) 356
エルトマン　Erdmann, G. 377
エルミット→エルミト
エルミト　Hermite, Ch. (1822—1901) 38,291, 293,296,371,408,425,443,550
エルミート→エルミト
オイラー→オイレル
オイレル　Euler, L. (1707—1783) 65,93,231, 275,377,400,401,422,428,429,432,452,455
オスグッド　Osgood, W.F. (1864—1943) 235
オルンステイン　Ornstein, D.S. 549

ガウス　Gauss, C.F. (1777—1855) 68,93,95, 96,98,99,182,215,223,321,323,406, 425,431, 495,502
カラテオドリ　Carathéodory, C. (1873— 1950) 203
カーレマン　Carleman, T. (1892—1949) 535
カンテリ　Cantelli, F.P. (1875—) 529
ギッブス　Gibbs, J.W. (1839—1903) 393
グッツマー　Gutzmer, A. (？—1924) 229
グラム　Gram, J.P. 434
クラメル　Cramér, H. (1893—) 25,160
クラメール→クラメル
クリストッフェル　Christoffel, E.B. (1829— 1900) 95,107
グリーン　Green, G. (1793—1841) 327,328, 331,490,492,495,496,497,501, 502, 504, 517, 518,519
クレーロー　Clairaut, A.C. (1713—1765) 334,482
クロネッカ→クロネッカー
クロネッカー　Kronecker, L. (1823—1891) 5,103
グロンウォール　Gronwall, T.H. 315,339
クンマー　Kummer, E.E. (1810—1893) 408
ケプラー　Kepler, J. (1571—1630) 449
ケルビン　Kelvin, L. (1824—1907) 456
ゲルファント　Gelfand, I.M. (1913—) 289
コーシー　Cauchy, A.L. (1789—1857) 120, 124,125,127,140,219,222,224, 226, 229, 234, 317,319,336,271,423,438,451, 473, 520, 539, 543
コジマ　小島鉄造 (1886—1921) 398
コダッチ　Codazzi, D. 96
コルモゴロフ　Kolmogorov, A.N. (1903—) 542,545,546,548,549

シャルピー　Charpit, P. (？—1784) 480
シュミット　Schmidt, E. (1876—1959) 37, 297,368
シュレフリ　Schläfli, L. (1814—1895) 444, 445,450,451,453
シュワルツ　Schwarz, H.A. (1843—1921) 36,149,228,230,371,534,550

ジョルダン Jordan, C. (1838—1922) 179, 217,308
シルベスタ Sylvester, J.J. (1814—1897) 46
スタインハウス Steinhaus, H. (1887—1941) 289
スターリング Stirling, J. (1692—1770) 432
スチルチェス→スティルチェス
スツルム Sturm, J. Ch. F. (1803—1855) 325,326,327
スティルチェス Stieltjes,Th. J. (1856—1894) 178,180,414,419,420,532,536
ストウン Stone, M.H. (1903—) 273,298
ストークス Stokes, G.G. (1819—1903) 505
セレー Serret, J.A. (1819—1885) 88
ソニン Sonine, N.J. de (1849—1915) 408, 440,442,451

ダランベール d'Alembert, J. le R. (1717—1783) 505
ダルブー Darboux, J.G. (1842—1917) 141
チェビシェフ Tchebychev (Chebyshev), P. G.L. (1821—1894) 407,408,438,533
チャプマン Chapman, S. (1888—) 545, 548,549
ディニ Dini, U. (1849—1918) 144
テイラー Taylor, B. (1685—1731) 143,154, 227,406,451,459
ディリクレ Dirichlet, P.G.L. (1805—1859) 188,252,385,387,391,393,397, 412, 498, 499, 500,501,502,503
デカルト Descartes, R. (1596—1650) 199
デザルグ Desargues, G. (1593—1662) 84
デデキント Dedekind, J.W.R. (1831—1916) 117,118
デュパン Dupin, Ch. (1784—1873) 92
デュボア・レイモン du Bois Reymond, P. (1831—1889) 377
ド・モアブル de Moivre, A. (1667—1754) 215,543

ノイマン Neumann, C.G. (1832—1925) 356,452,453,455,498,502
ノイマン, F. Neumann, F. 447

ハイネ Heine, H.E. (1821—1881) 119
ハウスドルフ Hausdorff, F. (1868—1942) 258,264,266
パスカル Pascal, B. (1623—1662) 85,540
パーセバル Parseval, M.A. 292,394,412
バナッハ Banach, S. (1892—1945) 214,283, 287,289
ハルトグス Hartogs, F. (1874—1943) 234, 235
ハルナック Harnack, A. (1885—) 252, 498
ハーン Hahn, H. (1879—) 287
ハンケル Hankel, H. (1839—1873) 424,451, 452,453,455
ハンメルシュタイン Hammerstein, A. 372
ビアンキ Bianchi, L. (1856—1928) 109
ピカール Picard, Ch. E. (1856—1941) 372
ビュッフォン Buffon, G.L.v. (1707—1788) 523
ヒルベルト Hilbert, D. (1862—1943) 289, 290,297,368,383,423,424
ファイエ Fejér, L. (1880—1959) 391,392, 409,427
ファトゥ Fatou, P. (1878—1929) 210,214
フィッシャー Fischer, E. (1875—?) 285, 366
フェラース Ferrers, N.M. 447
フェルマー Fermat, P. de (1601—1665) 66
フォッカー Fokker, A. 549
ブーケ Bouquet, J.-C. (1819—1885) 89
フックス Fuchs, M.E.R. (1873—) 323, 437
フビニ Fubini, G. (1879—) 213
ブラウン Brown, R. (1773—1858) 547,548, 549
プラトー Plateau, J.A. (1801—1883) 388
プランク Planck, M. (1858—1947) 549
プランシュレル Plancherel, M. (1885—1967) 294
ブリアンション Brianchon, Ch. J. (1785—1864) 85
フーリエ Fourier, J.-B.-J. (1768—1830) 177,292,293,366,389,390,392, 393, 394, 395, 396,397,408,409,410,412,416, 424, 425, 450, 515,516,538
ブール Boole, G. (1815—1864) 525
フルウィッツ Hurwitz, A. (1859—1919) 242,402
フルネー Frenet, F. 88
ブルバキ Bourbaki, N. 255,266
フレドホルム Fredholm, E.I. (1866—1927) 286,356,357,362
フレビッチ Hurewicz, W. (1904—1956) 281
ブローエル Brouwer, L.E.J. (1881—1966)

282
フローケ　Floquet, G. (1847—1920)　314,471
フロッケ→フローケ
ベイズ　Bayes, Th. (？—1763)　527
ヘッセ　Hesse, L.O. (1811—1874)　71
ベッセル　Bessel, F.W. (1784—1846)　291, 292,366,390,424,435,449,452, 453, 454, 455, 456,502,505
ベッチ　Betti, E. (1823—1892)　275
ベッポ・レビ　Beppo Levi　210
ヘルダー　Hölder, O. (1859—1937)　213,283, 284,520,521,535
ベルヌイ　Bernoulli, Jakob (1654—1705) 332,333,349,428,429,539
ヘルムホルツ　Helmholtz, H. v. (1821—1894) 449,470,502
ペロン　Perron, O. (1880—　)　253,499
ボーア　Bohr, H. (1887—1951)　348,431
ポアッソン　Poisson, S.D. (1781—1840)　249, 413,427,496,497,498,499,500, 502, 507, 514, 515,537,538,539,543,545,546,548
ポアンカレ　Poincaré, H. (1854—1912)　275, 278,279,499
ホイゲンス　Huygens, Ch. (1626—1695)　510
ホップ　Hopf, H. (1895—1971)　281,282
ホブソン　Hobson, E.W. (1856—1933)　448
ボホナー　Bochner, S. (1899—　)　537,550
ボルツァノ　Bolzano, B. (1781—1848)　120, 216
ボルテラ　Volterra, V. (1860—1940)　350
ボレル　Borel, E. (1871—1956)　119,529,530
ボンネ　Bonnet, O. (1819—1892)　97,98,99

マーサー　Mercer, J.　370
マシュウ　Mathieu, E.L. (1835—1890)　470, 471
マルコフ　Markov, A.A. (1856—1922)　544, 545,546,547,548
ミュニエー　Meusnier, J.B.M. Ch. (1754—1793)　93
ミンコフスキ　Minkowski, H. (1864—1909) 214,284,285
メービウス　Möbius, A.F. (1790—1868)　244, 262,400
メリン　Mellin, R.H. (1854—1933)　422
メルテンス　Mertens, F.　127
モレループ　Mollerup, J.　348,431
モンジュ　Monge, G. (1746—1818)　488
モンテル　Montel, P. (1876—1965)　246

ヤコビ　Jacobi, C.G.J. (1804—1851)　157, 191,282,382,467,468,471
ユークリッド　Euclid (330？—275？BC)　36, 57,149,275,276,290,498

ライプニッツ　Leibniz, G.W.F. (1646—1716) 138,440
ラグランジュ　Lagrange, J.L. (1736—1813) 141,301,303,325,326,327,334,480
ラゲル　Laguerre, E.N. (1834—1886)　291, 408,440,441,442
ラゲール→ラゲル
ラドン　Radon, J. (1887—1956)　287
ラプラス　Laplace, P.S. (1749—1827)　412, 413,414,415,416,417,419,438, 445, 448, 471, 494,499,501,502,518,536,543
ラメ　Lamé, G. (1795—1871)　471,472
ラレスコ　Lalesco, T.　372
ランダウ　Landau, E.G.H. (1877—1938) 143,404
ランベルト　Lambert, J.H. (1728—1777)　402
リアプノフ　Lyapunov, M.A.　313
リウビル　Liouville, J. (1809—1882)　227, 325,326,327,457,472
リース　Riesz, F. (1880—1956)　285,292,366
リッカチ　Riccati, J.F. (1676—1754)　332
リッチ　Ricci, C.G. (1853—1925)　109
リッツ　Ritz, W. (1878—1909)　387
リプシッツ　Lipschitz, R. (1832—1903)　338, 340,516
リーマン　Riemann, G.F.B. (1826—1866) 103,104,107,126,161,162,185, 216, 219, 230, 237,247,390,399,401,402,422, 500, 506, 507, 532
リンデベルグ　Lindeberg, Y.W.　543
リンデレーフ　Lindelöf, E. (1870—1946)　266
ルーシェ　Rouché, E.　242
ルジャンドル　Legendre, A.M. (1752—1833) 66,291,381,407,431, 435, 437, 444, 445, 446, 447,448,461,468
ルベーグ　Lebesgue, H. (1875—1941) 206, 207,211,213,282,390
ルベッグ→ルベーグ
レビ　Lévy, P. (1886—1971)　548
レフシェッツ　Lefschetz, S. (1884—1972)　282
ロドリグ　Rodrigues, O. (1794—1851)　96, 435,438
ロードリグ→ロドリグ

ロバン Robin, G. (1855—1897) 499
ロピタル l'Hospital, G.F. de (1661—1704) 142
ローラン Laurent, A. (1813—1854) 235,450
ロール Rolle, M. (1652—1719) 140
ロンスキ Wronski, H.J.M. (1778—1853) 302

ワイエルシュトラス Weierstrass, K. (1815—1897) 95,120,144,216,219,225,237,273,318,377,383,425,458,472
ワイエルストラス→ワイエルシュトラス
ワイル Weyl, C.H.H. (1885—1955) 114,115
ワインガルテン Weingarten, L.G.J.J. (1836—?) 96
ワリス Wallis, J. (1616—1703) 432

事 項 索 引

編者略歴

小 松 勇 作

1914 年　金沢市に生れる
1942 年　東京大学理学部大学院修了
1949 年　東京工業大学教授
理学博士

新編 数学ハンドブック
基礎編　　定価は外函に表示

1973 年 3 月 20 日　初版第 1 刷
2005 年 3 月 20 日　復刊第 1 刷

編集者　小松勇作（こまつゆうさく）
発行者　朝倉邦造
発行所　株式会社 朝倉書店
東京都新宿区新小川町 6-29
郵便番号　162-8707
電　話　03(3260)0141
FAX　03(3260)0180
http://www.asakura.co.jp

〈検印省略〉

中央印刷・渡辺製本

ISBN 4-254-11107-X　C 3041　Printed in Japan